Gewidmet meiner Frau

MARY FLEMIG-ORGAS

Kurt Flemig

# KARIKATURISTEN-LEXIKON

K · G · Saur
München · New Providence · London · Paris
1993

*Bildnachweise auf dem Umschlag*

Allesamt entnommen aus Will Schaber : B.F. Dolbin – Der Zeichner als Reporter;
Verlag Dokumentation München 1976.

Oben: Olaf Gulbransson (Selbstkarikatur)
Links: Joachim Ringelnatz (gezeichnet von B. F. Dolbin)
Rechts: B.F. Dolbin (gezeichnet von Kapralik)

Der Abdruck erfolgt mit freundlicher Genehmigung
des Instituts für Zeitungsforschung, Dortmund

Die Deutsche Bibliothek – CIP-Einheitsaufnahme

**Flemig, Kurt:**
Karikaturisten-Lexikon / Kurt Flemig. – München ; New Providence ;
London ; Paris : Saur, 1993
ISBN 3-598-10932-6
NE: HST

Gedruckt auf säurefreiem Papier
Printed on acid-free paper

Alle Rechte vorbehalten / All Rights Strictly Reserved
K. G. Saur Verlag, München 1993
A Reed Reference Publishing Company

Printed in the Federal Republic of Germany
Satz: Textservice Zink, Heiligkreuzsteinach
Druck: Strauss-Offsetdruck, Hirschberg 2
Binden: Buchbinderei Schaumann, Darmstadt

ISBN 3-598-10932-6

## Vorwort

Das vorliegende Lexikon enthält Materialien zu Vita und Werk von mehr als 1600 Karikaturisten, deren Arbeiten seit Beginn des 19. Jahrhunderts im deutschsprachigen Raum publiziert worden sind. Der Schwerpunkt der Dokumentation liegt nicht auf der Darstellung der Berühmten, sondern in erster Linie auf der Verbindung von Karikatur und Medien, über fast zwei Jahrhunderte hinweg bis heran an die Gegenwart; verzeichnet sind Karikaturisten als graphische Journalisten, Beobachter und Darsteller ihrer Zeit.

Die Aufnahmekriterien sind weit gefaßt: Zeichner, die sich hauptberuflich oder nebenberuflich, regelmäßig oder nur bei Gelegenheit auf dem Gebiet der Karikatur betätigt haben, soweit die entsprechenden Arbeiten Eingang in die Medien – Presse, Literatur, Werbung, Zeichenfilme, Fernsehen – gefunden haben. Ausländische Graphiker sind ebenfalls berücksichtigt, wenn ihre Karikaturen im deutschen Sprachraum publiziert sind.

Die Einträge enthalten folgende Angaben: Namen und Pseudonyme – biographische Daten – Ausbildung und beruflicher Werdegang – Themen – Ausstellungen – Auszeichnungen – Publikationen – Literaturhinweise.

Das Lexikon ist entstanden auf der Grundlage eines eigenen Pressearchivs über Karikaturisten und Karikaturen, für das seit 1928 Zeitungen und Zeitschriften des In- und Auslandes ausgewertet wurden, ergänzt durch Ausstellungskataloge, Galeriekataloge, biographische Materialien, Druckschriften und Fachliteratur bis zum Jahre 1990.

Hinzugezogen wurden – neben der in der Bibliographie aufgeführten Literatur – die folgenden umfangreichen Lexika:
- John Grand-Carteret: Les moeurs et la caricature en Allemagne, en Autriche, en Suisse. 1885.
- Allgemeines Lexikon der bildenden Künstler von der Antike bis zur Gegenwart. Hrsg. von Ulrich Thieme und Felix Becker. 1907-1950.
- Hans Vollmer: Allgemeines Lexikon der bildenden Künstler des 20. Jahrhunderts. 1953-1962.
- Kindlers Malerei Lexikon. 1964-1971.
- Joachim Busse: Internationales Handbuch aller Maler und Bildhauer des 19. Jahrhunderts. 1976.
- Maurice Horn (Ed.): The World Encyclopedia of Comics. 1976.
- Maurice Horn (Ed.): The World Encyclopedia of Cartoons. 1980.
- Verena Rutschmann: Schweizer Bilderbuch-Illustratoren 1900-1980. Lexikon. 1983.
- Allgemeines Künstlerlexikon. 1983 ff.
- Peter Skodzik: Deutsche COMIC-Bibliographie 1946-1980.
- Marcus Osterwalder: Dictionnaire des illustrateurs 1800-1914.
- außerdem die zahlreichen Karikaturenbände von Eduard Fuchs.

Dank gebührt meinem Kollegen Arnold Himstedt, der mir jahrelang uneigennützig bei der Beschaffung von Informationsmaterial behilflich gewesen ist.

Kurt Flemig

## Bibliographie –
## verwendete und weiterführende Literatur

Alles Banane, Hrg. Holger Behm/Werner Tammen – Rotbuch Verlag (1990) Berlin (erster deutsch-deutscher Cartoon-Band)

Altberliner Typen von Dörbeck / Hrsg. Hans Ludwig, Berlin/West: Staneck, 1966

Anlauf, Karl: Der Philosoph von Wiedensahl. – Berlin: Büchergilde Gutenberg, 1939

Arno, Peter: Cartoons. – München: Heyne, 1983 (Cartoon & Satire; 35)

Arnold, Fritz: Karl Arnold : Leben und Werk des großen Simplicissimus-Zeichners. – München: Bruckmann, 1977

Arnold, Karl: Berliner Bilder. – München: Simplicissimus, 1924

Arnold, Karl: Porträt der zwanziger Jahre: Politik und Gesellschaft der Weimarer Republik; gesehen von e. Zeitgenossen / Hrsg. Institut für Auslandsbeziehungen – Stuttgart, 1974

Arnold, Karl: Schwabing und Kurfürstendamm. Angesagt von Ernst Penzoldt. – München, 1953

Arnold, Karl: Typen und Figuren der zwanziger Jahre / hrsg. von Herwig Guratzsch, Wilhelm-Busch-Gesellschaft. – Stuttgart: Hatje, 1989

Arnolds Kriegsflugblätter der Liller Kriegszeitung – Druck und Verlag der Liller Kriegszeitung. Weihnachten 1915

Aus der Karikaturenwerkstatt. Berlin-West: Kunstamt Reinickendorf, 1981 (Ausst.-Kat.)

Aus sorglosen Tagen: ein Album von Koch-Gotha. – Berlin: Ullstein, 1926

Die Automobilgeschichte der Karikaturisten 1886-1986 / Hrsg. Hans-Otto Neubauer. – Königstein im Taunus: Königsteiner Wirtschaftsverlag, 1985

Bärenspiegel: Berliner Karikaturen aus 3 Jh., ausgew. von H. Kretzschmar u. Rosemarie Widerra. – Berlin/Ost, 1985

Bagnall, Brian: For Lovers only. – München: Heyne, 1984 (Cartoon & Satire; 46)

Baluschek. – Wendel, Friedrich: Hans Baluschek. Eine Monographie – Berlin: Dietz Nachf., 1924

Baluschek, Hans, 1870-1935, Staatl. Kunsthalle Berlin (März-April 1991) (Ausst.-Kat.)

Beamticon/Beamte in der Karikatur. Hrsg. Peter Doll u.a. – Herford: Maximilian Verlag, 1984

Beardsley. – Weintraub, Stanley: Aubrey Beardsley. Eine Biographie. – München: Winkler, 1968

Behrend, Fritz: Helden und andere Leute. 25 Jahre Zeitgeschichte mit der Feder kommentiert. – Düsseldorf u. Wien: Econ

Benedek, Gabor: Gedankenstriche. – München: Heyne, 1980 (Cartoon & Satire; 5)

Berliner Karikaturisten: Kommunale Galerie, Berlin-Wilmersdorf, 1978. Berlin: Verl. Fr. Nolte, 1978 (Ausst.-Kat.)

Berliner Pressezeichner der zwanziger Jahre. Ein Kaleidoskop Berliner Lebens; Orig.-Zeichnungen u. Drucke. – Berlin Museum 1977 (Ausst.-Kat.)

Beschwerdebuch: Karikaturen aus dem Osten / Hrsg. Olaf Sveistrup. – Wien/Düsseldorf: Econ, 1967

Bidstrup, Herluf: Ausgelacht und angelacht: humorist. u. satir. Bildserien. Ausw. u. red. Walter Heynowski. – Berlin: Eulenspiegel-Verlag, 1955

Bild als Waffe : Mittel u. Motive d. Karikatur in 5 Jh. / Hrsg. von Gerhard Langemeyer u.a. – München: Prestel, 1984 (Ausst.-Kat. Wilh.-Busch-Museum, Hannover)

Bilek, Franziska: Spaß muß sein. – München: Heyne, 1981 (Cartoon & Satire; 12)

Blachon, Roger: Album. – München: Heyne, 1981 (Cartoon & Satire; 18)

Böhmer, Günther: Die Welt des Biedermeier. – Verlag Desch, 1968 (auch in: Große Kulturepochen in Texten, Bildern u. Zeugnissen. – München: Hueber, 1977)

Bohne, Friedrich: Der Deutsche in seiner Karikatur: hundert Jahre Selbstkritik / kommentiert von Thaddäus Troll, mit e. Essay von Theodor Heuss. – Friedrich Bassermann'sche Verlagsbuchhandlung Stuttgart: o.J.

Braungart, Richard: Wilhelm Busch – der lachende Weise. – München: Schmidt, 1917

Bresser, Klaus: Die Karikaturen des Jahres 1990/91, Verlag Walter Poldszun, Brilon (1991)

Brinkmann, Gerhard: Das darf doch nicht wahr sein? – München: Heyne, 1980 (Cartoon & Satire; 9)

Brun, Carl: Schweizerisches Künstler-Lexikon. Frauenfeld: Huber & Co., 1917

Busch, Wilhelm: Und die Moral von der Geschichte. Bd. 1, Was beliebt ist auch erlaubt. Bd. 2 / Hrsg. von Rolf Hochhuth. – Gütersloh: Mohndruck, o.J.

Busch. – Ueding, Gert: Wilhelm Busch – das 19. Jh. en miniature. – Frankfurt/M.: Insel, 1977

Busch. – Wilhelm Busch und die Folgen : Bildergeschichten nach 1945, Bormann-Museum, Celle 1982 (Ausst.-Kat.)

Callot: Neueingerichtetes Zwergenkabinett / Hrsg. von W. Fraenger Erlenbach Zürich. – Leipzig: E. Rentsch, 1922

Charakterköpfe: der Fall F.X. Messerschmidt / Hrsg. von Hans-Georg Behr u.a. – Weinheim/Basel: Beltz, 1983

Chodowiecki 1726-1801: Bürgerliches Leben im 19. Jahrhundert. Zeichnungen, Druckgraphik. Städelsches Institut, Städt. Galerie, Frankfurt/M. 1973

Chodowiecki, Daniel: Künstler Monographien / Hrsg. L. Kammerer. – Bielefeld: Velhagen & Klasing, 1907

Chodowiecki. – Kroeber, Hans Thimoteus: Silhouetten aus Lichtenbergs Nachlaß von Daniel Chodowiecki. – Wiesbaden: Staadt, 1920

Comic strips, Akademie der Künste Berlin/West, 13.12.1969-25.1.1970 (Ausst.-Kat.)

Comics : Anatomie eines Massenmediums / Hrsg. von C. Reitberger, W.J. Fuchs. – München: Moos, 1977

Conring, Franz: Das deutsche Militär in der Karikatur. – Stuttgart: Schmidt's, 1907

Desclozeaux, Jean-Pierre: Federspitzen. – München: Heyne, 1981 (Cartoon & Satire; 16)

Desclozeaux, Jean-Pierre: Festival der Cartoonisten. – München: Heyne, 1988 (Cartoon & Satire; 31)

Dichter als Maler: deutschsprachige Schriftsteller als Maler und Zeichner. – Leipzig: Edition, 1980/Zürich: Buchclub Ex libris, 1982

Diehl, Gaston: Pascin. – München: Südwest Verl., o.J.

Disney, Walt: Donald Duck – 50 Jahre und kein bißchen leise. – Remseck bei Stuttgart: Unipart, 1984

Disney, Walt: Micky Maus – Das ist mein Leben, nacherzählt von Wolfgang J. Fuchs. – Rechseck bei Stuttgart: Unipart, 1988

Disney von Innen / hrsg. von K. Strzyz/A.C. Knigge. – Frankfurt/M., Berlin: Ullstein, 1988

Disteli. – Martin Disteli, 1802-1844 / ... und fluchend steht das Volk vor seinen Bildern, Kunstmuseum Olten 1977 (Ausst.-Kat.)

Dix. – Otto Dix. Ein Malerleben in Deutschland / hrsg. von Lothar Fischer. – Berlin: Nicolaische Verlagsbuchh., 1981

Dix, Otto: Der Krieg. – Berlin: Nierendorf, 1924

Dollinger, Hans: Lachen streng verboten: die Geschichte der Deutschen im Spiegel der Karikatur. – München: Südwest Verl., 1972

Dörbeck. – Franz Burchard Dörbeck / Hrsg. von Hans Ludwig. – Berlin/West: Stapp, Berlin/DDR: Eulenspiegel, 1971

Das Dritte Reich in der Karikatur [von Zbynek Zeman]. – München: Heyne, 1984 (Cartoon & Satire; 45)

Die Düsseldorfer Malschule / Hrsg. von Wend v. Kalnein – Kunstmuseum Düsseldorf 1979 (Ausst.-Kat.)

Düsseldorfer Monatshefte: 1. u. 2. Jg. (1847-1849) in einem Bd. (Reprint). – Düsseldorf: Pädagog. Verl. Schwann, 1979

Eichler, Richard W.: Die tätowierte Muse. Eine Kunstgeschichte in Karikaturen. – blick & bild Verlag, 1965

Eifersüchtig : Cartoons. – Berlin: Elefantenpress, 1987

Eine feine Gesellschaft – d. Schickeria in der Karikatur. – Rosenheim: Rosenh. Verlagsh., 1988

150 [Einhundertfünfzig] Jahre Berliner Humor. Ein Querschnitt durch anderthalb Jahrhunderte / Hrsg. P. Rosie, Hans Ludwig. – Berlin/Ost: Das Neue Berlin

Elefantasien: Cartoon. – Berlin: Elefantenpress, 1987

Elementarzeichen: Urformen visueller Information. NBK – Staatliche Kunsthalle Berlin/West (Ausst.-Kat.) Berlin/West: Verlag Fröhlich & Kaufmann, 1985

Engel, Hans: Karikaturenzeichen. – Ravensburg: Otto Maier, 1935

Die Entdeckung Berlins: 14 Cartoonisten sehen die Stadt / Ed. Jule Hammer. – Berlin/West: Haude & Spener, 1984

Eulen nach Spree-Athen: Berliner Humor. – Berlin/DDR: Eulenspiegel, 1969

Falk, Norbert: Das Buch des Lachens. – Berlin: Ullstein, 1912

Feaver, William: Master of Caricature from Hogarth and Gillray to Scarfe and Levne. – New York: Alfred A. Knopf, 1981

Feininger, Lyonel: Karikaturen, Comic strips, Illustrationen 1888-1915 / Hrsg. Museum für Kunst und Gewerbe, Hamburg, Wilh.-Busch-Museum, Hannover, 1981

Felixmüller. – Conrad Felixmüller – von ihm – über ihn. – Düsseldorf: Edition GS, 1977

Fliegende Blätter/Meggendorfer Blätter. – Galerie J.H. Bauer, Hannover 1979 (Ausst.-Kat.)

Fliegende Blätter/Facsimile Querschnitt / Hrsg. von E. Zahn. – München, Bern, Wien: Scherz, 1966

Flora, Paul: Wilhelm-Busch-Museum, Hannover, 1984. – Gifhorn bei Lüneburg: Merlin, 1984 (Ausst.-Kat.)

Flora, Paul: Cartoons. – München: Heyne, 1982 (Cartoon & Satire; 28)

Fraenger, Wilhelm: Der Bildermann von Zizenhausen. – Erlenbach-Zürich, Leipzig: Eugen Rentsch, 1922

François, André: Kritische Grafik. – Wilh.-Busch-Museum, Hannover 1967, (Ausst.-Kat.)

Französischer Comic: eine Grafische Kunst / Hrsg. von Dominique Paillarse. – Berlin: Elefanten Press, 1988

## Bibliographie

Fuchs, Eduard: Die Karikatur der europäischen Völker. Bd. 1 + 2. – München: Langen, 1904, 1921

Gasser, Manuel: Celestino Piatti – das gebrauchsgraphische, zeichnerische und malerische Werk 1951-1981. – München: Dt. Taschenbuch Verlag, 1982

Gasser, Manuel: München um 1900. – Bern/Stuttgart: Hallweg, 1977

Gaudy, Franz Frh. von: Das Gaudybuch. Faksimile-Karikaturen / hrsg. von F.v. Zobeltitz, 1906

Geh doch! Cartoons. – Berlin/West: Elefanten Press, 1987

Geller, Hans: Curiosa – merkwürdige Zeichnungen aus dem 19. Jahrhundert. – Leipzig: E.A. Seemann, 195

Geschichte in Karikaturen. Von 1848 bis zur Gegenwart (1981). Arbeitstexte für den Unterricht. – Stuttgart: Philipp Reclam jun., 1981

Gipfeltreffen : Karikatur und kritische Grafik. Ergebnis des Wettbewerbs um den Wilh.-Busch-Preis für Karikatur und kritische Grafik 1987. – Hildesheim: Gerstenberg, 1987 (Ausst.-Kat.)

Glombig, Kurt: Bohème – am Rande skizziert. – München: Impuls-Verlagsges., o.J.

Gottscheber, Pepsch: Handstreiche. – München: Heyne, 1981 (Cartoon & Satire; 11)

Der Grimm auf Märchen: Motive Grimmscher Volksmärchen und Märchenhaftes in den aktuellen Künsten / Hrsg. W.P. Fahrenberg, A. Klein, Kulturamt Marburg, 1985/1986

Das große Buch vom Lachen / hrsg. von Klaus Waller. – Gütersloh: Bertelsmann, 1987

Das große Lexikon der Graphik. – Braunschweig: Westermann, 1984

Die große Liedertruhe. Schöne alte und neue Volkslieder, Auswahl: Horst Seeger/Illustrationen Egbert Herfuhrt, Kinderbuch Verlag Berlin DDR (1986)

Große Liebespaare der Geschichte. – Berlin/West: Elefanten Press, 1987

Das große Trier Buch / hrsg. von L. Lang. Vorwort Erich Kästner. – München/Zürich: R. Piper, 1974

Grozs, George: Ein kleines Ja und ein großes Nein. Sein Leben von ihm selbst erzählt. – Hamburg: Rowohlt, 1955

Gulbransson. – Olaf Gulbransson: Maler und Zeichner. Einl. Texte v. Eugen Roth u. anderen Autoren. – München: Bruckmann, 1959

Gulbransson, Olaf: Und so weiter. – München: Piper, 1954

Guthmann, Johannes: Scherz und Laune: Max Slevogt und seine Gelegenheitsarbeiten. – Berlin: Verl. Paul Cassirer, 1920

Haitzinger, Horst: Denkzettel. – München: Heyne, 1981 (Cartoon & Satire; 10)

Halbritter, Kurt: Gesellschaftsspiele. – München: Heyne, 1981 (Cartoon & Satire; 19)

Halbritter, Kurt: Jeder hat das Recht. – München: Heyne, 1976 (Cartoon & Satire; 5)

Hanel, Walter: Ein wunder Punkt. – München: Heyne, 1980 (Cartoon & Satire; 4)

Hanitzsch, Dieter: Prominenten Galerie. – München: Heyne, 1982 (Cartoon & Satire; 23)

Hanitzsch, Dieter: Ich, Franz Josef. – Süddeutscher Verlag, 1978

Hardt, Fred B.: Die deutschen Schützengraben-Zeitungen. – München: Piper, 1917

Heartfield, John: Montage – vom Club dada zur Arbeiter-Illustrierten Zeitung / Hrsg. von Eckhard Siepmann. – Berlin/West: Elefanten Press, 1977

Heartfield, John: Altes Museum (Mai-Juni 1991) Berlin Verlag M. Du Mont, Köln (1991) (Ausst.-Kat.)

Heine. – Der Zeichner Th.Th. Heine. Geleitw. Eberhard Hölscher. – Freiburg/Br.: Klemm, 1955

Heine. – Th.Th. Heine / Hrsg. L. Lang. – München: Rogner & Berhard, 1970

Heine, Th. Th.: Ich warte auf Wunder : autobiograph. Roman. – Stockholm, 1945

Heiterkeit braucht keine Worte: Humor der Welt im Bild. Eingelet. von Erich Kästner. – Hannover: Fakkelträger Verl., 1962

Hermann, G.: Die deutsche Karikatur im 19. Jahrhundert. – Bielefeld: Velhagen & Klasing, 1901

Heynowski, Walter: Windstärke 12 – eine Auswahl neuer deutscher Karikaturen. – Dresden: Verlag der Kunst, 1953

Hier darf gelacht werden. – München: Südwest Verl., 1967

Hölscher, E.: Deutsche Illustratoren der Gegenwart. – München: Bruckmann, 1959

Hoffmann, E.T.A. – ein Preuße?, Berlin Museum, 1981 (Ausst.-Kat.)

Hofmann, Werner: Kunst – was ist das? – Kunsthalle Hamburg 1977 (Ausst.-Kat.)

Hofmann, Werner: Die Karikatur von Leonardo bis Picasso. – Wien: Brüder Rosenbaum, 1956

Hofstätter, Hans H.: Geschichte der europäischen Jugendstilmalerei. – Köln: Du Mont, 1963

Hogart. – William Hogarth: 1697-1764. NGBK (Neue Gesellschaft bildender Kunst), Kunsthalle Berlin/West 1980 (Ausst.-Kat.)

Hohlwein, Ludwig, Staatsgalerie Stuttgart, Graphische Sammlung, 1985 (Ausst.-Kat.)

Hollweck, Ludwig: Karikaturen – von den Fliegenden Blättern bis zum Simplicissimus. – München: Südt. Verlag, 1973

Hosemann. – Theodor Hosemann / hrsg. von Hans Ludwig. – München: Rogner & Bernhard, 1974

Hosemann. – Theodor Hosemann : Illustrator, Graphiker, Maler d. Berliner Biedermeier/Staatsbibliothek Preuß. Kulturbesitz, Berlin/West 1983 (Ausst.-Kat.) Wiesbaden: Reichert 1983

Hubensteiner, Benno: Der Zeichner Josef Benedikt Engl. – München: Pflaum, o.J.
Hubmann, Hanns: Die stachliche Muse / The Prickly Muse / La muse qui pique. – München: Bruckmann, 1974
Huhnen, Fritz: Gute, Böse und Krefelder. – Krefeld: Scherpe, 1974
Huhnen. – Fritz Huhnen glossiert das Leben in Krefeld. – Krefeld: Scherpe, 1973
Humor um uns. – Berlin: Franke Verlag, 1931

Internationale Biennale Davos 1986, Kur- und Verkehrsverein Davos. Kongreßzentrum 1986 (Ausst.-Kat.)
Internationale Biennale Davos 1988, Kur- und Verkehrsverein Davos. Kongreßzentrum 1988 (Ausst.-Kat.)
Internationale Biennale Davos 1990, Kur- und Verkehrsverein Davos. Kongreßzentrum 1990 (Ausst.-Kat.)
Internationaler Comic-Salon, Erlangen 1984, Presse-Dokumentation
Internationaler Comic-Salon, Erlangen 1986, Universitätsdruckerei Junge & Sohn 1986
Internationaler Comic-Salon, Erlangen 1988, Universitätsdruckerei Junge & Sohn 1988
Internationaler Comic-Salon, Erlangen 1990, Universitätsdruckerei Junge & Sohn 1990
Internationaler Salon dell'Umorismo, Bordighera 1987 (Ausst.-Kat.)
Ironimus. – Peichl, Gustav: Laßt Linien sprechen. – München: Heyne, 1982 (Cartoon & Satire ; 21)
Iversen, Olaf: Viechereien – von zwei- und vierbeinigen Viechern. – München: Hugendubel, 1941

Jak: Cartoons / Jak. – München: Heyne, 1981 (Cartoon & Satire ; 20)
Jameson, Egon: Mein lachendes Berlin, o.J.
Jugend Facsimile Querschnitt / hrsg. Eva Zahn, Scherz Verlag München, Bern Wien 1966

Kalkschmidt, Eugen: Deutsche Freiheit und deutscher Witz. Ein Kapitel Revolutions-Satire aus der Zeit von 1830-1850. – Hamburg, Berlin, Leipzig: Hanseat. Verlagsanst., 1928
Karikaturen der Goethezeit, Kunsthalle Weimar (1991) (Ausst.-Kat.)
Karikatur-Karikaturen? Kunsthaus Zürich 1972 (Ausst.-Kat.) Bern: Benteli
Keen, Sam: Face of the Enemy, Harper & Row, San Francisco, 1986 (Bilder des Bösen/Wie man sich Feinde macht; (Psychologie heute – Buchprogramm), Weinheim und Basel: Beltz, 1987
Kladderadatsch. Die Geschichte eines Berliner Witzblattes/hrsg. von I. Heinrich-Jost. – Köln: C.W. Leske, 1982

Kladderadatsch: Facsimile Querschnitt / Hrsg. L. Hartenstein. – München, Bern, Wien: Scherz, 1966
Klama, Dieter: Der Computer neben dir. – München: Heyne, 1981 (Cartoon & Satire ; 15)
Klee, Paul: Die Zwitschermaschine und andere Grotesken. – Berlin/Ost: Eulenspiegel, 1981
Klee. – Paul Klee als Zeichner 1921-1933, Bauhaus Archiv, Berlin/West 1985
Koch-Gotha. – Fritz Koch-Gotha / Hrsg. Regine Timm. München: Rogner & Bernhard, 1972
Koch-Gotha. – Nowak, Bernhard: Fritz Koch-Gotha – gezeichn. Leben. – Berlin/DDR: Eulenspiegel, 1956
Köhler, Hanns Erich: Ohne Furcht mit Tadel. – München: Heyne, 1982 (Cartoon & Satire; 32)
Komisch, finden Sie das etwa? Stern Humor, Wilh.-Busch-Museum, Hannover, 1985 (Ausst.-Kat.)
Komische Nachbarn : Drôles de Voisins; Deutsch-Französische Beziehungen im Spiegel der Karikatur 1945-1987. – Paris: Goethe Institut, 1988 (Ausst.-Kat.)
Koschatzky, Walter: Die Kunst der Zeichnung. – Salzburg: Residenz Verlag, 1977
Kossatz, Hans: Ein Preuße erinnert sich – der Altmeister der Berliner Karikaturisten läßt seine Jugendzeit wieder auferstehen. – München: Tomus-Verl., o.J.
Künstler Lexikon / Hrsg. Robert Darmstädter. – Stuttgart: Phil. Reclam jun., 1979
Künstler zu Märchen der Brüder Grimm – von Schwind bis Hockney. – Kunstamt Berlin-Tiergarten, 1985 (Ausst.-Kat.)
Kurth, Willy: Berliner Zeichner. – Berlin: Riemerschmidt, 1941
Kutzleb, J.; A.P. Weber: Der Zeitgenosse – mit den Augen eines alten Wandervogels gesehen. – Leizig: Erich Matthes, 1922
Landstraße, Kunden, Vagabunden / hrsg. von Klaus Trappmann. – Berlin/West: Gerhardt, 1980
Lang, Ernst Maria: So lang die Tusche reicht, Cartoon & Satire, München 1982, München: Südd. Verlag, 1976
Lang, Lothar: Malerei und Graphik in der DDR. – Luzern, Frankfurt/M.: C.J. Bucher, 1978
Langer, Heinz: Denkspiele. – München: Heyne, 1983 (Cartoon & Satire; 36)
Larsson. – Carl Larsson in Selbstzeugnissen. Eine Chronik / hrsg. von Harriet u. Sven Alfons. – Königstein: Langewiesche, 1977
Lévy, Lorraine: Die Belle Epoque und ihre Kritik – die Karikatur schreibt Geschichte. Vorwort Michel Melot, Text: Georg Ramseger. – Monte Carlo: Sauret, 1980
Lichtenberg, Georg Christoph: G.C. Lichtenbergs ausführliche Erklärung der Hogarthschen Kupferstiche (1794-1799). Arbeitsgemeinschaft Thüringscher Verleger, Gebr. Richters Verlagsanstalt, Erfurt 1949
Liebermann, Erich: Cartoons. – München: Heyne, 1980 (Cartoon & Satire; 3)

Limmroth, Manfred: Das Leben als solches. – München: Heyne, 1980 (Cartoon & Satire; 1)

Lindi. – Zangg, Fred: Lindi – Künstler, Kritiker, Komödiant. – Zürich: ABC-Verl., 1987

Loriot: Möpse & Menschen. Eine Art Biographie. – Zürich: Diogenes, 1983

Der Lotse geht von Bord, Mönchehaus Museum, Goslar (Febr.-April 1991) (Ausst.-Kat.)

Lucie-Smith, Edward: Die Kunst der Karikatur. – Weingarten: Kunstverl. Weingarten, 1981

Magazin a propos, 1 – House of Humour and Satire, Gabrovo, 1983

Malerei, Grafik, Plastik der DDR, Majakowski Galerie 1977 (Ausst.-Kat.)

Marcks, Marie: Sachzwänge. – München: Heyne, 1981 (Cartoon & Satire; 17)

Masereel. – Frans Masereel. – Frankfurt/M.: Dt. Gewerkschaftsbund, 1963 (Ausst.-Kat.)

Mein Auto fährt auch ohne Wald. – Berlin/West: Elefanten Press, 1986

Menzel. – Knackfuß, H.: A.v. Menzel. Künstlermonographien. – Bielefeld: Velhagen & Klasing, 1903

Micky Maus : das ist mein Leben; nacherzählt von W.J. Fuchs. – Remseck bei Stuttgart: Unipart, 1988

v. Miris/Oberländer: Der pädagogisch verbesserte Struwwelpeter. Hrg. Karl Riha/Machwerk Verlag (1986)

Die Münchner Schule 1850-1914. Bayrische Staatsgemäldesammlungen Haus der Kunst 1979 (Ausst.-Kat.)

Murschetz, Luis: Karikaturen. – München: Heyne, 1982 (Cartoon & Satire ; 30)

Muster, Hans Peter: Who's who in Satire and Humour. Bd. 1, 2., 3. – Basel: Wiese Edition, 1989-1990

Neprakta: Männer im Harnisch. – Hanau: Dausin, Prag: Artio, 1971

Neubauer, H.O.: Im Rückspiegel. Die Automobilgeschichte der Karikaturisten 1886-1986. – Königstein/Taunus, 1985

Das neue Högfeldt-Buch mit einer Selbstbetrachtung des Künstlers. – Berlin: Paul Neff, 1942

Das neue Oberländer-Buch. – München: R. Piper, 1936

Neuruppiner Bilderbogen. – Museum für Deutsche Volkskunde, Berlin-Dahlem 1981/82 (Ausst.-Kat.)

Nöldeke, Otto: Wilhelm Busch – ist mir mein Leben geträumet; Briefe eines Einsiedlers. – Leipzig: Weise, 1935

Nolde, Emil: Mein Leben. Mit einem Nachwort von Martin Urban. – Köln: Du Mont, 1976

Nungesser, Michael: Als die SA in den Saal marschierte: das Ende des Reichsverbandes Bildender Künstler Deutschlands. – Staatliche Kunsthalle, Berlin/West 1983 (Ausst.-Kat.)

Oberländer. – Adolf Oberländer-Album (12 Bde, 1879-1901) Heiteres und Ernstes / Hrsg. G.J. Wolf. – München: Verlag Braun & Schneider, 1917

Oschilewski, Walther: Zeitungen in Berlin. – Berlin/West: Haude & Spenersche Verlagsbuchh., 1975

Ostini, Fritz v.: Böcklin. – Bielefeld: Velhagen & Klasing, 1907

Ostwald, Hans: Kultur und Sittengeschichte Berlins. – Berlin-Grunewald: Hermann Klemm, o.J.

Ostwald, Hans: Vom goldenen Humor. – Leipzig: Ernst Wiest Nachf., o.J.

Pankok. – Otto Pankok: Zeichn., Grafik, Plastik / hrsg. von Karl Ludwig Hofmann. – Berlin/West: Elefanten Press, 1982 (Ausst.-Kat.)

Papan: Veränderliches. – München: Heyne, 1982 (Cartoon & Satire ; 29

Pfefferkorn, Rudolf: Die Berliner Secession. – Berlin/West: Haude & Spenersche Verlagsbuchh., 1972

Philippi, Peter: Die kleine Stadt und ihre Menschen. – Stuttgart: Verl. Hädeke, 1942

Piatti. – Celestino Piatti : Meister des graphischen Sinnbilds / hrsg. von Bruno Weber. – München: Deutscher Taschenbuch-Verlag, 1987

Piltz, Georg: Geschichte der europäischen Karikatur. – Berlin/DDR: Dt. Verl. der Wissensch., 1976

Pocci, Franz Graf v.: Die gesamte Druckgraphik / hrsg. von Marianne Bernhard. – München: Rogner & Bernhard, 1974

Pötzl-Malikova, Maria: Franz Xaver Messerschmidt. – München: Jugend und Volk Verlag, 1982

Populäre Graphik des 19. Jahrhunderts/Sammlung Günter Böhmer, München Akademie der Künste, Berlin/West 1970 (Ausst.-Kat.)

Prechtl, Mathias: Denkmalerei. – München/Luzern: C.J. Bucher

Ramseger, Georg: Ohne Putz und Tünsche : dt. Karikaturisten und die Kultur, o.J.

Reimann, Hans: Die schwarze Liste – ein heikles Bilderbuch. – Leipzig: Kurt Wolff Verl., 1916

Reitmeier, Lorenz Josef: Dachau – der berühmte Malerort. – München: Süddt. Verlag, 1989

Resümee – ein Almanach der Karikatur. – Berlin/DDR: Eulenspiegel, 1967

Reuter. – Finger-Hain, Willi: Fritz Reuter als Zeichner und Maler. – Flensburg: Christian Wolff, 1968

Roth, Eugen: Simplicissimus – ein Rückblick auf d. satir. Zeitschrift. – Hannover: Fackelträger-Verl., 1954

Roth, Eugen: 100 Jahre Humor in der deutschen Kunst. – Hannover: Fackelträger-Verl., 1957

Sailer, Anton: Die Karikatur – ihre Geschichte, ihre Stilformen u. ihr Einsatz in der Werbung. – München: K. Thiemig, 1969

Sailer. – Anton Sailer. Hrsg. von Wolfgang Christlieb. – München: Verl. Goltz, 1985

Sajtinac, Boris: Und Narren sind sie alle – Zeichnungen und Bilder von Boris Sajtinac. –Gifkendorf: Merlin Verl., Wilh.-Busch-Museum, Hannover 1986 (Ausst.-Kat.)

Sandberg. – Lang, Lothar: Herbert Sandberg – Leben u. Werk. – Berlin/DDR: Henschel, 1977

Sandberg, Herbert: Der freche Zeichenstift. – Berlin/DDR: Eulenspiegel, 1968

Saß, Friedrich: Berlin in seiner neuesten Zeit und Entwicklung 1846. – Berlin/West: Fröhlich & Kaufmann, 1983

Satiricum '78 : Glück oder Unglück, ein Kind zu sein?, Verband bildender Künstler der DDR/Satiricum der Staatlichen Mussen, Greiz, 1978, (Ausst.-Kat.)

Satiricum '80 : Du und ich und was dazwischen, I. Biennale der Karikatur der DDR, Staatliche Museen, Greiz, 1980 (Ausst.-Kat.)

Satiricum '82 : Wenn es ums Leben geht, II. Biennale der Karikatur der DDR, Staatliche Museen, Greiz, 1982 (Ausst.-Kat.)

Satiricum '84 : Auf alle Zwerchfälle, III. Biennale der Karikatur der DDR, Staatliche Museen, Greiz, 1984 (Ausst.-Kat.)

Satiricum '86 : Verkehrt – Verkehrt, IV. Biennale der Karikatur der DDR, Staatliche Museen, Greiz, 1986 (Ausst.-Kat.)

Satiricum '88 : mit Sonderwettbewerb Haus-Aufgaben, V. Biennale der Karikatur der DDR, Staatliche Museen, Greiz, 1988 (Ausst.-Kat.)

Satiricum '90, VI. Biennale der Karikatur der DDR, Staatliche Museen, Greiz, 1990 (Ausst.-Kat.)

Schäffer, Armin: Arzt aus Leidenschaft. Heiteres u. Kritisches aus der großen weißen Welt. – München: J.F. Lehmann, 1973

Die Schaffenden : eine Auswahl d. Jg. 1 bis 3 u. Katalog des Mappenwerkes Friedemann Berger. – Leipzig/Weimar: Kiepenheuer, 1984

Scharf geladen! : Kleine Erinnerungen an d. Große Politik 1945-1957; 174 polit. Zeichn. – Neustadt/Weinstraße: Meininger, 1957

Schebera, Jürgen: Damals im Romanischen Café. – Braunschweig: Westermann, 1988

Schiff des Kolumbus. Adolf Hoffmeister/Karikaturen, Collagen, Illustrationen. Harold Olbrich, Eulenspiegel Verlag Berlin DDR (1986)

Schiller, Friedrich: Avanturen des neuen Telemachs / hrsg. von Karl Riha. – Frankfurt/M.: Insel, 1987 (Insel Taschenbuch, 941)

Schindler, Herbert: Monographie des Plakats. – München: Süddeutscher Verl., 1972

Schönpflug, Fritz: Sonderausgabe: Kakanien & Preußen (Bd. 1-4) – Wien: Edition Tusch

Schramm, Percy Ernst: Hamburger Biedermeier: Mit 122 Karikaturen eines Dilettanten aus den Jahren 1840/50. – Hamburg: Hoffmann & Campe, 1962

Schumann, Werner: Ohne Tritt – marsch! Das Militär in der Karikatur. – Hannover: Fackelträger-Verl., 1956

Schwarz-Weiß / Hrsg. Verband Deutscher Illustratoren 1903, Vorw. Jul. Schlattmann. – Berlin: Fischer & Franke

Schweizer Bilderbuch-Illustratoren 1900-1980. –Disentis/Muster: Desertina-Verl., 1980

Schwind, Anton: Bayern und Rheinländer im Spiegel des Pressehumors von München und Kön. – München/Basel: Reinhardt, 1958

Serre, Claude: Cartoons. – München: Heyne, 1982 (Cartoon & Satire ; 23)

70 x [siebzigmal] die volle Wahrheit – ein Querschnitt durch die bundesdt. Karikatur d. Gegenwart. – Hamburg: Zinnober-Verlag, 1987 (Ausst.-Kat.)

Simmel. – Paul Simmel. Vorw. Rudolf Presber. – Stuttgart: Verlagsbuchh. H. Plesken, o.J.

Simplicissimus – eine satirische Zeitschrift 1896. München: Haus der Kunst, 1978 (Ausst.-Kat.), München: Karl Thiemig, 1978

Simplicissimus 1896-1915 / hrsg. von Richard Christ. – Berlin/DDR: Rütten & Loening, 1972

Simplicissimus, Facsimile Querschnitt / Hrsg. Christian Schütze. – München, Bern, Wien: Scherz, 1963

Siné sinniert. – München: Heyne, 1983 (Cartoon & Satire; 34)

Sozialistische deutsche Karikatur 1848-1978 / hrsg. von Harald Olbrich. – Berlin/DDR: Eulenspiegel, 1978

Spemanns Goldenes Buch der Kunst. – Berlin & Stuttgart: Spemann, 1904

Spitzweg, Carl: Zwischen Resignation und Zeitkritik / hrsg. von Jens Chr. Jensen. – Köln: Du Mont, 1977

Spitzensport mit spitzer Feder : Sport-Karikaturen in d. Bundesrepublik Deutschland. – Stuttgart, 1981 (Ausst.-Kat.)

Steiger, Ivan: Kaleidoskop. – München: Heyne, 1980 (Cartoon & Satire ; 2)

Die Stadt : deutsche Karikaturen von 1887-1985 ; Architektur, Leben und Wohnen in der Großstadt, Ausst. des Instituts für Auslandsbeziehungen in Zusammenarbeit mit der Hochschule für Gestaltung, Offenbach/Mainz, 1985

Staeck, Klaus: Plakat. – Göttingen: Steidl, 1988

Stauber. – Jules Stauber: Cartoons, Graphic Design. – Nürnberg: Verlag Nürnberger Presse, 1974 (Ausst.-Kat.)

Stauber, Jules: Cartoons. – München: Heyne, 1983 (Cartoon & Satire; 38

Stein, Werner: Kulturfahrplan ; Gesamtausgabe 1946-1954. – Berlin-Grunewald: F.A. Herbig Verlagsbuchh.

Steinlen, Théodore, Staatliche Kunsthalle, Berlin/West, 1978 (Ausst.-Kat.)

## Bibliographie

Störenfriede : Cartoons und Satiren gegen den Krieg / hrsg. von R. Matuschke. – München: Heyne, 1983 (Cartoon & Satire ; 43)

Stumpp, Emil: Über meine Köpfe / hrsg. von Kurt Schwaen. – Berlin: Buchverl. Morgen, 1983

Tendenzen der zwanziger Jahre : 15. Europ. Kunstausstellung. – Berlin/West: Verl. D. Reimer, 1977 (Ausst.-Kat.)

Thema Totentanz : Kontinuität und Wandel einer Bildidee vom Mittelalter bis heute, Mannheimer Kunstverein 1986 (Ausst.-Kat.)

Thöny, Eduard: Kokotten, Bauern und Soldaten; gez. von E. Thöny. – Hannover: Fackelträger Verl., 1957

Thöny. – Eduard Thöny 1866-1950 / Bearbeitet von Dagmar v. Kessel-Thöny. – Museum Villa Stuck, Wilh.-Busch-Museum, Schloß Maretsch 1986. München: Verl. H. Goltz, 1986

Töpffer, Rodolphe: Komischer Bilderroman – lustige Geschichten und Karikaturen. – Darmstadt: Melzer, 1975

Top Cartoons aus USA. – München: Heyne, 1981 (Cartoon & Satire ; 13)

Topor, Tod und Teufel. – Zürich: Diogenes, 1985 (Ausst.-Kat.)

Tüne, Anna: Körper, Liebe, Sprache : Über weibliche Kunst, Erotik darzustellen. – Berlin/West: Elefanten Press, 1981

Turnen in der Karikatur : Lach mit! (Ausst.-Kat.) anläßlich des Deutschen Turnfestes, Berlin 1968

Typisch deutsch(?) Ausst.-Kat. des Wilhelm-Busch-Museums, Hannover; 35. Sonderausstellung vom 12. Sept. bis 23. Nov. 1964

Ulenspiegel/Zeitschrift für Literatur, Kunst und Satire 1945-50 / Hrsg. Herbert Sandberg; Günter Kunert. – Hanser, 1978

Ungerer, Tomi: Cartoons. – München: Heyne, 1982 (Cartoon & Satire ; 25)

Unter die Schere mit den Geiern – polit. Fotomontage in der Bundesrepublik und Westberlin ; Materialien, Dokumente / Hrsg. Reiner Diedrich u. Richard Grübling. – Galerie, Berlin/West: Elefanten Press, 1977

Vom Kadetten zum General / Hrsg. Rüdiger Lenz. – Dortmund: Harenberg Kommunikation, 1980 (Bibliophile Taschenbücher 176)

Vogeler, Heinrich: Kunstwerke, Gebrauchsgegenstände, Dokumente. – Berlin/West: Staatliche Kunsthalle 1983

Vogt, Paul: Geschichte der Malerei im 20.Jahrhundert. – Schauberg: Du Mont, 1976

Der wahre Jacob. Ein halbes Jahrhundert in Faksimile / hrsg. von Hans Schütz. – Berlin/Bad Godesberg: Dietz Nachf., 1977

Weber, A. Paul: Kritische Graphik / hrsg. von Herbert Reinoss. – Gütersloh: Mohn, 1973

Wendel, Friedrich: Der Sozialismus in der Karikatur. – Berlin: Dietz Nachf., 1924

Wenn Männer ihre Tage haben. – Berlin/West: Elefanten Press Galerie, 1987 (Comics & Cartoons)

Wennerberg-Album. – Berlin: Verl. Eysler, 1921

Wer hat dich, du schöner Wald, Städtische Kunsthalle Recklinghausen 1984 (Ausst.-Kat.)

Wescher, Herta: Die Geschichte der Collage. – Köln: Du Mont, 1968

Who's Who in Graphic Art, Bd. I/II, 1962, 1982. – Zürich: Graphis Press

Widerstand statt Anpassung – deutsche Kunst im Widerstand gegen den Faschismus 1933-45. Badischer Kunstverein, Karlsruhe, Elefanten Press 1980 (Ausst.-Kat.)

Wilke. – Rudolf Wilke / hrsg. von Lothar Lang. – München: Rogner & Bernhard, 1971

Wilke. – Rudolf Wilke : Braunschweiger Werkstücke / hrsg. von Peter Lufft, Städtisches Museum Braunschweig 1987

Winni, Jakob: Karajan con variazioni : Karikaturen. – Mainz: B. Schott's Söhne, 1990

Wirth, Irmgard: Berliner Maler : Menzel, Liebermann, Slevogt, Corinth. – Berlin: Verl. Arno Spitz, 1964/1968

Witze und Karikaturen: Bren, Ironimus, Mac, Totter. – Druck und Verlag der Österreichischen Staatsdruckerei, 1958

Wolf, Fritz: Streifschüsse. – München: Heyne, 1982 (Cartoon & Satire ; 26)

Wolkenschieber. Fest-Sonder-Ausgabe der Karikaturisten-Vereingung „Die Wolke", Berlin/West, 1985

Zeichner der Fliegenden Blätter: Aquarelle – Zeichnungen, Galerie Karl & Faber, München, 1985 (Ausst.-Kat.)

Zeichner der Meggendorfer Blätter/Fliegende Blätter, Galerie Karl & Faber, München 1988 (Ausst.-Kat.)

Zeichner der Zeit : Presse-Graphik aus zehn Jahrzehnten/hrsg. von Christan Ferber. – Berlin: Ullstein, 1980

Zeichner des Simplicissimus, Galerie Karl & Faber, München 1977/78 (Ausst.-Kat.)

Zeitgenossen karikieren Zeitgenossen, Städtische Kunsthalle Recklinghausen 1972 (Ausst.-Kat.)

Zwischen Widerstand und Anpassung: Kunst in Deutschland 1933-45, Akademie der Künste, Berlin/West 1978 (Ausst.-Kat.)

# Arbeits-Gemeinschaften

## Arbeitsteam: Alberto Uderzo/René Goscinny

Gemeinsame Schöpfer der *Asterix*-Comics.
„Asterix" ist der kleine unwiderstehliche Gallier mit dem Flügelhelm, die Gegenfigur der dicke „Obelix" – der Hinkelsteinlieferant. Zeit der Handlung: etwa 50 Jahre vor Christus, als sich Vercingetorix Cäsar ergab. Inhalt: Abenteuer, Humor und Satire auf das moderne Leben aus der Perspektive des antiken Frankreich der Gallier und Römer. Aktuelle Anspielungen auf die französische Gesellschaft, anachronistische Satire, neben Satire und Mythos der Résistance krasser Chauvinismus. – 27 Asterix-Bände erschienen in einer Gesamtauflage von 150 Millionen in 26 Sprachen (Studienrat Graf v. Rothenburg übersetzte Asterix ins Lateinische, Gudrun Penndorf übersetzte die markigen Sprechblasen ins Deutsche).
Publ. der Asterix-Bände (ab 1961, zuerst in Frankreich) *1. Asterix der Gallier; 2. Asterix und Kleopatra; 3. Asterix der Gladiator; 4. Der Kampf der Häuptlinge; 5. Die goldene Sichel; 6. Asterix Tour de France; 7. Asterix und die Goten; 8. Asterix bei den Briten; 9. Asterix und die Normannen; 10. Asterix als Legionär; 11. Asterix und der Avernerschild; 12. Asterix bei den Olympischen Spielen; 13. Asterix und der Kupferkessel; 14. Asterix in Spanien; 15. Streit um Asterix; 16. Asterix bei den Schweizern; 17. Die Trabantenstadt; 18. Die Lorbeeren des Cäsars; 19. Der Seher; 20. Asterix auf Korsika; 21. Das Geschenk des Cäsars; 22. Die große Überfahrt; 23. Obelix, GmbH & Co. KG; 24. Asterix bei den Belgiern; 25. Asterix und der große Graben; 26. Asterix und Obelix. Die Odyssee; 27. Der Sohn des Asterix.* – Veröffentlichungen in Deutschland u.a. in: *Praline, Bunte, stern, Aktuelle Woche,*
Zeichenfilme ab 1968 in Deutschland: „Asterix der Gallier", „Asterix und Cleopatra", „Asterix erobert Rom" (Preis: „Goldene Leinwand") – im Fernsehen: ARD. – Der deutsche Literatur-Kritiker André Stoll verfaßte eine 186-Seiten-Studie zu Parallelen zwischen Asterix und der Gralssage um König Artus. – 1979 lief der Vertrag zwischen den Asterix-Autoren und dem belgischen Verleger Dargaud aus. Seitdem erscheinen die Bände im Selbstverlag. Die deutsche Lizenz hat der EHAPA-Verlag.
Lit.: C. Reitberger/W.J. Fuchs: *Comics* (1971), S. 190; A. Kabatek: *Der weite Weg zu Asterix*; A. Kabatek: *Das große Asterix-Lexikon* (1975, 1986); Ausst.-Kat.: *Comic-strips* (Akademie der Künste, Berlin/West, 1970), S. 44

## KUKRYNIKSY (Ps.)

Sowjetischer Dreier-Künstler-Kollektiv, ab 1924 Moskau
Karikaturen, Illustrationen, Plakate, Malerei
Die Zeichner: Michail Wassiljewitsch Kúprijanow (1903 Kasan), Porfiri Nikititsch Krylow (1920 bei Tula), Nikolai Aleksandrowitsch Sokolow (1903 Moskau)
Studium an den Höheren Kunsttechnischen Werkstätten (Graphik) Moskau. – Durch Karikaturen für die Wandzeitung des Instituts (Wehutemas) wurden sie 1922 miteinander bekannt. Zuerst Kuprijanow (Kukry) und Krylow (Krykup). Ab 1924 mit Sokolow (Niks). Ihre Arbeitsmethode: Die Ideen werden gemeinsam besprochen, jeder skizziert einzeln, der beste Entwurf wird ausgewählt, ergänzt, geht von Hand zu Hand, erhält die endgültige Form. Ab 1925 erstmals gemeinsame Kollektiv-Karikaturen in der Zeitschrift *Komsomolskaja prawda*: „In Freundschaft den jungen Dichtern und Schriftstellern". Regelmäßige Veröffentlichungen in: *Prawda, Roter Stern* und in der Satire-Zeitschrift *Krokodil* als Stammzeichner.
Neue Mitarbeiter-Zeichner kamen im Laufe der Zeit hinzu, aber die Bedingung: bolschewistische Parteilichkeit blieb. – Es entstanden Illustrationen zu Werken von Gogol, Gorki, Saltykow-Schtschedrin, Tschekow u.a. Gemeinsam schufen sie Gemälde, u.a. „Soja Kosmodemjanskaja", „Das Ende", „Weliki Nowgorod" (weltbekannt) sowie satirische Theaterdekorationen.
Veröffentlichungen in der DDR-Presse in: *Der Sonntag, Tägliche Rundschau, Sowjet Union, Neue Heimat* u.a.
Ausst.: Majakowski-Galerie, Berlin/West, „Politische Karikaturen aus der Sowjetuntion: KUKRYNIKSY" (1970, 1972)
Ausz.: Mitarbeiter der Akademie der Künste der UdSSR, mehrere Staatspreise. Ehrentitel: Volkskünstler der RSFSR, 5 mal Stalinpreisträger
Lit.: *Who's Who in Graphic Art* (I), S. 482; G. Piltz: *Geschichte der europäischen Karikatur* (1976), S. 251 ... 289, 306; Ausst.-Kat.: *Bild als Waffe* (1984), S. 137

## MECKI – Mythos und Maskottchen

Gestalter: Die drei Brüder Diehl in Gräfelfing bei München
Dr. Paul D., als Drehbuch-Autor
Hermann D., Bildhauer/Architekt (1906-1983) als Puppengestalter

Ferdinand D., Kameramann, Pionier des Puppenfilms 1937 Start des Puppenfilms „Wettlauf zwischen Hase und Igel" (nach dem Buxtehuder Märchen). Mitte Oktober 1949 wird der bauernschlaue Igel Titelfigur und Redaktions-Maskottchen der Programm-Zeitschrift *Hörzu* und beliebtester Publikums-Puppenstar. Gefördert durch die jahrelangen wöchentlichen Comic-Abenteuer der Zeichner Reinhold Escher, Wilhelm Petersen. 1953 wurde die MECKI-Frisur zum Hit des Jahres. Eduard Rhein (geb. 1900), 20 Jahre lang Chefredakteur von *Hörzu* machte „MECKI" populär. Er schrieb jedes Jahr ein MECKI-Buch. Ab 1976 immer wieder „Mecki"-Geschichten in *Hörzu*. Auch Vermarktung als Bilderbücher, Langspielplatten, Mecki-Puppen, Spielzeug, Industrie-Erzeugnisse.

Ausst.: „MECKI"-Mythos und Maskottchen, Städtische Galerie, Palais Stutterheim, Erlangen (1984)

Lit.: Ausst.-Kat.: *Mecki – Maskottchen und Mythos* (E. Sackmann); Presse: u.a. *Neue Linie* (1938); *Constanze* (25/1955); *Der Spiegel* /3/1968); *Hörzu* (16/1988)

## Plastiker-Team: Law-Fluck

Roger Law

* 1941 Cambridge, Karikaturist für *Sunday Times*

Peter Fluck

* 1941 Cambridge, Gemeinsames Studium an der Cambridge School of Art

Karikaturen-Plastiker-Team seit 1976 für die TV-Serie „Spitting Image". (Vorbild für die deutsche Fernsehserie „Hallo Deutschland", WDR). Marionetten-Puppen politischer Personen oder des Königshauses werden mit schwarzem britischem Humor und Satire als Horror-Kabinett der englischen Nation verulkt (Schlüsselloch-Erlebnisse).

Englische Produktion: Privates „Central TV" – Produzent: John Lloyd – Fotograf der Figuren: John Lawrence Jones – Sendezeit: Sonntags 22 Uhr, Sehbeteiligung 10 Millionen Zuschauer.

Fernsehen: ARD (29.12.1986).

Weitere Erfolge: Charles Dickens: *Ein Weihnachtslied*, im Plastilin Szene gesetzt (*stern*); *stern*-Titel: „Jimmy Carter" (45/1976); *Spiegel*-Titel in: „Duell im Spiegel" – Strauß-Schmidt (40/1980)

Lit.: Presse: *Hörzu* (13/1984); *Bunte* (43/84, 11/85, 5/86, 25/86); *Der Spiegel* (40/80, 52/83, 41/85, 11/86, 13/87)

## Porträtzeichner-Kollektiv: Mulatier-Morchoisne-Ricord

Mulatier und Ricord: Gemeinsame Schulzeit, gemeinsames Studium an der „École Penningken" und der „École des arts décoratifs", Paris. Bei der Mitarbeit am Magazin *Pilote* machten sie die Bekanntschaft mit Morchoisne. Das Künstler-Kollektiv entwickelte seine neuartigen Porträt-Karikaturen nach ausgewählten Fotos mit charakteristischen Gesichtszügen, um diese übersteigert zu karikieren. Die Porträt-Karikaturen von Strauß, Kohl, Schmidt und Genscher erregten Aufsehen und wurden auch als Poster hergestellt. Ein Schreiner schnitzte nach den Vorlagen die Karikaturen-Köpfe in altes Eichenholz. – Veröffentlichungen in: *Le nouvel Observateur, The Sunday Times, Der Spiegel, stern*. – Film: „Grandes Gueules Superstars".

Ausst.: Prominenten-Karikaturen aus internationalen Zeitschriften der letzten 10 Jahre, Mecanorma Graphik Center 150, Paris (Mai 1979)

Publ.: (Porträt-Karikaturen in Buchform) *Les grandes Gueules* (1979); *Grandes Gueules de France* (1980); *Les Grands Prédateurs* (1981); *Grandes Gueules Superstar* (1981); *The Animals who govern us* (1986)

Lit.: *Who's Who in Graphic Art* (I+II) 1968 u. 1982; Presse: (u.a.) *Esquire* (142/1972); *Zoom* (63/1979); *Graphis* (204/1980); *Der Spiegel* (35/1976, 38/1976, 39/1976, 20/1979, 5/1984, 42/1986); *stern* (16/1975, 39/1976, 22/1976)

## TV-Polit-Satire „Hurra Deutschland"

Showmaster Alfred Biolek gab Anstoß und Kapital zu dieser deutschen Serie nach der englischen Satire „Spitting Image".

Start: ARD, 19. Juni 1989 (10 Folgen), 9. Juli 1990 (6 Folgen). Jeweils 15 Minuten Sendezeit.

Autor: Stefan Lichter, Produzent: Andreas Lichter, Moderator: Gero v. Storck, Hersteller: Fa. Gum, Köln (Ableger des Show-Unternehmens: Pro, mitbeteiligt Entertainer Alfred Biolek), Mitarbeiter: Karikaturisten, Maskenbildner, Puppenspieler, Stimmen-Imitator: Stefan Wald (Kabarettist).

Lit.: Presse: *Hörzu* (24/1989, 30/1989); *B.Z.* (v. 21. Juni 1989, v. 24. März 1989); *Der Spiegel* (26/1989, 46/1989)

# A

**Abeking**, Hermann
* 26.08.1882 Berlin
Karikaturist, Graphiker, tätig in Berlin
H.A. kam künstlerisch aus dem Jugendstil, den er später in geometrische Formen abwandelte. Zeichner für die Berliner Presse und Werbung. Mitarbeiter bei *Lustige Blätter*, *Ulk* (*Berliner Tageblatt*), *Brummbär* (*Berliner Morgenpost*), *Berliner Illustrirte Zeitung*, *Kölnische Illustrierte*.
– Humoristische, aktuelle, satirische, politische, zeitkritische Karikaturen, Illustrationen zu den Büchern von Rideamus.
Publ.: *Wie ich arbeite* (*Lustige Blätter* 46/1935)

**Achenbach**, Andreas
* 29.09.1815 Kassel
† 01.04.1910 Düsseldorf
Landschaftsmaler, Zeichner
Studium: Akademie Düsseldorf (1825-35), bei W. Schadow und Schirmer. Nach verschiedenen Reisen seit 1846 in Düsseldorf. – Mitarbeiter der *Düsseldorfer Monatshefte* ( = Zeitsatire und politische Zeichnungen). In der Landschaftsmalerei Vorliebe für dramatisch-bewegte Staffage, Bruch mit der Romantik. Zusammenarbeit mit Alfred Rethel.
Lit.: Voß: *A.A.* (1896); E. Fuchs: *Die Karikatur der europäischen Völker*, Bd. II, S. 46, 84, 85, Abb. 27, 42; G. Piltz: *Geschichte der europäischen Karikatur* (1976), S. 162; Ausst.-Kat.: *Düsseldorfer Malerschule*, S. 241; L. Clasen: *Düsseldorfer Monatshefte* (1847-49), S. 483; G. Hermann: *Die deutsche Karikatur im 19. Jahrhundert* (1901), S. 51

**Achenbach**, Oswald
* 02.02.1827
† 01.02.1905 Düsseldorf
Maler, Bruder von Andreas A.
Studium: Akademie Düsseldorf (1835-41), bei Schirmer. – 1850 entscheidende Eindrücke in Italien (Landschaften). Mitarbeiter der *Düsseldorfer Monatshefte* (Anregungen durch seinen Bruder, ebenfalls zeitkritische Themen).
Lit.: Cäcilie Achenbach: *O.A.* (1912); G. Hermann: *Die deutsche Karikatur im 19. Jahrhundert* (1901), S. 51; Ausst.-Kat.: *Die Düsseldorfer Malerschule* (1979), S. 247; Franz Conring: *Das deutsche Militär in der Karikatur* (1907), S. 21

**Adam**, Julius
* 18.05.1852
† 23.09.1913 München
(aus der bekannten Nördlinger Künstlerfamilie)
Zeichner, Maler, Fotograf, tätig in Gern b. München
Studium: Akademie München, bei Wilhelm Diez (1876-84) – J.A. war vor dem Studium bereits in Brasilien als Zeichner und Landschaftsfotograf tätig. Als Maler bevorzugte er Porträts, Genre- und Tiermalerei. Bekannt wurde J.A. durch seine Darstellungen aus dem Katzenleben, die er mit virtuoser Sicherheit, einzigartiger Beobachtungsgabe und viel Humor in ihrem verspielten und anmutigen Temperament gezeichnet hat (Deshalb auch „Katzenadam" genannt).
Publ.: (Mappenwerke) *Bilder aus dem Katzenleben* (1892), *Vom Kätzchen* (1894)
Lit.: H. Holland: *Das Werk der Familie Adam* (1890); Spemanns: *Goldenes Buch der Kunst* (1904), Nr. 1072

**Adamo**, Max
* 03.11.1837
† 31.12.1901
Zeichner, Holzschneider
A. bevorzugte humoristische Zeichnungen und schnitt sie in Holz, sie zeigen gutbürgerliches Gesellschaftsleben, harmlos und bieder. Mitarbeiter bei den *Fliegenden Blättern*.
Lit.: G. Piltz: *Geschichte der europäischen Karikatur*, S. 204

**Addams**, (Charles Samuel) Chas
* 07.01.1912 Westfield/New York
† 1988 New York
USA-Cartoonist des Makabren
Studium: Architektur – danach New York Central School of Art. – C.A. begann mit Cartoons über Clubs und Sex – seit 1935 regelmäßige Mitarbeit bei *The New Yorker*. Ab 1940 entwickelt er seinen eigenen makabren Humor mit Monstern und Horrorfiguren. Die Zeichnungen haben einen psychologischen Hintergrund. In der realistisch dargestellten Umwelt der Zeichnungen wird das Unmögliche zum Wahrscheinlichen. In einer normalen Umwelt sieht C.A. das Absurde, Widersinnige und Groteske. C.A.-Zeichnungen gelten als charakteristisch für angelsächsischen schwarzen Humor. Man nennt ihn den „Dracula des Zeichenstifts".
Publ.: *Addams and evil* (1947); *Monster rally* (1950); *Home bodies* (1954); *Gespensterparade* (1954); *Addams und Eva* (–); *Gezeichnete Märchen aus aschgrauer Zeit*; *Drawn and Quartered*; *Es war einmal* (1963); *Schwarze Scherze*; *Unerwünschte Wohltaten*.
Fernsehen III: *Die Addams-Familie* (Film nach Charakteren von C.A. 25.4.1977)
Lit.: *Brockhaus Enzyklopädie* (1968) Bd. 1, S. 114; Presse: *Blick* (Nr. 16/1948); *Süddeutsche Zeitung* (Nr. 205/1967); *Die Welt* (Nr. 251/1963); *Der Spiegel* (Nr. 8/1970); *Illustrierte Presse* (Nr. 37/1971)

**Ade**, Mathilde
* 08.09.1877 Sárbogárd/Ungarn
† 1954 Dachau
Illustratorin, Humorzeichnerin, tätig in Grünwald b. München, ab 1922 in Dachau
Studium: München (Kunstgewerbeschule) – Mitarbeiterin der *Meggendorfer Blätter* (1895-1920), zeichnete über 600 Blätter. Später Mitarbeiterin bei der *Jugend* und Illustratorin von Kinderbüchern für den Verlag Schreiber, u.a. das *Über-Kinder-Bilderbuch* (1902), *Ein lustiges Kinderbuch* (1906) mit eigenen Texten. Stilistisch beeinflußt vom japanischen Holzschnitt und vom Jugendstil. – Themen: Humoristische und gesellschaftskritische Zeichnungen sowie Exlibris-Entwürfe.
Lit.: L. Hollweck: *Karikaturen* (1973), S. 88, 89; Ausst.-Kat.: *Zeichner der Meggendorfer Blätter/Fliegende Blätter 1894-1944*, S. 6 (Galerie Karl & Faber, München, 1988); H. Herbst: *Die Illustrationen der „Meggendorfer Blätter"*, Oberbayrisches Archiv München, München (1981, Bd. 106); *Das große Lexikon der Graphik* (Westermann 1984), S. 96

**Aeberli**, Kurt→ TRUK (Ps.)

**Aeschbach**, Hans
* 1911 Schweiz
Graphiker in Zumikon/ZH
Lehrer an den Vorschulklassen der Kunstgewerbeschule Zürich.
Ausst.: *Karikaturen – Karikaturen?* (Kunsthaus Zürich, 1972; G. 31: Porträt Max Bill – um 1928 –, G. 32: Porträt A. Dubout – um 1946)
Lit.: Ausst.-Kat.: *Karikaturen – Karikaturen?* (1972), S. 62 (Kunsthaus Zürich)

**AF** (Ps.) → **Faust**, Arnold

**Ahrendts**, Konrad
* 17.12.1855 Müncheberg
† 06.12.1901 Weimar
Zeichner, Silhouettenkünstler und Illustrator
Lit.: G. Hermann: *Die deutsche Karikatur im 19. Jahrhundert* (1901), S. 60

**Akis** (Ps.) → **Parasoglou**, Theodoras

**Albrecht**, Henry
* 30.04.1857 Memel/Ostpreußen
† 1909 Starnberger See
Maler, Zeichner, Karikaturist, ab 1882 in München tätig
Studium: Kurzes Studium an der Akademie München, bei Otto Seitz, danach autodidaktische Weiterbildung. – H.A. zeichnete für das humoristische Wochenblatt *Kunterbunt* (nur 5 Ausgaben 1883 erschienen) und andere humoristische Blätter, ab 1883 ist er ständig für die *Fliegenden Blätter* tätig. Er arbeitete aber auch an den Buchausgaben des Verlages Braun & Schneider mit sowie an anderen Zeitschriften, u.a. an der Kneipzeitung der 1873 gegründeten Künstlervereinigung „Allotria". H.A. kannte das bayrische Milieu gut und zeichnete es mit flottem Strich. Seine Zeichnungen sind Humoresken, sie karikieren menschliche Schwächen, Verhaltensweisen und Eigenschaften und sind unverkennbar im Stil.
Lit.: L. Hollweck: *Karikaturen* (1973), S. 82, 97, 113

**Albu**, Hans-Dirk
* 22.11.1914 Berlin
† Jun. 1979 Berlin/West
Maler, Karikaturist, Schriftsteller
Zwischen 1933 und 1945 Arbeitsverbot, galt als entartet. Nach 1945 Mitarbeit bei *Der Insulaner*, *Telegraf*, *Puck* und *Telegraf-Illustrierte*. A. zeichnete groteske, drollige, kauzig-skurrile, humoristische sowie politische Karikaturen. Nebenher dichtete er Lebensweisheiten in Versen. 15 Jahre war er täglich als „Spatz" auf Seite 1 im *Telegraf* mit Versen zu lokal-politischen Themen vertreten.
Lit.: Ausst.-Kat.: *Turnen in der Karikatur* (1968); Presse: *journalist* (Nr. 8/1979)

**Alconieri**, Theodor H.
\* 1798 Nagy Marton/Ungarn
† 10.06.1865 Wien
Ungarischer Maler und Zeichner
Mitarbeiter der *Theater-Zeitung* in Wien. – Themen: Humoristische Szenen.
Ausst.: *Karikaturen – Karikaturen? Kunsthaus Zürich, 1972: G. 191)*
Lit.: Ausst.-Kat.: *Karikaturen – Karikaturen?* (1972/Kunsthaus Zürich); Ausst.-Kat.: *Populäre Graphik des 19. Jahrhunderts* (1970), S. 275

**Aleus**, Marc (Ps.?)
Lebensdaten unbekannt
Politisch-satirischer Zeichner in Wiesbaden
Marxistisch-politische Karikaturen für die kommunistische Presse der zwanziger Jahre, besonders für den *Knüppel*. Dreiviertel aller dort veröffentlichten Karikaturen stammen von ihm.
Lit.: G. Piltz: *Geschichte der europäischen Karikatur* (1976), S. 259/260

**Alex** (Ps.) → **Holbeck**, Flemmig

**Alf**, Renate
\* 1956 Göttingen
Cartoonistin, Lehrerin für Biologie/Englisch in Freiburg i. Br.
Studium: Pädagogik, Biologie, Französisch (1974-80) in Freiburg, bis 1983 Referendarin an einem Gymnasium. – Ab 1973 Cartoons-Veröffentlichungen mit und ohne Worte.
Publ.: *Vielleicht sollte ich die Ohren mal nach hinten tragen* (1985)
Lit.: *Wenn Männer ihre Tage haben* (1987); *70mal die volle Wahrheit* (1987)

**Alisch**, Horst
\* 1925 Berlin
Pressezeichner
Veröffentlichungen u.a. in *Zeit im Bild, B.Z. am Abend, Frischer Wind*. – Kollektivausstellungen, „Satiricum '82", „Satiricum '84", „Satiricum '90", Greiz
Lit.: *Resumee/Ein Almanach der Karikatur* (3/1972); Ausst.-Kat.: *Satiricum '82, Satiricum '84, Satiricum '90*

**Allers**, Christian Wilhelm
\* 06.08.1857 Hamburg
† 19.10.1915 Karlsruhe
Maler, Pressezeichner, Illustrator; Ausbildung als Lithograph
Studium: Akademie Karlsruhe, bei Ferdinand Keller. Mitarbeiter der humoristischen Zeitschrift *Berliner Wespen*. – C.W.A. reiste viel und schilderte in der Art eines Reporters, mit Blick für Realitäten und einem natürlichen Humor für Menschen und Situationen eine gemütliche Lebenswelt, ohne politische oder soziale Probleme. Seine Reiseskizzen erschienen in Bildmappen und waren um 1900 sehr beliebt und verbreitet. C.W.A. war einer der ersten Pressezeichner und bereitete den Berliner bürgerlich-malerischen Impressionismus von Skarbina, die sozialkritischen Zeichnungen von Zille, Baluscheck und der Kollwitz vor, bis hin zu Fritz Koch-Gotha, dem Meister der bürgerlich-humorvollen Darstellung. Als Maler war er ein guter Porträtist, und er war der letzte, der Bismarck porträtiert hat. Die deutsche Bundespost brachte 1969 einige seiner Berliner Typen aus seiner Serie *Spreeathener*, den „Zeitungsverkäufer", „Pferdeomnibus" (beide zu 10 Pfg.) und „Am Brandenburger Tor" (zu 50 Pfg.) heraus. Eine Weinbrandfirma hat in den fünfziger Jahren unter dem Titel „Aus der guten, alten Zeit" seine Zeichnungen für Werbung verwendet.
Publ. (Bildermappen): *Silberne Hochzeit bei Kanzleirat Kergelmann; Klub Eintracht; Hochzeitsreise; Die Meininger; Fürst Bismarck; Capri; Die Spreeathener*
Lit.: Olinda: *Freund Allers* (1894); G. Piltz: *Geschichte der europäischen Karikatur* (1976), S. 206; *Der große Brockhaus* (1928) Bd. 1, S. 303

**Alpha** (Ps.)
\* 1938 Paris
Bürgerlicher Name: Claude Prothee
Französischer Karikaturist, Innenarchitekt
Studium: Ecole Nationale des Arts appliquées, Paris. – Karikaturist seit 1952. Veröffentlichungen in Frankreich u.a. in: *Le Soir, Midi Libre, Lui, Echo de la Mode*. Veröffentlichungen in der Bundesrepublik u.a. in: *Freundin, Freitag, Freizeit-Magazin*.
Publ. (Deutschland): *Alpha's herrliche Zeiten*

**Alsteens**, Gerard → **GAL** (Ps.)

**L'Amare**, Pierre
\* 05.07.1915 Dresden
Kostümzeichner und Bühnenbildner, u.a. im Ausland: Schweiz, Italien, Jugoslawien, Ungarn, Signum: „P$^b$A."
Studium: Kunstakademie Leipzig. – Hugenotten-Abkömmling, Vater ev. Pfarrer in Plauen/Vogtland. Kam von der Dresdener Volksbühne 1948 nach Berlin-West und zeichnete u.a. für: *Elegante Welt, Uhl, Der Insulaner, Telegraf-Illustrierte, Herrenjournal, Frankfurter Illustrierte*. 1951 wanderte er mit seiner Frau, der Schauspielerin Jo Kronemann, nach Kanada aus.
Ausst.: Beteiligung an der Cartoon-Ausstellung: „House of Humour and Satire – Gabrovo /Bulgaria" (1977)

## Amigo (Ps.)
* 12.11.1920 Berlin

Bürgerl. Name: Erwin Kaysersberg
Grafiker, Karikaturist
Mitarbeit bei den *Stuttgarter Nachrichten* (ab 1949). Veröffentlichungen u.a. in: *Computer-Magazin, Motorrad, stern, mot, Auto Motor Sport, Daco-Kalender, Amtsblätter*. Schnellzeichner bei Veranstaltungen. – Humoristische Karikaturen, Porträt-Karikaturen Prominenter, u.a. aus dem Gebiet des Sports.
Ausst.: Teilnahme an der Karikaturen-Ausstellung „Cartoon 80", Berlin/West
Publ.: *Werbe-Rundschau; Technik in der Karikatur*
Lit.: *Beamticon* (1984), S. 139; H.O. Neubauer: *Im Rückspiegel/Die Automobilgeschichte der Karikaturisten 1886-1986*. Königstein im Taunus: 1985, S. 238, 144

## Ane (Ps.)
* 12.09.1924 Kowno/Litauen

Bürgerl. Name: Aribert Nesslinger
Karikaturist, Pressezeichner
Mutter: Russin, Vater: Ostpreuße. A. kam 1939 nach Berlin – war Soldat von 1942-45 und 5 Jahre in russischer Gefangenschaft –, danach Besuch der privaten Pressezeichnerschule Skid, Berlin-Halensee. A. begann als Kinoplakatmaler und ab 1950 als Karikaturist für die Westberliner und westdeutsche Presse. Mitarbeit u.a. bei *abz-Illustrierte, Frankfurter Illustrierte, Neue Illustrierte, Bunte, Welt am Sonntag, Illustrierte Woche, Freizeit-Revue, Deutsche Illustrierte, Neue Post, Hörzu*. Seit 1959 ist er ständiger Karikaturist bei *Der Abend* mit täglicher Kolumne „... und so sieht's Ane" (bis zur Einstellung der Zeitung), danach in gleicher Funktion bei *Der Tagesspiegel*. 9 Jahre lang lief die Comic-Folge *Pitter* (ab 1956 *Neue Illustrierte*). A. schuf aktuelle, zeitkritische, humoristische Karikaturen und Werbekarikaturen, sowie die Illustrationen zu dem Roman von Alfred Hentsch: *Heirate keinen Fußballer*.
Beteiligung an Kollektiv-Ausstellungen/Ausz.: „150 Jahre Berliner Humor" (Rathaus Schöneberg Berlin, 1953), „Menschen-Tiere-Sensationen" Deutschlandhalle Berlin (1963/64), „Goldener Malstift" – Ausstellung A.N. + H.J. Stenzel im Hotel Kempinski, Berlin-West (1971), „75. Berliner 6-Tage-Rennen" Deutschlandhalle (1977), „Cartoon Weltausstellung der Karikatur", Berlin-West, 1975, 1977 (Sonderpreis 1980), „Berliner Karikaturisten" (Kommunale Galerie 1978), „Turnen in der Karikatur" (1968)
Publ.: *Pitters Abenteuer* (ein moderner Däumling), als Buch erschienen
Lit.: Ausstellungskataloge der genannten Ausstellungen; *Wolkenkalender* (1956)

## Anetsberger, Hans
* 28.10.1870 München

Maler, Zeichner
Mitarbeiter des *Simplicissimus* und der *Jugend*. – Humoristisch-satirische Karikaturen.
Lit.: L. Hollweck: *Karikaturen* (1976), S. 134, 138, 168; Faksimile Querschnitt *Simplicissimus*

## Angeluschew, Boris → Fuck, Bruno (Ps.)

## Angerer, Rudolf
* 28.10.1923 Oberösterreich

Pressezeichner, Karikaturist, Signum: „RANG"
Studium: Akademie für angewandte Kunst, Wien. – Angestellter in einer Wirtschaftsorganisation – entdeckt als Karikaturist des *Kurier*, zeichnet für österreichische und ausländische Zeitungen, ständige Mitarbeit am *Wiener Kurier* u.a. R.A. schuf Buch-Illustrationen, u.a. zu: *Seid nett zu Vampiren, Krokodile fliegen nicht, Ich erinnere mich nicht, Paradies neu zu vermieten* (Kishon), *Heiterkeit auf Lebenszeit, Die lieben Verwandten und andere Feinde, Verliebt, verlobt, geheiratet* (Hugo Wiener). Er ist verheiratet mit der Schwester des Schriftstellers Johannes Mario Simmel. – Karikaturen zum Zeitgeschehen, politisch, aktuell, humoristisch. Er zeichnete die Comic-Figur „Herr Strudl".
Ausst.: 1977 Osram, Wien (zus. mit K. Hellmuth Machek)
Ausz.: 1971 „Renner-Preis", der „Oskar" der Alpenrepublik für besondere publizistische Leistungen
Publ.: *Helden und andere Menschen; Blattl vorm Mund; Glasl vorm Aug'; Angerers Nibelungenlied; Erste Hilfe* (Cartoons zur Zeit)

## Annel, Ulf
* 1955

Karikaturist/Erfurt
Kollektiv-Ausstellung: „Satiricum '90", Greiz
Lit.: Ausst.-Kat.: *Satiricum '90*

## Appelmann, Karl-Heinz
* 1939

Karikaturist/Berlin (Ost)
Kollektiv-Ausstellung: „Satiricum '84", Greiz
Lit.: Ausst.-Kat.: *Satiricum '84*

## Arndt, Klaus
* 1932 Berlin

Karikaturist, Signum: „AK"
Veröffentlichungen u.a. in: *Neues Deutschland, Eulenspiegel*. – Politisch-aktuelle Karikaturen.
Kollektiv-Ausstellung: „Satiricum '78"

Lit.: *Resumee – ein Almanach der Karikatur* (3/1972); Ausst.-Kat.: *Satiricum '78*

**Arne** (Ps.)
* 1920 Dänemark

Bürgerl. Name: Arne Jörgensen, Signum: „Arne" (aus dem A machte er ein lachendes Gesicht mit Zylinder) Dänischer Fotograf, Karikaturist
A. arbeitete lange als Kameramann, drehte Zeichentrickfilme – danach zeichnete er Karikaturen für Zeitungen und Zeitschriften. Deutsche Veröffentlichungen u.a. in *Koralle*. Seine Themen nimmt A. aus dem Alltagsleben, er zeichnet humoristische Karikaturen, mit und ohne Text, z.T. grotesk in Idee und Stil.
Lit.: *Heiterkeit kennt keine Worte*

**Arnemann**, Sepp
* 1917 Parchim

Ausbildung als Werbegraphiker, Pressezeichner in Hamburg
A. war seit den fünfziger Jahren viele Jahre Hauszeichner der Zeitschrift *TV Hören + Sehen*. Die wöchentlich veröffentlichten Humorseiten erschienen als Sammelbände ab 1970. – Allgemeiner bürgerlicher Humor, heitere Familien-Serien.
Publ.: *Nimm's mit Humor*; *Heiter betrachtet*; *Heiter gehts weiter* I + II
Lit.: *Heiterkeit braucht keine Worte*; H.O. Neubauer: *Im Rückspiegel/Die Automobilgeschichte der Karikaturisten 1886-1986*. Königstein im Taunus: 1985, S. 238, 196, 138

**Arno**, Peter (Ps.)
* 08.01.1904 New York (City)
† 22.02.1968 (auf einer Farm in Connecticut/b. New York)

Bürgerl. Name: Curtis Arnoux Peters
USA-Cartoonist – Star-Cartoonist bei *The New Yorker*
Studium: Yale College (nur kurze Zeit). – Ab Nr. 1 von *The New Yorker* (gegr. 21.2.1925) war P.A. ständiger Zeichner, nebenher auch für amerikanische und englische Zeitschriften. Seine Themen sind: Die New Yorker „High society" (zu der er – Sohn eines reichen Richters – selbst gehörte), ihre Extravaganzen und absurden Verspieltheiten – kritisch-phantasievoll gesehen – und die New Yorker, z.T. boshaft – aggressiv – mit ihren Tücken und den technischen Pannen des Alltags. In einer seiner Zeichnungen registriert der Konstrukteur bei einem Flugzeugabsturz: „Well, back to the drawing board!" (Nun zurück an das Zeichenbrett), was zum geflügelten Wort in USA wurde. Nebenher war P.A. Revue- und Filmschriftsteller, Pianist, Banjospieler und Gründer einer Jazzband (zus. mit Rudy Vallee). 1951 zog er sich aufs Land zurück, nahe New Yorks. Seine letzte Zeichnung erschien in seiner Todeswoche. Sie zeigt ein hübsches Mädchen, welches einem Faun enttäuscht zuruft: „Oh, grow up!" (Werde doch endlich erwachsen!)
Einzelausstellungen (über 50) in USA, England, Frankreich und zahlreiche Auszeichnungen.
Publ. (Auswahl): *Parade* (1930); *Hullabaloo* (1932); *Circus* (1933); *For Members Only* (1935); *Man in the Shower* (1944); *Hell of a way to run a railroad* (1951); *Peter Arno* (1979); in Deutschland: *P.A. Cartoons* (1983)
Lit.: *The Penguin Book* 1217; Presse: u.a *Hamburger Illustrierte* (1938); Besprechungen in *Der Sonntag* (DDR 29.5.49), *Die Welt* (7.7.1984) u.a.

**Arnold**, Claus
* 17.10.1919 München

Graphiker, Karikaturist
Studium: Akademie für angewandte und bildende Kunst, München (1937-40). – Seit 1950 lebt C.A. als freischaffender Graphiker und schuf über 50 Buchillustrationen, Schutzumschläge, Einbandentwürfe, Plakate, Broschüren, Glückwunschkarten, Zeichen-Trickfilme. Graphiken für Verkehrserziehung und innerbetriebliche Schulung. Unwesentliches wird in der Darstellung weggelassen. Man fühlt sich erinnert an den Zeichenstil von Karl Arnold. Seit 1970 ist die Entwicklung zur graphischen Linie zu beobachten. Als Karikaturist veröffentlichte C.A. in: *Quick*, *Autowelt* u.a. C.A. ist der zweite Sohn des Simplicissimus-Zeichners Karl Arnold und der Porträtmalerin Anne-Dore, geb. Volquardsen. Er verwaltet den künstlerischen Nachlaß seines Vaters. Mit Frau und Tochter lebt er seit 1970 auf Schloß Hornburg a.d.J. K.A.s Themen sind: die Armseligkeit, der Bemitleidenswerte etc.
Gruppen-Ausstellungen: Städtische Galerie München (1951), Wilh.-Busch-Museum, Hannover (1968), Kunstkreis Hameln (1970).
Einzel-Ausstellung: „C.A. Satiren und Arabesken", Wilh.-Busch-Museum, Hannover (1977)
Ausz.: Bundesverdienstkreuz am Bande (1983)
Lit.: Ausst.-Kat.: Friedrich Bohne: *C.A. Satiren und Arabesken* (Wilh.-Busch-Museum, Hannover, 1977); Ausst.-Kat.: *typisch deutsch?* (35. Sonderausst. Wilh.-Busch-Museum, Hannover, S. 10)

**Arnold**, Hans
* 22.04.1925 Sursee/Schweiz

Schweizerisch-schwedischer Cartoonist, seit 1954 in Stockholm
Studium: Kunstgewerbeschule, Luzern, bei Max von Moos, Académie Julian, Paris, Académie Grande Chaumière. – Seit 1958 ist H.A. für eine schwedische Wochenzeitung tätig, in Deutschland Mitarbeit bei *Pardon*. – Cartoons ohne Worte, schwarzer Humor, Horror-Erotic,

Trickfilm (für das schwedische Fernsehen), Buch-Illustrationen.
Ausst.: H.A., Wilh.-Busch-Museum, Hannover (Juni 1972)
Publ. (Schweden): *Matulda och megasen* (1967); *Alladin och den underbara Lampen* (1968); *Allra käraste Syster* (1973); *Halläh, halläh, har ni hört vad som stär pä* (1978); Publ. (Deutschland): *Monsterland, Frankenstein in Sussex* (1969, zus. mit H.C. Artmann); Illustrationen zu: *Gugerells Hund* (Text: Christine Nöslinger, 1974); *Räuber Herzausstein* (1971)
Lit.: Ausst.-Kat.: *H.A.*, Wilh.-Busch-Museum, Hannover (1972); *Schweizer Bilderbuch-Illustratoren 1900-1980*; Horst Künnemann: *Profile zeitgenössischer Bilderbuchmacher* (Nr. 2) (Beihefte zum Bulletin Jugend und Literatur) 9/S. 25-30; Presse: Bespr. in *Braunschweiger Zeitung* (27.6.1972 R.H.)

**Arnold**, Karl
\* 01.04.1883 Neustadt/bei Coburg
† 29.11.1953 München
Karikaturist, Graphiker
Studium: Herzogl. Industrie- und Gewerbeschule Neustadt (Modellieren 1897), Akademie München, bei Karl Raupp, L.v. Löfftz, F.v. Stuck (ab 1901). – (Vater: Fabrikant, Landtags- und Reichstagsabgeordneter). Mitarbeiter bei *Jugend*, *Simplicissimus*, später bei den *Lustigen Blättern*. 1913 Gründungsmitglied der „Neuen Sezession" München. 1915 Soldat, Mitarbeiter an der *Liller Kriegszeitung* und deren Buchveröffentlichungen. 1917 Teilhaber am Simplicissimus (Anteil des verstorbenen Rezniceks). In den zwanziger Jahren Mitarbeit am Schweizer *Nebelspalter*, am *Söndagnisse*, Schweden, und *Aftenbladet*, Norwegen. 1928 Vertrag mit der *Münchner Illustrierten Presse* (monatlich zweiseitiger Beitrag). 1936 Exklusivvertrag mit der *Berliner Illustrirten Zeitung*. 1939 Ernennung zum Professor (am Tag der Deutschen Kunst). 1953, zum 70. Geburtstag, Kunstpreis der Stadt München, Ehrenmitglied der Hochschule für Bildende Künste. Buchillustrationen, Werbegraphik. – K.A.s Themen waren: Münchener Milieu, echte Typen, ob ländlich oder städtisch, ob altbayrisch oder aus Schwabing, stets in treffender Charakterisierung. Zeiterscheinungen wurden in karikaturistischer Offenheit dargelegt und angeprangert. K.A. gilt als graphischer Gesellschaftskritiker politischer und wirtschaftlicher Zustände der Weimarer Republik. Er war ein zeichnender Journalist mit eigenen Ideen, ein pointierter Texter seiner Zeichnungen. Bild und Text assoziierten einander. Deshalb war er auch beim *Simplicissimus* Redakteur für Bilder und Texte. K.A.s Stil war das Charakterisieren, Vereinfachen, dabei wichtige Details berücksichtigen, die stenographische Beschränkung auf die Linie als Ausdrucksmittel – konzentriert, treffsicher, um die beabsichtigte Wirkung zu erzielen, die souveräne Weltsicht einer liberalen Auffassung, intellektuelle Interpretation in formaler Meisterschaft.
Ausst.: Einzel- und Kollektivausstellungen 1914-75 (22) und Ausst.-Kataloge
Publ.: *K.A.s Kriegsflugblätter der Liller Kriegszeitung* (1915 u. 1917); *Das lustige Büchel der Liller Kriegszeitung*, 1-3 (1916/17); *Berliner Bilder* (1924) – 1938 auf die Liste für schädliches und unerwünschtes Schrifttum gesetzt; *Das Schlaraffenland des Hans Sachs* (1925); *Der Mensch ist gut, aber die Leut san a G'sindel* (1952); *Schwabing und Kurfürstendamm* (1953); *Hoppla, wir leben!* (1956); *Drunter, drüber, mittenmang* (1979)
Lit.: *K.A. Leben und Werk* (hrsg. v. Fritz Arnold, 1979); *K.A. Typen und Figuren der zwanziger Jahre* (hrsg. v. Herwig Guratzsch, 1989); Presse: zahlreiche Buchbesprechungen 1925-77 (52)

**Arntz**, Gerd
\* 11.12.1900 Remscheid
† 08.12.1988 Den Haag/Niederlande
Graphiker, Holzschneider
Studium: Akademie Düsseldorf (ab 1919). – (Fabrikantensohn, der sich auf die Seite der Arbeiter stellte). G.A. schuf Holzschnitte mit sozial-engagierten Themen aus der Arbeiterwelt mit gesichtslosen Männchen als kapitalistischen Soldaten und mit Proletariern, als Versuch, historische Vorgänge sichtbar zu machen. Außerdem antifaschistische Holzschnitte. Düsseldorf wurde künstlerischer Ausgangspunkt G.A.s, Köln sein künstlerischer Orientierungspunkt. 1925 erste große Ausstellung seiner Holzschnitte in Köln. – Dr. Otto Neurath, Leiter des neuen Gesellschafts- und Wirtschaftsmuseums Wien, suchte einen Zeichner für eine internationale Bildsprache für Statisten und andere Lebensbereiche, deshalb zog G.A. 1929 nach Wien und 1934 (mit der Verlagerung des Instituts) nach Den Haag. G.A.s Entwürfe wurden zu Vorläufern des Piktogramm-Design. Alle heutigen Symbol-Zeichen für Straßenverkehr, Sport u.a. basieren auf seiner Symbol-Enzyklopädie. Als 1940 deutsche Truppen Holland besetzten, zerstörte er die Druckstöcke, die ihm gefährlich werden konnten. Nach 1945 war G.A. Leiter der „Nederlandse Stichting vor Statistick" in Den Haag, später für die UNESCO-Bildstatistik verantwortlich.
Ausst.: Köln (1968 und 1977); Galerie Glöckner, Köln (Dez. 1988/Jan. 89)
Lit.: Presse: *stern* (49/1980); *Der Spiegel* (51/1988); Ausst.-Kat.: *Zeit unterm Messer*, 1988

**Arx**, Heinrich von
\* 12.09.1802 Bern (nach Pater A. Schmidt)
   Olten (nach F. Fiala)
† 30.01.1858 Bern

Humorzeichner, Karikaturist, Illustrator für die Schweizer Presse
Veröffentlichungen in *Der Guckkasten* (Zeitschrift für Witz, Laune und Satire, 1840-1850), *Neuer Berner Kalender* (Hrsg. Pfarrer Bitzius – 1838-1842 u.a.), *Post heiri* (ab 1845 in Solothurn). H.v.A. zeichnete vielfach kleinbürgerlich-radikale Satiren. In der Kunstabteilung des Museums von Solothurn befinden sich zwei kolorierte Lithographien: „Junggesellen-Menage im Affenwald" (bezeichnet mit „H.v. Arx fecit"), „Altjungfern-Menage auf dem Gyrizenmoose" (o.Sig.). Ein Porträt des Künstlers (gestochen von Hubert Meyer, 1851) ist im Besitz des Verwandten Adrian von Arx in Olten. – Presse: *Berner Zeitung* vom 04.02.1858, *Oltener Bote* vom 04.02.1858, *Solothurner Blatt* Nr. 11, vom 06.02.1858 (nach der „Bernrer Zeitung"), *Solothurner Kalender* 1860, S. 31, *Solothurner Tageblatt* 1898, Nr. 249 (Beilage).
Lit.: Grand-Carteret: *Caricature*, S. 479 (Angaben nach M. Gisi); Brun: *Schweizer Künstler Lexikon*; Thieme-Becker: *Künstlerlexikon der Bildenden Künste*

**Ast,** Bernhard
Lebensdaten unbekannt
Zeichner/Beeskow
Kollektiv-Ausstellung: „Satiricum '80", 1. Biennale der Karikatur in der DDR, Greiz (1980), vertreten in „Sündenfall" – „Circus Eros"
Lit.: Ausst.-Kat.: *Satiricum '80*, S. 23

**Augustin** (Ps.)
\* 11.01.1936 Freudenthal (Böhmen/ČSR)
Bürgerl. Name: Roman Armin Buresch
Pressezeichner, Karikaturist/Oberbayern

Ausbildung auf einer Handelsschule. – A. übte verschiedene Berufe aus: Büroangestellter, Verkäufer u.a. Als Zeichner war er Autodidakt (von Bosc beeinflußt). Veröffentlichungen u.a. in: *stern*, *Kristall*, *Nebelspalter*, *pardon*, *Die Zeit*, *Quick* sowie in Anthologien des Diogenes-Verlages (1961, 1962, 1964). Dazu die Cartoon-Comic-Folge *Sie und Er*.
Publ.: *Der Massenmörder* (1964, Cartoons); *Rhabarber, Rhabarber oder Julius wird Julius* (1977, Kinderbuch)

**Auth,** William Anthony
\* 1942 Akron, Ohio/USA
Pressezeichner, Karikaturist, Medizinal-Zeichner
Studium: University of California/Los Angeles (Illustrationen, 1965 graduiert). – 1965-1971 Chefdozent für medizinische Illustration, Rancho-Los-Amigos-Hospital. Als politischer Karikaturist beim *Philadelphia Inquirer*. – Weltweiter Cartoon-Vertrieb seiner politischen Karikaturen durch Washington Post Writers Group, auch in Deutschland u.a. in *Welt am Sonntag*, *Die Welt*
Ausz.: 1976 Pulitzerpreis für die Zeichnung *O beautiful for spacious skies, For amber waves of grain*; weitere Preise Sigma Delta Chi-Award (1971), Overseas Press Club-Award (1975, 1976)
Publ.: *Behind the lines* (1971), *The Ungentlemanly Art, A History of American Political Cartoons* (Co-Autor, 1975), *The Gang of Eight* (1985), *Mean Murgatroid and the Cats* (1985)
Lit.: H.P: Muster: *Who's who in Satire and Humour* (Bd. 3/1991), S. 16

**Aydinik,** Semiramis → **Semiramis** (Ps.)

# B

**Bach**, Rainer
\*      1946 Chemnitz
Werbegraphiker, Cartoonist
Studium: Hochschule für bildende Kunst, Dresden (Abendkurse). – Veröffentlichungen im *Eulenspiegel* u.a. – Themen: Unpolitische Cartoons ohne Worte, Situationskomik, Werbegraphik
Kollektiv-Ausst.: „Satiricum '80", 1. Biennale der Karikatur in der DDR, Greiz (1980), vertreten mit: „Nächtlicher Störenfried" – „ohne Worte" – „Freude am Wasserwandern"; „Satiricum '82", „Satiricum '86", „Satiricum '88", „Satiricum '90"
Lit.: Ausst.-Kat.: *Satiricum '80*, S. 23, *Satiricum '82, Satiricum '86, Satiricum '88, Satiricum '90*; Presse: Bespr. in *Eulenspiegel* (2/1979)

**Bachem**, Bele
\* 17.05.1916 Düsseldorf
Bürgerl. Name: Renate Gabriele Böhmer, geb. Bachem
Illustratorin, Malerin, Graphikerin, Bildhauerin i. München-Schwabing
Studium: Fach-Kunstgewerbeschule Gablonz (1934-37), Staatliche Kunstschule Berlin, bei Georg Walter Rössner (der sie auf ihre Illustrations-Begabung hinwies). (Vater: Gottfried Bachem, Porträt- und Tiermaler – Lenbach-Schüler) – Verbindung durch den Journalisten und Kunsthistoriker Günter Böhmer (ihren späteren Mann) zur Presse. Ab 1937 Mitarbeit für *Die Dame, Elegante Welt, Neue Linie* u.a. Zeitschriften. 1940 Postkarten ihrer Zeichnungen, in den darauffolgenden Jahren Keramik-Entwürfe – „Poetische Miniaturen". 1951-66 für Rosenthal-Porzellan Malereien und Figurinen und für die Großherzogliche Majolika-Manufaktur Karlsruhe Original-Keramik „Daphne". Seit 1942 Theater- und Bühnen-Entwürfe (München, Augsburg, Stuttgart, Hamburg). Nach 1945 Zeichnungen im *Ulenspiegel*, Vorspann zu dem Film „Das Wirtshaus im Spessart" (1957) und die Filmausstattungen zu „Windjammer" und „Die Halbzarte". 1957 Zeichentrickfilm. B.B. hat auch eine zeitlang an der Werkkunstschule Offenbach unterrichtet und über 50 Bücher illustriert. Ihre Zeichnungen sind kapriziös, phantasievoll, romantisch, verspielt, skurril, haben eine heitere Dekadenz. Ihre Blätter sind von aparter Anmut, haben Märchenatmosphäre voll eigenartigem Charme.
Ausst.: Cicio Haller, Zürich (1947), Münchener Pavillon (1951), Sello, Hamburg (1952), Hauswedell, Hamburg (1953), Gurlitt, München (1963), Neuendorf, Hamburg (1964), Möhring, Wiesbaden (1964), Flemmes, Hameln (1964), Totti, Mailand (1964), Schloß Oldenburg (1965), Frankfurt/M. (1966), Galerie Europa, Berlin-West (1967), Galerie Rolandseck (1984)
Ausz.: Für ihre Filmplakate erhielt sie den Toulouse-Lautrec-Preis.
Lit.: E. Hölscher: *Deutsche Illustratoren der Gegenwart* (1959); *Who's Who In Graphic Art* I, S. 185, II S. 258, 871; Presse: zahlreiche Besprechungen ab 1946

**Bächi**, Balz
\* 07.11.1937 Zürich
Schweizer Graphiker, Karikaturist, Illustrator/Zollikon (Kanton Zürich)
Studium: Kunstgewerbeschule Zürich, danach Graphikerlehre. – Veröffentlichungen u.a. im *Nebelspalter*. Illustrationen zu *Das Tier und das Mädchen* (Text: Marie Leprince de Beaumont – 1974) u.a. – Themen: Cartoons ohne Worte, Karikaturen, Werbung.
Kollektiv-Ausstellungen: Kunsthaus Zürich (1972: V 1, T 9), S.P.H. Avignon (1975 und 1976)
Lit.: Ausst.-Kat.: *Karikaturen – Karikaturen?* (1972); *Festival der Karikaturisten – Cartoonisten* (1976); *Schweizer Bilderbuch-Illustratoren 1900-1980*

**Bachmann**, Paul
\* 16.01.1896 Frauenfeld (Kanton Thurgau)
† 25.09.1971 Hirzel (Kanton Zürich)

Schweizer Graphiker, Karikaturist
Studium: Kunstgewerbeschule Zürich. – Freischaffend ab 1922, Mitarbeit bei *Die Tat* (Tageszeitung) und über 30 Jahre beim *Nebelspalter* (humoristische Satire-Wochen-Zeitschrift). Er schuf bewegliche Bilderbücher für Kinder. Er gestaltete Titelblätter (ganzseitig und farbig) mit aktueller, satirischer, politischer und innenpolitischer Zeitkritik.
Publ. (Kinderbilderbücher): *Bill macht eine Weltreise* (Bill en voyage autour du monde, 1946); *Bill und Bob auf Ferienreise durch die Schweiz* (Bill et Bob en voyage de vacances à travers la Suisse, 1946); *Bill und Bob im Zoo* (Bill et Bob au jardin zoologique, 1946); *Bob fliegt in die Welt* (Bob en avion autour du monde, 1946); *Zipfel der Zwerg und seine Freunde* (1945); *Zipfel der Zwerg geht in die Fremde* (1945)
Lit.: *Schweizer Bilderbuch-Illustratoren 1900-1980* (Lexikon)

**Backes**, Lutz
*     1938 Nürnberg
Karikaturist, Redakteur, Plastiker, Signum: „Bac"
Ständige Mitarbeit beim *Handelsblatt*. – Themen: Humoristisch-aktuelle Karikaturen, Porträt-Karikaturen aus Politik und Wirtschaft, plastische Porträt-Karikaturen. Einzel-Ausstellungen: Galerie Jule Hammer (Europa Center Berlin/West 1976) „Back's Figuren-Kabinett" (Plastik-Karikaturen von Politikern, Stars und Sängern), 5. Wanderausstellung der Commerzbank AG/Handelsblatt-Verlag, Beteiligung an der Weltausstellung der Karikatur „Cartoon 77", Berlin/West, Europa Center
Publ.: *Die Pracht am Rhein* (Text: Jürgen Scheller von der Lach- und Schießgesellschaft 1972); *Personiflage* (1983); *Bonner Zitatenschatz* (hrsg. Helmut Reuther)
Lit.: Presse-Besprechungen: *BZ* (8.6.1972, 4.6.1976); *journalist* 1/1976; *Frau* (49/1974); *Handelsblatt* (14.5.1982)

**Bagnall**, Brian
*     1943 Wakefield/Yorkshire
Englischer Graphiker, Karikaturist, München
Studium: Kunstakademie London (Royal College): Malerei/Illustration. – Nach einem Jahr Dozent an der Kunstakademie Kingston up Hull (Druckgraphik), lebt B.B. acht Jahre in Amsterdam als Graphiker/Illustrator, ab 1971 dann in München (Bagnall Studios). – Veröffentlichungen in *Playboy*, *Lui*. – Themen: Fröhliche Monsterbilder im „alternativen Fantasy"-Stil, ironisch und witzig – Illustrationen zu Geschichten, die seine Frau verfaßt (deren Mutter ist die Autorin von *Pumuckel*).
Ausst.: Amsterdam, Düsseldorf, Barcelona, Seoul u.a. Einzel-Ausstellungen: Münchener Abendzeitung „Art Work", Cartoon-Caricaturen-Contor, München, B.B. (1981)

Lit.: Ausst.-Kat.: *Bild als Waffe* (1984), S. 62; *Gipfeltreffen* (1987), S. 75-82; *Wolkenschieber* (1985)

**Bahr**, Johannes
* 22.06.1859 Flensburg
Maler, Zeichner, tätig in Berlin
Studium: Akademie Berlin. – Mitarbeit bei den *Fliegenden Blättern*, *Lustigen Blättern* und vielen anderen Zeitungen und Zeitschriften. J. Bahr zeichnete humoristische Karikaturen, lustige Bildgeschichten (Seriencomics), Sport- und alpine Zeichnungen, aktuelle Glossen, spezialisiert auf Szenen aus dem Straßenleben.
Lit.: G. Piltz: *Geschichte der europäischen Karikatur* (1976), S. 220; Verband deutscher Illustratoren: *Schwarz/Weiß*, S. 57

**Bakst**, Léon
* 10.05.1866 St. Petersburg
† 28.12.1924 Paris
Bürgerl. Name: Lew Rosenberg
Russischer Maler, Graphiker, Bühnenbildner und Regisseur
Gelegentliche Mitarbeit bei der *Jugend*. – Themen: Bildnisse, Genreszenen, Kostüm- und Ausstattungsentwürfe für das russische Ballett in Petersburg und Paris.
Lit.: A. Levinsohn: *L.B.* (1925); E. Einstein: *L.B.* (1927); L. Hollweck: *Karikaturen*, S. 138; *Der große Brockhaus* (1929) Bd. 2, S. 232; *Pariser Modelle*, Einl. v. Christina Nuzzi (Journal des Dames et des Modes I 1912-13)

**Balden**, Theo
* 06.02.1904 Blumenau/Brasilien
Bildhauer, Graphiker, Karikaturist
Studium: Bauhaus Weimar, bei László Moholy-Nagy und O. Schlemmer. – 1928 Eintritt in KPD, 1929 ARBKD-Berlin, Antikriegs-Skulpturen, witzig-freche Figuren-Gruppe: „Im Angriff", 1933 im antifaschistischen Widerstand einer Berliner Künstlergruppe, 1934 Verhaftung (neun Monate Untersuchungshaft), 1935 Flucht nach Prag, 1937 Mitbegründer des „Oskar-Kokoschka-Clubs", 1939 Flucht nach England, Mitbegründer des Freien Deutschen Kulturbundes, 1947 Rückkehr nach Berlin, 1950-58 Dozent an der Hochschule für bildende und angewandte Kunst in Berlin-Weißensee/DDR, Mitarbeit bei der sozialistischen Presse der DDR, u.a. bei *Frischer Wind*, *Eulenspiegel*.
Lit.: P.H. Feist: *T.B. in Wegbereiter, 25 Künstler der DDR* (1970); Ausst.-Kat.: *Widerstand statt Anpassung* (1980), S. 264; T.B. Akademie der Künste der DDR (1974/75); L. Lang: *Malerei und Graphik in der DDR* (1980); *Ulenspiegel* (1945-50), S. 183, 185

**Balder**, Gerhard
* 01.10.1937 Linz
Österreichischer freiberuflicher Graphiker, Cartoonist/Linz
Themen: Karikaturen, Illustrationen, Werbung, Entwürfe für Brillenfassungen
Kollektiv-Ausstellungen: Linz, Genf, Baden, Zürich, Basel, Boston, Kiew, Södertälse (Schweden), Hannover
Lit.: Ausst.-Kat.: *Gipfeltreffen*, Wilh.-Busch-Museum, Hannover (1987), S. 83-90

**Balendat**, Willi
* 1902 Berlin
† 1969 Berlin/West
Taxifahrer in Berlin/West, zeit seines Lebens Hobbymaler, Karikaturist
Studium: Kunsthochschule Berlin (in den dreißiger Jahren, nur kurz). – W.B.s Karikaturen, humorvolle Skizzen aus dem Berliner Alltags-Milieu, waren so gelungen, daß sie auch in der Presse veröffentlicht wurden, u.a. in *Die Woche, Lustige Blätter, Berliner Morgenpost, ADAC-Motorwelt*. Seine Bilder stellte er in seiner Garage aus. Seine Wohnung in Reinickendorf glich einer Galerie eigener Werke. Während des zweiten Weltkrieges war W.B. als Pressezeichner und Berichterstatter tätig.
Ausst.: Retrospektive Ausstellung in Berlin/West (1989)
Lit.: Presse: *BZ* (v. 12.6.1963 zweiseitiger Bericht); *Hörzu* (Nr. 46/1989 und Nr. 29/1963)

**Balet**, Jan
* 1913 Bremen
Maler, Graphiker, Illustrator
Studium: Kunstgewerbeschule München und Berlin, Akademie München, bei Olaf Gulbransson. (Vater Museumsdirektor) – J.B. emigrierte 1938 in die USA, machte sich als Maler und Graphiker einen Namen und erhielt 3 Goldmedaillen und 2 Silbermedaillen. – 1965 Rückkehr nach München, lebt seit 1973 in Frankreich und seit 1978 in der Schweiz. Er schreibt und zeichnet Bilderbücher für 4- bis 8jährige Kinder, wovon 10 in Europa und Amerika erschienen sind, u.a.: *Der König und der Besenbinder, Der Zaun*.
Ausst.: USA, England, Italien, Deutschland
Lit.: Presse: *Madame* (Nov. 1979); *Hörzu* (1979 Pressebespr.); BZ 26.01.1979 u. 11.09.1980

**Baluschek**, Hans
* 09.05.1870 Breslau
† 28.9.1935 Berlin
Maler, Illustrator, Karikaturist, Erzähler
Studium: Akademie Berlin (1889-94). – Mitarbeit u.a.: *Narrenschiff* (1889), *Kriegszeit* (1914), *Wachtfeuer* (1914), *Der wahre Jacob* (1921-31), *Lachen links, Frauenwelt,* *Kulturwille, Bücherkreis, Illustrierte Reichsbannerzeitung, Eulenspiegel* u.a. SPD-Zeitungen und Zeitschriften. H.B. zeichnete sozialkritische Themen aus dem Berliner Volksleben, die sozialen Notstände des Großstadt-Proletariats, in starker überzeugender Realität. Und durch den Beruf des Vaters immer wieder das Eisenbahn-Milieu. Seine erste sozialpolitische Zeichnung erschien 1890 „Aus den Tagen des Streiks". Außer seinen sozialen Karikaturen illustrierte er die Kinderbücher *Peterchens Mondfahrt* und *Pips der Pilz*. An Erzählungen veröffentlichte H.B. *Spreeluft* (1913) und *Enthüllte Seelen* (1920). Um 1900 ist H.B. zusammen mit Käthe Kollwitz Lehrer an der Künstlerinnen-Schule. 1908 eröffnete er eine eigene Zeichenschule für Frauen. 1919 Bürderdeputierter für Kunst- und Bildungswesen der Stadt Berlin. 1933 nach der nationalsozialistischen Machtübernahme scheidet H.B. aus allen Ämtern aus. Zwischen 1895-1975 in Berlin 21 Ausstellungen.
Publ. (Zyklen und Mappen): *Sylt* (1898); *Die Eisenbahn* (1898); *Aus dem Riesengebirge* (1904); *Die Opfer* (1905); *Wegen der Maschine* (1909); *Der Krieg 1914-16* (1915); *Aus der Revolutionszeit* (1919); *Portraits asozialer Frauen* (1923); *Volk I-III* (1925-28); *Berliner Stadtansichten* (1927-31)
Lit.: Esswein: *H.B.* (1904); F. Wendel: *H.B.* (1924); G. Meißner: *H.B. Leben und Werk* (Diss. 1962); M. Bröhan: *H.B. 1870-1935* – Ausstl.-Kat.: Staatl. Kunsthalle 13.03.-21.04.1991 (Erste gesamtdeutsche Zusammenfassung)

**Banks**, Jeremy → BANX (Ps.)

**Bannwart**, Ruedi
* 07.04.1932 Flawil (Kanton Sankt Gallen)
Schweizer Graphiker/Kirchberg – (St. Gallen)
Graphikerlehre (Atelier Kern & Bosshart), danach weitere Ausbildung in Basel, selbständig (mit 2 anderen Graphikern), eigenes Atelier in Grub/AR.
Publ.: *S Berteli ond de Choret* (Kinderbuch über zwei Appenzeller Bauernkinder), mit folkloristischen Motiven in einfachen knappen Formen, kinderfreundlich, humorig (1960)
Lit.: *Schweizer Bilderbuch-Illustratoren 1900-1980*

**BANX** (Ps.)
* 1959 London
Bürgerl. Name: Jeremy Banks
Cartoonist, Illustrator
Studium: Hounslow Borough College (1975-1977), Maidstone College of Art (1777-1979). – Cartoon ab 1980, Bildsatire. – Veröffentlichungen in Großbritannien in *Evening Standard, Daily Express, Daily Star, Hong kong Tatler, Labour Weekly, Private Eye, London Standard, New Socialist, Oinkl, Punch* u.a. Publikationen in der Presse in Deutschland.

Publ.: *Cubes* (1981)
Ausst.: Mel Calman's Cartoon Gallery-Cartoon Factory, Bradford Cartoon Gallery
Lit.: H.P. Muster: *Who's who in Satire and Humour* (2) (1990), S. 12/13

**Barbaris**, Franco
\* 1904 Lugano/Tessin
Schweizer Graphiker/Zürich
Mitarbeit beim *Nebelspalter*, bei der *Schweizer Illustrierten*, bei *Sie & Er* u.a. Er war vertreten mit Titelblättern, Einzel-Karikaturen humoristisch-satirischer Art. F.B. schuf die Serien *Galerie berühmter Zeitgenossen*, *Sport und Herrenmode*, war als Kinderbuch-Illustrator und in der Werbung tätig. Ihm war ein komisch-grotesker, prägnanter Zeichenstil eigen.
Ausst.: „Karikaturen – Karikaturen?" (Kunsthaus Zürich, 1972: F 17: 16 Beispiele aus der Serie „Sau" und T 10: „Homo"); Einzel-Ausstellungen: Basel, Bern, Lausanne, Lugano, Winterthur, Zürich.
Ausz.: Goldmedaille Schweizer Journalisten (1960), Goldene Palme/Bordighera (1961), Goldmedaille Montreal (1963), San Giorgio d'Oro (1982)
Publ.: *Deutschschweizerische Sprichwörter*; *Ich schenke dir einen Papagei*
Lit.: *Darüber lachen die Schweizer* (1973); Ausst.-Kat.: *Karikaturen – Karikaturen?* (1972), S. 62; H.P. Muster: *Who's who in Satire and Humour* (2) 1990, S. 16-17

**Barber**, Hans Georg
\* 1967 Frankfurt/Oder
Ausbildung als Schrift- und Graphikmaler/Berlin-Ost
Publ.: *Renate*, *Anarcho-Blatt*, *Art-Core Comix-Fanzine*, Mitarbeit an der Cartoon-Anthologie *Alles Banane* (1990)
Lit.: *Alles Banane*, S. 93, 92; Presse Besprechung *Das Comics-Kombinat* (*stern* 48/1990)

**Barberousse** (Ps.)
\* 1920 Paris
Bürgerl. Name: Philippe Josse
Französischer Graphiker, Karikaturist/Neuilly-sur-Seine
Studium: École Centrale Electronique. – Danach arbeitete B. zwei Jahre in einem Trickfilmatelier, ab 1946 zeichnete er Cartoons. Veröffentlichungen: *C'est la vie*, *France*, *L'Agent de Liaison*, *Forces Françaises*, *Minerve*, *Nice Matin*, *Quest France*, *La voix du Nord*, *Progrès de Lyon*, *France-Dimanche*, *Ici Paris*. Themen: Humoristische Graphik, besonders gern Tiere. Werbegraphik, Glückwunschkarten, Plakate sowie politische Karikaturen für das französische Fernsehen (*C'est pas sérieux*).
Ausz.: Prix Carrizey (1949), Grand Prix de la Publicité (1966)
Publ.: *Le chat et la Souris*; *En suivant le crayon de Barberousses* (1959); *Tibby et le petite Koala* (1968); *Fritto-Misto et Scampi-Fritti au Far west* (1969); *Fritto-Misto et Scampi-Fritti au Japon* (1969); *Sept Ans c'est tentant* (1981)
Lit.: H.P. Muster: *Who's who in Satire and Humour* (2) 1990, S. 102-103

**Barks**, Carl
\* 27.03.1901 auf einer Ranch bei Merrill/Oregon
USA-Comic-Zeichner, berühmter „Donald Duck"-Zeichner.
Schulzeit in Zwergschule, Selbststudium im Zeichnen (Fernkurse). Im Dezember 1918 geht C.B. nach San Francisco und nimmt einen Druckerei-Job an. Es findet sich aber kein Markt für seine Cartoons, deshalb kehrt er zurück zur elterlichen Farm. Neuer Start 1923, Arbeit als Holzfäller, Nieter in den Eisenbahnwerkstätten Rosville/Kalifornien, zwischendurch Einsendungen seiner Cartoons an Redaktionen. Erster Erfolg beim kanadischen Herrenmagazin *Calgary Eye-Opener*. Dort ist er zuerst als freier, danach als angestellter Cartoonist (110 Dollar monatlich) tätig. Ab November 1935 bei Walt Disney Produktion, 6 Monate Zwischenphasenzeichner mit 20 Dollar pro Woche, danach 6 Jahre in Disneys „Story Department" (Ideenzentrum, in dem Geschichten zu Trickfilmen erdacht und skizziert wurden). Mitarbeit bei: *Donald's Nephews*, *Self-Control*, *Donald's Better Self*, *Mr. Duck Steps Out*. – Als die Disney Produktion zu kriegswichtigen Propagandafilmen überging (1942: Donald Duck *Führer's face*) entschloß sich C.B., in San Jacinto eine Hühnerfarm zu gründen. Um diese Zeit suchte die Western Publishing-Company (im Auftrag von Walt Disney) Künstler für „Comics & Stories"-Hefte. Ergebnis: C.B. wurde beauftragt, ab nun alle Donald-Duck-Geschichten für Disneys „Comics & Stories" zu schreiben und zu zeichnen – seine Probearbeit veröffentlicht: *Victory Garden* (Comics & Stories Nr. 9/1943). – Damit begann für C.B. die lebenslange Beschäftigung mit Donald Duck – und er machte „Donald Duck" zur erfolgreichsten und vielseitigsten Disney-Figur (mit oder neben „Mickey Mouse"). – Aufgeteilt in abgeschlossene Geschichten zu je 10 Seiten zeichnete C.B. zwischen 1940 und 1968 um die 500 davon (in 47 Ländern). Im Einverständnis mit Walt Disney malte C.B. zwischen 1971-76 insgesamt 122 Donald-Duck-Gemälde: „Die Galerie alter Meister" und die „Carl Barks-Galerie", danach wurde die Erlaubnis zurückgezogen. (Als Buch erschien *The Fine Art of Donald Duck* und 1981: *Uncle Scrooge McDuck – His Life and Times*.) Mit dem von C.B. geschaffenen Original „Duckster" ehrte Walt Disney verdiente Mitarbeiter.
Lit.: R.C. Reitberger, W.J. Fuchs: *Comics. Anatomie eines Massenmediums* (1971); Walt Disney: *Donald Duck – 50 Jahre und kein bisschen leise* (1978); K. Strzyz, A.C. Knigge: *Disney von Innen* (1988), S. 42-63

**Barlach**, Ernst
* 02.01.1870 Wedel/Holstein
† 24.10.1938 Rostock
Bildhauer, Graphiker, Dichter
Studium: Kunstgewerbeschule Hamburg, Akademie Dresden, Meisterschüler bei R. Diez (ab 1891); Académie Julian, Paris (1895/96 und 1897). – 1899-1901 in Berlin, 1901-04 in Wedel. Lehrer an der Keramikfachschule in Höhr (Westerwald), Reise nach Rußland (1906), entscheidende Eindrücke (russische Bauern), ab 1909 ist Güstrow ständiger Wohnsitz. Febr. 1933 Mitglied des Ordens „Pour le mérite". Kurz danach von NS-Machthabern als „entartet" eingestuft und verfemt. E.B. hat in seinen Anfangsjahren als freier Mitarbeiter für die *Jugend* Graphiken gezeichnet und für den *Simplicissimus* Karikaturen, wobei die für den *Simplicissimus* alle satirisch sind. Als Bildhauer hat E.B. Holzplastiken im eigenen Stil, einer streng geschlossenen Form, mit charakteristischer Ausdruckskraft geschaffen, die das Erdgebundensein alles Menschlichen darstellen. Als Graphiker hat er Holzschnitte und Lithographien gestaltet, teilweise zu eigenen Dichtungen. Als Dichter schrieb er sieben Dramen, zwei unvollendete Dramen und kleinere autobiographische Schriften.
Publ.: *Ein erzähltes Leben* (Autobiographie 1928)
Lit. (Auswahl): *Simplicissimus 1896-1914* (1972), S. 194, 196, 197; Ausst.-Kat.: *Simplicissimus/Eine satirische Zeitschrift*, München 1896-1944 (1978), S. 455; L. Hollweck: *Karikaturen* (1973), S. 138; Böttcher/Mittenzwei: Dichter als Maler (1980), S. 202-210

**Barlog**, (Ferdinand) F.
* 1895 Berlin
† 06.07.1955 Columbia/Südkarolina, USA
Zeichner, Karikaturist
Studium: Kunstgewerbeschule Berlin (1915). – Mitarbeit bei *Ulk* (1912), *Lustige Blätter*, *Uhu*, *Berliner Illustrirte Zeitung* und Zeitungen und Zeitschriften des Ullstein Verlages. Ursprünglich Sportkarikaturist, schulte F.B. seinen Strich an dem Stil von Paul Simmel. Als dieser überbeschäftigt war, zeichnete er auch für Paul Simmel und als dieser plötzlich starb, war F.B. der geeignete Nachfolger für die *Berliner Illustrirte Zeitung*. F.B.s Themen waren wie bei Paul Simmel das spezielle Berliner Milieu, lokalgebunden in Szenen und Situationen, gemütvoll humoristisch gestaltet. F.B. hat nie politisch gezeichnet, wohl aber propagandistisch im Sinne der NS-Führung (Postkarten mit Soldatenhumor und Bücher über lustiges Soldatenleben). Wegen dieser Zeichnungen beschäftigte die SED-Presse F.B. nur bedingt und zeitweise (*Der Sonntag*, *Frischer Wind*, *Neue Berliner Illustrierte*). Der *Telegraf* (Berlin/West) griff F.B. 1947 in einer Pressekampagne heftig an: *Wer räuspert sich da und spuckt?*, *Barlog im Sonntag*, *Barlog liest das Göringbuch*. Erst A. Sailer rückte das verschobene Image F.B.s wieder zurecht (*Quick* 4/1970). F.B. fand danach nur noch wenig Gelegenheit zur Pressemitarbeit (*Constanze*, *Frankfurter Illustrierte*). Er gab freiwillig auf, übersiedelte nach USA, um bei seiner Tochter unterzukommen.
Publ.: *Soldatenleben* (1937); *Barlogs lustige Soldatenfibel* (1938); *Wir in der Heimat ... Lustig gesehen von Barlog*; *Die fünf Schreckensteiner* (Comic-Folge 1940)
Lit.: *Zeichner der Zeit*, S. 238, 314, 315, 316, 321, 326, 332; G. Piltz: *Geschichte der europäischen Karikatur* (1976), S. 272, 296; *Archivarion* 3/46 (Hrsg. Rolf Roeingh) S. 52-53; Presse: *Der Abend* (3.8.1955, Nachruf)

**Bärmich**, Meinhard
* 1952
Zeichner/Cottbus
Kollektiv-Ausstellungen: „Satiricum '86", „Satiricum '88", Greiz
Lit.: Ausst.-Kat.: *Satiricum '86*; *Satiricum '88*

**Baro**, Plotr
* 1924 Bialystok/Polen
Polnisch-dänischer Zeichner, Werbegraphiker, lebt in Kopenhagen
Studium: Kunstakademie Warschau. – P.B. zeichnet für Werbeagenturen und für die dänische Presse humoristische Zeichnungen und Cartoons. In Deutschland ist er vertreten u.a. in: *Heiterkeit braucht keine Worte*.
Publ. (Dänemark): *Baro Tegner*/Cartoon
Lit.: *Heiterkeit braucht keine Worte*

**Barták**, Miroslav
* 06.02.1938 Korsice/ČSR
Cartoonist – Pressezeichner/Prag
Studium: Seemanns-Akademie (Schiffsingenieur). – Von 1959-69 zur See gefahren, anschließend freiberuflicher Cartoonist, Illustrator. Mitarbeit in der tschechischen und europäischen Presse, in der Bundesrepublik u.a. bei *Süddeutsche Zeitung*, *stern*, *Post-Magazin*, *Allgemeines deutsches Sonntagsblatt*, *Berliner Morgenpost*, in der ehemaligen DDR Veröffentlichungen beim *Eulenspiegel*, ständiger Mitarbeiter des *Nebelspalter* und bei *Dikobraz*. – B.s Zeichnungen wirken ohne Worte, hintersinnig, oft surrealistisch satirisch mit verzögertem Aha-Effekt. B.s Stil ist gekennzeichnet durch einen emotionalen Strich, die Figuren sind gesichtslos.
Publ.: *Cartoons von Bartak* (1979); *Neue Cartoons* (1981); *Cartoons von Bartak* (1990)
Lit.: H.P. Muster: *Who's Who in Satire and Humour* (1) (1989), S. 18/19

**Barth**, Wolf
* 1926 Basel

Schweizer Maler, Karikaturist, Bühnenbildner (Autodidakt), lebt seit 1954 in Paris
Bühnenbildner für die Kabaretts „Kikeriki", Basel (1949-51), „Federal", Zürich (1951-60) und „Kom(m)ödchen", Düsseldorf. Mitarbeiter bei *Nebelspalter* (ab 1955), Titelblätter. W.B. schuf Bilderserien: *Geflügelte Worte, Unberühmte Zeitgenossen, Kunkelevangelien, Redensarten, Es war einmal, Barths Tierleben, Aus der Werkstatt großer Meister*, Sondernummern des *Nebelspalters* über Musik, Theater, Film und Zirkus, karikaturistische Graphik zu: *Die Zeichen des Fortschritts* sowie Illustrationen zu Böll, Dürrenmatt, Balzac, Thaddäus Troll u.a. B.s Zeichnungen sind zeitkritische Graphik in moderner Form – eine Mischung von Humor und Satire menschlicher Schwächen und Lächerlichkeiten.
Einzel-Ausstellungen: Galerie Palette (Zürich, 1974), Heimatmuseum Rorschach (1966); Kollektiv-Ausstellungen: Kunsthaus Zürich (1972)
Publ.: *Barth – Karikaturen aus dem Nebelspalter* (1970)
Lit.: Ausst.-Kat.: *Karikaturen – Karikaturen?* (1972); Ausst.-Kat.: *99 Jahre Nebelspalter* (1973); Ausst.-Kat.: *Darüber lachen die Schweizer* (1973); H.P. Muster: *Who's Who in Satire and Humour* (1989), S. 20-21

**Barthel**, Hans-Jürgen
\* 12.12.1928 Berlin
Pressezeichner, Karikaturist
Mitarbeit bei *Der Insulaner*. – Themen: Aktuelle, humoristisch-satirische Karikaturen.
Lit.: *Der Insulaner* (2/1948)

**BAS** (Ps.)
\*      1936 Athen
Bürgerl. Name: Basilis Mitropoulos
Griechischer Karikaturist
Veröffentlichungen in der *Frankfurter Allgemeinen Zeitung* (seit 1971) sowie in Schweden und USA. – Themen: Politisch-aktuelle Tageskarikaturen, Cartoons ohne Worte.
Publ.: *BAS Cartoons* (1972)
Lit.: *Komische Nachbarn – Drôles de Voisins* (Goethe-Institut Paris) (1988), 2/24, 6/14, 127; Ausst.-Kat.: *Bild als Waffe* (1984), S. 412

**Bateman**, Henry Majo
\*      1887 Sutton Forest/New South Wales, Australien
†      1970 Insel Gozzo/Nachbarinsel von Malta
Karikaturist, lebte in England, seit 1923 in USA, seit 1964 in Gozzo.
Studium: Westminster School of Art, London, bei Charles Haevermact. – Danach Mitarbeit in Haevermact's Studio, sein Vorbild war der französische Zeichner Caran d'Ache. H.M.B. beginnt 1903 mit illustrierten Witzen, zeichnet Porträts von „company-meetings" für den *Tatler*, später Theater-Karikaturen für den *Sketch* in England, und er war ein hervorragender Mitarbeiter für den *Punch* mit seinen wortlosen, auf Situationskomik basierenden Zeichenfolgen. H.M.B. zeichnete auch gesellschaftskritische Serien, wie *The Boy who Breathed on the Glass in the British Museum* und *The Man who Lit his Cigar before the Royal Toast*. In USA hat er u.a. für *Life* gearbeitet, ab 1906 bereits für führende englische Wochen- und Monatsmagazine. In den zwanziger und dreißiger Jahren veröffentlichte die deutsche Presse seine humoristischen Karikaturen, u.a. *Lustige Blätter, Magazin, Uhu, Koralle*, und in den achtziger Jahren *Bunte* und *ZEIT magazin*. H.M.B. war einer der besthonorierten Zeichner seiner Zeit (seit 1933 lebte er von seinen Tantiemen) und der populärste. Er gehört mit zu den Erneuerern der englischen modernen Karikatur. Im Zweiten Weltkrieg hat er auch politische und antinazistische Karikaturen gezeichnet.
Ausst.: Royal Academy, London (Malerei), 1911, 1919, 1921
Publ.: *Burlesques* (1919); *A Book of Drawings* (1921); *More Drawings* (1922); *Suburbia; Himself; Considered Trifles; The Man who drew the 20th Century* (1969); *The Man who... and other Drawings* (1975); *The Man who was H.M. Bateman* (1982); *Liebe auf den ersten Blick* (1984)
Lit.: H. Ostwald: *Vom goldenen Humor*, S. 298-322, 547; G. Piltz: *Geschichte der europäischen Karikatur* (1976), S. 203, 285; *Zeichner der Zeit*, S. 254; W. Feaver: *Master of Caricature* (1981), S. 153

**Bauer**, Gerd
\*      1957 Bamberg
Graphiker, Karikaturist, Signum: „GB"
Bis 1981 Keramikmaler/Brötchenfahrer, dann Studium an der Kunstakademie Nürnberg (1981-86). Veröffentlichungen: *Nürnberger Stadtzeitung „Plärrer", U-Comix, Titanic, Comics in kleinen Dosen, Elefanten-Press, Beltz & Gelberg*.
Publ.: *Wüste Welt; Ich glaub, ich spinne; Im Taumel der Triebe; Opa Lehmanns niederschmetternde Autofahrkünste; Au Backe!*
Lit.: *Wenn Männer ihre Tage haben* (1987); *70mal die volle Wahrheit* (1987); *3. Internationaler Comic-Salon, Erlangen* (Progr. 1988), S. 10

**Bauer**, Jutta
\*      1955 Hamburg
Cartoonistin, Illustratorin
Studium: Hamburger Kunstschule (Illustratorin), bei Prof. Siegfried Oelke. – Ständige Mitarbeit bei *Brigitte* (ganzseitige Cartoon-Kolumne) ab 1985. Illustrationen zu: *Das fliegende Schwein* (Waldrun Behnke) (Troisdorfer Bilderbuchpreis 1955), *Zauberbäcker Balthasar, Die*

*Reise zur Wunderinsel, Die Märchen der 4 Winde, Ein Hund mit Herz* (Österreich. Staatspreis). – Themen: Humoristisch-satirische Comics/Cartoons zum Alltäglichen aus der Frauenperspektive und galgenhumoristischer Selbstkritik (Sie und Er – aktuell – junge Frauen).
Publ.: *Stell dich doch nicht so an* (Cartoon-Seiten aus Brigitte); *Life is comic*; *Das Geheimsprachenbuch* (Kinderbuch); *Gülan mit der roten Mütze* (Kinderbuch); *Es war einmal ein Mann* (Kinderbuch)
Lit.: H.P. Muster: *Who's Who in Satire and Humour* (2) 1990, S. 20-21; Presse-Besprechungen in: *Brigitte* (2/85, 3/87, 17/87); *Neue Braunschweiger* (10.12.1987)

**Bauer**, Peter
\*       1951 Wismar
Graphiker, Karikaturist/Rostock
P.B. schuf Plakate, Illustrationen, Druckgraphiken, Radierungen – Cartoons ohne Worte. Veröffentlichungen im *Eulenspiegel* u.a.
Kollektiv-Ausstellungen: „Satiricum '80" (1. Biennale der Karikatur in der DDR, Greiz 1980: Ohne Worte), „Satiricum '82", „Satiricum '84", „Satiricum '86", „Satiricum '88", „Satiricum '90"
Lit.: Ausst.-Kat.: *Satiricum '80*, S. 3, *Satiricum '82, Satiricum '84, Satiricum '86, Satiricum '88, Satiricum '90*; Presse-Bespr.: *Eulenspiegel* (47/1978)

**Bauer**, R.P. (Rolf Peter)
\*       1912 Konstanz
† 09.09.1960 München
Karikaturist, Pressezeichner, Signum: „RPB", Autodidakt
Sohn eines Architekten, veröffentlicht R.P.B. als 19jähriger Sport-Karikaturen in Tageszeitungen. Er arbeitete bei der *Revue* u.a. Zeitungen und Zeitschriften mit. Er zeichnete Porträt-Karikaturen („Revue-Stars") von Schauspielern (die er auch für Filmplakate verwendete). R.P.B. war Künstler und Sportler aus Passion.
Ausst.: Galerie Krauss-Maffei, München (18.8.-8.9.1961)
Publ.: *Das große Spiel*; *Spiel, Satz und Spiel*; *Und so wird man Soldat*; *Vergnüglicher Stellungswechsel*; *Im Konzertsaal karikiert*; *Filmstars und Fürstlichkeiten*; *Unterwegs karikiert*
Lit.: Presse: *Revue* (Nr. 39/1960, Nachruf); *Der Spiegel* (Nr. 39/1960, Nachruf)

**Bauer**, Rudolf
\* 11.02.1889 Lindenwald/Schlesien
† 02.11.1953 Deal/New-Jersey
Maler (abstrakt-konstruktivistisch), Dichter
Studium: Akademie Berlin (ab 1905). – In seiner Frühzeit Karikaturist in Berlin (zwischen 1909 und 1929).
Mitarbeit bei *Lustige Blätter, Witzige Blätter, Nagels Lustige Welt, Figaro* (Wien und Berlin). R.B.s Themen und Stil lagen in der Zeit und Tradition der Berliner Karikatur. Verbindung mit dem *Sturm* (Herwarth Walden), 1913 Eröffnung der Galerie „Sturm", Bekanntschaft mit Kandinsky („Über das Geistige in der Kunst"). 1915-18 durch Kandinsky, Wechsel zur abstrakten Kunst – mehrere Veröffentlichungen im *Sturm*, Bekanntschaft mit der Künstlerin Hilla Rebay v. Ehrenwiesen. Beide haben zusammen ein Atelier in Berlin (1919). 1927 geht H. Rebay nach New York (Bekanntschaft mit dem Kupfermagnaten und Kunstmäzen Solomon R. Guggenheim). Sie beginnt für Guggenheim die Kunstgeschäfte zu führen (1928). 1929 erhält R.B. von Guggenheim ein regelmäßiges Einkommen. Das bedeutet das Ende der Tätigkeit als Karikaturist. R.B. erwirbt Bilder von Kandinsky für Guggenheim. 1930 verwirklicht R.B. seinen „Kunstsalon" (Berlin, Heerstr. 78) mit seinen Werken und Werken von Kandinsky. Name „Das Geistreich Bauer" (*Geistreich*-Mappe, *Das Geistreich. Die Kunst im neuen Jahrtausend*). 1936 Ausstellung der Solomon R. Guggenheim Sammlung in Charleston/South Carolina. Titel: „Solomon R. Guggenheim Collection of Non-objective Paintings" (61 Werke von R.B.). 1939 Eröffnung der Solomon R. Guggenheim Foundation in 24 East, 54th, New York „Art of Tomorrow" (215 Werke von R.B., 103 von Kandinsky). 1939 emigriert R.B. nach New York, Vertrag mit Guggenheim: R.B. hinterläßt seine Werke der Guggenheim-Foundation gegen mtl. Taschengeld von 1500 Dollar, 31 Zimmer-Villa, samt Personal, und 3 Duesenberg-Luxus-Karossen (Vermittlung: H. Rebay). 1940 will R.B. zusätzlich zum Vertrag ein neues Museum, Guggenheim lehnt ab. Es kommt zu Differenzen zwischen R.B. und H. Rebay. R.B. malt nicht mehr, übersiedelt nach Deal. 1945 heiratet R.B. Louise Huber, Bruch mit Hilla Rebay, H. Rebay beendet ihre Tätigkeit an der Guggenheim-Sammlung (1952). 1952 erhält die Sammlung den Namen: Solomon R. Guggenheim Memorial-Museum. 1959 Beginn des Verkaufs der R.B.-Bilder. 1969-76 Einzelausstellung der Konstruktivistischen Werke R.B.s in New York und Köln. 1985 R.B.-Ausstellung, Kunsthalle Berlin (West). Ein großer Teil seiner Karikaturen befindet sich in einer Wiener Sammlung.
Lit. (Auswahl): Ausst.-Kat.: *R.B. Kunsthalle Berlin* (1985); A. Zander-Rudenstine: *The Guggenheim Museum Collection, Paintings 1880-1945*, Bd. I; Presse: *Kandinsky aus zweiter Hand* (stern 30/1985)

**Baumgarten**, Eugen von
\*       1863 München
Maler, Zeichner, tätig in München
Mitarbeit an Zeitschriften, u.a. an *Münchener Humoristischen Blättern* (1885), *Der bayrische Kladderadatsch* (1895), *Kikeriki-Kalender* (Tageblatt), *Geißel* (bürger-

lich-münchenerisch), *Oktober-Fest-Zeitungen, Jugend.* Von 1916-18 entstanden politische Karikaturen unter dem Pseudonym E. Vaube. Für den Faschingsprinzen von 1899 zeichnete E.v.B. ein Leporello von 220 cm Länge. Seine Themen waren das bayrische Milieu, Hofbräu-Typen, Bildgeschichten, aktuelle und politische Tageskarikaturen sowie Illustrationen zu den Broschüren über Ausstellungen im Glaspalast. Als Vetter des Journalisten-Schriftstellers Eugen Roth zeichnete er für dessen „Oktober-Fest-Zeitungen" auch Werbegraphik.
Lit.: L. Hollweck: *Karikaturen* (1973), S. 83, 85, 91, 93, 119, 122, 125, 127, 138

**Bause**, Ulrike
* 1949

Kollektiv-Ausst.: Satiricum '82, Greiz
Lit.: Ausst.-Kat.: *Satiricum '82*

**Beardsley**, Aubrey (Vincent)
* 24.08.1872 Brighton
† 16.03.1898 Mentane

Wichtigster englischer Zeichner des Jugendstils, Autodidakt
A.B. bildete sich an den Malern der italienischen Frührenaissance Mantegna und Botticelli, griechischen Vasenbildern und japanischen Holzschnitten. Er begann mit rein zeichnerischen zarten Umrißlinien, die er zu einem dekorativen ornamentalen, phantastisch-bizarren, flächenhaften Plakatstil entwickelte. Sein extravaganter Stil – unbekümmert um naturalistische und anatomische Gegebenheiten – sollte Empfindungen, Seelenzustände, Charaktere, Leidenschaften oder Sexualität in Linien darstellen, verbunden mit modischen Aperçus und Vignetten. Das ist das karikaturistische Element in seiner dekorativen Kunst. Ab 1892 zeichnete er für die Londoner Magazine *The Yellow Book, The Savoy.* Er illustrierte Malory: *Le mort d'Arthur* (1893), Wilde: *Salome* (1894), Jonson: *Volpone* (1896), Pope: *The rape of the Lock* (1896) und *Lysistrate* (1896). A.B.s epochemachenden Zeichnungen wurden früh in Deutschland veröffentlicht. Den Anfang machte die Zeitschrift *Jugend* (mit nur einer Zeichnung zu A.B.s Lebzeiten). A.B.s Zeichenstil beeinflußte T.T. Heine, Markus Behmer und die moderne Werbegraphik.
Ausst.: Ausst.-Kat.: *A.B.* Villa Stuck, München (1984), Stanley Weintraub: *B.* (1967)
Lit. (in Deutschland – Auswahl): R. Klein: *A.B.* (2. Aufl. 1904); H. Eßwein: *A.B.* (1908); E. Fuchs: *Die Karikatur der europäischen Völker*, Bd. II (1903), S. 317, 408, 422, 424, 452, 543; G. Piltz: *Geschichte der europäischen Karikatur* (1976), S. 188, 203, 210, 213; E. Hölscher: *A.B.* (1949); L. Hollweck: *Karikaturen* (1973), S. 138

**Beaunez**, Catherine
* 1953

Französische Cartoonistin
Studium: Hochschule für angewandte Kunst, Paris. – Veröffentlichungen in französischen Magazinen. Die Themen ihrer Cartoons: Bindungsängste, Kinderwünsche, abgelehnte Heiratsanträge, usw. – deutlich, witzig, außergewöhnlich – in knappstem Strich.
Publ.: *Meine Höhepunkte; Es lebe die Karotte; Mein wahres Wesen*

**Becher**, Ulrich
* 02.01.1910 Berlin

Schriftsteller, Maler, Karikaturist
Studium: Jura in Genf und Berlin, Schüler von George Grosz, von Frans Masereel beeinflußt. – Vater: Rechtsanwalt, Mutter: Schweizer Pianistin. Kämpferischer Antifaschist in Wort und Bild, aggressiver, zeitkritischer Literat und Zeichner politischer, gesellschaftskritischer Karikaturen. Sein erster Gedichtband wurde von der SA verbrannt. U.B. erwarb bereits vor 1933 die österreichische Staatsbürgerschaft. Emigrierte nach Österreich, in die Schweiz, nach Brasilien, Spanien, war Mitbegründer der „Notbücherei deutscher Antifaschisten" in Rio de Janeiro und kehrte 1948 nach Europa zurück. Der Einfluß von George Grosz ist besonders in seinen Karikaturen unverkennbar. Von seinem Schwiegervater, dem Schriftsteller Roda Roda (1872-1945) hat er eine treffende Karikatur gezeichnet.
Lit.: Böttcher/Mittenzwei: *Dichter als Maler* (1980), S. 320-22; Brockhaus Enzyklopädie Bd. 2 (1967), S. 435

**Bechstein**, Ludwig
* 01.07.1843 Meiningen
† 31.05.1914 München

Maler und Illustrator
Studium: Akademie München 1860-64. – Frühe Mitarbeit bei den *Fliegenden Blättern*, ca. 5000 Zeichnungen und 50 *Münchener Bilderbogen* in einem braven, gutmütigen Humor. Nebenher zeichnete B. Einladungskarten für Künstler-Maskenbälle der Künstlervereinigungen in München. Nach Theodor Horschelt ist L.B. der zweite, der originelle Karikaturen über den Krieg 1870/71 zeichnete.
Lit.: E. Fuchs: *Die Karikaturen der europäischen Völker*, Bd. II (1903), S. 213; G. Piltz: *Geschichte der europäischen Karikatur* (1976), S. 172; L. Hollweck: *Karikaturen* (1973), S. 50, 51, 121; G. Hermann: *Die deutsche Karikatur im 19. Jahrhundert* (1901), S. 68

**Beck**, Detlef
* 1958 Leipzig/DDR

Studium: Architektur, Gebrauchsgraphik. – Gebrauchs-

graphiker seit 1985 in Berlin-Ost, seit 1987 freiberuflich tätig.
Veröffentlichungen in *Die Andere*, *Zitty*, Mitarbeit an der Cartoon-Anthologie *Alles Banane* (1990)
Kollektiv-Ausst.: „Satiricum '90", Greiz
Lit.: *Alles Banane*, S. 18, 27, 30, 40, 45, 50, 55, 56, 72, 77, 79, 80, 81, 82, 83, 88, 93; Ausst.-Kat.: *Satiricum '90*

**Beck**, Hans
* 01.09.1926 Ulm
Graphiker, Karikaturist
Studium: Höhere Fachschule für das Graphische Gewerbe, Stuttgart (3 Jahre Zeichnen und Gebrauchsgraphik). – Wehrdienst, Gefangenschaft (1945-49), 1958-69 in Paris, Karikaturist. Dort Veröffentlichungen u.a. in *Constellation*, *Pariscope*, *LUI*, *Bizarre*, *Le Figare Litteraire*, *Le Nouvel Observateur*. Ab 1969 Veröffentlichungen in der bundesdeutschen Presse, u.a.: *Die Zeit*, *stern*, *Süddeutsche Zeitung*, *Kölner Stadtanzeiger*, *Börsenblatt für den deutschen Buchhandel*, *Stuttgarter Zeitung*. B.s Karikaturen sind satirische Cartoons ohne Worte – graphisch detailliert durchgezeichnet, wie die Cartoon-Folge *Zeitphänomene* zeigt. Zwischen 1964-75 verschiedene Auslandsreisen: London, Indien, Istanbul, Afghanistan.
Kollektiv-Ausst.: Weltausstellung der Karikatur „Cartoon 75", Berlin/West (1975) sowie in Paris mehrere Ausstellungen
Publ.: *Eine Lust zu lesen* (Cartoons, 1985)
Lit.: H.P. Muster: *Who's Who in Satire and Humour* (2) 1990, S. 22-23

**Beck**, Manfred
* 1940
Graphiker/Katzhütte
Kollektiv-Ausst.: „Satiricum '80" (1. Biennale der Karikatur der DDR, Greiz, 1980: Linolschnitte: „Die vier Jahreszeiten", „Zufriedene")
Lit.: Ausst.-Kat.: *Satiricum '80* (1980), S. 23

**Becker**, Franziska
* 1949 Mannheim
Cartoonistin, Kunsterzieherin
Studium: Kunstakad. Karlsruhe (5 Jahre). – 1974 in der Heidelberger Frauenbewegung (§ 218-Kampagne), seit 1977 (Heft 1) Haus-Cartoonistin von *Emma* und ab 1980 regelmäßig für *Titanic* (Satirezeitschrift) u.a., z.B. *Psychologie heute*, *Spielen und lernen*, *Eltern helfen Eltern*, *stern*. Erfolgreiche deutsche Szene-Zeichnerin (deutsches Pendant zur Pariser Feministin Claire Brétecher). Cartoons aus dem Emanzipations-Alltag (Satire, hintergründig, humorvoll). – Themen: Zeitkritische Bildergeschichten, Comic-strips mit Knollnasen handeln von „sarkastischen Weibsbildern aus dem alternativen Lager" – Irrwegen, Marotten der Frauenbewegung, hartgesottenen Machos, Edelchauvis.
Publ.: *Mein feministischer Alltag* (ab 1980 gesammelte Bildergeschichten, Bd. 1-5); *Power*; *Ich habe geschielt und Papi war beleidigt* (Text: Ursula Haucke); *Hallo Moppi!* (Postkartenbuch); *Verlassen*; *New York, New York*; *Hin und Her*
Lit.: A. Tüne: *Körper Liebe Sprache/Weibliche Kunst, Erotik darzustellen* (1982), S. 202-205; Ausst.-Kat.: *Wilhelm Busch und seine Folgen* (1982), S. 10-15; *70mal die volle Wahrheit* (1987); Ausst.-Kat.: *3. Internationaler Comic-Salon*, Erlangen (1988), S. 10, 15

**Becker-Gundahl**, Carl Johann
\* 1865 Ballweiler
† 1925 München
Zeichner, Karikaturist, tätig in München
Mitarbeiter der *Fliegenden Blätter*, B.-G. bevorzugt allgemeine humoristische Motive (ca. 1894 Zeichnungen).
Lit.: Ausst.-Kat.: *Zeichner der Fliegenden Blätter/Aquarelle – Zeichnungen* (Karl & Faber, München, 1985)

**Beckmann**, Ludwig
\* 1822
† 1902
Zeichner
Mitarbeiter des 1851 gegründeten *Dorfbarbiers*, wo er humoristische, besonders Tier-, Jagd- und Bauernszenen schuf.
Lit.: G. Piltz: *Geschichte der europäischen Karikatur* (1976), S. 205

**Beckmann**, Max
* 12.02.1884 Leipzig
† 27.12.1950 New York
Maler, Graphiker (Realist und Individualist)
Studium: Kunstschule Weimar, bei Fritjof Smith (1890-1903). – Studienreisen nach Paris, Amsterdam, Berlin, Dänemark. Villa-romana-Preis und Aufenthalt in Florenz. 1924 Mitglied der Berliner Sezession, ab 1925 Professor an der Städelschule in Frankfurt/M., 1933 entlassen, 1937 Emigration nach Amsterdam und den USA, 1947 Lehrer an der Universität von St. Louis/USA, ab 1949 am Brooklyn Museum New York. M.B. zeigte bereits in den frühen Werken durch großformatige Figurenkompositionen wesentliche Zeitaussagen. Sein unbestechlicher und unsentimentaler Verismus und die Eindrücke aus dem Ersten Weltkrieg – Grauen, Tod, Mord, Hunger, Trauer und die Sinnlosigkeit des Kriegsgeschehens – werden bestimmend für sein Schaffen. In der Nachkriegszeit, Inflation und den Wirtschaftskrisen sucht M.B. als bürgerlicher Humanist seine Individualität zu behaupten durch ätzend-ironische Stellungnahmen

und vorgründige Sozialkritik. Es ist gleichzeitig seine gesellschaftskritische Periode und der Stilwandel vom Impressionismus (in der Art von Corinth) zum Expressionismus (thematisch ähnlich den Bildern von Grosz und Dix). Seine Lithographischen Folgen und Radierungen sind bewußt zynisch und brutal in Thema und Gestaltung, wie: *Gesichter* (1919), *Die Hölle* (1919), *Die Stadtnacht* (1921), *Berliner Reise* (1922), *Der Jahrmarkt* (1922), *Die Apokalypse* (1943).
Publ.: *Tagebücher 1940-50* (1955); *Briefe im Kriege* (1955)
Lit. (Auswahl): Glaser/Meier-Graefe/Fraenger/Hausenstein: *M.B. mit Werkverzeichnis* (1924); K. Gallwitz: *M.B. die Druckgraphik*; Ausst.-Kat.: *M.B. Gemälde – Handzeichnungen – Graphik. Zum 100. Geburtstag* (Kunsthalle Bremen, 1984). Zahlreiche Presse-Besprechungen und Ausstellungs-Kataloge


BED (Ps.) → Bednar, Hans


**Bednar**, Hans
BED, Hansito (Ps.)
\*   1948 Steyr/Österreich
Graphiker, Cartoonist, Kanzelhof/Maria Lanzendorf
Studium: Pädagogik (Lehrerexamen) in Wien, Graphiker Kunstschulen – Providence Rhode Island/USA – Montpellier/Frankreich. – Seit 1975 Lehramt in Mödling. Themen: sozialkritisch-politische Karikaturen; Mitarbeit im Atelier Frantzke/Wien
Veröffentlichungen in *Hallo, Watzmann, Oberösterreichisches Tageblatt*; außerdem: Buchillustrationen, kartographische Arbeiten für österreichische Entwicklungsprojekte in Sambia
Publ.: *Soziales, erfahrungsorientiertes Lernen und politische Bildung* (1986)
Einzel-Ausst.: La Grande Motte (1981), Mödling (1985), Montpellier (1960), Nimes (1981); Sammelausstellungen: Wiener Kunstsalon (1984), Mödling (1985)
Lit.: H.P. Muster: *Who's who in Satire and Humour* (Bd. 3/1991), S. 20/21


**Baets**, Gerard
\*   1939 Hoorn
Niederländischer Cartoonist/Hausboot im Aalsmeer
Ab 16 Jahren Auto-Monteur, später Flugzeug-Monteur, Karikaturist ab 1959 – Veröffentlichungen in europäischen Zeitungen und Zeitschriften. G.B. zeichnet Cartoons ohne Worte. Veröffentlichungen in Deutschland, u.a. in: *Schöne Welt* (Dez. 1978, Nov. 1979).
Lit.: *Schöne Welt* (Dez. 1978, Nov. 1979)


**Behling**, Heinz
\*   09.10.1920 Berlin
Graphiker, Karikaturist, Pressezeichner
Studium: Kunsthochschule Berlin-Weißensee (1905-53), Pressezeichnerklasse von Ernst Jazdzewski. – Vor dem Studium 1935-39 Kinoplakatmaler. Mitarbeiter der DDR-Presse, u.a. *Frischer Wind*, *Eulenspiegel*. Zille-Darsteller in dem DDR-Film „Claire Berolina" (über die Volkssängerin Claire Waldoff). – Themen: Politische, zeitkritische, humoristische Karikaturen im Sinne der ehemaligen DDR.
Ausst.: „Satiricum '82", „Satiricum '84", „Satiricum '86", „Satiricum '88", „Satiricum '90", Greiz
Ausz.: Goethepreis der Hauptstadt der DDR (18. Okt. 1985)
Publ.: *Blätter, die die Welt bedeuten*
Lit.: *Resumee/Ein Almanach der Karikatur* (3/1972); *Der freche Zeichenstift* (1968), S. 137; *Eulenspiegel* (8/1981); *Bärenspiegel* (1984), S. 198; Ausst.-Kat.: *Satiricum '82, Satiricum '84, Satiricum '86, Satiricum '88, Satiricum '90*


**Behmer**, Marcus
\*   01.10.1879 Weimar
† 16.09.1958 Berlin (West)
Zeichner, Radierer, Illustrator, Graphiker, Buchgestalter
Lehre als Dekorationsmaler, Autodidakt. Bildete sich in Weimar und München. In Frankreich (1905-09). Mitarbeiter bei *Simplicissimus* und *Insel* (66 Zeichnungen zwischen 1899-1901). Anfangs zeichnete M.B. für den *Simplicissimus* Grotesken (komische Tiere und Vignetten). Beeinflußt von der englischen Buchkunst und von Beardsley angeregt, setzte sich M.B. für eine buchkünstlerische Bewegung in Deutschland ein. Er zeichnete in phantasievoller Linienführung Bucheinbände für den Insel Verlag. 1903 illustrierte er *Salome* von Oscar Wilde. Beeinflußt von irischen Ornamenten und persischen Miniaturen, wandelt sich seine Stilform zu kleinformatigen Radierungen (Exlibris, Neujahrswünsche, allegorische Graphik). Illustrationen zu Voltaires *Zadig* (1912) und Runges *Von dem Fischer un syner Fru* (1914). 1936 als NS-Gegner verhaftet, war er in Freiburg und in Konstanz bis zur Befreiung 1945 inhaftiert.
Lit.: E. Fuchs: *Die Karikatur der europäischen Völker*, Bd. II, S. 453; *Der Große Brockhaus* (1929), Bd. 2, S. 465; *Brockhaus-Enzyklopädie* (1967), Bd. 2, S. 465


**Behrendt**, Fritz
\*   1925 Berlin
Internationaler politischer Spitzenkarikaturist, holländischer Staatsbürger
Studium: 1943-45 Studium an der Kunstgewerbeschule Amsterdam. – 1937 Emigration nach Amsterdam, erste

gedruckte Zeichnung (*Het Volk*, Kinderbeilage 1938). Konditorfachschule (Gesellenprüfung), Einberufung zur Deutschen Wehrmacht (Wehrbezirkskommando Ausland in den Niederlanden) – wegen „nichtarischen Makels" zurückgestellt, als politischer Häftling im SS-Gefängnis. 1946 zur niederländischen Armee eingezogen. 1947 mit niederländischer Jugendbrigade in Jugoslawien, Aufbau der Eisenbahnstrecke von Šamac nach Sarajevo, Orden der sozialistischen Arbeit, Einladung zum Studium an der Zagreber Kunstakademie, 1948 Stipendium der jugoslawischen Jugendorganisation „Narodna Omladina", Meisterlehre für Graphik (Prof. Krizman). In den Ferien Arbeit in einer internationalen Jugendbrigade, Autostrada Zagreb – Beograd. 1949 durch die FDJ Berlin nach Berlin/Ost. Dort Graphiker im Verlag *Neues Leben*. Referent für Sichtwerbung im Zentralrat der FDJ, nach sechs Monaten als „Titoist" vom SSD verhaftet, sechs Monate in einem SSD-Gefängnis, Entschluß, politischer Zeichner zu werden. 1950 erste politische Zeichnung (nach Zitat von M. Gorki „Das Wort Mensch, wie stolz das klingt" für *Kerempuk* ( = Eulenspiegel, jugosl. Wochenzeitung). 1951 Kontakte mit Zeitungen in Holland, Deutschland. 1953 Durchbruch zur Tagespresse. 14 Jahre *Allgemeen Handelsblad*, aus ursprünglich wöchentlichen politischen Karikaturen Übergang zu Tageskarikaturen zum Zeitgeschehen. Nachdrucke in Deutschland. Arbeit auch für *The New York Times* (Sonntags-Ausgabe *The week in review*), danach viele internationale Pressekontakte. Stammkarikaturist beim *Nebelspalter*, *Weltwoche* Zürich. Deutsche Veröffentlichungen u.a. in: *Die Welt, Der Tagesspiegel, Der Spiegel, Frankfurter Allgemeine Zeitung, Neue Hannoversche Presse*. F.B.s Zeichnungen sind graphische Kommentare zum Zeit- und Weltgeschehen, „ein tägliches Plädoyer für mehr Menschlichkeit".
Ausst.: Einzel- und Kollektivausstellungen zwischen 1975-80 in 12 Ländern und 24 Städten; „F.B. 35 Jahre Zeichnungen und Karikaturen", Amsterdam (1985)
Ausz.: World Newspaper Forum (1960), Montreal Editorial Cartoon (1967, 1976), Deutsches Bundesverdienstkreuz 1. Klasse (1972), Orden der Jugosl. Fahne 1. Klasse (1974), Offizier des Ordens Leopold II (1975), Ritter des holländ. Ordens von Oranje-Nassau (1976), Offizier des griech. Phoenix-Ordens (1981), Orden des niederländischen Widerstandes (1982), International Cartoonist Award (1985)
Publ. (Sammelbände seiner politischen Karikaturen): *Der Nächste bitte* (1971); *Bilanz in Bildern* (1974); *Helden und andere Leute* (1975, mit Autobiographie); *Menschen* (1975); *Haben Sie Mary gesehen?* (1976); *Zwischen Jihad und Schalom* (1978); *Vorwärts ins Jahr 2000* (1981); *Grandfather was defenseless* (1984); *In Vredesnaam* (1984)
Lit.: *Spitzensport mit spitzer Feder* (1981), S. 8, 9; H.P. Muster: *Who's Who in Satire and Humour* (1) (1989), S. 22, 23

**Beier**, Roland
\*     1955 Meißen
Gebrauchsgraphiker, Zeichner, Karikaturist/Neubrandenburg (Mecklenburg)
Studium: Abendstudium/Hochschule für Bildende Künste, Dresden, Kunsthochschule Berlin/Weißensee/Diplom-Abschluß
Veröffentlichungen: Buch-Illustrationen für Eulenspiegel Verlag, Kinderbuch Verlag, Berlin, *Der Spiegel, Die Zeit, TAZ, Tip*
Kollektiv-Ausstellungen: „Satiricum '84", „Satiricum '88", Greiz, Dresden, Leipzig, Berlin/Ost, Warschau, Athen
Publ.: Mitarbeit an der Cartoon-Anthologie *Alles Banane* (1990)
Lit.: *Alles Banane* (1990), S. 93, 92; Ausst.-Kat.: *Satiricum '84*, *Satiricum '88*

**Beier-Red**, Alfred
\* 01.11.1902 Berlin
Pressezeichner, Polit-Karikaturist der KPD- und SED-Presse
Studium: Kunstgewerbeschule Berlin (1927-29), vorwiegend Autodidakt. – Vor dem Studium Buchdruckerlehre, Abendschule (1917-21). B.-R. begann seine Pressemitarbeit ab 1924 für *Die Rote Fahne*, *Prawda* (Moskau), *Roter Pfeffer*, *Rote Post*, *Die Knüppel*, *Eulenspiegel*. Ab 1946 zeichnete er für *Neues Deutschland*, *Deutsche Volkszeitung*, *Frischer Wind*, *Eulenspiegel*, *NBI* u.a. Zeitungen und Zeitschriften der DDR. B.-R. war stark politisch engagiert: Mitglied der kommunistischen Jugendverbandes (1920), Mitglied der KPD (1923), Mitbegründer der „ASSO" (Assoziation revolutionärer Künstler Deutschlands; 1928), illegale Tätigkeit (1933-45), Kunstpreis des FDGB (1959), Vaterländischer Verdienstorden und Franz-Mehring-Medaille (1961), Professorentitel (1962).
Ausst.: „House of Satire and Humor", Gabrovo/Bulgarien; Kollektiv-Ausstellungen: „Satiricum '82", „Satiricum '84", „Satiricum '86", Greiz
Lit.: I. Seidel: *A.B.-Red* (Diss., Leipzig, 1973); G. Piltz: *Geschichte der europäischen Karikatur* (1976), S. 260, 265, 300, 309; *Der freche Zeichenstift*, S. 93, *Bärenspiegel*, S. 198; Ausst.-Kat.: *Satiricum '82*, *Satiricum '84*, *Satiricum '86*

**Belhomme**, Jean-Louis → **Bélom** (Ps.)

**Bellmann**, Rita
\*     1934 Berlin
Graphikerin, Karikaturistin
Themen: Humoristisch-satirische Karikaturen
Kollektiv-Ausstellungen: „Satiricum '82", „Satiricum '84", „Satiricum '86", „Satiricum '90"; „Satiricum '80" (1.

Biennale der Karikatur der DDR, 1980, Greiz „Ohne Worte" – „Immer schön im Rahmen bleiben")
Lit.: Ausst.-Kat.: *Satiricum '80*, S. 4; *Satiricum '82, Satiricum '84, Satiricum '86, Satiricum '90*

**Bellus**, Jean
* 1911 Toulouse
Französischer Karikaturist
(sollte Bankkaufmann werden, setzte aber seinen Wunsch durch, Zeichner zu werden) Mitarbeit in der französischen Presse, u.a. bei *France Dimanche*, international arbeitete er für *True, Liliput, Men only, Epoca* und auch für die deutsche Presse *Neue Welt, Neue Post, Revue* und *Constanze*. Er schuf die französischen Comic-Folgen *Les Caprices Clementine Cherie* (jahrelange Folgen und Seiten). J.B.-Zeichnungen haben eine liebenswürdige Darstellung bürgerlich-französischen Humors. Sein Mädchen „Clementine" ist das Pendant zu Peynets „Denise".
Publ.: *Clémentine Chérie*
Lit.: *Heiterkeit braucht keine Worte*

**Bélom** (Ps.)
* 1950
Bürgerl. Name: Jean-Lois Belhomme
Französischer Graphiker, Cartoonist
Studium: Psychologie/Publizistik. – Seit Anfang der siebziger Jahre tätig für Werbeagenturen, nebenher: Cartoonzeichner, seit 1982 freischaffender Graphiker. Veröffentlichungen in der französischen Presse: *Lui, Playboy, Penthouse* u.a. – Themen: Vorrangig die Liebe - seiner dicknasigen Männlein und Weiblein im Urzustand.
Publ.: *Darf ich mal ... ?*

**Belsen**, Jacobus
* 18.09.1870 Rußland, zuletzt in Berlin
Maler, Karikaturist, russischer menschewistischer Emigrant, zeichnete um 1932 antibolschewistische, politische Karikaturen. Er war u.a. Mitarbeiter des *Wahren Jacobs*.
Lit.: G. Piltz: *Geschichte der europäischen Karikatur* (1976), S. 271; *Der wahre Jacob/Ein halbes Jahrhundert in Faksimiles* (1977) – Hans Vollmer: *Allgemeines Lexikon der Bild. Künste des XX Jahrhunderts* (1953, Bd. 1)

**Belwe**, Georg
* 12.08.1878 Berlin
Graphiker, Zeichner (Presse und Werbung), tätig in Berlin
Ausbildung in Berlin. Werbegraphik, Plakate, Buchillustrationen, z.T. mit karikaturistischem Einschlag.
Lit.: Verband deutscher Illustratoren: *Schwarz-Weiß*, S. 137

**Bemelmans**, Ludwig
* 27.04.1898 Meran
† 01.10.1962 New York
Schriftsteller, Illustrator, Kinderbuchautor
Sohn eines flämischen Bohemiens und einer deutschen Bauerstochter, aufgewachsen in Regensburg und Tirol, kam J.B. mit 17 Jahren in die USA, begann als Illustrator und Werbegraphiker (für *The New Yorker*), er veröffentlichte Kinderbücher (mit eigenen Illustrationen), humorvolle Erzählungen und Unterhaltungsromane.
Publ.: *Hotel Splendide* (1941, dt. 1947); *Now I lay me down to sleep* (1943); *The eye of God* (1949); *Father, dear father* (1953, dt. 1953); *Mit Kind und Krümel nach Europa*; *The high world* (1954, dt. 1960); *Alle Jahre wieder; My life in art* (1958, dt. 1959); *Mein Leben als Maler; Are you hungry, are you cold?* (1960, dt. 1961); *Allons enfants*
Lit.: *Brockhaus Enzyklopädie* (1967), Bd. 2, S. 506

**Bencke**, Erik Emil Martin
* 1910 Kopenhagen
Martin, Emile (Ps.)
Pressezeichner, Karikaturist
Studium: Academy of Advertising, San Francisco/USA (Werbegraphik)
Freiberuflicher Werbefachmann – 1937-1949 eigene Werbeagentur in Kopenhagen. Seit 1951 freischaffender Karikaturist.
Veröffentlichungen in der skandinavischen Presse, in Deutschland Karikaturenvertrieb durch Bild-Presse-Agentur
Ausst.: Bordighera, Italien; Brüssel, Belgien; Gabrovo, Bulgarien; Montreal, Kanada
Lit.: H.P. Muster: *Who's who in Satire and Humour* (Bd. 3/1991), S. 26-27

**Benedek**, Gabor
* 1938 Budapest
Karikaturist, Signum: „BEN". Hauptberuflich selbständiger Architekt, München (ungarisch-österreich. Abstammung)
Studium: TH München (Architektur 1961-67, Dipl.-Ing.). – Seit 1960 in der Bundesrepublik (Wahlbayer). Arbeitet seit 1967 als Karikaturist für die Presse, u.a. für die *Süddeutsche Zeitung* (Sport-Karikaturen). Veröffentlichungen auch in: *Yacht, Kölner Stadtanzeiger, Hannoversche Allgemeine, Die Zeit, Der Spiegel, Schöne Welt* u.a. – Themen: Sport-Karikaturen, humoristisch-satirisch, aktuelle politische Karikaturen
Einzel- und Kollektiv-Ausstellungen: 1970 München, 1972 Recklinghausen, Berlin, Basel, 1973 München, Bonn, Wien, Berlin, 1974 Kopenhagen, Oslo, 1979 München, 1981 Stuttgart

Publ.: *Benedek's Sport ABC* (1982); *G.B. Gedankenstrich* (1980); *Bauherrlichkeit* (1982)
Lit.: Ausst.-Kat.: *Zeitgenossen karikieren Zeitgenossen* (1972), S. 228; Ausst.-Kat.: *Spitzensport mit spitzer Feder* (1981), S. 10; *Störenfriede/Cartoons u. Satiren gegen den Krieg* (1983); *Beamticon* (1984), S. 138; *Die Stadt/Deutsche Karikaturen 1887-1985* (1985)

**Bengen**, Harm
\* 1955 Ostfriesland
Freiberuflicher Cartoonist, Funny-Zeichner/Bremen, Signum: „HB"
Studium: Bremen (Graphik). – Gelernter Farblithograph, tätig in der Werbebranche, Offsetmontierer, nebenher Cartoonist, ab 1986 Comic-Zeichner. Veröffentlichungen: *Bremer Blatt, Oxmox, Reisefieber, U-Comix* – Cartoons für *Semmels Sammelsurium, Besemmelt* u.a. Kollektiv-Ausst.: „3. Internationaler Comic-Salon", Erlangen (1988)
Publ.: *Chronik des Wahnsinns* (1987)
Lit.: *Nobody is perfect* (1986), S. 89-97; *70mal die volle Wahrheit*

**Bensch**, Peter
\* 1938 Berlin
Karikaturist, Pressezeichner/Wien
Veröffentlichungen im *Handelsblatt* (seit 1985 „Bösiflage"), *Aachener Volkszeitung, Rhein-Zeitung, Koblenz, Capital* und *Kieler Nachrichten*. – Themen: Aktuelle, politische, humoristische Karikaturen
Kollektiv-Ausst.: Welt-Ausstellung „Cartoon 75" Berlin/West (1975)
Lit.: H.O. Neubauer: *Im Rückspiegel – die Automobilgeschichte der Karikaturisten 1886-1986* (1985), S. 238; *Komische Nachbarn – Drôles de Voisins* (1988), hrsg. v. Goethe-Institut, Paris, S. 127, 2/20

**Benz**, Kurt
\* 10.08.1908 Kolberg/Pommern
† 20.05.1984 Berlin-West
Pressezeichner, Karikaturist (Autodidakt) (im Waisenhaus aufgewachsen, seit 1928 in Berlin)
K.B. begann als Kinoreklame-Maler und Zeichner bei der UFA und zeichnete Porträt-Karikaturen für die Berliner Presse. Nach 1945 wieder Kinoreklame-Maler, für Ausstellungen, für „Menschen, Tiere, Sensationen", „Berliner Sportpalast" (und Dekorationen), „Wolkenball"-Plakate (die „Wolke", Berliner Karikaturisten-Vereinigung) u.a. Vor allem war K.B. ein vorzüglicher Porträt-Karikaturist und ein ebensolcher Plastiker. Seine Karikaturen waren treffend, charakteristisch in einfachster Form – skurril, grotesk und voller Witz und Humor. Selbst ein echter Kauz mit dem Zeichenstift, auf der Suche nach den heiteren Seiten des „Lebenz". Teilnahme an den Karikaturen-Sammel-Ausstellungen in Berlin/West – mehrfach Auszeichnungen für Karikaturen und Plakate, u.a. 1. Preis im Wettbewerb des Bausenats „10 Jahre Wiederaufbau Berlin".
Lit.: *Wolkenkalender* (1965); zahlreiche Besprechungen, u.a. in: *Berliner Morgenpost* (v. 10.6.1958); *Der Tagesspiegel* (v. 16.9.1960); *Bild* (v. 27.8.1965); *nachtdepesche* (v. 9.5.1966, 15.8.1967 und 24.5.1968); *Welt am Sonntag* (Nr. 19/1967); *BILD* (v. 25.10.72); *Berliner Morgenpost* (v. 10.8.83, v. 23.5.1984 Nachruf)

**Berg**, Henryk
\* 19.06.1927 Bromberg (Bydgoszcz)
Karikaturist, Fotomonteur/Berlin
Lehre als technischer Zeichner. B. zeichnete und montierte politische, aktuelle und satirische Karikaturen und Fotomontagen für die DDR-Presse. 1948-52 Bildredakteur beim *Neuen Deutschland*, 1955-75 ständiger Mitarbeiter der Tageszeitung *Tribüne*, seit den siebziger Jahren Collagen und Fotomontagen. Mitarbeit beim *Eulenspiegel*.
Kollektiv-Ausstellungen: „Karikaturen zum 20. Jahrestag der DDR", Neue Berliner Galerie (1969) – Kunsthalle Recklinghausen, „House of Humour and Satire", Gabrovo/Bulgarien (1977) – „Satiricum '80" (1. Biennale der Karikatur der DDR, Greiz, 1980), „Satiricum '82", „Satiricum '84", „Satiricum '86", „Satiricum '88", „Satiricum '90"
Lit.: Ausst.-Kat.: *Zeitgenossen karikieren Zeitgenossen* (1972), S. 228; *Bärenspiegel* (1984), S. 198/99; *Satiricum '80, Satiricum '82, Satiricum '84, Satiricum '86, Satiricum '88, Satiricum '90*

**Berg**, Ingrid
\* 1943
Graphikerin/Berlin
Kollektiv-Ausst.: Satiricum '80 (1. Biennale der Karikatur der DDR, Greiz, 1980), „Spiegeleien", „Da war der Wurm drin!"
Lit.: Ausst.-Kat.: *Satiricum '80* (1980), S. 23

**Berger**, Karli
\* 1953 Leoben/Österreich
Österreichischer Graphiker, Karikaturist, Comic-Zeichner/Wien
Studium: Höhere Graphische Bundes-Lehr- und Versuchsanstalt, Wien
Veröffentlichungen u.a. in: *Extrablatt, Volksstimme, Rennbahnexpress*. – Themen: Humoristische, zeitkritische Cartoons mit Situationskomik.
Ausst.: Teilnahme an verschiedenen Kollektiv-Ausstellungen

Publ.: *Wir Supermänner* (1979); *K.B. Harte Zeiten* (1982)
Lit.: *Wenn Männer ihre Tage haben* (1987); zahlreiche Presse-Besprechungen

**Berger**, Oskar
* 1901 Prešov/Österreich
Porträt-Karikaturist
O.B. kam 1919 nach Prag, zeichnete Porträt-Karikaturen, u.a. von Präsident Masaryk, Karel Capek. Aufgrund seiner treffenden Karikaturen bekam er Verbindung mit Berliner Redaktionen als Pressezeichner und Porträt-Karikaturist; war Reporter auf der internationalen Konferenz, München 1923, für die deutsche Presse. Seine Anti-Hitler-Karikaturen zwangen ihn schon 1932 zur Emigration in die USA. Mitarbeit bei *The Nation, Life, The New York Times, Look* u.a. Über Budapest, Wien und Paris (*Le Figaro*) kam er 1935 nach London („Navel conference of the big Five") und überstand hier den Krieg mit seinen Spott-Karikaturen. Nach Gründung der UNO Rückkehr in die USA, Porträt-Karikaturen führender Politiker, Veröffentlichungen in der Weltpresse.
Ausst.: House of Commons, London (1944)
Publ.: *Tip und Tap die zwei Schotten* (humoristische Karikaturen, 1932); *Famous Faces* (250 Porträt-Karikaturen aus Politik und Film, 1950)
Lit.: Ausst.-Kat.: *Berliner Pressezeichner der zwanziger Jahre* (1977); *Masters of caricature* (1981), S. 177; W. Schaber: *B.F. Dolbin* (1976); S. 94, 133

**Bergmann**, Gerhard(t)
* 20.07.1922 Erfurt
Maler, Graphiker, Karikaturist
Studium: Hochschule für Bildende Künste, Berlin, nach 1945 Malerei und Graphik. – Mitarbeit bei *Der Insulaner, Ulenspiegel, Neue Berliner Illustrierte* (als Kunststudent in den vierziger Jahren). Seit 1961 Professor an der Hochschule für Bildende Kunst, Berlin-West.
Lit.: *Der Insulaner* (2/1949); *Ulenspiegel 1945-50* (1978), S. 242, 243

**Bergström**, G.
* 10.01.1899 Stockholm/Schweden
Schwedischer Karikaturist, international bekannt, lebte in den dreißiger Jahren in Nizza, Signum: „BER"
Hauptzeichner des schwedischen Witzblattes *Söndagsnisse-Strix*. G.B. wurde auch viel im Ausland veröffentlicht, Nachdrucke, u.a. in: USA (*Boston-Post*), Spanien (*Buen Humor*), Frankreich (*Le Rire*) und in der deutschen Presse, u.a. *Lustige Blätter, Koralle*. G.B.s Karikaturen wollen Medizin und Lebenshilfen sein, gegen die Verdrießlichkeiten des Alltags, einfach um aufzuheitern.
Lit.: H. Ostwald: *Vom goldenen Humor*, S. 370, 391-95, 547

**Berman**, Mieczyslaw
* 07.07.1903 Warschau
† 1976
Fotomonteur
Studium: Akademie für dekorative Kunst, Warschau. – M.B. begann mit Fotomontagen (ab 1927), angeregt von den russischen Konstruktivisten Lissitzky, Rodtschenko, vom Dadaismus und vom Bauhaus. Ab 1930 soziale und antifaschistische Satire (Vorbild: H. Heartfield). Ab 1935 die Collage „Ahnentafel" (Vier Affen mit NS-Mütze, Koppel und Hakenkreuz-Armbinde turnen auf einem dürren Geäst in Hakenkreuzform).
Ausst.: u.a. KAGR, Institut für Verbreitung der Kunst, Warschau (1934); Künstlergruppe „Die phrygische Mütze", Warschau (1936); Krakau (1937); Verband bildender Künstler der DDR, Pavillon der Kunst (1961); Galerie Daniel Keel, Zürich (1967); Galerie Sander, Darmstadt (1988); Galerie Aturo Schwarz, Mailand (1973)
Ausz.: Goldmedaille – Internationale Ausstellung für Kunst und Technik im modernen Leben, Paris, 1937; Nationalpreis für Werke der politischen Karikatur, Warschau, 1959
Publ.: *M.B. Das satirische Plakat*
Lit.: H. Wescher: *Die Collage* (1968), S. 345, Abb. 171; G. Piltz: *Geschichte der europäischen Karikatur* (1976), S. 283, 309; Ausst.-Kat.: *M.B. 50 Jahre politische Collage 1903-1976*

**Berner**, Michael
* 1948
Collagist/Halle-Neustadt
Kollektiv-Ausstellungen: „Satiricum '80" (1. Biennale der Karikatur der DDR, Greiz, 1980); „Autofahrer" (Collage)
Lit.: Ausst.-Kat.: *Satiricum '80*, S. 23

**Bernie**
* 1918 Frances-Le-Château
Französischer Karikaturist, zeichnete von früher Jugend an.
Studium: Ingenieur. – Tätig als Ingenieur in der Sahara, nach Rückkehr aus Ägypten Berufswechsel zum Karikaturisten (humoristische Karikaturen). Mitarbeit bei *Ici Paris, Aux Econtes* u.a. Veröffentlichungen in der deutschen Presse durch Bildvertrieb Cosmopress Genf.
Lit.: *Heiterkeit braucht keine Worte*

**Bernoulli**, Christoph
* 1897 Basel
Dr. phil., Zeichner
Themen: Briefumschläge mit karikierenden Zeichnungen (1957-1972)

Ausst.: „Karikaturen – Karikaturen?" (Kunsthaus Zürich, 1972, S. 60, D. 18, S. 80)
Lit.: Ausst.-Kat.: *Karikaturen – Karikaturen?* Kunsthaus Zürich (1972)


**Bernstein**, F.W. (Ps.)
\*       1938 Göppingen
Bürgerl. Name: Fritz Weigle, Signum: „F.W.B."
Zeichner, Schriftsteller, Prof. an der Hochschule für bildende Kunst, Berlin/West
Studium: Akademien Stuttgart, Berlin (Malerei, Germanistik). – Ab 1966 Lehrer, seit 1972 Kunsterzieher, ab 1984 Gastprofessor für Karikatur und Bildgeschichte (H.f.b.K.), ab 1985 ordentl. Prof. H.f.b.K. Berlin/West. Zusammenarbeit mit Robert Gerhardt und F.K. Waechter *Die Wahrheit über Arnold Rau* (1966), mit Robert Gerhardt *Besternte Ernte* (1976), *Die Kinderfinder* (1981), mit A. Messerli/D. Richter (Fotobuch für Kinder) *Unser Goethe – ein Lesebuch* (mit Eckhard Henscheid). Buch-Illustrationen zur Literatur von E. Henscheid.
Einzel- und Kollektiv-Ausstellungen: „Karikatura" Documenta (1987), Ausstellungs-Tournee „Neue Frankfurter Schule" (In- und Ausland)
Publ.: *Der Zeichner als Studentenwerk* (1978); *Welt im Spiegel 1964-76* (1979); *Ute's Leute* (Zeichnungen nach dem Leben, 1981); *Reimwärts* (1981); *Sag mal Hund* (1982); *Sternstunden eines Federhalters* (1986); *Bernsteins Buch der Zeichnerei* (1989)
Lit.: Ausst.-Kat.: *Wilhelm Busch und die Folgen* (1982), S. 16; *70mal die volle Wahrheit* (1987); *Die Entdeckung Berlins* (1984); H.P. Muster: *Who's Who in Satire and Humour* (1989), S. 202-203


**Bernuth**, Max
\* 22.07.1872 Leipzig
Lithograph, Maler, Zeichner
Studium: Akademie München, bei Marr, Liezen-Mayer. – M.B. zeichnete humoristische Bilder im bayrischen Milieu, aus der Tierwelt und Aktzeichnungen. Von 1902-32 war er Lehrer an der Kunstgewerbeschule in Elberfeld.
Lit.: L. Hollweck: *Karikaturen*, S. 137


**Bertheau**, Jürgen
\*       1929
Karikaturist, Graphiker
Studium: Landeskunstschule Hamburg, bei Prof. Breest. – Mitarbeit u.a. bei: *stern*, *Die Welt* (Kleines Welttheater), *Kristall*, *Pardon*. J.B. ist vertreten mit ganzseitigen humoristischen Karikaturen zu verschiedenen Sujets. – Comic-Folgen: *Herr Priesack* (begonnen am 22. März 1958 im „Kleinen Welttheater", allwöchentlich, mehr als 14 Jahre; über 730 Folgen). – Bühnenbild für einen Einakter im Theater Wuppertal (1962), Werbe-Karikaturen.
Publ.: *Herr Priesack/Verflixtes + zugenähtes* (1962)


**Berthel**, Gabriele
\*       1948
Graphikerin (Montagen, Collagen)/Chemnitz
Kollektiv-Ausst.: „Satiricum '90", Greiz
Lit.: Ausst.-Kat.: *Satiricum '90*


**Bertina**, Martha
\*  um 1907 Frankfurt?
Karikaturistin, Pressezeichnerin
Mitarbeit bei *Frankfurter Illustrierte*, *Constanze*, *Das Illustrierte Blatt* u.a. M.B. zeichnete lustige Karikaturen zu allgemeinen bürgerlichen Themen sowie lustige Kinderserien: *Aber Klärchen!/Entwaffnende Kindergeschichten* (1941) und *Lenchen*. Beide Kinderserien sind auch in Buchform erschienen.


**Beuthin**, Reinhard
\*       1911 Travemünde
Pressezeichner, Karikaturist, Signum: „R.Beut"
Mitarbeit bei *Deutsche Illustrierte*, *Constanze*, *Lustige Blätter*, *Münchener Abendzeitung*, *BILD-Zeitung*, *Revue*. R.B. zeichnete humoristische, witzige, politische, aktuellsatirische Karikaturen. Bekannt wurde er durch seine netten modernen Mädchen-Folgen. 1952 entstand für die neu gegründete *BILD-Zeitung* „das Mädchen Lilli". Bedingung: „Hübsch muß sie, frech darf sie, und sympathisch soll sie sein". Die Folgen wurden zum jahrelangen Erfolg und viel nachgeahmt. Es folgten nach dem gleichen Muster „Schwabinchen" für die *Münchener Abendzeitung*, „Gigi" für die *Revue*. „Conny" und „Nonstopchen" waren seine letzten Mädchenfolgen. Grußkarten gestaltete er in der gleichen Manier. Seine „BILD-Lilli" wurde zum Vorbild der „Barbie"-Puppe des Amerikaners Jack Ryan. R.B. erhielt für sein Copyright 50.000 Mark. Jack Ryan dagegen verdiente mit der „Vinyl-Barbie" 30 Millionen Dollar. „Barbie" wurde bisher über 450millionenmal verkauft (*Hörzu* 10/89).


**Bevere de**, Maurice → **Morris** (Ps.)


**Beye**, Bruno
\* 04.04.1895 Magdeburg
† 05.06.1976 Magdeburg
Graphiker, Karikaturist
Studium: 1925-28 freies Studium in Paris. – B.B. war Mitbegründer der Magdeburger Künstlergruppe „Die Kugel", Mitarbeiter der sozialistischen Zeitung *Aktion* (1919), und der kommunistisch-sozialistischen Presse vor

1933 und der DDR-Presse nach 1945. B.B. zeichnete politisch-sozialistische Karikaturen.
Lit.: L. Lang: *Malerei und Graphik in der DDR*, S. 264; Ausst.-Kat.: *B.B.* (1975)

**Beyer**, Frank-Norbert
* 1939 Berlin
Karikaturist/Berlin
Typograph, Chefgestalter des *Eulenspiegel*
Veröffentlichungen u.a. im *Eulenspiegel*: humoristische, satirische Karikaturen, politische Collagen.
Kollektiv-Ausstellungen: „Satiricum '80" (1. Biennale der Karikatur der DDR, Greiz, 1980), „Arche Noah"; „Satiricum '84", „Satiricum '90"
Lit.: *Satiricum '80*, S. 5; *Satiricum '84*; *Satiricum '90*; Presse-Bespr.: *Eulenspiegel* (48/1979)

**Beyer**, Helmut
* 1908 Zwickau
† 17.02.1962 Augsburg
Politischer Karikaturist, Signum: „Yer"
Studium an einer Kunstakademie. – Mitarbeit bei: *Heute* (Zeitschrift der USA-Militärregierung) und der Westpresse sowie bei der *Neuen Berliner Illustrierten* (Ost-Berlin). H.B. zeichnete vor allem politisch-satirische Karikaturen aus dem deutschen Nachkriegs-Alltag sowie zum politischen Geschehen der fünfziger Jahre, die treffsicher Situation und Situationen darstellen. Seine unpolitischen Karikaturen sind nur vereinzelt, aber drastisch und voller Komik.
Ausst.: Internationale Karikaturen-Ausstellung ARCHIVARION (1951) Berlin-West, Ausst.-Kat.: *Die deutsche Pressezeichnung 1951* (Journalisten-Verband Württemberg-Baden)
Lit.: *ARCHIVARION/Karikaturisten-Graphik* (Mai 1948, Schrift 3, S. 46-48); Ausst.-Kat.: *Die deutsche Pressezeichnung 1951*, S. 23

**Beyer**, Lo
Berliner Karikaturistin, naive Malerin (Autodidaktin)
L.B. zeichnete in den zwanziger-dreißiger Jahren lustige und humoristische Zeichnungen. Mitarbeit u.a. an *Ulk* (Beilage des Berliner Tageblattes) und *Lustige Blätter*. 10 Jahre verheiratet mit dem expressionistischen Maler Otto Beyer, der sie aber nicht unterrichtete, um ihr eigenes Leben nicht zu beeinflussen. 1969 begann sie mit der naiven Malerei.
Ausst.: Eigene Ausstellungen in Berlin und Braunschweig
Lit.: Presse: *Welt am Sonntag* (v. 10.3.1972): „Mit 76 startete L.B. ihre Sonntags-Maler-Karriere"; Fernsehen: ZDF (Senderreihe „Mosaik", Jan. 1972, „L.B. als Sonntagsmalerin")

**Bibow**, Helmut
* 27.09.1914 Essen
† Feb. 1973 Feldafing
Pressezeichner, Illustrator, Karikaturist
Studium: Folkwang-Schule Essen (1930-32), Akademie Düsseldorf (1932-34). – Studienreisen führten H.B. nach Italien und in den vorderen Orient (1934-38). 1939: Militärdienst, PK-Zeichner (zeitweise freischaffender Illustrator für die Presse), seit 1945 in Berlin, Stuttgart, Hamburg und Bayern als Illustrator, Pressezeichner und Karikaturist. Mitarbeit bei *Der Insulaner, SIE, Koralle, Die Welt, twen*. H.B. zeichnete aktuelle und satirische Karikaturen, aber auch Illustrationen naturalistischer Sujets.
Lit.: Ausst.-Kat.: *Neue Galerie München* (1978); Ausst.-Kat.: *Widerstand statt Anpassung* (1980), S. 264

**Bidstrup**, Herluf
* 1912 Berlin
† 26.12.1988
Dänischer Karikaturist
Studium: Königl. Akademie der Kunst, Kopenhagen. – Mitarbeit bei *Sozialdemokraten* (Kopenhagen 1937-45), ab 1943 bei der dänischen KP-Zeitung *Land og Folg*, Kopenhagen, vertreten mit politisch-sozialdemokratisch-kommunistischen Karikaturen, humoristischen Karikaturen, humoristischen Kindergeschichten und Satire. Mitarbeit in der DDR an *Neue Berliner Illustrierte* und *Eulenspiegel*.
Ausst.: Puschkin-Museum Moskau; Eremitage Leningrad; Kunstmuseum Riga (1961); Museum der Stadt Rostock und Museen anderer Städte der DDR (1958/59); Zentrales Haus der Deutsch-sowjetischen Freundschaft, Berlin DDR (Okt. 1983)
Ausz.: Lenin-Friedenspreis (1964)
Publ.: *Ausgelacht und angelacht* (1953); *Gewitztes und Verschmitztes*
Lit.: *Der freche Zeichenstift* (1968), S. 213; Presse: *Eulenspiegel* (Nr. 39/1983 – Nr. 2/89 Nachruf)

**Bierbrauer**, Hans → Oskar (Ps.)

**bil** (Ps.)
* 1913 Wien
Graphiker, Karikaturist, lebt in Frankreich
Studium: Kunstgewerbeschule (3 Jahre). – Mitarbeit an: *Nebelspalter* (ab 1938, 35 Jahre), *Welt der Arbeit*. bil schuf humoristische, aktuelle, politische Karikaturen und Zeichentrickfilme. 1935-45 in der französischen Untergrundbewegung, nach Oberschlesien deportiert. Nach 1945: Buchillustrationen, Lay-out (*Jour de France*), Malerei. Veröffentlichungen in Europa, Cartoons in USA. Verschiedene Ausstellungs-Beteiligungen, u.a. „Dar-

über lachen die Schweizer"/99 Jahre Nebelspalter – Wilh.-Busch-Museum, Hannover (1973). – Einige Preise.
Publ.: Cartoon-Serie *Reise um die Erde in 80 bil dern*

**Bilek**, Franziska
* 29.10.1916 München
† 11.11.1991

Pressezeichnerin, Karikaturistin, Illustratorin (böhmische Vorfahren)
Studium: Kunstgewerbeschule, München, Akademie der schönen Künste, München, bei Arnold Schulz, Olaf Gulbransson. – Mitarbeit an: *Münchener Neueste Nachrichten* (angefangen), *Jugend*, *Simplicissimus* (1936-44, 1953-56), *Simpl* (1946-50), *Münchener Abendzeitung* (seit 1952), *Ulenspiegel* (DDR), sie arbeitete auch für die Werbung. F.B.s humoristische Figuren sind „Herr Hirnbeiß" (täglich in der *Abendzeitung*) und „Alfons Grantlmeier meint" (*Welt am Sonntag*) seit 1961. In ihren Urmünchener Grantltypen zeigt F.B. in bissigen Bemerkungen Hintersinniges zum Tagesgeschehen auf als graphische Kommentare ihrer Mitmenschen. Mit Spaß an Satire und Humor sieht sie das allgemein Menschliche und gibt es graphisch wieder. Sie schuf Buch-Illustrationen zu: *Heiterer Olymp*, *Hetärengespräche*, *Kreuzworträtsel 200*, *Liebe im Schnee*, *Mein lieber Schwan*, *Mein Magen geht fremd* (Leo und Walter Slezak), ferner: Werbe-Karikaturen für Bier, Sekt und Zigarren. Seit 1980 modelliert sie auch.
Ausst.: in München, Bremen, Oldenburg, Hameln, Leverkusen, Hannover
Ausz.: 1971 Ludwig-Thoma-Medaille der Stadt München, 1979 Ernst Hofrichter-Preis
Publ. (ab 1940): *Lieber Olaf! Liebe Franziska* (zus. mit Olaf Gulbransson); *Franziska Bileks heitere Welt*; *Federspiele*; *Respektloses von F.B.*; *Heitere Welt*; *Zugespitzt und aufgespießt*; *Mir gefällt's in München*; *Die Sterne lügen nicht*; *München und ich*; *Spaß muß sein*; *Herr Hirnbeiß* (mehrere Bände); *Elefant und Regenwurm*

**Bille**, Erik
* 1916 Dänemark

Studium: in verschiedenen Zeichen- und Malschulen. – Ständiger Mitarbeiter der dänischen Tageszeitung *Aktuell*, vertreten mit humoristischen Zeichnungen. Veröffentlichungen auch in der Tagespresse der Bundesrepublik.
Lit.: *Heiterkeit braucht keine Worte*

**Binde**, H.
* 22.12.1862 Glogau/Schlesien

Maler, Zeichner, tätig in Berlin
Mitarbeiter bei *Vom Fels zum Meer* und Veröffentlichung von Illustrationen in anderen Zeitungen und Zeitschriften. Als Maler schuf er Genrebilder.

Lit.: Verband deutscher Illustratoren: *Schwarz-Weiß*, S. 102

**Bing**, Henry
* 23.08.1888 Paris

Französischer Karikaturist, Maler
Ausbildung: Lithograph, lebte vor 1914 in München. H.B. war witzig und spottete gern, was auch in seinen Karikaturen zum Ausdruck kam. Er war Mitarbeiter für die *Jugend*, den *Simplicissimus* und den *Komet*. Seine Themen bezogen sich auf Münchener Mentalität und Motive (Schwabing, Oktoberfest, Modelle). Er war regelmäßiger Stammgast im Münchener Café Stephanie (Café Größenwahn), Domizil der Literaten und Künstler (wo für 5 Mark Ideen gehandelt wurden). Der Dichter Johannes R. Becher (späterer DDR-Kultusminister) hat H.B. ein Gedicht gewidmet und Richard Seewald hat in seinen Erinnerungen *Der Mann von gegenüber* (1963) H.B. erwähnt. Als Maler bevorzugte H.B. landschaftliche Sujets.
Lit.: L. Hollweck: *Karikaturen*, S. 11, 138, 155, 156, 174, 196, 203, 211, 212, 218, 221, 222; *Simplicissimus 1896-1914* (Hrsg. Richard Christ 1972), S. 231, 244, 270, 308, 354, 369, 404; G. Piltz: *Geschichte der europäischen Karikatur* (1976), S. 217

**Birg**, Heinz
* 1941 Heufeld/Banat, Jugoslawien

Architekt, nebenberuflich Karikaturist/München
Studium: Architektur, TH München (1961-67). – Ab 1972 Karikaturist, ab 1982 Dozent an der Fachhochschule München. H.B. veröffentlichte in: *Süddeutsche Zeitung*, *Die Zeit*, *Transatlantik*, *Pardon*, *Bauwelt*, *Jahrbuch der Architektur* u.a. – Themen: zeitkritisch, architekturbezogen.
Kollektiv-Ausstellungen in: München, Trier, Augsburg, Frankfurt/M., Stuttgart, Hannover, Salvador de Bahia/Brasilien u.a. Städten
Ausz.: „Löwenpfote" (Erster Münchener Großstadtpreis für „Kreative Unbotmäßigkeit", zivilcouragierte Kulturinitiative, 1986)
Publ.: *Fünfzig Federzeichnungen* (1979); *Verborgenes* (1979); *Sammtschwarz* (1983); *Unbehaust* (1983); *Münchener Architektur Visionen* (1987); *Bayern vorn* (1988)
Lit.: Ausst.-Kat.: *Gipfeltreffen* (1987), S. 91-98; Ausst.-Kat.: *Die Stadt/Deutsche Karikaturen von 1887-1985* (1985); Ausst.-Kat.: *Denk ich an Deutschland … Karikaturen aus der Bundesrepublik Deutschland* (1989), S. 84, 102, 112, 152

**Birke**, Hanns-Peter
* 1939

Karikaturist, Graphiker

Studium: Graphik, Malerei, Fotographie/Stuttgart und Berlin. – H.-P.B. war Layouter, Fotograph für Zeitschriften, tätig in einer Werbeagentur, seit 1970 freischaffender Karikaturist. Er veröffentlichte in *Playboy*, *Quick*, *Gondel* und *Smart*. H.-P.B. schuf humoristische, zeitkritische, politische Karikaturen, Humorseiten, Bilderserien.
Lit.: H. Hubmann: *Die stachlige Muse* (1974), S. 28/29

**Bischoff**, Erich A.
\* 20.08.1899 Berlin
Zeichner, politischer Karikaturist
Studium: Volkshochschule Groß-Berlin, bei H. Baluschek, Kunstgewerbeschule/Handwerkerschule Berlin-Ost. – B. zeichnete für Zeitschriften der Arbeiterbewegung *Die Büchergilde*, *Neue Bücherschau*, *Rote Post* u.a. 1928 Mitglied der ARBKD, 1929 Mitglied der KPD. Dozent an der Marxistischen Abendschule Berlin, Lehrfach: Linolschnitt-Technik. Beteiligungen mit Holzschnitten und Fotomontagen an der ARBKD und IFA-Ausstellung Berlin. 1933 Verhaftung, Flucht in die Tschechoslowakei. Veröffentlichungen im *Arbeiter-Jahrbuch* (der tschechischen SPD) zwischen 1935-38 unter dem Pseudonym „E. Arnold". 1938 Flucht nach England, aktiv im „Freien Deutschen Kulturbund", Zeichnungen für die Emigranten-Presse *Die Zeitung* (London).
Lit.: Ausst.-Kat.: *Revolution und Realismus* (1978/79), Berlin, DDR, S. 10; Ausst.-Kat.: *Widerstand statt Anpassung* (1980), S. 264

**Bishof**, Maris
\* 1939 Lettland
Cartoonist, Maler/Tel Aviv
Studium: Malerei in Riga (realistische Ölbilder/Aquarelle, später surrealistische Malerei). – Buchillustrator in Moskau. – Zusammen mit seiner Frau Auswanderung nach Israel (1972). Cartoonist. Er gestaltete Cartoons ohne Worte. Veröffentlichungen in Deutschland in: *Hörzu*, *Welt am Sonntag* u.a.
Kollektiv-Ausst.: Cartoon 75 Berlin (West) – Preisträger
Lit.: Presse-Besprechungen u.a. in: *Hörzu* (47/1975); *Welt am Sonntag* (27/1975); *BZ* (26.2.1976); *BILD* (26.2.1976)

**Blachon**, Roger
\* 30.06.1941 Romans-sur-Isère/Departement Drôme
Französischer Zeichenprofessor, danach freischaffender Cartoonist. Lebt in einer alten Mühle nahe Paris. Veröffentlichungen in: *Lui*, *Penthouse* u.a., in den USA in: *Oui*, *Omni*, *Viva* u.a., in der Bundesrepublik in: *Pardon*, *Playboy*, *stern*, *Bunte* u.a. Seine Themen sind: schwarzer makaberer Humor, grotesk-absurd, R.B. gestaltete Cartoons ohne Worte (Sex bevorzugt), Kinoplakate, Poster, Puzzles, Werbung, und Buch-Illustrationen,

u.a. zu *Tartarin de Tarascon*, *Ali und die 40 Räuber* und *Zazie in der Metro*.
Kollektiv-Ausstellungen (u.a.): S.P.H., Avignon (1968, 1969, 1976)
Publ. (deutsch): *Blanchon Album* (1980); *Cartoon-Party*; *De Vino* (1984)
Lit.: *Festival der Cartoonisten* (1976)

**Bläser**, Gerhard
\* 1933 Haldensleben
Zeichner
Lit.: *Resümee – ein Almanach der Karikatur* (3/1972)

**Blaumeiser**, Josef
\* 1924 Ludwigshafen/Rhein
Graphiker, Illustrator, Karikaturist, Signum: (u.a.) „B"
Ausbildung als Graphiker und Designer, seit 1947 in München. – Mitarbeit u.a. bei *Münchener Abendzeitung*, *Süddeutsche Zeitung*, *Bunte*. Seit 1956 eigenes Atelier für angewandte Kunst (Werbegraphik, Illustration). Illustrationen zu: Mary Ellen: *Der fliegende Pfannkuchen* und *Geranien und Kaffeesatz*, Evelyn Sanders: *Jeans und große Klappe*, B. Burger: *Die Weißwurst, wie sie leibt und lebt*, B. Thomas Nittner: *Die Wüste lebt. Absolut keine Legenden über Arabien*, B. Burger: *Bayerns Preußen sind die besten*. B. entwarf ein „Bayrisches Schachspiel" als Schach-Revanche gegen Preußen, zur Erinnerung an den Krieg von 1866 in handbemalten Tonfiguren (1986). – Themen: Satirisch-humoristisch, die politischen Cartoons, graphisch betont, übertrieben, um die Pointe herauszustellen, Porträt-Karikaturen.
Ausst.: Cartoon – Caricature-Contor, München (1977)
Publ.: *sa-tierisches und fabelhaftes* (zus. mit Anneliese Fleyenschmidt); *zeitgenossen* (Porträt-Karikaturen); *J.B. Federführend*; *Der Scharlatan*; *Bayern braucht Wolpertinger*; *Die Wüste lebt*; *Sadistisches Jahrbuch*; *Frauen sind einfach besser*
Lit.: Ausst.-Kat.: *Bild als Waffe* (1984), S. 273; *Beamticon* (1984), S. 11, 47, 94, 138

**Blechen**, Karl
\* 29.07.1798 Cottbus
† 23.07.1840 Berlin
bedeutender romantischer Maler
Banklehre,, 1824-27 Dekorationsmaler am Königstädtischen Theater (unter Schinkel), in Dresden bei C.D. Friedrich und Dahl – 1828-29 – Aufenthalt in Italien, zu eigenem Stil gefunden: das Atmosphärische in der Landschaft – 1835 Prof. an der Akademie Berlin – ab 1836 gemütskrank – 1839 in geistiger Umnachtung bis zum Tode.
Ausst.: „Die Künste – Zeitgeist" (1827), Berlin, „Karikaturen der Goethezeit" (Mai-Juni 1991, Weimar)

Lit.: Ausst.-Kat.: *Karikaturen der Goethezeit* (1991), S. 28, Weimar; (K.B. als Maler): L.v.Donop: *Der Landschaftsmaler K.B.* (1908); P.O. Rave: *K.B., Leben, Würdigung, Werk* (1940); *Keysers Großes Künstlerlexikon*, o.J., S. 39; *Der Große Brockhaus* Bd. 3 (1929), S. 2

**Blecher**, Wilfried
\*       1930 Duisburg

Seit 1955 freiberuflicher Graphiker, Illustrator/München Studium: Akademien Kassel, Stuttgart. – Illustrator für Kinder- und Erwachsenenliteratur, Zeichentrickfilme (Fernsehen), Objektkunst. Lehraufträge an Hochschulen und Kunstakademien (Stuttgart, Pforzheim). Über 50 Veröffentlichungen, u.a. *Das unschätzbare Schloß* (1962), *Der Ackermann und der Tod* (1963), *Wo ist Wendelin?* (1965), *Der schlaue blaue Hahn* (1966), *Kunterbunter Schabernack* (1970), *Theater Theater* (1980), *So wunderbar verwandeln sich Lena und der Friedrich* (1985), *ABC der Teufel sitzt im Tee* (1989). Zeichentrickfilme, u.a. *Ohne Käse, ohne Speck hat das Leben keinen Zweck* (1991 als Buch).
Lit.: Presse-Bespr.: *novum gebrauchsgraphik* (9/1990)

**Blix**, Ragnvald
\*   12.09.1882 Christiana (Oslo)
†       1958 Oslo

Norwegischer Maler, Zeichner
Studium: Harriet Backers Malschule. – P.B. arbeitete ab 1901 für verschiedene norwegische Humor- und Witzblätter. 1904 war er für einige Jahre in Paris, zeichnete für *Le Journal* und *Le Rire*, *La vie parisienne* u.a. satirische Zeitschriften. Durch Olaf Gulbransson kam R.B. zu *Simplicissimus* (Mitarbeit 1907-18). R.B. zeichnete, stark angelehnt an Gulbransson, humoristische, gesellschaftskritische und politische Karikaturen sowie Porträt-Karikaturen Münchener Dichter und Schriftsteller für die Zeitschrift *Zeit im Bild*. Nach dem Ersten Weltkrieg kehrte R.B. nach Norwegen zurück. Unter dem Pseudonym „Stig Höök" zeichnete er für verschiedene norwegische Blätter. Dem Emigranten Th.Th. Heine hat er viel geholfen, u.a. damit, daß dieser nach der deutschen Okkupation Norwegens in das neutrale Schweden emigrieren konnte.
Ausst.: Bergen (1959), Göteborg (1932, 1960, 1977), Kopenhagen (1904, 1907, 1919, 1932, 1959), Kristina-Oslo (1919, 1924, 1932, 1959, 1977), München (1917), Paris (1905, 1906), Stockholm (1920, 1977)
Publ.: *Karikaturen* (1904) – *Broderfolkenes farvel* (1905) – *Genom Galleriema* (1908) – *La voile tombe* – *Blix Jahrbücher*, 1927, 1933, 1934, 1935, 1936, 1937, 1938 – *Anno 1941 lefter Juda als Stig Höök* – *Stig Höök* 1942-44 – *Blix De feme Aar* (1945) – *Blix Jahrbücher* 1946, 1947, 1948, 1949, 1950 – *Blix Biographie*.
Lit.: L. Hollweck: *Karikaturen*, S. 11, 157, 196; G. Piltz: *Geschichte der europäischen Karikatur* (1976), S. 217f., 282; H. Dollinger: *Lachen streng verboten*, S. 178; *Simplicissimus 1896-1914* (hrsg. v. R. Christ), S. 181, 245, 250, 259, 311, 327, 340, 367, 382; H.P. Muster: *Who's who in Satire and Humour* (Bd. 3, S. 30/31 (1991))

**Blomberg**, Hugo von
\*       1820 Berlin
†       1871 Berlin

Maler, Zeichner, Dichter
Studium: Jura, danach Malerei- und Zeichenstudium. – Zwischen 1851 und 1867 Kunstschriftsteller in Berlin (Mitarbeit am 3. Band von Kuglers *Geschichte der Malerei*). Eigene kunstgeschichtliche Studien u.a. „der Teufel und seine Gesellen in der bildenden Kunst". Als Zeichner schuf H.v.B. heraldische und phantastisch-ornamentale Märchen- und Sagenillustrationen. Für seine Skizzen zu Dantes *Göttliche Komödie* wurde er vom sächsischen König Johann mit einem Orden ausgezeichnet. Von Bedeutung sind H.v.B.'s Karikaturen, die er von der literarischen Sonntagsgesellschaft „Tunnel über der Spree" (Gründer: Moritz Gottlieb Saphir) gezeichnet hat. Der „Tunnel über der Spree" war eine Künstlervereinigung (1827-1897), der u.a. A. Menzel (als P.P. Rubens), Th. Hosemann (als Hogarth), Th. Fontane (als Lafontaine), Franz Kugler (als Lessing), Claudius (als Hesekiel) angehörten. Beim „Tunnelfest" am 5. Februar 1856 wurde ein gemaltes „A B C" von H.v.B. vorgelegt, worin die Mitglieder karikiert worden waren. Dieses wurde für die Mitglieder des Berliner „Fontane-Abends" zum zweiten Stiftungsfest am 28. November 1929 nachgedruckt.
Publ.: H.v.B. – *Karikaturen aus dem Tunnelkreis*
Lit.: Böttcher/Mittenzwei: *Dichter als Maler*, S. 149; Th. Fontane: *Von Zwanzig bis Dreißig*

**Blömer**, Hermann
\*       1888 München
†       1956 München

Pressezeichner, Karikaturist
Zeichner für die *Meggendorfer Blätter* (1925-33). Allgemeine Themen für humoristische Zeichnungen.
Lit.: Ausst.-Kat.: *Zeichner der Meggendorfer Blätter/Fliegende Blätter 1889-1914, Aquarelle, Zeichnungen* (Galerie Karl & Faber, München, 1988), S. 10

**Bob** (Ps.) → **Holbeck**, Flemmig

**Böcher**, K.H.
\*       1902 Berlin

Maler, Karikaturist
Studium: Kunstgeschichte. – Als Maler und Zeichner war K.H.B. Autodidakt, geschult an Daumier, Toulouse-Lautrec und George Grosz. Die Veröffentlichung der

satirischen Zeichnung „Das Mutterkreuz" in *Neue Zeitung* erregte Ablehnung und Anstoß und rief zahlreiche Leserproteste hervor.
Lit.: Presse: *Neue Zeitung* (v. 14.1.1946)

**Böck**, Siegfried
* 1893 Kempten/Allgäu
Maler, Graphiker
Studium: Kunstgewerbeschule München, Akademie München. – S.B. zeichnete für die *Meggendorfer Blätter* ab 1919 humoristische Blätter zu allgemeinen Themen. Er wohnte in Bernau/Oberbayern.
Lit.: Ausst.-Kat.: *Zeichner der Meggendorfer Blätter/Fliegende Blätter 1889-1944* (Galerie Karl & Faber, München, 1988)

**Bockhacker**, Arnd
* 1948
Diplom-Biologe, Präparator, Designer/Kiel, Hobby-Karikaturist
B. gestaltete Poster, Postkarten u.a. für den B.U.N.D. (Bund für Umwelt und Naturschutz Deutschland), Karikaturen für Tages- und Wochenzeitungen, u.a. für *Natur*, *Der Spiegel*. – Themen: Zeitkritische Karikaturen zur Umweltpolitik und deren Fehlentwicklungen.
Lit.: Ausst.-Kat.: *Die Stadt/Deutsche Karikaturen von 1887-1985* (1985); Presse-Bespr.: *Der Spiegel* (52/1983)

**Böckli**, Carl
* 23.09.1889 St. Gallen
† 04.12.1970 Heiden (nach Verkehrsunfall)
Graphiker, Karikaturist, Signum: „Bö"
Studium: Kunstgewerbeschule Zürich, Kunstgewerbeabt. Technikum Winterthur (1906-08). – Bekanntgeworden als Bildredaktor und Karikaturist bei der satirischen Zeitschrift *Nebelspalter*. 1909-19 Graphiker in graph. Anstalten (Mailand, Lissabon, Karlsruhe (1917-19), Schalterbeamter bei der Deutschen Reichspost. 1920 Rückkehr in die Schweiz. Freier Graphiker. 1920-28 Zeichenlehrer am Institut Schmidt auf dem Rosenberg. Danach an der Buchdrucker-Fachschule St. Gallen. Ab 1927-62 Bildredaktor und führender Karikaturist beim Schweizer *Nebelspalter*. 1971 Bruno Piatti, Dietlikon, erwirbt Haus und zeichnerischen Nachlaß C.B.s in Heiden. Der Arbeitsraum dient als „Bö-Archiv".
Ausst.: 1927 Kunstmuseum St. Gallen, 1943 graph. Sammlung ETH Zürich „Die schweizerische politische Karikatur des 19. und 20. Jahrhunderts", 1949 Helmhaus Zürich (400 Originale C.B.s), 1958 Kurhaus Heiden (gemeinsam mit Paul Flora), 1972 Heimatmuseum Rorschach (Gedächtnis-Ausst. C.B.), 1974 Kunstverein St. Gallen (umfassende Gedächtnisausst.).

Ausz.: 1953 Ehrenmitglied des schweizer. Zofingervereins, 1965 Ehrenbürger von Waltalingen/Zürich
Publ.: *Tells Nachwuchs*; *Abseits vom Heldentum*; *Seldwylereien*; *So simmer, Ich und andere Schwizer*; *Bö-Figürli*; *Euser ein*; *90mal Bö*; *Böiges aus dem Nebelspalter*; *Böckli-Buch*
Lit.: E. Kindhauser/R.W. Müller-Farguell/O. Reck/E. Stäubele/W. Meier: *Bö* (1989)

**Böcklin**, Arnold
* 19.10.1827 Basel
† 16.01.1901 San Domenico bei Fiesole/Florenz
Schweizer Maler, Zeichner, Bildhauer, Prof. an der Kunstschule in Weimar (1860-62)
Studium: Akademie Düsseldorf, bei J.W. Schirmer, Studium in Antwerpen und Brüssel, 1847 bei A. Culame in Genf, 1848 in Paris. – A.B. war mit seinen Sinnbildern aus der antiken Sagenwelt und Mythologie, die er mit dichterischer Phantasie gestaltete, ein Hauptvertreter der Malerpoeten. Aber auch einer der umstrittensten und interessantesten Künstler des 19. Jahrhunderts. Der Kunstkritiker J. Meier-Graefe (1867-1935) griff ihn in der Broschüre *Der Fall Böcklin* (1905) hart an, wegen seiner dem „Impressionismus abgewandten dichterischen Kunst". Wichtig für die Karikatur wurde seine Tätigkeit in Basel (1866-71) mit den berühmten 6 Sandsteinmasken an der Kunsthalle. Die Spießer-Fratzen schockten die Basler und etwaige Honoratioren fühlten sich verspottet. Fritz von Ostini schrieb 1907: „Grimmiger ist das Philistertum noch nie verhöhnt worden". A.B. zeichnete u.a. farbige Titelblätter für die Zeitschrift *Jugend* (1896, eine Mischung aus Witzblatt, politischer Satire und seriöser Kunstpublikation). Daneben gemütvolle und humorvolle Bilder wie „Kentauer in der Dorfschmiede", „Fischpredigt", „Najaden". Die Kunsthalle in Zürich zeigte 1972 Böcklin-Karikaturen „Zwei Schnitzelbank-Illustrationen des Baslerischen Leimsüffs".
Lit. (Auswahl): Ausst.-Kat.: Kunsthaus Zürich (1972) *Karikaturen – Karikaturen?* D 17; L. Hollweck: *Karikaturen* (1973), S. 114, 116, 138; H.A. Schmid: *A.B.* Bd. 1-4 (1892-1901), Bd. 5 Handzeichnungen (1921); F.v. Ostini: *B.* (1907); G. Hermann: *Die deutsche Karikatur im 19. Jahrhundert* (1901), S. 128

**Bodecker**, Albrecht von
* 1932 Dresden
Pressezeichner, Karikaturist, Graphiker
DDR-Themen (Plakate)
Lit.: *Resumee – ein Almanach der Karikatur* (3/1972); *Kunst der DDR 1960-1980* (1983), S. 264, 255

**Boddien**, A. von
* um 1808

Preußischer Rittmeister, Abgeordneter im Frankfurter Parlament, Hobbykarikaturist im Revolutionsjahr 1848 A.v. Boddien hat alle Mitglieder der Linken im Parlament karikiert, mit sicherem Blick für die Situationskomik und den Lächerlichkeiten im Gebaren der Deputierten, die sich selbst wichtiger nahmen, als die Sache, die sie vertraten.
Lit.: E. Fuchs: *Die Karikatur der europäischen Völker*, Bd. II (1903), S. 70, 78, 81, 71; G. Piltz: *Geschichte der europäischen Karikatur* (1976), S. 166; H. Dollinger: *Lachen streng verboten* (1972), S. 79; *Geschichte in Karikaturen/Von 1848 bis zur Gegenwart* (1981), S. 49-51

**Boer**, Franz de → **efbé** (Ps.)

**Bofinger**, Manfred
\* 05.10.1941 Berlin
Pressezeichner, Karikaturist (Autodidakt)
Schriftsetzerlehre, in den sechziger Jahren Layouter beim *Eulenspiegel*, seit den siebziger Jahren Karikaturist daselbst. M.B. schuf humoristische, aktuelle, satirische Karikaturen, ganze Seiten, Titelblätter, Kinderbuch-Illustrationen.
Kollektiv-Ausstellungen: „Satiricum '80" (1. Biennale der Karikatur der DDR, Greiz, 1980: „Zwei Frauen", „Berufsberatung", „König und Hofnarr", „Die sieben Geislein"), „Satiricum '78", „Satiricum '82", „Satiricum '84", „Satiricum '86", „Satiricum '90" Greiz, Einzel-Ausstellung Treppenhaus des Kabaretts *Distel*
Publ.: *Einstein mit der Geige* (mit Peter Tille, Text, 1986)
Lit.: *Resumee – ein Almanach der Karikatur* (3/1972), S. 15/16; Ausst.-Kat.: *Satiricum '80*, S. 5; *Satiricum '78, Satiricum '82, Satiricum '84, Satiricum '86, Satiricum '90* Greiz; *Bärenspiegel* (1984), S. 199

**Böhle**, Klaus
\* 1928 Wuppertal
Pressezeichner, Karikaturist
Ständige Mitarbeit bei *Die Welt, Esprit, Welt am Sonntag*. Veröffentlichungen in *Neue Welt, Das goldene Blatt, Neue Illustrierte, Hörzu, Der Spiegel, Neue Revue*. Von K.B. stammen aktuelle, satirische, politische Karikaturen, Porträts und Illustrationen, sowie die Comic-Folge *Uschi*.
Ausst.: „Der Lotse geht von Bord" (1990) mit zwei Beiträgen: *Kiel oben – der Lotse geht von Bord* (1989), *Bleiben Sie, wo Sie sind* (1990)
Lit.: *Zeichner der Zeit*, S. 393; Ausst.-Kat.: *Der Lotse geht von Bord*, Wilhelm-Busch-Gesellschaft Hannover (1990), S. 100, Abb. S. 98

**Böhmer**, Renate Gabriele → **Bachem**, Bele (Ps.)

**Boht**, Hans
\* 1897
† 31.01.1977
Maler, Graphiker, Karikaturist, Signum: „B"
Mitarbeit bei *Die Dame, Lustige Blätter, Erika, Hörzu* (Vignetten), bei Mode- u.a. Zeitschriften sowie Zeitungen. H.B. zeichnete humoristische, aktuelle, politische und propagandistische Karikaturen für Presse und Werbung. Er war ein Meister des figürlichen Humors, ideenreich, mit feiner Ironie persiflierte er das Weltgeschehen. Sein Ausdrucksmittel war der graphisch-lineare Strich einer einmalig-gültigen Linie – ohne Zwischentöne und ohne Schatten. Seine treffenden und aktuellen Modevignetten wurden vor allem in Modezeitschriften zahlreich veröffentlicht. In den frühen sechziger Jahren übersiedelte H.B. in sein Tessiner Domizil am Monte Bré bei Lugano „um sich ganz dem Humor und der Malerei zu widmen" (*Hörzu*).
Lit.: Presse: *Deutsche Presse* (51/52-1936)

**Bollen**, Rog
\* 1942
USA-Comic-Zeichner der Animal Crackers seit 1968
Veröffentlichungen in 250 USA-Tageszeitungen und japanischen Blättern, in Deutschland in *Neue Revue* (exklusiv) ab Nr. 5/1988. Deutscher Titel: *Knallfroschs Freunde* (intellektuelle, satirisch-analytische Parabel). Mitwirkende Figuren: „Eugen", ein Selfmade-Elefant mit zarter Seele – „Lo", der leicht vertrottelte Löwe – „Lana", die Emanzen-Löwin – „Gnu", ein unnützer Herde-Anführer – „Dodo", der Vogel, der das Fliegen verlernt hat – „Seth", die zahme, ungiftige Schlange – „Knallfrosch", der Titelheld. Bulls Internationaler Pressevertrieb, Frankfurt/M.
Kollektiv-Ausstellungen: 2. Internationaler Comic-Salon, Erlangen (1986), 3. Internationaler Comic-Salon, Erlangen (1988)
Ausz.: 1986 als „bester internationaler Comic des Jahres" ausgezeichnet: „Max-und-Moritz-Preis"
Lit.: Ausst.-Kat.: *2. und 3. Internationaler Comic-Salon*, Erlangen (1986, 1988)

**Bolt**, Johann Friedrich
\* 1769 Berlin
† 1836 Berlin
Schüler von Berger, gefragter Kupferstecher und Zeichner, zeichnete humoristisch-satirische Szenen und Motive aus Berlin in der Art von Schadow.
Lit.: E. Roth: *100 Jahre Humor in der deutschen Kunst* (1957); *W. Spemanns Kunstlexikon* (1905), S. 116

**Bolz**, Hanns
\* 22.01.1885 Aachen
† 04.07.1918 Kuranstalt Neuwittelsbach/b. München

Maler, Holzschneider, Bildhauer, Zeichner, Karikaturist
Studium: in Paris 1914 (zählte zu den Führern der Moderne). Tendiert zum „Sturmkreis" (Herwarth-Walden). Mitarbeit am *Sturm* und am *Komet*. In Münchener Bohème zuhause, Stammgast im Café Stephanie (Café Größenwahn). Bekanntschaft mit dem Maler und Schriftsteller Richard Seewald. (In Seewalds Buch *Spiegelbild eines Lebens* (1963) handelt das dreißigste Kapitel über H.B.) Im Krieg 1914-18 im Schützengraben verschüttet. Auf einem Auge blind, an den Folgen einer Gasvergiftung gestorben. (H.B. forderte lt. *Der Cicerone*, XI/1919, testamentarisch die Vernichtung seiner Arbeiten.) In Hans Reimann *Die schwarze Liste – ein heikles Bilderbuch* (1916, S. 115/16) wird H.B. als Zeichner dargestellt, der bei Gulbransson Anleihen aus dem *Simplicissimus* gemacht hat.
Ausst.: 1913 Reiff-Museum, Aachen, 1922 Gedächtnis-Ausst. – Galerie Flechtheim – Düsseldorf, 1928 Sammelausst. „Zeitgenössische Maler", Aachener Museumsverein, 1985 Suermondt-Ludwig-Museum, Aachen
Lit.: W. Dunstheimer: *Ein Selbstbildnis von H.B.* (in Aachener Kunstblätter XV/1931); *Allgemeines Künstler-Lexikon Müller-Singer*, 6. Bd. (1922)

## Bongo
\* 1951 Haltern
Cartoonist/Frankfurt/M.
Studium: Folkwangschule, Essen. – Nach dem Studium übte B. verschiedene Berufe aus, u.a. Gitarrist, Sekretär, Cutter, Buchbinder, Regisseur ... Veröffentlichungen unter Pseudonym in: *Pardon, Slapstick, Playboy, Die Zeit* u.a.
Lit.: *Wenn Männer ihre Tage haben* (1987)

## Bonnot (Ps.)
\* 01.08.1937 Bourges
Bürgerl. Name: Claude Favard
Französischer Karikaturist, seit 1962 Trickfilmzeichner
Studium: École des Arts, Grenoble (1955-60). – Veröffentlichungen in *Bizarre, Planète, Pariscope, Plexus* u.a., in der Bundesrepublik in: *Pardon, Twen* u.a. Von Bonnot stammen Cartoons ohne Worte, Comics – hauptsächlich Kurzfilme
Kollektiv-Ausstellungen u.a.: SPH Avignon (1967, 1968, 1969, 1970, 1971, 1972, 1973, 1974, 1975, 1976, Kunsthalle Recklinghausen (1972)
Lit.: *Festival der Cartoonisten* (1976); *Zeitgenossen karikieren Zeitgenossen* (1972), S. 228

## Borchert, Uliane
\* 1943 Bütow
Graphikerin, Malerin, Kunsterzieherin
Studium: Hochschule für bildende Künste Berlin/West (1964-70), Abschluß als Meisterschülerin. – Nach Buchbinderlehre 1960-63 und Studium freischaffende Künstlerin, Kunsterzieherin in einem Internat für weibliche Jugendliche. Veröffentlichungen: Elefanten-Press, Berlin/West.
Kollektiv-Ausst.: Elefanten-Press, Berlin/West (1982), Galerie Terzo, Berlin/West (1982)
Lit.: Ausst.-Kat.: A. Tüne: *Körper Liebe Bilder – weibliche Kunst, Erotik* (1982), S. 94-98

## Borer, Johannes
\* 18.09.1949 Zwingen
Schweizer Graphiker, Cartoonist/Allschwill
Studium: Handelsschule, PTT-Lehre Basel, Umschulung zum Graphiker, Studienaufenthalte in England/USA, Werbefachschule Biel, danach 5 Jahre Werbeberater/Graphiker einer Werbeagentur in Zürich. Seit 1980 selbständig – Pressemitarbeit/Werbeagenturen, Buchverlage. – J.B. zeichnete humoristisch-satirische Cartoons mit und ohne Worte, Illustrationen, Rätsel. Veröffentlichungen in *Nebelspalter*, Schweizer Tageszeitungen, Magazinen, *Eclats de rire* u.a. In der Bundesrepublik in *Pardon, freundin, stern, Das Tier* u.a.
Ausst.: Bern, Basel, Knokke, Amstelveen, Bordighera, Skopje, St. Just, Le Martel
Ausz.: 1984 Publikumspreis Knokke, 1985 Spezialpreis Skopje
Publ.: *Augen auf – Cartoons zum täglichen Horror; Rätsel – Cartoons von A bis Z*
Lit.: *Eine feine Gesellschaft/Die Schickeria in der Karikatur* (o.J.); H.P. Muster: *Who's Who in Satire and Humour* (1) 1989, S. 28-29; Ausst.-Kat.: *III. Internationale Cartoon-Biennale Davos* (1990), S. 4-5

## Born, Adolf
\* 12.06.1930 Ceské Velenice/Südböhmen
Graphiker, Karikaturist, Buchillustrator/Prag
Studium: Karlsuniversität Prag, Pädagogik/bildende Kunsterziehung (1949/50), Hochschule für Kunstgewerbe Prag, bei Prof. Antonio Pelc, Akademie der bildenden Künste (1953-59). – Freiberuflich seit 1955, Zeichentrickfilme, Farblithographien, Plakate, graphische Blätter, Aquarelle für Galerien. Mitarbeiter der satirischen Zeitschriften *Dikobraz* und *Mladysvet*. Ab 1972 (57) Zeichentrick- und Puppenfilme. A.B. ist ein witziger, nobler Illustrator von Abenteuerliteratur, lockeren und frivolen Texten, kauzig-grotesk, skurril-linear. Er illustrierte über 150 Bücher. A.B. veröffentlichte in der deutschen Presse, u.a. in *Pardon, Stalling Cartoon-Kalender*, in der Schweiz im *Nebelspalter*.
Ausst.: Nationale und internationale Ausstellungen zwischen 1959-86, insges. (21), u.a. Berlin, Frankfurt, Genf, Hamburg, Köln, Konstanz, Heilbronn, München, Wien, Stuttgart, Prag.

Ausz.: Goldene Medaille bei der Internationalen Buchkunstausstellung Leipzig (1965, 1977), Palma d'Oro Bordighera (1968), 1. Preis „Biennale Tolentino" (1969), Preis Museum Skopje (1970), Grand Prix Krakau (1971), „Cartoonist of the Year", Montreal (1974), 1. Preis (Trickfilm) Teheran (1975), 1. Preis (Trickfilm) Melbourne (1976), „Grand Prix" Montreal (1977), „Goldener Aesop", Gabrovo (1979), „Goldener Apfel", Bratislava (1979), 1. Preis (Trickfilm) Ottawa 1982, 1. Preis (Trickfilm) Bilbao (1982), Tampere (1983), Tours (1985) Publ.: 5 Cartoon-Bände (in der CSSR); in Deutschland: *Die liebe Liebe* (frech, erotisch, rabenschwarz, 1979); *Nachmittage eines Clowns* (1969); *Bornographien* (1970); *Donna sesso forte* (1973); *Borns Tierreich* (1986), *Bilderbuch der Reisekunst* (1982, „Traumreisen"); *Bilderbuch der Verführungskunst* (DDR, 1975)
Lit. (Auswahl): Ausst.-Kat.: *Karikaturen – Karikaturen?* (1972), S. 62; *Festival der Cartoonisten* (1976); *a propos* (1983), S. 90-94; *Der freche Zeichenstift* (1968), S. 284-286; H.P. Muster: *Who's Who in Satire and Humour* (1989), S. 30/31

**Born**, Bob van den

* 30.10.1927 Amsterdam

Holländischer, freiberuflicher Cartoonist/Heiloo-Alkmaar
Studium: Kunstgewerbeschule Amsterdam (1945-52), unterbrochen von einem dreijährigen Militärdienst in Indonesien. – Lehrerpatent, Promotion (1952) – übt seinen Beruf als Zeichenlehrer nicht aus. Ab 1952 Mitarbeit an holländischen Zeitungen und für die englische Wochenschrift *Time and Tide*, sowie in der Werbegraphik (humoristische Karikaturen). Veröffentlichungen in der Bundesrepublik, u.a. in *Die Zeit*. Seine Comic-Serie *Professor Pi* (ab 1956) wurde in vielen Zeitungen der ganzen Welt gedruckt. Buchillustrationen zu Mark Twain *Schöne Geschichten* (1959). B. hat auch aus Ton oder Wachs politische Köpfe und Figuren von Politikern geformt, z.B. von Chruschtschow, Kennedy, de Gaulle, Adenauer, Nixon, Papadopoulos, Scheel, v. Tadden, Trudeau, Tschu En Lai, Ulbricht, Wilson, Golda Meïr, Mansholt, Heinemann, Husak, Heath, Gowon, Ibn Saud, Dajan, Ceausescu, Willy Brandt, Barzel, Boumedienne, Luns, de Jong und das damalige niederländische Kabinett in Pappmaché u.a.
Kollektiv-Ausst.: Kunsthaus Zürich (1972), Kunsthalle Recklinghausen (1972)
Publ.: u.a. *Professor Pi; Ballade vom verliebten Piraten; Cherchez la femme; Entartete Musiker; Kleine Nachtmusik; Whisky für Anfänger*
Lit.: Ausst.-Kat.: *Karikaturen – Karikaturen?* (1972), S. 62, G 34; Ausst.-Kat.: *Zeitgenossen karikieren Zeitgenossen* (1972), S. 217; Presse: *Die Zeit* (9. Nov. 1962); *Who's Who In Graphic Art* (I, 1968), S. 368

**Bosc**, Jean-Maurice

* 30.12.1924 Nîmes
† 03.05.1973 Antibes (Freitod)

Französischer Karikaturist (Autodidakt)
(Vater: Winzer im südfranzösischen Nîmes) B. war Monteur, Weinbauer, Soldat in Indochina (1944-48). Nach der Rückkehr aus Indochina erste Karikaturen im *Paris Match*, danach regelmäßige Mitarbeit bei *Punch, Nebelspalter, France Dimanche, L'Express, Esquire, Nouvel Observateur* u.a. Seine Karikaturen wurden in fünf Kontinenten publiziert, in der Bundesrepublik u.a. in *Die Zeit, Kristall, stern, Neue Revue, Quick, Für Sie, Welt am Sonntag, Petra, Wochen-Magazin, Stalling Cartoon-Kalender*. B. zeichnete humoristisch-satirische Karikaturen ohne Worte mit knappester Linienführung oft ohne Charakterisierung. Im Stil ähnlich wie Steinberg und Chaval – Chaval betrachtete er als seinen Meister. Thematisch ganz schwarzer Humor, ausgezeichnet mit dem „Grand Prix de l'Humour Noire" (und weiteren Preisen). Aus Karikaturen, die J.-M.B. nach seinen Kriegserfahrungen zeichnete, machten Jean Hermann und Claude Choubier den Zeichentrickfilm „Le voyage en Coscaine". J.-M.B. litt seit den späten sechziger Jahren an Depressionen und war in psychiatrischer Behandlung. Mit einem Schuß in den Mund beendete er sein Leben, das er nicht mehr ertragen konnte.
Ausst.: „Arts" (Paris 1958), S.P.K., Avignon (1970, 1974), Kunsthaus Zürich (1972), Westfälisches Landesmuseum, Münster (1980)
Publ.: *Gloria Viktoria* (1954); *Petite riens* (1956); *Homo sapiens* (1957); *Mort au tyran* (1959); *Pauvert* (1959); *Staatsvisiten, oder wie man Freunde gewinnt* (1960); *Kalte Füße*; *Wenn de Gaulle klein wäre*; *Ich liebe Dich* (1970); *Du mich auch!*; *Bosc Love and Order* (1973); *Bilderbuch für Erwachsene*; *Alles, bloß das nicht* (1974); *Ist die Liebe ein grausames Spiel? und andere Bildergeschichten* (1974); *Keep smiling* (1975)
Lit.: Ausst.-Kat.: *Festival der Cartoonisten* (1976); *Karikaturen – Karikaturen?* (1972); *Who's Who In Graphic Art* (I, 1962), S. 145

**Boscóvits jr.**, Fritz (jr.)

* 13.11.1871 Zürich
† 1964

Ansässig in Zollikon, Schweizer Zeichner ungarischer Abstammung, Signum: „Bosco"
Redakteur, Plakatkünstler, neben und nach seinem Vater (Johann Friedrich B.) Zeit seines Lebens Mitarbeiter für den *Nepelspalter*.
Lit.: Ausst.-Kat.: *Darüber lachen die Schweizer* (1973); Hans Vollmer: *Allgemeines Lexikon der Bildenden Künste* (Bd. 1/1953)

**Boscóvits**, Johann Friedrich
* 06.01.1845 Budapest
Redakteur und Zeichner/Karikaturist beim *Nebelspalter*. Erstmals um 1866 in Zürich.
Studium: Akademie München, bei Löfftz, Paul Höcker, Defregger. 1895-97 in Florenz.
Publ.: *Malerische Winkel in Zürich* (36 Lithos), *Ein kleines Märchenbuch* Zürich 1918); Ausst.: Einzel-Ausstellungen Zürich (1916). Als Maler: Freskenmalerei: Postgebäude Schaffhausen, Landwirtschaftliche Schule Zürich. Bilder im Museum Olten.
Lit.: Hans Vollmer: *Allgemeines Lexikon der Bildenden Künste* (Bd. 1, 1953)

**Bottaro**, Luciano
* 1931 Rapallo/ital. Riviera
Italienischer Comiczeichner von Rang
L.B. begann 1951 als Zeichner für den Arnoldo Mondadori Verlag, zeichnete nebenher noch für Jugendzeitschriften (*La Alpa, La Bianconi, La Fasani*). Zusammen mit seinem Texter (Carlo Chendi, geb. 1933 Ferrara) gelangen L.B. in den fünfziger Jahren beliebte Comics (*Pepito* (1951) u. *Pon-Pon* (1954), *I Postoroci* (1957), *Whiski & Gogo* (1959), *Oscar* (1960), *Redipicche* (1967) u.a.). Seine Comic-Serie *Pepito* wurde von Rolf Kauka (in den siebziger Jahren) außer in Deutschland in 20 verschiedenen Ländern vermarktet, und unter den Donald-Duck-Zeichnern gilt L.B. als einer der besten („Donald und die indianische Erbschaft"). L.B.s Zeichnungen sind von penibler Akkuratesse, mit extrem graphischen Anlagen (Art-deco-Szenarien), herausragend die Serie *Rei de pique*.
Lit.: K. Strzyz/A.C. Knigge: *Disney von Innen* (1988), S. 17, 18, 236, 242, 247, 250, 252, 260; 3. Internationaler Comic-Salon (Juni 1988) – Programm S. 10, 29

**Boudjellal**, Farid
* 1953 Toulon
Comic-Zeichner, Karikaturist (algerischer Abstammung)
Themen: Comics über den Konflikt von Arabern und Juden (Handlungsort: Rue des Rosiers, uralte, traditionell von Juden bewohnte Straße im Pariser Stadtteil Marais), Veröffentlichungen in der Pariser Presse.
Publ.: in Deutschland *Jude – Araber* (1991), in Frankreich 2 Bände publiziert
Lit.: Presse: *Der Spiegel* Nr. 35/1991, S. 195

**Bouillon**, Alain du
* 1943 Lyon
Französischer Cartoonist
Studienreisen durch Europa mit Rucksack, Bleistift und Zeichenblock. Veröffentlichungen ab 1965 in der französischen Presse: *Paris Match* u.a., seit 1973 regelmäßig in verschiedenen europäischen Zeitschriften, in der Bundesrepublik in: *Hörzu, Neue Revue, Quick, Freundin, stern* u.a. B. zeichnet humoristische Bildergeschichten, Comicstrips, Cartoons ohne Worte, im grotesken Stil.
Publ.: *Wer immer strebend sich vergnügt* (1977)

**Bourel**, Eberhard
* 1803
Maler und Zeichner
Mitarbeit an rheinischen Karnevalszeitungen mit humoristischen Zeichnungen aus dem Rheinischen Karneval.
Lit.: G. Piltz: *Geschichte der europäischen Karikatur* (1976), S. 155

**Boyke**, Rolf
* 1952 Stuttgart
Vollständiger Name: Rolf Abdullah Boyke
Cartoonist, Comiczeichner
Erlitt Repressalien als Angehöriger der islamischen Minderheit, in Berlin bei Glaubensgenossen der islamischen Zeichnergruppe Yussuf El Seyfried, Ali Bunk, Mohammad Kiefersauer. 1984 Umzug von Berlin nach München. Veröffentlichungen für den Verlag „r Ad ab!"
Kollektiv-Ausst.: 3. Internationaler Comic-Salon, Erlangen (1988)
Lit.: *70mal die volle Wahrheit* (1987); *3. Internationaler Comic-Salon*, Erlangen (Programm 1988), S. 10

**Bradbury**, Jack
Zeichner bei dem Trickfilmproduzenten Walt Disney (s. dort)

**Bradtke**, Hans
* 21.07.1920 Berlin
Karikaturist, Maler, Schlagertexter
Studium: TH (Architektur). – Begann 1946 autodidaktisch Karikaturen zu zeichnen. Mitarbeit an: *Frischer Wind, Der Insulaner* (Signum: „Trill"), später noch an: *Frankfurter Illustrierte, Münchener Illustrierte* u.a. Mit seinem Erfolgshit „Pack die Badehose ein" (Cornelia Froboess) wechselte er in den frühen fünfziger Jahren als Texter in die Schlagerbranche über und wurde einer der bestbezahlten Autoren der GEMA. Schlagertexte von H.B. (Auswahl): „Pi-Pa-Paddelboot", „Bravo, beinah wie Caruso", „Banjo Benny", „Eviva España", „Weiße Rosen aus Athen", „Kalkutta liegt am Ganges", „Der Sommerwind", „Das bißchen Haushalt", „Dann schon eher der Pianoplayer", „Pigalle", „Zuckerpuppe", „Quando, quando", „Ohne Krimi geht die Mimi", „In Hamburg sind die Nächte lang" u.a. H.B. Seit den siebziger Jahren malt H.B. kleinformatige naive Bilder, Signum: „Alexander". Bevorzugte Motive: buntfröhliche

Friesenhäuser, lustige Mädchenköpfe, Reisebilder (Sylt, Schweden, Tessin, Provence).
Ausst.: Einzelausstellung in der Galerie Brigitte Wölfer, Berlin/Kurfürstendamm (1978), Keitum/Sylt (1983), Lugano, Zürich
Lit.: Zahlreiche Presse-Besprechungen u.a. in: *Telegraf* (113/1954); *BZ* (15.6.1966, 24.10.1978, 2.9.1980, 19.7.1985); *Hörzu* (8.1.1979, Nr. 22/1984); *Welt am Sonntag* (v. 5.11.1978)

**Brähne**, Werner
\* 1921 Düsseldorf
† 1987 Düsseldorf
Pressezeichner, Karikaturist in den vierziger Jahren Veröffentlichungen in *Der Adler* u.a. Zeitschriften und Zeitungen. Er zeichnete Illustrationen, humoristische Karikaturen, Humorseiten für die Presse.

**Brandenburg**, Martin
\* 08.03.1870 Posen
† 19.02.1919 Stuttgart
Maler, Zeichner, tätig in Berlin
M.B. war u.a. Mitarbeiter der nur in 13 Nummern erschienenen humoristisch-satirischen Zeitschrift *Narrenschiff* (1898). Zusammen mit Baluschek stellte er seine Bilder 1897 und 1902 in Berlin aus.
Lit.: G. Piltz: *Geschichte der europäischen Karikatur* (1976), S. 220

**Brandes**, Georg
\* 06.03.1878 Hannover
Karikaturist, Pressezeichner/Berlin
Mitarbeiter beim satirisch-liberalen *Kladderadatsch* (nach Georg Piltz ist G.B. als „Linker" der „Renommierdemokrat" des *Kladderadatsch*).
Lit.: G. Piltz: *Geschichte der europäischen Karikatur* (1976), S. 219

**Brandi**, Uwe
\* 20.01.1942 Göttingen
Freischaffender Graphiker, Karikaturist
Studium: Werkkunststudium Köln (1968), 1971 Meisterschüler bei Prof. Will, 1977 Fachhochschule Köln (Examen). – 1970 Gründung einer Graphik-Cooperative in Köln. Seine Arbeiten: Illustrationen und zeitkritische Karikaturen.
Kollektiv-Ausstellungen: Hannover, Bochum, Hamburg, New York, Kattowitz (Katowice), Krakau, Göttingen. Einzel-Ausstellungen: Göttingen, Lübeck, Kaiserslautern, Hamburg, Köln, Hof, Linköping/Schweden
Lit.: Ausst.-Kat.: *Gipfeltreffen* (1987), S. 99-106

**Brandt**, Gustav
\* 02.06.1861 Hamburg
† 1919 Berlin
Zeichner, Karikaturist
Studium: Akademien Berlin und Düsseldorf. – Politischer Karikaturist des *Kladderadatsch*, seit 1884 neben Wilhelm Schulz. G.B. zeigte in seinen Karikaturen Treffsicherheit und Größe in schlagkräftigem Zeichenstil. Nach 1900 zeichnete er Blätter von einprägsamen Bildformaten und war ein Porträt-Karikaturist mit unverwechselbarer Charakterisierung. G.B. und Ludwig Stutz prägten die politische Karikatur des *Kladderadatsch* der neunziger Jahre. Es entstanden auch Plakate für den *Kladderadatsch*.
Lit.: E. Fuchs: *Die Karikatur der europäischen Völker* II, S. 338, 420, Abb. 357, 361; G. Piltz: *Geschichte der europäischen Karikatur* (1976), S. 219; H. Dollinger: *Lachen streng verboten*, S. 122, 124, 146, 150, 158, 190; *Kladderadatsch*, S. 330

**Braun**, Caspar
\* 13.08.1807 Aschaffenburg
† 29.10.1877 München
Zeichner, Holzschneider, Redakteur, Verleger
Studium: Akademie München, bei Peter Cornelius. – Um sich in der Holzschneidekunst weiter auszubilden, fuhr B. mit den Freunden Tony Müttenthaler und Johann Rehle nach Paris. Grandeville vermittelte sie zu dem Holzschneider Louis Henri Brevière (1797-1869). Zurück in München, gründete B. zusammen mit Hofrath von Dessauer 1839 die „Xylographische Anstalt". 1843 verkaufte Dessauer seinen Anteil an den Buchhändler und Schriftsteller Friedrich Schneider aus Leipzig. B. und Schneider gründeten die Verlagsgemeinschaft Braun & Schneider in München am 1. Januar 1843. Angeregt durch die Pariser Zeitschrift *Charivari* erschien C.B. eine solche Zeitschrift auf bayrisch-münchenerisch respektabel. Die erste Nummer der *Fliegenden Blätter* erschien am 7. November 1844, die *Münchener Bilderbogen* (bis 1898 inges. 1218 Einblattdrucke). Bis 1856 waren die *Fliegenden Blätter* politisch-satirisch. Danach brachten sie nur noch harmlosen und gemütlichen bayrischen Humor in Wort und Bild. C.B. veröffentlichte ab Nr. 2/1846 humoristisch-satirische Figuren-Serien: *Des Herrn Baron Beisele und seines Hofmeisters Dr. Beisele Kreuz- und Querzüge durch Deutschland* (Eine Bildungsreise durch alle 36 Ländchen Deutschlands – Witze über die Kleinstaaterei). *Barnabas Wühlhuber und Casimir Heulmaier*, sie kommentierten die Tagesereignisse nach der Volkserhebung 1848 (Wühlhuber als Radikaler, Heulmaier als verängstigter Reaktionär), weitere Serien *Die Communisten*, *Die Kornwucher*, *Meister Vorwärts* (der äußerst Unsympathische).
Publ.: *Faksimile Querschntt Fliegende Blätter* (1966)

Lit.: E. Fuchs: *Die Karikatur der europäischen Völker*, Bd. I, S. 405; E. Fuchs: *Die Karikatur der europäischen Völker*, Bd. II, S. 22, 84, 219, 471, 475, Abb. 8, 23, 25, 26, 64, 65, 69, 80, 95, 506; G. Hermann: *Die deutsche Karikatur im 19. Jahrhundert*, S. 46; G. Piltz: *Geschichte der europäischen Karikatur* (1976), S. 159, 167, 207; L. Hollweck: *Karikaturen*, S. 14-23, 29, 31, 34, 41, 42, 107, 121, 122

**Braun**, Eduard
\* 29.07.1903 Wetzlar
† 27.11.1972 Berlin/West
Pressezeichner, Karikaturist, Holzschneider
Studium: Akademie Düsseldorf, Münchener Lehrwerkstätten (Debitzschule). – Seit 1927 in Berlin tätig, Mitarbeit bei *Jugend, Der wahre Jacob, Der Tag, Die Woche, Neue Linie, Querschnitt, Leipziger Illustrierte* u.a. Nach 1945 bei *Der Kurier, Horizont, nachtdepesche, Puck, Telegraf, Ulenspiegel, Der Insulaner* u.a. E.B. zeichnete und schnitt humoristische, aktuelle, satirische und politische Blätter – ein Meister des Holzschnitts.
Lit.: *Ulenspiegel* 1945-50, S. 20; Presse: *journalist* (Nr. 8/1968)

**Brecheis**, Karl-Heinz
\* 1951 Bayern
Freiberuflicher Graphiker, Karikaturist/München. Signum: „HB"
Studium: Fachhochschule (Graphik/Design, Kunsterzieher-Ausbildung ab 1972, 1978-82). – Veröffentlichungen ab 1985 bei: Rowohlt, in *Bunte, Quick* u.a. Das Thema von K.-H.B. ist die Alltagskomik mit und ohne Text, er gestaltet humoristische Cartoons für Werbung und Fernsehen. Erster Preis im Quick-Cartoon-Wettbewerb (1987).
Lit.: *Geh doch!* (1987); S. 87; Presse-Bespr.: *Quick* (18/1987)

**Brembs**, Dieter
\* 1939 Würzburg
Karikaturist, Professor für Zeichnen und Graphik an der Universität Mainz
Studium: Kunsterziehung, Biologie. – Veröffentlichungen in *Die Zeit, Pardon* u.a. D.B. zeichnet Tiermutationen, graphisch-karikaturistisch, satirisch, grotesk-komisch, absurd.
Publ.: *Brembs Tierleben* (1974)

**Bren**, Heinz
\* 1925 Wien
Graphiker, Karikaturist, Kunsterzieher
Studium: Akademie der bildenden Künste, Wien (nach Kriegsende). – H.B. zeichnete schon während der Studienzeit Karikaturen. Gelegentliche Veröffentlichungen u.a. in der *Wiener Illustrierten* sowie in der österreichischen und internationalen Presse (humoristische Karikaturen). Beruflich ist H.B. Professor für Kunsterziehung an einer Wiener Schule.
Lit.: *Heiterkeit braucht keine Worte*

**Brentano**, Clemens
\* 08.09.1778 Ehrenbreitstein
† 28.07.1842 Aschaffenburg
Dichter (Heidelberger Romantik) von Romanzen, Liedern, Märchen, als Zeichner Autodidakt
Studium: Berg- und Kameralwissenschaften in Halle. – C.B. zeichnete gerne – vor allem Karikaturen, wie seine Zeitgenossen Ludwig Emil Grimm und Achim von Arnim bestätigen. Außer Porträts und Karikaturen zeichnete er auch Kupferstiche zu verschiedenen seiner literarischen Werke. Für Achim v. Arnims *Zeitung für Einsiedler* lieferte er karikaturistische Beiträge.
Publ.: Mit Achim von Arnim Hrsg. der Volkslieder-Sammlung *Des Knaben Wunderhorn* (1805-1808); *Gesammelte Schriften*, 10 Bde., hrsg. von Christian Brentano (1852-55)
Lit.: Böttcher/Mittenzwei: *Dichter als Maler*, S. 84-86; *Der Große Brockhaus* (1929), Bd. 3, S. 340

**Bresgen**, Werner
\* 1950 Eifel
Gebrauchsgraphiker bei der Bundesbahn
Themen: Anzeigen, Illustrationen, Broschüren, Plakate, Kinderbücher in surrealistischer Graphik und einige Cartoons.
Lit.: *Schöne Welt* (Jan. 1980)

**Bretécher**, Claire
\* 1940 Nantes/Frankreich
Studium: Kunstschulen Nantes und Paris – (Klosterschülerin bei den Ordensschwestern der Heiligen Ursula) Mitarbeit in Jugendheften (Cartoons, Comic-Kolumne), Anstellung als Zeichenlehrerin (1963). – Ab 1967 regelmäßige Mitarbeit in den Jugendzeitschriften der Bayard-Presse. Mitarbeit bei: *Record* (Comic: *Baratine et Molgaga*), 1968 *Spirou* (Comic: *Les Gnangnan, Les Naufragés*), 1969 *Pilote* (Comic: *Salade pour Cellulite*, 1971 *Salade de Saison*). Deutsche Presse-Veröffentlichungen in: *stern, petra, Freundin, ZEIT-magazin* u.a. Ab 1972 gab C.B. (zus. mit den Zeichnern Gotlib und Mandryka) im Selbstverlag die Zeitschrift *L'Echo des Savanes*, den Comic-Band *Les Frustrés* (Hauptfiguren: Bürgerfrauen – Abmagerungsprobleme) heraus. Alle folgenden Bände erschienen im Eigenverlag (in Spanien gedruckt), ab 1974 *Les Frustrés* (Die Frustrierten) im *Nouvel Observateur*.
Publ. (Deutschland): Ab 1976 *Die Frustrierten*, Bd. 1-5;

*Die eilige Heilige* (1982, für Spanien verboten); *Die Mütter; Frühlingserwachen; Die kleinen Nervensägen; Kopfsalat* (I + II), *Agrippina*
Lit.: *Wenn Männer ihre Tage haben* (1987)

**Brinkmann**, Gerhard
* 11.08.1913 Fockendorf bei Altenburg (Thüringen)
Karikaturist, Signum: „G.Bri", Plastiker/Bayern
Studium: Akademie für Graphische Künste und Buchgewerbe, Leipzig, bei Hugo Steiner-Prag. – B.Gri war bereits mit 13 Jahren Mitarbeiter an Kinderzeitungen und ist „in die Presse hineingewachsen". Ab 1933 in Berlin – Mitarbeit an unzähligen Zeitschriften, Zeitungen, u.a. an *Die Woche, Berliner Illustrierte, Berliner Morgenpost, Kölnische Illustrierte, Grüne Post, Das Magazin, Uhu, Koralle, Kladderadatsch, Simplicissimus*. G.Bri zeichnete vor allem humoristische Karikaturen, aber auch politische pointierte Satire. Zwischen Kriegsende und Währungsreform produzierte er mit 25 Mitarbeitern Spielsachen. – Danach wieder Karikaturist, u.a. für *Quick, stern, Weltbild, Constanze, Gong, P.M.-Magazin, Bunte, Journal, Playboy, Das Beste, Natur, Revue*. 1952 weilte er im Auftrag der *Revue* in Kanada, um Auswandererschicksale zu zeichnen, 1953 wanderte er selbst nach Kanada aus, um eine Spielzeug-Industrie aufzubauen. Nebenher wurde er 10. Ehrenhäuptling (nach Maurice Chevalier) – Chief of the Bige Pipe" eines 3000köpfigen Irokesenstammes. In Kanada blieb er 5 Jahre, anschließend weilte er 5 Jahre in den USA (in der Nähe von New York), 1963/65 in Zürich, seit 1965 lebt er in Bernau/Chiemsee. Bekannt wurde G.Bri durch seine Comic-Serien-Figuren: „Papko, der Mann mit dem Bauchladen", „Alfred, der Straßenfeger", „Herbert", „Familie Saubermann", „Familie Engelmann". Die Serie Dr. Hexbold (im *stern*) wurde nach einem Vierteljahr wieder eingestellt. Die Serienfiguren wurden z.T. auch als Bücher veröffentlicht. G.Bri's Zeichnungen haben neben Humor und Witz immer eine gewisse Zeitbezogenheit. G.Bri schuf Werbefolgen: „Darauf einen Dujardin", „Im Falle eines Falles", „Reif für die Zeit", „Pril", Dürkopp-Warstadt-Bier, ferner: Spielsachen, Plastikfiguren, Kleinplastiken, Figuren mit Fadenzug, Glückwunschkarten.
Ausst.: Die Pressezeichnung im Kriege (1940), München, Hamburg, Berlin, Düsseldorf, Frankfurt, Wilh.-Busch-Museum, Hannover, „Cartoon 75" Berlin/West – Sonderpreis – 1975 Sonderpreis der Stadt Berlin/West
Publ.: *G.Bri sieht Großbritannien* (1940); Nach 1945: *Das kleine Karikaturen-Kabinett; Was sagen Sie dazu?; Hofgeschichten* (1 + 2 Kinderbücher) sowie die Comicfiguren: „Papko", „Alfred", „Herbert" – *Das darf doch nicht wahr sein* (1980)
Lit.: H.O. Neubauer: *Im Rückspiegel/Die Automobilgeschichte der Karikaturen 1886-1986* (1985), S. 238, 151; *Die Entdeckung Berlins* (1984); zahlreiche Pressebesprechungen

**Brinkmann**, A. Rolf
* 30.09.1914 Ratingen/Düsseldorf
Graphiker, Pressezeichner, Karikaturist
Studium: Akademie Düsseldorf. – Pressezeichner im Axel-Springer-Verlag, seit 1964 für das *Hamburger Abendblatt* (Sportredaktion), freie Mitarbeit bei *Neue Revue* u.a. B. zeichnete humoristische Karikaturen.
Lit.: Ausst.-Kat.: *Turnen in der Karikatur* (1968)

**Brock**, Wolfgang
* 1932
Zeichner/Berlin
Kollektiv-Ausstellungen: „Satiricum '84", „Satiricum '86", Greiz
Lit.: Ausst.-Kat.: *Satiricum '84; Satiricum '86*

**Brockbank**, Rusell
* 1913 Kanada
† 1979 England
Kanadisch-englischer Karikaturist – seit 1929 in England R.B. arbeitete hauptsächlich für *Punch*, 1949-60 war er Art Editor des *Punch*. Seine Themen waren humoristisch-satirische Alltagsbetrachtungen, er schuf aktuelle Serien, farbige Karikaturen, Titelblätter, Werbung. R.B. gilt als einer der fähigsten Karikaturisten auf dem Gebiet des Automobils. Neun eigene Bücher. Veröffentlichungen in der Bundesrepublik u.a. in *auto motor sport, stern, Welt am Sonntag*.
Publ.: *Grand Prix* (1974); *Heiterkeit braucht keine Worte*
Lit.: H.O. Neubauer: *Im Rückspiegel/Die Automobilgeschichte der Karikaturen 1886-1986* (1985), S. 13, 14, 65, 74, 98, 107, 114, 122, 123, 130, 148, 153, 181, 184, 195, 238

**Brodmann**, Alfred
* 1956 Wien
Österreichischer Graphiker, Cartoonist/München
Studium: Wien, New York – 1978 Graphiker in Wiener Werbeagentur. – Seine Karikaturen sind zeitkritisch, aktuell, politisch. Veröffentlichungen in *Die Weltwoche* (Zürich), *Süddeutsche Zeitung, Bunte, auto motor und sport, Freundin, Deutsches Allgemeines Sonntagsblatt* u.a.
Publ.: *Runter kommen sie immer* (1981); *Ich hab geträumt, daß du mich liebst* (mit Louis Lewitan)
Lit.: *Störenfriede/Cartoons und Satiren gegen den Krieg* (1983); *Geh doch!* (1987), S. 78

**Bromberger**, Otto
* 1862 Reudnitz/bei Leipzig
† 1943 München

Maler, Karikaturist, Schriftsteller, tätig in München
Studium: Akademie München (nur kurz), autodidaktische Weiterbildung. – Mitarbeiter bei den *Fliegenden Blättern* und den *Münchener Bilderbogen* (von 1889-97 insges. 11 Bildergeschichten). Ab 1891 Mitarbeiter der *Meggendorfer Blätter* (insges. 150 Bildergeschichten und Humorzeichnungen). Außerdem Mitarbeiter bei den *Münchener Humoristischen Blättern* und in der Anfangszeit bei der *Jugend*, sowie bei den Jugendzeitschriften *Jugendlust* und *Jugendblätter*. Kinderbuch-Schriftsteller und Zeichner für die Verlage Braun & Schneider, München, W. Vobach, Leipzig, und J.F. Schreiber, Eßlingen. Bekannt wurden seine Porträt-Karikaturen prominenter Künstler. Als Maler war er auch bei den Ausstellungen im Münchener Glaspalast vertreten.
Lit.: L. Hollweck: *Karikaturen* (1973), S. 83, 88, 138; Ausst.-Kat.: *Zeichner der Fliegenden Blätter, Meggendorfer Blätter 1889-1944* (Karl & Faber, München 1988)

**Brösel** (Ps.)
\* 17.03.1950 Travemünde
Bürgerl. Name: Werner Röttger Feldmann
Cartoonist, Comiczeichner (Künstlername „Brösel", weil an seiner Horex immer die Teile abbröselten)
Ausbildung als Reprofotograf/Lithograph (1966-69), als Zeichner Autodidakt. Verschiedene Jobs im Hoch- und Tiefbau, arbeitslos. Seit 1978 Cartoonist. Veröffentlichungen in *Kieler Nachrichten, Pardon, Titanic, Zitty* u.a. Comic-strips: *Herbert macht die Grünen blau!, Die Bakuninis – Szenen aus der Anarcho-Mafia*, Comic-Held „Werner"-Folgen („Werner", ein versoffener Freak von der Waterkant: *station to station*), *Katastrophen im sozialen Wohnungsbau, Abenteuer in der Fangzone*. Comic-Film: *Werner – Beinhart* mit Werner Röttger Feldmann und seinen Comics (Nov. 90). Es gibt für Fans: „Werner"-Button (Holz) und „Werner"-Aufkleber. Themen: – Cartoons, Comics im alternativen Humor, politisch-satirische Destruktions Karikaturen und alternative Szene.
Publ.: Comic-Bücher mit „Werner" und Konsorten ab 1981: *Werner oder was?; Werner 1-3; Werner Winzig 1-3; Führende Piranhas; Wanted, Sammel-Satire-Surium; Werner eiskalt; Werner, normal ja!; Besser ist das!* (1989). Gesamtauflage 4,5 Millionen.
Lit.: *70mal die volle Wahrheit* (1987); *Wenn Männer ihre Tage haben* (1987); Ausst.-Kat.: *3. Internationaler Comic-Salon*, Erlangen (1988); Presse-Bespr.: „Anarcho-Typ und Motorrad-Freak" (*Pardon*); „Ein ‚Volkszeichner' der auf tiefem Niveau hohen Witz erzeugt" (*Titanic*)

**Browne**, Dik
\* 1918 New York
† 04.06.1989 Sarasota/Florida
USA-Cartoonist
Zeichner der Wikinger Comic-Figur: „Hägar, der Schreckliche" und von Werbecartoons für: Chiquita-Bananen, Campbell Soup. D.B. begann als Gerichtszeichner und Reporter in den vierziger Jahren für *Newsweek*. 1973 Debüt von „Hägar" für Sonntagsbeilagen, 1975 brachten 600 USA-Zeitungen „Hägar"-Strips, zuletzt waren es 1600, in Deutschland u.a. der *stern*. Nach seiner Krebserkrankung zeichneten seine Söhne die „Hägar-Abenteuer" weiter. Das Fernsehen brachte TV-Film-Comicfolgen.
Publ. (deutsche Buchausgaben): *HÄGAR der Schreckliche: Der große Superband; Eheglück; Ein Mann – ein Wort; Liebe geht durch den Magen; Drum prüfe, wer sich ewig bindet; Sieg und Niederlagen; Das (fast endgültige) Wikinger-Handbuch; Neuestes von HÄGAR dem Schrecklichen*
Lit.: Bespr. in: *Der Spiegel* (24/1989)

**Brun**, Donald
\* 30.10.1909 Basel
Schweizer Graphiker
Studium: Allgemeine Gewerbeschule, Basel (1 Jahr als Fachschüler der Graphikklasse), Akademie für Freie und Angewandte Kunst Berlin, bei Prof. O.H.W. Hadank und Prof. Böhm. – Vor dem Studium Graphikerlehre bei Ernst Keiser, Basel (3 Jahre). – Seit 1933 freischaffender Graphiker in Basel, spezialisiert auf Werbegraphik (Plakate, Anzeigen, Verpackungen, Entwürfe für die alljährliche Mustermesse in Basel, für schweizerische Landesausstellungen (ab 1939) und für verschiedene Pavillons für die Weltausstellung Brüssel (1958), tätig für Unternehmen in Europa und USA. D.B. ist kein Presse-Mitarbeiter, aber seine Werbegraphik wird in der Presse publiziert. Viele seiner Entwürfe enthalten grotesk-karikaturistische Elemente und thematische Gags, die werbliche Karikaturen sind.
Lit. (Presse u.a.): *Publimondial* (1948); *Graphis* (Nr. 36/1951); *Graphik* (1951); *Künstlerlexikon der Schweiz* (XX. Jahrg. 1958); *Who's Who In Graphic Art* (I) 1962, S. 445

**Bruns**, Bernd
\* 1935
Pressezeichner, Karikaturist, Signum: „BR"
Veröffentlichungen u.a. in: *Kieler Nachrichten, Handelsblatt, NRZ, Der Mittag, Der Tagesspiegel, Der Spiegel.* – Themen: aktuelle, politisch-satirische Karikaturen, Werbung.
Kollektiv-Ausstellungen: „Cartoon 75" Internationale Karikaturen-Ausstellung, Berlin/West (1975)
Lit.: H. Dollinger: *Lachen streng verboten* (1972), S. 397, 412

**Bruse**, Hermann
\* 07.04.1904 Hamm/Westf.
† 25.05.1953 Berlin/Ost
Graphiker, Karikaturist

Studium: Kunstgewerbeschule Magdeburg (Abendkurs), autodidaktisches Mal- und Zeichenstudium. – Mitarbeit bei der kommunistischen Zeitung *Tribüne*, seit 1932 Mitglied der KPD, illegale Tätigkeit, Verhaftung 1933, Zuchthaushaft bis 1935, Mal- und Ausstellungsverbot, erneut in der Widerstandsbewegung, Verhaftung, Todesstrafe als Mitglied der Saefkow-Gruppe, Befreiung durch Alliierte (1945). Ab 1948 Lehrtätigkeit für Kunsterziehung an der Humboldt-Universität Berlin-Ost.
Lit.: Frommhold: *H.B.* (1968), S. 533; L. Lang: *Malerei und Graphik in der DDR* (1980), S. 264; R. Hagedorn: *H.B. 1904-53*, in: *Bildende Kunst* (1979), S. 269-273; Ausst.-Kat.: *Kulturhistorisches Museum*, Magdeburg (1979); *Berlin/DDR, K B*, S. 13 (1978/79); *Widerstand statt Anpassung* (1980), S. 265

**Buchhorn**, Karl Ludwig
* 18.04.1771 Halberstadt
† 13.11.1856 Berlin
Kupferstecher, Maler
Studium: Berliner Akademie, bei Daniel Berger. – 1812 Mitglied der Akademie, 1814 Professor. Kupferstiche nach eigenen und fremden Vorlagen.
Lit.: *Bärenspiegel* (1984), S. 199; W. Kurth: *Berliner Zeichner* (1941), S. 42, 45

**Büchi**, Werner
* 1916 Zürich
Graphiker, Karikaturist
Studium: Kunstgewerbeschule Zürich (4 Jahre); Graphikklasse mit Diplom-Abschluß. – Mitarbeiter bei *Nebelspalter* (seit 1936), *Schweizer Illustrierte*, *Schweizer Woche*, *Eulenspiegel-Kalender* sowie bei Tages- und Wochenzeitungen in der Schweiz. Illustrationen von Kinderbüchern, Werbe-Karikaturen. Nachdrucke in Deutschland, u.a. im *Handelsblatt*.
Kollektiv-Ausstellungen: Karikaturen – Karikaturen?, Kunsthaus Zürich (1972), „Darüber lachen die Schweizer", Wilh.-Busch-Museum, Hannover (1973)
Lit.: Ausst.-Kat.: *Karikaturen – Karikaturen?*, Kunsthaus Zürich (1972); *Darüber lachen die Schweizer*, Wilh.-Busch-Museum, Hannover (1973)

**Buddel**, Peter
* 01.04.1898 Hamburg
Karikaturist
P.B. karikierte als Stewart beim Norddeutschen Lloyd die Passagiere auf den Schiffen. Bei einer Schiffsreise lernte er den Zeichner G.G. Kobbe kennen, dessen Schüler er wurde und dessen Zeichenstil er übernahm. Da beide in gleicher Manier zeichneten, waren sie kaum mehr auseinanderzuhalten.
Lit.: H. Ostwald: *Vom goldenen Humor*, S. 549

**Bugatti** (Ps.)
* 1940
Österreichischer Graphiker, Karikaturist/Wien-Kalksburg
Studium: Kunstakademie Wien. – Zeitweise Lastwagenfahrer. Erste Veröffentlichung in *Welt am Sonntag* (1969). B. zeichnete humoristisch-satirische Cartoons ohne Worte, österreichische Verkehrswerbung, u.a. *Bei uns gibt Ihnen der Urlaub Berge*.
Publ.: *Zum Glück gibt's Österreich* (zus. mit H.C. Artmann)
Lit.: Presse-Bespr.: *Schöne Welt* (Febr. 1979)

**Bujewski**, Kurt
* 1914 Berlin
Graphiker, Maler, Karikaturist/Berlin-West
Zeichner der Figuren „Bujeckelchen" (Fantasiewesen, den Gartenzwergen ähnlich). In den fünfziger Jahren Dozent in Nord-Baden. K.B. malt Bilder im „naiven Surrealismus" (die er nicht verkauft, um nicht von der „Kunstszene" abhängig zu werden).
Lit.: Presse-Besprechung: „Berliner Morgenpost" (v. 14. Aug. 1979)

**Bülow**, Vicco von → **Loriot** (Ps.)

**Bundfuß**, Hans-Jürgen
* 1922 Dortmund
Karikaturist, Signum: „Bu"
Zeichnet seit 1946 Humor- und Witzzeichnungen für die Presse. Nach eigenen Angaben (in *Turnen in der Karikatur*) ist er Mitarbeiter von über 100 Zeitungen und Zeitschriften. Dazu kommt die Gestaltung von Glückwunschkarten, Kalendern, Werbung. H.-J.B. zeichnet verantwortlich für die Comic-Folgen: *Mäxchen, Bu's illustrierte Weisheit, Dolly, Egon, Jonathan* und *Pauline*.
Publ.: *Stricheleien ohne Worte* (1957)
Lit.: Presse-Bespr.: *Der Spiegel* (35/1952) „Verriß!"

**Bürger**, Werner
* 24.04.1908 Köthen/Anhalt
Graphiker, Illustrator, Signum: „B."
Mitarbeit bei *Querschnitt* u.a., nach 1945 *Der Insulaner* (Titelblätter und Einzelzeichnungen). In den fünfziger Jahren Dozent an der Meisterschule für Graphik, Druck und Werbung, Berlin. – Themen: Graphik mit karikaturistischem Einschlag (Karigraphien).

**Buresch**, Roman Armin → **Augustin** (Ps.)

**Burghard**, Paul
* 24.09.1898 Döbeln/Sachsen
Maler, Graphiker, Schriftsteller
Mitarbeiter des *Kladderadatsch* (1943).
Ausst.: „typisch deutsch?" (35. Sonderausst. im Wilh.-Busch-Museum, Hannover 1964: Nr. 12 „Forschergeist")
Lit.: Ausst.-Kat.: *typisch deutsch?*, Wilh.-Busch-Museum, Hannover 1964

**Burki**, Emil
* 1894 Zürich
† 1952 Zürich
Schweizer Zeichner, Karikaturist
Mitarbeiter des Schweizer Satireblatts *Nebelspalter* (1922-32). – Themen: Humoristisch-satirische, sozialkritische Zeichnungen.
Ausst.: „Karikaturen – Karikaturen?, Kunsthaus Zürich, 1972 (V6, „vorwiegend bewölkt")
Lit.: Ausst.-Kat.: *Karikaturen – Karikaturen?* (1972)

**Burki**, Raymond
* 02.09.1949 Lausanne/Schweiz
Graphiker, Karikaturist/Epalinges
Ausbildung: Retuscheur (Heliographie). 1970, ein Jahr in Paris als Retuscheur. 1976 erste Zeichnung in *Tribune le matin*. Seit 1979 satirische Karikaturen (Vertrag für das Fernsehen), täglich *TV-Romande – 24-Heures*
Ausst.: mehrere Einzel- und Kollektiv-Ausstellungen
Ausz.: 1988 1. Preis „bester ausländischer Zeichner"/Epinal (Frankreich); 1989 1. Preis des Publikums – Morges sous rire –; 1989 1. Preis der Jury – Morges sous rire –; 1990 1. Preis Jean Dumur
Publ.: *Burki sonne glas?* (1983) Ausgabe du sauvage; *L'effet Burki* (Ausgabe *24 heures*); Mitarbeit im Kollektiv: *Les refusés* (I) 1984, Ausgabe *Kesselring*; *Les refusés* (II) 1987), Ausgabe *Kesselring*; *Silence en route* (1986), Ausgabe *Kesselring*; *L'affaire Kopp* (1989); *C'est pourdire* (1990), Ausgabe *Favre*
Lit.: Ausst.-Kat.: *III. Internationale Cartoon-Biennale* (1990), Davos, S. 8-9

**Burmeister**, Johann Peter → **Lyser**, Johann Peter

**Burtchen**, Gerd
* 16.10.1920 Braunschweig
† 16.11.1959 Braunschweig (Freitod)
Maler, Graphiker, Karikaturist, Signum: „bu"
Durch Unfall im Knabenalter verkrüppelt, Leben mit Prothese und Stock. Er ging nur wenig aus, dafür erhielt er Besuche in seinem Atelier von Freunden aus der Braunschweiger Intelligenz. „bu" versiert in Politik, Kunst und Weltliteratur „war Meister in der ‚Schlagkraft des Urteils'". „bu's" Karikaturen sind humorig-kritisch, seine Einfälle kauzig, meist ohne Worte, Porträt-Karikaturen mit „liebevoller Erfassung kleiner Schwächen bis in das geringste Detail". Karikaturen von Thomas Mann in dem Buch *Thomas Mann – sehr menschlich*. Veröffentlichungen in der deutschen Presse, u.a. in: *Braunschweiger Zeitung* und *Koralle*. Als Maler beeinflußt von Piet Mondrian.
Ausst.: Städtisches Museum, Braunschweig (1946), Braunschweiger Kunstverein (1957, 1960), Wilh.-Busch-Museum, Hannover (1968), Gedächtnis-Ausstellung Galerie Querschnitt, Braunschweig (1979)
Lit.: Ausst.-Kat.: Wilh.-Busch-Museum, Hannover (1968); Presse: *Kristall* (25/1960); Presse-Bespr. seiner Ausstellungen in der Braunschweiger Presse

**Busch**, Ekko
* 1939 Verden/Aller
Karikaturist, Diplom-Ingenieur (Airbus-Projekte)
Als Zeichner Autodidakt (nebenberuflich). Veröffentlichungen (ab 1963) in: *Kölner Stadtanzeiger, Süddeutsche Zeitung, Die Welt, Frankfurter Allgemeine Zeitung, Welt am Sonntag, stern, Quick, Hörzu* u.a. – Themen: Humoristisch-satirische Karikaturen.
Kollektiv-Ausst.: „Cartoon 75" – Weltausstellung der Karikatur, Berlin/West (1975)
Lit.: H.P. Muster: *Who's Who in Satire and Humour* (2) 1990, S. 32-33

**Busch**, Wilhelm
* 15.04.1832 Wiedensahl/Königreich Hannover
† 09.01.1908 Mechtshausen am Harz
Zeichner, Dichter, Maler
W.B. gilt als der volkstümlichste und bedeutendste deutsche humoristisch-satirische Zeichner mit weltweiter Popularität. 1847 Polytechnische Schule, Hannover (Maschinenbau), 1851 Abbruch des Studiums, Wechsel zur Akademie Düsseldorf, 1852 Akademie für schöne Künste, Antwerpen, 1853 Typhuserkrankung, Rückkehr zu den Eltern, Sammeln von Märchen, Sagen, Liedern, 1854 Rückkehr zur Akademie München, Mitglied im Künstlerverein „Jung-München", 1858 Beginn der Mitarbeit an den *Fliegenden Blättern* und den *Münchener Bilderbogen* (bis 1870), 1864 *Bilderpossen* (Verlag Heinrich Richter, Dresden), 1865 *Max und Moritz* (Verlag Braun & Schneider, München), 1867 *Hans Huckebein* (Verlag Eduard Hallberger, Stuttgart), 1869 *Schnurrdiburr oder die Bienen* (Verlag Braun & Schneider), 1870 *Der Heilige Antonius von Padua* (Verlag Moritz Schauenburg, Lahr), 1871 Verlagsvertrag mit Otto Bassermann, München. Hier erscheinen nun alle Werke Buschs, die er zu Lebzeiten veröffentlichte: 1872 *Die fromme Helene, Bilder zur Job-*

siade, Pater Filucius, 1873 *Der Geburtstag oder die Partikularisten*, 1874 *Dideldum!*, *Kritik des Herzens*, 1875 *Abenteuer eines Junggesellen*, 1876 *Herr und Frau Knopp*, 1877 *Julchen*, 1878 *Die Haarbeutel*, 1879 *Fips der Affe*, 1880 *Stippstörchen für Äuglein und Öhrchen*, 1881 *Der Fuchs, die Drachen. Zwei lustige Sachen*, 1882 *Plisch und Plum*, 1883 *Balduin Bählamm, der verhinderte Dichter*, 1884 *Maler Klecksel*, 1886 *Was mich betrifft* (erste Selbstbiographie, später: *Von mir über mich*), 1891 *Eduards Traum*, 1895 *Der Schmetterling*, 1904 *Zu guter Letzt*. Nachgelassene Werke: *Hernach* (1908), *Schein und Sein* (1909). Ab 1872 ständiger Wohnsitz in Wiedensahl. 1879 Gemeinsamer Haushalt mit seiner verwitweteten Schwester Fanny Nöldeke im Pfarrhaus Wiedensahl. 1898 Übersiedlung mit Schwester Fanny zum jüngsten Neffen, Pastor Otto Nöldeke, nach Mechtshausen am Harz. Erste Ausstellung des malerischen Werkes W.B.s zu Lebzeiten – nur in einem kleinen Verwandten- und Freundeskreis. Erste öffentliche Ausstellung im Frühjahr 1908 in München. Seinem Nachlaß widmen sich das Geburtshaus Wiedensahl, das Wilh.-Busch-Museum, Hannover und die Wilh.-Busch-Gesellschaft, gegr. 1930, die auch zeitgemäße humoristische und satirische Graphik fördert. W.B.s Kunst war Weglassen von Nebensächlichem, Konzentration auf das Wesentliche und Charakterisierung der Figuren auf das Typische. Ein Meister der knappsten Linienführung und der Linie mit der stärksten Ausdruckskraft und Originalität zum Grotesken. Seine Zeichnungen sind – nach genauen Naturstudien – nur auf das für den Ausdruck Notwendige konzentriert, mit zeichnerischem Können und genialer Treffsicherheit karikaturistisch übertrieben und stilisiert. W.B.'s Bildergeschichten liegen im Menschlichen. Es sind Kommentare zum Leben des homo sapiens. Sein pessimistischer Humor ist angewandte Philosophie einer reifen Lebensansschauung aus dem Widerstreit der Gefühle, der Menschlichkeit und einer alles verstehenden Weisheit und der Resignation gegenüber allen Erscheinungen der Außenwelt. W.B. verfügte als einziger über die geistige und künstlerische Potenz, sich zeitlos aus den Künstlern seiner Zeit hervorzuheben. Auch hervorragende Künstler seiner Zeit haben in der Karikatur immer nur ihre Zeit widergespiegelt. Neben der Originalität seiner Zeichnungen stehen kongenial seine Verse, die einer komischen Situation Prägnanz und Lebenssinn geben. Das Zusammenwirken von Zeichnung und schlagfertig pointiert-witzigen Knittelversen sind zu geflügelten Worten geworden. Niemals zuvor ist im deutschen Sprachraum eine solche Einheit von Bewegung, Geste und Stimmung in die sprechende Linie umgesetzt worden. Dadurch gilt W.B. als Schöpfer der modernen Karikatur und des Humors der Linie.

Lit. (Auswahl): E. Fuchs: *Die Karikatur der europäischen Völker*, Bd. II, S. 219, 258, 331, 351, 410, 412-15, 450, Abb. 479, B. 232; G. Piltz: *Geschichte der europäischen Karikatur* (1976), S. 175, 207f.; G. Hermann: *Die deutsche Karikatur im 19. Jahrhundert*, S. 98-107; Th. Heuss: W.B. *Essay in der Biographie: Die Großen Deutschen* (1957)

**Busch**, Wilhelm M. (Martin)
* 01.09.1908 Breslau
† 08.07.1987 Hamburg

Illustrator, Pressezeichner, Textautor (über Buchillustrationen)
Studium: Kunstgewerbeschule Breslau, bei L.P. Kowalski, Vereinigte Staatsschulen für freie und angewandte Kunst, Berlin (ab 1929), bei Ferdinand Spiegel, Hans Meid, Peter Fischer, Oskar Bangemann. – (Vater: Kunstprofessor, der aus Verehrung für den Dichter-Zeichner Wilhelm Busch seinem Sohn den Vornamen Wilhelm gab) Ab 1932 Tätigkeit als Pressezeichner und Buchillustrator, (1938-40) nebenberuflich Lehrer an der Textil- und Modeschule Berlin, während des Krieges Kriegszeichner in einer Berichterstatter-Kompanie, ab 1954 Fachhochschule Hamburg (Fachbereich Gestaltung). W.M.B. illustrierte über 200 Bücher, u.a. von Tucholsky, E. Roth, Flaubert, Dostojewski, Hoffmannsthal, Hamsun, Th. Mann, Puschkin, W. Raabe, Fallada, Mark Twain, Andersen, Tolstoi, Swift, Balzac, Maupassant, Casanova, Brüder Grimm ... Alle Illustrationen zeigen gründliche Naturstudien und eine gestalterische Meisterschaft, die ihn zu einem Volksillustrator machen. Zeichenkunst und Literatur verbinden sich bei ihm zu einem lebendigen Dialog. Auch Charakter-Karikaturen hat W.M.B. gezeichnet, zeitnah, kritisch und treffend für *Die Zeit* (u.a. die Folge *Mitmenschen*) und vor allem für den neu aufgelegten *Simplicissimus*.

Ausst.: in Hamburg, Berlin (zuletzt Rathaus-Galerie Berlin-Reinickendorf 1984)
Publ.: „St. Pauli" (1971); „Geliebter Zirkus" (1976), „Bilder der Liebe (1978)
Ausz.: „Saltarino-Preis" (für „Geliebter Zirkus"), „Edwin-Scharf-Preis" (1976)
Lit.: u.a. *Der Spiegel* Nr. 29/1987 (Nachruf); *Berliner Morgenpost* v. 10.7.1987 (Nachruf); *Bild-Extra* Nr. 49/1972); Presse: *Illustration 63*, Nr. 2/1966, 1/1967, 3/1975

**Busse**, Horst
* 1924 Elbing/Westpreußen

Karikaturist, Illustrator, Werbegraphiker
Mitarbeit an: *Rhein-Neckar-Zeitung, Revue* u.a. – Themen: Humoristische, politische Karikaturen.
Lit.: H.O. Neubauer: *Im Rückspiegel/Die Automobilgeschichte der Karikaturen 1886-1986* (1985), S. 210, 238

**Butschkow**, Peter
* 29.08.1944 Cottbus

Freiberuflicher Graphiker, Karikaturist/Berlin-West (1983), Hamburg

Setzerlehre, private Kunstschule, Akademie für Graphik. Tätig in einer Werbeagentur als Layouter, ab 1979 Cartoons, Comiczeichner. Veröffentlichungen in *Pardon, Titanic, Hamburger Rundschau* und in Stadtmagazinen. Seinen Comic „Siegfried" druckte *Hörzu* ab (42/1989). Kollektiv-Ausstellungen: „Cartoon 77" – Weltausstellung der Karikatur, Berlin/West (1977), „Berliner Karikaturisten", Kommunale Galerie Berlin-Wilmersdorf (1978)
Publ.: *Matschoo!! Grufties/Der alte Mensch ab dreißig; Damit wolltest Du doch aufhören? Hot Dogs! Tennis total*
Lit.: *70mal die volle Wahrheit* (1987); *Wenn Männer ihre Tage haben* (1987)

**Butter**, Andreas → SMÖR (Ps.)

**Butter**, Benno
* 1914 Pawlowsk
Zeichner, Karikaturist/Dessau
B.B. zeichnete für die DDR-Presse in der gewünschten Themen-Art.
Kollektiv-Ausst.: „Satiricum '78", „Satiricum '80" (1. Biennale der Karikatur der DDR, Greiz),
Lit.: *Resümee – Ein Almanach der Karikatur* 3/1973; Ausst.-Kat.: *Satiricum '78, Satiricum '80*

**Büttner**, Henry
* 12.11.1928 Wittgensdorf/b. Chemnitz
Karikaturist, Illustrator, Autodidakt/Wittgensdorf
Erlernter Plakatmaler, Dekorateur in einem Warenhaus in Chemnitz (ein Kollege macht ihn auf die Möglichkeit als Karikaturist tätig zu sein aufmerksam). Silvester 1954 veröffentlichte der *Eulenspiegel* seine erste Karikatur. Ab 1958 arbeitet H.B. als freischaffender Karikaturist für Zeitungen und Zeitschriften der DDR-Presse, u.a. für *Wochenpost, Berliner Zeitung*. Er ist ständiger Mitarbeiter beim *Eulenspiegel* (ganze Seiten), in der Bundesrepublik Veröffentlichungen in *Hörzu*. H.B.s Stil aus extrem dünnen Linien, langgezogen und gradlinig in Figur lapidar und ausdruckslos. H.B. zeichnet unpolitisch, allgemein humoristisch, witzig, fast philosophisch mit hintergründigem Sinn der Umwege im Denken und Handeln, eine Denkmethodik die an Karl Valentin erinnert, zu menschlichen Beziehungen und alltäglichen Problemen.

Kollektiv-Ausst.: „Satiricum '78", „Satiricum '82", „Satiricum '84", „Satiricum '86", „Satiricum '88", „Satiricum '90" Greiz sowie in Bulgarien, Jugoslawien und Belgien
Publ. (Auswahl): *Tausend lustige Dinge; Der Mann mit dem runden Hut; Humor aus linker Hand; Scherzo curioso; Bravo, da capo*
Lit.: *Der freche Zeichenstift* (1968), S. 156; Bravo, da capo (S. 91); Ausst.-Kat.: *Satiricum '78, Satiricum '82, Satiricum '84, Satiricum '86, Satiricum '88, Satiricum '90*

**Butzmann**, Manfred
* 1942
Karikaturist/Zeichner/Berlin
Kollektiv-Ausst.: „Satiricum '90, Greiz
Lit.: Ausst.-Kat.: *Satiricum '90*

**Buzz** (Ps.)
* 1943 Kolberg
Bürgerl. Name: Burkhard Bütow
Cartoonist/Bremen
Studium: Lehre als Schiffsmakler, Graphik-Design (1965-69), Kunstschule Bremen, Staatliche Akademie für bildende Künste, Stuttgart, Hochschule für bildende Künste, Hamburg. – 1969-71 Art-Direktor, Cartoonist bei *Die Zeit*. Seit 1971 freischaffender Graphik-Designer, Filmrezensent. 1973-75 Lehrbeauftragter für Ideenfindung und Kreatives Training an der Hochschule für Gestaltung, Bremen. Veröffentlichungen in: *Die Zeit, Punch, Svenska Dagbladet, Sounds*, in Tageszeitungen, im Fernsehen „III nach 9" sowie die Comic-Folge: *Buzz'z Thierleben*. – Themen: Cartoons ohne Worte.
Kollektiv-Ausstellungen: u.a. im Institut für Auslandsbeziehungen Stuttgart (1981)
Publ.: *Du kannst mich mal im Mondschein besuchen* (1988)
Lit.: Ausst.-Kat.: *Spitzensport mit spitzer Feder* (1981), S. 13-15

**Buzzati**, Dino
* 06.10.1906 Belluno
† 1972 Mailand
Schriftsteller, Maler, Zeichner
Eine Zeitlang war D.B. Redakteur bei *Corriere della sera* und Kunstkritiker für *Domenica del Corriere*.
Publ.: (in Deutschland) *Das Geheimnis des alten Waldes* (1951); *Die Festung* (1954); *Panik in der Scala* (1952); *Der Hund, der Gott gesehen hatte* (1956); *Amore* (1964); *Die Lektionen des Jahres* (1962); *Die Versuchung des Domenico* (1964). – Graphik: *Poema a Fumetti* (Gedicht in Comic-strips-Form, 1969); Orphi und Euro (Die griechische Sage von Orpheus und Eurydike als Comic strip), gesendet im ZDF am 22.3.1974, 27.3.1974, 15.1.1967 (auch als Buch erschienen), Comic strip „Poeme -bu". D.B. hinterließ 160 Ölgemälde.
Lit.: P. Pancrazi: *Scrittori d'oggi* (4), 1946; L. Russow: *I – narrotori* (1958); *Brockhaus-Enzyklopädie* (1967), Bd. 3, S. 539; Presse: *Der Spiegel* (Nr. 49/1969: über sein 13. Buch *Poema a fumetti*)

# C

**Cadsky**, Klaus → **Nico** (Ps.)

**Caillou**, Jean (Ps.) → **Steinlen**, Théophile Alexander

**Cajetan**, J. (Ps.)
* 1822 Hamburg
† 1863 Wien

Bürgerl. Name: Anton Elfinger
Zeichner, Karikaturist
(übersiedelte 1853 von Hamburg nach Wien) C. war Illustrator für Zeitschriften und Kalender, Mitarbeiter bei den *Fliegenden Blättern*. Er zeichnete aktuelle, politische Karikaturen, wie die *Satyrischen Blätter* (1848, gestochen von Andreas Geiger) sowie für die *Wiener Allgemeine Zeitung*. Als Hauptzeichner der *Wiener Theaterzeitung* war C. der ständige „Chroniqueur" des Blattes.
Lit.: E. Fuchs: *Die Karikatur der europäischen Völker*, Bd. II, S. 46, 48, Abb. 336; G. Piltz: *Geschichte der europäischen Karikatur* (1976), S. 166; G. Böhmer: *Die Welt des Biedermeier*, S. 123, 152

**Camphausen**, Wilhelm
* 08.02.1818
† 16.06.1885

Maler (Historienmalerei), Zeichner
Studium: Akademie Düsseldorf (1834, 1843-49 Meisteratelier bei C.F. Sohn). – Zeichner für die *Düsseldorfer Monatshefte* während seiner Studienzeit. Sein Stift verulkte gern rückständige Zeitgenossen und Militärs. W.C. zeichnete für Holzschnitte und Lithographien. Zu *Lieder und Bilder* (1843) und *Schwäbische Volksbücher* (1859) arbeitete er u.a. an den Illustrationen. In den Kriegen 1864, 1866 und 1870 war C. Bildreporter mit realistischer Sehweise. Als Maler bevorzugte C. Schlachten und Reiterbilder. W.C. war Leiter der Künstlervereinigung „Malkasten" in Düsseldorf.
Publ.: *Ein Maler auf dem Kriegspfad* (1865) (sein Tagebuch aus dem Schleswig-Holstein-Krieg)

Lit.: E. Fuchs: *Die Karikatur der europäischen Völker*, Bd. II, S. 54; G. Piltz: *Geschichte der europäischen Karikatur* (1976), S. 162, 164; G. Hermann: *Die deutsche Karikatur im 19. Jahrhundert*, S. 51; L. Clasen: *Düsseldorfer Monatshefte (1847-49)*; S. 483; F. Couring: *Das deutsche Militär in der Karikatur*, S. 34; Ausst.-Kat.: *Düsseldorfer Malerschule*, S. 278

**Candea**, Romulus
* 18.01.1922 Temesvar/Rumänien

Politischer Karikaturist in der Bundesrepublik, Signum: „Caro", Maler und Zeichner in Düsseldorf
Studium: Akademie der bildenden Künste, Wien. – Veröffentlichungen in deutschen und österreichischen Zeitungen. Ständige Mitarbeit bei: *NRZ* und *Rheinische Post*. – Themen: Politisch-satirische Tageskarikaturen als „Kritik mit dem Zeichenstift".
Ausst.: Bundesrepublik Deutschland (Essen 1975), Österreich, Frankreich
Ausz.: „Preis der Stadt Wien" (mehrfach), 1971 Staatspreis der Republik Österreich
Lit.: *Störenfriede/Cartoons und Satiren gegen den Krieg* (1983); Presse: *NRZ* (4.1.1975): *Kritik mit dem Zeichenstift*; *Rheinische Post* (10.5.1982): *gezeichnete Meinung*

**Canon**, Hans
* 13.03.1829
† 12.09.1885 Wien

Bürgerl. Name: Johann von Straschirpka
Österreichischer Maler, politischer Karikaturist
Ursprünglich Offizier, ließ C. sich ab 1854 zum Maler ausbilden. Er war Zeichner für die humoristisch-satirischen Wiener Zeitschriften *Tritsch-Tratsch* und *Kikeriki*, für letztere Hauptzeichner. 1861 veröffentlichte C. 21 Reichsrat-Karikaturen. 1932 waren seine Karikaturen in der internationalen Karikaturen-Ausstellung im Wiener Künstlerhaus (histor. Abt.) ausgestellt. 1858 wurde H. C. durch das Bild „Fischermädchen" bekannt und als Maler

von Frauenbildnissen beliebt. Er malte große Figuren-Kompositionen in einem elektiven, an Rubens und den Venezianern geschulten Stil.
Lit.: E. Fuchs: *Die Karikatur der europäischen Völker*, Bd. II, S. 307, 308, Abb. 322, 323, 324, 300; G. Piltz: *Geschichte der europäischen Karikatur* (1976), S. 232

**Cantler**, Johann Baptist
* 1822 Bayern
† 1919 Bayern

Oberamtsrichter am Kgl. bayerischen Landgericht in Erding von 1867-1895, Zeichner und kauziges Original. J.B.C. hatte die Angewohnheit, Porträts der Prozeßführenden und Figuren aller Art auf die Akten zu zeichnen. Außerdem hinterließ J.B.C. 2 Alben mit farbigen Uniformen der Kgl. bayerischen Armee, gezeichnet, koloriert und beschriftet (aufbewahrt im Bayerischen Armeemuseum in Ingolstadt). Es sind 96 Tafeln mit je 12 Figuren, hrsg. 1873-77.
Publ.: *Der bayerischen Armee sämtliche Uniformen von 1800-1873* (1977)
Lit.: Presse: *Welt am Sonntag* 49/1977

**Canzler**, Günter
* 1925 Hannover
† 25.07.1975 Meersburg/Bodensee (Freitod)

Cartoonist, Meister der Cartoons ohne Worte
Studium: an der Werkkunstschule Hannover bei Stichs und Ludwig Vierthaler. – Bekanntschaft mit den Malern E. Wegner, H. Martens und dem Karikaturisten Albert Schaefer-Ast. Zur Kriegsmarine eingezogen, Straßenbau, 1950 in Venezuela: Helfer auf einer Kaffee-Hazienda, Straßenbauarbeiter, Lastwagenfahrer, Holzfäller, Hilfsmatrose, Rückkehr nach Deutschland 1951. Danach Pressemitarbeit mit stenogrammartigen Cartoons: u.a. in *Südkurier*, *stern*, *Quick*, *Die Welt* („Kleines Welttheater"), *Epoca*, *Welt der Arbeit*, *Hannoversche Presse*, *Neue Illustrierte*, *Zürcher Woche*, *Nieuwe Rotterdamse Courant* sowie ständige Mitarbeit beim *Nebelspalter*, außerdem arbeitete er für die Werbung (Deutsches Grünes Kreuz).
Ausst.: Gedächtnisausstellung im Wilh.-Busch-Museum, Hannover (April-Juni 1977) und in Konstanz (1976)
Publ.: u.a. *L'amour – oder wo die Liebe hinfällt* (Schmunzelbuch); *Daß ich nicht lache*; *Humoritaten*; *Nur Esel und Weiße gehen in die Sonne*; *Lebe – lächle*; *Das kann ja heiter werden*; *Nur zum Spaß*; *Venezuela-Reise*; *Die Schmunzelinsel*
Lit.: *Heiterkeit braucht keine Worte*; H.P. Muster: *Who's Who in Satire and Humour*, Bd. 1, S. 34, 35; Presse: *Scala* (11/1962); Ausst.-Kat.: *G.C.*

**Caplin**, Alfred → **Capp**, Al (Ps.)

**Capp**, Al (Ps.)
* 1910 USA

Bürgerl. Name: Alfred Caplin
Comiczeichner der Abenteuerserie *Li'l Abner* (1934) für den *New York Mirror*.
Die Hauptfigur dieses Comic-strips ist „Li'l Abner", ein gutmütiger, naiver Muskelprotz aus Dogpatsch, einem kleinen Dorf mit sonderbaren Bewohnern: Mutter Ma Yokum (autoritäre Ehefrau von Papa Yokum), Daisy Mae (sexy und ein wenig vulgär, die es nach 17 Jahren schafft, Li'l Abners Ehefrau zu werden), General Bullmoose, die Shmoo (kleine nette Tierchen, die Menschen glücklich machen wollen) und die Kigmi (unbeschreibliche Wesen, die sich gegenseitig verprügeln, um die Wut der Masse zu besänftigen) – eine Satire auf amerikanische Gebräuche und Machtverhältnisse. Der Strip basiert auf einem anarchistischen Freiheitsverständnis des „American way of life". A.C. kritisiert respektlose Konzernbosse, Politik- und Show-Prominenz. Fast 1000 Zeitungen druckten zeitweise seinen Strip. Ende der sechziger Jahre war A.C. ein Lieblingscartoonist in den USA. John Steinbeck schlug ihn sogar für den Nobelpreis vor. Hollywood produzierte zwei „Li'l Abner"-Filme (1940) Regie S. Rogell – 1959 Regie Melvon Frank) – am Broadway wurde sogar ein Musical unter diesem Titel aufgeführt. 1964 schloß A.C. einen 25-Jahresvertrag mit dem Chicagoer Zeitungsverlag „Daily News Inc." – in der Vertragszeit 70 Millionen Honorar.
Als die Nationalgarde 1970 an der Kent-State University Ohio mehrere Studenten niedergeschossen hatte, behauptete A.C., die wahren Märtyrer von Kent-State wären die Jungs in den Uniformen der Nationalgarde. Der Rechtsruck A.C.'s blieb nicht ohne Folgen. Von 1000 Zeitungen, die seinen Strip abdruckten, verblieben 400. Am 13. Nov. 1977 erschien der Strip zum letzten Mal. Deutsche Veröffentlichungen u.a. in *Pardon*.
Lit.: (dt. „Li'l Abner: *Ich liebe ehmt Knie*" (1950); M. Moscati: *Comics und Film* (1988), S. 98, 99; Presse: *Der Spiegel* (Nr. 31/1964); *stern* (Nr. 48/1977)

**Carigiet**, Alois
* 30.08.1902 Trun

Schweizer Graphiker
Lehre als Dekorationsmaler in Chur, Autodidakt. 15 Jahre Werbegraphiker und Bühnenbildner in Zürich – Mitarbeit beim Cabarett „Cornichon". A.C. zeichnete Titelblätter für Zeitschriften und Plakate mit humoristisch-satirischem Einschlag. Nach 1939 vorwiegend Hinwendung zur Malerei. Ab 1945 Kinderbuch-Illustrationen, dafür erhielt er 1966 Hans-Christian-Andersen-Medaille und den Jugendbuch-Preis des Schweizer Lehrervereins.
Ausst.: 1977 große Retrospektive im Seedamm-Kulturzentrum Pfäffikon
Lit.: *Who's Who In Graphic Art* (I), S. 281

**Carstens**, Asmus Jakob
* 10.05.1754 Sankt Jürgen (Schleswig)
† 25.05.1798 Rom
Historienmaler, Zeichner
Lehrling in einer Weinhandlung in Eckernförde. Mitglied der Akademie Kopenhagen. 1783 Italienreise – 1783 in Lübeck – seit 1878 in Berlin, ab 1790 Prof. an der Akademie Berlin. Illustrationen zu Ramlers' *Mythologie* und Moritz' *Götterlehre*. Ideen und Bildwelt wurzeln im klassischen Denken, so auch seine Karikaturen.
Ausst.: „Karikaturen der Goethezeit" (1991); Weimar, Kunsthalle: *Das Gastmahl der Philosophen* (nach Lucian) Inv.-Nr. KK 654; *Karikierter Kopf eines alten Römers – oder Paters* Inv.-Nr.: KK 700; *Karikatur eines Hirten* Inv.-Nr.: KK 701; *Sokrates im Korbe* (1791) nach Aristophanes, Inv.-Nr.: KK 641; *Ödipus entdeckt die frevelhafte Ehe mit Jokaste* Inv.-Nr.: KK 585 (Alle in der Kunstsammlung Weimar)
Lit.: *Keysers Großes Künstlerlexikon* (o.J.), S. 65-66; Ausst.-Kat.: *Karikaturen der Goethezeit* (Mai-Juni) 1991, Weimar, Kunsthalle, S. 21

**Casa** (Ps.) → **Linkert**, Joseph

**Caspari**, Walter
* 31.07.1869 Chemnitz
† 1913 München
Zeichner, Karikaturist, tätig in München
Studium: Akademien Leipzig, Weimar, München. – Jugendstilzeichner, beeinflußt von Beardsley, Mitarbeiter bei *Jugend, Fliegende Blätter, Münchener Humoristische Blätter* u.a. W.C. illustrierte Romane, u.a. den ersten Roman über das Künstlerviertel Schwabing von Ernst von Wolzogen Das dritte Geschlecht und Bilderbücher.
Lit.: L. Hollweck: *Karikaturen*, S. 13, 83, 135; G. Hermann: *Die deutsche Karikatur im 19. Jahrhundert*, S. 119; E. Roth: *100 Jahre Humor in der deutschen Kunst*; Verband deutscher Illustratoren: *Schwarz-Weiß*, S. 115; Ausst.-Kat.: *Zeichner der Fliegenden Blätter. Aquarelle – Zeichnungen* (Karl & Faber, München 1985)

**Cássio**, Silva Loredano → **Loredano** (Ps.)

**Catrinus** (Ps.)
* 07.08.1929 Aalsmeer/Niederlande
Bürgerl. Name: Catrinus Nicolaas Tas
Niederländischer Cartoonist
Studium: Kunstgewerbeschule Amsterdam. – Gärtnerlehre bei seinem Vater, bis zum 21. Lebensjahr selbst Gärtner. C. zeichnete für holländische, skandinavische, französische Blätter und für den englischen *Punch*, Veröffentlichungen in Deutschland in *stern, Hörzu* und in der Tagespresse (Vertrieb: Internationale Literatur Bureau,
Heinz Kohn, Hilversum). – Themen: meist Karikaturen ohne Worte (Situationskomik).
Ausz.: Silbermedaille für *Cartoon for Peace*
Lit.: *Heiter bis wolkig* (1963); *Heiterkeit braucht keine Worte*

**Cattoni**, Ernesto
* 1936 Milano
freiberuflicher Cartoonist, Werbegraphiker
Seit 1957 Veröffentlichungen u.a. in *Corrière della Sèra, Poca, Famiglia Cristiana, Grazia, La Repùbblica, L'Expresso, L'Europea, Relax*. Themen: humoristisch-satirische Caroons, humoristische Werbegrafik. Veröffentlichungen in Deutschland u.a. in *Hörzu*
Publ.: *L'Auto e il Cinema, L'Auto a L'Anziano, L'Auto e i Famaci, L'Auto e la Moda, L'Auto a i Rappòrti umani*.
Lit.: H.P. Muster: *Who's who in Satire and Humour*, Bd. 1989, S. 38-39

**Caut**, François
* 1929 Südfrankreich (lebt in Verres bei Paris)
Französischer Cartoonist
Mitarbeit bei: *France Dimanche, Le Rire, Blagues* u.a. Veröffentlichungen in Deutschland u.a. in: *Schöne Welt*.
Lit.: Presse-Bespr.: *Schöne Welt* (April 1976)

**Cay**, A.M. (Ps.)
* 1898
† Jun. 1971 Zürich
Bürgerl. Name: Alexander M. Kaiser
Pressezeichner, Karikaturist, Signum: ein kleiner Kreis wird von einem größeren umschlossen
A.M.C. war Pressezeichner in Berlin für die Berliner Presse. 1933 emigrierte er nach Frankreich und fand danach Asyl in der Schweiz. Er war ständiger politischer Karikaturist beim *Nebelspalter* und glossierte vor allem das NS-Regime. Außerdem zeichnete er unpolitische, humoristische Karikaturen, u.a. für *Schweizer Illustrierte* und *Eulenspiegel-Kalender*. A.M.C. war Mitbegründer des Bundes deutscher Graphiker. – Themen: Aktuelle, politische Karikaturen.

**CEM** auch: C.E.M. (Ps.)
* 1910 USA
Bürgerl. Name: Charles Martin
USA-Cartoonist
Zeichnet Cartoons ohne Worte und Bildgeschichten ohne Worte. Veröffentlichungen in den USA u.a. in *The New Yorker* und in Deutschland u.a. in *Kristall*.
Lit.: (USA) *The art in Cartooning* (1975); (BRD) *Top Cartoons aus USA* (1981)

**Chadoud**, Claude → GAD (Ps.)

**Charbon** (Ps.)
* 1917 Berlin
Bürgerl. Name: Achim Koehler
Karikaturist (nebenberuflich), Journalist/Idstein-Taunus
Studium: TH Berlin (1943 Dipl.-Ing.) – Veröffentlichungen (ab 1947) in *Bunte, Constanze, Quick, stern, Die Aktuelle, Allgemeine Zeitung, Bild am Sonntag, Funkuhr, Gong, Hörzu, Hören und Sehen, Wochenend.* Zusammenarbeit mit Olaf Sveistrup (Regisseur), seit 1962 jede Woche eine Humorseite für das Ärztemagazin *Selecta*. Buchillustrationen zu *Die Pharmazie in der Karikatur* (1964), *100 Histörchen/100 Jahre Jagenberg* (1978), *Pressearbeit/Chancen richtig nutzen* (1982), *Gesundheits-ABC* (1983), *Gesundheit für Herz und Gefässe* (1985).
Lit.: H.P. Muster: *Who's Who in Satire and Humour* (2) 1990, S. 108-109

**Charly** (Ps.)
* 16.08.1920 Braunschweig
Bürgerl. Name: Karl-Heinz Wasmus
Graphiker, Karikaturist
Studium: Während des Krieges (1942)Studienurlaub TH Braunschweig (Architektur), bei Franz Eduard Rothe (Malen und Zeichnen), ab 1946 Meisterschule für gestaltendes Handwerk (Werbegraphik) bei Morh, Ernst, Clausen, Hornburg, Prof. Siegel, Bosse. – 1945 USA-Gefangenschaft (Le Havre), hier tätig als Schnellzeichner, gestaltet Plakate und Bühnenbilder. 1946 Rückkehr nach Braunschweig. Ab 1949 freier Werbegraphiker/Karikaturist. Mitarbeit bei der *Hannoverschen Allgemeinen Zeitung*. Zwischen 1950-59 verschiedene Ausstellungen als Werbegraphiker. 1962-67 freier Mitarbeiter der *Braunschweiger Zeitung, Derer Schlaraffen-Zeytung, Psoriasis-Magazin* (Karikaturen), seit 1988 Mitarbeiter der Verlagsgesellschaft „Einfalls Reich". Mitarbeiter der Zeitschrift *TV Hören und Sehen* mit der wöchentlichen Comic-Figur „Tiger" (Wortspielereien), monatlicher „Tiger-Quiz" im Fernsehen III, Norddeutscher Rundfunk. Eine Gaststätte in Braunschweig trägt den Namen „Charlys Tiger".
Publ.: *Ein Tiger läßt schön grüßen/Postkartenbuch* (1989)
Lit.: Presse: *Neue Braunschweiger* (v. 18.8.1989)

**Chaval** (Ps.)
* 10.02.1915 Bordeaux
† 22.01.1968 Paris (Freitod)
Bürgerl. Name: Ivan Francis de Lovarn
Französischer Karikaturist, Graphiker, Illustrator
Studium: Ecole des beaux-arts, Bordeaux und Paris (Malerei, Graphik) – Tätig als Maler, Radierer, Trickfilmzeichner, Werbegraphiker. Seit 1946 Karikaturist für *Paris Match, Le Figaro, Le Rive* und *Punch*. C. zeichnete witzige Karikaturen, meist ohne Worte, mit schwarzem Humor, Galgenhumor voll skurriler Einfälle, in reiner Strichmanier. Veröffentlichungen in der deutschen Presse, u.a. in *Wirtschaftswoche, Die Zeit, Kristall, Quick*. In der Schweiz im *Nebelspalter*. Illustrationen zu Werken von Georges Mikes, Swiff, Kästner und Queneau.
Ausst.: u.a. in Paris (Salon de mai), Brüssel, New York, Tokio, Avignon (1971)
Ausz.: Mehrere Auszeichnungen
Publ. (in Deutschland): *Frivolitäten* (1952 mit François, Mose); *Zum Heulen* (1953); *Diesseits von Gut und Böse* (1955); *Vive Gutenberg* (1956); *Mein Name ist Hase* (1958); *Autofahren kann jeder* (1960); *Cherchez la femme*; *Chavals Fotoschule – Zum Lachen und Heulen* (1969); *Wird eingefahren; Hochbegabter Mann* (1970); *Sie sollten weniger rauchen; Mensch bleibt Mensch; Guten Morgen* (1974); *Gute Reise* (1974); *Chavals gesammelte Cartoons in 3 Bänden* (1977)
Lit.: *Who's Who In Graphic Art* (I) 1968, S. 151; *Der freche Zeichenstift* (1968), S. 247; Presse: *Quick* (Nr. 50/1969); *Kristall* (Nr. 8/1960); *Gebrauchsgraphik* (Nr. 2/1954); *Die Zeit* (Nr. 43/1962); *Welt am Sonntag* (v. 8.5.1969); *stern* (Nr. 7/1968, Gedenkseite); *Der Spiegel* (Nr. 5/1968, Nachruf); Fernsehen: ARD, Filmporträt Ch. (1968)

**Chavallo**, Giorgio
* 1927 Moncalieri/Turin
Italienischer Karikaturist
Bankangestellter, C. zeichnete Karikaturen seiner Kunden nach 1945, die in der italienischen Presse erschienen, außerdem beliebte Sujets des modernen Lebens (Telefon, Kreditwesen u.a.). Veröffentlichungen in der Bundesrepublik u.a. in *Kristall*.
Publ.: *Hallo, wer dort?*
Lit.: *Heiter bis wolkig*

**Chen** (Ps.)
* 27.10.1929 Frankreich
Bürgerl. Name: Maurice Albert Chenechot
Französischer Karikaturist seit 1945
Veröffentlichungen u.a. in *France Dimanche, France au Combat*. Veröffentlichungen in Deutschland u.a. in *Bunte* (Auslandsvertrieb durch Cosmopress Genf).
Lit.: *Heiterkeit braucht keine Worte*

**Chéret**, Jules
* 21.05.1836 Paris
† 23.09.1932 Nizza
Französischer Graphiker, Maler, Plakatkünstler, Ausbildung: Lithograph, Autodidakt
1859 Zeichner in einer Parfümfabrik in London, um die

neu entdeckte Chromolithographie kennenzulernen. 1866 eigene Druckerei mit englischen Pressen (1881 an die berühmte „Imprimerie Chaix" abgetreten). 1867 erstes farbiges Plakat von künstlerischem Wert. Völlige Integration von Text und Bild (Affiche „Sarah Bernhardt"). J.Ch. entwarf ca. 1200 Plakate. Durch Übersteigerung der Zeichnung ins Karikaturenhafte erzielte er stärkere Wirkung und Aufmerksamkeit. Der *Simplicissimus* Nr. 47/1897 veröffentlichte seinen Beitrag *Karneval*.
Lit.: H. Schündler: Monographie des Plakats, S. 32, 40f, 43, 45, 50, 53, 60, 63, 66, 72, 73, 74, 100, 157, 161, 202, 214, 223, 254; L. Hollweck: *Karikaturen* (1973), S. 167; G. Piltz: *Geschichte der europäischen Karikatur* (1976), S. 185

**Cheru-Müller**, Heinz (Ps.)
* 29.04.1980 Berlin
† 12.05.1961 Berlin-West
Name: Heinz Müller (Cheru = Abkürzung von Cherusker, wegen des häufigen Auftreten des Namens Müller)
Lithograph, freischaffender Karikaturist
Ch.-M. arbeitete für Zeitungen und Zeitschriften seit den dreißiger Jahren, u.a. für *Berliner Morgenpost, Brummbär, Lustige Blätter, Hamburger Illustrierte, Grüne Post*. Nach dem Krieg (nach langjähriger russischer Gefangenschaft) seit den fünfziger Jahren für *Berliner Zeitung, Constanze, Thaga-Post, Der Abend, Telegraf, Hörzu, Neue Post* u.a. – Themen: Ch.-M. zeichnete witzige und humoristische Situationen aus dem Alltag mit Berliner Witz, Herz und Schnauze.
Lit.: Presse: *Der Abend* (v. 15.5.1961, Nachruf)

**Chmura**, Bernd A.
* 1953 Burg
Graphiker, Karikaturist/Babelsberg
Studium: Hochschule für Graphik und Buchkunst, Leipzig (Diplom). – Veröffentlichungen in *Eulenspiegel* u.a. B.A.C. entwarf Zeichnungen, Schriftgestaltungen, Cartoons ohne Worte (skurril-komisch), zeitkritische Karikaturen, ganzseitige Themen.
Kollektiv-Ausstellungen: „Satiricum '82", „Satiricum '84", „Satiricum '86", „Satiricum '88", Greiz
Lit.: Ausst.-Kat.: *Satiricum '82, Satiricum '84, Satiricum '86, Satiricum '88*

**Chodorowski**, Antoni
* 1946 Chodory/Bialystok (Polen)
Cartoonist, Gebrauchsgraphiker
Studium: Polytechnikum/Akademie in Warschau
Veröffentlichungen in Polen in *Karzela, Film, Polska, Szpiki*, in Deutschland in *Pardon* (1975-1979), Themen: aktuell-politisch-zeitkritisch.
Ausst.-Kollektiv in Ancona (Italien), Ankara, Bordighera (Italien), Athen (Griechenland), Knokke-Heist (Belgien), Berlin (Deutschland), Gabrovo (Bulgarien), Montreal (Canada), Straßburg (Frankreich), Tokio (Japan), Legnica (Polen); Einzel-Ausst.: Warschau: 1977, 1980, 1981 (Polen)
Lit.: H.P. Muster: *Who's who in Satire and Humour* (Bd. 1/1989), S. 40-41

**Chodowiecki**, Daniel Nikolaus
* 16.10.1726 Danzig
† 07.02.1801 Berlin
Maler, Radierer, Zeichner
Ab 1743 in Berlin als Miniaturmaler im Geschäft seines Onkels, autodidaktische Radierversuche. Beliebtester Illustrator der Aufklärungszeit. D.C. illustrierte die ersten Klassikerausgaben von Lessing, Goethe, Schiller, Bürger, Gellert, Klopstock, Claudius, Hölty mit sachlicher Genauigkeit im Detail. Ebenso Basedows *Pädagogisches Elementarwerk*, Lavaters *Physiognomische Fragmente*, Lichtenbergs *Göttinger Taschenkalender* und andere historisch-genealogische Kalender. Vorbild für D.C. war der englische Bildsatiriker William Hogarth (1697-1764). Allerdings nicht in der extrem-drastisch-geballten Satire Hogarths der niederen Stände Englands, sondern der bürgerlich-preußischen Zopfzeit. D.C.s Bildsatire ist wirklichkeitsgetreu, ohne Schärfe, die sich aus den „Handlungen des Lebens" ergeben, zu einem treffenden, unverfälschten menschlichen Zeitbild. 1757 Aufnahme in die Akademie, als Miniaturmaler (1764), Vizedirektor (1790), Direktor (1797). Wilhelm Engelmann hat D.C.s Kupferstiche katalogisiert (1857). Die Gesamtzahl der Darstellungen beträgt 2075, auf 978 Platten, sowie 2000 Zeichnungen.
Lit. (Auswahl): E. Fuchs: *Die Karikatur der europäischen Völker*, Bd. I (1901), S. 112-114, 183, 184, 461, 477, 490; J. Jahn: *D.Ch. Die künstlerische Entdeckung des Berliner bürgerlichen Alltags* (1924); H.T. Kroeber: *Chodowiecki-Silhouetten aus Lichtenbergs Nachlaß* (1920); *Das große Lexikon der Graphik* (1984), S. 178

**Chodowiecki**, Gottfried
* 11.07.1728 Danzig
† 14.02.1781 Berlin
Maler, Radierer (Bruder von Daniel Ch.)
Themen: Jagdmotive, Landschaften und Radierungen nach eigener und seines Bruders Daniel Ch. Erfindung.
Lit.: *Der Große Brockhaus* (1929), Bd. 4, S. 82

**Chodowiecki**, Wilhelm
* 1765 Berlin
† 26.10.1805 Berlin
Illustrator, Zeichner
War in der Art seines Vaters Daniel Ch. als Illustrator

tätig. Vereinzelt sanft karikierte Radierungen als Bildsatire.
Lit.: *Der große Brockhaus* (1929), Bd. 4, S. 82

**Chomel**, François
* 1835
† 1895

Schweizer Maler, Zeichner
F.C. zeichnete für die Schweizer Satire-Zeitschrift *Carillon* in Genf.
Lit.: G. Piltz: *Geschichte der europäischen Karikatur* (1976), S. 229

**Christiansen**, Hans
* 06.03.1866 Flensburg
† 09.01.1945 Wiesbaden

Maler, Zeichner, Kunstgewerbler
Studium: Kunstgewerbeschule München (Wintersemester 1887/88, 1888/89), Akademie Julian, Paris. – Lehre als Dekorationsmaler (4 Jahre). Vielseitiger Jugendstilkünstler malerisch-stilisiert-dekorativer Form- und Farbkompositionen. 1894 erscheint die farbige Folge von 18 humoristischen *Hamburger Grußkarten*. Mitarbeiter der *Jugend* (1896-99), schafft Illustrationen und Titelblätter (symbolische Jugendstil-Karigraphien). 1898 Ernennung zum Professor durch Großherzog Ernst Ludwig von Hessen, für ein neu zu gründendes Kulturzentrum in Darmstadt. Als „Darmstädter Sieben", zusammen mit den Professoren Patriz Huber, Paul Bürck, Ludwig Habich, Rudolf Bosselt, Peter Behrens, Josef Maria Olbrich am 1. Juli 1899 Beginn der Tätigkeit als „freischaffende Gemeinde". 1900 Weltausstellung Paris. Beteiligung als kunsthandwerkliche Avantgarde mit dem „Darmstädter Zimmer". H.C. erhält eine Silber- und eine Bronze-Medaille. 1901 Ausstellung der Künstler-Kolonie (Mathildenhöhe/Darmstadt) als „Dokument deutscher Kunst" mit bezugsfertigen Häusern. Ziel: Wohnkultur als Gesamtkunstwerk. Das Haus H.C.s hatte als Leitmotiv Rosen, daher sein Name: „In Rosen". Die Kritik war negativ: Die Mathildenhöhe wurde als „extravagante, überschwengliche Luxuskunst" bezeichnet. Die Künstler reagierten in einem „Über-Hauptkatalog", eine humorvollsatirische Parodie, mit plastischen Personen-Karikaturen (von Bürck und Habich) und den „Charakteristika"-Karikaturen der Ausstellungshäuser von H.C. Das Ergebnis waren: Sparmaßnahmen, Streichung der jährlichen Subventionen, Räumung des Ateliergebäudes, Wegzug der Künstler. Als letzter ging H.C. 1911, er übersiedelte 1912 nach Wiesbaden. Im „Dritten Reich" totales Malverbot für H.C., weil er nicht in die Scheidung von seiner jüdischen Frau einwilligte. Haus „In Rosen" bei englischem Bombenangriff 1944 vernichtet.
Lit.: L. Hollweck: *Karikaturen* (1973), S. 132, 139; M. Zimmermann-Degen: *H.C. Leben und Werk eines Jugendstilkünstlers* (1985); F.v. Ostini: *Die Künstler der Münchener „Jugend"* (1901/02)

**Christophe**, Franz
* 23.09.1875 Wien

Schauspieler, Zeichner, um 1900 tätig in Berlin
Als Zeichner Autodidakt, geschult an Jugendstil- und japanischen Zeichnungen, mit französischem Einfluß. Vorliebe für den Rokokostil und die Mode in stilisierter, prägnant herausgearbeiteter Linie und Charakteristik. F.C. war Mitarbeiter, u.a. der *Jugend*, des *Simplicissimus*, der *Fliegenden Blätter*, des *Narrenschiffs* und der *Meggendorfer Blätter* (ab 1900). Für die Werbung hat F.C. kulturhistorische Bilder (für Zigaretten-Beigaben) gezeichnet. Ebenso arbeitete er für den S. Fischer-Verlag u.a.
Lit.: Verband deutscher Illustratoren: *Schwarz-Weiß*, S. 144; G. Hermann: *Die deutsche Karikatur im 19. Jahrhundert*, S. 124; G. Piltz: *Geschichte der europäischen Karikatur* (1976), S. 221; L. Hollweck: *Karikaturen* (1973), S. 88, 89, 133, 138; *Das große Lexikon der Graphik* (Westermann S. 179)

**Chrzescinski**, Paul G. → **Kreki** (Ps.)

**Clasen**, Carl
* 1812
† 1866

Maler, Zeichner
Mitarbeiter der *Düsseldorfer Monatshefte* (zeitkritisch-humoristische Zeichnungen).
Lit.: G. Hermann: *Die deutsche Karikatur im 19. Jahrhundert*, S. 51; G. Piltz: *Geschichte der europäischen Karikatur* (1976), S. 162

**Clasen**, Lorenz
* 14.12.1812
† 30.05.1899 Leipzig

Maler, Zeichner, Kunstreferent, Redakteur
Studium: Akademie Düsseldorf bei W.v. Schadow. – Zeichner und Redakteur der *Düsseldorfer Monatshefte* und *Paynet's Familienjournal*. Als Maler schuf er historisierende und allegorische Gemälde „Die Segnungen des Friedens und des Gewerbefleißes" (Rathaus Elberfeld). Nach 1848 lebte L.C. in Berlin.
Publ.: *Düsseldorfer Monatshefte* (1847-49)

**Claudius**, Matthias (Ps. „Asmus")
* 15.08.1740 Reinfeld (Holstein)
† 21.01.1815 Hamburg

Dichter, Journalist
Sämtliche Werke aus dem „Wandsbecker Boten" (1775-1812), insgesamt 8 Bände, sind veröffentlicht unter dem Titel „Asmus omnia sua secum portans". Beigefügt hat er

eigene Holzschnitt-Illustrationen im Stil von Kinderzeichnungen. In der Einleitung schreibt er: „Diese Schrift ist, wie Sie sehen, sehr zum Lachen ausgerichtet." Sein Stil: treuherzige Volkstümlichkeit, schlichte gefühlsinnige Lyrik in Heimat und Natur verwurzelt. Viele seiner Gedichte sind Volkslieder geworden, wie „der Mond ist aufgegangen, die güldnen Sternlein prangen".
Lit.: Böttcher/Mittenzwei: *Dichter als Maler*, S. 46

**Cobean**, Sam
* 1908 Gettysburg/Pennsylvania
† 02.06.1951 Watkins Glen/New York (Autounfall)
USA-Cartoonist
Studium: Jura, Architektur in Oklahoma (beide abgebrochen), Zeichenstudium durch Fernkursus (1937-41). – Danach Zeichner in den Walt-Disney-Studios. Während des Krieges Mitarbeiter von *The New Yorker* und anderen großen Zeitschriften. In Deutschland nach 1945 u.a. in *Epoca*. Von C. stammt der Einfall, in kleinen Blasen (thought balloons/speech balloons) über den Köpfen der Figuren deren Gedanken zeichnerisch zu enthüllen.
Publ.: *Cobeans Naked Eye* und 10 weitere Cartoon-Bände; The *Cartoons of Cobean*, Auswahlband mit Zeichnungen aus den Jahren 1944-51, hrsg. von Saul Steinberg; (Schweiz) *Abziehbildchen* (Cartoons zwischen Er und Sie)

**Coenen-Bendixen**, Marianne
* 25.08.1916 Kiel
Graphikerin und Pressezeichnerin
Studium: Graphik. – Mitarbeit an: *Elegante Welt* (in den dreißiger Jahren in Berlin) und *Der Insulaner* (nach 1945). – Themen: Graphik mit karikaturistischem Einschlag (Karigraphien).
Lit.: *Der Insulaner* (7/1948)

**Collins**, Clive Hugh Austin
* 1942 Weston-Super Marc (Großbritannien)
Cartoonist, Pressezeichner
Studium: Gebrauchsgraphik, Kingston Art College
Veröffentlichungen in Großbritannien in *The Sun, The Sun People, Daily-Mirror, Standard, Duck Soup, The London Diary, Punch, Sothbank Shell* u.a. – Themen: humoristische, satirische Cartoons, politische, sozialkritische Zeichnungen. Farbige Cartoons (Sex) für *Oui* und *Playboy* (deutsche Ausgaben).
Publ.: *On the Beach* (Co-Autor Doug Baker, 1986)
Kollektiv-Ausst. in: Glen Grant (1979), Knokke-Heist (1982), Tokio (1980-1984), Montreal (1984, 1985), London (1984, 1985)
Ausz. und Preise: 1979 Glen Grant „Cartoonist of the Year"; 1982 Knokke Heist „Chapeau d'or"; 1985 Montreal „1. Preis"-Monreal „Cartoonist of the Year 1985"; British Cartoonist Club „Cartoonist of the Year" 1984, 1985.
Lit.: H.P. Muster: *Who's who in Satire and Humour* (Bd. 2/1990), S. 36-37

**Comensoli**, Mario
* 1922 Viganello/Tessin
Schweizer Maler, Graphiker, Plastiker/Zürich
Illustrationen, Wandgemälde.
Kollektiv-Ausstellungen: „Karikaturen – Karikaturen?" (1972), „UZ – Jesus People" (1972)
Lit.: Ausst.-Kat.: *Karikaturen – Karikaturen?*, Kunsthaus Zürich (1972)

**Conić**, Branko
* 1941 Nis/Jugoslawien
Cartoonist, Schriftsteller
Freiberuflich seit 1960, Veröffentlichungen in Jugoslawien in *Borba, Dánas, Delo, Dnevnik, Eho, Jez, Linea, Nin, Osten, Oslobodenje, Pavlika, Politika, Start, Vecernje Novosti, Vjesnik;* in Frankreich in *Hara Kiri, Ici Paris;* in den USA in *New York Times;* in der Schweiz in *Nebelspalter;* in Deutschland in *Pardon, Panorama.* Themen: humoristisch, zeitkritisch, politisch.
Ausst.-Kollektiv in Jugoslawien: (1968) Maribor; Novi Sad (1969); Belgrad (1970, 1972, 1983); Zrenjanin (1970, 1974); Sarajewo (1971); Budva (1973); Novi Pazar (1973); Priština (1978), Cacak (1981), Niš (1983); Porec (1983), Rovinj (1983); Pula (1983); Cuprija (1983); Paracin (1984), Split (1984); im Ausland: Rom, Montreal, Tolentino, Basel; Werke in Museen: British Museum, Belgrad, Rovinj, Porec
Ausz.: (Als Zeichner und Schriftsteller) 1. Juli 1983 – Verdienter Künstler der sozialistischen Volksrepublik Jugoslawien; Belgrad (1973); Marostica (1974); Berlin/West (1977); Belgrad (1978, 1979, 1980, 1983, 1984)
Publ.: *Bez Reci* (1970); *Recnik Radnik* (1972); *Quo Vadis Homine* (1983)
Lit.: H.P. Muster: *Who's who in Satire and Humour* (Bd. 2/1990), S. 38-39

**Conny** (Ps.)
* 18.11.1896 Berlin
Bürgerl. Name: Conrad Neubauer
Pressezeichner, Bildredakteur, Karikaturist/Berlin-West
Mitarbeiter beim *8-Uhr Abendblatt*. 1933 Fahndungsbefehl durch die Gestapo. Nach 1945 Bildredakteur beim Magazin *Jedermann*. – Themen: Illustrationen, Karikaturen zu den Tagesereignissen.
Lit.: K. Glombig: *Bohème am Rande skizziert*, S. 44; J. Schebera: *Damals im Romanischen Café* (1988), S. 40

**Corinth**, Lovis
* 21.07.1858 Tapiau/Ostpreußen
† 17.07.1925 Zandvoort/Holland
(Name: Franz Heinrich Louis Corinth, seit 1900 in Lovis umbenannt)
Führender Maler des deutschen Impressionismus, Graphiker, Professor, Schriftsteller
Studium: Akademie Königsberg (1876-1880), Akademie München, bei Löfftz und Defregger; Académie Julian, Paris. – Von 1887-91 in Königsberg. Von 1891-1902 in München, Mitarbeiter beim *Simplicissimus*, und für die *Jugend* gestaltet er Titelblätter. Ab 1902 in Berlin, eröffnete C. eine eigene Malschule, seine Malschülerin, die 21jährige Charlotte Behrend, wird 1903 seine Frau und einziges, ewiges Modell. Seine Sammlung von Zeitungskritiken versah er mit treffenden satirischen Karikaturen, die zeigten, was er von den Kritikern hielt.
Publ. (Auswahl): Selbstbiographie (1926)
Lit.: K. Schwarz: *Das graphische Werk L.C.s* (1917); Ch. Behrend-Corinth: *Mein Leben mit L.C.* (1948); M. Müller: *Die späte Graphik von L.C.* (1962); I. Wirth: *Berliner Maler*, Kapitel Corinth, S. 231-240 (1964 u. 1968)

**Cork** (Ps.)
* 1931 Franeker/Friesland
Bürgerl. Name: Cor Hoekstra (Cor = Cornelis)
Niederländischer Karikaturist/Heerenveen
Studium: Lehrerstudium (1955-62). – Ab 1. Januar 1962 freiberuflicher Cartoonist, spezialisiert auf Cartoons ohne Worte (Situationskomik), keine Politik, daher weltweite Publikationsmöglichkeiten. Die Zeichnung selbst ist die Pointe. Seine Cartoons sind allgemein verständlich und vielseitig verwendbar, zeigen Widersprüchliches auf, sind zeitkritisch, hintersinnig, tiefsinnig. Presseveröffentlichungen in Europa, USA, Kanada, Israel, Japan, Australien. Veröffentlichungen in der Bundesrepublik, u.a. in: *Deutsches Allgemeines Sonntagsblatt, Süddeutsche Zeitung, Rheinische Post, journalist, Der Spiegel, Handelsblatt, Die Straße, Berliner Morgenpost, Hörzu*.
Kollektiv-Ausst.: Kunsthalle Recklinghausen (1972)
Lit.: Ausst.-Kat.: *Zeitgenossen karikieren Zeitgenossen* (1972), S. 229; H.P. Muster: *Who's Who in Satire and Humour* (2) 1990, S. 92-93

**Cornelius**, Peter
* 23.09.1783 Düsseldorf
† 06.03.1867 Berlin
gedadelt 1825
Wichtiger Vertreter der deutschen Monumentalmalerei (19. Jahrhundert). Lebte von 1811-19 in Rom (Nazarener). 1819 vom Kronprinzen von Bayern nach München (zur Ausmalung der Glyptothek) und von der preußischen Regierung als Direktor der Akademie Düsseldorf berufen (bis 1825). 1825 Direktor der Akademie München (hier entstanden 1827-30 die Deckenbilder der Alten Pinakothek und 1830-40 die Fresken in der Ludwigskirche). Ab 1841 von Friedrich Wilhelm IV. nach Berlin berufen (1843-45 Entwürfe für Fresken einer geplanten Grabkapelle für die königliche Familie. Der Bau des Camposanto wurde jedoch nicht ausgeführt). Unter den Entwürfen waren kritisch-satirische Themen wie „Sieben Engel mit den Schalen des Zorns", „Satans Sturz" und „Selig sind die, die da hungern und dürsten nach der Gerechtigkeit". Ab 1847 arbeitete P.C. an den Karton-Satiren der „Apokalyptischen Reiter", den vier visionären Gestalten: Pest, Krieg, Hunger, Tod.
Lit.: A.v. Wolzogen: *P.C.* (1867); *P.C. Festschrift zum 100. Geburtstag* (1883); A. Kuhn: *P.C. und die geistigen Strömungen seiner Zeit* (1921)

**Cornelius**, Siegfried Peter → **Cosper** (Ps.)

**Cosper** (Ps.), daneben auch **Psi** (Ps.), **Moco** (Ps.), **Pallux** (Ps.)
* 1911 Kopenhagen/Dänemark
Jazzmusiker, Karikaturist
C. begann als Jazzmusiker – Wechsel zum Karikaturisten, humoristische Zeichnungen, zusammen mit Jørgen Mogensen, arbeitete er an dem erfolgreichen Comic-strip *Alfredo*; Vertrieb von Presse-Illustrationen durch P.I.B. Copenhagen. Laufende Veröffentlichungen in Zeitungen und Zeitschriften in Deutschland. C. lebte von 1955-58 in Nizza und 1954-1963 in Italien, 1963-71 in Rom.
Lit.: H.P. Muster: *Who's who in Satire and Humour*, Bd. 3 (1991), S. 50-51

**Cozacu**, Ioan
* 1953
Pressezeichner, Karikaturist/Erfurt
Mitarbeit am *Eulenspiegel*.
Kollektiv-Ausstellungen: „Satiricum '84", „Satiricum '86", „Satiricum '88", „Satiricum '90", Greiz
Lit.: Ausst.-Kat.: *Satiricum '84, Satiricum '86, Satiricum '88, Satiricum '90*

**Crane**, Walter
* 15.08.1845 Liverpool
† 15.03.1915 Horsham
Englischer Karikaturist, Illustrator
Schüler seines Vaters (des Miniaturisten Thomas C., in Rom, dem Kreis der Präraffaeliten zugehörend). W.C. war Mitarbeiter beim *Punch*, für *The Justice* (soziale Karikaturen), außerdem Illustrator von Kinderbüchern, Bilderbüchern (mit kunsterziehender und sozialpolitischer Tendenz). In Deutschland Tätigkeit für die weltoffene *Jugend*.
Lit.: E. Fuchs: *Die Karikatur der europäischen Völker*, Bd.

II, S. 275, 428, BB. 318, 507; G. Piltz: *Geschichte der europäischen Karikatur* (1976), S. 198; L. Hollweck: *Karikaturen* (1973), S. 138; *Der große Brockhaus* (1929), Bd. 4, S. 268; v. Berlepsch: *W.C.* (1897)

**Cretius**, Franz
* 06.01.1814 Brieg
† 26.07.1901 Berlin

Historien- und Genremaler
Studium: Akademie Berlin, bei Wilhelm Wach (1835), Mitglied der Akademie (1860). – C. zeichnete humoristische Szenen aus dem Berliner Volksleben, während seiner Studienzeit in den dreißiger Jahren, später war er nur noch als Maler tätig.
Lit.: G. Piltz: *Geschichte der europäischen Karikatur* (1976), S. 156; *Bärenspiegel*, S. 199-200

**Croissant**, Eugen
* 1898 Landau/Pfalz
† 02.02.1976 Breitbrunn/Chiemsee

Maler, Zeichner, Karikaturist
Studium: Akademie München, bei Karl Caspar (1922). Mitarbeit bei *Querschnitt, Fliegende Blätter, Simplicissimus, Meggendorfer Blätter* u.a. E.C. (aus einer Hugenottenfamilie) zeichnete humoristische Karikaturen von allgemeinen Themen, aber auch zeitkritische und politische Themen. Er war 25 Jahre in München tätig. Seit 1930 Mitglied der „Neuen Sezession" und Mitbegründer der „Neuen Gruppe". Als Maler schuf er später Aquarelle, meist Landschaften am Chiemsee.
Ausst.: 1941 Ausstellung „Die Pressezeichnung im Kriege" (Haus der Kunst, Berlin, 1941: Nr. 157 „Londoner Kellernacht-Löwengericht")
Ausz.: 1975 Preis für Malerei von der Bayr. Akademie der schönen Künste
Lit.: *Heiterkeit braucht keine Worte*; Ausst.-Kat.: *Zeichner der Meggendorfer Blätter – Fliegende Blätter 1889-1944* (Galeri Karl & Faber, München 1988); Presse: *Süddeutsche Zeitung* (v. 4.2.1976, Nachruf); *Abendzeitung* (v. 4.2.1976, Nachruf)

**Crumb**, Robert
* 1943 Kalifornien/USA

USA-Underground-Comic-Zeichner
Sein bekanntester Strip *Fritz the Cat*, ein durchtriebener, streunender Stadtkater mit den Idealen der sechziger Bewegung „Peace and Love". Weitere Underground-Comic-strips, u.a.: *Zap Comix* (1967-1975) 9 Folgen, *Mr. Natural*, *Heulsusen-Blues* (1976). Zeichentrickfilme (nicht jugendfrei) *Fritz the Cat* (1972), *Starker Verkehr* (1974). Presse-Veröffentlichungen in der Bundesrepublik in: *Pardon, Der Spiegel*.
Publ.: *Fritz the Cat* (1969); *Head Comix* (1970); *Die 17 Gesichter des R.C.*; *Sketchbook* I + II (1974-78); *Voll auf die Nüsse*; *Die Comics von R.C.*; *Privates Skizzenbuch*; *Yum Yum*; *R.C. Checklist*

**Culliford**, Pierre → **Peyo** (Ps.)

**Cummings**, Michael
* 1919

Englischer Karikaturist
Studium: Chelsea School of Art. – Pressezeichner bei *Tribune*. Der Herausgeber Michael Foot brachte M.C. dazu, politische Karikaturen zu zeichnen (englische und Weltpolitik). Zwischen 1949-58 zeichnete er für den *Daily Express* und *Sunday Express*, danach für den *Punch* – als Malcolme Muggeridge Herausgeber war. M.C.s Karikaturen werden in der ganzen Welt nachgedruckt, auch in Deutschland, u.a. in *Der Spiegel, Die Welt, Welt am Sonntag, Neue Illustrierte*. Für die Isenbeck-Brauerei zeichnete M.C. eine 12er Serie bundesdeutscher Politiker als Porträt-Karikaturen (für Bierdeckel) (1967).
Lit.: W. Feaver: *Masters of Caricature* (1981), S. 210

**Cuypers**, Jary
* 1950 Finnland

Comic-Zeichner/Krefeld
Veröffentlichungen: alljährlich Illustrationen für *Umwelt-Kalender*. – Themen: Illustrationen, Comics.
Publ.: *Comic-Zeichenbuch*
Lit.: Ausst.-Kat.: *3. Internationaler Comic-Salon*, Erlangen (1988), S. 10

**Czabran**, Fedor
* 04.04.1867 Dresden

Maler, Zeichner, tätig in Dresden
Studium: Akademie Dresden. – Mitarbeiter der *Lustigen Blätter*. F.C. zeichnete humoristisch-satirisch (ähnlich wie Reznicek) Darstellungen aus dem modernen Gesellschaftsleben und Militär-Sujets.
Lit.: G. Hermann: *Die deutsche Karikatur im 19. Jahrhundert*, S. 128, Abb. 176; Verband deutscher Illustratoren: *Schwarz-Weiß*, S. 60

**Czucha**, Kay
* 1957 Kiel

Cartoonist
Zahntechniker-Ausbildung, Studium: Zahnmedizin. Veröffentlichungen in *Pardon, Playboy, Hamburger Rundschau, Comix für Dowe, Kieler Rundschau, Elefanten-Press* u.a. – Themen: Allgemeine humoristische Cartoons in extremer Komik.
Publ.: *Fliegende Piranhas* (1987); *Herrgott noch mal* (1987)
Lit.: *70mal die volle Wahrheit* (1987); *Nobody is perfect*, S. 32, 55, 142; *Comix für Dowe* (1988)

# D

**Dallosch**, Laszlo
* \* 1896
* † 1937

Ungarischer Karikaturist/Pressezeichner, Signum: „Griffel"
Studium: Kunstschule Budapest. – Teilnahme an den Kämpfen der Ungarischen Räterepublik. Emigration nach Deutschland. Von 1920-27 in Berlin. Mitarbeiter der sozialistisch-kommunistischen Zeitschriften *Die Pleite*, *Der Knüppel*, *Rote Fahne* sowie sozialistischer Zeitungen. Ab 1927 in der UdSSR. Zeichnete von dort aus weiter für die Berliner Zeitschriften. Mitte der dreißiger Jahre Rückkehr nach Ungarn. Bekanntes Motiv: Zwei zupackende Hände, zwischen denen die Reaktion zerquetscht wird (*Der Knüppel*, Juni 1925). – Themen: Politisch-kommunistische Karikaturen, politische Agitation.
Lit.: G. Piltz: *Geschichte der europäischen Karikatur* (1976), S. 258; *Bärenspiegel* (1984), S. 201

**Damberger**, Josef
* \* 27.12.1867 München
* † 1951 München

Maler, Zeichner
Studium: Akademie München, bei W.v. Dietz, F.v. Defregger. – Mitarbeiter bei *Süddeutscher Postillon*, *Jugend* und *Der wahre Jacob*. Mitglied der „Münchener Sezession". Themen: Sozial-demokratisch-politische Karikaturen zur Zeit sowie Zierleisten für den *Süddeutschen Postillon*, in der Malerei: Landschaften- und Bauernmaler.
Lit.: E. Fuchs: *Die Karikatur der europäischen Völker*, Bd. II, S. 482; L. Hollweck: *Karikaturen* (1973), S. 79, 134

**Damm**, Otto
* \* 1926

Karikaturist/Erfurt
Kollektiv-Ausstellungen: „Satiricum '80" (1. Biennale der Karikatur der DDR, Greiz, 1980: „Büttners", „Sicherheitsgurte", „Zirkus"), „Satiricum '78", „Satiricum '82", „Satiricum '84" (1. Preis), „Satiricum '86", „Satiricum '88" (2. Preis)
Lit.: Ausst.-Kat.: *Satiricum '78*, *Satiricum '80*, *Satiricum '82*, *Satiricum '84*, *Satiricum '86*, *Satiricum '88*

**Daneke**, Berthold
* \* 1902 Hannover

Karikaturist, Pressezeichner, zuletzt wohnhaft in Königstein/Taunus
Mitarbeit für die deutsche Presse ab 1928 u.a. bei *Feuerreiter*, *Lustige Blätter*, *Frankfurter Illustrierte*, *Deutsche Illustrierte* u.a. Nach 1945 arbeitete B.D. für *Telegraf-Illustrierte*, *stern*, *Welt am Sonntag*, *Constanze*, *Hörzu*, *Illustrierte Woche*, *Neue Revue*, *Wochenend*. Von ihm stammen die humoristischen Bilderfolgen: *Gaby, ein Mädchen von heute* (*Frankfurter Illustrierte*), *Kunibert, der edle Ritter* (*Wochenend*), *Jan und Hein*, *Neanderl* und *Onkel Albert und sein erstes Auto*. – Themen: B.D. zeichnete vor allem Bildhumor, aber auch aktuelle Themen und politisch-satirische Karikaturen.
Ausst.: „Die Pressezeichnung im Kriege" (Haus der Kunst, Berlin, 1941: Nr. 158: „Ali Baba und die 40 Räuber")

**Dannhauser**, Josef
* \* 19.08.1805 Wien
* † 04.05.1845 Wien

Österreichischer Historien-, später Genremaler, Zeichner
Studium: Akademie Wien bei Peter Krafft. – Schuf als Maler z.B. die Bilder „Der Professor" (1836) und „Testamentseröffnung" (1839), als Zeichner: Sittenschilderungen aus der Wiener Biedermeierzeit. J.D.s Karikaturen wurden 1932 in der internationalen Karikaturen-Ausstellung (histor. Abt.) im Künstlerhaus Wien ausgestellt.
Lit.: Rößler: *J.D.* (1911); *Spemanns Künstlerlexikon*

(1905), S. 193; G. Böhmer: *Die Welt des Biedermeier* (1968), S. 269

**Danilowatz**, Josef
* 1877 Wien
† 1945 Wien

Österreichischer Maler, Pressezeichner
Mitarbeiter der österreichischen Humorzeitschrift *Muskete* (1908-38). J.D. bevorzugte technische und folkloristische Motive, humoristisch gesehen.
Lit.: H.O. Neubauer: *Im Rückspiegel/Die Automobilgeschichte der Karikaturen 1886-1986* (1985), S. 69, 238

**David**, Werner
* 1951

Zeichner/Leipzig
Kollektiv-Ausstellungen: „Satiricum '80" (1. Biennale der Karikatur in der DDR, Greiz, 1980: „Heimweg"), „Satiricum '86", „Satiricum '88", „Satiricum '90"
Lit.: Ausst.-Kat.: *Satiricum '80*, S. 23; *Satiricum '86, Satiricum '88, Satiricum '90*

**Davis**, Jim
* 1945 Marion/Indiana (USA)

Zeichner der Comic-Figuren „Garfield" und „Orson und seine Freunde"
Angefangen hat J.D. in einer Werbeagentur, war Assistent bei Tom Ryan (Wildwest-Comic *Tumbleed*), danach erster Comic-Versuch *Gnom the Gnat*, der aber keinen Abnehmer fand. 1978 entstand *Garfield* („der frechste Kater der Welt, viertatziger Fettwanst, faul filosofisch und stolz darauf"), seine Abenteuer wurden in 1500 USA-Zeitungen nachgedruckt und mit 1500 Produkten vermarktet (25 Millionen Dollar Umsatz). Ab 1983 TV-Show *Here Comes Garfield*, bisher 20 Bücher. USA-Auflage ca. 9 Millionen (einschl. Kalender). Veröffentlichungen in der Bundesrepublik u.a. in *Neue Revue*, *Bunte* sowie im Fernsehen: ARD (1986), Berlin III.
Publ. (Bundesrepublik): *Die Garfield Revue* (1, 2); *Garfield langt zu*; *Garfield schläft sich durch*; *Garfield tritt ins Rampenlicht*
Lit.: Presse-Bespr.: *Cosmopolitan* (4/1984); *Freundin* (6/1984); *stern* (12/1984); *Bunte* (14/1986); *Buchjournal* (2/1986); *Neue Revue* (4/1987)

**Degenhardt**, Gertrude
* 1940 New York (aufgewachsen in Berlin-West)

Graphikerin, Illustratorin, Malerin/Mainz-Gonsenheim
Studium: Werkkunstschule Mainz (1956-60) – G.D. schuf die Illustrationen zu: *Das sind unsere Lieder* (Hein & Oss Kröher), *Der Sommer – Der Stromer* (von O'Flaherty), *Der Gott der Kleinen Webfehler* (Mascha Kaleko), *Kommt an den Tisch unter Pflaumenbäumen* (Parodien und Protestsongs ihres Schwagers Franz Josef Degenhardt). – Themen: Thematisch hat G.D. angefangen mit politischer Graphik-Satire gegen das „Spießertum" zu Zeiten der APO, dann folgte der Rückzug ins Pittoreske, Folkloristische, in die Idylle, es entstanden satirische Karikaturen, Illustrationen, Plattencover zu Liedern und Protestsongs.
Einzel-Ausstellungen: in Galerien (im In- und Ausland) u.a.: 1968 Grafik-Biennale Kraków/Polen, 1976 Grafik-Biennale Frederikstad/Norwegen
Publ.: (Graphik-Folgen in eigener Edition) *Nostalgie*; *Kunst und Fußball*; *Idylle mit Widerhaken* (Radierungen und Zeichnungen aus Irland); *METALL-Aktion: Hilfe für Nicaragua* (1980); *Von der Arbeit nach der Arbeit*; *In Prise of Pints oder Maria zu Ehren* (40 Illustrationen mit dem Gänsekiel, während eines Irlandaufenthaltes); *Farewell to Connaught*; Postkarten-Set; *Liederbuch*

**Degkwitz**, Hermann
* 1921 München

Graphiker, satirischer Zeichner/Hohenfelde
Dozent an der Hochschule für gestaltende Kunst und Musik in Bremen. Politische Visualisierungen für die Presse. Veröffentlichungen u.a.: *Der Lotse geht von Bord* (*Der Spiegel* v. 20.09.1982)
Lit.: Ausst.-Kat.: *Der Lotse geht von Bord*/Wilhelm-Busch-Gesellschaft, Hannover (1990), S. 100, Abb. 33

**Deix**, Manfred
* 1949 Böheimkirchen/St. Pölten – Niederösterreich

Österreichischer Karikaturist
Studium: Gebrauchsgraphikerschule, Wien – Veröffentlichungen in *Profil*, *stern*, *Extrablatt*, *Titanic*, *Pardon*, *Wiener*, *Tempo*, *Autorevue*, *Playboy*, *Diners Club Magazin*. Unter dem Titel *Nachbar Österreich* hat D. alle Klischees über Österreich in der Person des Oberst Kaiser Franz Joseph verdichtet, von der Sachertorte bis zu Skiern, Walzerseligkeit, Seppelhosen und Kreiskybild. Das Fernsehen (ZDF) brachte am 20.6.1988 mit dem Titel „Küß die Hand Österreich", mit einer szenischen Collage mit und über M.D. eine Sendung von Peter Hajek anläßlich der Berliner Filmfestspiele 1988. – Themen: Politische, satirische, aktuelle, zeitkritische Karikaturen/Vulgärcartoons.
Publ.: *M.D. Cartoons*; *Cartoons de Luxe*; *D. Satiren aus Wien*; *Deix*; *D. Mein Tagebuch* (1983-86, 1988 neuer Titel: *D. Peepshow*); *Augenschmaus – Das neue Tagebuch* (1989); *Mein böser Blick* (1990)
Lit.: *Deix Augenschmaus – Das neue Tagebuch – Biographie*, S. 239

**Deja**, Andreas
* 1957 Dinslaken/Niederrhein

Trickfilmzeichner – Animateur
Studium: Folkwangschule Essen (Abendkurse: Graphik) – Chefzeichner bei der Walt Disney-Produktion (Zeichentrickfilm *Tarzan und der Zauberlehrling* – Uraufführung in Deutschland: Hamburg und Berlin am 4. und 5. Dez. 1985. A.D. ist einer der vier Chefzeichner des kombinierten Zeichentrick-Spielfilms *Falsches Spiel mit Roger Rabbit* (79 Zeichner haben zwei Jahre lang daran gezeichnet).
Ausst.: Kaufhaus Wertheim, Berlin-Kurfürstendamm (Dez. 1985)
Lit.: Presse-Bespr.: *Neue Revue* (51/1985); *B.Z.* (6.12.1985); *Bunte* (44/1988)

**Dekempener**, Hugo → **hug OKÉ** (Ps.)

**Delessert**, Philipp → **Philippe** (Ps.)

**Demirgenci**, Ilhan
\*     1957
Türkischer Karikaturist aus Istanbul
Arbeitet als Kfz-Mechaniker in Braunschweig. Veröffentlichungen in *Gir-Gir* (türkisches Satireblatt) und *Neue Braunschweiger*. – Themen: Mit zynisch-satirischem Humor gibt J.D. Denkanstöße zu Industrie, Umwelt, Freiheit, Hunger, Überfluß und Tod.
Einzel-Ausst.: Jugendzentrum Selam/Braunschweig (April 1989)
Lit.: Presse-Bespr.: *Neue Braunschweiger am Sonntag* (v. 23.4.1989)

**Depond**, Moise → **Mose** (Ps.)

**Derambakhsh**, Kambis → **Kambis** (Ps.)

**Desclozeaux**, Jean Pierre
\* 05.06.1928 Sernhac, bei Pont du Gard (Südfrankreich)
Karikaturist, Pressezeichner/Illustrator
Studium: Schüler von Paul Colin (1957-60, Plakat) – Ab 1965 Pressemitarbeit am *Planète*, seit 1968 am *Nouvel Observateur*, seit 1976 Zeichner für Presse und Verlage, Zeichentrickfilme, seit 1977 Direktor von „L'Oeil à la plume", Präsident der Freunde von Ronald Searle. 1967 Gründung der S.P.H. („Société Protectrice de l'Humour" – Gesellschaft zum Schutz des Humors). Sein Strich: infantile Linie, intellektuell, hintergründig, sexy.
Ausz.: Skopje, 1. Preis (1970), IX. Salon Montreal, Großer Preis (1972), Großer Preis des schwarzen Humors (1976), Grandville-Preis
Publ.: (in der Bundesrepublik:) *Federspitzen* (1977); zusammen mit Louis Nucera: *Katz & Co*; (in Frankreich:) *Dessins d'humour et contestation depuis* (1950); *Humour en pochette* (1969); *La petite gazette de la S.P.H.* (seit 1972); *Nenesse et la marmelade d'orange* (1973); *Au secours!* (mit Picha, Rosado, Siné, Calman-Lévy 1973); *130 dessins d'observation faits au Nouvel Observateur* (1974); *L'oiseau-moquer* (1977); *Le dessin d'humour où le crayon entre les dents* (1974); *C'est le Bouquet* (1976); *Ta gueule!* (1976); *L'Oeil à la plume* (1977)
Lit.: *Who's Who In Graphic Art* (I und II), S. 328, 873 (1968, 1982); Ausst.-Kataloge: *Dessins d'humour à Avignon* (S.P.H. 1970, 1971, 1972, 1973, 1976); *Le dessins d'humour du XV$^e$ siècle à nos jours* (1971); *Zeitgenossen karikieren Zeitgenossen*, Kunsthalle Recklinghausen (1972); *Humor und Karikatur*, Galerie Gurlitt (1972, 1974); *7 dessinateurs d'humour*, Centre d'art de Flaine (1974); *Musique Humours Dessin*, 22. Discothèque de Frande (1974); *Drôle de solitude*, Centre George Pompidou (1976); *Festival der Cartoonisten* (1976); *Bizarr – Grotesk – Monströs*, Kestner Gesellschaft Hannover (1978); *Un incertain sourire*, Musée des arts Lausanne (1980); Galerie Gérard Guerre, Avignon (1975); Galerie Marquet, Paris (1976); Wilh.-Busch-Museum, Hannover (1978); Chez Myette le Corre, L'ille-aux Marines (1980)

**Deventer**, Friedel
\*     1947 Meschede
Graphiker, Foto-Monteur/Meschede
Studium: Hochschule für bildende Künste, Kassel; Staatsexamen 1972. – 1966 erste politische Graphiken, 1969 Mitbegründer des Kollektivs „Demokratische Grafik Hamburg" (DGH), 1972 erste Fotomontagen, politische Plakate. – Themen: Politische, gesellschafts- und zeitkritische Foto-Montagen.
Ausst.: Kollektiv-Ausstellungen seit 1977, „Das politische Plakat" (Essen 1973), „Antiimperialistische Solidarität", Hanoi (1974), „Aspekte der engagierten Kunst", Kunstvereinigung, Hamburg (1974), „Berufsverbot", Atelier im Bauernhaus, Fischerhude (1976). Die Plakate „Der Knüller" (eine „Metamorphose Hitler-Strauß" in 9 Bildern) und „CDU/CSU-Aufgußbeutel schwarz-braune Mischung" wurden auf Intervention der CDU im Okt. 1976 aus der Städtischen Galerie des Emschertal-Museums/Herne entfernt.
Ausz.: 1968 Zweiter Preis der „Heinrich-Zille-Stiftung für Kritische Grafik", Hannover (für das Blatt „Leonardo"), 1976 Kunstpreis (Deventer/Weisser) „Kunst im öffentlichen Raum, Modellprojekte", Bremen, 1976 Diplom: „Dyplom uczestnictwa otrzymuje" (6. Internationale Graphik-Biennale Warschau)
Lit.: *Unter die Schere mit den Geiern/Politische Fotomontage in der Bundesrepublik und Westberlin* (1977), S. 68-70

**Dexel**, Walter
\* 07.02.1890 München
† 08.06.1973 Braunschweig
Maler, Graphiker

Studium: Universität München, Kunstgeschichte bei Heinrich Wölfflin, Fritz Burger (1910-14), Mal- und Zeichenschule Prof. Hermann Gröber (1912-13). – 1916 Promotion bei Professor Botho Graef, Universität Jena. 1926-28 freier Maler und Gebrauchsgraphiker. 1928 Dozent Kunstgewerbe-Handwerkerschule, Magdeburg. 1935 Entlassung, als „entarteter Künstler" diffamiert. 1936-42 Wiedereinstellung als Professor an der Hochschule für Kunsterziehung in Berlin-Schöneberg (Theoretischer Kunst- und Formunterricht). 1942-45 Aufbau und Leitung der „Formsammlung der Stadt Braunschweig". 1965-69 Konstruktivistische Bilder. Für die Karikatur von Bedeutung sind seine „Konstruktivistischen Köpfe", Porträt-Karikaturen mit Lineal und Zirkel, aus den Jahren 1930-36, ein Mittelding zwischen Abstraktion und Gebrauchsgraphik. Sie wurden als Siebdrucke veröffentlicht.
Ausst.: Kestner-Gesellschaft, Hannover (1974), Kunstamt Wedding, Berlin-West (1983), Pfalzgalerie Kaiserslautern (1984)
Lit.: Ausst.-Kat.: *W.D. zum 10. Todestag* (1983); Presse: *BZ* (v. 29.9.1983)

**Didier**, Francis → diti (Ps.)

**Dieko (Ps.)**, Jürgen Dieko Müller
\*   1947 Sandhorst/Ostfriesland
Graphiker, Rechtsanwalt/Berlin-West
Veröffentlichungen in *Zitty, Taz, Titanic*. Mitautor verschiedener Cartoonbücher und der Cartoon-Anthologie *Alles Banane* (1990)
Lit.: *Alles Banane* (1990), S. 22, 30, 51, 52, 57, 73, 93 (1990)

**Dietl**, Erhard
\*   1953 Regensburg
Graphiker, Karikaturist, seit 1969 in München
Studium: Ausbildung als Graphiker (1971-74), Akademie der bildenden Künste München (1975-81, Diplom). – Freiberuflich tätig ab 1969. Veröffentlichungen in *stern, YPS, Rogner Magazin, ZEITmagazin, Cosmopolitan, Lui*. Illustrationen für Kinderzeitschriften, für das Fernsehen (u.a. Sesamstraße).
Ausst.: Troisdorf, München, Istanbul
Ausz.: Plakatpreis Aktion Jugendschutz (1979), Plakatpreis ACU (1980)
Publ.: *Alles was Räder hat, rollt* (1976); *Erhard Dietl's illustrierter Sittenkatalog* (1980); zwei Kinderbücher, u.a. *Dr. Kichers Wunderkoffer* (1981); *Mama, Papa, hört die Signale* (1984); *Rocko – der Propellervogel* (1984); *Postkartengrüsse* (1985); *Manchmal wär ich gern ein Tiger* (1985)
Lit.: H.P. Muster: *Who's Who in Satire and Humour* (2) 1990, S. 50-51

**Dietzsch**, Eberhard
\*   1938 Reichenbach
Zeichner/Gera
Kollektiv-Ausstellungen: „Satiricum '78", „Satiricum '80" (1. Biennale der Karikatur der DDR, Greiz, 1980: „Du und ich und was dazwischen" (2. Preis), „Schlüsselblume", „Ohne Worte", „Ablage"), „Satiricum '82", „Satiricum '84" (Preis der VBK – DDR), „Satiricum '86" (3. Preis), „Max braucht Waffen! (1987), Einhundertste Bilderschau in der DDR, Maxhütte" in Unterwellenborn, „Satiricum '88", „Satiricum '90" (Sonderpreis)
Lit.: Ausst.-Kat.: *Satiricum '80*, S. 6; *Satiricum '78, Satiricum '82, Satiricum '84, Satiricum '86, Satiricum '88, Satiricum '90*; *tendenzen* (165/1989), S. 76

**Diez**, Julius
\*   08.09.1870 Nürnberg
† 13.03.1957 München
Maler, Zeichner, Karikaturist, seit 1988 in München (Neffe des Malers Wilhelm von Diez)
Studium: Kunstgewerbeschule München, Akademie München, bei Hackl und Seitz. – Ständiger Mitarbeiter der *Jugend* von Anfang an (1896; in den ersten 10 Jahrgängen 414 Karikaturen und 10 Titelblätter. J.D. „behandelte seine Stoffe im Stil der Holzschnittmeister des 16. Jahrhunderts, wobei er viel Humor und eine originelle Art der Satire entfaltet. Seine Zeichnungen zeigen einen „glücklichen und grotesken Humor" (Fritz v. Ostini 1901). Er zeichnete alles von der Vignette bis zur politischen Satire, Buchillustrationen für die Reihe *Der Deutsche Spielmann*. Als Maler schuf er dekorative Fresken für das Kurhaus in Wiesbaden, für die Universität und das Deutsche Museum in München und für die Rathäuser in Hannover und Leipzig. Mittätig war er bei der Ausschmückung des Nationaltheaters München sowie bei den Bühnen-Ausstattungen im Künstlertheater München.
Lit.: L. Hollweck: *Karikaturen* (1973), S. 131, 135, 138, 139, 150, 197; E. Roth: *100 Jahre Humor in der deutschen Kunst* (1957)

**Diez**, Wilhelm
\*   17.01.1839 Bayreuth
† 25.02.1907 München
(geadelt 1894)
Historienmaler, Zeichner, Illustrator
Studium: Akademie München (1853-54), bei Piloty (1855-56). – Seit 1872 Professor an der Akademie München (Nachfolger von Schwind). W.D. begann mit Illustrationen zu Schillers „Geschichte des Dreißigjährigen Krieges" und malte bevorzugt Landsknechte, Marketenderinnen und Szenen aus dem Soldatenleben. Er war jahrelang Illustrator der *Fliegenden Blätter* und hat Sze-

nen aus dem bayerischen Volksleben geschaffen. Er hatte viele *Jugend-* und *Simplicissimus-*Zeichner als Schüler, wie F.v. Reznicek, Wilhelm Schulz, Angelo Jank, Adolf Münster, Reinhold Max Eichler, Walter Georgi, Max Feldbauer, Walter Püttner, Leo Putz.
Lit.: E. Roth: *100 Jahre Humor in der deutschen Kunst* (1957); G. Hermann: *Die deutsche Karikatur im 19. Jahrhundert* (1901), S. 72; L. Hollweck: *Karikaturen* (1973), S. 106, 107, 111, 113, 116, 139, 150, 187; G. Piltz: *Geschichte der europäischen Karikatur* (1976), S. 207

**Dirks**, Rudolph
\*     1877 Deutschland
†     1968 New York
Comic-Zeichner
R.D. und Rudolf Block (als Texter), zwei junge deutsche Auswanderer, verfaßten den Comic-strip *The Katzenjammer Kids*, der ab 12. Dezember 1897 in Hearsts *New York Journal* (Seite 8), veröffentlicht wurde (Hearst hatte Wilhelm Buschs *Max und Moritz* gesehen und wünschte sich ähnliches). Der Comic-Strip handelt von zwei Lausbuben, Hans und Fritz, und ihren Streichen aus dem Einwanderer-Milieu, die an Buschs *Max und Moritz* erinnern. Diese Bildergeschichte wird als erster Comic angesehen. Sie war sehr erfolgreich und wurde 1980 auch in Europa nachgedruckt. 1912 wechselte R.D. die Zeitung. Es kam zum Prozeß. R.D. verlor das Recht am Titel. Seine Figuren blieben jedoch sein Eigentum. Deshalb zeichnete er die Katzenjammer-Kids unter dem neuen Titel *The captain and the Kids* weiter. Nach R.D.s Weggang vom *New York Journal* zeichnete H.H. Knerr *The Katzenjammer-Kids*, später dann Joe Musial. In den frühen fünfziger Jahren wurden die *Katzenjammer-Kids* in Deutschland nachgedruckt, u.a. von *Der Hausfreund* (Vertrieb Bulls Pressedienst).
Lit.: R.C. Reithberger/W.J. Fuchs: *Comics – Anatomie eines Massenmediums* (1971)

**Dischkoff**, Nikola
\*     1938 Sofia/Bulgarien
Graphiker
Von 1957-58 in Jugoslawien, seit 1959 Emigrant in der Bundesrepublik. N.D. arbeitet als Stadt- und Regionalplaner in Frankfurt/M. Veröffentlichungen in *Pardon* u.a.
Publ.: *High-Tech* (1985)
Lit.: *Wenn Männer ihre Tage haben* (1987)

**Disney**, Walt (eigentl. Walter Elias Disney)
\*   05.12.1901 Chicago
†  15.12.1966 Burbank (Kalifornien)
Weltbekannter amerikan. Trickfilmzeichner, Pionier des Zeichentrickfilms, Filmproduzent
Studium: Abendkurse an der Academy of Fine Arts, Chicago, und beim Karikaturisten Leroy Gosset vom *Chicago Record*. – 1920 Zeichner in einer Reklame-Agentur in Kansas City, 1922 erste Zeichentrickfilme. 1923 gründet W.D. zusammen mit seinem Bruder Roy das Disney-Studio in Hollywood. 1926 hatte W.D. die Idee von einer lustigen Maus, die sein Mitarbeiter Ub Iwerks zeichnete, W.D.s Ehefrau gab ihr den Namen „Mickey". – 1928 wurde der Streifen *Steamboat Willie* (Mickey als Hilfsmatrose) zum großen Durchbruch für W.D. (der erste synchronisierte D.-Tonfilm), am 18. Nov. 1928 war die Weltpremiere von *Mickey Mouse – Super Star.* 1930 schied Iwerks aus dem Disney-Studio aus, er erhielt seinen Anteil – ein Fünftel – am Disney-Studio: 2920 Dollar. Danach wurde Mickey Maus von Win Smith gezeichnet (10. Febr. – 3. Mai 1930), ab 5. Mai 1930 von Floyd Gottfredson bis zu seiner Pensionierung (Okt. 1975), W.D. schrieb die Texte nur bis 17. Mai 1930. Am 13. Jan. 1930 erschien der erste Tagesstrip von *Mickey Mouse* in der Presse, und am 10. Jan. 1932 die erste Sonntagsseite. Floyd Gottfredson war der Zeichner der Presse-Comics. Bis 1934 entstanden nur Zeichentrick-Kurzfilme, darunter die *Silly Symphonies-*Folgen (ab 1932) mit dem ersten farbigen Streifen *Flowers and Trees*. *Silly Symphonies* erschienen als Sonntagsseiten in der Presse erstmals am 10. Jan. 1932, Zeichner Al Taliaferro. *The Band Concert* (1935) war der erste farbige Mickey-Mouse-Film.
Aus Nebenfiguren der Mickey-Mouse-Filme entwickelten sich Hauptfiguren neuer Serien, z.B. Donald Duck. Er hatte seinen ersten Auftritt in *The Wise Little Hen* der *Silly Symphonies* (1934). Als komisches bzw. Kontrastpaar agierten Mickey und Donald gemeinsam: Mickey gutartig, Donald boshaft (bis 1937). Die Zeichner Jack Hannah und Carl Barks wurden die Donald-Spezialisten. Zusammen mit dem Zeichner Tomy Strobl und Jack Bradbury machten sie Donald vom Co-Star zum Superstar (1947 *Fun an Faney Free* abendfüllender Zeichentrickfilm mit Donald, Mickey und Goofy), in *Modern Invention* agierte Donald dann selbständig. Ab 7.2.1938 erster Donald Duck-Tagesstrip, ab 10.12.1939 erste Sonntagsseite, Zeichner bis 1969 Al Taliaferro (Texter: Bob Karp). Verbreitung der Donald-Duck-Comics in der USA-Presse: 243 täglich, 109 Sonntagsseiten, Zirkulation 28 Millionen, dazu die Weltpresse. Erstes Donald-Duck-Buch 1935. Neben den deutschen Veröffentlichungen der D.-Comics erscheinen gesondert (ab 1951) Mickey-Maus- und Donald-Duck-Abenteuercomics in Heften, in flottes Comic-Deutsch übersetzt von der Kunsthistorikerin Dr. Erika Fuchs (Lautmalereien à la „grübel").
W.D. suchte und fand die richtigen Mitarbeiter für seine Ideen und Planungen. 1932 eröffnete er unter Leitung von Don Graham ein Studio zur Schulung seiner Animatoren für sein Teamwork. Alles, was aus D.s Studios kam, galt als Original W.D. (Signierverbot für die Zeichner war obligatorisch, ebenso für die technischen Neuerun-

gen und Erfindungen). D. hatte die Produktion von Karikaturen als Comics- und Zeichenfilme perfekt industrialisiert sowie auch die Figuren für Industrie-Erzeugnisse aller Art (Deutsche Lizenznehmer: 125). Ab 1937 produzierte W.D. abendfüllende farbige Zeichentrickfilme, u.a.: 1937 *Schneewittchen und die sieben Zwerge*, 1939/40 *Pinocchio*, 1940/41 *Fantasia*, 1941 *Dumbo*, 1941/42 *Bambi*, 1949/50 *Cinderella*, 1951 *Alice im Wunderland*, 1959/68 *Dornröschen, Susi und Strolch, Merlin und Mim, Aristocats, Das Dschungelbuch, Capp und Capper, Elliot das Schmunzelmonster*, ferner Dokumentarfilme, u.a.: 1953 *Die Wüste lebt*, 1954 *Wunder der Prärie*, 1955 *80.000 Meilen unter dem Meer, Im Tal der Biber, Die Robbeninsel, Wasservögel, Geheimnisse der Steppe, Eine Welt voller Rätsel, Die Flucht der weißen Hengste*. 1940 kam Ub Iwerk zurück ins W.D.-Studio, arbeitete aber nicht mehr als Zeichner, sondern für Spezialeffekte (Trickfilm mit life-action), wie in *Mary Poppins* (1964) oder *The Three Caballeros*. Spielfilme entstanden: *Liebe im Dreivierteltakt*, Informations- und Propagandafilme (während des Zweiten Weltkriegs). Ab 1950 Sendungen für das Fernsehen: „W.D. presents". Ab 1955 erbaute W.D. den „Disneyland"-Park für Kinder und Erwachsene in Arnheim bei Los Angeles zur größten Touristenattraktion der Neuzeit (jährlich 34 Millionen Besucher). Mit seinen Zeichenfilmen hat W.D. eine neue Phantasiewelt geschaffen und zugleich neue Formen des Lehrfilms entwickelt. Seine Filme wurden mit zahlreichen „Oscars" ausgezeichnet.

Ausz.: 1932 Orden für die Erschaffung der Mickey Mouse, 1935 Medaille „Symbol internationalen guten Willens" (Liga der Nationen), 1953 „Offizierskreuz der Ehrenlegion" (des französ. Informationsministeriums"), „1956 Verdienstkreuz Erster Klasse der Bundesrepublik Deutschland, acht Doktorhüte, 39 Oscars, einen mexikanischen Orden vom Aztekischen Adler, vier Fernseh-Emmys, 900 weitere Auszeichnungen für kulturelle, pädagogische und humane Großtaten

Lit.: D. Disney-Miller: *W.D. An intimate biography by his daughter as told to Pete Martin* (1956) (dt.: Mein Vater Walt Disney); R. Thomas: *Die Kunst des Zeichenfilms* (a.d. Amerikan. 1960); R. Benayoun: *Le dessin animé après W.D.* (1961); *W.D. großes Disney-Buch* (1978); K. Strzys/A.C. Knigge: *Disney von Innen* (1988); R. Schickel: *The Disney Version* (1968)

**Disteli**, Martin
* 28.05.1802 Olten
† 18.03.1844 Solothurn

Schweizer Maler, Karikaturist
Studium: Jura, Universität Freiburg/Br. 1821-23, autodidaktisches Studium als Maler und Karikaturist ab 1824. – M.D.s Vorbilder waren Peter Cornelius und Grandville. Ab 1839 veröffentlicht er bis zu seinem Tod seinen *Disteli-Kalender* als sein künstlerisches und politisches Lebensprogramm (Auflagenhöhe bis zu 20.000 Exemplaren). – Themen: Die Themen seiner Arbeiten sind: Humor, Satire, Politik, Gesellschaftskritik

Publ.: *Disteli-Album* mit 1500 Zeichnungen und Aquarellen

Lit.: Zehnder: *M.D.* (1883); E. Fuchs: *Die Karikatur der europäischen Völker*, (1901), Bd. 1, S. 415, 416, 469; Ausst.-Kat.: *Kunst, was ist das?* (1977), S. 98; Ausst.-Kat.: *M.D. ... und fluchend steht das Volk vor seinen Bildern*, Kunstmuseum Olten (1978)

**diti** (Ps.)
* 1931 Luxemburg

Bürgerl. Name: Francis Didier
Graphiker, Karikaturist/Luxemburg
(Sohn eines Karikaturisten) Seit 1949 Veröffentlichungen in der luxemburgischen Presse. – Themen: Humoristische Cartoons ohne Worte.
Kollektiv-Ausstellungen: Knokke-Heist (Belgien), Gabrovo (Bulgarien), Thomas-Mann-Bibliothek (Luxemburg), National-Bibliothek (Luxemburg), Cerle Municipal (Luxemburg), Beringen (Belgien), ICC (München), Kulturbahnhof (Igel, 2. Preis), Basel (Schweiz)

Publ. (Auswahl): *Mausgraue Geschichten* (Josy Braun/D'Seilbecken (Pol Pütz)); *Menschenrechte* (hrsg. Amnesty International); *Spottbilder aus der Geschichte Luxemburgs*; *Cartoon-Calendrier Lannoo*/Belgien; *Du brauchst kee Strack* (Pol Pütz); *Cartoons contra Cattenom* (Jemp Hoscheid); *Aus alle Wollecken*

Lit.: Ausst.-Kat.: *2. Internationale Cartoon-Biennale*, Davos (1988), S. 7

**Dittrich**, Peter
* 31.07.1931 Teplitz-Schönau (Teplice-Schanove) ČSR

Karikaturist, Kinderbuch-Illustrator
Studium: Hochschule für bildende Künste Dresden (1948-51), Hochschule für angewandte Kunst, Berlin-Weißensee (1951-52). – Mitarbeit für die DDR-Presse, seit 1951, u.a. für *Frischer Wind*, einer der Hauptmitarbeiter beim *Eulenspiegel* (Titelblätter, ein- und zweiseitige Karikaturenseiten), Zeichentrickfilme für die DEFA, Fernsehfilme (satirische Kommentare für politische und historische Zusammenhänge). – Themen: Politische, zeit- und gesellschaftskritische, satirische Karikaturen gemäß der DDR-SED-Politik. Zeichenstil: konservativ. Die Zeichnungen von P.D. erscheinen unsigniert, aber mit Namensnennung seitens der Redaktion. Nach ihm wurde ein „Peter-Dittrich-Preis" in der DDR vergeben.
Kollektiv-Ausstellungen: „Satiricum '84", „Satiricum '86"

Ausz.: 1. Preis der satirischen Zeitschrift *Jesch*, Belgrad (1986), 1981 Vaterländischer Verdienstorden in Bronze

Publ.: *Mensch, benimm dir* (1956); *Inventur bei P.D.* (1963)
Lit.: *Windstärke 12/Eine Auswahl neuer deutscher Karikaturen* (1953), S. 44-49; *Der freche Zeichenstift* (1968), S. 125; *Resümee – ein Almanach der Karikatur* (3/1972); *Bärenspiegel* (1984); S. 200; Ausst.-Kat.: *Satiricum '84*; *Satiricum '86*

### Dix, Otto
* 02.12.1891 Gera-Untermhaus
† 25.07.1969 Hemmenhofen/Bodensee

Maler, Graphiker (Hauptrepräsentant der „Neuen Sachlichkeit")
Studium: Kunstgewerbeschule Dresden (1910-14), Akademie Dresden, bei Max Feldbauer, Otto Gußmann (1919-22), Akademie Düsseldorf (Meisterschüler von Hermann Nauen (1922-25). – Vor dem Studium Lehre bei einem Dekorationsmaler (1905-09). Das Fronterlebnis und die Apokalypse des Ersten Weltkrieges mit der physischen und psychischen Vernichtung des Individuums formen in O.D. seinen aggressiven Verismus. In Graphiken und Gemälden zeigte er die Sinnlosigkeit und Grausamkeiten des Krieges auf – und die morbide Häßlichkeit des Soldatentodes u.a. mit „Die Kriegskrüppel" (1920), „Der Krieg" (1924), „Triptychon mit Predella". Mitarbeit bei *Der Knüppel*. Nachkriegszeit und Inflation machen O.D. zum unnachsichtigen Gesellschafts- und Zeitkritiker der sozialen Mißstände der zwanziger Jahre: „Die Kupplerin" (1923), das Triptychon „Die Großstadt" (1928), „Die sieben Todsünden", „Der Neid" (1923), „Triumph des Todes" (1934), „Eine Apotheose des Häßlichen" (Fritz Löffler). Seine Bilder waren zu krass, um populär zu werden. 1927-33 Professor an der Akademie Dresden, seit 1931 Mitglied der Preußischen Akademie Berlin. 1933 entlassen, als „entartet" verfemt. 260 Bilder wurden 1934 beschlagnahmt. Ausstellungsverbot.
Ausst.: Große O.D.-Ausst., Berlin-West, zum 75. Geburtstag: Ausst. in Stuttgart, Hamburg, Berlin-West (1966), Große Retrospektive (470 Exponate), Villa Stuck, München (1985), Ausst. O.D. Stuttgart (1991)
Publ.: *Der Krieg* (1923-24, 5 Mappen Radierungen); *Weiber* (1976), Werkausgabe O.D.
Lit.: W. Wolfradt: *O.D.* (1924); R. Roeinigh: *O.D.* (1957); O. Conzelmann: *O.D.* (1959); O. Conzelmann: *Der andere Dix, sein Bild vom Menschen und vom Krieg* (1959); F. Löffler: *O.D. Leben und Werk* (1960); S. Sabarsky: *O.D.* (1987); E. Karscher: *O.D.* (1988); *Ausst.-Kat. O.D.* (1991); *Der Spiegel* Nr. 35/91

### Dolbin, Benedikt Fred (Geburtsname: Pollak)
* 01.08.1883 Wien
† 31.03.1971 New York/USA

Zeichner, Porträt-Karikaturist
Studium: Technische Hochschule Wien (Diplom-Ingenieur), Musikstudium bei Arnold Schönberg (Kontrapunkt, ein Jahr). – 10 Jahre tätig als Trassierungs-Ingenieur, Statiker. Von Egon Schiele beeinflußt, machte er sein Hobby, das Karikaturenzeichnen, zum Beruf. D. besaß die Fähigkeit, Physiognomien blitzschnell zu erfassen und aufzuzeichnen. Er begann in Wien (*Der Tag*) als Pressezeichner. Zur Jahreswende 1925/26 Übersiedlung nach Berlin, zeichnender Reporter für das *Berliner Tageblatt*. Berlin, ein Zeitungsparadies mit drei großen Zeitungskonzernen: Mosse, Ullstein, Scherl (45 Morgenblätter, 2 Mittags- und 14 Abendzeitungen plus illustrierte Beiblätter, Illustrierte, Magazine). D. wurde als vielbeschäftigter Porträt-Karikaturist populär und berühmt. Die gesamte Prominenz der zwanziger und dreißiger Jahre fand sich in seinen Skizzenbüchern wieder. Er nannte sich selbst einen „Kopfjäger aus Leidenschaft". Nebenher betätigte er sich noch als Bühnenbildner, Tierzeichner und Buchillustrator. 1933 die politische Zäsur. Zwischen dem 12. Dez. 1933 und dem 22. März 1935 bemüht sich D. um offizielle Legitimation als Zeichner und Reporter bei den NS-Verbänden, als „Nichtarier" für ihn ein aussichtsloses Unterfangen. D.s erste Zeichnung in Berlin erschien am 11. Juli 1925 in *Tage-Buch*, die letzten im *Theater-Tageblatt* am 8. Aug. 1934. In New York muß sich D. mühselig durchschlagen, andere Verhältnisse und harter Existenzkampf sind die Regel. Gelegentliche Mitarbeit bei *The Nation*. Beim *Aufbau* (Zeitung der deutschen Emigranten) 30 Jahre als Kunstreporter. Für *Free World* während des Zweiten Weltkrieges politischer Satiriker gegen die Nazis. Nach dem Krieg Mitarbeit am Wirtschafts-Magazin *Fortune* (1945-46) und *Musical America* (1948-52). D.s Berliner Erfolge wiederholten sich nicht in Amerika. 45 Ausstellungen von D., zwischen 1917-75, wurden im In- und Ausland veranstaltet. Eine der bedeutendsten war die Ausstellung in Berlin (Haus am Waldsee 1958) *Gesicht einer Epoche*. Die deutsche Bundesregierung gewährte D. eine großzügige Wiedergutmachungs-Pension mit der Einstufung in die höchste Beamtenklasse.
Publ. (Auswahl): *Die Gezeichneten des Herrn D.* (1925); *Die Gezeichneten des Herrn D. – literarische Kopfstücke* (1925); *Bayreuth 1927 in der Karikatur von B.F.D.* (1927); *Hunde* (1928); *Österreichische Profile* (1959); (zus. mit Willy Haas) *Gesicht einer Epoche* (1962)
Lit. (Auswahl): *B.F.D. Eine Ausstellung des Instituts für Zeitungsforschung* (1975); W. Schaber: *B.F.D. Der Zeichner als Reporter* (1976)

### Domin, Gerhard (Ps.)
* 1960

Bürgerl. Name: Dorow, (seit 1987) Künstlername: „Domino"
Cartoonist
1976-79 Lehre bei der Bundespost. Veröffentlichungen:

*Fun-Magazin JANK, Cäpt'n Grawalla* (1987); *Harry Hacker*. – Themen: Groteske Karikaturen, Comics
Lit.: Comix für Dowe (1988)

**Döbereiner**, Erich
\* 1920 Augsburg
Karikaturist, Pressezeichner, Fotograf
Mitarbeit bei: *Augsburger Allgemeine* u.a. Zeitungen und Zeitschriften. Vorträge bei der Kreisvolkshochschule (Dias und Tonbildschauen). E.D.s Themen waren das Alltägliche, heiter betrachtet, Werbe-Karikaturen und die Comic-Figur „Plimm".
Lit.: Presse-Bespr.: *Frühlings Bote 1985*, Augsburg

**Donath**, Rudolf
\* 1921
Graphiker, Werbegestalter, Karikaturist, Signum: „Don" Erkrath
Veröffentlichungen im *Handelsblatt*, in Betriebszeitungen und illustrierten Fachzeitschriften, in der internationalen Presse über Agenturen. Weitere Arbeiten: Illustrationen in verschiedenen Büchern. Nach 1945 war R.D. Holzfäller und Polizist. R.D. zeichnete speziell Wirtschafts-Karikaturen.
Kollektiv-Ausstellungen: „Cartoon 75", „Cartoon 80", Europa-Center Berlin/West (1975, 1980)
Lit.: *Beamticon* (1984), S. 138, 39, 33

**Donart**, Heinz Karl
\* 06.11.1922 Altkirchen
Graphiker, Karikaturist, Signum: „Don"
Mitarbeit bei *Der Insulaner*.
Lit.: *Der Insulaner* (1/1949)

**Döpke**, Hans → **Jensen**, Ole (Ps.)

**Döpler**, Carl Emil
\* 08.03.1824 Warschau
† 19.08.1905 Berlin
Maler, Kostümzeichner, urspr. Buchhändler
Studium: Akademie München, Malerei und Architektur. – Anfangs Architekturmaler, danach humoristischer Zeichner für die *Fliegenden Blätter*. Ab 1849-50 Illustrator in New York. 1860-70 Kostümzeichner am Theater in Weimar und dort an der Kunstschule Lehrer für Kostümkunde. Ab 1870 in Berlin als Maler dekorativer Wandbilder für Privathäuser und Genrebilder.
Publ.: *500 Kostümzeichnungen zu Richard Wagners „Ring der Nibelungen"* (1875); *75 Jahre Leben, Schaffen und Sterben* (1900)
Lit.: G. Piltz: *Geschichte der europäischen Karikatur* (1976), S. 204

**Dörbeck**, Franz Burchard
\* 10.02.1799 Fellin (Estland)
† 20.09.1835 Fellin
Zeichner, Kupferstecher, Lithograph
Schüler des Kupferstechers Neyer in Petersburg. Danach Kupferstecher bei der Staatsbank in Petersburg, ab 1820 in Riga, ab 1823 in Berlin, Mitarbeiter im Verlag Gebr. Gropius. Von ihm stammen Anekdoten und Witze aus dem Berliner Volksleben, u.a. *Berliner Witze und Anekdoten, Berliner Redensarten, Berlin, wie es ist und trinkt*. F.B.D. entwarf auch die Figur des „Eckenstehers Nante". F.B.D. gilt als der zeichnerische Klassiker des Berliner Volkswitzes. Sein Nachlaß umfaßt ca. 200 Zeichnungen und Lithographien.
Lit.: H. Ludwig: *Altberliner Typen von Dörbeck* (1966); G. Piltz: *Geschichte der europäischen Karikatur* (1976), S. 153, 156; *Bärenspiegel* (1984), S. 200; Presse: *Das Museum* (44/1835, Nachruf)

**Dörck**, Anneliese
\* 1934 Berlin
Graphikerin, Karikaturistin/Zeuthen b. Berlin
Veröffentlichungen im *Eulenspiegel*. – Themen: Satirische Graphik.
Kollektiv-Ausst.: „Satiricum '78", Greiz
Lit.: *Resümee – ein Almanach der Karikatur* (3/1972); Ausst.-Kat.: *Satiricum '78*

**Döring**, Karl-Heinz
\* 1937
Karikaturist/Berlin
Kollektiv-Ausst.: „Satiricum '80" (1. Biennale der Karikatur der DDR, Greiz, 1980: „Mach ick 'nen guten Vorschlag", „Was is' denn nu"), „Satiricum '82"
Lit.: Ausst.-Kat.: *Satiricum '80*, S. 6; *Satiricum '82*

**Döring**, Volkmar
\* 1952
Graphiker, Cartoonist
Studium: Fachhochschule für bildende Künste, Hamburg (Graphiker-Diplom). – Veröffentlichungen in der Presse. – Themen: Cartoons, Trickfilme für den NDR, Schallplatten-Cover.
Publ. (Cartoons): *Knubbel – die Katz on tour*

**Dorow** → **Domin**, Gerhard (Ps.)

**Douay**, Michel
\* 1915 Frankreich
Karikaturist, Graphiker/Paris
Studium: Kunstschule. – Begann im Gefangenenlager des Zweiten Weltkrieges zu zeichnen. Nach 1945 Zei-

chentrickfilm, Animator bei Grimault. Mitarbeit an französischen Zeitungen und Zeitschriften, u.a. *Match, Vie Catholique*. Von ihm stammen die Comic-strips: *Der kleine Engel* und *Clic-Reporter*. Mitarbeit in Deutschland bei *Revue* und *Münchener Illustrierte*. – Themen: Humoristische Karikaturen, Comic-Strips, Cartoons ohne Worte, Tier-Karikaturen.
Publ. (Deutschland): *Cowboys und Korsaren*
Lit.: *Heiterkeit braucht keine Worte*

**Doug** (Ps.) → **Marlette**, Douglas

**Draheim**, Fritz
\* 1897 Berlin
† 14.08.1958 Berlin
Berliner Pressezeichner, Illustrator
Mitarbeit bei verschiedenen Berliner Zeitungen und Zeitschriften, u.a. bei *Puck* und *Telegraf-Illus*. F.D. illustrierte die Kindergeschichten seiner Frau Charlotte humorvoll-liebenswürdig mit echtem Witz und Berliner Humor. Der Nachruf in *Der Abend* vom 15.8.1958 bezeichnet F.D. als „Gentleman mit Stift und Tusche". – Themen: Tiergeschichten, Allgemeines, Illustrationen, Sport.
Publ.: u.a. *Waldgeschichten* (zus. mit seiner Frau)

**Dressler**, August-Wilhelm
\* 1886
† 1969
Veristischer Maler, Zeichner
A.W.D. zeichnete für den von Otto Nagel (1928) gegründeten *Eulenspiegel* ein Jahr lang politisch-kommunistisch tendenziöse Karikaturen. Als Maler hatte er 1928 den Staatspreis erhalten.
Lit.: G. Piltz: *Geschichte der europäischen Karikatur* (1976), S. 264; P. Vogt: *Geschichte der deutschen Malerei* (1976), S. 180

**Droth**, Werner
\* 07.11.1925 Berlin
Karikaturist, Schriftsteller
Studium: Hochschule für bildende Künste, Berlin (1947-50) (Freie Graphik bei Prof. Stabenau, Holzschnitt bei Prof. Bangemann). – 1943-46 Kriegsdienst, Gefangenschaft. 1947-50 Mitarbeit am *Puck*, politische Karikaturen, ständige Mitarbeit beim *Telegraf* (täglich eine politisch-satirische Karikatur, Pseudonym: „Kümmel") und bei *Nachtdepesche*. Danach freiberuflicher Karikaturist, Illustrator, Kurzgeschichtenschreiber. Veröffentlichungen erscheinen u.a. in *WAZ, Kölnische Rundschau, Telegraf-Illustrierte, Die kluge Hausfrau, Handels-Rundschau, USA frei Haus, Presse-Almanach, Gesundheit im Beruf* und in dänischen Magazinen. Zusammenarbeit mit seiner Ehefrau. Firmierung: „Droth & Droth, Cartoons – Dichtkunst – Malerei".
Ausst.: in der Bundesrepublik, Dänemark, Schweden, Italien, Berlin/West: Kommunale Galerie Wilmersdorf (1978), Cartoon-Weltausstellung der Karikatur, Berlin/West 1975, 1977 und 1980
Lit.: *Who's Who In Germany* (1982-83), S. 353; *Wolkenkalender* (1956); Ausst.-Kat.: *Turnen in der Karikatur* (1968)

**Dubout**, Albert
\* 15.05.1905 Marseille
† 1976 Montpellier
Französischer Maler, Karikaturist, Bildhumorist
Kurzes Studium an der Kunstakademie Montpellier (abgewiesen), Mitarbeit in der französischen Presse, u.a. *Ric et Rac, La Bataille, France Dimanche, Ici Paris*. A.D.s Karikaturen sind voller Komik, grotesker Verrücktheiten im Detail, in der Bewegung, sie stellen „Katastrophen" dar – eine Kunst der Groteske haarsträubender Unmöglichkeiten „Duboutesquen", die sogar verfilmt wurden. Er schrieb und zeichnete den humoristischen Zeichenfilm *Du bon Dubout*, zeichnete das Filmszenarium für *La rue sans Loi, Anatole cheri* und die Dekorationen zu *Chevalier de la Legion d'Humour*. Er illustrierte *Clochemerle* (von G. Chevalier), die *Marius-Trilogie* (von Marcel Pagnol) und Werke von Villon, Beaumarchais, Rabelais, Balzac, Daudet, Cervantes u.a. Ebenso arbeitete er für die Werbung (Plakate und Illustrationen). In der deutschen Presse Veröffentlichungen u.a. in *Weltbild, Herzdame, Berliner Illustrierte Zeitung, Lustige Illustrierte, Frankfurter Illustrierte, Koralle*.
Publ.: (Frankreich) *Dubout „Mythologie"*; *Dubout en train, A.D. albert dubout* (1984); (Deutschland) *Dubout total verrückt* (DDR 1957); *Dubout-Kalender* 1984
Lit.: M. Ragon: *Le dessins d'humour* (dt. Witz und Karikatur in Frankreich), S. 156-58; Presse: *Die Welt* (Nr. 216/1979); *Der Sonntag* (1946); *Gebrauchsgraphik* (2/1954)

**Dudovich**, Marcello
\* 21.03.1878 Triest
† 1962
Österreichischer Maler, italienischer Abstammung, Graphiker
Mitarbeiter beim *Simplicissimus* bis 1911, danach Mitarbeiter bei den *Fliegenden Blättern* und beim neuen *Simplicissimus* um 1960. 1911 stellte M.D. seine Mitarbeit beim *Simplicissimus* ein (wegen der Veröffentlichung einer Karikatur im *Simplicissimus*, die Italien wegen des „Tripolis-Krieges" brüskierte.) Er zeichnete auch Plakate und Aquarelle. – Themen: M.D. zeichnete pikante Sujets der mondänen Welt, die erst durch den Text wit-

zig-satirisch wurden. Er war im Sujet einer der Nachfolger F.v. Rezniceks.
Publ.: *Corso* (Simplicissimus-Album)
Lit.: G. Piltz: *Geschichte der europäischen Karikatur* (1976), S. 212, 225; L. Hollweck: *Karikaturen* (1973), S. 196

**dufte** (Ps.)
\* 1922 Berlin
Bürgerl. Name: Horst Jachmann
Angestellter der BVG (Berliner Verkehrsgesellschaft)
Nebenberuflich Karikaturist und Hauszeichner für das monatliche Mitteilungsblatt der Abt. Nahverkehr *Der BVGer* (Gewerkschaft ÖTV, Landesbezirk Berlin), seit Oktober 1959. Seit Februar 1982 in Pension. Weiterhin tätig als Karikaturist für die BVG. – Themen: Karikaturen und Illustrationen zum Zeitgeschehen und der BVG sowie Karikatur zu BVG-Werbesprüchen.
Lit.: Presse-Bespr. *Der BVGer* (März 1982)

**Dunker**, Balthasar Anton
\* 1746 Saal/b. Stralsund
† 1807 Bern
Maler und Radierer. Aus Schwedisch-Pommern in die Schweiz eingewandert, politischer Zeichner der Revolutionszeit in der Schweiz
Themen: Porträts, Genrebilder, Silhouetten, humoristisch-satirische Bildfolgen
Ausst.: „Karikaturen – Karikaturen?", Kunsthaus Zürich (1972)
Publ.: *Die verkehrte Welt in Sinnbildern*; *Der moralisch-politische Kurier* (1798-1800); *Das Jahr 1800 in Bildern und Versen* (40 Blätter 1801 in Äsopscher Fabelform)
Lit.: Ausst.-Kat.: *Karikaturen – Karikaturen?*, Kunsthaus Zürich (1972) S. 1; G. Hermann: *Die deutsche Karikatur im 19. Jahrhundert* (1901), S. 10; G. Piltz: *Geschichte der europäischen Karikatur* (1976), S. 102

**Dürrenmatt**, Friedrich
\* 05.01.1921 Konolfingen/b. Bern
† 14.12.1990
Bekannter Schweizer Schriftsteller, Zeichner (Neuchâtel) (Vater: Pfarrer)
Studium: Theologie, Philosophie, Germanistik (10 Semester). – Nach dem Krieg kurze Zeit als Graphiker tätig. Neben seiner schriftstellerischen Tätigkeit entstehen seine Zeichnungen, als „illegitimes Kind meiner Produktion".
Ausst.: Erste Ausstellung von D.-Bildern und Zeichnungen, Galerie Daniel Keel, Zürich (1978), Kollektiv-Ausst.: „Karikaturen – Karikaturen?", Kunsthaus Zürich (1972), S. 81, E8
Publ.: *Die Heimat im Plakat*, Bilderbuch für Schweizer Kinder (1963); *Der Krieg der Kritiker*, Karikaturenfolge, erstmals veröffentlicht im *Tintenfaß* (24. Folge 1974, S. 109, 382)
Lit.: *D. – Bilder und Zeichnungen* (Einl. M. Gasser, 1978); Böttcher/Mittenzwei: *Dichter als Maler* (1980), S. 334-337; U. Jenny: *F.D.* (1967); Ausst.-Kat.: *Karikaturen – Karikaturen?*, Kunsthaus Zürich (1972)

**Duttenhofer**, Louise
\* 1776
† 1829
Schwäbische Scherenschnitt-Künstlerin (im Übergang von der Klassik zur Romantik)
L.D. schnitt phantasievolle Typen für Puppentheater, Genreszenen, allegorische Darstellungen, Mummenschanz, Szenen und Satire aus dem Alltagsleben, ferner Scherenschnitte zu: Schillers *Mädchen aus der Fremde* und Goethes *Erlkönig*, *Zauberlehrling*, *Faust* und zu Gedichten von Herder und Hölderlin. Nachlaß im Schiller-Museum Marbach (mehrere Tausend Scherenschnitte).
Lit.: M. Koschlig: *Die Schatten der Louise Duttenhofer*; ZDF: Historische Frauengeschichten I, gesendet am 3.5.88

**Dyck**, Hermann
\* 04.10.1812 Würzburg
† 26.03.1874 München
Maler, Zeichner
Direktor der Kunstgewerbeschule München, Mitarbeiter der *Fliegenden Blätter* von Anfang an (neben Caspar Braun). – Themen: Politisch-demokratische Karikaturen des Vormärz und der Revolutionszeit, danach humoristische Zeichnungen, Allegorien.
Lit.: G. Hermann: *Die deutsche Karikatur im 19. Jahrhundert* (1901), S. 70; L. Hollweck: *Karikaturen* (1973), S. 25, 26, 29; G. Piltz: *Geschichte der europäischen Karikatur* (1976), S. 159; E. Kalkschmidt: *Deutsche Freiheit und deutscher Witz*, S. 101, 107

# E

**Eber**, Elk
* 1892 Neustadt/Weinstr.
† 1941 Garmisch

Ursprünglicher Name: Emil Eber (germanisierte seinen Vornamen in Elk)
Kriegsmaler, Pressezeichner, politischer Karikaturist
Studium: Akademie München, bei Palm, Hengeler, F.v. Stuck. – Kriegsfreiwilliger 1914, trotz Verwundung als Kriegsmaler im Fronteinsatz. Mitarbeiter am *Völkischen Beobachter*, politische Karikaturen im Sinne des NS-Regimes. E.E. war 1923 beim „Marsch auf die Feldherrenhalle" in München dabei, wurde Blutordensträger der NSDAP, Sturmführer der SA. Berater und Sachverständiger des Museums für Völkerkunde, 1938 Professorentitel.
Lit.: J. Karl: *Aus Münchener Künstlerateliers*; B. Kroll: *Deutsche Maler der Gegenwart*; Ausst.-Kat.: *Die Zwanziger Jahre in München* (1979), S. 749

**Eckart**, Horst → **Janosch** (Ps.)

**Eckelt**, K.W. (Karl Werner)
* 29.09.1914 Sondershausen
† Aug. 1990 Berlin/West

Presse-Fotograf, Pressezeichner, Maler, Hobby-Karikaturist
Mitarbeit u.a. bei *Der Insulaner*.
Ausst.: Sammel-Ausstellung: Archivarion, Sept. 1948/Schrift 5. Erste Karikaturisten und Graphiker, Berlin/West
Lit.: *Der Insulaner* (Nr. 8/1948); *Archivarion* (1948/Schrift 5)

**Eckert**, Klaus
* 1940 Berlin

Cartoonist, Trickfilmzeichner/Stuttgart
Veröffentlichung: *Villa Bröckelstein* (Zeichentrickfilm im Vorabendprogramm). K.E. zeichnete die Cartoon-Figuren: „Ben Hur", „Cäsar", „Diogenes", „Hannibal" zur bundesweiten Werbung der Gebühreneinzugszentrale (GEZ). – Themen: Zeichentrickfilme, Cartoonfiguren, Werbung.
Lit.: Presse-Bespr.: *Hörzu* (23/1988)

**Eckhardt**, Emanuel Lorenz → **Emanuel** (Ps.)

**Eckmann**, Otto
* 19.11.1865 Hamburg
† 11.06.1902 Badenweiler

Maler, Zeichner, Jugendstilkünstler, Kunstgewerbler
Mitarbeiter von *Jugend* und *Pan*. Jugendstilzeichnungen, insbesondere Tier- und Pflanzenmotive in rhythmisch-geschwungenen Bogenlinien sowie Entwürfe für Textilien und die Drucktype „Eckmann-Schrift". Gelegentlich auch Karikaturen.
Lit.: H.H. Hofstätter: *Jugendstilmalerei* (1969), S. 28, 29, 167, 176, 229, Abb. 26; *Faksimile-Querschnitt Jugend* (1966), S. 12

**Edel**, Edmund
* 10.09.1863 Stolp/Pommern
† 1933 Berlin

Graphiker, Schriftsteller
Studium: Akademie München und künstlerische Ausbildung in Paris (1886-91). – Mitarbeiter u.a. bei *Berliner Illustrierte Zeitung, Das Narrenschiff, Lustige Blätter, BZ am Mittag, Der wahre Jacob, Berliner Morgenpost*. E.E. zeichnete und schrieb aus der Berliner Lebewelt, der Kultur und des Vergnügungslebens humoristisch und satirisch mit Berliner Witz. Für die Werbung entwarf er wirkungsvolle Plakate mit echten Berliner Typen. Ab 1900 zeichnete er monatlich ein Plakat. Schriftstellerische Beiträge lieferte er für die Berliner Presse, vor allem für das *Berliner Tageblatt*. Als Autor veröffentlichte er zwischen 1912 und 1928 Novellen und Romane.

Lit.: E. Fuchs: *Die Karikatur der europäischen Völker*, Bd. II, S. 339, 408, Abb. 434; G. Piltz: *Geschichte der europäischen Karikatur* (1976), S. 220f, 227; H. Schindler: *Monographie des Plakats*, S. 103-106; Böttcher/Mittenzwei: *Dichter als Maler*, S. 184-86; *Der wahre Jacob*, S. 72, 75; Verband deutscher Illustratoren: *Schwarz-Weiß*, S. 69

**Edel**, Peter
* 1921

Literat und Graphiker, Enkel von Edmund Edel
Abgebrochenes Studium, Zwangsarbeit in den Siemens-Rüstungswerken. Wegen „artfremder Kunstbetätigung" und Verbreitung „reichsfeindlicher Schriften" wurde P.E. von der Gestapo verhaftet, kam als Häftling in die KZs Großbeeren, Auschwitz, Sachsenhausen, Mauthausen, Ebensee. Er zeichnete KZ-Lagerszenen, dem Tod ausgelieferte Gefangene (Kinder in Auschwitz - „Die erste und letzte Nacht"), Porträts. Nach der Befreiung Mitarbeiter der *Weltbühne* und der *Berliner Zeitung*. Er schrieb Theater-, Kunst- und Filmkritiken, Feuilletons, Skizzen, Glossen, schuf Illustrationen und charakteristisch-satirische Graphik.
Ausst.: Sammel-Ausstellung „Fantastische Traum-Grafik" im Archivarion (Rolf Roeingh) (Sept. 1948): Nr. 262 Illustrationen zu E.A. Poes *Der Untergang des Hauses Usher*, Nr. 263 zu Jack Londons *Seltsame Geschichten*, Nr. 264 „Mauthausen", Nr. 265 „Jeremias", Nr. 266 „Predigender Dominikaner", Nr. 267 „Der Scharfrichter", Nr. 268 „Selbstbildnis", Nr. 269 „Scheherazade"
Publ.: *Wenn es ans Leben geht. Meine Geschichte* (2 Bde., mit Zeichnungen, Fotos, Dokumenten, 1979)
Lit.: *Karikaturen-Graphik* (Archivarion, Schrift 3, 5/1948); Böttcher/Mittenzwei: *Dichter als Maler* (1980), S. 337-340

**Edelmann**, Heinz
* 1934

Graphiker, Karikaturist, Trickfilmzeichner, Illustrator
Studium: Akademie Düsseldorf. – 1972-78 Kunsterzieher an der Werkkunstschule Düsseldorf (Gebrauchsgraphik), danach Dozent (Kunst und Design) an der Fachhochschule für Angewandte Graphik, Köln. Mitarbeit bei *Capital, Playboy, twen, Pardon, Frankfurter Allgemeine – Magazin* u.a. H.E. entwickelt einen eigenen Stil aus schwarzem Humor und Ironie. Er arbeitet für die Werbung in Pop- und Comic-strip-Art, schafft Illustrationen zu *Köchel-Verzeichnis* (Manuel Gasser) und für Kinderbücher, sowie den Zeichenfilm *Der alte und der junge Bär*. Seinen Zeichenfilm *Yellow Submarine* (die Beatles als Hauptfiguren, 1968) zeigte das ZDF 1978. Er erhält den Spitznamen „Edelmamie". Als „Sympathiewerbung für Deutschland" gestaltet H.E. für das Bundespresseamt anläßlich des 20jährigen Bestehens der Bundesregierung eine Sonntagsbeilage der *New York Times* (32 Seiten – Aufl. 1,5 Millionen) in Comic-strip-Art.
Ausst.: u.a. *Monsters, Beatles und Edelmann*, München (1968), *Theater der Welt*, Köln, 1981: Theater Plakate
Lit.: H. Schindler: *Monographie des Plakats* (1972), S. 201, 209, 211, Abb. 267

**Eder**, Franz
* 1942 München

Karikaturist, Graphiker/München
Kartographie- und Graphiklehre. Presse-Mitarbeit in der Bundesrepublik und der Schweiz bei *Nebelspalter, Basler Nachrichten, TRZ, Playboy, Hörzu, Medical Tribune* u.a. F.E. zeichnete politische Karikaturen, Cartoons und vor allem Porträts. Er illustrierte ca. 20 Bücher.
Ausst.: in West- und Osteuropa und San Francisco (USA)
Lit.: *Beamticon* (1984), S. 138; *Eine feine Gesellschaft – Die Schickeria in der Karikatur* (1988); Ausst.-Kat.: *III. Internationale Cartoon-Biennale*, Davos (1990), S. 10-11

**Edler**, Richard
* 03.04.1869 Gleiwitz/Oberschlesien

Maler, Zeichner, tätig in Dresden
Künstlerische Ausbildung in München und Breslau. Spezialgebiet: moderne Genrebilder und Karikaturen. Mitarbeiter der Presse.
Lit.: Verband deutscher Illustratoren: *Schwarz-Weiß*, S. 75

**efbé** (Ps.)
* 20.04.1930 Maastricht/Niederlande

Bürgerl. Name: Franz de Boer
Cartoonist/Amsterdam
Studium: Maler-Akademie Maastricht (Freie Malerei). – Seit 1956 freischaffender Cartoonist für die niederländische Presse. Ausschließlich humoristische Cartoons ohne Worte, da seine Zeichnungen und Bildideen (Situationskomik) keine Erklärungen brauchen. Veröffentlichungen in der deutschen Presse, u.a. in *Deutsches Allgemeines Sonntagsblatt, Quick, Bunte, Fernsehwoche, Hörzu, Schöne Welt*.
Lit.: *Eine feine Gesellschaft – Die Schickeria in der Karikatur* (1988); Presse-Bespr.: *Schöne Welt* (Aug. 1974)

**Effel**, Jean (Ps.)
* 12.02.1908 Paris
† 11.10.1982 Paris

Bürgerl. Name: François Lejeune
Französischer Karikaturist (Autodidakt), Chansonschreiber
Studium: Sprachen, Philosophie, Musik, Zeichnen. – Seit 1933 zeichnete J.E. humoristische und politische

Karikaturen (über 10.000 in den Zeitungen der französischen Linken: *L'Humanité, Dimanche, France-Soir, L'Express, Les Lettres françaises*) sowie Plakate, Dekorationen. Seit 1949 Gebrauchs- und Werbegraphik. Er schrieb auch ein Theaterstück. Veröffentlichungen in der deutschen Presse u.a. in *Frankfurter Illustrierte, Berliner Illustrierte Zeitung, Constanze, Welt am Sonntag, Neue Revue, Eulenspiegel.* Seine Bildserien wurden z.T. verfilmt. Der Film *Die Erschaffung der Welt* wurde als „gotteslästerliche Parodie" vom Vatikan verdammt. Die Jury der Dokumentar- und Kurzfilm-Festspiele Venedig sprach dem tschechoslowakischen Staatsfilm einen Sonderpreis zu (1958), Vorlage waren J.E.s Bildzyklen: *La création du monde* und *La création de l'homme.* Im Fernsehen wurde gesendet: One-am-show TV Prag (1954), Berlin/DDR (1955), Warschau (1956), Budapest (1957), Moskau (1958).
Ausst.: Nationale und internationale Ausstellungen, u.a. London (1958): Erster Preis als bester Karikaturist, letzte Ausstellung Berlin West, Maison de France (1975)
Ausz.: Lenin-Preis (1968), Ehrenmitglied der Akademie der Künste der UdSSR
Publ.: *Die Erschaffung Evas; Die Erschaffung der Welt; Die Erschaffung des Menschen; Als die Tiere noch sprachen; Der kleine Engel; Adam und Eva; Die Erschaffung der Pflanzen; Fabeln von Lafontaine; Vaterfreuden; Historia-Grafik* (polit. Karikaturen); *Das dicke Effel-Buch.* Insgesamt sind es ca. 150 Bücher, die in 20 Sprachen übersetzt wurden (ca. 2 Millionen Aufl.). Hinzu kommen 17.000 Zeichnungen (Nachlaß).
Lit.: *Who's Who in Graphic Art* (I + II), S. 331, 873; *Der freche Zeichenstift* (1968), S. 230; Presse: *Graphis* (Nr. 38/1951), *Time* (1958); *L'illustré* (1958); *Der Spiegel* (Nr. 42/82); B.Z. (v. 20.11.1975, 11.2.1978); *Berliner Morgenpost* (v. 13.10.1982); *Gebrauchsgraphik* (Nr. 8/1950, Nr. 9/1951, Nr. 12/1952, Nr. 1/1954)

**Egersdörfer**, Konrad
\* 21.01.1868 Nürnberg
Maler, Zeichner, Illustrator
Studium: Akademie München bei Löfftz, W.v. Diez. – Mitarbeiter der *Fliegenden Blätter* und der *Meggendörfer Blätter* u.a. K.E. zeichnete genrehafte Blätter mit dem modernen Gesellschaftsleben und der eleganten Welt, die erst durch den Text dem humoristischen Genre zugeordnet werden können. Er stellte gelegentlich auf der Großen Berliner Kunst-Ausstellung aus sowie 1907 und 1911 im Münchener Glaspalast. K.E. wohnte eine Zeitlang in Berlin, danach in der Umgebung von München.
Lit.: Verband deutscher Illustratoren: *Schwarz-Weiß,* S. 78; Ausst.-Kat.: *Fliegende Blätter, Meggendorfer Blätter,* S. 6, 12, 13 (Galerie J.H. Bauer 1979)

**Eggstein**, Joachim
\*     1940 Konstanz/Bodensee

Pressezeichner, Karikaturist/Potsdam
Veröffentlichungen u.a. im *Eulenspiegel.* – Themen: Aktuelle, zeitkritische, politische Karikaturen.
Kollektiv-Ausst.: „Satiricum '78", „Satiricum '80" (1. Biennale der Karikatur der DDR, Greiz, 1980: „Als es sich herumgesprochen hatte", „Ohne Worte", „Absolute Freiheit", „hic rhodos, hic salta!"), „Satiricum '82", „Satiricum '84", „Satiricum '86", „Satiricum '88"
Lit.: *Resümee – ein Almanach der Karikatur* (3/1972); Ausst.-Kat.: *Satiricum '78, Satiricum '80,* S. 7; *Satiricum '82, Satiricum '84, Satiricum '86, Satiricum '88*

**Ehmsen**, Heinrich
\* 09.08.1886 Kiel
† 06.05.1964 Berlin (DDR)
Maler, Graphiker
Studium: Kunstgewerbeschule Düsseldorf, bei Ehmke, Behrens, Thorn-Prikker (1906-09), Studienaufenthalt in Paris (1909/10). – Danach lebte H.E. freischaffend in München (1911-28), außer 1914-18 (Kriegsteilnehmer). H.E. zeigte in seiner Graphik aus dem Ersten Weltkrieg Tod und Vernichtung.
Es entsteht die Serie *Revolution* als künstlerisches Zeugnis der Münchener Räterepublik und deren gewaltsame Niederschlagung, als zeitkritische Satire und Dokumente: „Erschießung bayerischer Revolutionäre" (1919), „Erschießung Rotjacke" (1919), „Die Gesellschaft am Abgrund" (1923), „Erschießung des Matrosen Eglhofer" (Triptychon 1933). Übersiedlung nach Berlin (1929). Teilnahme an der Ausstellung „10 Jahre Novembergruppe". 1932 Reise in die Sowjetunion. Ausstellung und Ankäufe in Moskau. 1933 zeitweilige Verhaftung durch die Gestapo (betr. Prof. Hugo Junkers-Dessau). 1940 Einberufung zur Wehrmacht. Betreuung französischer Künstler. Wegen „frankophiler" Haltung strafversetzt. Arbeit in der Staffel bildender Künstler (dokumentarische Studien). Als „entartet" aus der Staffel entfernt (1944). 1945 zusammen mit Carl Hofer Aufbau der Hochschule für Bildende Künste, Berlin-Charlottenburg. 1949 Unterzeichnung des Pariser Friedensmanifestes. Entlassung aus der Hochschule. 1950 Ordentliches Mitglied der Deutschen Akademie der Künste, Berlin (DDR).
Ausst.: 1951 Deutsche Akademie der Künste, Berlin/DDR, 1956 H.E. Gesamtwerk, zum 70. Geburtstag, Akad. der Künste (DDR), 1968 H.E., Maler, Lebenswerk, Protokoll, Berlin/West, 1971 H.E., Nationalgalerie, Berlin/West
Ausz.: 1961 Vaterländischer Verdienstorden in Silber der DDR
Lit. (Auswahl): A. Behne: *H.E.* (1927); G. Strauß: *H.E. Das Werk und seine Wirkung* (1951); E. Krull: *H.E. zu seinem 70. Geburtstag* (1956); Ausst.-Kat.: *H.E.,* National Galerie Berlin/West (1971); Ausst.-Kat.: *Die zwanziger*

*Jahre in München* (1979), S. 750; Ausst.-Kat.: *Zwischen Widerstand und Anpassung* (1978), S. 126-29

**Ehrt**, Rainer
* 1960 Harz
Gebrauchsgraphiker/Karikaturist/Kleinmachnow bei Berlin
Studium: Kunsthochschule Burg Giebichenstein/Halle
Thema: zeichnerische Satire
Veröffentlichungen: *Eulenspiegel, NBI* (Neue Berliner Illustrierte), *Constructiv,* Theaterplakate für das Potsdamer Hans-Otto-Theater
Kollektiv-Ausst.: „Satiricum '90", Greiz
Lit.: Ausst.-Kat.: *Satiricum '90*; Presse: *Eulenspiegel* Nr. 15/91

**Eibl**, Erich
* 1945 Neukirchen/b. Eger
Pressezeichner, Karikaturist
Veröffentlichungen: (ab 1961) politische und unpolitische Karikaturen in *Kronenzeitung, Furche, Neues Österreich, Wochenpresse, Volksblatt, Tageszeitung, stern, Trend, profil*. Während der freiberuflichen Mitarbeit (1970) 4 Semester Malerei-Studium an der Akademie der bildenden Künste in Wien. Ab 1971 ständige Mitarbeit für den Trend-Verlag. 1973 erhält er einen halbjährlichen Studienaufenthalt in New York (Schulbuch-Design). Nebenher ist E.E. für Werbeagenturen tätig. Er schuf die Illustrationen zu *Wir Tennisnarren* (1985) und *3 auf Draht* (1985).
Einzel-Ausstellungen: Wanderausstellungen in Österreich (1983/84, 1986)
Publ.: *Cartoons und andere Zeichnungen* (1983); *Politik & Doof* (1985)
Lit.: H.P. Muster: *Who's Who in Satire and Humour* (2) 1990, S. 56-57

**Eichenberg**, Fritz
* 24.10.1901 Köln
Pressezeichner, Karikaturist, Schriftsteller, Illustrator
Studium: Kunstgewerbeschule Köln, Staatliche Akademie für Graphische Künste und Buchgewerbe, Leipzig. – Mitarbeit u.a. bei *UHU*. Er zeichnet humoristische Karikaturen, Humor-Seiten, Porträt- und Personen-Karikaturen, Karigraphik. 1933 emigriert F.E. über Südamerika in die USA. Dort ist er Lehrer an der New School for Social Research und am Pratt Institut (seit 1956), Abteilung Graphik und Illustration. Er ist historisch-gesellschaftskritischer Illustrator von über 60 Büchern, beherrscht die altmeisterliche Graphiksatire.
Ausst.: in den USA
Ausz.: insgesamt 6 Auszeichnungen

Publ.: *Ape – in a Cape* (1957); *Dancing in the Moon* (1955)
Lit.: *Who's Who In Graphic Art* (I), S. 512; *Zeichner der Zeit* (1980), S. 255, 265, 276, 279, 398; Ausst.-Kat.: *F.E.*, Staatsbibliothek Berlin/West, 1990

**Eichendorff**, Joseph Frh. von
* 10.03.1788 Schloß Lubowitz/Oberschlesien
† 26.11.1857 Neisse/Oberschlesien
Lyriker und Erzähler der deutschen Romantik
Studium: Halle und Heidelberg, vom Geist des „Wunderhorn" beeinflußt. – Dichter, Jurist im preußischen Staatsdienst (1816-44; Regierungsrat im Kultusministerium für kath. Angelegenheiten), Freiwilliger in den Befreiungskriegen. Veschiedene Gedichte E.s wurden vertont und zu Volksliedern, so z.B. *Wer hat dich, du schöner Wald, Wem Gott will rechte Gunst erweisen*. Zahlreiche Zeichnungen zu seinen frühen Tagebüchern (1800-1812) „zeigen den Sinn des Jungen für das Karikieren, auch eine humoristische Neigung" (Böttcher/Mittenzwei). In Neisse wurde ihm ein Denkmal gesetzt, und in Wangen/Allgäu ein Museum gewidmet.
Lit.: Böttcher/Mittenzwei: *Dichter als Maler* (1980), S. 99-101

**Eichler**, Reinhold Max
* 04.03.1872 Mutzschen, bei Hubertusburg
† 16.03.1947 München
Maler, Zeichner
Studium: Akademie München, bei P. Höcker (ab 1893), Akademie Dresden. – Mitarbeiter der *Jugend* und des *Simplicissimus* (gelegentlich). Seit 1899 Mitglied der Künstlervereinigung „Scholle". R.M.E. war der Romantiker unter den Zeichnern, „der Poet der Scholle" (Fritz v. Ostini). Seine Begabung lag mehr auf dem Gebiet der dekorativen Wandgemälde.
Lit.: L. Hollweck: *Karikaturen* (1973), S. 131, 134, 138, 139, 152, 168; H.H. Hofstädter: *Geschichte der europäischen Jugendstilmalerei*, S. 31, 189; Ausst.-Kat.: *typisch deutsch*, S. 14

**Eickmeier**, (Peter) Paul
* 19.09.1890 Neuwied
† 14.06.1962 Berlin
Pressezeichner, Karikaturist (Autodidakt)
(Vater: Walzwerk-Arbeiter, P.P.E. wuchs mit neun Geschwistern auf) P.P.E. kam 1911 als Hilfsmonteur nach Berlin, hier besuchte er Zeichenkurse (Abendschulen). Er war politisch interessiert. 1919 wurde er Mitglied der USPD, 1921 der KPD. Mitarbeiter (politische Karikaturen) für die kommunistische Presse seit 1925, für *Die rote Fahne, Der Knüppel, Die Welt am Abend, Die rote Post, ALZ (Arbeiter Illustrierte Zeitung)* und Betriebszeitungen

der KPD. 1933-45 illegale Tätigkeit in der antifaschistischen Saefkow-Gruppe. Nach 1945 war P.P.E. Pressezeichner für den Deutschen Bauern-Verlag, Berlin (Ost).
Publ.: Graphik-Mappe: *Wir klagen an* (1922)
Lit.: G. Piltz: *Geschichte der europäischen Karikatur* (1976), S. 261; *Bärenspiegel*, S. 209

**Eisenmann**, Orlando → **Orlando** (Ps.)

**Ék**, Sándor → **Keil**, Axel (Ps.)

**Elfinger**, Anton → **Cajetan**, J. (Ps.)

**Elsholtz**, Ludwig
* 02.06.1805
† 03.02.1850 Berlin
Schlachtenmaler
Studium: Akademie Berlin, bei Franz Krüger. – Heitere Szenen aus dem Bürger- und Soldatenleben. Diese hingen als Lithographien in Wirtshäusern und Wohnstuben. Darstellungen in der Art seines Lehrers.
Lit.: E. Roth: *100 Jahre Humor in der deutschen Kunst*

**Eltze**, Erich
* 18.07.1866 Luxemburg
Maler, Zeichner, Illustrator, tätig um 1900 in Berlin
Seine künstlerische Ausbildung erhielt E.E. in Berlin. Er zeichnete Sujets aus dem modernen Leben und Idyllen. Mitarbeit u.a. bei *Für alle Welt*.
Lit.: Verband deutscher Illustratoren: *Schwarz-Weiß*, S. 63

**Emanuel** (Ps.)
* 1942
Bürgerl. Name: Emanuel Lorenz Eckardt
Pressezeichner, Karikaturist/Hamburg
Tätig für das *Hamburger Abendblatt*.

**Emett**, Rowland
* 22.10.1906 London
Karikaturist, bildender Künstler, exzentrischer Erfinder von Gag-Maschinen
Studium: College of Arts and Crafts, Birmingham. – Gebrauchsgraphiker im Atelier Siviter Smith Ltd. bis 1939, während des Krieges technischer Zeichner in einer Flugzeugfabrik. Seit den dreißiger Jahren Mitarbeiter beim *Punch* (anfangs realistisch – allmählich Übergang zum Phantastischen). Es waren humoristisch-skurrile Zeichnungen. R.E. benutzt nicht nur den Zeichenstift, sondern auch alle erforderlichen Werkzeuge für seine technischen Apparate. 1959 Durchbruch als Erfinder mit einer grotesk-komischen Eisenbahn-Konstruktion für das „Festival of Britain", London. Apparate für den Musicalfilm „Tschitti, tschitti, bäng, bäng". Der Erfolg veranlaßte ihn zu Konstruktionen skurriler Maschinen für Werbung und Ausstellungen. Veröffentlichungen in Deutschland in: *Der Spiegel* und *Blick in die Welt*.
Ausst.: Museum of Science, Chicago, Smithsonian Institution in Washington und Ontario, Science Centre, Toronto
Ausz.: 1977 Ehrung mit dem Titel „Sir"
Publ.: *Hobby Horses* (1958); *Mary and Rowland Emett*; *Anthony and Antimacassar* (1943); *The Early Morning Milk Train* (1976); *Alarms and Excursions and other Transports transfixed by Emett* (1977)
Lit.: *Who's Who In Graphic Art* (I + II), 1968, 1982, S. 400, 875; Presse: *Blick in die Welt* (13/1947); *Graphis* (42/1957); *Hörzu* (22/1961); *B.Z.* (23.1.1970)

**Endlich**, Günter
* 1934
Zeichner/Güstrow
Kollektiv-Ausst.: „Satiricum '78", Greiz
Lit.: Ausst.-Kat.: *Satiricum '78*

**Endt**, Rudi von
* 11.02.1892 Düsseldorf
† 03.12.1966 Düsseldorf
Malerpoet, Maler, Dichter, Karikaturist
Studium: Akademie Düsseldorf. – (Vor dem Studium aktiver Offizier 1911-20.) Danach freiberuflich zeichnender und schreibender Publizist, leitender Mitarbeiter am Reichsmuseum für Wirtschaft und Gesellschaftskunde, im Vorstand des Künstlervereins „Malkasten". Mitarbeiter u.a. bei *Der neue Michel*, *Telegraf* und der Tagespresse. – Themen: Skurriler Humor, Presse- und Werbe-Karikaturen.
Einzel- und Sammelausstellungen: Kunsthalle Düsseldorf (1922), Suermondt Museum Aachen (1952), Wilh.-Busch-Museum, Hannover (1956)
Publ.: *Skurrile Schnörkel* (1946); *Keinesfalls zimperlich*; *Düsseldorf – so wie es war*; *Poesie mit Pulverplättchen* (1965)
Lit. (Auswahl): H. Vollmer: *Künstlerlexikon des 20. Jahrhunderts*; O. Brües: *R.v.E. Maler – Moralist – Menschenfreund*

**Engel**, Erika
* 21.09.1911 Berlin
Pressezeichnerin, Schriftstellerin, Signum: gezeichneter Engel mit Namen
Studium: Kunstschule des Westens (Bühnenbildnerei). – Assistenzzeit am Berliner Staatstheater, danach tätig als freie Pressezeichnerin. Mitarbeit bei *Lustige Blätter*, *Deutsche Illustrierte*, *Hamburger Illustrierte*, *Neue Berliner Illustrierte* u.a. E.E. zeichnete naive, humoristische Bil-

der, heiter und voller Charme, und schrieb und zeichnete heiter-besinnliche Verse. Während des Krieges ausgebombt – übersiedelte sie in das Wochenendhaus ihrer Eltern nach Rehbrücke bei Potsdam. Nach sieben Jahren Aufenthalt verhalf ihr Otto Nagel zum Bürger- und Wohnrecht in Potsdam. Nach 1945 war E.E. vorwiegend schriftstellerisch tätig und ständige Mitarbeiterin beim Kinderfund der DDR (Kinderlieder, Hörspiele). 246 Lieder sind von ihr in andere Sprachen übersetzt worden. Rundfunksender und Fernsehstationen, Schallplattenfirmen und Buchverlage verbreiteten ihre Dichtungen in acht Ländern.
Ausz.: Verschiedene Preise in der DDR (für ihre vertonten Chorlieder und Kantaten) so vom Ministerium für Kultur, FDJ-Zentralrat, Pionierorganisation, Turn- und Sportbund, Berliner Tierpark
Publ.: *Tierdirektor Bautz* (Zeichnungen und Verse); nach 1945: Kinderbücher (Bilder und Texte)

**Engelhard**, Julius Ussy
* 1883 Bindjey/Sumatra
† 1964 München

Maler, Pressezeichner, Gebrauchsgraphiker
Studium: Akademie München, bei F.v. Stuck. – Gelegentlicher Mitarbeiter am *Simplicissimus* sowie für viele Mode- und Sportzeitschriften und als Plakatkünstler tätig. Im Stil anlehnend an Reznicek. Verschiedene Farbzeichnungen für den *Simplicissimus*, als Versuch, Reznicek nach dem Tode zu ersetzen.
Lit.: Ausst.-Kat.: *First World War Posters* (Imperial War Museum, London, 1972); Ausst.-Kat.: *Die Zwanziger Jahre in München*, S. 750 (Münchener Stadtmuseum 1979)

**Engelhard**, Paul Otto
* 1872 Offenbach/Main

Maler, Zeichner
Mitarbeiter der *Meggendorfer Blätter*. – Themen: Sujets aus dem Land- und Wirtshausleben, detailgetreu gezeichnet in Genremanier.
Lit.: Ausst.-Kat.: *Zeichner der Meggendorfer Blätter/Fliegende Blätter 1889-1944* (Galerie Karl & Faber, München, 1988)

**Engert**, Ernst Moritz
* 1892 Yokohama/Japan

Silhouettenschneider, Holzschnittmeister, Graphiker
E.M.E. gilt als einer der bedeutendsten Scherenschnitt-Künstler. Er schnitt lebhafte, ausgefranste Scherenschnitt-Porträts berühmter Schwabinger, die der Entwicklung des Schattenbildes eine neue Note gaben sowie politische Karikaturen für *Der wahre Jacob*. 1912 hatte er seine erste Ausstellung in Berlin, 1913 bei den Rheinischen Expressionisten in Bonn, 1925 Kollektiv-Ausstellung bei Zingler, Frankfurt und 1977 im Berlin-Museum. E.M.E.s Scherenschnitte „wagen erfolgreich den Schritt zur Karikatur" (L. Hollweck). Sein Leben war verbunden mit Theater, Kabarett, Varieté, Literatur. Seine Scherenschnitte, die z.T. im Künstlerlokal „Die Brennessel" die Wände zierten, wurden gesammelt und als *Schwabinger Köpfe* (1921) publiziert. Die Stadt Hadamar richtete für E.M.E. in einer Villa ein Museum ein (1984 plante die Stadt Limburg ebenfalls ein Engert-Museum).
Lit.: L. Hollweck: *Karikaturen* (1973), S. 13; Ausst.-Kat.: *Die Zwanziger Jahre in München* (1979), S. 636; Ausst.-Kat.: *Berliner Pressezeichner* (Berlin-Museum 1977); Presse: *Esprit* (10/1984)

**Engl**, Josef Benedikt
* 02.07.1867 Schallmoos, bei Salzburg
† 25.08.1907 München

Maler, Zeichner
Studium: Ab 1885 Kunstgewerbeschule München (6 Semester), Abendkurse an der Akademie München. – Vor dem Studium Lithographen-Lehre (2 Jahre). Mitarbeiter bei *Radfahr-Humor* (ab 1888), *Süddeutscher Postillon*, *Meggendorfer Blätter* (1891-98), *Fliegende Blätter* (ab 1894), *Simplicissimus* (ab Nr. 2/1896). J.B.E. zeichnete kleinbürgerliche, urbayerische, Münchner Typen, bieder, heiter, gemütlich humorvoll, ohne Spott, mit eigenen Texten, einheitlich in Wort und Bild, als pralle, lebensvolle Einheit. 1888 wurde J.B.E. während seiner Militärzeit durch Hufschlag von einem Pferd am Oberschenkel verletzt und vorzeitig entlassen. 1905 verschlimmerte sich die Verletzung. Eine Amputation lehnte er ab. Sein früher Tod war die Folge.
Publ.: *Münchener Humor – hundert Bilder und Witze* (1911)
Lit.: B. Hubensteiner: *Der Zeichner J.B.E. – Altmünchener Skizzen* (1958); L. Hollweck: *Karikaturen* (1973), S. 11, 12, 57, 68, 79, 85, 138, 165, 168, 172, 174, 175, 198-202

**Engler**, Hanno (Lutz)
* 1936

Pressezeichner, Karikaturist
Studium: Hochschule der bildenden Künste, Hamburg, bei Prof. Bunz. – Veröffentlichungen in *Die Zeit*, *Management*, *Der Spiegel* u.a. Seit 1966 beim *stern* 13 Jahre angestellt, später freier Mitarbeiter. Außerdem zeichnete H.L.E. humoristisch-satirische Karikaturen, die Comic-Serie *Hannos Auto-Lexikon* sowie die Comic-Figur „Paul Gurke" (für *Autobild*). – Themen: Aktuelle, politische, satirische Illustrationen anti-optischer Begriffe, um diese durch Graphik und Karikaturen – klar und sofort erkennbar – zu verbildlichen, so daß jeder „begreift was gemeint ist und schmunzelt".
Lit.: H. Dollinger: *Lachen streng verboten* (1972), S. 404, 412; Presse-Bespr.: *stern* (15/1975)

**Engström**, Albert
* 12.05.1869 Lönneberga/Kalmar
† 16.11.1940 Stockholm

Schwedischer Zeichner und Schriftsteller
Seit 1922 Mitglied der Schwedischen Akademie, seit 1925 Professor an der Kunsthochschule Stockholm. A.E. gründete 1897 die humoristische Zeitschrift *Strix*, seit 1924 *Söndagsnisse-Strix* und veröffentlichte Karikaturen und Erzählungen. Seine Zeichnungen sind treffende, charakteristische und groteske Karikaturen, voller Witz und guter Laune. Seine Typen und Themen kommen aus dem täglichen Leben. Er hat als Zeichner epochemachend gewirkt. Mitarbeiter war er in Deutschland u.a. beim *Simplicissimus* und den *Lustigen Blättern*.
Publ. (in Schweden): *Samlade berättelser och teckningar* (13 Bände, 1915ff); *Skrifter* (28 Bände 1952-53); (in Deutschland) *Von Narren und Überklugen*; *Seeleute und Landratten*; *Gestalten* (2 Bände 1925)

**Ensikat**, Klaus
* 1937 Berlin

Zeichner, Karikaturist
Lit.: *Resümee – ein Almanach der Karikatur* (3/1972)

**Epper**, Arthur
* 1919 Danzig (Gdansk)

Zeichner/Karikaturist
Lit.: *Resümee – ein Almanach der Karikatur* (3/1972)

**Erdmann**, Ludwig
* 1820

Humoristischer Zeichner früher rheinischer Karnevalszeitungen. Harmlos, lustige Zeichnungen, die vorher von der preußischen Zensur begutachtet werden mußten. (Wie auch bei seinen anderen Kolleggen: Eberhard Bourel, Elkan Levy, Simon Meister und Michael Wolter.)
Lit.: G. Piltz: *Geschichte der europäischen Karikatur* (1976), S. 155

**ERES** (Ps.)
* 1921 Münsterberg/Schlesien

Bürgerl. Name: Rudolf J. Schummer
Karikaturist seit 1948 (Autodidakt)
Veröffentlichungen u.a. in *Abendpost, Bürger im Staat, Deutsche Zeitung, Wirtschaftszeitung, Europa-Union, Generalanzeiger* (Ludwigshafen), *Hamburger Anzeiger, Hamburger Freie Presse, Karlsruher Neue Zeitung, Mannheimer Morgen, Das Parlament, Pfälzer Abendzeitung, 5-Uhr-Blatt, Südkurier, Rheinpfalz, Westfälische Rundschau, Schwarzwälder Bote.* – Themen: Politisch-aktuelle Karikaturen zum Zeitgeschehen, Innen-, Außen-, Weltpolitik.

Publ.: *Scharf geladen – Kleine Erinnerungen an die Große Politik 1945-1957* (174 politische Zeichnungen, 1957)
Lit.: Ausst.-Kat.: *Komische Nachbarn – Drôles de voisins*, Goethe-Institut Paris (1988), S. 128, 2/3, 4/1, 6/9

**Erhard**, Johann Christoph
* 21.02.1795 Nürnberg
† 20.01.1822 Rom (Freitod)

Maler, Radierer
Seine Ausbildung erhielt J.C.E. in der Nürnberger Zeichenschule (bei Gabler). Er zeichnete satirische Bilderfolgen, Sittensatire. Als Maler: Landschaften (Radierungen) in atmosphärischer Stimmung und Lichtführung. Er war 1816-19 mit seinem Freund J. Adam Klein (Maler, Zeichner) in Wien und 1819 mit ihm in Rom. Nachlaß: 185 Radierungen.
Lit.: Apell: *Das Werk von J.Ch.E.* (2 Bde. 1866-75); B. Golz: *J.Chr.E. (Deutsche Graphik des 19. Jahrh.* 1926); E. Bock: *Deutsche Graphik* (1922), S. 66, 67, 278; G. Piltz: *Geschichte der europäischen Karikatur* (1976), S. 101; *Der Große Brockhaus* (1930), Bd. 5, S. 633

**Erikson**, Ake
* 1924 Schweden

Schwedischer Karikaturist, Illustrator
Studium: Anders Beckmann-Schule, Stockholm (1946-48). – 1950 Studienreise nach England. A.E. zeichnet für die Presse und für Verlage. Von ihm stammen Cartoons ohne Worte, gezeichnete Gefühle, Gedanken, Eindrükke. Illustrationen für ca. 40 Bücher, u.a. für die schwedische Ausgabe von Erich Kästners *Die verschwundene Miniatur*. Veröffentlichungen in der Bundesrepublik, u.a. in *Heiterkeit braucht keine Worte*.

**Erk**, Emil
* 1871

Pressezeichner, Karikaturist
Mitarbeiter beim *Narrenschiff*, danach bei *Der wahre Jacob*. – Themen: Politische Karikaturen mit sozialdemokratischer Tendenz (Innenpolitik).
Lit.: G. Piltz: *Geschichte der europäischen Karikatur* (1976), S. 226f

**Erler**, Fritz
* 15.12.1868 Frankenstein/Schlesien
† 11.07.1940 München

Maler, Zeichner, Jugendstil-Künstler/kam 1895 nach München
Studium: Kunstschule Breslau, bei Albrecht Bräuer, Académie Julian, Paris (1892-94). – Mitarbeiter der *Jugend* (erstes Titelblatt der *Jugend* und weitere 31 Titelblätter). 105 Illustrationen in den ersten 10 Jahren. Star-

kes Engagement für die stilistische Erneuerung des Kunstgewerbes (um 1892). Gründungsmitglied der Künstlervereinigung „Scholle" (1899). Regelmäßige Ausstellungen im Glaspalast. Bühnenausstattung für Eröffnung des „Künstlertheaters" (Goethes Faust 1908). In der Malerei schuf er dekorative Wandbilder (Wiesbadener Kurhaus, 1907, und Haus Neisser, Breslau, 1908). Im Ersten Weltkrieg Kriegszeichner an der Westfront, ab 1919 ansässig in Holzhausen/Ammersee. – Themen: Symbolisch-stilisierte Jugendstil-Illustrationen mit expressiver Ausdruckskraft im Stil der *Jugend*.
Lit.: F.v. Ostini: *F.E.* (1921); L. Hollweck: *Karikaturen* (1973), S. 129, 131, 133-35, 139; H. Hofstätter: *Jugendstilmalerei* (1969), S. 164, 189, 190-93, 223, 238; *Das große Lexikon der Graphik* (o.J. Westermann)

**Ernst**, Helen
* 1914
† 1949
Pressezeichnerin
Mitarbeit an der kommunistischen Presse, u.a. der *Roten Fahne*. 1933 Flucht nach Holland, dort 1940 verhaftet, KZ Ravensbrück, Befreiung 1945 durch alliierte Truppen.
Lit.: G. Piltz: *Geschichte der europäischen Karikatur* (1976), S. 273

**Ernst**, Hans-Eberhard
* 1933
Zeichner/Berlin
Kollektiv-Ausst.: „Satiricum '84", Greiz
Lit.: Ausst.-Kat.: *Satiricum '84*

**Ernsting**, Volker
* 1941 Bremen
Freischaffender Pressezeichner, Karikaturist/Bremen-Vegesack
Studium: Staatliche Kunstschule Bremen (8 Semester). – Werbegraphiker in einem Bremer Warenhaus, Schriftgraphiker beim *Weser-Kurier* (1963-64), seit 1965 freischaffend. Veröffentlichungen in *Pardon, Journal, Revue, Brigitte, Kölner Stadt-Anzeiger*, jahrelanger Mitarbeiter von *Hörzu* u.a. Im Ausland: Polen, CSSR, Italien. Comic-Serien: *Mike Macke* (15 Folgen), *Mike Macke – Das Erbe von Monte Mumpitzi* (29 Folgen), *Mike Macke und der Piratensender* (15 Folgen), *Hein Daddel – der dufte Dänen-Detektiv* (15 Folgen), *Mücken, Mike und heiße Bohnen* (15 Folgen). Ab 1970: *Prominenten-Comic-Krimi* (36 Folgen), *Sherlock Holmes und das Geheimnis der blauen Erbse* (mit 73 Fernsehstars), *Hals- und Beinbruch* (1966-83). Porträt-Karikaturen-Serien: *Spaß mit Fußball – Das deutsche WM-Aufgebot, WM-Sonderdienst – Sammelspaß mit unseren Fußballstars*, Neu: *Spaß mit Fußball-Stars* (Porträt-Karikaturen), *Der Hörzu-Rätsel-Expreß, Die fröhliche Hörzu-Galerie, Telebühne Bonn* (Porträt-Karikaturen). Buch-Illustrationen zu *Bremer Stadtmusikanten, Vom Fischer und seiner Frau* u.v.a. – Themen: Humor, Satire, Porträts, Werbung, Titelblätter, Themenseiten, Suchspiele.
Kollektiv-Ausstellungen: Bonn, Bremen, Bremerhaven, Frankfurt, Mailand, München, Vechta
Publ.: *Sherlock Holmes und das Geheimnis der blauen Erbse*; *Goldrausch* (Olympia-Buch); *und läuft und läuft* (1983); *Bremer Kluten; Zu vorne sagt man Bug; Pommes mit Ketchup*
Lit.: Ausst.-Kat.: *Zeitgenossen karikieren Zeitgenossen* (1972), S. 218; H.O. Neubauer: *Im Rückspiegel/Die Automobilgeschichte der Karikaturen 1886-1986* (1985), S. 238; *70mal die volle Wahrheit* (1987); H.P. Muster: *Who's Who in Satire and Humour* (2) 1990, S. 60-61

**Escher**, Reinhold
* 1905 Hamburg
Pressezeichner, Karikaturist/Hamburg
Studium an der Landeskunstschule Hamburg. – Seit Anfang der dreißiger Jahre freischaffender Pressezeichner. Veröffentlichungen in *Hamburger Anzeiger, Hamburger Illustrierte* und *Funkwacht*. Themen: Illustrationen, humoristische Karikaturen, Humorseiten. Für die *Hamburger Illustrierte* entstanden „Die Abenteuer des Vollmatrosen Hein Ei". – Während des Krieges zeichnete R.E. Episoden aus der Baukompanie „Wir Flieger mit den schwarzen Spiegeln" (2 Bde). Nach dem Kriege hat er Kinderbücher illustriert. Er begann 1948 bei *Hörzu*, mit Illustrationen und Humorseiten. Ab Heft Nr. 43/1949 erster „Mecki"-Zeichner. Die erste Mecki-Seite erschien in Nr. 38/1951. Vorläufer waren die Geschichten „Wettlauf zwischen Hase und Schildkröte" (Nr. 32/1951) und „Charly mit den Eisbären" (Nr. 37/1951). Ab 1952 erschienen die „Mecki"-Bde. Bd. 1 „Mecki im Schlaraffenland" zeichnete R.E., die restlichen 12 zeichnete Wilhelm Petersen. – Für R.E. sprang auch der Zeichner Jürgen Alexander Heß ein (ein Schüler von Prof. Wilhelm M. Busch).
Ausst.: „Die Pressezeichnung im Kriege" (Haus der Kunst, Berlin, 22.3.-20.4.1943, Kat. Nr. 164; „,Neue' Männer in Frankreich")
Lit.: Ausst.-Kat.: Eckart Sackmann: *Mecki-Maskottchen und Mythos*, Kulturamt Erlangen 1984

**Eschka**, Julius → **Titus** (Ps.)

**Esterle**, Martin
* 1870
† 1947
Österreichischer Maler, Graphiker, Karikaturist (Porträts)

Mitarbeiter bei Wiener Zeitschriften, u.a. der österreichischen humoristischen Zeitschrift *Floh*, und Plakatkünstler.
Lit.: G. Piltz: *Geschichte der europäischen Karikatur* (1976), S. 232

**Ewerbeck**, Ernst
\* 06.07.1872 Aachen

Maler, Zeichner, Illustrator, tätig in Berlin
Studium: Akademie München und Studien in Rom. – E.E. illustrierte u.a. Andersen-Märchen in karikaturistischer Art.
Lit.: Verband deutscher Illustratoren: *Schwarz-Weiß*, S. 23

# F

**F**(Ps.) → **Faust**, Arnold

**Fäcke**, Rudi
\* 11.08.1909 Hammersdorf/Schlesien (Grafschaft Glatz)
† 19.04.1981 Hannoversch-Münden
Pressezeichner, Karikaturist, Signum: „RUFA"
Förster, als Zeichner Autodidakt (Vorbild: Zeichner Hans Kossatz). R.F. begann in den frühen dreißiger Jahren als Karikaturenzeichner. Mitarbeit bei der in- und ausländischen Presse, bekannter und vielgedruckter Zeichner humoristischer und witziger Karikaturen aus dem täglichen, bürgerlichen Leben. Meist ganzseitige Themen, bevorzugt Jägerhumor.
Kollektiv-Ausstellungen: Bordighera, Tolentino, Paris, Montreal
Publ.: *Hasenpfeffer*; *Humorrido*; *Waidmannsgeheul*; *Herz für Tiere*; *Plattschüsse*; *Waidgelächter* sowie bunte Jagdpostkarten
Lit.: *Mündener Echo* (30. April 1981, Nachruf); *Mündener Zeitung* (April 1981, Nachruf); *Schöne Welt* (Nr. 1/1973); *Werbe-Fachnachrichten* (Nr. 1/1969)

**Fahrner**, Rüdiger
\* 1939 Bad Ischl/Österreich
Maler, Cartoonist
Studium: Akademie der Schönen Künste, Wien (Abschluß: Diplom als Kunstmaler), Lehramtsprüfung (bildnerischer Erzieher), Abschluß als staatlicher Skilehrer. Danach Lehr-Unterricht am Gymnasium Salzburg, ab 1972 freischaffender Künstler (Porträtmalerei). – Veröffentlichungen: Cartoons für die österreichische Presse; Arbeiten für ORF und ARD; Lehrmittelfilm *Jesus bei Zachäus*, Buch-Illustrationen für Fach- und Lehrbücher.
Ausst: (einzeln) in Salzburg, Linz
Publ.: Fach-Lehrbücher – *Freude an Leistung, Skigymnastik, Biomechanik des Turnens, Ski total* (1972), *Salzburg amadeus Mozart* (1975), *Sport, sporter, am sportesten* (1983) – Unterhaltung

Lit.: H.P. Muster: *Who's who in Satire and Humour* (Bd. 2/1990), S. 62-63

**Faisant**, Jacques
\* 30.10.1918 Laroquebron/Dép. Cantal
Französischer Karikaturist (ab 1947), Schriftsteller Hotelfachschule, verschiedene Berufe, u.a. Trickfilmzeichner (1942-45), schrieb und illustrierte eigene Novellen. Mitarbeit bei *Samedi, Paris-Presse, France Dimanche, Candide, Paris Match, Jour de France* u.a. Veröffentlichungen in Deutschland in *Neue Welt, Frankfurter Illustrierte* u.a. – Themen: Gallischer Witz, Bildergeschichten, politische Karikaturen.
Ausz.: 1962 Grand Prix de l'Humour, 1983 Prix Grand Siècle, 1986 Prix Mumm (Kategorie: Chronique, critique commentaire ou dessin), Medaille de la Jeunesse, Officier de l'Ordre Européen
Publ.: (Frankreich) *Le petit soldat*; *Adam Eve et Cain* (Comic-Folgen); *France Dimanche*; *La vie des femmes illustres* (Comic-Folgen), *Les vacances à travers l'Histoire*; *Le nouveau savoir – vivre Balnéaire*; *La BD*; *Le beau joli nouveau est arrivé* (1984); *Frime et chatiment* (1985); *Le premier qui s'en dort* (1986); (Deutschland) *Marion und der Herr Baron* und *Cornelia, benimm dich!* sowie die Comic-Folgen: *Rosen für die Damen*
Lit.: Ausst.-Kat.: *Komische Nachbarn – Drôles de voisins*, Goethe-Institut, Paris (1988), S. 128, Abb. 2/18; H.P. Muster: *Who's Who in Satire and Humour* (1) 1989, S. 60-61

**Faslić**, Hasan
\* 1937 Lipnica/Jugoslawien
Cartoonist, Illustrator/Sarajevo
Ständiger, politischer Karikaturist der Zeitung *Oslobodenje*. Bildender Künstler von Bosnien und Herzegowina, Kostümzeichner am National Theater Sarajevo und Tuzla. Themen: aktuell, politisch, zeitkritisch.
Ausst.: (kollektiv) Ljubljana, Zagreb, Novi Sad, Belgrad

Šabac, Budva, Skopje, Moskau, Gabrovo, Sofia, Akšehir, Tolentino, Marostica, Montreal, Bordighera, Straßburg, Adelaide, Canberra, Amsterdam, London, Hannover, Athen, Duisburg, Paris
Ausz.: (1968) Budva, (1968) Bosnien Herzegowina, (1969) Tolentino, (1969) Budva, (1969) Bordighera, (1969 Moskau (1970, 1971, 1972, 1975), Skopje (1972), Bordighera (1972), Belgrad (1972), Gabrovo (197...), Tolentino (1975), Bordighera (1975, 1978, 1979, 1977, 1980), Skopje (1982), Duisburg (1983), Tolentino (1985).
Publ.: In Jugoslawien in *Borba, Danas, Delo, Illustrovana politika, Nin, Osten, Nova Makedonij, Pavlika, Politika, Telex, Vjesnik*; in der Sowjetunion in *Krokodil*; in Bulgarien in Stšel; in der Schweiz in *Nebelspalter*; in Deutschland in *pardon, Frankfurter Allgemeine Zeitung. Djeka boginje Talije* (Kinder der Göttin Thalia).
Lit.: H.P. Muster: *Who's who in Satire and Humour* (Bd. 1/1989), S. 62-63

**Faust**, Arnold
\* 1918 Großkönigsdorf bei Köln
† 1984 Köln
AF (Ps.), F (Ps.)
Pressezeichner, Karikaturist, (Autodidakt)
Illustrator kölnischer Mundart-Bücher. Nebenher Volksliedsänger mit Gitarre im WDR/Fernsehen.
Ausst.: In Köln: 1976, 1977, 1978, 1983, 1984 sowie in Brüssel, Paris und den USA
Publ.: In *Welt der Arbeit, Volksstimme, Rheinische Zeitung, Kölnische Rundschau, Express, Medizin heute* u.a. Illustrationen zu P. Fröhlich: *Sulang dr Dom en Kölle steht*
Lit: H.P. Muster: *Who's who in Satire and Humour*, Bd. 3/1991, S. 66-67

**Favard**, Claude → **Bonnot** (Ps.)

**feet** (Ps.)
\* 26.12.1947 Knesbeck am Knesebach/nahe Celle
Bürgerl. Name: Johann Günther Wolfgang Vieth
Freiberuflicher Karikaturist, Graphik-Designer
Studium: Hochschule für bildende Künste Braunschweig und Berlin/West (8 Semester freie Graphik/Malerei, Informative Graphik/medizin. Zeichnen). – Veröffentlichungen in *Der Abend, Handelsblatt* u.a. Produktion oder Herausgabe von Büchern, Broschüren, Kalendern, Zeitschriften, Plakaten, medizinischen Darstellungen, Fotografie. 1981 Firmengründung: Vieth Verlag und Werbeagentur. – Themen: Tiefschwarzer Humor, Graphik-Design, politische Karikaturen, Werbegraphik, Märchenbuch.
Ausst.: „feet Cartoons", Kommunale Galerie, Berlin-Wilmersdorf (1988)
Publ.: *Berlin in Bild-Postkarten* (1987, 1988)
Lit.: *Wolkenschieber* (1986)

**Fehling**, F.F.
\* 28.11.1922 Berlin
Graphiker, Karikaturist (Autodidakt)
(Urgroßvater: der Dichter Emanuel Geibel) Zimmermannslehre, Gesellenprüfung (1941). Dann Soldat, schwere Kriegsverwundung (1945), deshalb Zeichenselbststudium. Seit Anfang der fünfziger Jahre Pressemitarbeit u.a. bei *Frankfurter Rundschau, Gute Laune, Zeit und Bild*.
Lit.: *z'hintermoos*

**Fehr**, René
\* 30.09.1945 Zürich
Schweizer Graphiker, Cartoonist/Zürich
Studium: Vatikan-Kollegium Rom (Humor). – Bekannt als „Pater Braun" in der gleichnamigen Schweizer Fernsehserie. Fiel bei Papst Pius XII. und dem gesamten Konzil in Ungnade. Veröffentlichungen in der Schweiz u.a. in *Nebelspalter, Tagesanzeiger-Magazin*, in der Bundesrepublik in *stern, Capital* u.a., Werbe-Folge: *Tip der Woche*. – Themen: Cartoons ohne Worte, aktuelle, satirische, grotesk-komische Karikaturen.
Kollektiv-Ausstellungen: Kunsthaus Zürich (1972); Wilh.-Busch-Museum, Hannover (1973); „Cartoon 75" Weltausstellung der Karikatur, Berlin/West; S.P.H. Avignon (1974, 1976); Museum Cittiadini Lugano (1977); Galerie caricatura, Düsseldorf (1978); Galerie Commercio Zürich (1978, 1982); Kunsthalle Heilbronn (1979); Galerie Trittligasse Zürich (1985); Galerie Ambiance, Luzern (1985); 1. u. 2. Internationale Cartoon-Biennale, Davos (1986, 1988)
Publ.: *Ink & Co* (1975); *R.F. Cartoons* (1977); *Grand Hotel – Bitte nicht stören ...* (1980)
Lit.: Ausst.-Kat.: *Karikaturen – Karikaturen?* (1972); Ausst.-Kat.: *Darüber lachen die Schweizer* (1973); *Festival der Cartoonisten* (1976); Ausst.-Kat.: *1. Internationale Cartoon-Biennale*, Davos (1986); Ausst.-Kat.: *2. Internationale Cartoon-Biennale*, Davos (1988); Ausst.-Kat.: *3. Internationale Cartoon-Biennale*, Davos (1990), S. 14-15

**Feiffer**, Jules
\* 1929 New York
USA-Cartoonist, Schriftsteller
Zeichnet wöchentliche Cartoon-strips, die in 79 USA-Blättern und zwei Magazinen publiziert werden, sowie Werbe-Karikaturen. Er zeichnete Bildergeschichten zu menschlichen Ereignissen, gallig-humorig, kauzig-zynisch, moralisch-resignierend, als heiteren Pessimismus. Aus der Übertreibung hat F. zwei Kunstmittel gemacht: Karikaturen und Theaterstücke. Deutsche Veröffentlichungen in *Pardon, stern* und Comic-Folgen: *Ein guter Mensch hat viele Freunde, Wo geht's lang, Mann* (als Buch 1983). Deutsche Aufführungen von Theaterstücken in

Berlin/West: *Kleine Morde* (Schillertheater-Werkstatt, August 1968), *Knock-Knock* (Schloßpark-Theater, September 1976).

**Feiks**, Eugen
\* 1878 Kaposvár/Ungarn

Ungarischer Maler, Zeichner
Mitarbeiter der *Meggendorfer Blätter* und bei Budapester Wochenschriften, mit humoristisch-satirischen Zeichnungen.
Lit.: Ausst.-Kat.: *Zeichner der Meggendorfer Blätter – Fliegende Blätter 1889-1944*, S. 17/18 (Galerie Karl & Faber, München, 1988)

**Feininger**, Lyonell
\* 17.07.1871
† 13.01.1956 New York

Expressionistischer Maler, Karikaturist, deutsch-amerikanischer Abstammung, Eltern Konzertmusiker
Studium: Kunstgewerbeschule Hamburg (1887-88), Akademie Berlin (unregelmäßig ab Herbst 1888-1891), Académie Colarossi, Paris (1892-93). – Eigentlich kam L.F. 1887 nach Hamburg, um Musik zu studieren. Nach dem Kunststudium begann er als Karikaturist und Illustrator für die *Humoristischen Blätter*. Zwischen 1893-1910 war er ausschließlich als Karikaturist tätig. Er ist Mitarbeiter bei *Ulk* (humoristisch-satirische Beilage zum *Berliner Tageblatt*), *Lustige Blätter*, *BIZ*, *Radfahr-Humor*, *Das Narrenschiff*, *Wieland* u.a., zeichnete humoristische, satirische, aktuelle und politische Karikaturen. 1904 werden seine Karikaturen auf der großen Kunstausstellung in Berlin ausgestellt. 1906 erhält er einen Vertrag mit der *Chicago Tribune*. Er zeichnet bis 1908 Comic-strips (47 Seiten): „Kin-der-Kids" und „Wee Willis Winkie's World". (In den Geschichten läßt L.F. die Natur lebendig werden, wie sie Kinder entdecken.) *The Kin-der-Kids* erschienen als Buch in deutscher Ausgabe 1975. Ab 1907 ist L.F. ausschließlich Maler. 1909 Mitglied der Berliner Secession. 1918 wird er Mitglied der Novembergruppe. 1919-33 ist er Meister am Bauhaus in Weimar und Dessau. 1924 gründet er mit Jawlensky, Kandinsky und P. Klee die Gruppe „Die Blauen Vier". 1933 in Berlin. 1936 emigriert L.F. in die USA. Er erhält dort einen Lehrauftrag am Mills College in Oakland/Kalifornien. 1937 Übersiedlung nach New York. 1945 Lehrauftrag am Black-Mountain College/North Carolina.
Lit. (Auswahl): L. Schreyer: *L.F. Dokumente und Visionen* (1957); *Expressionismus* (hrsg. Ingo Walther 1988), S. 254, 236-239; Ausst.-Kat.: *L.F. 1871-1956*, Kunsthaus Zürich (1973); *L.F. Karikaturen, Comic strips, Illustrationen 1888-1915*

**Feldbauer**, Max
\* 14.02.1869 Neumarkt/Oberpfalz
† 21.11.1948 Straubing

Maler, Zeichner, tätig in Dresden, Lehrer an der Akademie Dresden
Studium: Akademie München, bei Paul Höcker, L.v. Herterich. – Mitarbeiter der *Jugend* (Titelblätter, Zeichnungen). M.F.s Typen sind „gestandene Mannsbilder", derb, kräftig, handfest. Ebensolche „stramme Weiberleut", altbayrische Typen, Soldaten, Reiter, Kutscher, schwere Ackergäule, Braurösser, Pferde, Bauern. Humoristische, satirische und auch politische Sujets – gekonnt getroffen. Mitglied der Künstlervereinigung „Scholle". Im Ersten Weltkrieg (1914-18) malte M.F. Marine- und Meer-Motive.
Lit.: L. Hollweck: *Karikaturen* (1973), S. 11, 134, 138, 151, 152, 221; Ausst.-Kat.: *Die Münchener Schule*, S. 204

**Feldmann**, Werner Röttger → **Brösel** (Ps.)

**Felixmüller**, Conrad (Ps.)
\* 21.05.1897 Dresden
† 1977 Berlin/West

Bürgerl. Name: Felix Müller
Expressionistischer Maler, Graphiker
Studium: Kunstgewerbeschule, Dresden (1911), Akademie Dresden (1912-14), bei Dorsch, C. Bantzer. – Als bildender Künstler zeigte C.F. Vorliebe für Graphik, kubistisch-expressionistisch, unproportioniert und kantig, Dix und Grosz nahe. Seine Bilder richten sich aktivistisch in die soziologische Gesellschaft – Struktur mit sozialem Mitgefühl. 1916 erste Ausstellung im „Sturm", Begründer der Sezession Dresden (1919) und Eintritt in die KPD, Übergang zur Realität, bis zum späteren Realismus (ab 1939). 1933 als „Entarteter" verfemt. 1949-61 Professor an der Martin-Luther-Universität, Halle-Wittenberg, 1962 Emeritierung und Übersiedlung nach Berlin-West. Politisch-sozialistische Karikaturen für *Aktion* (1919), 1927 Holzschnitte für *Aktion* (von Pfemfert). 1925 *Bilder-„ABC"* (zus. mit seiner Frau Londa) für ihre Kinder Luca und Titus (um den Kindern auf ungewöhnliche und phantasievolle Art das ABC beizubringen).
Publ.: L. und C.F.: *ABC* (1925)
Lit. (Auswahl): H.-C.v.d. Gabelnetz: *C.F.* (1946); Werksverzeichnis: *C.F. Das graphische Werk* (Hrsg. G. Söhn 1975); Ausst.-Kat.: *C.F. Leben und Werk* (Lindenau Museum, Altenburg 1972); P. Vogt: *Geschichte der deutschen Malerei im 20. Jh.* (1976), S. 263/264; L. Lang: *Malerei und Graphik in der DDR* (1980), S. 265/266

**Feller**, Ludwig
\* 11.09.1925 ČSR

Tschechoslowakischer Graphiker, Karikaturist

Studium: Karls-Universität (Malerei, Graphik, Design, Psychologie). – Seit 1968 in Berlin-West, seit 1979 Lehrauftrag an der Hochschule der Künste. Internationale Veröffentlichungen u.a. in *The last Gasp-San, San Francisco, Boulder Library, Decopress*, in Deutschland in *Frankfurter Rundschau, Spontan, Pardon* und *Spielzeitung*. L.F. ist Mitglied im BDG, Bund bildender Künstler (CSSR), The American Institute of Graphic-Arts, Deutsche Gesellschaft für Semiotik. – Themen: Humoristisch-satirische Karikaturen ohne Worte.
Ausst.: CSSR, Bundesrepublik, England, USA, Kanada, Brasilien, Niederlande, UdSSR, Berlin-West (1978)
Ausz.: 11 erste Preise, 5 zweite Preise, 3 Preise in den Bereichen: Design, Zeichnen, Cartoon, Plakate
Publ.: *O Gott* (Cartoon 1971); *Ah HA* (Cartoons 1974); *Ich nehm' dich mit* (Oko-Kinderbuch 1971); *Ich spiel dir was* (Oko-Kinderbuch)

**Fellini**, Federico
\* 20.01.1920 Rimini
Führender neorealistischer Filmregisseur, Drehbuch-Autor, Zeichner, mehrfacher „Oscar"-Preisträger
Mit 12 Jahren zum Zirkus.
Studium: Jura (Rom, Bologna) – Karikaturist für die Satire-Zeitschrift *Marc Aurelio*. – Assistent bei dem italienischen Filmregisseur Roberto Rosselini. Für das Drehbuch „Rom, offene Stadt" erhielt F.F. den „Oscar" (1945). Damit begann seine Filmkarriere. Ab 1950 eigene Regie. Alle F.-Filme basieren auf spontanen Bildeinfällen, Bildvisionen, flüchtigen Ideen-Skizzen, detaillierten Szenarien, Charateren, Physiognomien, Pointen in flüchtig hingezeichneten karikierenden Skizzen auf dem Papier. Die groteske Zeichnung eskaliert zum Psycho-Comic zu F.s *Satiricon*, wie auch (1969) ein Filmtitel hieß. Der Film „La strada" mit Ehefrau Giulietta Massina (1954) erhielt insgesamt 30 Preise und 1956 den „Oscar".
Ausst.: „Fellini's Filme"; „Fellinis Zeichnungen" im Diogenes-Verlag Zürich; Hotel Continental, Berlin/West (1978); Wilh.-Busch-Museum, Hannover (1984)
Lit.: (Deutschland) u.a. Chr. Strich: *F.'s Zeichnungen* (1976); L. Betti: *F.F. – ein Porträt*; Presse: *Das Beste aus Readers Digest* (Aug. 1972); *Welt am Sonntag* (19.12.1976); *BZ* (3.5.1978, 7.3.1986); *Braunschweiger Zeitung* (8.8.1984); *Der Tagesspiegel* (11.8.1984); *Quick* (43/1984); *Der Spiegel* (42/1984, 38/1984, 7/1986); *Berliner Morgenpost* (20.1.1985); *Bunte* (6/1987)

**Fendi**, Peter
\* 04.09.1796 Wien
† 28.08.1842 Wien
Maler, Graphiker, Stecher, Lithograph
Themen: Genremalerei des Biedermeier – sentimental-elegische, oder still-humoristische Szenen aus dem Kleinbürger- und Vorstadtleben. Bildnisse und Radierungen.
Werke in der Österreichischen Galerie, Wien, Sammlung der Stadt Wien.
Lit.: Thieme-Becker (1915); (L. Grünstein); R. Hamann, *Deutsche Malerei vom Rokoko zum Expressionismus* (1925); Darmstaedter: *Künstler Lexikon* (1986), S. 224

**ffolkes**, Michael (Ps.)
\* 06.06.1925 London
Bürgerl. Name: Brian Davis Ffolkes
Englischer Cartoonist, Maler
Studium: Leigh Hall College, Essex, St. Martin's School of Art, London, Chelsea School of Art, London (Diplom-Abschluß, 1946-50). – Seit 1947 ständige Mitarbeit für *Punch* (Porträt-Karikaturen und filmkritische Cartoons). Veröffentlichungen u.a. in *Circus, Lilliput, The New Yorker, Esquire, The Daily Telegraph, The Spectator, Private Eye, Connoisseur, Sunday Express, The Nail on Sunday, Playboy, Krokodil* (UdSSR), *Basler Zeitung*. In Deutschland in: *Pardon, stern, Welt am Sonntag, Playboy* u.a. Außerdem Werbegraphik, Zeichentrickfilm, Buchillustrationen (zu Georges Mikes), Öl- und Aquarell-Malerei.
Ausst.: The Leicester Galeries, London; Arthur Jeffres Gallery London; National Film Theatre, London; Mel Calman's The Cartoon Gallery, London. Kollektiv-Ausst.: Royal Academy/London. Zeichnungen besitzen: British Museum, London; Victoria & Albert-Museum, London; British Film Institute, London; House of Humour and Satire, Gabrovo/Bulgarien; Sammlung Karikaturen + Cartoons, Basel
Ausz.: Je einen Preis in der Tschechoslowakei und in Japan
Publ.: (Deutschland) *Wenn Zeus das wüßte*
Lit.: Ausst.-Kat.: *Cartoon, 1. Internationale Biennale, Davos* (1986); H.P. Muster: *Who's Who in Satire and Humour* (1989), Bd. I, S. 66/67

**Fichtner**, Ralf Alex
\* 1952
Plakatmaler, Graphiker, Signum: „RAF"/Schwarzenberg-Neuwelt
Studium: Abendstudium an der Hochschule für bildende Künste Dresden (Außenstelle Chemnitz). – Gibt Abendunterricht für Malerei und Graphik am Kreiskulturkabinett Aue. Veröffentlichungen u.a. im *Eulenspiegel*. – Themen: Unpolitische Cartoons ohne Worte, skurril, komisch.
Kollektiv-Ausstellungen: „Satiricum '80" (1. Biennale der Karikatur in der DDR, Greiz, 1980, Anerkennungs-Preis: „Ohne Worte", „Tanne", „Reklamationen", „Raumschiff"); „Satiricum '88", „Satiricum '90" (3. Preis)
Lit.: Presse-Bespr.: *Eulenspiegel* (39/1980); Ausst.-Kat.: *Satiricum '80*, S. 24; *Satiricum '88, Satiricum '90*

**Fiebiger**, Albert
\* 30.08.1869 Bärenstein/b. Dresden
Zeichner, Illustrator, tätig in Dießem/Ammersee
Mitarbeiter beim *Süddeutschen Postillon*. Gelegentlich Mitarbeit bei der *Jugend* und bei *Ulk*.
Lit.: L. Hollweck: *Karikaturen* (1973), S. 79, 150

**Finetti**, (Guido) Gino Ritter von
\* 09.05.1877 Pisino d'Istria/Pola Friaul
(damals Österreich)
Italienisch-österreichischer Maler, Zeichner/tätig in München
Studium: Akademie München, bei Zügel, Herterich, danach in Paris. – Mitarbeiter der *Jugend*, des *Simplicissimus*, der *Lustigen Blätter* und des *Puck* (New York). Seine Zeichnungen sind Illustrationen zu aktuell-satirischen Texten. Beeinflußt von Albert Weißgeber und mit ihm befreundet. Lebte ab 1908 in Berlin. – Themen: Kapriziöse Zeichnungen von Menschen, Typen, Pferden, Münchener Leben und politische Satiren.
Lit.: L. Hollweck: *Karikaturen* (1973), S. 138, 159, 160, 161, 174; G. Piltz: *Geschichte der europäischen Karikatur* (1976), S. 222

**Finck**, Werner
\* 02.05.1902 Görlitz
† 31.07.1978 München
Kabarettist, Theater- und Filmschauspieler, Hobbykarikaturist
Witzig-geistvoller Zeitsatiriker, Gründer und Direktor des Berliner Kabaretts *Katakombe* (1929-1935); Berufsverbot. Seit 1948 Leiter des Kabaretts *Die Mausefalle* in Stuttgart, ab 1951 in Hamburg, ab 1954 in München.
Publ.: *Neue Herzlichkeit* (1931), *Das Kautschbrevier* (1938), *Was jeder hören kann* (1948), *Aus der Schublade* (1948), *Fin(c)kenschläge* (1953, 1965), *F. in Amerika* (1966), *W.F. Zwischendurch/Erste Versuche mit dem Heiteren, W.F. Alter Narr – was nun?*
Lit.: Hrg. K. Budzinski: *Witz als Schicksal, Schicksal als Witz* (1966); H. Heiber: *Die Katakombe wird geschlossen* (1966); *Brockhaus Enzyklopädie* Bd. 6 (1968), S. 266; Bartel F. Sinhuber: *Stich-Worte zu Vor-Nach- und Zuschlagen* (1982)

**Fips** (Ps.)
\*     1900 Nürnberg
Bürgerl. Name: Philipp Rupprecht
Autodidaktisches Studium mit besonderer Begabung für Karikaturen (Darstellung politisch-antisemitischer Themen). Pressezeichner. In der Inflationszeit ausgewandert nach Argentinien. Dort tätig als Kellner und Dekorateur. Seit 1925 Verbindung mit der von Julius Streicher gegründeten antisemitischen Zeitschrift *Der Stürmer*. 1925 Rückkehr von Buenos Aires nach Nürnberg. Seitdem Hauptzeichner für den *Stürmer* und Pressezeichner im Reichsverband der Deutschen Presse. F.s Generalthemen von Karikaturen: antisemitisch, politisch-aggressive Hetze und NS-Propaganda. 1938 wurden Fips-Karikaturen in der Zeitschrift *Deutsche Presse* als Aufklärungsarbeit in der Judenfrage herausgestellt. 1928 zog F. für längere Zeit nach München und kam danach nach Nürnberg zurück. Ab 1969 übersiedelte er endgültig nach München, registriert als Kunstmaler und Dekorateur.
Publ.: Er illustrierte *Der Giftpilz* (1938); Erzählungen von Ernst Hiemer und *Trau keinem Fuchs auf grüner Heid – und keinem Jud bei seinem Eid!*
Lit.: M. Rühl: *Der Stürmer und sein Herausgeber* (Diplomarbeit)

**Fischer**, Carl
\* März 1900 Frankfurt/M.
† Mai 1974 Frankfurt/M.
Pressezeichner, Karikaturist, Signum: „CEF"/Cefischer/CEFISCHER
Nach einer Graphiker-Ausbildung begann CEF früh als Zeichner von Bildgeschichten, die meist unter Tieren spielten. Er arbeitete für die *Fliegenden Blätter* und die *Lustigen Blätter* und war ab 1930 ständiger Mitarbeiter der *Frankfurter Illustrierten*. CEF zeichnete humoristische, allgemeine, ganzseitige Themen. Er schuf die Illustrationen zu *Gullivers Reisen, Ulenspiegel, Simplicissimus, Reineke Fuchs*, Lithographien und Aquarelle, sowie Plakate für die Werbung. Außerdem Bilderfolgen: *Oskar und Evelyne, Simsala Bimbo, Wie ist die Welt so sonderbar*. Ab 1953 veröffentlichte er in der *Frankfurter Illustrierten* 10 Jahre lang den *Kater Oskar*, ein Familienvorstand einer vielköpfigen Katzenfamilie mit komischen Szenen aus dem Familienleben. Die Folgen erschienen auch als Bücher. CEF hatte im Zweiten Weltkrieg (1945) beide Arme verloren. Sein Hauptwerk hat er allein mit dem Mund gezeichnet. Er war das prominenteste Mitglied im Bund der mund- und fußmalenden Künstler.
Ausst.: CEF Frankfurt (1965)
Ausz.: Bundesverdienstkreuz Erster Klasse (1965)
Publ.: *Pingi und die Schatzinsel; Oskar der Familienvater; Oskars Abenteuer; Frech wie Oskar; Oskar Lausbubereien; Oskar und Lumpi; Oskar wird Schloßherr*
Lit.: *Das große Buch des Lachens* (1987)

**Fischer**, Fritz
\* 17.03.1911 Unterwiesenthal/Erzgebirge
Graphiker, Illustrator, Karikaturist in München
Veröffentlichungen u.a. im *Simplicissimus* sowie Illustrationen zu Werken von Hauff, Poe, E.T.A. Hoffmann, Balzac u.a. und zu Willy Menzel *Illustrierte Zwiebelfische*, zu Pflanzenbüchern *Blumen der schwäbischen Alb* (1957) und *Sonnenblumen* (1959) von K. Mahler. – Themen:

Satirische Graphik, Vignetten zu *Die Reise nach Laputa* (1965), eine satirische Folge, die sich mit der Misere der Kunstkritik befaßt.
Lit.: R.W. Eichler: *Die tätowierte Muse* (1965), S. 52, 69, 79, 146; *Brockhaus-Enzyklopädie* (1968) Bd. 6, S. 295

**Fischer**, Hans → Fischerkoesen (Ps.)

**Fischer**, Hans
* 06.01.1909 Bern
† 19.04.1958 Interlaken

Schweizer Graphiker, Illustrator, Signum: „fis"
Studium: Kunstgewerbeschule Zürich, bei Karl Hügin, Otto Meyer-Amden (1928-30), Abendkurse bei Fernand Léger, Paris (1930-31). – H.F. begann mit Holzschnitt- und Linolschnitt-Illustrationen, zu Werken von Aristophanes und La Fontaine, erster Steindruck 1938, erste Radierung 1943 („Le Chat botté"), „Inselfisch", 1946/47 „Urnäscher Kläuse", die knorrigen „Monstres merveilleux" (keine erschreckenden Monstren, sondern faszinierende Darstellungen), die „Poissons á l'étoiles", die „Eulen und Katzen", „Der Traumbaum", „Das Traumschiff", Illustrationen zu „L'Homme déguisé en homme". Zwischen 1955-57 entstanden die abstrakten Zeichnungen zu *Gardien de l'Inconnu*, zuletzt die „Kalligraphischen Figuren", eine „Reduktion des Körperlichen auf Zeichen und Formen", die ihn neben Paul Klee stellen. H.F. war ein Fabulierer von Märchen und Fabeln, humorvoll, versponnen, kritisch. Er spann diese weiter aus, ergänzt durch kalligraphische Linien zu ausdrucksvollem Linienspiel für Kinderbücher (großes Echo in vielen Ländern). Zwischen 1932-36 zeichnete er für die Schweizer satirische Zeitschrift *Nebelspalter* seine „gezeichneten Redensarten", veröffentlichte u.a. in der *Weltwoche*. – Mehrere Jahre war H.F. auch Bühnenbildner für das Kabarett *Cornichon*. Ferner hat er farbenfrohe Wandbilder für Schulen gemalt. 1954 entstanden die Wandfriese an der Flughalle in Kloten.
Ausst.: Paris (1951), Biennale Venedig (1952), New York (1953), London (1953), Bern (1959), Zürich (1972)
Ausz.: Internationale Graphikausstellung „Bianco e Negro" Lugano (1954) I. Preis, Graphik-Biennale Saõ Paulo (1955) 1. Preis
Publ.: *Unter drei Augen* (1953)
Lit.: *H.F., genannt „fis"*, Einl. v. R. Wehrli, mit Aufzeichnungen des Künstlers und Textbeiträgen v. C. Bernouilli u. E. Morgenthaler (1959); *Brockhaus-Enzyklopädie* (1968), Bd. 6, S. 295; S. Melot: *Die Karikatur – das Komische in der Kunst* (1975), S. 93, 94, Abb. 74; Ausst.-Kat.: *Karikaturen – Karikaturen?*, Kunsthaus Zürich (1972); Ausst.-Kat.: *H.F.*, Kunstmuseum Bern (1959)

**Fischer**, Hans
* 1928 Roth/bei Gelnhausen

Karikaturist, Signum: gezeichneter Fischerhaken
Studium: Werkkunstschule Offenbach. – H.F. veröffentlichte seit den frühen fünfziger Jahren humoristische Karikaturen, u.a. in *Quick, Constanze, Nebelspalter, Münchener Illustrierte, stern, Neue Illustrierte*; im Ausland in *Punch, Paris Match*. Themen und Bilderfolgen: *Original dargeboten und zum besseren Verständnis ergänzt von H.F., Vor 60 Jahren war sie modern: die gute alte Zeit; Ein Denkmal dem Erfinder, Das Denkmal des verkannten Genies*. H.F.s Zeichnungen haben die Komik im Bild, es sind Zeichnungen, die für sich selbst sprechen. Der kräftige Strich konzentriert sich auf die notwendigste Darstellung.
Kollektiv-Ausst.: Kunsthalle Recklinghausen (1972)
Publ.: *Nur zum Spaß* (Cartoons); *Von der richtigen Behandlung der Ärzte* (Werbeschrift Hrsg. Hoffmann La Roche Ag, Grenzach)
Lit.: Ausst.-Kat.: *Zeitgenossen karikieren Zeitgenossen* (1972), S. 229; *Heiterkeit braucht keine Worte*

**Fischer**, Hans Jürgen → Kastor (Ps.)

**Fischer-Coerlin**, E.
* 22.08.1853 Coerlin

Zeichner, Graphiker, tätig in Berlin
Ausbildung in Berlin. – Themen: Humoristische Zeichnungen, Märchenbilder, historische Illustrationen.
Lit.: Verband deutscher Illustratoren: *Schwarz-Weiß*, S. 135

**Fischer-Hinnen**, Henri
* 1844
† 1898

Schweizer satirischer Zeichner
Mitarbeiter der humoristisch-satirischen Zeitschrift *Postheiri* (dem Vorläufer des *Nebelspalter*). F.-Hinnen zeichnete Themen aus dem kleinbürgerlichen Schweizer Milieu mit radikaler Tendenz.
Lit.: G. Piltz: *Geschichte der europäischen Karikatur* (1976), S. 230

**Fischerkoesen**
* 1896 Bad Kösen/a.d. Saale
† Mai 1973 Mehlem/Rhein

Bürgerl. Name: Hans Fischer, mit zugesetztem Geburtsort, später nur noch Fischerkoesen
Bis 1918 war F. Soldat, autodidaktischer Karikaturenzeichner, Animation von Karikaturen für den Film. 1919 erster Zeichentrickfilm „Das Loch im Westen", Chef der Werbeabteilung der UFA, dadurch zum Werbezeichenfilm. Im Zweiten Weltkrieg Produzent für Lehrfilme für die Wehrmacht (deshalb Beschlagnahme seiner Villa in Potsdam und zweieinhalb Jahre in einem KZ in der da-

maligen SBZ). 1948 in Westdeutschland (französische Besatzungszone – die Werbefilme freigegeben hatte). In Bad Neuenahr begann F. als erster im Nachkriegsdeutschland Werbefilme zu produzieren. 1956 errichtete er in Mehlem sein „Fischer-Koesen-Studio", ein Unternehmen mit 60 Mitarbeitern und einer jährlichen Produktion bis zu 35 Werbefilmen. Der Erfolg seiner Werbefilme lag in einem gesunden, volkstümlichen Humor und der Bildsprache seiner Gags. F. produzierte im Zweiten Weltkrieg drei lustige Zeichenfilme, zwei davon nach den Ideen des Zeichners Horst v. Möllendorff *Verwitterte Melodie* und *Der Schneemann* (1942) sowie *Das dumme Gänslein*. Nach 1945 nur noch risikolose Werbefilme.
Lit.: Presse: *Der Spiegel* (v. 29.8.1956)

**Fischetti**, John R.
\* 1916
Englisch-amerikanischer Cartoonist
Mitarbeit vorwiegend am *Punch* u.a., in den USA an *Chicago Daily News*. Nachdrucke in der Bundesrepublik, u.a. in: *Der Spiegel, Die Welt, Handelsblatt*. – Themen: Politisch-satirische Karikaturen.
Lit.: *Heiterkeit braucht keine Worte*

**Flashar**, Max
\* 03.07.1855 Berlin
† 1915 Neupasing/b. München
Porträt- und Genremaler in Neupasing
Studium: Akademie Weimar, Akademie München, Akademie Berlin, bei Knaus. – M.F. zeichnete humoristische Blätter aus der eleganten Welt und deren Gesellschaftsschilderung. Er sah Menschen und Dinge von der liebenswürdigen Seite, als humorvolles Genre. Seit 1883 war er Mitarbeiter der *Fliegenden Blätter*.
Lit.: G. Hermann: *Die deutsche Karikatur im 19. Jahrhundert* (1901), S. 76; L. Hollweck: *Karikaturen* (1973), S. 97; Verband deutscher Illustratoren: *Schwarz-Weiß*, S. 89; E. Fuchs: *Die Karikatur der europäischen Völker*, Bd. II, S. 414

**Fleischer**, Max
\* 1889 Österreich
† 1972 USA
Zeichentrickfilm-Animator, Trickfilmpionier
M.F. kam als Kleinkind mit den Eltern nach New York. Er zeichnete im 1. Weltkrieg Unterrichtsfilme für die US-Army. Nach dem Ende des Krieges gründete er mit seinem Bruder Dave ein Trickfilm-Studio und produzierte u.a. Serientitel für die Kinos, *Out of the Inkwell* (aus dem Tintenfaß) mit „Ko-Ko", dem Clown. 1928 entwickelte er *Betty Boop*, seinen Star aus Tusche, eine Parodie auf die Damen der Zwanziger Jahre. M.F. hatte als filmtechnischer Erfinder insgesamt 26 Patente, davon 15 für Animationen. M.F. arbeitete u.a. die Film-Versionen von *Popeye the Sailor* (Popeye der Spinatmatrose von E.C. Segar; bis 1957 = 231 Zeichenfilm für Paramount). *Betty Boop* lief 1985 über Sat I, als Reprise.
Ausz.: 1973 erhielt er posthum den ersten „Oscar" für Animatoren.
Lit.: Reinhold T. Reitberger/Wolfgang J. Fuchs: *Comics/Anatomie eines Mediums*, S. 32; Masssimo Moscati: *Comics und Film*, S. 182; Presse-Besprechung: *Hörzu* Nr. 29/1985

**Flemig**, Kurt
\* 15.05.1909 Leipzig
Karikaturist, Journalist, Werbefachmann
Studium: Fernkursus: Zeichnen, Graphik, Malen (1926-28, Abschluß-Diplom), Karikaturzeichnen, Kursus von *Jugend*-Zeichner Erich Wilke (1927-29), Flächen-Kunstschule Krefeld, bei Johannes Itten (1934), Publizistisches Seminar Berlin bei Prof. Emil Dovifat (1938/39), Filmakademie Babelsberg (Regie und Zeichentrickfilm-Animation, 1939/40), Meisterschule für Graphik, Druck und Werbung, Berlin (Examensabschluß: Die Karikatur in der Werbung, 1952-54). – Arbeitsgebiet: humoristische Karikaturen (seit 1927) bei ca. 500 Zeitungen und Zeitschriften in der deutschen und ausländischen Presse und im Ausland (Österreich, Schweiz, Niederlande, Belgien, Frankreich, Italien, England, Finnland, USA, Mexiko). Ca. 80.000 Veröffentlichungen sowie Beiträge (Kulturelles Feuilleton – Journalist seit 1934), Werbe-Karikaturen, Glückwunsch-Karten, Farb-Postkarten – über 10 Jahre den Strip *Köpfchen* (Drogisten-Werbung) sowie mehrere Jahre den Familienstrip *Familie Fröhlich*, sowie die Folgen *Verquerszeichen* und *Menschlicher Zoo*. Illustrative Mitarbeit an 40 Büchern und zwei eigene Karikaturen-Bände (1958): *Heitere 5-Tage-Woche, Heiter durch das Jahr*. K.F. beschäftigt sich beruflich und wissenschaftlich mit der Geschichte der Karikatur und besitzt eines der größten Privat-Archive und eine umfangreiche Bibliothek auf diesem Gebiet.
Sammel-Ausstellungen: u.a. Freie Kunstausstellung Berlin/West (1979), Internationale Cartoon-Ausst. Berlin/West (1975, 1977, 1980), Salone Internazionale dell'Humorismo, Bordighera (1973), Feminisme et antifeminisme, Maison de l'Europe, Straßburg (1975), Karikaturisten, Kunstamt Wilmersdorf (1978), 11. Biennale Internazionale dell'Umorismo nell'Arte, Tolentino (1981), Best cartoons of the World (New York 1955, 1956); Museum: 2 farbige Originale im Heimatmuseum Hersbruck/Franken
Ausz.: Zweiter Preis für die Werbefiguren „tick + tack" (1953 Union-Verlag Dortmund), Zweiter Preis: Hygiene ist alles (1964 Verlag Zeitung für kommunale Wirtschaft, München)

Lit. (Auswahl): *Kürschners Graphiker-Handbuch* (1960); *Journalisten-Handbuch* (1965); *Who's Who In Germany* (1982-83); *Wer ist wer? – das Deutsche Who's Who* (1984/85). Über 30 Pressebesprechungen in verschiedenen Publikationen des In- und Auslands zwischen 1939-89. K.F.-Interview (zum 70. Geburtstag am 15. Mai 1979), SFB-Sendung „Kaleidoskop", K.F.-Interviews (SFB-Sendung „Nachbarn" v. 3.3.1984/Reporter Götz Kronburger), K.F.-Interview (Abendschau SFB v. 13. Mai 1984/Reporter Erika Lippki)

### Flick, Pit
* 1929 Wuppertal

Gebrauchsgraphiker, Karikaturist
Studium: Werkkunstschule Wuppertal. – Veröffentlichungen u.a. in *Neue Illustrierte*. Durch Werner Höfer kam er im Dezember 1957 zum Westdeutschen Rundfunk als freier Mitarbeiter, als Karikaturist für gelegentliche Karikaturen zu aktuellen Ereignissen. Danach verpflichtete Walter Erasmus P.F. zum ständigen wöchentlichen Kommentator in Bild und Wort (humoristisch-satirisch). Danach – ab 1967 – verantwortlich für die graphische Gestaltung des Regionalprogramms des WDR. Für das Presse- und Informationsamt der Bundesregierung gestaltete P.F. die Anzeigen-Serie: *Europa – Urlaub 1978: Deutschland ist ein Gespräch wert*. – Themen: Humoristische, aktuelle Porträt-Karikaturen.
Lit.: Presse-Besprechungen: u.a. *Rheinische Post* (25.2.1967); *Der Spiegel* (31/1978)

### Fliege, Fritz
* 14.06.1892 Erlangen
† 27.01.1955 München

Bürgerl. Name: Ernst Penzoldt (das Pseudonym benutzte er ab 1926 für seine humoristischen Karikaturen)
Schriftsteller, Bildhauer, Zeichner und Silhouettenschneider
Studium: Akademie Weimar (1911-13), Akademie Kassel (1913-14). – E.P. schrieb launige, liebenswürdige, geistreiche, romantische Erzählungen, Romane, Komödien, Essays, Lyrik, Erinnerungen: *Das Nadelöhr* (1948), *Gesammelte Schriften* (4 Bde. 1946-62).
Publ.: (Graphik) *Allerlei Humore* (Scherenschnitte 1913); *Fliegende Kleckse* (1913); *Der dankbare Patient* (mit Zeichnungen 1955); *Was ich der Welt abgeguckt* (mit 50 Zeichnungen 1956)
Lit.: E. Heimeran: *E.P. Lebensabriß und Werkverzeichnis* (1942); U. Lentz-Penzoldt: *E.P. Leben und Werk* (1962); Böttcher-Mittenzwei: *Dichter als Maler* (1980), S. 294-97; A. Vollmer: *Allgemeines Lexikon der bildenden Künstler des 20. Jahrhunderts* (1956); Ausst.-Kat.: *Die Zwanziger Jahre in München* (1979), S. 641

### Flinsch, Peter
* 24.04.1920 Leipzig

Graphiker, Karikaturist
Mitarbeit an *Der Insulaner*. – Themen: Karigraphishe Illustrationen.
Lit.: *Der Insulaner* (1/1949)

### Flinzer, Fedor
* 04.04.1832 Reichenbach/Vogtland
† 1911 Leipzig

Maler, Zeichner, Zeichenlehrer
Studium: Akademie Dresden, bei Schnorr v. Carolsfeld und Ludwig Richter. – Beamteter Zeicheninspektor in Leipzig, galt als Autorität im deutschen Zeichenunterricht. F.F. zeichnete nebenberuflich Illustrationen von intimer Naturbeobachtung und liebenswürdigem Humor, humoristisch-satirische Mensch-Tier-Karikaturen in der Art des französischen Zeichners Grandville. Mitarbeiter bei der Humorzeitschrift *Dorfbarbier*.
Publ.: (Kinderbücher) *Frau Kätzchen*; *König Nobel*; *Tierstruwelpeter* und das Lehrbuch des Zeichenunterrichts an deutschen Schulen.
Lit.: E. Roth: *100 Jahre Humor in der deutschen Kunst*; G. Piltz: *Geschichte der europäischen Karikatur* (1976), S. 205; *Spemanns Goldenes Buch der Kunst* (1905), Nr. 1269

### Flora, Paul
* 29.06.1922 Glurns/Vinschgau Südtirol

Graphiker, Karikaturist, Illustrator, international bekannt. Seit 1945 freischaffender Graphiker, Innsbruck.
Studium: Kunstakademie München (in der Klasse von Olaf Gulbransson (1942-44), den er erst 1957 persönlich kennenlernte). – P.F. zeichnete politische, satirische, humoristische, poetische, hintersinnige Karikaturen, Glossen, Illustrationen, grotesk-komisch, ironische Pointen bei intensivster Themengestaltung. Alles bei knappster Formulierung. Seine künstlerischen Vorbilder: Kubin, Klee, Steinberg, Feininger. Veröffentlichungen in *Das Lebens-ABC*, *Wochenpost* (1954-57), *Tiroler Tageszeitung* (alle in Innsbruck). 1957-71 in *Die Zeit*, zwischendurch *Nebelspalter*, *Neue Zürcher Zeitung*, *Die Presse* (Wien), *Süddeutsche Zeitung*, *Die Welt*, *Spectator* und *Observer*. P.F. schuf Bühnenbilder für das Akademie-Theater, Deutsches Schauspielhaus Hamburg. Briefmarken-Entwürfe für das Fürstentum Liechtenstein. Nach 1971 freie Graphik.
Ausst.: 28 nationale und internationale Ausstellungen zwischen 1945-1986, Flora-Graphiken u.a. in: Albertina Wien, Museum der Stadt Wien, Tiroler Landesmuseum Ferdinandeum, Städtische Galerie Linz
Ausz.: Österreichischer Staatspreis (1956), Professoren-Titel durch das Österreichische Unterrichtsministerium (1962), Ehrenzeichen Land Tirol, Mitglied der

Bayerischen Akademie, Großes Bundesverdienstkreuz, Ehrenring der Stadt Innsbruck
Publ.: (Co-Autor) *Floras Fauna* (1953); *Das Musenross* (1955); *Ein Schloß für ein Zierhuhn* (1956); *Menschen und andere Tiere* (1958); *Das Schlachtross* (1957); *Trauerflora* (1958); *Vivat Vamp* (1959); *Delirium feriarum* (1961); *Der Zahn der Zeit* (1961); *Ach, du liebe Zeit* (1962, 1964); *Die Männchen* (1964); *Königsdramen* (1966); *Ich im Auto* (1966); *Veduten und Figuren* (1968); *Diogenes Portfolio* (1968); *Der gebildete Gartenzwerg* (1969); *Zeitvertreib* (1969); *Die verwurzelten Tiroler und ihre bösen Feinde* (1970); *Als der Großvater auf die Großmutter schoß* (1971); *Premières* (1971); *Der bürgerliche Wüstling* (1972); *Hungerburger Elegien* (1975); *Penthouse* (1977); *Von Auto bis Zentauren* (1978); *Frühe Zeichnungen* (1979); *Der blasse Busenfreund* (1979); *Vergebliche Worte* (1981); *Nocturnos* (1982); *Winzige Werke* (1982); *Variationen zu Wagner* (1983); *Brotlose Berufe* (1983); *Die Turnübungen der Älpler* (1983); *Von Musen und Dämonen* (1984); *Die Raben von San Marco* (1985); *Pfeifer Huisile* (1985) sowie Illustrationen zu Werken von: A. Morien, Hildesheimer, O. Wilde, E. Kästner, G. Mikes, Scarpi, Aimé, Dunsany, Leonhard, v. Merveldt, Moldova, Rosendorfer, Weigel, Würthle u.a.
Lit. (Auswahl): *Who's Who In Graphic Art* (I + II), 1962, 1982; *Persönlichkeiten Europas/Österreich* (1975); H.P. Muster: *Who's Who in Satire and Humour* (1), 1989, S. 68/69; Ausst.-Kat.: *P.F.*, Wilh.-Busch-Museum, Hannover (1984); Fernsehen: Berlin III (v. 23.10.1970): *P.F.*, Film von Carl Lamb und ARD (v. 18.7.1985)

**Floris**, Andreas
\* 1948 Budapest
Ungarischer Cartoonist, seit 1968 in der Bundesrepublik
Nach einem Kunststudium arbeitet A.F. als Kunsterzieher in Nürnberg, er zeichnet nebenher Cartoons. Veröffentlichungen in der bundesdeutschen Presse. – Themen: Cartoons ohne Worte, aktuell, satirisch-kritisch.
Ausst.: Galerie Jule Hammer, Berlin/West, Europa-Center (1980)
Publ.: *Energie – aber wie* (Cartoons)
Lit.: Presse-Bespr.: *B.Z.* (18.4.1980)

**Fluck**, Peter
\* 1941 Cambridge
Englischer Karikaturist (freiberuflich)
Studium: Cambridge School of Art. – P.F. arbeitet mit Roger Law zusammen. Ihre Zielscheiben: Prominenz; ihr Talent: schwarzer Humor und handwerkliches Können. Ihre Puppensatiren finden auch in der internationalen Presse Beifall und Beachtung, bleiben ohne Kommentar des englischen Königshauses, bei anhaltender Begeisterung des Publikums.
Lit.: Presse: *Der Spiegel* (Nr. 40/1980)

**Focke**, Hermann
\* 1926 Den Haag/Niederlande
Niederländischer Karikaturist
Studium: Kunstgewerbeschule Amsterdam. – H.F. zeichnet seit 1949 Cartoons ohne Worte, Illustrationen in der Tagespresse und für Wochenzeitschriften in Holland und im „benachbarten Europa". H.F. schreibt auch Kindererzählungen, Märchen, die er sich selbst illustriert. Veröffentlichungen in der Bundesrepublik, u.a. in *Schöne Welt*.
Lit.: Presse: *Schöne Welt* (Oktober 1974)

**Folon**, Jean-Michel
\* 01.03.1934 Marker/Brüssel
Belgischer Graphiker, Cartoonist, seit 1960 in Frankreich (seit 1963 Burey-par-Baumont/Paris)
Studium: Architektur (abgebrochen). – Veröffentlichungen u.a. in *Le Nouvelle Observateur, L'Express, Paris Match, Fortune, The New Yorker, Time, Punch, Esquire, Graphis, Zürcher Woche, Arts, Bizarre, Constellation, Réalités*, in Deutschland in: *Die Zeit, Pardon*. Weitere Arbeiten: Gemälde: „Magic City" Metro-Haltestelle Brüssel (1974), „Peinture" (150 m$^2$) Waterloo Station London (1975). Illustrationen zur Literatur von Kafka (1973), Lewis Carroll (1973), J. Prévert (1978), R. Bradbury (1978). Film: J.-M.F. über den Zeichner Saul Steinberg. – Themen: Zeitsatirische Graphik, Cartoons ohne Worte, Werbe- und Filmgraphik (für das französische und belgische Fernsehen, experimentelle Kurzfilme für TV „Antenne". Stil: Saul Steinberg-Strich.
Kollektiv-Ausstellungen: 2. Biennale Tolentino „Gold-Medaille" (1963), Kunsthaus Zürich (1972), Société Protectrice de l'Humour Avignon (1975, 1976)
Publ.: *Esprit Linear* (dt. 1963); *Le message* (mit Giorgio Soavi, 1967); *Le mort d'un arbre* (1973); *Lettres à Giorgio* (1975); Portfolio: Les Ruines Circulaires (J.L. Borges 1974)
Lit.: Ausst.-Kat.: *Karikaturen – Karikaturen?* (1972); Ausst.-Kat.: *Musée des arts décoratifs*, Paris (1971); M. Glaser: *Folons Poster* (publ. in USA, Frankreich, Italien); G. Soavi: *Vue imprenable* (1974); *Who's Who In Graphic Art* (I, 1968, II, 1982), S. 334, 873; *Festival der Cartoonisten* (1976); Presse: *Pardon, Zürcher Woche* (18.1.1963); *Graphis* (156/1971-72); Fernsehen: WDR (12.2.1984): *Design Plakat J.-M.F.*

**Forain**, Jean-Louis
\* 23.10.1852 Reims
† 11.07.1931 Paris
Französischer Zeichner, Karikaturist, Autodidakt
J.-L.F. begann als humoristischer Zeichner in der Art von

A. Grévin, später an Impressionisten geschult. Er war Mitarbeiter von französischen Witzblättern und zeichnete kritische, satirische, humoristische und politische Blätter zur Zeit in reicher Stoffauswahl, wie Daumier, die er auch in Sammelbänden publizierte. Als Albert Langen den *Simplicissimus* gründete, forderte er neben anderen französischen Zeichnern auch J.-L.F. zur Mitarbeit auf, daraus entstand eine gelegentliche Mitarbeit.
Publ.: *La comédie Parisienne* (1892); *Les temps difficiles* (1893); *Album de Forain* (1893)
Lit.: L. Hollweck: *Karikaturen* (1973), S. 7, 168; *Der große Brockhaus* (1930), Bd. 6, S. 380; M. Guerin: *J.L.F.* (1910); Ch. Künstler: *F.* (1931)

**Forchner**, Ulrich
\* 1949 Tauchlitz/Elster
Graphiker, Karikaturist/Leipzig
Studium: Hochschule für Graphik und Buchkunst, Leipzig (1970-75). – Lehre als Landschaftsgestalter (1966-68), nach dem Studium, ab 1975, freiberuflich tätig, seit 1958 in Bayern. Mitbegründer der *Neuen Leipziger Schule* (1988). Veröffentlichungen in: *Zürcher Weltwoche*, *Süddeutsche Zeitung*, *Wertpapier*, *Nebelspalter*, *Esquire* u.a. – Themen: Buchillustrationen, Cartoons, Plakate, Druckgraphik.
Ausst.: Weltweite Beteiligungen an Cartoon-Ausstellungen/Preise: 1980 Weltcartoonale Knokke/Heist – Belgien – 2. Preis (Silberner Hut), 1985 Anti-War-Salon Kraguievac/Jugoslawien – 1. Preis (Goldene Plakette), 1985 DDR-Cartoonale Greiz – 3. Preis (Bronzener Äsop), „Satiricum '78", „Satiricum '82", „Satiricum '84", „Satiricum '86", „Satiricum '88" Greiz
Publ.: *Humor sapiens* (mit J. Müller, Reiner Schade, 1981)
Lit.: Ausst.-Kat.: 2. Internationale Cartoon-Biennale, Davos (1988); Ausst.-Kat.: Denk ich an Deutschland ... Karikaturen aus der Bundesrepublik (1989), S. 153; Ausst.-Kat.: III. Internationale Cartoon-Biennale, Davos (1990), S. 16-17; Ausst.-Kat.: *Satiricum '78*, *Satiricum '82*, *Satiricum '84*, *Satiricum '86*, *Satiricum '88* Greiz

**Forster**, Michael
\* 1950
Graphiker/Hannover. Signum: „Fo"
Ausst.: 3. Preis im „Quick"-Cartoon-Wettbewerb (1987)

**Förster**, Harri
\* 1931
Zeichner/Berlin
Ausst.: „Satiricum '80" 1. Biennale der Karikatur der DDR, Greiz, 1980: „Wilde Studie im Park"
Lit.: Ausst.-Kat.: *Satiricum '80*, S. 8

**Foßhag**, Bengt
\* 1940
Graphiker, Karikaturist/Frankfurt
Veröffentlichungen in *Brigitte*, *Freundin* u.a. B.F. entwarf die rosaroten Elefanten für die Werbung „rosarote Zeiten" der deutschen Bundesbahn. – Themen: Illustrationen in karikaturistischer Manier; in *Brigitte*: „Reisekiste", Psychothemen, Tests.
Lit.: Presse: *Brigitte* (13/1986)

**François**, André
\* 09.11.1915 Temesvar (Timisoara)/Rumänien
Rumänisch-französischer Graphiker, Karikaturist
Studium: Akademie Budapest (1932/33), 1934 Übersiedlung nach Paris, 1935 Ecole des Beaux-Arts, Paris, 1935/36 Schüler beim Plakatmaler A.M. Cassandre. – Tätig als Werbegraphiker (Plakate, Werbefilme, UNICEF-Karten, Spielkarten). Ab 1944 Karikaturist, Veröffentlichungen in Frankreich, England, USA, u.a. in *Punch*, *Liliput*, *Vogue*, *Humanité*, *Dimanche*, *The New Yorker*, *Holiday*, *Fortune*. Ständiger Mitarbeiter bei *La Tribune des Nations* (politische Karikaturen). Dekorationen für französische und englische Balletts, zwischen 1956-60 insgesamt 60 Illustrationen zu ca. 20 Werken der Weltliteratur, u.a. zu Balzac, Diderot, Huxley, Prevert.
Ausst.: in Paris, New York, Amsterdam, Hannover, Avignon, Recklinghausen und Zürich
Publ.: (u.a.) *Double Bedside Book*; *The Tattooed Sailor*; *The Bitting Eye*; *Les Larms de Crocodile*; *The half-naked knight*; *The Eggzereise Book*; (in Deutschland) *Krokodilstränen*; *Mit gesträubten Federn*; *Heikle Themen*; *Frivolitäten* (zus. mit Chaval, Mose)
Lit. (Auswahl): *Who's Who in Graphic Art* (I + II), S. 160, 335, 873; The Penguin: *A.F.* (1964); Ausst.-Kat.: *A.F.*, Wilh.-Busch-Museum, Hannover (1967); *Zeitgenossen karikieren Zeigenossen*, Recklinghausen (1972), S. 219, Kat. 111-123; *Karikaturen – Karikaturen?*, Kunsthaus Zürich (1972) S. 64; Presse: *Graphis* (Nr. 44/1952, Nr. 76/1958); *Arts* (Paris, Aug. 1958); *Horizon* (New York Mai 1959); *Jardin des Arts* (Dez. 1966); *Gebrauchsgraphik* (1954, 1957, 1972); *Pirelli* (1960); *Idea* (1965)

**Frank**, Alfred
\* 28.05.1884 Lahr/Baden
† 12.01.1945 Dresden (hingerichtet)
Maler, Graphiker, politischer Karikaturist
Studium: Akademie Leipzig (1912). – Mitarbeiter der *Sächsischen Arbeiterzeitung* (1923-33). Kriegsteilnehmer 1914-18, 1918 Mitglied des Arbeiter- und Soldatenrates in Leipzig, 1919 KPD-Mitglied, 1928 Mitbegründer der Leipziger ASSO (Assoziation revolutionärer bildender Künstler Deutschlands). Lehrer an der MASCH. Seit 1931 Künstlerischer Leiter der „Interessengemeinschaft

für Arbeiterkultur" (IfA). 1933 erste Verhaftung, 1934 zweite Verhaftung (6 Monate Gefängnis) wegen „Verbreitung hochverräterischer Druckschriften". Zeichnet 1943 die Schablone „Hunger! Das alles verdanken wir dem Führer". Aktiv in der „Schumann-Engert-Gruppe" für das „Nationalkomitee Freies Deutschland". Verhaftet durch die Gestapo, verurteilt und hingerichtet am 12.1.1945. – Themen: Politische kommunistische, antifaschistische Karikaturen, illegale Flugblätter, Agitationsschablonen, Plakate, KPD-Propagandamaterial.
Lit.: I. Krause: *Die Schumann-Engert-Kresse-Gruppe*, S. 91f (1960); G. Piltz: *Geschichte der europäischen Karikatur* (1976), S. 264, 273f; *Künstlerbiographien/Oeuvre-Kat. der Druckgraphik: A.F.*, S. 25 (Museum der bildenden Künste Leipzig 1974); Ausst.-Kat.: *Revolution und Realismus*, Berlin DDR (1978/79); *Widerstand statt Anpassung*, S. 265

**Frank**, Hugo
\* 1892 Stuttgart

Gebrauchsgraphiker, Schriftsteller, Karikaturist
Studium: Kunstgewerbeschule Stuttgart, bei Kolb. – In den Kriegsjahren (1914-18) Verwundeten-Zeichenlehrer, Ausstellungsleiter. Mitarbeiter für die *Meggendorfer Blätter* (ab 1917), *Westermanns Monatshefte*, ständiger Mitarbeiter der *Fliegenden Blätter, Lustigen Blätter, Ulk*. Mitarbeiter von Familien-Blättern, illustrierten Zeitschriften im In- und Ausland. H.F. lebte 14 Jahre in Berlin, reiste viel und hat darüber als Reporter geschrieben und seine Reiseberichte humoristisch illustriert, aquarelliert, fotografiert. – Themen: Volksleben und Sinn für die Idylle, „ein Meister des sachlichen Humors".
Lit.: Ausst.-Kat.: *Die Zeichner der Meggendorfer Blätter, Fliegende Blätter 1889-1944*, S. 18 (Galerie Karl & Faber, München 1988); *Fliegende Blätter, Meggendorfer Blätter*, S. 6 (Galerie J.H. Bauer, Hannover 1979)

**Frankenstein**, Wolfgang
\* 05.05.1918 Berlin

Graphiker, Karikaturist
Veröffentlichungen u.a. in *Der Insulaner*.
Lit.: Presse: *Der Insulaner* (3/1948)

**Franquin**, André
\* 1934 Belgien

Belgischer Comic-Zeichner
Erfinder des schwarz-gelben Fabel- und Kuscheltiers „Marsilupami", ein kauziger Urwald-Held mit einem 8 Meter langen Schwanz – spricht nur zwei Worte „Huba" und „Hopp" (1989: 250.000 verkaufte Exemplare). Erfolgreiches Comeback nach 20jähriger Pause (wegen Depressionen).

Ausst.: In Grenoble (Frankreich) und beim Treffen der Comic-Macher (1990)
Lit.: Ausst.-Kat.: *4. Internationaler Comic-Salon*, Erlangen (1990); Presse: *Bunte* (14/1990)

**Freese**, Jürgen
\* 01.04.1904 Berlin

Fotomonteur
Skurrile Fotomontagen, bevorzugt Frauenbildnisse, die er verfremdet.
Lit.: Presse: *Der Insulaner* (Nr. 2/1948)

## FREMURA
\* 1936 England

Britischer Karikaturist
Veröffentlichte hauptsächlich im *Punch*, in der Bundesrepublik in *stern*, *Hörzu* u.a. – Themen: Humoristische Zeichnungen.
Lit.: *Heiterkeit braucht keine Worte*

**Frenz**, Achim
\* 1957 Bremerhaven

Zeichner/Redakteur
Studium: Kunststudium in Kassel. – Veröffentlichung von aktuellen Tageskarikaturen in *Pflasterstrand* (Stadtzeitung in Kassel).
Lit.: *70mal die volle Wahrheit* (1987)

**Freyer**, Erich
\* 1909 Hannover
† 1941 September (gefallen Rußland)

Pressezeichner, Karikaturist, Signum: „F. Erich"
Studium: Architektur. – Seit den frühen dreißiger Jahren Zeichner humoristischer Karikaturen. Mitarbeit bei: *Berliner Illustrirte Zeitung, Lustige Blätter, Die Dame, Kölnische Illustrierte Zeitung* u.a. F.s Karikaturen behandelten allgemeine bürgerliche Themen, sind herzlich und oft von idyllischem Humor.
Publ.: *Christine* (über sein Töchterchen)
Lit.: Presse: *Berliner Illustrirte Zeitung* (v. Nov. 37/1941, Nachruf)

**Friedländer**, Lieselotte
\* 1898
† 1973

Berliner Pressezeichnerin
L.F. zeichnete vor allem Mode, die mondäne Frau der zwanziger Jahre, gelegentlich auch humoristische Zeichnungen, mit modischem Schick. Mitarbeit u.a. bei *Die Dame* und *Ulk*.
Ausst.: Haus am Lützowplatz, Berlin-West
Lit.: *Berliner Pressezeichner der zwanziger Jahre*

**Friedrich**, Christian
* 1770 Greifswald
† 1843 Greifswald

Tischler und Holzschneider
Bruder des romantischen Landschaftsmalers Caspar David Friedrich (1774-1840). Von C.F. stammen einige Blätter voll derben Humors im Geiste des 18. Jahrhunderts.
Lit.: E. Roth: *100 Jahre Humor in der deutschen Kunst*

**Friedrichs**, Werner
* 1936 Detmold

Maler, Graphiker
Studium: Hochschulen der bildenden Künste Hamburg und Berlin. – 1960-67 Tätigkeit als Werbegraphiker, seit 1967 selbständig in Hamburg. Veröffentlichungen in: *Deutsches Allgemeines Sonntagsblatt, reutlinger drucke* u.a. – Themen: Symbolisch, satitisch-groteske Graphik.
Einzel-Ausstellungen: Galerie Altschwager, Hamburg (1974), Galerie im Zimmertheater, Münster (1974), Lippische Gesellschaft für Kunst e.V. Detmold (1976), Norderstedter Kunstverein e.V., Norderstedt (1977), Galerie Alfermann, Solingen (1977), Galerie Marsyas, München (1979). Ständige Ausstellung Galerie Rolandshof, Remagen-Rolandseck, zahlreiche Sammel-Ausstellungen.
Lit.: *Presse: reutlinger drucke*

**Friese**, Gustav
* 12.12.1910 Berlin

Graphiker, Pressezeichner, Karikaturist
Mitarbeit bei *Frankfurter Illustrierte, Lustige Blätter, Neue I.Z., Weltbild, Revue, Quick, Zeit im Bild, Neue Illustrierte, Neue Berliner Illustrierte* u.a. Als Pressezeichner und Graphiker: Modezeichnungen, Buchgraphik, Werbegraphik. Beteiligung an der Internationalen Karikaturen-Ausstellung im Archivarion Rolf Roeingh (1951).
Lit.: *Archivarion* (3/1948), S. 48

**Frischmann**, Marcel
* 1900 Lemberg (Lwow)
† 1952 London

Maler, Zeichner
Studium: Kunstgewerbeschule Berlin, bei Emil Orlik (ab 1904 in Berlin, ab 1926 in München). – Mitarbeit beim *Simplicissimus* bis 1933, bei *Querschnitt, Uhu, Berliner Tageblatt* (Ulk). M.F. zeichnete z.T. politische, humoristisch-satirische Karikaturen im Stil des *Simplicissimus*. 1933 Emigration nach Frankreich, Dänemark, Belgien, Australien, zuletzt England (änderte in der Emigration seinen Namen in „Frishman"). Zwischen 1933-37 arbeitete F. als Trickfilm-Zeichner. M.F. galt als Staatenloser und bekam kaum künstlerische Arbeitsmöglichkeiten. Durch das ungewohnte Klima hatte er sich in Australien ein Herzleiden zugezogen.

Lit.: *Der freche Zeichenstift* (Hrsg. H. Sandberg 1968), S. 45, 47; G. Piltz: *Geschichte der europäischen Karikatur* (1976), S. 254

**Fritsche**, Burkhardt
* 1952 Mölln

Cartoonist, Illustrator
Studium: Akademie Düsseldorf, Universität Münster. – Veröffentlichungen in: *Pardon, Die Zeit, Vorwärts, Konkret, Sozialmagazin*, Gewerkschaftspresse und Alternativzeitungen. Seit 1972 in Münster, Mitbegründer des *Münsteraner Stadtblatte* und dessen Zeichner. Seit 1985 Lehrauftrag an der Universität Münster.
Publ.: (u.a.) *Im Land des Lächelns*
Lit.: *70mal die volle Wahrheit* (1987); *Eifersüchtig?* (1987)

**Fröhlich**, Bernhard
* 1823
† 1885

Zeichner, Karikaturist
F. zeichnete u.a. demokratisch-politische, humoristisch-satirische Karikaturen für die Münchener Satirezeitschrift *Leuchtkugeln*.
Lit.: F. Couring: *Das deutsche Militär in der Karikatur*, S. 50

**Fröhlich**, Ernst
* 1810 Kempten
† 1882 München

Maler, Illustrator
Studium: Akademie München. – 1848/49 in Düsseldorf, Zeichner für die *Düsseldorfer Monatshefte*. Ab 1849 ständig in München und ständiger Mitarbeiter der *Fliegenden Blätter* und der *Münchener Bilderbogen*. E.F. bevorzugte Themen aus dem bayerischen Volksleben (70 Blätter, darunter 16 „Scheibenbilder") aus dem Hochgebirge: Senner, Jäger, Holzfäller. Ferner zeichnete er Humoresken und Buchschmuck (Genre, Tiere und Landschaften). E.F. illustrierte die Mundartdramen von Kobell: *Anleitung zur Angelfischerei* und *Nutzen und Schaden der Vögel*.
Lit.: L. Hollweck: *Karikaturen* (1973), S. 23, 97, 98; G. Hermann: *Die deutsche Karikatur im 19. Jahrhundert* (1901), S. 69; L. Clasen: *Düsseldorfer Monatshefte* (1847-49), S. 483

**Frohn**, Axel
* 1951 Berlin

Journalist, Cartoonist/Berlin
Studium: Journalistik/Abendstudium Hochschule für Graphik und Buchkunst Leipzig. – Wirtschaftsredakteur bei der *Berliner Zeitung*. Veröffentlichungen in *Eulen-*

*spiegel* u.a. – Themen: Humoristisch-satirische Cartoons ohne Worte, ganzseitige Cartoon-Themen.
Kollektiv-Ausstellungen: „Satiricum '80" (1. Biennale der Karikatur in der DDR, Greiz, 1980: „Totalschaden", „Der Mond ist aufgegangen", „Satiricum '84", „Satiricum '86", „Satiricum '88", „Satiricum '90"
Lit.: Ausst.-Kat.: *Satiricum '80*, S. 8; *Satiricum '82*; *Satiricum '84*; *Satiricum '86*; *Satiricum '88*; *Satiricum '90*; Presse-Bespr.: *Eulenspiegel* (19/1979)

### Frühauf, Anton
\* 1914 Meran

Studium: Handelsakademie, Akademie für angewandte Kunst, Technische Hochschule. – Zeichen-Lehramt in München. Hobby-Karikaturist, vor allem von ausländischen Monstrositäten, als Tirolensien. Als Metall-Designer erhielt er für seine Arbeiten Preise und Goldmedaillen.
Publ.: *Umwelt und Umwelt* (Karikaturenbuch, 1987)

### Fuchs, Heinz
\* 09.12.1919 Bremen

Graphiker, Karikaturist, Illustrator
Studium: Kunstschule. – Kriegsschule bis 1945, danach Kaufmannslehre abgebrochen. Mitarbeit bei den *Bremer Nachrichten* und freischaffende Tätigkeit für Fernsehen, Industrie und Wirtschaft.
Publ.: *Strichweise heiter*
Lit.: Ausst.-Kat.: *Turnen in der Karikatur* (1968)

### Fuchs, Peter → FUCHSI (Ps.)

### Fuchs-Monsey
\* 12.02.1876 Freudenstadt

Maler, Zeichner
Seine künstlerische Ausbildung erhielt F.-M. beim Historienmaler E. Hamtzog in Berlin. F.-M. zeichnete humoristische Bilder für die Presse (allgemeine Themen). Als Maler schuf er lyrische Bilder und Porträts.
Lit.: Verband deutscher Illustratoren: *Schwarz-Weiß*, S. 48

### Füchsel, Franz
\* 1927 Skaerbaek/Jütland (Dänemark)

Pseudonym: „Skaerbaek"
Graphiker, Karikaturist, Kinderbuch-Autor
Studium: Kunsthandvaerkerskolen (Werbegraphik). – 1949 freiberuflicher Cartoonist, in den fünfziger Jahren Zusammenarbeit mit den dänischen Zeichnern Holbek und Quist. F.F. ist seit 1958 Mitarbeiter für *Ekstra Bladet* (täglich) und für *Hjemmet* (wöchentlich). Seit 1950 werden seine Karikaturen in der westeuropäischen Presse durch eine Bildagentur vertrieben, darunter auch diejenigen in der deutschen Tagespresse. Er ist Zeichner der Comic-strips *Barbarossa* und *Die Abenteuer des Monsieur Dupont*. Von ihm stammen auch verschiedene dänische Kinderbücher. Mitarbeit bei humoristischen Anthologien. – Themen: Meist Humorzeichnungen ohne Worte – wegen der internationalen Verständlichkeit, aber auch mit Textwitzen.
Kollektiv-Ausstellungen: (seit 1970) Montreal, Knokke-Heist, Istanbul, Kopenhagen, Oslo, Stockholm
Ausz.: Carlsberg Talent (1963), Golden Drawing Pen (1983)
Publ.: (Dänemark) *Füchels fjollerie* (1985)
Lit.: H.P. Muster: *Who's Who in Satire and Humour* (2) 1990, S. 66-67

### FUCHSI (Ps.)
\* 1950 Dillenburg (a.d. Dill)

Bürgerl. Name: Peter Fuchs
Alternativer Cartoonist, Comic-Zeichner
Studium: Hochschule der Künste Berlin (Graphik 1971-75), Freie Universität (Publizistik 1977-81). – Vor dem Studium Setzerlehre (1966-69). Veröffentlichungen in: *tageszeitung* (taz), *journalist*, *rAd ab!* (Comicmagazin), *Kopf hoch Kalender, Friede Freude, Eierkuchen* (Co-Autor). – Themen: Alternativ.
Publ.: *Zorro I, Zorro II*
Lit.: *Wenn Männer ihre Tage haben* (1987); *70mal die volle Wahrheit* (1987); Ausst.-Kat.: *3. Internationaler Comic-Salon*, Erlangen (1988); Presse: *Deutsches Allgemeines Sonntagsblatt* (28/1984)

### Fuck, Bruno (Ps.)
\* 1902 Plovdiv/Bulgarien
† 1966 Bulgarien

Bürgerl. Name: Boris Angeluschew
Bulgarischer Maler, Pressezeichner, politischer Karikaturist
Studium: in Berlin. – Zeichnete ab 1924 in Berlin für die deutsche kommunistische Presse, u.a. für *Rote Fahne*, *Der Knüppel*, *Arbeiter Illustrierte Zeitung* (A.I.Z.) und für die Agitprop-Abteilung des Zentral-Komitees der KPD. 1933 Emigration in die Schweiz, danach Tschechoslowakei. 1935 Rückkehr nach Bulgarien, tätig als Maler und Graphiker (Gemälde, Illustrationen, Plakate). 1945 Ernennung zum Volkskünstler, Staatspreis. 1962 Dimitroff-Preis, Verdienter Künstler des Volkes.
Lit.: G. Piltz: *Geschichte der europäischen Karikatur* (1976), S. 261ff, 309; *Der freche Zeichenstift* (1968), S. 316-318

### Führich, Joseph
\* 09.11.1800 Kratzau/Böhmen
† 13.03.1876 Wien

Historienmaler, Illustrator (später geadelt)
In Rom schließt J.e. sich den Nazarenern unter Overbecks Führung an. In Österreich gilt er als einer der größten Meister dieser Richtung. Während seines Romaufenthaltes in der deutschen Künstlerkolonie hat er das „fröhliche Künstlerleben" karikiert.
Lit.: H. Geller: *Curiosa* (1955), S. 35-38; *W. Spemanns Kunstlexikon* (1905)

**Furrer**, Jürg
\* 23.08.1939 Sisikon/Uri
Schweizer Graphiker, Karikaturist/Zug
Pressezeichner seit 1966. Seine Karikaturen wurden veröffentlicht in *Nebelspalter, Femina, Playboy, Tages-Anzeiger, Natürlich, SKZ* u.a., in Deutschland in: *Süddeutsche Zeutung, med, Pardon* u.a. J.F. arbeitet für Kinderbuch- und Jugendbuch-Verlage in der Schweiz, England, Deutschland, Holland, Japan, USA. Er ist Jurymitglied am Internationalen Salon dell'Umorismo, Bordighera. – Themen: Humoristische, satirische Cartoons (teilweise ohne Worte), Werbung.
Kollektiv-Ausstellungen: u.a. Kunsthalle Recklinghausen (1972), Wilh.-Busch-Museum, Hannover (1973), Berlin, Gabrovo, Genf, Heilbronn, Knokke-Heist, Luzern, Mailand, Warschau, Wien, Zug
Ausz.: Silbermedaille Skopje, Diplom Tolentino, Golden Pen, Belgrad, Goldene Diana Novi Sad, Goldene Dattel, Goldene Palme, Bordighera
Lit.: *Darüber lachen die Schweizer* (1973); *Zeitgenossen karikieren Zeitgenossen* (1972), S. 229; Ausst.-Kat.: *Karikaturen – Karikaturen?* (1972), S. 64, G34, G170, H44, T13; *Gabrovo* (1977) Bulgarien; *1. Internationale Cartoon-Biennale*, Davos (1986); *2. Internationale Cartoon-Biennale*, Davos (1988); *3. Internationale Cartoon-Biennale*, Davos (1990);

**Fürst**, Edmund
\* 1874
† 1955
Pressezeichner, Illustrator
Themen: Volkstümliche Szenen
Lit.: *Zeichner der Zeit*, S. 110, 148

**Fusely**, Henry → **Füßli**, Johann Heinrich (Ps.)

**Füsser**, Hans
\* 1898 Düsseldorf
† 1959 Düsseldorf
Maler, Karikaturist, Gebrauchsgraphiker
Gelernter Kaufmann, wechselte er – angeregt von den Zeichnungen von Paul Simmel in den Beruf des Karikaturisten und war 22 Jahre lang der Hauszeichner der in Düsseldorf erscheinenden *Wochenschau*. H.F.s Humor war von rheinischer Fröhlichkeit geprägt, sein Stil von Paul Simmel. Ein Zeichner der Familienidylle und der bürgerlichen, unpolitischen Menschen. Als kriegsbedingt seine Pressemitarbeit entfiel, zeichnete H.F. Gebrauchsgraphik, vervollkommnete sein graphisches Werk, die Malerei (zahlreiche Wandbilder und Glasmalereien, u.a. Wandgemälde im Treppenhaus der höheren Schule in Waldniel – Glasfenster in der Versuchsanstalt des Hüttenwerkes Rheinhausen). Seit 1938 war er in Hinsbeck (Niederrhein) ansässig. Jedes Jahr war er als rheinischer Künstler am Düsseldorfer Karnevalszug beteiligt. Im Februar (1959) erlitt er dabei einen tödlichen Unfall. H.F. schuf die Illustrationen zu dem Buch *Die drei frohen Gesellen mit der Laterna magica* von Theo Rausch sowie die Bilderfolge *Jackel und Bastel*.
Ausst.: Große Kunstausstellung Düsseldorf (1926), Das junge Rheinland, Düsseldorf (1927), Rheinische Sezession, Düsseldorf (Porträt-Karikaturen) (1929)
Lit.: *H.F. der rheinische Karikaturist* (Vorwort H. Eulenberg, 1950); I. Homberg: *Der Maler H.F.* In: *Das Heimatbuch des Grenzkreises Kempen/Krefeld/Kalender für das Jahr 1958*, S. 79-81; *Das große Buch des Lachens* (1987); Presse: *Rheinische Post* (Febr. 1959, Nachruf)

**Füßli**, Johann Heinrich
\* 06.02.1741 Zürich
† 16.04.1825 Putney Hill, bei London
(Name in England: Henry Fusely)
Maler, Zeichner, Dichter, Kunstschriftsteller
Studium: Theologie. – J.H.F. stammt aus altem Züricher Geschlecht (Handwerker, Glockengießer, Künstler, Staatsmänner, Gelehrte, Verleger (Orell Füßli), Kunsthändler), er lebte fast 40 Jahre in England. Bis 1769 war er vorwiegend Schriftsteller und Zeichner, erwähnenswert sind die autodidaktischen Jugendzeichnungen, u.a. zum *Eulenspiegel* oder zu Lavaters *Physiognomik*. J.H.F. mußte aus oppositionellen politischen Gründen Zürich verlassen. Seit 1764 in London. Einflüsse durch den Maler Joshua Reynolds. Er illustrierte Shakespeare, Milton, Dante, Vergil, das Nibelungenlied und die Bibel. Stil: Heroisches Pathos, übersteigerte Bewegungen, leidenschaftlicher Ausdruck, düstere Lichtstimmungen. Seine Hauptwerke sind: „Der Rütlischwur", „Der Nachmaler" (1781), „Die Sünde vom Tod verfolgt". In England war er ein gefeierter Künstler, 1790 Mitglied, 1804 Direktor der Akademie London.
Ausst.: Karikaturen – Karikaturen?, Kunsthaus Zürich (1972)
Publ.: Lectures on painting (1-2, 1801-20)
Lit.: (Auswahl) *The life and writings of H.F.* (1831, 1-3); P. Ganz: *Die Zeichnungen J.H.F.'s* (1947); G. Schiff: *Die Zeichnungen von J.H.F.* (1959); Ausst.-Kat.: *Karikaturen – Karikaturen?* (G35), Kunsthaus Zürich (1972)

**Fütterer**, August
*     1865
†     1927

Humoristischer Zeichner aus dem süddeutschen Raum, Signum: „A.F."

Mitarbeiter der *Meggendorfer Blätter* (1094 Illustrationen humoristischer Karikaturern bayrischer Typen) und der *Fliegenden Blätter*.

Lit.: L. Hollweck: *Karikaturen* (1973), S. 89

# G

**Gabelentz**, Auguste von
* 1827
† 1890
Zeichnerin
Angehörige des sächsischen Adels, aufgeführt in „Gotha". Vermutlich als Zögling im Pensionat von Rudolph Toepffer, um Französisch und Zeichnen zu lernen (Toepffer hat bis 1845 ein Pensionat für Sprachschüler unterhalten). Nach dem Vorbild Toepffers zeichnete A.v.G. eine Bilderposse mit französischen Texten „Histoire de M' de Vertpré et de sa Menagère aussi" (Erlebnisse des Pensionärs Vertpré (Grünwiese) bei einem Landaufenthalt).
Lit.: Ausst.-Kat.: *Bild als Waffe* (1984), S. 79

**GAD** (Ps.)
* 1905 Lyon
Bürgerl. Name: Claude Gadoud
Karikaturist, Graphiker/Paris
Studium: an der École des Beaux Arts in Lyon. – Ab 1926 bei Publicité Labasque/Straßburg, von 1928-30 in der Plakatdruckerei Comis/Paris, 1930-39 Leiter des Graphischen Ateliers Labasque/Straßburg. Danach unterhielt GAD ein eigenes Werbeatelier. Ab 1939 Soldat, 1941 Internierter in der Schweiz, ab 1945 in Lyon, ab 1946 freiberuflicher Karikaturist.
Veröffentlichungen in *Coeurs Vaillants, France Dimanche, Ici Paris, Jour de France, Hebdo, Paris Match, Samedi Soir* u.a., in der Schweiz in: *Schweizer Magazin, Schweizer Illustrierte* u.a., in Deutschland in der *Tagespresse* und in Illustrierten durch Presseagenturen (*Frankfurter Illustrierte, Neue Revue, Bunte Illustrierte, Münchener Illustrierte*).
Ausz.: Prix de l'Académie Rabelais (1964)
Publ.: *En suivant le crayon de GAD* (1963); *Y à plus d'Enfants*
Lit.: H.P. Muster: *Who's Who in Satire and Humour* (1) 1989, S. 70-71

**GAL** (Ps.)
* 03.08.1940 Brüssel
Bürgerl. Name: Gerard Alsteens
Belgischer sozial-kritischer Zeichner
Veröffentlichungen in *Pardon*. GALs Themen: Kapitalisten und Ausbeuter, Gut und Böse, Kapitalisten – Sozialisten, Machtpolitik und Profitmaximierung, Ausbeutung von Menschen und menschlichem Lebensraum. Bekannt ist seine Farb-Lithographie: „Carter à le Vinci".

**Galanis**, Demetrius
* 1880 Griechenland
Griechischer Zeichner, Holzschneider
Naturalisierter Franzose seit 1914. Mitarbeiter der französischen Witzblätter *Rire* und *L'Assiette au beurre*. Er veröffentlichte humoristische Zeichnungen zur Unterhaltung, selten Satire, keine politischen Karikaturen. In Deutschland war D.G. Mitarbeiter der *Lustigen Blätter* (von Pascin eingeführt) und gelegentlich des *Simplicissimus*.
Lit.: G. Piltz: *Geschichte der europäischen Karikatur* (1976), S. 171, 217, 221; *Simplicissimus 1896-1914*, S. 246

**Galantar**, Gabriele → **Rata Langa** (Ps.)

**Ganf**, Juli
* 1898
† 1973
Sowjetrussischer Zeichner, Karikaturist
Mitarbeiter beim *Krokodil* (seit 1924). J.G. ist einer der alten Mitarbeiter, die den „Krokodil-Stil" bis zum Ende der zwanziger Jahre mitgeprägt haben. Seine Zeichnungen waren politische Satire und antifaschistische Agitation. Veröffentlichungen in der DDR-Presse u.a. in *Tägliche Rundschau* und *Eulenspiegel*.
Lit.: G. Piltz: *Geschichte der europäischen Karikatur* (1976), S. 246, 249, 283, 292

**Gantriis**, H.
* 1918 Dänemark
Dänischer Karikaturist
Veröffentlichungen in skandinavischen Zeitungen und Zeitschriften sowie in der Bundesrepublik und auch in Humor-Anthologien. – Themen: Cartoons ohne Worte. Für Illustrationen in Schulbüchern zeichnet H.G. ebenfalls verantwortlich.
Lit.: *Heiterkeit braucht keine Worte*; *Heiter bis wolkig*, S. 169

**Garvens**, Oskar
* 20.11.1874 Hannover
† 1851 Berlin
Bildhauer, Karikaturist
Als Bildhauer ausgebildet (monumentale Genreplastiken), seit 1919 ausschließlich politischer Karikaturist und ab 1924 ständige Mitarbeit für den *Kladderadatsch*. O.G.s Zeichnungen sind meisterhaft gegliedert und klar formuliert. Thematisch liegen sie auf der national-politischen Linie des *Kladderadatsch*.
Lit.: *Kladderadatsch – die Geschichte eines Berliner Witzblattes von 1848 bis ins Dritte Reich*, hrsg. v. Ingrid Heinrich-Jost (1982), S. 330; H. Dollinger: *Lachen streng verboten*, S. 190, 211, 222, 234, 235, 246, 258, 259, 269; *Faksimile-Querschnitt Kladderadatsch*, S. 15, 135, 187, 189, 194, 197, 199, 200, 202, 206

**Gaudy**, Franz Freiherr von
* 19.04.1800 Frankfurt/Oder
† 05.02.1840 Berlin
Berufsoffizier, Dichter, Zeichner
(Vater: preußischer Generalleutnant, Prinzenerzieher) Bis 1838 war G. Offizier, danach freier Schriftsteller. Nach Schwabs Rücktritt, zusammen mit A.v. Chamisso Redakteur des *Deutschen Musenalmanachs*. Als Literat verfaßte er humorvoll-satirische Gedichte in der Art von H. Heine. In G.s Leben gab es Händel, Duelle, Schulden, Strafversetzungen und sogar Festungshaft. Seit 1823 hat er seine Zeichnungen in einem Heft unter dem Namen *Hogarthiana* gesammelt. Es sind humvorvoll-satirische Karikaturen um das Leben der Offiziere in der Garnison. Eine Faksimileausgabe gab v. Zobeltitz 1906 heraus. Titel: *Das Karikaturenbuch des Franz Freiherrn von Gaudy*.
Publ.: Gedichte nach Bildern (2 Hefte 1837-39), mit Stichen und Zeichnungen von A. Schrödter, C. Schul, H. Wittich, Rembrandt, Begas und G. Savaldo, hrsg. v. F.G.
Lit.: Böttcher/Mittenzwei: *Dichter als Maler*, S. 110-111

**Gay**, Claude-Bernard
* 1946 Paris
Französicher Cartoonist, Signum: „Claude Bernard"
(Vater: Franzose, Mutter: Deutsche, aufgewachsen in Marseille)
Seit 1967 in Hamburg. Cartoonist seit 1963. Veröffentlichungen in *Welt am Sonntag, Schöne Welt, stern, Hörzu, Constanze, Hamburger Rundschau* u.a. G.s Themen sind: zeitkritisch, skurril. Er zeichnet humoristische Karikaturen, politische Themen, Cartoons ohne Worte.
Lit.: Presse u.a.: *Schöne Welt* (Febr. 1974)

**Gaymann**, Peter
* 1950 Freiburg/Breisgau
Freiberuflicher Cartoonist. Signum: „P. GAY"/Freiburg, ab 1986 Rom
Studium: Sozialarbeit (1972-76). – Tätig als Sozialarbeiter, danach Karikaturist (Autodidakt).
Veröffentlichungen in *Frankfurter Rundschau, Börsenblatt, Psychologie Heute, Die Zeit, GEW-Lehrerzeitung, Penthouse, Badische Zeitung, Brigitte, taz* (Tageszeitung), Gewerkschaftspresse u.a., freie Mitarbeit bei Werbeagenturen u.a. Seine Arbeiten sind hintersinnige Vergleiche zwischen Tieren und Menschen, er zeichnet Cartoons ohne Worte (besonders Tiere), eine Comic-Serie (*Die Zeit*), Kalender, Poster. Die Aquarelle sind Reiseskizzen, sie zeigen Stadtveduten (Griechenland, Frankreich, Italien, südliche Landschaften, dörfliche Szenen). Nebenher besuchte P. GAY Fachhochschulkurse (4).
Einzel-Ausst.: *Hühner und andere Menschen* (Haus am Lützowplatz, Berlin/West, 1987) sowie Kollektiv-Ausstellungen
Publ.: *Huhnstage; Gaymanns Lämpeleien; Tennis Champions; Flossen hoch!; Eine Beziehung ist; Hühner auf Reisen; Unheimliche Begegnungen; Kalender 1988, 1989; Ich glaub ich till; Das Kinderkochbuch*
Lit.: *70mal die volle Wahrheit* (1987); *Wenn Männer ihre Tage haben* (1987); *Störenfriede – Cartoons und Satiren gegen den Krieg* (1983); *Beamticon* (1984), S. 138; H.P. Muster: *Who's Who in Satire and Humour* (2) 1990, S. 68-69

**Gehret**, Armin
* 26.10.1923 Karlstadt/am Main
Kaufmännische Ausbildung, freischaffender Zeichner A.G. zeichnet satirische Graphik.
Lit.: Ausst.-Kat.: *Gipfeltreffen* (1987), S. 115-130

**Gehring**, Paul
* 1917
Porträt-Karikarist, speziell: Bühne und Film
Mitarbeit bei „*Der Abend*" und „*B.Z.*". Dozent an der Volkshochschule Berlin-West. Außerdem: Werbegraphik, Illustrationen.
Selbstdarstellung in „Turnen in der Karikatur" (1968): „Autobiographische Rechnung:

1917 geborener Rheinländer = heiter
ab 1928 gelernter Berliner = keß
ab 1938 Soldat = fehlentwickelt
ab 1945 Freischaffender = faul
Beruf: gelernter Chemigraph = genau
2mal verehelicht = kritisch
1mal Vater = vorsichtig
Größe 1,81 = überheblich
Haare: keine = empfindlich
Augen: hell = neugierig
Summa: ein Mensch = ein Narr"

**Gehrke**, Fritz
* 16.07.1855 Woistenthin
† 1916 Berlin

Maler, Zeichner, tätig in Berlin
Studium: an der Akademie Berlin, Schüler von Karl Gussow. – Mitarbeiter des *Kladderadatsch* (1880-82), des *Schalk* und des *Ulk* (1896-1914). F.G. ist vertreten mit humoristischen Zeichnungen, aktuellen, politischen Karikaturen, Militärs.
Lit.: G. Piltz: *Geschichte der europäischen Karikatur* (1976), S. 221; *Bärenspiegel*, S. 201; F. Conring: *Das deutsche Militär in der Karikatur*, S. 197

**Gehrts**, Johannes
* 26.02.1855 Hamburg
† 05.10.1921 Düsseldorf

Zeichner, Illustrator, Maler, tätig in Düsseldorf
Studium: an der Akademie Weimar. – Mitarbeiter der *Fliegenden Blätter* und der *Münchener Bilderbogen* von 1885-1900 (humoristische Zeichnungen) und beliebter Märchen-Illustrator.
Lit.: G. Hermann: *Die deutsche Karikatur im 19. Jahrhundert* (1901), S. 69; Verband deutscher Illustratoren: *Schwarz-Weiß*, S. 142

**Geigenberger**, August
* 16.06.1875 Wasserburg/Inn
† 05.03.1909 München

Zeichner, Karikaturist
Mitarbeiter bei *Jugend* und *Jugendblätter* (ab 1905). A.G. zeichnete humoristisch-satirische Sujets aus dem bayrischen und altbayrischen Milieu. Er selbst war ein Münchener Bohemien.
Lit.: L. Hollweck: *Karikaturen* (1973), S. 147; G. Piltz: *Geschichte der europäischen Karikatur* (1976), S. 224

**Geiger**, Willi
* 27.08.1878 Landshut/Bayern
† 01.12.1971 München

Maler, Zeichner, Illustrator
Studium: Kunstgewerbeschule, TH München (Staatsexamen als Zeichenlehrer 1900-02), Akademie München, bei P. Halm, F.v. Stuck (1903-05), Studienaufenthalt in Rom und Madrid. – Ab 1907 freischaffender Graphiker in München, ab 1911-14 in Berlin. Mitarbeiter der *Jugend* ab Nr. 37/1903, des *Süddeutschen Postillon*, von *Simpel* und *Auster* (Karikatur gegen Lenbach). Nach dem Ersten Weltkrieg Radierungen (Stierkämpfe) und Illustrationen zu Werken von Dostojewskij, Tolstoi, Kleist. 1920-22 Professor an der Kunstgewerbeschule München. Danach als Maler im Mittelmeerraum. Ab 1928 Akademie für Graphik und Buchkunst Leipzig. 1933 bezeichnet W.G. „Hitler als den größten Desperado des Jahrhunderts". Entlassung aus dem Lehramt. Vor Kriegsende (1945) zeichnet W.G. politische, antifaschistische Blätter, die 1947 veröffentlicht werden: *Zwölf Jahre* (20 Tuschzeichnungen), *Eine Abrechnung* (10 Tuschzeichnungen). 1946-50 Professor an der Akademie München, 1948 Ehrenbürger von Landshut, 1951 Kulturpreis der Stadt München, Ehrenmitglied der Bayerischen Akademie der Schönen Künste, 1953 Ausstellungen in Landshut, Würzburg, München, Madrid, 1956 Deutsche Akademie der Künste Berlin (DDR), Kunsthalle Mannheim, 1958 Großes Bundesverdienstkreuz 1. Klasse.
Lit. (Auswahl): G. Pommerhans-Liedtke: *W.G.* (1956); W. Petzel: *W.G. – Maler und Graphiker* (1960); Ausst.-Kat.: *W.G.*, Städtische Galerie im Lenbach-Haus (1958); *W.G.*, Deutsche Akademie der Künste (Berlin DDR 1956); *Widerstand statt Anpassung*, S. 266; *Zwischen Widerstand und Anpassung*, S. 132

**Geilfuß**, Heinz
* 25.11.1890
† 25.01.1956 Bad Nauheim

Maler, Zeichner, Graphiker
H.G. zeichnete und malte humoristische Sujets aus dem Jägerleben, Tier- und Jagd-Karikaturen, humoristische Gebrauchsgraphik und ebensolche Motive für die Werbung. Mitarbeiter bei Jagd- und Wildzeitschriften und jahrzehntelang bei der Zeitschrift *Wild und Hund*. Da er selbst Waidmann war, konnte er Jagdmotive aus eigenem Leben und Erleben am besten schildern. Seine Figuren sind naturalistisch und von gutmütigem Humor. Manche seiner Motive klingen an die bekannten „Hummel-Figuren" an.
Ausst.: Gedächtnis-Ausstellung zum 100. Geburtstag, Bad Nauheim 1990
Publ.: *Kleine Jägerfibel* (1953); *Mein Skizzenbuch* (1953); *Aufs Blatt getroffen* (1955)
Lit.: Presse: *Wild und Hund* (Nr. 23/1956 v. 12.2.1956)

**Geisen**, Hans
* 1919 Koblenz

Graphiker, Karikaturist (Autodidakt)
Dekorationslehre, 1946-49 Graphiker in Würzburg,

1949-57 Graphiker in einem Papierverarbeitungswerk in Dortmund, 1957-67 Politischer Karikaturist der *Westfälischen Rundschau* in Dortmund, 1967 Übersiedlung nach Basel, seitdem politischer Karikaturist der *National-Zeitung* Basel. Werbe-Graphik für Ciba-Geigy (Kontakte).
Ausst.: „Karikaturen – Karikaturen?" (Kunsthaus Zürich, 1972)
Publ.: Jährliche Buchveröffentlichungen seiner politischen Karikaturen sowie *Die Katze aus dem Sack – ein selbstkritisches Büchlein über Ciba-Geigy*
Lit.: H.O. Neubauer: *Im Rückspiegel/Die Automobilgeschichte der Karikaturen 1886-1986* (1985), S. 238, 232; Ausst.-Kat.: *Karikaturen – Karikaturen?* (1972), Kunsthaus Zürich, G68, T14, S. 65

**Geißler**, Christian Gottfried Heinrich
* 1770 Leipzig
† 1849 Leipzig
Maler, Zeichner, Kupferstecher
G. zeichnete zeitkritische Bildsatiren der geschlagenen Franzosen und Napoleons sowie gegen jüdische Händler und Bilderfolgen aus dem sächsischen Volksleben und der Leipziger Völkerschlacht sowie auch Stiche nach fremden Vorlagen.
Lit.: G. Piltz: *Geschichte der europäischen Karikatur* (1976), S. 109; G. Böhmer: *Die Welt des Biedermeier* (1968), S. 256; Ausst.-Kat.: *Bild als Waffe* (1984), S. 179, 182

**Geißler**, Heinrich Christian
* 1782 Leipzig
† 1839 Leipzig
Maler, Zeichner (aus weitverzweigter Künstlerfamilie)
Illustrator für Kinderbücher mit heiterer Note.
Lit.: E. Roth: *100 Jahre Humor in der deutschen Kunst* (1957)

**Geißler**, Rudolf
* 1834
† 1906 Nürnberg
Maler, Zeichner
Mitarbeiter für Zeitschriften, besonders für das Witzblatt *Dorfbarbier*. G. zeichnete Bauern-, Jagd- und Tierhumoresken sowie humoristische Bildergeschichten. Als Maler bevorzugte er Märchenaquarelle.
Lit.: G. Piltz: *Geschichte der europäischen Karikatur* (1976), S. 205; E. Roth: *100 Jahre Humor in der deutschen Kunst* (1957)

**Geissner**, Ivo
* 1968 Bayreuth
Cartoonist, Comiczeichner
Täschnerlehre; Hobbyzeichner.

Veröffentlichung in *Comix für Dowe*. I.G. zeichnet groteske, Karikaturen, Comics
Lit.: *Comix für Dowe*

**Genée**, Rudolph
* 1824
† 1897
Schriftsteller, Zeichner, Holzschneider
Mitarbeiter beim *Kladderadatsch*. R.G. verfertigte hauptsächlich die Holzschnitte für die Zeichnungen von Wilhelm Scholz, aber er lieferte auch gelegentlich eigene Beiträge.
Lit.: *Kladderadatsch – Die Geschichte eines Berliner Witzblattes von 1848 bis ins Dritte Reich* (1982), S. 329

**Genelli**, Bonaventura
* 28.09.1798 Berlin
† 13.11.1868 Weimar
Maler, Zeichner
Studium: an der Akademie Berlin. – Ausbildung bei seinem Vater, dem italienischen Kunststicker Janus G., und dessen Bruder, dem Baumeister Christian G. Ab 1836 lebte B.G. in München und malte für Graf Schack Bilder aus der griechischen Mythologie. 1859 nach Weimar berufen, dort ist er für den Großherzog tätig. B.G. beherrschte die Kunst der Linienführung (Umrißzeichnung) mehr als das Karikieren. Erst der Jugendstil griff die Linienführung der Umrißzeichnung wieder auf.
Veröffentlichung satirischer Blätter unter Künstlerfreunden *Gemeinschaft des Jenseits* der Bilderfolgen *Aus dem Leben eines Wüstlings* (1840-49), *Das Leben einer Hexe* (1841-43), *Umrisse zu Dantes Göttlicher Komödie* (1840-46), *Umrisse zu Homer* (1844), *Aus dem Leben eines Künstlers* (1867), *Aus dem Leben einer Feenkönigin* (1840-46).
Lit.: P. Heyse: *Der letzte Kentauer* (Novelle 1870); E. Fuchs: *Die Karikatur der europäischen Völker*, Bd. I (1903), S. 484, Abb. 466; G. Piltz: *Geschichte der europäischen Karikatur* (1976), S. 153

**Genin**, Robert
* 11.08.1884 Wyssokaje (Wisokoe) Rußland
† 1939 Paris
Russicher Maler, Graphiker (auch Schriftsteller), Autodidakt
Studium: Besuch der Zeichenschule Wilna. – Zeichenlehrer in Wilna und Odessa (kurze Zeit). Von der Akademie München abgelehnt. Studium bei Anton Azbé, München (ein Jahr). Danach gelegentlicher Mitarbeiter der *Jugend*. Ab 1905 in München und Paris, ab 1918 in Berlin. 1907 mit 7 Bildern im Herbstsalon Paris vertreten. 1911/12 Mappe des Sonderbundes (Sema) München, wo auch R.G. vertreten ist. Er lebte als „Bohemien".

Publ.: (Robert-Genin-Mappen) *Figürliche Kompositionen* (1911); *Die Frau*, Privatdruck (1915); *Lithographisches Skizzenbuch* (1912); *Skizzen-Erinnerungen* (1920, bei Gurlitt); *Zirkus und Menschen* (1920, bei Gurlitt)
Lit.: L. Hollweck: *Karikaturen* (1973), S. 205; Ausst.-Kat.: *Die Schaffenden*, S. 203/204

**Gentz**, Ismael
\* 1862 Berlin
Studium: an den Akademien Berlin und Düsseldorf sowie an der Académie Julian, Paris. – Illustrator, tätig in Berlin um 1900. I.G. zeichnete moderne Sittenbilder (vornehmlich aus dem jüdischen Lebenskreis und dem Orient) sowie Porträts.
Lit.: Verband deutscher Illustratoren: *Schwarz-Weiß*, S. 82

**Georg**, Klaus
\* 1939 Dessau
Graphiker, Fotomonteur/Berlin
Veröffentlichungen u.a. im *Eulenspiegel*. Und zwar politische, aktuelle Collagen und Fotomontagen.
Kollektiv-Ausstellungen: „Satiricum '80" 1. Biennale der Karikatur der DDR, Greiz, 1980, „Satiricum '78", „Satiricum '82", „Satiricum '84"
Lit.: *Satiricum '80*, S. 8; *Satiricum '78*; *Satiricum '82*; *Satiricum '84*

**Georgi**, Walther
\* 10.04.1871 Leipzig
† 17.06.1924 Holzhausen/Ammersee
Maler, Zeichner
Studium: an der Akademie Leipzig (1891-92), der Akademie Dresden, bei Pohle, und an der Akademie München, bei P. Höcker. – Mitarbeiter von *Jugend*, *Simplicissimus* und *Fliegende Blätter*, W.G. war vertreten mit altbayrischen Typen aus dem Volksleben, humoristisch gesehen, lebensecht charakterisiert, nach echten Naturstudien. Er war Mitbegründer der Künstlervereinigung „Scholle" (1899). Als Maler bevorzugte er das bayrische Voralpenland und Bildnisse. Seine Landschaften sind von stiller Beschaulichkeit, farbenfroh und dekorativ.
Lit.: L. Hollweck: *Karikaturen* (1973), S. 134, 152, 168; G. Hermann: *Die deutsche Karikatur im 19. Jahrhundert* (1901), S. 121

**Gepp**, Gerhard
\* 1940 Pressbaum/Österreich
Maler, Zeichner, Karikaturist (Autodidakt)
Lehre als Offsetdrucker. Seit 1980 Cartoons (ohne Worte) mit psychologischer Tendenz.
Ausst.: Köln, München, Salzburg, Wien; Kunstmessen: Basel, Köln, Wien

Publ.:In Österreich *Die Presse, Wiener Journal*, in Deutschland *Die Zeit, Diners Club Magazin, trend*
Lit.: H.P. Muster: *Who's who in Satire and Humour*, Bd. 3, S. 80-81 (1991)

**Gerbeth**, Jo
\* 1924
Pressezeichnerin/Berlin
Kollektiv-Ausst.: „Satiricum '78", Greiz
Lit.: Ausst.-Kat.: *Satiricum '78*

**Gerboth**, Hans Joachim
\* 1926
Pressezeichner, Karikaturist, Journalist
Ständiger Karikaturist für *Kölnische Rundschau*, mit aktuellen, politischen Karikaturen, politischen Satiren. Veröffentlichungen u.a. in *Rheinische Post, Berliner Morgenpost, Der Spiegel, Neue Revue* u.a. Zeitungen und Zeitschriften.
Publ./Serien: *Das Bonner (provinz) Welt-Theater*; *Karlchen Schmitz: „HU IS HU"* (I u. II); *Schulaufsätze zur Gegenwartskunde*; *Meine Adenauer-Memoiren*; zus. mit Konrad Stanko: *Goethe als solcher*, *Konrads politische Erben*

**Gerlach**, Otto
\* 03.08.1862 Leipzig
† 15.08.1908 Teheran
Maler, Zeichner, Illustrator
Studium: an der Akademie Leipzig und der Akademie Berlin, ab 1884 bei Anton v. Werner. – Ab 1889 Zeichner der *Leipziger Illustrierten Zeitung* (Illustrator für Militärthemen). Darüber hinaus schuf er Illustrationen für Bücher.

**Gerlach**, Ursula → ULLA (Ps.)

**Gerlach**, Wolf
\* 17.04.1928 Pommern
(aufgewachsen auf der ostfriesischen Insel Langeoog)
Bühnenbildner, Trickfilmzeichner, Erfinder der „Mainzelmännchen"
Bühnenbildner, Kostümzeichner an den Theatern Oldenburg und Braunschweig. Filmarchitekt in Wiesbaden, Produktionsleiter bei „Neue Filmproduktion Frank Thies".
Als für das einzurichtende Zweite Deutsche Fernsehen (ZDF) Spots (2-10 Sekunden) für Einblendungen zwischen den Werbefilmen gesucht wurden, entwarf W.G. zwischen Weihnachten und Silvester (1962) 6 Wichtel, die Mainzelmännchen genannt wurden. Seit dem 2.4.1963 sind die munteren Wichtel im ZDF-Werbefernsehen. Als ein Verlag 1965 die Wichtel als Bilderbuch

herausbrachte, erhielten sie die Namen: „Anton" (der Tolpatsch), „Berti" (der Lustige), „Conni" (der Kleine), „Det" (der Schlaue), „Edi" (der Schelm), „Fritzchen". Laut Infratest kennen 96,7% aller Zuschauer die „Mainzelmännchen". – Jährliche Produktion: 300 Spots und 26 „Kapriolen" (3-Minuten Spots, seit 1. Okt. 1973) mit rund 70 Mitarbeitern. Vermarktungs-Lizenzen für die Industrie (u.a. 10 Millionen Plastikfiguren „Mainzelmännchen" wurden vom Hummelwerk produziert). Bis 1988 entstanden 16.000 Werbespots. – Auch die Figuren „Ute", „Schnute", „Kasimir" (Westdeutsches Fernsehen) wurden von W.G. entworfen, ebenso die Figuren in *Hörzu* (ab 38/1979), „Engelchen und Teufelchen" mit ihren lustigen Streichen. Sie dienen als Maskottchen und Aufkleber für die Aktionen „Freundlich fährt man besser" und „Das große Hufeisen-Suchspiel". Die „Mainzelmännchen" wurden von ausländischen Fernsehstationen übernommen: Schweden, Finnland, Südafrika, Japan, Korea, Iran und Taiwan.
Ausz.: (Ausz.) Bundesverdienstkreuz am Bande (24.5.1983)
Publ.: 7 „Mainzelmännchen"-Bücher (bis 1973); *Kentaurisches* (Karikaturen); *Engelchen & Teufelchen* (110 Bildergeschichten)
Lit.: *Starparade – Sternstunden*; zahlreiche Pressebesprechungen; Fernsehen: „Augenschein" – Ein Streifzug durch 25 Jahre ZDF (31.1.1988)

**Gernhardt**, Robert
\* 1937 Reval/Estland
Maler, Cartoonist, Schriftsteller
(aufgewachsen in Göttingen, seit 1964 in Frankfurt/Main)
Studium: Malerei/Germanistik in Stuttgart/Berlin (1956-64), Staatsexamen als Kunsterzieher. – Mitarbeit bei *Pardon* (erste Zeichnung 2/1962, 2 Jahre lang Redakteur), Cartoons unter dem Pseudonym: „Lützel Jemann", Comicstrip *Schnuffi*, Beilage zu *Welt im Spiegel* („WimS" 1964-76). 1979 Mitbegründer/Mitredakteur von *Titanic* („Gerhardts Erzählungen"). Im *ZEITmagazin*: R.G. *Hier spricht der Dichter*. Er veröffentlicht Comics, Cartoons, Bildergeschichten, schreibt Satiren, Parodien, Romane, ist Gaglieferant für Otto Waalkes (Autorenteam für Otto), erfindet liebevoll-skurrile Geschichten zu den Bildern seiner Frau (Lieblingsmotiv: Katzen), liefert Scherzbeiträge für Funk und Fernsehen (Dr. Muffels Telebrause), eine Nonsens-LP *Da geht's lang*. Ein Fernkursus für Weggeschrittene (mit Peter Knorr, Hans Timmerding, Klaus Steiger u.a.). Mitbegründer der „Neuen Frankfurter Schule" (das sind die Autoren der Titanic), Humorkritik in der Titanic.
Ausst.: u.a. in Berlin, Basel, Frankfurt (1972/77), Regensburg, Viersen
Publ.: *Die Wahrheit über Arnold Hau* (mit F.W. Bernstein/F.K. Waechter 1966); *Besternte Ernte* (mit F.W. Bernstein 1976); *Die Blusen des Böhmen* (1977); *Die Madagaskar-Reise* (1980); *Wörtersee* (1981); *Ich Ich Ich* (Roman 1982); *Letzte Ölung* (1985); *Hier spricht der Dichter*; *Körper in Cafés*; *Kippfigur* (1987); Kinderbücher mit seiner Fraut Almut: *Ich höre was, was du nicht siehst*; *Der Weg durch die Wand* (Jugendpreis 1983); *Ein gutes Schwein bleibt nicht allein*; *Mit dir sind wir vier*; *Was für ein Tag*; *Glück, Glanz, Ruhm*
Lit.: *Die Entdeckung Berlins* (1984); *Wilhelm Busch und die Folgen* (1982); *Das große Buch des Lachens* (1987); *70mal die volle Wahrheit* (1987); *Wenn Männer ihre Tage haben* (1987); H.P. Muster: *Who's Who in Satire and Humour* (1989), S. 74-75

**Gertsch**, Franz
\* 1930 Mörigen/Schweiz
Maler, Graphiker/Bern
Kollektiv-Ausst.: „Karikaturen – Karikaturen?", Kunsthaus Zürich (1972), S. 65, U7
Lit.: Ausst.-Kat.: *Karikaturen – Karikaturen?* (1972), S. 65, U7

**Gestwicki**, Brunon (Bruno)
\* 1882 Polen
Pressezeichner, Karikaturist
Studium: Akademie Berlin, blieb in Berlin. – Früher und ständiger Mitarbeiter der *Lustigen Blätter* und bei *Ulk*. B.G. zeichnete humoristische, satirische, zeitkritische und politische Karikaturen.
Lit.: G. Piltz: *Geschichte der europäischen Karikatur* (1976), S. 222

**Giersch**, Karl-Heinz
\* 1936 Wernshausen/Thüringen
Karikaturist/Zeichner
Lit.: *Resümee – ein Almanach der Karikatur* (3/1972)

**Giles**, Carl Ronald
\* 29.09.1916 London
Englischer politischer Karikaturist, Graphiker, Illustrator
G. begann mit Werbe-Karikaturen für Agenturen in London, zeichnete danach bei Alexander Korda Zeichentrickfilm. Als Presse-Karikaturist war er tätig für *Reynolds News* und 1942 Kriegs-Korrespondent bei der zweiten britischen Armee in Frankreich, Belgien, den Niederlanden und Deutschland für *Daily Express* und *Sunday Express*. Seine politischen Karikaturen zum Tages- und Zeitgeschehen wurden in den USA nachgedruckt, aber auch in der Bundesrepublik, u.a. in *Der Spiegel*.
Ausz.: 1959 Officier of the order of the British Empire
Publ.: Jährliche politisch-satirische Karikaturen-Bände:

*Sunday-Express & Daily Express – Cartoons*, Series 1-29 (1982); Daily Express (1943-1975)
Lit.: *Who's Who In Graphic Art* I (1962), S. 236, II (1982), S. 407; Presse: *Blick* (8/1947)

**Gillray** (Ps.) → **Heß**, David

**Gilsi**, René
\* 31.05.1905 Bürglen/Thurgau
Schweizer Maler, Graphiker, Karikaturist
Studium: Kunstgewerbeschule St. Gallen, bei August Wanner, Studienaufenthalte in Paris und Wien. – Mitarbeit bei: *Nebelspalter, Schweizer Spiegel, Der Simpl* (Prag), *Öffentlicher Dienst*, bei Werbegraphik u.a. R.G. zeichnete aktuelle, politisch-satirische Karikaturen. Seine Zeichnungen erinnern an beste alte *Simplicissimus*-Tradition. Er wurde in der Schweiz zu einem Begriff in den dreißiger und vierziger Jahren, als er sich – mit Bö – im *Nebelspalter* im Kampf gegen Despotismus jeder Couleur profilierte.
Ausst.: Verschiedene Ausstellungen in der Schweiz.
Lit.: *Darüber lachen die Schweizer* (1973)

**Giovannetti**, Pericle Luigi
\* 22.01.1916 Basel
Italienisch-schweizerischer Karikaturist, Maler (Autodidakt) in Ascona
Studium: Kunst- und Gewerbeschule in Basel. – Mitarbeit u.a. beim *Nebelspalter* (1947-54) und beim *Punch* (ab 1952). Veröffentlichungen in den USA, in Japan (Bestseller-Erfolge seiner Bücher). Deutsche Veröffentlichungen exclusiv in *Revue*. Es sind Zeichnungen ohne Worte, Comic-Figuren und Serien: *Max, der Hamster*.
Ausst.: Gemälde-Ausstellung in London (1961)
Publ.: *Max* (1952); *Max presents* (1956); *Beware of the Dog* (1958); *Nothing but Max* (1959); *Birds without Words* (1961); *Gesammelte Zeichnungen* (Nebelspalter); *Das betrunkene Eichhörnchen*; *Max – neue Abenteuer* (1983); *Max – Blitz und Dolly*; *Die Reise nach Alfheim*; *Kaminfeuergeschichten*; *111 neue Kaminfeuergeschichten*; *Pablo ... ja – wer chunt dänn das?*
Lit.: *Who's Who In Graphic Art* (I) 1962, S. 311, 455; *Graphis* (78/1958)

**Girardet**, Abram Louis
\* 1764 Neuchâtel
† 1823
Maler und Zeichner aus einer Künstlerfamilie
In der Schweizer Revolutionszeit zeichnete G. zeitsatirische Karikaturen. Wegen einer Karikatur gegen die Kontinentalsperre erhielt er 1806 einige Wochen Gefängnis.
Lit.: G. Piltz: *Geschichte der europäischen Karikatur* (1976), S. 103; A. Bachelin: *Les G. une familie d'artistes neuchâtelois* (1870)

**Girod**, Charles
\* 1897 Cyck/Ostpreußen
† 1944 Berlin
Pressezeichner, Karikaturist
(Nachfahre einer eingewanderten Hugenottenfamilie) Studium: Akademie Königsberg (1915/16). – Seit 1923 freischaffender Pressezeichner in Berlin. Mitarbeit bei *Uhu, Berliner Illustrirte Zeitung, Montagspost, Frankfurter Illustrierte* und für die bürgerliche Presse. Seit 1926 auch für die linke Presse tätig, für *Roter Pfeffer* und *Eulenspiegel* (KPD-Mitglied). In der NS-Zeit vereinzelte Zeichnungen mit propagandistischen Tendnezen (Winterhilfe – USA-Handelstonnage).C.G.s hauptsächliche Themen waren Bilder aus dem Alltag. Phantasievoll, grotesk – komisch – romantisch – satirisch stellte er Situationen menschlicher Schwächen, Gedanken, Empfindungen, Alpträume dar, die unterschwellig in zwischenmenschlichen Beziehungen liegen. Ein genauer und kluger Beobachter von tragikomischen Gefühlsdarstellungen, der mit visionären Karikaturen suggestive Symbolik, Realität, Wirklichkeit und Traum in einer realistischen Bildidee mit bestechender Schärfe veranschaulichte. Sein Zeichenstift pendelte zwischen Lyrik, Satire und Dramatik. Seine Karikaturen machten das Unsichtbare – sichtbar. Man hat ihn einen „Philosophen des Zeichenstiftes" genannt.
Ausst.: Internationale Karikaturen, Wiener Künstlerhaus (1932), „Die Pressezeichnung im Kriege", Haus der Kunst (1941: Nr. 169 „Prosit", „Über allen der Geist Englands", Nr. 170), Internationale Karikaturen, Archivarion, Berlin-West (1951)
Lit.: G. Piltz: *Geschichte der europäischen Karikatur* (1976), S. 266; Presse: *Deutsche Presse* (9/1936); *Daheim* (1939, Moderne Märchen); *Weite Welt* (9/1947: Ein Malerphilosoph); *Ufer* (16/1949: Suggestive Symbolik); *Frankfurter Illustrierte* (6/1959: Wenn ein Pessimist lacht)

**Glasauer**, Willi
\* 1938 Stribo/ČSR
Graphiker, Zeichner
Studium: Kunsthochschule Mainz (1958-63). – 1976-87 freiberuflicher Illustrator in Frankreich, ab 1988 in Berlin-West.
Presse-Veröffentlichungen in *stern* und *Die Zeit*.
Kollektiv-Ausstellungen: (1983-88) Bologna/Italien, Niskino (Otani Memorial Art Museum) Japan; Einzel-Ausstellungen: Galerie Flora, Innsbruck (1987), Galerie Redmann, Berlin/West (1988)
Publ.: (Frankreich) *Les voyages interplanetaires de Grand-père Colocante* (1979); *Le chat qui parlait malgré lui* (1982); *La belle et la bête* (1983); *L'homme qui plantait*

*des arbres* (1983); *La machine a exploirer le temps* (1984); *Cheval de guerre* (1987); *Tristan et Iseult* (1988); (USA) *The Enchanted World* (1985); (Deutschland) *Schachkönigs Heimkehr* (1986); *Hunde wie du und ich* (1986); *Grüße aus der Fremde* (1987)
Lit.: Presse: *Brigitte* (10/1986)

**Glienke**, Ameli → **Hogli** (Ps.)

**Gloël**, Helmut
\* 1917 Halle/Saale
Karikaturist, Pressezeichner (Autodidakt)
Seit Ende der dreißiger Jahre Presse-Mitarbeit, u.a. bei *Bulls Pressedienst* (seit 1980) sowie bei *Constance, Stuttgarter Illustrierte, Bunte Illustrierte, Frankfurter Illustrierte, Revue, BILD, Illustrierte Woche, Kristall, Lies mit, Zeit im Bild, Für Sie, stern, Hörzu*. H.G. ist vertreten mit humoristischen Zeichnungen, Strips und Humorseiten, u.a. veröffentlichte die Zeitschrift *Constanze* den Familien-Strip *Familie Putzig*.
Lit.: H.P. Muster: *Who's Who in Satire and Humour* (2) 1990, S. 70-71

**Glombig**, Kurt
\* 29.07.1906 Berlin
Graphiker, Maler, Karikaturist
Mitarbeit u.a. bei *Lustige Blätter* (mit farbigen und einfarbigen Karikaturen) sowie Veröffentlichungen in der Berliner Presse in den dreißiger Jahren. K.G. bevorzugt allgemeine humoristische Sujets und er beschäftigt sich unter „jon carter" mit Werbe- und Gebrauchsgraphik, z.B. „Wenn's um die Beine geht", „Kleine Pferde-Fibel", „Kleine Katzen-Fibel".
Publ.: *Bohème – Am Rande skizziert*

**Gloor**, Christoph
\* 1936 Basel
Schweizer Graphiker, Karikaturist, Objektemacher/Basel-Birkfelden
Gelernter Schaufensterdekorateur, ab 1960 Chefdekorateur, gleichzeitig Studium an der Kunstgewerbeschule Basel, seit 1972 freiberuflich. Veröffentlichungen in *Abendzeitung, Basler Zeitung* (seit 1964), *Weltwoche, Schweizer Illustrierte* und seit 1970 regelmäßig im *Nebelspalter* (Titel u.a. Blätter). Er ist vertreten mit humoristisch-satirischen, grotesken Karikaturen, Comic-Folgen u.a. „Reiseziele abseits von Postkarten-Glanz". Seit 1975 betreibt C.G. eine Werbefirma „Glooriartist" (Werbebroschüren, Werbekarikaturen). Von ihm stammen die Illustrationen für Schweizer-Fernseh-Produktionen, u.a. Heinrich Heine *König Langohr* und SWS *Study Guide* sowie die Buch-Illustrationen zu *Licht Regent*.
Einzel-Ausstellungen: Kunsthaus Zürich (1972), Wilh.-Busch-Museum, Hannover (1973); Gewerbe-Museum Basel; Museum of Modern Art, Skopje; Stadthaus Zofingen, Galerie Wöhrtle, Wien; Museum für Kunst- und Kulturgeschichte, Dortmund; Kunstsammlung Universität Göttingen, Münchener Stadtmuseum, Gemeindeverwaltung Birsfelden, Galerie Medea, Zofingen, Cartoon 75, Berlin/West, House of satire and humour, Gabrovo/Bulgarien u.a.
Ausz.: Sonderpreis „Cartoon 77" – C.M.A. Künstlerpreis/Bonn-Bad Godesberg (1977)
Publ.: *Politische Karikaturen* (1972); *Vom Nachbarn S. und andere Epigramme; Swing that music on paper; Wozu das Alles?; Gegen den Strom; Am Abgrund; Jazz Glorifications*
Lit.: Ausst.-Kat.: *Karikaturen – Karikaturen?* (1972), S. 65; *Darüber lachen die Schweizer* (1973); *Cartoon – 1. u. 2. Internationale Biennale*, Davos (1986, 1988, 1990); *Gipfeltreffen* (1978), S. 123-130; *Who's Who In Graphic Art* (II) 1982; H.P. Muster: *Who's Who in Satire and Humour* (2) 1990, S. 72-73

**Glück**, Gerd
\* 13.07.1944 Bad Vilbel/Frankfurt/M.
Graphiker, Cartoonist, Kunstzieher in Kassel
Studium: Werkkunstschule Kassel (1966-70) Graphik-Design, Kunsterziehung für Gymnasien (1972-75), Studienrat (1978). – 1984-85 Lehrauftrag für Karikatur und satirische Illustrationen an der Gesamthochschule Kassel. Seit 1973 graphische Pressemitarbeit. Veröffentlichungen in *Rheinischer Merkur, Süddeutsche Zeitung, Lui, Gastronomie, Kölner Stadtanzeiger, Medical Tribune, Hessisch-Niedersächsische Allgemeine, Pardon* (Slapstick), *Transatlantik, Vorwärts, Welt am Sonntag, Brigitte* u.a. sowie in der ausländischen Presse in *Die Furche* (Wien), *Watzmann* (Österreich. Satire-Magazin), *Compass Press* (New York) u.a. Er ist vertreten mit humoristischen Karikaturen, zeitkritischen Cartoons mit und ohne Worte, mit psychologischem Hintersinn, Illustrationen für Schulbücher.
Einzel-Ausst.: Galerie Preuss, Hamburg
Lit.: H.O. Neubauer: *Im Rückspiegel/Die Automobilgeschichte der Karikaturen 1886-1986* (1985), S. 231, 238; *Beamticon* (1984), S. 138; *Die Stadt – Deutsche Karikaturen von 1887-1985* (1985); Ausst.-Kat.: *Gipfeltreffen* (1987), S. 131-138; Presse: *Der Spiegel* (Nr. 21/1987)

**Godal**, (Erich) Eric (Ps.)
\* 15.01.1899 Berlin
† 1969 Hamburg
Bürgerl. Name: Erich Goldbaum
Pressezeichner, Karikaturist
Studium: Kunstgewerbeschule Berlin, bei Prof. Becker-Heye, Prof. Bengen und Prof. Stein. – G. begann 1919 als Plakatzeichner – nach Fotografierverbot für alle Ge-

richtsverhandlungen, Pressezeichner für Situationsdarstellungen (diese Art des Zeichnens hat E.G. immer beibehalten). Mitarbeit bei *Berliner 8-Uhr-Abendblatt, Simplicissimus*, zwischendurch Bühnenbildner bei Max Reinhardt, Wahlplakate für die SPD. 1933 Emigration nach Prag, Beteiligung an der antifaschistischen Manés-Ausstellung, Mitarbeit bei Exilzeitschriften, u.a. *Simpl*. 1935 Emigration nach New York, Mexiko, Mitarbeit bei der Exilzeitung *Aufbau*, Ernennung zum Professor an der New School of Research, New York. Rückkehr nach Deutschland (1954), Mitarbeit bei *Constanze, Welt am Sonntag*, Zeichenserien *Im Vorübergehen, Man erzählt sich* (als Reporter des Zeichenstifts – geplauderte Karikaturen als lebendige Zeitaussage). Illustrationen zu dem Buch von Dirks Paulun: *St. Pauli*.
Publ.: *E.G. Kein Talent zum Tellerwäscher* (1969); *Revolution*, Lithographien-Mappe (1920)
Lit.: W. Schaber: B.F. Dolbin – der Zeichner als Reporter (1976); S. 127; G. Piltz: *Geschichte der europäischen Karikatur* (1976), S. 275, 278; Ausst.-Kat.: *Widerstand statt Anpassung* (1980), S. 266

**Goldbaum**, Erich → **Godal**, Eric (Ps.)

**Goller**, Josef
\* 25.01.1868 Dachau
† 1930 München
Zeichner, Graphiker, Illustrator, tätig in Dresden (Prof.) Künstlerische Ausbildung in München. J.G. schuf Buchillustrationen, Gebrauchsgraphik, Plakate, Ornamente. Seine Plakate erinnern in ihrer karikaturistischen Gestaltung an die Art von Edmund Edel.
Lit.: Verband deutscher Illustratoren: *Schwarz-Weiß*, S. 141

**Göndör**, Emery
\* 1896 Ungarn
Pressezeichner, Porträt-Karikaturist
Mitarbeit beim Ullstein-Verlag, Berlin. Für die *B.Z.* arbeitete E.G. 12 Jahre. Er zeichnete politische, aktuelle Karikaturen, vor allem aber Porträt-Karikaturen von Prominenten, Politikern und Schauspielern. 1933 emigrierte er in die USA. Seine letzten 57 noch vorhandenen Karikaturen schenkte er dem Berlin-Museum (Ausstellung dieser Zeichnungen im Berlin-Museum, West, Okt. 1975).
Lit.: K. Glombig: *Bohème am Rande skizziert*, S. 62; Presse: *B.Z.* (v. 1. Sept. 1975)

**Gondot**, André Gaston
\* 1930 Paris/Frankreich
Cartoonist, Werbegraphiker

Verschiedene Jobs: Schreiner, Drucker, Holzfäller, Flohmarkthändler
Publ.: In Frankreich in *France-Dimanches, Marius, Aux Ecoutes, Ici Paris, Le Hérisson, Paris-Jour, Paris Presse, Pourquois Pas?, Le Rire*; in Großbritannien in *Daily Telegraph*; in Italien in *La Stampa, Tribuna Illustrata*; in Deutschland in *Quick, Das Tier, L'aventure profonde* (1980/81); Illustrationen zu: Theodore Zeldin *Les Français* sowie englische und in schweizerischen und deutschen Schulbüchern.
Lit.: H.P. Muster: *Who's who in Satire and Humour* (Bd. 2/1990), S. 76-77

**Gonzenbach**, Carl Arnold
\* 1806
† 1885
Zeichner, politischer Karikaturist
Flugblatt-Karikaturen zur Zeit der deutschen National-Versammlung 1848 in Frankfurt. C.A.G. zeichnete anonym, witzig, ohne Partei zu ergreifen.
Lit.: G. Piltz: *Geschichte der europäischen Karikatur* (1976), S. 167

**Gorey**, Edward
\* 22.02.1925 Chicago
USA-Zeichner, Karikaturist, Schriftsteller
Studium am Art Institute Chicago (Zeichnen), an der Havard University (französische Literatur) (1950 Bachelor of Arts).
Ab 1953 in New York als Werbegraphiker (Buchumschläge), Art Direktor, Illustrator für den Verlag Doubleday. Er gründet den Eigenverlag „Fantod Press" für seine verrückten Geschichten, die er selbst illustrierte, u.a. *The Unstrung Harp, The Willowdale Handcar, The Beastly Baby, The Wuggley Ump, the Gashlycrumb Tinies*. Insgeamt hat E.G. ca. 50 meist eigene und fremde Kinderbücher illustriert
1959 nannte die Kritik in „The New Yorker" die Bildergeschichten „pervers-poetisch und vergiftet". E.G. gilt als schwärzester Humorist Amerikas. Seine Geschichten enden selten gut. Auch verfremdet er Figuren der englischen Schauerromantik der viktorianischen Zeit in seiner „Gorey-Welt".
Ausz.: 1977 „Toney" der New Yorker Theaterkritik für Bühnen- und Kostümgestaltung von *Darcula*
Publ.: (dt. seit 1961) *Der zweifelhafte Gast; Ein sichtbarer Beweis; Die draisine von Untermattenwag; Rumpelstilzchen* (nach Brüder Grimm); *Zuckerträume* (mit Edward Fenton); *Kater Gory; Schorschi schrumpft; Schorschis Schatz* (beide mit Illustrationen von Florence Parry Heides); *Schloß Spinnweb* (mit Jan Wahl); *Die Wahnsinnigen Werke des E.G.* (33 Bände); *Das Geheimnis der Ottomane* (ironischer Untertitel: *Ein pornographisches Werk*)
Lit.: Presse: Die Zeit (v. 22.3.1963: *Die bekanntesten Ka-*

rikaturisten der Welt: E.G., vorgestellt von Rolf Karrer-Kharberg); stern (Nr. 7/1982: Heile Welt voller Schrecken von Eva Windmöller)

**Görtler**, Ralph → RALPH (Ps.)

**Goscinny**, René
* \*     1926 Paris
* †  06.11.1977 Paris

Französischer Comic-Zeichner, Gebrauchsgraphiker, Texter
Studium an der Französischen Akademie in Buenos Aires
1928 Übersiedlung mit den Eltern nach Argentinien. Danach tätig als Gebrauchsgraphiker in Buenos Aires und New York. 1949 von einer französisch-belgischen Presseagentur engagiert. 1951 Begegnung mit Albert Uderzo. Darauf kongeniale Zusammenarbeit als Team: Goscinny & Uderzo, gemeinsame Bildergeschichten für das Comic-Magazin *Tintin* (mit den Figuren: „Pistolet", „Corsaire du Roy", „Luc Junior", „Oumpah-Pah", „Le Plau-Rouge).
Eigene Comic-Wochenschrift *Pilote*. Darin erschien 1959 die erste Folge von „Asterix".R.G. textete die Asterix-Bände bis zu seinem Tod (1-24).

**Gosé**, Francisco Javier
* \*     1876 Lérida/Katalonien
* †     1915 Lérida

Spanischer Maler, Karikaturist, Modezeichner
Studium an der Akademie der Schönen Künste in Barcelona und im Atelier José Luis Pellicier, Paris.
Um 1900 lebte F.J.G. in Paris, ist Zeichner für die französischen Satireblätter *L'Assiette au Beurre, Le Rire* und für Modezeitschriften. Gelegentlicher Mitarbeiter bei *Simplicissimus, Ulk* und *Jugend*. Er war der Zeichner eleganter Typen aus der mondänen großstädtischen Welt (Pariser Lebewelt). Seine Zeichnungen sind Illustrationen, die erst durch den Text satirisch werden.
Lit.: *Simplicissimus 1896-1914*, hrsg. von Richard Christ, S. 211, 230, 317, 404; *Pariser Modelle*, Bd. 1 (1980)

**Gottfredson**, Floyd
* \* 05.05.1905 Kaysville/Utah-USA
* † 27.07.1986 Utah/USA

USA-Comic-Zeichner zeichnete vom 5. Mai 1930 bis zur Pensionierung (1. Okt. 1975) den Micky-Maus-Tagesstreifen (und die Micky-Maus Sonntagsseite von 1932-1938)
F.G. absolvierte einen Zeichen-Fernkursus: C.N. London Scholl of Cartooning and Illustrating, Cleveland/Ohio und 1926 einen zweiten Fernkursus/Federal School of Illustrating and Cartooning/Minneapolis.
Zwischenzeitlich war F.G. Filmvorführer, durch Vermittlung des Fernkurses. Er erhielt einen Auftrag für „vier Cartoons pro Monat für ein Magazin in Indiana", arbeitete gelegentlich bei Zeitungen mit, z.B. bei *The Salt Lake Telegram* und *The Utah Farmer*. 1928 Beteiligung an einem Cartoon-Wettbewerb (American Tree Association), aus dem er als Zweiter hervorging.
Eintritt in das Disney-Studio am 19. Dez. 1929, anfangs als Zwischenphasenzeichner beim Zeichentrickfilm, danach im Trickfilm-Department. Der erste Tagesstreifen Mickey Mouse erschien am 13. Jan. 1930 als Einzelstrip, ab 31. März als Fortsetzungsstrip (Vertrieb: King Features, Autor: Walt Disney, Zeichner Ub Iwerks [18 Tage Vorzeichnungen], danach als Zeichner: Win Smith). Da Win Smith es ablehnte, auch die Autorentexte zu übernehmen wurde F.G. Ersatzmann – und er ist zeitlebens dabei geblieben (ab 5. Mai 1930), Die ersten zwei Jahre schrieb er alles allein, später mit verschiedenen Autoren aus dem Comic-Strip-Department bzw. Story-Department von Walt Disney. Die Grundideen für die „Micky-Maus"-Geschichten entwickelte F.G. selbst. Einer seiner besten Autoren-Mitarbeiter war Bill Walsh (ab 1933 für sieben Jahre, 1955 wurden die Fortsetzungsstories wieder eingestellt. F.G. hat „Micky-Maus" als Markenzeichen für die „Walt-Disney-Produktion" in der Welt erhalten. Was Carl Barks für „Donald Duck" bedeutete, das war F.G. für „Micky Mouse". Als Pensionär malte F.G. Aquarelle mit Micky-Maus-Szenen.
Lit.: „*Micky Maus – Das ist mein Leben*" (1988, nacherzählt von W. Fuchs); W.J. Fuchs/R.C. Reitberger: *Comics – Anatomie eines Massenmediums* (1988); K. Strzyz/A.C. Knigge: *Disney von Innen* (1988)

**Göttin**, Paul
* \*     1932 Basel

Graphiker, Kabarettist, Cartoonist/Basel
Nach einer Dekorateurlehre 1956-84 Werbeleiter in Basel, von 1966-81 Karikaturist an der Basler Lokalzeitung *Doppelstab*, Moderator Radio Basel (Musiksendungen) seit 1957 Kabarettist. Illustrator von Sachbüchern und Jubiläumsschriften.
Einzel-Ausst.: Basel und Zürich, Kollektiv-Ausst.: in Gabrovo, Istanbul und Fredrikstadt
Lit.: H.P. Muster: *Who's Who in Satire and Humour* (2) 1990, S. 74-75

**Göttlicher**, Erhard
* \* 04.09.1946 Graz

Maler, Graphiker, Illustrator
Studium (1967-74) an der Werkkunstschule Wiesbaden, der Kunstindustriskole Kopenhagen, der Fachhochschule für Design, Bielefeld und der Hochschule für bildende Künste, Hamburg.
Veröffentlichung von Illustrationen in Zeitschriften (u.a.

in *Pardon* und *Playboy*), die der Karikatur nahekommen. E.G. schuf auch Illustrationen, u.a. zu *Der schöne große Alexander* (1975); *Vulgäre Damen* (1975); *Olivia kann fliegen* (1976); E.Zola: *Nana* (1976); A. Daudet: *Risler sen. & Fromont jun.* (1978); Ödön v. Horvarth: *Kurgeschichten* (1979)
Ausst.: Seit 1971 in Deutschland, Österreich und der Schweiz, über fünfzig wichtige Gruppen-Ausstellungen in Europa und den USA. Einzel-Ausst.: Haus am Lützowplatz, Berlin/West (1986)
Lit.: *Who's Who in Graphic Art* (II/1982), S. 268; Ausst.-Kat.: *Galeria Nova* (1973); *Galerie Garuda* (1977); *Galerie Remmele* (1972); Galerie Peter (1972); Haus am Lützowplatz (1977, 1986); Presse: u.a. *Novum* (6/1973, 5/1975); *The Image* (3/1974); *Manuskripte* (44/1974); *Broschüre Studium Generale* (197); *Tendenzen* (103); *Catalogue – Neue Formen des Realismus* (1979); *Graphis* (210/1980)

**Gottscheber**, Josef → **Pepsch** (Ps.)

**Gottschick**, Johann Christian Benjamin
* 1776 Nürnberg
† 1844 Nürnberg
Kupferstecher
Spottkarikaturist gegen die biederen Stadtsoldaten, der Bürgermilizen des 18. Jahrhunderts. Hat humoristisch-satirische Darstellungen nach Oldendorf gestochen, ca. 10 Motive.
Lit.: E. Fuchs: *Die Karikatur der europäischen Völker* (I) 1901, S. 434, Abb. 434, 345; G. Piltz: *Geschichte der europäischen Karikatur* (1976), S. 99; H. Dollinger: *Lachen streng verboten* (1972), S. 51, 413; F. Conring: *Das deutsche Militär in der Karikatur*, S. 2

**Gottwald**, Joachim
* 1951
Zeichner/Berlin
Kollektiv-Ausst.: „Satiricum '78", Greiz
Lit.: Ausst.-Kat.: *Satiricum '78*

**Götz**, Ferdinand
* 1874 Fürth
Maler, Zeichner, Kunstgewerbler, tätig in München
Studium an der Akademie München und bei C.v. Marr.
Mitarbeiter der *Fliegenden Blätter*, der *Meggendorfer Blätter* und der *Jugend* (ab 1896). G. ist darin vertreten mit humoristischen Zeichnungen zu verschiedenen und unterschiedlichen Sujets.
Ausst.: Münchener Sezession (1901, 1902: Bildnispastelle, Ölgemälde), Düsseldorf (1902, 1904), Wien (1913))
Lit.: Ausst.-Kat.: *Fliegende Blätter, Meggendorfer Blätter*, S. 7, 29 (Galerie J.H. Bauer, Hannover 1979); *Zeichner der Meggendorfer Blätter, Fliegende Blätter 1889-1944*, S. 20, 21 (Galerie Karl & Faber, München 1988)

**Göz**, Franz Joseph von
* 1754
† 1815
Österreichischer Hofkriegsrat, Hobby-Karikaturist (von der Akademie in Wien gefördert). Er schuf galante Karikaturen
Veröffentlichungen: zwischen 1783 und 1787 eine Karikaturenserie *Die heutige sichtbare Körperwelt* mit gelungenen Soldaten-Zeichnungen.
Lit.: G. Piltz: *Geschichte der europäischen Karikatur* (1976), S. 99; E. Fuchs: *Die Karikatur der europäischen Völker* I (1903), S. 124, 125

**Graef**, Richard
* 26.04.1879 Oberweißenbach/Oberfranken
† 1945 München
Studium im Atelier von Anton Azbé in München und Hans v. Hay in Dachau
Seit 1905 tätig in Dachau.
R.G. begann seine Pressemitarbeit bei *Jugend, Auster* und den *Fliegenden Blättern*. Er war Mitarbeiter beim *Simplicissimus* (nach J.B. Engls Tod hat er dessen Seite im Inseratenteil fortgesetzt). R.G. zeichnete humoristische, satirische, gesellschaftskritische und auch politische Karikaturen.
Lit.: L. Hollweck: *Karikaturen*, S. 196, 216; *150 Jahre Berliner Humor*; L. Reitmeier: *Dachau, der berühmte Malerort* (1989)

**Graetz**, René
* 02.08.1908 Berlin
† 17.09.1974 Graal-Müritz/DDR
Bildhauer, Zeichner (Autodidakt)
Lehre als Tiefdrucker in Genf (1923). – Im internationalen Wettbewerb der *Times* (London) war R.G. bester Drucker (1929), dadurch erhielt er den Auftrag zur Errichtung einer Druckerei für die *Cape Times* in Kapstadt/Südafrika. Aktiv in der Druckereigewerkschaft mit der kommunistischen Partei Südafrikas für einen gesamtafrikansichen Kongreß. Gründung einer Kunstakademie in Kapstadt – R.G. besucht die Bildhauerklasse, arbeitet als Porträtplastiker, 1939 Übersiedlung nach London, erst Heizer, später Drucker bei „Sun-Engraving", nach Kriegsausbruch Deportation auf „Isle of Man" (1939), dann nach Kanada (1940), dort machte R.G. die Bekanntschaft mit deutschen Kommunisten, tätig für die illegale Gruppe der KPD der Internierten, 1941 Entlassung aus dem Lager, Rückkehr nach London, dort zeichnerisch tätig für den deutschen Kulturbund in London, politische und satirische Karikaturen in der Emigranten-

presse: *Mitteilungsblatt des Freien deutschen Kulturbundes* und der deutschsprachigen Wochenschrift *Die Zeitung*. – 1946 Rückkehr nach Deutschland, zus. mit seiner Frau, der Zeichnerin Elizabeth Shaw, Eintritt in die KPD, ab 1948 freischaffender Künstler in Berlin/DDR.
Ausz.: Nationalpreis der DDR (1959)
Lit.: G. Piltz: *Geschichte der europäischen Karikatur* (1976), S. 282, 299; L. Lang: *Malerei und Graphik in der DDR* (1980), S. 266; Ausst.-Kat.: *R.G. Berlin/DDR* (1978); *Widerstand statt Anpassung* (1980), S. 266; Presse: *Art* (Nr. 69/70/1975: R.G. 1980-1974/v. R. Carline)

### Grass, Günter
* 16.10.1927 Danzig

Schriftsteller, Graphiker, Bildhauer (polnisch-deutscher Abstammung)
Studium an den Akademien Düsseldorf und Berlin/West (Bildhauer).
Seit 1956 arbeitet G.G. freiberuflich als Schriftsteller und Graphiker (1956-60 in Paris). Er vertritt einen demokratischen Sozialismus, sein Thema ist die politisch-satirische Gesellschaftskritik, ein bisweilen überscharfen Realismus (als Schriftsteller), eine bildhafte Sprache, er illustriert z.T. seine eigenen Werke, u.a. aber auch *Ein Ort der Zufälle* (von Ingeborg Bachmann).
Sein graphisches Werk: Selbstporträt mit Schnecke – als Symbol langam, unaufhaltsam Fortschreitens –, „Die Rätting" (Selbstporträt mit Ratte), „Butt" (Radier-Zyklus), z.T. Karigraphien mit Zeit- und Gesellschaftskritik (Radierungen, Lithographien, Zeichnungen). G.G. wird vertreten durch die Galerie Andre, Berlin/West 15.
Publ.: (Graphik) *In Kupfer auf Stein* (das druckgraphische Werk 1972-86)
Lit.: Böttcher/Mittenzwei: *Dichter als Maler* (1980), S. 345-347; T.T. Wieser: *G.G.* (1967); *Brockhaus Enzyklopädie* (1969), Bd. 7, S. 572; Presse: *Philobiblon* (Nr. 10/1966: *Lyrik und Graphik von G.G./A. Wegener*)

### Grätz, Theodor
* 15.09.1859 Altona
† 10.03.1947 München

Maler, Zeichner
Seine Ausbildung erhielt T.G. als Zeichner in Hamburg. Danach studierte er an der Akademie München, bei Ludwig Löfftz. Er arbeitete für die Zeitschriften *Floh* und *Glühlichter* in Wien (humoristische und liberal-demokratische Karikaturen). In den neunziger Jahren war T.G. Mitarbeiter bei den *Fliegenden Blättern* (in jeder Nummer) und beim *Münchener Bilderbogen*.
T.G. zeichnete vorwiegend altbayrische Typen von Bauern, genau beobachtet in meist kleinen Federzeichnungen. Er lebte und arbeitete in München und stellte regelmäßig Landschafts-, Tier- und Genrebilder im Münchener Glaspalast und in der Sezession aus.

Publ.: *O, die Radler! En lustiges Handbuch für alle Radfahrer und Nichtradfahrer*
Lit.: L. Hollweck: *Karikaturen*, S. 85, 98, 220; G. Hermann: *Die deutsche Karikatur im 19. Jahrhundert*, S. 69; Verband deutscher Illustratoren: *Schwarz-Weiß*, S. 65; L. Reitmeier: *Dachau, der berühmte Malerort* (1989)

### Greiner, Otto
* 16.12.1869 Leipzig
† 24.09.1916 München

Lithograph, Maler, Jugendstilkünstler, Radierer
Studium an der Akademie München, bei Liezenmayer (3 Jahre) und 1896-1915 in Rom.
Ausbildung als Lithograph. Danach Mitarbeiter der *Jugend* (farbige Titelblätter). Als Karikaturist zeichnet O.G. symbolisch-satirisch-erotische Sujets, als Maler: „Odysseus und die Sirenen" (Hauptwerk). O.G. war einer der ersten, der die Lithographie als selbständiges künstlerisches Ausdrucksmittel einsetzte (realistische Motive, mythologische und frei erfundene ideale Szenen). Lithographien: Urteil des Paris, Bacchanal, Herkules am Scheideweg, Hexenküche.
Publ.: „Vom Weibe" (Mappe mit 6 zynisch-satirisch-erotischen Radierungen)
Lit.: E. Fuchs: *Geschichte der erotischen Kunst* (1908), Abb. 351, B. 408; E. Fuchs: *Die Karikatur der europäischen Völker* II (1903), S. 452; J. Vogel: *O.G.* (1903); J. Vogel: *O.G.s graphische Arbeiten in Lithographie, Stich und Radierung* (1917); *Spemanns goldenes Buch der Kunst* (1904); Nr. 1292; L. Hollweck: *Karikaturen* (1973), S. 138

### Greser, Achim
* 20.05.1961 Lohr/Main

Cartoonist
Studium an der FU Würzburg (ein Semester Graphik) 1983 Begegnung mit Friedrich Karl Waechter, 1986 Diplom-Graphiker. Veröffentlichungen in: *Titanic* (1984), ab 1987 angestellter Titanic-Zeichner.
Lit.: *70 mal die volle Wahrheit* (1987)

### Gresko, Georg
* 07.02.1920 Berlin (Wedding)
† 1962 Hamburg

Maler, Graphiker, Karikaturist
Schüler von Otto Nagel – Glasmalerlehre. Als Maler bevorzugt er Ölbilder, Guaschen, Zeichnungen, Radierungen.
Mitarbeit bei *Der Insulaner*. 1952 Kunstpreis der Stadt Berlin/West. Nach Hamburg als Professor berufen.
Gedächtnis-Ausst.: Jule Hammer, Europa-Center, Berlin-West (1968)
Lit.: *Das große Lexikon der Graphik* (Westermann 1984), S. 259; Presse: *Der Insulaner* (Nr. 4/1948)

**Griebel**, Otto
* 31.03.1895 Meerane
† 07.03.1972 Dresden
Maler, Karikaturist
Malerlehre als Dekorationsmaler. Dann Studium an der Kunstgewerbeschule Dresden (1911), der Akademie Dresden, Meisterschüler bei Sterl (1919-22).
Ab 1924 Mitarbeit bei *Der Knüppel, Arbeiter Illustrierte Zeitung, Neue Freie Presse*. O.G. zeichnete politische, sozialistische Karikaturen mit kommunistischer Tendenz. 1915 lebensgefährliche Kriegsverletzung. Begegnung mit Otto Dix. – Politisches Engagement: 1918 im Soldatenrat der Novemberrevolution, 1919 Eintritt in die KPD, 1920 Beteiligung am Kampf gegen Kapp-Lüttwitz, Mitglied der Dresdner Sezession. – Um 1922 Freundschaften mit Beckmann, Nagel, Schlichter, Zille und Ernst. – 1924 Mitbegründer der „Roten Gruppe" (Dresden), 1929 Mitbegründer der „ASSO" (Dresden), Verfolgungen während des NS-Regimes, entgeht als Soldat dem KZ. – 1946-48 Kunsterzieher an der Kunsthochschule Dresden, 1953-66 Dozent an der Arbeiter- und Bauern-Fakultät Dresden.
Publ.: *Ich war ein Mann der Straße* (1986)
Lit.: G. Piltz: *Geschichte der europäischen Karikatur* (1976), S. 260; L. Lang: *Malerei und Graphik in der DDR* (1980), S. 267; D. Schmid: *O.G.* (1973); Ausst.-Kat.: *Museum der Bildenden Künste*, Leipzig (1972); *Tendenzen der zwanziger Jahre* (1977), Bl. 24

**Grieder**, Walter
*       1924 Basel
Schweizer Karikaturist, Illustrator
Aufgewachsen in Frankreich, lebte in London und Paris, danach in der Schweiz. Illustrator von lustigen Kinderbüchern, u.a.: *Das große Seeräuberbuch* (Texte von Horst Künnemann) und *Pekka und sein Pony* (Texte von Gisela Gisin).

**Gries**, Raimund
*       1884
Maler, Zeichner
Mitarbeiter der *Jugend* mit Bildern vom Münchener Fasching.
Lit.: G. Piltz: *Geschichte der europäischen Karikatur*, S. 224

**Gries**, Rudolf
* 03.01.1863 Zerbst
†1949 München
Maler, Zeichner, tätig in München
Studium an der Akademie Berlin.
Mitarbeiter der *Fliegenden Blätter* (ab 1895), der *Jugend*, des *Simplicissimus* u.a. humoristischer Zeitschriften. R.G. zeichnete humoristische, lokal-politische, satirische Karikaturen und Plakate. Seine Sujets waren vornehmlich aus München und Schwabing.
Lit.: L. Hollweck: *Karikaturen*, S. 138, 157, 196, 203, 204, 212, 222; Ausst.-Kat.: *Zeichner der Fliegenden Blätter – Aquarelle, Zeichnungen* (Karl & Faber, München 1985)

**Grieshaber**, HAP (Helmut Andreas Paul)
* 15.02.1909 Schloß Rot/Oberschwaben
† 12.05.1981 Achalm/Reutlingen

Holzschneider, Maler, Graphiker, Prozellan-Designer
Studium im Meisteratelier bei Prof. Ernst Schneider, Stuttgart (Kalligraphie), weitere Studien in London und Paris.
Schriftsetzerlehre (1926-28). Danach 1932 erste Holzschnitt-Drucke: *Die oppositionellen Reutlingerdrucke*, 1933-45 Berufsverbot. 1933 gab G. in Athen die antifaschistische *Deutsche Zeitung* heraus, Ausweisung aus Griechenland (auf Intervention der deutschen Botschaft), danach Hilfsarbeiter und Zeitungsausträger (sieben Jahre lang). – Ab 1947 erneut künstlerische Tätigkeit: farbige, abstrahierende, großformatige Holzschnitte, Einzelblätter und Mappenwerke. Es waren stilisierte Menschen- und Tierfiguren, Dinge des einfachen Lebens, religiöse Sujets in nachexpressionistischer Ausdrucksform. G.s plakative satirisch-politische, zeitbezogene Holzschnitte wirkten als „außerordentlich unbequeme Instanz". Er, als Moralist, nutzte die politische Allegorie zur künstlerischen Aussage und verstand sich als politisches Gewissen. Seine Proteste und sein Engagement sind Mahnungen und Zeitkritik. – Nach Anregungen des „Totentanzes von Basel" aus dem 15. Jahrhundert, entwarf G. seinen „Totentanz von Basel" (1965-66): 40 Paare, 40 Begegnungen mit dem Tod als neue Zeitsatire, zeitbezogen, aktualisiert als „memento mori" von heute, in der Nachfolge mittelalterlicher schwäbischer Einblattdrucke, in der Tradition von Goya, Callot und Daumier. – 1951-53 Lehrer an der Bernsteinschule Sulz/Neckar, 1955-60 Professor an der Kunstakademie Karlsruhe, 1961 Gründungsmitglied der XYLON-Vereinigung, 1964 Herausgeber der Publikation *Der Engel der Geschichte*, Entwürfe für Rosenthal-Porzellan.
Ausst.: Galerie Springer „Der Totentanz von Basel" (in 20 ost- und westdeutschen Städten, Württembergischer Kunstverein, Hamburger Kunsthalle, Große HAP-Grieshaber-Ausstellung Staatliche Kunsthalle Berlin/West (1977/78)
Ausz.: 1951 Kunstpreis „junger westen"; 1961 Kunstpreis der Stadt Düsseldorf; 1968 Kulturpreis des DGB; 1971 Albrecht-Dürer-Preis der Stadt Nürnberg
Publ.: *Totentanz von Basel* (1966); *Der Osterritt* (Skizzenbuch); *Der betroffene Zeitgenosse; Kreuzwege; Bauernkrieg; Bauernweistümer, Wettregeln und Lostagsgespräche; Botschaften/Zeitzeichen; Die Gouachen zum Totentanz; Malbriefe aus drei Jahrhunderten*

Lit.: M. Fürst: *Der Holzschneider HAP G.* (1964); P. Swiridoff: *Die Holzwege des HAP G.*; M. Hannsmann: *Grob, fein & göttlich*; Brahim Dahek: *Nun sprechen die Kamele*; HAP G. Erster Dürerpreisträger der Stadt Nürnberg (1971)

**Griffel**, Rudolf
* 1918 Bad Ems

Karikaturist, Graphiker in Leinfelder bei Stuttgart (1975 Vizepräsident des BDG)
Mitarbeit bei: *Schwäbische Illustrierte, Frankfurter Illustrierte* sowie der Motorfachpresse. Sein weiteres Schaffen: Werbekarikaturen, Illustrationen, Broschüren, vorwiegend über Motorfahrzeuge und die Comic-Folgen: *Aus Griffels Test-Institut* und *Richard v. Frankenbergs Meisterschule*.
Lit.: H.O. Neubauer: *Im Rückspiegel – Die Automobilgeschichte der Karikaturen 1886-1986* (1985), S. 239, 129, 131, 198

**Griffer**, Bengt-Göran
* 1948 Göteborg/Schweden

Karikaturist
Seit 1974 freiberuflich, Signum: „GRIFFER", Veröffentlichungen in über 100 Presse-Erzeugnissen in 17 Ländern, u.a. in den USA in *Globe, Private Pilot*; in Australien in *Computer-Weekly*; in Frankreich in *Agricole, Temps Réel*; in Schweden in *Expressen, MAD*; in Großbritannien in *Mayfair* sowie für die Presse in Finnland, Dänemark, Norwegen, Belgien, der Schweiz in *Auto, Das gelbe Heft*; in Deutschland in *Neue Revue, Computerwoche* u.a. Themen bevorzugt Computer, Cartoons ohne Worte, so überall verständlich.
Ausz.: 1. Preis Marostica (1983)
Ausst.: (kollektiv) in Belgrad, Marostica, Montreal
Publ.: *Anglerwitze* (1983), *Jägarlycka* (1985)
Lit.: H.P. Muster: *Who's who in Satire and Humour* (Bd. 2) 1990, S. 78-79

**Grillparzer**, Franz
* 18.01.1791 Wien
† 21.01.1872 Wien

Dichter, Jurist, Archivdirektor der Hofkammer
F.G. zeichnete gelegentlich Szenen zu seinen Werken. Seine Porträt-Karikatur ist treffende Aussage seiner selbst: Skepsis, Verschlossenheit, Selbstironie und Aufrichtigkeit.
Lit.: Laube: *F.G. Lebensgeschichte* (1884); Böttcher/Mittenzwei: *Dichter als Maler* (1980)

**Grimm**, Constantin von
* 18.12.1845 Petersburg
† 16.04.1896 New York

Offizier, Karikaturist
Nach Offiziersdienst war C.v.G. als Karikaturist tätig, zeichnete in Leipzig, dann in Paris, zuletzt in USA. Von 1876-78 gab er die humoristische Zeitschrift *Puck* heraus. C.v.G. zeichnete satirische Bilderfolgen und humoristische Karikaturen für *Schalk, Puck* und *Kladderadatsch*, später für die Londoner Kunstzeitschrift *Graphic*.
Lit.: *Der Große Brockhaus*, Bd. 7, S. 654; G. Hermann: *Die deutsche Karikatur im 19. Jahrhundert*, S. 91; G. Piltz: *Geschichte der europäischen Karikatur*, S. 208; *Kladderadatsch: die Geschichte eines Berliner Witzblattes*, S. 330

**Grimm**, Ludwig Emil
* 14.05.1790 Hanau
† 04.04.1863 Kassel

Maler, Kupferstecher, Zeichner
(der jüngste der Märchensammler Brüder Grimm)
Studium an der Akademie München, danach Lehrer an der Akademie, ab 1833 Professor.
Radierte eigene Entwürfe, vor allem Bildnisse, Tiere, Landschaften, Figuren, Köpfe. Malte religiöse Bilder in der Art der Nazarener. Ab 1820 satirische Zeichnungen: Zwischen Ideal und Wirklichkeit „Kunstabend bei Senator Franz Brentano".
Publ.: Sammlungen: 36 Blätter (1823); 30 Blätter (1840); 30 Blätter (Nachtrag 1854); *Erinnerungen aus meinem Leben* (lustige Familienchronik) (hrsg. Adolf Stoll 1912)
Lit.: H. Geller: *Curiosa* (1955), S. 46; G. Piltz: *Geschichte der europäischen Karikatur* (1976), S. 154; *Der große Brockhaus* (1930), Bd. 7, S. 654

**Grimmer**, Arthur
* 1906 Schmiedeberg, bei Dresden

Zeichner, Karikaturist
Tages- und politische Karikaturen der DDR in den fünfziger Jahren, tätig für die DDR-Presse
Kollektiv-Ausst.: Internationale Karikaturen-Ausstellung, Berlin/DDR (Verband der deutschen Presse): Nr. 110 „Ein kalter Schlag gegen die kalten Krieger"; Nr. 111 „Blut-Konzern", Nr. 109 „... Was dabei herauskommt!"
Lit.: Ausst.-Kat.: *Internationale Karikaturen-Ausstellung*, Berlin/DDR (1957)

**Grischa** (Ps.)
Bürgerl. Name: Mayer
* 1950

Kollektiv-Ausst.: „Satiricum '84", Greiz
Lit.: Ausst.-Kat.: *Satiricum '84*

**Grischek**, Heinz
* 1924 Berlin
† März 1981 Hamburg

Karikaturist, Graphiker für Presse und Werbung

Studium an der Werbefachschule und der Meisterschule für das Kunsthandwerk in Berlin.
Ab 1949 selbständig, er betreibt ein eigenes Atelier mit 6 Graphikern für Massenmedien, Kommunikatins-Graphik, Karikaturen, Illustrationen, Porträts, politische Karikaturen.
Freie Mitarbiet u.a. bei *stern*, *Die Zeit* sowie für Verlage Fernsehen und die Wirtschaftswerbung.
H.G. war spezialisiert auf Kommunikationsgraphik (Graphik der überzeugenden Information wie „Sprechende Karten", Tabellen, Statistiken (die Gedachten und Erdachtes sichtbar machen)
Ausst.: H.G.: Kommunikations Graphik (Mai 1971), Hamburg Centrum Hochhaus am Millerntor

### Groening, Matt
* 1954 Portland/Oregon USA

Comic-Zeichner, seit 1977 in Los Angeles
Studium: Journalismus, Film, Philosophie, Popkultur/Evergreen, College Olympia, Washington
M.G. begann als Comic-Zeichner für eine Alternativ-Zeitung. Zeichnete Comic Serien: *Leben in der Hölle, Liebe ist Hölle, Schule ist Hölle, Kindheit ist die Hölle*. Sein Strip *Leben in der Hölle* wird in über 200 Zeitungen der USA abgedruckt. – Aus den ums Überleben kämpfenden Figuren der Comics wurde *Die Simpsons*, eine 35teilige TV-Serie, zuerst als Pausenfüller für die *Tracy-Ullmann Show*. *Die Simpsons* sind eine Chaoten-Cartoon-Familie, subversiv, Antihelden, eine provozierende Antwort auf das Idealbild des Mittelstands-Amerikaners und gerichtet gegen das Image einer perfekten Familie in der Phantasiestand Springfield. – Star der Familie ist der zehnjährige, rotznasige Bert Simpson mit der Schleuder, ein Nullbock-Typ, anarchistisch-frech, der alle nervt. Dazu Papa Homer, übergewichtig, Ingenieur in einer Nuklearfabrik, Mama Merge mit blauer Turmfrisur, immer auf der Suche nach einem Nebenjob, Lisa, die unbarmherzig Saxophon spielt, und Maggie-Baby, alle mit quittengelben Zackenköpfen, Glupschaugen und Überbiß. – In den USA haben *Die Simpsons* die beste Abend-Sendezeit erhalten. Eine erste Schallplatte *The Simpsons Sing The Blues* (2 Millionen Auflag – Platinausgabe) – und eine *Simpsons-Illustrierte* erobern den Markt. In Deutschland seit 13.09.1991 im ZDF.
Lit.: *Schöne Grüße von den Simpsons* (1991); Presse-Besprechungen (USA): *Newsweek, Rolling Stone*; Presse-Besprechungen in Deutschland: *stern* Nr. 38/1990, *Funk Uhr* Nr. 28/1990, *Bunte* Nr. 14/1991, *Berliner Morgenpost* v. 12. Sept. 1991

### Grohé, Hans
* 1913 Mannheim

Graphiker, Karikaturist
Ausbildung als Bildhauer in Freiburg und Karlsruhe. Danach Wandmalereien. – 1939-49 Wehrdienst und Gefangenschaft. – Freier Gebrauchsgraphiker. Mitarbeit bei Zeitungen, Zeitschriften als Illustrator und Karikaturist.
Lit.: Presse: *Gebrauchsgraphik* (Nr. 4/1954)

### Gropius, Karl Wilhelm
* 04.04.1793 Braunschweig
† 20.02.1870 Berlin

Maler, Zeichner
Studium an der Akademie Berlin, bei Schinkel.
K.W.G. malte 1827 das erste Diorama in Berlin, wobei er Skizzen seiner Reisen nach Griechenland und Italien verwertete. Hauptsächlich tätig als Theatermaler, z.T. arbeitete er nach Entwürfen von Schinkel. Seit 1811 Hoftheatermaler.
K.W.G. gilt als Repräsentatnt des Berliner Witzes für die Lokalgeschichte seiner Zeit. Ein großer Teil der Witze, Schnurren und Karikaturen sind vor 1848 in den *Fliegenden Blättern* und den *Berliner Heften* erschienen
Lit.: P. Weiglin: *Berliner Biedermeier* (1942), S. 48, 70, 74, 190; E. Roth: *100 Jahre Humor in der deutschen Kunst* (1957); *Der große Brockhaus* (1930), Bd. 7, S. 666

### Grose, F.
Deutscher Zeichner, Kupferstecher im 18. Jahrhundert
Spottzeichnungen auf die städtische Bürgermiliz
Lit.: H. Dollinger: *Lachen streng verboten* (1972), S. 44, 413; F. Conring: *Das deutsche Militär in der Karikatur* (1967), S. 1

### Gross, Christian → Kriki (Ps.)

### Grosse, Herwart → Stich, Wenzel (Ps.)

### Groß, Georg Ehrenfried → Grosz, George (Ps.)

### Großkreuz, Peter
* 25.02.1924 Kattowitz/Oberschlesien
† 03.06.1974 Bibione/Adria (durch Unfall)

Karikaturist
P.G. kam in den dreißiger Jahren mit den Eltern nach Berlin und absolvierte eine Ingenieurlehre bei der Siemens AG. AB 1942 Soldat, lernte in der Gefangenschaft von einem deutsche Soldaten (Graphiker) zeichnen; sonst Autodidakt. 1946 nach Berlin zurückgekehrt, begann P.G. mit Karikaturen für die damals noch Gesamt-Berliner Presse.
1950 Übersiedlung, aus beruflichen Gründen nach München, in den fünfziger Jahren lebte er 5 Jahre mit seiner Familie in Arenal bei Palma de Mallorca. 1962 kehrte P.G. nach Vaterstetten bei München zurück. Mitarbeit bei *Neue Berliner Illustrierte, Berliner Morgenpost, Puck,*

*Deutsche Illustrierte, Frankfurter Illustrierte, Der Insulaner, Bunte, Der Insulaner, Abc-Illustrierte, Abendzeitung* (München), *Revue, Weltbild, Constanze, Quick, Die Welt* (Kleines Welttheater) u.a. Es waren aktuelle, zeitkritische, satirische, politische Karikaturen, später nur humoristische Zeichnungen (meist ganzseitig), die veröffentlicht wurden, dazu Reiseberichte, Werbegraphik. Von P.g. stammen die Karikaturen-Serien *Schütze Blank, Schütze Struaß, Sexi, Amoritaten*.
Kollektiv-Ausst.: „Zeitgenossen karikieren Zeitgenossen", Kunsthalle Recklinghausen (1972)
Publ.: *Urlaub müßte man haben; Bitte recht freundlich*
Lit.: Ausst.-Kat.: *Zeitgenossen karikieren Zeitgenossen* (1972), S. 229; Presse: *Herold. Allgemeiner vergnüglicher Anzeiger des Verlages Bärmeier & Nikel* (1959); *Berliner Morgenpost* (v. 16.7.1967 u. 12.6.1974); *Die Welt* (v. 22.6.1974); *Bild* (v. 6.6.1974, Nachruf)

**Großmann**, Rudolf
\* 25.01.1881 Freiburg
† 28.11.1941 Freiburg
Graphiker, Pressezeichner, Illustrator in Berlin
Studium der Medizin und Philosophie an der Universität München (1902-04), abgewiesen von den Akademien Düsseldorf, Karlsruhe.
In Paris 1905-14, im Künstlerkreis des Cafè du Dôme (Purrmann, Pascin, Feininger). 1924 Lehrauftrag an der Staatlichen Kunstschule in Berlin. 1934 aus politischen Gründen entlassen. Als „entartet" verfemt. Zurück nach Freiburg. R.G. war Mitarbeiter bei *Simplicissimus* und *Der Querschnitt* (Porträts). Er zeichnete vor allem Porträts für die Presse. Seine sensiblen Porträts haben die Charakteristik, Prägnanz und Kürze der Karikatur, ohne zu übertreiben. Von ihm stammen die Zeichnungsfolgen *Um Berlin, Das Dorf, Boxer und Ringer, Ritter Glück* sowie die Illustrationen zu *Von Morgen bis Mitternach* (Schauspiel von Georg Kaiser). R.G. erfand eine eigene Methode der Radierung, die sogenannte „Gelatine-Radierung".
Lit.: W. Hausenstein: *R.G.* (1919); *Darmstädter Künstlerlexikon* (1970); J. Schebera: *Damals im Romanischen Café* (1988), S. 23, 37, 40; Ausst.-Kat.: *Galerie Ketterer*, München (1970); *Die Schaffenden* (1984),S. 193; *Kunstgalerie Esslingen* (1974); *Die zwanziger jahre in München*, S. 752 (Stadtmuseum München 1979)

**Grosz**, George (Ps.)
\* 26.07.1893 Berlin
† 06.07.1959 Berlin
Bürgerl. Name: Georg Ehrenfried Groß (amerikanisierte 1916 seinen Namen)
Maler, Graphiker, Karikaturist
Studium an der Akademie Dresden, bei Richard Müller (1909-11), der Kunstgewerbeschule Berlin, bei Emil Orlik und im Atelier Co Larossi, Paris.
G.G. zeichnete zwischen 1910-13 Karikaturen für *Ulk* (Beilage des Berliner Tageblatts) und *Lustige Blätter* in konservativer Art. – 1914-16 Kriegsfreiwilliger, wegen Krankheit (Dysenterie) entlassen, 1915 Begegnung mit Wieland Herzfelde und seinem Bruder John Heartfield, 1917-18 erneut Militärdienst, wegen Widerstand und Meuterei vor Militärgericht, durch Intervention von Harry Graf Keßler vor Todesstrafe bewahrt, Einweisung in Nervenanstalt Görden, wieder entlassen, in Berlin Pressezeichner für die Kommunistische Presse. – Als Antimilitarist, Klassenkämpfer, politischer Zeichner, politischer Agitator wurde G.G. 1917 Mitglied der Dada Gruppe (mit John Heartfield), Eintritt in die KPD (1918). G.G. war Mitbegründer der „Roten Gruppe" (1924) und Mitbegründer der ARBKD (1928). – Zwischen 1920 und 1930 drei Prozesse. Erster Prozeß: Anlaß ausgestopfte Soldatenpuppe (Dada-Messe 1920), G.G. Mappe „Gott mit uns" (wegen Beleidigung der Reichswehr 300 Mark Geldstrafe), zweiter Prozeß: Anlaß G.G. Mappe „Ecce homo" (Christus mit Gasmaske, Anklage wegen Gotteslästerung, Geldstrafe 6000 Mark, 1924), dritter Prozeß: Wiederaufnahme des zweiten Prozesses – Freispruch (Landgericht III Berlin 3./4.12.1930). – 1926-32 gelegentliche Mitarbeit am *Simplicissimus*. G.G. griff in seinen Zeichnungen („gezeichnete Haß") aggressiv Bourgeoisie, Militarismus, Kapitalismus an. Sein Stil: „sozialkritischer Verismus", seine Stilmittel: unnaturalistische Formen (Futurismus, Dadaismus, Infantilismus), die Tendenz: künstlerische und kulturelle Manifestation (*„Dem Bürger eines in die Fresse"*). 1932 (Juni-Oktober) in New York, Gastdozent an der Art Students League, danach wieder in Berlin, 1933 (23.1.) Übersiedlung nach New York, Eröffnung einer Kunstschule, 1936 eigene Privatschule in Douglaston/Long Island. – 1938 Deutsche Ausbürgerung, US-Staatsbürgerschaft, 250 Arbeiten von G.G. werden aus deutschen Museen entfernt, 1942/42 Lehrer an der Columbia University. 1959 (Juni) endgültige Rückkehr nach Berlin. Als Maler schuf er 40 Gemälde von psychologischer Schärfe. Am 26. Juli 1983 wurde anläßlich des 90. Geburtstages des Schlüterdreiecks (Berlin-Charlottenburg) in George-Grosz-Platz umbenannt.
Ausstellungen zwischen 1918-77 in Deutschland und USA
Publ.: *Erste G.G.-Mappe* (1917); *Kleine G.G.-Mappe* (1917); *Haifische* (1920); *Gott mit uns* (1920); *Im Schatten* (1921); *Das Gesicht der herrschenden Klasse* (1921); *Die Räuber* (1922); *Mit Pinsel und Schere* (1922); *Ecce homo* (1932); *Abrechnung folgt!* (1923); *Der Spießer Spiegel* (1925); *Hintergrund* (1928); *Artisten* (1929); *Das neue Gesicht der herrschenden Klasse* (1930); *Über alles die Liebe* (1930); *Die Gezeichneten* (1930); *Interregnum* (1936); *The Stickmen* (Die Stockmenschen 1846); *A littel*

*Yes and a big No* (1946); *Ein kleines Ja und ein großes Nein – sein Leben von ihm erzählt* (1955); *Ade Witboi* (1955)
Lit.: *G.G. Die Welt ist ein Lunapark* (hrsg. von Uwe M. Schneede 1977); Fernsehen: ARD (20.7.1961), III (76.1.1977), ARD (8.5.1977)

**Groth**
* 1909?
Berliner Pressezeichner/Karikaturist in den dreißiger Jahren
Unpolitische und politische Karikaturen.
Veröffentlichungen: in der NS-Presse (*Der Angriff*) sowie in *Lustige Blätter*, *Die Woche* u.a.

**Grothjohann**, Philipp
* 1841
† 1892
Zeichner, Karikaturist
Mitarbeiter beim Schalk
Lit.: G. Hermann: *Die deutsche Karikatur im 19. Jahrhundert*, S. 91

**Grove**, Alfred → PIT (Ps.)

**Grove-Casali**, Kim → Kim (Ps.)

**Grundig**, Hans
* 10.02.1902 Dresden
† 11.09.1958 Dresden
Maler, Zeichner, politischer Karikaturist
Studium an der Akademie Dresden (1923-27), bei O. Gußmann, Otto Hettner, F. Dorsch und R. Sterl.
H.G. wurde anfangs von Dix inspiriert, es entstanden sozialkritische Linolschnitte, Ölbilder „Hungermarsch" (1922), „KPD-Versammlung" (1932). – Politisches Engagement: KPD-Mitglied (1926), Mitbegründer der Dresdener ASSO, Beteiligung an deren politischen Kabarett „Linkskurve" und als Schnellzeichner von politischen Karikaturen, illegale politische Tätigkeit. 1933 in der Dresdener Schadenausstellung „Spiegelbilder des Verfalls in der Kunst" als „entartet" diskriminiert und mit Berufsverbot (1934) belegt, mehrfach verhaftet, im KZ Sachsenhausen. 1944 zu einem Strafbataillon abkommandiert, Überläufer zur Roten Armee. 1946 Rückkehr nach Dresden. Professor und Rektor der Hochschule für bildende Künste bis 1948. Von seinen Arbeiten sind hervorzuheben: Radierzyklus „Tiere und Menschen" (1934-38), politische Satire in utopischer Fabeldarstellung (metaphorische Gestaltung durch Tiersymbolik – politisch bezogen auf den menschenfeindlichen Charakter des Faschismus) sowie das Triptychon „Das Tausendjährige Reich" (mit den Einzelbildern: „Karneval", „Chaos", „Vision einer brennenden Stadt", „Die Schlafenden", sie

thematisieren Herrschaft und Untergang des NS-Regimes). Nach 1945 beschäftigte er sich mit Themen aus den Konzentrationslagern (den Opfern des Faschismus, 1946).
Publ.: *Zwischen Karneval und Aschermittwoch, Erinnerungen eines Malers* (1958); *Künstlerbriefe aus den Jahren 1926-57* (1966)
Lit.: L. Grundig: *Jeder muß seine Wahrheit malen* (1973); Ausst.-Kat.: *H.G., Malerei, Graphik*, Nationalgalerie Berlin DDR (1962); *H.G., Akademie der Künste der DDR* (1973/74); *Revolution und Realismus*, Nationalgalerie Berlin DDR, (1978/79, S. 33; *Widerstand statt Anpassung 1933-45*, Berlin-West (1980)

**Grundig**, Lea
* 22.03.1906 Dresden
† 10.10.1977 (auf einer Mittelmeerfahrt bei Constanta)
Graphikerin
Studium an der Kunstgewerbeschule Dresden und der Akademie Dresden, bei O. Gußmann und Dorsch.
1926 Eintritt in die KPD (zus. mit Hans Grundig, späterer Ehemann), Mitbegründerin der Dresdener ASSO (1929). Zu dieser Zeit Zeichnungen und Linolschnitte über das soziale Elend des Proletariats: „Das Wartezimmer" (1931) sowie Porträts von Arbeitern und Arbeiterfrauen. Danach Radierfolgen über das Wesen des Nationalsozialismus in „seinen Auswirkungen auf den Alltag des Menschen realitätsbezogen – verallgemeinernd": z.B. die Zyklen „Frauenleben", „Unter dem Hakenkreuz", „Der Jud ist schuld", „Krieg droht". Polizeihaft (1936-38), Emigration nach Palästina, antifaschistische Zeichnungen und Zyklen: „Antifaschistische Fibel", „Im Tal des Todes". 1949 Rückkehr nach Dresden, 1950 Prof. an der Kunsthochschule Dresden. Mitglied der Akademie der Künste DDR (1958), Ehrenpräsidentin (Verband bildender Künstler der DDR)
Ausz.: Vaterländischer Verdienstorden der DDR (1956, 1964, 1965), Nationalpreis DDR (1958, 1967), Kunstpreis des FDGB (1961, 1962), Ehrenspange zum Vaterländischen Verdienstorden in Gold (1970), Dr. h.c. (1972)
Publ.: *Gesichte und Geschichte* (1958, 1978)
Lit.: *L.G. Werkverzeichnis der Radierungen* (1973); L. Lang: *Malerei und Graphik in der DDR* (1980); S. 267; W. Hütt: *L.G.* (1969); Ausst.-Kat.: *Revolution und Realismus*, Nationalgalerie Berlin, DDR (1978/79); *Widerstand statt Anpassung 1933-45* (1980), S. 267; *Malerei, Grafik, Plastik der DDR*, Berlin-West (1975), S. 38; *L.G. Ministerium für Kultur der DDR* (1975)

**Grützner**, Eduard
* 26.05.1846 Großkarlowitz/Bez. Oppeln (Schlesien)
† 02.04.1925 München

Genremaler, Illustrator, Professor an der Akademie München (1868) (geadelt 1916)
Durch Vermittlung des Dorfpfarrers Besuch des Gymnasiums in Neiße. Mit 18 Jahren in der Privatschule des Kunstgewerbevereins bei Hermann Nyck. 1865 Studium an der Akademie München, bei Anschütz und 1867-69 im Atelier Piloty. Ab 1869 Genremotive, weinfrohe Gemütlichkeit in lustiger Gesellschaft, humorvolle Darstellung trinkseliger Mönche von der derb realen Seite. Voller Lebensfreude, meisterhaft in der Charakteristik, mit volksnahem Humor. E.G. illustrierte Shakespeare (*Falstaffiade* 1876). Es entstanden komische Szenen in überzeugender Auffassung und in der Verbindung von Historie, behaglichem Genre und Humor.
Publ.: *Selbstbiographie* (hrsg. von Hugo Schmidt 1922)
Lit.: R. Braungart: *E.v.G.* (1916); F.v. Ostini: *G.* (1902); Ausst.-Kat.: *Die Münchener Schule* (1979), S. 210

**Gualtieri**, Herbert v.
\*     1913 Hannover
Journalist, Zeichner, Hobby-Karikaturist, Singum: „G." oder „HvG"
Studium der Zeitungswissenschaft und der Kunstgeschichte.
Seit 1979 in Berlin/West. Aufsichtsperson (vom deutschen Schutz- und Wachdienst mit Sicherheits-Ausweis Nr. 4795) in der Berliner Natinal-Galerie mit der Funktion, Ausstellungsbesuchern in Deutsch, Englisch und Französisch Auskunft zu geben.
Publ.: *Berliner Seniorenpost* (Besprechung; Postkarten-Serie: *Tiere – gualtierisch heiter* (1980)
Lit.: Presse: *B.Z.* (v. 2.9.1980: „Der Zeichner als Zeiger")

**Guareschi**, Giovannino
\* 01.05.1908 Fontanella di Roccabianca/Parma
† 22.07.1968 Cervia
Italienischer Schriftsteller, Redakteur, Karikaturist
Chefredakteur der Wochenzeitung *Bertoldo* (1936-43) und der Satire-Zeitschrift *Candido* (1945-61, von ihm begründet). Der Inhalt von G.s Büchern besteht aus Einzelszenen bestimmter Menschentypen, die G.G. mit eigenen Karikaturen illustriert hat. Die Figuren „Don Camillo" und „Peppone" wurden auch in Deutschland durch Kino und Fernsehen populär. Ausgezeichnet mit der „Goldenen Palme des Humors".
Publ.: (dt.) *Das Schicksal der Clotilde* (1952); *Carlotta und die Liebe* (1952); *Enthüllungen eines Familienvaters* (1952), *Don Camillo und Peppone* (1948); *Don Camillo und seine Herde* (1953); *Bleib in deinem D-Zug* (1955)
Lit.: (u.a.) Pressebesprechungen in der Bundesrepublik zwischen 1952-1984

**Gubitz**, Friedrich Wilhelm
\* 27.02.1786 Leipzig
† 05.06.1870 Berlin
Schriftsteller, Holzschneider
Studium an der Universität Jena (Theologie), danach Volksschriftsteller, Theaterkritiker und Holzschneidekünstler.
Ab 1806 Lehrer für Holzschneidekunst, 1808 Professor an der Akademie Berlin (für Holzschneidekunst) (gilt als Wiederentdecker des Holzschnitts, neben Unger). Seit 1817 Hrsg. der Zeitschrift *Der Gesellschafter*. 1822-66 Hrsg. *Das Jahrbuch der deutschen Bühnenspiele*. 1832-66 Theaterkritiker der *Vossischen Zeitung*. 1835-69 Hrsg. *Deutscher Volkskalender* (mit eigenen humoristischen Holzschnitten). Sein Holzschnitt „Weberaufstand" ist Gesellschafts-Satire.
Publ.: *Erlebnisse* (3 Bde. 1869)
Lit.: *Bilder aus Romantik und Biedermeier* (hrsg. v. P. Friedrich 1922); P. Weiglin: *Berliner Biedermeier* (1942), S. 114, 117, 119, 133, 196; E. Roth: *100 Jahre Humor in der deutschen Kunst* (1957); Ausst.-Kat.: *Fragen an die deutsche Geschichte* (1980), Bilder II/41

**Guggenheim**, Willi → **Varlin** (Ps.)

**Gulbransson**, Jan
\* 04.06.1949 München
Comic-Zeichner (aus der Comic-Fans-Szene)/München
Studium an der Akademie München (1969-71), nebenher: Zeichentrickfilme (1968-80).
Danach Zeichner für Kinderbücher, Comics, Werbemagazin *Micke* (Volksbanken). Deutscher Donald-Duck-Zeichner im holländischen *Donald-Duck-Weekblad* und für *Oberon* (ab Nr. 9/1982, seit 13/1982 ständiger Mitarbeiter). J.G. war fast neun Jahre Mitarbeiter im Studio von Wolfgang Urchs (1971-80). Themen: Donald-Duck-Geschichten nach der Tradition von Carl Barks.
Lit.: K. Stryz/A.C. Knigge: *Disney von Innen* (1988), S. 280-289

**Gulbransson**, Olaf
\* 25.05.1873 Christiana (Oslo)
† 18.09.1958 Tegernsee (Schererhof)
Norwegischer Zeicher, Karikaturist, Maler (seit 1929 deutscher Staatsbürger und Professor an der Akademie München
Zeichenunterricht ab dem 12. Lebensjahr in der Kgl.-norwegischen Kunst- und Handwerksschule, bei dem Zeichenlehrer Böljeräva. Mit 16 Jahren zeichnet er im norwegischen Witzblättchen *Tyrihans* und für die Tageszeitung *Trangviksposten*. 1900 Studien an der Académie Colarossi, Paris. 1901 ist G. wieder in Norwegen und veröffentlicht ein Album mit 24 Porträt-Karikaturen be-

rühmter Zeitgenossen. Die Karikaturen werden in Paris ausgestellt und prämiert. Der norwegische Kunstkritiker Gunnar Heiberg machte O.G. wegen dieser Karikaturen berühmt. Der *Simplicissimus*-Verleger Albert Langen wurde auf O.G. aufmerksam gemacht. Langen lud O.G. nach München ein (per Telegramm und Vorschuß). Die erste O.G.-Zeichnung erschien im *Simplicissimus* Nr. 38/1902 („Kinder sind glücklich und Tiere und Weiber, aber wir Menschen nicht"). O.G.s Zeichnungen sind flächig angelegt. Die Umrißzeichnungen sind endgültig, im sparsamen, prägnanten, linearen, präzisen Stil, der das Charakteristische schlagfertig zum Ausdruck bringt. 1929 kauft O.G. den 500 Jahre alten Schererhof, oberhalb des Tegernsees. Seine Frau Dagny Björnson (Enkelin des Dichters Björnson) richtet das Obergeschoß im norwegisch-skandinavischen Barockstil (Sorenskrivar = Landratsstil) ein. Außen blieb der Schererhof original bayrisch. 1951 wurde G. Mitglied der Bayrischen Akademie der schönen Künste. Am 30.05.1961 weihte Bundeskanzler Erhard das Olaf-Gulbransson-Museum in Tegernsee ein.

Publ.: (Mappen und Bücher) *Berühmte Zeitgenossen* (1904); *Aus meiner Schublade* (1912); *50 unveröffentlichte Zeichnungen* (1914); *Es war einmal* (Selbstbiographie, 1934); *Sprüche u. Wahrheiten* (1939); *O.G. 60 Bilder* (Text: Wilh. Schäfer 1940); *Idyllen und Katastrophen* (1941); *Und so weiter* (1954); *So siehst du aus* (1955); *Ach wüßtest du ...* ; *Das auch noch*
Lit.: (Auswahl) W. Schäfer: *Der andere G.* (1939); *O.G. 50 Jahre Humor* (Einf. Walter Foitzick, 1955); *O.G. Maler und Zeichner* (Einf. E. Roth, 1959); D. Björnson: *O.G. Sein Leben* (1967); *Heiteres und Weiteres* (Einf. C.J. Lang, 1979); Ausst.-Kat.: *O.G. Werke und Dokumente* (German. Nationalmuseum Nürnberg 1981)

**Gundermann**, Kurt
\* 1894 Trebanz/b. Altenburg
Pressezeichner in der DDR
Lit.: *Resümee – ein Almanach der Karikatur* (3/1972)

**Guthknecht**, Gustav
\* 30.09.1843 Berlin
Genremaler, Zeichner, Illustrator, Dozent für Kostüm- und Waffenkunde an der Berliner Akademie
Studien am Berliner Kunstgewerbemuseum bei dem Historienmaler Bolte.
G.G. illustrierte Kinder- und Märchenbücher, die an Schwind erinnern, sowie kulturgeschichtliche Darstellungen. 1889-1899 artistischer Leiter der Garderobe-Inspektion am Kgl. Theater, Berlin.
Lit.: Verband deutscher Illustratoren: *Schwarz-Weiß*, S. 6

**Gutmann**, Michael
\* 1956 Frankfurt/M.
Zeichner, Regieassistent
Studium an der Filmschule München. – Regiearbeiten fürs Fernsehen (3 Filme: „Das Land-ei", „Radio" und „Cargos") sowie Veröffentlichung von Zeichnungen, Karikaturen, Geschichten in *Titanic*, in Magazinen u.a.
Lit.: *70 mal die volle Wahrheit* (1987); Lorenz Reitmeier: *Dachau, der berühmte Malerort* (1989)

**Gutschmidt**, Richard
\* 11.05.1861 Neuruppin
† 1926 Neuruppin
Maler, Zeichner, Karikaturist/seit 1884 in München
Mitarbeiter der *Meggendorfer Blätter* (193-17), er ist vertreten mit humoristischen Zeichnungen aus dem Alltagsleben.
Lit.: Ausst.-Kat.: *Zeichner der Meggendorfer Blätter – Fliegenden Blätter 1889-1944* (Karl & Faber, München 1988)

**Gutzeit**, Bernd
\* 1936 Dortmund
Karikaturist, Lehrtätigkeit, Pädagogisches Fachinstitut und Werkschule Dortmund-Schwerte
Fachstudium für Lehrtätigkeit.
Veröffentlichung von aktuellen, politisch-satirischen Tageskarikaturen in *Westfälische Rundschau, Westermanns Monatshefte* u.a.
Lit.: *Störenfriede – Cartoons und Satire gegen den Krieg* (1983); *Beamticon* (1984), S. 15, 25, 50, 139

# H

**H.**, Eva (Ps.)
* 1948 Frankfurt/M.
Bürgerl. Name: Dr. Eva Heller
Soziologin, Schriftstellerin/Frankfurt (Main)
Seit 1978 zeichnet Eva H. Cartoons, meist zu Mann-und-Frau-Beziehungen. Veröffentlichungen in *Brigitte, stern, Frankfurter Rundschau*.
Publ.: (Cartoons) *Küß mich, ich bin eine verzauberte Geschirrspülmaschine* (1984); *Vielleicht sind wir eben zu verschieden* (1987); *Beim nächsten Mann wird alles anders* (Roman, 1987, Auflage 400.000, verfilmt 1988 von Xaver Schwarzenberger)
Lit.: *Wenn Männer ihre Tage haben* (1987); *70 mal die volle Wahrheit* (1987)

**Haag** (Ps.)
(aus politischen Gründen, Lebensdaten unbekannt – Geburtsjahr geschätzt um 1818)
Berliner Lithograph, zeichnete in der Revolutionszeit von 1848/49 (Vormärz bis Revolutionsende) Karikaturen auf König Friedrich Wilhelm IV., das Königshaus, die Bürgerwehr und das Scheitern der Revolution. Politisch markante Berliner Karikaturen in Witz und Satire, respektlos und aggressiv. Haag war tätig für den Verlag Isidor Rocca in Berlin, wo seine Karikaturen als Einblattdrucke erschienen. Karikaturen auf das Königshaus waren verboten. Deshalb wurden sie mit dem Vermerk versehen: „im Verlag der Druckerei L. Blau & Comp. Leipzig".
Lit.: E. Fuchs: *Die Karikatur der europäischen Völker* (II/1903), S. 70, 63, 65, 76, B 24, 48; *Bärenspiegel* (1984), S. 202, 66, 65; *Geschichte in Karikaturen – von 1848 bis zur Gegenwart* (1981), S. 52

**Haas**, Leo (Ley)
* 15.04.1901 Troppau/Österreich
† 13.08.1983 Berlin/DDR
Pressezeichner, politischer Karikaturist

Studium an der Landeskunstschule Karlsruhe (1919-22) und der Akademie Berlin, bei Willie Jäckel.
1924-26 Pressezeichner in Wien, Mitarbeit u.a. bei *Stunde, Bühne, Arbeiterzeitung* und *Abend*. Ab 1926 Leiter einer Lithographischen Anstalt in Troppau, tätig als Gebrauchsgraphiker und Maler. 1939-45 Gestapohaft, KZ Ostrawa, Theresienstadt, Auschwitz, Mauthausen, Sachsenhausen. 1945 Ausstellung in Prag, 1945-55 Mitarbeit bei *Rude Pravo* und *Dikobraz* (Prager satirische Zeitschrift). Seit 1955 in Berlin/DDR. Mitarbeit bei *Neues Deutschland, Eulenspiegel, Wochenpost* (politisch, zeit- und gesellschaftskritische Themen im Sinne einer kommunistischen Führung), Mitarbeit beim DDR-Fernsehen und Gestaltung von Buchillustrationen. Seine Hauptthemen waren die Anprangerung faschistischer Verbrechen sowie Satire und Propaganda gegen Faschismus und Neofaschismus.
Kollektiv-Ausst.: „Satiricum '78", Greiz
Ausz.: Vateränderischer Verdienstorden der DDR, Ernst-Moritz-Arndt-Medaille der DDR, Professoren-Titel, 2 Kunstpreise in der CSSR
Publ.: *Links überholt* (1961); *Tereszin/Theresienstadt* (Grafikmappe 1971); *Bauhaus Dessau* (1981)
Lit.: G. Piltz: *Geschichte der europäischen Karikatur* (1976), S. 280, 309; *Der freche Zeichenstift* (1968), S. 145; *Bärenspiegel*, S. 202; Ausst.-Kat.: *Satiricum '78*; Presse: *Eulenspiegel* (Nr. 34/1983); *Braunschweiger Zeitung* (v. 15. Aug. 1983)

**Haase**, Paul
* 02.04.1873
† 15.10.1925 Berlin

Maler, Zeichner, Karikaturist
P.H. zeichnete humoristische witzig-berlinerische Karikaturen zum Rennsport und dem Leben auf Rennplätzen, aber auch allgemeine humoristische Szenen, Sport, Militärs u.a.
Sein Zeichenstil hob sich von denen anderer Zeichner ab

und hat vor allem Paul Simmel beeinflußt, er wurde dann als typischer Simmelstil bekannt. Die Zeichnungen P.H.s erschienen in Berliner Zeitschriften und Zeitungen. Während des Ersten Weltkrieges hat er in Sloczow (Polen) das Offiziers-Kasino mit 7 Fresken ausgemalt (Titel: „Die Schlacht im Teutoburger Wald").
Lit.: *Humor um uns*, S. 11, 111-118

**Haasis**, Johannes → **Liesegang**, Jonny (Ps.)

**Haberstroh**, Kurt
\* 1947 Bruck (an der Mur)
Verwaltungsbeamter der Österreichischen Bundesbahn, Hobby-Karikaturist, Signum: „Haku"
Grahpik-Eigenstudium (Autodidakt). Veröffentlichungen in der österreichischen Presse, und zwar Cartoons ohne Worte, humoristische Situationskomik. Veröffentlichungen in der Bundesrepublik in *Schöne Welt* (April 1980).

**Habrich**, Wilfried
\* 1956
Zeichner/Wriezen
Kollektiv-Ausst.: „Satiricum '80" (1. Biennale der Karikatur in der DDR, Greiz, 1980: „Fernsehen" (Strip))
Lit.: Ausst.-Kat.: *Satiricum '80*. S. 24

**Hachfeld**, Rainer
\* 1939 Ludwigshafen
Bühnenbildner, Trickfilmzeichner, Schriftsteller, Karikaturist, seit 1952 in Berlin/West
Studium am der Meisterschule für das Kunsthandwerk Berlin-West (9 Semester Bühnenbild, Zeichenfilm, Malerei). –
1960 ein Jahr in Paris als freier Maler, danach zweieinhalb Jahre Werbung bei Ufa-Bertelsmann, Karikaturist seit 1964 (linksoppositionell), seit 1956 Journalist. Veröffentlichungen in *Spandauer Volksblatt, Berliner Extra-Blatt, Die Neue, Konkret, Der Abend, Berliner Extra-Dienst, DKP-Betriebszeitungen, stern* u.a. In Lateinamerika (in Venezuela unter anderem Pseudonym: „H. CAMPO") in *Punto, Bandera Roja Almargen, Reventon* (Venezuela), *Punta Final* (vor dem Putsch in Chile), und für die kubanische Presseagentur „Prensa Latina". Veröffentlichungen in den USA in *Guardian, Black Panther, Muhammad Speaks*. Nachdrucke in Halb-Ultralinks-Blättern und der DDR-Presse. R.H. zeichnet humoristisch-satirische, politische Karikaturen, Plakate, Programmhefte, Illustrationen für politische Kabaretts „Die Bedienten", „Reichskabarett" und Texte für Kindertheater: *Stokkeror und Millipilli, Mugnog-Kinder!, Kannst du zaubern, Opa?, Banana, Spaghetti mit Ketchup*. Beleidigungs-Prozeß/I: Franz-Josef-Strauß-Hakenkreuz Karikatur in *Berliner Extra Dienst* Nr. 65/66 v. 22.8.1970/29.8.1970. Ergebnis: Zwei gerichtliche einstweilige Verfügungen auf Unterlassung, Karikaturen des Antragstellers zu publizieren (Gutachter: Karikaturist E.M. Lang, Historiker Dr. Imanuel Geiss). Beleidigungs-Prozeß/II (1980) wegen seiner Schweinchen-Serie (in: *Konkret*, Juli 1980) bzw. der Darstellung des bayrischen Ministerpräsidenten Dr. h.c. Franz Josef Strauß als Schwein, das mit einem mit richterlicher Amtstracht versehenen Schwein genußvoll kopuliert wird. Ergebnis: 1. Instanz Geldstrafe 5000 DM, 2. Instanz: Verfahren eingestellt.
Ausst.: 2. Internationale Biennale des Humors und der kämpferischen Graphik Kuba (1981), Zwischen 1971-85 Ausstellungen in Lateinamerika: (Caracas, San Antonio, Managua, Nicaragua)
Ausz.: Brüder-Grimm-Preis (1969) für das Kinder-Theater-Stück „Stokkeror und Millipilli" Stadt Berlin, Erster Preis „Satire im Kampf für den Frieden", Moskau (1973), Mexico (1982), Nicaragua (184)
Publ.: *Aus Liebe zu Deutschland* (1980); *Wetterbericht* (1986); *Karikatur gegen Rechts* (1980); *Yankee go Home* (1971); *Das Rattenbuch* (1975);*Bananen & Kanonen* (1979); *Karikiri; Struwwelpeter neu frisiert* (Text: Dr. Ekkart H., sein Vater)
Lit.: *Politische Karikatur in der Bundesrepublik und Berlin/West 1974/78*, S. 6-17; *Störenfriede – Cartoons und Satire gegen den Krieg* (1983); *70 mal die volle Wahrheit* (1987); H.P. Muster: *Who's Who in Satire and Humour* (1989), S. 82-83

**Hackebeil**, Dieter
\* 1947
Zeichner/Leipzig
Kollektiv-Ausst.: „Satiricum '78", Greiz
Lit.: Ausst.-Kat.: *Satiricum '78*

**Haderer**, Gerhard
\* 1951 Österreich
Cartoonist, Graphiker/Linz-Donau
G.H. arbeitet an zeitkritischen Karikaturen, Bühnenbildern, Plakaten.
Veröffentlichungen in *stern* (ab 28/91), *Haderers Wochenschau*. H. über seine Zeitungen: „Der erste Blick ist Sonnenschein, der zweite nicht mehr ganz so heiter."
Lit.: Presse: *stern* 28/1991

**Haem**, Hans (Ps.)
\* 14.07.1929 Basel/Bâle
Bürgerl. Name: Hans Ulrich Meury
Schweizer Karikaturist/Husby, Schleswig-Holstein, seit 1979 Basel
Bis 1954 Aufenthalt in Sizilien, Rom und Mailand, ab

195-62 in Paris, London, Frankfurt/M. und Melbourne/Australien, seit 1972 in der Bundesrepublik.
H.H. zeichnet humoristische, zeitkritische Karikaturen, vielfach ohne Worte, sowie Werbegraphik, freiberuflich ab 1953.
Veröffentlichungen in in- und ausländischen Zeitungen und Zeitschriften. u.a. in *Sie und Er, Die Woche, Tip, Die Zeit, stern, Pardon, Spontan, Punch* (London), *The Observer* (London), *Cavalier* (New York) sowie in der italienischen Presse. Seit 1963 Mitarbeit am *Nebelspalter*. In Australien illustrierte er das Kinderbuch: *Prof. M.G. Mugwümp*. Für den *Herald* in Melbourne schrieb und zeichnete er Kochrezepte. *Gezeichnete Kochfibel* (1975).
Einzel-Ausst.: Rom (1956), Basel (1957, 1960), Kollektiv-Ausst.: Paris (1972, 1976), Avignon (1972), Kunsthaus Zürich (1972), Rorschach (Nebelspalter 1973), Wilh.-Busch-Museum, Hannover (1973)
Publ.: *I like Jazz; Ministory; Mit deutscher Tinte* (Schmunzelbücher); *Stalling-Cartoon-Kalender* (1978); *Jonas Überohr Life* (zus. mit H. Salzinger)
Lit.: *Festival der Cartoonisten* (1976); H.P. Muster: *Who's Who in Satire and Humour* (2) 1990, S. 134-135; Ausst.-Kat.: *Karikaturen-Karikaturen?* (1972), S. 66; *Darüber lachen die Schweizer* (1973)

**Hagedorn**, Günther
* 29.03.1925 Berlin
† 15.04.1978

Pressezeichner, Karikaturist, Signum: „tüte"
Studium an der Meisterschule für Graphik und der Hochschule für bildende Künste, Berlin West.
Erste Karikaturen ab 1946 für die *Neue Zeitung*.
Ständige Mitarbeit bei: *Der Tag* (Berlin (1951-61) und *Neue Rhein-Ruhr-Zeitung* Essen, ab 1961.
Veröffentlichungen auch in *IBZ, Telegraf-Illustrierte, Tarantel, Revue, Berliner Anzeiger*. Er zeichnete humoristische, aktuelle, politische, satirische Karikaturen und Werbe-Karikaturen.
Kollektiv-Ausst.: u.a. 1961: Salone dell'Umorismo, Bordighera, Preis: „Silberne Dattel", 1968: Turnen in der Karikatur (anläßlich des Deutschen Turnfestes, Berlin, 1977: „Cartoon 77" Zweite Weltausstellung der Karikatur Berlin-West. Erster Preis (10.000 DM) für die Karikatur: „Unbekannte Flugobjekte über Winsen a.d. Luhe"
Publ.: *Kein schöner Land* (politische Karikaturen 1964)
Lit.: Ausst.-Kat.: *Turnen in der Karikatur* (1968); Presse: *Berliner Morgenpost* (v. 16.4.1978, Nachruf)

**Hagen**, Max
* 25.10.1861 Flensburg
† 26.03.1914 bei Schliersee

Maler, Karikaturist, Illustrator, tätig in München
Gelernter Kaufmann und Korrespondent. – Franz v. Defregger verschafft M.H. ein Stipendium der Stadt Flensburg. Daraufhin: Studium an der Akademie München, bei v. Piloty und v. Wagner. Mitarbeiter ab 1897 der *Jugend* und des *Simplicissimus*. M.H. zeichnete humorvolles Münchener Milieu und die dazugehörigen Typen: Studenten, Bauern, Pfarrer, Militär. In der Malerei bevorzugte er Landschaften.
Lit.: L. Hollweck: *Karikaturen*, S. 138, 145-47; Verband deutscher Illustratoren: *Schwarz-Weiß*, S. 61; G. Piltz: *Geschichte der europäischen Karikatur*, S. 224; *Simplicissimus 1896-1914*, S. 87, 132

**Hahmann**, Werner
* 26.07.1883 Chemnitz
† 1951 Berlin

Zeichner, Karikaturist
Studium an den Akademien Dresden, München und Paris.
Mitarbeiter des *Kladderadatsch*, seit 1914 und ab 1919.
W.H. zeichnete vorwiegend politische Karikaturen in der Tendenz des rechtsliberalen *Kladderadatsch*. Seine Zeichnungen wirkten als plakative Kommentare. W.H. war der Nachfolger von Gustav Brandt.
Lit.: H. Dollinger: *Lachen streng verboten*, S. 204, 413; Ausst.-Kat.: *Typisch deutsch*, S. 16

**Hahn**, Albert
* 1877 Groningen
† 1918

Holländischer Zeichner, Karikaturist
A.H. zeichnete politisch-satirische, aktuelle, soziale Karikaturen und Porträtzeichnungen. Er war Mitarbeiter der sozialistischen Satire-Zeitschrift der holländischen Sozialisten *Notenkraker*. In Deutschland arbeitete er bei *Der wahre Jacob*. A.H.s Vorbild war der schweizerisch-französische Zeichner Felix Valloton (1865-1926).
Lit.: G. Piltz: *Geschichte der europäischen Karikatur*, S. 6, 188-191, 192, 249

**Hai** (Ps.)
* 30.01.1926 Leipzig

Bürgerl. Name: Hasso Hinke
Studium an der Kunstakademie Leipzig (5 Semester).
Hai arbeitet als freiberuflicher Karikaturist, Pressezeichner, seit 1953 in Berlin/West. Er zeichnet humoristische Karikaturen, Sex-Themen.
Veröffentlichungen, u.a. in *Extra, Nonstop-Rätsel, Das fröhliche Rätsel* (Bastei) und *Neue Revue*
Kollektiv-Ausst.: „Berliner Karikaturisten", Kommunale Galerie, Kunstamt Berlin-Wilmersdorf (1978)
Lit.: Ausst.-Kat.: *Berliner Karikaturisten* (1978)

**Haider**, Max
*     1807
†     1973 München

Förster, als Zeichner Autodidakt
Ab 5. Jahrgang der *Fliegenden Blätter* ständiger Mitarbeiter, speziell Jagd-Karikaturen, komische Jagdszenen und Jagdgeschichten. H. zeichnete die Figur „Der Sonntagsjäger".
Für die *Münchener Bilderbogen* zeichnete er von Beginn an mit.
Lit.: E. Fuchs: *Die Karikatur der europäischen Völker*, S. 84; G. Hermann: *Die deutsche Karikatur im 19. Jahrhundert*, S. 69; G. Piltz: *Geschichte der europäischen Karikatur*, S. 23; L. Hollweck: *Karikaturen*, S. 23.

**Haitzinger**, Horst
*     19.06.1939 Eferding/Oberösterreich

Österreichisch-deutscher Zeichner, Karikaturist, Maler, Signum: „Hz"/München
Studium an der Kunstgewerbeschule Linz (1954-58), Gebrauchsgraphik an der Akademie der bildenden Künste München (1958-64).
Veröffentlichungen ab 1958 in *Simplicissimus* (bis 1967 mehr als 500 Zeichnungen), ständiger Mitarbeiter bei *Nebelspalter* (seit 1968), *tz München, Nürnberger Nachrichten, Bunte* (seit Nr. 8/1982), *B.Z.* (seit Sept. 1980), Nachdrucke in der Tagespresse in Deutschland, Österreich, der Schweiz, den USA und in England. H.H. ist der meistgedruckte Karikaturist seit Ende der sechziger Jahre mit ständigen Karikaturen-Kolumnen im In- und Ausland. Er zeichnet aktuelle, zeitkritische, satirische, vor allem politische Karikaturen als zeichnender tagespolitischer Leitartikler, aber auch humorvolle, zeitlose Zeichnungen, Werbekarikaturen und Ölbilder (phantastischer Realismus). H.H. illustrierte *Die Nibelungen in Bayern* (H. Schneider 1979) und *Passiert ist gar nichts* (H. Weinzierl).
Ausst.: im In- und Ausland, u.a. Wilh.-Busch-Museum, Hannover (1974)
Ausz.: 1973 Ludwig-Thoma-Medaille in Gold, 1981 Schwabinger Kunstpreis, Grüner Zweig, Journalistenpreis
Publ.: *Haitzinger Karikaturen* (1970); *Archetypen* (1979); *Denkzettel* (1981); *Bonnoptikum* (1983); *Bonnoptikum* (1985); *Geburtstagsstrauß* (185); *Haitzingers Kishon-Album* (1980), *BONNzen-Album* (1987); jährl. Buchveröffentl.
Lit.: H.P. Muster: *Who's Who in Satire and Humour* (1989), S. 84-85; Ausst.-Kat.: Wilh.-Busch-Museum (1974) *H.H.*

**Halbritter**, Kurt
*     22.09.1924 Frankfurt/M.
†     21.05.1978 Irland/Sligo

Karikaturist, Pressezeichner
1939 Lehre als Chemigraph, 1942 Wehrdienst bei der Marine, 1944 englische Gefangenschaft bis 1947. Danach Studium an der Werkkunstschule Offenbach (1948-52).
Veröffentlichungen von gesellschaftskritischen, politischen Karikaturen in *Frankfurter Rundschau* (ab 1949), ab 1962 ständige Mitarbiet bei *Pardon, Vorwärts* (Titelseiten 1976-78), *Illustrierte Presse, Nebelspalter, Deutsche Illustrierte, Zeit im Bild, Abendpost, abz-Illustrierte, Offenbach-Post* u.a. Veröffentlichungen auch in deutschen, schweizerischen, österreichischen und französischen Illustrierteen. K.H. hat auch Trickfilme gezeichnet (ca. 12) und sich mit Werbegraphik beschäftigt.
Ausst./Ausz.: Als erster Deutscher 1945 Einzelausstellung in Belgien, Preisträger der Zille-Stiftung/Satirische Grafik (1968), Joseph-Drexel-Preis (1970), Jule Hammer, Berlin/West (1970)
Publ.: Ab 1954 20 Schmunzelbüchlein für Bärmeier & Nickel, u.a.: *Wirb oder stirb, Geld müßte man haben, .... deine Zwerge ...*
Weitere: *Disziplin ist alles* (1954); *Die Nacht am Rhein; Knigge verkehrt; Rue de Plaisir; Spiel mit Rehen; The Murder Brothers; Girls, Germanen, Gespenster; Johannes; Halbritters Tier-Pflanzenwelt; Halbritters Waffenarsenal; Jeder hat das Recht; Adolf Hitler Mein Kampf; Halbritters Buch der Entdeckungen; Gespenster und Helden; Gesellschaftsspiele; Halbritters Halbwelt; Die freiheitlich rechtliche Grundordnung*
Lit.: H.O. Neubauer: *Im Rückspiegel – Die Automobilgeschichte der Karikaturen 1886-1986* (1985), S. 239, 168; *Die Stadt – Deutsche Karikaturen 1887-1985* (1985); *Heiterkeit braucht keine Worte*; H.P. Muster: *Who's Who in Satire and Humour* (2) 1990, S. 80-81; Presse: *Braunschweiger Zeitung* (v. 25.5.1978, Nachruf)

**Hallart**, Guy
*     1931 Cambrai

Französischer Karikaturist
Banklehre, Übersiedlung nach Paris, Zwischenstudium, Karikaturist. Ständige Mitarbeit bei *Ici Paris*. Veröffentlichungen in *Paris Match, France Dimanche, Scala, The New Yorker, Nebelspalter* u.a. Veröffentlichungen in der Bundesrepublik, u.a. in *Münchener Illustrierte, Revue* und *Koralle*. – G.H. zeichnet humoristische Karikaturen sowie Cartoons ohne Worte.
Lit.: *Heiterkeit braucht keine Worte*

**Haller von Hallerstein**, Christoph Frh.
*     1771
†     1839 Nürnberg

Kupferstecher, Miniaturenmaler, Zeichner
Publ.: (Radierungen) u.a. *Hier bei den Venen*
Lit.: E. Roth: *100 Jahre Humor in der deutschen Kunst* (1957); E. Holländer: *Die Karikatur und Satire in der*

*Medizin* (1905), S. 200; Friedrich Nicolei: *Beschreibung der kgl. Residenzstadt Berlin,* S. 152, 336

**Halmi**, Artur Lajos
* 08.12.1866 Budapest
† 1939
Maler, Zeichner
Studium an der Akademie München, bei Ludwig Löfftz, Mitarbeiter bei der *Jugend* (1896-1902). A.L.H. zeichnete humoristische Bilder aus dem bayrisch-münchnerischen Leben (1896 insges. 18 Zeichnungen, darunter eine Innenansicht vom Café Luitpold).
Lit.: L. Hollweck: *Karikaturen,* S. 137, 139, 150

**Handelsman**, John Bernard (Bud)
* 1922 New York-City/USA
Cartoonist, Illustrator, Pressezeichner, lebt im Staat New York
Studium: Arts Students League, Universität New York.
Elektroingenieur, Graphiker in verschiedenen Werbeagenturen, danach freiberuflich und selbständig tätig.
Veröffentlichungen in den USA in *The New Yorker.* Übersiedlung nach England 1963. Mitarbeit in Großbritannien bei *Punch.* Für *Punch* entsteht die ganzseitige Cartoonfolge *Freekly Fables,* ferner arbeitet J.B.H. für *Evening Standard, The Listener, Look, New Statesman, Observer, Saturday Evening Post, Travellers,* Veröffentlichungen in der Schweiz in *Nebelspalter,* in der DDR in *Eulenspiegel,* in der BRD in *Playboy, stern, Bunte, Pardon, Hörzu, Welt am Sonntag.* J.B.H. fertigt allgemeine humoristisch-satirische Karikaturen.
Kollektiv-Ausst.: National Portrait Gallery London – Cartoon Gallery London, New York, Washington
Ausz.: Playboy-Preis 1978
Publ.: *You're not Serious, I hope* (1971); *The Funny Side of Science* (1973); *Freakly Fables* (1979-1984); *More Freakly Fables* (1986)
Lit.: in den USA *The art in Cartooning* (1975); in Deutschland *Top Cartoons aus USA* (1981); in der Schweiz H.P. Muster: *Who's who in Satire and Humour* Bd. 2 (1990), S. 82-83

**Hanel**, Walter
* 14.09.1930 Teplitz-Schönau/ČSR
Graphiker, Karikaturist
Studium an der Kunstakademie Leipzig und an der Werkkunstschule Köln (Meisterschüler, 1953-59).
W.H. begann in den frühen fünfziger Jahren mit humoristischen Karikaturen, die veröffentlicht wurden u.a. in *Kristall, Neue Illustrierte, Quick, Kölner Stadt-Anzeiger, Welt am Sonntag, Rheinischer Merkur.* Ab 1957 sind es satirische, zeitkritische, aktuelle Zeichnungen, Wirtschaftskarikaturen, Werbung im *Börsenblatt, Simplicissi-*

*mus, Hannoversche Allgemeine Zeitung, Frankfurter Allgemeine Zeitung, Der Spiegel, Pardon* (seit 1959 ständig) u.v.a. Ab 1965 zeichnet W.H. politische Karikaturen, Karikaturen-Folgen: *W.H. kommentiert* (Pardon), *Zeitgeschichten* (Zeit-Magazin), *Pardons-Start-Cartoon.* Zeitkritische Karikaturen: *Quick*-Seite u. *Quick*-Kolumne sowie zeitkritische Karikaturen und Titelblätter für das ÖTV-Magazin. Mit seinen politischen Karikaturen wurde W.H. international bekannt. Er zeichnet jedoch auch Zeitloses. Grandville und Kubin sind seine bevorzugten Vorbilder.
Einzel- und Kollektiv-Ausst.: Kunsthalle Recklinghausen, Studio Dumont Köln, Filmfestspiele Oberhausen, Biennale Gabrovo, Villa Zander Bergisch-Gladbach, Stadthaus Solingen, Cartoon Caricatur Contor München, Wilh.-Busch-Museum, Hannover, Institut für Auslandsbeziehungen Stuttgart
Ausz.: Zweiter Preis im Wettbewerb um den Wilhelm-Busch-Preis für Karikatur und kritische Graphik (1987)
Publ.: *Kleiner Mann im Ohr* (1961); *Privat; Der gute Hirte; Juristen sind gar nicht so; DZ-Karikaturen; Politische Karikaturen* (1980); *Ein wunder Punkt* (1980); *Nach Ihnen, Herr Bundeskanzler* (zus. mit M. Bernsdorf); *Der total perfekte Tennisspieler* (1985) (seit 1983 jährliche Buchveröffentlichungen seiner politischen Karikaturen)
Lit.: *Störenfriede – Cartoons und Satire gegen den Krieg* (1983); *Die Stadt – Deutsche Karikaturen 1887-1985* (1985); H.O. Neubauer: *Im Rückspiegel – Die Automobilgeschichte der Karikaturen 1886-1986* (1985), S. 239; Ausst.-Kat.: *Zeitgenossen karikieren Zeitgenossen* (1972), S. 260; *Spitzensport mit spitzer Feder* (1982), S. 22; *Gipfeltreffen* (1987), S. 39-58; Fernsehen-Reportages (5.5.1987): „Menschen in NRW", „und Köpfe und Krähen und Kröten", Der Zeichner W.H.

**Hannah**, Jack
Zeichner bei dem Trickfilmproduzenten Walt Disney (s. dort)

**Hanitzsch**, Dieter
* 14.05.1933 Schönlinde/Nordböhmen ČSR
Wirtschafts-Fernsehjournalist, Karikaturist, Signum: „H."
Studium in Weihenstephan/Diplom-Brauerei-Ingenieur (1955-58) und an der Universität München/Diplom-Kaufmann (1958-63)
1963-64 in der Werbeabteilung der Paulaner-Bräu München, ab 1964 Mitglied der Wirtschaftsredaktion Fernsehen des Bayrischen Rundfunks, ab 1984 Programm Unterhaltung des Bayrischen Rundfunks (Wirtschaftsthemen populär), 1958-61 Karikaturist im Nebenberuf (für die *Süddeutsche Zeitung*), ab 1969 für *Münchener Stadtanzeiger, Abendzeitung,* seit 1980 ständiger Mitarbeiter für *Quick.* Er zeichnet humoristische, aktuelle, satirische Tageskarikaturen, Porträt-Karikaturen. Im BR, in 3. Pro-

gramm gestaltet er zusammen mit Bernd Dost die Satire-Sendung „Bairisch G'mein" (Hinweise auf Kuriositäten, Mißstände) sowie Features, Dokumentationen für ARD-Sendungen und Werbung, auch für Quick-Preisausschreiben mit den Themen-Folgen: „Quick-Familie Telemeier", „Er-Quick-lich", „Quick-lebendig", „Satire", „Hallo Deutschland" zeichnet D.H. verantwortlich. Weiter zeichnet er die Cartoons-Folgen: „Willi" (Nachbar Willi), „Frederik, der kleine Kluge" (*Neue Illustrierte*, „Adam & Eva" (ab 1989 *Quick*) und für Bierdeckel-Werbung (12 Spitzenpolitiker).
Kollektiv-Ausst.: Galerie der Zeichner, München, sowie weitere in München, Bonn und Wien
Publ.: *Ich, Franz Josef* (1978); *Ich (Franz Josef) und die anderen* (1979); *Ein Kanzler namens Schmidt* (1980); *Der wunderbare Gartenzwerg* (Text Rolf Cyriax); *Prominenten Galerie* (1982); *Nix für unguat* (1982); *Links verbraucht und rechts verkohlt* (mit Peter Leukefeld 1983); *Franz Josef I* (1983); *Wir lassen unsern Kanzler nicht verkohlen* (1984); *So treiben es die Bayern* (mit Ernst Fischer); *Der total perfekte Tennisspieler* (1987); *Der total perfekte Beamte* (mit Walter Klein); *Die achten Memoiren* (1989)
Lit.: DWR-Kennkarte XI/17

**Hansen**, Anton
\* 27.06.1891 Vedskjolli/Dänemark
Maler, Zeichner
Mitarbeit beim *Simplicissimus* und beim *Leipziger Panoptikum*. Die Themen sind allgemein humoristisch-satirisch.
Ausst.: *Typisch deutsch?* (35. Sonderausstellung des Wilh.-Busch-Museum, Hannover: Nr. 87 Er naht mit Brausen)
Lit.: Ausst.-Kat.: *Typisch deutsch?*, S. 18

**Hansen**, Emil → **Nolde**, Emil

**Hansen**, Kurt
\* 15.01.1876 Kopenhagen
Dänischer Zeichner, Illustrator, tätig in Berlin
Künstlerische Ausbildung in Kopenhagen. K.H. zeichnete in der Art von F.v. Reznicek Bilder aus dem eleganten und mondänen Leben. Er war auch als Gebrauchsgraphiker für die Werbung tätig.
Lit.: Verband deutscher Illustratoren: *Schwarz-Weiß*, S. 92; E. Fuchs: *Die Karikatur der europäischen Völker* II, Abb. 424

**Hansi** (Ps.)
\*     1873 Elsaß
Bürgerl. Name: Jakob Walz
Antideutscher Zeichner aus dem Elsaß, Singum: „Hansi" Spezialist für deutsche Offiziers- und Oberlehrertypen, die nach dem Deutsch-Französischen Krieg 1870/71 sehr beliebt waren. Vorwiegend Veröffentlichungen in der französischen Presse.
Lit.: G. Piltz: *Geschichte der europäischen Karikatur*, S. 175

**Hansito** (Ps.) → **Bednar**, Hans

**Harald** (Ps.)
\*     1950 Essen
Bürgerl. Name: Harald Juch
Graphiker, Karikaturist, Werbegraphik
Studium an der Folkwangschule Essen, Cartoonist aus Leidenschaft für die Linke Szene. Ab 1980 Veröffentlichungen von Karikaturen, u.a. in der *taz* (satirisch, gesellschaftskritische Themen). Seit 1986 Entwicklngshelfer des „DED" in Nicaragua.

**Harburger**, Edmund
\* 04.04.1846 Eichstätt
† 05.11.1906 München
Maler, Zeichner, Redakteur
6 Jahre Lehre als Bauhandwerker. Kurzes Studium am Polytechnikum München, Wechsel an die Akademie München bei Kaupp und Lindenschmitt. E.H. war 36 Jahre lang ständiger Mitarbeiter der *Fliegenden Blätter* und Redaktionsmitglied. Seine gezeichneten Typen: Münchener Kleinbürger, bajuwarische Kraftmenschen aus der bürgerlichen Atmosphäre, charakeristisch gezeichnet mit Sinn für Humor und gutmütiger Heiterkeit, weder satirisch noch aggressiv. Er berichtete Komisches aus seiner Zeit. Seine Illustrationen und Typen hat er auch für Genrebilder verwendet.
Publ.: Harburger Album (um 1900)
Lit.: G. Piltz: *Geschichte der europäischen Karikatur*, S. 207f; G. Hermann: *Die deutsche Karikatur im 19. Jahrhundert*, S. 69; E. Roth: *100 Jahre Humor in der deutschen Kunst*; Verband deutscher Illustratoren: *Schwarz-Weiß*, S. 66; L. Hollweck: *Karikaturen*, S. 108-10, 127

**Harnoß**, Martin
\*     1907 Deutsch-Afrika
Maler, politischer Karikaturist
Malerlehre. Kunststudium in Berlin, Lehrer Moritz Melzer. Danach eigenes Atelier für dekorative Malerei. Mitarbeit u.a. bei den *Lustigen Blättern* (politische Karikaturen). Nach 1945 Lehrer für Kunstunterricht, dann Historienmaler für Ostberliner Museen, aus politischen Gründen die DDR verlassen. Maler realer Berliner Stadtlandschaften. Linolschnitt-Zyklus zu Büchners *Woyzek*.
Ausstellung im Verein Berliner Künstler (Jan. 1987) anläßlich seines 80. Geburtstages
Lit.: Presse: *Der Tagesspiegel* (v. 10. Jan. 1987)

**Harrington**, Ollie
* 1912 Valhalla/im Staat New York

Bürgerl. Name: Oliver Wendell Harrington, Signum: „OH"

USA-Karikaturist

Studium: Yale-University New York (Kunstgeschichte, Malerei), National Academy of Design/New York (Graphik). Danach übt O.H. verschiedene Berufe aus: Baseball-Champion, Tellerwäscher, Fahrstuhlführer, Kellner, Schneeschipper, Sport- und Kunstschriftsteller, Kinderbuch-Illustrator, Pilot, Kriegskorrespondent. Ab den fünfziger Jahren tätig für die *Black-Press* (anfangs humoristische Karikaturen). Seine Arbeiten sind anti-westlich, kommunistisch, es sind aktuelle politische Karikaturen (seine farbige Abkunft bedingt seine Parteinahme für die Probleme der Schwarzen, besonders in den USA und in Südafrika). O.H. lebte seit 1952 in Frankreich, seit den sechziger Jahren in der DDR. Mitglied der KP der USA. Mitarbeit an der USA-Presse: *Daily Worker, Daily World, National Guardien, Ebony Magazine, Pittsburgh Courier* u.a., in Schweden an *Aller's Magazine*, in Frankreich an *L'Express* und in der UdSSR an *Krokodil*. In der DDR arbeitet er u.a. für den *Eulenspiegel*. Seine Themen: zeitkritische Sujets gegen soziale Ungerechtigkeiten in der USA, gegen USA-Imperialismus.

Ausst.: House of Humour and Satire, Gabrovo/Bulgarien (1979), Kollektiv-Ausst.: „Satiricum '78", „Satiricum '90", Greiz

Ausz.: in der DDR „Stern der Freundschaft"

Lit.: *Der freche Zeichenstift* (1968), S. 267 (angebl. Geburtsdatum 1916); Ausst.-Kat.: *Satiricum '78, Satiricum '90*; Presse: *Eulenspiegel* (Nr. 11/1982: „O.H."); Fernsehen DDR I (v. 31.5.1982: „Ich lache, um nicht zu weinen"/„Der Karikaturist Olliver Harrington")

**Hartenkampf**, Gottlieb Theodor Kempf Edler von
* 1871 Wien
† 1964 Wien

Österreichischer Maler, Zeichner

Mitarbeiter der *Meggendorfer Blätter* (1900-17).

Lit.: Ausst.-Kat.: *Zeichner der Meggendorfer Blätter, Fliegenden Blätter 1899-1944* (Galerie Karl & Faber, München 1988)

**Hartmann Allgöwer**, Anna-Regula
* 1941 Bern

Schweizer Medizinerin, Karikaturistin/Basel

Veröffentlichungen in *Nebelspalter* u.a. Ihre Themen sind: Gedanken, Wünsche – dick umrandet, als hintersinnige Satire.

Lit.: *Eine feine Gesellschaft – Die Schickeria in der Karikatur* (1988)

**Hartmann**, Sven
* 1945 Schweiz

Schweizer Graphiker, Karikaturist/Zürich

S.H. fand 1973 Vorbilder für seinen Comic-Kater „Jacob" und dessen Abenteuer in der Menschenwelt. Außer in der Presse erschienen die „Jacob"-Serien als „Jacob"-Kalender, Postkarten.

Publ.: *Kleine Katzengeschichten; Ich und mein Mensch; Der Hund auf dem Dach; Jakob extra; Der Zauberkater; Herzlich Jakob* (Jubiläumsband mit den schönsten „Jacob"-Zeichnungen aus zehn Jahren)

Lit.: Presse: *Welt am Sonntag* (49/1983)

**Hartmetz**, Rainer
* 24.06.1925 Kassel
† 24.12.1981 München

Zeichner, Karikaturist

Studium an der Werkakademie, Kassel (ab 1947). R.H. zeichnete ab 1945 Illustrationen und Karikaturen für die Presse als freier Mitarbieter. Veröffentlichungen u.a. in *Nord-West-Zeitung, Hessische Nachrichten, Kasseler Zeitung, Frankfurter Illustrierte, Er, Quick, Münchener Kurier* und *Simplicissimus*. Die Themen: Humor und Aktuelles. Seit 1954 ist R.H. angestellter Illustrator und Layouter in der Siemens-Werbeabteilung. Hier ist seine Aufgabe die Visualisierung von Konzepten, die Bebilderung von Lehrprogrammen, Beiträge zur Werbeplanung.

Einzel-Ausst.: Wilh.-Busch-Museum, Hannover: Kritische Graphik (1971), *Zeitgenossen karikieren Zeitgenossen*, Kunsthalle Recklinghausen (1972)

Lit.: *Denk ich an Deutschland ... Karikaturen aus der Bundesrepublik Deutschland* (1989), S. 156; Ausst.-Kat.: *Zeitgenossen karikieren Zeitgenossen* (1972), S. 219; Presse: *Hannoversche Presse* (v. 30.6.1971)

**Hartung**, Wilhelm
* 1919 Cuxhaven

Pressezeichner, Karikaturist, Schriftsteller

Studium der Pädagogik (1947/48). Wechsel zum Pressezeichner für den *Hamburger Anzeiger* (1948-57). Er zeichnet alles (Lokales, Feuilleton, Vignetten, Sport, Reportagen). Ab 1. April 1957 arbeitet W.H. als politischer Karikaturist für *Die Welt*.

Er veröffentlicht in *Welt am Sonntag, Hörzu, Funkuhr, DVZ, DAK* u.a. Er ist ferner Schöpfer von Werbegraphik, Buchillustrationen, Märchen-Schallplattencover sowie (als Schriftsteller) von vergnüglichen Geschichten und Versen.

Ausz.: Theodor-Wolff-Preis (Kategorie politische Karikatur)

Publ.: *Brand (+) Witze* (Illustrationen 1974); *Rieder Peer, Jägrslüüd un Burrn* (Geschichten mit eigenen Illustrationen)

**Harvec,** A. (Ps.)
* 1918 Bretagne/St. Nicolas-de-Redon

Bürgerl. Name: André Hervé
Französischer Karikaturist, Signum: (mit Spinnennetz)
Gelernter Lithograph, danach freischaffender Karikaturist. A.H. begann als junger Mann, im Restaurant seiner Eltern Gäste zu karikieren. Er arbeitete für die französische Presse, u.a. für *France-Dimanche, France Soire, Le Herisson, Jour de France, Quest-France, Paris-Jour*, in England für *Daily Express* und *Daily Mirror*. Veröffentlichungen in der deutschen Presse u.a. in *Koralle* und *Münchener Illustrierte*.
Ausst.: Berlin, Bordighera, Grenoble, Lyon, Paris, Montreal
Publ.: *Bol d'Air* (1960); *En suivant le crayon; Bob Flapi* (Comic-Album); zwei Kinder-Alben
Lit.: *Heiterkeit braucht keine Worte*; H.P. Muster: *Who's Who in Satire and Humour* (2) 1990, S. 86-87

**Hasenclever,** Johann Peter
* 18.05.1810 Remscheid
† 16.12.1853 Düsseldorf

Genremaler, Zeichner
Studium an der Akademie Düsseldorf ab 1827, zuerst Architektur, dann Malerei. W.v. Schadow lehnte seine ersten Bilder ab. Daraufhin ging H. in seine Heimatstadt zurück und bildete sich autodidaktisch. Ab 1832 wieder an der Akademie bei Theodor Hildebrandt, seit 1836 in der ersten Klasse. 1838 in München, 1840 in Oberitalien, seit 1842 in Düsseldorf.
Mitarbeiter der *Düsseldorfer Monatshefte* (mit humoristisch-satirischen Zeichnungen). Maler humoristisch-satirischer Genrebilder (Stadt-, Familien- und Wirtshausleben), die vielfach graphisch wiedergegeben werden. J.P.H. gilt als Vertreter der Düsseldorfer Genremalerei im 19. Jahrhundert. Anregungen hat er von dem englischen Maler David Wilkie erhalten. – Gemälde: *Das Lesekabinett* (1843), *Die Weinprobe* (1843). Szenen aus der Jobsiade: Jobs als Student, Jobs im Examen (1840), Kandidat Jobs kehrt von der Universität zurück, Jobs als Dorfschulmeister, Jobs als Nachtwächter
Lit.: G. Hermann: *Die deutsche Karikatur im 19. Jahrhundert*, S. 51; G. Piltz: *Geschichte der europäischen Karikatur*, S. 162; L. Clasen: *Düsseldorfer Monatshefte* (1847-49), S. 483; *Kunst der bürgerlichen Revolution von 1830-48/49*, S. 126; Ausst.-Kat.: *Düsseldorfer Malerschule*, S. 324-36; *Münchener Schule*, S. 226

**Haß,** Fritz
* 1864 Heiligenbeil/Ostpreußen
† 1930 Lugano

Maler, Zeichner
Studium an der Akademie Königsberg und München.

Danach Mitarbeiter bei *Meggendorfer Blätter* (ab 1895), *Jugend, Kikeriki*, vertreten mit humoristischen Zeichnungen und ironischen Darstellungen des Bürgertums. Als Maler ist F.H. hauptsächlich durch seine biblisch-symbolischen Darstellungen bekannt, die als „gemalte Philosophie" bezeichnet wurden.
Lit.: L. Hollweck: *Karikaturen*, S. 85, 138; Ausst.-Kat.: *Zeichner der Meggendorfer Blätter, Fliegende Blätter 1889-1944* (Karl & Faber, München (1988)); *Fliegende Blätter, Meggendorfer Blätter* (S. 7) (Galerie J.H. Bauer, Hannover 1979)

**Haubner,** Gerd
* 1953

Zeichner/Hobbykarikaturist
Lehre im Wohnungsbaukombinat Erfurt als Bauzeichner, danach Volontär der Zeitung *Das Volk*, Erfurt (1981). Nebenher ist G.H. Zeichner für Cartoons ohne Worte. Veröffentlichungen im *Eulenspiegel* u.a.
Lit.: Presse: *Eulenspiegel* (Nr. 11/1981)

**Haucke,** Olaf
* 1935 Breslau

Graphiker
Mitarbeit an *Pardon* u.a. O.H.s Themen sind satirische Graphik, naturalistisch gezeichnete surrealistische Abstrusitäten (sie erinnern an René Magritte). Bekannt ist seine Pardon-Graphik *Arsch mit Ohren*.
Lit.: Presse: *Pardon* (Nr. 6/1976)

**Hauptmann,** Gerhart
* 02.03.1920 Berlin (Wedding)

Maler, Graphiker
Mitarbeit bei *Der Insulaner*. Er zeichnet Titelblätter, karikaturistische Illustrationen und ist verantwortlich für die graphische Gestaltung von *Der Insulaner*. Danach arbeitet er für die *Berliner Morgenpost* und ist deren Bildredakteur.
Lit.: *Der Insulaner* (Nr. 3/1948: „Profil von hinten")

**Hauptmann,** Tatjana
* 1950

Graphikerin, Bilderbuch-Autorin, Trickfilmzeichnerin/Taunusstein-Hessen
(Vater: russischer Emigrant – Mutter: Tänzerin am Hessischen Stadttheater) Studium an der Werkkunstschule Offenbach und Lehre in Gebrauchsgraphik. T.H. gestaltet Kinderbücher voll Phantasie und feinem, zartem Humor, mit vitaler Naivität und handwerklicher Perfektion. 1974 erste Ausstellung in einer Frankfurter Galerie
Mehrere internationale Auszeichnungen
Publ.: *Ein Tag im Leben der Dorothea Wutz* (1978); *Hurra, Eberhard Wutz ist wieder da!* (1979); *Adelheid Schleim*

(1980); *Die Schnecke, der prächtige Galaabend einer prima Primadonna; Wie der Maulwurf beinahe in der Lotterie gewann* (zus. mit Kurt Bracharz); *Die Zugmaus* (zus. mit Uwe Timm 1981); *Wie eine Stadtmaus zur Zugmaus wird; Das große Märchenbuch* (gesammelt von Christian Strick, 1987)
Lit.: Prese: *Freundin* (Nr. 6/1979); *stern* (Weinhachten 1978)

**Hax**, Doris
\*        1945 Baden/AG
Schweizer Keramikerin, Graphikerin Karikaturistin
Studium an der Kunstgewerbeschule Zürich. Danach ist D.H. in der Werbung tätig – in den siebziger Jahren zeichnet sie Karikaturen.
Mitarbeit in der Presse: *Abendzeitung* (München), *Team, Weltwoche, Das gelbe Heft, Nebelspalter* u.a. schweizerischen und deutschen Zeitungen und Zeitschriften. Von ihr stammen zeitkritische Collagen, humoristische/satirische Karikaturen, groteske Plastiken (eigenes Keramikatelier).
Einzel- und Kollektiv-Ausst.: St. Gallen (1977), Bülach (1978), Arbon (1984), Basel (1985), Sierre (1985)
Lit.: H.P. Muster: *Who's Who in Satire and Humour* (1989) I, S. 86/87

**Heartfield**, John
\* 19.06.1891 Berlin
† 26.04.1968 Berlin (DDR)
Bürgerl. Name: Hellmuth Franz Joseph Herzfeld (anglisierte seinen Namen aus Protest gegen deutschen Chauvinismus („Gott strafe England" 1914). Legalisierung des Pseudonyms wurde abgelehnt)
Graphiker, Fotomonteur, revolutionärer Künstler
Studium an der Kunstgewerbeschule München, bei Dasio, Diez, Engels (1908-12 zum Zeichenlehrer). Beeinflußt von Albert Weißgerber, Ludwig Hollwein (Plakatgraphik) geht er an die Kunst- und Handwerkerschule Berlin, zu Ernst Neumann (1913/194). Seine Thematik wird die Bildverfremdung als Agitationsmittel. J.H. entwickelte die publizistische Fotomontage zum Mittel der politisch-satirischen karikaturhaften Tendenz- und Agitationskunst, durch Manipulation von Bildelementen (Fotos) und entlarvenden allgemein verständlichen Texten zu einer neuen Bildaussage. J.H. begann mit grotesken Gesellschaftscollagen als Protest gegen die bürgerliche Gesellschaft. Künstlerischer Standpunkt zwischen Café des Westens, Antikriegs-Tendenz, Antifaschismus, Kommunismus und dem Witz der Dadaisten. Entscheidend wurde die Bekanntschaft mit George Grosz. J.H. veröffentlichte seine Arbeiten in *Arena* (satirische Sportzeitschrift), *Die Pleite* (kommunistische satirische Zeitschrift) und *Arbeiter Illustrierte Zeitung* (AIZ). Er ist Mitbegründer und „Dada-Monteur" der Berliner Dadagruppe, fertigt Plakat-Collagen für den Malikverlag (seines Bruders), ist Bühnenbildner für die Reinhardt- und Piscator-Bühnen in Berlin. 1933 Emigration nach Prag, 1934 Aberkennung der deutschen Staatsangehörigkeit, 1938 Emigration nach London, 1947/48 Berufung als Professor für satirische Graphik an die Hochschule für angewandte Kunst Berlin-Weißensee (sowjet. Besatzungszone). 1950 Rückkehr nach Deutschland. J.H. entwarf das SED-Abzeichen und das Staatsemblem der DDR, 1956 in Berlin (DDR) Aufnahme in die Deutsche Akademie (DDR) auf Vorschlag von Bert Brecht, 1957 erste Gesamtausstellung in der Akademie der Künste, Nationalpreis für Kunst und Literatur der DDR, 1958/59 Medaille der DDR für Kämpfer gegen den Faschismus, 1959 DEFA-Film „J.H.", ein Künstler des Volkes, 1961 Friedenspreis der DDR, 1967 Karl-Marx-Orden der DDR. Internationale Antifaschistische Ausstellungen: 1936 Mánes, Prag, 1938 New York, 1939 London, 1939 und 1944 Basel
Publ.: „Der Faschistenspiegel" (1945)
Lit.: (Auswahl) W. Herzfelde: *J.H. Leben und Werk* (1962); *Who's Who in Graphic Art* I, S. 199; H. Wescher: *Die Geschichte der Collage* (1974), S. 131, 134, 151, 152, 173, 174, 176, 177, 179, 201, 258, 265, 267, 323, 324, 325, 326, 327, 345, Abb. 168, 170

**Hébert**, Henri
\*        1849
Schweizer Zeichner
Pseudonym „Tubal"
Zeichner beim *Nebelspalter* (gegr. 1875), für besonders treffende und witzige Porträt-Karikaturen bekannt.
Lit.: G. Piltz: *Geschichte der europäischen Karikatur*, S. 230

**Hecker**, Peter
\*        1953
Verwaltungsangestellter in Bayern, Hobby-Cartoonist
Veröffentlichung von Cartoons in *Comix für Dowe*. Von P.H. stammt die Comicfigur: „Mümpel".
Lit.: Comix für Dowe

**Hedtstück**, Eduard
\* 10.10.1909 Wetzlar
† 16.10.1974 Berlin-West (Freitod)
Zeichner, Karikaturist
Zusammenarbeit mit dem Zeichner Will-Halle über lange Jahre in fast gleichem Stil, Strich und Witz. E.H. trat als Schnellzeichner („Maler Pinsel") in Berliner Kabaretts auf.
Lit.: *Wolkenkalender* 1956

**Hegenbarth**, Josef
* 15.06.1884 Böhmisch-Kamnitz
† 27.07.1962 Dresden

Zeichner, Illustrator, Professor an der Akademie Dresden (1946-49)
Von einem kurzen Aufenthalt in Prag abgesehen lebte J.H. vorwiegend in Dresden. Sein Lehrer an der Akademie Dresden (1909-15) war zuerst der Tiermaler Emanuel H., er studierte bei Karl Bautzer, Oskar Zwintscher, Gotthard Kuehl (Meisterschüler), danach arbeitete er 2 Jahre im Atelier Brömse in Prag (1916-17). J.H. war Mitarbeiter bei *Jugend*, *Simplicissimus* (bis 1935) und *Ulenspiegel* (Berlin-Ost). Seine Themen waren das Groteske und die Phantasie, mit weisem Humor in Illustration und Tierbild, mit Sinn für das Märchenhafte. Künstlerisch steht J.H. in der Tradition von Chodowiecki, Menzel und Slevogt. J.H. schuf die Illustrationen zu: (Auswahl) Musäus: *Volksmärchen der Deutschen* (1947); *Aesops Fabeln* (1949); Flaubert: *Der Bücherwahn* (1949); Daly: *Kater und Füchslein* (1950); Goethe: *Reineke Fuchs* (1950); *Drei Märchen von Grimm* (1950); F. Dietterich: *Fünf Nachdichtungen verschiedener Dichter* (1951); *Das Evangelium des Markus* (1951); Cervantes: *Don Quichote* (1951 und 1955); P. Eipper: *Mein Freund, der Clown* (19529; Gogol: *Tote Seelen* (1952); Gogol: *Abende auf dem Vorwerk bei Dikanjka* (19529; Balzac: *Chagrinlieder* (1954); Swift: *Gullivers Reisen* (1954).
Ausst.: Wilh.-Busch-Museum, Hannover (1954), Nationalpreisträger der DDR (1954), Korrespondierendes Mitglied d. Deutschen Akademie der Künste in Berlin DDR (1955), Korrespondierendes Mitglied der Akademie, Berlin-West (1956), Ordentliches Mitglied der Bayr. Akademie der schönen Künste, München (1959)
Publ.: (Auswahl) *Im Zoo, ein Bilderbuch von J.H.* (1947); *J.H. Pinsel- und Federzeichnungen* (1950); *J.H. Aufzeichnungen über meine Illustrationsarbeit* (1964)
Lit.: (Auswahl) B. Jasmand: *J.H. als Illustrator, ein Verzeichnis des gesamten illustrierten Werks* (1955); F. Löffler: *J.H.* (1959); Will Grohmann: *J.H. Zeichnungen* (1959); *J.H. Zeichnungen* (hrsg. v. H. Kinkel, 1968)

**Heidelbach**, Nikolaus
* 1955 Braubach

Zeichner, Kinderbuchautor
Studium der Germanistik in Köln und Berlin/West (1976-84). N.H. schreibt und zeichnet seit 1970 Kinderbücher.
Ausz.: 1982 Oldenburger Kinderbuchpreis, 1984 „Troisdorfer Bilderbuchpreis"
Publ.: *Bilderbogen; Ungeheuer; Das Elefantentreffen; Prinz Alfred; Kleiner dicker Totentanz; Eine Nacht mit Wilhelm; Die Erfinderinnen; Der Ball; Kleines Alphabet für Tierquäler und Kinderfreunde*
Lit.: Ausst.-Kat.: *Gipfeltreffen* (1987), S. 147-154

**Heidemann**, Ernst
* 1930 Witten/Ruhr

Karikaturist, Pressezeichner, Signum: „EH"
Veröffentlichungen seit 1954, u.a. in *Quick, Frankfurter Neue Presse, Textil-Zeitung, Pardon, Frankfurter Nachtausgabe, Illustrierte Woche,* E.H. zeichnet humoristische, zeitkritische Karikaturen und Werbe-Karikaturen.
Publ.: Kultur von der Stange (1954)
Lit.: *Heiter bis wolkig* (1963); *Die Stadt – Deutsche Karikaturen* (1985)

**Heilemann**, Ernst
* 08.08.1870 Berlin

Maler, Zeichner, Illustrator, tätig in Berlin
Mitarbeiter der *Jugend*, der *Lustigen Blätter*, des *Simplicissimus* u.a. E.H.s Sujets waren Gesellschaftsleben, elegante Welt, Frauen, Erotik. Er war Nachfolger von Reznicek im *Simplicissimus*, aber ohne dessen weltmännische Eleganz. E.H. war mehr Illustrator als Karikaturist. Erst durch den Text der Redakteure wurden seine Zeichnungen zu humoristisch-satirischen Zeitbildern.
Publ.: *Die Berliner Pflanze* (Simplicissimus-Album) sowie Kunstdrucke (mit Passepartout) als Einzelblätter
Lit.: Verband deutscher Illustratoren: *Schwarz-Weiß*, S. 114; *Simplicissimus 1896-1914*, S. 174; G. Piltz: *Geschichte der europäischen Karikatur*, S. 217, 220, 223; E. Fuchs: *Die Karikatur der europäischen Völker* II, S. 338, Abb. 477; L. Hollweck: *Karikaturen*, S. 85, 138; Ausst.-Kat.: *Typisch deutsch*, S. 18

**Heiligenstaedt**, Kurt
* 13.08.1890 Roßleben/Kreis Querfurt
† 03.05.1964 Berlin

Maler, Zeichner (von 1907-10, tätig im Verlagsbuchhandel)
Studium an der Reimann-Schule in Berlin, bei Prof. Karl Klimsch. K.H. war Mitarbeiter bei *Lustige Blätter, Meggendorfer Blätter, Die Woche, Sport im Bild, Ulk, Fliegende Blätter, Magazin, Marie-Louise* und den Ullstein-Zeitschriften. Seine erste Zeichnung eschrien im *Simplicissimus* 1922. Seit 1933 war er ständiger Mitarbeiter. K.H. brachte die werblich-elegante Note in die humoristisch Zeichnung (galantes Genre), gesellschaftskritische Sujets der feinen, halbseidenen Lebewelt des Berlins der zwanziger Jahre. Seine Zeichnungen sind keine Karikaturen, werden aber durch seine Texte zu kritisch-satirischen Blättern und lassen absolute Gegenwart erkennen. Mit der gleichen Eleganz zeichnete K.H. auch für die Werbung und Filmplakate. Sein „Persil bleibt Persil"-Plakat (Text Elly Heuss-Knapp) war allgemein bekannt.
Ausst.: Jule-Hammer-Galerie, Berlin West (1972), Gedächtnis-Ausst. (Verein Berliner Künstler 1977)
Publ.: *Mädchen wie Samt und Seide*

Lit.: K. Glombig: Bohème, S. 15; Ausst.-Kat.: *Zeichner der Meggendorfer Blätter, Fliegende Blätter 1889-1944* (Galerie Karl Faber, München 1988); Presse: *Deutsche Presse* (Nr. 14/1937; *Münchner Illustrierte Presse* (Nr. 46/1959); *Magazin* (1936); *Marie-Louise* (1938); *Illustrierte Berliner Zeitschrift* (Nr. 4/1963); *Welt am Sonntag* (v. 17.7.1977); *Simplicissimus* (Nr. 22/1964: Nachruf)

**Hein**, Hans
\* 02.04.1906 Berlin
Graphiker, Karikaturist in den vierziger Jahren
Mitarbeit bei *Der Insulaner, Telegraf-Illustrierte* sowie *Berliner Westpresse*. H.H. zeichnet humoristisch-aktuelle Karikaturen, z.T. unter Verwendung von Fotomontagen.
Lit.: *Der Insulaner* (Nr. 5/1948)

**Heine**, Helme
\* 1941 Berlin
Graphiker, Kinderbuch-Autor/Seebruck am Chiemsee
Studium: Betriebswirtschaft und Kunst
Veröffentlichungen in *Zeitmagazin, Brigitte* u.a. H.H. zeichnet für die satirische Zeitschrift *Sauerkraut* und schreibt Kabarett-Texte für das Kabarett „Sauerkraut" in Johannisburg/Südafrika sowie für Kalender und Postkarten. Seine Themen: Bilderbuch-Humor, bevorzugt Tiere.
Publ.: (über 10 Bücher) u.a.: *Na warte, sagte Schwarte* (1977, Deutscher Jugendpries); *Das schönste Ei der Welt; Der Hund Herr Müller; Uhren haben keine Bremse; Der innere und der äußere Otto; Die wunderbare Reise durch die Nacht; Die Perle; Gueti Freud* (Schwyzerdütch Franz Hohler); *H.H.s Malset; Katzentatzen Hühnerhof* (Frederic Vahle)

**Heine**, Thomas Theodor
\* 28.02.1867 Leipzig
† 26.01.1948 Stockholm
Maler, Zeichner (Satiriker), Signum: „TTH"
Studium an der Akademie Düsseldorf, bei v. Gebhard, Peter Janssen, kurzer Besuch der Akademie München. TTH war Mitarbeiter der *Fliegenden Blätter*, der *Jugend* und des *Lumpenspiegel*. Hauptzeichner des *Simplicissimus*, Redaktionsmitglied und Teilhaber. 1906 nach der Vergesellschaftung des Verlages, Zusatz zum Titel: „Begründet von Albert Langen". Nach Langens Tod (1909) „... und Thomas Theodor Heine". TTH war zeichnender Zeitkritiker, Zeitsatiriker. Er entwarf das aufsehenerregende Plakat mit der roten Bulldogge als Signet des *Simplicissimus*. Seine Themen: „Familiensatiren, aufgeblasenes Beamtentum, Amtsschimmel, Tabus, Scheinheiligkeit, religiöse Frömmler, dümmlich-arrogantes Militär, verknepte Studenten, Spießer, Muckertum, dubiose Geldprotzen, Bierpolitiker", politisch-soziale Mißstände – und in den zwanziger Jahren der wachsende Rechtsradikalismus. Seine Karikaturen waren aggressiv, unerbittlich und bissig. Wegen Majestätsbeleidigung in der Palästina-Nummer (1898) erhielt TTH eine sechsmonatige Festungshaft, die er abgesessen hat (1899). Langen, ebenfalls verurteilt, floh nach Paris, kam aber 1903 gegen Zahlung von 30.000 Mark frei. Wegen „nicht arischer" Abstammung wird TTH 1933 aus der Preuß. Akademie der Künste ausgeschlossen (er war Mitglied seit 27. Oktober 1922). Die letzte TTH-Zeichung im *Simplicissimus* erschien in Nr. 1 vom 1.4.1933. Danach Emigration über Prag, Brühn nach Oslo. Wegen der Okkupation Norwegens 1942 nach Stockholm. In der Emigration Mitarbeit am *Prager Tageblatt*, Teilnahme an der Manes-Ausst. des Prager Kunstvereins. In Norwegen arbeitete TTH für das *Osloer Dagbladet*, in Schweden für *Göteborgs Handelstidning* und *Söndagsnisse-Strix* (über 100 Zeichnungen).
Ausstellungen zwischen 1909 und 1958 = 5 in Deutschland und Schweden
Publ.: *Torheiten* (Simplicissimus-Album); *Das spannende Buch* (1935); *Ich warte auf Wunder* (Autobiographischer Roman 1945); *Seltsames geschieht*
Lit.: (Auswahl) H. Eßwein: *T.T.H.* (Moderne Illustratoren) (1906); *Der Zeichner T.T.H.* (Geleitwort E. Hölscher, 1955); L. Lang: *T.T.H.* (1970); *Faksimile Querschnitt Simplicissimus*; Ausst.-Kat.: *T.T.H.* (1867-1948) (1958); *Simplicissimus* (eine satirische Zeitschr. 1896-1944)

**Heine**, Wilhelm Josef
\* 1813 Düsseldorf
† 1839 Düsseldorf
Genremaler, Porträtist
Studium an der Akademie Düsseldorf (1829-38) bei Theodor Hildebrandt. Maler sozialkritischer Tendenzen (gegen Feudalstaat und Kirche), das zeigen z.B. seine Gemälde „Der Wilddieb auf der Lauer", „Die Wilddiebe" (1833), „Der Schmuggler" (1834), „Die Landstreicher" (1835), „Die zerrissene Jacke" (1835), „Bauernhaus" (1836), „Gottesdienst in der Zuchthaus-Kirche" (1837 und 1838), „Der Brillenhändler" (1838). Das Bild „Gottesdienst in der Zuchthaus-Kirche" wurde im Auftrag des Leipziger Kunstvereins von Hanfstaengl lithographiert und an die Mitglieder der Kunstvereine verschickt. W.J.H. war derjenige, der schon in den dreißiger Jahren – noch vor Hildebrandt – mit Vehemenz die aktuellen politischen Proteste in der Malerei verwirklichte. Interessant ist ein Gemälde des komischen Genre: „Der des Lesens unkundige Bauer, eine Brille suchend".
Lit.: Ausst.-Kat.: *Kunst der bürgerlichen Revolution 1830-1848/49* (1972), S. 124; *Die Düsseldorfer Malschule* (1979), S. 331

**Heinemann-Rufer**, Ulrich
\* 30.07.1925 Münster

Berliner Karikaturist nach 1945
Veröffentlichte in *Der Insulaner*.
Lit.: *Der Insulaner* (Nr. 1/1948, 3/1948, 10/1949)

**Heinisch**, Philipp
* 1945
Jurist, Rechtsanwalt, Karikaturist
Verteidiger im „Schmücker"-Prozeß, dem längsten Verfahren in der bundesdeutschen Justizgeschichte (16 Jahre).
H. zeichnete aktuelle-satirische Karikaturen über Richter und Rechtssprechung, die er in Gerichtsfluren ausstellte. Er entwarf ein *Deutsch-Deutsches Skatspiel* mit zeitgemäßen Politiker-Köpfen: neben den vier alliierten Assen – Bundespräsident von Weizsäcker als Karo-König, Bundeskanzler Kohl als Kreuz-König, Außenminister Genscher als muskelzeigenden Herz-Buben, Honecker als Pik-König, und als Herzdame Frau Bergmann-Pohl.
Publ.: *Die illustrierte Strafprozeßordnung* (1991)
Lit.: Presse: *stern* Nr. 40/1990; *stern* Nr. 15/1991

**Heinz**, Claus
* 1956 (aufgewachsen in Ndr.-Rosbach)
Zeichner, Graphiker
Übte verschiedene Berufe aus, studierte Pädagogik fürs Lehramt. Veröffentlichungen in verschiedenen Stadtmagazinen und Zeitungen. C.H. zeichnet aktuelle Tageskarikaturen und Cartoons.
Lit.: *70 mal die volle Wahrheit* (1987)

**Heller**, Dr. Eva → H., Eva

**Hellmessen**, Hellmut
* 1924 Karlsbad/ČSR
Graphiker, Karikaturist
Studium an der Werkkunstschule Offenbach (1948-52) in der Abt. Graphik, Illustration. Bis 1956 war H.H. Atelierleiter eines Pressedienstes, danach freiberuflich tätig u.a. für Verlage.
Ausst.: „Zeitgenossen karikieren Zeitgenossen", Kunsthalle Recklinghausen (1972)
Lit.: Ausst.-Kat.: *Zeitgenossen karikieren Zeitgenossen* (1972), S. 230

**Helnwein**, Gottfried
* 08.10.1948 Wien
Graphiker, Maler, Fotograf
Studium an der Graphischen Lehr- und Versuchsanstalt, Wien (ab 1969)
Veröffentlichungen in *stern, Der Spiegel, art, playboy, Penthouse, Neue Kronenzeitung, Omni, Esquire, Time, L'Espresso* u.a. Er zeichnet Entwürfe für Zeitschriftentelseiten, Plakate, Plattencover, Illustrationen, in fotografischer Überschärfe, Leidende, Kranke, deformierte Menschen, extrem expressive Gesichter. Seine expressiven Selbstporträts erinnern an die Selbstporträt-Grotesken des Franz Xaver Messerschmidt (1736-1783) mit ihren Verzerrungen.
Einzel-Ausst.: u.a.: Galerien, Albertina Wien, Kunsthalle Darmstadt, Museum des 20. Jahrhunderts Wien (1984), Münchner Stadtmuseum (1983), Folkwang-Museum Essen (1989)
Ausz.: 1971 Kardinal-König-Preis, 1974 Theodor-Körner-Preis
Publ.: G.H: *Die Katastrophe* (1985) mit Widmung für: Carl Barks, Muhammad Ali, Rolling Stones
Lit.: *Das große Lexikon der Graphik* (Westermann 1984), S. 272; *Ausstellungskatalog G.H.*; Presse: *Die Tageszeitung* (v. 27.12.82); Fernsehen: NDR-Film „H. malt Lauda" (1982), BR „H. Porträt" (1982), ZDF/ORF-Film „G.H." (1983), ZDF „G.H. Porträt" (1984), ZDF „Hs. Sehtest" (1974)

**Helwig**, Willy
* 1879
Zeichner, Karikaturist
W.H. war Mitarbeiter der *Lustigen Blätter*, er zeichnete humoristische Sujets mit Situationskomik.
Lit.: G. Piltz: *Geschichte der europäischen Karikatur*, S. 223

**Hendschel**, Albert
* 09.07.1834
† 22.10.1883 Frankfurt/M.
Zeichner, Genremaler
Studium am Städelschen Institut, Frankfurt/M. A.H. zeichnete charakteristische Szenen aus dem Alltagsleben und aus der Kinderwelt in volkstümlicher Schilderung. Es waren treffende, witzige Typen bei komischen Vorgängen, voll liebenswürdigem Humor, die er gesammelt herausgab. Als Maler hatte er mit seinen Genregemälden keinen Erfolg.
Publ.: *Aus Albert Hendschels Skizzenbuch* (4 Bände 1872-94)
Lit.: G. Hermann: *Die deutsche Karikatur im 19. Jahrhundert*, S. 61

**Hengeler**, Adolf
* 11.02.1863 Kempten/Allgäu
† 03.12.1927 München
Lithograph, Zeichner, Maler, Professor an der Akademie München (1912)
Lithographenlehre 1881-84, dann Kunstgewerbeschule München, bei Ferdinand Barth. 1885-89 Studium an der Akademie München, bei J.L. Raab, Wilhelm v. Diez.

Mitarbeiter der *Fliegenden Blätter* (1884-1910). A.H. zeichnete humorvolle, liebenswürdige Karikaturen aus dem bayrischen Volksleben, biedere Münchener, bauernschlaue Volkstypen sowie Tierdarstellungen aus der Fabel- und Märchenwelt und für die Kneipzeitung *Allotria*. Er schuf die Illustrationen für die *Münchener Fibel*. Nach 1910 war A.H. im wesentlichen als Maler tätig (Dekoration und Wandmalerein in Murnau und im Rathaussaal von Freising. Sein Gemälde: „Hornbläser" wird in der Pinakothek München aufbewahrt.
Ausst.: Sezession München (1893), Glaspalast München: 1888, 1897, 1901, 1913, weitere in Berlin, Dresden, Düsseldorf u.a. Städten
Ausz.: Goldmedaille Chicago (1893), Ehrenmitglied der Akademie München
Publ.: „Hengeler-Album" (1904) – „Oh diese Kinder" – „Oh diese Dackel", „Kriegstagebuch" (42 Blätter 1914), Mappe: „Phantasien" (1923)
Lit.: L. Hollweck: *Karikaturen*, S. 23, 110-13, 116, 118; *Der große Brockhaus* (1931), Bd. 8, S. 388; H.P. Muster: *Who's Who in Satire and Humour* (2) 1990, S. 84-85; Ausst.-Kat.: *Typisch deutsch*, S. 20; *Zeichner der Fliegenden Blätter – Aquarelle, Zeichnungen* (Karl & Faber München 1985)

### Hennig, Wolfgang
* 1947

Karikaturist/Dresden
Kollektiv-Ausst.: „Satiricum '80" (1. Biennale der Karikatur in der DDR, Greiz, 1980: „Mann und Frau"), „Satiricum '82"
Lit.: Ausst.-Kat.: *Satiricum '80*, S. 9; *Satiricum '82*

### Henniger, Barbara
* 09.11.1938 Dresden

Pressezeichnerin, Karikaturistin/Straußberg b. Berlin (ab 1968)
Studium der Architektur 1956-58 an der TH Dresden. 1959-67 Arbeit in einer Kulturredaktion und externes Journalistik-Studium.
Veröffentlichungen in der DDR-Presse seit den sechziger Jahren. Mitarbeit am *Eulenspiegel*. B.H. zeichnet humoristische, gesellschafts- und zeitkritische Karikaturen, Buch-Illustrationen, Theaterprogramme und Plakate.
Kollektiv-Ausst.: „Satiricum '78" (Sonderpreis), „Satiricum '90", „Satiricum '80 (1. Biennale der Karikatur in der DDR, Greiz, 1980: „Er bringt ihr jede Nacht ein Ständchen", „Ohne Worte", „Und ich wünsche Dir"), Haus am Lützowplatz, Berlin/West (Februar 1990, zusammen mit Harald Kretzschmar)
Ausz.: Kunstpreis der DDR
Lit.: *Resümee – ein Almanach der Karikatur* (3/1972), S. 33; *Bärenspiegel* (1984), S. 202; *DDR-Karikaturisten zur Lage der Nation – Null Problemo* (1990); Ausst.-Kat.: *Satiricum '80*, S. 9; *Satiricum '78*, *Satiricum '82*, *Satiricum '86*, *Satiricum '88*, *Satiricum '90*; Presse: *Eulenspiegel* (Nr. 24/1984)

### Henning, Bert
* 01.10.1961 Zürich

Comic-Zeichner, Karikaturist
B.H. stammt aus einer Exilkroatenfamilie, wegen Sprachschwierigkeiten kam er in eine Sonderschule für Sprachbehinderte, wo er durch eine Therapie, die mit der Betrachtung von Bildern arbeitete, den ersten Kontakt zum Medium Comic erhielt.
B.H. veröffentlichte in der Schweiz in *Affoltener Kirchenboten, Neue Zürcher Zeitung*, (und in Bewegungsblättern) *Brecheisen, Eisbrecher, Drahtzieher* u.a. Seit 1983 lebt er in Berlin, ist Redaktionsmitglied und Zeichner für *Grober Unfug, Schmutz & Schund* und *rAd ab!*
Lit.: *70 mal die volle Wahrheit* (1987)

### Henry, Maurice
* 29.12.1907 Cambrai

Französischer Journalist, Karikaturist, Maler
Jahrelanger Reporter für *Petit Journal*, ab 1932 auch dessen Karikaturist. Mitarbeit als Karikaturist seit 1937 u.a. auch bei *Marianne, Combat, L'Express* und *Figaro*. Seine Themen nimmt er aus der Traumwelt und der antiken Mythologie. Von ihm stammen weiterhin Gemälde, Buchillustrationen, Bühnenbilder und Trickfilme. In der deutschen Presse veröffentlicht er humoristische Karikaturen. H.s Karikaturen sind klar in den Linien und der Fläche – und komisch in der Darstellung sowie im Sujet. Als Maler stand er bis 1951 dem Surrealismus nahe. Seine absurden Zeichnungen sind phantastisch und humorvoll.
Ausst.-Beteiligungen: u.a. „Gag-Festival", Haus am Lützowplatz, Berlin/West (1964), „Karikaturen-Karikaturen?", Kunsthaus Zürich (1972), „Dessins d'Humour", S.P.H. Avignon (1974, Prix de la S.P.H. et de la ville, und 1976)
Publ.: *Les Abbaboirs du sommeil; Les 32 positions de l'Andogyne; Maurice Henrys Kopfkissenbuch; Liberté chérie; Maurice Henry 1930-60*
Lit.: R. Passeron: *Lexikon des Surrealismus*, S. 62, 82, 171, 238; *Festival der Cartoonisten* (1976); Ausst.-Kat.: *Karikaturen-Karikaturen?* (1972), F. 25, G. 243, H. 23

### Hentrich, Gerhard
* 1892

Karikaturist, Pressezeichner
Mitarbeiter des *Simplicissimus* (1954-67). G.H. zeichnete politische, aktuelle, satirische Karikaturen
Lit.: H. Dollinger: *Lachen streng verboten*, S. 369

**Hepp**, Rosa Maria
* 1923 Nürnberg
Apothekerin, Hobby-Malerin und Zeichnerin/Nesselwang
Mitglied im Berufsverband bildender Künstler. H. zeichnet Alltagstypen, liefert aktuelle Kommentare zum Zeitgeschehen – ist sozialkritisch – (schwarzer Humor mit Herz).
Publ.: Zyklus: *Es werde Licht*
Lit.: Presse: *AZ* vom 25.04.1985

**Herbst**, Dieter
* 25.06.1930 Berlin
Karikaturist, Pressezeichner/Berlin-West
Studium an einem Privatinstitut für Pressezeichner und einer Modeschule
Mitarbeiter bei/und Veröffentlichungen in *Welt am Sonntag, Woche aktuell, Film-Revue, Neue Revue, Bastei-Rätsel* u.a. Er zeichnet humoristische Karikaturen, Sex-Karikaturen. Zwischen 1950-56 schafft D.H. über ein Dutzend Bühnenbilder für das Star-Kabarett *Die Stachelschweine*, ab 1963 humoristische Karikaturen für die Presse. Für die *Tarantel* (eine Westberliner Satire-Zeitschrift für die damalige SBZ karikierte er politische Zustände in Karikaturen (3 Jahre lang)). D.H. entwarf die neue „Telebär-Familie" für das Werbe-Fernsehen des SFB sowie die „Sandmännchen-Serie" vom kleinen „Kippe" mit Texten seines Bruders Wilfried. Seine Brüder sind die beiden Kabarettisten Jo († ) und Wilfried Herbst.
Lit.: Presse: *Welt am Sonntag* (Nr. 42/1965)

**Herfarth**, Renate
* 1943
Zeichnerin/Leipzig
Kollektiv-Ausst.: „Satiricum '82", Greiz
Lit.: Ausst.-Kat.: *Satiricum '82*

**Hergé** (Ps.)
* 23.05.1907 Brüssel
† 02.03.1983 Brüssel
Bürgerl. Name: Georges Rémy
Belgischer Karikaturist, Initiator der Comic-Figuren: „Tintin et Milou" („Tim + Struppi")
H. begann 1923 mit den Comic-Serien *Totor*, einem Boy-Scout. Ab 1929 zeichnete er die Abenteuer des Reporters „Tim" für die Kinder-Beilage der Zeitschrift *Le Xième Siècle*. Die Serie wurde so erfolgreich, daß insgesamt 23 Alben mit ihren Abenteuern erschienen (Gesamtauflage: 130 Millionen). Tim und Struppi sind die Hauptfiguren: ein rothaariger Junge und ein weißer Terrier, die Nebenfiguren: „Schulze + Schulze", „Professor Bienlein", „Kapitän Haddock". Eine eigene Zeitschrift *Tim* erreichte eine Auflage von 650.000. Andere Comic-Folgen waren weniger erfolgreich: *Quick et Flupke* (dt. *Stups und Steppke*), *Jo et Zette* (*Jo, Jette und Jocko*). Sie wurden aber auch in der deutschen Presse veröffentlicht. H. war der Initiator und Ideengeber seiner Zeichentrickfilme. Sein Zeichentrickfilm „Tim und Struppi im Sonnentempel" kam 1970 in Deutschland heraus. Letzte Veröffentlichung (1986) nach Konzept und Skizzen von H. *Tintin et l'Alph Art*, Startauflage: 80.000. Seine Alben wurden verfilmt. es entstanden zwei Zeichentrickfilme und zwei Spielfilme.
Lit.: Presse: *BZ* (v. 3.12.1970); *Illustrierte Presse* (v. 12./13.12.1970); *Die Welt* (v. 7.3.1983); *stern* (Nr. 48/1986); *Das große Lexikon der Graphik* (Westermann, 1984), S. 375

**Herma**, Gerhard
* 1938
Karikaturist/Rudolstadt
Kollektiv-Ausst.: „Satiricum '80" (1. Biennale der Karikatur in der DDR, Greiz, 1980: „Schulspeisung", „Kannst est du die?")
Lit.: Ausst.-Kat.: *Satiricum '80*, S. 24

**Hermenau**, Dieter
* 1961 Marbach/Neckar
Pseudonym: „Puti"
Comic- und Cartoon-Zeichner, ab 1977 Phasenzeichner in einem Trickfilm-Studio.
Veröffentlichungen in *Stuttgarter Stadtmagazin*, Comic-Serie *Haschterix und Dopelix* (1981)
Publ.: *Cartoon Buch* (1983, Selbstverlag); *Zweites Cartoon Buch* (1985 Stuttgarter Verlag)
Lit.: *Nopody is perfect* (1986), S. 6-23, 142

**Hermey**, Heinz
* 31.05.1919
Graphiker, Karikaturist in Duisburg
Drei Jahre Lehrzeit als Plakatmaler, danach 1949 Abendlehrgänge an der Meisterschule für gestaltendes Handwerk, Krefeld, bei Prof. Walter Breker. Schriftgraphiker, Zeichner (Autodidakt) bei der Stadtverwaltung von Duisburg. Bis Ende der fünfziger Jahre freier Mitarbeiter bei Duisburger Zeitungen: Er zeichnet Musiker-Porträts und Musiker-Karikaturen, Polyhymnia-Themen seit 1939.
Ausst.: Coburger Kunstverein (1979)
Erster Preis für das Signet zur 700-Jahr-Feier der Stadt Königsberg
Lit.: Presse: *Die Welt* (v. 29.9.1979)

**Hermsdörfer**, Alfred
* 04.07.1927 Prag
Studium an der Kartentechnischen Fachschule. Veröffentlichungen in *Prager Abend*. Nach Krieg und Gefan-

genschaft lebt A.H. in der Hansestadt Bremen, 14 Jahre Tätigkeit in einem Karten-Institut. Seit 1954 ist er Sport-Karikaturist für die *Bremer Nachrichten*, ab 1964 als Pressezeichner.
Lit.: Ausst.-Kat.: *Turnen in der Karikatur* (1968)

**Hervé**, André → **Harvec**, A. (Ps.)

**Hervé** (Ps.)
\*      1921 Avignon/Frankreich
Bürgerl. Name: Des Vallières Hervé, Jaquès André
Pressezeichner, Cartoonist
Studium: École spéciale militaire, St. Cyr, Brevet als Schiffsoffizier der Handelsmarine. 1945 zeichnender Reporter. 1954-1970 Art Direktor einer Werbeagentur.
Veröffentlichungen in *France Dimanches, Ici Paris*. Figuren/Bilderfolgen in *L'impredibile BEBE, Martine, Pony* (Trixi). Themen: Humoristisches und Satirisches aus dem Alltagsleben. Bildvertrieb durch Cosmopress Genf. In Deutschland in *Wochenend, Quick, Kristall* u.a.
Lit.: H.P. Muster: *Who's who in Satire and Humour*, Bd. 1/1989, S. 52-53

**Herzfeld**, Hellmuth Franz Joseph → **Heartfield**, John (Ps.)

**Herzmanovsky-Orlando**, Fritz Ritter von
\* 30.04.1877 Wien
† 27.05.1954 Meran (Schloß Rametz)
Architekt, Schriftsteller, Zeichner (Autodidakt), seit 1917 in Meran ansässig
Studium der Architektur. Autor skurril-kauziger Romane aus dem kaiserlichen Österreich, z.B. *Der Gaulschreck im Rosennetz* (1908, mit eigenen satirischen Illustrationen) und *Maskenspiel der Genien* (aus dem Nachlaß 1958) sowie des Schauspiels *Kaiser Franz Josef und die Bahnwärtertochter* (parodistische Posse, Uraufführung 1937). Seine Zeichnungen sind phantastisch, skurril, kauzig, eigenwillig, beeinflußt von Alfred Kubin und James Ensor. Als Zeichner ist er zu Lebzeiten nur einem kleineren Kreis bekannt geworden.
Publ.: F.v.H.-O.: *Tarockanische Geheimnisse* (mit 44 Bunt- und Bleistiftzeichnungen 1974). Begleittext Paul Flora, Rosmas Ziegler)
Lit.: *F.v.H.-O.: Alred Kubin Briefwechsel 1903-1952* (1977); W. Hofmann: *F.v.H.-O. Zeichnungen* (1965); Böttcher/Mittenzwei: *Dichter als Maler*, S. 226-28; Presse: *Der Spiegel* (Nr. 22/83 und 47/83); *Die Zeit* (36/74); *Die Welt* (Nr. 125/80 v. 10.12.83); *Der Tagesspiegel* (v. 4.4.76)

**Heseler & Heseler**
Artisten, Düsseldorf
\*      1943 Klaus Heseler – 1943 Aenne Heseler

Als Heseler & Heseler treten beide als Artisten in Düsseldorf auf. Danach studieren beide an der Werkkunstschule Wuppertal. K.H. nimmt einen Job in einer Düsseldorfer Werbeagentur an, A.H. arbeitet im Werbeamt Wuppertal, danach gemeinsame Tätigkeit in einer Werbeagentur, anschließend selbständiges Graphik-Team. Veröffentlichungen in stern, Bunte, Freundin u.a. Sie zeichnen Illustrationen als Karigraphien (Versinnbildlichung auf heiter oder romantisch) und beschäftigen sich mit Werbung.
Publ.: *A.H. Schnauz und Miez* (Verse: Chr. Morgenstern); A.H. *Der blaue Hund* (Text: Peter Hacks); *K.H. Das Schlaraffenland* (im Comic-Stil)
Lit.: Presse: *Freundin* (Nr. 9/1987)

**Heß**, David
\* 29.11.1770 Zürich
† 11.04.1843 Zürich
Schweizer Zeichner der Revolutionszeit, Malerpoet. Konservativ, Mitglied des Zürcher Großen Rates.
Die Themen von D.H. waren politisch-satirisch, antinapoleonisch, konterrevolutionär. Für seine antinapoleonischen Karikaturen benutzte D.H., ebenso wie Schadow, den Namen „Gillray" als Pseudonym. D.H. war 1795 Mietsoldat im Dienste des holländischen Erbstatthalters, erlebte die Eroberung Hollands durch die französische Revolutionsarmee, Besetzung und Gründung der „Batavischen Republik". Als Ergebnis zeichnete er in 20 Blättern die satirische Folge *Hollandia regenerata* (Verspottung des neuen französischen Vasallenstaates, 1796). Als 1798 die Helvetische Republik ausgerufen wurde, veröffentlichte er den „Geist der Zeit" als Spottbild (Teufel mit Pferdefüßen). D.H. illustrierte seine eigenen Erzählungen: *Scherz + Ernst* (1816), *Die Welt der Schauplatz eines Gaukelspiels, Scharringelhof oder Regeln der guten Lebensart beim Abschiednehmen, Schicksale einer Offiziersfrau* (Alltagsroman in 15 Bildern). Er war Mitglied in der Kunstgesellschaft in Zürich, für die er monatlich Bildsatiren lieferte.
Lit.: Böttcher/Mittenzwei: *Dichter als Maler* (1980), S. 73; G. Hermann: *Die deutsche Karikatur im 19. Jahrhundert* (1901), S. 10, 11; G. Piltz: *Geschichte der europäischen Karikatur* (1976), S. 99-102; E. Fuchs: *Die Karikatur der europäischen Völker* I (1901), S. 121, 157-161, 410, 412; Ausst.-Kat.: *Martin Distelli* (1978), S. 48

**Hess**, Hieronymus
\*      1799 Basel
†      1850 Basel
Historienmaler, humoristischer Zeichner
Schüler des Landschaftsmalers Joseph Anton Koch in Neapel und Rom (1819-23). 1819/20 zeichnete er bereits die antiklerikalen Satiren: „Jesuiten-Missionspredigt", „Judenpredigt" und „Zwei Pfaffen mit einer Dirne". Der

Basler Oberst Wettstein ermöglichte H.H. eine Reise nach Nürnberg, um sich an Dürer und Holbein zu bilden. Ab 1827 wird H.H. seßhaft in Basel, seit 1831 ist er Zeichenlehrer am Markgräflichen Hof (Universitätsrektorat). Für die „Zizenhauser Terrakotten" entwarf H.H. humoristische Genre-Motive, u.a. „Das Doppelmädchen", „Eine Prise' Tabak", „Die gute alte Zeit", „Der Ärztestreit", „Affenorchester" sowie 13 Musikantenbilder bis 1828. 1830 wurden die Motive als Lithographien publiziert. Ab 1840 folgte dann in freier Bearbeitung der historische Basler Totentanz, ebenfalls lithographiert. 40 Motive davon erschienen als „Zizenhauser Terrakotten". Danach folgten die „Chronik Basler Orginale" (stadtbekannte komische und skurrile Gestalten, volkstümliche Genreszenen, komisch-humoristische Bilderfolgen, Szenen und Spottbilder). H.H. war der geistige Interpret der Zizenhauser Figurenkunst. Als Historienmaler stammen von ihm „O tempora, o mores", zwei Szenen aus dem Leben Hans Holbeins, „Der erste Zorn eines Bauernkindes".
Jubiläums-Ausst.: „H.H.", Basel (1899) sowie „Karikaturen-Karikaturen?", Kunsthaus Zürich, 1972 (D. 20, S. 33-37)
Lit.: Joh. Jac. Im Hof: *Der Historienmaler H.H. von Basel* (1887); W. Fraenger: *Der Bildermann von Zizenhausen* (1924); Ausst.-Kat.: *Karikaturen-Karikaturen?* (1972)

**Heß**, Ludwig
* 1760 Zürich
† 1800 Zürich

Maler, Zeichner politischer Zeitsatire in der Schweizer Revolutionszeit (wie sein jüngerer Burder David)
Lit.: G. Piltz: *Geschichte der europäischen Karikatur* (1976), S. 103

**Hesse**, Rudolf
* 13.07.1871 Saarlouis
† 1944 München

Maler, Zeichner
Nach dem Studium in München war R.H. Mitarbeiter der *Jugend*, der *Fliegenden Blätter* und der *Auster*. Er zeichnete humoristische Sujets voller lustiger Einfälle mit stupsnasigen Gesichtern.
Lit.: L. Hollweck: *Karikaturen*, S. 214; Ausst.-Kat.: *Typisch deutsch*, S. 20

**Heubner**, (Friedrich) Fritz
* 24.12.1886 Dresden
† 1974 München

Maler, Zeichner, Illustrator
Studium an der Akademie München, bei Julius Diez (ab 1908), 1903 in Paris. F.H. wurde Mitarbeiter von *Jugend*, *Simplicissimus* u.a. Zeitschriften. Er zeichnete aktuelle, humoristische, satirische Karikaturen aus dem München-Schwabinger Milieu, sowie Illustrationen zu Werken von Flaubert, Voltaire, Balzac und Defoe. Zusammen mit F.P. Gass, C. Moos, E. Preetorius, M. Schwarzer, M. Zietara, F. Heubner gründete er 1914 die Künstlergruppe „Die Sechs". Sie entwickelten eine neue Plakatkunst. 1927 Titularprofessor, 1932 tätig an der Akademie Nürnberg, seit 1933 an der Akademie München. F.H. malte Aquarelle des zerstörten und wiederaufgebauten München.
Lit.: L. Hollweck: *Karikaturen*, S. 150, 203; *Deutsche Kunst und Dekoration* (1930, S, 76); *Cicerone* (1921, S. 318); *Cicerone* (1922, S. 78); Ausst.-Kat.: *Typisch deutsch?*, S. 20; *Die zwanziger Jahre in München*; Presse: *Münchner Merkur* (v. 30.9.1974: „Abschied von Münchens Vedoutenmaler")

**Heyne**, Herbert
* 07.04.1913

Karikaturist
Ausbildung bei einem Zeichner. Mitarbeit u.a. bei: *Bunte Illustrierte, Pardon, Abendpost, Welt am Sonntag, Constanze, Frischer Wind*. H.H. zeichnete humoristische Karikaturen sowie aktuelle und politische Glossen.
Lit.: Ausst.-Kat.: *Zeitgenossen karikieren Zeitgenossen* (1972), Presse: *Der Spiegel* (Nr. 22/1951)

**hicks**, Wolfgang (Künstlername, amtlich genehmigt)
* 22.08.1909 Hamburg
† 23.03.1983 Bonn

Nannte sich selbst einen „Austro-Hamburger"
Zeitpolitischer Karikaturist, Illustrator
hicks war Autodidakt. Seine Vorbilder: Gulbransson, Karl Arnold, Th.Th. Heine. Er zeichnete politische und gesellschaftskritische Karikaturen. H. kam über Werbegraphik, Bühnendekoration und humoristische Karikaturen zur Presse, Mitarbeit bei *Hamburger Fremdenblatt, Koralle, BZ am Mittag* und am sozialdemokratischen Wochenblatt *Echo der Woche* (ab 1932) politische antinazistische Karikaturen. Nach der Machtübernahme durch die Faschisten (1933) wurde er mit Zeichenverbot belegt, danach Anpassung an die Machthaber, problemlose Pressemitarbeit. Nach 1945 aktuelle und politische Karikaturen, u.a. für den *stern*, ab 1946 politische und gesellschaftskritische Karikaturen für die *Zeit*, ab 1956 für die *Welt* (Nachfolger von Szewczuk). Bildredakteur für die Schlußseite von *Geistige Welt, Das Kleine Welttheater* und *Welt am Sonntag*. Ferner zeichnete er humoristische Karikaturen für die „Barmer Ersatzkasse" sowie Illustrationen für die Presse und für Bücher. – Dozent an der Staatl. Hochschule für bildenden Künste (1955/56).
H. war ein typischer politischer Karikaturist, seine Aussagen treffend und charakteristisch, sein Strich prägnant und reduziert auf die einfache Linie in knapper Schwarz-

weiß-Technik. Seine politischen Karikaturen faßten das Zeitgeschehen zielgerecht zusammen und konnten einen Leitartikel ersetzen.
Publ.: (u.a. Mitarbeit an Anthologien) *Drüben; Das war's* (zus. mit Christian Ferber); *Die kleine Stadt und Potterat* (v. Dieter Kaergel); *Bonner Patiencen* (gelegt v. Lisette Mulléré); *Das Gespenst von Canterville* (von Oscar Wilde); *Pointen* (Hrsg. v. Peter Meyer-Ranke); *Ritter Potterat* Lit.: Ausst.-Kat.: *Typisch deutsch?* (35. Sonderausst. des Wilh.-Busch-Museum, Hannover, S. 22); Presse: *Neue* (Nr. 27/1954); *Der Spiegel* (Nr. 5/1970), Nr. 13/1983); *Die Welt, Welt am Sonntag, Frankfurter Allgemeine Zeitung*, Nachrufe; Fernsehen: SFB (3. Programm) 20.2.1966 „Schwarzer Cartoon" (Die Karikatur im kirchlichen Leben)

**Hieronymus**, Philipp
* 17.01.1955 Detmold
Comic- und Cartoon-Zeichner
Lit.: *Nobody is perfect, S. 70-89, 142*

**Hildebrand**, Uwe
* 1940
Freiberuflicher Graphiker/München
Zeichnet Cartoons mit skurrilen Figuren und Situationen. 6. Preis im Cartoon-Wettbewerb der Zeitschrift *Quick* (1987).

**Hildebrandt**, Carsten
* 1956 Celle
Buchhändler und Hobbyzeichner/Göttingen
Veröffentlichungen im Literatur-Magazin *Der Rabe* und Illustrationen zu *Das große Buch der Bauernregeln* (v. Reinhard Umbach, 1984) und *Whisky, Weiber, Pokerfaces* (v. Al Strong, 1984).
Ausst.: Berlin und Göttingen (mit F.W. Bernstein)
Lit.: *70 mal die volle Wahrheit* (1987)

**Hildebrandt**, Ferdinand Theodor
* 02.07.1804 Stettin
† 29.09.1874 Düsseldorf
Historienmaler der poetischen Genremalerei der Düsseldorfer Schule
Studium an der Akademie Berlin (1820-26) bei Schadow, dem er 1826 zur Akademie Düsseldorf folgte. Ab 1836 Professor an der Akademie Düsseldorf (1836-44). Während des Malstudiums ist F.Th.H. Zeichner aktueller, humoristisch-satirischer Zeichnungen für die *Düsseldorfer Monatshefte*.
Lit.: G. Piltz: *Geschichte der europäischen Karikatur*, S. 162; G. Hermann: *Die deutsche Karikatur im 19. Jahrhundert*, S. 51; L. Clasen: *Düsseldorfer Monatshefte* (1847-49), S. 483

**Hilliger**, Gero
* 30.12.1943 Straßberg/Hard
Graphiker, Karikaturist, Signum: „Gero"
Gero arbeitet freiberuflich in Berlin/DDR bis 1972, dann Berufsverbot wegen politischer Differenzen (unterstellte „Spionage"), viereinhalb Jahre Zuchthaus, Ausreise nach Berlin/West (1974). Bis 1977 ist er in einer Werbeagentur tätig. Veröffentlichungen in Zeitschriften, Illustrationen für Bücher, Bühnenbilder.
Kollektiv-Ausst.: „Cartoon 75", Weltausstellung der Karikatur, Berlin/West (1975), „Berliner Karikaturisten", Kommunale Galerie Berlin-Wilmdersdorf (1978), „Aus der Karikaturen-Werkstatt", Kunstamt Berlin-Reinikendorf (1981)
Ausz.: 3. Preis im Plakatwettbewerb zum Weltkongreß der Außenwerbung
Lit.: Ausst.-Kat.: *Aus der Karikaturenwerkstatt* (1981)

**Hillmann**, Hans
* 1925
Graphiker, Illustrator
Nach dem Studium an der Akademie Kassel, bei Hans Leistikow (1948-53) freischaffend tätig. H.H. zeichnet Filmplakate, Schutzumschläge, für Zeitschriften, Illustrationen, Bildergeschichten und seit 1968 satirische Graphik. Er arbeitet auch gestalterisch. Seit 1961 Professor für Graphik an der Hochschule für bildende Künste, Kassel.
1956 erste Veröffentlichung. Er arbeitet für *Graphis, Twen* (1963-65), *Frankfurter Allgemeine Magazin, Freundin* u.a.
Publ.: *Ich hab' geträumt, ich wär ein Hund, der träumt* (1970); *ABC – Geschichten von Adam bis Zufall* (1975); *Ich hab mir in der Besprechung ein Bild gemacht* (1976); *Die Schamlose, das Glückskind und all die anderen – Dreißig Charakterbilder* (als eines der „schönsten Bücher der Bundesrepublik Deutschland 1988", ausgezeichnet von der Stiftung Buchkunst), ferner: Plakate der Kasseler Schule (hrsg. Hillmann + Rambrow, 1979), Fliegenpapier nach Dashiell Hammet (1982), Hollunderblüten (Illustrationen zu Texten von Uve Schmidt 1989)
Lit.: *Die Entdeckung Berlins* (Cartoons)

**Hilscher**, Kurt
* 15.05.1904 Dresden
† 1980 Berlin West
Graphiker, Pressezeichner, Bühnenbildner, seit 1934 in Berlin
Mitarbeiter für Zeitschriften aus dem Theater- und Bühnenleben und für *Lustige Blätter* sowie für die Werbung (Plakate, Programmhefte für Operette, Film und Varieté). Radierungen aus der Welt von Theater und Bühne. In den zwanziger Jahren entwarf K.H. für „Folies Berge-

re" in Paris Kostüme. Seine humoristischen Zeichnungen wie auch seine Graphik kommen aus der Linie und dem Linienspiel. 1950 erhielt er den Ersten Preis für das beste Filmpaket.
Lit.: Presse: *Der Tagesspiegel* (v. 15. Mai 1974); *Der Tagesspiegel* (v. 15. Mai 1979)

**Himstedt**, Arnold
\* 14.09.1906 Braunschweig
Pressezeichner, Karikaturist, Werbegraphiker, Journalist, Signum: „Him".
Damphammerführer in einer Braunschweiger Maschinenanstalt (1924). Danach Studium an der Kunstgewerbeschule Braunschweig (Stipendiat), Hospitant an der TH Braunschweig in der Zeichenklasse Prof. J. Hoffmanns. Seit 1926 arbeitet A.H. für die Presse: *Braunschweiger Neueste Nachrichten, Der wahre Jacob, Lustige Blätter, Frankfurter Illustrierte, Revue, Bastei-Rätsel* u.a. Karikaturen für die Presse und für die Werbung in Deutschland, Europa, USA und Argentinien. Him zeichnet unpolitisch, dafür humorvolle, fröhliche Karikaturen aus dem Alltagsleben, mit witzigen Texten und Versen, desgleichen für die Werbung. – Sein eigenes Atelier im großväterlichen Haus wurde 1944 durch Bomben vernichtet. Während des Krieges Truppenbetreuung, Schnellzeichner im Front-Kabarett „Die fünfte Kolonne", in Kriegslazaretten in Österreich, Jugoslawien, Polen und Rußland – 145 Graphiker für die englische Besatzung – Ab 1948 arbeitet er freiberuflich für eine Braunschweiger Brauerei als Werbegraphiker und Werbetexter (fast 35 Jahre), danach ist er Betreuer des Firmen-Archivs. Nebenher weiter Pressezeichner, Karikaturist (Kalender, Pressezeichnungen, Fachartikel über Herpetologische Studien). Sammler von Literatur über Karikaturen und Karikaturisten, außerdem schreibt er Kurzgeschichten, Verse, Strips, Suchbilder. Seit 1931 ist Him Mitglied im Berufsverband bildender Künstler.
Einzel-Ausst.: „A.H." Braunschweit (1977), Kollektiv-Ausst.: Salone Internazionale dell'Umorismus (1956), Internationale Biennale für Cartoons (1977, Medaille), House of Humour and Satire, Gabrovo (1977, 1981), Internationale Cartoon-Ausstl. Berlin-West (1975-80), Festival „Internazionale Umorismo nell'Arte" (1983, dritter Preis)
Lit.: Verschieden Pressebesprechungen in Deutschland, besonders in der Braunschweiger Presse

**Hinke**, Hasso → **Hai** (Ps.)

**Hirschfeld**, Al
\* 1903 St. Louis/USA
Porträt-Karikaturist
Mit 18 Jahren Leiter der Reklame-Abt. bei David Selznik, danach bei den Filmstudios von Warner Brothers. 1924 in Paris (der Dollar stand günstig) Broterwerb mit Skulpturen und Karikaturen. Danach tätig als politischer Karikaturist für *The New Masses*. Karriere als Porträt-Karikaturist (insbesondere von Schauspielern). A.H.: „Mein Beitrag besteht darin, die Figur, die vom Dramatiker ersonnen und vom Schauspieler dargestellt wurde, für den Leser wiederzuerfinden." (Zitat). A.H. gilt als Chronist des amerikanischen Theaters – als Porträt-Karikaturist – ebenso auch von prominenten Malern, Artisten, Sängern, Tänzern, Literaten, Talkmastern und Dirigenten.
Ausst.: Galerie Margo Feiden, New York. Karikaturen im Metropolitan-Museum, New York, im Museum of Modern Art und im Whitney Museum
Publ.: „Show Business is no Business"
Lit.: Presse-Besprechung: *Frankfurter Allgemeine*, Magazin Nr. 50/1989: *Unverwechselbar Al Hirschfeld*

**Hirschmann**, Lutz
\* 15.10.1949 Meißen
Freiberuflicher Illustrator, satirischer Zeichner seit 1974 Studium an der Hochschule für Graphik und Buchkunst, Leipzig (Gebrauchs- und Ausstellungsgraphik (1968-73)). Seit 1978 ist L.H. Mitglied des Verbandes bildender Künstler der DDR. Sein Arbeitsgebiet ist die unpolitische satirische Graphik.
Kollektiv-Ausst.: „Satiricum '82", „Satiricum '84", „Satiricum '86", „Satiricum '88", „Satiricum '90", Greiz/DDR (weitere in der DDR, der CSFR, in Polen, Kanada, Jugoswalien, Bulgarien, Italien, Rumänien, den Niederlanden, Frankreich, Belgien und der Bundesrepublik
Ausz.: Karl-Schrader-Preis, *Satiricum '88*
Lit.: Ausst.-Kat.: *Gipfeltreffen* (1987), S. 155-162; *Satiricum '82, Satiricum '84, Satiricum '86, Satiricum '88, Satiricum '90*

**Hlavaty**, Franz
\* 1861
† 1917
Maler, Zeichner, tätig in München
Mitarbeiter der *Meggendorfer Blätter*. Seine Zeichnungen zeigen humoristische Sujets aus dem Leben der Oberschicht und feinen Gesellschaft.
Lit.: Ausst.-Kat.: *Die Zeichner der Meggendorfer Blätter, Fliegende Blätter 1889-1944* (Karl & Faber, München 1988)

**Hoberg**, Reinhold
\* 1859 Berlin
Maler, Zeichner, tätig in München
Mitarbeiter der *Fliegenden Blätter*, des *Simplicissimus* und der *Jugend*. R.H. zeichnete humoristische, satirische und sozialkritische Themen in bayrisch-münchnerischem Milieu. Als Maler: Genremaler.

Lit.: L. Hollweck: *Karikaturen*, S. 169; *Simplicissimus* (1896-1914), Hrsg. Richard Christ, S. 29, 405

**Hodler**, Ferdinand
* 14.03.1853 Bern
† 20.05.1918 Genf

Schweizer Maler, Zeichner
Studium an der Ecole des Beaux-Arts, Genf, bei Barthélmy Menn. F.H.s Hauptwerke sind Illustrationen u.a. zu *Nacht* (1890, Goldmedaille München), *Das Aufgehen im All* (1892), *Die Eurhythmie* (1893) und *Wilhelm Tell* (1897). Er gestaltet dekorative, symbolhafte Figuren, mit klaren Formen und Farben – bestimmter Strich – gegensätzlich zum Impressionismus, daneben auch monumentale Wandmalereien aus der schweizerischen Geschichte. Wenig bekannt sind H.s Karikaturen. Im August 1889 besuchte er das Winzerfest im Vevey und zeichnete die Bilderfolge „Autour de L'estrade – Le côté tragique de la fête des vignerons" – acht Schnappschuß-Karikaturen (Stiftung Oskar Reinhart, Winterthur).
Lit.: (Auswahl) R. Nicolas. *H.s Weltbedeutung* (19219; E. Bender: *Das Leben F.H.s* (1921); E. Bender: *Die Kunst F.H.s* (1923); Ausst.-Kat.: *F.H.*, Kunstmuseum Basel (1979)

**Hoecker**, Paul
* 11.08.1854 Oberlangenaus/Schlesien
† 13.01.1910 München

Maler, Zeichner, Professor an der Akademie München
Studium an der Akademie München, bei Diez. Seine Hauptwerke „Ave Maria", „Die Nonne", „Die Wundmale", alle in der Münchener Pinakothek. P.H. war u.a. Lehrer von Ferdinand v. Rezcnicek und Bruno Paul sowie den Künstlern der Künstlervereinigung die „Scholle". Nebenher und gelegentlich zeichnete P.H. konzentrierte und treffende Porträt-Karikaturen.
Lit.: L. Hollweck: *Karikaturen* (1973), S. 139, 152, 154, 182, 187; *Spemann's goldenes Buch der Kunst* (1904), 1348; L. Reitmeier: *Dachau, der berühmte Malerort* (1989)

**Hoekstra**, Cor → **Cork** (Ps.)

**Hoerschelmann**, Rolf von
* 1885 Baltikum
† 1947 München

Zeichner, Schriftsteller
Sammler und Kenner graphischer Kunst und Karikaturen. R.v.H. ist bekannt für skurrile Zeichnungen und Illustrationen.
Lit.: E. Roth: *100 Jahre Humor in der deutschen Kunst*

**Hofer**, Karl
* 11.10.1878 Karlsruhe
† 03.04.1955 Berlin

Maler, Graphiker
Studium an der Akademie Karlsruhe, bei Graf von Kalkreuth, Hans Thoma (1896-1901), an der Akademie Stuttgart, bei Graf von Kalkreuth (1902-03 Meisterschüler), weitere Studien in Rom (1903-07) und Paris (1908-14). K.H. war vor allem Maler und strebte nach klassischem Formenideal. Strenge Formengestaltung und suggestiver Ausdruck der Farbe zeichnen seine Blätter aus. Landschaften (Tessin), figürliche Darstellungen und Mädchenbildnisse bestimmen sein Werk. Cezanne war für seinen Malstil von Bedeutung. Karikaturistische Anklänge finden sich in seinen Masken- und schreckhaften Figuren- und Clownsbildern, die hintergründig psychologisierend aus den Erlebnissen der Zeit zu deuten sind. Lapidar und naiv sind die Illustrationen aus seiner Frühzeit zu den Kinderbüchern *Rumpumpel* von Paula Dehmel (1903) und *Buntscheck* von Richard Dehmel (1904). K.H. war Professor an der Hochschule für bildende Künste Berlin (1920-34), 1934 entlassen mit gleichzeitigem Arbeits- und Ausstellungsverbot. 1945 Berufung zum Direktor der HdK Berlin, 1952 Orden „Pour le Mérite", 1953 Kunstpreis der Stadt Berlin (West), Großes Bundesverdienstkreuz
Publ.: *Aus Leben und Kunst* (1952); *Erinnerungen eines Malers* (1953); *Zenana* (11 Lithographien 1923)
Lit.: (Auswahl): B. Reifenberg: *Karl Hofer* (1924); *Karl Hofer über das Gesetzliche in der bildenden Kunst* (hrsg. v. K. Martin 1956); Ausst.-Kat.: *Entartete Kunst – Bildersturm nach 25 Jahren* (München 1962); *Karl Hofer 1878-1955*, Badischer Kunstverein (1978)

**Höfer**, Adolf
* 10.10.1869 München

Maler, Zeichner
Mitarbeiter der *Auster* (1903-04), des *Simplicissimus*, hauptsächlich war er für die *Jugend* tätig (von 1896-1940). A.H. zeichnete humoristisch-satirische Karikaturen, meist aus dem Münchener Milieu, ein- und mehrfarbig. Mit Bruno Paul zusammen illustrierte A.H. das erste Buch von Ludwig Thoma *Agricola*.
Lit.: L. Hollweck: *Karikaturen*, S. 11, 138, 152, 168, 214

**Hoffmann**, Ernst Theodor Wilhelm (Amadeus)
* 24.01.1776 Königsberg
† 25.06.1822 Berlin

Jurist, Dichter, Komponist, Zeichner
(wegen seiner Verehrung für Mozart änderte er seinen Vornamen Wilhelm in Amadeus um)
Jura-Studium (1792-95), Beamter im preußischen Staatsdienst (1796-1808, 1814-1822). E.T.A. Hoffmann war auch als Komponist, Dirigent, Musikrezensent, Porträt- und Dekorationsmaler, Kostüm- und Bühnenbildner tätig. Er ist auch der Dichter unheimlich-gespenstiger Er-

zählungen, die die Wirklichkeit verzaubern, und satirischer Darstellungen des Widersinnigen. In Posen karikierte er Bürger, Offiziere und Vorgesetzte (1800-02). Daraufhin erfolgte die Strafversetzung nach Plozk an der Weichsel (1802-04). 1804 zeichnete er weiter satirische Porträts dünkelhafter Beamter. Anonym zeichnete E.T.A.H. antinapoleonische Karikaturen und er illustrierte eigene Dichtungen (*Klein-Zaches, Meister-Floh,* den *wahnsinnigen Kreisler*). Seine Zeichnungen enthalten oft Fratzen und phantastische Gestalten voll Ironie, Satire und Humor.

Lit.: (Auswahl) *Handzeichnungen in Faksimile* (hrsg. W. Steffen/H.v. Müller 1925); C.G.v. Maasen: *H. als Maler* (1916); Leopold Hirschberg: *Die Zeichnungen E.T.A.H.s* (1921); Ausst.-Kat.: *E.T.A.H. – ein Preuße?* Berlin-Museum 1981

**Hoffmann**, Heinrich (Dr. med)
\* 13.06.1809 Frankfurt/M.
† 20.09.1894 Frankfurt/M.

Psychiater, leitender Arzt der städtischen Irrenanstalt (1851-89), Schriftsteller (Gedichte, komische und satirische Schriften)

Zum Weihnachtsfest 1844 schrieb und zeichnete H.H. für seinen dreijährigen Sohn Carl den *Struwwelpeter*. 1847 veröffentlichte H.H. das Buch unter dem Pseudonym „Reimerich Kinderlieb": *Lustige Geschichten und drollige Bilder mit 15 schön kolorierten Tafeln für Kinder von 3-6.* Den Titel „Struwwelpeter" erhielt das Buch erst bei der 5. Auflage. Das Buch wurde ein Welterfolg und in fast alle Sprache Europas übersetzt. H.H. veröffentlichte weitere Kinderbücher, die weniger bekannt wurden, u.a.: *König Nußknacker* (1851); *Im Himmel und auf der Erde* (1858); *Prinz Grünewald* (1871) sowie satirische Schriften unter dem Pseudonym „Peter Struwwel": *Handbüchlein für Wühler oder kurz gefaßte Anleitung, in wenigen Tagen ein Volksmann zu werden* (1848); *Der Heulerspiegel. Mitteilungen des Herrn Heulatius von Heulenburg* (1849); *Humoristische Studien* (1847); *Breviarium der Ehe* (1853); *Auf heiteren Pfaden* (1873). Als Schriftsteller benutzte er auch den Namen seiner Frau und nannte sich Hoffmann-Donner. Seit 1850 Herausgeber des *Frankfurter hinkenden Boten*. Bis zu H.H.s Tode wurden 175 Auflagen des *Struwwelpeter* gedruckt.

Publ.: *Lebenserinnerungen*, hrsg. E. Hassenberg (1926)
Lit.: *H.H. Struwwelpeter-Manuskript* (hrsg. G.A.E. Bogeng 1925); G.A.E. Bogeng: *Der Struwwelpeter und sein Vater* (1939)

**Hoffmeister**, Adolf
\* 15.03.1902 Prag
† 1973

Graphiker, Karikaturist – Offizier der „Legion d'Honneur", Arts et Lettres

1925 promovierte A.H. in Prag zum Dr. jur. Danach arbeitete er als Karikaturist (Porträt-Karikaturen, politische Karikaturen). Seine erste Ausstellung organisiert A.H. mit der progressiven Künstlergruppe „Devetsil". 1934 erste Karikaturen-Ausstellung in Prag, 1937 politische Karikaturen-Ausstellung mit anti-nationalsozialistischen Karikaturen in Prag, sie wurde auf deutschen Protest hin geschlossen. Er arbeitete für die deutsche Exilpresse in Prag bis 1938, u.a. für *Arbeiter Illustrierte Zeitung, Rote Fahne, Gegenangriff, Simplicus* (2 Sonderhefte). – 1938 verläßt A.H. Prag. In den USA betätigt er sich als Buchillustrator, zeichnet Anti-NS-Karikaturen, politische Plakate. 1945 wieder in Prag: Generaldirektor des Amtes für kulturelle Auslandsbeziehungen, 1948-51 tschechoslowakischer Gesandter in Frankreich, ständiger Delegierter bei der UNO. Ab 1951 Professor an der Akademie für angewandte Kunst (für Trickfilm) in Prag.

Ausst.: u.a. in: Paris (1928, 1938), Brüssel (1929), Venedig (1935), New York (1943), London (1944), Biennale São Paulo (1958)
Publ.: (über 50 Bücher (Typographie, Collage, surrealistische Techniken)), u.a. *Guo-Huo oder die chinesische Malerei* (1927); *Porträt-Karikaturen* (1934); *The Animals are in Gages* (USA); *The Unwilling Tourist* (GB)
Lit.: *Who's Who in Graphic Art* I (1962), S. 275, 279; G. Piltz: *Geschichte der europäischen Karikatur* (1976), S. 275, 279; W. Feaver: *Masters of Caricature* (1981), S. 183; Cartoon & Satire: *Das Dritte Reich in der Karikatur* (1984), S. 24, 125, 143, 147, 158, 184, 185; *Schiff des Kolumbus/Adolf Hoffmeister/Karikaturen, Collagen, Illustrationen* (1965)

**Hoffnung**, Gerard (Gerhard)
\* 22.03.1925 Berlin
† 28.09.1959 London

Karikaturist, Konzert-Pianist, Musical-Clown
1937 Emigration mit der Familie, seit 1938 in England. Ab 1943 Studium an der Harrow School of Art, Hornsey. Zeichenlehrer in den Schulen von Stanford und Harrow, danach freiberuflicher Illustrator für Verlage in Europa. In der Schweiz z.B. für *Nebelspalter, Schweizer Illustrierte* und *Scala*. Er war auch Mitarbeiter bei *Punch, Liliput, Evening News, Sport-Illustrated*, amerikanischen Magazinen und in der kommerziellen Werbung. Er zeichnete eine Riesenkarikatur für den Neubau der Vereinten Nationen in New York, im Londoner Rundfunk galt G.G.H. als beliebter Radiokomiker. 1956 startete er seine *Hoffnung Music Festivals* mit großem Erfolg. Gründer und Leiter dieser Veranstaltungen bis 1959. Eine zeitlang unternahm er wöchentliche Besuche im Pentonville-Gefängnis, um gute Stimmung zu machen. – G.H. ließ seine Karikaturen auch im Konzertsaal lebendig werden, indem er moderne Musik verulkte. 1964 wurden H.s Karikaturen in England zu Fernseh-Kurzfilmen produziert.

Titel: „Tales from Hoffnung". Das ZDF brachte acht Folgen (1982) Titel: „Hoffnung nach Noten"
Kollektiv-Ausst.: Karikaturisten von heute, Kunsthaus Zürich (1959), Einzel-Ausst.: G.H. Das graphische Werk, Berlin-West (Haus am Lützowplatz 1964)
Publ.: (England) „The Maestro"; „The H. Symphony Orchestra"; „the H. Musical Festival"; „The H. Companion to Music"; „H.s Musical Charis"; „Ho, Ho, Hoffnung"; „His Acoustics"; „Bird, Becs and Storks"; (Deutschland) *Der Maestro*"; *„Das Symphonie Orchester"*; *„H.s Intermezzo"*; *„H.s Klänge"*; *„Musik von A-Z"*; *„H.s kleine Taschenmusik"*; *„Hoffnungslos"*; *„Hs. Sprößlinge"*; *„Vögel, Bienen, Klapperstörche"*; *„Hs. Potpourri"*; *„Hoffnungen"*; *„O Rare H."* (1960); *„Das große G.H.-Buch"* (1981)
Lit.: *Who's Who in Graphic Art* (1962) I, S. 244; Ausst.-Kat.: *G.H.* (1964); Presse: *Graphis* (Nr. 40/1952); *Gebrauchsgraphik* (1959)

## Hofmann, Rudolf
\* 1917
Zeichner, Karikaturist in Dresden
Kollektiv-Ausst.: „Satiricum '80" (1. Biennale der Karikatur in der DDR, Greiz, 1980: „Hier wird placiert"), „Satiricum '78"
Lit.: Ausst.-Kat.: *Satiricum '78*; *Satiricum '80*

## Hogarth, William
\* 10.11.1697 London
† 25.10.1764 London
Maler, Kupferstecher, Satiriker
1712 Goldschmiedelehre, 1720 selbständig als Kupferstecher, 1728 Schüler des Monumentalmalers James Thornhil (1676-1734) (Hinwendung zur Malerei), 1757 Hofmaler. – W.H. ist vor allem Sittenschilderer und Satiriker, er publizierte in Kupferstichen. In seinen szenischen Sittenschilderungen zeigt er die Auswüchse des gesellschaftlichen und moralischen Lebens der Rokokogesellschaft, besonders der unteren Stände Londons. Diese moralisch-drastischen Sittenbilderfolgen nannte er „modern moral subjects", sie sind durch die Ähnlichkeit mit dem Vorbild – durch die formal-naturalistischen Darstellungen – als sittenbildnerisches Erziehungsmittel zu sehen. Seine Bilder basieren auf einer scharfsichtigen Satire und der Herausarbeitung von treffenden Charakteren. W.H. sah sich nicht als Karikaturist und machte einen Unterschied zwischen „Charakters und Caricaturas" (1756). In der italienischen Karikatur (nach Carracci) durch Übertreibung sah er „eine Linienart, die mehr durch Zufall als durch Talent hervorgebracht wird". Er hielt das Naturstudium als Grundlage der Kunst und beschrieb dies in seiner *Analyse of beauty* (1753). Mit seiner Motivauswahl der Graphik-Zyklen, mit „zu komischer Wirkung gesteigerten Einzelheiten" entstand im 18. Jahrhundert die englische Genremalerei und die moderne Gesellschafts-Karikatur überhaupt. W.H.s Wirkung auf die deutsche Bildsatire, insbesondere auf Daniel Chodowieckis Kupferstiche, sind von großer Bedeutung. W.H. publizierte seine Stiche in Deutschland. Gegen die Raubdruckerei erreichte er als Erster Urheberschutz (Hogarth Act-Copyright-Gesetz vom 15. Mai 1734).
Publ.: (Werkauswahl) *A Harlot's Progress* (Das Leben einer Dirne, 6 Blätter 1731); *A Rake's Progress* (Das Leben eines Liederlichen, 8 Blätter 1735); *Marriage à la Mode* (Heirat nach Mode, 6 Blätter 1745); *Industry and Idleness* (Fleiß und Faulheit, 12 Blätter 1747); *The four stages of Cruelty* (Die vier Stationen der Grausamkeit, 4 Blätter 1751); *Beer Street and Gin Lane* (Bierstraße und Schnapsgasse, 4 Blätter 1751)
Lit.: E. Fuchs: *Die Karikatur der europäischen Völker* I (1901), S. 92-103, 250, 276, 278, 282, 288, 300, 462, 473, Abb. 93-104, B. 96; J. Ireland: *H. illustrated (1791-1798) – Kupferstiche nach seinen Sittengemälden* (3 Bde); J.G. Lichtenberg: *Ausführliche Erklärung der Hogarthschen Kupferstiche* (1794); *Das große Lexikon der Graphik* (1984), S. 273/274; Ausst.-Kat.: *Bild als Waffe* (1984), S. 23, 39, 40, 43, 63, 67, 74, 103, 107,110, 229, 368, 369, 372f, 273; *W.H.* (1980) Neue Gesellschaft Bildender Kunst

## Högfeldt, Robert
\* 13.02.1894 Eindhoven/Holland
Schwedischer Malerhumorist, Zeichner
R.H. wurde in Deutschland erzogen, lebte 16 Jahre in Deutschland. Studium an der Kunstgewerbeschule Düsseldorf und danach an der Kunstakademie Stockholm. 1929 begann er zu zeichnen, angeregt durch Wilhelm Busch, Adolf Oberländer, Carl Spitzweg und Adolf Menzel. Er zeichnete malerische, volkstümliche, humorvoll-romantische Bilder, die durch Farbdrucke verbreitet wurden. R.H. lustige Themen waren der tyrannische Familienvater, der schüchterne Verehrere, die reiche Erbtante, der liebe Opa, der eigenfleischte Weiberfeind, menschliche Schwächen, Eitelkeiten u.v.a. In seinen Zeichnungen tummeln sich auch viele Trolle seiner skandinavischen Heimat, die Schabernack treiben, alle haben ein kleines Schwänzchen als Kennzeichen. Er veröffentlichte in der *Frankfurter Illustrierten*, der *Constanze*, der *Österreich-Illustrierten* u.a.
Publ.: (in Deutschland) *Also geht es auf der Welt; Tiere und Untiere; Das große Högfeldt-Album I und II; Das neue Högfeldt-Buch; Das harmonische Familienleben; Das große Högfeldt-Buch*
Lit.: *Heiterkeit braucht keine Worte*; *Das Högfeldt-Buch* (Einl. H. Cornell, 1938); *Brockhaus Enzyklopädie* (1969), Bd. 8, S. 591; Presse: *Die Woche*; *Frankfurter Illustrierte* (Nr. 1/1951); *Constanze* (Nr. 4/1951); *Die Anzeige* (Nr. 1/1951)

**HOGLI** (Ps.)

\* 1945 Berlin

Bürgerl. Name: Amelie Glienke (Holtfreter-Glienke)
Karikaturistin, Illustratorin
(aufgewachsen in der Bundesrepublik, seit 1968 wieder in Berlin)
Studium an der Hochschule der Künste Berlin/West, visuelle Kommunikation, Semiotik bei Prof. Georg Kiefer). 1971 erste Karikaturen, als Vorlagen für Transparente bei Berliner Mieterdemos (Märkisches Viertel/Kreuzberg). HOGLI gründete eine Kinderbuchgruppe an der Hochschule der Künste und nach dem Studium ein Produktionskollektiv Kreuzberg (zus. mit Georg Kiefer und Absolventen der Hochschule).
Veröffentlichungen in tip (Berliner Stadtmagazin), bie, Blickpunkt, Neue frontal, ID, Langer Marsch, Spontan, taz, betrifft: erziehung, Sozialmagazin, in Szene-Zeitungen und der Gewerkschaftspresse. Sie zeichnet zeitkritische, soziale, aktuelle Karikaturen zu Widersprüchen unserer Gesellschaft sowie Plakate. Ab Nr. 41/1989 ganzseitige Karikaturen-Kolumne *HOGLI's Weibsbilder* im *stern*.
HOGLI schuf die Illustrationen zu *Bodenburg; Der kleine Vampir, Hexen hexen; Die Geschichte von Max und Milli; Ein Pferd, ein Schwein und Mirja spinnt; Der kleine schwarze Fisch*
Publ.: (Cartoons „HOGLI") *Sicher ist sicher; H. Karikaturen; Du streichelst mich nie*; (Kinderbücher: Amelie Glienke) *Nix will schlafen; Katzenkind*
Lit.: A. Tüne: *Körper, Liebe Sprache – Über weibliche Kunst, Erotik darzustellen* (1981), S. 206-216; *Wenn Männer ihre Tage haben* (1987); *70 mal die volle Wahrheit* (1987); Presse: *Der Tagesspiegel* (v. 20. Okt. 1986)

**Hohlwein**, Ludwig

\* 26.07.1874 Wiesbaden
† 15.09.1949 Berchtesgaden

Architekt, führender Plakatkünstler (433 Plakatentwürfe)
Studium der Architektur an der TU München; als Zeichner Autodidakt. Anfangs als Architekt tätig. – L.H. begann um 1900 seine zeichnerische Tätigkeit mit Karikaturen, er war Mitarbeiter bei *Jugend* zwischen 1900-1910 (in Nr. 23/1910 der *Jugend* erschienen von ihm Glossen zur „Richard-Strauß-Woche"). Ab 1905 erste Plakatentwürfe (nach farblich zerlegten Fotos, vom *Simplicissimus* beeinflußt, im stilisierten, aussparenden Flächen-Holzschnittstil, ähnlich dem englischen „Brothers Baggarstaff". Das Ergebnis waren flächig angelegte Plakate von plastischer Tiefenwirkung, vereinfacht dekorativ von suggestiv anziehender Wirkung. L.H.s Plakate waren in ihrer Wirkung so stark, daß sich die Gruppe der „Sechs" (F.P. Glass, F. Heubner, C. Moos, E. Preetorius, M. Schwarzer und V. Zietara) zu einer „Anti-Hohlweinliga" als Plakatkünstler-Vereinigung etablierten.

Lit.: *Die zwanziger Jahre in München*, S. 755; *München 1900*, S. 85; L. Hollweck: *Karikaturen*, S. 150; H. Schindler: *Monographie des Plakats*, S. 89, 108f, 116, 117, 119, 135, 155, 158, 209, 248, 254, 257, Abb. 103, 104, 105, 293; E. Frenzel/F. Schubert: *L.H.* (1926)

**Hoier**, Heiner H.

\* 1944 Bremen

Graphiker, Karikaturist, Professor an der Fachhochschule für Gestaltung München (Zeichnen/experimentelle Gestaltung)
Studium an der Hochschule für Kunst und Musik, Bremen.
Veröffentlichungen in *pardon, stern, warum, Mosaik, Die Zeit, Twen, Brigitte, Konkret* und *Natur*. Auf makaber-humoristische Weise deckt H.H.H. Zwischenmenschliches und Politisches auf. Das Fernsehen zeigte die Cartoons-Sendungen *Kinder Kinder, Musikladen, Sesamstraße*.
Publ.: *Hast Du was gesagt?* (1986)
Lit.: *Geh doch!* (1978); *70 mal die volle Wahrheit* (1978); Prese: *Mosaik* (Nr. 1/1982)

**Holbeck**, Flemming

\* 1930 Kopenhagen/Dänemark
† 1972 Gentofte/Dänemark

(Ps. „ALEX", „BOB")
Dänischer Karikaturist, Illustrator
Zeichnet humoristische Situationen aus dem Alltag. In den fünfziger Jahren, Zusammenarbeit mit den dänischen Zeichnern Franz Füchsel und Hans Quist (zeitweilig). Illustrator von Büchern über Fische und Vögel. In der deutschen Presse erschienen seine Karikaturen meist unter „Holbek".
Lit.: H.P. Muster: *Who's Who in Satire and Humour* (2) 1990, S. 94-95

**Holler**, Gerhard

\* 1898 Potsdam

Pressezeichner, Karikaturist
Studium an der Kunstgewerbeschule, bei Emil Orlik. G.H. begann als freischaffender Pressezeichner in Berlin mit aktuellen, satirischen und humoristischen Karikaturen, die in *Lustige Blätter, Ulk* und in der bürgerlichen Berliner Presse veröffentlicht wurden. Später war er Mitarbeiter bei *Der wahre Jacob*, mit politischer und antifaschistischer Satire. Nach 1933 wieder harmlose, humoristische Karikaturen für die Berliner Presse.
Lit.: G. Piltz: *Geschichte der europäischen Karikatur* (1976), S. 271

**Hollósy**, Simon

\* 02.02.1857 Mamarossziget/Ungarn
† 08.05.1918 Tesco/Ungarn

Zeichner, Karikaturist
Studium an der Akademie München, bei Seitz. 1886 eröffnete S.H. in München eine private Zeichenschule, aus der u.a. Angela Jank, Alexander v. Kubiny, Walther Püttner und Rudolf Wilke hervorgegangen sind. Im Alter lebte S.H. wieder in Ungarn.
Lit.: L. Hollweck: *Karikaturen*, S. 139, 147, 190

**Holm**, Adolf
\* 21.04.1958 Mucheln/Krs. Plön, Holstein
Maler, Zeichner, tätig in Hamburg
Ausbildung in Nürnberg und Karlsruhe. Er bevorzugt humoristische Zeichnungen jeder Art sowie Tier-Karikaturen. (Trotz beachtlichen Talents für die Karikatur ist A.H. nur wenig hervorgetreten).
Lit.: Verband deutscher Illustratoren: *Schwarz-Weiß*, S. 170

**Holtfreter**, Jürgen
\*     1937 Rostock
Fotomonteur, Graphiker/Autodidakt
In Rostock aufgewachsen. Ab 1957 unterwegs in Südeuropa, Nordafrika, Bundesrepublik. Politisch interessiert („Falken", „Naturfreunde-Jugend", „Anti-Atomtod-Bewegung", „Kampagne für Abrüstung" – Politisierung Jugendlicher (Club Voltaire Stuttgart).
Erste Veröffentlichungen in Polit-Foto-Montagen in der Adenauer-Ära (*Die andere Zeitung*), DFU-Wahlkampf-Plakat, Herausgabe des Informations- und Agitationsblattes *plakat*, Mitarbeit an Betriebszeitungen, Studentenzeitungen, *St. Pauli-Nachrichten*, für den Ostermarsch und SDS. Seit 1972 in Berlin/West. Mitarbeit am „Produktionskollektiv Kreuzberg". Freischaffender Graphiker, Fotomonteur für Zeitschriften, Verlage, für die sozialistische Tageszeitung *Die Wahrheit* und das Monatsmagazin *Spontan*.
Kollektiv-Ausst.: Elefanten Press Galerie (1977/78: „Unter die Schere mit den Geiern")
Förperpreis der „Intergrafik 76" (Berlin DDR 1976)
Lit.: E. Siepmann: *J.H. – Politische Fotomontage* (1975); Ausst.-Kat.: *Unter die Schere mit den Geiern – Politische Fotomontage in der Bundesrepublik und Westberlin* (1977), S. 74

**Holtfreter-Glienke**, Ameli → Hogli (Ps.)

**Holtz**, Karl
\* 14.01.1899 Berlin
† 16.04.1978 Potsdam
Zeichner, politischer Karikaturist, Illustrator
Studium an der Kunstgewerbeschule Berlin, bei E. Orlik (1914-19). Ab 1916 unpolitische Karikaturen für *Ulk*, *Lustige Blätter*, *Wieland*. Ab 1918 Arbeit für *Rote Fahne*, für die USPD-Zeitschrift *Die freie Welt*, *Die Pleite*, *Lachen links*, *Eulenspiegel*, *Der wahre Jacob*, *Der Knüppel*, *Vorwärts* u.a., politische Karikaturen bis 1930, vorwiegend mit kommunistischer und sozialdemokratischer Tendenz. Ab 1933 vom NS-Staat zeitweiliges Berufsverbot. In seinen politischen Zeichnungen hatte K.H. viel von George Grosz aufgenommen, auch dessen kämpferische Parteinahme. Danach entstanden unpolitische humoristische Zeichnungen, die durch Intensität des Ausdrucks und des Inhalts in Strich, Form und Charakteristik von großer Präzision waren. Nach 1945 Mitarbeit in der Ost- und Westpresse, in *Der Sonntag*, *Sie*, *Neue Berliner Illustrierte*, *Ulenspiegel* u.a. Wegen der Veröffentlichung politischer Karikaturen gegen den SED-Staat im Schweizer *Nebelspalter* wurde K.H. zu sieben Jahren Zuchthaus in der DDR (Bautzen) verurteilt. Beteiligung an verschiedenen Ausstellungen. Buch-Illustrationen.
Publ.: (DDR) *K.H. Holtz-Auktion* (1964); *K.H. Aus der Holtz-Kiste* (1971)
Lit.: G. Piltz: *Geschichte der europäischen Karikatur* (1976), S. 258, 264, 271 ..., 197; *Bärenspiegel*, S. 203

**Holz**, Eberhard
\*     1928 Sommerfeld/Niederlausitz
Karikaturist, Signum: „eh"
Seit 1961 in Villefranche/Südfrankreich. Lehre im Zeitungsgewerbe, Kurzbesuch einer Kunst-Akademie, Autodidakt. – Veröffentlichungen u.a. in *Süddeutsche Zeitung*, *Hörzu*, *Münchener Illustrierte*, *stern*, *Quick*, *Bunte Illustrierte*, *Weltbild*, *Frankfurter Rundschau*, *Madame*, *Welt am Sonntag*, *Die Welt*, *Eulenspiegel* (DDR). E.H. zeichnet humoristische Situationskomik aus dem Leben, die Widrigkeiten und die Tücken der Umgebung in knappem, klar, präzisem Stil. Er beobachtet, analysiert und verarbeitet seine Eindrücke in der Karikatur – meist ohne Worte, oder in einer Text-Pointe.
Einzel-Ausst.: CC-Center, München (Nov. 1983)
Publ.: *E.H. Heitere Federstriche* (1980); *Postkartenbuch*
Lit.: H.O. Neubauer: *Im Rückspiegel – Die Automobilgeschichte der Karikaturen 1886-1986* (1985), S. 239, 173, 160; Presse: *Schöne Welt* (Mai 1978); *Braunschweiger Zeitung* (v. 29.10.1980)

**Holzer**, Adi
\*     1936 Stockerau/b. Wien
Österreichisch-dänischer Graphiker, Karikaturist
Veröffentlichung von Siebdruckfolgen: *Salome* und *Jacobsleiter*.
Ausst.: Galerie Jaeschke, Braunschweig (1980)
Lit.: Presse: *Braunschweiger Zeitung* (v. 9.4.1980)

**Hömberg**, Barbara
\*     1955 Meerbusch

Graphikerin, Illustratorin/Hamburg
Studium: Graphik-Desing, Krefeld. Arbeit in einer Werbeagentur, seit 1983 freiberufliche Zeichnerin in Hamburg. Veröffentlichungen in *Hamburger Rundschau* u.a. Illustrationen zu: *Weiberlexikon, Wir Frauen* und *Weibsbilder*.
Publ.: *Damit wird Mann leben müssen* (1990)
Lit.: *Eifersüchtig?* (1987), S. 94

**Homeyer**, Lothar
* 15.07.1883 Berlin
Holzschnittkünstler, Graphiker
Mitarbeiter bei *Der Insulaner*, darin mit Holzschnitt-Karikaturen vertreten.
Lit.: *Der Insulaner* (Nr. 8/1948)

**Hornberger**, Georg
* 20.09.1943 Wien
Architekt, Cartoonist, Signum: „HO"
Studium der Architektur, seit 1970 in München. Seit 1967 Gebrauchsgraphiker, Karikaturist. Veröffentlichungen in *Wiener Panoptikum* und *Jugend und Volk* (Wien). Mitarbeit im Österreichischen Kulturinstitut in Zagreb (1970), im Olympischen Komitee (1971). Werbung für die Stadt München (1972) in der Werbeagentur Heye & Partner, München, ab 1977 als freier Mitarbeiter. Seit Herbst 1980 ist G.H. selbständig: er betreibt ein Graphik-Studio unter seinem Namen für Graphik & Werbung und arbeitet für die Prese. Er zeichnet Cartoons ohne Worte, Sport-Karikaturen, Illustrationen. Mitautor mehrerer Kinderbücher.
Kollektiv-Ausst.: u.a. „Cartoon 80" Berlin/West, Einzel-Ausst.: „Hornberger Schießen"
Publ.: *Dein zweites Gesicht* (Wiener Panoptikum); *Die schönsten Kinderspiele im Freien; Kishon-Kalender*
Lit.: *Beamticon* (1984), S. 139; *Wolkenschieber 85* (1985); Ausst.-Kat.: *Spitzensport mit spitzer Feder* (1981), S. 26-27

**Horschelt**, Theodor
* 16.03.1829
† 03.04.1871 München
Historienmaler, Karikaturist
Studium an der Akademie München, bei Anschütz und dem Schlachtenmaler Albrecht Adam. Danach Zeichner für die *Fliegenden Blätter*. T.H. hat über den deutsch-französischen Krieg 1870/71 (so wie Ludwig Bechstein die treffendsten Zeichnungen geliefert). Eduard Ille und Hyazinth Holland haben Leben, Werk und Reisen von H. beschrieben.
Lit.: L. Hollweck: *Karikaturen*, S. 50, 51; G. Piltz: *Geschichte der europäischen Karikatur*, S. 204

**Hosemann**, Theodor
* 24.09.1807 Brandenburg/Havel
† 15.10.1875 Berlin
Maler, Zeichner, Illustrator
1819 Lithographenlehre bei der Lithographischen Anstalt Arnz & Winkelmann in Düsseldorf. Daneben studiert er in der Zeichenklasse bei Peter Cornelius in der Düsseldorfer Akademie. 1928 Übersiedlung mit dem Verleger Winkelmann nach Berlin. Ab 1830 zeichnete T.H. für den Verlag Gropius, Berlin, humoristische Zeichnungen in der Nachfolge von Dörbeck, wie *Berliner Redensarten, Berliner Parodien* und *Berliner Witze und Anekdoten*. Von 1834-52 Zusammenarbeit mit dem satirischen Publizisten Adolf Glasbrenner, dessen meiste Schriften T.H. kongenial illustrierte. Den Geschichten *Nante* und dem *Rentier Buffey* gab er das erste Profil. Seit den 30er Jahren des 19. Jahrhunderts malte T.H. humorvoll-liebenswürdige Genrebilder aus dem Berliner Kleinbürgertum. Neben Otto Speckter (1807-71) war T.H. der vielbeschäftigte Illustrator deutscher Kinderbücher. 1857 Professor, 1860 Mitglied der Akademie der Künste, 1866 Lehrer an der Akademie.
Lit.: (Auswahl) F. Weinitz: *T.H.* (1898); L. Brieger: *T.H. – ein Altmeister der Berliner Malerei* (1920) (mit Katalog der graph. Werke von K. Hobrecker); Ausst.-Kat.: *T.H. Berlin Museum* (1967); *T.H. Museum Lützowplatz* (1975); *T.H. Staatsbibliothek Preuß. Kulturbesitz* (1983); *T.H. Illustrator-Graphiker, Maler des Berliner Biedermeier*

**Hoster**, Heinrich Maria
* 1835 Köln
† 1890 Straßburg
Porzellanmaler, Zeichner, Schriftsteller
Studium an der Akademie Düsseldorf. H.H. publizerte ab 1881 das Kölner Humorblatt *Kölnische Käs-Blättche*. Untertitel: *Privat-Eigenthums-Organ des Tillekatessenhändlers Härn Antun Meis for d'r gebilte Bürger un Kauffmann un for lo Fennig*. Lange Jahre hat H.H. sein Blatt allein geschrieben und illustriert. Die Sprache war ein mundartlich-hochdeutsches Gemisch, das „Kölnische" (Hochdeutsch mit Knubbeln). Durch sein urkölnisches komisches Original des „Härn Meis" aus der Kölner Spitzengasse und seine Situationsberichte aus der Sicht eines Krämers wurde zum Leibblatt der Kölner bis zum Tode Hosters. Ab 1895 wurde das Blatt von Ph. Gehly neu herausgegeben, und es erschien bis 1911.
Publ.: *Antun Meis: Gesammelte Werke – zusammen geknuv mit gehörige Bemerkunge versehen im Herausgeber für gebilte Leut vun Jupp Klersch*
Lit.: P. Trippen: *Antun Meis, ein Lebensbild Heinrich Hosters*, in: Kölsch Leve, 6. Jahrgang Nr. 1/1925; A. Schwind: *Bayern und Rheinländer im Spiegel des Pressehumors von München und Köln*, S. 146f, 155, 164, 248, 264

**Hoviv** (Ps.)
\* 1924 Vienna, bei Lyon/Frankreich
Bürgerl. Name: René Hovivian
Karikaturist
(Sohn armenischer Emigranten)
Studium an der Kunstschule Lyon (1946-47). 1947 Rückkehr nach Armenien/UdSSR. Dann Zeichner in einem Zeichentrickfilm-Studio in Moskau. 1964 Rückkehr aus der Verbannung in Sibirien, Übersiedlung nach Frankreich. Lebt als freischaffender Cartoonist in Paris. Hoviv zeichnet Cartoons ohne Worte, humoristische Karikaturen, speziell: Sex-Cartoons. Bekannt sind die Cartoon-Folgen: *Mannsbilder, Comic in kleinen Dosen*.
Mitarbeit in Frankreich bei *Paris Match, Lui, Elle* u.a.; in Deutschland bei *Petra, Maxi, Quick, Playboy, Bunte, Neue Revue*, erwähnenswert auch verschiedene U-Comix u.a.
Publ.: *Tor! Tor! Tor!* (1988)
Lit.: Ausst.-Kat.: *Eifersüchtig*, 3. Internationaler Comic-Salon, Erlangen (Programm 1988)

**Hovivian**, René → Hoviv (Ps.)

**Hrdlicka**, Alfred
\* 27.02.1928 Wien
Bildhauer, Graphiker, Professor an den Akademien Stuttgart und Berlin/West (figuratives Gestalten)
Studium an der Akademie Wien (1946-53), Malerei bei Albert Paris Gütersloh/Josef Dobrowsky (Abschluß: Diplom), Druckgraphik bei Christan Martin und Bildhauerei bei Fritz Wotruba (Bildhauer-Diplom). Als Realist zeigt A.H. das Realmenschliche. Die Themen seiner Graphik sind die Auseinandersetzungen mit der Gewalt. Es ist eine moralisch-satirische Graphik: Außenseiter-Schicksale in moritatenhaften Bilderfolgen, Psychodramen zur Physis der Gewalt in Einzelblättern und Radierzyklen. H.s Stil ist altmeisterlich in subtiler, präziser Technik, zu bildmäßiger Vernichtung neigend.
Graphiken: (Auswahl) *Das kleine Weltgericht; Tausend und eine Nacht* (13 Blätter über den Talmigtanz Prostituierter, 1959); *Amnon; Samson; Martha Beck-Zyklus* (20 Blätter, *Giftmischerin aus Eifersucht*, 1962/63); *J.J. Winkelmanns schauriges Ende* (1964/65); *Roll over Mandrian* (10 Blätter, 1966); *Haarmanns außerordentlicher Stoffwechsel* (12 Blätter des Massenmörders, 1965); *Variationen zu Hogarths Bildfolge „The Rake's progress" in entgegengesetzter Reihenfolge* (8 Blätter 1970/71); *Randolectil; Biedermeier-Erotiken; Wiener Blut* (16 Farbradierungen, 1979); *Wie ein Totentanz* (53 Blätter zum 20. Juli 1944, Nationalgalerie 1975); *Franz Schubert* (1983); *Die Ateliers des Monsieur Rodin* (41 Blätter, 1983); *Pasolini* (37 Blätter, 1984); *Hommage à Basaglia* (5 Blätter, 1984); *Adalbert Stifter/Richard Wagner - Richard Stifter/Adalbert Wagner* (1985)
Ausst.: Albertina Wien (1969), Große Graphik Retrospektive (1983), Erste Biennale Nürnberg (1969), Nationalgalerie Berlin/West (1975), Kunsthalle Berlin/West, 1989)
Ausz.: Jörg-Ratgeb-Preis (1978)
Lit.: *Das große Lexikon der Graphik* (1984); Ausst.-Kat.: *A.H. Druckgraphik* (1989); Fernsehen: III. Berlin, A.H. (26.7.1971)

**Hubbuch**, Karl
\* 21.11.1891 Karlsruhe
† 26.12.1979 Karlsruhe
Maler, Graphiker (sozialkritischer Verismus)
Studium an der Akademie Karlsruhe (1908-12, zusammen mit Georg Scholz und Rudolf Schlichter), danach an der Unterrichtsanstalt des Kunstgewerbe-Museums, bei Emil Orlik. 1920-222 an der Akademie Karlsruhe, Meisterschüler bei Conz und Württemberger. K.H. arbeitet an der Zeitschrift *Der Knüppel* mit. Er publiziert: 1925-27 *Deutsche Belange* (25 Zeichnungen im Sinne der „Antifa", 1924-26 *Faust* (11 Radierungen), 1931 *La France* (gewidmet den Arbeitern und Künstlern Frankreichs). – Professor an der Landeskunstschule Karlsruhe, 1933 Entlassung aus dem Lehramt (Gelegenheitsarbeiten für die Staatliche Majolika, Karlsruhe). Nach 1945 Mitarbeit an der politisch-satirischen Wochenzeitschrift *Das Wespennest* (politisch-satirische Zeichnungen wieder unter dem Titel „Deutsche Belange"). 1946 ist K.H. an der dritten Nachkriegsausstellung des Badischen Kunstvereins „Politische Karikaturen und graphische Arbeiten. Unsere Zeit" beteiligt. K.H. war ein zeitgeschichtlicher sozialkritischer Zeichner mit unbestechlichem Realismus und technischer Perfektion, was ebenso in seinen Gemälden zum Ausdruck kam. 1970 erblindete K.H.
Lit.: D. Schmidt: *K.H.* (1977); Ausst.-Kat.: *K.H.*, Deutsche Akad. der Künste (1964); *K.H. – Das graphische Werk* (Stadthalle Freiburg 1969); *Widerstand statt Anpassung* (1980 Elefanten Press), S. 268; *Das große Lexikon der Graphik* (Westermann), S. 284

**Huber**, Emmerich
\* 1903 Wien
† 1979 Berlin/West
Karikaturist, Werbegraphiker, Illustrator
Freier Mitarbeiter für Presse und Werbung. E.H. zeichnete für *Neue I.Z., Illustrierter Beobachter*, Soldaten-Postkarten. Humorseiten zu aktuellen Themen, satirisch, politisch. Nach 1945 arbeitete er für *Revue, Bunte Illustrierte* und die LVA-Zeitschrift *Kilometerstein*. Es entstand für die *Revue* die Humorfolge *Familie Kindermann*. Für die Werbung schuf E.H. Anzeigen, Broschüren, Kundenzeitschriften und Kinderzeitschriften. Sein Stil war humorvoll, gemütlich, naturalistisch-freundlich, fast ein moderner Ludwig Richter, besonders geeignet für Kinder.
Ausst.: „Die Pressezeichnung im Kriege" (Haus der

Kunst, Berlin, 1941: Kat.Nr. 185 „Bei den schweren Panzern von dunnemals", 186: „Erster Bildbericht vom Königreich Juda", 187: „Was, schon wieder kleine Mädchen")
Publ.: E.H./H. Schneider: *Optimist sein, mein Herr* (1935); E.H./R.A. Stemmle: *Onkel Jodokus und seine Erben*

**Huber**, Joseph W.
* 1951
Karikaturist/Berlin
Kollektiv-Ausst.: „Satiricum '84", „Satiricum '86", „Satiricum '88", „Satiricum '90", Greiz
Lit.: Ausst.-Kat.: *Satiricum '84, Satiricum '86, Satiricum '88, Satiricum '90*

**Huber**, Oswald
* 18.06.1942 Salzburg
Karikaturist in Salzburg, Signum: „OH"
Studium der Psychologie, Universitätsdozent. Veröffentlichungen in *Süddeutsche Zeitung, Medical-Tribune, Watzmann, Allgemeines Deutsches Sonntagsblatt, Manager Magazin*, u.a. – Zeitkritisch-satirische Cartoons, linearer Strich.
Lit.: *Beamticon* (1984), S. 139; *Eifersüchtig?* (1987), S. 94; *Eine feine Gesellschaft – Die Schickeria in der Karikatur* (1988)

**Hübner**, Karl Wilhelm
* 17.06.1814 Königsberg
† 05.12.1879 Düsseldorf
Genremaler und sozialkritischer Tendenzmaler
Studium an der Akademie Düsseldorf ab 1837, bei W.v. Schadow und C.F. Sohn. – K.W.H. begann mit Genreszenen aus dem Volksleben. Zwischen 1844-48 prangerte er in seinen Gemälden die Mißstände seiner Zeit an und wurde damit der fortschrittlichste Maler des deutschen Vormärz (1830-48), z.B. in seinen Gemälden: „Schlesische Weber" (1844), „Das Jagdrecht" (1845), „Abschied der Auswanderer" (1846) und „Die Auspfändung" (1847). Danach malte er wieder realistische Genrebilder, anekdotisch-empfindsame Schilderungen ohne politische Tendenz. K.W.H. war u.a. der Mitbegründer der Düsseldorfer Künstlervereinigung „Malkasten".
Lit.: L. Clasen: *Düsseldorfer Monatshefte* (1847-49); *Spemanns Künstlerlexikon* (1905), S. 449; Ausst.-Kat.: *Kunst der bürgerlichen Revolution von 1830-1848/49* (1972), S. 147-49; *Die Düsseldorfer Malschule* (1979), S. 110-12

**hug OKÉ** (Ps.)
* 1938 Vilvoorde bei Brüssel
Bürgerl. Name: Hugo Dekempener
Belgischer Graphiker, Karikaturist
Studium am Institut St. Lucas, Brüssel (St. Luc) bei Prof. Luc Verstraete. – Veröffentlichungen in holländischen und belgischen Zeitungen und Zeitschriften und in der Bundesrepublik. – hug OKÉ schuf Plakate, Werbung, Karikaturen, Tierfolgen, Neujahrskarten, Buchumschläge, Plattenhüllen mit humoristischer Note, zeichnerisch skurril.
Lit.: *Heiterkeit braucht keine Worte*; Presse: *Gebrauchsgraphik* (Nr. 2/1964)

**Huhnen**, Fritz
* 26.12.1895 Krefeld
† 15.12.1981 Krefeld
Maler, Bühnenbildner, Pressezeichner
Nach einer Architektenlehre studierte F.H. an der Kunstgewerbeschule Krefeld. – Ab 1915 war er Soldat, Kriegsmaler in Frankreich und Rußland, Bühnenmaler am Fronttheater Montmédy, Zeichner für die *Liller Kriegszeitung*. Ab 1919 freiberuflicher Maler. Mitglied der Künstlergruppen „Junges Rheinland" und „Rheinische Sezession". Ab 1924 Bühnenbildner am Stadttheater Krefeld (50 Jahre lang), ständiger Karikaturist für den *General-Anzeiger* und die *Westdeutsche Zeitung* Krefeld (Wochenkolumne. Politische, vor allem lokale, satirischwitzige Kommentare zum Tagesgeschehen 1826-34 und 1952-70) in einem eigenen knappen Zeichenglossenstil.
Ausst.: Städtische Galerie Haus Peschken, Moers, zus. mit dem Kölner Theatermuseum, Bühnenbilder von F.H.
Ausz.: 1961: „Thorn-Prikker-Ehrenplakette" der Stadt Krefeld, 1966: „Ehrenschild" der Stadt Krefeld, Kunstverein Krefeld: Retrospektive F.H. im Haus Greiffenhorst, zum 80. Geburtstag
Publ.: *Gute, Böse, und Krefelder* (1947)
Lit.: Scherpe: *F.H.* (1973); Presse: *Niederrheinische Blätter* (Nr. 1/1982)

**Humble**, Georg
* 1918 Kopenhagen
Dänischer Karikaturist
Studium an der Kunstgewerbeschule (1935-38). – Freier Mitarbeiter bei großen dänischen Zeitungen und Zeitschriften. Veröffentlichungen in der deutschen Presse, und in *Heiterkeit braucht keine Worte*, überwiegend Cartoons ohne Worte
Lit.: *Heiterkeit braucht keine Worte*

**Hummel**, Berta
* 21.05.1909 Massing/an der Rott
† 06.11.1946 Kloster Siessen, bei Saalgau/Württemberg
Name als Ordensschwester: Maria Innocentia
Zeichnerin der nach ihr benannten „Hummelfiguren"
Studium an der Akademie der schönen Künste, München (1927-31), Examen als Zeichenlehrerin. B.H. trat am 22.

April 1931 in das Kloster Siessen ein. Nach dem Noviziat wurde sie am 30. August 1934 Franziskaner-Nonne. Im Kloster hat sie weiter gezeichnet: naiv-fröhliche, verniedlichte, pausbäckige Kinderdarstellungen im Stil von Kinderbuch-Illustrationen. Ab 1934 Vertrieb dieser Zeichnungen als Postkarten und Postkarten-Serien. 1935 Lizenzvergabe an die Fa. Goebel, Rödental/b. Coburg für den Vertrieb dreidimensionaler Kinderdarstellungen. Erste Ausstellung von „Hummelfiguren" auf der Leipziger Messe. Die Figuren wurden ein Welterfolg und brachten der Herstellerfirma Weltgeltung. Hummelfiguren erhielten den Ehrennamen: „Der Welt meistgeliebte Kinder". – Es gibt ca. 500 verschiedene Motive in Millionen-Auflage als Einzel- und Gruppendarstellungen, auch kombiniert als Vasen, Aschenbecher, Tischlampen, Buchstützen, Wachskerzenbilder, Weihwasserkessel, ab 1971 Jahresteller, ab 1978 Jahresglocken. – B.H. hinterließ rund 700 Bilder, meist weltlichen Genres. Seit ihrem Tod und nach einem Erbschaftsprozeß gehören die Urheberrechte dem Kloster Siessen.
Publ.: *Das Hummelbuch* (1934 mit Versen von Margarete Seemann); *Hummel-Kalender; Hummel-Bilder* (Allein-Vertrag Fink-Verlag, Stuttgart)

## Hürlimann, Ernst
\* 1921 Weiler/Oberstaufen-Allgäu

Architekt, Karikaturist, Signum: „Hü"
Studium der Architektur (Dipl.-Ing.) an der TH München. Danach freischaffender Architekt, seit 1947 Karikaturist für die *Süddeutsche Zeitung*. Darüber hinaus arbeitete E.H. für *Münchener Illustrierte, Quick, Epoca, Bunte, Münchener Stadtanzeiger* u.a. Er zeichnete aktuelle, humoristische Karikaturen, münchnerisch, in groteskem Stil sowie Werbekarikaturen. Er schuf die Illustrationen für ca. 140 Bücher. – E.H. gestaltete wöchentliche Fernsehsendungen mit Ernst M. Lang im Bayrischen Fernsehen (über 300 life gezeichnete Glossen), ab 1972 („Doppelter Ernst").
Ausst.: Mehrere in München
Ausz.: 1970 Schwabinger Kunstpreis
Publ.: *Ja, so sans! oder Ja, so sind sie; Eahn schaug o (sieh dir das mal an); Na so was; Skiz zophren; Sei' tuat's was; Sauna – Knigge*
Lit.: *Beamticon* (1984), S. 139, 70, 28; *Die Stadt – Deutsche Karikaturen 1887-1985* (1985); *Eine feine Gesellschaft – Die Schickeria in der Karikatur*

## Hurzelmeier, Rudi
\* 1953 Niederbayern

Cartoonist
R.H. ist Zeichner der Comic-Figur „Alois". R.H.s Themen sind das „Aufmischen" (Rabbatzmachen) gegen Klerus und Obrigkeit, der weißblaue Jetset: „Alois" als süddeutscher Pendant zum norddeutschen Bölkstoffhelden „Werner".
Veröffentlichungen in *Titanic*.
Publ.: *Alois oder nix*
Lit.: Presse: *Quick* (Nr. 25/1990)

## Hürzeler, Peter
\* 1940 Zürich

Graphiker, Karikaturist, Signum: „Hü", Regensdorf b. Zürich
Studium an der Kunstgewerbeschule Zürich. Lehre als Dekorateur. Verschiedene Stellungen als Graphiker und Dekorateur. Seit 1967 freischaffend. P.H. veröffentlichte in *Nebelspalter, Schweizer Illustrierte, Tages-Anzeiger, Weltwoche, TV-Magazin, TR7*, und zwar humoristische, aktuelle Karikaturen, Titelblätter, Werbegraphik. Er zeichnete Trickfilme für das Fernsehen mit den Comic-Figuren: „Willie" (seit 1972) und „Emil" (seit 1970).
Kollektiv-Ausst.: Kunsthaus Zürich (1972), Wilh.-Busch-Museum, Hannover (1973), 1. Internationale Cartoon-Biennale, Davos (1986), 2. Internationale Cartoon-Biennale, Davos (1988)
Publ.: *Und wo wohnen wir im Sommer, Hugo?* (1974); *Hier wird renoviert* (1978); *Peter Hürzelers Emil* (1979); *Willi* (1982); *Wilhlem-Tell-Parodie; Schipk you English?* (1982); *Peter Hürzelers Emil Nr. 2* (1983)
Lit.: *Das große Buch des Lachens* (1987); H.P. Muster: *Who's Who in Satire and Humour* (2) 1990, S. 96-97; Ausst.-Kat.: *Karikaturen-Karikaturen?* (1972), S. 66; *Darüber lachen die Schweizer* (1973)

## Hüsch, Gerhard
\* 1936 Berenbrock/Ruhrgebiet

Graphiker, Karikaturist
Erste Karikaturveröffentlichung 1951. 1956-57 Volontariat bei der *Westfälischen Rundschau*, Dortmund, ab 1957 politische Karikaturen für die *Westdeutsche Allgemeine Zeitung*, Essen (13 Jahre lang). 1962 studienhalber in Paris, 1978 wieder bei der WAZ mit der ständigen Kolumne *Die Woche ist um*. Weitere Veröffentlichungen in *Deutsches Panorama, Neue Rührzeitung, Vorwärts, pardon, Die Zeit, stern, Quick* und im Ausland in *Punch, Kulturnyçcivot* (Bratislava). – G.H. zeichnet humoristische, politische und sozialkritische Karikaturen, Karikaturenfolgen, ganzseitige Themen, Werbekarikaturen. – Erwähnenswert die Karikaturen-Folge: Prominenten-Karikaturen des Ruhrgebiets, „Auto-Liebhaber" (*pardon*), „Sex im Diktat" (*stern*), „Das Leben zu zweit" (*stern*) und die Werbe-Karikaturen „Schöne Grüße aus Ruß-land" (Ruhrgebiet-Werbung, Karikaturen, auch als Lithographien erschienen) und „Piccon – erst mal entspannen".
Einzel-Ausst.: G.H. Castrop-Rauxel (1980), Kollektiv-

Ausst.: Kunsthalle Recklinghausen (1972), Institut für Auslandsbeziehungen Stuttgart 1981)
Publ.: *Auto-Liebhaber* (1968); *Sex beim Diktat*
Lit.: H. Hubmann: *Die stachlige Muse* (1974), S. 82; Ausst.-Kat.: W. Alberts: *G.H.* (1980); *Zeitgenossen karikieren Zeitgenossen* (1972), S. 220; *Spitzensport mit spitzer Feder* (19749, S. 28-29

**Huse**, Peter
\*      1940 Berlin
Graphiker/Berlin
Kollektiv-Ausst.: „Satiricum '78", „Satiricum '80" (1. Biennale der Karikatur in der DDR, Greiz, 1980: „Ohne Worte", „FKK – wie unpassend")
Lit.: *Satiricum '80* (1980), S. 10; *Satiricum '78* (1978)

**Hussel**, Horst
\*      1934 Greifswald
Graphiker, Pressezeichner
Ausst.: Kunsthaus Zürich, 1972: G 244 „Hahn
Lit.: *Resümee – ein Almanach der Karikatur* (1972); Ausst.-Kat.: *Karikaturen-Karikaturen?* (1972), S. 66

**Hyan**, Hans Volker
\* 01.04.1907 Berlin
† 10.10.1948 Berlin
Pressezeichner, Tierschriftsteller, Tierillustrator
Studium an der Kunstakademie Berlin. Danach Mitarbeit bei *Telegraf, Puck* u.a. Berliner Zeitungen und Zeitschriften. Er veröffentlichte Zeichnungen, Karikaturseiten, Tier-Karikaturen.
Publ.: *Pat und Mautz; Duro und Pfeffer; Haverkamps Pferde; Der Zoo erzählt; Tierskizzen*

# I

**Iber**, (Henry)
\* 1928 Faaborg/Dänemark
Dänischer Karikaturist, Pressezeichner/Kopenhagen
Mitarbeit an dänischen, schweizerischen und deutschen Zeitungen und Zeitschriften mit humoristischen Karikaturen (speziell Tiere) und Bilderrätseln. In der deutschen Presse sind seine Zeichnungen zu finden in *Das Neue Blatt, Neue Revue, Bastei-Rätsel* u.a.
Lit.: *Heiter bis wolkig*

**ICO** (Ps.)
\* 1922 Mostar/Jugoslawien
Bürgerl. Name: Voljevica, Ismet
Cartoonist, Trickfilmzeichner/Zagreb
Studium: Architektur/Zagreb
Seit 1949 freischaffender Karikaturist. Themen: Humor, Satire, Zeitkritik. Veröffentlichungen in Jugoslawien in *Danas, Start, Vecernji List, Feferon, Jez, Osten*; in der Schweiz in *Nebelspalter*; in Deutschland in *Pardon*, Trickfilme für Zagreb-Film, Buch-Illustrationen. Anmerkung: Seine Karikatur *Abendmahlsbild* erregte empörte Kritik.
Ausst. (international): Jugoslawien, Atina, Berlin/West, Bordighera, Hannover, Istanbul, Montreal, Tokio, Tolentino, Vasto, Wien, Holland, Belgien
Ausz.: in Jugoslawien, im Ausland: Bordighera (1967), Vasto (1970), Goldener Preis, Montreal (1967, 1971, 1972) 1974), Großer Preis
Publ.: *Robot* (1961), *Bon Ton* (1964), *Weltküche* (1967), *Kaiserreichlache* (1971), *Reise um die Welt* (1974), *Monographie-Voljevica* (1986)
Lit.: H.P. Muster: *Who's who in Satire and Humour* (Bd. 2/1990), S. 204-205

**Ille**, Eduard (Valentin Joseph Karl)
\* 17.05.1823 München
† 17.12.1900 München
Studium an der Akademie München, bei Schnorr und Schwind. E.I. begann mit Altarbildern, Dramen und Gedichten, war dann Mitarbeiter der *Münchener Leuchtkugeln*, bei *Punsch, Fliegende Blätter, Münchener Bilderbogen* (60 Exemplare), Webers *Illustrierte Zeitung, Haus Chronik* u.a. 1863-64 gehörte E.I. zum Redaktionsbeirat der *Fliegenden Blätter* (als ältester und getreuester Mitarbeiter). – Seine bevorzugten Themen: Tierparodien, humoristische Zeichnungen auf Altertum und Biedermeier. E.I. illustrierte Bechsteins *Sagenbuch*.
Publ.: Lebende Bilderbücher (durch bewegliche Figuren – noch vor Meggendorfer); *Staberls Reiseabenteuer*
Lit.: H. Geller: *Curiosa*, S. 79-80; E. Roth: *100 Jahre Humor in der deutschen Kunst*; G. Piltz: *Geschichte der europäischen Karikatur* (1976), S. 159; G. Hermann: *Die deutsche Karikatur im 19. Jahrhundert* (1901), S. 31

**Immisch**, Theo
\* 1925 Zeitz
Karikaturist, Plastiker, Maler in Zeitz (Keramiker)
T.I.s humoristisch-satirische Zeichnungen wurden in der DDR-Presse veröffentlicht.
Kollektiv-Ausst.: *Zeitgenossen karikieren Zeitgenossen*, Kunsthalle Recklinghausen (1972), „Satiricum '80" (1. Biennale der Karikatur der DDR, Greiz, 1980), „Satiricum '78", „Satiricum '82", „Satiricum '84", „Satiricum '86", „Satiricum '88", „Satiricum '90"
Lit.: Ausst.-Kat.: *Zeitgenossen karikieren Zeitgenossen* (1972), S. 230; *Satiricum '80* (1980), S. 10 (und die weiteren Kataloge)

**Ironimus** (Ps.)
\* 1928 Wien
Bürgerl. Name: Gustav Peichl
Architekt, Professor an der Akademie Wien, politischer Karikaturist
Studium an der Akademie der bildenden Künste Wien der Architektur (1949-53). – I. arbeitet als Karikaturist seit den frühen fünfziger Jahren u.a. für *Die Presse, Süd-*

*deutsche Zeitung, Weltwoche, Bildtelegraf, Express, Forum, FAZ-Magazin, Wochenpresse, Weltwoche* (auch für Zeitschriften und Zeitungen in England, der Schweiz und den Niederlanden). Seine Themen sind die (österreichische) Politik, Weltpolitik, Kultur, Kunst, Umwelt und Aktuelles, alles mit zarten Strichen glossiert. I. erbaute die Rundfunk- und Fernsehstudios des Österreichischen Fernsehens (ORF), betreut seit 1972 die Silvestersendung im ORF mit Karikaturen zum Jahresrückblick. In dem Dokumentarfilm (1973) „Junger Mann aus dem Innviertel" (über Hitlers Jugendjahre 1903-13) spielte I mit seinem Kollegen Prof. Rudolf Hausner die Amtsvorgänger, die Hitler 1907 das Kunststudium verwehrten.

Einzel-Ausst.: Wien, London, Rom, Tel Aviv, New York, Salzburg u.a. 1958 stellte die österreichische Staatsdruckerei die vier bekanntesten österreichischen Karikaturisten in Wien aus: Ironimus, Totter, Bren, Mac (alle sind nur nebenberuflich Karikaturisten)

Ausz.: Preisträger der Stadt Wien, Dr.-Drexel-Preis (1974) für Publizistik, großer österreichischer Staatspreis für Architektur, Reynolds Memorial Award

Publ.: (Karikaturen) *Schwarz auf weiß; Karikaturen/No smoking/Helden; Made in Austria; Die sechziger Jahre; Mein Österreich; Weltzirkus; Die siebziger Jahre; Laßt Linien sprechen; Grüne Helden/Graue Monster;* 1976 Zusammenstellung des Karikaturbandes „Der schwarze Riese" über den damaligen Vorsitzenden der CDU Helmuth Kohl; Architekturband *Die veruntreute Landschaft*

Lit.: Ausst.-Kat.: H.P. Muster: *Who's who in Satire und Humor* (1989), S. 160-161; *Die Stadt – Deutsche Karikaturen von 1887-1987* (1985)

**Iversen**, Olaf
\* 23.08.1902 Bronshój/Insel Seeland/bei Kopenhagen
† 27.08.1959 München

Karikaturist, Journalist, als Zeichner Autodiktat

O.I. kam als Kind nach Deutschland, Kriegsfreiwilliger im Ersten Weltkrieg, danach Zeitungs-Reporter, Feuilletonist, später Karikaturist, orientierte sich an Paul Simmel. Mitarbeit: ab 1928 *Leipziger Neueste Nachrichten* (politischer Zeichner), ab 1929-44: ständiger Mitarbieter bei der *Münchener Illustrierten Presse* (humoristischer Zeichner). 1935-1939 war O.I. Herausgeber eines eigenen wöchentlichen Matern-Zeitungsdienstes: Verlag Iversen, Deutscher Zeitungsbilderdienst für Politik und Feuilleton. 1949-54: ständiger Mitarbeiter für *Revue*, ab 1954: Herausgeber des neuen *Simplicissimus*. O.I. zeichnete komische und originelle Einfälle aus der Zeitsituation mit viel Witz und Humor in Zeichnung und Text. In seinen Bildserien benutzte er oft erzählende Texte, die er bebilderte. Nebenher: Postkarten-Entwürfe.

Publ.: *Mein braves Bilderbuch* (1936); *Viechereien* (1941); *Mein Album* (1941)

Lit.: *Das große Buch des Lachens* (1987); Presse: *Der Journalist* (Nr. 9/1959); *Der Abend* (v. 28.8.1959); *Revue* (Nr. 37/1959: Zum letzten Mal: O.I.)

**Iwerks**, Ub
Zeichner bei dem Trickfilmproduzenten Walt Disney (s. dort)

# J

**Jacek**, Helmut
\* 1942
Diplomierter Kunsterzieher, Rundfunkredakteur, Karikaturist/Berlin
Veröffentlichungen im *Eulenspiegel* u.a. DDR-Zeitschriften und -Zeitungen. – Aktive Mitarbeit im Grafikzentrum des VEB Bergmann-Borsig.
Kollektiv-Ausst.: „Satiricum '80" (1. Biennale der Karikatur der DDR, Greiz, 1980: „Steinernes Herz"), „Satiricum '78", „Satiricum '82", „Satiricum '84", „Satiricum '88", „Satiricum '90"
Lit.: Ausst.-Kat.: *Satiricum '80*, S. 10, sowie die weiteren Kataloge; Presse: *Eulenspiegel* (Nr. 15/1979)

**Jachmann**, Horst → **dufte** (Ps.)

**Jackson**, Raymond Allen → **JAK** (Ps.)

**Jacobsen**, Walter
\* 28.09.1943 Flensburg?
Karikaturist/Berlin
Karikaturen im Strichmännchen-Stil. – Veröffentlichungen im Brunner-Verlag Gießen.
Kollektiv-Ausst.: „Berliner Karikaturisten", Kommunale Galerie, Berlin-Wilmersdorf, Kunstamt Reinickendorf (1981), Berlin/West
Lit.: Ausst.-Kat.: *Aus der Karikaturen-Werkstatt* (1981)

**Jacobsen**, Oskar
\* 07.10.1889 Gothenburg (Göteborg) Schweden
† 25.12.1945 Solberga
Schwedischer Karikaturist, zeichnerisches Naturtalent, Autodidakt
O.J. war in verschiedenen Berufen tätig: Landarbeiter, Holzfäller, Schmied, Eisenbahnarbeiter, bildete sich an der Abendschule. – 1917 erschien seine erste Zeichnung in *Sändags-Nisse* (polit. Karikaturen). O.J. hatte von Hasse Zetterström (Chefredakteur und bekannter Humorist) den Auftrag erhalten, eine Comic-Figur eines Durchschnittsmenschen zu zeichnen. So entstand „Adamson" – über Skandinavien hinaus bekannt in Europa und den USA (erstmals in Nr. 42/1920). 1926 erwarb der Verlag Dr. Selle-Eysler die deutschen Rechte und veröffentlichte *Adamson* in den *Lustigen Blättern* in Berlin sowie in anderen deutschen Blättern. 1930 erste „Adamson"-Ausstellung in Göteborg. Neu-Veröffentlichung in der Presse durch P.I.B. Box Copenhagen. – In den letzten Jahren wurde O.J. Mitglied des „Künstlervereins Göteborg" und malte Landschaften, Porträts und Stilleben.
Publ.: (in Deutschland) *Humor* (1926); *Jagd und Sport* (1926); *Neue Folge* (1926); *Lieder ohne Worte* (1928); *Tiere und Menschen* (1928); *Für jung und alt* (1928); *Das große Adamson-Album* (1928); – „Adamson" (1954, 1976, 1981, die besten Adamson-Geschichten)

**Jacoby**, Jean
\* 1891
† 1936
Pressezeichner in Berlin
J.J. zeichnete allgemeine Illustrationen, besonders Sport, gelegentlich auch Karikaturen für die Presse in den zwanziger Jahren.
Lit.: *Zeichner der Zeit*, S. 186, 196, 200, 201, 219, 237, 250, 251, 274, 398

**Jaeckel**, Willy
\* 10.02.1888 Breslau
† 30.01.1944 Berlin
Berliner Pressezeichner, expressionistischer Maler, seit 1919 Professor an der Akademie Berlin
Studium an den Akademien Dresden, Breslau und Berlin. – Mitarbeiter der Berliner Tagespresse. Die Themen der Zeichnungen sind das Berliner Leben und die Ereignisse (gelegentlich karikiert). Als Maler schuf er (unter

dem Eindruck der Kriegsereignisse) die Lithographiefolgen „Momento (1914-15), „Kriegselend", „Das Buch Hiob" (1917) sowie 234 Radierungen zum Thema: „Menschgott – Gott – Gottmensch" (1921-22). Er Illustrierte u.a. R. Dehmel: *Aber die Liebe*, Goethe: *Faust*, Dante: *Hölle*.
Lit.: *Zeichner der Zeit*, S. 298, 398; *Das große Lexikon der Graphik* (Westermann, 1984), S. 286-87

**Jäger**, Bernhard
* 1935 München
Graphiker
Kurzes Biologie-Studium, dann Studium an der Werkkunstschule Offenbach. – Angestellter Graphiker (kurze Zeit), danach freier Graphiker, seit 1980 Lehrauftrag an der Hochschule für bildende Künste, Frankfurt/M. B.J.s Thema ist die Fliegerei (Zeitkritisches, Lithographien). Veröffentlicht wurden u.a. die Metall-Graphik „Ikarus" (1981) und „Großstadtmusikanten" (1986). B.J.s Graphiken befinden sich in Museen der Bundesrepublik, der USA und den Niederlanden.
Lit.: Presse: *metall* (Nr. 25/1986)

**Jäger**, Gerd
* 1927 Förderstedt
Zeichner, Karikaturist
Themen der DDR und aus der Arbeitswelt. – Veröffentlichungen u.a. in: *Zeit im Bild* und *Neues Deutschland*.
Lit.: *Resümee – ein Almanach der Karikatur* (1972)

**Jäger**, Roland
* 1938
Pressezeichner, Karikaturist/Erkner bei Berlin
Kollektiv-Ausst.: „Satiricum '84", „Satiricum '86", „Satiricum '88", Greiz
Lit.: Ausst.-Kat.: *Satiricum '84, Satiricum '86, Satiricum '88*

**Jahn**, Martin
* 1940
Graphiker/Berlin
Kollektiv-Ausst.: „Satiricum '80" (1. Biennale der Karikatur der DDR, Greiz, 1980: „Frühling im Griff"), „Satiricum '78", „Satiricum '82", „Satiricum '84!
Lit.: *Satiricum '80* (1980), S. 11 (sowie die weiteren Kataloge)

**Jaogdič**, Stané
* 1943 Ceje/Jugoslawien
Cartoonist, Fotomonteur, Graphiker
Studium: Kunstgewerbeschule Ljubljana (bis 1964); anschließend Lehrer für Kunstgeschichte (Grundschule Lesicno); Studium an der Akademie der Schönen Künste/Ljubljana bei Prof. Milhelic, Abschlußexamen (1970); Mitglied im „Pictorial Art Painters of Slovenia" (1971). Themen: Karikaturen, Fotomontagen, Fotosatiren. S.J. arbeitet in seiner eigenen Malweise, die er „Spray-gram" nennt.
Veröffentlichungen in Jugoslawien in *Brodolom, Delo, Dnevnik, Duga, Dialog, Feferon, Jez, Nedeljski, Obrazi, Oko, Osten, Pavlihas, Prosvetni delavec, Telexs, Tribuna* u.a.; in Deutschland in *pardon*; in der Schweiz in *Nebelspalter*; in den USA in *New York Times*; in Italien in *Grazia, Domus*; in Frankreich in *L'Oeil*; in der Sowjetunion in *Pikker*; in der CSSR in *Rohac*; in der Türkei in *Mizah*; in Jugoslawien in *Graphic Design*; in Bulgarien in *Karikatura*; in Schweden in *Sköna Skämt*; in Rumänien in *Rebus*; in Ungarn in *Eret es irodalom*
Kollektiv-Ausst.: Celje (1973), Dubrovnik (1977), Ljubljana (1970, 1975, 1976, 1978, 1979, 1981, 1982, 1983, 1984), – Maribor (1981), Montreal (1974), Rogaska Slatina (1966, 1977, 1983), Skopje (1975), Slavonski Brod (1984), Slovenj Gradec (1979), Zagreb (1973) u.a.
Ausz.: 1973 Skopje, Marostica, Ancona; 1977 Tolentino, Istanbul; 1979 Ljubljana; 1981 Bordighera; 1984 Vercelli; 1986 Legnica
Lit.: H.P. Muster: *Who's who in Satire and Humour* (Bd. 1/1989), S. 88-89

**JAK** (Ps.)
* 1927 London
Bürgerl. Name: Raymond Allen Jackson/Wimbledon
Studium an der London Art School. – Seit 1955 Karikaturist des Londoner *Evening Standard*. Er zeichnet politische, aktuelle, satirische und gesellschaftskritische Tages-Karikaturen. JAK-Karikaturen werden in vielen Zeitungen der Weltpresse nachgedruckt, in der Bundesrepublik u.a. in *Der Spiegel, Die Welt, journalist, Welt am Sonntag, Rheinische Post* (Vertrieb durch Bulls-Pressedienst, Frankfurt/M.). JAK-Karikaturen sind sorgfältig ausgeführt, detailreich, pointensicher, mit absolut überzeugender Darstellungs-Satire einer Situation
Publ.: (Deutschland) *JAK CARTOONS* (1981)

**Jakob**, Winni
* Um 1930 Reichenberg/ČSR (Nordböhmen)
Porträtzeichnerin, Karikaturistin/Wien, Signum; „WIN"
Studium der Graphik. Klavierstudium. Englisch-Dolmetscherin mit Dekanatsprüfung/Graz. – Ab. 1959 Teilnahme an Pressekonferenzen, seitdem ist W.J. spezialisiert auf Porträt- u. Personenkarikaturen, besonders Musiker, Dirigenten, Komponisten, Sänger u. Sängerinnen, Komödianten bei Proben der Aufführungen im großen und kleinen Festspielhaus in Salzburg im Mozarteum Salzburg, in der Wiener Staatsoper, bei Konzerten u.a. Veröffentlichungen in *Neue Illustrierte Wochenschau, Wiener*

*Kurier, Wiener Zeitung* und im ORF. Als Graphikerin entwirft sie Theaterprogramme (für das Burgtheater und das Theater in der Josefstadt). Sie illustrierte *Dirigenten* (Text: Witeschnik), *Die Herren Lippizaner* (Barbara Goudenkove-Kalergie) sowie die Biographie *Josef Meinrad* (Hans Weigel). J.W.s Porträt-Karikaturen und Skizzen geben alle den ursprünglichen Eindruck „wie sie es sieht". Alle ihre Karikaturen sind von persönlicher Lebendigkeit und Einmaligkeit.
Ausst.: in Wien: Konzerthaus, Staatsdruckerei, Galerie Nebekay, und auf der Biennale von São Paulo
Publ.: *Karajan con variozioni* (1990)
Lit.: Presse: *Neue Illustrierte Wochenschau* (v. 6.3.1966); *B.Z.* (v. 12.6.1990)

**Jals** (Ps.)
* 1938 Essen
Bürgerl. Name: Alfred J. Smolinski
Karikaturist, seit 1962 ansässig in Küßnacht am Rigi. Ausbildung als technischer Zeichner. Danach Studium an der Werkkunstschule Essen. Seit 1969 freiberuflicher Karikaturist.
Veröffentlichungen in *Quick, Hörzu, Stuttgarter Nachrichten, Schweizerische Allgemeine Volkszeitung, Playboy, journalist* u.a. Es sind Cartoons ohne Worte, klerikale Karikaturen, Fotos/Fotomontagen. Erwähnenswert die Folgen *Jals Schattenkabinett* und *Glück ist ...*
Lit.: Presse: *Schöne Welt* (Juni 1974)

**Jam** (Ps.)
* 1911 Lüttich
Bürgerl. Name: Paul Jamin
Belgischer Karikaturist
Mitarbeiter der *Brüsseler Zeitung.* Jam zeichnet politisch-aktuelle, humoristische Karikaturen. – Veröffentlichung in Deutschland, u.a. in *Münchener Illustrierte Presse* in den fünfziger Jahren.

**Jamin,** Paul → **Jam** (Ps.)

**Jank,** Angelo
* 30.10.1868 München
† 09.10.1940 München
Maler, Zeichner, Illustrator, ab 1907 Professor an der Akademie München
Studium an der Kunstschule Hollòsy, München und an der Akademie München, bei Löfftz bis 1896, dann bei Paul Höcker. Ständiger Mitarbeiter der *Jugend* (ab 1897) und gelegentlicher Illustrator für den *Simplicissimus.* A.J. war vorwiegend Maler weniger Satiriker. Seine Zeichnungen für die *Jugend* waren eher Gemäldeskizzen als satirische Karikaturen mit untergelegten Redaktions-Texten. – Als Maler bevorzugte er farbenfrohe impressionistische Bilder von Pferden, Jagden, Pferderennen, Parforceritten. Während des Krieges 1914-18 viele Reiterbilder. Ölgemälde: „Die Prinzessin und der Schweinehirt". Mit Münzer und W. Füttner Fesken im Münchener Justizpalast (1906). Historienbilder für den Reichstag in Berlin.
Lit.: L. Hollweck: *Karikaturen* (1973), S. 11, 138, 139, 150, 151, 152, 164, 165, 168, 221; Ausst.-Kat.: F.v. Ostini: *A.J. (Velhagen und Klasings Monatshefte* (1912)), *Die Münchener Schule 1850-1914* (1979), S. 240.

**Jankofsky,** Heinz
* 1935 Berlin
Karikaturist/Berlin
Arbeit für die DDR-Presse, und zwar humoristisch-satirische unpolitische Karikaturen, ganze Karikaturen-Seiten, Titelblätter. Erwähnenswert ist die Comic-Folge: *Geschichtsbilder.*
Kollektiv-Ausst.: „Satiricum '80" (1. Biennale der Karikatur der DDR, Greiz, 1980: „Kellner", „Papagei"), „Satiricum '82", „Satiricum '84", „Satiricum '86", „Satiricum '90"
Lit.: *Resümee – ein Almanach der Karikatur* (3/1972), S. 42; Ausst.-Kat.: *Satiricum '80* (1980), S. 11, sowie die weiteren Kataloge

**Janosch** (Ps.)
* 1931 Zaborze/Hindenburg (Oberschlesien)
Bürgerl. Name: Horst Eckart
Kinderbuch-Autor, Zeichner, Maler (Bergarbeitersohn). Lebt auf Teneriffa seit 1980.
J. kam 1947 in die Bundesrepublik, Lehre als Schlosser, Schmied. Versuchte sich in verschiedenen Berufen. – 1953 bestand er die Aufnahmeprüfung für die Kunstakademie nicht, erhielt aber ein Probesemester, daß er über Jahre hinzog. Danach machte er sich selbständig, zeichnete und schrieb seine ersten Kinderbücher. Er ist einer der bekanntesten Kinderbuch-Autoren in der Bundesrepublik mit über 100 Kinderbüchern übersetzt in 27 Sprachen. – Prämierte Kinderbücher, u.a.: *Janosch's kleines Hasenbuch* (Buch des Monats April 1977, Akademie Volkach); *Premio grafico* (April 1977 Bologna, Auswahlliste zum Deutschen Jugendpreis); *Hanno macht sich einen Drachen* (Auswahlliste zur „Silbernen Feder", Deutscher Ärztinnenbund); *Der kleine Krebs* (Buch des Monats 1978, Akademie Volkach); *Wir spielen Schach* (Auswahlliste Deutscher Jugendbuchpreis 1978); *Oh, wie schön ist Panama* (Deutscher Jugendbuchpreis 1979); *Die Maus hat rote Strümpfe* (Goldene Plakette, Biennale Poratislava/CSSR); fürs Fernsehen zeichnete J. die Trickfilme „Oh, wie schön ist Panama" (1980) Prix Jeunesse; „Janosch's Traumstunde" („Großer Bär und kleiner Tiger); „Das Liebesleben der Thiere"; „Post für den Tiger"; „Komm wir finden einen Schatz".

Ausst.: Wilh.-Busch-Museum, Hannover (1980)
Lit.: Ausst.-Kat.: *Janosch – Gemälde & Graphik* (1980); *Künstler zu Märchen der Brüder-Grimm* (1985), S. 14/95

**Jansong**, Joachim
* 1941

Karikaturist, Collagist/Leipzig
Kollektiv-Ausst.: „Satiricum '80" (1. Biennale der Karikatur der DDR, Greiz, 1980: „pf'80" (Collage)
Lit.: Ausst.-Kat.: *Satiricum '80* (1980), S. 11

**Janssen**, Horst
* 14.11.1929 Hamburg

Graphiker und Malergenie, Schreiber – mit internationaler Resonanz
Studium an der Staatlichen Kunstschule Hamburg bei Alfred Mahlau (5 Jahre) und Lithographie bei Guido Dessquer, Aschaffenburg (1954/55). Berühmt wurde H.J. (1965) durch seine Ausstellung in der Kestner-Gesellschaft in Hanover. Die Themen seiner Zeichnungen sind: Gnome, Krüppel, Monster, Traum- und Gruselwelt, Huren, Säufer, Frankenstein-Figuren, fixierte Hirngespinste, lüsterne Nymphen, erotische Szenen, Phantastisches, klassische Frauenporträts im Stil alter Meister, Psychogramme. Er gab ihnen Titel wie: Totentanz, Idiot, High Society, Im Suff. Seine Selbstporträts (über 500 – von grüblerisch bis grotesk) nach alten Meistern, als Imaginationen mit fremden Köpfen, zeigen Auseinandersetzungen mit dem eigenen Ich in Gesichtslandschaften. – J.s Werk ist vielschichtig. Neben seinen Graphiken hat er auch Satire gezeichnet und geschrieben, wie die Neudeutungen der Märchen: *Paul Wolff und die sieben Zicklein, Hensel und Grätel, Vom Wolf und dem Igel* oder *Anmerkungen zum Grundgesetz*. Es erschienen über 100 Bildbände, meist mit Original-Graphiken, Kataloge und biographische Bücher.
Ausst.: (u.a.) Galerie Brockstedt, Hamburg (15 Jahre ab 1956), Propyläen Verlag, Berlin, Griffelkunst-Vereinigung, Hamburg, Merlin Verlag Gifkendorf, Christian Verlag, Hamburg, Cottasche Buchhandlung, Suttgart, CC Verlag, Hamburg. – Weitere Ausstellungen: Chicago, Toronto, Leningrad, Kioto, Wien, Oslo, Tokio, Basel, Osaka
Ausz.: (u.a.) Edwin-Scharff-Preis (1966); Darmstädter Kunstpreis (1964); Schiller-Preis (1974); Biennale-Preis (1968); Kunstpreis Freie Hansestadt Hamburg (1966); Lichtwerk-Preis (1962); Senator-Biermann-Ratjen-Medaille (1978)
Lit.: (u.a.) *Who's who in Germany* (1982-1983), S. 802; Ausst.-Kat.: *H.J.* Münch. Museum, Oslo (1982); S. Blessin: *H.J.* (1984); N. Baumgartl: *H.J.*; Fernsehen: Berlin III (24.10.1982: Das Porträt: H.J.)

**Januszewski**, Zygmunt
* 1956 Polen

Polnischer Graphiker, Karikaturist/Warschau
Studium an der Kunstakademie Warschau (1976-1981, Diplomarbeit: „Hundert Jahre Einsamkeit"). – Veröffentlichungen in der polnischen Presse, in der Bundesrepublik u.a. in *Die Zeit* und *Neue Westfälische*. Z.J. zeichnet sarkastische Karigraphie, zeitkritische Zeitzeichen.
Einzel-Ausst.: Mönchehaus-Museum für moderne Kunst, Goslar (1986/87), Wilhelm-Busch-Museum, Hannover (Juni/Juli 1989: „Ein Narr zeigt Flagge"), sowie in Hamburg (1985), Legnica (1983), Oerlinghausen (1983), Posen (1984, 1985, Warschau (1982, 1983)
Ausz.: Kaiserring der Stadt Goslar, Kaiserring-Stipendium des Vereins zur Förderung moderner Kunst der Stadt Goslar
Publ.: *Panoptikum* (1985)
Lit.: H.P. Muster: *Who's who in Satire und Humour* (2) 1990, S. 98-99; Presse: u.a. *Braunschweiger Zeitung* (23. Okt. 1987, 15. April 1987, 26. Aug. 1987, 2. Juni 1989)

**Jazdzewski**, Ernst
* 14. 08.1907 Berlin

Pressezeichner, Karikatur, Signum: „Eja"
Nach einer Lehre als Elfenbeinschnitzer Arbeiter- und Abendstudium an der Kunstgewerbeschule Berlin (1922-28). – Funktionär des Kommunistischen Jugendverbandes. Mitarbeit in der kommunistischen Presse seit 1925 *Die Trommel, Die junge Garde, Jugendinternationale* u.a. 1933-35 Gefängnishaft. Danach arbeitete E.J. als Gebrauchsgraphiker. Seit 1946 war er Pressezeichner für die SED-Presse, u.a. für *Neues Deutschland, Frischer Wind* und *Eulenspiegel*. Seine Karikaturen sind zeit- und gesellschaftskritisch, satirisch-politisch. Seit 1947 ist E.J. Dozent an der Hochschule für freie und angewandte Kunst, Berlin-Weißensee.
Kollektiv-Ausst.: „Satiricum '82", „Satiricum '84", „Satiricum '86", „Satiricum '90"
Lit.: G. Piltz: *Geschichte der europäischen Karikatur* (1976), S. 264, 272, 300 ..., 309; *Der freche Zeichenstift* (1968), S. 101-104; Ausst.-Kat.: *Satiricum '82*, sowie die weiteren Kataloge; Presse: *Eulenspiegel* (Nr. 33/1982)

**Jeddeloh**, Jens
* 1959 Oldenburg

Freiberuflicher Zeichner, Cartoonist, Pressefotograf
Nach einer Fotografen-Ausbildung (Gesellenbrief) Studium an der Hochschule für bildende Künste (visuelle Kommunikation). – Veröffentlichungen in *Titanic, Zitty* u.a.
Lit.: *70mal die volle Wahrheit* (1987)

**Jedermann**, Gerd
* 1912 Istanbul/Türkei

Maler, Graphiker, Pressezeichner
Seit 1919 in Berlin. – Studium an der Kunstgewerbeschule in Berlin (1932), 1933 erzwungener Abbruch des Studiums durch NS-Regierung, bis 1939 freischaffender Graphiker, nach Kriegsdienst und Gefangenschaft nach 1946 wieder freischaffender Graphiker. – Mitarbeit: In den fünfziger und sechziger Jahren ständige Wochenkolumne „Das gibt es nur ..." in *Welt am Sonntag*. 1961 Berufung als Dozent für visuelle Gestaltung an die Akademie für Graphik, Druck-Werbung. Ab 1971-78 Professor an der Hochschule der Künste. Danach Werkstattunterricht und freischaffend.
Kollektiv-Ausst.: Evangelisches Forum, Schloß Charlottenburg (1965); Galerie Terzo, Berlin-Charlottenburg (1982)
Lit.: Ausst.-Kat.: (1965, 1982)

**Jefimow**, Boris
* 1900 Rußland

Sowjetischer politischer Karikaturist
1919 Student an der Universität Kiew, erste Karikaturen über weißrussische Generäle für die ukrainische Zeitung *Krasnaja Armija*. Ab 1922 Mitarbeit an *Iswestija, Literaturnaja Iswestija, Krokodil, Krasnaja Swesda* u.a. Er zeichnet politische, sowjetische Karikaturen, Plakate, Illustrationen. – Nach 1945 erschienen Nachdrucke seiner Karikaturen in der sowjetischen Besatzungszone Deutschlands im Verlag *Tägliche Rundschau, Der Sonntag* und der DDR-Presse.
Ausst.: Im Haus der Sowjetkultur Berlin-Ost (1946/47)
Ausz.: „Künstler des Volkes der UdSSR"
Lit.: *Der freche Zeichenstift* (hrsg. von H. Sandberg), S. 197-99; *Heiterkeit braucht keine Worte*; G. Piltz: *Geschichte der europäischen Karikatur* (1976), S. 246, 283, 289; Presse: *Der Sonntag* (1946)

**Jenny**, Heinrich
* 1824
† 1891

Schweizer Zeichner, Karikaturist
Zeichner in den frühen Jahren der Schweizer humoristisch-satirischen Zeitschrift *Nebelspalter* (gegr. 1875)
Lit.: G. Piltz: *Geschichte der europäischen Karikatur*, S. 230

**Jensen**, Ole (Ps.)
* 09.10.1924 Berlin
† 20.07.1977 Berlin/West

Bürgerl. Name: Hans Döpke
Maler, Porträt-Karikaturist
Studium an der Hochschule für Bildende Künste, Berlin (1941/42). Ab 1943 Wehrmacht, ab 1945 freier Pressezeichner, ab 1947 Mitarbeit bei *Puck, Telegraf, B.Z., Berliner Morgenpost, Constanze* u.a. O.J. zeichnet Porträt-Karikaturen von Prominenten aus Politik, Film, Fernsehen sowie Bühnenbilder für Theater und Kabarett. 1949/50 Pressezeichner für das *Hamburger Abendblatt*, 1954-61 Reisen nach Südamerika, ab 1962 in Berlin ständiger Zeichner für die Abendschau des SFB „Kopf der Woche". Seine Porträt-Karikaturen sind psychologische und physiognomische Stenographien persönlichster Art.
Ausst.: 1948 Archivarion Rolf Roeingh, 1965 Haus des Rundfunks (Köpfe der Woche), 1968 Europa-Center, 1972/73 Haus des Rundfunks „O.J. 72", 1987 Galerie Brigitte Wölffer, Gedächtnisausstellung
Publ.: *Psychografisch gesehen* (1954); *Köpfe der Woche* (1965)
Lit.: Presse: Nachrufe am 22.7.1977 in *Der Tagesspiegel*; *B.Z.*; *Bild-Berlin*; *Der Abend*; *der journalist* (9/1977)

**Jentzsch**, Hans Gabriel
* 1862 Dresden

Porzellanmaler, Karikatur, in München, Signum: „H.G.J."
Mitarbeit von *Der wahre Jacob*. H.G.J. zeichnete vor allem sozial-kritische politische Karikaturen und war einer der Hauptzeichner vom *Wahren Jacob* um 1890. Seine Karikaturen zeichneten sich durch sichere Pointen aus. – Er war Illustrator des Buches von Wilhelm Bos über die 1848er Revolution.
Lit.: *Sozialistische deutsche Karikatur 1848-1978*; *Der wahre Jacob*, S. 32, 58, 61, 86, 101, 102; G. Piltz: *Geschichte der europäischen Karikatur*, S. 226f

**Jesch**, Birger
* 1953

Karikaturist, Graphiker/Dresden
Kollektiv-Ausst.: „Satiricum '80" (1. Biennale der Karikatur in der DDR, Greiz, 1980: „Spielerei mit R", „Spritztechnik")
Lit.: Ausst.-Kat.: *Satiricum '80*, S. 24

**Jirásek**, Jiri
* 1932 Perdubitz (ČSR)

Tschechoslowakischer Graphiker, Karikaturist/Prag
Er zeichnete humoristisch-satirische Karikaturen, Zeichentrickfilme. Veröffentlichungen in Deutschland u.a. in *Die Zeit*
Kollektiv-Ausst.: u.a. Kunsthaus Zürich (1972), H 9, H 29, H 56: „Firmamente"
Lit.: Ausst.-Kat.: *Karikaturen-Karikaturen?* (1972), S. 66

**Johnson**, Arthur
* 07.08.1874 Cincinnati/USA
† 1954 Berlin/West (verunglückt)
Deutsch-Amerikaner (Vater amerikanischer Konsul in Hamburg 1889)
Maler, Zeichner (seit seinem 15. Lebensjahr in Deutschland)
Studium an der Akademie Berlin. – Von 1896 bis 1944 Mitarbeiter beim *Kladderadatsch*. A.J. zeichnete aktuelle, politisch-satirische Karikaturen. Im Laufe der Jahre entwickelte er einen typisch skurrilen Zackenstil, der Gesichter zu grotesken Fratzen verzerrte. Um die Jahrhundertwende wurde er wegen seiner *Dichtungen in Farben* und seiner *Hymnen an die Natur* populär. – Als Maler bevorzugt A.J. Landschaften und Figürliches.
Ausst.: Berliner Sezession (1902); Kunstschau der Weltausstellung St. Louis/USA (1903)
Ausz.: 1903 Rompreisträger. – Prämiert auf der Weltausstellung in Chicago
Lit.: H. Dollinger: *Lachen streng verboten*, S. 177, 180, 212, 292, 308; G. Piltz: *Geschichte der europäischen Karikatur*, S. 219; *Kladderadatsch – die Geschichte eines Berliner Witzblattes*, S. 330; *Facsimile Querschnitt Kladderadatsch*, S. 172, 177, 180, 186

**Joksch**, Gerhard
* 1940
Graphiker, Karikaturist/Starnberg
Veröffentlichungen in *Bayernreport* (Bayr. Fernsehen) und *Münchener Stadtanzeiger*. Er zeichnet aktuelle, politische Karikaturen.
Lit.: *Komische Nachbarn – Drôles de voisins*, S. 129 (1988)

**Jordan**, Hans-Joachim
* 1937 Magdeburg
Pressezeichner, Karikaturist
Veröffentlichungen in der *Leipziger Volkszeitung*, im *Eulenspiegel* u.a.
Ausst.: Heimatmuseum Brandenburg (Sept. 1988), Kollektiv-Ausst.: „Satiricum '78", „Satiricum '88"
Lit.: *Resümee – ein Almanach der Karikatur* (Nr. 3/1972), S. 46; *Satiricum '78*, *Satiricum '88*

**Jordan**, Rudolf
* 04.05.1810 Berlin
† 25.03.1887 Düsseldorf
Genremaler, Zeichner, Professor an der Akademie in Düsseldorf
Seine erste Ausbildung erhielt R.J. bei W. Wach in Berlin, dann an der Akademie Düsseldorf bei W. Schadow und Sohn (1833-49). Er schuf Gemälde von der Nordseeküste, den Schiffer u.ä., teils humoristisch, teils dramatisch, war Mitarbeiter der *Düsseldorfer Monatshefte* (zeitkritische Karikaturen).
Lit.: G. Hermann: *Die deutsche Karikatur im 19. Jahrhundert*, S. 51; G. Piltz: *Geschichte der europäischen Karikatur*, S. 162; Ausst.-Kat.: *Von Hamburg nach Helgoland*, Altonaer Museum (1967); *Volkslebensbilder aus Norddeutschland*, Altonaer Museum (1973); *Düsseldorfer Malschule*, S. 362

**Jörgensen**, Arne → **Arne** (Ps.)

**Josef**, Karl
* 1877 Wien
Österreichischer Pressezeichner, Karikaturist
Mitarbeiter der Muskete und der Wiener und österreichischen Presse, und zwar mit humoristischen Zeichnungen aus dem Alltag.
Lit.: H.-O. Neubauer: *Im Rückspiegel – die Automobilgeschichte der Karikaturisten 1886-1986*, S. 36-240

**Josse**, Philippe → **Barberousse** (Ps.)

**Jossot**, Gustave Henry
* 1866
Französischer Jugendstilkünstler, Karikaturist
Mitarbeiter bei *Chat noir*, *Rire* und *Assiette au beurre*. G.H.J. zeichnete humoristisch-satirisches Familienleben, Boheme-Leben. Politisch war er radikal, anarchistisch, auch gegen Kirche und Armee in seinen Themen. Sein Zeichenstil ist beeinflußt vom dekorativen, plakativen Holzschnitt. – In Deutschland veröffentlichte die *Jugend* und die *Insel* Zeichnungen von G.H.J. – Er emigrierte später nach Tunesien, wurde Moslem und ergab sich dem Kufischen Mystizismus. Er schrieb über dekorative Kunst und veröffentlichte seine Memoiren *Le foetus récalcitrant* (Der widerspenstige Fötus).
Lit.: L. Hollweck: *Karikaturen*, S. 131, 138; G. Piltz: *Geschichte der europäischen Karikatur* 176, 184; H. Hofstätter: *Geschichte der europäischen Jugendstilmalerei*, S. 105, 136, Fig. 9; *La Belle Epoque und ihre Kritik* S. 55, 60, 86, 87, 91, 115;

**Józsa**, Károly
* 16.12.1872 Szeged
† 1929 Budapest
Ungarischer Maler, Zeichner
Studium an der Akademie München, bei Azbé, der Akademie Wien, bei Griepenkerl, der Académie Humberg und der Académie Julian, Paris. – Mitarbeit bei der *Auster* und auch Redakteur bis Nr. 10 (Sein Nachfolger wurde Franz Marquis de Bayros). K.J. zeichnete kesse, elegante Frauen mit erotischem Charme in verschie-

nen eleganten Szenen. 1903 ging er nach Budapest zurück.
Lit.: L. Hollweck: *Karikaturen*, S. 214, 216

**Juck**, Ernst
* 1838
† 1909 Wien

Politisch-satirischer Karikaturist
Hauptzeichner beim *Figaro* in Wien. Sein Thema war die Zeitsatire. J. nahm wie Karl Leopold Müller (1834) Partei für die Pariser Kommune, ebenfalls aus antipreußischen Ressentiments heraus.
Lit.: E. Fuchs: *Die Karikatur der europäischen Völker* II S. 308, Abb. 30; G. Piltz: *Geschichte der europäischen Völker*, S. 232

**Jura**, Gerald
* 1955 Berlin

Zeichner/Berlin
Kollektiv-Ausst.: „Satiricum '80" (1. Biennale der Karikatur in der DDR, Greiz, 1980: „Luftballond", „Haltestelle")
Lit.: Ausst.-Kat.: *Satiricum '80*, S. 24

**Jurk**, Erich Otto H.
* 1920 Raune/Niederlausitz

Pressezeichner
Er zeichnet zeitkritische humoristisch-satirische Sujets.
Kollektiv-Ausst.: „Satiricum '78", „Satiricum '80" (1. Biennale der Karikatur in der DDR, Greiz, 1980)
Lit.: *Resümee – ein Almanach der Karikatur* (3/1972); Ausst.-Kat.: *Satiricum '80*; *Satiricum '78*

**Jüsp** (Ps.)
* 01.02.1925 Catania in Sizilien

Bürgerl. Name: Jürg Spahr
Schweizer Karikaturist/Basel
1939 Übersiedlung mit den Eltern in die Schweiz. Jurastudium in Genf, Zürich und Basel (1945-48). Ab 1943 Pressezeichner/Karikaturist beim *Nebelspalter*, ab 1958 für die Wochenzeitung *Brückenbauer*, seit 1960 für die *National Zeitung, Basler Zeitung* und *Die Woche*. J. zeichnet Sport-Cartoons, Karikaturen zur Innenpolitik, Carttons ohne Worte. In der Bundesrepublik arbeitet er u.a. bei *Pardon* mit. 1970-83 betreibt er ein eigenes Atelier für Werbegraphik (mit Partner). Zeitweise ist er Kabarettist im Schweizer Kabarett: „Kikeriki" und im „Kom(mödchen)", Düsseldorf (1951). Seit 1978 Konservator und Berater der Sammlung „Karikaturen und Cartoons" (Mäzen Dieter Burckhard) in Basel.
Einzel- und Kollektiv-Ausst.: Internationale Karikaturen-Ausstellung Zürich (1959), Caricature Festival Tokio (1965), Kunsthaus Zürich (1972), Wilh.-Busch-Museum Hannover (1973), J. Cartoons, Basel (1975/75), Schweizer Sportmuseum, Basel (1985), Olympisches Museum Lausanne (1986)
Ausz.: Cartoon für Peace Award, New York (1960), Goldene Dattel, Bordighera (1962, 1964), Goldene Palme, Bordighera (1968), Montreal, 2. Preis (1971), Goldmedaille Schweizer Sport-Journalisten (19729, Skopje (1974), Istanbul Cumhuriyet (1974), Berlin/West „Silberner Heinrich" (1975), Prix du Jury carsaf (1976), Distinguished International Cartoonists Awards of the AA-EC (1988), Mitglied der „National Cartoonists Society", New York (Association Internationale des Humistes, Paris
Lit.: (Auswahl) Ausst.-Kat.: *Darüber lachen die Schweizer* (1973), Wilh.-Busch-Museum, Hannover, *Karikaturen-Karikaturen?*; Kunsthaus Zürich (1972), S. 66; *Beamticon* (1984), S. 141; *Cartoon, 1. Internat. Biennale Davos* (1986)

**Jüttner**, Franz
* 23.04.1865 Lindenstadt/b. Birnbaum, Prov. Posen
† 01.05.1926 Wolfenbüttel

Zeichner, Karikaturist
Lehre beim Kreisbaumeister in Birnbaum, als Zeichner Autodidakt. Ab 1875 lebt F.J. (mit älterem Bruder) in Berlin. Die erste Zeichnung erscheint im *Dorfbarier*. – Er wird Mitarbeiter beim *Kladderadatsch* und nach Gründung der *Lustigen Blätter* (1896) deren meistgedruckter Zeichner. F.J. zeichnete auch für die *Berliner Wespen*, und zwar humoristische, satirische, aktuelle Karikaturen, auch Genrehumor und ganzseitige Farbbilder. 1918 übersiedelte er wegen „verordneten Luftwechsels" nach Wolfenbüttel.
Lit.: E. Fuchs: *Die Karikatur der europäischen Völker* II, S. 338, Abb. 356, 495; G. Piltz: *Geschichte der europäischen Karikatur*, S. 219, 222

# K

**Kahl**, Ernst
* 1949 Rio de Janeira

Zeichner, Chefredakteur, Art-Direktor der *Konkret*-Beilage „Für das aufgeweckte Kind"
Lit.: *70 mal die volle Wahrheit* (1987)

**Kainer**, Ludwig
* 28.06.1885 München

Maler, Illustrator, Bühnenbildner, tätig in Berlin
L.K: entschließt sich erst 1909 für eine künstlerische Ausbildung. Er wird Mitarbeiter beim *Simplicissimus*, in der Nachfolge von Rezcnicek. Er zeichnet gesellschaftskritische, satirisch-humoristische Sujets aus der mondänen Welt, weibliche Eleganz, in graziösem Zeichenstil, besonders in den Tanzbewegungen. L.K. entwarf Bühnenbilder zu Balletopern für die Berliner und Wiener Staatsoper, aber auch Plakate.
Lit.: *Simplicissimus 1896-1914*, S. 264, 307, 336, 339; *Der Große Brockhaus* (1931), Bd. 9, S. 558; L. Hollweck: *Karikaturen*, S. 197; G. Piltz: *Geschichte der europäischen Karikatur*, S. 217, 225

**Kaiser**, Alexander M. → Cay, A.M. (Ps.)

**Kallweit**, Ismar
* 1905 Berlin
† 1979 Berlin

Graphiker, Maler, Karikaturist
Mitarbeiter der *Lustigen Blätter* (farbige Seiten, Einzelblätter), von *Die Woche* sowie der Berliner Presse in den dreißiger Jahren. Seit den fünfziger Jahren Dozent für Zeichnen an der Volkshochschule Berlin Charlottenburg. I.K. zeichnete humoristisch-satirische Karikaturen zu allgemeinen Themen aus der bürgerlichen Welt sowie figürliche Werbegraphik.

**Kambis** (Ps.)
* 29.05.1942 Shiraz/Iran

Bürgerl. Name: Kamis Derambakhsh
Iranischer Zeichner, seit 1979 in der Bundesrepublik
Veröffentlichungen im Iran in *Etelaat, Kayhan, Ayedegan*, zur Zeit der Schah-Regierung oft Zensurverbot. – Seit 1957: Profi-Cartoonist/Satiriker für internationale Zeitungen u.a. *Le Monde, La República, The New York Times, Weltwoche* Zürich. Ab den sechziger Jahren in der Bundesrepublik Zeichungen für *Süddeutsche Zeitung, pardon, Playboy, Westdeutsche Allgemeine Zeitung, Die Zeit, Die Welt, Frankfurter Allgemeine Zeitung*, Cartoon-Service (CCC) u.a., seit 1980 für *Nebelspalter*, ab 1987 für Cartoonist et Writers Syndicate New York. Er zeichnet Cartoons ohne Worte, kritisch bis zeitkritisch.
Ausst. und Ausz.: Zehn Einzel-Ausstellungen: 1968 Montreal/Kanada, 1974 Gabrovo/Bulgarien (3. Preis: Bronze-Medaille), 1986 Bordighera/Italien (2. Preis. Silberne Palme), 1986 Istanbul/Türkei (Honorable Mention), 1987 Brasilien (Honorable Mention), 1987 Beringen/Belgien (1. Preis: Heiliger Engel), 1987 Beringen/Belgien (Auszeichnung für das beste Cartoon-Buch), 1988 Davos/Schweiz, 2. Cartoon-Biennale
Publ.: *Ohne Worte* Teheran (1970); *Kambis Buch* Mailand (1985)
Lit.: H.P. Muster: *Who's who in Satire and Humour* (7) 1990, S. 44-45; Ausst.-Kat.: *2. Internationale Cartoon-Biennale*, Davos (1988); *Geh doch* (1987), S. 78

**Kamensky**, Marian
* 1957 Levoča/Tschechoslowakei

Graphiker, Pressezeichner, Karikaturist/Stuttgart
Studium: Kunsthochschule Hamburg (1982/1983)
Gelernter Glasbläser, verschiedene Berufe. 1981 Übersiedlung in die BRD. Seit 1983 freiberuflich tätig. Seine Karikaturen sind satirisch-humoristisch, hintersinnig mit graphischer Akribie.
Veröffentlichungen in *Hamburger Morgenpost, Deutsches*

*Allgemeines Sonntagsblatt, Penthouse, Psychologie heute, Die Zeit, Westermanns Monatshefte*; in der Schweiz in *Nebelspalter*. Illustrationen zu G. Laub: *Gespräche mit dem Vogel, Urmenschenkinder*; R. Neberg: *Leti Fetz*; D. Schue: *Wie ich garantiert mein Taschengeld verdopple*
Ausst.: Hamburg (1983), Ratzeburg (1983), Aachen (1984), Cuxhaven (1985)
Publ.: *Phantastische Groteske* (1983)
Lit.: H.P. Muster: *Who's who in Satire and Humour*, Bd. 3 (1991), S. 114-115

**Karlson**, Ewert
* 1918 Mittelschweden/Rävrinken

Schwedischer Karikaturist, Signum: „EWK"
Besuch einer Landwirtschaftsschule, danach Arbeit auf einem Rittergut. – Kinderbuch-Illustrator/lebt in einem Vorort von Stockholm. Ab 1951 Zeichner für den „Bondeförbunets-Pressedienst" mit humoristischen, politischen Karikaturen, seit 1960 Porträtkarikaturen. 1965: Westdeutscher Kinderbuch-Preis für Runer Jonsons „Vicke Viking".
Veröffentlichungen in *Aftonbladet, Folket i Bild, M.F., Östergötlands Dagblad, SIA, Stockholmstidningen* u.a. Weltvertrieb durch Cartoonists & Writers Syndicate u.a. an *New York Times, The Herald Tribune, Punch* in England, in Deutschland an *Der Spiegel, Süddeutsche Zeitung* u.a.
Einzel-Ausstellungen: Stockholm, Reykjavik, Hannover, Vansbro, Vuxenskolan, Montreal, Den Haag, Canterburry, Huddinge
Kollektiv-Ausst.: u.a. Montreal, Bordighera, Gabrovo
Ausz.: 1. Preis/Montreal (1964, 1967), Großer Preis/Montreal (1969), Cartoonist des Jahres (1979), Finnland/Jubiläumsplakette, Sokratespreis 1983, Washington/Distinguished Foreign Cartoonist AAEC (1987)
Publ.: *EWKs poetalbum* (1956); *En sammling EWK* (19662); *EWKs Menagerie* (1978); *EWKsalfabet* (1979); *Cartoonist of the Year* (1979), *EWK-Bildmakare* (1980); Deutschland: *Bilder* (1970) Sammlung politischer Karikaturen; *Bildrapport* (1976)

**Kaste**, Peter
* 1941 Erfurt

Freischaffender Karikaturist seit 1982
Veröffentlichungen in der Bundesrepublik in *Hörzu, Playboy, Westfälischer Anzeiger, General Anzeiger, Für Sie, Karriere, Mini, Bunte, Rheinische Post, Nonstop-Rätsel, Titanic* u.a.
Publ.: (3 Cartoon-bücher, u.a.), *Unverhofft kommt oft*
Lit.: *Große Liebespaare der Geschichte* (1987), S. 79

**Kastor** (Ps.)
Bürgerl. Name: Hans Jürgen Fischer
* 1943 Koblenz-Ehrenbreitstein

Gebrauchsgraphiker, Illustrator
Veröffentlichungen u.a. in *Schöne Welt*. Es sind Cartoons ohne Worte (absurd-komisch) im klaren, linearen Stil
Lit.: Presse: *Schöne Welt* (Okt. 1978)

**Kaszmarek**, Peter
* 1940

Graphiker, Karikaturist, Signum: „Pika"/Leverkusen
Ausbildung als Graphik-Designer, Düsseldorf (1979). – Veröffentlichungen in *journalist, Simplicissimus 1980* (66-72 *Der Tagesspiegel*) u.a. Es sind aktuelle, zeitkritische Karikaturen (auf Medien bezogen) sowie Werbung.
Publ.: *Entgleisungen – Geschichten um Eisenbahnschienen* (Siebdruckmappe)
Lit.: Presse: *Schöne Welt* (Juni 1979); Klaus Bresser: *Die Karikaturen des Jahres 1990/91* (1991)

**Katz**, Alexander Shemuel
* 1926 Wien

Israelischer Maler, Cartoonist, Illustrator
1938 Flucht aus Wien nach Ungarn, Überleben im Untergrund, Emigration nach Palästina. Dazwischen Studium: Architektur (Budapest) 1945 und künstlerische Ausbildung in Paris (1953-54, 1980).
Veröffentlichungen im *Nebelspalter*, ab 1950 politische Karikaturen für die israelischen Zeitschriften *Ac Hamishmar* und *Maariv* und Illustrationen zur *Mishmar Leyeladim* (1950-53). Im 6-Tage-Krieg war A.S.K. zeichnender Kriegsberichterstatter. Die Berichte sind als Buch in hebräischer Sprache erschienen. *Vom Berg Chrisim bis zum Berg Hermon*. – A.S.K. illustrierte mehr als 40 Kinderbücher. Er ist mit Aquarellen beteiligt an Bildbänden über Jerusalem und Abessinien: *Paintings and Drawings* (1967). S.K. lebt in Nahariya/Nordgalia, im Kibbuz „Ga'aton", den er mitgegründet hat und für den er fröhliche Wandgemälde aus gebrannten Tonplatten geschaffen hat, ebenso Arbeiten in Ton, Holz-Batik und Betonplatten. K. gilt als Israels bester Aquarellist. Dies kommt u.a. im 1. Preis für Zeichnen und Aquarellieren auf der Biennale junger Künstler in Paris 1961 zum Ausdruck. Weitere Auszeichnungen: Bordighera (1960), 2. Preis „Oscar for Humor" (1966), Medaille „Show of Humor" Italien (1969), Montreal „Art of Humor" (1970), „Nordau Preis" Tel-Aviv (1974)
Einzel-Ausstellungen: Kunstamt Neukölln (Berlin-West 1977, Internationale Buch-Illustrationen-Ausstellung Leipzig (1961). Zwischen 1956-73 insgesamt über 20 Ausstellungen in Europa und Israel.
Lit.: H.P. Muster: *Who's Who in Satire and Humour* (1989), S. 96-97

**Kaubisch**, Hermann
* 1917

Graphiker, Karikaturist, Trickfilmzeichner in München
Veröffentlichungen u.a. in *Beamticon*. H.K. zeichnet Karikaturen, Illustrationen, Filmanimation. Ausstellungen in Deutschland und Spanien.
Lit.: *Beamticon* (1984), S. 139, 99, 98

**Kauka**, Rolf
* 1917 Markränstädt, bei Leipzig
Comic-Zeichner, Autor, Verleger
(Urgroßeltern: finnische „Kalevala"-Sänger, die winters von Hof zu Hof zogen)
Studium 4 Semester Betriebswirtschaft (Verfasser von Kurzlehrbüchern). R.K. begann 1951 mit Bildergeschichten für Kinder. „Till Eulenspiegel" war die erste Comicfigur (roter Pullover und rote Bommelmütze – nur zwei Jahre). – Aus der Fabel von La Fontaine: *Der Fuchs und der Wolf* entwickelte er die beiden roten Füchse „Fix und Foxi". Sie wurden zum Erfolg für ein eigenes wöchentliches Heft. 1958 erschienen erstmals 100.000 Exemplare pro Woche, 1964 schon eine Auflage von 300.000, zuletzt waren es 6 Millionen in 8 verschiedenen Sprachen. – Es folgten die Comic-Figuren: „Bussi-Bär" (Bussi ist ein bayerischer Kuß) als Monatsschrift (erste wissenschaftlich empfohlene Spiel- und Vorschule – nach neuen psychologischen und pädagogischen Erkenntnissen). Weitere Comic-Figuren: „Lupo Primo", „Oma Eusebia", „Pichelsteiner", „Paul der Maulwurf", „Tom und Klein-Biberherz", „Daggi und Fridolin". – Alle Kauka-Figuren entwarf sein Hauptzeichner Walter Neugebauer. Als Deutschlands größter Comic-Verleger arbeitete er in einem Schloß in Grünwald bei München (seit 1955 als Mieter, ab 1965 als Besitzer), Landsitz in der Nähe von Freising (30 Hektar „Kaukasien"). 1975 verkaufte er alles, übersiedelte nach Thomasville im US-Bundesstaat Georgia auf ein 2000 Hektar großes Waldgrundstück (zus. mit 8 Arbeitern). – Produzent des Spielfilms „Sommerwind", Coproduzent beim Spielfilm „Herzflimmern".
Publ.: *Roter Samstag* (1980, Politreißer über Horrorvisionen eines auf Europa begrenzten Atomkrieges); *Maria d'oro* (der Zeichenfilm als Buch)
Lit.: Presse: *Schweizer Allgemeine Volkszeitung* (34/1964); *Stern* (44/1972); *Panel* (1972); *Bunte* (12/1980, 17/1987)

**Kaulbach**, Friedrich August von
* 02.06.1850 München
† 26.01.1920 Ohlstadt bei Murnau
Maler, Zeichner, Direktor der Akademie München 1886-91 (geadelt 1886)
Neffe von Wilhelm von Kaulbach(1805-1874)
Studium an der Nürnberger Kunstschule und an der Akademie München, bei Piloty und Wilhelm v. Dietz (1871-72). – Porträtist prominenter Persönlichkeiten sowie Maler farbenreicher historischer Genrebilder. – Als Karikaturist humoristisch-satirischer Zeichnungen ist F.A.K. im engen Kreis der Münchner Künstlergesellschaft geblieben. In der Kneipzeitung *Von Stufe zu Stufe* hat er seinen Weg zum Akademie-Direktor karikiert. Für die Künstlerzeitung *Allotria* hat er u.a. die *Lenbachiade* gezeichnet als Parodie und Huldigung auf Lenbach, den Präsidenten der Künstlervereinigung „Allotria". F.A.K. zeichnete auch Gelegenheitsgraphiken. Populär wurde seine „Schützenliesel" zum VIII. Deutschen Bundesschießen (1881). Für die ersten zehn Jahrgänge der *Jugend* zeichnete er Titelblätter und Illustrationen. Karikaturen waren für F.A.K. nur ein schöpferisches Hobby.
Lit.: Graul: *F.A.v.K.* (1890); Ad. Rosenberg: *F.A.v.K.* (1901); Wolter: *F.A.v.K.* (1920); I. Kaulbach: *Erinnerungen an mein Vaterhaus* (1930)

**Kaulbach**, Wilhelm von
* 15.10.1805 Arolsen/Hessen
† 07.04.1874 München
(Vater: Stempelschneider und Goldschmied)
Maler, Zeichner
Studium an der Akademie Düsseldorf (1821-25) bei Cornelius. – Ab 1826 in München, ab 1849 Direktor der Akademie. Ab 1837 Hofmaler König Ludwigs I. von Bayern, geadelt. Als Maler bevorzugte W.v.K. historische Gemälde im Monumentalstil und realistische Porträts. Als Zeichner illustrierte er Werke von Shakespeare, Goethe, Schiller, Herder, Heine, Klopstock und die Musikdramen von Richard Wagner. – W.v.K.s eigentliche Begabung war die satirische Graphik. Seine Ausdrucksmittel: Allegorie, Parodie, Ironie, ohne karikaturistische Übertreibung der Formen, wie in Goethes *Reineke Fuchs*. Die Zeichnungen sind geistreiche Übertragung menschlicher Eigenschaften und Gefühlsäußerungen auf Tiere. Die Verschmelzung von Mensch- und Tiercharakter ist gelungene Satire. K. war Mitarbeiter der *Münchener Leuchtkugeln* und zeichnete politisch-satirisch, agressiv gegen Lola Montez' „Lolomanen". Er war der berühmteste Mitarbeiter und galt als der „rote Kaulbauch".
Lit.: (Auswahl) H. Müller: *W.v.K.* (1893); E. Fuchs: *Die Karikatur der europäischen Völker* II, S. 20. 212 ..., 331, 334, 68; G. Hermann: *Die deutsche Karikatur im 19. Jahrhundert*, S. 66; G. Piltz: *Geschichte der europäischen Karikatur*, S. 154, 158, 165; *Kindlers Malerei-Lexikon*, Bd. III

**KAY** (Ps.)
* 30.04.1923
Bürgerl. Name: Paul Labowsky
Pressezeichner, Karikaturist
Studium an der Hochschule für Bildende Künste, Berlin-West (1947-51). – Ständige Mitarbeit bei *Der Tagesspiegel* (1948-54) und *B.Z.* (1961-74), danach freiberuflicher Karikaturist. – K.s Themen sind aktuelle, politische Tages-

ereignisse, zeitkritisch gesehen. Sein Zeichenstil ist von Olaf Gubransson beeinflußt.
Kollektiv-Ausst.: Internationale Weltausstellung der Karikatur „Cartoon 75", Berlin-West, Kommunale Galerie, Kunstamt Wilmersdorf (1978)
Lit.: Ausst.-Kat.: der genannten Ausstellungen

**Kaysersberg**, Erwin → **Amigo** (Ps.)

**Keil**, Alex (Ps.)
\* 1902
Bürgerl. Name: Sándor Ék
Ungarischer Pressezeichner, politisch-kommunistischer Karikaturist und Propagandist
Studium an der proletarischen Lehrwerkstatt für bildende Kunst der ungarischen Räteregierung. – KPD-Mitglied, 1921 Teilnahme am III. Kongreß der Kominnter und am II. Kongreß der kommunistischen Jugendinternationale, 1934 Erster Preis im sowjetischen Plakat-Wettbewerb zu Ehren des 10. Todestages von Lenin. – Von 1925-33 lebt K. in Berlin, tätig für die kommunistische Presse, u.a. für *Rote Fahne* (Hauptmitarbeiter), *Der Knüppel* und für die Agitprop-Abt. des Zentralkomitees der KPD.
Lit.: A. Abusch: *S.E. Malerei und Graphik* (1960), S. 3; G. Piltz: *Geschichte der europäischen Karikatur* (1976), S. 274, 309

**Keilson**, Max
\* 07.09.1900 Halle/Saale
† 09.11.1953 Berlin/DDR
Graphiker, Fotomonteur, politischer Journalist
Studium an der Kunstgewerbeschule Berlin. – Ab 1924 Mitarbiet in der kommunistischen Presse. Mitglied im Bund revolutionärer bildender Künstler Deutschlands (ASSO), Mitglied der Agit.-Prop.-Abteilung des Zentralkomitees der KPD, Leiter des 1926 eingerichteten zentralen Ateliers für Bildpropaganda im Karl-Liebknecht-Haus, Berlin. Die Arbeitsthemen sind Polit-Propaganda, Fotomontagen, Plakate, Buchgraphik. – 1933 Verhaftung (Mai-Aug.) Danach Emigration nach Prag, später Paris und Moskau. 1945 (Juni) Rückkehr nach Berlin (Ost), journalistische Tätigkeit, später Leiter der Abt. Presse und Information (des DDR-Außenministeriums).
Lit.: *Als die SA in den Saal marschierte – Das Ende des Reichsverbandes der bildenden Künstler* (1983), S. 165

**Keitel**, Horst-Dieter
\* 1950 Berlin?
Maler, Zeichner
Ausbildung als Plakat- und Dekorationsmaler. Er zeichnet humoristische Karikaturen, Porträtzeichnungen –

„Keitels spitze Feder". – Veröffentlichungen: Kunst in Charlottenburg.
Einzel-Ausst.: Galerie „technik-studio", Berlin/West (1986)

**Kelen**, Emery
\* 1896 Raab/Ungarn
Pressezeichner, Karikaturist, Journalist
Im Ersten Weltkrieg Leutnant in der österreichisch-ungarischen Armee. Nach der Revolution in München. Studium an der Kunstschule Hoffmann. – Nachdem er in Ungarn bereits für die Zeitschrift *Esel* gezeichnet hatte, folgte in München die Arbeit für die Sportzeitschrift *Fußball*. In den zwanziger Jahren war E.K. einer der vielbeschäftigten politischen Karikaturisten. Seit der Konferenz in Locarno (1925) war er bei allen Pressekonferenzen dabei, kannte und zeichnete die politische Prominenz. In dieser Zeit stieß sein Landsmann Derso zu ihm und sie signierten ihre Zeichnungen mit „Derso und Kelen". 1933 emigrierten beide in die USA. In New York arbeiteten sie gemeinsam u.a. für *The nation*.
Publ.: *E.K. Peace in theire time*; *E.K. Alle meine Köpfe – Begegnungen mit den Großen und Kleinen unserer Zeit* (1963); E.K. *Platypus At Large „Schnabeltiers Streifzüge"* („Schnabeltiers" wundersame Reise durch die Politik, aktuell-politische, personifizierte Tierkarikaturen)
Lit.: W. Schaber: *B.F. Dolbin – der Zeichner als Reporter*, S. 47, 132

**Kemnitz**, Max
\* 1901 Berlin
† 1974 Berlin
Maler, Graphiker, Karikaturist
Mitarbeit in der Berliner Presse, u.a. für *Lustige Blätter* (Rückseiten). – Gedächtnis-Ausstellung in der Galerie des Verins Berliner Künstler (7.-27.8.1976). – Die *B.Z.* nannte M.K. in einer Besprechung einen „Alles-Maler".

**Keppke**, Katja
\* 1932
Zeichnerin, Karikaturistin/Berlin
Kollektiv-Ausst.: „Satiricum '78"
Lit.: Ausst.-Kat.: *Satiricum '78*

**Kersandt**, Günther
\* 03.05.1911
Graphiker, Karikaturist, Signum: „Kers."
Beteiligung an den Ausstellungen: „Berliner Karikaturisten" (1978), „Der Verkehrssünderfall", „10 Jahre Aufbau Berlin".
Lit.: Ausst.-Kat.: *Berliner Karikaturisten* (1978) im Kunstamt Wilmersdorf

**Key**, Willy
* 23.06.1900 Rheinland

Karikaturist, Autodidakt und Gebrauchsgraphiker
Seit 1920 freischaffender Pressezeichner und Journalist. Mitarbeit bei *Kölnische Illustrierte, Hamburger Illustrierte, Illustrierte Woche* u.a. Tagespresse. W.K. zeichnete in knappem, stilisiertem Strich humoristische Karikaturen aus dem Alltag und Karneval sowie pointierte, auf das Wesentliche beschränkte Porträt-Karikaturen, teilweise auch politische Postkarten und Plakate. – Beteiligung an Kunstausstellungen in Köln, Bayreuth und Berlin (Haus der Kunst 1941: Kat.-Nr. 198 Humoristische Zeichnung, Kat.-Nr. 199 Politische Karikatur).
Lit.: Ausst.-Kat.: *Turnen in der Karikatur*

**Kiefer**, Hansheinz
* 1930

Graphiker für Industriewerbung/Düsseldorf
Er zeichnet Cartoons mit und ohne Worte, erhielt den 4. Preis im *Quick*-Cartoon-Wettbewerb 1987.

**Kielland**, Gabriel
* 07.07.1871 Drontheim/Norwegen

Norwegischer Maler, Zeichner, Architekt
Mitarbeiter des *Simplicissimus* (Titelblatt 2/1896) während seiner Studienzeit in München (1895/96).
Lit.: L. Hollweck: *Karikaturen*, S. 168

**Kieser**, Günter
* 24.03.1930 Kronberg/Taunus

Zusammenarbeit mit Hans Michel (1920). Gemeinsames Atelier, daher die gleichen Berufsangaben wie unter Hans Michel.
Lit.: *Who's Who in Graphic Art* (I, 1968), S. 106; H. Schindler: *Monografie des Plakats* (19 729, S. 210, Abb. 227

**Kieser**, Jürgen
* 1921

Kollektiv-Ausst.: „Satiricum '84", „Satiricum '88"
Lit.: Ausst.-Kat.: *Satiricum '84, Satiricum '88*

**Kilger**, Heinrich
* 1907
† 1970

Maler und Zeichner, Bühnenbildner
Mitarbeit beim *Ulenspiegel 1945-50, Tagespost* u.a. DDR-Zeitschriften. Hauptsächlich tätig als Bühnenbildner, nur sporadisch politisch-sozialistische Karikaturen.
Lit.: G. Piltz: *Geschichte der europäischen Karikatur*, S. 297; *Ulenspiegel 1945-50*, S. 21, 46, 49

**Kim** (Ps.)
* 1942 Neuseeland
† 1976

Bürgerl. Name: Kim Grove-Casali
Zeichnerin der Welt-Serie „Liebe ist ...", entstanden aus den gezeichneten Liebeserklärungen, die Kim Grove dem Ingenieur Roberto Casali geschickt hat. K.G. hat nie Zeichenunterricht gehabt, war Serviererin in einem Londoner Teehaus, später Sekretärin in Los Angeles, lernte da ihren Mann kennen (Robert Casali – Heirat 1971), garnierte ihre Briefe mit ihren Nackedeis. Ihr Mann wurde ihr Manager, schaffte die Verbindung zur *Los Angeles Times*, die als erste *Liebe ist ...* abdruckte. Daraus sind später Verbindungen zu 450 Zeitungen in 60 Ländern (Vertrieb in Europa; Cosmopress Genf) geworden. Erstveröffentlichung in *B.Z.* und *Bild* (30. April 1974). Dazu totale Vermarktung der Figuren in allen nur möglichen Industrie-Produkten. – 1972 Übersiedlung der Familie nach England (Weybridge/Surrey).
Lit.: Presse: *stern* (27/1977); *B.Z.* (29.6.77, 12.7.77, 14.7.77, 20.7.79, 16.11.78; *Bild am Sonntag* (24.7.77); *Neue Welt* (8/86)

**Kimpfel**, Johann Christoph
* 1750
† 1805

Maler, Zeichner
Im Nebenerwerb zeichnete J.C.K. satirische Karikaturen, satirische Bilderfolgen.
Lit.: G. Piltz: *Geschichte der europäischen Karikatur* (1976), S. 101

**Kinzer**, Georg
* 1896

Maler, Zeichner
Mitarbeiter beim *Ulenspiegel* (1945-50). G.K. zeichnete humoristisch-satirische Sujets.
Lit.: G. Piltz: *Geschichte der europäischen Karikatur*, S. 296

**Kirchner**, Eugen
* 20.02.1865 Halle
† 08.03.1938 München

Maler, Zeichner, seit 1888 in München tätig
Studium an der Akademie Berlin, bei Paul Thumann und Paul Meyerheim. – Ab 1893 ständiger Mitarbeiter der *Fliegenden Blätter* (30 Jahre lang). E.K. zeichnete Situationen und Absonderlichkeiten aus der bürgerlichen, „heilen" Welt mit einem gutmütigen versöhnlichen Humor und liebenswürdiger Komik. Besondere Effekte erzielte er mit seinen eigenartigen in Grau und Deckweiß gehaltenen Zeichnungen. Als Maler bevorzugte er Land-

schaften in Aquarell. – Verheiratet mit der Bildhauerin Dorothea Moldenhauer.
Lit.: G. Piltz: *Geschichte der europäischen Karikatur*, S. 220; L. Hollweck: *Karikaturen*, S. 99, 113; G. Hermann: *Die deutsche Karikatur im 19. Jahrhundert*, S. 81; E. Roth: *100 Jahre Humor in der deutschen Kunst*; Ausst.-Kat.: *Zeichner der Fliegenden Blätter – Aquarelle und Zeichnungen* (1985)

**Kirner**, Johann B.
* 1806 Feuchtwangen/Schwarzwald
† 1866 München

Genremaler und Zeichner
K. lebte in München und karikierte als Hobby seine Freunde und Kollegen.
Lit.: E. Roth: *100 Jahre Humor in der deutschen Kunst*

**Kirschner**, Ludwig
* 1872 in Niederbayern

Maler, Zeichner
Mitarbeiter der *Jugend, Licht und Schatten* (1910-15). L.K. zeichnete leicht karikiert im Jugendstil. Er wurde 1911 Vorstand des Kostüm- und Requisitenwesens am Hoftheater München.
Lit.: L. Hollweck: *Karikaturen*, S. 137, 168

**Kiwitz**, Heinz
* 04.09.1910 Duisburg
† gefallen 1938 vor Madrid, als Freiwilliger der Internationalen Brigade (Schlacht am Ebro)

Graphiker, Holzschneider
Studium an der Folkwangschule Essen, bei Karl Rössing (1928-31). – 1931 in Berlin, Kontakte zur KPD, ARBKD. 1932-35 politische Holzschnitte, Veröffentlichungen in Berliner KPD-Zeitschriften, Illustrationen für das *Magazin für Alle*. 1933 SA verwüstet sein Atelier, Rückkehr nach Duisburg, Verhaftung wegen antifaschistischer Tätigkeit und seiner gesellschaftskritischen Blätter, zusammen mit Günther Strupp ins KZ Kemna. 1934 Entlassung, 1934/35 Illustrationen zu *Don Quichote, Rübezahl, Der Pilgram*. 1936 in Berlin (zeitweise in Duisburg und Düsseldorf), tätig für den Verleger Ernst Rowohlt (Buchumschläge). Bei Rowohlt erscheint H.K.: *Märchen von dem Stadtschreiber, der auf's Land flog* und *Enaks Geschichten*. 1937 verhilft Rowohlt H.K. zur Flucht über Kopenhagen nach Paris, dort ist H.K. politischer Karikaturist der *Deutschen Volkszeitung*. 1938 Beteiligung an der Ausstellung „5 Jahre Hitler-Regime", anschließend Freiwilliger im Spanischen Bürgerkrieg.
Lit.: G. Piltz: *Geschichte der europäischen Karikatur* (1976), S. 273, 281; P. Bender: *H.K.-Holzschnitte* (1963); Ausst.-Kat.: *Widerstand statt Anpassung* (1980), S. 269; Presse: *Pariser Tageszeitung* (v. 23.8.1937: „Absage eines deutschen Künstlers an Hitler"); Einheit – *Zs der internationalen Solidaritätsbewegung* (Nr. 27/1938: „Fünf Jahre Hitler-Regime")

**Kiy**, Rolf
* 1916 Halle

Maler, Karikaturist
Kollektiv-Ausst.: Karikaturen-Ausstellungen zum 20. Jahrestag der DDR, „Satiricum '80" (1. Biennale der Karikatur in der DDR, Greiz, 1980: „Der Witz", „Kausalität"), „"Satiricum '86"
Lit.: *Resümee – ein Almanach der Karikatur* (3/1972); Ausst.-Kat.: *Satiricum '80, Satiricum '86*

**Klaedtke**, Egon C.
* 1923 Berlin

Maler, Karikaturist, Illustrator
Mitarbeit für Zeitungen und Zeitschriften, u.a. für *Funk-Uhr*. – K. zeichnete die Comic-Folgen (nach eingesandten Leser-Ideen): *Häschen-Witze, Sport ist schön* und *WM komisch – Fußball ist schön*. Seine Zeichnungen aus der sowjetischen Kriegsgefangenschaft in Sibirien wurden 1954 dem damaligen US-Präsidenten Dwight D. Eisenhower geschenkt und hängen im Weißen Haus in Washington. – Als Maler bevorzugt K. Landschaften und Städtebilder.

**Klama**, Dieter Olaf
* 20.12.1935 Hindenburg (Zabrze)/Oberschlesien

Karikaturist, Trickfilmzeichner, Grahiker
Studium an der Akademie für das graphische Gewerbe, München bei Prof. Eduard Ege (1954-58). – Veröffentlichungen u.a. in: *Süddeutsche Zeitung, Abendzeitung, Quick, Revue, Rätsel Revue, Lui, Transatlantik*. D.O.K. zeichnet satirische Karikaturen, meist ohne Worte, zum Teil mit Akribie, außerdem beschäftigt er sich mit Trickfilm-Animation und Regiearbeiten sowie Werbekarikaturen. Es entstanden die Zeichentrickfilme: *Zoologisches* (1968, Bundesfilmpreis, italienischer Filmpreis), *Olümpia München* (1972); Bundesfilmpreis, 1. Preis Filmfestival Tessaloniki, 1973).
Kollektiv-Ausst.: Kunsthalle Recklinghausen (1972), „Cartoon 75", Berlin (1975, siebenter Preis), Institut für Auslandsbeziehungen, Stuttgart (1981)
Einzel-Ausst.: „Homo automobilis" (Berlin, BMW 1986)
Publ.: *Klama-Klamauk* (1963); *Olümpia Mynchen* (groteske und diabolische Idee aus dem Olympia-Film, 1973); *Das große Klamasutram* (1979); *Die Macht der großen und kleinen Tiere* (Horst Ehmke/Helmut Schmidt, 1980); *Der Computer neben dir* (1981); *Homo automobilis* (1986)
Lit.: Ausst.-Kat.: *Spitzensport mit spitzer Feder* (1981), S. 30; *Zeitgenossen karikieren Zeitgenossen* (1972), S. 221;

Presse u.a.: *Schöne Welt* (Aug. 1972); *Kicker* (11/9173); B.Z. (7.11.1974), *stern* (38/1980)

**Klamann**, Kurt
* 17.04.1907 Zingst
† 01.04.1984 Zingst

Pressezeichner, Karikaturist ab 1930
Ursprünglich Seemann von Beruf (1921-27). – Studium an der Kunstgewerbeschule Berlin, bei Prof. Kaus und Orlowski. Mitarbeit bei *Neue Zeit, 8-Uhr-Abendblatt, Berliner Tageblatt, Frischer Wind, Eulenspiegel, Neue Berliner Illustrierte* u.a. Mitglied der KPD, 1923 Arbeitsverbot, nach 1945 Kleinbauer und Vorsitzender der KPD und SED Zingst, ab 1950 in Berlin-DDR. KK zeichnet zeit- und gesellschaftskritische Karikaturen im Sinne der DDR-Presse sowie in malerischer Auffassung (ähnlich wie Kriech) hübsche, puppige Mädchen, galante Blätter (ab 1955).
Kollektiv-Ausst.: „Typisch deutsch?" (35. Sonderausstellung des Wilh.-Busch-Museum, Hannover)
Ausz.: Vaterländischer Verdienstorden der DDR
Publ.: *Klamanns Puppentheater* (1961)
Lit.: *Windstärke 12 – eine Auswahl neuer deutscher Karikaturen* (1953), S. 26; *Der freche Zeichenstift* (1968), S. 129-132; *Bärenspiegel* (1984), S. 203; Ausst.-Kat.: *Typisch deutsch*, S. 22; Presse: *Eulenspiegel* (Nr. 15/1984: Nachruf)

**Klas**, Aleksander
* 1928 Skopje

Jugoslawischer Karikaturist, Redakteur
Studium der Architektur in Belgrad. – Veröffentlichungen in der satirischen Zeitschrift *Zez* (Igel), danach Redakteur der Zeitschrift *Illustrovana Politika*, (Rubrik Humor). Veröffentlichungen in Deutschland u.a. in *Schöne Welt*.
Lit.: Presse: *Schöne Welt* (Mai 1979)

**Klaus**, Anton
* 23.10.1810 Althadensleben
† 01.04.1857 Berlin

Genremaler, Lithograph
Studium an der Akademie Berlin. Von 1840-48 bei den Akademie-Ausstellungen mit Genrebildern und Zeichnungen vertreten.
Lit.: *Bärenspiegel*, S. 75, 204

**Klee**, Herbert
* 1946 Pfaffenhofen/Ilm

Maler, Zeichner/Holzolling (Oberbayern)
Veröffentlichungen in *pardon* u.a. H.K. zeichnet politisch-satirische Karikaturen, ohne Worte, bei denen der Witz in der Zeichnung liegt.
Lit.: *Störenfriede – Cartoons und Satiren gegen den Krieg*

**Klee**, Paul
* 18.12.1879 Münchenbuchsee bei Bern
† 29.06.1940 Muralto bei Locarno

Deutsch-schweizerischer Maler, Graphiker, Kunsttheoretiker
Studium an der Akademie München, bei F.v. Stuck (1898-1901) und ein Jahr Studium in Rom (Anregungen durch P. Picasso und Henri Rousseau). – P.K. radierte (1903-05) zehn „Inventionen" und „Die Jungfrau im Baum", „Der große Kaiser" und die „Zwitschermaschine" grotesk-satirisch, die als Karikaturen verstanden werden. P.K.s künstlerischer Weg „Weg zu sich selbst" hat über die Satire geführt (Klee-Forscher Jürgen Glaesemer). Ein Versuch, 1906 Mitarbeiter des *Simplicissimus* zu werden, mißglückt. – 1921-30 Professor am Bauhaus. P.K. ist anerkannt. Nur noch selten werden seine Zeichnungen in bezug auf Karikaturen genannt. Zurückgeblieben sind Groteske und Ironie, wodurch K.P. „Distanz zu den Bedingtheiten des Daseins gewann" (Max Huggler). 1930-33 Professor an der Akademie Düsseldorf. Danach zurück nach Bern. 1937 vom NS-Regime als „entartet" diffamiert. 102 Werke wurden beschlagnahmt.
Publ.: (Auswahl) *Paul Klee Tagebücher 1898-1918* (hrsg. v. Felix K. (1957); *Paul Klee, Die Zwitschermaschine und andere Grotesken* (hrsg. v. L. Lang 1981)
Lit.: (Auswahl) W. Hofmann: *Die Karikatur* (1956), S. 57, 138, 140; A. Henze: *Von Busch bis Klee/Satire und Humor in der deutschen Kunst.* – In: *Das Kunstwerk Humor* (1953) 5, S. 5-15

**Klein**, Johann Adam
* 24.11.1792 Nürnberg
† 21.05.1875 München

Maler, Radierer, Graphiker
Schüler von Bemmels und Gablers. Er zeichnet Sittensatire, Radierungen, Tierdarstellungen (idyllisch, zeitlos, aktuell), Gebrauchsgraphik (Glückwünsche, Neujahrskarten). Seine Gemälde sind im Besitz der Nationalgalerie.
Lit.: E. Bock: *Deutsche Graphik* (1922), S. 66, 67, 280, 298, 299; *W. Speemanns Kunstlexikon* (1905), S. 512; Presse: *Gebrauchsgraphik* (Nov. 1942)

**Kleinenbroich**, Wilhelm
* 1814 Köln
† 1895 Köln

Maler, Zeichner
Studium an der Akademie Düsseldorf (ab 1935) bei Carl Wilhelm Hübner. – W.K. gehörte zum Kreis der sozialkritischen Maler um C.W. Hübner und eiferte ihm nach. So entstand sein einziges sozialkritisches Gemälde „Mahl- und Schlachtsteuer" (1846). Nach dem Scheitern

der Revolution 1848 wählte er neutrale Bildthemen: Porträts und Dekorationsmalerei.
Lit.: Ausst.-Kat.: *Die Düsseldorfer Malschule* (1979), S. 368; *Kunst der bürgerlichen Revolution von 1830-48/49* (1972), S. 127

**Kleinert**, Charlotte
* 1910 Berlin

Studium an der Letteschule Berlin (Modezeichnen). – C.K. kam von der Modezeichnung zur Pressezeichnung und zur Karikatur. Mitarbeit in den dreißiger und vierziger Jahren in der Berliner Presse, u.a. bei *Lustige Blätter, Berliner Illustrierte Zeitung, Neue Berliner Illustrierte, Ulk, Brummbär (Berliner Morgenpost)*. C.K. war mit ihren Humorseiten die bekannteste Pressezeichnerin im Berlin ihrer Zeit. Sie zeichnete mit liebenswürdigem Humor lustige Sujets aus der bürgerlichen Welt. Ihr Hauptlieferant an Ideen und Einfällen war ihr Mann, der Schriftsteller Hermann Krause. Nach dessen Tod hatte sie einen kleinen Laden mit Zeitungen und Tabakwaren in Kreuzberg, den sie später aufgeben mußte. Und sie hörte auch auf zu zeichnen.
Lit.: *Deutsche Presse* (Nr. 19/1937)

**Kleinhempel**, Gertrud
* 1875 Leipzig

Zeichnerin, Kunstgewerblerin
Nach künstlerischer Ausbildung in München Mitarbeiterin bei den *Meggendorfer Blättern* mit humoristischen Zeichnungen. Für die *Jugend* zeichnete G.K. dekorative Ornamente.
Lit.: L. Hollweck: *Karikaturen*, S. 89, 133

**Klemke**, Werner
* 12.03.1917 Berlin

Illustrator, Gebrauchsgraphiker, Typograph in Berlin
Autodidakt, (1937-39) Lehrausbildungsanstalt Frankfurt/Oder Trickfilmzeichner. – Ab 1945 freischaffender Gebrauchsgraphiker, begann in Ostfriesland mit dem Kinderbuch *Die Bremer Stadtmusikanten*. – Übersiedlung in die DDR. – Mitarbeit bei *Frischer Wind, Neue Berliner Illustrierte, Ulenspiegel* (1947-50) und *Das Magazin* (Titelblätter seit 1957). Seine Themen sind humoristische, satirische, politische Sujets und Gebrauchsgraphik. Ab 1950 Dozent an der Hochschule für bildende und angewandte Kunst, Berlin-Weißensee, seit 1956 Professor. W.K. wurde mehrfach für seine Jugendbuch-Illustrationen ausgezeichnet. *Ein kurzweilig Lesen von Till Eulenspiegel* (mit 112 Zeichnungen) wurde 1955 als eines der schönsten Bücher ausgezeichnet. Auf der internationalen Buchausstellung in Leipzig (1959) erhielt er die Goldmedaille. Darüber hinaus hat W.K. ca. 20 Bücher der Weltliteratur illustriert. In dem DDR-Film „Die Töchter der Spree" (Fernsehen 3sat v. 3.1.1988) mimte er Interviewer und Zeichner.
Ausz.: Nationalpreise der DDR (1963, 1969, 1973, 1977), Ehrenmitglied der Akademie der UdSSR (1962, 1969)
Lit.: G. Piltz: *Geschichte der europäischen Karikatur* (1976), S. 299; *Ulenspiegel* (1978), S. 209, 222, 233; *Bärenspiegel* (1984), S. 204; H. Schindler: *Monografie des Plakats* (1972), S. 213, 230; L. Lang: *Malerei und Graphik in der DDR* (1980), S. 269/70; *Who's is who in Graphic Art* I (1968), S. 20

**Klengel**, Johann Christian
* 05.04.1751 Kesseldorf bei Dresden
† 19.12.1824 Dresden

Landschaftsmaler und Zeichner
Professor an der Kunstakademie Dresden (er löste die Landschaftsmalerei aus den konventionellen Vorstellungen des Klassizismus). Bekannt ist sein Aquarell: „Die Friedenstauben" (1809), zum Gedenken an den nach der Schlacht bei Austerlitz abgeschlossenen Frieden von Schönbrunn). Die Friedenstauben turteln in einem federgeschmückten Helm. Es ist Frieden.
Lit.: H. Geller: *Curiosa* (1955), S. 7, 8

**Kleppe**, Willi
* um 1908 Dortmund
† Herbst 1974 Dortmund

Karikaturist
Freier Mitarbeiter bei Zeitungen und Zeitschriften, u.a. bei *Der lustige Sachse, Marie Luise, Kölnische Illustrierte, Hamburger Illustrierte, Deutsche Illustrierte, Frau, Für Sie, Freizeit Revue, abc-Illustrierte, Lotto-Tip, Echo der Arbeit, Hörzu, Bunte Illustrierte, Lustige Illustrierte.* – W.K. begann um 1928 mit humoristischen Zeichnungen und witzigen Einfällen für illustrierte Zeitschriften. Sein Stil war von dem Zeichner Frank Behmak beeinflußt. Seine Zeichnungen wurden auch noch postum einige Jahre in der Presse veröffentlicht.

**Kleukens**, Friedrich Wilhelm
* 07.05.1978 Ackim bei Bremen
† 22.08.1956 Nürtingen/Württemberg

Graphiker, Schriftkünstler
Studium an der Akademie Berlin. – F.K.W. begann mit Karikaturen (Tierzeichnungen) für Illustration und die Presse. 1900 gründete er zusammen mit F.H. Ehmke und Georg Belwe die „Steglitzer Werkstatt" (Werbegraphik). F.W.K. benutzte bei seinen Werbeentwürfen vielfach auch humoristisch-karikierende Elemente, ebenso als Illustrator. – Von 1900-06 Lehrer an der Akademie Leipzig, 1907 bei der Ernst-Ludwig-Presse in Darmstadt. 1919 Gründung der Ratio-Presse (Herstellung von Büchern mit eigenen Illustrationen und Schriften). Er schuf u.a.:

Kleukens Antiqua (1910), Kleukens-Fraktur (1911), Gotische Fraktur (1914) und Ration-Latein (1923).
Publ.: *Vogel ABC* (1920); *Reineke Fuchs* (1929)
Lit.: Verband deutscher Illustratoren *Schwarz/Weiß*, S. 167; *Brockhaus Enzyklopädie* Bd. 10, S. 261

**Kley**, Dieter
* 1953

Zeichner, Karikaturist/Premnitz
Kollektiv-Ausst.: „Satiricum '84", „Satiricum '86", Studium: 88", „Satiricum '90"
Lit.: Ausst.-Kat.: *Satiricum '84, Satiricum '86, Satiricum '88, Satiricum '90*

**Kley**, Heinrich
* 15.04.1863 Karlsruhe
† 08.02.1952 München

Maler, Zeichner, Illustrator, tätig in München (ab 1908) Studium an der Akademie Karlsruhe, bei Ferdinand Keller, und der Akademie München, bei Frithjof Smith (1881-85). Mitarbeit bei *Jugend, Lustige Blätter, Berliner Illustrirte Zeitung, Simplicissimus, Weltecho* und anderen Zeitschriften (ab 1897), und zwar mit humorvollen, kapriziös-stilisierten Federzeichnungen in grotesker Komik, vermenschlichten Tiergestalten in satirisch-sinnbildlichen Szenen. – Als Maler malte er (nach 1900) Hafenansichten, Industriewerke, den Tigelgußstahl bei Krupp, Schiffswerften, ferner Wandgemälde (Stadthalle Heidelberg, Deutsches Museum München u.a.). Seit 1880 bzw. 1894 Ausstellungen im Münchener Glaspalast und der Sezession. – Als Buchillustrator schuf er die Illustrationen zu Werken von Paul Gerhardt, Justinus Kerner, Alciphron.
Publ.: *Skizzenbuch; Skizzenbuch II; Leut und Viecher*
Lit.: (Auswahl) G. Piltz: *Geschichte der europäischen Karikatur*, S. 217; L. Hollweck: *Karikaturen*, S. 157; *Simplicissimus 1896-1914*, S. 200, 228, 306, 324, 330, 385, 405; Ausst.-Kat.: *Typisch deutsch*, S. 22; *H.K.*, Galerie Redmann, Berlin (West) 1983; H.K. *Das große Lexikon der Graphic* (Westermann, 1984)

**Kliban**, Bernard
* 1935 Connecticut

USA-Cartoonist
Veröffentlichungen u.a. im *Playboy*. Es sind Sex-Cartoons und Katzen-Cartoons. – Die Katzen-Designs wurden darüber hinaus vermarktet als Katzen-Poster, Katzen-Kissen, Katzenbettwäsche, Katzenschürzen, Leinentücher, Scheckhüllen, Schmuckpapier, Topflappen, „Sneaker-Cat" – die Katze mit den Turnschuhen.
Publ.: (USA) *Cat-Brevier*; Deutschland: *Katz* (1980)

**Klič**, Karl
* 31.03.1841 Arnau/Böhmen
† 16.11.1926 Wien

Grafiker, Karikaturist, Erfinder
K.K. begann als Pressezeichner, Maler und Karikatur für Zeitungen und Zeitschriften, u.a. bei der humoristisch-satirischen Zeitschrift *Kikeriki*. 1868 gründete er die humoristische Zeitschrift *Floh* in Wien. Es war das erste österreichische Witzblatt, welches in Farbe gedruckt wurde. Später gab er die *Wiener humoristischen Blätter* heraus. – K.K. zeichnete humoristisch, satirische, aktuelle und politische Karikaturen, aber mit Vorliebe Porträt-Karikaturen. 1877 zeichnete er eine Folge führender sozialdemokratischer Politiker für seine *Wiener humoristischen Blätter*. Der französische Zeichner André Gil war sein künstlerisches Vorbild. K.K. illustrierte für E.M. Vacáno *Bilderbuch für Hagestolze*, und er war der Erfinder verschiedener Reproduktionsverfahren: 1879 der Heliogravüre, 1890 des Rakeltiefdrucks und der Kličotypie (Kornhochätzung) sowie des Inlaidlinoleums mit farbig durchgehenden Mustern). In England war er Mitbegründer der englischen Rembrandt-Integlio Printing Comp. Lancaster.
Lit.: E. Fuchs: *Die Karikatur der europäischen Völker* II, S. 308, S. 319, 478, Abb. 499, 500; G. Piltz: *Geschichte der europäischen Karikatur*, S. 232; K. Albert: *K.K., der Erfinder der Heliogravüre und des Rakeltiefdruckes* (1927)

**Klimpke**, Paul
* 1924 Heilsberg (ČSR)

Pressezeichner
Aktuelle satirische Zeichnungen.
Lit.: *Resümee – ein Almanach der Karikatur* (3/1972)

**Klinger**, Julius
* 1876 Wien

Zeichner, Graphiker
Mitarbeiter bei *Narrenschiff, Kladderadatsch* und *Lustige Blätter*. J.K. zeichnete humoristische, satirische, aktuelle und politische Karikaturen. Ab 1897 vorwiegend tätig als Gebrauchsgraphiker in Berlin. Sein Plakatstil ist eine Mischung von Humor und liniarer Einprägsamkeit des Jugendstils. Viele seiner Plakate haben eine typisch humoristische Umschreibung des Themas. J.K. galt als führender Plakatkünstler in München, Berlin und Wien. Ab 1919 hatte er in Wien sein Atelier für Plakatkunst. – Er gestaltete die *Betterway-Grotesken*, zusammensetzbare Figuren für Werbezwecke. Die „Klinger-Antiqua" erinnert an seinen Namen in der Druckkunst.
Lit.: E. Fuchs: *Die Karikatur der europäischen Völker* II, S. 339, 410, Abb. 367; G. Piltz: *Geschichte der europäischen Karikatur*, S. 220; H. Schindler: *Monographie des*

*Plakats*, S. 100, 104, 119, 120f, 129, 135, 173, 225, 227, Abb. 111, 112, 113, 114; Ausst.-Kat.: *Typisch deutsch?*

**Kmölniger**, Elisabeth
\* 26.10.1947 Radentheim/Kärnten
Österreichische Graphikerin, Karikaturistin, Signum: „Kmö"/Berlin-West
Studium an der Akademie der bildenden Künste, Wien (ab 1969), Diplom für Malerei (1973). – E.K. zeichnet freischaffend Comics und Cartoons ohne Worte seit 1978. Veröffentlichung von zeitkritischen, politischen Karikaturen in verschiedenen internationalen Zeitschriften.
Kollektiv-Ausst.: „Körper, Liebe, Sprache – über weibliche Kunst, Erotik darzustellen" (1981)
Publ.: *Für den Ernstfall* (1982)
Lit.: *70 mal die volle Wahrheit* (1987); *Geh doch!* (1987); Ausst.-Kat.: Körper, Liebe, Sprache – über weibliche Kunst, Erotik darzustellen (1981), S. 211-214

**Knab**, Ferdinand
\* 1834
† 1902
Zeichner
Mitarbeiter der *Fliegenden Blätter*, zeichnete harmlose humoristische Blätter.
Lit.: G. Piltz: *Geschichte der europäischen Karikatur*, S. 20

**Knaus**, Ludwig
\* 05.10.1829 Wiesbaden
† 07.12.1910 Berlin
Genremaler, Professor der Akademie Berlin (1874-83)
Studium an der Akademie Düsseldorf (1843-48), bei C.F. Sohn. Maler gemütvoller Genrebilder, aus dem Bauernleben in Hessen und Schwarzwald (zus. mit Vautier im Schwarzwald). L.K.s Bilder zeigen feinen Humor und erzählerisches Talent, psychologische Charakterisierung. – Er war Mitarbeiter der *Düsseldorfer Monatshefte* und der humoristisch-satirischen Zeitschrift *Schalk* (1878). Teilnahme an der Internationalen Karikaturen-Ausstellung 1932 im Wiener Künstlerhaus (historische Abteilung).
Lit.: G. Piltz: *Geschichte der europäischen Karikatur*, S. 208; I. Markowitz: *Düsseldorf und der Norden* (1976) Nr. 22; Pietzsch: *K.* (1896); Ausst.-Kat.: *Die Düsseldorfer Malerschule*, S. 368

**Knox**
\* 1948 Berlin
Pressezeichner, Karikaturist
Lit.: *Resümee – ein Almanach der Karikatur* (3/1972), S. 51

**Knuth**, Robert
\* 1952 Polen
Polnischer Graphiker, seit 1982/Düsseldorf
Veröffentlichungen in *Die Zeit* u.a. Er zeichnet satirische-zeitkritische Karigraphien.

**Kobbe**, George G.
\* 1902 Berlin
† 1934 Berlin
Studium an der Kunstgewerbeschule Berlin, bei E. Orlik. In den Lehrwerkstätten verhielt er eine Ausbildung im Setzen, Drucken und Klischieren (sog. „Schweizer Degen") beim Gloria-Film: Dekorations- bzw. Ausstattungslehre. G.G.K. zeichnete für die Berliner Presse lustige, humoristische Bilder, die meist ein Vielerlei an Personen, Vorgängen und Bewegungen zeigen, sowie Porträt-Karikaturen von Prominenten. Er zeichnete auch für die Werbung. Für die Berliner Zeitung *Montag-Morgen* führte er die Tagespressezeichnung ein. G.G.K. nahm an den Ausstellungen der „Freien Sezession" und der „Berliner Sezession" teil. – Er war der Lehrer des Zeichners: Peter Buddel (\*1898). Ihre Zeichenstile waren nicht auseinanderzuhalten.
Lit.: *Humor um uns* (1931), S. 180-183; H. Ostwald: *Vom goldenen Humor*, S. 237-251, 549

**Kobylinski**, Szyman
\* 1927 Warschau
Polnischer Karikaturist, Buchillustrator/Warschau
Ab 1947 Studium der Kunst, Kunstgeschichte an der Kunstakademie und der Universität Warschau bis 1953). Gleichzeitig Mitarbeiter polnischer Zeitschriften: *Polityka, Radar, Szipili, Swint, Zycie, Warszawa*. Mitarbeit beim polnischen Fernsehen (Trickfilm, Schnellzeichner). – Er zeichnet humoristisch-satirisch Karikaturen mit Tiefsinn, Cartoons ohne Worte, politische Karikaturen, Plakate. Veröffentlichungen u.a. in *Der Sonntag* und im Eulenspiegel-Verlag, in *Hörzu, Christ & Welt, Hannoversche Allgemeine, pardon, Welt*.
Ausz.: Staatsauszeichnung für politische Karikaturen (1957), „Szpilk" (1967, 1969, 1972), „Orden Polonia Restituta", „Goldenes Kreuz", „Erziehungsmedaille"
Ausst.: 150 Einzel- und 100 Kollektivausstellungen (Asien, USA, Europa), u.a. Wilh.-Busch-Museum, Hannover (1975), Internationale Cartoon-Ausst. Berlin/West (1977)
Publ.: *100 Pferdekräfte des Humors*; *Eskapaden* (Prasa Warschau und Eulenspiegel, Berlin/Ost); *Entschuldigen's* (1972); *Irre Geschichten* (1978)
Lit.: *Der freche Zeichenstift* (1968), S. 303; *Beschwerdebuch – Karikaturen aus dem Osten* (1967), S. 31-36; H.P. Muster: *Who's who in Satire und Humor* (1) 1898, S. 98-99; Ausst.-Kat.: *Satirische Zeichner aus Polen* (1975)

**Koch**, Georg
\* 27.02.1857 Berlin
Studium an der Akademie Berlin.
Pressezeichner, Illustrator, tätig in Berlin. Mitarbeiter bei *Ulk* u.a. mit humoristischen, aktuellen, politischen Karikaturen. Ferner Genrezeichnungen, Militärs
Lit.: Verband deutscher Illustratoren: *Schwarz-Weiß*, S. 83

**Koch**, Georg
\* 1878
Zeichner, Karikaturist, Illustrator
Mitarbeiter bei *Der wahre Jacob*. Er zeichnet satirisch-soziale Karikaturen und für die bürgerliche Presse.
Lit.: G. Piltz: *Geschichte der europäischen Karikatur*, S. 228

**Koch**, Joseph Anton
\* 27.07.1768 Obergibeln, bei Elbingalb (Tiroler Lechtal)
† 12.01.1839 Rom
Landschaftsmaler des deutsch-römischen Klassizismus, Zeichner, Radierer, Lithograph. Mittelpunkt der deutschen Künstler in Rom
Künstlerzögling der Karlsschule in Stuttgart. – In der Revolutionszeit floh er 1791 nach Straßburg, danach in die Schweiz und 1795 nach Italien. 1812-15 in Wien, sonst immer in Rom tätig. Sein Vorbild war Asmus Jacob Carstens (1754-98), deutscher Maler in Rom seit 1792 (Klassizismus – Umrißzeichnungen). J.A.K. zeichnete gelegentlich Karikaturen, wie die Karikatur auf den römischen Mäzen Lord Bristol (um 1800-10). Er schrieb auch gegen die Kunstkritiker voll Derbheit und Humor „Moderne Kunstkritik oder die Rumfordische Suppe" (1834).
Ausst.: „Karikaturen-Karikaturen?" Kunsthaus Zürich (1972)
Lit.: E. Jaffé: *J.A.K. sein Leben und Schaffen* (1905); W. Stein: *Die Erneuerung der heroischen Landschaft nach 1800* (1977); Ausst.-Kat.: *Karikaturen-Karikaturen?*, S. 67, G 198

**Koch**, Werner
\* 1939 Plauen/Vogtland
Gelernter Automechaniker – Graphiker, technischer Zeichner, Karikaturist (Autodidakt), seit 1969 in der Bundesrepublik/Nürnberg
Veröffentlichungen (ab 1969) in *Die Zeit, stern, Hörzu, Süddeutsche Zeitung, Pardon, Kölner Stadt-Anzeiger, Welt der Arbeit, Welt, Nürnberger Zeitung, Der Kassenarzt, Deutsche Allgemeines Sonntagsblatt, T.M. Journal*, im Ausland in *Weltwoche* (Schweiz), *Watzmann* (Österreich), *Candide* (Frankreich), *Canberra Times* (Australien). – W.K. zeichnet allgemein humoristisch-satirische, medizinische Karikaturen (Der Kassenarzt seit 1982).
Kollektiv-Ausst.: Berlin-West, Italien, Frankreich, Japan, Griechenland, Bulgarien (Gabrovo – Bronzemedaille)
Publ.: *Modernes Management oder der Weg zum sicheren Erfolg* (1980); *Knochenfunde* (Medizin-Cartoons 1984); *Bei Ihnen ist nur eine Schraube locker* (Psycho-Cartoons); Schweizer Fernsehen: „ÄXGUSI"
Lit.: *Eine feine Gesellschaft – die Schickeria in der Karikatur* (1988); *Beamticon* (1984), S. 140; H.O. Neubauer: *Im Rückspiegel – die Automobilgesellschaft der Karikaturisten 1886-1986* (1985), S. 240; H.P. Muster: *Who's who in Satire und Humor* (2) 1990, S. 106-107

**Koch-Gotha**, Fritz
\* 05.01.1877 Eberstädt, bei Gotha
† 16.06.1956 Rostock
Illustrator, Pressezeichner
Studium an den Akademien Leipzig (1895-97) und Karlsruhe, bei Mohn, Dietrich, Schurth (1897-99). – Ab 1899-1902 freiberuflich tätig in Leipzig als Humorzeichner für einen Postkarten-Verlag. 1902 Übersiedlung nach Berlin. Mitarbeiter der *Lustigen Blätter*. Ab 1903 Mitarbeiter bei der *Berliner Illustrirten Zeitung*. Ab 1904 Verlagsvertrag als zeichnender Reporter = Bildberichter, (Rußland 1905, Paris 1908-09, Türkei, Orient 1910), zeichnender Kriegsberichterstatter 1914-18). F.K.-G.: „Nach dem Weltkrieg war meine große Zeit als zeichnender Journalist vorbei" (die Fotografie ersetzte die Pressezeichnung). Nach englischem Vorbild führte der Chefredakteur der BIZ Kurt Korff die komischen Zeichenreportagen aus dem Berliner Alltag ein. F.K.-G.s Bildserien erschienen wöchentlich bis 1933 und machten ihn populär. Danach war er als Buchillustrator tätig (für über 60 Bücher). F.K.-G. vereinte mit dem Blick für die unfreiwillige Komik das universelle Können. Seine Zeichnungen zeigten wahrhafte und gemütvolle, milieugetreue Typen, durch Erfassen des Typischen und Charakteristischen der Situation. 1923 illustrierte er mit humorvollen Zeichnungen *Die Häschenschule*. Diese wurde ein Dauerrenner mit 1,3 Millionen Auflage. Danach folgten noch seine Kinderbücher *Das Hühnchen Sabine* und *Waldi*. 1944 (am 14.2) wurde seine Wohnung in Berlin durch einen Bombenangriff vernichtet und dabei über 20.000 Zeichnungen. Daraufhin übersiedelte er mit der Familie in sein Haus (Sommersitz) nach Althagen-Ahrenshoop in Mecklenburg. Nach 1945 zeichnete er noch für die satirischen DDR-Zeitschriften *Frischer Wind* und *Eulenspiegel*. 1947 wurde F.K.-G. Ehrenbürger der Stadt Rostock.
Publ.: *F.K.-G.-Album* (1914); *Aus sorglosen Tagen* (1926)
Lit.: (Auswahl) B. Nowak: *F.K.-G. Gezeichnetes Leben*

(1956); R. Timm: *F.K.-G.* (1972); Presse: *Constanze* (4/1957; „Das war Fritz Koch-Gotha!"); *Hörzu* (14/85: „Die gute alte Häschenschule")

**Kochan**, Stano
* 24.03.1942 Tschechoslowakei

Tschech.-slowak. Zeichner, Karikaturist, Satiriker
Studium der Volkswirtschaft. – Seit 1968 in der Bundesrepublik (Oberursel b. Frankfurt/M.) und abwechselnd in der Schweiz.
Veröffentlichungen in *pardon, Wirtschaftswoche, Bunte, Stallings Cartoon-Kalender* u.a. S.T. zeichnet politische, zeitkritisch-satirische Karikaturen, Collagen, Themenseiten, Zeichenfolgen: *Aus Stano Kochans Traumtagebuch*
Kollektiv-Ausst.: Bratislava (1963), Kunsthalle Recklinghausen (1972), Weltausstellung der Karikatur „Cartoon 77", Berlin/West, Einzel-Ausst.: Tübingen (1965)
Publ.: (in der CSSR) 2 Bücher (1970, 1971); (in der Bundesrepublik): *Teuflische Positionen – ein Bilderbuch der Liebeskunst für Fortgeschrittene* (1983)
Lit.: Ausst.-Kat.: *Zeitgenossen karikieren Zeitgenossen* (1972), S. 229 (o.A.)

**Koeppen**, Adolf Otto
* 07.11.1902 Magdeburg
† 25.06.1972 Braunschweig

Maler, Graphiker, Karikaturist
Besuch der Abendklasse der Kunstgewerbeschule Magdeburg, danach beim Jagdmaler Wolters in Braunschweig, nach 1918 Studium an der Höheren Technischen Lehranstalt, Magdeburg. – Ab 1923 wohnhaft in Braunschweig, ab 1925 Karikaturist und Pressezeichner. 1930 gestaltete K. das Innere des historischen Mummelhauses in Braunschweig. Für Bauten in anderen Städten schuf er die Abenteuer des Don Quichote, die Streiche von Till Eulenspiegel. Die aquarellierten Zeichnungen, die hier entstanden, bildeten den Grundstein für das Eulenspiegel-Museum in Schöppenstedt. K.s Metier war die stille Heiterkeit, die liebenswerte aber auch die dralle Fröhlichkeit. Er war Illustrator für Jugendbücher. Als Maler bevorzugte er Menschen und Natur. Für die *Braunschweiger Zeitung* erfand er in den frühen fünfziger Jahren die Figur „Lauwe" (nach dem alten Braunschweiger Stadtwappen) und entwickelte daraus die Serie *Herr Lauwe geht durch die Stadt* (Stadtereignisse und Geschichten). Über 20 Jahre lang erschien die Serie, und sie war so populär, daß Spaßvögel sie aus Pappmaché im Schloßpark aufgestellt haben.
Ausst.: Posthum (Nov. 1972) im Foyer Brücke, Braunschweig
Publ.: *Heiteres und Weiteres* (mit Texten v. Weitz); *Lauwe lach up* (mehrere Bände)

Lit.: Presse: *Freundeskreis des großen Waisenhauses* (Nr. 51, 1967); *Braunschweiger Zeitung* (v. 7. Nov. 1972)

**Koehler**, Achim → Charbon (Ps.)

**Köhler**, H.E. (Hanns Erich)
* 17.04.1905 Tetschen/Nordböhmen
† 1983 Herrsching/Ammersee

Pressezeichner, politischer Karikaturist, Graphiker BDG, seit 1953 in Herrsching
Studium an der Kunstgewerbeschule Dresden, der Graphischen Lehr- und Versuchsanstalt Wien und der Kunstgewerbeschule Wien. – Ab 1935 Pressemitarbeiter für Scherl-Bilderdienst (Karikaturen, kulturpolitisch, aktuell, politisch, vereinzelt auch humoristisch), Signum für politische NS-Karikaturen: „Erik". Seit 1939 in Berlin. Mitarbeit bei *Deutsche Allgemeine Zeitung, Kladderadatsch, Lustige Blätter, Simplicissimus, Das Reich*. 1942-45 Professor am Deutschen Hochschulinstitut für bildende Kunst, Prag. 1945-47 Vertreibung, Flucht nach Nürnberg, H.E.K. zeichnet Porträts und Landschaften für USA-Besatzungssoldaten, politische Tagesthemen. Ab 1948-73 Mitarbeit bei *Nürnberger Nachrichten*, 1949-70 *Die Zeit, Deutsche Zeitung*, 1956 *Simplicissimus*, 1958 *Frankfurter Allgemeine Zeitung*, ständiger politischer Karikaturist, auch Arbeiten für Werbeagenturen H.W. Brose Frankfurt/M., Signum: „H.E.K.", H.E. Köhler".
H.E.K.s Zeichnen-Können geht vom Naturalismus aus (von Gulbransson beeinflußt) zu einem figurativ-brillanten Zeichenstil. Seine Hauptstärke liegt in der Physiognomie in Verbindung von Text und Zeichnung. Seine Karikaturen sind scharfgeschliffene, satirisch-pointierte Zeit- und Gesellschaftskritik. H.E.K. vermachte dem Wilh.-Busch-Museum in Hannover testamentarisch ca. 6000 Karikaturen zur Katalogisierung.
12 Einzelausstellungen zwischen 1941-72
Publ.: (und illustrierte Bücher-Auswahl) *Nach der Beschlagnahme* (1939); *Pardon wird nicht gegeben* (1957); *Wer hätte das von uns gedacht* (Süskind 1959); *Dabei sein ist alles* (R. Mücke 1960); *Genieße deine Zeitgenossen* (L. Rosenberg 1972); *H.E.K.* (G. Lichtenberg 1973); *Große Deutsche* (1973); *Nota bene* (Bellmann 1973); in Sammelbänden, ab 1973: *Konrad sprach die Frau Mama; Duell mit der Geschichte; Der Bundesdeutsche lacht; Julius; Gar nicht so pingelig* (W. Henkells); *Der nicht ganz eiserne Kanzler; Großes Pläsier* (H. Heine); *Nun lacht mal schön; Die Schnurren des Nikita C.* (H. Schewe); *Glanz und Gloria* (v. Studnitz); *Keine Angst vor hohen Tieren* (W. Henkells); *Die ganze Wahrheit über die Ehe* (E. Hachfeld); *Gezeichnete Volksgenossen* (1975); *Teufel, Teufel* (1982)
Lit.: Brockhaus-Enzyklopädie Bd. 10 (1970), S. 337; Ausst.-Kat.: Wilh.-Busch-Museum, Hannover (1972)

**Kolfhaus**, Herbert
* Okt. 1916 Frankfurt/M.
† 17.01.1987 München

Politischer Karikaturist, Signum: „Heko"
Studium der Zeitungs- und Literaturwissenschaft in München (ab 1938). Freischaffender politischer Karikatur für die westdeutsche Presse, u.a. für *Münchener Merkur, Nürnberger Zeitung, Südwestpresse, Der Spiegel.* Seit Gründung des *Bayern-Kurier* dessen ständiger Mitarbeiter (exclusiv). H.K. zeichnete politische Kommentare zu aktuellen, politischen Ereignissen: „witzige und unverkennbare und unverwechselbare Akzente."
Lit.: *Bayern-Kurier* (v. 24.1.1987): Nachruf von F.-J. Strauß

**Kollwitz**, Käthe (geb. Schmidt, verh. seit 1891 mit dem Arzt Dr. Karl K.)
* 08.07.1867 Königsberg
† 22.04.1945 Moritzburg, Bei Dresden

Graphikerin, Malerin, Bildhauerin, Professor seit 1919, Mitglied der Preuß. Akademie der Künste
Studium an den Akademie Berlin, bei Karl Stauffer-Bern (1885/86), und München, bei J. Herterich. – Mitarbeit am *Simplicissimus* (mit Texten der Redaktion). K.K. zeichnete soziale Themen ab 1890 (nach der Uraufführung von Gerhart Hauptmann *Die Weber*), 1895-98 *Ein Weberaufstand* (Zyklus in 6 Radierungen) aus sozialem Engagement für die unteren Bevölkerungsschichten. Ihre Graphiken sind keine Karikaturen, da sie zu realistisch sind. Sie werden jedoch durch die sozial-kritische Aussage zur Bild-Satire. Sie schuf das Totenmal „Die Eltern" für den Soldatenfriedhof Roggenvelde/Belgien (1932).
Publ.: (Werkauswahl-Radierungen, Holzschnitte, Lithographien)*Aufruhr* (1899); *Zertreten* (1900); *Totes Kind* (1903); *Bauernkrieg* (1903-08) 7 Blätter; *Arbeitslosigkeit* (1909); *Krieg* (1923); *Proletariat* (1925); *Hungernde Kinder* (1920); *Vom Tode* (1934/35)
Lit.: (Auswahl) L. Kaemmerer: *K.K. Griffelkunst und Weltanschauung* (1923); A. Klipstein: *Verzeichnis des graphischen Werkes* (1955); Hrsg. Hans Kollwitz: *Ich sah die Welt mit liebevollen Blicken* (1968); Ausst.-Kat.: *Zum 100. Geburtstag* (1967), Akademie Berlin

**König**, Herbert
* 1820 Dresden
† 1876 Berlin

Zeichner, Karikaturist
H.K. zeichnete aktuelle und satirische Karikaturen für *Berliner Montagszeitung, Kladderadatsch, Fliegende Blätter, Dorfbarbier* und Adolf Glaßbrenners *Komischen Volkskalender*, und für die unpolitischen Unterhaltungszeitschriften *Die Gartenlaube* und *Leipziger Illustrierte Zeitung* humoristische Zeichnungen. Bekannt wurde seine Folge berühmter Zeitgenossen.

Lit.: E. Fuchs: *Die Karikatur der europäischen Völker* II, S. 400, Abb. 239, 240; G. Piltz: *Geschichte der europäischen Karikatur*, S. 161, 205; P. Weiglin: *Berliner Biedermeier*, S. 104; G. Hermann: *Die deutsche Karikatur im 19. Jahrhundert*, S. 60

**König**, Ralf
* 1961

Cartoonist/Dortmund
Schreinerlehre, Berufsaufbauschule Dortmund, Kunstakademie Düsseldorf.
Veröffentlichungen: *Kowalski, Magnus, Arbeit und Sicherheit* (Hauszeitung der Ruhrkohle AG). – Szenezeichner, schwule Themen, setzt Komik gegen Diskriminierung ein.
Publ.: (14 Bücher) *Schwul-Comix*, Band 1-4; *Prall aus dem Leben* (farbiges Album, Geschichten aus dem Schwulen-Alltag, *Walter genannt Waltraud*); *Beach Boys; Der bewegte Mann; Pretty Baby; Zitronenröllchen;* Lysistrata (Comic ist die moderne Auffassung des klassischen Spiels von Aristophanes – voller Witz und Situationskomik). ARD-Fernsehaufführung (1963 – das bayerische Fernsehen schaltete sich bei dem gemeinsamen Programm erstmals aus).
Lit.: 3. Internationaler Comic-Salon. Erlangen (Programm 1988), S. 15; Presse: *Zitty* (11/1990, S. 17: Portrait Ralf König Comiczeichner)

**Koob**, Ludwig
* 1916

Graphiker, Karikaturist
freischaffender Pessezeichner
Mitarbeit bei *Lustige Blätter, Neue I.Z., Münchener Illustrierte Presse* u.a. – Nach 1945 u.a. bei *Bunte Illustrierte, Weltspiegel, Pinguin, Westdeutsche Zeitung, IBZ* und *Münchener Illustrierte*. Es sind humoristische Zeichnungen. Humorseiten. Nach 1945 zeichnet L.K. auch aktuelle und politische Karikaturen. Kommunikations-Graphik (mit karikaturistischem Einschlag) sowie Werbegraphik.
Lit.: *Komische Nachbarn – Drôles de voisins* (1988), Goethe-Institut, Paris, S. 129

**Kopelnitskiy**, Igor
* 1946 Kiew/Sowjetunion

Cartoonist, Graphiker/Chernovtsy
Studium: Physik, Universität Novosibirsk (1965-1970), 1970-1980 Ingenieur in Cherovtsy, danach beruflicher Graphiker für die sowjetische Presse. Zeitsatire in besinnlicher Art.
Veröffentlichungen in der Sowjetunion in *Dekorativnoe Iskusstvo, Izvetia, Literaturnaja Caseta, Priroda i Chelovek, Sobesednik, Sputnik, Stydentcheskiy, Meridian*; in der Tschechoslowakei in *Mlady Svet, Rohac*; in der Schweiz

in *Nebelspalter;* in der DDR in *Freie Welt, Osten, Das Magazin.*
Kollektiv-Ausst.: Ancona (Italien) 1977, 1983, 1985; Gabrovo (Bulgarien) 1973-1985; Skopje (Jugoslawien) 1977, 1985; Moskau (Sowjetunion) 1983, Cartoon-Weltausstellung (Deutschland) Berlin-West 1977
Lit.: H.P. Muster: *Who's who in Satire and Humour* (Bd. 2/1990), S. 112-113

**Köpf**, Steffen Ernst
\* 1947 Stuttgart
Werbegraphiker, Cartoonist (Autodidakt), Illustrator/Düsseldorf
Nach der Lehre als Werbekaufmann war er Artdirektor-Assistent. Studium der Nationalökonomie. S.E.K. arbeitet als Werbegraphiker in Düsseldorf und London. Hobbykarikaturist, ab 1978 freiberuflicher Cartoonist.
Veröffentlichungen (ab 9/1974) in *Capital* (kleines Wirtschaftslexikon) „Herr C. sagt seine Meinung" (Text: Klaus Peter Schreiner), fener in *stern, Bunte, auto, motor und sport, lui, Playboy, Die Zeit.* S.E.K. zeichnet Wirtschafts-, Sport- und sozial-politische Karikaturen, Werbung, alljährlich mehrere Sportkalender (Fußball, Tennis, Ski, Squash, Golf).
Einzel-Ausst.: Cartoongalerie Kaiserwerth „Tennis-Cartoons" (1984) „Köpfe-Köpfe" (1985)
Publ.: *Also sprach Buchhändler Bränges* (1980); *Je höher der Absatz* (1980); *desto steiler die Karriere* (1980); *Heiteres Wirtschaftslexikon* (1984)
Lit.: H.P. Muster: *Who's Who in Satire and Humour* (1) (1989), S. 100-101; Presse: *Welt am Sonntag* (4.3.1984, 22.4.1984)

**Kopisch**, August
\* 26.05.1799 Breslau
† 03.02.1853 Berlin
Maler, Dichter
Sohn eines Kaufmanns. Studium an den Kunstakademien in Prag und Wien (3 Jahre) sowie in Dresden (3 Jahre). – Von 1823-29 in Italien. Mit dem Maler Ernst Fried entdeckte er auf Capri die Blaue Grotte. 1828 zurück in Deutschland war K. Kunstberater des Königshauses (1833) und lebte ab 1847 in Potsdam, um die königlichen Gärten und Schlösser zu beschreiben; mit sechs Ansichten von der Fontäne im Park von Sanssouci (1854). A.K. wurde bekannt durch seine humorvollen, oft neckisch-märchenhaften *Gedichte* (1836) und die Sammlung *Allerlei Geister* (1848), darunter auch das volkstümlich gewordene *die Heinzelmännchen.* A.K.s Sinn für volkstümliche Komik zeigt sich in manchen seiner Zeichnungen.
Lit.: H. Geller: *Curiosa,* S. 60-62; Böttcher/Mittenzwei: *Dichter als Maler,* S. 108-110; Presse: *Die Saat* (Nr. 5/1922); M. Koch: *August Kopisch*

**Köpp**, Monika
\* 1932
Pressezeichnerin, Graphikerin/Berlin
Kollektiv-Ausst.: „Satiricum '78"
Lit.: Ausst.-Kat.: *Satiricum '78*

**Koppe**, Karl
\* 1939
Gebrauchsgraphiker, Karikaturist/Dresden-Radebeul
Veröffentlichungen u.a. im *Eulenspiegel,* seine Zeichnungen sind humoristische Einfälle mit und ohne Worte und viel Hintersinn, komisch und skurril. Sein Vorbild: Albert Schaefer-Ast, seine Zeichentechnik: ungewöhnliche Punktiermanier (Schwarzweiß-Pointillismus).
Lit.: Presse: *Eulenspiegel* (Nr. 24/1979)

**Koraksič**, Pedrag
\* 1933 Cacak/Jugoslawien
Pressezeichner, Cartoonist, Signum „Corax"/Belgrad
Studium: Universität Belgrad (Architektur). Seit 1952 freiberuflicher Cartoonist. Thema: Satire (Wirtschaftskrise), Veröffentlichungen in Jugoslawien in *Rad* (Arbeit), *Vecernje Novosti* (Abendzeitung), *Borba* (Kampf) ab 1981 ständiger Mitarbeiter, *Duga-Ekonomska Politika, Nada-Vjesmik*; in den USA in *Chess Life*; in Deutschland in *Medium*
Lit.: H.P. Muster: *Who's who in Satire and Humour* (Bd. 2/1990), S. 114-115

**Körbi**, Egon
\* 1920 Lüdenscheid
† 1990
Karikaturist, Pressezeichner, Signum: „Ekö"
Studium an der Werkkunstschule Bielefeld. Seit 1950 freiberuflicher Karikaturist. Mitarbeit bei *Freie Presse, Neue Westfälische, Leg auf, sieh fern, NGG* (Einigkeit) u.a. Presseorganen. Er zeichnet humoristische, aktuelle Karikaturen.

**Koren**, Edward
\* 13.12.1935 New York/City
USA-Cartoonist
Mitarbeit bei *The New Yorker* (u.a.)
Veröffentlichungen in Deutschland in *Für Sie* sowie von Werbe-Karikaturen. Sein Thema ist das menschliche Zusammenleben, ironisch-satirisch gesehen und gezeichnet. Er zeichnet außerdem kleine zottelige Tiere in Strichel-Manier. Sein Stil ist kritzlig-strichlig-zittrig, aus vielen unruhigen Strichen zusammengesetzt.
Kollektiv-Ausst.: S.P.H. Avignon (1973)
Publ.: USA: *Do You Want To Talk About It?* (Cartoons aus *The New Yorker*); Deutschland: *Möchtest du darüber*

*sprechen?* (1980); *Bist du glücklich?* (1979); *Na, da haben wir ja Ihr Problem* (1981)
Lit.: *Festival der Karikaturisten* (1976); Presse: *BZ* (v. 18.4.1979-27.4.1981)

**Kornewka**, Paul
* 05.04.1841 Greifswald
† 10.05.1871 Berlin

Maler, Zeichner, Silhouettenschneider
Studium an der Akademie Berlin, bei Drake (Bildhauer) und Steffen (Maler). Mitarbeiter bei *Kladderadatsch* und *Schalk*. (Er war der Schwager des Kladderadatsch-Redakteurs: Johannes Trojan.) P.K. schnitt graziöse Silhouetten mit liebenswürdigem Humor. – Auf der Illustratoren-Ausstellung 1897 in der Akademie Berlin (histor. Abt.) waren seine Scherenschnitte ausgestellt.
Publ.: *Das Faustalbum* (1866 engl. 1871); *Das Sommernachtsalbum* (1868); *Der schwarze Peter* (1869); *Lose Blätter* (1875, 2. Aufl.); *Album* (1872-77, 8. Aufl.)
Lit.: G. Hermann: *Die deutsche Karikatur im 19. Jahrhundert*, S. 60; J. Trojan: *P.K.* (Velhagen & Klasings Monatshefte (6) 1891-92)

**Kortmann**, Erhard
* 01.04.1927 Dortmund

Fotosatiriker (Texter), Humorredakteur/Hamburg
Volontariat an einem Stadttheater. Danach Studium der Theaterwissenschaft (in Köln und Göttingen) und der Malerei (in Hannover, Essen und Hamburg). – Seit 1953 Humorredakteur beim *stern* (1967-75) und Gastredakteur bei *Die Zeit*. Seit 1965 wöchentlich *Bonbons* (satirische Unterstellungen, Prominenten in den Mund geschoben). – Seit 1967 „Fernseh-Rückblende" (mit neuem Ton: Viertes Programm).
Publ.: 13 Bücher
Lit.: Ausst.-Kat.: *Finden Sie das etwa komisch* (1986), S. 129

**Kortum**, Karl Arnold
* 05.07.1745 Mülheim/Ruhr
† 15.08.1824 Bochum

Arzt in Bochum von 1770-1824; Schriftsteller, Zeichner
K.A.K. ist bekannt geworden durch sein komisch-groteskes *Heldengedicht Leben, Meinungen und Taten von Hieronimus Jobs, dem Kandidaten ...* ). In skurrilen Knittelversen wird Werdegang und Leben des verbummelten Theologiestudenten Hieronimus Jobs geschildert. Eine Zeit- und Lebenssatire auf das Leben in einer Kleinstadt und auf dem Lande. Kongenial seine Karikaturen zur Bebilderung der Verse als Holzschnitte, die ebenso komisch sind wie seine Reime. Wilhelm Busch wurde durch diese Karikaturen angeregt zu seinen Zeichnungen *Bilder der Jobsiade* (1872). Ebenso hat der Maler humoristisch-satirischer Genrebilder Johann Peter Hasenclever (1810-1853) Kupferstiche und Lithographien zur *Jobsiade* gezeichnet. – K.A.K. verfaßte medizinische Schriften; war Gründer einer Alchemistischen Gesellschaft.
Lit.: Deicke: *Der Jobsiadendichter K.A.K.* (1893) Selbstbiographie; Dickerhoff: *Die Entstehung der Jobsiade* (Diss. Münster 1908); E. Tegeler: *Der Bochumer Arzt K.A.K.* (1931); Böttcher/Mittenzwei: *Dichter als Maler* (1980), S. 54

**Kosak**, Eva
* 1932

Pressezeichnerin, Karikaturistin/Berlin
Kollektiv-Ausst.: „Satiricum '78", „Satiricum '84"
Lit.: Ausst.-Kat.: *Satiricum '78, Satiricum '84*

**Koser**, Martin
* um 1895 Berlin

Pressezeichner, Karikaturist/Berlin
Lehrling in einem Konfektionsgeschäft, tätig in einer Steindruckerei, Reklamemaler, Graphisches Atelier für Seidenmalerei. – Studium an einer Abend-Kunstschule, danach ganztägiges Studium in einer Berliner Kunstschule. – Mitarbeit bei der Berliner Presse. Er zeichnet freiberuflich Porträt-Karikaturen, aktuelle, lokale, humoristische, satirisch-politische Karikaturen für die Tagespresse und Beilagen der Tageszeitungen.
Veröffentlichungen in *Uhu, Berliner Illustrirte*, regelmäßige Mitarbeit in den zwanziger und dreißiger Jahren beim *Ulk* (*Berliner Tageblatt*)
Lit.: *Die Kunstschule* (2/1927), S. 36-46

**Koser-Michaelis**, Ruth
* 1896 Berlin
† 1968 Berlin

Graphikerin, Illustratorin
Kinderbuch-Illustrationen. Ihr Stil ist stark farbig koloriert, durch eigenwillige Stilisierung erzielt sie den Übergang von der Wirklichkeit ins Märchenhafte.
Publ.: *Das Grimmsche Märchenbuch* (1937) (mehrmals aufgelegt)
Lit.: Ausst.-Kat.: *Künstler zu Märchen der Bruder Grimm* (1985), S. 11

**Kossatz**, Hans
* 07.02.1901 Brandenburg/Havel
† 27.03.1985 Berlin/West

Maler, Karikaturist, Plastiker
Autodidakt („aus sich selbst herausgewachsen"), Vorbilder: Walter Trier, auch Paul Simmel (für letzteren hat er auch gezeichnet), haben seinen Stil geformt, Nach dem Studium am Technikum Ilmenau/Thüringen (1919-21) arbeitete H.K. als technischer Zeichner im Konstruk-

tionsbüro der Fa. Siemens, Berlin 1922-24. – Danach freischaffender Pressezeichner/Karikaturist in Berlin. Mitarbeit bei der Berliner Presse, ab 1922 u.a. bei *Lustige Blätter, Lachen links, Berliner Leben, Ulk, Koralle, Berliner Morgenpost, Berliner Illustrirte Zeitung* u.a. Nach 1945 bei *Revue, Hörzu, Der Tagesspiegel, Der Insulaner, Puck, Bunte Illustrierte* u.v.a., praktisch im ganzen deutschen Sprachraum. – H.K. suchte und fand die Komik des Alltags und verwandelte sie in zeichnerische Idylle. Sein Humor ist in Bild und Wort typisch berlinerisch. Seine Typen sind die Menschen auf der Straße. Sein Strich ist prägnant, kess und von künstlerischer und karikaturistischer Sicherheit. Seine Zeichnungen vermitteln Freude und Schmunzeln. Als Maler hat H.K. ca. 50 Gemälde geschaffen, sie sind der Wirklichkeit abgelauscht, voller Humor und Stimmung, leicht karikiert mit Sinn für Natur und malerische Winkel, in denen der Mensch sein kleines, kauziges Dasein führt. Als Plastiker hat er aus Zement komische Plastiken gestaltet und in seinem Garten in Lichterfelde aufgestellt.

Einzel-Ausst.: Archivarion (1948), „H.K. zum 75. Geburtstag", Kunstamt Tiergarten (1976), „H.K.-Zeichnungen", Kunstamt Schöneberg (1985) sowie Teilnahme an verschiedenen Sammelausstellungen

Publ.: *Na bitte, auf die Schippe genommen* (1953); *Willi und Familie Kaiser* (1956); *Darin bin ich komisch* (1967); *Offen gestanden, so war es mit mir* (1969); *Heimweh blues* (zus. mit Hildegard Knef 1976); *Sechs handsignierte Schmuckblätter* (Karikaturen 1976); *Ein Preuße erinnert sich* (1984); *Lustige Berliner-Chronik* (1985)

Lit.: Presse: *Deutsche Presse* (Nr. 17/1937); *Erika* (1939); *Revue* (Nr. 22/1948); *Telegraf* (Nr. 129/50); *BZ* (Nr. 35/1953); *BZ* (Nr. 7/1961); Buchbesprechungen in: *Der Tagesspiegel* (v. 6.2.1966, v.1.9.1968, v. 27.9.1970, v. 2.2.1971, v. 7.2.1981, v. 28.3.1985); *Welt am Sonntag* (Nr. 16/1969 und 8.2.1976); *Bild-Berlin* (v. 8.2.1971); *Berliner Morgenpost* (v. 24.5.1967 und v. 6.2.1971); *Telespiegel* (72); *BZ* (v. 16.5.1972 und v. 5.10.1985)

**Kotzian**, Erich
\* 1923 Gera
Karikaturist
Ausst.: „Satiricum '80" (1. Biennale der Karikatur in der DDR, Greiz, 1980: „Zur Jugendweihe")
Lit.: *Satiricum '80*

**Koutroularis**, Panos
\* 1948 Athen
Griechischer Cartoonist seit 1969
Ab 1972-75 in Berlin. – Studium an der Hochschule für bildende Künste, danach zurück nach Athen.
Veröffentlichungen in Deutschland in: *Schöne Welt* u.a.
Lit.: Presse: *Schöne Welt* (Mai 1980)

**Krafft**, Jan Lanwyn (Laurent)
\* um 1710
† 1770
Allegorienmaler, Kupferstecher, Bildsatiriker
Zeitsatire (Kupferstich): Österreichs Landgewinne durch Heirat und Eroberung (1744)
Lit.: H. Dollinger: *Lachen streng verboten* (1972), S. 42, 413

**Kraft**, Peter
\* 1935
Pressezeichner/Gera
Kollektiv-Ausst.: „Satiricum '78"
Lit.: Ausst.-Kat.: *Satiricum '78*

**Krahn**, Fernando
\* 1935 Santiago/Chile
Illustrator, Karikaturist, Kinderbuch-Autor (Nachkomme deutscher Einwanderer)
Studium: Universität Chile/Santiago (3 Semester Jura). Anschließend Lehre als Bühnenbildner und Porträt-Fotograph, 1962 Übersiedlung nach New York, 1967 wieder in Chile. Veröffentlichungen in den USA in *Esquire, Horizont, The New Yorker, The Reporter*. 1973 Übersiedlung nach Spanien (Barcelona). Publikationen (zusammen mit seiner Ehefrau Luz Uribe (Kinderbuchautorin): 40 Kinderbücher, 3 Cartoon-Bände. Veröffentlichungen in Spanien in *La Vanguardia, El Pais*, in Großbritannien in *The Herald Tribune*, in der Schweiz in *Nebelspalter, Tagesanzeiger*, in Deutschland in *stern, Transatlantik, Die Zeit*; Themen: skurril-grotesk-surrealistische Zeichnungen.
Ausz.: „Guggenheim Fellowship" 1973; USA Auszeichnungen für seine und seiner Frau Kinderbücher; zwei spanische Nationalpreise
Publ.: „The Possible Worlds of F.K." (1965); „Cranologie" (1984); „Dramatische Episoden" (1986)
Lit.: H.P. Muster: *Who's who in Satire and Humour* (Bd. 3/1991), S. 122-123

**Krain**, Peter → **Pik** (Ps.)

**Krain**, Willibald
\* 11.12.1886 Dresden
† 1945 Berlin
Maler, Karikaturist
Studium an der Akademie München, bei Angelo Jank, und an der Akademie Breslau. – W.K. zeichnete für *Kladderadatsch, Jugend, Simplicissimus, Der wahre Jacob, Lustige Blätter, Uhu, Berliner Illustrirte Zeitung* u.a. Es sind satirische, politische, aktuelle, humoristische Karikaturen, u.a. auch für Werbung und Propaganda. Wegen seiner progressiven anti-nationalsozialistischen Karika-

turen im *Wahren Jakob* erhielt er zeitweiliges Berufsverbot (1934). 1924 veröffentlichte W.K. Lithographien unter dem Titel *Nie wieder Krieg*. – W.K. gehörte zu den führenden Pressezeichnern des republikanischen Berlin der zwanziger Jahre.
Ausst.: „W.K. (1886-1945) – ein Berliner Pressezeichner, Grafiker und Pazifist, Reporter mit dem Zeichenstift" Urania Berlin (West) April 1987
Lit.: L. Hollweck: *Karikaturen*, S. 150; G. Piltz: *Geschichte der europäischen Karikatur*, S. 271 ...; *Das große Buch des Lachens* (1987), S. 130, 131, 132, 133; *Der wahre Jakob – ein halbes Jahrhundert in Faksimiles* (1977)

**Kralik**, Hans
* 17.05.1900 Neufeld/Burgenland
† 09.05.1971 Düsseldorf

Maler, politischer Zeichner
Studium an der Kunstgewerbeschule Krefeld (1920) und an der Akademie Düsseldorf (bei E. Aufsesser). Ab 1928 künstlerische und politische Tätigkeit. Mitglied in der Künstlergruppe „Junges Rheinland", Agitprop, Sekretär der KPD, Mitbegründer der ARBKD Düsseldorf, graphische Gestaltung von KPD-Propaganda (Flugblätter, Plakate, Broschüren) in Holzschnitt, Radierung und Kupferstich. 1933 Verhaftung. Im KZ „Börger Moor" Bekanntschaft mit Wolfgang Langhoff. Kralik hat dessen Buch *Die Moorsoldaten* illustriert. 1934 Flucht nach Frankreich, Mitarbeit im „Kollektiv deutscher Künstler", Paris, Mitarbeit an der kommunistischen *Deutschen Volkszeitung* und am *Gegenangriff*, 1936 kartographischer Zeichner der spanisch-republikanischen Pressestelle in Paris, 1939 Internierung, 1943 aktiv in der französischen „Resistance", graphische Gestaltung der Blätter *Soldat am Mittelmeer, Unser Vaterland, Volk und Vaterland* sowie von Flugblättern und Propaganda-Material. – 1945 Rückkehr nach Düsseldorf, Kulturdezernat der Stadt Düsseldorf, 1951 Entlassung aus seinem Amt, Nachlaß in der Nationalgalerie Berlin.
Lit.: *Revolution und Realismus – revolutionäre Kunst in Deutschland 1917-1933*, Staatl. Museen Berlin/DDR (1978/79); Ausst.-Kat.: *Widerstand statt Anpassung – deutsche Kunst im Widerstand gegen den Faschismus 1939-1945*, S. 269/70 (1980)

**Kramer**, Günther
* 1916 Dorpat/Estland

Pressezeichner, Karikaturist in Berlin (vor 1939)
Studium an der Kunstschule des Westens, Berlin. – Mitarbeit bei *Reichssportblatt, Lustige Blätter* u.a. K. zeichnete Sport-Karikaturen und komische Snobs.

**Kraszewska**, Otolia Gräfin
* 1859 Shitomir/Rußland

Malerin, Zeichnerin, Kunstgewerblerin
O.K. lebte in München und zeichnete ab 1895 für die *Meggendorfer Blätter* und später für die *Jugend* (humoristisch-satirische Zeichnungen). 1892 stellte sie im Münchner Glaspalast bemalte Fächer und Ölbilder aus.
Lit.: L. Hollweck: *Karikaturen*, S. 89, 137

**Krause**, Wolfgang
* 1951

Pressezeichner/Leipzig. Pseudonym: „Zwieback"
Kollektiv-Ausst.: „Satiricum '82", „Satiricum '84"
Lit.: Ausst.-Kat.: *Satiricum '82, '84*

**Krauss**, Clemens
* 1946?

Produktmanager einer Plattenfirma/Hamburg
Zeichner und Namensgeber der „Pillhuhn"-Comic-Figur in *Hörzu*, die zwischen 1969 bis 1979 wöchentlich als Bild veröffentlicht wurden. (Insgesamt 280 Pillhuhn-Comics.) Von den Pillhuhn-Figuren wurden Aufkleber, Poster, Briefmarken und Pillhuhn-Kartenspiele produziert.

**Kredel**, Fritz
* 04.02.1900 Michelstadt/Odenwald
† 1973

Graphiker, Holzschneider, Buchkünstler
Studium an der Kunstgewerbeschule Offenbach, bei V. Hammer in Italien und in der Werkstatt von Prof. Rudolf Koch. F.K. hat über 150 Bücher zu den verschiedensten Themen illustriert und seine Illustrationen dem Inhalt des Buches jeweils angepaßt: volkstümlich, humorvoll oder auch von spätgotischen Holzschnitten angeregt. 1937 erhielt er für seine buchkünstlerischen Arbeiten die Goldmedaille auf der Weltausstellung in Paris. Er zeichnete politische Karikaturen für die Schweizer Satirezeitschrift *Nebelspalter*. Eine Zeitlang war F.K. Lehrer an der Cooper Union Art School in New York.
Publ.: (eigene graphische Bücher) *Blumenbuch* (Holzschnitte nach Zeichnungen v. R. Koch); *Das kleine Buch der Vögel und Nester* (Aquarelle); *Wer will unter die Soldaten* (handschriftliche Soldatenlieder); *Hessische Uniformen; Ein lustiges ABC der Moden, Trachten und Kostüme* (1959); *Odenwälder Geschichten* (1938); (humoristische Graphik) Neufassung des *Struwwelpeter* sowie die drastischen karikaturistischen Zeichnungen zu Ploennies Militärsatire *Leberecht von Knopf*.
Lit.: *Die Buchillustration in Deutschland, Österreich und der Schweiz seit 1945* (2 Bde. 1968 hrsg. v. W. Thiessen); Ausst.-Kat.: *Künstler zu Märchen der Brüder Grimm* (1985), S. 11; Presse: *Die zeitgemäße Schrift* (Nr. 47/1939); *Das große Lexikon der Graphik* (Westermann) S. 304

**Kreibig**, Erwin von
* 27.07.1904 München
† 02.09.1961 München
Maler, Zeichner, Bühnenbildner
Nach einer Modellbildhauerlehre Studium an der Kunstgewerbeschule München, bei R. Riemerschmid. Mitarbeit u.a. bei *Simplicissimus, Jugend, Querschnitt, Eulenspiegel*. Die Themen der Karikaturen liegen zwischen Idylle und Sozialkritik (Bettler, Trinker, Schwabinger Boheme, Kinderelend, Kriegskrüppel, Bordellszenen). 1927-32 entstehen Entwürfe für Münchener Bühnen, 1932 in Paris, als „entartet" verfemt, verließ er Deutschland und lebte von 1933-36 in Nizza, dann in San Remo, 1952 Rückkehr nach München.
Ausst.: Glaspalast München (1925), – Juryferien München (1930) – Kunstverein München (1957), Badischer Kunstverein Karlsruhe (1958), Wilh.-Busch-Museum, Hannover (1985)
Ausz.: 1961 „Schwabinger Kunstpreis" für Malerei
Lit.: Ausst.-Kat.: *E.v.K.* (Galerie Hielscher 1952); *E.v.K. Kunstverein München* (1957); *Die Zwanziger Jahre in München* (1979), S. 756; Presse: *Die Kunst und das schöne Heim* (Nr. (8/1950, S. 281-83); *Das Kunstwerk* (Nr. 2/1953, S. 27); *Das große Lexikon der Graphik* (Westermann) S. 304

**Kreidolf**, Ernst
* 09.03.1863 Tägerwilen/Kanton Thurgau
† 12.08.1956 Bern
Lithograph, Maler, Zeichner, Schriftsteller
Nach Lithographenlehre in Konstanz Studium an der Kunstgewerbeschule München (1883-85) und der Akademie München (1885-89). Tätig in Partenkirchen von 1889-95, in München von 1895-1916, danach in Bern. – E.K. gilt als Vorläufer des Schweizer Jugendstils. Mit seinen Veröffentlichungen begann die Epoche des Künstler-Bilderbuches. Seine Phantasie lebte in den Darstellungen seiner Pflanzen und Tiere in einer Metamorphose zum Menschlichen. Sein Vorbild war der französische Graphiker Grandville. – E.K. illustrierte Dehmels Kinderbuch *Fitzebutz* (1900). Ansonsten schrieb und illustrierte er eigene Kinderbücher, in denen personifizierte Blumen und Tiere und Insekten die Hauptrolle spielen. Neben seinen acht Märchenbüchern zwischen 1898 und 1930 veröffentlichte E.K. vier Mappenwerke über Blumen, Winter und biblische Bilder.
Lit.: W. Fraenger: *E.K. – ein Schweizer Maler und Dichter* (1917); M. Huggler: *Das Werk von E.K.* (1933); L. Hollweck: *Karikaturen*, S. 139; *Das große Lexikon der Graphik* (Westermann) S. 304

**Kreis**, Julius
* 31.08.1891 München
† 31.03.1933 München
Lehrer, Schriftsteller, Zeichner
Studium an der Akademie München bei Adolf Schinnerer. Mitarbeiter bei *Jugend* und *Fliegende Blätter*. Bester Kenner altbayerischer und Münchner Landsleute; als gemütlicher „Justus Guck in die Luft" glossierte er in der *München-Augsburger-Abendzeitung* allwöchentlich Lokalereignisse und „Münchener Spaziergänger". J.K. hat seine schriftstellerischen Arbeiten (Dialektgeschichten) als Zeichner humoristisch illustriert, aber auch Paul Neu hat Bücher von J.K. illustriert. – Sein Nachlaß (126 Manuskripte, 392 Zeichnungen) befindet sich in der Stadtbibliothek München.
Ausst.: J.K. München (1961)
Publ.: *Der umgestürzte Huber* (scharfsinige, ironische Geschichten in Münchner Dialekt über Revolutionäre und Revolutionierte); *Kleine Großstadt* (hrsg. v. Eugen Roth)
Lit.: Böttcher/Mittenzwei: *Dichter als Maler* (1980), S. 290-91; L. Hollweck: *Karikaturen*, S. 148, 149, 214; R. Lempp: J.K. – Ausst. München (1961); Ausst.-Kat.: *Die Zwanziger Jahre in München* (1979)

**Kreische**, Gerhard
* 12.06.1905 Magdeburg
† 1976 Berlin/West
Grafiker, Karikaturist
Studium an der Akademie Leipzig (Meisterschüler von Prof. Tiemanns) Mitarbeit bei *Der Insulaner* (Titelblätter, Einzelzeichnungen) und *Ulenspiegel*. G.K. zeichnete Graphik mit karikaturistischem Einschlag. Er war Mitbegründer von *Athena*. Professor an der Hochschule für angewandte Kunst, Berlin-Weißensee, danach Professor an der Hochschule für bildende Künste, Berlin-West.
Ausst.: in Berlin, Trier, Mülheim, Mannheim, Dresden, Plauen, Leipzig.
Lit.: *Archivarion* (3/1948), S. 55; *Ulenspiegel 1945-50*, S. 12, 17, 25, 32, 241

**Kreki** (Ps.)
* 14.04.1892
Bürgerl. Name: Paul G. Chrzescinski
Karikaturist und Verfasser von lustigen Kinderbüchern und Kinder-Fernsehfilmen in Berlin
Lit.: Presse: *Der Tagesspiegel* (v. 14.4.1972)

**Kretzschmar**, Harald
* 23.05.1931 Kleinmachnow bei Berlin
Karikaturist und Illustrator/Kleinmachnow
H.K. war Vorsitzender der Sektion „Karikaturisten/Pressezeichner im Kulturbund der DDR". Studium an der Hochschule für Grafik und Buchkunst, Leipzig (1950-55). Erste Karikatur (1953) in der *Leipziger Volkszeitung*, ab 1955 Mitarbeiter bei: *Eulenspiegel, Neues Deutsch-*

*land, Der Sonntag* u.a. H.K.zeichnet politische, satirische, humoristische Karikaturen, seit 1958 Porträt-Karikaturen (auch als Bücher); er fertigt Graphiken (Siebdruck, Lithographien) und Terrakotten (Kopf-Karikaturen).
Kollektiv-Ausst.: u.a. „Satiricum '80" (1. Biennale der Karikatur in der DDR, Greiz, 1980: „Von Mensch zu Mensch I", „Von Mensch zu Mensch II", „Das Erbe des Diktators", „Wieviel Bomben braucht der Mensch?") „Satiricum '78", „Satiricum '82", „Satiricum '84", „Satiricum '86", „Satiricum '88", „Satiricum '90"
Ausz.: Preis des Verbandes der Bildenden Künstler der DDR anläßlich „Satiricum '88"
Publ.: (Porträt-Karikaturen) *Mimen und Mienen* (1962); *Mimengalerien* (1965); *Von Angesicht zu Angesicht* (1989)
Lit.: *Der freche Zeichenstift* (1968), S. 155; *Bärenspiegel* (1984), S. 204; *Resümee – ein Almanach der Karikatur* (3/1972); Ausst.-Kat.: „Satiricum '80" (1980), S. 14; und die weiteren Ausstellungskataloge

**Kreuzer**, Walter
\* 1946 Hannover
Maler, Karikaturist
Studium an der Hochschule für bildende Kunst, Hamburg (freie Malerei).
Veröffentlichung von humoristisch-satirischer Karikaturen u.a. in *pardon*.
Lit.: Presse: *pardon* (6/1975)

**Kriegel**, Volker
\* 1943
Karikatur, Musiker/Komponist (hauptberuflich)
Studium der Soziologie, Psychologie/Frankfurt. Ab 1968 Cartoonist (nebenberuflich).
Veröffentlichungen in *Revue, Bertelsmann Briefe, journalist* u.a. – V.K. zeichnet Cartoons ohne Worte, u.a. die Cartoon-Serie *Mild Maniac Orchestra* (Milde Verrückte), so heißt auch seine Vier-Mann-Band (Rockmusik). Er schrieb zahlreiche Film- und Hörspielmusiken/Manuskripte für Funk und Fernsehen. Am 13. Okt. 1970 sendete die ARD seinen Zeichentrickfilm „Der Flöterich". 1979 entstand der Zeichentrickfilm „Der Falschspieler" (London), ausgezeichnet 1985 in Los Angeles. – Mitwirkung bei über 30 Langspielplatten.
Publ.: *Der Rock'n-Roll-König* (Erzählung); *Hallo und andere wahre Geschichte* (Cartoons); *Kleine Hundekunde* (Cartoons)
Lit.: *70 mal die volle Wahrheit* (1987)

**Kriesch**, Rudolf
\* 30.05.1904 St. Pölten/Österreich
Österreichischer Maler, Graphiker, Karikaturist
Studium an der Graphischen Lehr- und Versuchsanstalt Wien, Studien in Paris. Seit 1929 in München. Th.Th. Heine holte ihn zum *Simplicissimus* (1931). R.K. zeichnete humoristische, gesellschaftskritische, zeitbezogene Blätter zu allgemeinen Themen, die Texte zu den Bildern lieferte die Redaktion. Er ist Illustrator vieler Bücher,vor allem französischer Autoren. Mitarbeit bei *Querschnitt, Jugend, Münchener Illustrierte Presse, Epoca, Berliner Illustrirte Zeitung, Reclams Universum, Simplicissimus* (1954-67). R.K.s Zeichnungen im alten *Simplicissimus* waren tpyisch münchnerisch-bayrisch, im neuen dagegen voller Pariser Flair. – Verschiedene Einzel-Ausstellungen.
Ausst.: „Schwabinger Kunstpreis" (1966)
Publ.: *Menschen und andere Leute – Simol'eien von R.K.* (160)
Lit.: *Der freche Zeichenstift*, S. 158; *Heiterkeit braucht keine Worte*; Ausst.-Kat.: *K.* (1961; Wilh.-Busch-Museum, Hannover; *Typisch deutsch?*, S. 24

**Kriki** (Ps.)
\* 1950 Lamstedt, b. Stade
Bürgerl. Name: Christian Gross
Lehrer, Collagist, Comiczeichner, Redakteur/schreibt sich „Cartunist".
Studium der Pädagogik, Biologie, Kunsterziehung in Frankfurt und Kassel (1970-76). 1976-80 Lehrer an einem Mittelstufenzentrum, ab 1980 verstärkte Tätigkeit als Karikaturist. – 1982 Eröffnung des Comic-Ladens in Berlin/West „Grober Unfug", Redakteur für Comic-Zeitschriften *Schmutz und Schund, Skandal, rAd ab!, Berliner Verallgemeinerte*. Die Themen sind komisch, grotesk, absurd.
Veröffentlichungen in: *betrifft erziehung, Päd Extra, Sozial extra, Berliner Lehrerzeitung, zitty, psychologie heute, Karicartoon, Grober Unfug, rAd ab!, Schmutz und Schund, Berliner Verallgemeinerte*
Publ.: (Mitarbeit) *Schnell im Biss; Hurra, wir sind genormt, Friede, Freude, Eierkuchen*; (eigene Bücher) *Idiotikon; Der Berg ruft; Collagenbuch – Klebe-Kursbuch für Kreative*; Presse: *Deutsches Allgemeines Sonntagsblatt* (28/1984)
Lit.: *Wenn Männer ihre Tage haben* (1987); *70 mal die volle Wahrheit* (1987); Ausst.-Kat.: *3. Internationaler Comic-Salon*, Erlangen (1988), S. 10

**Krippel**, Gustav
\* 1925
Österreichischer Hobby-Karikaturist, Signum: „Guk"
Bildung in Volkshochschulkursen (Autodidakt), gelernter Eisenbahnschlosser. K. zeichnet nebenberuflich Cartoons ohne Worte (Situationskomik). Veröffentlichungen in Zeitungen und Zeitschriften
Publ.: *Humor am Schienenstrang* (Cartoons über Kunden und Personal der Eisenbahn 1978)
Lit.: *Schöne Welt* (1/1974)

**Krüger**, Arthur
* 1866

Bildhauer, Medailleur, Zeichner, tätig in Berlin
Gelegentlicher Zeichner für den *Kladderadatsch*, zeichnet kritisch-satirische aktuelle Karikaturen, Militär-Sugets um 1910.
Lit.: *Kladderadatsch – ein Berliner Witzblatt von 1848-1944* (1980), S. 230; *Facsimile Querschnitt* (1965), S. 161, 162, 168, 169

**Krüger**, Franz
* 03.09.1797 Großbadegast, Köthen
† 21.01.1857 Berlin

Maler, Zeichner
Studium an der Akademie Berlin (1812-14). Preußischer Hofmaler. Spitzname: „Pferdekrüger" (wegen seiner gelungenen Pferdedarstellungen). Porträtist im Berliner Biedermeier, Professor an der Akademie Berlin (ab 1825).
Werkauswahl: „Parade auf dem Opernplatz" (1829), „Ausritt des Prinzen Wilhelm mit dem Künstler" (1836), „Huldigung der Stände an Friedrich IV. von Preußen im Berliner Lustgarten" (1844). – Als humoristischer Zeichner der kessen Berliner Mitarbeit beim Verlag Gropius an *Berliner Witze und Anekdoten*. Wegen seiner vielen Gemäldeaufträge blieb F.K. nur wenig Zeit für seine humoristischen Zeichnungen. Trotzdem gehört er neben Dörbeck, Schadow und Hosemann zu den klassischen Zeichnern des Berliner Humors im 19. Jahrhundert.
Lit.: G. Piltz: *Geschichte der europäischen Karikatur*, S. 156

**Krumme**, Raimund
* 1950 Köln

Graphik-Designer, Zeichentrickfilm-Animator
Studium an der Hochschule der Künste Berlin/West (1970-75). Lehrtätigkeit an der Kunsthochschule Braunschweig (1976-82), experimentelle Medienpraxis, Autor beim SFB (Sender Freies Berlin, 1977-80).
Filme: *Les phantomes du chateaux* (1980); *Spaghetti, Zwischenfälle* (1981), *Puzzel* (1982), Produktion der animierten Sequenzen in Helmut Costards Film *Echtzeit* (1983), *Und der Sessel fliegt durchs Fenster* (1984), *Der Seiltänzer* (1986), *Zuschauer* (1989). – Für *Seiltänzer* erhielt R.K. drei Preise in Annecy (1987).

**Kruse**, Werner → Robinson (Ps.)

**Kubin**, Alfred
* 10.04.1877 Leitmeritz
† 20.08.1959 Schloß Zwickledt, bei Wernstein/Österreich

Zeichner, Graphiker von Weltruf, Schriftsteller
Studium: 1888 Kunstgewerbeschule Salzburg, 1898 (Ludwig Schmitt-Reutte). Akademie München – Mitarbeit bei *Simplicissimus* (bis in den Zweiten Weltkrieg hinein) und *Jugend*. A.K. ist Zeichner einer skurril-dämonischen, geheimnisvollen Welt, welche das Traumhaft-Gespenstische, das Unheilvolle und die düsteren Seiten des Lebens darstellt. Ausdrucksmittel seiner Kunst sind die Federzeichnungen und die Lithographien – die kritzelig, nervösen, wirrscheinenden Federstriche – die er zu einer ganz persönlichen Handschrift gestaltet. A.K.s Zeichnungen zeugen von einem phantastischen grüblerischen Geist von grotesken und bizarren Vorstellungen. Klingers Radierungen, Zeichnungen von Goya, Ensor, Redon und Munch halfen A.K. zu eigener Ausdrucksweise.
A.K. ist Vertreter einer phantastischen Kunst und ein romantisch verträumter, humorig verspielter Zeitkritiker. Als Illustrator bevorzugte er wesensverwandte Autoren phantastischer, gruseliger, romantischer Geschichten wie E.T.A. Hofmann oder E.A. Poe. A.K. hat etwa 125 Werke illustriert und mehr als 60 Buchumschlge gezeichnet.
Publ.: Mappenwerke (teilweise mit eigenem Text, ab 1903); Faksimiledrucke: *Orbis pictus, Rübezahl, Phantasien im Böhmerwald, Die Geschichte von dem Kobold Stilzel, Ali der Schimmelhengst*; Ab 1909 Roman *Die andere Seite*, 1911 *Sansara, ein Zyklus ohne Ende*, 1918 *Ein Totentanz*, 1922 *Von verschiedenen Ebenen*, 1925 *Der Guckkasten*, 1925 *Rauhnacht*, 1927 *Heimliche Welt*, 1933 *Ein Bilder ABC*, 1939 *Vom Schreibtisch eines Zeichners*, 1941 *Abenteuer einer Zeichenfeder*, 1951 *Phantasien im Böhmerwald*, 1952 *Abendrot* (45 unveröff. Zeichnungen), 1949 *Nüchterne Balladen*.
Lit.: (Auswahl) H. Eßwein: *Alfred Kubin* (1911); A. Horodisch: *Alfred Kubin als Buchillustrator* (1949); P. Raabe: *Alfred Kubin, Wirkung* (1957); H. Bisanz: *A.K. Zeichner, Schriftsteller und Philosoph* (1977); A. Marcks: *Der Illustrator Alfred Kubin* (1977)

**Kubinyi**, Alexander von
* 14.03.1875 Debrezin/Ungarn
† 14.11.1949 München

Ungarischer Maler, Zeichner, tätig vor allem im München
Studium bei Simon Hollósy und in Nagybanya. – Mitarbeit bei der *Jugend* (ab 1898). A.K. zeichnete gern Typen aus dem Varieté, allgemeine Sujets, keine Politik und nur gelegentlich bayrische Motive. Trotz größerer Unterbrechungen kam er immer wieder nach München zurück.
Lit.: G. Hermann: *Die deutsche Karikatur im 19. Jahrhundert*, S. 123; L. Hollweck: *Karikaturen*, S. 139, 147

**Küchler**, C.H.
* 06.05.1866 Ilmenau
† 1903 Berlin

Maler, Zeichner

Studium an den Akademien Weimar und München. – C.H.K. zeichnete humoristische Darstellungen aus dem modernen Leben für humoristische Zeitschriften in Genre-Manier.
Lit.: Verband deutscher Illustratoren: *Schwarz-Weiß*, S. 74

**Küchler**, Hans
* 18.07.1929 Stans/Niderwalden

Graphiker, Karikaturist, Signum: „Kú"
Maschinenzeichner-Lehre im Flugzeugwerk Pilatus 1944-48. Studium an der Kunstgewerbeschule Luzern, bei Max von Moos. Danach tätig in Pharma-und Textilbetrieben. Seit 1962 Chefgraphiker der Schweizerischen Verkehrszentrale Zürich. – Mitarbeit bei *Nebelspalter, Revue Schweiz, Elements, LNN* u. *Tages-Anzeiger Magazin*. H.K. zeichnete humoristische, satirische, zeitkritische, politische Karikaturen (Titelblätter, ein- und zweispaltig) und er schuf die Illustrationen u.a. zu *Redbum* (H. Melville 1952), *Commedia dell'Arte* (R. Spörri 1962), *Roboter* (R. Simmen 1967), *Once Upon an Alp* (E.V. Epstein 1968), *Miniprofil der Schweiz* (H. Tschäni 1971), *E. Schieffi* (H. Derendinger 1977), *Leben* (P. Tschanz 1977), *Zu den Wassern* (C. Peikart-Flaspöhler 1981), *Die Jahrhunderttreppe* (S. Walter 1981).
Kollektiv-Ausst.: 50 Jahre Schweizerische Verkehrszentrale Zürich „Gegen Angina Temporis", Kunsthaus Zürich (1972) „Karikaturen-Karikaturen?": H 57 „Flugzeug/In Leard"
Lit.: *Who's who in Graphic Art* (II 1982), S. 698; Ausst.-Kat.: *Karikaturen-Karikaturen?*, S. 67

**Kuggeleijn**, FHH
* 1947 Amsterdam

Holländischer Cartoonist/Winterswijk (in einem alten Bauernhaus)
Begann 1966/67 in Barcelona Cartoons zu zeichnen. 1969/70 lebte er mit Frau und Kind in einem einsamen Waldhaus – 70 km von Stockholm.
Veröffentlichungen in: *Punch, Nebelspalter* u.a., in der Bundesrepublik in *Süddeutsche Zeitung, Schöne Welt* u.a.
Lit.: Presse: *Schöne Welt* (Mai 1977)

**Kuhrt**, Gerhard
* 15.12.1912 Berlin
† Herbst 1991

Pressezeichner, Karikaturist, Signum: „Pinguin" oder „T.R. Huk" (Name: umgekehrt)
Schüler von Otto Nagel und Käthe Kollwitz. Veröffentlichungen unter dem Pseudonym „Pinguin" nachdem er vom NS-Presseverband Druckverbot erhalten hatte. – Mitarbeit u.a. bei *Münchener Illustrierte Presse, Der Adler, Wiener Illustrierte, Kölnische Illustrierte*. Nach 1945 zunächst politische antifaschistische Karikaturen für die sowjetisch-lizensierte Presse, u.a. für *Tägliche Rundschau, Neue Berliner Illustrierte, Frischer Wind, Der Insulaner*. Danach wieder unpolitisch-humoristische Karikaturen für die Presse in der Bundesrepublik, u.a. für *Frau mit Herz, Familie heute, Bastei-Rätsel, Hörzu*.
Lit.: Presse: *Tägliche Rundschau* (v. 30.9.1945: I.P. Iwanow über G.K. Pinguin); *Der Insulaner* (9/1948)

**Kujau**, Konrad
* 1938 Löbau/Sachsen

Militaria-Händler (seit 1974), Fälscher der Hitler-Tagebücher (60 Papphefte) für den *stern* (Jahrhundert-Flop). Vermittler war der *stern*-Starreporter Gerd Heidemann. K.K. war 1957, nach abgebrochener Schlosserlehre und angeblichem Kunststudium in Dresden (2 Semester) in die Bundesrepublik geflüchtet. Erhielt wegen verschiedener Delikte mehrere Freiheitsstrafen, zuletzt 1961 8 Monate, die er nicht angetreten hat (er tauchte unter). Während seiner Haftzeit zeichnete K.K. Hitler-Karikaturen, die in der Presse, im Zusammenhang mit den Berichten über seine Hitler-Fälschungen erschienen, u.a. in *Quick* (43/1984, 24/1985) und *Der Spiegel* (11/1984). K.K. hat auch bekannte Meister gefälscht, u.a. Chagall, Rubens und Lenbach.

**Kulle**, Werner
* 1909 Berlin-Spandau
† 1979 Berlin-Spandau

Pressezeichner, Illustrator, Karikaturist
Lehre als Feinmechaniker, danach Studium an der Kunstgewerbeschule Berlin (8 Semester, Meisterschüler). Betätigung als Schnellzeichner auf ca. 1500 Bühnen während des Zweiten Weltkrieges (1939-45), nach Kriegsende Buchillustrator. Zeichnete für ca. 500 Kinderbücher Illustrationen, daneben Karikaturen für die Presse, u.a. für *Spandauer Volksblatt* und *Spandauer Heimatkalender* (1956).
Einzel-Ausst.: Galerie Zitadelle Spandau (1979) anläßlich seines 70. Geburtstages
Lit.: Presse: *Deutsche Presse* (Nr. 2/1938); *Berliner Morgenpost* (v. 18.5.1979, 29.5.1979); *Spandauer Volksblatt* (v. 19.5.1979)

**Kunert**, Günter
* 06.03.1929 Berlin

Maler, Zeichner, Schriftsteller (Lyriker)
Studium an der Kunsthochschule, Berlin-Weißensee. G.K. begann 1948 seine Laufbahn als Karikaturist mit humoristischen Zeichnungen und Bildern ohne Worte in der DDR-Presse. Mitarbeit u.a. bei *Ulenspiegel, Der Sonntag, Neue Berliner Illustrierte*, später auch beim Westberliner *Der Insulaner*. Als Zeichner hat er viele

seiner Bücher selbst illustriert. Mit der Erstveröffentlichung *Wegschilder und Mauerinschriften* (1950) startete er seine Schriftsteller-Karriere. Seine literarischen Arbeiten sind Warnung und persönlicher Aufruf. Sie setzen sich für das Menschliche ein. Mit einem Ausreisevisum für 1050 Tage übersiedelte G.K. im Herbst (1979) in die Bundesrepublik. – Sein literarisches Werk umfaßt Hör- und Fernsehspiele, Libretti für Opern und Kantaten, literarische Arbeiten über Maler und Malerei (Kubin, Dürer). G.K. hat Lichtenbergs Erläuterungen zu Hogarths Kupferstichen fortgesetzt.
Lit.: G. Piltz: *Geschichte der europäischen Karikatur* (1976), S. 299; Böttcher/Mittenzwei: *Dichter als Maler* (1980), S. 352-353; *Der Insulaner*; Presse: *Der Sonntag* (v. 24.4.1949)

**Kunow**, Christiane
\* 1947
Karikaturistin/Plastikerin Berlin
Kollektiv-Ausst.: „Satiricum '80 (1. Biennale der Karikatur in der DDR, Greiz, 1980: „Die 4. Schicht", „Erkennungszeichen – Zeitung in linker Hand", „Brigade Alice Müller" (alles Suralin-Arbeiten))
Lit.: Ausst.-Kat.: *Satiricum '80*, S. 25

**Kupka**, Franz
\* 1871
† 1957
Pressezeichner, Illustrator
Mitarbeiter, u.a. bei *Berliner Illustrirte Zeitung* und *Berliner Morgenpost* um 1900. F.K.s Zeichnungen sind mehr illustrativ als karikaturistisch.
Lit.: Zeichner der Zeit, S. 41, 50, 51, 66

**Kuron-Gogol**, Viktor
\* 1896
† 1952
Maler, Zeichner in Berlin (seit 1945 Berlin-West)
Mitarbeiter beim *Ulenspiegel*, Zeitschrift für Literatur, Kunst und Satire (1945-50, gegr. von Herbert Sandberg und Günter Weisenborn). V.K.-G. zeichnete zeitkritische, antifaschistische Karikaturen.
Lit.: G. Piltz: *Geschichte der europäischen Karikatur* (1976), S. 297f, 299; *Ulenspiegel*, S. 165, 197, 204, 208, 223, 229, 239

**Kurowski**, Walter
\* 1939 Kettwig
Karikaturist, Graphiker, Signum: „KURO"/Oberhausen
Abgebrochene Graveur-Lehre, dann Studium an der Folkwangschule für Gestaltung, Essen, ab 1960 politischer Karikaturist.
Veröffentlichungen in der Gewerkschaftspresse und in *abi Berufswahl-Magazin* und *Eulenspiegel* (Berlin DDR), weiter in Betriebszeitungen, auch Mitarbeit beim *Rhein-Ruhr-Spiegel*. W.K. zeichnet politische Karikaturen (SPD-Ideologie), es entstehen: Juso-Lehrlingsfibel, Agitations-Broschüren, politische Plakate, er ist Juso-Hausgraphiker. Kurzfristig war W.K. auch Kunsterzieher an der Gesamtschule Oberhausen und Lehrbeauftragter an der Fachhochschule Bielefeld.
Ausst.: (mit Gerhard Seyfried) Elefanten-Press Galerie Berlin-West (Mai-Juni 1979)
Ausz.: Folkwang-Leistungspreis für Graphik (1960)
Lit.: Ausst.-Kat.: *Die politische Karikatur in der Bundesrepublik/Berlin-West* (1974/78), S. 18-31; Presse: *Der Spiegel* (17/1972: „Kampf dem Unternehmen"); *ZAW-service* (107/108 – 1982: „Werbung per Klassenkampf"; DDR-FernsehenI: „Alltag im Westen – die Kleinen sind nicht klein" – Film über den Maler und Graphiker W.K. (21.7.1981)

**Kurze**, Cleo
\* 1951 Berlin/DDR
Karikaturistin/Graphikerin, Pressezeichnerin/Berlin
Veröffentlichung von Illustrationen und Karikaturen in *Eulenspiegel* u.a.
Kollektiv-Ausst.: „Satiricum '80 (1. Biennale der Karikatur in der DDR, Greiz, 1980:„Die Einzelfahrer", „Ohne Worte"), „Satiricum '82", „Satiricum '84", „Satiricum '86" (Sonderpreis), „Satiricum '88", „Satiricum '90"
Lit.: Ausst.-Kat.: *Satiricum '80*, S. 25; sowie die weiteren „Satiricum"-Kataloge

**Küstenmacher**, Werner
\* 1954
evangelischer Pfarrer in München und Hobby-Karikaturist, Spitzname: „Gottes Hofnarr"
K. zeichnet seit 1974 Karikaturen und lustige Zeichnungen zu kirchlich-religiösen Themen.
Publ.: 5 Bücher
Lit.: Presse: *Bildwoche* Nr. 11/1989

**Kutschera**, Rolf
\* 1949? Stuttgart
Maler, Cartoonist
Freiberufliche (ständige Mitarbeit), u.a. bei *auto, motor und sport, stern*. R.K. zeichnet Cartoons ohne Worte (Thema „Auto und Autofahrer" – mit oft bissiger Komik) sowie die Comic-Folgen: *Fies feixende Männchen mit ihren wahnwitzigen Konstruktionen*.
Einzel-Ausst.: (u.a.) BMW Verkaufspavillon Berlin/West, Kurfürstendamm (Okt. 1982)

**Kutz**, Erwin
\* 02.06.1911 Berlin

Pressezeichner, Karikaturist (Autodidakt)
Mitarbeit bei *Marie-Luise, Koralle, Grüne Post* u.a. Nach 1945 bei *Tägliche Rundschau, Neue Berliner Illustrierte, Der Sonntag* u.a. E.K. war früh Mitglied in der „Sozialistischen Arbeiterjugend" und politischer Karikaturist im Sinne der DDR. Nach Differenzen mit der DDR-Presse Übersiedlung in die Bundesrepublik, hier ebenfalls politische Zeichnungen, Signum: „Patt".
Publ.: *Heiterkeit der Aufbauzeit*
Lit.: *Der Spiegel* (Nr. 22/1951)

# L

**Labowsky**, Paul → **KAY** (Ps.)

**Lada**, Josef
\* 17.12.1887 Hrusice/südlich von Prag
† 14.02.1957 Prag

Studium an der Kunstgewerbeschule, Autodidakt. – Weltbekannt als Zeichner zu *Die Abenteuer des braven Soldaten Schwejk* von Jaroslav Hasek. J.L. begann mit Karikaturen in der Prager Zeitschrift *Máj*, danach in *Muskete* und *Pasquino* in Wien (ab 1904). Erste Begegnung und Freundschaft mit Jaroslav Hasek (1904). Ab 1909 Redakteur der Satire-Zeitschrift *Karikatury* und Mitarbeiter am *Sibenickich* (Kleiner Galgen). Ab 1911 veröffentlichte J.L. die ersten Schwejk-Geschichten. *Die Abenteuer des braven Soldaten Schwejk* erschienen erstmals am 14. März 1921 in Fortsetzungsheftchen nicht in tschechischer, sondern in deutscher Sprache (Übersetzerin Grete Reiner). J.L.s Karikaturen haben alle in den Schwejk-Abenteuern vorkommenden Typen bildhaft gemacht: den Oberleutnant Lukasch, den Sappeur Woditschka, den Feldkuraten Katz, alle anderen komischen Figuren und vor allem den Schwejk selbst. Hasek starb 1923. Sein *Schwejk* blieb unvollendet (fortgesetzt von H. Vánek). J.L. zeichnete weiter am *Schwejk*. 1924/25 entstanden 540 Zeichnungen. Die Verbindung von Zeichnungen und Text machte das Buch berühmt und war die Vorlage für die späteren Verfilmungen. – J.L. hat weiterhin ca. 40 Kinderbücher (z.B. *Kater Mikesch*) geschrieben und illustriert (z.T. mit seiner Tochter). Etwa 1500 Zeichnungen sind dazu entstanden.
Ausst.: Zwischen 1928-46 etwa 60 in ganz Europa
Ausz.: 1937 Ehrentitel „National-Künstler", Jugendbuchpreis der Bundesrepublik für *Kater Mikesch* (1963)
Publ.: (Auswahl) Chronik des Lebens; Die Abenteuer des braven Soldaten Schwejk in 554 Bildern (1926)
Lit.: J. Hasek: *Osudy dobrého vojáka Svejka / Sobrázky Josef Lady* (1922) H.P. Muster: *Who's Who in Satire and Humour* (1) 1989; S. 104-105; Presse: *Berliner Morgenpost* (v. 17. Aug. 1979); *stern* (Nr. 20/1983)

**Laleike**, Rüdiger
\* 1948
Zeichner/Stendal
Kollektiv-Ausst.: „Satiricum '84", „Satiricum '88", Greiz
Lit.: Ausst.-Kat.: *Satiricum '84, Satiricum '88*

**Lammerfink**, Harry → **Yrrah** (Ps.)

**Lang**, Ernst Maria
\* 08.12.1916 Oberammergau
(Sohn des Passions-Spielleiters und Bildhauers Joh. Georg Lang)

Diplom-Architekt, Karikaturist, Signum: L. (mit Punkt) Studium an der TH München (ab 1938, ab 1949) Architektur. Seit 1961 Professor, Leiter des Berufsbildungszentrums für Bau und Gestaltung, München. Er schildert Münchener Lokalereignisse bis hin zur Politik Bayerns und der Bundesrepublik und sogar zur Weltpolitik der Supermächte. Seit 1954 ist er wöchentlich im Bayrischen Fernsehen, ab 1972 gemeinsam mit Ernst Hürlimann („Doppelter Ernst") zu sehen. E.M.L. ist Illustrator von: Eckahrd Hachfeld: *Amadeus Weltgeschichte von Adam bis Columbus, Bayrische Raritäten in Vers und Prosa* und *SZ-Karikade – Die Zeichner der Süddeutschen Zeitung* und er schuf die Rosenthal-Teller-Satiren: „Politiker im Porzellan-Laden". – E.M.L. beteiligte sich an verschiedenen Ausstellungen.
Ausz.: Theodor-Wolff-Preis für Karikatur, Ludwig-Thoma-Medaille in Gold (1971), München leuchtet Goldmedaille, Bayrische Staatsmedaille für Wirtschaft, Schwabinger Kunstpreis
Publ.: *Politische Drehbühne; Korsaren und Korsette; Die Zwerge gehen in volle Deckung; Deutschland, ich muß dich lassen; Die – von E.M. Lang Gezeichneten; ... so Lang die*

*Tusche reicht; von Lang durchschaut und kurz gezeichnet; Die Spekulanten*
Lit.: *Störenfriede – Cartoons und Satiren gegen den Krieg* (1983); H.P. Muster: *Who's Who in Satire and Humour* (1) 1989, S. 106-107; Ausst.-Kat.: *Spitzensport mit spitzer Feder* (1981), S. 32

**Langelotz**, Gottfried
* 1936 Erfurt
Zeichner/Karikaturist
Lit.: *Resümee – ein Almanach der Karikatur* (3/1972), S. 54

**Langer**, Heinz
* 1937 Heidenheim
Freiberuflicher Cartoonist, seit 1972 in München
Nach kaufmännischer Lehre, verschiedene Berufe, teils außerhalb Deutschlands. H.L. zeichnet humoristisch-satirische Cartoons, ohne Worte, voller Tief- und Unsinn menschlicher Existenz – monotone, starre Figuren – als Ausdruck uniformen Daseins.
Veröffentlichungen in *stern, Welt am Sonntag, Kristall, Süddeutsche Zeitung, Vorwärts, Frankfurter Rundschau, Gong, Photo, Deutsches Allgemeines Sonntagsblatt, Rheinischer Merkur, Cosmopolitan, Computerwoche, Wirtschaftswoche* u.a. wie in *Lui, Medical Tribune, Die Weltwoche*
Kollektiv-Ausst.: in München, Berlin/West (Cartoon 77) und Gabrovo (Bulgarien)
Ausz.: Cartoon-Preis der japanischen Zeitung „Yomiuri Shimbun"
Publ.: *H.L. Cartoons* (1979); *Lis Landleben* (1980); *Langer Samstag* (1982); *Denkspiele* (1983); *Tau träumt durch den Tag, Mäuschen grau; Freitag der 13.8.82; Spitze Spritzen, Grimmige Märchen* (1985)
Lit.: *Beamticon* (1984), S. 140; *Die Stadt – Deutsche Karikaturen 1887-1985* (1985); Presse: *Schöne Welt* (Juni 1975)

**Langer**, Matthias
* 1965 Siegen
Cartoon-Zeichner
Studiert Graphik-Design in Köln.
Veröffentlichung, hauptsächlich von Comics und Cartoons in: *Siegener Stadtmagazin Tipp, Lokalausgabe der Westfälischen Rundschau*
Lit.: *Comix für Dowe*

**Langer**, Otto
* 1937
Graphiker, Pressezeichner/Hamburg
Deutsch-Argentinier, seit 1985 in der Bundesrepublik, bevorzugt Cartoons, Comics. 2. Preis im Cartoon-Wettbewerb der Zeitschrift *Quick* (1987).

**Langer**, Werner
* 26.10.1928 Berlin
Karikaturist (während der Studienzeit)
Mitarbeit u.a. bei *Der Insulaner, Der Kurier, Aktion, Horizon, Telegraf, Junge Welt* und *Nachtexpress*. Später arbeitet W.L. als Kunst-Kritiker-Journalist für *Der Abend* und *Der Tagesspiegel*.
Lit.: Presse: *Der Insulaner* (3/1949)

**Lanzedelly**, Josef d.Ä.
* 1774 Wien
† 1832 Wien
Lithograph, Zeichner, Karikaturist
J.L. hat als einer der ersten die Lithographie für seine volkstümlich-lebendigen biedermeierlichen Darstellungen verwendet. Es entstanden J.L.s *Wiener Szenen* (ab 1818) und *Wiener Tagesbegebenheiten* (1825)
Lit.: Ausst.-Kat.: *Bild als Waffe* (1984), S. 415, 459

**Larson**, Gary
* 1951 Seattle/USA
USA-Cartoonist/Seattle (Washington)
Ab 1977 Cartoon-Zeichner.
Veröffentlichungen u.a. in *Washington Post* und *San Francisco Chronicle* sowie in weiteren 900 Zeitungen in Amerika und in 12 anderen Ländern. In Deutschland in *stern* und seit 1989 in *Die andere Seite*. G.L.s Cartoons zeigen „absurde Situationen und bizarre Tiere".
Publ.: (Deutschland): *G.L. Die andere Seite; Zuerst die Hose; Höllenhunde in der Hundehöhle; Ruf des Urwalds; Unter Büffeln; Unter Bären; Auf Safari; Dumme Vögel; Ich und du; Katzenwäsche; Unter Schlangen; Wenn Geier träumen*
Lit.: Presse: *stern* (5/1990)

**Larsson**, Carl
* 28.05.1853 Stockholm
† 22.01.1919 Sundborn (bei Falun)
Schwedischer Maler, Zeichner und Schriftsteller
Studium an der Akademie Stockholm und Freilichtmalerei in der Künstlerkolonie Grèz-par-Nemours, bei Fontainebleau (1877 und 1891-93). 1886-88 und 1891-93 war C.L. Leiter der Zeichenschule des Museums in Göteborg. Seit 1901 in Sundborn (sein Heim wurde 1943 in Carl-und-Karin-Larsson-Museum-Hof umbenannt). – C.L. wurde 1895 bekannt durch humoristische Zeichnungen und Bildergeschichten. Er entwickelte sich zu einem Meister schwedischer Heimatkunst. Mit seinen heiteren und anmutigen Bildern aus Heim und Familie und seinen Buchausgaben wurde er volkstümlich. C.L. hat auch ge-

legentlich für den *Simplicissimus* gezeichnet und Illustrationen zu Andersen-Märchen geschaffen. Als Maler bevorzugte er Fresken: z.B. im Treppenhaus des Nationalmuseums, in der Oper, im Schauspielhaus Stockholm (1894-1908), auch die Bildnisse „Strindberg" (1899) und „Selma Lagerlöff" (1902) stammen von ihm.
Publ.: (Aquarell-Folgen) *Et Hem* (1899), dt. *Das Haus an der Sonne* (1909 + 1973, 24. Aufl.); *Larssons* (1902), dt. *Bei uns auf dem Lande* (1907); *Anderer Leute Kinder*, dt. (1913); *Der Carl-Larsson-Hof* (1975); *C.L. 50 Gemälde* (1976); *C.L. in Selbstzeugnissen*
Lit.: (Auswahl): E. Avenard: *C.L.* (Art et décoration, um 1900); J. Kruse, *C.L.* (1906); Presse: *stern* (Nr. 10/78: Der Maler, der die heile Welt entdeckte); *Welt am Sonntag-Magazin* (Nr. 39/79: Die Welt des Malers C.L.)

## Lassalvy
* 22.04.1932 Montpellier
Französischer Karikaturist/Paris
Vierjähriges Zeichenstudium in Paris. Erste Veröffentlichungen in *Rire*, danach in weiteren französischen Zeitschriften, z.B. in *Ici Paris, Paris Jour* und *Fou Rire*, in der deutschen Presse in *Neue Revue, stern, sexi, Bunte, Freizeit Revue, Humor-Illustrierte, Schlüsselloch, Playboy, Das fröhliche Rätsel* u.a. L. zeichnet humoristische Karikaturen, bevorzugt Sex, ganzseitige Themen sowie Comic-Folgen wie *Seine Süße, Bilder-Rätsel, 10 kleine Fehlereien*. Vertrieb seiner Arbeiten durch Cosmopreß Genf.
Lit.: *Heiterkeit braucht keine Worte*; Ausst.-Kat.: *Zeitgenossen karikieren Zeitgenossen* (1972), S. 231

## Laufberger, Ferdinand
* 16.02.1829 Mariaschein/Böhmen
† 16.07.1881 Wien
Historienmaler, österreichischer Karikaturist
F.L. zeichnete für den Wiener *Figaro* politische Karikaturen mit antipreußischen Ressentiments. 1871 ergriff er Partei für die Pariser Kommune. Als Maler schuf er für Wandmalereien im Neuen Opernhaus in Wien und im Treppenhaus des Österreichischen Museums.
Lit.: E. Fuchs: *Die Karikatur der europäischen Völker*, Bd. I, S. 307, Abb. 325; G. Piltz: *Geschichte der europäischen Karikatur*, S. 223

## v. Lauff, Joseph
* 16.11.1855 Köln
† 22.08.1933 Haus Krein/Mosel
Schriftsteller, Zeichner (geadelt 1913)
1878 Offizier, 1898 Dramaturg am Kgl. Theater in Wiesbaden. Von Kaiser Wilhelm II. geförderter Dramatiker und Erzähler historischer (Hohenzollern) und rheinischer Sujets. Nebenher zeichnete J.L. u.a. auch Karikaturen, die im Kalkaer Museum zusammen mit seinen Büchern aufbewahrt werden. 1980 Ausstellungen von Büchern und Karikaturen von J.v.L. im „Kalkaer Schätzchen". Seine Karikatur „Spargelgrenadier" ist zum Wahrzeichen des Spargeldorfes Walbeck (Niederrhein) geworden (veröffentlicht in: *Rheinische Post* v. 10.6.1980)
Lit.: Presse: *Niederrheinische Blätter*, Mai 1987, S. 29; *Niederrheinische Nachrichten* (v. 3. Nov. 1982)

## Lauterbach, Carl
* 21.11.1906 Burscheid
Maler, Zeichner
Studium an der Akademie Düsseldorf, bei H. Nauen (1924-30), Mitglied des „Jungen Rheinland", der „Rheinischen Sezession". Seine Themen sind kritisch-sozial, politisch. 1930 Dürer-Preis der Stadt Nürnberg und Kollektiv-Ausst. Kunsthalle Nürnberg. 1930/31 Studienaufenthalt in Paris, Mitglied der ARBKD, Düsseldorf. Nach 1933 Überwachung durch die Gestapo, keine Beteiligung an öffentlichen Ausstellungen mehr, Wohlfahrtsunterstützung vom Künstlerhilfswerk, Beteiligung am Widerstand durch Informationsbeschaffung und Weitergabe. Zwischen 1933-45 umfangreiches Werk in verschiedenen Komplexen: „Blätter der Zeit" (1933-35), „Aus dem Kriege" (1939-45), „Pariser Skizzen" (1930-40), „Ghetto", „Politische Karikaturen" und politische Kommentare zum Leben in der NS-Zeit. Nach 1933 Sammlung zeitgeschichtlicher Dokumente, umfangreiches Archiv zur Geschichte des Nationalsozialismus und der Düsseldorfer Kunst, nach 1945 Mitglied im Kulturbund zur demokratischen Erneuerung Deutschlands.
Lit.: A. Klapherk: *C.L. Zeichnungen* (1948); Ausst.-Kat.: *Widerstand statt Anpassung* (1980), S. 270; *C.L. Dokumente der Zeit*, Städt. Kunsthalle Düsseldorf (1947)

## Lavado, Joaquim Salvador → Quino (Ps.)

## Lavater, Johann Caspar
* 15.11.1741 Zürich
† 02.01.1801 Zürich
Theologe, Physiognom, Zeichner, Schriftsteller, Pfarrer in Zürich (Hauptkirche St. Peter)
Hauptwerk: *Physiognomische Fragmente zur Beförderung der Menschenkenntis und Menschenliebe* (4 Bde. 1775-78 mit Bildnissen). J.C.L. wollte in zahlreichen Beispielen die Charakterisierung aus den Gesichtslinien illustrieren und seine Lehre von den körperlichen Ausprägungen der Seele in den Merkmalen des Gesichts und Schädels belegen. Dazu konstruierte er karikaturhafte Umrißstudien, Porträt- und Profilzeichnungen und Silhouetten für seine Erklärungen. Zeichnerische Mitarbeiter waren u.a.: Johann Rudolf Schellenberg, Daniel Chodowiecki, Johann Heinrich Füssli.
Ausst.: *Karikaturen-Karikaturen?*, Kunsthaus Zürich (1972) (G.I.)
Lit.: (Auswahl) F. Muneker: *J.C.L.* (1883); E.v.d. Hel-

len: *Goethes Anteil an den Physiognomischen Fragmenten* (1888); R. Züst: *Die Grundlagen der Physiognomik* (Diss. Zürich 1948); Böttcher/Mittenzwei: *Dichter als Maler* (1980), S. 52, 53; Ausst.-Kat.: *Karikaturen-Karikaturen?* (1972), S. 43

**Lavergne**
* 1921 Paris
Französischer Karikaturist in Paris
Studium der Medizin und Rechtswissenschaft. Ab 1945 Karikaturist für die französischen Humor- und Satire-Zeitschriften. Karikaturen-Folge *Notre Cours de Relaxation*. L. bevorzugt allgemeine, humoristische Sujets aus dem Alltagsleben, Situationskomik, Bilderrätsel-Folgen. Veröffentlichungen in Deutschland u.a. in *Quick*, aber es erschienen auch humoristische Kalender und Bilderrätsel-Folgen. – Unter seinem verschnörkelten Signum zeichnet er 4 Vögel, die ihn selbst, seine Frau, seinen Sohn und seinen Hund darstellen sollen.
Lit.: *Heiterkeit braucht keine Worte*

**Law**, Roger
* 1941 Cambridge
Englischer Karikaturist
Studium an der Cambridge School of Art. Mitarbeiter der *Sunday Times* (politisch-aktuelle Karikaturen). – Nach einem USA-Aufenthalt und Anregungen in New York gewann R.L. seinen Kollegen Peter Fluck zur Zusammenarbeit als Bildhauer-Modellier-Team. Zweck: Karikaturistische Puppenspiele als Zeitsatire.

**Lawrenz**, Hans-Joachim
* 1937
Zeichner/Berlin
Kollektiv-Ausst.: „Satiricum '84", „Satiricum '86", Greiz
Lit.: Ausst.-Kat.: *Satiricum '84* , *Satiricum '86*

**Léandre**, Charles-Lucien
* 23.07.1862 Champsecret/Department l'Orne
† 1930
Französischer Maler, Zeichner, Karikaturist
Mitarbeiter von *Rire*, *Journal Amusant* und *L'Assiette au beurre*. Es entstanden Zeichenfolgen von Politikern, Schauspielern, Rechtsanwälten. Satirisch-gesellschaftskritische, aktuelle, politische Karikaturen und Plakate, mit herausgearbeiteter Charakteristik und satirischer Behutsamkeit, auch über das Leben der Bohème und des Montmartre. Besonders boshaft sind seine Karikaturen der Queen Victoria. – C.L. zeichnete anklagende soziale Karikaturen ohne Sozialist zu sein, übte Kritik an der Bourgeoisie aus moralischen Gründen, als sozial empfindender Intellektueller. – In Deutschland war er Mitarbeiter der *Jugend* in München.

Lit.: G. Piltz: *Geschichte der europäischen Karikatur*, S. 176-77, 179, 186; E. Bayard: *La Caricature et les Caricaturistes* (1900), S. 261-66; H. Schindler: *Monographie des Plakats* (1972); M. Ragon: *Witz und Karikatur in Frankreich* (1960), S. 80-81; *Die Belle Epoque und ihre Kritik* (1980); E. Fuchs: *Die Karikatur der europäischen Völker* II, S. 351, 361, 377, 408, 415, Abb. 399, 421, B XII; *Das große Lexikon der Graphik* (Westermann) S. 309

**Lechner**, Barbara
* 1942
Zeichnerin/Gera
Kollektiv-Ausst.: „Satiricum '78", „Satiricum '80" (1. Biennale der Karikatur in der DDR, Greiz, 1980: „Er kann sich den ganzen Tag", „Die eine Schwester ergriff den Schleier", Folgen: „Der Rechner", „Jo Schulz-Zitat", „Francis-Bacon-Zitat", „Peter-Hacks-Zitat")
Lit.: Ausst.-Kat.: *Satiricum '80*, S. 14; *Satiricum 78*

**Lederer**, Mia
* 05.07.1921 Frederiksund/Dänemark
Graphikerin, Illustratorin, Signum: „m.l."
Freie Mitarbeiterin bei *Der Insulaner*, *Äthena*, *Ulenspiegel*, *Puck*, *Sie*, *Presseball-Almanach* u.a. in den vierziger und fünfziger Jahren. Die Zeichnungen sind graphisch reizvoll, die Linienführung ist von spielerischer Leichtigkeit, leicht karikierend mit erotischem Reiz. M.L. steht in zeichnerischer Verwandtschaft zu Bele Bachem.
Einzel-Ausst.: Bücherstube Marga Schoeller Berlin (1946)
Lit.: *Ulenspiegel 1945-50* (1978),S. 41, 73, 193; *Der Insulaner* (Nr. 5/1948: „Profil von hinten"); *Sie* (Nr. 31/1946)

**Ledwig**, Alfred
* 1930 Oberschlesien
Polnischer Graphiker deutscher Abstammung
Trickfilmzeichner, eigenes Studio in Bielsko-Biaka. A.L. schuf Zeichentrickfilme für Kinder, u.a. „Lolek und Bolek" und „Bolek und Loleks große Reise" (in 80 Tagen um die Welt). Unter dem Vorwurf „Unruhe zu verbreiten" erhielt er Arbeitsverbot, wurde zu Gefängnisstrafe verurteilt und im August 1981 in die Bundesrepublik ausgewiesen. Die beiden Kinderserien „Lolek und Bolek" und „Bolek und Loleks große Reise" wurden mehrmals von der ARD ausgestrahlt, u.a. 1969, 1977, 1978 und 1981.
Lit.: Presse: *Braunschweiger Zeitung* (v. 23.3.1984)

**Leffel**, Jean (Ps.)
* 1918 Genf
Schweizer Graphiker, Karikaturist/Genf
Dekorateur-Lehre/Schriftenmaler. – Mitarbeit bei *Nebelspalter* (seit 1944), *Sie & Er*, *L'Illustrée*, *Schweizer Illu-*

strierte, *Weltwoche*, *Tages-Anzeiger* u.a. E. zeichnet politisch-satirische Karikaturen, Tageskarikaturen. In Frankreich arbeitet er mit bei *Le Canard enchaîné*, *Le Crapouillots*, *Dauphiné Libéré*, *Paris Presse*, *France-Soir* u.a.
Ausst.: „Karikaturen – Karikaturen?" (Kunsthaus Zürich, 1972: T 17), „Komische Nachbarn – Drôles de Voisins", Goethe-Institut, Paris (1988), S. 130, Abb. 2/16, 2/25, 3/2, 2/3, weitere Ausst. in Genf, Lausanne, Rolle und Serie
Ausz.: 1. Preis „Great Challenge" (London 1958), 3. Preis Montreal (1985)
Publ.: *De Gaulle à travers la Caricature internationale* (1969); *Les Dossies du Canard* (1981, 1982, 1983); *La Marche du Temps* (1951, 1952, 1953); *Recueil sur 30 Ans de Caricature politiques* (1986)
Lit.: H.P. Muster: *Who's Who in Satire and Humour* (2) 1990, S. 116-117; Ausst.-Kat.: *Karikaturen – Karikaturen?* (1972); *Komische Nachbarn*, S. 130

**Leger**, Peter
\* 04.05.1924 Brünn/ČSR
† Nov. 1991
Pressezeichner, Karikaturist, Journalist, Autodidakt
Nach Kriegsende in der Bundesrepublik, beginnt zunächst mit humoristischen Karikaturen. Ab 1947 politische Karikaturen (1948 zweiter Preis der deutschen Presse-Ausstellung in Hannover), ab 1949 festangestellter Mitarbeiter der *Hannoverschen Presse* und des *Vorwärts*, ab 1951 regelmäßiger Mitarbeiter für Gewerkschaftszeitungen mit gesellschaftskritischen und sozialen Themen, ab 1963 ständiger politischer Karikaturist der *Süddeutschen Zeitung* (er betreibt Journalismus mit dem Zeichenstift) und des *ÖTV-Magazins* (in Nr. 3-6/1976 erschien „Caricare heißt überleben", ein Lehrgang in drei Folgen). Nachdrucke in der Presse der USA, Skandinaviens, Hollands, Englands, Frankreichs und osteuropäischen Ländern. – Vorsitzender der Deutschen Journalisten Union Niedersachsen
Kollektiv-Ausst.: *Typisch deutsch* – Wilh.-Busch-Museum, Hannover (1964), S. 26, „Zeitgenossen karikieren Zeitgenossen" – Kunsthalle Recklinghausen (1972), S. 231, „Spitzensport mit spitzer Feder" (1981)
Lit.: *Störenfriede – Cartoons und Satiren gegen den Krieg* (1983); H.O. Neubauer: *Im Rückspiegel – Die Automobilgeschichte der Karikaturisten 1886-1986* (1985), S. 240, 219; und Ausstellungskataloge der Kollektiv-Ausstellungen; Presse: *Times* (Reportage über P.L.); *Illustrierte Presse* (v. 6./7.9.1969); Nachruf in *Metall* Nr. 22/1991

**Leidl**, Anton
\* 1900 Frankfurt/M.
Landschaftsmaler, Karikaturist
(Altbayer, durch Zufall in Frankfurt geboren) Mitarbeit bei *Jugend* (1933). Er ist vertreten mit zeitkritischen, politischen und humoristischen Karikaturen.
Publ.: *Lustige Halbweltfahrt*
Lit.: E. Roth: *100 Jahre Humor in der deutschen Kunst*; H. Dollinger: *Lachen streng verboten*, S. 279

**Leihberg**, Arne
\* 1912 Wesenberg/Estland
† Jan. 1988 Stuttgart
Pressezeichner, Karikaturist
Studium an der Akademie für graphische Künste, Leipzig. Seit 1938 in Berlin. – Mitarbeit (bis 1944) u.a. bei *Lustige Blätter*, *Brummbär (Berliner Morgenpost)*, *Neue I.Z.*, *Hamburger Illustrierte*, *Reichssportblatt* und *Grüne Post*, nach 1945 u.a. bei *Frankfurter Illustrierte*, *Zeit und Bild*, *Neue Post*, *Hausschatz*, *NBI*, *Steno-Illustrierte* und *Sparkassen-Illustrierte*. A.L. zeichnete allgemeinen lustigen Humor und Situationskomik für die Presse und gelegentlich auch für die Werbung. In den 60er Jahren ging er nach Stuttgart.
Lit.: *Wolkenkalender* (1956); *Turnen in der Karikatur* (1968)

**Leihberg**, Arne jr.
\* 30.12.1934 Leipzig
Pressezeichner, Karikaturist, Signum: „Arne"
Seit 1938 in Berlin, ausgebildet bei seinem Vater: Arne Leihberg sen. Studium an der Meisterschule für Graphik, Druck und Werbung, Berlin-West. Anfang als freischaffender Pressezeichner. Seit April 1966 ständiger Mitarbeiter der *B.Z.* mit der wöchentlichen Kolumne *Ich möcht's mal so bezeichnen*, ansonsten: humoristische Tageskarikaturen zum Zeitgeschehen, Preisrätsel, Werbung sowie die Comic-Folge *Sei kein Frosch*.
Kollektiv-Ausst.: „Deutsches Turnfest"-Berlin/West (1968), Kommunale Galerie Berlin-Wilmersdorf (1978)
Publ.: *Ich möcht's mal so B-Zeichnen* (1979)
Lit.: Ausst.-Kat.: *Turnen in der Karikatur* (1968), S. 27; *Berliner Karikaturisten* (1978)

**Leip**, Hans
\* 22.09.1893 Hamburg
† 06.06.1983 Fruthwilen/Bodensee Schweiz
Schriftsteller, Graphiker
Studium am Lehrerseminar, Aktstudien bei den Malern Eitner und Siebelist, Gast in der Kunstgewerbeschule am Lerchenfeld, Hamburg. – H.L. hatte eine Doppelbegabung – er kam von der bildenden Kunst zur Literatur. (ausgezeichnet bei einem Preisausschreiben der „Kölnschen Zeitung"). Nach dem Ersten Weltkrieg betrieb er ein eigenes graphisches Atelier in Hamburg (Lithographie und Gebrauchsgraphik). Viele seiner literarischen Werke hat er auch selbst illustriert. – Er arbeitete bei

*Simplicissimus, Stachelschwein, Silberspiegel, Das Illustrierte Blatt* u.a. Zeitschriften mit. H.L.s Zeichnungen haben karikaturistische Elemente. – Ausstellung H.L. im Altonaer Museum (1968). – Anläßlich des 80. Geburtstages Verleihung des Professoren-Titels durch den Hamburger Senat.
Verfasser (1915) des Gedichts „Lili Marleen".
Publ.: (Graphik) *Das Zauberschiff* (1947); *Die mythischen Visionen, Zyklus Abyssos, I/II* (1970); *Aus dem Leben des Marschalls Vieileville* (Schiller); Lithographien zu Shakespeares Komödie *The Tempest*
Lit.: (als Maler und Zeichner) H. Vollmer: *Allgemeines Lexikon der bildenden Künstler des 20. Jahrhunderts* (1956); Ausst.-Kat.: *H.L. als Zeichner und Maler* (1968); (als Literat) Böttcher/Mittenzwei: *Dichter als Maler* (1980), S. 298-300; *H.L. – Leben und Werk* (hrsg. v. Rolf Italiaander, 1958)

**Leiter**, Hans
\* 19.01.1870 Leipzig
Maler, Zeichner, tätig in Berlin
Mitarbeiter der humoristischen Zeitschriften *Dorfbarbier* und *Lachendes Jahrhundert*. – Meist nur rein figürliche Illustrationen, die erst durch den Text einen Bezug zum humoristischen Genre erhielten.
Lit.: Verband deutscher Illustratoren: *Schwarz-Weiß*, S. 93; F. Conring: *Das deutsche Militär in der Karikatur*, S. 25, 41, 159, 308, 391, 411, 412

**Leiter**, Martial
\*     1952 Fleurir, Kanton Neuenburg/Schweiz
Zeichner, Maler
Ausbildung als technischer Zeichner. Seit 1974-1981 Pressezeichner, Maler. Mitarbeit an *Einspruch*. Themen: zeitkritische, politische, Satire-Karigraphien von ätzender Schärfe. – M.L.: „Solange ich lebe, kann ich nicht zusehen, wie sich der Irrsinn vor meinen Augen manifestiert". Nach Querelen mit den Redaktoren, ab 1985 Verzicht auf Pressemitarbeit, danach nur noch als Kunstmaler tätig.
Kollektiv-Ausst.: (1972-1984) Marostica, Mailand, Vasto, Paris, Vercelli, Skopje, Orbe, Biel, Lausanne, Zürich, Le Havre, Zug, Bern, Amnesty International Chateau d'Yverdon.
Publ.: *Wanted* (1973), *Who is who* (1976), *Democratic suisse et Cie* (1977), *Abstriche und Landvermessung* (1978), *Festgenagelt* (1980), *Klärstiche* (1984), Leiter: *Dessins de presse 76-80*
Lit.: *2. Internationale Cartoon-Biennale, Davos* (1988), Katalog: S. 20-21; H.P. Muster: *Who's who in Satire and Humour* (Bd. 1/1989), S. 114-115

**Leitner**, Bernhard
\* 19.12.1938 Feldkirch/Österreich

Architekt, nebenberuflich Karikaturist/Wien
Studium der Architektur an der TH Wien (Abschluß 1963; Schüler von Mirco Szewczuk und Paul Flora).
Veröffentlichungen in Österreich in: *Forum, Die Furche, EXpress, Neues Österreich, Salzburger Nachrichten* u.a., in Deutschland u.a. in *Die Zeit*. B.L. zeichnete Musiker-Personen und Porträt-Karikaturen.
Publ.: *Konterfein*; *Musik Karikaturen* (1986)

**Lejeune**, François → **Effel**, Jean (Ps.)

**Lenbach**, Franz von
\* 13.12.1836 Schrobenhausen/Oberbayern
† 05.05.1904 München
(geadelt 1882)
Prominenten-Maler und bedeutendster Porträtist seiner Zeit. F.L. sollte Maurermeister werden, wie sein Vater. Doch der Tiermaler Joh. Baptist Hofner verhalf F.L. zur Kunst. – Studium an der polytechnischen Schule in Augsburg. Selbststudium alter Meister in München, Schüler von Karl v. Piloty, der ihn 1857 mit nach Rom nahm. – Für den Grafen Schack kopierte er klassische Meisterwerke in Italien und Spanien. Bildnisse von Persönlichkeiten seiner Zeit hat F.L. monumental, geistreich, von seelischer Wirkung und mit individuell blickenden Augen gestaltet, so die Porträts von Kaiser Wilhelm I., Fürst Bismarck, Papst Leo XIII.
Für die Kneipzeitung der Künstlergesellschaft „Allotria" zeichnete F.L. Porträtkarikaturen seiner Kollegen, die wiederum ihren berühmten Malerfürsten karikierten. Besonders Friedrich von Kaulbach wurde als Lenbach-Karikaturist bekannt (Lenbachiade). Für die *Jugend* zeichnete F.L. Titelblätter und für die *Auster* sechs Karikaturen (1904).
Lit.: A. Rosenberg: *F.L.* (1911, 5. Aufl.); L. Hollweck: *Karikaturen* (1973), S. 41, 57, 112-114, 118, 121, 130, 138, 176, 216

**Lendecke**, Otto Friedrich Carl
\*     1886 Lemberg
†     1918 Wien
Österreichischer Offizier der K.u.K. Armee, nahm 1909 seinen Abschied. Danach Zeichner, Bildhauer, Illustrator
Lebte in Paris, Budapest (1914), Wien (1915), zeichnete humoristisch-satirische Blätter, u.a. für *Jugend, Simplicissimus, Meggendorfer Blätter* und *Licht und Schatten*. O.F.C.L. war einer der Nachfolger des verstorbenen Reznicek beim *Simplicissimus* und zeichnete in dieser Art Sujets aus der modisch-eleganten mondänen Welt. Er zeichnete auch für Modejournale und elegante Zeitschriften, wie *Die Dame* und *Damenwelt*.
Lit.: *Simplicissimus 1896-1914* (hrsg. v. Richard Christ) S. 327, 337; G. Piltz: *Geschichte der europäischen Karika-*

*tur*, S. 217; Ausst.-Kat.: *Thema Totentanz* (1986) „Dans macabre" (1909)

**Lengren**, Zbigniew
\* 1919 Polen
Polnischer Satiriker, Schriftsteller, Karikaturist
Universitäts-Studium. Seit 1945 satirischer Schriftsteller, tätig in Kabaretts, im Fernsehen und im Rundfunk. Zeichner für die satirische Zeitschrift *Przekrój*. Z.B. schuf die Comic-Figur „Professor Filutek", darüber hinaus Plakate, Gebrauchsgraphik, Zeichentrickfilme, Buchillustrationen, Bühnenbilder. Seine Themen waren humoristisch, aktuell, politisch, satirisch.
Veröffentlichungen in der UdSSR und der DDR (*Der Sonntag, Berliner Illustrirte Zeitung*).
Sammel-Ausst.: „Cartoon 77" Berlin/West (1977)
Publ.: *Professor Filutek* (3 Bände); *Hundert Scherze*
Lit.: *Der freche Zeichenstift* (1968), S. 290

**Lenica**, Jan
\* 04.06.1928 Posen (Poznan)
Polnischer Graphiker, Karikaturist, Animationsfilmzeichner
Studium der Musik, später der Architektur (Diplom 1952) am Polytechnikum Warschau. 1954-56 Assistent von Prof. Tomaszewski (Kunstakademie Warschau). 1945-55 Karikaturist für die polnische Satirezeitschrift *Szpilki* (dt. „Stecknadeln"), politische, aktuelle, satirische Karikaturen) sowie für Zeitschriften *Kocynder, Rozgi, Odrodzenie, Przeglad Kulturalny* und *Swiat*. Ab 1950 zeichnet J.L. Plakate, Kinderbuch-Illustrationen, kritische Texte zu Graphiken. 1959 erschien die Monographie über den polnischen Graphiker Todeusz Trepkowski, 1961 Illustrationen zu *Population explosion* (Alfred Sauvy). Ab. 1957 Animationsfilme: „Es war einmal", „Das Haus" (zus. mit W. Borowczyk). 1959 gestaltet J.L. den Animationsfilm „Monsieur Tête" (Zeichnung und Collage) in Paris (Emile-Cohl-Preis, 1960), 1960 in Polen: „Janko, der Musikant", 1962: „Labyrinth"; in München: „Die Nashörner" (Ionesco), 1964, Animationsfilm „A" (Bundesfilmpreis 1965), 1966 erhält er den Max-Ernst-Preis für sein gesamtes kinematographisches Werk. 1966-69 abendfüllender Animationsfilm „Adam 2" (Bundesfilmpreis 1969), 1972 Animationsfilm „Fantorro", 1975 Realisation „Ubu Roi" für ZDF, 1976-79 zweiter Ubu-Film: „Ubu et la grand gidouille" (Ernennung zum Professor (Bereich Animationsfilm, Hochschule Kassel). – L. gilt als einer der wichtigsten Schöpfer des zeitgenössischen satirischen Animationsfilms.
Ausst.: Große Ausstellung eines graphischen Werkes und Retrospektive seiner Filme (National-Museum Poznan, 1973), Retrospektive seines graphischen Werkes und seiner Filme Centre Georges Pompidou Paris, 1980), Große Ausstellung seines graphischen Werkes und Retrospektive seiner Filme in der Katholischen Akademie Hamburg, 1981
Ausz.: Toulouse-Lautrec-Preis (1981), 1. Preis für Plakat „Wozzek" (Intern. Plakatbiennale Warschau (1966), Preis im Plakat-Wettbewerb „50 Jahre Weltspartag" Stuttgart (1974), Plakat Olympiade München (1972), Max-Ernst-Filmpreis (Filme u. Bühnenbilder, 1966)
Lit.: *Who's who in Graphic Art* (I u. II 1968, 1982), S. 390, 870; *Graphic Designers in Europe* (1971); *Der freche Zeichenstift* (1968), S. 294; Ausst.-Kat.: *J.L. Plakat und Film* (1981); Fernsehen: „König Ubu" (ZDF 13.5.1976), „Die Nashörner", „Fantorro", „Landschaft", „Die Kunst J.L.s" (ZDF 13.11.1979)

**Léon** (Ps.)
\* 30.09.1921 Antwerpen
Bürgerl. Name: Léon Rosalia Hendrik van Roey
Signum für Karikaturen: „Leon", für Bilder: „van Roey"
Flämisch-dänischer Maler, Graphiker, Karikaturist.
Lebt in Kopenhagen
Studium an der Kgl. Akademie der bildenden Künste Antwerpen. Eine zeitlang in Brüssel tätig als Maler und Graphiker, 1951 in Berlin und Hamburg als Karikaturist. 1952 Übersiedlung nach Dänemark, arbeitet dort als Karikaturist, Werbegraphiker (Plakate), Bühnenbilder, Designer für Textilien (Ornamentik für Möbelstoffe). – Ab 1955 ständiger Mitarbeiter der französischen Humorzeitschrift *Le Rire*. – Léon schuf die Illustrationen zu *Wir Skandinavier, Christmas in Denmark* (W. Breinholst 1956, 1957), *Frikadellestojd og Kokkenskriveri* (1959), *Dänemark für Anfänger* (1961).
Veröffentlichungen in Deutschland u.a. in *Illustrierte Woche, Pardon, stern, Freizeit Revue* und *Hörzu* (in den fünfziger Jahren). Veröffentlichungen in Belgien in *Avantgarde* und *Cobra*, sowie in den USA, Mexiko und Japan.
Kollektiv-Ausst.: u.a. Rom, Venedig, Paris, Turin, Lyon, Recklinghausen, Japan (1961)
Publ.: (u.a.) *Fasten your Seatbelt* (1956); *Blauer Dunst* (1957); *Kopf hoch* (1959); *Laßt Blumen sprechen* (1960). Léon ist vertreten in Karikaturen-Anthologien, u.a. *Cartoon-Treasury* (1955); *Best cartoon from abroad* (1956-1960); *Cartoon* (1957-58); *Slightly out of order* (1958)
Lit.: (Auswahl) *Der freche Zeichenstift* (1968), S. 217; *Who's who in Graphic Art* (I, 1962), S. 127; Ausst.-Kat.: *Zeitgenossen karikieren Zeitgenossen* – (Kunsthalle Recklinghausen 1972), S. 231

**Leonhard**, Rudolf L.
\* 1889
† 1953
Zeichner, Maler in den zwanziger und dreißiger Jahren in Berlin
Cheflektor im Verlag „Die Schmiede". R.L.L. zeichnete

karikierte Skizzen aus dem Café des Westens für den Sammelband *Zirkus Berlin*.
Lit.: J. Schebera: *Damals im Romanischen Café...*, S. 18, 120, 138

**Leonhartshof**, Johann Scheffer von
\* 1795 Wien
† 1822 Wien
Maler, Zeichner
Von 1814-15 und 1820-21 in Rom, im Kreis der sogenannten „Nazarener" um J.F. Overbeck.
Lit.: H. Geller: *Curosia*, S. 57-59

**Lerch**, Gösta
\* 1938 Berlin
Zeichner/Karikaturist
Lit.: *Resümee – ein Almanach der Karikatur* (3/1972)

**Lerch**, Günter
\* 1937 Danzig
Gebrauchsgraphiker/Berlin
Studium: Gebrauchsgraphik, Fachschule für Angewandte Kunst, Heiligendamm (Ostsee)
Freiberuflich tätig für den Aufbau Verlag Berlin-Ost, Deutscher Fernsehfunk, Eulenspiegel Verlag, Berlin-Ost. Mitarbeit an der Cartoon-Anthologie *Alles Banane* (1990)
Ausst.: Berlin, Leipzig
Lit.: *Alles Banane* (1990), S. 93, 57, 71

**Lerche**, Doris
\* 1945 Frankfurt/M., in Münster aufgewachsen
Cartoonistin, Illustratorin, Schriftstellerin/Frankfurt/M.
Jahrelang Reisen durch die ganze Welt, zwischendurch Studium der Psychologie/Kunstpädagogik, seit 1976 freiberuflich tätig. Presse-Veröffentlichungen seit 1980. Es sind Cartoons/Erzählungen mit den Themen: ramponierte zwischenmenschliche Beziehungen, Frustrationen im Alltag der Kleinbürger, der Cliquen mit aggressivem Witz, oft makaber.
Mitarbeit bei *Abendzeitung, Brigitte, Cosmopolitan, Frankfurter Rundschau, Petra, stern, Sozialmagazin, Plus-Magazin, Warum, Weltwoche.* – D.L. schuf die Illustrationen zu *Märchen für tapfere Mädchen, Der Riese braucht Zahnersatz, Männergeschichten*
Ausst.: 3. Internationaler Comic-Salon, Erlangen (1988)
Publ.: *Du streichelst mich nie!* (1980); *Kinder brauchen Liebe!* (1982); *Nix will schlafen* (1982); *Die Unschuld verloren* (1984); *Keiner versteht mich* (1984); *Ich mach's dir mexikanisch – Bunte Bilder aus dem Puff* (1986); *Katzenkind* (1983)
Lit.: *70 mal die volle Wahrheit* (1987); H.P. Muster: *Who's Who in Satire and Humour* (2) 1990, S. 118-119;

Presse: *Der Spiegel* (Nr. 47/1980, 27/1983); *Petra* (Nr. 11/1982); *stern* (Nr. 47/1982, 26/1983, 17/1987)

**Lesser**, Rudi
\* 1901 Berlin
† 1978 Berlin/West
Grafiker, Pressezeichner, Karikaturist/Berlin
Studium: Unterrichtsanstalt des Kunstgewerbemuseums (Prof. Ludwig Bartning) Berlin, Akademie Berlin (Prof. Hans Meid und Klaus Richter)
1923-27 tätig als Modelleur-Volontär an den Reinhard Bühnen, 1927-31 Meisterschüler von Prof. Meid. Veröffentlichungen in *Ulk* (in den zwanziger Jahren), humoristisch-satirische Karikaturen, Pressezeichnungen. Ferner schuf er Radierungen aus dem Berliner Leben, Holzschnitten, Lithographien, Porträts und Landschaftsgemälde. 1933 Emigration nach Dänemark (für 11 Jahre), zwischendurch in Schweden, 1946-1953 in den USA.
Ausst.: (1931) Galerie Gurlitt, Jacobi Gallery New York, Baltimore Museum of Art, Smithsonian Institution Baltimore, Washington (Dozent an der Howard University). Seit 1956 in Berlin Ausstl.: Galerie Gurlitt, München; Galerie Taube, Berlin, Kunstmuseum Düsseldorf
Lit.: Ausst.-Kat.: *Kunstmuseum Düsseldorf, Kulturamt Berlin-Kreuzberg, Kulturgeschichtliches Museum Osnabrück* (1978)

**Lessing**, Karl Friedrich
\* 15.02.1808 Berlin
† 05.06.1880 Karlsruhe
Maler, Zeichner (Großneffe von Gotthold Ephraim Lessing)
Studium an der Akademie Berlin (kurze Architekten-Ausbildung, Wechsel zur Landschaftsmalerei). Bekanntschaft mit W.v. Schadow, mit ihm 1826 zur Akademie Düsseldorf gewechselt (Meisterklasse 1833-43). Ab 1858 Galeriedirektor in Karlsruhe (lehnte 1867 Angebot der Akademie als Direktor ab). – Als Historienmaler hat L. vor allem Lebensszenen von Hus und Luther im Heldengenre dargestellt. L. galt als der Bannerträger des liberalen Vormärz, und als Erfinder historischer Landschaften. – Als Mitarbeiter der *Düsseldorfer Monatshefte* zeichnete er humoristisch-zeitkritische Beiträge.
Lit.: M. Jordan: *Ausstellung der Werke K.F.L.* (1880); L. Clasen: *Düsseldorfer Monatshefte* (1847-1849), S. 484; Ausst.-Kat.: *Die Düsseldorfer Malerschule*, S. 387-99

**Letzin**, Wolfgang
\* 13.03.1923 Berlin
Pressezeichner, Graphiker, Signum: „le"
Mitarbeit bei *Der Insulaner*. Graphik zum Thema Frauen.
Lit.: *Der Insulaner* (Nr. 8/1949)

**Leuchte**, Frank
* 1942 Graupa/b. Dresden

Dipl.-Ing.-Ök. für See- und Binnengewässer. – Karikaturist

Veröffentlichungen im *Eulenspiegel* u.a.
Kollektiv-Ausst.: „Satiricum '78", „Satiricum '88", „Satiricum '90" (1. Preis), Greiz (DDR)
Lit.: *Resümee – ein Almanach der Karikatur* (3/1972), S. 57; *Null Problemo – DDR-Karikaturisten zur Lage der Nation* (1990); Ausst.-Kat.: *Satiricum '78, Satiricum '88, Satiricum '90*

**Leupin**, Herbert
* 20.12.1916 Beinwil am See/AG

Schweizer Graphiker

Studium an der Gewerbeschule, Basel und an der Ecole Paul Coulin, Paris. Seit 1937 freiberuflicher Graphiker, vor allem für Werbeplakate, sowie Illustrator für Kinderbücher. H.L.s Plakate sind einfach, stilisiert, gewollt naiv, auf das Wesentliche konzentriert mit oft einzigartigem, heiterem Humor. Sie wurden mehr als 60mal vom Eidgenössischen Departement des Inneren ausgezeichnet. – H.L. schuf Illustrationen für die Märchen der Brüder Grimm, u.a. für *Hänsel und Gretel, Das tapfere Schneiderlein, Hans im Glück, Tischlein deck dich, Schneewittchen und die sieben Zwerge, Der gestiefelte Kater, Der Wolf und die sieben jungen Geislein, Dornröschen, Frau Holle*.
Lit.: M. Gasser: *H.L. Posters*; *Who's who in Graphic Art I* (1962), S. 455; Presse: *Graphics* (Nr. 23/1948); *Weltwoche* (1955); *Chefs* (1956); *Westermanns Monatshefte* (1959)

**Leutze**, Emanuel Gottlieb
* 1816 Schwäbisch-Gmünd
† 1868 Washington D.C.

Maler, Zeichner

Studium an der Akademie Düsseldorf (1841-42) bei Karl-Friedrich Lessing. 1845-59 in Düsseldorf: Gründungsmitglied des „Malkasten". (Sein berühmtes Bild: „Washington crossing the Delaware" malte er 1850 in Düsseldorf) 1859 Rückkehr in die USA. E.G.L. zeichnete für die *Düsseldorfer Monatshefte*.
Lit.: L. Clasen: *Düsseldorfer Monatshefte (1847-49)*, S. 484; Ausst.-Kat.: *Die Düsseldorfer Malschule*, S. 399

**Levine**, David
* 1926 Brocklyn/New York

USA-Zeichner, irisch-jüdischer Herkunft

Studium der Kunstgeschichte an der Temple University, Philadelphia, und in den fünfziger Jahren in London und Toronto. L. begann als Illustrator und Zeichner von Weihnachtskarten. Ab 1958 zeichnete er Porträt-Karikaturen für das *Esquire-Magazine*, seit 1963 vertraglich für die Zeitschriften *New Yorks Review of Books, Look* und *The New Yorker*. Veröffentlichungen (Nachdrucke) in der Bundesrepublik u.a. in *Die Welt* und *stern*. – Seine Porträt-Karikaturen sind entlarvende Porträt-Grotesken.
Einzel-Ausst.: u.a. in Los Angeles, Chicago, Toronto, Edinburgh, New York, Bremen, München
Publ.: *Levins lustiges Literarium* (vorgestellt von John Updike, 1970)
Lit.: D.L. and Thomas S. Buechner: *The Arts of D.L.* (1978); Presse: *Der Spiegel* (Nr. 1/1968, 41/1969, 39/1970, 38/1979); *stern* (Nr. 16/1980); *clipper* (April 1979)

**Levy**, Elkan
* 1808
† 1866

Maler und Zeichner

Mitarbeiter an rheinischen Karnevalszeichnungen, vertreten mit humoristischen Zeichnungen aus dem Volks- und Karnevalsleben.
Lit.: G. Piltz: *Geschichte der europäischen Karikatur*, S. 155

**Lex-Nerlinger**, Alice
* 29.10.1893 Berlin
† 17.07.1975 Berlin (DDR)

Graphikerin

Studium an der Unterrichtsanstalt des Kunstgewerbe-Museums Berlin (1911-16) bei Emil Orlik. – Ab Mitte der zwanziger Jahre in Berlin Fotogramme und Fotomontagen mit sozialkritischen Themen. Enge künstlerische und politische Tätigkeit zusammen mit ihrem Mann Oskar Nerlinger. Nach 1933 politisch verfolgt, mehrmals verhaftet. Nach 1945 aktive Mitarbiet am kulturellen Aufbau der DDR.
Lit.: *Als die SA in den Saal marschierte...* ; *Das Ende des Reichsverbandes bildender Künstler Deutschlands* (1983), S. 168

**Lichtenberg**, Georg Christoph
* 01.07.1742 Oberramstadt bei Darmstadt
† 24.02.1799 Göttingen

Physiker, Schriftsteller (Deutschlands bedeutendster Aphoristiker)

Seit 1778 Herausgeber des naturwissenschaftlich-philosophisch-satirischen „Goettinger Taschen-Calender", wozu er D. Chodowiecki zur Mitarbeit aufforderte. Thema: „Handlungen des Lebens" (Bilderfolgen, moralisierend). Den Anstoß dazu hatte G.C.L. auf seinen Englandreisen (1770 und 1774/75) durch die Hogarthschen Bildsatiren erhalten, die er ab 1784 in seinem Kalender veröffentlichte und zunächst anonym kommentierte. Schon vor ihm hatten andere Kommentatoren ein glei-

ches versucht. Zwischen 1794 und 1799 publizierte er seine „Ausführliche Erklärung der Hogarthschen Kupferstiche" und machte diese in Deutschland offiziell bekannt. G.C.L. hatte eine Vorliebe für Karikaturen. In Briefen benutzte er diese zur Illustrierung seiner Gedanken. Lavaters Physiognomik verspottet er mit dem „Fragment von Schwänzen", mittels gezeichneter Sauschwänze.
Lit.: U. Joost: *Lichtenberg als Zeichner* (in *Photorin* 5/1982, S. 62ff); Böttcher/Mittenzwei: *Dichter als Maler*, S. 53/54; C. Brinitzer: *G.C.L. – Die Geschichte eines gescheiten Mannes*; Ausst.-Kat.: *Bild als Waffe*, S. 76, 103, 107, 111, 282, 299; *Lichtenberg – Streifzüge der Phantasie* (Hrsg. J. Zimmermann)

**Lichtenhelds**, Wilhelm
\* 1817 Hamburg
† 1891 München
Studium an der Akademie München (1837). Autodidakt, unter dem Einfluß von Christian Morgenstern. – Mitarbeiter der *Fliegenden Blätter* und der *Münchener Bilderbogen*. – Lebenslang auch Mitarbeit an allen Veröffentlichungen des Verlages Braun & Schneider, München.
Lit.: L. Hollweck: *Karikaturen*, S. 34

**Liebermann**, Erik
\* 07.09.1942 München
Freischaffender Karikaturist, Industrie-Designer/Starnberg, München
Studium an der Hochschule für Gestaltung, Ulm. – 1969 erste Cartoon-Veröffentlichungen, seit 1975 freiberuflich, gehörte 1972 zum Team für die Großdekoration der Olympischen Spiele in München.
Veröffentlichungen in *Süddeutsche Zeitung, Augsburger Allgemeine, Quick, Stuttgarter Nachrichten, Schwäbische Zeitung, Frankfurter Rundschau, Bild und Funk, Gong, Hamburger Abendblatt, Freundin, Petra, Neue Illustrierte, ADAC-Motorwelt* u.v.a. – Das Thema der Zeichnungen ist die allgemeine Situationskomik, erwähnenswert sind L.s Collagen-Folgen *Libermann geht fremd* und seine Cartoon-Werbung. L.s Cartoons sind abstrahierte Kurzformen für Menschentypen, „Schlüsselfiguren menschlicher Erfahrungen" mit Glupschaugen.
Einzel-Ausst.: in München, Augsburg, Heidelberg, Kehl und Lünen, Kollektiv-Ausst.: Institut für Auslandsbeziehungen, Stuttgart (1981), „Die Stadt – Deutsche Karikaturen von 1887-1985" (1985)
Publ.: (Cartoons u.a.) *Cartoons* (1980), *Sport-Cartoons, Zwischen Start und Ziel. So'ne Wirtschaft, Ist das 'ne Wirtschaft, Einmal lachend um die Erde, E.L. Gegenverkehrt* (1984), *Heimcomputer*
Lit.: *Spitzensport mit spitzer Feder* (1989), S. 34-39; H.O. Neubauer: *Im Rückspiegel – Die Automobilgeschichte der Karikaturisten 1886-1986* (1985), S. 104, 158, 190, 192, 207,

240; *Beamticon* (1984), S. 140; *Die Stadt – Deutsche Karikaturen von 1887-1985* (1985); *70 mal die volle Wahrheit* (1987); *Wenn Männer ihre Tage haben* (1987); *Eine feine Gesellschaft – die Schickeria in der Karikatur* (1988)

**Liedtke**, Günter
\* 14.10.1906 Berlin
Graphiker, Karikaturist, Signum: „Geli"
Mitarbeit an *Der Insulaner*. Geli zeichnete humoristische und aktuelle Karikaturen.
Lit.: *Der Insulaner* (Nr. 7/1948)

**Liesegang**, Jonny (Ps.)
\* 06.10.1897 Berlin
† 30.03.1961 Berlin
Bürgerl. Name: Johannes Haasis
Humoristischer Schriftsteller, Karikaturist („der Musensohn vom Berliner Wedding")
J.L. veröffentlichte ab 1927 seine humorigen Kurzgeschichten mit Illustrationen in der Berliner Presse, z.B. in *Tempo, Welt am Abend, Berlin am Morgen, Die Ente, Berliner Volkszeitung, Berliner Nachtausgabe* – Gesammelt erschienen als „Schnaften Geschichten" und „duften Bilder" als Bücher (ab 1935) *Det fiiel mir uff, Det fiel mir ooch noch uff, Da liegt Musike drin, Det fiel mir trotzdem uff, Die Feldpostbriefe der Familie Pinselmann* (1940) und mit Hanne Sobek das Fußballbuch *Hinein!*. – Büste von der Bildhauerin Anneliese Rudolph und von Gerhard Muchow, werden im Heimatarchiv Wedding aufbewahrt.

**Lilien**, Ephraim Mose
\* 23.03.1874 Drohobycz/Galizien
† 1925 Braunschweig
Österreichischer Jugendstil-Künstler (von 1896-99) in München tätig
Seine Themen sind humoristisch und satirisch. Mitarbeiter der *Jugend* und sozialistischer Blätter (z.B. *Süddeutsche Postillon*). Von E.M.L. stammen auch die Illustrationen zum Balladenbuch *Juda* von Börris von Münchausen sowie die Festgraphik für die „Schwabinger Bauernkirchweih".
Lit.: L. Hollweck: *Karikaturen*, S. 79, 80, 81, 122; *Dein aschenes Haar, Sulamith* (1981); Presse: *Welt am Sonntag* (Nr. 29/81, Alfred Döblin:„Wo die Juden einst von Zion träumten"; *Das große Lexikon der Graphik* (1984) (Westermann) S. 316

**Lilotte**, Friedrich
\* 1818
Maler, Zeichner
Studium an der Akademie Düsseldorf (1834-38), danach

Zeichner für die *Düsseldorfer Monatshefte* (aktuelle, satirisch-humoristische Karikaturen).
Lit.: L. Clasen: *Düsseldorfer Monatshefte* (1847-49), S. 484

**Limmroth**, Manfred
\* 1928 Kassel
Karikaturist, Bühnenbildner, Texter, Kinderbuch-Autor/ Hamburg
Studium an der Hochschule für bildende Künste Kassel, bei Erich Döhler, Meisterschüler von Hans Leistikow (Graphik), Theo Otto (Bühnenbild). Danach Bühnenbildner am Staatstheater Kassel und am Kammerspielstudio. Seit 1957 in Hamburg, freiberuflich, Werbegraphiker, Kinderbuch-Illustrator, Kabarettexter (Düsseldorfer Kom(m)ödchen), Konzeptmacher für Verlagsprojekte und Fernsehen. Mitarbeit u.a. bei *Die Welt, Kleines Welttheater, Constanze, Kristall, stern, Pardon, Die Zeit, Capital, Penthouse, Freundin, Börsenblatt des deutschen Buchhandels.* – M.L. zeichnet unpolitische, humoristische, aktuelle, zeitkritische, komische Karikaturen und Serienfolgen, schreibt und illustriert Kinder- u.a. Bücher (über 30) und er veröffentlicht gezeichnete Kulturkritiken.
Kollektiv-Ausst.: u.a. Kunsthalle Recklinghausen (1972), *Die Stadt – Deutsche Karikaturen* (1985), Die Entdeckung Berlins (1984), weitere in Brüssel, London und New York sowie Einzel-Ausst. in verschiedenen deutschen Städten
Ausz.: Großer Preis für Graphik. Design Deutschland (1989, Klabund-Preis, Hamburg (1989), Mitglied Accademia Italiana delle Arti e del Lavoro.
Publ.: *Zirkusjunge* (1952); *Der kleine Indianer* (1954); *Mein Geheimsystem* (1955); *Rathgeber in allen Lebenslagen* (1958); *L.s Photoschule* (1959); *Schlag zu!* (1961); *Das güldene Schatzkästlein* (1961); *Liebe am Samstag* (1962); *Die Studenten müssen weg* (1961); *Führer durch Deutschland und Umgebung* (1961); *Als Oma ein Backfisch war* (1963); *Träum schön* (1964); *Der Staat muß weg* (Co-Autor P. Oldenthal, 1968); *Unentbehrlicher Atlas* (1969); *Die Firma denkt* (1970); *Karikaturenzeichnen* (1974); *Die Kunst Wissen zu vermitteln* (1977); *Schlotts schlimme Kinder* (1977); *Das Leben als solches* (1981); *Einfache Fibel* (Co-Autor W. Kempowski 1989); *Täglich ins Blaue* (1981); *Cartoons-Collagen* (1981); *Der große Nonsens* (1983); *Clara und Superpaul* (1983); *Große Sprüche, kleine Brötchen* (1984); *Jetzt sind Sie dran, Herr Minister; Die brave Susanne; Penthouse Geschichten; Die Aussteiger von heute; Menschen wie Du und ich*
Lit.: *Das große Buch des Lachens* (1987); H.P. Muster: *Who's Who in Satire and Humour* (1989), S. 118-119; Ausst.-Kat.: *Zeitgenossen karikieren Zeitgenossen* (1972), S. 221; Die Stadt – Deutsche Karikaturen von 1887-1985 (1985)

**Lindegger**, Albert
\* 14.09.1904 Bern
Künstlername: „Lindi"
Schweizer Maler, Graphiker, Karikaturist
Studium an der Gewerbeschule Bern und in Paris, bei André Lhote. Erste Karikaturen entstanden für *Berner Bergwacht* (1935-38). Mitarbeit auch bei *Die Weltwoche, National-Zeitung* (1947-56), *Der Bund* (ab 1955) und *Nebelspalter*. A.L. zeichnete humoristische, aktuelle, satirische, politische Karikaturen, Werbegraphik, Buchillustrationen zu 24 Büchern zwischen 1936-73 u.a. zu *Nana* (Zola) und *Bel Ami* (Maupassant). Von ihm stammen auch Wandgemälde in Bern und Langenthal u.a. Orten.
– 1946 hält A.L. Vorträge über Karikaturen in der Eidgenössischen Techn. Hochschule. – Filmarbeiten: „Flug in den Hoggar" (1948), „Madagaskar" (1951), „Demokrat Läppl" (Vorspann).
Einzel-Ausst.: in Luzern und Amsterdam, Kollektiv-Ausst.: Kunsthaus Zürich (1959, 1972)
Publ.: *Karikaturen-Politik* (1936); *Lindis Papa* (1940); *Karikaturen anuel* (1947); *Gereimte Politik* (1956); *Interviews mit Küssen* (1968); *Hotel Sexos* (1968); *Die wirklichen sechziger Jahre* (1971); *256 Varianten* (1976); *Die Romanze einer Insel* (1979)
Lit.: *Who's who in Graphic Art* (I), S. 456; F. Zaugg: *Lindi – Künstler, Kritiker, Komödiant* (1987); Ausst.-Kat.: *Karikaturen-Karikaturen?*, Kunsthaus Zürich (1972); Presse: *Kunst und Volk* (Nr. 5/1941, 4/1947); *Pro Arte* (Nr. 21/1944); *Graphics* (Nr. 17/1947, 72/1957); *Werk* (1948, 1951, 1954); Fernsehen 1973 „Ritratti Lindi"

**Lindh**, Lars
\* 1918 Schweden
Schwedischer Zeichner, Karikaturist
Mitarbeit bei *Expressen* (seit 1948), *Humor i norden* u.a. L.L. schuf die laufende Comic-Serie *Leendet Lindh* (das Lächeln des Lindh), die auch außerhalb Schwedens veröffentlicht wurde, sowie Werbegraphik für die Fremdenverkehrszeitung *Nordkalotten*. – Veröffentlichungen in der deutschen Presse u.a. in *Heim und Welt*.
Publ.: *Humor i norden*
Lit.: *Heiterkeit braucht keine Worte*; Presse: *Schöne Welt* (April 1978)

**Lindi** → **Lindegger**, Albert

**Lindloff**, Hans-Maria
\* 1878
† Jan. 1960 Berlin-West
Maler, Zeichner, Karikaturist
Langjähriger und führender Zeichner beim *Kladderadatsch*, und Arbeiten für andere in- und ausländische

Blätter. H.-M.L. zeichnete politische Karikaturen und Porträt-Karikaturen.
Lit.: H. Dollinger: *Lachen streng verboten*, S. 224; *Fasimile Querschnitt Kladderadatsch*, S. 15

**Lindquist**, Lasse
\* 1924 Avesta/Schweden
Schwedischer Graphiker, Karikaturist
Studium an der Kunstakademie Stockholm (1947-52). L.L. begann als Maler, später war er vorwiegend Zeichner, Mitarbeiter der Tageszeitung *Stochholm-Tidningen*. In deutschen Veröffentlichungen ist er u.a. vertreten in der Anthologie *Heiterkeit braucht keine Worte*.
Lit.: *Heiterkeit braucht keine Worte*

**Lingner**, Max
\* 17.11.1888 Leipzig
† 14.03.1959 Berlin (DDR)
Maler, Graphiker, Pressezeichner
Studium an den Akademien Leipzig (Graphik 1904-07) und Dresden (1907-13, ab 1909 Meisterschule Carl Bantzer). 1912 erhält M.L. den Sächsischen Staatspreis für das Gemälde „Singende Mädchen". 1914-18 Kriegsdienst. Teilnahme am Kieler Matrosen-Aufstand. Ab 1922 freischaffender Künstler in Weißenfels: Stadtansichten, Stilleben. Erste sozialkritische Zeichnungen für KPD-Zeitungen *Leunaprolet*, *Klassenkampf*. Ende 1928 lebt er in Paris, als Maler ist er erfolglos. Henri Barbusse (Wochenblatt *Monde*) gewinnt M.L. zur Mitarbeit (1923 ständiger Mitarbeiter). Er ist verantwortlich für alle graphischen Sparten: Illustrationen, Kapitelleisten, Karikaturen, das „Monde"-Alphabet. Seine Signatur: „ling". 1934 Mitglied der französischen KP. 1935 Tod von Barbusse. Ende der Mitarbeit bei *Monde*. Wird Mitarbeiter bei *L'Avant-Garde* (Zeitschrift des Kommunist. Jugendverbandes bis 1939). Ab 1936 Mitarbeit für *L'Humanité* (Zentralorgan der FKP). 1939 Verhaftung, Konzentrationslager „Cèpoy", später „Les Milles", „Camp de Gurs". Ab 1943 aktiv in der französischen Widerstandsbewegung. Nach der Befreiung von Paris 1944 wieder Zeichner für *L'Humanité*. 1949 Übersiedlung in die DDR. Professor für Malerei des Zeitgeschehens (an der Hochschule für bildenden Künste in Berlin-Weißensee). 1950 Leiter einer Meisterklasse der Akademie Berlin (DDR). 1955 Nationalpreis der DDR.
Ausst.: „M.L." Akad. DDR (1958), „M.L. in Frankreich" (1958), „M.L." Akad. DDR (1976), „M.L." Kunsthalle, Rostock (1976) Gemälde, Aquarelle, Pressezeichnungen
Publ.: *Mein Leben und meine Arbeit* (Autobiographie 1955)
Lit.: (Auswahl) W. Geismeier: *M.L.* (1968); G. Clausnitzer: *M.L.* (1970); S. Mitzinger: *Die Pressegrafik M.L.'s*; Ausst.-Kat.: *Widerstand statt Anpassung – Deutsche Kunst gegen den Faschismus 1939-45*; Presse: *Bildende Kunst* (Nr. 11/1978: M.L. zum 90. Geburtstag – Erster Maler der proletarischen Heiterkeit); Lothar Lang: *Malerei und Graphik in der DDR* (1980) S. 271

**Linkert**, Joseph
\* 1923 Hilchenbach/Westfalen
Pseudonym: Lo, Poco, Casa Nova
Cartoonist, Werbegraphiker in Port Coquitlam/Kanada
Themen: humoristische Cartoons, Comics (mit und ohne Worte), Comic-strips *Peter Panics Abenteuer*, *Fritz Schnippel*. 1956 Übersiedlung nach Kanada. 1956-1966 angestellter Werbegraphiker, danach freiberuflicher Cartoonist.
Veröffentlichungen: weltweit in 30 Ländern. In den USA in *Penthouse*, *Playboy*, *Readers Digest*, *Saturday Evening Post*, *Christian Science Monitor*, *Golf Digest*. Golf-Sportive-Motive; Seit 1966 entstehen Briefmarken in Verbindunungen mit Karikaturen (Stamptoons); in Deutschland in *Playboy*, *Readers Digest*, *stern*, *Hörzu*, *Post-Magazin*.
Ausst.: Cartoon-Weltausstellung, Berlin/West (1977, 1980); Gabrovo (Bulgarien, 1977)
Ausz.: Bestes CartoonBuch, Knocke-Heist (Belgien) (1981), *Man and World*, Montreal (Kanada) (1984), Internationaler Pressepreis (1984)
Publ.: 11 Golf-Cartoon-Bücher, *Golftoons* (1981), *Duffers, Hackers and Golfer*, *Around the Course in 19 Holes* (195), *Stamptoons* (1986)
Lit.: H.P. Muster: *Who's who in Satire and Humour*, Bd. 3 (1991), S. 132-133

**Linthaler**, Hansi
\* 1951
Graphiker, Buchillustrator, Cartoonist/Wien
Bauern- und Lüftlmaler in Oberbayern und Tirol. Zusammen mit Antonio Fian zeichnet H.L. Bildererzählungen als Comics.
Publ.: Linthaler/Fian: *Der Alpen-förster* (1987)

**Lipinski**, Eryk
\* 12.07.1908 Krakau
Polnischer Graphiker, Karikaturist, Signum: „erl"
Studium an der Kunstakademie Warschau (Gebrauchsgraphik, Bühnenbild). Erste Karikaturen ab 1928. Mitarbeit an vielen polnischen Zeitschriften. Später auch im Fernsehen. E.L. zeichnet humoristische und politische Karikaturen, Plakate, Bühnenbilder, Kinderbücher. 1935 Mitbegründer der polnischen Satire-Zeitschrift *Scpilki* (Nadeln). (1940 KZ-Haft). Neugründung der Zeitschrift 1945, deren Chefredakteur bis 1953. E.L. ist Initiator der Warschauer Plakat-Biennale, seit 1978 Direktor des Karikaturen-Museums Warschau, Chefgraphiker der Zeitschrift *Polen*. – Beschäftigt sich beruflich und wissen-

schaftlich mit der Geschichte der Karikatur. Zusammen mit Herbert Sandberg ist er Hrsg. des Buches „Satiricon 80" (Karikaturen aus sozialistischen Ländern). Deutsche Veröffentlichungen in der DDR, u.a. im *Eulenspiegel*. Einzel-Ausst. in Polen und Ausland. E.L. wurden höchste Auszeichnungen zuteil.
Publ.: *Großes Eryk-Lipinski-Buch*
Lit.: *Heiterkeit braucht keine Worte*; *Der freche Zeichenstift* (1968), S. 287; Presse: *Eulenspiegel* (Nr. 28/1983-Nr. 30(74)*; *Braunschweiger Zeitung* (v. 15.4.87)

**Lippisch**, Balthasar
* 1920 Jamlitz/Böhmen

Karikaturist, Graphiker, Signum: „B.Li."
Studium der Graphik, bei Prof. Scharf. – Freischaffender Mitarbeiter u.a. bei *Allgemeiner Wegweiser, Der Hausfreund für Stadt und Land, Constanze, Bunte Illustrierte, Frankfurter Illustrierte, Wiener Illustrierte, Christliche Familie, Für Sie, Revue, Quick, Süddeutsche Zeitung, Münchener Illustrierte, Illustrierte Woche, Welt am Sonntag* und *IBZ*. – B.L. zeichnet humoristische Karikaturen (auch ganze Seiten), humoristische aktuelle Illustrationen, humoristische Werbegraphik. Von ihm stammt auch die Comic-strip-Folge *Meine Frau und ich*.
Lit.: *Heiterkeit braucht keine Worte*

**Lips**, Johann Heinrich
* 21.04.1758 Kloten
† 05.05.1817 Zürich

Schweizer Zeichner, Maler, Kupferstecher in der schweizerischen Revolutionszeit
Chodowiecki-Epigone auf Schweizer Art. – J.H.L. war der einzige Schweizer Zeichner, der den Sturz der Schweizer Aristokratie begrüßte. Alle anderen Schweizer Zeichner waren konterrevolutionär eingestellt, bekämpften Napoleon und seine Helvetische Republik. J.H.L. hat ab 1773 für Latavers *Physiognomische Fragmente* 370 Bildnisse gezeichnet. Seit 1780 war er Lehrer an der Akademie Mannheim, danach Professor an der Akademie Düsseldorf. 1786-89 in Rom. Bekanntschaft mit Goethe und auf dessen Veranlassung Professor an der Akademie in Weimar (1789-94). Nach Rückkehr in die Schweiz, Mitarbeit am progressiven *Obskuranten-Almanach*. J.H.L. radierte ca. 1500 Kupferstiche, darunter viele Bildnisse, u.a. von Goethe und Wieland.
Ausst.: *Karikaturen-Karikaturen?* Kunsthaus Zürich (1972)
Lit.: Veith:*H.L.* (1877); G. Piltz: *Geschichte der europäischen Karikatur* (1976), S. 102; Ausst.-Kat.: *Karikaturen-Karikaturen?* Kunsthaus Zürich (19729, S. 8

**Lo** (Ps.) → **Linkert**, Joseph

**Loder**, Matthäus
* 1781
† 1828

M.L.s Karikaturen wurden ausgestellt auf der „Internationalen Karikaturen-Ausstellung" (1932) im Wiener Künstlerhaus (Historische Abteilung).
Lit.: E. Roth: *100 Jahre Humor in der deutschen Kunst* (1957)

**Loeffler**, Ludwig
* 1819 Leipzig
† 1876 Berlin

Maler, Zeichner, Karikaturist
Studium an der Akademie Berlin, bei Hensel und Wagner. – L.L. zeichnete satirische Karikaturen für die Zeitschrift *Argo*. Danach war er Mitarbeiter bei *Dorfbarbier, Kladderadatsch* und *Berliner Pickwickier*. Sein Vorbild war der französische Zeichner Paul Gavarni (1804-1866). L.L. gilt als der „Berliner Gavarni", als der liebenswürdige Illustrator des Berliner Biedermeier und Sittenschilderer der Berliner Frauen um 1860. Seine Bilder und Bildergeschichten waren beliebt. Als Maler von Historienbilder stellte er sie in Akademie-Ausstellungen zwischen 1840 und 46 aus.
Lit.: E. Fuchs: *Die Karikatur der europäischen Völker* I, S. 219; G. Piltz: *Geschichte der europäischen Karikatur*, S. 161, 205; G. Hermann: *Die deutsche Karikatur im 19. Jahrhundert*, S. 60; *Bärenspiegel*, S. 204

**Loehr**, Andreas Otto (Friedrich) Fritz
* 1905 Chemnitz

Graphiker
Studium an der Kunstgewerbeschule München (1926) der Akademie München, bei F.H. Ehmke und Emil Preetorius. Danach Freischaffender Graphiker in München, Köln und Berlin (Werbegraphik). F.L.s Zeichnungen zeigen Freude am Erzählen in Bildern in immer neuen Situationen mit komischen Menschen. Ab 1934 war A.L. Lehrer an der Staatsschule für angewandte Kunst, Mainz, anschließend an der Werkkunstschule Offenbach/M., nach 1945 Professor in Mülheim/Ruhr. – L.L. gestaltete jahrelang den *Bunten Homburg-Kalender*.

**Loeschenkohl**, Johann Hieronymus
tätig um 1780 Wien
† 1807 Wien

Zeichner und Kupferstecher satirischer Gelegenheitsbilder und Publ.: *Loeschenkohls Bilderbogen um 1780*
Lit.: H. Dollinger: *Lachen streng verboten* (1972), S. 50; E. Fuchs: *Die Juden in der Karikatur* (1921), S. 57

**Löffler**, Reinhold
* 1941 Abertham/Sudeten
(aufgewachsen in Bayern)

Geschäftsführer, nebenberuflich Hobbykarikaturist/Dinkelsbühl
R.L. veröffentlicht in *Frankfurter Rundschau, Rheinische Post, Kölner Stadt-Anzeiger, Mannheimer Morgen, Neue Osnabrücker Zeitung, Medical Tribune, Neue Presse, Nürnberger Zeitung, Schwäbische Zeitung, Ruhrnachrichten, Nebelspalter* u.a. Fachzeitschriften im In- u. Ausland. Die Themen seiner Cartoons ohne Worte sind aktuelle, humoristisch und satirisch.
Publ.: *Cumpel Computer; Pedalwirbel* (1990)
Lit.: *Beamticon* (1984), S. 140, 13, 14, 53, 80, 81, 82, 83, 84, 107, 108, 109, 125; H.-O. Neubauer: *Im Rückspiegel – die Automobilgeschichte der Karikaturisten 1886-1986* (1985), S. 240-170; *Eine feine Gesellschaft – die Schickeria in der Karikatur* (1988)

**Lohmann**, Hans
* 1924

Angestellter Graphiker (Werbegraphiker) beim Kaufhaus Karstadt, Dortmund
Im Zeichenwettbewerb von *Hörzu* (46/1981) und dem Deutschen Fußballbund um eine fröhliche Fußball-Symbol-Figur für die Fußball-National-Mannschaft gewann H.L. unter 90.000 Bewerbern den ersten Preis mit seinem Maskottchen „Fritzchen".

**Lohmar**, Heinz
* 21.07.1900 Troisdorf/Rheinland
† 14.09.1976 Dresden

Maler, politischer Zeichner
Lehre als Dekorationsmaler. Studium der Malerei und Graphik an der Werkschule Köln. Seit 1931 KPD-Mitglied, 1933 Verhaftung, Emigration nach Frankreich, aktiv in Parteizirkeln der KPD, künstlerische Kontakte zu Surrealisten. In seinen Gemälden setzt sich H.L. kritisch mit dem Faschismus auseinander: „Das Übertier" (1936, „Einbruch der Barbarei in die Kultur" (1937), „Begegnung unter Nichtbeachtung der Verkehrsvorschriften, München 1938" (1938). Er war aktiv im „Kollektiv deutscher Künstler", arbeitete im deutschen Kabarett-Kollektiv „Die Laterne" mit, entwirft Bühnenbild und Plakat für B. Brecht *Die Gewehre der Frau Carrar* und zeichnet politische Karikaturen für die *Deutsche Volkszeitung, Freie Kunst und Literatur, Einheit für Hilfe und Verteidigung* bis zur Kapitulation Frankreichs, aktiv in der „Resistance", 1946 nach Deutschland zurück, 1949 Professor an der Hochschule für bildende Künste, Dresden.
Ausst.: 1962, 1970 Staatliche Kunstsammlungen, Dresden.
Lit.: (Auswahl) G. Piltz: *Geschichte der europäischen Karikatur*, S. 281; L. Lang: *Malerei und Graphik in der DDR* (1980), S. 271; Ausst.-Kat.: *Widerstand statt Anpassung – Deutsche Kunst im Widerstand gegen den Faschismus 1933-45* (1980), S. 271

**Lohse**, Peter
* 1952 Radebühl

Cartoonist, Typograph
Veröffentlichungen u.a. im *Eulenspiegel*. Seine unpolitischen Cartoons ohne Worte werden oftmals mit den Karikaturen Wolfgang Theilers verwechselt.
Kollektiv-Ausst.: „Satiricum '78", „Satiricum '84", „Satiricum '86", „Satiricum '80" (1. Biennale der Karikatur in der DDR, Greiz, 1980: „Ohne Worte", 3. Preis)
Lit.: Ausst.-Kat.: *Satiricum '80*, S. 14; *Satiricum '78, Satiricum '84; Satiricum '86*, Greiz; Presse: *Eulenspiegel* (Nr. 23/1980)

**Lomas**, Kuno
* 1939

Pressezeichner, Karikaturist/Berlin
Kollektiv-Ausst.: „Satiricum '84", „Satiricum '86", „Satiricum '88", „Satiricum '90", Greiz
Lit.: Ausst.-Kat.: *Satiricum '84; Satiricum '86; Satiricum '88, Satiricum '90*

**Löns**, Hermann
* 28.08.1866 Culm/Westpreußen
† 26.09.1914 (gefallen bei Reims)

Schriftsteller, Heimatdichter der norddeutschen Landschaft, Zeichner
Studium der Medizin und Mathematik. – Seit 1891 Redakteur beim *Hannoverschen Anzeiger*, 1902 bis '04 bei der *Hannoverschen Allgemeinen Zeitung*, 1904 bis '07 beim *Hannoverschen Tageblatt*, 1907 bis '09 bei der *Schaumburg-Lippischen Landeszeitung* Bückeburg, ab 1912 freier Schriftsteller. Seine vertonten Gedichte wurden durch die Wandervogel-Bewegung verbreitet und populär. Als zeichnerische Nebenarbeit skizzierte er humoristische Einzelblätter und farbige Einband-Entwürfe zu seinen Erzählungen. 1931 sandte er an seinen Freund Traugott Pilf 28 humoristische Postkartengrüße mit teilweise scherzhaften Versen (hrsg. von T. Pilf als *Eulenspiegeleien*, 1928). – Seine Forschungsarbeiten versah H.L. mit erläuternden Zeichnungen.
Lit.: Böttcher/Mittenzwei: *Dichter als Maler* (1980), S. 194-95; Presse: *Spectamed* 1-8 (1983), S. 53-59

**Looser**, Heinz
* 03.11.1934 Arbon

Schweizer Graphiker
Studium an der Kunstgewerbeschule St. Gallen. 1951-55 Graphikerlehre bei Arnold Bosshard, St. Gallen, 1956-65

Graphikerlehre im Atelier Harry Emmel, Zürich, 1965-67 Mitarbeit in der Werbeagentur René Kessler, Zürich. Ab 1967 ist H.L. selbständig, hat ein eigenes Atelier in Zürich. Er beschäftigt sich mit Werbegraphik, Plakaten, Kinderbuch-Illustrationen, die der Karikatur nahestehen, kinderfreundlichen, humorvollen Illustrationen. Für seine Plakate erhielt H.L. folgende Auszeichnungen: OLMA St. Gallen (1965), Plakate „Kantonales Zürcher Turnfest" (1967, 1970, 1978), Österreichischer Plakatpreis (1968)
Lit.: *Who's Who in Graphic Art* (II, 1982), S. 707

**Loredano** (Ps.)
* 1948 Rio de Janeiro
Bürgerl. Name: Silva Loredano Cássio
Brasilianischer Porträt-Karikaturist (karikiert Politiker und Prominente)
L. übte verschiedene Berufe im Medienbereich von São Paulo aus. Danach war er 1972 Illustrator/Karikaturist (Rio de Janeiro) bei *Journal do Brasil, O Jlobo, Opinão*, danach 1975 (Lissabon) bei *O Jornal*, anschließend 1977-81 (in der Bundesrepublik) bei *Vorwärts, Die Zeit, Frankfurter Allgemeine Zeitung*, 1981 (in Italien) bei *La Republica, Il Giorno*, 1982 (in Paris) bei *La Libération, Magazine Littéraire, Révolution*, 1982-84 (wieder in Rio de Janeiro) bei *Journal do Brasil*. 1984-86 (in Zürich) bei *Basler Zeitung, Tages-Anzeiger*, ab 1986 (in Barcelona) bei *El Pais*.
Einzel-Ausst.: Studio-Galerie Berlin/West, Haus am Lützowplatz (Sept. 1984)
Lit.: H.P. Muster: *Who's Who in Satire and Humour* (1989), S. 174-175; Ankündigung Loredano (hrsg. vom Förderkreis Kulturzentrum/Berlin)

**Loriot** (Ps., frz. „Pirol", Wappentier der von Bülows)
* 12.11.1928 Brandenburg/Havel
Bürgerl. Name: Vicco von Bülow (Bernhard Victor Christoph-Carl)
Karikaturist, Fernsehautor, Film- u. Opern-Regisseur, Schauspieler, Werbegraphiker
Studium an der Landeskunstschule Hamburg (6 Semester, Prof. Mahlau). – Seit 1949 Werbegraphik, ab 1950 Cartoons (in *stern, Weltbild, Quick*), das Markenzeichen der Zeichnungen sind die „Knollnasenmännchen" (Ironie mit Einfalt). 1967-72 Fernseh-Serie: „Cartoon" (L. ist Autor und Hauptdarsteller – 20 Sendungen). Eigene Zeichentrick-Produktion. Seit 1967 satirische Prosa. 1971 Entwurf des Fernseh-Hundes „Wum" (Zeichentrick für die Aktion „Sorgenkind"), später kommt der Elefant „Wendelin" dazu, dann der blaue „Weltraum-Klaus". 1973 Entwürfe für Brettspiele, Puzzels, Poster, Spielkarten, plastische Figuren, Schallplatten u.a. 1974 neue Fernseh-Sendung: „Loriots Telecabinet" (L. ist Autor, Hauptdarsteller und Regisseur). Ab 1976 Fernseh-Serie: „Loriots sauberer Bildschirm", Teleskizzen: Loriot 1-6, ab 1980 entsteht die politische Satire für die Sendereihe „Report2 sowie die Zeichentrickfilm-Serie „Wum + Wendelin". 1983 Festreden-Parodien (auf Schallplatte). 1984 Opern-Regie „Martha" (Erstaufführung 24.1.1986, Stadttheater Stuttgart). 1988 Opern-Regie „Freischütz" (Schloßfestspiele Ludwigsburg). 1988 „Ödipussi" (Geschichte eines Muttersöhnchens) Uraufführung (9.3.1988) gleichzeitig im Gloria-Palast, Berlin/West und Kosmos Filmtheater Berlin/DDR. 1991 „Pappa ante portas"
Einzel-Ausst.: Wilh.-Busch-Museum, Hannover (1987), Brandenburg (1985), Berlin/DDR, Palast der Republik (1987)
Ausz.: 1968 Grimme-Preis, 1969 Goldene Kamera, 1972 Rose D'or, 1973 Grimme-Preis in Silber, 1973 Goldene Europa, Goldene Schallplatte (Wien), 1974 Karl Valentin-Orden, Großes Bundesverdienstkreuz, 1978 Goldene Kamera, 1979 Mitglied des P.E.N., 1980 Bayerischer Verdienstorden (Rosette), 1984 Erich-Kästner-Preis, 1981 „Bruder Eulenspiegel"
Publ.: *Auf den Hund gekommen* (1954), *Reinhold, das Nashorn* (1954), *Der gute Ton* (1957), *Der Weg zum Erfolg* (1958), *Wahre Geschichten* (1959), *Für den Fall* (1960), *Kleiner Ratgeber, Herzlichen Glückwunsch, Umgang mit Tieren* (1962), *Wegweiser zum Erfolg* (1963), *Der gute Geschmack* (1964), *Neue Lebenslust* (1966), *L.s Großer Ratgeber* (1968), *L.s Tagebuch* (1970), *L.s heile Welt* (1973), *Menschen, die man nie vergißt* (1974), *Kleine Prosa* (1971), *Wum und Wendelin* (1977), *L.s Dramatische Werke* (1981), *Möpse und Menschen* (1983), *L.s Ödipussi* (1977), *L.s Kommentar* (1971). – Gesamtauflage aller Bücher über 3 Millionen
Lit.: (Auswahl) *Brockhaus-Enzyklopädie* (1970), Bd. 11, S. 695; *Who's Who in Germany* (1982/83; *Das Große Graphik-Lexikon* (Westermann 1984), S. 318

**Lossow**, Friedrich
* 1837
† 1872
Zeichner, Maler
Mitarbeiter bei den *Fliegenden Blättern* und den *Münchener Bilderbogen*. L. zeichnete humoristische Tiergeschichten und u.a. Einladungskarten für Künstlermaskenbälle.
Lit.: E. Roth: *100 Jahre Humor in der deutschen Kunst*

**Lotsch**, Johann Christian
* 1790
† 1873 Rom
Bildhauer und Zeichner
Seit 1818 in Rom, karikierte das Künstlerleben in der deutschen Künstler-Kolonie in Rom im 19. Jahrhundert.
Lit.: H. Geller: *Curiosa*, S. 38-39, 69

**Lotter**, Richard
\* 25.10.1857 Riesa
Maler, Zeichner, Illustrator in Berlin
Studium an der Akademie Berlin, bei Knaus. – R.L. zeichnete Milieuschilderungen und humoristische Bilder, u.a. zu Sakaras *König Zoser, eine Künstlerfahrt nach den Pyramiden*
Lit.: Verband deutscher Illustratoren: *Schwarz-Weiß*, S. 79

**Loukata**, Josef
\* 1879 Hranice, bei Dobris
Tschechischer Maler, Illustrator
Studium an der Kunstgewerbeschule Prag (1896-99) und an der Akademie Prag (1899-1903). Mitarbeiter bei den *Fliegenden Blättern, Meggendorfer Blättern* und dem *Simplicissimus*. – J.L. zeichnete humoristische, leicht karikierend-satirische Sujets. Er war zwischen 1910-39 Leiter der Vorschule der Akademie in Prag. Deshalb erhielt die Redaktion der *Fliegenden Blätter* 1932 wegen Veröffentlichungen von L.-Zeichnungen Drohungen nationalsozialistischer Sudetendeutschen. J.L. war Mitarbeiter von V. Hynais im Pantheon des Prager National-Museums. Als Maler bevorzugte er Bildnisse und Genredarstellungen.
Lit.: Ausst.-Kat.: *Fliegende Blätter – Meggendorfer Blätter, Katalog 13* (Galerie J.H. Bauer, Hannover 1979)

**Loustal**, Jacques
\* 1956
Französischer Comic-Zeichner, Buchillustrator/Paris
Studium der Architektur (8 Jahre). – Seit Anfang der achtziger Jahre ist J.L. Comic-Zeichner. Er zeichnete den ersten Comic-Roman *Besame Mucho* – Texter: Philippe Paringaux (Chefred. von *Rock & Folk*) – Komponist ist der Saxophonist: Barney Wilen („La Note Bleue"). Buch und LP (für die 13 Kapitel je einen Song). Thema und Vorbild des Comics ist der Aufstieg und Fall des Saxophonisten Barney, aus der Pariser Jazz-Szene der fünfziger Jahre.
Ausst.: 4. Internationaler Comic-Salon, Erlangen (1990)
Publ.: *Besame Mucho* (1989)
Lit.: Presse: *Akku* (Nr. 1/1990); *stern* (Nr. 48/1989), *Bild am Sonntag* (v. 18. Febr. 1990) Hrg. Dominique Paillarse/*Eine grafische Kunst: Der französische Comic* (1988) 4. Internationaler Comic-Salon, Erlangen (Vorschau 1990)

**Lovarn**, Ivan Francis de → **Chaval** (Ps.)

**Low**, Sir David Alexander Cecil
\* 07.04.1891 Dunedin/Neuseeland
† 19.09.1963 London
(geadelt 1962)
Politischer Karikaturist, Porträt-Karikaturist
Erste Karikaturen für australische Zeitungen. 1919 Übersiedlung nach England, Tätigkeit beim *Star*, ab 1927 zum konservativen *Evening Standard* (bis 1949). – Kurze Tätigkeit für den *Daily Herald*, ab 1950 für den Liberalen *Manchester Guardian*. – Zwischen beiden Weltkriegen karikierte L. die politische Szene. Er war ein Meister der verdichteten politischen Karikatur, die mehr ausdrücken konnte, als ein langer politischer Kommentar. Seine Karikaturen erschienen weltweit, auch in Deutschland in den beiden Bänden *Hitler in der Karikatur – vom Führer und Kanzler durchgesehen und genehmigt* sowie in E.H. Lehmann *Mit Stift und Gift* (1939), aber auch vereinzelt in der Tagespresse). – Außer den politischen Karikaturen zeichnete L. *Colonel Blimpp*, eine Serie über einen beleibten, schnauzbärtigen Offizier a.D., sowie ein dickes Bierkutscher-Pferd, welches die englischen Gewerkschaftsbewegungen symbolisiert, sowie die politischen Comic-Satiren *Hit and Muss, Muzzler the Dictator*.
Publ.: *The best of L.* (1930; *Portfolio of caricatures* (1933); *L. again* (1938); *A cartoon history of our times* (1939); *Europe since Versailles* (1931); *Europe at war* (1940); *L. on the war* (1941); *L.'s war cartoon history 1945-53* (1953); *L. visibility* (1953); *L.'s autobiography* (1956); *The fearful fifties* (1960)
Lit.: (Auswahl) *Brockhaus Enzyklopädie* (1970), Bd. 11, S. 618; W.Feaver: *Masters of Caricature* (1981), S. 36, 54, 154, 166, 180, 181, 188, 189; Z. Zemann: *Das Dritte Reich in der Karikatur* (1984), S. 12, 24, 66, 73, 84, 97, 109, 109, 111, 116, 141, 142, 143, 148, 151, 153, 160, 170, 173, 175, 178, 179, 183, 185, 189, 191, 193, 194, 198, 201, 202, 204, 206, 209; Ausst.-Kat.: *Bild als Waffe* (1984), S. 400; Presse: *Der Spiegel* (v. 3.4.1957); *Die Welt* (v. 21.9.1963)

**Lubomir**
\* 1952
Slowakischer Karikaturist, tätig in Trencin. Signum: „KOTRHA"
Mitarbeiter der Satire-Zeitschrift *Roháč*, zeichnet grotesk-komische Karikaturen. – Veröffentlichungen auch in der Zeitschrift *Eulenspiegel*.
Lit.: *Eulenspiegel* (Nr. 37/1989)

**Lucifer** (Ps.) → **Roth**, Rolf

**Lüddecke**, Herrmann
\* 1938 Finkenkrug/b. Berlin
Dipl. Ing., Architekt, Hobby-Karikaturist, Signum: „lü"/Berlin
Studium an der Hochschule für bildende Künste (Architektur, Kunst). – Veröffentlichungen in *Bauwelt, Colloquium, Exitus* u.a. H.L. zeichnet Cartoons ohne Worte (infantiler Strich), Illustrationen. Maler erotischer Bilder.
Publ.: lü DDECKE: *Cartoons ohne Hand und Fuß*

Lit.: Ausst.-Kat.: *Die Stadt – Deutsche Karikaturen von 1887-1985*; Presse: *Playboy* (Nr. 4/1987): „Pionier der nackten Kunst"

**Lüders**, H.
* 1770

Berliner Zeichner, um 1800
Sein Thema ist das volkstümliche Berliner Biedermeier-Milieu – in der Art seines Freundes Th. Hosemann.

**Ludwig-Heise**, Trude
* 27.12.1903

Pressezeichnerin, Karikaturistin
Mitarbeit bei *Lustige Blätter, Die Woche* u.a., nach 1945 bei *Der Insulaner*.
Lit.: *Der Insulaner* (1/1949)

**Ludwigs**, Peter
* 16.02.1888 Aachen
† 02.07.1943 (hingerichtet)

Bildhauer, Zeichner
P.L. erhält seine Ausbildung als Bildhauer in Aachen und Lüttich (1906-07), Brüssel bis 1910 und an der Akademie Düsseldorf (1910-12). Er ist Mitbegründer von „Junges Rheinland", später der „Rheinischen Sezession", arbeitet an der kommunistischen Zeitschrift *Die Peitsche* (politisch-satirische Karikaturen) mit. Mitglied der KPD und der ARBKD (Düsseldorf). 1924 Beteiligung an der „Internationalen Deutschen Kunstausstellung" in der Sowjetunion (mit 2 Arbeiten). P.L. entwarf ein Gipsmodell „Denkmal der Revolution" (1931), das aber verschollen ist. Ab 1933 Hausdurchsuchungen, Ausstellungsverbot. Trotzdem Beteiligung am aktiven politischen Widerstand. 1937 Verhaftung (wegen Abhören des Moskauer Senders). Nach Haftentlassung weiter illegale Tätigkeit: Agitationsmaterial (Titelblätter) für die Zeitschriften *Der Freiheitskämpfer, Freiheit* sowie antifaschistisches Werbematerial (Plakate und Aufkleber).
Lit.: D. Peukert: *Ruhrarbeiter gegen den Faschismus* (1976); C. Lauterbach: Rede zur Gedenkfeier für J. Levine, Peter Ludwigs, Franz Monjau (1946). – In: *VVN-Nachrichten des Landes Nordrh.-Westfalen* (v. 2.9.1947); Ausst.-Kat.: *Berlin/DDR, KB*, S. 61 (1978/79); *Widerstand statt Anpassung*, S. 279 (1980)

**Lula**
* 12.01.1963 Rio de Janeiro

Brasilianischer Karikaturist, Autodidakt/Rio de Janeiro
Er beschäftigt sich mit Porträt-Karikaturen, Illustration und Werbung.
Veröffentlichungen in *Pasquin, Vestitulando, O Espirito da Coissa, Jornal dos Bancários, Jornal de Miracema*.

Kollektiv-Ausst.: Cartoon-Festival Piaui und Niterói (1985) (jeweils unter den 12 besten Karikaturisten)
Lit.: Presse: *Nebelspalter* (Nr. 15/1988)

**Lurie**, Renan
* 1932 Israel

Israelisch-amerikanischer Karikaturist, Journalist
Veröffentlichungen in mindestens 411 Zeitungen in 52 Ländern (mit einer Gesamtauflage von 62 Millionen Exemplaren), eigenes Presse-Syndikat „Lurie's Opinion", elf internationale Karikaturistenpreise. In der Bundesrepublik arbeite R.L. exclusiv für Zeitungen des Springer-Verlags wie *Bild* und *Die Welt*. Er zeichnet politische, zeitkritische, aktuelle Karikaturen aus der Weltpolitik, Porträt-Karikaturen, Interviews.
Einzel-Ausst.: (Juni 1980) Verlagshaus Springer-Bonn.
Lit.: Presse: *Die Welt* (v. 30.4.1980, 12.6.1980, 23.8.1980); *Braunschweiger Zeitung* (v. 11.3.1981); *Der Spiegel* (Nr. 13/1981, 35/1981)

**Lüttich**, Christian
* 1934

Karikaturist/Zeichner, Collagist/Gera
L. bevorzugt speziell Collagen, Kataloge, Graphik.
Kollektiv-Ausst.: „Satiricum '78", „Satiricum '80" (1. Biennale der Karikatur in der DDR, Greiz, 1980: „Adventskalender für Karikaturisten", „Tasse und Topf", „Immer so grillig")
Lit.: Ausst.-Kat.: *Satiricum '80*, S. 15, *Satiricum '78*

**Lutugin**, Serge
* 1913 Kiew

Pressezeichner, Karikaturist, Signum: „Lut"
Vater: russischer Arzt, Mutter: Deutsche, aufgewachsen in Kiew und Odessa, kam mit 12 Jahren zu seinem Onkel nach Magdeburg. Studium der Architektur und an der Meisterschule für Graphik, Berlin. – Mitarbeit u.a. bei *Constanze, Deutsche Illustrierte, Lustige Blätter, Welt am Sonntag, Hamburger Illustrierte, Stuttgarter Illustrierte, Neue I.Z., stern, Hörzu, Für Sie, Die Welt, Extra-Bild*. Er veröffentlicht humoristische Karikaturen, Humorseiten und Werbung, weitere Arbeiten in der dänischen und italienischen Presse.
Lit.: Presse: *Constanze* (Nr. 33/1965)

**Lyser**, Johann Peter
* 02.10.1804 Flensburg
† 29.01.1870 Altona

Eigentl. Name: Burmeister (Sohn des Hofschauspielers Friedrich Burmeister, nahm den Namen seines Pflegevaters, des Schauspieldirektors Lyser an)
Dichter, Maler, Zeichner, Illustrator
Ausbildung als Musiker, verlor mit 16 Jahren das Gehör,

wurde Buchdrucker, dann Dekorationsmaler, war zwischen 1823-28 Zeichenlehrer in Flensburg. – Seit 1830 lebte J.P.L. als Schriftsteller und Journalist und Zeichner. L. schrieb und zeichnete für Zeitschriften, humoristische, satirische und auch politische Beiträge, seine Novellen und Erzählungen sind denen E.T.A. Hoffmanns ähnlich. Außerdem illustrierte er fremde Dichtungen. Bekannt wurde seine Beethoven-Zeichnung aus seiner Wiener Zeit. Für das Carl-Schulz-Theater schrieb er plattdeutsche Stücke. L. zeichnete drollige humoristisch-satirische Tierkarikaturen. Er illustrierte in dieser Art W. Schroeder *De Swienegel als Wettrenner* (1853). – L. lebte zeitlebens in Armut und starb im Armen-Hospital Altona.

Publ.: (Kinderbücher mit eigenen Zeichnungen) *Musikalisches Bilder-A-B-C* zum Lesen lernen der Noten; *Fabeln und Märchen-Buch*

Lit.: Benjamin: *Aus der Mappe eines tauben Malers* (1830) (biographischer Roman); F. Hirth: *J.P.L.* (1911); Böttcher/Mittenzwei: *Dichter als Maler* (1980), S. 115-118; Ausst.-Kat.: *Karikaturen-Karikaturen?*, S. 67-85 Kunsthaus Zürich (1972)

# M

**Maar**, Paul
\*      1938
Freiberuflicher Graphiker, Schriftsteller, Kinderbuch-Autor
Nach dem Studium arbeitete P.M. zehn Jahre lang als Kunsterzieher, danach war er freiberuflicher Zeichner und Schriftsteller. Er lieferte Beiträge für Anthologien (Karikaturen), Rundfunk und Fernsehen, Autor von Kinder- und Jugendbüchern, Rätseln, Suchbildern, Bildergeschichten und Theaterstücke. Erwähnenswert sind die Folgen: *Ernstchen, das Känguruh, Tier-ABC, Max und Maximilian.*
Veröffentlichungen: „Sternchen" im *stern* – seit 1980.
Ausz.: Brüder-Grimm-Preis, Österreichischer Staatspreis, Großer Preis der Deutschen Akademie für Kinder- und Jugendliteratur
Publ.: (Kinderbücher) *Tier-ABC; Lippels Traum; Eine Woche voller Samstage; Türme; Am Samstag kam der Sams zurück; Anne will ein Zwilling werden; Der tätowierte Hund; Der Tag an dem Tante Marga verschwand; Sammelsurium; Onkel Florians Fliegender Flohmarkt; Konrad Knifflichs Knobelkoffer; Kindertheater Stücke*

**Mackensen**, Gerd
\*      1949
Pressezeichner, Karikaturist/Nordhausen
Zeichnet Cartoons ohne Worte.
Kollektiv-Ausst.: „Satiricum '78", „Satiricum '80 (1. Biennale der Karikatur in der DDR, Greiz, 1980: „Ohne Worte")
Lit.: Ausst.-Kat.: *Satiricum '80* (1980), S. 15 *Satiricum '78*

**Madlener**, Josef
\*      1881 Amendingen bei Memmingen
†      1967
Zeichner, Maler
Mitarbeiter der *Meggendorfer Blätter* (1912-1919), *Fliegenden Blätter* und *Jugend.* Seine Themen sind humoristische Zeichnungen zur Zeit.
Lit.: Ausst.-Kat.: *Zeichner der Meggendorfer Blätter/Fliegende Blätter 1889-1944,* S. 28 (Galerie Karl & Faber, München (1988))

**Magnus**, Hugo Günter
\* 24.09.1933 Herborn
Graphiker
Studium an der Staatlichen Werkakademie Kassel, danach selbständiger Graphiker, ab 1967 Professor an der Fachhochschule Darmstadt (Graphik, Design, Trickfilm, Illustration). Seit 1969 mehrmals Gastprofessor an der Universität Ohio/USA. – H.G.M. übernahm Ausstellungs-Gestaltungen u.a. für die Triennale Mailand (1964, Goldmedaille für Katalog), für die BRD: Pavillon EXPO, Montreal (1967) und fertigte 17 Briefmarken-Entwürfe für die Deutsche Bundespost. – Presse-Veröffentlichungen u.a. in *Eltern, Sozialmagazin* und *Oui*. Außerdem stammen von ihm die Illustrationen für die Fernsehsendung „Sesamstraße".
Publ.: (Karikaturen) *Am Fenster* (1976), *10 kleine Ferkelchen* (1977), *Eine Straße in der Stadt* (1978); *5 Fibeln* (1978), *Scizzophrenia* (1979); *Handbuch der graphischen Techniken*
Lit.: *Who's Who in Graphic Art* (II, 1982); S. 282; Presse: *Novum* (1974); *Darmstädter Echo* (1978); *The New York Times* (1979)

**Majewski**, Janusz Jósef → **Mayk** (Ps.)

**Malachowski**, Leo von
\*      1901 St. Petersburg/Rußland
Maler und Architekt, 1918 aus Rußland emigriert, Signum: „L.v.M."
Schüler des schwedischen Malers Anders Zorn. – Karikaturist in Berlin in den dreißiger Jahren, bevorzugte großformatige Karikaturen, war Illustrator. Mitarbeit bei

*Berliner Illustrirte Zeitung, Silberspiegel, Die Dame, Koralle, Reichssportblatt, Lustige Blätter*, nach 1945 bei *Weltbild, Quick*. L.v.M. zeichnete seine Karikaturen in einem flüssigen, schmissigen Stil aus dem Alltagsleben – ein Meister der grotesken beschwingten Komik. Für *Quick* entstanden die Seriencomics *Onkel Arthur, Dicki und Micki* und *Fritz der Page*. L.v.M. zeichnete auch karikaturistische Werbegraphik. In den fünfziger Jahren ging L.v.M. nach Schweden zurück und zeichnete für die schwedische Presse.
Lit.: *Deutsche Presse* (Nr. 24/1937)

**Mallet**, Pat eigtl. Pierre André Patrick
* 19.07.1939 Marseille
Französischer Karikaturist, Zeichenlehrer in einer Schule für taube Kinder (er wurde selbst mit 9 Jahren taub) Studium an der Kunsthochschule. Seit 1963 Karikaturist „Panorama Chrétien" – „Midi Olympiques" – Veröffentlichungen in *Paris Match, Lui, Sud-Quest-Dimanche, Pilote* und *Paris Match*. In der Bundesrepublik in *stern, Hörzu, Zeit-magazin, Playboy, Bunte, Freitag, Stalling-Cartoon-Kalender* u.a. P.M. zeichnet humoristische Cartoons ohne Worte, Strips, Sex-Karikaturen, ganzseitige Themen, Werbung sowie die Comic-Folgen: *Die kleinen grünen Männchen* (ab 1970 in *Lui, Pardon* und *Der BUNTE Fakir*.
Kollektiv-Ausst.: „Cartoon 75", Cartoon 77" (1975, 1977), Montreal (1972), Grand Prix international de la caricature (1978)
Publ.: (Deutschland) *Der große Pat Mallet; Die kleinen grünen Männchen; Die kleinen grünen Männchen bleiben am Ball; Die kleinen grünen Männchen sind wieder da; ... die kleinen grünen Männchen waren doch dabei; Die kleinen grünen Männchen werden aktiv; Wie das Leben so spielt*
Lit.: H.P. Muster: *Who's Who in Satire and Humour* (2) 1990; S. 122-123

**Mammen**, Jeanne
* 21.11.1890 Berlin
† 22.04.1976 Berlin-West
Malerin, Pressezeichnerin, Graphikerin
Studium an der Académie Julian, Paris (1906), der Académie Royal des Beaux Arts, Brüssel (1908) und an der Scuola Libera Academica, Rom (Villa Medici 1911). – Ab 1916 Mitarbeiterin der *Jugend*, des *Simplicissimus*, von *Uhu* und *Ulk*, sie zeichnete Titelblätter für Modezeitschriften, Magazine, Kinoplakate, Gebrauchsgraphische Kunst. J.M.s Themen sind das Berliner Großstadt-Leben der zwanziger Jahre und die dazugehörigen Typen. Sie fertigte die Farblithos zu „Lieder der Bilitis" (Auftragsarbeit von Gurlitt über die lesbische Liebe, frei nach Pierre Louys), Ausstellung in der Galerie Gurlitt. 1933 Arbeitsverbot durch NS-Verfügung.

Einzel-Ausst.: Galerie Gerd Rosen (1947), Galerie Anja Bremer (1954), Akademie der Künste (1960) (alle in Berlin/West), darüber hinaus Galerie Brockstedt (Hamburg 1970); Galerie Valentin (Stuttgart 1970), Galerie La Boetle (New York 1972), Galerie Gurlitt (München 1972), Galerie G.A. Richter (Stuttgart 1974), Galerie Schönbrunn (Frankfurt/M. 1975), Galerie Valentin (Stuttgart 1975)
Lit.: Ausst.-Kat.: *Zwischen Widerstand und Anpassung* (1978); *J.M./*Hans Tiemann (1979); *Bildende Kunst in Berlin* (5. Bd./1979)

**Manczak**, Edmund
* 1917 Hochemmerich (Rheinhausen) bei Duisburg
Pressezeichner, Karikaturist, Porträt-Satiriker
Studium: Kunstakademie Posen (1945), Kunsthochschule Warschau (1950-1954, Diplomabschluß). Ab 1952-1967 Dozent der Warschauer Kunsthochschule, danach freiberuflich tätig.
Veröffentlichungen in Polen in *Glos Wielkopolski, Szpilki, Tribuna Ludu, Tim, Polityka, Tygodnik Kulturalny*; in der Sowjetunion in *Literaturnaja Gazeta*; in den USA in *Atlas*; in der DDR in *Eulenspiegel*. Bevorzugte Themen: Prominentenköpfe und politische Marionetten.
Aust.: Einzel- und Kollektiv-Ausstellungen in Europa und Asien zwischen 1977 und 1986
Ausz.: Silbernes Kreuz (1948), Medaillon/Moskau (1969-1972), Satyricon Legnica (1978), Silberne Nadel/Warschau (1979)
Publ.: *Pardon Erotikon* (1969), *Pardon Autosalon* (1970), Buch Illustrationen zu polnischen Büchern zwischen 1977-1987
Lit.: Ausst.-Kat.: *Warschau* (1973, 1981), *E.M.*; H.P. Muster: *Who's who in Satire and Humour*, Bd. 3 (1991), S. 140-141

**Mandlick**, August
* 08.06.1860 Wien
Maler, Zeichner, tätig in München
Studium an den Akademien Wien und München. – A.M. zeichnete Sujets aus dem Gesellschaftsleben in humoristisch-liebenswürdigen und charakteristischen Darstellungen (wie später Fritz Koch-Gotha).
Lit.: Verband deutscher Illustratoren: *Schwarz-Weiß*, S. 85

**Mandzel**, Waldemar
* 1948
Graphik-Designer, Karikaturist in Bochum, lebt in Wattenscheid
Studium an der Folkwangschule, Essen. – Veröffentlichungen in *pardon* und in Tages- und Wochenzeitungen.
Publ.: *Gut beschützt* (1979); *Ganz schön tierisch* (1982)

Lit.: Ausst.-Kat.: *Die Stadt – deutsche Karikaturen von 1887-1985* (1985)

**Mann**, Thomas
* 06.06.1875 Lübeck
† 12.08.1955 Kilchberg, bei Zürich

Schriftsteller, Romancier, Nobelpreisträger 1929
Schilderer und Chronist bürgerlichen Daseins und dessen Verfalls. – T.M. lebte bis 1933 in München. Von einer Vortragsreise kehrte er nicht nach Deutschland zurück. Er lebte danach in Frankreich, später in der Schweiz (Küßnacht). 1936 endgültiger Bruch mit dem NS-Regime durch einen „offenen Brief", 1938-41 Gastprofessor in den USA (Princeton), 1941-50 in Kalifornien (Pacific Palisades), 1952 Rückkehr in die Schweiz.
1896 entwarf er zusammen mit seinem Bruder Heinrich für die jüngeren Geschwister Carla und Viktor ein *Bilderbuch für artige Kinder*. Viktor M. berichtet davon in seinem Buch *Wir waren fünf* (1941). 1899-1900 war T.M. Redakteur beim *Simplicissimus*. In seiner Frühzeit hat er verschiedentlich karikiert. Es sind grotesk-komische Zeichnungen. Seine Porträt-Karikatur zeigt Selbstironie.
Lit.: Böttcher/Mittenzwei: *Dichter als Maler*, S. 215-17; K. Hamburger: *Der Humor bei T.M.* (1965); R. Baumgart: *Das Ironische und die Ironie in den Werken T.M.* (1964)

**Mannhaupt**, Sabine
\* 1949

Karikaturistin, Plastikerin/Dresden
Kollektiv-Ausst.: „Satiricum '80" (1. Biennale der Karikatur in der DDR, Greiz, 1980: „Du und ich – und was dazwischen" (Plastikatur))
Lit.: Ausst.-Kat.: *Satiricum '80* (1980), S. 25

**Marcks**, Marie
\* 25.08.1922 Berlin

Graphikerin, freischaffende Karikaturistin/Heidelberg-Handschuhsheim
(Mutter, Leiterin einer Kunstschule – Onkel Bildhauer, Zeichenunterricht in der Familie)
Studium an der TH Berlin und der TH Stuttgart (4 Semester bis zur Schließung). – Nach einem Jahresaufenthalt in den USA 1957 und einem zweiten 1963 (Mitarbeit an *Stars and Strips*), arbeitet M.M. ab 1965 als Karikaturistin für die deutsche Presse. Veröffentlichungen ua. in *Vorwärts, ÖTV-Magazin, Süddeutsche Zeitung, Die Zeit, Deutsches Allgemeines Sonntagsblatt, Titanic, betr. Erziehung* u.v.a. Ihre Themen nimmt sie aus dem Bereich der Tagespolitik (Gesellschaftspolitik, Umwelt, Wettrüsten, Atomkraft, Neonazismus, Zeitsatire, Frauen- und Erziehungspolitik u.a. – In der Werbegraphik beschäftigt sie sich mit Einbänden, Plakaten, übernahm die Ausstellungs-Gestaltung für „Atoms for Peace", Genf und Weltausstellung Brüssel. – Es entstanden 10 Kurzfilme „Kybernetik" (WDR 1966); „City-Life" (BDA 1967), „Genie und Vogel" (WDR 1968).
Einzel-Ausst.: „Caricatura" Düsseldorf, Kunstverein Bonn, Cartoon-Caricature-Center München, weitere in Wuppertal, Karlsruhe, Nürnberg und Regensburg und Kollektiv-Ausstellungen
Publ.: (ab 1974 u.a.) *Weißt du, daß du schön bist* (1974), *Ich habe meine Bezugsperson verloren* (1974), *Alle dürfen, bloß ich nicht* (1976), *Krümm dich beizeiten* (1977), *Vatermutterkind* (1978), *Die paar Pfennige* (1979), *100x Bürgerrecht* (mit Rolf Lamprecht), *Schöne Aussichten* (1980), *Reinbecker Bilderbogen* (1980), *Na, hör mal* (mit Roswitha Fröhlich), *Vier kleine Menschengeschichten* (1981), *Roll doch das Ding, Blödmann* (1981), *Sachzwänge* (1981), *Euch geht's gut* (1978), *Immer ich* (1976), *Wer hat dich, du schöner Wald* (1982), *Marie, es brennt* (1984), *Darf ich zwischen Euch* (1982), *Vergiß nicht, die Blumen zu begießen*, *Klipp und klar, Schwarz und bunt* (Autobiographische Aufzeichnungen (II 1989), *Oh glücklich, wer noch hoffen kann, aus diesem Meer des Irrtums aufzutauchen* (1985), *Die Unfähigkeit zu mauern – Gesammelte Behinderungen der Frau*
Lit.: (u.a.) *Wilhelm Busch und die Folgen* (1982), S. 42-47; *70 mal die volle Wahrheit* (1987); *Die Entdeckung Berlins* (1984); *Beamticon* (1984), S. 140; *Die Stadt – Deutsche Karikaturen von 1887-1985* (1985); *Spitzensport mit spitzer Feder* (1981), S. 44; *Denke ich an Deutschland ... Karikaturen aus der Bundesrepublik* (1989), S. 155; H.P. Muster: *Who's Who in Satire and Humour* (1989), S. 130/131; Zahlreiche Pressebesprechungen u.a. in *Brigitte* (nr. 25/1975); *ÖTV-Magazin* (Nr. 4/1978); *Petra* (Nr. 12/1979); *stern* (Nr. 47/1980, 26/1983); Fernsehen: ARD 23.7.1981 (Frauengeschichten); Berlin III 19.7.1983 (M.M. Karikaturistin und Hausfrau)

**Marcus**, Fred
\* 1933 Amsterdam

Studienrat (Kunsterzieher), Karikaturist/Nijm
Studium an der Academie des Beaux-Arts, Paris. – Er zeichnet vorwiegend humoristische klerikale Cartoons – mit und ohne Worte.
Veröffentlichungen in europäischen Illustrierten, in Deutschland u.a. in *Die Welt*.
Publ.: (Deutschland) *Himmlische Teufeleien* (1983); *Augenblick mal* (1985); *Heitere Coctails* (1987); *Lang lebe unser Opa* (1990)
Lit.: *Die Stadt – Deutsche Karikaturen 1887-1985*; *Eine feine Gesellschaft – die Schickeria in der Karikatur* (1988)

**Markus**, Otto
\* 15.10.1863

Maler, Zeichner, tätig in Berlin
Studien in Wien, München und Paris. – O.M. zeichnete

humoristisch-satirische, politische, demokratische Karikaturen für die Presse. Mitarbeiter beim sozialdemokratischen Blatt *Der wahre Jacob*.
Lit.: Verband deutscher Illustratoren: *Schwarz-Weiß*, S. 71

**Markus** (Ps.)
* 16.05.1928 Berlin
Bürgerl. Name: Jörg Mark-Ingraben von Morgen
Karikaturist/Hamburg
Studium beim Baukreis Hamburg, Gebrauchsgraphik, Malerei (1948-51.) – 1952-60 freiberuflicher Graphiker und Karikaturist, nebenher Studium an einer Werbefachschule, Abschlußexamen 1960. Werbefachmann 1960-68. Presse-Mitarbeit bei *Die Welt* und *Quick*. Seit 1965 arbeitet M. exclusiv und seit 1968 hauptberuflich für *stern*. Es sind Einzelzeichnungen, Sammelthemen, Tages-Satire, humoristische Zeichnungen, aktuelle und politische Karikaturen, Bildergeschichten mit satirischen Pointen. – Als Hobby spielt er als Saxophonist in der Magnolia-Jazzband.
Publ.: (u.a.) *Zeitkritische Zeichnungen; Geschichten, die das Leben schrieb; Das BRD-Dossier* (politische Karikaturen); *Versexte Welt; Mit der Basis leben; Der große Markus* (1988)

**Marlette**, Douglas
* 1949 Greensboro, North-Carolina/USA
Pseud.: Doug
Pressezeichner, Cartoonist
Studium: State University Florida (Philosophie, Kunst). Seit 1972 angestellter Karikaturist beim *Charlotte Observer*/North Carolina. Den Vertrieb seiner, insbesondere politischen Karikaturen regelt Tribune Media Century für weltweit über 100 Zeitungen und Zeitschriften. Themen: politische Satirezeichnungen.
Veröffentlichungen in Deutschland in *Der Spiegel, Welt am Sonntag, Die Welt* u.a.
Ausz.: National Headliner Award (1983), R.F. Kennedy Memorial Award (1984), Sigma-Delta-Chi-Award (1985), First Amendment Award (1986), Nieman Fellowship of the Harvard University
Publ.: *The Emperor Has No Clothes* (1976), *If you Can't Something Nice* (1978), *Drawing Blood* (1980), *It's A Dirty Job But Somebody Has To Do It* (1984), Comic-Strip *Kudzu* (3 Bände)
Lit.: H.P. Muster: *Who's who in Satire and Humour* (Bd. 3/1991), S . 142-143

**Marold**, Ludek
* 1865 Prag
† 1898 Prag
Tschechisch-österreichischer Maler und Zeichner

Mitarbeiter der *Fliegenden Blätter*. L.M. zeichnete aristokratische Typen aus der eleganten Welt und hat in der Gesellschafts-Karikatur die Sujets von Reznicek vorweggenommen.
Lit.: E. Fuchs: *Die Karikatur der europäischen Völker* II, S. 400, 420, Abb. 423; G. Hermann: *Die deutsche Karikatur im 19. Jahrhundert*, S. 48

**Maroulakis**, Nikolas
* 23.08.1941 Piräus
Griechischer Cartoonist, Signum: „mar"/Berlin (West)
Als Autodidakt hat N.M. 1959 angefangen, Karikaturen zu zeichnen. Es sind Cartoons ohne Worte, humoristisch-satirisch. Veröffentlichungen erschienen ab 1960 in Griechenland, ab 1967 in der Bundesrepublik (4 Jahre Fabrikarbeiter), Übersiedlung nach Berlin/West. Veröffentlichungen in Deutschland in *Die Zeit, pardon, Süddeutsche Zeitung, Freundin, Für Sie, Deutsches Allgemeines Sonntagsblatt, Zitty, tip* u.a.
Kollektiv-Ausst.: „Cartoon 75", Weltausstellung der Karikatur Berlin/West (Sonderpreis), „Cartoon 77" (6. Preisträger), „Berliner Karikaturisten", Kommunale Galerie Berlin-Wilmersdorf (1978)

**Martin**, Charles → **CEM** (Ps.)

**Martin**, Jac
* 1907 Saarbrücken
† 07.02.1978 Berlin/DDR
Pressezeichner, Karikaturist, Signum: bis 1945 „Jacma"
J.M. zeichnete freundlichen, gutmütigen Bildhumor für den Humorteil von Zeitungen und Zeitschriften. Mitarbeit u.a. bei *Die Woche, Grüne Post* und *Brummbär* (*Berliner Morgenpost*)

**Martin**, Emile (Ps.) → **Bencke**, Erik Emil Martin

**Martini**, Johannes
* 09.06.1866 Chemnitz
Zeichner, Graphiker, tätig in Berlin um 1900
Seine künstleriche Ausbildung erhält J.M. in Berlin. Er zeichnet humoristisch-satirische Illustrationen für die Presse. Als Graphiker bevorzugt er Federzeichnungen für Buchschmuck, stilisierte Ornamente.
Lit.: Verband deutscher Illustratoren: *Schwarz-Weiß*, S. 77

**Marunde**, Wolf-Rüdiger
* 1954
Humorzeichner, Karikaturist/Rieseby im Lauenburgischen
Studium: Hamburger Fachschule für Gestaltung
Begann als Glückwunschkarten-Designer. Veröffentli-

chungen in *Brigitte* (ganze Seiten): *Marundes Landleben, Leben und Lieben*, Wandkalender (1988), Titelblätter, Illustrationen; satirische Porträt-Karikaturen. Themen: Landleben, Humor, auf Natur und Landschaft. Zitat W.-R.M.: „Ich bin ein Unterhaltungs-Handwerker".
Ausst.: Im Kollektiv, Kulturamt Marburg (1985/86); ZDF-Film „Marundes Landleben"/14. April 1991
Lit.: Ausst.-Kat.: *Der Grimm auf Märchen*, S. 167; Presse: *Brigitte* 19/1987

**Masereel**, Frans
\* 30.07.1889 Blankenberghe/Belgien
† 03.01.1972 Avignon
Maler, Graphiker, Holzschneider
Studium an der Akademie Gent (nur kurz). – Ab 1916-21 in Genf, seit 1921 in Paris, 1947 Professor an der Kunstschule Saarbrücken, dann in Paris, ab 1949 in Nizza. Bekannt wurde F.M. durch seine kritisch-satirischen Holzschnittfolgen, in denen Menschenschicksale dargestellt wurden. Das Erlebnis des Ersten Weltkriegs machte ihn zum konsequenten Pazifisten. F.M. trat ein für Menschlichkeit, Freiheit und Frieden. Er kritisierte die bürgerliche Kultur, das moderne Großstadtleben und setzte dagegen die Natürlichkeit und das Ideal der Freiheit. Die starke Konzentration auf den Schwarzweiß-Kontrast in seinen Arbeiten geben eine Verdichtung des Ausdrucks und der Aussage. Bis 1920 hat F.M. ausschließlich Holzschnitte geschaffen als Bilderfolgen oder als selbständige Textillustrationen. Ab 1916 veröffentlichte er täglich ein Bild in *La feuille*, Mitarbeit bei *Der Knüppel* (Ps. „Snarf"), Mitbegründer der Zeitschrift *Edition du Sablier*. – F.M. illustrierte Werke von R. Rolland, St. Zweig, E. Verhaeren, Ch. de Coster und E. Zola. F.M.s Gemälde (Bildnisse, Seestücke, Stadt- und Hafenszenarien) finden sich z.B. in Museen in Gent, Mannheim, Paris, Wien und Winterthur.
Publ.: (Auswahl) *Politische Zeichnungen* (1920) Auswahl aus: *La Feuille*; Holzschnittbücher: *Die Passion eines Menschen* (1921), *Mein Stundenbuch* (1921), *Die Sonne* (1921); *Geschichte ohne Worte* (1927), *Die Idee* (1924), *Die Stadt* (1925), *Das Werk* (1928), *Von Schwarz zu Weiß* (1934); *Jeunesse* (1948), *Die Geschichte Hamburgs* (1965); Zyklen (Widerstandskunst): *Totentanz* (1941), *Schicksale* (1943), *Die Erde unter dem Zeichen des Saturns* (1943). *Der Zorn* (1944/45), *Erinnert euch* (1944/45)
Lit.: (Auswahl) A. Holitscher/St. Zweig: *F.M.* (1923); J. Belliet: *F.M. L'hommet l'oeuvre* (1925); J. Havelaar: *Het werk van F.M.* (1930); L. Durtain: *F.M.* (1931); G. Ziller: *F.M.* (1949); L. Leber: *F.M.* (1950); R. Hagelstange: *Gesang des Lebens: Das Werk F.M.s* (1957); P. Vorms: *Gespräche mit F.M.* (1967); *F.M.-Werkkasette* (1987); Ausst.-Kat.: *F.M. 1889-1972: Über Krieg und Frieden*

**Matuška**, Pavel
\* 1944 Trebechovice pod Orebem/ Tschechoslowakei
Graphiker, Karikaturist, Illustrator
Studium: Secondary Technical Engineer (1962 graduiert) Werbegraphiker bei verschiedenen Werbeagenturen, ab 1984 freiberuflicher Cartoonist. Themen: Bildsatire ohne Worte.
Veröffentlichungen in der Tschechoslowakei in *Dikobraz, Kvety, Lidé a zeme, Mlady svet, Stadíon, Technicky magazin*; in der Schweiz in *Nebelspalter*.
Ausst.: Im Kollektiv ab 1979 in Bulgarien, Belgien, Canada, Griechenland, Italien, Japan, Polen
Publ.: *O houbách, Udoli moudrych hlave, Benefice, Televizni muz*; Buch-Illustrationen für Tokio, Ancona, Prag, Marostica (1980-1985)
Lit.: H.P. Muster: *Who's who in Satire and Humour* (2) 1990, S. 126-127

**Matysiak**, Walter
\* 1915 Schweidnitz/Schlesien
† 1985 Konstanz
Pressezeichner, Karikaturist, Illustrator
Lehre als Dekorationsmaler (1929-32), danach Studium an der Staatsschule für angewandte Kunst, München (1935-36). Kriegsdienst, Gefangenschaft (USA). Ab 1946 arbeitet W.M. als freiberuflicher Graphiker/Godesberg. 1948 Textildesigner in Mössingen bis 1955, ab 1956 in Konstanz – verschiedene Ateliers. Tätig ist er vor allem als „Bildermacher", gelegentlich Mitarbeiter beim *Nebelspalter* (humoristisch-skurrile Zeichnungen); „Trompe-l'oeil-Effekte").
Einzel-Ausst.: Albstadt, Basel, Bonn, Carona, Frankfurt, Karlsruhe, Konstanz, München, Paris, Pfäffikon, St. Gallen, Singen, Wil, Zürich.
Publ.: *Ein Torero, Generäle, Bienen* (1965); *Menschen und Tiere; W.M. mit seinen Säckeltieren* (1985)
Lit.: H.P. Muster: *Who's Who in Satire and Humour* (2) 1989, S. 128-129

**Matzi**
\* 06.08.1963
Comic-Zeichner/Kiel
Gelernter Schildermaler/Leuchtreklamehersteller, Graffiti- und Tankbildkünstler, zeichnet Comics und Cartoons. – Veröffentlichungen in *Nobody is perfect*
Lit.: *Nobody is perfect* (1986), S. 24-31, 142

**Mauder**, Sepp
\* 1884
† 1969
Bayrischer Pressezeichner, Karikaturist
Hauptmitarbeiter der *Meggendorfer Blätter* (1905-44), der

*Fliegenden Blätter*, der *Münchener Illustrierten Presse*, bei *Der Adler* und *Berliner Illustrirte Zeitung*. Er veröffentlichte humoristische Zeichnungen, Witzzeichnungen, humoristische Serien, Humorseiten, Illustrationen für Kinder- und Malbücher. Sein Zeichenstil zeigt eine ursprünglich naturalistische Darstellungsweise, danach eine skizzenhafte, vereinfachte, knappe humoristische, wie sie Walter Trier praktizierte.
Ausst.: *Die Pressezeichnung im Kriege* (Haus der Kunst, März-April 1941: Nr. 239 „In Ruhestellung")
Lit.: H. Herbst: *Die Illustratoren der Meggendorfer Blätter* (Oberbayrisches Archiv München (1981, Bd. 106)); Ausst.-Kat.: *Fliegende Blätter – Meggendorfer Blätter*, S. 7, 68-72 (Galerie J.H. Bauer, Hannover 1979); *Zeichner der Meggendorfer Blätter/Fliegende Blätter*, S. 29 (Galerie Karl & Faber, München 1988)

**Mauldin**, Bill
\* 1922 USA
Politisch-zeitkritischer Cartoonist
Tätig u.a. für *Chicago Sun-Times*. Je nach anfallenden Themen werden seine Karikaturen u.a. in *Der Spiegel* und *Wirtschaftswoche* nachgedruckt. (Vertrieb durch Bulls Pressedienst, Frankfurt/M.).

**Maulpertsch**, Franz Anton
(nennt sich auch Maulbertsch, Maulperch)
\* 08.02.1724 Langenargen/Bodensee
† 08.08.1796 Wien
Seit 1739 in Wien, Schüler von Roys, Studium an der Akademie Wien (1741-50), bei van Schuppen. Seit 1759 Mitglied der Akademie. – Tafel- und Deckenmaler für österreichische Kirchen, Klöster, Bibliotheken, Hauptmeister der Wiener Barockmalerei, Radierer. Hauptwerke/Fresken u.a.: Pfarristenkirche Wien (1757-58), Pfarrkirche Sümeg/Ungarn (1758-60), Erzbischöflichen Residenz Kremsier (1758-60), Pfarrkirche Schwechat/Wien (1765), Residenzen Innsbruck (1775/76), Steinamanger (1783). – Zeitkritische Radierungen u.a.: *Der fahrende Chirurg* (1785), *Der Kurpfuscher, Immer herein, meine Herrschaften, Kur*
Lit.: (Auswahl) Benesch: *F.A.M. – Zu den Quellen seines malerischen Stils* (1924); F. Gehrke: *Die Fresken des F.A.M. in der Pfarrkirche Sümeg* (1951); *Der große Brockhaus* (1932), Bd. 12, S. 266; E. Holländer: *Die Karikatur und Satire in der Medizin* (1905), S. 316; *Mit Hörrohr und Spritze* (1922), S. 31

**Maurer**, Werner
\* 26.10.1933 Spiez
Schweizer Graphiker
Studium am Lehrerseminar und an der Kunstgewerbeschule Bern sowie an der Staatlichen Kunstakademie Stuttgart, bei Prof. K. Rössing. Seit 1961 selbständiger Graphiker. – W.M. hatte die künstlerische Gestaltung der Schweizer Ausstellung EXPO 1964 in Händen, danach war er Bühnenbildner, Illustrator von Kinderbüchern. Er zeichnete Bildergeschichten, Fernsehtrickfilme für den WDR Köln (Kinderstunde) in Zusammenarbeit mit seiner Frau (einer Fotografin). – 1967 erhielt er das Schweizer Stipendium für angewandte Kunst sowie Auszeichnungen im Wettbewerb: „Die schönsten Bücher" der Bundesrepublik Deutschland und der Schweiz.
Lit.: *Who's Who in Graphic Art* (II 1982), S. 708

**Mayerhofer**, Gerald A.
\* 1953 Waldhofen a.d.Thaya/Österreich
Pseudonym: Meylenstein
Pressezeichner, Karikaturist
Studium: Hochschule für angewandte Kunst, Wien (1974-79)
Freiberuflicher Cartoonist. Seit 1980 in New York City. Veröffentlichungen in den USA in *New York Times, Omni, Penthouse, Playboy, Science, Village Eys, Diners Club Magazin*; in Frankreich in *Oui*; in Österreich in *Morgen, Wiener Journal*. Illustrationen für den Uebereuter Verlag, Wien.
Ausst.: Einzeln und im Kollektiv in Österreich und Deutschland
Ausz.: 1. Preis ORF-Wettbewerb (1976), 1. Preis Cartoon-Competition der Zeitschrift *Science 85* (Washington 1984)
Publ.: *Are You Normal* (1986)
Lit.: H.P. Muster: *Who's who in Satire and Humour*, Bd. 3 (1991), S. 144-145

**Mayk** (Ps.)
\* 1937 Ostrów Mazowiecki/Polen
Bürgerl. Name: Janusz Józef Majewski
Karikaturist
Studium an der Akademie Warschau, bei Professor Mroszczak und Prof. Tomaszewski. Seit 1968 lebt Mayk in Malmö/Schweden. Er zeichnet politische, aktuelle, satirische Karikaturen und Porträt-Karikaturen. – Ständige Mitarbeit für *Sydsvenska Dagblad*, aber auch Veröffentlichungen in *Affärs Världen, Allers, Tempus, SAF-Tidningen, New York Times* und *Schweizerische Kaufmännische Zeitung*. In der Bundesrepublik erscheinen Nachdrucke in *Frankfurter Allgemeine Zeitung, Der Spiegel* u.a.
Lit.: *Komische Nachbarn – Drôles de voisins* (1988), S. 130 (Goethe-Institut Paris); H.P. Muster: *Who's Who in Satire and Humour* (1989), S. 128/29

**McCay**, Winsor (Zenic)
\* 26.09.1869 Spring Lake
† 26.07.1934 New York

Comic-Strip-Zeichner
Begann mit 17 Jahren als Zirkusmaler. Gelegentlich Zeichenunterricht (wenn der Zirkus in Chicago Station machte). Reportage-Zeichner beim *Cincinnati Times Star* (mit 19 Jahren). Der erste Comic-Strip *The Jumple Imps* erschien 1903 im *Enquire*. Ab 1902 zeichnete McCay bereits Cartoons für die humoristische Zeitschrift *Life*. Ende 1903 Übersiedlung nach New York, tätig für den *New York Herald* und für *Evening Telegram* mit Bildergeschichten: *Little Sammy Sueeze* (1904), *Hungry Henrietta* (1905), *Dreams of the Rarebit Fiend* (1905-9, *Little Nemo in Slumberland* (1905-1912),und für *Herald Tribune* (1924-27). 1909 bis 1920 Bildergeschichten als Zeichentrickfilme, „Gerti the Dinosauer" wurde die erste populäre Trickfilmfigur. 1911 Wechsel zum Hearst Zeitungs-Konzern. Aus *Little Nemo* wurde *In the Land of Wonderful Dreams*.
Publ.: (in Deutschland) 1975: *Little Nemo* (1906-10) (Kleiner Niemand im Schlummerland); 1975: *Die wunderbaren Träume des Feinschmeckers, der immer nur Käsetoast aß*; 1989: Neuauflage *Little Nemo I und II; Das große Lexikon der Graphik* (Westermann 1984), S. 329

**McManus**, George
* 1884 St. Louis/USA
† 1954

USA-Comic-Zeichner, Klassiker der Comic-Kunst
Ab 1903 tätig als Comic-Zeichner. Erster Erfolg mit *The Newlyweds*. 1904 zeichnet McM. einen Familien-Comic für Joseph Pulitzers *Sunday World*. Weitere Strips folgen zwischen 1905-10. Ab 1913 zeichnet er für W.R. Hearsts *New York American* 42 Jahre lang den Erfolgs-Strip *Bringing Up Father* (es ist die Geschichte einer neureichen Einwanderer-Familie, quer durch die Jahrzehnte, quer durch alle Bevölkerungsschichten). Deutsche Veröffentlichungen in: *Welt am Sonntag*, um 1950 und in *Die Neue Zeit* (1948: „Der Frechdacks")
Lit.: 3. Internationaler Comic-Salon Erlangen (Programm 1988), S. 31

**Mebes**, Friedrich
* 26.09.1927 Berlin

Pressezeichner, Karikaturist
Mitarbeit bei *Der Insulaner*, und zwar Cartoons ohne Worte.
Lit.: *Der Insulaner* (Nr. 6/1949)

**Meder**, Wilfried (Willi)
* 1940 Leipzig

Graphiker, Karikaturist/Stein b. Nürnberg
Graphiker-Lehre (1955-58), danach Studium an der Abendklasse, später Studium an der Hochschule für Graphik und Buchkunst (1961-63), Diplom als Graphik-Designer. 1964-68 freischaffender Graphiker/Karikaturist für die *Leipziger Abendzeitung* u.a. DDR-Zeitungen. 1984 Übersiedlung in die Bundesrepublik, angestellter Graphik-Designer, freischaffender Cartoonist. Mitarbeit u.a. bei *Mot* (Autozeitschrift)
Einzel- und Kollektiv-Ausst.: „Satiricum '78", Greiz, weitere in Berlin/DDR, Dresden, Gabrovo, Knokke-Heist, Leipzig, München, Tokio
Publ.: (Co-Autor) *Eine feine Gesellschaft – die Schickeria in der Karikatur*
Lit.: H.P. Muster: *Who's Who in Satire and Humour* (I), S. 132/133; Ausst.-Kat.: *Satiricum '78*

**Meffert**, Carl
* 25.03.1903 Koblenz
† Dez. 1988 Zürich

Ps.: Clement Morceau
Polit-Graphiker, Holz- und Linolschneider
(Erziehung in einem katholischen Orden, danach Fürsorgeanstalt Warburg/Westf., mehrmals ausgebrochen, 1918 als Jugendlicher bei den Revolutionskämpfen, von einem Militärgericht zu dreieinhalb Jahren Haft verurteilt, 1924 Entlassung, Übersiedlung nach Berlin.) – 1926 Schüler von Käthe Kollwitz und John Heartfield, gefördert von Emil Orlik. Erste Illustrationsaufträge von *AIZ* (*Arbeiter Illustrierte Zeitung*), *Der wahre Jakob*, *Eulenspiegel* und *Bücherkreis*. – 1928 Schriftsetzerlehre in Bern. 1931 Studium an der Akademie für graphische Künste Leipzig, Bekanntschft mit Heinrich Vogeler, durch ihn Aufnahme in die Künstlersiedlung Fontana Martina am Lago Maggiore (1930-32), zwischendurch in Paris, zeichnete für *Monde*. C.M. bearbeitet die Halbmonatsschrift *Fontana Martina* (21 Ausgaben), Mitarbeit an der Presse der Schweizer Arbeiterbewegung in Basel, Zürich, Bern und Genf, erregt die Aufmerksamkeit der Schweizer Behörden, wählt den Decknamen „Clement Morceau", seine Lage wird unhaltbar, nach 1933 kann er nicht nach Deutschland zurück, mit einem „Nansen-Pass" reist er 1935 nach Argentinien. – Die Emigrierten organisieren sich in der Pestalozzi-Schule (C.M. unterrichtet da bis 1957). C.M. gehört zur antifaschistischen Emigrantengruppe, zeichnet antifaschistische Graphik in der argentinischen Presse, in *Critica, Argentina Libre, Vanguardia* und vor allem im *Argentinischen Tageblatt* (bedeutendes antifaschistisches Presseorgan Südamerikas) z.B. die Graphik-Zyklen *Comedia humana* („Nacht über Deutschland") und *Mein Kampf* (Hitler-Ironien). Als Politagitator greift er die Probleme der argentinischen Agitatoren auf. C.M. wird nach Patagonien abgeschoben, muß unter Bewachung Pro-Propaganada zeichnen. 1950 geht er nach Uruguay, 1951 wieder nach Argentinien. Die neugegründete Stadt Resistencia erhält eine Universität und C.M. wird Professor für bildende Künste. 1962 geht C.M. auf Europareise, bleibt in der Schweiz. Er gibt

Zeichenunterricht in St. Gallen, zeichnet wieder für die Arbeiterpresse.
Ausst.: „C.M.", Kunstamt Berlin-Kreuzberg (1978)
Ausz.: Kulturpreis des Schweizerischen Gewerkschaftsbundes (Mai 1987), Kulturpreis des DGB (Nov. 1988)
Lit.: *C.M. Grafik für den Mitmenschen* (1978)

**Meggendorfer**, Lothar
\* 06.11.1847
† 08.07.1925 München
Zeichner und Verleger
Studiert an der Akademie München, bei W.v. Diez, A. Stähuber, Alexander Wagner. Danach Mitarbeiter der *Fliegenden Blätter* und der *Münchener Bilderbogen* ab 1866 (humoristische Zeichnungen und Kindergeschichten aus dem bürgerlichen Leben, beeinflußt von Dichtungen und Zeichnungen des Grafen Pocci). 1859 gründete L.M. zusammen mit dem Verlag J.F. Schreiber in Eßlingen die humoristische Zeitschrift *Meggendorfer Blätter*. Diese wurde 1928 mit den *Fliegenden Blättern* vereinigt. L.M. erfand die beweglichen Bilderbücher, das waren Ziehbilder und Aufstell-Bilderbücher, die in großer Auflage (bis zu 30.000 Ex.) in Übersetzungen und Nachdrucken erschienen.
Lit.: L. Hollweck: *Karikaturen*, S. 87; *Das goldene Buch der Kunst* (1904 Nr. 1477); H. Geller: *Curiosa*, S. 80-82; Ausst.-Kat.: : *Fliegende Blätter – Meggendorfer Blätter* (Galerie J.H. Bauer, Hannover, 1979).

**Meichsner**, Oswald → Oswin (Ps.)

**Meier**, Marc
\* 1965
Cartoonist, Signum: „Bego"
Veröffentlichungen in *Comix für Dowe* (groteske Cartoons).
Lit.: *Comix für Dowe*

**Meil**, Johann Wilhelm
\* 23.10.1733 Altenburg
† 02.02.1805 Berlin
Zeichner und Radierer
1766 Mitglied der Akademie Berlin, 1783 und 1801 Direktor der Akademie Berlin (Nachfolger von D. Chodowiecki). J.W.M. zeichnete Illustrationen, Vorlagen nach eigenen und fremden Entwürfen, Vignetten, Titelköpfe für Bücher, Bildsatiren. Viele seiner Zeichnungen wurden von Johann Georg Unger (1715-1788) in Holz geschnitten.
Lit.: Roda-Roda/T. Etzel: *Welthumor – Die drei Grazien*, S. 76, 78, 177, 200, 241; Hopffer: *Verzeichnis sämtl. Titelköpfe von J.W. Meil* (1869); Jessen: *Der Ornamentstich* (1920); Kristaller: *Kupferstich und Holzschnitt im vier Jahrhunderten* (1922)

**Meinhardt**, Fritz
\* 1910 Frauenberg
Architekt, Maler, Graphiker in Stuttgart
Studium der Malerei und Architektur an der Akademie der bildenden Künste Prag, bei Prf. Thiele. Mitarbeit bei *Wespennest* und *Stuttgarter Zeitung* (ab 1949). F.M. zeichnete politische und aktuelle Karikaturen zu den Tagesereignissen in der Bundesrepublik.
Lit.: H. Dollinger: *Lachen streng verboten* (1972), S. 328, 331, 335, 337, 338, 339, 378

**Meint**, Klaus
\* 1957 Hermannstadt/Rumänien
Graphik-Designer, Cartoonist/München
Veröffentlichung von karikaturistischen Illustrationen. Sie beinhalten aktuelle Zeitkritik.
Lit.: *Eine feine Gesellschaft – Die Schickeria in der Karikatur* (1988)

**Meissl**, August Ritter von
\* 1867 Bazin/Ungarn
Maler, Zeichner
Erste Ausbildung in Budapest. Danach Studium an der Akademie München, bei Raab und Fehr. Mitarbeiter der *Fliegenden Blätter*, *Jugend* (1896, 20 Zeichnungen, 3 Titelblätter). Als Maler bevorzugte er Tier- und Soldatensujets.
Lit.: L. Hollweck: *Karikaturen*, S. 100, 137; Ausst.-Kat.: *Zeichner der Fliegenden Blätter – Aquarelle-Zeichnungen* (Karl & Faber, München 1895)

**Meister**, Simon
\* 1803
† 1844
Zeichner und Maler
Mitarbeit an rheinischen Karnevalszeitungen, zeichnete Themen aus dem rheinischen Volksleben.
Lit.: G. Piltz: *Geschichte der europäischen Karikatur*, S. 155

**Mena**, José Luis Martin
\* 1938 Spanien
Spanischer Cartoonist/Madrid
Zeichnet seit 1954 Karikaturen, die bisher in 26 Ländern veröffentlicht wurden, u.a. in der Bundesrepublik in *Welt am Sonntag*, *Petra*, *Schöne Welt* u.a. Es sind Cartoons ohne Worte und der Comic-strip *Candido*.
Ausz.: „Trofeo Palma de Bronce" (XIII Salone interna-

zionale dell'Humorismo) Bordighera, „Coppa d'Onora (II Biennale dell'Humorismo nell Arte) Tolentino
Lit.: Presse: *Schöne Welt* (Dez. 1974)

**Mennicken**, Otto
* 27.05.1910 Kettenis/Belgien
(im damals noch deutschen Eupener Gebiet)

Pressezeichner, Karikaturist, Signum : „O M"
Studium an der Kunstgewerbeschule, 1935 Meisterprüfung. Danach freischaffender Maler, Graphiker, Bühnenbildner. Zeichner von Presse-Karikaturen, besonders Sport (seit 1934 Mitglied der Aachener Turngemeinde).
Lit.: Ausst.-Kat.: *Turnen in der Karikatur* (1968), S. 92 (anläßlich des Deutschen Turnfestes in Berlin-West)

**Menzel**, Adolph
* 08.12.1815 Breslau
† 09.02.1905 Berlin

Maler, Zeichner (geadelt 1898), Künstlergenie
Ausbildung als Lithograph beim Vater, sonst Autodidakt. Übersiedlung der Familie nach Berlin (1830). Der Vater eröffnete auch hier eine lithographische Anstalt. Er stirbt bereits 1832. A.M. führt die Anstalt weiter und sorgt mit gebrauchsgraphischen Arbeiten für den Unterhalt der Familie. In dieser frühen Schaffenszeit A.M.s finden sich Neujahrskarten für verschiedene Stände, wie „Das entfliehende Jahr", „Leipziger Volksszenen" (in der Art von Dörbeck), das Spottblatt auf den „Streit zwischen Allopathie und Homöopathie". Berliner Milieus: „Schuster Pichbärme", „Heda Mamselken", „die gewiegten Flaschen", „die zerbrochene Flasche" sowie Lithographien zu den „Berliner Redensarten". – Als erste eigene freie Illustration zeichnete er 1833 (ersch. 1834) die elf realistisch-satirischen Federlithographien „Künstlers Erdenwallen". Gottfried Schadow lobte diese Zeichnungen und A.M. wurde am 22. Februar 1834 einstimmig in den Berliner Künstlerverein aufgenommen. – Im Verlauf seines Lebens hat A.M. in Briefen und bei passenden Gelegenheiten in karikaturistischen Skizzen Zeugnis davon gegeben, daß Humor, Witz und Satire auch ihm vertraut waren – und er nicht nur ein mürrischer Sonderling und sarkastischer Kritiker war. A.M. war auch Mitglied in der Künstlergesellschaft „Tunnel über der Spree", wo Gesellschaft, humorvolle Kritik und Witze gepflegt wurden. Mit den „Denkwürdigkeiten aus der brandenburgisch-preußischen Geschichte" (1834-36) und den Illustrationen zu Kuglers Buch über Friedrich den Großen, ab 1840, nahm A.M. seine Historienzyklen auf. Zur Ölmalerei kam er durch seinen Freund, dem Tapetenfabrikanten Carl Heinrich Arnold. A.M.s kühler Verstand, der jedes Sujet unerbittlich genau erfaßte, ließ karikaturistischen Überschwang nur noch privat zu. Ansonsten bediente er sich der Allegorie als Ausdrucksmittel.
Lit.: (Auswahl) E. Fuchs: *Die Karikatur der europäischen Völker* II (1903), Abb. 71; I. Wirth: *Berliner Maler, A.M.* (1964, 1968), S. 9-102; H. Geller: *Curiosa* (1955), S. 78; E. Roth: *100 Jahre Humor in der deutschen Kunst* (1957); H.v. Tschudi: *Aus Menzels jungen Jahren* (1916); Presse: *Eulenspiegel* (6/1955: „Der fröhliche Menzel")

**Menzel-Severing**, Hans
* 1946

Karikaturist, Signum: „HANS"/Bonn
H.M.-S. zeichnet politisch-satirische Tageskarikaturen.
Publ.: *Benimm dich Bonn* (1968)

**Merté**, Oskar
* 1873 Fürstenfeldbruck
† 1938 Fürstenfeldbruck

Maler, Zeichner
Mitarbeiter der *Meggendorfer Blätter* (1904-06). O.M. zeichnet humoristische Szenen aus dem Alltag, bekannt als Militär- und Pferdemaler
Lit.: Ausst.-Kat.: *Zeichner der Meggendorfer Blätter – Fliegende Blätter 1889-1944* (Galerie Karl & Faber München 1988); *Zeichner der Fliegenden Blätter – Aquarelle-Zeichnungen* (Galerie Karl & Faber München 1985)

**Mertens**, Steffen
* 1943

Karikaturist, Zeichner/Rathenow
Kollektiv-Ausst.: „Satiricum '80" (1. Biennale der Karikatur in der DDR, Greiz, 1980: „Das Bad", „Ohne Worte"), „Satiricum '79", „Satiricum '82"
Lit.: Ausst.-Kat.: *Satiricum '78*, *Satiricum '82*

**Messerschmidt**, Franz Xaver
* 06.02.1736 Wiesensteen/Württemberg
† 21.08.1783 Preßburg

Bildhauer
Schüler seines Onkels Joh. Baptist Straub, München (1745-50), an der Akademie Wien (1752-54 bei Matth. Donner, ab 1755 bei Jak. Schletterer), in Rom (1765), in Wien (1766, ab 1769 Mitglied der Akademie). Büsten (1760) und Standbilder (1764-66) von Kaiserin Theresia und Franz I., sowie „Immaculata" zeugen von virtuosem Können. F.X.M. war, neben seiner figuralen Kunst, vor allem Porträt-Bildhauer des Hofes und dessen Prominenz. Zwischen 1770-74 Beginn der Arbeiten an seinen „Charakterköpfen" (merkwürdige Ergebnisse seiner physiognomisch-mimischen Studien) – von den ursprünglich 69 Plastiken hat er 49 fertiggestellt. – 1774 stirbt sein Lehrer Schletterer. Laut Dekret von 1769 steht F.X.M. die Nachfolge im Amt zu. Gleichzeitig wird bei

ihm eine psychische Erkrankung wahrgenommen. F.X.M. erhält nicht das Amt, sondern eine Pension von jährlich 200 Gulden, die er nie in Anspruch genommen hat. Am 5. Mai 1775 verläßt er für immer Wien. Zunächst geht er nach Wiesensteig (1775), dann nach Preßburg (1777). – Unter den Typen der „Charakterköpfe" – komische (karikaturistische) Köpfe in Holz, Alabaster, Zinnblei und Wachs – sind: Griesgram, Mißmut, Bösewicht, Spötter, Grimassenschneider, Gähnen, Lachen, Niesen, Schalk, Verschmitztheit, Trotz, Dummkopf, Einfältigkeit. Dargestellt sind sie: grotesk, grimmassenhaft, gespensterhaft, humorig, abnorm, deformiert, drastig, dämonisch, ekstatisch, in anatomischer Verzerrung bis zur Karikatur. Den Köpfen liegt ein gleicher Männertypus zugrunde, weshalb man annimmt, daß es Selbstbildnisse sind. Schon zu Lebzeiten F.X.M.s erregten die Charakterköpfe großes Aufsehen. Nach seinem Tod erwarben Händler die 49 fertigen Köpfe und verkauften diese weiter. Sie wurden dann gegen Geld im Wiener Wurstelprater gezeigt, 1793 wurden insgesamt alle erstmals öffentlich im Wiener Bürgerspital ausgestellt – und im Wiener Barock-Museum gesammelt. 1932 veröffentlichte Ernst Kris (Kunsthistoriker und praktischer Psychiater) eine umfangreiche Studie über die „Charakterköpfe". Zum 110-jährigen Jubiläum der Gründung von Wiesensteig fand in der Kreisstadt Göppingen eine Gedächtnis-Ausstellung für F.X.M. statt.
Lit.: M. Petzl-Malikow: *F.X.M.* (1982); Behr/Grohmann/Hagedorn: *Charakter-Köpfe – Der Fall F.X.M.* (1983); *Das Barockmuseum im untern Belvedere, Wien* (Vorw. v. Haberditzl 1923)

**Mette**, Gotthard-Tilmann → TIL (Ps.)

**Mette**, Oskar
\* 1915 Bergedorf/Hamburg
Werbegraphiker, Karikaturist, Signum: „ETTE"
Nach einer Ausbildung als Gebrauchsgraphiker Tätigkeit als Plakat- und Dekorationsmaler, Karikaturist in den fünfziger Jahren. Er zeichnet Humoristisches, Humorseiten allgemeiner und saisonbedingter Sujets, ferner zu Pressemeldungen. Mitarbeit bei *Constanze, stern, Bild* u.a. sowie Werbe-Karikaturen: *Die bestes Halbzeit*.
Lit.: *Heiterkeit braucht keine Worte*

**Mettenleitner**, Johann Michael
\* 1765 Großkuchen
† 1853 Passau
Kupferstecher, Zeichner
wegen seiner Darstellungsart „bayerischer Chodowiekki" genannt
J.M.M. zeichnet Illustrationen mit gelegentliche humoristisch-satirischen Motiven

Lit.: E. Roth: *100 Jahre Humor in der deutschen Kunst* (1957)

**Metz**, Conrad Martin
\* 1755
† 1825
Deutscher Kupferstecher (vorwiegend in England tätig)
Satirische, realistische Stiche
Lit.: G. Piltz: *Geschichte der europäischen Karikatur* (1976), S. 71

**Meury**, Hans Ulrich → **Haem**, Hans (Ps.)

**Meyer**, Constant
\* 1934 Lausanne
Schweizer Karikaturist/Lausanne
Mitarbeit, u.a. bei *Schweizerische Allgemeine Volkszeitung, Nebelspalter* sowie in der schweizerischen, französischen und deutschen Presse, da u.a. bei *Bunte Illustrierte* und *Schöne Welt*.
Lit.: Presse: *Schöne Welt* (September 1974)

**Meyer**, Johann Georg
genannt Meyer von Bremen
\* 1813
† 1886
Maler, Zeichner, Genremaler
Studium an der Akademie Düsseldorf, bei Schadow und C.F. Sohn. – Zeichner für die *Düsseldorfer Monatshefte*, er zeichnete humoristisch-satirische Karikaturen. – Außerdem schuf er Lithographien und Radierungen aus dem Leben der Landbevölkerung in Hessen, Bayern und der Schweiz.
Lit.: C. Clasen: *Düsseldorfer Monatshefte* (1847-49), S. 485; G. Hermann: *Die deutsche Karikatur im 19. Jahrhundert*, S. 51; G. Piltz: *Geschichte der europäischen Karikatur*, S. 162

**Meyer**, Johann Heinrich
\* 1755
† 1829
Schweizer Landschaftsmaler, Zeichner, Radierer
Zeitsatirische Zeichnungen in der Schweizer Revolutionszeit, in denen er die französische Revolution verspottet.
Lit.: G. Piltz: *Geschichte der europäischen Karikatur* (1976), S. 103

**Meyer**, Jörn
\* 1941 Hamburg
Kaufmann in Hamburg mit einem nostalgischen Lebensmittel-Laden. Hobbymaler naiver, fröhlicher Genrebil-

der. Ein „Ludwig Richter" von heute. Seine Bilder zeigen eine heile Welt, es sind Sonntagsmalereien, die einen liebenswerten freundlichen Humor ausstrahlen und Lebensfreude vermitteln. J.M. ist Mitarbeiter von *Hörzu* seit 1974, wo seine Bilder regelmäßig zu Festen und zum Jahreswechsel als Titelblätter erscheinen.
Lit.: Presse: u.a. *Hörzu* (20/1990, Peter Kohlhoff)

**Meyer**, Klaus F.
\* 1918
Deutscher politisch-satirischer Zeichner in England, während des Zweiten Weltkrieges
*Mitarbeit am Mitteilungsblatt des freien deutschen Kulturbundes* und der deutschsprachigen Wochenschrift *die Zeitung* (gegr. 1941). K.F.M. zeichnete Karikaturen mit antifaschistischer Tendenz.
Lit.: G. Piltz: *Geschichte der europäischen Karikatur* (1976), S. 282

**Meyer-Brockmann**, Henri
\* 24.12.1912 Berenbostel/Hannover
† 1968 München
Pressezeichner, Karikaturist, Signum: „hm bro"
Buchdruckerlehre, danach Studium an der Kunstgewerbeschule Hannover. 1934 aus politischen Gründen von der Schule verwiesen, ging zu Fuß nach München, um bei Olaf Gulbransson zu studieren (Akademie der bildenden Künste 1934-39), Meisterschüler. – Seit 1945 politischer Karikaturist, zuerst bei *Ruf*, dann bei *Freitags-Simpl, Revue, Neue Zeitung, Süddeutsche Zeitung* (die Wochenchronik der Zeichner) und Tageszeitungen, ab 1954 beim *Simplicissimus*. H.M.-B. zeichnet politisch-satirische und Porträt-Karikaturen, ideen- und erfindungsreich mit sicherem und prägnantem Stil.
Publ.: *Satiren* (1949); *Brockmanns gesammelte Siebenundvierziger* (1967); *Leute von heute... und gestern* (1955); *Das deutsche Wunder* (1955); *Einigkeit und Recht und Freiheit* (1967); *99 Porträts* (1955)
Lit.: Ausst.-Kat.: *Typisch deutsch?* (24. Sonderausst. Wilh.-Busch-Museum, Hannover), S. 26; Presse: *Der Spiegel* (16.7.1952, M-B. Satiren); *Frankfurter Hefte*; *Der Journalist* (Nr. 6/1964 – Freispruch für Journalisten (Beleidigungsprozeß des bayerischen Politikers A. Hundhammer)); Fernsehen: ARD (20.4.1970) „Steckbrief der Zeit: Meyer-Brockmann und seine Karikaturen" (Film von K.H. Kramberg)

**Meyerheim**, Eduard
\* 07.01.1808 Danzig
† 18.01.1879 Berlin
Genremaler (aus einer weitverzweigten Malerfamilie)
Studium an der Akademie Berlin bei Schadow. Seit 1838 Mitglied der Akademie, Hauptvertreter der Berliner Genremalerei. – E.M. schildert mit freundlichem Humor das Leben des Kleinbürgers und Bauern.
Publ.: *Selbstbiographie* (hrsg. von seinem Sohn Paul; 1880)
Lit.: L. Justi: *Deutsche Malkunst im 19. Jahrhundert* (1921); E. Roth: *100 Jahre Humor in der deutschen Kunst*; P. Weiglin: *Berliner Biedermeier*, S. 74

**Meyerheim**, Paul
\* 13.07.1842
† 14.09.1915 Berlin
Tier- und Genremaler
Studium bei seinem Vater Eduard und an der Akademie Berlin. Ab 1887 Professor an der Berliner Akademie. Für die Villa Borsig in Berlin malte P.M. sieben große Gemälde über die Entstehung der Lokomotive. An Genremalerei: „Die Tierbude" (1885 und 1894). Seine Darstellungen sind teilweise ironisch-humoristisch wiedergegeben (Zirkus- und Tierbilder). Mitarbeiter beim *Schalk*.
Lit.: H. Fechner: *P.M.* (Westermanns Monatshefte), Bd. 120; P. Weiglin: *Berliner Biedermeier*, S. 74; G. Piltz: *Geschichte der europäischen Karikatur*, S. 208

**Meylenstein** (Ps.) → **Mayerhofer**, Gerald A.

**Micha** Ps.)
\* 1959 Berlin
Bürgerl. Name: Michael Strahl
Cartoonist
Studium an der Hochschule für bildende Künste, Berlin/West (ab 1981). – Erste Karikaturen für die Hausbesetzer-Szene. M.s Zeichnungen sind aktuell, zeitkritisch, politisch, z.B. die Comic-Folge: *Paul, die Ratte* u.a. Veröffentlichungen in *Zitty* (seit 1982 regelmäßige Mitarbeit).
Publ.: (sowie Mitarbeit in Anthologien): *Hurra, wir sind genormt* (1982); *Paul, die Ratte* (1983); *Schnell im Biß* (1984); *Rotten Johnny* (1984); *Hot Dogs* (1986); *Paul, die Ratte dreht auf* (1987)
Lit.: *70 mal die volle Wahrheit* (1987)

**Michaelis**, Hans (in USA: Michael Berry)
\* 1907 Berlin
H.M. begann schon ab der Untersekunda für die Berliner Presse zu zeichnen. Er reiste viel, veröffentlichte charakteristische Karikaturen, farbige Illustrationen, Reportagen aus verschiedenen Ländern: Australien, Mexiko, Japan, Frankreich, Afrika, Hongkong, USA. Mitarbeit vor allem bei den *Lustige Blättern*, bei Scherl und für die Werbung. 1935 Emigration nach New York, zeichnete Cartoons für *Saturday Evening Post, Colliers Magazines, This week*, gelegentlich für *The New Yorker* und für die Wochenbeilage eines Zeitungs-Syndikats. In *Colliers* ver-

öffentlichte er eine lange Serien-Satire eines amerikanischen Ehepaares auf Weltreise. Aufgrund seiner früheren Reisen gilt M. als Experte für Frankreich- und Japan-Typen. Für *Esquire* und einem Hearst-Wochenblatt zeichnete er Serien von *Girl-cartoons* (pretty girl artist). Später galt M. als Reisereporter-Spezialist, der nicht aus der üblichen Touristen-Perspektive schrieb, sondern aus dem eigenen ursprünglichen „Erlebnis der besuchten Stätten".
Lit.: H. Ostwald: *Vom goldenen Humor* (o.J.); W. Schaber: *B.F. Dolbin, der Zeichner als Reporter* (1976), S. 125-27; Ausst.-Kat.: *Berliner Pressezeichner der zwanziger Jahre* (Berlin-Museum 1977), S. 15

**Michel**, Hans
\* 14.08.1920 Weimar
Gebrauchsgraphiker, Illustrator
Zusammenarbeit mit Günther Kieser (geb. 1930), gemeinsames Atelier seit 1953. Sie zeichnen Buchillustrationen, beschäftigen sich mit Typographie, Zeichentrickfilmen. Mitarbeit beim Hessischen Rundfunk (Werbegraphik). Zwischen 1956-59 standen sie im Wettbewerb um „Das beste deutsche Plakat". Gemeinsame Ausstellung „Triennale" (1957) in Mailand. 1958 Auszeichnung im Photokina-Wettbewerb.
Lit.: *Who's Who in Graphic Art* (Bd. I), S. 206

**Mind**, Gottfried
\* 25.09.1768 (getauft) Bern
† 07.11.1914 Bern
Schweizer Maler, Zeichner
Als geistig behindertes Kind ist G.M. in Pestalozzis Anstalt für arme Kinder aufgewachsen und hat Zeichnen gelernt. Seine Lehrer waren Legel und Freudenberger. Wunderlich im Wesen, lebte er fast nur mit Katzen zusammen, weshalb man ihn den „Katzen-Raphael" nannte (er malte vorzügliche Katzenbilder). Weitere Themen waren Bären und Kindergruppen, außerdem Kinder beim Spielen, voller purzelnder Lebendigkeit, und Kindergebärden (10 Bilder wurden von Brodtmann lithographisch vervielfältigt). Für die „Zizenhauser Terrakotten" wurden 2 Motive übernommen für „Marmelspiel" und „Beratung". – G.M.s Bilder hängen in Museen in Basel, Bern, Glarus und Solothurn.
Lit.: *Der Große Brockhaus* (1932) Bd. 12, S. 569; W. Fraenger: *Der Bildermann von Zizenhausen* (1924); F.v. Gaudy: *Der Katzen-Raphael* (in Gaudy: *Novelletten*); Wiedemann: *Der Katzen-Raphael* (1887)

**K. Mitro** (Ps.)
\* 1923 Athen/Griechenland
Bürgerl. Name: Mitropoulos, Kostas
Pressezeichner, Karikaturist

Sport-Reporter, seit 1958 Pressezeichner für das Wochenmagazin *Tachidromos*, seit 1960 Redaktionsmitglied der Athener Tageszeitung *To Vima*, seit 1967 Mitarbeit bei *Ta Nea*.
Veröffentlichungen in den USA in *Esquire*; in Frankreich in *Figaro Littéraire, Paris Match*; in Großbritannien in *Time, Times*; in der Schweiz in *Nebelspalter*; in Deutschland in *stern, Die Zeit*. Thema: humoristisch-satirische Karikaturen.
Ausst.: Im Kollektiv Knokke-Heist (Belgien) 1964, 1968, 1972, 1974, 1975, 1976; Montreal (Kanada) 1968, 1969, 1973, 1976, 1977, 1981, 1982, 1984, 1985; Athen (Griechenland) 1975-1977; Berlin/West 1975; Bordighera (Italien) 1984; Frederkstadt (Schweden) 1987; Skopje (Jugoslawien) 1970, 1971, 1976
Ausz.: Knokke-Heist (1964), Montreal (1968), Skopje (1970, 1971, 1973), Berlin/West (1975)
Publ.: *Cartoon* (1959), *Why not?* (1961), *Winds and Waters* (1964), *From the Earth to the Moon* (1970), *Something's on the Move* (1971), *The Society of Consumption* (1979), *Sex Cartoons* (1975), *Riversco Progresso* (1978), *Rookies* (1979), *Ah, ye Greece* (1981), *Ach, du liebes Griechenland* (1983), *On Politics, Culture and Living* (1983), *People with high Solarics and others* (1986)
Lit.: H.P. Muster: *Who's who in Satire and Humour*, Bd. 3/1991, S. 146-147

**Mitropoulos**, Basilis → BAS (Ps.)

**Mitropoulos**, Kostas → K. MITRO (Ps.)

**Mittag**, Stefan
\* 1960 Berlin
Graphikerer, Cartoonist, Illustrator
Studium an der Hochschule für bildende Künste, Berlin/West (Graphik, abgebrochen). 1986 Hilfslayouter (6 Monate) bei *Titanic*.
Veröffentlichung in Stadtblättern, von Schul- und Sachbuch-Illustrationen, Werbung.
Publ.: *Auf den Schlips getreten* (1985)
Lit.: *70 mal die volle Wahrheit* (1987)

**Mittelberg**, Louis → Tim (Ps.)

**Mock**, Fritz
\* 1867
† 1919
Zeichner, Karikaturist
Mitarbeiter bei *Der wahre Jacob*. F.M. zeichnete aktuelle, satirisch-politische Karikaturen.
Lit.: G. Piltz: *Geschichte der europäischen Karikatur*, S. 228

**Moco** (Ps.) → **Cosper** (Ps.)

**Moese**, Willy
* 1927 Barcelona/Spanien
(Vater: Deutscher, Mutter: Spanierin)

Maler, Karikaturist (Autodidakt)
In Deutschland seit 1936. Soldat mit 17, Kriegsgefangenschaft mit 18, danach Kunstmaler (Selbststudium: Porträts, Landschaften u.a.). Ab Mitte 1948 übt W.M. verschiedene Berufe aus (Achterbahnmaler, Küchengehilfe, Straßenbau u.a.). 1953 veröffentlicht er die erste Karikatur, seitdem Tätigkeit als Pressezeichner. – 1955 Übersiedlung von Bayern nach Berlin/DDR. Tätig für die Presse (Tageszeitungen, Illustrierte, Kinderzeitschriften, Fernsehen, Werbung).
Kollektiv-Ausst.: „Satiricum '84", „Satiricum '86", „Satiricum '90"
Publ.: *Zum Beispiel Fünflinge* (1972)
Lit.: *Resümee – ein Almanach der Karikatur* (3/1972); Presse: *Schöne Welt* (Nov. 1974) Ausst.-Kat.: *Satiricum '84, Satiricum '86, Satiricum '90*

**Moers**, Walter
* 1957 Mönchengladbach

Freiberuflicher Cartoonist, Trickfilmzeichner, Autor
Nach verschiedenen Jobs erste Veröffentlichungen, es sind Geschichten und Zeichnungen für Kinder, Zeichentrickfilme fürs Fernsehen, Funny-Zeichner, außerdem *U-Comix* und *Comicx in kleinen Dosen*.
Publ.: *Wenn einer gut drauf ist; Aha; Hey; Schweinewelt; Von ganzem Herzen* (1988); *Herzlichen Glückwunsch* (1988)
Lit.: *70 mal die volle Wahrheit* (1987); *3. Internationaler Comic-Salon*, Erlangen (Programm 1988, S. 14)

**Mofrey**
* 09.07.1927 Frankreich

Französischer Karikaturist
Veröffentlichungen in der französischen Presse und in der Bundesrepublik, u.a. in *Münchener Illustrierte, Radio-Revue* und *Schweizerische Volkszeitung*. M.zeichnet humoristische Karikaturen sowie die Comic-strip-Folge *Kathrinchen*.

**Mogensen**, Jörgen
* 1923 Dänemark

Dänischer Karikaturist, seit 1953 an der französischen Riviera lebend.
Veröffentlichungen in Dänemark: Cartoons für Zeitungen und Zeitschrift, Illustrationen für Bücher. Staatsauftrag für Schulbücher der ABC-Schützen, außerhalb des Landes: in den USA und in Deutschland in z.B. *Illustrierte Post* (in den fünfziger Jahren). Seine Comic-Folgen *Pepino* und *Jensens Abenteuer* wurden ebenfalls in der Bundesrepublik veröffentlicht.
Lit.: Presse: *Illustrierte Post* (Jan. 1953)

**Mohr**, Arno
* 29.07.1910 Posen

Graphiker, Maler
Lehre als Schildermaler (1924-27), danach Studium an der Kunstakademie Berlin-Charlottenburg (1933-34). Mitarbeit bei der Presse, u.a. beim *Eulenspiegel*. A.M. zeichnet Berlin-Typisches und Alltägliches, humorvolle Radierungen und Lithographien. – Ab 1946 Professor an der Kunsthochschule Berlin-Weißensee.
Ausst.: *A.M.* Akademie der Künste, Berlin DDR (1975), Märkisches Museum, Berlin DDR (1988)
Publ.: *Berliner Blätter; Mein Lebenslauf* (Text: Lothar Lang)
Lit.: A. Neumann: *A.M.* (Künstler der Gegenwart, 1960); B. Nowak: *A.M.* (1960); L. Lang: *Malerei und Graphik in der DDR* (1980), S. 272; *Bärenspiegel – Berliner Karikaturen* (1984), S. 167-169; Ausst.-Kat.: *A.M.* Akademie der Künste der DDR (1975)

**Möllendorff**, Horst von
* 26.04.1906 Frankfurt/Oder

Pressezeichner, Karikaturist (Autodidakt)
Aus alter königlich-preußischer Offiziersfamilie stammend, kam mit 8 Jahren nach Berlin, Kadettenanstalt, Gärtnerlehre, Schneiderlehre, 2 Jahre in einem Werbebüro (Layout und Schrift). – Ab 1928 humoristische Karikaturen für die Presse, gelegentlich auch für die Werbung und für Zeitschriften. Mitarbeit u.a. bei *Brummbär, Koralle, Magazin, Silberspiegel, Erika, Lustige Blätter, Uhu, Berliner Lokal-Anzeiger, B.Z., Berliner Illustrirte Zeitung, Europa-Stunde* u.v.a. Nach 1945 arbeitet H.v.M. für *IBZ* (Illustrierte Berliner Zeitung), *Gute Laune, Sie, stern, Frischer Wind, Constanze* u.a. Er zeichnet unpolitisch, rein humoristisch, naiv-harmlos. Mit knappster graphischer Linie, keine bestimmten Gesichter. Figuren und Gesichter in geometrischen Urformen, – typisch sein Schmunzelmännchen mit dem Gesicht nach dem Kinderreim: „Punkt, Punkt, Komma, Strich – fertig ist das Mondgesicht". Für den *stern* zeichnete H.v.M. fast 20 Jahre lang Preisausschreiben, Folgen, u.a. *Rate mal Susi, Gewinne mit Kessi und Jan*, ebenso auch Rätsel-Preisausschreiben für die Schwäbische Illustrierte. Darüber hinaus entstanden die Cartoon-Folgen *Onkel Bohne, Fäustchen, Zeichenbrettl* sowie die Zeichentrickfilme: „Verwitterte Melodi", „Der Schneemann", „Hochzeit im Korallenmeer", „Das Wetterhäuschen".
Ausst.: „Kabarett der Komiker" (1939); „Die Pressezeichnung im Kriege" (Haus d. Kunst, Berlin 1941, Kat.Nr. 243-260), Berliner Karikaturen-Ausst.: – „150 Jahre Berliner Humor" (1953), „Berliner Karikaturi-

sten", Kommunale Galerie (1978), „Karikaturisten-Wettbewerb", „75. Berliner 6-Tage-Rennen" (1971), Internat. Karikaturen-Ausst. Berlin-West „Cartoon 75", „Cartoon 77", Cartoon 80"
Lit.: (u.a.) *Deutsche Presse* (13/1936), *Berliner Morgenpost* (111/1967), *BZ* (v. 24.4.81)

**Möller**, Jürgen
* 1954 Bückeburg
Graphiker, Cartoonist/Bad Eilsen
Graphikerausbildung, seit 1969 Karikaturist für Werbung und Verlage.
Veröffentlichungen in *Titanik* u.a. Er zeichnet zeitkritische, satirische Karikaturen.
Lit.: *70 mal die volle Wahrheit* (1987)

**Montvallon**, Pierre de → PIEM (Ps.)

**Mopp**
* 1885
† 1954
Bürgerl. Name: Maximilian Oppenheimer
Pressezeichner, Maler der zwanziger Jahre
M. kam nach dem Ersten Weltkrieg aus Prag nach Berlin, war Stammgast im „Romanischen Café" und zählte zu dessen Künstlerkreis. Sein Metier waren Pressezeichnungen, Illustrationen, Porträt-Karikaturen.
Lit.: J. Schebera: *Damals im Romanischen Café*, S. 20, 30, 40, 139; *Zeichner der Zeit*, S. 258

**Morchoisne**, Jean-Claude
* 14.09.1944 Orleans
Französischer Comic-Zeichner, Porträt-Karikaturist aus dem Porträt-Zeichner-Kollektiv: Mulatier-Morchoisne-Ricord
Seit 1966 Mitarbeiter für die französische Presse, seit 1969 Mitarbeit am französischen Comic-Heft *Pilote*, ist auch beteiligt an der Comic-Serie *Grandes Gueules*. Er zeichnet humoristische Karikaturen, Comics, Porträt-Karikaturen, Werbung. In der Bundesrepublik erscheinen seine Serien „Eine Fliege" sowie in *stern* und *Der Spiegel* Porträt-Karikaturen.
Kollektiv-Ausst.: Kunsthalle Recklinghausen (1972)
Lit.: Ausst.-Kat.: *Zeitgenossen karikieren Zeitgenossen* (1972), S. 222

**Mordillo**, Guillermo
* Aug. 1932 Buenos Aires
  (Sohn span. Emigranten)
Argentinisch-spanischer Graphiker, Karikaturist (Autodidakt)
Ab 1955 Werbegraphiker (5 Jahre) in Lima/Peru – bei Paramount New York –, ab 1963 in Paris (humoristischer Postkartenzeichner), seit 1980 auf Mallorca. G.M. zeichnete für ein Kartenspiel seine Knollennasen-Figuren, die er beibehielt, so daß alle seine Zeichnungen Comic-Figuren sind. Seit 1970 veröffentlicht er diese in der Weltpresse. In Deutschland, u.a. in *stern, Zeit-Magazin, Quick*. Außerdem macht er Industriewerbung für Deutsche Fernsehlotterie, Bundeszentrale für Gesundheitsaufklärung, Werbespots für ARD. – Er hat einen linearen Stil. – Das Fernsehen (ZDF) sendete am 28.3.1982 „Das Piratenschiff" und am 18.5.1985 einen Film über Mordillo „Liebenswerte Monstren"
Publ.: (Deutschland) *Das Piratenschiff; Crasy Cowboy; Das Dschungelbuch; Der kleine Mordillo; Cartoon/Opus 1, Opus 2, Opus 3; Das Giraffenbuch; Das Giraffenbuch 2; Mordillos Träumereien und andere Geschichten; Variationen über das menschliche Wesen 1&2; Mordillogolf; Mordillos Tierleben; Giraffenparade; Mordillos Football; Happy Mordillo Kalender; Neueste Variationen über das menschliche Leben; Cartoons zum Verlieben*

**Morgen**, Jörg Mark-Ingraben von → MARKUS (Ps.)

**Mörike**, Eduard
* 08.09.1804 Ludwigsburg
† 04.06.1975 Stuttgart
Pfarrer, Dichter, Zeichner
Studium der Theologie im Stift Tübingen, verschiedene Vikariatsstellen. 1834 Pfarrer in Cleversulzbach, 1843 in Ruhestand, 1844 in Mergentheim. 1851 Literaturlehrerstelle am Katharineum, Stuttgart, ab 1866 lebt E.M. zurückgezogen (unter fast dürftigen Umständen). – Werke: Gedichte, Märchen, Erzählungen, vertont wurden seine Gedichte durch Schumann, Brahms und Wolf. E.M. gilt neben Goethe als ebenbürtiger Lyriker. Am bekanntesten wurde seine Novelle *Mozarts Reise nach Prag* (1855) und der Künstlerroman *Maler Nolten*. – E.M. hat zeitlebens nebenher gezeichnet und karikiert. Als Zeichner sind noch 150 Zeichnungen von Mörike erhalten. Illustrationen, häusliche Motive, Landschaften, Naturkundliches, Figürliches sowie witzige und satirische Porträts.
Lit.: Böttcher/Mittenzwei: *Dichter als Maler* (1980), S. 118-22; *E.M. Briefwechsel mit Moritz v. Schwind* (hrsg. von H.W. Roth 1918); M. Koschling: *M. in seiner Welt* (1954)

**Morris** (Ps.)
* 1924 Brüssel ?
Bürgerl. Name: Maurice de Bevere
Belgischer Karikaturist, Comic- und Trickfilmzeichner
M. entwarf die Figur des trichreichen Cowboys „Luky Luke" und dessen Pferd „Jolly Jumper" (1946). Als Texter (auch als Sponsor) fungierte René Goscinny. Die Comics wurden in der Presse, im Kino und im Fernsehen (seit 1984) veröffentlicht. Seit 1978 erscheint „Luky Luke" auf Initiative der französischen Gesundheitsministe-

rin Simone Veil weltweit ohne Zigarettenstummel im Mundwinkel.
Lit.: Presse: *B.Z.* (20.2.1973, 3.10.1983); *stern* (49/1972 und 1/1985); *Hörzu* (39/1983); *Neue Revue* (41/1983 und 1/1985)

**Mosca**, Giovanni
\* 1908 Rom
Italienischer Karikaturist, Journalist
Tägliche Veröffentlichungen im *Corriere d'Informazione* (Abendausgabe der Mailänder Tageszeitung *Corriere della Sera*). G.M.zeichnete aktuelle, humoristisch-satirische, politische Karikaturen. Vor dem Krieg war er Mitarbeiter bei der humoristisch-satirischen Wochenzeitung *Bertoldo*, nach 1943 Mitarbeiter der Satire-Zeitschrift *Candido*, die er neben Guareschi leitete. In Deutschland arbeitete er u.a. für *Epoca* (humoristische Karikaturen). G.M.s Zeichnungen galten als freie und unbestechliche Kommentare der Tagespolitik.

**Mose** (Ps.)
\* 09.10.1917 St.-Jean-de-Boizeau/Tourain (Freitod?)
Bürgerl. Name: Moise Depond
Studium an der Ecole des Beaux-Arts in Tours, dann Lehrer in der Touraine bis 1943, ab 1948 in Paris. Später Studium der Philosophie. – Mitarbeiter bei *Figaro, Paris Match, France Dimanche* und *Scala* und anderen französischen Zeitungen und Zeitschriften. M.-Karikaturen sind von Steinberg beeinflußt. M. wurde zum Bahnbrecher des „schwarzen Humors". Er illustrierte Bücher von Marc Twain, Swift und Alphonse Daudet. Veröffentlichungen in der Bundesrepublik, u.a. in *stern* und *Quick*. Er ist Schöpfer von über 50 gezeichneten Trickfilmen, u.a. „Bonjour Paris", „Romeo und Animoses"
Kollektiv-Ausst.: „Zeitgenossen karikieren Zeitgenossen", Kunsthalle Recklinghausen (1972), „Karikaturen-Karikaturen?", Kunsthaus Zürich (1972), „S.P.H." Avignon (1975)
Publ.: *Hände hoch – es brennt; Wie macht man abstrakt; Noir dessins* (1956); *Manigances* (mit Cheval + François)
Lit.: *Heiter bis wolkig; Heiterkeit braucht keine Worte*; Ausst.-Kataloge der erwähnten Ausstellungen

**Moser**, Hans
\* 1922 Schweiz
Graphiker, Karikaturist, Schriftsteller
(1927 Übersiedlung mit den Eltern in die USA, H.M. wird amerikanischer Staatsbürger)
Studium an der Fachschule für Werbegraphik in New York (nach 1945), später Studium der Graphischen Kunst in Paris und Lausanne (1950-52; zwischendurch tätig als Theatermaler, Schaufensterdekorateur). 1954 Übersiedlung nach Kopenhagen, arbeitet als politischer Karikaturist für eine skandinavische Zeitung. 1963 zurück in die Schweiz (Graubünden). Dort Mitarbeit bei *Nebelspalter, Schweizerische Allgemeine Volkszeitung, Schweizer Illustrierte* u.a. (Karikaturen), in Deutschland bei *Welt am Sonntag, Welt der Arbeit* u.a. (Karikaturen). Veröffentlichungen von Kurzgeschichten in *Nebelspalter, Bündener Zeitung, Weltwoche, Kolumnist, Herald Tribune, London Sunday Times* u.a. H.M. zeichnet humoristisch-zeitkritische Karikaturen, aber auch Titelblätter, Comic-strips
Kollektiv-Ausst.: u.a. Kunsthaus Zürich (1972), Kunsthalle Recklinghausen (1972), Wilh.-Busch-Museum (1973), „Cartoon 75", Berlin/West
Ausz.: 1961 Bordighera (Bronzemedaille), 1963 Tolentino (Gold-Medaille), 1969 Torino (Goldmedaille), 1970 Skopje (Silbermedaille), 1972 Premio Ippocamp (Silbermedaille), 1975 Bordighera (Goldene Palme)
Publ.: *Herr Schüch; Ewiges Volkslieg; Heitere Chirurgie; Mir ist alles Wurst; Mitlachen ist wichtiger als siegen; Die Mänätscher; Herr Schüch lebt weiter; Freie Fahrt; Freut euch des Lebens; Medizynisches; Kopf hoch, Herr Schüch*
Lit.: Ausst.-Kat.: *Cartoon* (1. Internationale Biennale, Davos, 1986 und 3. 1990) sowie die Ausst.-Kataloge der genannten Ausstellungen

**Moser**, Rudolf
\* 1914 Schweiz
Schweizer Gebrauchsgraphiker, Pressezeichner
Mitarbeit bei *Schweizer Radio Zeitung, Der Bund, Schweiz* u.a. Er zeichnet humoristische, aktuelle, satirische Karikaturen.
Lit.: *Heiterkeit braucht keine Worte*

**Much** (Ps.)
\* 1947 Schwarz/Tirol
Bürgerl. Name: Michael Unterleitner
Österreichischer Karikatur/Wien
Studium der Philosophie/Politologie/Publizistik/Germanistik. – Arbeitet in einer selbstverwalteten Druckerei in Wien, seit 1980. Im zweiten Beruf ist Much Karikaturist. Sein Thema ist die alternative Szene: *Extrablatt, die alternative, betr. Sozialarbeit, Blindgänger, die Bergbauern, Gegenstimmen, Querschläger*
Publ.: *Much tolle Perspektive* (1985); *das much-buch* (1979)
Lit.: *Wenn Männer ihre Tage haben* (1987); H.P. Muster: *Who's Who in Satire and Humour* (2) 1990, S. 196-197

**Mücksch**, Hans
\* 1911 Reichenberg/Sudeten (Böhmen)
Zeichner, Karikaturist (Autodidakt)
Lehr- und Gehilfenjahre im Buchhandel. Zeichnet als

Hobby Karikaturen (Thema Sport). Seit 1946 als Vertriebener in der Bundesrepublik. – Beteiligung an der Ausstellung: „Turnen in der Karikatur" anläßlich des Deutschen Turn- und Sportfestes in Berlin (1968)
Lit.: Ausst.-Kat.: *Turnen in der Karikatur* (1968)

**Mueller**, Andreas J.
\* 1950 Leipzig
Karikaturist, Graphiker
Tätig als Offsetdrucker, Theatermaler, Leichenträger. – Studium an der Hochschule für Graphik und Buchkunst Leipzig (1970-75) bei Werner Tübke. – Veröffentlichungen in der DDR in *Leipziger Volkszeitung, Eulenspiegel, Elternhaus und Schule*. Seit 1975 freiberuflicher Graphiker, Cartoonist, Buchillustrator, Comic- und Trickfilmzeichner. 1977-88 Initiator der Ausstellungsserie „Karicartoon" Leipzig. Vorsitzender der sächsischen und thüringischen Karikaturisten der DDR sowie Mitbegründer (1988) der „Neuen Leipziger Schule". Seit 1988 in München. Mitarbeit u.a. bei *Nebelspalter, Süddeutsche Zeitung, Esquire, Das Magazin*
Kollektiv-Ausst.: „Satiricum '78", „Satiricum '82", „Satiricum '84", „Satiricum '86", „Satiricum '88", Greiz DDR
Publ.: *Basil im Regenbogenland* (Comics 1979); *Basil im Weltraum* (Comics 1981); *Humor sapiens* (1981 zus. mit Ulrich Fordmer/Rainer Schade); *Es gibt keine Wunder mehr* (1986); *Die Rosenschule* (1987); *Schnee im Schlafzimmer* (1987); *Freiräume* (1989)
Lit.: Ausst.-Kat.: *Denk ich an Deutschland ... Karikaturen aus der Bundesrepublik* (1989), S. 160; *III. Internationale Cartoon-Biennale Davos* (1990), S. 26-27; H.P. Muster: *Who's Who in Satire and Humour* (2/1990), S. 136-137; *Satiricum '78* sowie die weiteren Ausstellungskataloge

**Mühlenhaupt**, Curt
\* 19.01.1921 Klein-Ziescht/Mark
Berliner Maler-Original, Zeichner, Dichter, Malerpoet, Maler naiver Karikaturen
Studium an der Hochschule für bildende Künste Berlin/West (5 Semester durch Vermittlung von Prof. Karl Hofer), Gasthörer bei Prof. Schmidt-Rottluff. Dessen ungünstige Beurteilung brachte C.M. in eine Existenz- und Nervenkrise mit folgender Einlieferung in die Nervenklinik Berlin-Buch. Danach Kleintierzüchter in Blankenfelde (Berliner Osten), 1956 Übersiedlung mit der Familie nach Alt-Marienfelde (Berlin/West). Tätigkeit als „Schalenbimmler" (Tausch von Brennholz für Kartoffelschalen) und als Leierkastenmann. 1956 erste Dichterlesung. Anfang der sechziger Jahre wirkt C.M. als naiver Maler des Kreuzberger „Milljöhs". 1961 Gründung des Künstlerlokals „Leierkasten" bis 1969 Kneipier und Maler, 1962 erste Einzelausstellung im Schöneberger Künstlerkabinett. 1976 Übersiedlung in einen alten Bauernhof nach Berlin-Kladow (300 m² Land). 1989 Kunstfabrik in Kreuzberg.
Veröffentlichungen: Radierungen, Lithographien, Holzschnitte, Linolschnitte, Monotypien, Siebdrucke, Offsetdrucke, Gemälde. – C.M.s Themen waren das Kreuzberger Milieu, seine Menschen und Typen.
Einzel-Ausst.: Haus am Lützowplatz (1971) Berlin/West, Staatl. Kunsthalle (1981) Berlin/West
Publ.: (u.a.) *Eine Bartgeschichte aus Berlin* (19689; *Eine Drehgeschichte – Und was sich sonst noch alles dreht* (1962); *Berliner Guckkastenbuch* (1969); *Ringelblumenbuch* (1974); *Haus Blücherstraße 13* (1976); *Berliner Blau* (1981); *Die lustige Tierschau von Kladau* (1982); *Die ungewöhnlichen Reiseerlebnisse des Malers C.M.* (1983); *C.M.-Kalender* (1984); *Rübe, Fische, Eierkuchen* (1975); *Das Geheimnis der Sandkuten* (1970); *Rund um den Chamissoplatz* (Mappe 1972); *Und nun, meine Herrschaften, fahren wir mit C.M. rund um den Chamissoplatz* (1972); *Hallo! Onkel Willi* (1980); *Der Mützenmann* (1981); *Wunderbare Nachbarschaft* (1989)
Lit.: (Auswahl) P. Biewald: *C.M. Der Maler des „Milljöhs"* (1973); R. Italiaander: *C.M. Berliner Original Nr. 1* (1977); Ausst.-Kat.: *C.M.* (1981); ZDF (06.01.1985) *Mühlenhaupts Milljöh/Malerpoet in Berlin*

**Mühsam**, Erich
\* 06.04.1878 Berlin
† 10.07.1934 (im KZ Oranienburg erhängt aufgefunden)
Sozialkritischer Politiker, Schriftsteller, Kabarettist, seit 1909 in München
Mitarbeiter der satirischen Zeitschriften (Text): *Simplicissimus, Action* und *Der wahre Jacob* (revolutionäre, satirische Kritik). 1902 Redakteur der Zeitschrift *Der arme Teufel, Der Weckruf* (1905, Zürich). Herausgeber des revolutionären Literaturblatts *Kain* (1911-1914, 1918-19). 1919 Mitglied des „Revolutionären Arbeiterrates", Beteiligung an der „Proklamation der Bayrischen Räterepublik", Verurteilung zu 15 Jahren Festungshaft, 1924 amnestiert. – Redakteur der Zeitschrift *Fanal* (1926-31, ab Jahrgang 2 *Anarchistische Monatsschrift*). – Er schreibt Gedichte, Dramen, Romane, Prosa. – Neben seiner revolutionären öffentlichen Tätigkeit zeichnete er für seine Frau Kreszentia zwei Bilderbücher und zu den Hochzeitstagen 1924 und 1933 (beide Male im Gefängnis) humoristisch-satirische Kinderverse und Karikaturen (1975 als Buch veröffentlicht).
Publ.: (Auswahl) *Namen und Menschen* (1927-29); *Die Befreiung der Gesellschaft vom Staat* (1932)
Lit.: Böttcher/Mittenzwei: *Dichter als Maler* (1980), S. 233-235; Brockhaus Enzyklopädie (Bd. 13, 1971), S. 34

**Mukarowsky**, Josef
\* 1851 Mainz
† 1921 München

Maler, Zeichner, Illustrator, tätig in München
Studium an der Akademie Prag, bei Trenkwald. – Mitarbeiter der *Meggendorfer Blätter* (1890-1920). Er ist vertreten mit humoristischen Zeichnungen aus der großbürgerlichen Gesellschaft und dem bäuerlichen, bayrischen, Landleben.
Lit.: Ausst.-Kat.: Zeichner der *Meggendorfer Blätter, Fliegende Blätter (1889-1944)* (Galerie Karl & Faber, München, 1988; *Fliegende Blätter – Meggendorfer Blätter*, Abb. 20-24 (Galerie J.H. Bauer, Hannover, 1979)

**Mulatier**, Jean
* 01.12.1947 Paris
Französischer Karikaturist, Comic-Zeichner, Porträt-Karikaturist aus dem Karikaturen-Kollektiv: Mulatier-Ricord-Morchoisne
Studium an der École Nationale Superieure des Art décoratifs, Paris. – Ab 1967 Comic-strips für das Magazin *Pilote*, seit 1969 ständiger Mitarbeiter. Seit 1970 arbeitet er für *Telé-7 Jours*, seit 1972 *Esquire* und anderen internationalen Zeitschriften.
Veröffentlichungen in Deutschland in *stern, Der Spiegel*.
J.M. zeichnet Comic-Serien, speziell Porträt-Karikaturen prominenter Persönlichkeiten aus Politik und Showbusiness, auch Werbung mit Porträt-Karikaturen.
Kollektiv-Ausst.: Kunsthalle Recklinghausen (1972), Weltausstellung der Karikatur, Berlin/West „Cartoon 75" (Sonderpreis 1975)
Lit.: Ausst.-Kat.: *Zeitgenossen karikieren Zeitgenossen* (1972), S. 222

**Müller**, Andreas
* 1811 Kassel
† 1890 Düsseldorf
Vorwiegend Kirchenmaler, gelegentlich auch humoristische Zeichnungen
Lit.: E. Roth: *100 Jahre Humor in der deutschen Kunst*

**Müller**, Andreas
* 1830
† 1911
Maler, Zeichner
(Beiname: Komponiermüller)
Studium an der Akademie München, bei Moritz v. Schwind. – Zeichner für die *Fliegenden Blätter* (humoristische Zeichnungen), nebenher auch humorvolle Einladungskarten für Künstlermaskenbälle.
Lit.: L. Hollweck: *Karikaturen*, S. 121; E. Roth: *100 Jahre Humor in der deutschen Kunst*

**Müller**, Felix → **Felixmüller**, Conrad (Ps.)

**Müller**, Heinz → **Cheru-Müller**, Heinz (Ps.)

**Müller**, Karl Leopold
* 1834 Wien
Zeichner
K.L.M. zeichnete politische Karikaturen für den liberalen *Figaro* in Wien. Er nahm Partei für die Pariser Kommune aus antipreußischen Ressentiments (1870/71).
Lit.: G. Piltz: *Geschichte der europäischen Karikatur*, S. 232; E. Fuchs: *Die Karikatur der europäischen Völker* II, S. 307

**Müller**, Jürgen Dieko → **Dieko** (Ps.)

**Müller**, Rolf Felix
* 22.07.1932 Lobenstein/Thüringen
Graphiker, Illustrator/Graz
Nach einer Lithographen-Lehre (1948-52) Studium an der Hochschule für Graphik und Buchkunst Leipzig (1952-57). – R.F.M. beschäftigt sich mit kultureller Werbung und arbeitet für die Presse (Cartoons ohne Worte), u.a. für den *Eulenspiegel* – Buchgestaltung, Illustrationen u.a. zu Casanovas *Abenteuer* (1958), Kopisch: *Kleine Geister* (1959), Lichtenberg: *homo sapiens* (1961), Collodi: *Pinocchios Abenteuer* (1964), Stengel: *Mit Stengelzungen, Stenglisch for you – epigrams* (1966, 1971), Hauff: *Phantasien im Bremer Ratskeller* (1974).
Einzel-Ausst.: Rudolstadt (1972), Greiz (1973),
Kollektiv-Ausst.: „Satiricum '80" (1. Biennale der Karikatur in der DDR, Greiz, 1980), „Satiricum '78" sowie '82, '84, '86, '88, '90, Greiz, „Golden Pen", Belgrad (1968, 1969, 1971, 1972), an 5 Buchbiennalen Brünn (seit 1966), an 5 Plakatbiennalen Warschau (seit 1966), Cartoonnale Knokke-Heist (1971)
Ausz.: Kunstpreis Stadt und Bezirk Gera (1973), Kunstpreis der DDR (1. Preis im Plakatwettbewerb)
Lit.: *Who's Who in Graphic Art* (II, 1982); *Resümee – ein Almanach der Karikatur* (S. 63); Ausst.-Kat.: Satiricum '80, S. 16; sowie die weiteren Ausstellungskataloge

**Müller**, Uli
* 1957
Zeichner, Redakteur/Kassel
Universitäts-Studium. – Redakteur der Stadtzeitung *Pflasterstrand* und Zeichner in Kassel.
Lit.: *70 mal die volle Wahrheit* (1987)

**Müller**, Wilhelm
* 1804
† 1865 Düsseldorf
Silhouettenschneider
W.M. war Autodidakt, er begann humoristische Schattenrisse zu schneiden, die auch in den *Düsseldorfer Monatsheften* veröffentlicht wurden.

Lit.: L. Clasen: *Düsseldorfer Monatshefte* (1847-49), S. 484

**Mumelter**, Hubert
* 1896 Bozen/Südtirol

Dr. phil., Schriftsteller, Zeichner
H.M. schrieb und zeichnete meist heitere Fabeln in Versen und Karikaturen. Sie sind eine Mischung von Sarkasmus, Ironie und verhaltener Wärme. 1964 erhielt er für sein Schaffen den „Walther-von-der-Vogelweide-Preis" für Kunst und Wissenschaft vom Kulturwerk Südtirol. Veröffentlichungen in der Presse u.a. in *Neue Linie* (1939) und *Lies mit*.
Publ.: *Skifibel* (1934); *Bergfibel* (1934); *Skibilderbuch* (1935); *Skifahrt ins Blaue; Skiteufel; Strandfibel; Zwei ohne Gnade; Die falsche Strafe; Madeneid; Wein aus Rätien*

**Munz**, Eckart
* 1922
† März 1988 Stuttgart

Karikaturist, Pressezeichner
Ständiger Mitarbeiter der *Stuttgarter Nachrichten*, er zeichnet politische, aktuelle Tageskarikaturen
Lit.: Ausst.-Kat.: *Die Deutsche Pressezeichnung* (1951); Presse: *der journalist* (Nr. 4/1988)

**Münzer**, Adolf
* 05.12.1870 Pleß/Oberschlesien
† 27.01.1953 Holzhausen/Ammersee

Landschaftsmaler, Zeichner, Signum: „A M"
Studium an der Akademie München, ab 1888 bei Carl Raupp, Otto Seitz, Paul Höcker, von 1900-1902 Studien in Paris, finanziert durch Georg Hirth (Herausgeber der *Jugend*). A.M. arbeitete zunächst beim *Simplicissimus* mit, wechselte dann über zur *Jugend* (in den ersten 10 Jahren 200 meist ganzseitige Zeichnungen und 32 Titelblätter). A.M. nahm seine Themen aus der Künstlerwelt, er zeichnete aber auch elegante Damen, Vorstadt-Milieu, Fasching, Münchener Milieu, Humor, Satire, Politik, außerdem die Illustrationen zu *Mutterlieder* von Mia Holm und Märchen-Illustrationen. 1909 als Professor an die Akademie Düsseldorf berufen (bis 1938). In der Malerei bevorzugt er Wandgemälde (z.B. im Landestheater Stuttgart (1913), Regierungsgebäude Düsseldorf (1914), Münzersaal Haus Oberschlesien in Gleiwitz (1928), Dampfer „Bremen", Sonnendeck (1929).
Lit.: G. Biermann: *Die Scholle* (3 Teile 1910); L. Hollweck: *Karikaturen*, S. 12, 131, 134, 138, 139, 154, 168; *Simplicissimus 1896-1944*, S. 81; *Faksimilie Querschnitt Jugend*; Ausst.-Kat.: *Die Münchener Schule*, S. 314; *Künstler zu Märchen von Gebruder Grimm*, S. 8; *Das große Lexikon der Graphik* (Westermann, 1984) S. 344

**Munzlinger**, Tony
* 1934 Wittlich/Eifel

Graphiker, Karikaturist, Zeichentrickfilmer, Signum: „Munz"
Politischer Karikaturist der *Stuttgarter Zeitung*. T.M. veröffentlicht aber auch in *Pardon, Hörzu, Der Spiegel, Die Zeit, Das Tier, Kölner Stadtanzeiger, Bild und Funk* und *Gong*, internationale in: *The Times, Life* und *The Daily Telegraph*. Es sind politische, zeit- und gesellschaftskritische, aktuelle Karikaturen, schwarzer Humor – ohne Worte. – T.M. ist Zeichner der Trickfilme: „Rotkäppchen und der böse Wolf", „Dr. Katzenbergers Badereise" (1971), „Unterwegs mit Odysseus" (13 Abenteuerfolgen in der ARD, 4. Januar-März 1979).
Kollektiv-Ausst.: (u.a.) Synagoge Wittlich (1978)
Ausz.: Deutscher Kulturfilmpreis
Publ.: u.a. *Warum leben Sie noch?* (schwarze Cartoons); *Munzlingers Musikschule* (1984)
Lit.: (u.a.) Presse: *Trierscher Volksfreund* (v. 15.8.1978); *Hörzu* (Nr. 1/1979)

**Murschetz**, Luis
* 07.01.1936 Wöllan bei Cilli-Steiermark

Österreichischer Karikaturist, Signum: „Mur"/München
Studium an der Maschinenfabrikbauschule und der Schule für angewandte Kunst, Graz. Ab 1961 Gebrauchsgraphiker, Sportkarikaturen-Zeichner in Rotterdam (freiberuflich), in München, als politischer Karikaturist, ab 1972. – L.M. veröffentlicht aktuelle, politische Tageskarikaturen, Kinderbücher, Werbung, z.B. in *Monat* u.a., seit 1967 ständige Mitarbeit bei der *Süddeutschen Zeitung*, seit 1971 politische Karikaturen für *Die Zeit* (als Nachfolger von Paul Flora). Nachdrucke u.a. in *Der Spiegel, Epoca* u.a.
Kollektiv-Ausst.: Kunsthaus Zürich (1972), Kunsthalle Recklinghausen (1972), Institut für Auslandsbeziehungen Stuttgart (1981)
Ausz.: Schwabinger Kunstpreis (1971)
Publ.: (Graphik-Bände) *Draculas Ende, Das Ungeheuer von Loch Ness* (Text: H. Rosendorfer); Cartoon-Bücher: (u.a.) *Tschau! Tschauss! Servus!; Wir sitzen alle im gleichen Boot; Karikaturen*; Kinderbücher: (u.a.) *Der dicke Karpfen Kilobald; Der Maulwurf Grabowski; Der Hamster Radel; Die Theaterhasen*
Lit.: H. Hubmann: *Die stachlige Muse* (1974), S. 76; Ausst.-Kat.: *Karikaturen-Karikaturen?* (1972), S. 68; *Zeitgenossen karikieren Zeitgenossen* (1972), S. 223; *Spitzensport mit spitzer Feder* (1981), S. 45-49; *Die Entdeckung Berlins* (1984), S. 109

**Musil**
* 1921 Berlin

Bürgerl. Name: Felix Mussil
Karikaturist/Frankfurt/M.

Studium der Architektur (3 Semester) an der TH Berlin (ab 1940). Ab 1948 freier Karikaturist bei Tages- und Wochenzeitungen, seit 1956 Mitarbeiter der *Frankfurter Rundschau*, ständiges Redaktionsmitglied. M. zeichnet zur Tagespolitik, aktuell, politisch, auch humoristisch-satirisch. Veröffentlichungen auch in: *Kristall, stern* u.a. – Er schuf Werbe-Karikaturen und die Comic-Folge *Unsere Roboter*.
Kollektiv-Ausst.: u.a. „Zeitgenossen karikieren Zeitgenossen", Kunsthalle Recklinghausen (1972)
Lit.: *Störenfriede – Cartoons und Satiren gegen den Krieg* (1983); Ausst.-Kat.: *Zeitgenossen karikieren Zeitgenossen* (1972), S. 232; *Komische Nachbarn – Drôles de voisins*, Goethe-Institut Paris (1988), S. 130, 2/19, 3/12, 6/33

**Musinowski**, Christa
\* 1938
Zeichnerin/Berlin
Kollektiv-Ausst.: „Satiricum '78", Greiz: „Ein Glück, ein Kind zu sein".
Lit.: Ausst.-Kat.: *Satiricum '78*

**Mussil**, Felix → **Musil** (Ps.)

**Muttenthaler**, Anton
\* 1820 Höchstadt
† 1870 Leipzig
Freskenmaler, Zeichner
M. illlustrierte Kinderbücher und war Mitarbeiter der *Fliegenden Blätter* für humoristische Zeichnungen.
Lit.: E. Roth: *100 Jahre Humor in der deutschen Kunst*

**Muzeniek**, Peter
\* 1941
Karikaturist, Pressezeichner/Berlin
Zeichner politischer, satirischer, aktueller Karikaturen, Illustrationen, ständige Mitarbeit beim *Eulenspiegel*.
Kollektiv-Ausst.: „Satiricum '82", „Satiricum '84", „Satiricum '86", „Satiricum '88", „Satiricum '90"
Lit.: Ausst.-Kat.: *Satiricum '82, Satiricum '84, Satiricum '86, Satiricum '88, Satiricum '90*

**Mrawek**, Rupert
\* 15.03.1908 Berlin
† 19.04.1978 Berlin/West (Freitod)
Pressezeichner, Karikaturist
Mitarbeit bei *Lustige Blätter, Brummbär* sowie bei Scherl und beim Ullstein-Verlag in den dreißiger Jahren. Nach 1945 bei *Welt am Sonntag, Constanze, Neue Berliner Illustrierte, Hörzu* (ganzseitige Humorthemen). R.M. zeichnete bis 1945 humoristische und politische Karikaturen, danach auch Werbe-Karikaturen. Für die *Welt am Sonntag* zeichnete er jahrelang die Figur „Bobby", das bürgerliche Pendant zum vertrottelten Wiener „Graf Bobby". 1958 siedelte er von Berlin nach Hamburg über und wurde Redaktionszeichner beim Axel-Springer-Verlag. Für die Werbung von *Bild* zeichnete er die Werbefigur „Helle", die Werbe-Broschüre *Bild ohne Worte*, für *Extra-Bild* (seit 1953) Preisrätsel.

**Myr**, Hansgeorg
\* 02.02.1914 Schwedt/Oder
Pressezeichner, Karikaturist
Mitarbeit bei *Berliner Illustrirte Zeitung, Telegraf Illustrierte, Ins neue Leben, Horizont, Der Insulaner, Zeit und bild, NBZ, IBZ* u.a. M. zeichnet unverbindlichen, harmlosen Humor, vielfach in ganzen Seiten sowie Serien. Sein Zeichenstil ist von Walter Trier beeinflußt.
Publ.: *Fritz, der Pfiffikus* (gesammelte Bilderserien aus der Jugendzeitschrift *Ins neue Leben*)

# N

**Nagel**, Ludwig von
* 1836 Weilheim
† 1898 München

Kavallerie-Offizier, Pferdekenner, Karikaturist, Autodidakt
L.v.N. war Zeichner für die *Fliegenden Blätter* und von (32) *Münchener Bilderbogen*. Alle seine Themen bezogen sich auf Pferde und den Umgang mit ihnen.
Publ.: *Heitere Szenen aus dem Leben der Reiter und Fahrer; Die militärischen vier Jahreszeiten* (humoristische Bilder aus dem Leben eines Soldaten im Frieden); *Skizzenbuch aus dem Krieg 1870/71* (1847); K. Zastrow: Major Kreuzschnabel oder die famose Felddienstübung (mit Karikaturen von L.v.N.)
Lit.: E. Roth: *100 Jahre Humor in der deutschen Kunst*; G. Hermann: *Die deutsche Karikatur im 19. Jahrhundert*, S. 71; G. Piltz: *Geschichte der europäischen Karikatur*, S. 204

**Nagel**, Otto
* 27.09.1894 Berlin
† 12.07.1967 Berlin DDR

Maler, Zeichner
Autodidakt, seit 1922 Zeichenunterricht in der Städtischen Abendschule. Maler des Berliner Wedding, kunsthistorisch: eines sozialen Realismus (Probleme der Arbeiterklasse als Mittelpunkt, sozial-kritische Bilder). – Frühes und lebenslanges politisches Engagement: 1908-16 Mitglied der Arbeiterjugend, 1916 Mitglied des Spartacusbundes, 1917 Wehrdienst, Mitglied der USPD, wegen Verweigerung des Fronteinsatzes in das Strafgefangenen-Lager Wehn bei Köln, 1918 Beteiligung an November-Demonstrationen in Köln, Rückkehr nach Berlin, Mitglied der KPD, 1920 Beteiligung an der „Arbeiter-Kunstausstellung", Mitglied der VKPD, 1921 Gründungsmitglied der Solidaritätsbewegung für die Sowjetunion, Mitorganisator des großen Berliner März-Streiks, daraufhin Arbeitsverbot für O.N. für alle Berliner Betriebe, 1922 Gründungsmitglied der Internationalen Arbeiter-Hilfe (IAH), 1924 Mitglied der Roten Gruppe. Zwischen 1921-31 war O.N. publizistisch und als Illustrator für die Arbeiterpresse tätig. Zusammen mit Heinrich Zille gründet er die kommunistisch-satirische Zeitschrift *Eulenspiegel* (1928-31), 1929 Co-Autor am Filmexposé des Zille-Films: „Mutter Krausens Fahrt ins Glück". 1927 Mitbegründer und Mitarbeiter des „Roten Kabaretts". 1930 Leitung der Internationalen Kunstausstellung Amsterdam „Sozialistische Kunst heute", 1931 Organisation der Ausstellung „Frauen in Not" (Berlin), 1932 Sekretär der „Liga gegen Faschismus und Reaktion", 1933 Wahl zum Vorsitzenden des Reichsverbandes Bildender Künstler Deutschland, die von der NSDAP für ungültig erklärt wird. Ausschluß, Malverbot, Hausdurchsuchung, 1936-37 Internierung im KZ Sachsenhausen, 1938 insgesamt 27 Werke aus öffentlichem und privatem Besitz werden beschlagnahmt. 1945 Gründungsmitglied des Kulturbundes zur demokratischen Erneuerung Deutschlands. Mitglied der SED, 1946-52 Abgeordneter des Landtages Brandenburg und der Länderkammer, 1948 Verleihung des Professorentitels, 1950/51 Gründungsmitglied der Deutschen Akademie der Künste, Berlin DDR und des Verbandes Bildender Künstler, Nationalpreis, 1953-56 Vizepräsident der Deutschen Akademie der Künste, 1953-57 Abgeordneter der Volkskammer der DDR, 1954 Verleihung des Vaterländischen Verdienstorden in Silber, 1955-56 Präsident des Verbandes Bildender Künstler Deutschlands, 1956-62 Präsident der Deutschen Akademie der Künste (DDR), 1957 Goethe-Preis der Stadt Berlin (DDR), Ehrenmitglied der Akademie der Künste der UdSSR, 1961 J.-R.-Becher-Medaille in Gold, Kätze-Kollwitz-Preis der Deutschen Akademie der Künste (DDR). – Einzel- und Kollektivausstellungen.
Publ.: *Mein Leben – Autobiographie* (1952), *Berliner Bilder*
Lit.: R. Hamann: *O.N.* (1955); E. Frommhold: *O.N.* (1974); L. Lang: *Malerei und Graphik in der DDR* (1980), S. 273

**Nägele**, Otto Ludwig
* 25.08.1880 München
Maler, Zeichner
Mitarbeiter bei *Jugend* und *Simplicissimus*. Seine humoristischen, aktuellen, satirischen Themen holte sich O.L.N. aus dem altbayrischen und Münchner Milieu. Er kannte seine Landsleute und deren Gedanken genau und brachte das in seinen Zeichnungen gelungen zum Ausdruck.
Lit.: L. Hollweck: *Karikaturen*, S. 157, 197

**Nastvogel**, Kurt-Uwe
*      1948 Nürnberg
Studium an der Hochschule für Fernsehen und Film, München (3 Jahre). Als Cartoonist ist K.-U.N. Autodidakt. Signum: „NK". Veröffentlichungen in *Süddeutsche Zeitung*, *Schöne Welt* u.a. Er zeichnet Cartoons ohne Worte, skurril, mit Tiefsinn, Kurzgeschichten u.a.
Lit.: Presse: *Schöne Welt* (Sept. 1975)

**NEPRAKTA** Pseudonym für das Kollektiv: Jiri Winter (* 1924 Prag, tschechoslowakischer Karikaturist), und Bedrich Kopecny (* 1913 Wien, Texter)
Winter studierte an der Karlsuniversität Naturwissenschaften und Kopecny absolvierte ein Ingenieurstudium (Bauingenieur), danach war er Schriftsteller. Ab 1949 erscheinen erste Karikaturen mit dem Namen „Winter": Buchillustrationen für wissenschaftliche und ernste Literatur, mit NEPRAKTA sind dagegen humoristische Karikaturen und Kinderbücher (über 30), ferner Spielzeugentwürfe und Zeichentrickfilme signiert.
Publ.: (deutsch): *Männer im Harnisch - Indiskretionen aus dem Mittelalter* (1971)
Lit.: *Der freche Zeichenstift* (1968), S. 281; G. Piltz: *Geschichte der europäischen Karikatur* (1976), S. 296, 312

**Nerlinger**, Oskar
* 23.03.1893 Schwann/Württemberg
† 25.08.1969 Berlin/DDR
Maler, Graphiker, Karikaturist
Studium an der Kunstgewerbeschule Straßburg (1908-12) und an der Unterrichtsanstalt des Kunstgewerbemuseums Berlin, bei E. Orlik (1912-15). O.N. zeichnete für die Presse der Arbeiterbewegung satirisch-politische, sozialkritische Karikaturen unter dem Pseudonym „Nilgreen". – Als Maler zum „Sturm" gehörig, später zu „Die Abstrakten" ab 1928 zu „Die Zeitgemäßen". – Mitglied der „ASSO" (1928), Mitglied der KPD (1929). 1933 Ausstellungsverbot, Hausdurchsuchungen, Verhaftungen. – O.N. malt Landschaften, moderne Industrie-Milieus, getarnte Satire im „Schildbürger"-Zyklus. 1945-50 Mitarbeit am *Ulenspiegel*. – 1945-51 Professor an der Hochschule für bildende Künste Berlin-West, Mitbegründer des Schutzverbandes bildender Künstler, mit Carl Hofer, Herausgeber der Zeitschrift „Bildende Kunst". 1951 Entlassung aus dem Lehramt, 1955-58 Professor an der Hochschule für bildende Künste in Berlin-Weißensee (DDR).
Ausst.: Akademie der Künste der DDR (1975)
Ausz.: (DDR) 1963 Vaterländischer Verdienstorden, 1966 Goethe-Preis der Stadt Berlin DDR, 1968 Johannes-R.-Becher-Medaille in Gold
Lit.: G. Strauß: *O.N.* (1947); K. Liebmann: *O.N. Ein Beitrag zur Kunst der Gegenwart* (1956); A. Lex-Nerlinger: *O.N. Malerei, Graphik, Foto-Graphik*; *Bärenspiegel* (1984), S. 205; R. Roeingh: *Archivarion – Karikaturen-Graphik* 3/1948, S. 32; G. Piltz: *Geschichte der europäischen Karikatur* (1976), S. 297; Ausst.-Kat.: *O.N.*, Akademie der Künste der DDR (1975); *Zwischen Widerstand und Anpassung*, hrsg. v.d. Akademie der Künste Berlin-West (1978), S. 212

**Nesslinger**, Aribert → **Ane** (Ps.)

**Neu**, Paul
* 09.11.1881 Neuburg/Donau
† 16.04.1940 München
Pressezeichner, Graphiker, Kunstgewerbler
Mitarbeiter der *Jugend* (ab 1903) und der *Auster*. P.N. zeichnete als Karikaturist folkloristisches, bayrisches Kolorit in dem ihm eigenen kantigen Stil. Für die Werbung entwarf er Firmensignets. – P.N. illustrierte vor allem Bücher, u.a. zu: Walderina Bonsels, Julius Kreis, Fritz Müller-Partenkirchen, Johann Lachner (*999 Worte Bayrisch*), Josef Maria Lutz, Georg Queri, Walter Schmidkunz. – P.N. war seit 1912 Mitglied des Werkbundes, München.
Lit.: H. Vollmer: *Allgemeines Lexikon*; V. Duvigneau: *Plakate*; L. Hollweck: *Karikaturen* (1973), S. 214; Ausst.-Kat.: *Die zwanziger Jahre in München* (1979), S. 758

**Neubauer**, Conrad → **Conny** (Ps.)

**Neubert**, Günter
*      1933
Zeichner und Karikaturist/Cottbus
Kollektiv-Ausst.: „Satiricum '80" (1. Biennale der Karikatur in der DDR, Greiz, 1980: „Kultur im Heim", „Geben-Nehmen") „Satiricum '82", „Satiricum '84"
Lit.: Ausst.-Kat.: *Satiricum '80* (1980), S. 16; *Satiricum '82*, *Satiricum '84*

**Neuenborn**, Paul
* 07.02.1866 Stolberg/Rheinl.
Maler, Zeichner, tätig in München
Studium an den Akademien München, Düsseldorf und

Paris. P.N. zeichnete Tierbilder und humoristische und satirische Karikaturen für Zeitschrift und Zeitungen.
Lit.: Verband deutscher Illustratoren: *Schwarz-Weiß*, S. 58

**Neuenhausen**, Siegfried
\* 1931 Dormagen
Graphiker, Plastiker, Professor an der Hochschule für bildende Künste, Braunschweig
S.N. veröffentlichte u.a. in *Pardon*. Die Themen seiner Radierungen sind eine Zeitsatire nach Francisco Goya's (1746-1828) Radier-Zyklen: „Die Schrecken des Krieges". Die Dargestellten: Zeigenossen von heute, die die historischen Goya-Motive mit Gegenwartsinhalten füllen. Die Personen stehen exemplarisch für den gesellschaftlichen Ausschnitt, den sie objektiv verkörpern.
Lit.: Presse: u.a. *Pardon* (Juli 1975)

**Neugebauer**, Peter
\* 14.02.1929 Hamburg
Karikaturist, Pressezeichner, Signum: „P.N."
Studium an der Hamburger Landeskunstschule, bei Prof. Mahlau. Erste Karikaturen anfangs der fünfziger Jahre in *Die Welt, Die Zeit, stern, Monat, Süddeutsche Zeitung* u.a. P.N. zeichnet humoristische, zeitkritische, satirische Karikatur-Seiten zu bestimmten Themen-Folgen (die auch als Bücher erschienen sind): *Do it Yourself, N.s. illustrierte Weltgeschichte, Lexikon der Erotik, Playboy, Postille, Protokolle und Notizen, Alltägliche Geschichten, Neurosen, Neue Neurosen, Zeus Weinstein* (letzteres auch für Hörspiel und Fernsehen bearbeitet), außerdem die Illustrationen zu *Draculas Gast* (Bromstoker) und Werbekarikaturen.
Kollektiv-Ausst.: *Zeitgenossen karikieren Zeitgenossen*, Kunsthalle Recklinghausen; „Karikaturen-Karikaturen?", (1972), Kunsthaus Zürich; „Cartoon 75" (1975) Intern. Cartoon-Ausstellung Europa-Center, Berlin-West; „Finden Sie das etwa komisch?", Wilh.-Busch-Museum, Hannover (1985)
Ausz.: 1968 Kunstpreis der Zille-Stiftung
Lit.: *70 mal die volle Wahrheit – Ein Querschnitt durch die bundesdeutsche Karikatur der Gegenwart* (1987); Aust.-Kat. der oben genannten Ausstellungen

**Neugebauer**, Walter
Hauptzeichner des Comic-Verlegers Rolf Kauka (s. dort)

**Neumann**, Ernst
\* 03.09.1871 Kassel
† 04.11.1951 Düren
Maler, Zeichner, Karikaturist, Kabarettist
Ausbildung in Paris und München. Mitarbeit bei *Radfahr-Humor, Jugend* (1897-1902), *Simplicissimus* (ab 1897) und *Lustige Blätter*. E.N. zeichnete humoristisch, satirische, aktuelle Karikaturen sowie Plakate (auch für den Kladderadatsch). Seit 1901 Mitglied des Kabaretts „Die elf Scharfrichter" („der Kaspar Beil") sowie deren künstlerischer Ausstatter. Er entwarf das Scharfrichter-Plakat 1901/02 und illustrierte die Programmhefte, den *Musenalmanach* von Heinrich Lautensack und Richard Scheids Jahrbuch *Avalum*. E.N. hat – neben Peter Behrend – den Farbholzschnitt (noch vor dem Expressionismus) aktualisiert, um neue Formen zu finden, die in *Jugend* und *Simplicissimus* Verwendung fanden. Nach 1900 ist E.N. nur noch wenig mit zeichnerischen Beiträgen in Erscheinung getreten. Er übersiedelte nach Düren und übernahm die Leitung einer Mal- und Zeichenschule. 1925 gründete er in Düren eine Kleinwagenfabrik.
Lit.: L. Hollweck: *Karikaturen*, S. 13, 85, 157, 158, 167, 207; E. Fuchs: *Die Karikatur der europäischen Völker* II, S. 410;; G. Hermann: *Die deutsche Karikatur im 19. Jahrhundert*, S. 120; H. Schindler: *Monographie des Plakats*, S. 97, 99f, Abb. 90, 91, 92; *München 1900*, S. 100

**Neureuther**, Eugen Napoleon
\* 13.01.1806 München
† 23.03.1882 München
Maler, Zeichner
Studium an der Akademie München, bei Cornelius (N. war dessen Mitarbeiter bei der Ausmalung der Glyptothek). 1848-56 Künstlerischer Leiter der Porzellanmanufaktur Nymphenburg, 1868-77 Lehrer an der Kunstgewerbeschule in München. – In Gelegenheitsarbeiten zeigte E.N.N. auch einen gemütvollen Humor in der Art der Zeit.
Publ.: Randzeichnungen um Dichtungen der deutschen Klassiker (2 Teile 1822-23) (angeregt durch Dürers Randzeichnungen zum Gebetbuch Kaiser Maximilians).
Lit.: E.W. Brodt: *N.-Album* (mit den Briefen Goethes an N., 1918); E. Roth: *100 Jahre Humor in der deutschen Kunst; Das große Lexikon der Graphik* (Westermann, 1984) S. 347

**Nico** (Ps.)
\* 1937 Hannover
Bürgerl. Name: Klaus Cadsky
(aus russisch-polnischer Familie)
Karikaturist, Graphiker-Atelier in Olten
Seit 1957 lebt Nico in der Schweiz, ab 1963 Mitarbeiter beim *Nebelspalter*, ab 1967 dessen Redakteur. Ab 1965 Zeichner für *Tat*, seit 1968 „Editorial Cartoonist" beim *Tages Anzeiger* (Zürich). Mitarbeit bei *Annabelle* (Farbcartoons) und beim Schweizer Fernsehen (Trickfilme, Karikaturen), ebenfalls bei Cartoonists & Writers Syndicate (Cartoons). Erwähnenswert ist seine Cartoon-Folge: *Berühmte Zeit- und Eidgenossen – „Who's who"*.

Einzel und Kollektiv-Ausst.: Zürich, Olten
Publ.: *Was unterm Strich noch bleibt* (1983); *Strichweise Niederschläge* (1984); *Frisch gestrichelt* (1985)
Lit.: H.P. Muster: *Who's Who in Satire and Humour* (2) 1990, S. 34-35

### Niczky, Rolf
\* 1881

Berliner Pressezeichner
Mitarbeiter bei *Berliner Illustrirte Zeitung, Ulk* und *Lustige Blätter* (1914-39). R.N. ist vertreten mit humoristischen Zeichnungen aus dem Alltag, besonders aus der eleganten Welt, mit den dazugehörigen schicken Damen sowie mit aktuellen, humoristisch-satirischen, auch politischen Themen.
Lit.: *Zeichner der Zeit*, S. 85, 88, 93, 94, 104, 120, 131, 134, 145, 399

### Nilson, Johannes Esaias
\* 1721
† 1788

Österreichischer Kupferstecher
Radierungen, Porträts, Genreszenen mit schnörkeligen allegorischen Umrahmungen, politische, zeitsatirische Spottbilder, u.a. „Die überwundene Spröde", „Spottbild auf die Teilung Polens" (1772).
Lit.: E. Bock: *Die deutsche Grafik* (1922), S. 60, 257; H. Dollinger: *Lachen streng verboten* (1972), S. 47, 414

### Nisle, Julius
\* 1812
† 1890

Politisch-satirischer Zeichner, Karikaturist
Hauptzeichner des vom Verleger Ludwig Pfau in Stuttgart herausgegebenen demokratisch-satirischen *Eulenspiegel* (verboten 1850).
Lit.: E. Fuchs: *Die Karikatur der europäischen Völker* I, S. 86; G. Piltz: *Geschichte der europäischen Karikatur*, S. 165; L. Hollweck: *Karikaturen*, S. 133; H. Dollinger: *Lachen streng verboten*, S. 64

### Nitzsche, Ferdinand
\* 03.10.1871 Hildesheim

Pressezeichner, Karikaturist, tätig in Wiesbaden
Künstlerische Ausbildung in Frankfurt, Köln und Holland. Mitarbeiter bei *Unterhaltende Blätter* (Schellenbergsche Hofdruckerei, Wiesbaden). F.N.s Spezialgebiet waren historische Kostümzeichnungen und Landschaften.
Lit.: Verband deutscher Illustratoren: *Schwarz-Weiß*, S. 190

### Nobert, Manfred
\* 1928 Berlin ?
† Mai 1970 Berlin-Marienfelde

Karikaturist (halbseitig gelähmt – Leben im Rollstuhl)
Mitarbeit bei *Constanze*, ab 1955 zeichnet M.N. für den *stern* humoristische Karikaturen, die in der ganzen Welt wegen ihrer witzigen Situationskomik nachgedruckt wurden. M.N. erfand die Figur des liebenswerten Lausejungen „Maximilian", die fünfzehn Jahre lang im *stern* wöchentlich erschien.
Publ.: *Geschichten sind das...* (1965 mit 4 Beiträgen von Sigi Sommer; *Maximilian*
Lit.: Presse: *Hannoversche Presse* (v. 8./9.5.1965); Nachruf); *stern* (Nr. 20/1970; Nachruf); *journalist* (Nr. 6/1970; Nachruf); *Bild Berlin* (v. 2.4.1980)

### Nolde, Emil (Künstlername ab 1902)
\* 07.09.1867 Nolde/b. Tondern (Nordschleswig)
† 15.04.1956 Seebüll/Nordfriesland

Bürgerl. Name: Emil Hansen
Maler, Graphiker (Hauptvertreter des deutschen Expressionismus)
Ausbildung an der Holzschnitzerschule Flensburg. 1892-98 Lehrer an der Gewerbeschule St. Gallen, beginnt autodidaktisch zu malen. Er hat Sinn für Größe, für groteske und karikaturhafte Wiedergabe der Wirklichkeit. Eindrücke von den riesigen Schweizer Bergen und der Erinnerung an heimische Trolle und Kobolde vermischen sich in seinem ersten Gemälde „Bergriesen" (es zeigt eine Runde urtümlicher Trolle). Zwei Abbildungen veröffentlichte die *Jugend*. Die Münchener Sezession (1895) weist das Bild zurück. Mit eigenen 2000 Franken und einem Kredit von 2000 läßt er ganze Bergriesen-Serien als Postkarten drucken. Die Auflage beträgt 100.000 und ist in 10 Tagen vergriffen. Nach diesem Erfolg und 25.000 Franken als Grundlage kündigte er seine Lehrerstelle in St. Gallen und übersiedelte nach München, um Maler zu werden. 1898 Bewerbung um Aufnahme an die Akademie München. Stuck lehnt ab. Besuch der privaten Zeichenschulen von Friedrich Fehr und Hölzel, München. 1899 Akademie Julian, Paris. 1900-01 Studienzeit in Kopenhagen (Zahrtmann-Schule). 1902 Heirat und amtliche Genehmigung zur Führung des Namens Emil Nolde. Eines der Hauptwerke: „Das Leben Christi". 1933 wurden seine Werke als „entartet" beschlagnahmt, 1941 Malverbot. 1946 Rehabilitierung, Professorentitel, Orden „Pour le mérite"; 1950, Ersten Preis (Biennale Venedig)
Publ.: *Das eigene Leben* (1931, 1967); *Jahre der Kämpfe* (1934, 1967); *Südsee-Skizzen* (1961); *E.N. Mein Leben* (1976)
Lit.: A. Sailer: *Bergriesen in Postkartenformat*; M. Sauerland: *E.N. Festschrift anläßlich seines 60. Geburtstages* (1927); W. Haffmann: *E.N.* (1963); W. Haffmann: *E.N.*

*Ungemalte Bilder* (1969); M. Urban: *E.N.* (1969); Presse: *Bayer. Sonntagsblatt* (Nr. 20/1975); *Das große Lexikon der Graphik* (Westermann, 1984) S. 347

**Normann**, Rudolf von
* 1806
† 1882

Offizier, später Landschafts- und Porträtmaler
Studium an der Akademie Düsseldorf, bei Schirmer und Lessing. R.v.N.s Radierungen und Lithographien erschienen in den *Düsseldorfer Monatsheften*
Lit.: L. Clasen: *Düsseldorfer Monatshefte* (1847-49), S. 485

**Nova** (Ps.) → **Linkert**, Joseph

**Novello**, Guiseppe
* 07.07.1897 Mailand

Jurastudium und Promotion an der Universität Pavia (1920), danach Studium an der Academia di Belle Arte, Mailand (1920-23). Professor an der Brera in Mailand, seit 1924 freiberuflicher Karikaturist, humoristischer Zeichner. Mitarbeit bei *Gazzetta del Popolo* und *La Stampa* (ab 1948). G.N. hat das italienische, bürgerliche Alltagsleben mit einem scharfen, aber liebenswürdigen Stift aufgezeichnet. Von ihm stammen die Illustrationen zu P. Monelli: *La guerre è belle ma scomoda* (dt. „Der Krieg ist schön, aber unbequem", 1929). Seine Zeichnungen und Bilder wurden in Italien verschiedentlich ausgestellt. Deutsche Veröffentlichungen und Besprechungen u.a. in *Koralle*, *Constanze* und *Die Neue Zeitung*.
Publ.: *Dunque divecamo* (1934, 1937, 1950); *Il signore di buona famiglia* (dt. *Bei feinen Leuten*); *Che cosa dirà la gente?* (dt. *Was werden die Leute sagen?*); *Steppa e Gabbia*; *Sempre più difficile*
Lit.: *Who's Who in Graphic Art*, I, S. 324; *Heiterkeit braucht keine Worte*; Presse: *La Lettura* (1940); *Corriere della sera* (1938, 1950, 1955); *Corriere d'inofmrazione* (1955)

**Nückel**, Otto
* 1888 Köln
† 1955 Köln

Maler, Zeichner, Metallschneider, Signum u.a. „N"
Studium der Medizin an den Universitäten Freiburg und München, (Wechsel zur Malerei) Malschule Knirr, München (1910-12). 1918-23 Arbeit im ehemaligen Atelier von W. Leibl in Bad Aibling, später in München. O.N. war Mitarbeiter von *Simplicissimus*, *Münchner Illustrierte Presse*, *Lustige Blätter* u.a. Zeitschriften. Er karikierte in seinen Zeichnungen humorvoll das provinzielle Spießbürgertum in allgemeinen Themen mittels der Gesellschaftssatire. Zwischen 1928-34 ist er im Kreis der „Sieben Maler", in der Secession und der Neuen Secession zu finden. O.N.s bedeutendstes Werk ist die Folge von Metallschnitten *Schicksal einer Geschichte*, eine reportagehafte Darstellung im Stil eines Hintertreppenromans. Mit hintergründigem Humor und beißender Satire zeigt er die Doppelmoral seiner Zeit. Erwähnenswert auch die Karikaturenfolge *Wie es bei den Meistern war* (Atelierbesuche, seit 1944).
Ausst.: „O.N.", Galerie Petit, Köln (1977), „O.N.", Born Fine Art Galerie, Köln (1983)
Lit.: H. Dollinger: *Lachen streng verboten*, S. 321, 326; Ausst.-Kat.: *O.N.* (Galerie Petit, Köln (1977)); *Die Zwanziger Jahre in München*, Münchener Stadtmuseum (1979), S. 133; 758; Presse: *Die Kunst*, S. 199 (1930); *Die Welt* (v. 3. Dez. 1983)

**Nunes**, Emmerico Hartwick
* 1888 Lissabon

Portugiesischer Maler, Zeichner, Karikaturist
Zeichner für *Os Puntos nos ii* (Portugiesische konservative Zeitschrift). E.H.N. lebte eine zeitlang in Zürich, zeichnete von 1912-28 humoristische Zeichnungen (über 700 Illustrationen) für die *Meggendorfer Blätter* und die *Fliegenden Blätter*. Im Ersten Weltkrieg und während dieser Zeit zeichnete er für die *Kriegschronik der Meggendorfer Blätter* auch politische Karikaturen und Propaganda-Zeichnungen in der Tendenz und Agitation der Mittelmächte. – Ansonsten bevorzugt er das humoristisch-galante Genre im plakativen Zeichenstil.
Lit.: G. Piltz: *Geschichte der europäischen Karikatur*, S. 185; Ausst.-Kat.: *Zeichner der Meggendorfer Blätter*, *Fliegende Blätter*, S. 34, 1889-1944 Aquarelle, Zeichnungen Galeri Karl & Faber, München (1988); *Fliegende Blätter*, *Meggendorfer Blätter*, S. 7, 69, Galerie J.H. Bauer, Hannover (1979)

**Nürnberger**, Bernhard
* 1943 Goslar

Beamteter Kunsterzieher (halbe Stelle), Maler, nebenbei Karikaturist, seit 1963 in Berlin/West
Studium der Kunstpädagogik. – Sein Thema ist die Zeitkritik. Veröffentlichungen in *Berliner Lehrer Zeitung*, *Zitty* und *taz*.
Publ.: (Mitarbeit) *Schnell im Biss*; *Wenn Männer ihre Tage haben*; *Hot Dogs*; *Mein Auto fährt auch ohne Wald*; *Realitäten, Ängste, Träume – Cartoons zu Berufsverboten und politischer Repression*; *Die Rote Kelle*; *Der Überlebensmensch*
Lit.: *Wenn Männer ihre Tage haben* (1987); *70 mal die volle Wahrheit* (1987)

**Nußbaum**, Felix
* 11.12.1904 Osnabrück/verschollen seit 1944

Maler, Zeichner/Berlin
Studium: Kunstgewerbeschule Hamburg bei Adolf Behnke, Akademie Berlin bei Hans Meid und Karl Hofer. (Besucht James Ensor in Ostende mehrmals Ende der Zwanziger Jahre)
1929 eigenes Atelier zusammen mit Felka Platek, 1932 von NS-Studenten in Brand gesteckt, 1933 Emigration nach Belgin, nach Einmarsch deutscher Truppen aus Belgien ausgewiesen (1940), in das Internierungslager Camp de Gurs und St. Cyprien deportiert (Südfrankreich). Flucht nach Brüssel, illegal im Untergrund, 1944 Verhaftung und in das Sammellager Malines deportiert, in Auschwitz verschollen. – Thematische Entwicklung: Zeitkritische Äußerung zu den Zwanziger Jahren. F.N.: „der kleine freundliche Bilder von angenehmer Qualität herstellt". In der Emigration verlieren seine Bildmotive an Unverbindlichkeit und Fröhlichkeit, werden zu bedrückender Darstellung von Einsamkeit und Hoffnungslosigkeit vom Überlebenskampf, und werden zur Anklage gegen deutsch-nationalsozialistisches Unrecht, (*Die Gerippe spielen zum Tanz*), Ölbilder die das Schicksal der Juden aufzeigen, Selbstbildnisse, die seine Lage darstellen, schärfste Bildsatire. Werke: Kulturgeschichtliches Museum Osnabrück.
Ausst.: 1931 Beteiligung an der Ausstellung „Frauen in Not" (Bild mit Embryonen)
Lit.: Ausst.-Kat.: *Widerstand statt Anpassung/Deutsche Kunst gegen den Faschismus 1933-1945* (1980), S. 233, 273 und Titel; *F.N. Kulturgesch. Museum Osnabrück* (1971)

**Nydegger**, Werner
\* 1945 Zürich
Schweizer Graphiker, Karikaturist
Studium an der Kunstgewerbeschule Basel. Freiberuflich seit 1968, eigenes Atelier in Olten. Ab 1971 zeichnet er Cartoons, die in 20 LÄndern veröffentlicht werden, u.a. in *Weltwoche, Bilanz, Schweizer Illustrierte, Nebelspalter, team, Tele, TR7, Natur, Tagesanzeiger-Magazin, Journal für die Frau*. In der Bundesrepublik in: *Zeit magazin, stern, Quick, pardon, Playboy, Impulse, ÖTV-Magazin, medi & zini, Bunte* u.a. – Außer den Cartoons ohne Worte stammen von W.N: Comics, Poster, Puzzels, TV-Spots und Werbung. Erwähnenswert die Cartoon-Folge *Das Neuste von Gestern*.
Kollektiv-Ausst.: House of Humour and Satire Gabrovo/Bulgarien (1977), „Cartoon" (1977) Weltausstellung der Karikatur Berlin/West (1977), Institut für Auslandsbeziehungen, Stuttgart (1981), Einzel-Ausst.: Basel/Richen (1985), Bern (1985)
Ausz.: 1978 Werkpreis Kanton Solothurn
Publ.: *Auslese* (1978); *Tschuldigung* (1980); *Das Neueste von Gestern; Comical Weltgeschichte* (2 Bände); *Phantasia* (1985); *Nett Sie zu sehen* (1985)
Lit.: *Spitzensport mit spitzer Feder* (1981), S. 52-53; H.-O. Neubauer: *Im Rückspiegel – Die Automobilgeschichte der Karikaturisten 1886-1986* (1985), S. 240, 234, 235; H.P. Muster: *Who's Who in Satire and Humour* (1/1989), S. 138-139

# O

**Oberländer**, Adolf
\* 01.10.1845 Regensburg
† 29.05.1923 München

Maler, Zeichner, Professor und Ehrenmitglied der Akademie München. 1847 mit den Eltern nach München gekommen, 1860 Handelsschule, 1861 Akademie München, bei Piloty. Ab Nr. 960/1863 wurde A.O. Mitarbeiter der *Fliegenden Blätter*, dadurch wirtschaftliche Sicherung (er mußte den Unterhalt für Mutter und Schwester verdienen), Er blieb zeit seines Lebens Hauszeichner der *Fliegenden Blätter*. A.O. hat seine ganze künstlerische Potenz für die humoristisch-satirische Zeichnung eingesetzt und ab 1863 für die „Münchner Bilderbogen". Er wurde der populärste Zeichner der *Fliegenden Blätter*, 1920 erschien die letzte Zeichnung, auf Grund eines verschlimmerten Augenleidens. – A.O. hat auch viele Gemälde geschaffen, Genrebilder mit oft satirischem Inhalt, Szenen mit dem Kleinbürgertum, der Mythologie, der Märchen und der Gemeinsamkeit von Mensch und Tier. Themen, die sich auch teils in seinen humoristischen Zeichnungen wiederfinden. A.O. hat in seiner Kunst die romantische Malerei Schwinds zur deutschen Spätromantik Böcklins und Thomas selbständig weitergeführt.
Lit.: (Auswahl) E. Fuchs: *Die Karikatur der europäischen Völker* II, S. 424, Abb. 449; G. Piltz: *Geschichte der europäischen Karikatur*, S. 175, 207f, 219; L. Hollweck: *Karikaturen*, S. 11, 23, 46, 59, 108, 118; G. Hermann: *Die deutsche Karikatur im 19. Jahrhundert*, S. 81; Eßwein: *A.O.* (1905); R. Klein: *A.O.* (1910); R. Piper: *Das neue Oberländerbuch* (1936)

**Oberländer**, Gerhard
\* 12.09.1907 Berlin

Illustrator, Graphiker
Seit 1952 Illustrationen, u.a. zu D. Defoe: *Robinson Crusoe*, H.J. v. Grimmelshausen: *Simplicissimus*, G.A. Bürger: *Münchhausen*, Cervantes: *Don Quijote*, H.C. Andersen: *Märchen*, Gebr. Grimm: *Märchen* und zu Kinderbüchern. – G.O.s Zeichnungen illustrieren in moderner Darstellungsweise phantasievolle und phantasie-anregende Literatur und Märchenbücher in karikierender Darstellung.
Lit.: *G.O. Zeichnungen, Illustrationen* (Teilsammlung, hrsg. von H.A. Malbey 1963); *Brockhaus Enzyklopädie* (1971), Bd. 13, S. 629

**Ochs**, Hans
\* 1921 Essen

Karikaturist, Werbegraphiker, Signum: „Ox"
H.O.s Themens ind humoristische Sujets. Er veröffentlichte u.a. in den fünfziger Jahren in *Gute Laune*.

**Oesterle**, Manfred
\* 1928 Stuttgart-Möhringen

Maler, Graphiker, Karikaturist, Signum: „M.O."
Studium an der Akademie Stuttgart. – Ständige Mitarbeit bei *Das Wespennest* (1849-51), *Nebelspalter* (1952-55), *Simplicissimus* (1955-67), sowie Veröffentlichungen in Tages- und Wochenzeitungen und Illustrierten, wie in *Quick, Der Spiegel, stern, Süddeutsche Zeitung, Die Zeit* u.a. Seit 1962 Werbe- und Gebrauchsgraphik für die Wirtschaft, Malerei, Gemälde, Porträts. – M.O. zeichnet humoristische, aktuelle, satirische, gesellschaftskritische und politische Karikaturen, das Leben mit seinen Schwächen und Unzulänglichkeiten.
Einzel-Ausst.: Wilh.-Busch-Museum, Hannover (Sept.-Okt. 1970), Cartoon-Caricature-Contor, München (Mai 1983), Kollektiv-Ausst.: in Amsterdam, Berlin, Bordighera, Edinburg, Frankfurt, Gabrovo, München, Stuttgart, Recklinghausen, Tolentino
Publ.: *Zwischen Scherz und Schock* (1971); Spanien in drei Tagen (mit H.H. Hofner)
Lit.: H.P. Muster: *Who's Who in Satire and Humour* (2) 1990, S. 142-143; Ausst.-Kat.: *M.O.* (1970)

**Ohlshausen-Schönberger**, Käthe
* 1881

Berliner Tierzeichnerin, Karikaturistin, Signum: „KOS" Mitarbeiterin von *Lustige Blätter, Berliner Illustrirte Zeitung, Fliegende Blätter* u.a. Zeitschriften. K.O.-S. zeichnet für die Presse wie für die Werbung Tier-Karikaturen, vermenschlicht-satirische Situationen. – K.O.-S. veröffentlichte schon in der Jugendzeit humoristische Karikaturen, auch noch als sie die Frau eines Diplomaten war. Nach Scheidung und Wiederheirat sind keine ihrer „tierischen Komödien der Menschheit" mehr in Deutschland erschienen.
Lit.: *Zeichner der Zeit*, S. 160, 399; H. Ostwald: *Vom goldenen Humor*, S. 544

**Ohrenschall**, Peter
* 1929

Trickfilmzeichner, Karikaturist, Signum: „Poll"/München Veröffentlichungen in der *Süddeutschen Zeitung*, darüber hinaus Filmanimation für ZDF und ARD.
Einzel- und Sammelausstellungen
Lit.: *Beamticon* (1984), S. 141, 40, 30

**Ohser**, Erich → **plauen**, e.o. (Ps.)

**Oldrich**, Jelinek
* 1930 Kosice (Kaschau) Slowakei

Graphiker, Karikaturist/München
1938 Übersiedlung mit der Familie nach Prag. – Studium an der Hochschule für Kunstgewerbe Prag (wegen „bourgeoiser Gesinnung" exmatrikuliert), Fabrikarbeiter, erneutes Studium (Graphik, Plakat, Karikatur), 1956 Staatsexamen. – Danach freischaffender Graphiker/Trickfilmzeichner. – J.O. zeichnet für *Dikobraz* und *Mlady Svet*. Er illustriert über 150 Bücher. Fernsehmitarbeit (Trickfilmzeichnungen). Wegen seines Engagements für den „Prager Frühling" (politische Karikaturen) persönliche und künstlerische Repressalien. Emigration (1981) nach München. – Pressemitarbeit bei *Computerwoche, Deutsche Tagespost, Playboy, Reporter, Microcomputerwelt, Süddeutsche Zeitung* u.a.
Kollektiv-Ausst.: „Satiricum '80", Greiz sowie Antwerpen, Bern, Gralum, Montreal, Moskau, Nürnberg, Oslo, Pfäffikon, Prag, Tokio, Warschau
Ausz.: „Premio Grafice", Bologna, „Silberne Dattel", Bordighera, „Premio Presidente Imperia", Bordighera, 1. Preis Skopje, „Schönstes Buch des Jahres", Prag u.a.
Lit.: H.P. Muster: *Who's Who in Satire and Humour* (2) 1990, S. 100-101

**Oliphant**, Patrick
* 1935 Adelaide/Australien

Karikaturist/Chevy Chase, bei Washington/USA

Themen: Politisch-aktuelle Zeitgeschichte. Ab 1933 Zeichner der *Adelaide News*/Australien, ab 1956 Editorial-Cartoonist bei *Adelaide Advertiser*. Ab 1964 Wechsel zur *Denver Post*/USA. 1967 Pulitzer-Preis für seinen „Ho-Tschi-Minh"-Cartoon. Titel: *They Won't Get US to Conference Table* .... Ab 1976 Wechsel zum *Washington Star* bis 1981, danach freiberuflicher Karikaturist im Universal Press Syndicate, welches seine politischen Karikaturen in über 500 Presseerzeugnissen, und weltweit auch in Europa u.a. in der deutschen Presse, vertreibt, in Deutschland in *Die Welt, Welt am Sonntag*.
Einzel-Ausst.: Jane Hanslem Gallery, Washington 1984/1985; Rosenfeld Gallery, Washington 1984
Ausz.: Reuben Award/National Cartoonist Assoc. (1968, 1972, 1985), The New York Society of Illustrators Award, The International Design Conference Award, The American Illustrators Association, Award-Sigma Delta Chi Award, National Headliner Award, „bester Cartoonist" (Leserumfrage *Washington Journalism Review*), „Honorary Doktor of Human Letters" (1981, Dartmouth College)
Publ.: *Oliphant* (1980), *The Jellybeam Society* (1981), *Ban This Book* (1982), *... But Seriously, Folks* (1983), *Make My Days* (1984), *The Years of Living Perilously* (1985)
Lit.: H.P. Muster: *Who's who in Satire and Humour* (Bd. 1/1989), S. 142-143

**Olszewski**, Mieczyslaw
* 1945 Ostroleka/Polen

Maler, Pressezeichner, Karikaturist
Miet (Ps.)
Studium: Kunstakademie Gdansk (Danzig) 1963-1969. Danach Dozent/Akademie Gdansk (Malerei, Illustration). Als Pressezeichner: satirische, gesellschaftskritische Cartoons. Veröffentlichungen in Polen in *Czas, Kamena, Karuzcale, Kultury i ty, Szpilki, Tu i Teraz*; in Deutschland in *pardon*. Zahlreiche polnische Buch-Illustrationen.
Kollektiv-Ausst.: Zwischen 1971-1981 in Europa und DDR, bzw. in Deutschland
Ausz.: 2. Preis Warschau (1971), Goldmedaille Moskau (1973), 2. Preis Skopje (1977), 2. Preis Legnica (1979), 1. Preis Rzeszów (1980), 3. Preis (1981), Auszeichnung Montreal (1986)

**Ong**, Guus
* 1949 Holland/Niederlande

Cartoonist seit 1968
(Vater: Chinese, Mutter: Belgierin)
Veröffentlichungen in *The Saturday Review* (USA), *Nebelspalter* (Schweiz), *Eulenspiegel* (Deutschland), sowie in Jugoslawien, Belgien, Holland. Themen: humoristisch-satirische Karikaturen.

Ausst.: Welt Cartoonale Knokke-Heist/Belgien (1974)
Ausz.: Silbermedaille Cartoon Festival Sarajewo (1973), Bronzemedaille Cartoon Festival Gabrovo/Bulgarien (1977)
Lit.: Presse: *Eulenspiegel* Nr. 23/91

**Opitz**, Georg Emmanuel
*     1775 Leipzig
†     1841 Leipzig

Kupferstecher, Zeichner
G.E.O. schuf humorvolle sächsische Sittenschilderungen (meist Radierungen)
Lit.: E. Roth: *100 Jahre Humor in der deutschen Kunst* (1957)

**Oppenheimer**, Maximilian → Mopp (Ps.)

**Orlando** (Ps.)
*     1946 Faido/Schweiz

Bürgerl. Name: Orlando Eisenmann
Freischaffender Karikaturist seit 1980/Luzern und Graubünden
Nach dem Studium an der Kunstschule Luzern (Zeichnlehrer-Diplom) eine Zeitlang Lehrer am Gymnasium Zug. – Ständiger Mitarbeiter bei *Nebelspalter, Bündener Zeitung, Luzerner Neueste Nachrichten, Union Helvetica* und gelegentlich Mitarbeit bei anderen in- und ausländischen Zeitschriften und Tageszeitungen. Er zeichnet aktuelle, politische, satirische, schweizerische Karikaturen.
Lit.: Ausst.-Kat.: III. Internationale Cartoon-Biennale (1990) Davos

**Orlik**, Emil
* 21.07.1870 Prag
† 28.09.1932 Berlin

Maler, Zeichner (Pressezeichner)
Studium an der Akademie München, bei Wilhelm Lindenschmit d.J. und J.L. Raab (1881-91). – E.O. begann mit Lithographien und Radierungen aus Alt-Prag. Verschiedene Auslandsreisen zwischen 1897-1904. Die bedeutendsten waren die Reisen nach Japan (1900-01), um den Farbenholzschnitt zu studieren, den er als einer der ersten in Europa einführte. 1905 Professor an der Kunstgewerbeschule in Berlin (1905-32) und ab 1906 tätig für die Reinhardt-Bühnen. E.O.s Bedeutung liegt in seinen Leistungen als Porträtist und als zeichnender Chronist der zwanziger Jahre. Er war auch Reportagezeichner in Brest-Litowsk bei den Friedensverhandlungen (1917). E.O. war gelegentlicher Mitarbeiter der *Jugend* und Porträt-Karikaturist der Prominenz aus dem „Romanischen Café". 1918 veröffentlichte er seinen Zyklus *Karikaturen aus Brest-Litowsk*.

Publ.: (Mappenwerke) *Aus Japan* (1902); *100 Köpfe* (1919); *Aus Ägypten* (1922); *Neue 95 Köpfe* (1920); *Schauspielerbildnisse* (1930); *Vom Teufel geholt* (1930)
Lit.: (Auswahl) W. Leisching: *E.O.* (Graphische Kunst 1902); Hans W. Singer: *E.O.* (Meister der Zeichnung, Bd. 7, 1914); Max Osborn: *E.O.* (Graphiker der Gegenwart, Bd. 2, 1929); *Bärenspiegel* (1984), S. 122, 206; J. Schebera: *Damals im romanischen Café...* (1988), S. 30, 33, 40, 41, 45, 53, 70; Ausst.-Kat.: *E.O.* Duisburg (1970)

**Orlowski**, Aleksander Ossipowitsch
* 09.03.1777 Warschau
† 13.03.1832 Petersburg

Polnisch-russischer Maler, Graphiker, Schüler von J.P. Norblin
1801 Übersiedlung nach Petersburg, tätig für den Zarenhof in Petersburg. 1809 Mitglied der Kunstakademie in Petersburg. A.O.O. malte Bilder aus dem polnisch-russischen Leben, Soldatenbilder, Genreszenen, auch Karikaturen. Er ist mit Werken vertreten im Nationalmuseum Warschau, im Russischen Museum, Leningrad, in der Tretjakow-Galerie Moskau und in der Nationalgalerie Berlin (West): Modekarikaturen.
Lit.: *Der große Brockhaus* (1932), Bd. 13, S. 745; W. Tatarkiewicz: *A.O.* (1926); G. Hermann: *Die deutsche Karikatur im 19. Jahrhundert* (1901), S. 28; G. Piltz: *Geschichte der europäischen Karikatur* (1976), S. 157

**Ortmann**, Theo
* 26.01.1902 Bielefeld
† 02.03.1941 Amsterdam

Goldschmied, Zeichner, Graphiker
Studium an der Kunstgewerbeschule Bielefeld, bei Max Wrba, und an der Akademie München (1920-21). Wegen des Todes des Vaters Abbruch des Studiums, Goldschmiedelehre. Ausbildung: bei Hermann Ehrenelchner in Dresden und Elisabeth Treskow in Essen, danach selbständiger Goldschmied in Hagen. Nebenher illustrierte T.O. Erzählungen zeitgenössischer Literaten. Vor allem interessierten ihn Menschentypen, er sah sie zeitkritisch, auch politische „braune" Spießer, jedoch ohne Aggressivität, nur als Registrierung gesehener Eindrücke. Seine Satire ist distanziert, nicht direkt. – 1932 Übersiedlung nach Amsterdam.
Ausst.: Folkwang-Museum Hagen (1932), weitere Präsentationen in Amsterdam, Den Haag, Rotterdam und in der Bielefelder Kunsthalle (1979). – Sein Gesamtwerk umfaßt 224 Katalognummern
Lit.: Presse: *Braunschweiger Zeitung* (v. 14.8.1979); Ausst.-Kat.: *T.O.* Kunsthalle Bielefeld (1979)

**Ortner**, Heinz
*     1953 Villach/Kärnten/Österreich

Karikaturist, Graphiker/Afritz
Studium: Hochschule für Angewandte Kunst, Wien (1972)
Elektriker 1968-1972. Veröffentlichungen in Österreich in *Österreichische Presse, Die Brücke, Extrablatt, Kleine Zeitung, Magazin, Ster, Wiener Zeitung, Watzmann*. Themen: humoristische und satirische Zeichnungen.
Ausst.: In Österreich, in Gabrovo (1979, 1981, 1983 in Bulgarien)
Lit.: H.P. Muster: *Who's who in Satire and Humour*, Bd. 3 (1991), S. 164-165

**Oschatz**, Oskar
\* 21.01.1944 Jena
Graphiker, Illustrator, Kunstwissenschaftler
Lehre als Reprofotograf. – Studium der Kunstwissenschaften in Jena und Berlin, Graphik-Studium an der Kunsthochschule Berlin-Weißensee (1968-70). Seit 1978 Gastdozentur an der Fachschule für Werbung und Gestaltung Berlin DDR.
Veröffentlichungen in der DDR-Presse, und zwar karikierende Szenen aus dem Alltag Berlins, der DDR und anderen Ländern.
Lit.: *Bärenspiegel* (1984), S. 206

**Oskar** (Ps.)
\* 24.02.1922 Berlin
Bürgerl. Name: Hans Bierbrauer
Maler, Zeichner, Karikaturist
Nach einer dreieinhalbjährigen Lehre als Lithograph Studium an der Akademie der bildenden Künste, Berlin. – 1941 bis Dez. 1945 Soldat, amerikanische Gefangenschaft, dabei Schnellzeichner bei einer Varieté-Gruppe. Seit 1948 erscheinen fast täglich aktuelle oder politische Karikaturen im *Berliner Anzeiger*, ab 1951 in der *Berliner Morgenpost*. 1952 zeichnete Oskar für das Berliner Polizei-Präsidium nach Zeugenaussagen ein Phantom-Porträt mit solcher Ähnlichkeit, daß der Täter gefaßt werden konnte. Daraufhin meldete sich das Berliner Fernsehen (SFB Berlin, Abendschau), wo Oskar vor der Kamera den Fall rekonstruierte. Danach zeichnete er wöchentlich 15 Jahre lang für das Fernsehen. Seine Sendungen waren: „Sticheleien – Sticheleien", „Unterm Strich" und „Oskars Drehbühne". Auch beim „Blauen Bock" wirkte er als Schnellzeichner mit. Seit den sechziger Jahren dann in der Quizsendung von Hans Rosenthal „Gut gefragt ist halb gewonnen" und Anfang der siebziger Jahre in „Dalli-Dalli". Außerdem zeichnete er Werbe-Karikaturen. – Ehrung mit dem Bundesverdienstkreuz (1981).
Einzel-Ausst.: in Berlin (Lithographien, Karikaturen, Aquarelle, Gemälde): Neckermann Europa-Center (1969), Hilton Hotel (1974), möbel-jan (1975), Hotel Kempenski (1977, 79), Hotel Ambassador (1978), Deutsche Bank (1978), Galerie Dahlem (1980)

Kollektiv-Ausst. u.a. in: Montreal (3 Preise), Bordighera, Berlin (Cartoon 77) (Sonderpreis)
Lit.: *Turnen in der Karikatur* (1968); *Wolkenkalender* (1956); *Who's Who in Germany* (1982/82), S. 141

**Osswald**, Eugen
\* 27.01.1879 Stuttgart
† 1960
Maler, Zeichner, Illustrator
Mitarbeiter der *Jugend*. E.O. zeichnet humoristisch-satirische Sujets und Märchen-Illustrationen unter Betonung des Landschaftlichen
Lit.: Ausst.-Kat.: *Künstler zu Märchen der Brüder Grimm*, S. 8

**Österreich**, Matthias
\* 1716 Hamburg
† 1778 Berlin
Maler, Radierer, Kunstschriftsteller
Direktor der Gemäldegalerie Dresden, danach Direktor der Galerie in Sanssouci. M.Ö. ist bekannt durch seine Gesellschaftsstudien sowie Nachstiche der Karikaturen des Italieners Pierleone Ghezzi (1674-1755).
Publ.: Album mit 24 Ghezzi-Karikaturen (1750, in Nachstichen von M. Österreich)
Lit.: W. Spemanns Kunstlexikon (1905), S. 697; Ausst.-Kat.: *Bild als Waffe* (1984), S. 67, 460

**Ostwald**, Michael
\* 10.08.1926 Berlin
Graphiker, Karikaturist, Maler
Studium an der Hochschule für bildende Künste Berlin/West (1945-51). M.O.s Zeichnungen sind sozial- und gesellschaftskritisch. 1961-65 Lehrer an Privatschulen, malender Taxifahrer, Radikaldemokrat, 1966 Bauhilfsarbeiter beim Wiederaufbau des Reichstags (350 Zeichnungen, gezeigt in der Ausstellung: „Hurra, wir bauen einen Reichstag"). 1968/69 zeichnete M.O. das Hungerbild: „Der leidende Mensch" (Riesenbild gegen Not und Hunger, 75 m lang, 13 m breit, 123 Zentner schwer). Das Werk hing nur kurze Zeit. Wegen Sturmschäden mußte es wieder entfernt werden. O. setzte sich als Maler mit „Ein Mann-Bürger-Initiative" für Schwache und behinderte Kinder ein. Für seine Taxifahrer-Kollegen zeichnete er den Aufkleber „Auto-Emil" (ein fünfblättriges blaues Kleeblatt, daß einen durch einen betrunkenen Autofahrer verletzten Jungen zeigt). Weitere Werke: Ein Wandgemälde zur Stadt und zum Begriff Berlin für den Aufenthaltsraum des Technischen Hilfswerks, ein 4x3 m-Wandbild „Wir halten zusammen" für das Spastiker-Zentrum. 1983 entwarf er 10 „Taxi-Teller" (Motive aus 200 Jahren Berliner Taxi-Geschichte) für die Staatliche Porzellan-Manufaktur.

Einzel-Ausst.: in Berlin: „Hurra, wir bauen einen Reichstag", Rathaus Neukölln (1967), „Ich bin jejen allet", Galerie Jule Hammer, Europa-Center (1971) (sowie weitere Ausstellungen in Deutschland, Frankreich, Österreich und der Schweiz)
Ausz.: „Lothar-Dauner-Nadel" (vom Bund gegen Alkohol im Straßenverkehr)
Publ.: *Dichterbesuche* (36 deutschsprachige Dichterporträts); *Der Kuhdamm ist keen Muhdamm; Körpberbehinderte Kinder sind eklig; Hallo, hallo Taxi!; Ich bin jejen allet*

## Oswin (Ps.)
* 09.08.1921 Berlin
† 23.04.1985 Berlin-West

Bürgerl. Name: Oswald Meichsner
Graphiker, Karikaturist (Oswin-Merkmal: Sicherheitsnadel), Autodidakt
1940-45 Freiwilliger bei der Luftwaffe, zuletzt Pilot-Oberleutnant. – Ab Aug. 1945 Markthelfer, später Marktspediteur (1953-69). Ab 1948 Mitarbeit, u.a. bei *Der Insulaner, Colloquium* (1952-55), *Revue, BZ, Der Abend, Welt am Sonntag*. Ab 1948 erste Graphiken für das „Kudamm-Leporello" (erste Fassung), veröffentlicht 1949 als „Ku-damm anno 1949" (Originallänge 27 m, als Falzdruck 3,15 m.). 1957 Beteiligung an der Interbau-Ausstellung Berlin, erste graphische Aufträge. 1971 zeichnet Oswin für die Internationale Funkausstellung Berlin 52 großformatige Karikaturen (je 2 x 60 m). Diese wurden in Postkartengröße für den ARD-Kalender verwendet. O.s. Zeichnungen sind viel-figurig, skurril, grotesk. 1978 entstand eine neue Ausgabe des „Kurfürstendamms" (72 m, Drucklänge, 3,50 m). Weitere Graphiken: Monumentales Stadtpanorama von der Aussichtsplattform des Funkturms aus 126 m Höhe (7,76 m im Quadrat) Internationale Funkausstellung (1983), München vom Karlstor bis zum Marienplatz (auf 22 m gezeichnet). Mehr als 1000 Zeichnungen für 40 Sendungen des Kinder-Quiz' „Eins, zwei, oder drei" mit Michael Schanze, die Titelgraphik zu: „Wir machen Musik" und „Alltag mit Musik" (SFB), Zeichnungen zu 20 „Sandmännchen-Folgen" sowie 2 Zeichentrickfilme. – Buchillustrationen zu: A. Polgar: *Fremde Stadt, Parkinson-Gesetz, Die Staatsaffäre*, R. Neubmann, *Cederic: Kein Heldenleben*. Oswin wirkte als Fernsehdarsteller mit in: „Die Rappelkiste", „Pauls Party", „Die Sendung mit Paul" (bei Paul Kuhn) und war Hauptdarsteller im Film: „Kennen Sie Georg Linke?" (ARD 27.6.1979)
Einzel-Ausst.: (Berlin) Galerie Bremer (1954), Galerie an der Gedächtniskirche (1962-63) (Schimmelpfeng-Haus)
Publ.: *HOMO POST SAPIENS* (Karikaturen aus der Studenten-Zeitschrift: *Colloqium*)
Lit.: *Der Insulaner* (Nr. 4/1948: Profil von hinten)

## Otrey, Alexander
* 1877 Wien

Österreichischer Maler, Zeichner
Mitarbeiter der *Meggendorfer Blätter* (1898-1901), vertreten mit humoristische Zeichnungen
Lit.: Ausst.-Kat.: *Meggendorfer Blätter/Fliegende Blätter 1889-1944* (Galerie Karl & Faber, München 1988)

## Otto, Lothar
* 1932 Chemnitz

Karikaturist, Graphiker, Trickfilmzeichner/Leipzig
Ausbildung als technischer Zeichner (1952-55). Danach Studium an der Hochschule für Graphik und Buchgestaltung Leipzig (Abschluß Diplom). Ab 1960 freiberuflicher Graphiker, Trickfilmzeichner.
L.O. arbeitet für *NBI, Leipziger Volkszeitung, Eulenspiegel, Dikobraz*/Prag u.a. Er zeichnet Cartoons ohne Worte, humoristische Karikaturen, ganzseitige Themen-Seiten, Titelblätter, auch aktuelle Tages-Karikaturen, Illustrationen für Kinderbücher. Ihm ist ein dünner, moderner Zeichenstil eigen, z.T. komisch-skurril.
Einzel-Ausst.: Leipzig, Frenstát/CSSR, Kollektiv-Ausst., z.T. Preise: Recklinghausen (1972), Gabrovo/Bulgarien (1973, 1975, 1977, 1981, 1983), Ankara (1979), Knokke (1980), Ancona (1979, 1981, 1985), Pescara (1982) und Greiz/DDR („Satiricum" '78, '80, '82, '84, '86, '88, '90)
Publ.: (u.a.) *Kindereien; Popogei und Telefant*
Lit.: *Resümee – ein Almanach der Karikatur* (3/1972); H.P. Muster: *Who's Who in Satire and Humour* (1989), S. 144-45; Ausst.-Kat.: *Satiricum '78, '80, '82, '84, '86, '88, '90*

## Oziouls, Henri
* 1929 Clerval/Dép. Coubs

Französischer Karikaturist, Illustrator, Werbegraphiker
Kunst-Studium/Stipendiat als Keramiker. – H.O. zeichnet humoristische Karikaturen mit erotischem Flair, „schicke Mädchen".
Veröffentlichungen: in Frankreich in *France-Soire, Le journal du Dimanche, France-Dimanche, Le Hérisson, Ici Paris, Lecture pour tous, Paris-Flirt, Le Rire, La Parisienne*, u.a. Im Agenturvertrieb erscheinen seine Karikaturen auch in den USA, in *Picture Post, Playboy* u.a., in Italien in *Epoca, Il Tempo* u.a., in Deutschland in *Neue Revue, Bastei-Rätsel* u.a. – Erwähnenswert sind die Buchillustrationen zur französischen Literatur, u.a. zu Molière, Voltaire, Mirabeau, Maupassant.
Ausst. in: Frankreich, Belgien, Italien und Deutschland
Ausz.: Silbermedaille Stadt Paris, Medaille Stadt Nantes, Ordre du Crayon Géant, St.-Just-le-Martel
Lit.: H.P. Muster: *Who's Who in Satire and Humour* (1) 1989, S. 146-147

# P

**Pallux** (Ps.) → **Cosper** (Ps.)

**Pampel**, Hermann
* 1867 Mahlsdorf bei Greiz
Maler, Zeichner
Studium an der Akademie München, bei W.v. Diez. – H.P. arbeitete um 1900 an der *Jugend* mit (lieferte kleine Beiträge).
Lit.: L. Hollweck: *Karikaturen*, S. 150

**Pankok**, Otto
* 06.06.1893 Saarn/bei Mülheim (Ruhr)
† 20.10.1966 Drevenack/bei Wesel
Maler, Graphiker, Plastiker
Kurze Studien an der Akademie Düsseldorf (6 Wochen), an der Kunstschule Weimar, bei Mackensen, später bei Egger-Lienz (7 Monate), sowie bei freien Akademien in Paris. O.P. war gesellschafts-, sozialkritisch und politisch engagiert. Sein Leben und Werk waren eine Einheit. Seine Themen: die Deklassierten, Verfolgten und Ausgebeuteten, die Minderheiten: Zigeuner, Juden, Bettler, aber auch die arbeitenden Menschen: Bauern, Fischer. – 1914 Kriegsdienst, 1915 schwer verwundet, 1916 in Lazaretten/Sanatorien, 1917 aus dem Heer entlassen. – Ab 1931-34 zeichnet O.P. in der Arbeitslosen- und Zigeunersiedlung Heinefeld bei Düsseldorf. Nach 1933 entsteht ein Zyklus von 60 kritisch-satirischen Kohlezeichnungen „Die Passion", wo er im Leidensweg Christi den NS-Terror sichtbar werden läßt. Die Ausstellung löst eine NS-Kampagne aus. Die Buchveröffentlichung (1936) wird sofort beschlagnahmt. Hausdurchsuchungen, Polizeiaufsicht. Arbeitsverbot, diffamiert als „entartet". In der Ausstellung „Entartete Kunst", 1937 wurden die Kohlegemälde „liquidiert". Beginn einer Serie, die das Schicksal der Juden zum Thema hat: „Ghetto" (1939), „Die Synagoge" (1940), „Die Erschießung" (1940), Arbeiten am „Juden-Mahnmal" (1940-49). O.P. versteckte seine Bilder bei einem befreundeten Künstler in Wamel bei Soest.

– 1947-58 Professor an der Akademie Düsseldorf. 1950 entwirft O.P. den Holzschnitt „Christus zerbricht das Gewehr" und übersendet ihn an Papst Pius XII., der mit „Apostolischem Segen" dafür dankt. Das Blatt wurde in Reproduktionen durch die Friedensbewegung verbreitet und zum „Spiegel"-Cover (Nr. 25/1982). Seit 1958 bewohnte O.P. das Haus Esselt, bei Dravenack. Es ist heute O.P.-Museum. – Hauptwerke: Stern und Blume (1930), Künstler-Bildnisse (1933-50), Jüdisches Schicksal (1947).
Publ.: *Aprilpredigt – ein künstlerisches Selbstbekenntnis* (in: *Junges Rheinland*, Nr. 7/1922)
Lit.: (Auswahl) R. Zimmermann: *O.P. – das Werk des Malers, Holzschneiders und Bildhauers* (1964; O.P. *Die Passion* (Einf. R. Zimmermann 1970); Ausst.-Kat.: *Revolution und Realismus*, Nationalgalerie Berlin DDR (1978/79); *Widerstand statt Anpassung* (1982), S. 273

**Pansch**, Dietrich
* 1934 Berlin
Graphiker, Karikaturist in der DDR
Aufgeführt im Eulenspiegelbuch: *Resümee – ein Almanach der Karikatur* (3/1972)

**Papan** (Ps.)
* 22.01.1943 Hamburg
Bürgerl. Name: Manfred von Papen
(Neffe des ehemaligen Reichskanzlers Franz v. Papen)
Karikaturist/Cartoonist, München, seit 01.10.1985 in Köln
Ausbildung: Buchhändler-Lehre. 7 Jahre Requisiteur bei der „Schaubühne" Berlin/West, erste Karikaturen ab 1968. Seine Arbeiten erschienen in *Die Zeit, Süddeutsche Zeitung* u.a. Seit 1972 Mitarbeiter beim *stern* (wöchentliche Seite „Dingsbums – der undressierte Mann"). Papan zeichnet Cartoons (meist) ohne Worte – Komik der Doppeldeutigkeit, über den Doppelsinn der Sprache, zeitkritische Karikaturen, Collagen. Nebenher: handliche

Gießharzobjekte (durchsichtige Spielereien mit Kleinlebewesen wie Libellen, Flöhen etc.), Ausstellungen darüber in der Schwabinger Galerie, München und der Galerie Jule Hammer, Berlin/West (1975).
Kollektiv-Ausst.: Weltausstellung der Karikatur „Cartoon 77",Berlin/West – 10. Preis
Publ.: *Andy und das Monster* (Kinderbuch 1973); *Der undressierte Mann, Hinz und Kunz* (1979), *Heitere Teestunde, Papan's Panoptikum* (1979), *Bröselmann, Miezhaus, Das kann doch nicht wahr sein, Veränderliches* (1982), *Alles weitere mündlich* (Postkartenbuch 1984), *Ein bißchen plötzlich* (1985)
Lit.: *Beamticon* (1984), S. 101; *Die Stadt – Deutsche Karikaturen 1887-1985* (1985); *Das große Buch des Lachens* (1987); *70 mal die volle Wahrheit* (1987); H.P. Muster: *Who's Who in Satire and Humour* (1989), S. 198-199; Ausst.-Kat.: *Finden Sie das etwa komisch?*, Wilh.-Busch-Museum (1986), S. 73


**Papen**, Manfred von → **Papan** (Ps.)


**Paprotka**, Horst-Dieter
* 14.07.1928 Berlin
Pressezeichner, Karikaturist, Signum: „Pap"
Mitarbeit bei *Der Insulaner*, vertreten mit humoristisch-satirischen, aktuellen Karikaturen.
Lit.: *Der Insulaner* (Nr. 6/1948)


**Parasoglou**, Theodoras
* 1952 Piräus/Griechenland
Pseudonym: Akis
Karikaturist
Ab 1973 satirische Cartoons, von 1975-1977 in München, ab 1979 politischer Karikaturist der griechischen Zeitung *Risospastis*.
Veröffentlichungen in Griechenland in *Charawyi, Epikera, Labyrinth, Odigitis, Politistiki, Pondiki, Isospastis, Telerama, Yati*; in der Sowjetunion in *Komsomolskaja, Prawda*; in Deutschland in *Elan, Freundin, Sport*. Außerdem Bühnenbildner, Schauspieler, Sänger.
Ausst.: München (1972), Ulm (1977), Piräus (1979, 1981, 1984), Insel Hydra (1982), Erlangen (1984, Comics gegen den Krieg)
Ausz.: Keratsini/Piräus (1981) Auszeichnungsplakette, Schriftstellerverband Athen (für bestes Kinderbuch, 1983)
Publ.: *Pantheon* (1976), *Anakata* (1983), *Akis Akistika* (1984), Illustrationen zu Kinderbüchern, Kinderkalendern
Lit.: H.P. Muster: *Who's who in Satire and Humour* (Bd. 1/1989), S. 150-151


**Parschau**, Harri
* 15.12.1923 Berlin
Karikaturist, Zeichner
Lehre als Flugzeugbauer (1939-41), nebenher Zeichenkurse an der Volkshochschule. Studium an der Pressezeichnerschule Skid in Berlin-Halsensee. – H.P. begann als Karikaturist bei *Der Insulaner* (nach 1945) – Für die DDR-Presse zeichnete er ab 1950. Veröffentlichungen in *Der Sonntag, Neue Berliner Illustrierte, Zeit im Bild, Frischer Wind, Eulenspiegel* u.a. Er zeichnet zeitkritisch, politisch, humoristisch, ist vertreten mit Vignetten. Kinderbuch-Illustrator.
Ausst.: „Satiricum '80" (1. Biennale der Karikatur in der DDR, Greiz, 1980)
Publ.: *ZACHA RIAS* (politisch-satirische Karikaturen gegen RIAS-Hörer der DDR)
Lit.: *Resümee – ein Almanach der Karikatur* (3/1972); *Windstärke 12 – Eine Auswahl neuer deutscher Karikaturen* (1953); *Bärenspiegel* (1984), S. 206; Presse: *Der Insulaner* (Nr. 5/1948)


**Parschau**, Jörg
* 1946 Berlin
Karikaturist, Zeichner/Berlin
Kollektiv-Ausst.: „Satiricum '80 (1. Biennale der Karikatur in der DDR, Greiz, 1980: „Saisonbeginn", „Satiricum '78", „Satiricum '82", „Satiricum '84", „Satiricum '86"
Lit.: Ausst.-Kat.: *Satiricum '80*, S. 25; *Satiricum '78*; *Satiricum '82*; *Satiricum '84*, *Satiricum '86*


**Partsch**, Virgil Franklin → **VIP** (Ps.)


**Partykiewicz**, Josef
* 1914 Lemberg (Lwow)
Maler, Graphiker, Karikaturist, Signum: „Party"
(aus polnisch-ungarisch-österreichischer K.u.K.-Familie, seit 1940 in Deutschland)
Studium: Jura (in Lemberg und Wien), daneben Graphik und Malerei. – Mitarbeit u.a. bei *Rheinischer Merkur, Kölnische Rundschau, Die Welt, stern, Schwäbische Zeitung, Badische Zeitung, Hörzu, medizin heute, Rheinische Zeitung, trend, Rieter-Revue international* (Fachartikel). Er ist vertreten mit politischen, aktuelle-satirischen Karikaturen, Porträt- und Werbe-Karikaturen-Folgen, z.B. „Mediatoren", „Bosse im Bild" und „Televisagen".
Ausst.: u.a. London (ab 1958), Montreal (ab 1967 alljährlich), Bonn (1975, 1976, 1981, 1984), „Cartoon 75" Berlin/West, und in Japan, Frankreich, Spanien, Australien und den USA
Publ.: (u.a.) *Das Amerika-Buch* (1951); *Das Europa-Buch* (1953); *Zeitgeschichte der Karikatur* (1955); *De Gaulles* (1967); *Bonn Zoo* (1967); *Parlamentarisches Schimpfbuch* (1980); *Bonn Circus* (1981). Mitgearbeitet

hat er auch bei: *Konrad, sprach die Frau Mama* (1955); *Ollenhauer in der Karikatur* (1957); *Konrad, bleibst du jetzt zu Hause?* (1963); *Mit vier Brillen gesehen* (1965); *Der schwarze Riese* (1967)
Lit.: (u.a.) H.P. Muster: *Who's Who in Satire and Humour* (1) 1989, S. 156; Presse: *stern* (Nr. 22/1974); *Die Welt* (Nr. 305/1977); *Hörzu* (Nr. 43/1977); *Der Spiegel* (Nr. 10/1986)

**Pascal**, David
\* 16.08.1918 New York (City)
USA-Cartoonist, Werbegraphiker, Maler
Studium an der American Artist School New York (1936-38). D.P. ist bekannt geworden durch seine humoristischen und satirischen Karikaturen und seine Werbegraphik (mit Einsatz von humoristischen Elementen). Er arbeitet für die amerikanische und kanadische Presse ab 1946. 1947-59 ist er Lehrer für journalistische Graphik (School of Visual Arts, New York). Vorwiegend Veröffentlichungen in *The New Yorker* u.a. führenden USA-Publikationen, auch im Ausland: in *Paris Match, Pilote, Le Rive, McCall's* sowie in Australien und Japan. In Deutschland bringen *stern* und *Epoca* seine Karikaturen. – D.P. organisierte 1972 den ersten „American International Comic Congress" in New York (Patronat: National Cartoonist Society of USA).
Ausst.: Paris (1965, 1967), New York (1973, 1977), Rio de Janeiro (1973), São Paulo (1973), S.P.H. Avignon (1975), Montreal (1977), Angoulême (1983)
Ausz.: „Die goldene Palme", Bordighera (1963), „Illustrator's Award" (National Cartoonists Society New York 1969, 1977), „Phenix Award" Paris (1971)
Publ.: (Auswahl) *Comics, the Art of the Comic Strip* (1972)
Lit.: Ausst.-Kat.: H.P. Muster: *Who's Who in Satire and Humour* (1989), S. 158/159; Ausst.-Kat.: *S.P.H. Avignon* (Societé Protectrice de l'Humour) 1975; *Festival der Cartoonisten* (1976), S. 93

**Pascin**, Jules (Ps.)
\* 31.03.1885 Vidin (Bulgarien, damals türk. Provinz)
† 02.06.1930 Paris (Freitod)
Bürgerl. Name: Jules Mordecai Pincas (Sephardim-Abkunft)
Maler, Zeichner, Karikaturist
Pascin besuchte Zeichenkurse der Akademie Wien und arbeitete im Atelier Moritz Heymann, München. 1905 wird er Mitarbeiter des *Simplicissimus* (März 1905-13 und 1920-29), Mitarbeiter der *Lustigen Blätter* (vermittelt durch den griechischen Zeichner Demetrius Galinis), von *Auster* und den Pariser Zeitschriften *Rire* und *L'Assiette aubeurre*. Seine Themen sind: Sex, Bordelle, Mädchenhandel, Dirnen, morbide und wüste Gesellschaften, schwärzester Humor, grotesk und zynisch. J.P.s Leben verläuft unstet, unseßhaft. Boheme-Leben in Schwabing,

in Paris im Kreis der Künstler vom Café Dôme, Montparnasse, Montmartre. Trotz vieler Auslandsreisen lebt er vorwiegend in Paris. Ab 1908 als Maler tätig; er malt bevorzugt Frauenakte. Er ist auf internationalen Ausstellungen in Paris, Berlin, Köln, Brüssel, London, USA und Düsseldorf vertreten. Während des Ersten Weltkrieges weilt er in den USA. Er erhielt die amerikanische Staatsbürgerschaft am 30. September 1920. Er ist Buchillustrator für elf französische Autoren und dreizehn ihrer Bücher. Zwischen 1930 und 1983 verschiedene Retrospektiven in Paris.
Publ.: *Ein Sommer, Skizzenbuch v.P.* (1930); *J.P.s Caribben Sketchbook* (1960)
Lit.: (Auswahl) L. Hollweck: *Karikaturen*, S. 150, 159, 174, 196, 214; *Der freche Zeichenstift* (Hrsg. v. H. Sandberg), S. 43; I. Goll: *J.P.* (1928); G. Diehl: *P.* (o.J.); *Simplicissimus 1896-1914*, S. 148, 150, 158, 176, 177, 405; Ausst.-Kat.: *Simplicissimus – Eine satirische Zeitschrift 1896-1944*, S. 469; *Das große Lexikon der Graphik* (Westermann, 1984) S. 352

**Pasteur** (Ps.)
\*      1930 Berlin
Bürgerl. Name: Günther Schäfer
Freiberuflicher Cartoonist seit 1960/Neuwied am Rhein
Veröffentlichungen in: *Nebelspalter, Hörzu, Die Zeit, Welt am Sonntag, Pardon* und von Humor-Anthologien (Sammelbände). Er zeichnet komisch-satirische Karikaturen, hintergründig-skurrile Graphik und Werbegraphik, u.a. die Cartoon-Folge *Pasteur's Abnormitäten*. – Beteiligung an verschiedenen Kollektiv-Ausstellungen.
Publ.: Zwei Cartoon-Bücher
Lit.: Presse: *Schöne Welt* (Sept. 1973)

**Paul** (Ps.)
\*      1935 Lorraine
Bürgerl. Name: Paul Reb
Französischer Karikaturist, zeichnet seit dem 17. Lebensjahr/Nancy. Verlor im Alter von 10 Jahren bei einem Eisenbahnunfall beide Beine.
Veröffentlichungen in der französischen Presse sowie in *Scala*, in Deutschland u.a. in *stern* und *Bunte Illustrierte*. Es sind humoristische Karikaturen menschlicher Schwächen und Gefälligkeiten, speziell zum Thema „Sex".

**Paul**, Bruno
\* 14.01.1874 Seifhennersdorf/Oberlausitz
† 17.08.1966 Berlin-West
Baumeister, Kunstgewerbler, Karikaturist
Studium an der Kunstgewerbeschule und der Akademie Dresden (1886-1894) sowie an der Akademie München bei Paul Höcker und Wilhelm v. Diez (1894-97). – B.P. begann mit Karikaturen für den *Süddeutschen Postillon*

(1894 unter Decknamen), für *Jugend* (Illustr. 1896), Kneip-Zeitung *Unterwelt* (1896), *Die Insel* (1900), *Die Auster* (1903) und für *Sozialistische Monatshefte* (Umschlagzeichnungen und Beilage „Sozialistischer Student"). B.P. zeichnete als Hauptmitarbeiter des *Simplicissimus* zwischen 1897 und 1906 insgesamt 497 Blätter, die ihn populär machten. Seine Themen: zeit- und gesellschaftskritische, satirische Sujets, in monumentalen Flächenstil, flächig-plakativ. Sein Stil wird für den *Simplicissimus* bestimmend. Dabei steigert er seine Aussage zu einer überzeichneten Monumentalität. Trotz der Grotesk-Komik konnte B.P. die Genauigkeit in Physiognomie und Habitus charakteristisch festhalten. – 1900 zeichnete B.P. 30 Porträt-Karikaturen zu Martin Möbius (Otto Julius Bierbaum) „Steckbriefe, erlassen hinter dreißig literarischen Übelthätern gemeingefährlicher Natur") u.a. F. Wedekind, Max Halbe, O.E. Hartleben, G. Hauptmann, M.G. Conrad). 1907 wurde B.P. Direktor der Unterrichtsanstalt des Gewerbemuseums in Berlin. Nach seiner Berufung erschienen nur noch 5 Zeichnungen von ihm unter dem Decknamen Ernst Kellermann. 1924 wurde er Direktor der Vereinigten Staatsschulen für freie und angewandte Kunst, vereinigt mit der Hochschule für Bildende Künste und der Staatlichen Gewerbeschule. 1934 legte er sein Amt nieder, 1937 scheidet er freiwillig aus der Preußischen Akademie aus. – Die Bundesrepublik ehrte ihn später mit dem Großen Bundesverdienstkreuz. B.P. hat als Architekt vor allem Geschäftshäuser, Stadtwohnungen und vornehme Landhäuser gebaut. Er war der Lehrer von L. Mies van der Rohe.
Lit.: (Auswahl) J. Popp: *B.P.* (1916); *B.P. oder die Wucht des Komischen* mit Einführung v. F. Ahlers-Hestermann (1960); L. Lang: *B.P.* (1974); L. Hollweck: *Karikaturen*, S. 13, 22, 57, 79, 138, 139, 168, 170, 172, 174, 187-89, 205, 208; E. Fuchs: *Die Karikatur der europäischen Völker* II, S. 404, 408, 421-23, 450, 481; *Simplicissimus 1896-1914*, S. 35, 38, 41, 48, 64, 72, 73, 77, 86, 92, 94, 96, 108, 111, 123, 124, 133, 135, 161, 163; *Das große Lexikon der Graphik* (Westermann, 1984) S. 352

**Paulmichel**, Erich
* 1955 Crailsheim
Freiberuflicher Graphiker, Pressezeichner, Cartoonist/ Augsburg
Studium an der Fachschule für Graphik-Design, Augsburg. Veröffentlichungen in *Augsburger Allgemeine, Gut Speisen und Reisen, petra, ZIK, Bunte* u.a. – E.P. zeichnet humoristische Cartoons, mit und ohne Worte sowie Illustrationen, seit 1977 hat er ein eigenes Studio in Augsburg.
Ausst.: Beteiligung am Wettbewerb der Informationszentrale der Elektrizitätswirtschaft Bonn. Thema: „Was wäre, wenn der Strom nicht wäre?" (9. Preis)
Lit.: Presse: *Schöne Welt* (Dez. 1977)

**Pause**, Klaus
* 18.08.1926 Berlin
Freiberuflicher Karikaturist, Pressezeichner. Seit 1979 eigene Werbefirma Siem & Pause/Humorwerbung
Studium an der Meisterschule für Graphik und Buchgewerbe, Berlin. Seit 1949 tätig für die Presse: *NBI (Ost-Berlin)*, danach für *Deutsche Illustrierte, Berliner Morgenpost, Abendzeitung, Quick, ADAC-Motorwelt, Brigitte, Eltern, Bild, Die Welt, Hörzu, Welt am Sonntag, Nebelspalter, Schweizer Illustrierte, Weltbild, Epoca, Rätsel-Revue, stern, bravo, IBZ* und *Bunte Illustrierte*. K.P. zeichnet humoristische Karikaturen, Themen-Seiten, Bild-Montagen und Sportkarikaturen.
Kollektiv-Ausst.: Weltausstellung der Karikatur, Berlin/West (1975-80), „Cartoon 75", „Cartoon 77", „Cartoon 80" – Bordighera – Kontraste II-VII „Vivat Overkill"/München, Wanderausstellung Münchener Karikaturisten in Polen
Publ.: *Herrliche Zeiten* (1961); *Gauner, Gangster und Ganoven* (1962); *Mein Kampf um Bonn* (1966, politische Fotomontagen); *Kanal voll* (1967, politische Fotomontagen)
Lit.: H.P. Muster: *Who's Who in Satire and Humour* ((2) 1990, S. 144-145; Presse: *Schöne Welt* (Sept. 1977)

**Pavlow**, Valerie
* 1952 Bulgarien
Bulgarischer Cartoonist, Graphiker
Studium der Architektur an der Akademie Sofia (ab 1970). – Seit 1978 in der Bundesrepublik. Veröffentlichungen in *pardon, Schöne Welt* u.a. – V.P. zeichnet unpolitische Cartoons ohne Worte, intellektuell, hintersinnig, versponnen, u.a. die Cartoon-Folge *Irrsein ist menschlich*. Er schreibt auch Drehbücher für Kurz- und Kinderfilme.
Kollektiv-Ausst.: in Montreal, São Paulo, Berlin, München, New York, Toronto, Bordighera u.a.
Publ.: *V.P. Asylum – Von der Sehnsucht nach Kommunikation* (1979)
Lit.: Presse: *Schöne Welt* (Aug. 1980)

**Pecht**, Friedrich August
* 02.10.1814 Konstanz
† 24.04.1903 München
Maler, Zeichner, Lithograph, Freskenmaler, Kunstschriftsteller
Nach einer Ausbildung bei Delaroche in Paris 1839-41 begann A.P. als Lithograph und Stecher. Seit 1854 in München. Mitarbeiter der *Düsseldorfer Monatshefte*. A.P. veröffentlichte politische Flugblätter zur deutschen Nationalversammlung in Frankfurt. 1848 zeichnete er „Ätzblätter aus dem Frankfurter Parlament" und die Radierung „Die Frühstückspause" (1848) als sozialisti-

sche Karikatur (Arbeiter gegen Bourgeoisie). Als Maler stammen von ihm große Wandbilder von Staatsmännern und Feldherren (im Maximilianeum, München, 1868-71) und 1869-77 Bilder aus der Stadtgeschichte im Konziliumssaal in Koblenz.
Als Kunstkritiker schrieb er *Deutsche Künstler des 19. Jahrhunderts*, Bd. 1-4, (1877-85), *Geschichte der Münchener Kunst im 19. Jahrhundert* (1888), *Aus meiner Zeit* (Selbstbiographie) 3 Bde. (1894). A.P. war Herausgeber von Prachtwerken (mit Lithographien und eigenem Text), die über Leben und Wirken großer Dichter berichteten: *Schiller-Galerie* (mit A.V. Ramberg 1859), *Goethe-Galerie* (1863), *Lessing-Galerie* (1868), *Shakespeare-Galerie* (mit Makart 1876). Seit 1885 war er Herausgeber der Zeitschrift *Kunst für Alle*.
Lit.: G. Holland: *P. im Biographischen Jahrbuch* (hrsg. v. Bettelheim) Bd. 8/1905; G. Hermann: *Die deutsche Karikatur im 19. Jahrhundert*, S. 52; G. Piltz: *Geschichte der europäischen Karikatur*, S. 163, 166; E. Kalkschmidt: *Deutsche Freiheit und Witz*, S. 47, 141; Ausst.-Kat.: *Kunst der bürgerlichen Revolution von 1830-1848/49*, Abb. 143

**Peichl**, Gustav → **Ironimus** (Ps.)

**Penzoldt**, Ernst → **Fliege**, Fritz (Ps.)

**Pepsch** (Ps.)
\*      1946 Schadendorfberg/b. Graz (Steiermark)
Bürgerl. Name: Josef Gottscheber
Österreichischer Karikaturist – seit 1966 in München, Signum: „Pepsch" (die steierische Form von Josef)
Studium an der Kunstgewerbeschule Graz (Gebrauchsgraphik). Anfangs übte Pepsch verschiedene Berufe aus, u.a. Fahrer, Beleuchter, Kamera-Assistent, seit 1970 selbständig als Karikaturist/Pressezeichner, seit 1974 vorwiegend politischer Karikaturist. – Veröffentlichungen in *Süddeutsche Zeitung, Hannoversche Allgemeine Zeitung, Vorwärts, Kölner Stadt-Anzeiger, Die Rheinpfalz, Die Zeit, Welt am Sonntag, Ötv-Magazin, Bunte, Kieler Nachrichten, Wirtschaftswoche, Zeitmagazin, Der Tagesspiegel, Badische Neueste Nachrichten* u.v.a. Es sind politische, aktuelle, satirische, gesellschaftskritische Karikaturen, Cartoons ohne Worte, Illustrationen und die Comic-Folge *Zeitgenosse Willibald*. Seit 1987 ist Pepsch auch als Maler/Bildhauer tätig. Er schuf die Illustrationen zu *Die Katze Malotte* (1975), *Mit Feuer und Flamme* (1981), *Kopfball* (1982), *Aus dem Leben Hödlmosers* (1982), *Die Schlafräuber* (1976).
Einzel-Ausst.: CCC München (1980), Galerie Zentrum, Wien (1981), Kunstverein Derlinghausen/Bielefeld (1982). Kollektiv-Ausst.: Wilh.-Busch-Museum (1987), 3. Internationale Cartoon-Biennale, Davos (1990)
Ausz.: „Thomas Nast-Preis" (1978), 3. Preis Kontraste, Leverkusen (1978)

Publ.: *P.G.s Traumreisen* (1980), *P.G. Handstreiche* (1981), *Immer schön am Ball bleiben* (1983), *Immer kurz vorm Durchbruch* (1987), *Die Gene schlagen zurück* (1989)
Lit.: (u.a.)H.O. Neubauer: *Im Rückspiegel – Die Automobilgeschichte der Karikaturisten 1886-1986* (1985), S. 239; *Beamticon* (1984), S. 139; *Spitzensport mit spitzer Feder* (1988), S. 16-17; H.P. Muster: *Who's Who in Satire and Humour* (1989), S. 76-77; Ausst.-Kat.: *Gipfeltreffen* (1987), S. 139-146; 3. Internationale Cartoon-Biennale, Davos (1990), S. 22-23

**Peschel**, Rudolf
\*      1931 Trautenau (Trutnov) CSR
Graphiker, Illustrator/Brielang in der Mark
R.P zeichnet Miniaturen zu Büchern, illustriert Geschichten für den *Eulenspiegel*, gelegentlich zeichnet er auch Karikaturen, die im *Eulenspiegel* veröffentlicht werden.
Lit.: *Resümee – ein Almanach der Karikatur* (3/1972)

**Peters**, Curtis Arnoux → **Arno**, Peter (Ps.)

**Peters**, Paul
\*      Feb. 1989 Köln
Pressezeichner, Karikaturist
Mitarbeiter verschiedener Zeitschriften, u.a. von *7-Tage, Neue Post, Das Illustrierte Blatt, Der Bunte Hausfreund, Deutsche Illustrierte, Gute Laune, Lustige Blätter* sowie 20 Jahre lang ständiger Mitarbeiter von *Welt am Sonntag*. Stilistisch war P.P. ein Paul-Simmel-Epigone und in Themen und Texten eine „rheinische Frohnatur".
Publ.: *Wer lacht da?* (Humoristische Zeichnungen)
Lit.: Presse: *Welt am Sonntag* (v. 25.9.1954); *Der Hausfreund für Stadt und Land* (v. 15.2.1958)

**Petersen**, Carl Olaf
\*      19.09.1880 Malmö
† 18.10.1939 Ulrichham/Schweden
Schwedischer Maler, Zeichner, Holzschneider
C.O.R. lebte lange Jahre (1903 bis 1937) in Dachau und erwarb den alten Bauernhof „Die Moosschwaige". Er zeichnete politische, aktuelle und humoristische Karikaturen in bayrischem Lokalkolorit, aber auch Tiere sowie Münchnerisches. – C.O.P. war Mitarbeiter der *Jugend* und des *Simplicissimus* (nach dem Tod von Engl).
Publ.: *Die Moosschwaige* (zus. mit seiner Frau Elli, der Garten- und Kochbuch-Autorin)
Lit.: L. Hollweck: *Karikaturen*, S. 174, 197, 221, 223; G. Piltz: *Geschichte der europäischen Karikatur*, S. 217; H. Dollinger: *Lachen streng verboten*, S. 195; *Simplicissimus 1896-1914*, S. 112, 118, 238, 286, 338, 340, 341; L.J. Reit-

meier: *Dachau – Der Berühmte Malerort*; Presse: *Die Welt* (Nr. 45/1964)

**Petersen**, Wilhelm
\* 1900 Elmshorn

Schleswig-Holsteinischer Maler, Pressezeichner, Professor

Mitarbeiter bei *Hörzu*, für die er regelmäßig in naturalistischer Auffassung zeichnete, im Stil verwandt mit den Zeichnungen von Fritz Koch-Gotha. Bekannt wurde W.P. durch die Redaktionsfigur „Mecki", die er ab Nr. 4/1958 für *Hörzu* zeichnete. Vorlage war der Puppenfilm der Gebr. Diehl „Wettlauf zwischen Hase und Swinegel" (1937). W.P.zeichnete 10 Jahre lang wöchentlich ganzseitige Bilderfolgen der „Mecki"-Abenteuer, die auch in Bildbänden (Bd. 2-13, Bd. 1 zeichnete Reinhold Escher) und Schallplatten publiziert wurden. Für die Werbung hat W.P. „die schönsten Kinderlieder" gezeichnet. – Als Maler hat er folkloristische Themen behandelt, die die Liebe zur Heimat zeigen.

Lit.: Eckart Sackmann: *Mecki-Maskottchen und Mythos*; Ausst.-Kat.: Kulturamt Erlangen 1984; Presse: *Westermann Monatshefte* (1939); *Der Spiegel* (3/1968); *Hörzu* (15/1980)

**Petit** Pierre (Ps.) → Steinlen, Théophile Alexander

**Pettenkofer**, August Xaver Karl Ritter von
\* 10.05.1822
† 21.03.1889 Wien

Maler, Zeichner (geadelt 1874)

Studium an der Akademie Wien, bei Kupelwieser. – v.P. begann als Lithograph und Karikaturist mit Themen aus dem Wien-Österreichischen und von österreichischen Kriegsbegebenheiten im Stil der Pariser *Charivari*. Als Maler war v.P. die französische Malerei Vorbild, besonders die Malergruppe von Barbizon. Seit etwa 1853 hat er in farbenreicher Freilichtmalerei ungarische Landschaften und Dorfszenen gemalt.

Lit.: A. Weixlgärtner:*A.v.P.* (2 Bde. 1916); E. Fuchs: *Die Karikatur der europäischen Völker* II, S. 47, Abb. 47; G. Piltz: *Geschichte der europäischen Karikatur*, S. 116

**Peynet**, Raymond
\* 16.11.1908 Paris

Französischer Karikaturist, Illustrator/Paris und Antibes Studium an der Ecole d'arte appliques. – Seine erste Zeichnung veröffentlichte R.P. im englischsprachigen *The Boulvardier* Paris. Ab 1936 zeichnet er für *Le Rive, Journal, Ici Paris, France-Dimanche, Les lettres Françaises*. Er ist Bühnenbildner für Theater, Oper und Ballett. Er zeichnet Werbegraphik und Plakate. R.P. erfand 1946 die Figur des „jeune poete", des kleinen Poeten, danach das unschuldig-kokette Wesen mit Wespentaille und Pferdeschwanzfrisur. Als Pärchen wurden beide die Hauptfiguren in seinen Bildergeschichten.

Publikationen erschienen in Europa, Japan und den USA. Veröffentlichungen in der deutschen Presse brachten u.a. *Frankfurter Illustrierte, Kristall, Quick* und*Star-Revue*.

R.P.s Zeichnungen sind verspielt, graziös, verträumt und drücken Zärtlichkeit aus, sind voller liebenswerter Romantik und Poesie in einer desillusionierten Welt. Paris verlieh ihm den Titel „Champion des Optimismus". – Von ihm stammen die Buchillustrationen zu Werken von: E. Labiche, A. de Musset, A. Daudet, J. Duche, Th. Foussard, E. Triolet, B. Hornoy, C. Silva, Domina, Capanile. Und er arbeitet als Designer für Rosenthal-Porzellan (Figurinen, Geschirr, Vasen). Auch ein Zeichentrickfilm „Die Weltreise der Verliebten" stammt von ihm. Ausgabe von Briefmarken mit Peynet-Motiven durch die französische Post (1985).

Ausst./Ausz.: Prix de la qualité française (1952), Prix international de l'humor (1953), Preis für 3 Zeichnungen für das Ballett in Monte Carlo (1953), Goldmedaille für den Ausstellungspavillon „EXPO" Brüssel (1958), „Die goldene Palme" und andere Preise, „Salone internazionale dell'umorismo" Bordighera, „R.P. Ausstellung" Wilh.-Busch-Museum, Hannover (1962)

Publ.: (in Deutschland) *Verliebte Welt* (1950); *Amor auf Weltreise* (1959); *Aus lauter Liebe* (1958); *Zärtliche Weise* (1959); *Rendez-vous der Liebe* (1959); *Mit den Augen der Liebe* (1966); *Denn ich kann auch dich nicht sein; Bilderbuch für zärtliche Leute; Von Herz zu Herz; Verliebt, verlobt, verheiratet; Reise ins Land der Sehnsucht; Liebesgärtlein*

Lit.: *Who's Who in Graphic Art* (I), S. 353, 874; H.P. Muster: *Who's Who in Satire and Humour*, Bd. 1 (1989); Presse: *Graphis* (Nr. 15/1947, Nr. 41, 1952)

**Peyo** (Ps.)
\* 1926 Belgien

Bürgerl. Name: Pierre Culliford

Belgischer Comic-Zeichner der „Schlümpfe"

Peyo studierte 3 Monate an der Kunstakademie. 1960 erfand er die ersten Schlümpfe als Nebenfiguren in seinem Kinderbuch *Johann und Pfiffikus*. Als selbständige Figuren erschienen sie in den sechziger Jahren in der belgischen Comic-Zeitschrift *Spirou* - („Schroumpfs" bedeutet bei den französischsprechenden Belgiern „Dingsda"). P. entwarf selbst über 160 verschiedene Typen. Bis 1983 gab es 203 verschiedene Schlumpf-Modelle. Die deutsche Lizenzproduktion (in Herlikofen bei Schwäbisch-Gmünd) lieferte zur Zeit des Booms jährlich 26 Millionen Schlümpfe aus Kunststoff. In der Bundesrepublik wurden die Schlümpfe u.a. 1979 in *Neue Revue* veröffentlicht, als Zeichenfilm kamen sie 1978 und 1982 in

die Kinos, ins ZDF (ab April 1983) in einer 26teiligen Wochenserie. 1984 ermittelte die Vereinigung der führenden Programm-Zeitschriften Europas einen Sonderpreis. Im deutschen Fernsehen trat Peyo als „Vader Abraham" mit 40 cm großen Schlümpfen auf. Die Namen der Schlümpfe in weiteren Ländern: (England) „Smurf", (Italien) „Puffi", (Spanien) „Pifufos", (Katalonien) „Barofettis", (Holland) „Smurfen".
Publ.: (Schlümpfe-Alben, Bundesrepublik) *Der Zauberer und die Schlümpfe; Schlumpfissimus, König der Schlümpfe; Blauschlümpfe und Schwarzschlümpfe; Die Schlümpfe und der Krakakas; Hokuspokus Gurgelhals; Rotschlümpfchen und Schlumpfkäppchen; Kein Schlumpf wie die anderen; Der Astronautenschlumpf; Falsche Formeln schlumpfen schlecht; Die Schlumpfsuppe; Die Schlümpfe und die Wettermaschine; Schlumpfine*

**Pfarr**, Bernd
\* 1958 Frankfurt/M.
Cartoonist, Graphiker/Frankfurt/M.
Studium an der Hochschule für Gestaltung, Offenbach (1977-85).
Veröffentlichungen (ab 1978) in *pardon, Titanic, Hörzu, AutoBild, Psychologie heute* u.a. sowie von Cartoon-Folgen *Mark und Bein, Hinz und Kund* und *Helmut Pit*.
Publ.: *Ich liebe dich* (1985); *Dulle – schwer genervt* (1985); *Nächte wie samt* (1987)
Lit.: *Wenn Männer ihre Tage haben* (1987); *70 mal die volle Wahrheit* (1987); Ausst.-Kat.: *3. Internationaler Comic-Salon*, Erlangen (1988)

**Pfeifer**, Hanns
\* 30.04.1913 Berlin
Graphiker, Karikaturist, Pressezeichner
H.P. zeichnete aktuelle, humoristische Karikaturen seit den dreißiger Jahren, er arbeitete bei *Der Insulaner* mit.
Lit.: *Der Insulaner* (Nr. 1/1948)

**Pfeiffer**, Harald
\* 15.08.1952 Freiberg/DDR
Gelegenheits-Cartoonist
Maurerlehre, Flucht in die Bundesrepublik, Umschulung zum Werbegraphiker, 1973-76 tätig als Werbegraphiker, ab 1976 Versuch als freier Musiker. – 1978 Lehrer- und Hochschulstudium (Musik, Arbeitslehre) Oldenburg (während des Studiums Rockmusiker und Cartoonist). Ab 1983 tätig als Rockmusiker, ab 1985 als Lehrer.
Lit.: *Nobody is perfect* (1986), S. 120-133, 143

**Pfeil**, Georg
\* 24.06.1891 Hannover
† 18.01.1915 (gefallen)
Maler, Pressezeichner, Karikaturist

Mitarbeit u.a. bei *Simplicissimus, Fliegende Blätter* und *Jugend*. G.P. war vertreten mit humoristischen, aktuellen, politischen Zeichnungen aus dem Münchener Milieu, Fasching und Wintersport.
Ausst.: „Typisch deusch?" (Nr. 224: „Die Witzblätter zum 55. Geburtstag Wilhelm II.")
Lit.: Ausst.-Kat.: *Typisch deutsch?*, S. 19, 30 (35. Sonderausstellung des Wilh.-Busch-Museum, Hannover)

**Philippe** (Ps.)
\* 1933 Vevey/Genfer See
Bürgerl. Name: Philippe Delessert
Graphiker, Karikaturist
Nach einer Ausbildung zum Goldschmied, Studium an der Kunstgewerbeschule Genf (1950-54). Anschließend war er zwei Jahre Goldschmied in Paris. 1956 eröffnet Philippe eine Werbeagentur in der Schweiz (mit Partner), 1957 läßt er sich endgültig in Paris nieder. Er ist Werbegraphiker, seit 1962 Karikaturen-Zeichner für die deutsche, französische, englische und Schweizer Presse, zwischendurch künstlerischer Direktor bei „Constellation" (1967-70), danach auch Layouter für die Presse.
Veröffentlichungen in Frankreich in *Constellation, Economic et politique, E.D.M.A., La Geule, La Geule ouverte, Hara Kiri, L'Intrus, Politique Hébdo, Sine Massacre, Zine,* in der Schweiz in *Nebelspalter*, in England in: *Life*, in Deutschland in *pardon*. – Das französische Fernsehen bringt von ihm: „Tac au Tac" (1969-72).
Einzel- und Kollektivausst.: in Paris und Frankreich (Avignon, 1975, Genève, Courouge 1973)
Publ.: *Inventaires* (1965), *Hue! Manne évité* (1969); *10 Dessins de Philippe* (1970); Mitarbeit an Anthologien
Lit.: *Dessins d'Humour et Contestation* (1972); *Festival der Cartoonisten* (1976); *Petite Encyclopédie du Dessin drôle* (1985); H.P. Muster: *Who's Who in Satire and Humour* (2) 1990, S. 40-41

**Philippi**, Peter
\* 30.03.1866 Trier
Genre- und Porträt-Maler/Rothenburg ob der Tauber
Studium an der Akademie Düsseldorf (ab 1884). – Als „Spitzwegverwandter" begann er um 1895 mit Genredarstellungen, die auch in Farbdrucken verbreitet wurden. P.P. war ein Maler, Zeichner und Poet der in der Nähe von Oberländer und Busch angesiedelt war. Seine Modelle sind kauzige, skurrile Nachbiedermeier-Typen.
Ausz.: Preußische Goldmedaille (1910), außerordentliches Mitglied der Akademie Düsseldorf. Bayern: Verleihung des Prof.-Titels
Ausst.: Haus der deutschen Kunst (1937)
Publ.: *P.P.-Mappe* (Kunstwart, Hrsg. F. Avenarius, 1906); *Die kleine Stadt und ihre Menschen* (1938)

**Piatti**, Celestino

\* 05.06.1922 Wangen, bei Zürich

Schweizer Graphiker, Illustrator von Weltruf
Studium an der Kunstgewerbeschule. – Von 1944-48 Graphiker bei Fritz Bühler, Basel – ab Winter 1948/49 führt er zus. mit seiner Frau Marianne Piatti-Stricker ein eigenes Atelier. – Seit Gründung des Deutschen Taschenbuch Verlages (dtv), ist er Designer sämtlicher Buchtitel (einschl. aller Werbemittel) dieses Verlages (1961). Ab 1968 zeichnet er für den *Nebelspalter* politische und sozialkritische, allgemein-menschliche Titelblätter als Karigraphien. P.s Stil zeigt plakative Wucht in der Umrißkontur und die Eindringlichkeit der Farbe in graphischer Vereinfachung, stilisiert aus der Naturbeobachtung als kürzeste Bild-Metapher.
Briefmarken: bis 1959 ca. 35 Einzelmarken u. Serien in der Schweiz und in Deutschland. Animationsfilme: Zwei in den USA und beim Südwestfunk Baden. Seit 1949 entwirft C.P. Plakate (prämiert). – Einzel-Ausst.: ab 1962 ca. 45 in der Schweiz, dem übrigen Eu ropa, in den USA, in Südafrika, Australien und Kanada. – 1968-1976 Mitglied der Eidgenössischen Kunstkommission für angewandte Kunst. – 1970 Verleihung der „Goldenen Feder der Plakanda", Gestaltung des Beton-Glasbildes (18 x 12 m) „Engel in Kreuzform" (Friedhofanlage Neuwies). – 1982 Stiftung des Piatti-Preises.
Publ.: (Kinderbücher, mit seiner zweiten Frau Ursula) *Zirkus Nock* (1967); *Der kleine Krebs* (1973); *Barbara und der Siebenschläfer* (1976); (mit Co-Autoren, ab 1954 ca. 28 in der Schweiz und in Deutschland) u.a.: *Eulenglück* (1963); *ABC der Tiere* (1965 mit H. Schumacher); *Die Heilige Nacht* (1969 mit Aurel von Jüchen); *Der goldene Apfel* (1970 M. Boliger); *Ganzheitsapfel* (1959).
Lit.: (Auswahl) M. Gasser: *C.P. Das gebrauchsgraphische, zeichnerische und malerische Werk 1959-1981*; B. Weber: *C.P. Meister des graphischen Sinnbilds* (1987); *Who's Who in Graphic Art* (I + II 1962, 1982)


**Picha** (Ps.)

\* 02.07.1942 Brüssel

Bürgerl. Name: Jean-Paul Walraevens
Belgischer Karikaturist, Trickfilmzeichner
Picha besuchte einen Zeichenkurs am Institut „St. Luce" in Brüssel. Ab 1961 erste Cartoons in *Pan* und *Le Special*/Belgien, er veröffentlicht aber auch in deutschen, französischen und amerikanischen Zeitschriften. Es sind humoristische, politisch-satirische Karikaturen, Werbe-Karikaturen (Chevron). – Von seinen Zeichentrickfilmen erscheinen in der Bundesrepublik: „Tarzoon – Schande des Dschungels" (1975; eine Parodie auf den Tarzan-Mythos), „Der große Knall" (The Big Bang, 1987 deutsche Erstaufführung).
Kollektiv-Ausst.: Skopje (1969), Expo/Montreal (1969, 1. Preis fü rden besten politischen Cartoon), S.P.H.-Avignon (1972, 1976), Kunsthalle Recklinghausen (1972)
Lit.: Ausst.-Kat.: *Zeitgenossen karikieren Zeitgenossen* (1972), S. 232; *Festival der Cartoonisten* (1976)


**Pichler**, Richard → **Richards** P. (Ps.)


**Pielert**, Klaus

\* 1922 Essen

Pressezeichner, Karikaturist, Signum: „Pi"
Studium an der Staatlichen Kunstakademie Düsseldorf (1946-47). – Bei der *NRZ*, Essen, Anfang als politischer Karikaturist, später bei der *Westdeutschen Allgemeinen Zeitung* (unter dem Titel „Die Woche ist um"). Es sind Karikaturen zu den Tagesereignissen, politischer, aktuelle Kommentare. Außerdem veröffentlicht er u.a. im: *Neue Rhein-Zeitung, Handelsblatt, Kölner Stadt-Anzeiger* u.a.
Kollektiv-Ausst.: „Zeitgenossen karikieren Zeitgenossen", Kunsthalle Recklinghausen (1972)
Ausz.: 1. Preis für die beste Karikatur zur Bundestagswahl (1965), Theodor-Wolff-Preis (1967), 1. Preis im Wettbewerb „Die Polizei in der Karikatur"
Lit.: *Konrad sprach die Frau Mama*; *Adenauer in der Karikatur*; H.O. Neubauer: *Im Rückspiegel – Die Automobilgeschichte der Karikaturen 1886-1986* (1985), S. 241, 154, 212, 233; *Heiterkeit braucht keine Worte*; Ausst.-Kat.: *Zeitgenossen karikieren Zeitgenossen* (1972)


**Piem** (Ps.)

\* 1923 Saint Etienne

Bürgerl. Name: Pierre de Montvallon
Französischer Karikaturist, seit 1944
Zeichner politischer, aktueller, satirischer Karikaturen. Veröffentlichungen in *Témoig chrétien, Le Figaro, Le Point* und *La Croix*.
Publ.: (in Frankreich und als Nachdruck in der deutschen Presse) *Le Prince qui nous gouverne* (1960); *Aux Carmes, citoyens* (1976); *Votes Giscard* (1980); *Die Wahrheit über Skilaufen* (humoristische Cartoons)
Lit.: Ausst.-Kat.: *Komische Nachbarn – Drôles de voisins* Goethe-Institut Paris (1988), S. 131


**Pik** (Ps.)

\* 1944 Berlin

Bürgerl. Name: Peter Krain
Werbefachmann, Cartoonist/Hamburg
Studium an den Universitäten Berlin und Köln (Soziologie). – Seit 1970 ist Pik in der Werbung tätig (speziell für Jugendtourismus). Veröffentlichungen u.a. in *Schöne Welt*. Es sind Cartoons ohne Worte. Erwähnenswert sein Comic: *Die haarige Pik-Familie*.
Lit.: Presse: *Schöne Welt* (Juli 1975)

**Piloty**, Karl
* 01.10.1826 München
† 21.07.1886 Ambach/Starnberger See

Bedeutendster Historienmaler in Deutschland
Ausbildung in der Werkstatt des Vaters, der lithographischen Anstalt Piloty & Löhle. Studium an der Akademie München, bei Schnorr von Carolsfeld, dann bei L. Gallait in Belgien und P. Delarche in Paris. K.P. malte im Sinne seines Monarchen nationales Pathos. Seit 1856 Professor an der Akademie München. Wegen seiner verdienstvollen Lehrtätigkeit erhielt er den Ehrentitel „Praeceptor Germaniae". 1860 geadelt. Wenig bekannt ist, daß K.P. in jungen Jahren für die Humorzeitschrift *Fliegende Blätter* gezeichnet hat.
Lit.: F. Pecht: *Deutsche Künstler des 19. Jahrhunderts* (3. Reihe 1881)

**Pincas**, Jules Mordecai → **Pascin**, Jules (Ps.)

**Pippart**, Hermann
* 07.07.1907
† um 1987 Berlin-West

Maler, Zeichner, Karikaturist, Signum: „Pip", auch „trap"
Mit 19 Jahren Teilnahme an einer Amazonas-Expedition als wissenschaftlicher Zeichner. – Später freiberuflicher Karikaturist für die deutsche Presse (ca. 14.000 Karikaturen). Mitarbeit u.a. bei *Lustige Blätter, Der deutsche Hausfreund, Neue Post*. Seit 1962 Galerist von „Das Bild" mit eigenen und fremden Werken (100. Ausstellung vom 6.1.-1.2.1976).

**PIT** (Ps.)
* 03.06.1913 Berlin
† 10.02.1974 Starnberg

Bürgerl. Name: Alfred Grove
Karikaturist, Signum: „pit" und „barbara" (nach seiner Tochter)
Lehre als Lithograph, Drucker. Danach Studium an der Meisterschule für Graphik, Berlin. 1935 erhielt PIT eine Ausbildung als Luftbild-Fotograf, er war Angestellter bei der Hansa-Luftbild-Gesellschaft, nach 1945 in verschiedenen Berufen tätig (u.a. Schnellzeichner in einem Kabarett). Anfang der fünfziger Jahre tätig als freischaffender Karikaturist bei Berliner Zeitungen und Zeitschriften, u.a. *Berliner Morgenpost* und *I.B.Z.* (humoristische Karikaturen) und politische Karikaturen für die *Tarantel*. 1958 Übersiedlung nach Bayern (Pocking) wegen ständiger Mitarbeit bei *Weltbild* bzw. *Quick* (Humoresken, Bilderfolgen). Er zeichnete aber auch u.a. für *stern, Constanze, Welt am Sonntag, Hörzu* und für Glückwunschkarten-Verlage sowie Werbe-Karikaturen. PITs humoristische Zeichnungen waren treffsicher, ansprechend, die Pointen keß und vor allem sexy. Sein Strich hat nichts mehr von der Simmel- und Trier-Generation und erinnert an Peynet. – Von ihm stammen auch die Comic-Folgen: *Bibi, Meine Schwester und ich, Florien aund Florentine, Fast alltägliche Geschichten* und *Autofahrer Egon*
Gedächtnis-Ausstellung (5.6.-30.7.1975) im „Tegernseer Tönnchen", Berlin-Charlottenburg
Publ.: *Sauer macht lustig, Wintersport leicht gemacht, Ja, ja, die Liebe* (1975)
Lit.: Presse: *Bild* (v. 15.2.1974: Nachruf)

**Pitter**, Klaus
* 1947 Tiemelkam/Oberösterreich

Cartoonist/Wien (Bierhäuselberg)
Studium an der Hochschule für Kunst, Wien. Abschluß 1972 mit dem Graphik-Diplom. Die Themen seiner Zeichnungen sind allgemeiner Humor, Sex und Tiere. Sie werden veröffentlicht in Österreich, u.a. in *Neues Forum* (Wien), *Konsument, Kraut und Rüben, trend, Wunderwelt, Rohrstock, päd extra, Umweltschutz, Konkret, Kraut & Rüben, pardon*.
Ausst.: in Bern, Boston, Frankfurt, Passau, Salzburg und Wien
Publ.: *Laß doch mal die Sau raus!; Für Analphabeten; Tele-Visionen; Ich hab dich liiieb!; Sei friedlich und wehret euch; Nevensägen; Kindersägen*
Lit.: *Eifersüchtig?* (1987), S. 95; H.P. Muster: *Who's Who in Satire and Humour* (2) 1990, S. 150-151

**Plantu** (Ps.)
* 1951 Paris

Bürgerl. Name: Jean Plantureux
Hauszeichner der Pariser Tageszeitung *Le Monde*, politisch-aktueller Karikaturist. Seine Themen sind Aktuelles, aggressiv gestaltet und kommentiert. Politische Karikaturen erscheinen auch in *Croissance de jeunes Nations, Le Monde Diplomatiques, Le Monde de l'Education, Trimeda* und *La Vie*. Er zeichnet gegen Ausbeutung, Hunger, Elend. – Nachdrucke seiner Zeichnungen auch in Deutschland.
Publ.: *Umarmungen* (Terre des Hommes 1980); *Pauvres chéries* (1986); *Bonne Année pour tous* (1985); *C'est le Goulag* (1986); *Bonne année pour tous* (1986); *Ca manque de Femmes!* (1986); *A la soupe!* (1987)
Lit.: *Komische Nachbarn – Drôles de voisins* (Goehte-Institut, Paris 1988), S. 131; H.P. Muster: *Who's Who in Satire and Humour* (1990), S. 152-153

**Plantureux**, Jean → **Plantu** (Ps.)

**plauen**, e.o.
* 18.03.1903 Untergettengrün bei Adorf/Vogtland
† 06.04.1944 Berlin (Freitod)

Bürgerlicher Name: Erich Ohser
Übersiedlung mit der Familie nach Plauen, 1917-20 Schlosserlehre. Danach Studium an der Akademie für Graphische Künste, Leipzig (1920-27), Mitarbeit an der *Plauener Volkszeitung*. Kontakt und Zusammenarbeit mit Erich Kästner, damals Feuilleton-Redakteur der *Neuen Leipziger Zeitung*. Es entstehen die Illustrationen zu *Herz auf Taille*. Mit Erich Kästner Übersiedlung nach Berlin, Beitritt zur SPD, 1929 Mitarbeit an *Querschnitt* und *Vorwärts* (erste politische Karikaturen), Buchillustrationen für Kästner u.a. Autoren. Schnellzeichner in der „Katakombe" bei Werner Finck. 1930 Illustrationen zu Soschtschenko *Die Stiefel des Zaren* und zu E. Kästner *Ein Mann gibt Auskunft*. – 1931 Geburt von Sohn Christian (späteres Vorbild für *Vater und Sohn*). – 1933 Verhandlung gegen Ohser wegen seiner Anti-NS-Karikaturen. Am 27.1.1934 lehnt der Fachausschuß Pressezeichner im Reichsverband der Deutschen Presse O.s Aufnahmegesuch ab. O. durfte nicht mehr veröffentlichen. Er zeichnet unter „Krischan" für die *Lustigen Blätter* und ab Dez. 1934 unter „e.o. plauen" für die *Berliner Illustrirte Zeitung* (auf Anregung von Kurt Kusenberg) die Serie *Vater und Sohn*. Er erhält im Nov. 1936 eine vorläufige Berufserlaubnis als unpolitischer Zeichner und eine polizeiliche Bescheinigung zum Führen des Künstlernamens „e.o. plauen". – Seit 1940 wieder politische Karikaturen für die *Berliner Illustrirte Zeitung* und für *Das Reich*. Durch Denunziation am 25.3.1944 Verhaftung durch die Gestapo, Selbstmord im Gefängnis Moabit.
Ausst.: Wilh.-Busch-Museum, Hannover (15.4.1962), Gedächtnis-Ausst. „Erich Ohser (e.o. plauen)", Lützowplatz (1964)
Publ.: *Vater und Sohn*, Bd. 1-3 (1935-36), *Zeichnungen aus dem Nachlaß* (1964)
Lit.: Presse: *Berliner Zeitung* (Nr. 25/1946: „Das tragische Ende des Vaters von Vater und Sohn"); *Revue* (Nr. 29/1954: „Heimat Deine Sterne", zum 20. Juli, zehnten Gedenktag des deutschen Widerstandes); *Quick* (Nr. 45/1969: „Mein Freund Ohser" v. Erich Kästner)

**Pletsch**, Oskar
* 1830
† 1888 Berlin
Maler, Zeichner
Illustrator von Kinderbüchern, Mitarbeiter bei *Schalk*.
Lit.: E. Roth: *100 Jahre Humor in der deutschen Kunst*

**Plikat**, Ari
* 1958 Lüdenscheid
Graphik-Designer, Karikaturist
Studium: Graphik-Design, Dortmund und Leeds Ausbildung als graphischer Zeichner. Veröffentlichungen in Zeitschriften, Verlagen, Werbeagenturen, im *Eulenspiegel*. Themen: humoristisch-satirisch

Publ.: *Ich bin ich! Ich auch*
Lit.: Presse: *Eulenspiegel* Nr. 30/1991, S. 50

**Ploog**, Arno
* 1942 München
Karikaturist/Frankfurt/M.
Studium der Soziologie an der Universität München (ab 1962) und Frankfurt (ab 1964, bei Prof. Adorno). Erste Veröffentlichungen in *Fallbeil* und *Simplicissimus*. 1964 gründet A.P. eine eigene Satire-Zeitschrift *Tamtam* (es erschienen nur zwei Ausgaben). Dann Mitarbeit bei: *Pardon, Tat, Volkszeitung* (Wien), *Metall, ÖTV-Magazin, Holz* sowie bei weiteren Gewerkschaftszeitungen und der SPD-Presse. Er zeichnet soziale, kritische, gesellschaftssatirische Karikaturen, aber auch humoristische Cartoons und Werbung. – Darüber hinaus leistet A.P. politische Öffentlichkeitsarbeit für kritische Gruppen in der Bundesrepublik (für Gewerkschaften, Jusos, SPD), seit 1972 ist er für den WDR tätig (Jugendsendungen). – Erwähnenswert: die Produktion von eigenen Comic-Filmen.
Publ.: *Meine Dienstzeit; Notstand Unser; Napalm macht frei*
Lit.: *Die politische Karikatur in der Bundesrepublik und Berlin/West* (1974), S. 32-43

**Pocci**, Graf Franz von
* 07.03.1807 München
† 07.05.1876 München
Zeichner, Schriftsteller und Musiker
F.v.P. studierte bei den Malern G.v. Dillis und Ferdinand Kobell. Nach dem Jurastudium Eintritt in den bayrischen Staatsdienst (Zeremonienmeister König Ludwigs I. von Bayern, 1830 Hofmusikintendant, ab 1864 Oberstkämmerer. F.v.P. zeichnete autodidaktisch gemütvolle, humoristisch-satirische Karikaturen für sich und seine Freunde zu eigenen und fremden Dichtungen. Seit 1840 entstand die zeitsatirische Bilderchronik *Alt-Anglica* (erst nach dem Tod veröffentlicht). Für diese Chronik und für die *Fliegenden Blätter* erfand er den „Staatshämorrhoidarius", eine Satire auf den Verwaltungsbürokraten (1857). Zwischen 1849-62 zeichnete er für *Münchener Bilderbogen*. Ab 1850 hat er für sein „Neues Kasperltheater" 8 Puppenspiele geschrieben und gezeichnet und seit 1858 ebenso für das Puppenspiel des Aktuars Josef Schmid (Papa Schmid) und dessen Münchener Marionetten-Theater insgesamt einundvierzig Kasperlekomödien mit dem witzigen und lebensfrohen Kasperle als Hauptperson.
Publ.: Puppen-Komödien: *Lustiges Komödienbüchlein*, 6 Bde (1861-77); *Sämtliche Kasperl-Komödien*, 3 Bde. (1909); *Auswahl*, hrsg. v. M. Kesting (1965)
Lit.: (Auswahl) H. Holland. *F.v.P.* (1890); A. Dreyer: *F.V.P. der Dichter, Künstler u. Kinderfreund* (1907); G.

Hermann: *Die deutsche Karikatur im 19. Jahrhundert*, S. 69; *Das Werk des Künstlers F.v.P.*, Gesamtverzeichnis, hrsg. Graf v. Pocci (Enkel) (1926)

**Poco** (Ps.) → **Linkert**, Joseph

**Pohlenz**, Bernd
\* 1956 Lahr/Schwarzwald
Freiberuflicher Cartoonist/Berlin (Autodidakt)
Ein Universitätsstudium (Petrochemie, Germanistik, Kunstgeschichte) beendete B.P. vorzeitig.
Veröffentlichungen in *Playboy, Lui, Penthouse, Wiener, Transatlantik, zitty, Nebelspalter, Die Zeit, Eulenspiegel Titanic, tip* (seit 1983) u.a. B.P.s Themen sind zeitsatirisch, anfangs unpolitisch, dann politisch. Er zeichnet Stadtneurotiker und deren Repräsentanten.
Ausst.: Düsseldorf (Cartoongalerie), Hamburg, Kassel, Kommunale Galerie, Berlin/West (März-April 1990)
Publ.: *Körpersprache und 116 andere hübsche Cartoons* (1987)
Lit.: *70 mal die volle Wahrheit* (1987); Ausst.-Kat.: *Antilopen und normale Lopen*; Presse: *tip* (7/87)

**Pollähne**, Hans-Otto
\* 1923 Ketzin/Havel
Graphiker, Karikaturist (Autodidakt
H.-O.P. bildete sich während der Kriegsgefangenschaft zum Zeichner und betätigt sich seitdem als Graphiker und Karikaturist.
Lit.: *Turnen in der Karikatur* (1968)

**Pollock**, Ian
\* 1950 Cheshire/Großbritannien
Maler, Radierer, Cartoonist
Studium: Polytechnikum Manchester (1969-1975), Royal College of Art, London (1973-1976), Lehrtätigkeit als Gast- und Teilzeit-Dozent.
Veröffentlichungen in Großbritannien in *Accountancy Ages, Bananas, Boulevard, Data link, Escord, Esquire, Forum, Graphis, Harpers & Queen, Honey, Informatics, Men Only, The Listener, New Stile, Penthouse, Playboy, Radio Times, Sunday, Sunday Times, Weekend Magazine*; in Deutschland in *Das Tier*. Themen: Groteske, Satire und gesellschaftskritische Cartoons.
Einzel- und Kollektiv-Ausst.: Zwischen 1976-1986 im britischen Raum, sowie in Sofie (Bulgarien) 1979 und Joue-en-Josas (Frankreich) 1985. Arbeiten in Victoria und Albert Museum London, Arts Council of Great Britain, Galleries/Museen
Publ.: *The Miracles of Christ* (1976), *The Brothers of the Head* (1977), *Beware of the Cat* (1977), *Couples* (1979), *The Pepper Press Book of Catastrophes* (1988), *Cartoon King Lear* (1984). Illustrationen für Penguin Books, Fontana, Oxford University Press, Ward Lock Educational, Global Records, Virgin Records
Lit.: H.P. Muster: *Who's who in Satire and Humour*, Bd. 3/1991, S. 168-169

**Poltiniak**, Kurt
\* 07.07.1908 Berlin
† 16.03.1976 Potsdam
Pressezeichner, Karikaturist
Studium an der Kunsthochschule Berlin (Malerei, Graphik). – K.P. begann mit humoristischen Karikaturen für die tägliche Berlin-Presse der frühen dreißiger Jahre: *Neue I.Z., Lustige Blätter, Die Woche* u.a. – 1931 Eintritt in die KPD, ARBK (Assoziation der revolutionären bildenden Künstler Deutschlands), 1931-39 politische antifaschistische Karikaturen für die kommunistische Presse, u.a. für *Rote Post*, 1933/34 KZ Oranienburg, 1946 Mitbegründer und Mitarbeiter bei *Frischer Wind, Eulenspiegel, Neue Berliner Illustrierte*, für die DDR-Presse zeichnete K.P. aktuelle, zeitkritische, politische Karikaturen, antiimperialistischer Thematik, humoristisch-satirische Plakate.
Ausst.: „Die Pressezeichnung im Kriege" (Haus der Kunst, Belrin, 1941: Nr. 274 „Was war ich doch?"), im Ausland u.a. Sofia
Ausz.: Fontane-Preis der DDR
Publ.: *Der Struwwelpeter* (Neufassung, nach der Urfassung von Heinrich Hoffmann); *Wir fahren aufs Land* (Tierbilder-Leporello)
Lit.: *Bärenspiegel* (1984), S. 206; *Der freche Zeichenstift* (1968), S. 115-117; G. Piltz: *Geschichte der europäischen Karikatur* (1976), S. 264, 273, 300, 309; *Sozialistische deutsche Karikatur 1848-1978*, S. 276, 277, 278, 280, 281, 298, 322, 327; W. Heynowski: *Windstärke 12 – Eine Auswahl neuer deutscher Karikaturen* (1953), S. 1

**Polusik**, Ilona
\* 1957
Zeichnerin/Sosa
Kollektiv-Ausst.: „Satiricum '80" (1. Biennale der Karikatur in der DDR, Greiz, 1980: „Familie")
Lit.: Ausst.-Kat.: *Satiricum '80*, S. 25

**Pommerhanz**, Karl
\* 1857 Röchlitz/b. Reichenberg
† 1940
Pressezeichner, Karikaturist
K.P.zeichnete humoristische Karikaturen und vor allem lustige Bildergeschichten für die Presse, Bilder-Folgen eines Zeichner-Humoristen mit lustigen Typen in der Art von Rudolf Hengler. Mitarbeiter der *Fliegenden Blätter* ab 1886, für die *Meggendorfer Blätter* zeichnete K.P. ab 1895. Zwischen 1896 und 1919 erschienen von K.P. in den

*Meggendorfer Blättern* 793 Humorzeichnungen und Bildergeschichten ohne Worte.
Lit.: L. Hollweck: *Karikaturen*, S. 88, 89, 101

**Poortvliet**, Rien
\* 1932
Niederländischer Graphiker, Maler, Illustrator/Soest NL
R.P. arbeitet 20 Jahre lang als Werbegraphiker bei einer Werbeagentur, nebenher illustrierte er Kinderbücher. – Zusammen mit dem Texter Wil Huygen veröffentlichte R.P. *Das große Buch der Heinzelmännchen* (1979) und *Das geheime Buch der Heinzelmännchen* (1981). Beide Bücher wurden internationale Bestseller (die deutsche Auflage lag bei 130.000 Exemplaren, in den USA war sie dreimal so hoch). Als Zeichentrickfilm (1985) im ZDF. Durch Naturbeobachtung und detailgetreue akribische Mal- und Zeichentechnik und durch die spaßige, skurrile, liebevoll-ironische Darstellung der Wichtelwelt wird zum aktiven Umweltschutz aufgerufen.
Einzel-Ausst.: Jagdmuseum München (1986)
Publ.: (Bilderbücher) *Mein Hundebuch, Auf der Jagd, Auf dem Lande, Pferde, Die Arche Noah, Von Augenblick zu Augenblick, und jeder Fuchs hat seinen Bau, Die Heinzelmännchen und die Tiere, Jäger-Kalender, Tierkalender, Es war einer von uns* (Das Leben des Jesus von Nazareth), *Das Buch vom Sandmann* (mit Wil Huygen, 1989)
Lit.: Presse: u.a. *stern* (52/1979, 48/1981); *Bunte* (41/1981); *Wild und Hund*; *Welt am Sonntag* (Magazin 8/1980), *Bunte* /41/1981); *Hörzu* (44/1981); *Der Tagesspiegel* (v. 23.11.1986)

**Poth**, Chlodwig
\* 04.04.1930 Wuppertal
Karikaturist, Schriftsteller/Frankfurt
Studien an der Hochschule für angewandte Kunst, Berlin-Weißensee (1948-52, bei Prof. Stabenau) und an der Hochschule für bildende Kunst, Berlin/West (1953-55). – P. begann 1946 mit Karikaturen bei den Ostberliner Zeitschriften *Start* und *Junge Welt*, ab 1948 zeichnete er für *Der Insulaner* (Berlin/West). Zwischen 1952-55 hatte er verschiedene Jobs als Werbegraphiker, 1955 Übersiedlung nach Frankfurt/M. 1955-60 Redakteur der Werkzeitschrift „Dunlopwerke"/Hanau. Von Anfang an war C.P. Mitarbeiter von *Pardon* (bis 1979), anschließend Mitbegründer von *Titanic*. Seit 1961 selbständig, zunächst Werbegraphiker, später Karikaturist und Schriftsteller. – Seine Arbeiten wurden veröffentlicht in *Heute, Die Zeit, Zeitmagazin, stern, Quick, Wahrheit, Vorwärts, Trend, Revue, Metall, ÖTV-Magazin*, Seit 1978 zeichnet C.P. auch für die Gewerkschaftspresse u.a. Es sind zeitkritische, satirische, politische Karikaturen, einzeln und in Serien, Bildergeschichten, z.B. die Folgen *Taktik der Entführung, C.P.s Alltagebuch, Mein progressiver Alltag, der Abstich*. P.s Karikaturenfolgen sind meist bebilderte Erzählungen, wobei Sprechblasen die Erzählung führen. P. erzählt Ereignisse, kritisiert und karikiert in Bild und Text.
Einzel-Ausst.: *Karikaturen*, Berlin/West Haus am Lützowplatz (1964), Ölbilder, Galerie Jule Hammer, Europa-Center Berlin/West (1975), und weitere in Frankfurt, Stuttgart, Michelstadt, und bei Elefanten-Press-Galerie Berlin/West (1990)
Publ.: *Ganz moderne Zeiten* (1959), *Frankfurt für Anfänger; Spuck zurück im Zorn (1960); König Heinrich der Heimliche; Taktik des Ehekrieges* (1961); *Taktik der Verführung; Ausgerechnet Österreich; Mein progressiver Alltag (1975); Wie man ein Volk vertritt* (1979); *Ihr nervt mich* (1976); *Das Katastrophenbuch* (1982); *Tanz auf dem Vulkan* (1982; außerdem die Romane *Kontaktperson* (1975); *Die Vereinigung von Körper und Geist mit Richards Hilfe* (1980) und die Anthologie *Politische Karikatur in der Bundesrepublik und Berlin/West* (1974) zus. mit R. Hackfeld, W. Kurowski, A. Ploog. St. Siegert,K. Stuttmann, E. Volland, G. Zingerl
Lit.: (Auswahl) *Wolkenkalender* (1956); *Die Entdeckung Berlins* (1984); *70 mal die volle Wahrheit* (1987); H.P. Muster: *Who's Who in Satire and Humour* (1989), S. 164-165; Ausst.-Kat.: *Zeitgenossen karikieren Zeitgenossen* (1972), S. 232; *Wilhelm Busch und die Folgen* (1982), S. 48-53

**Pouzet**, Jean
\* 1924 La Haye – Dessartes
† 1985 Paris
Französischer Karikaturist, Werbegraphiker, Mathematiker
Studium an der Ecole Art et Publicité (1944). Gleichzeitig war J.P. Zeichner für Pariser Zeitschriften und Zeitungen. Ab 1947 arbeitete er für *Gavroche, La Bataille, Carrefour, Constellation, Eclats de rire, Elle, L'Express, Lui, Samedi-Soire, France-Dimanches, Paris-Presse, Paris-Match* und für die Comic-Zeitschrift *Pilote*. J.P.zeichnete humoristische witzige Sujets, ohne Schärfe und Aggression, Cartoons, Comics, Bildgeschichten ohne Worte. Veröffentlichungen in den fünfziger Jahren, auch in der Bundesrepublik u.a. in *Heute, stern* und *Koralle*.
Kollektiv-Ausst.: in Brüssel, Berlin, Montreal und Istanbul
Ausz.: Prix Henry Monier (1962), Prix Rabelais (1968)
Publ.: (Frankreich) *En suivant le Crayon de Pi; Touchouns du Bois; L'Histoire de France en 100 Gags* (zus. mit Reiser); *800 contrepèteries inédits; 500 contrepètries in é dits*
Lit.: H.P. Muster: *Who's Who in Satire and Humour* Bd. 1 (1989), S. 166/67; Presse: *Heute* (1950)

**Prechtl**, Michael Matthias
\* 26.04.1926 Amberg/Oberpfalz

Graphiker, satirischer Zeichner, Illustrator, Signum: „MMP"
Studium an der Akademie der bildenden Künste, Nürnberg (1950-56). Danach freischaffende Tätigkeit als Illustrator: satirische Graphik, Aquarelle und Plakate. M.M.P. verbindet altmeisterliche Zeichenkunst mit eigenen surrealen Kombinationen zu moderner realistischer Graphik (neuer Realismus).
Einzel-Ausst.: Nürnberg: sein graphisches Werk; Stuttgart: Zeichnungen zu Dante *Göttliche Komödie;* Hannover: *(Zille Stiftung 1968) Wachtmeister Ritter, Fr. Todt und Fritz Teufel* (nach Dürer); Hannover: Wilh.-Busch-Museum (1986)
Ausz.: Nürnberger Förder-Preis
Publ.: *Nürnberger Bilderbuch* (mit G. Schramm 1970); *Skizzenbuch der niederländischen Reise* (1974); *Intime Sitten- & Kulturgeschichte des Abendlandes* (1974); *Charakter-Bilder* (1982); *Literatur-Kalender für 1984* (13 symbolistische Charakter-Porträts); *M.M.P. Monographie*
Lit.: H. Dieckmann: M.M.P.; *Who's Who in Graphic Art* (I + II, 1968, 1982); *Das große Buch der Graphik* (1984) Westermann, S. 366; Ausst.-Kat.: *M.M.P. Denkmalerei* (1986)

**Preetorius**, Emil
* 21.06.1883 Mainz
† 27.01.1973 München

Jurist (Dr. jur.), Illustrator, Bühnenbildner
Studium der Jura, Medizin und der Naturwissenschaften. Besuchte die Kunstgewerbeschule, München, bildete sich als Künstler ab 1907 hauptsächlich autodidaktisch. E.P. war Mitarbeiter der *Jugend* und des *Simplicissimus*. Er bevorzugte zeitkritisch-humoristische Sujets in eigenartig humorvoller Graphik, humorvolle Plakate, Werbegraphik, Bucheinbände, Schutzumschläge. Sein Schaffen hatte stilbildenden Einfluß auf die deutsche Buchillustration. Von ihm stammen die Illustrationen zu A.v. Chamisso: *Peter Schlemihl* (1908), A.R. Lesage: *Der hinkende Teufel* (1910), A. Daudet: *Tartarin* (1913), *Das kleine Zwiebelfisch Kultur Kratzbürsten Vademecum* (1913), E.E. Niebergall: *Datterich* (1913), J.v. Eichendorff: *Aus dem Leben eines Taugenichts* (1919), E.T.A.Hoffmann: *Der Elementargeist* (1919).
1909 gründete E.P. zusammen mit Paul Renner die Schule für Illustration und Buchgewerbe, München. 1914-27 ist er Direktor der Lehrwerkstätten, München, seit 1927 Professor an der Hochschule für angewandte Kunst, 1948-68 Präsident der Bayerischen Akademie der Schönen Künste. 1932-41 sehen wir E.P. als szenischen Leiter der Bayreuther Festspiele (vereinfachter Impressionismus als moderne Bühnenbildes), er schuf auch Bühnenbilder für die Münchener Staatsoper und die Kammerspiele. Er ist Schöpfer zahlreicher Publikationen über Kunst, Kenner und Sammler ostasiatischer Kunst.

Seine wertvolle Sammlung von Ost-Asiatica schenkte er 1960 dem Bayrischen Staat.
Lit.: (Auswahl) E. Hölscher: *E.P.* (1943); G.K. Schauer: *Deutsche Buchkunst 1890-1960,* 2 Bde. (1963); *Brockhaus Enzyklopädie* (1972) Bd. 15, S. 103; *Who's Who in Graphic Art* (I), S. 208; L. Hollweck: *Karikaturen* (1973), S. 158, 191, 192

**Preller**, Friedrich (Ernst Christian Joh. Fr.) d.Ä.
* 25.04.1804 Eisenach
† 23.04.1875 Weimar

Maler, Radierer
Studium: Zeichenakademie Weimar, Akademie Dresden, van Bree/Antwerpen
1828-1931 in Rom bei J.A. Koch, der seine Landschaften in romantisch-klassischem Sinne formte. Figurenstil wurde von Genelli beeinflußt. 1882 Direktor der Weimarer Zeichenakademie (von Goethe gefördert).
Ausst.: *Karikaturen der Goethezeit* (Mai-Juni 1991), Weimar *Joseph Anton Koch in Rom,* um 1828, Inv.-Nr. KK 8391/Weimar, Kunstsammlungen, P.'s Werke in verschiedenen deutschen Museen
Lit.: J. Gensel: *F.P. Künstler Monographien,* Bielefeld (1904), Ausst.-Kat.: *Gedächtnis-Ausst.* Heidelberg, Kurpfälzisches Museum (1954); Ausst.-Kat.: *Karikaturen der Goethezeit* (1991), S. 26

**Press**, Hans-Jürgen
* 1926

Pressezeichner, Karikaturist, Werbegraphiker
Studium an der Landeskunstschule Hamburg. – Mitarbeit u.a. bei *Revue, Heim und Werk, Das Ufer, Die Welt* und *Eulenspiegel,* seit den fünfziger Jahren ständiger Mitarbeiter beim *stern,* zuerst zeichnete er humoristische Karikaturen für Erwachsene, später vor allem für die Kinderseiten. Für Erwachsene sind es Humorseiten zu gegebenen Themen und die Comic-Serie *Babette,* für Kinder vor allem Textserien (u.a. Preisausschreiben) und die Folgenthemen: *Wortschatzsuche, Spiel, das Wissen schafft, Malen mit Zahlen, Geheimnisse des Alltags, Der Natur auf der Spur, Bilder mit Fehlern, Eddie und die Pavian-Bnde, Der kleine Herr Jacob* (mit Versen von Karlos Thaler)
Publ.: *1000 Punkte – Auf Safari; Der kleine Herr Jacob* (1981)
Lit.: *Der freche Zeichenstift* (1968), S. 167

**Pribbernow**, Paul
* 1947

Hobby-Karikaturist (Autodidakt), Brielow bei Brandenburg
P.P. zeichnet Cartoons ohne Worte, mit hintergründiger Satire. Veröffentlichungen im *Eulenspiegel*.

Kollektiv-Ausst.: „Satiricum '86", „Satiricum '90", Greiz
Lit.: Ausst.-Kat.: *Satiricum '86, Satiricum '90*; Presse: *Eulenspiegel* (20/1987)

**Prochnow**, Ulrich
* 1929
Zeichner/Berlin
Kollektiv-Ausst.: „Satiricum '84", Greiz
Lit.: Ausst.-Kat.: *Satiricum '84*

**Prothee**, Claude → **Alpha** (Ps.)

**Prüstel**, Andreas
* 1951 Leipzig
Graphiker, Fotomonteur
Vor dem Studium verschiedene Tätigkeiten, u.a. technischer Zeichner. Dann Besuch der Abendakademie für Grafik und Buchkunst, Leipzig (1976-77). – 1978 Übersiedlung nach Berlin/Ost, ab 1982 Beschäftigung mit der Collagetechnik.
Kollektiv-Ausst.: „Satiricum '86", „Satiricum '88" (1. Preis), „Satiricum '90" (Preis des Zentralvorstandes VBK, DDR), Greiz
Lit.: Ausst.-Kat.: *Satiricum '86, Satiricum '88, Satiricum '90*

**Psi** (Ps.) → **Cosper** (Ps.)

**Puig-Rosado**, Fernando
* 01.04.1931 Don Bentio/Spanien
Studium der Medizin. Nach dem Abschluß Arbeit als Karikaturist. Ab 1944 erste Karikaturen – Veröffentlichungen in Madrid, seit 1960 lebt er in Paris als Karikaturist. – F.P.-R. arbeitet für Presse, Film, Fernsehen, zeichnet verantwortlich für Buchillustrationen, Plakate, Postkarten, Werbung und Lithographien. Er veröffentlicht in Spanien, Frankreich und in der Schweiz, in der deutschsprachigen Presse in *Nebelspalter, Stallings Cartoon-Kalender* und weiteren Zeitschriften und Zeitungen. Zusammen mit Desclozeaux und Bonnt ist er in den sechziger Jahren Mitbegründer der SPH (Société Protectrice de l'Humour, Avignon), die den geistreichen Cartoon in Frankreich gefördert hat.
Von 1960-80 Teilnahme an mehr als 150 Karikaturen-Ausstellungen in Europa und den USA.
Ausz.: „Legion del Humour", Madrid (1955), „Gala de l'Union des Artistes, Paris 1961 (2. Preis); „Großer Preis für Titelblatt Vendre", Paris (1962); „Biennale internacional del Humour", Cadiz (1963); „Paleto Agroman", Madrid (1971); „Le Salon de la Caricature", Montreal (2. Preis, 1972); Zeichenfilm „Les maldies infectienses", Bichet (1972); Grand Prix de l'Humour Noir", Grandville (1978); Diplom Loisir Jenues au meilleur livre, Paris (1981), „Prix Bernard Versele", Bruxelles (1981)
Publ.: in Frankreich, den USA, Japan und der Schweiz sowie in Deutschland *P.R.s Tierleben* (1978); *Das große R.-Album* (1987); *Herr Doktor, Herr Doktor* (1989). Als Koautor ist er beteiligt an: *Chefs-d'oeuvre du Crime* (1962); *Chef-d'oeuvre du sourire* (1962); *Suicides* (1964), *Au secours* (mit Desclozeaus, Picha, Siné, Calman-Levy (1973); *Autodéfens de Paris* (1973); *Dessius Politiques Mai 1968-Mai 1974); La caricature, Art et Manifeste* (1974); *Festival der Cartoonisten* (1976); *Shut up! Cartoons for Amnesty* (1977); *Sieh mal einer guck* (1977); *Des images pour les enfants* (1977)
Lit.: Festival der Cartoonisten (1976); Ausst.-Kat.: *Zeitgenossen karikieren Zeitgenossen* (1972), S. 227; *Karikaturen-Karikaturen?* (1972), S. 68; 1. Internationale Cartoon-Biennale Davos (1986); 2. Internationale Cartoon-Biennale Davos (1988) (Ausst.-Kat.)

**Pullmann**, Ludwig
* 1765
† 1822
Zeichner
Zeichnungen L.P.s wurden in der „Internationalen Karikaturen-Ausstellung" (1932) im Wiener Künstlerhaus (historische Abteilung) ausgestellt.
Lit.: E. Roth: *100 Jahre Humor in der deutschen Kunst* (1957)

**Pürschel**, Walter E.
* 09.03.1904 Halle
† 06.02.1966 Hamburg
Pressezeichner, Karikaturist, Signum: WEP
Ab 1924 Sportkarikaturist für die Hamburger Presse, aber auch Karikaturen von Filmstars, Politikern und Funkleuten. Zwischen 1929-32 arbeitet W.E.P. in New York. Für *Hörzu* zeichnete er wöchentlich 20 Jahre lang die Humorseiten.
Lit.: Presse: *Hörzu* (Nr. 33/1947); *Hörzu* (Nr. 9/1966); *Der Journalist* (Nr. 3/1966: Nachruf)

**Puth**, Klaus M.
* 1952 Frankfurt/M.
Freiberuflicher Karikaturist, Graphiker (seit 1980)
Studium an der Hochschule für Gestaltung, Offenbach/M. K.M.P. zeichnet für Zeitungen, Zeitschriften und Agenturen. Veröffentlichungen in *pardon, ÖTV-Magazin* u.a. Er gilt auch als Humor-Postkarten-Zeichner und Produzent.
Lit.: *Wenn Männer ihre Tage haben* (1987); Ausst.-Kat.: *Die Stadt – Deutsche Karikaturen 1887-1985* (1985)

**Puti** (Ps.) → **Hermenau**, Dieter

**Püttner**, Walter
* 09.10.1872 Leipzig
† 10.02.1953 Schloß Maxlrain, Bei Bad Aibling
Maler, Lithograph
W.P. besuchte die private Zeichenschule Simon Hollósy und studierte an der Akademie München, bei Löffzt und P. Höcker. – Ab 1897 Mitarbeit bei der *Jugend*. W.P. zeichnete außer den Blättern für die *Jugend* auch humoristische Bilder und vereinzelt auch politische Karikaturen. Er ist Mitbegründer der Münchener Künstlervereinigung „Die Scholle" (1899) und der „Münchener Neuen Sezession" (1913). Als Maler bevorzugt er dekorative Malerei, Bildnisse, Interieurs, Stilleben, Landschaften.
Lit.: L. Hollweck: *Karikaturen*, S. 134, 139, 221; Ausst.-Kat.: *Die Münchener Schule 1850-1914*, S. 324

**Purwin**, Hans-Joachim
* 1944
Zeichner/Berlin
Kollektiv-Ausst.: „Satiricum '82", Greiz
Lit.: Ausst.-Kat.: *Satiricum '82*

**Putz**, Leo
* 18.06.1869 Meran
† 21.06.1940 Meran
Maler, Zeichner
Studium an der Akademie München, bei Gabriel v. Hacke und Paul Höcker (1888-94) und an der Académie Julian, Paris, bei Bougereau und Konstant. Seit 1985 freischaffender Künstler (Hauptvertreter der dekorativen Münchener Malerei). Ab 1899 Mitarbeiter der *Jugend* und der *Meggendorfer Blätter*. L.P. lebte ab 1923 in Gauting bei München. Von 1928-33 in Rio de Janeiro, von 1933-36 in München und ab 1936 in Meran. Mitglied der Münchener, der Berliner und der Wiener Sezession. 1909 von König Ludwig III. zum Professor ernannt. 1905 wurde sein Bild „Bacchanal" wegen Anstößigkeit aus der Glaspalast-Ausstellung entfernt. L.P. war vor allem Maler. Er zeichnete und malte Bildnisse, Szenen im Freien, Märchen, Fabelwesen und weibliche Akte. Seine Bilder wollen ungetrübte „Joie de vivre" darstellen. Seine Zeichnungen in der *Jugend* blieben Konzeption. Es fehlten oft die pointierten amüsanten Texte. Politische Karikaturen zeichnete er für den *Wahren Jacob*. – 1936 wurde L.P. vom NS-Regime als „entartet" verfemt und erhielt Berufsverbot.
Lit.: G. Piltz: *Geschichte der europäischen Karikatur* (1976), S. 226, Abb. 213; L. Hollweck: *Karikaturen* (1973), S. 134, 139; R. Stein: *L.P.* (1921); Ausst.-Kat.: *Galleria Levante*, München (1968); *Taxispalais*, Innsbruck (1972)

**Pyne**, Kenneth John
* 1951 London/Großbritannien
Cartoonist, ab 1971 freiberuflich
Veröffentlichungen in Großbritannien in *Daily Mirror, Punch, Sun, Manchester Evening News, The Guardian, Times* (Cartoons und wöchentliche Wirtschafts-Karikaturen), *Mr. Friday, Daily Express, Evening Standard, Illustrated London News, The Listener, The Observer, Private Eye, The Radio Times, The Sunday Times* u.a. Themen: Humor und Satire, Verbreitung in der deutschen Presse durch Bilder-Agentur-Vertrieb.
Ausz.: „Cartoonist of the Year 1981"/Cartoonis Club of Great Britain.
Publ.: *The Relationship* (1981), *Good Beer Guides* (1984/85), *Glad to be Grey* (1985), *Swim Bike Run* (1985)
Lit.: H.P. Muster: *Who's who in Satire and Humour* (Bd. 2/1990), S. 38-39

# Q

**Quante**, Otto
* 1875
† 1947
Zeichner, Radierer und Bildhumorist
O.Q. zeichnete lebensfrohe Vagabunden und „Tippelbrüder" in humorvoller naturalistischer Darstellung als arglose Lebenskünstler. Solche Bilder waren als Kunstpostkarten der zwanziger und dreißiger Jahre beliebt und wurden als Radierungen auch für Wandschmuck verwendet. Die Motive hat Q. immer wieder in wechselnden Abwandlungen und Variationen gezeichnet, wobei er stets nur die Sonnenseite des ungebundenen Lebens zeigte und nicht die Kehrseite: die Not der auf der Straße lebenden Menschen.

**Quino** (Ps.)
* Aug. 1932 Mendoza/Argentinien
Bürgerl. Name: Joaquim Salvador Lavado
Argentinischer Cartoonist, Comiczeichner
Studium an der Kunsthochschule Mendoza. Mit 18 Jahren Übersiedlung nach Buenos Aires. Veröffentlichungen in Argentinien in Zeitungen, in Büchern, im Fernsehen. Quino ist vertreten mit humoristischen Karikaturen, Comicfolgen, Cartoons ohne Worte. International bekannt geworden ist er durch die Comic-Serie *Mafalda* (Kinder-Comic), die kleine Göre mit dem bissigen Blick auf die Zeit.
Veröffentlichungen in Deutschland in *Hörzu, Quick, Trans Atlantik, Für Sie, Stalling-Cartoon-Kalender* und in *Pardon* die Kolumne *Aus Quino's Sicht*, in der Schweiz im *Nebelspalter*
Ausz.: 1981 erhielt Quino für „Zu Tisch" den Literaturpreis für schwarzen Humor
Publ.: *Der große Quino* (1976); *Jeder so gut er kann* (1981); *Guten Appetit* (1982); *Na, wie gehen die Geschäfte?* (1988)
Lit.: *Quino* (dtv 1979), Ausst.-Kat.: 3. Internationaler Comic-Salon Erlangen (1988)

**Qvist**, Hans
* 25.04.1922 Nyborg/Insel Fünen
† 1983 Kopenhagen
Dänischer Graphiker, Karikaturist, Satiriker/Kopenhagen
Studium an der Schule für freie und angewandte Kunst (ab 1941). – H.Q. begann als Werbegraphiker, danach war er als Karikaturist tätig – Internationale Veröffentlichungen, und zwar humoristische Karikaturen, Bilderrätsel, Werbe-Karikaturen, auch in Deutschland. Ab 1955 Comic-Figur „Skraekkelige Oflert". Es wird eine Erfolgsserie im Wochenblatt *Hjemmet*.
Veröffentlichungen in (Dänemark) *B.T., Ekstra Bladet*; (Schweden) *Aftonbladet, EXpressen, Engelske under-saettelser* u.a., alljährliche Humor-Alben *Skraekkelige Olfert*; (Deutschland) *Humor am Steuer*. Gelegentlich auch satirische Schriften.
Lit.: H.P. Muster: *Who's Who in Satire and Humour* (1), S. 168/169

# R

**Raabe**, Wilhelm
* 08.09.1831 Eschershausen
† 15.11.1910 Braunschweig
Dichter, Zeichner (des nachrevolutionären Deutschlands)
Privatunterricht als Maler und Zeichner bei Carl Schröder in Braunschweig. Auf seinen Manuskripten zeichnete und karikierte er oft seine Erzählungen, wie in *Die Chronik der Sperlingsgasse*.
Lit.: Böttcher/Mittenzwei: *Dichter als Maler* (1980), S. 162-165

**Rabier**, Benjamin Armand
* 1869 Roche-sur-Yon/Vendée
† 1939 Paris
Französischer Zeichner
Mitarbeit bei den *Fliegenden Blättern*. B.A.R. bevorzugt humoristisch-satirische Themen aus dem Alltag.
Lit.: Ausst.-Kat.: *Zeichner der Fliegenden Blätter, Aquarelle – Zeichnungen* (Karl & Faber, München 1985)

**Rabinovich**, Gregor
* 13.08.1884 St. Petersburg (Leningrad)
† 03.10.1958 Zürich
Russischer Zeichner, Illustrator, Karikaturist, Jurist
Jahrzehntelanger Mitarbeiter und Redaktor beim Schweizer Satireblatt *Nebelspalter*. Er zeichnete aktuelle, politische, satirische Karikaturen, graphische Blätter und Mappen-Werke. Seit 1915 jährliche Ausstellungen in Zürich.
Kollektiv-Ausst.: *Karikaturen-Karikaturen?* Kunsthaus Zürich (1972)
Lit.: H. Dollinger: *Lachen streng verboten*, S. 294; Ausst.-Kat.: *Karikaturen-Karikaturen?* (1972), S. 68, F. 23, V 17; C. Brun: *Schweiz. Künstler-Lexikon* (1917)

**Raddatz**, Hilke
* 1941 Hamburg
Karikaturistin, Graphikerin
Studium an der Kunstschule Alsterdam, Hamburg (Gebrauchsgraphik, Sozialpädagogik), diplomierte Sozialpädagogin. – Cartoonistin seit 1979. Mitarbeiterin und Redaktionsmitglied von *Titanic*. H.R. zeichnet Bildergeschichten und Strips für Kinder und Erwachsene, Porträts, Personen-Karikaturen, den ständigen Comic-Strip *Dr. Knaake und Dieter Mendelsohn*.
Publ.: (Kinderbücher) *Helmut das Erdferkel; Turnen mit Franz; Der vorletzte Panda; Die Warner von Bockenheim; Der Erpresser von Bockenheim; Die Punker von Bockenheim* sowie Illustrationen zu *Briefe an die Leser; Tausend Briefe von der Titanic* (Hrsg. Hans Saalfeld)
Lit.: *Wilhelm Busch und die Folgen* (1982), S. 54-59; *70 mal die volle Wahrheit* (1987); Presse: *stern* (26/1989)

**Radev**, Milen
* 1956 Sofia/Bulgarien
Karikaturist und Graphiker/Berlin und Sofia
Studium der Architektur des Bauwesens in Sofia und Dresden (1983 Diplom, Dresden).
Veröffentlichungen ab 1975 in Zeitungen und Zeitschriften: DDR, UdSSR, Frankreich, Schweiz (*Nebelspalter*), CSSR, Jugoslawien. Illustrator von Büchern des Eulenspiegel Verlages Berlin.
Kollektiv-Ausst.: „Satiricum '84", „Satiricum '86", Greiz; Gabrovo, Sofia, Berlin/DDR, Skopje, Marostica, Tolentino, Istanbul, Paris, Einzel-Ausst. in Bulgarien
Ausz.: Greiz/DDR (1986), Berlin/DDR (1987), Sofia (1981)
Publ.: *Stück vom Glück* (1987)
Lit.: Ausst.-Kat.: *III. Internationale Cartoon-Biennale (1990) Davos; Satiricum '84, Satiricum '86*

**Radler**, Max
* 1904 Breslau
† 1971 München

Maler, Karikaturist, Signum: „R."
Lehre in einer Stukkatur-/Bildhauerwerkstatt in Oppeln, Ausbildung zum Dekorationsmaler in Zeitz. Studium an der Kunstgewerbeschule München, ab 1923 bei G. Schrimpf und O. Grassl. – 1945 Verlust des gesamten Werkes durch Bombenangriff. Mitglied der „Juryfreien", München (1923-33), ab 1947 Mitglied der „Neuen Gruppe" und Beteiligung an deren Ausstellungen. Ab 1946 Mitarbeit beim *Simpl*, von 1953-1967 beim *Simplicissimus*. M.R. zeichnete vorwiegend aktuelle, satirisch-politische Karikaturen im „Simplicissimus-Stil" (Strich und Fläche).
Publ.: *Unsere Volkslieder; Moderne Berufe – alt gedeutet*
Lit.: R.W. Eichler: *Künstler* (S. 142/143); H. Dollinger: *Lachen streng verboten*, S. 319, 329, 358; Ausst.-Kat.: *Realismus zwischen Revolution und Machtergreifung* (1979); *Die Zwanziger Jahre in München* (1979)

**Ralph** (Ps.)
* 1944 Göttingen
Bürgerl. Name: Ralph Görtler
Gelernter Graphiker, freiberuflicher Cartoonist/Freiburg
Veröffentlichungen in: *Rheinische Post, Deutsche Sex-Illustrierte, Neue Illustrierte, Nebelspalter* u.a. Ralph zeichnet humoristisch-satirische Cartoons ohne Worte. – Cartoon-Folge: *Schnecken*.
Kollektiv-Ausst.: Weltausstellung der Karikatur, Berlin/West „Cartoon 70", „Cartoon 80" und weitere im In- und Ausland
Ausz.: 1986 „Türler Pressepreis"/Zürich (für seine Mitarbeit beim *Nebelspalter*)
Publ.: *Nur nichts überstürzen* (1986); *Im Grunde ist nur alles lästig* (1986)
Lit.: *70 mal die volle Wahrheit* (1987); Presse: *Schöne Welt* (Aug. 1979)

**Ramberg**, Johann Heinrich
* 22.07.1763 Hannover
† 06.07.1840 Hannover
Maler, Zeichner
Studium an der Royal Academy London (Stipendiat 1781-88), bei Reynolds und Bartolozzi. – Hofmaler in Hannover ab 1792. – J.H.R. malte und zeichnete Allegorien, Bildnisse, sittenbildliche Darstellungen, Karikaturen nach englischen Vorbildern Gillray und Rowlandson sowie satirisch-humoristische Karikaturen aus dem Alltagsleben in der Nachfolge von Chodowiecki. Er illustrierte *Reineke Fuchs, Eulenspiegel* und *Wielands Werke*. – Nachlaß im Provinzial und Kestner Museum, Hannover.
Lit.: E. Fuchs: *Die Karikatur der europäischen Völker* I (1903), S. 235, 245, 247, 476; F. Forster-Hahn: *J.H.R. als Karikaturist und Satiriker* (1963); Ausst.-Kat.: *Bild als Waffe* (1984), S. 66, 67, 110, 177, 415; *Das große Lexikon der Graphik* (Wesstermann, 1984) S. 369

**Raos**, Silvio
* 1954 Dornbirn/Österreich
Designer, Werbegraphiker, Porträt-Karikaturist
R.S. erhielt eine entsprechende Ausbildung, tätig in verschiedenen Werbeagenturen, seit 1978 selbständig, ab 1980 Partner der Werbeagentur Ortner & Raos, freischaffender Karikaturist. Themen: politische Karikaturen.
Veröffentlichungen in *Vorarlberger Nachrichten, Wochenpresse* und anderen österreichischen Tageszeitungen und im Fernsehen des ORF; in der Schweiz in *Nebelspalter*.
Ausst.: Bregenz (1985), Wien (1983)
Publ.: *Es hat mich sehr gefreut* (1984)
Lit.: H.P. Muster: *Who's who in Satire and Humour*, Bd. 3 (1991), S. 170-171

**Rata Langa** (Ps.)
* 1865
† 1937
Bürgerl. Name: Gabriele Galantar
Italienischer Karikaturist, Pressezeichner
Politischer Zeichner des sozialistischen Satireblatts *Asino*. In Deutschland war R. Mitarbeiter bei *Süddeutscher Postillon, Der wahre Jacob* und *Glühlichter* in Wien. Er zeichnete aktuell, politisch, sozialistisch, z.T. antiklerikal (gegen kirchliche Heuchelei). R.L.s Karikaturen wurden in allen europäischen sozialistischen Zeitungen und Zeitschriften gedruckt. Er war auch der Hauptmitarbeiter des *Wahren Jacob* um 1900, dem Agitationsblatt der deutschen Sozialdemokratie. Seine Karikaturen waren eindeutig und schlagkräftig.
Lit.: E. Fuchs: *Die Karikatur der europäischen Völker* II, S. 384, 386, 480, 483, Abb. 409, 410, 508, 509; G. Piltz: *Geschichte der europäischen Karikatur*, S. 186-188, 226f ..., 249; F. Wendel: *Der Sozialismus in der Karikatur*

**Rauch**, Hans Georg
* 21.06.1939 Berlin (aufgewachsen in Wilhelmshaven)
Graphiker, Karikaturist
Lehre als Schaufenstergestalter. Studium an der Kunsthochschule Hamburg (1954-60), 4 Semester. Zeichner für ein Bremer Lokalblatt. Pressezeichner beim *Weser-Kurier* (ein halbes Jahr), danach freiberuflicher Mitarbeiter der Presse.
Veröffentlichungen in *Pardon, Die Welt, Die Zeit, Welt am Sonntag, Constanze, Der Spiegel, Hörzu, Kristall, Petra, Trans Antlantik, Deutsches Allgemeines Sonntagsblatt, Westermanns Monatshefte* u.a., im Ausland in *Nebelspalter, The New Yorker, New York Times, Look, Observateur, Le Nouve, Ell, Punch* u.a. – H.G.R. zeichnet humori-

stisch-satirische, zeitkritische Karikaturen, oft ohne Worte, Collagen, Illustrationen, Werbung. In seiner Zeichentechnik verbindet sich Können und Präzision, minutiös, detailliert, vielschichtig. H.G.R.s thematische und künstlerische Entwicklung ist der Weg vom Pressezeichner humoristischer harmloser Karikaturen, zum scharfen, satirischen und zeitkritischen Graphiker. Mit zeichnerischer Liebe und Akribie belebt er seine Blätter voller Gestalten und Pointen.
Einzel- und Kollektiv-Ausst.: (in Deutschland) Düsseldorf, Baden-Baden, Tübingen, Colmar, Bochum, Osnabrück, Hannover (sozialkritische Grafik, 1970, 2. Preis), Wilh.-Busch-Museum, Hannover (1971), Galerie Gurlitt München (1972), Kunsthalle Recklinghausen (1972), Institut für Auslandsbeziehungen Stuttgart (1981), Galerie Dahlem-Dorf (1979, 1981), Die Stadt/Deutsche Karikaturen (1985); (im Ausland) Basel, Sidney, Kapstadt, Dallas, Mineapolis, Brüssel, Ottawa, Boston, Genf, San Francisco, Goethe-Institut New York, Montreal, Stockholm, Bourges, Oslo, Houston, Avignon, Paris, Galerie Lalumière (1973), New York National Art Club (1974)
Publ.: *Rauchzeichen* (1969); *Dessin à regarder de près* (1965, 1970); *Die schweigende Mehrheit* (1974: *La majorité silencieuse*); *Schlachtlinien* (1976); *Die Striche kommen* (1978); *En masse*
Lit.: (Auswahl) H. Hubmann: *Die stachlige Muse* (1974), S. 74; *Who's Who in Graphic Art* II (1982), S. 291; Ausst.-Kat.: *Zeitgenossen karikieren Zeitgenossen* (1972), S. 224; *Karikaturen-Karikaturen?* (1972), S. 68; *Spitzensport mit spitzer Feder* (1981), S. 54-55; *Rauchzeichen* (1971), Wilh.-Busch-Museum, Hannover (1971); Fernsehen: III Hamburg: „Aus Kunst und Wissenschaft" (19.6.1970); TV Super Channel „La grande visite" TVS (25.5.87)

**Raum**, Hermann
* 1924 Pommelsbrunn/Mittelfranken
Pressezeichner, Karikaturist
Aktuell-satirische Themen. Veröffentlichungen im *Eulenspiegel*.
Lit.: *Resümee – ein Almanach der Karikatur* (3/1972)

**Rauschenbach**, Erich
* 21.05.1944 Lichtenstein/b. Chemnitz
Freiberuflicher Graphiker, Designer, Karikaturist, seit 1953 in Berlin/West
1963-66 Banklehre, danach Studium an der Pädagogischen Hochschule (1966-69, ohne Abschluß), dann Hochschule der Künste (Gebrauchsgraphik, 1970-73) mit Abschluß. Ab 1973 Graphiker, Karikaturist, Pressemitarbeit.
Veröffentlichungen in *Vorwärts, pardon, ran, Eltern, Der Tagesspiegel, Treff, Zitty, Metall, Brigitte, Berliner Stimme, ÖTV-Dialog, Blickpunkt* u.v.a. – E.R. zeichnet humoristisch-satirische, zeit- und sozialkritische, aktuelle, politische Karikaturen, Illustrationen und Werbung. Schulbuch Illustrationen bei CVK (4 Kinder-Gesundheitssachbücher). Comic strips: *Rüdiger* (in *pardon*), *Direktor Kralle* (in *Von Monat zu Monat*, DBG), *Kollege Karl* (in *Metall*), *Genosse Inge* (in *Berliner Stimme*).
Kollektiv-Ausst.: Weltausstellung der Karikatur: Cartoon 75, 77, 80, Berlin/West (1975, 1977, 1980), Kommunale Galerie Berlin-Wilmersdorf; „Berliner Karikaturisten" (1978), Institut für Auslandsbeziehungen, Stuttgart (1981), Förderkreis Kulturzentrum Berlin/West, Haus am Lützowplatz (1984 zus. mit Titus), Einzel-Ausst.: Galerie am Chamissoplatz-Berlin/West (1988)
Publ.: (u.a.) *Oh, Tochter* (1 u. 2); *Lieschen; Ich bin schon wieder Erster; Super oder normal; Wo kann man denn hier pinkeln?; Hier stimmt doch was nicht; Das Beste aus Rüdiger Digest; Du gehst mir auf den Keks; Auf Mutter paß ich selber auf; Massenweise Medien; Der kleine Patient; Zukker ist nicht immer süß; Vollkommen fix und Vierzig; Die zehn Gebote für gute Deutsche; Zehn klene Zottelchen; Die Macken der Macker; Was macht der Geiger ohne Ständer; Eine Nummer nach der andern*
Lit.: *Störenfriede – Cartoons und Satiren gegen den Krieg* (1983); *Beamticon* (1984), S. 141; *Wenn Männer ihre Tage haben* (1987); *70 mal die volle Wahrheit* (1987); Ausst.-Kat.: *Spitzensport mit spitzer Feder* (1981), S. 56; *3. Internationaler Comic-Salon*, Erlangen (1988), S. 15; Fernsehen: SFB Reportage (28.3.1988)

**Rauwolf**, Lous
* 07.04.1929 Marienbad/ČSR
Karikaturist, zeichnet unsigniert
Lehre als Rundfunk-Mechaniker und Elektriker. Vom Betrieb aufgrund erfolgreicher Zeichnungen für Werk-Wandzeitungen zur Kunsthochschule Berlin-Weißensee delegiert. Kunststudium. Seit 1952 Zeichner für die DDR-Presse, u.a. für *Frischer Wind* und *Eulenspiegel* mit humoristischen, zeit- und gesellschaftskritischen, politischen Karikaturen.
Kollektiv-Ausst.: „Satiricum '80" (1. Biennale der Karikatur in der DDR, Greiz, 1980), „Satiricum '78", „Satiricum '82", „Satiricum '84", „Satiricum '86", „Satiricum '88", „Satiricum '90", Einzel-Ausst.: Galerie im Turm, Berlin DDR (1983)
Publ.: *Witze mit und ohne Bart* (1960)
Lit.: *Windstärke 12 – eine Auswahl neuer deutscher Karikaturisten* (1953), S. 50; *Der freche Zeichenstift* (1968), S. 133; *Resümee – ein Almanach der Karikatur* (3/1972); Ausst.-Kat.: *Satiricum '80* (1980), S. 11 sowie die weiteren Ausstellungskataloge von „Satiricum".

**Reb**, Paul → **Paul** (Ps.)

**Réber**, László
* 1920 Madocsa/Ungarn

Ungarischer Karikaturist, Trichfilmzeichner in Budapest Mitarbeit in der satirischen Zeitschrift *Ludas Maty* (Gänsehirt). L.R. zeichnet humoristisch-satirische Karikaturen ohne Worte. Veröffentlichungen in England, der DDR und der Bundesrepublik. Von 1949-59 graphischer Mitarbeiter verschiedener Wochenschriften. Seit 1959 freiberuflicher Cartoonist. Cartoons ohne Worte Veröffentlichungen, u.a. in: *Pardon, Eulenspiegel*.
Publ.: (Deutschland) *Strick um Hals und Sträußchen dran; Ganz die Eltern; Hokuspokus;* (England) *Hurdy-Gurdy* (1948)
Lit.: *Beschwerdebuch – Karikaturen aus dem Osten* (1967), S. 140; *Der freche Zeichenstift* (1968), S. 305

**Rechenberg**, Erwin
\* um 1898 Berlin
† um 1944 Berlin (Freitod)
Pressezeichner, Karikaturist
Lithograph, danach freier Pressezeichner. Mitarbeit bei: *Lustige Blätter, Die Woche, Berliner Morgenpost, Kölnische Illustrierte Zeitung* u.a. Berliner Zeitungen und Zeitschriften. E.R. zeichnet unpolitische, nur humoristische, lustige Karikaturen voller Komik.
Ausst.: „Die Pressezeichnung im Kriege" Haus der Deutschen Kunst (1941: Nr. 275 „Schiff in Reparatur")
Lit.: K. Glombig: *Bohème am Rande skizziert*, S. 24, 88, 89; Presse: *Kölnische Illustrierte Zeitung* (Nachruf)

**Reichard**, Walter
\* 18.07.1920 Berlin (Tegel)
Graphiker, Karikaturist (Autodidakt)
W.R. begann nach 1945 mit Witz- und Humorzeichnungen für die Presse und blieb freischaffender Pressezeichner.
Veröffentlichungen u.a. in *Der Insulaner, Münchener Illustrierte Presse, Berliner Morgenpost*. Es sind humoristische Zeichnungen aus dem Alltag. Kinderstrip: *Karl und Liesel*, ferner Glückwunschkarten, spezialisiert auf einen „feucht-fröhlichen Penner" unter dem Signum: „Emmes".
Kollektiv-Ausst.: u.a. „Cartoon", Berlin-West (1975, 1977, 1980), „Turnen in der Karikatur" (1968)
Lit.: *Wolkenkalender* (1956); Ausst.-Kat.: *Turnen in der Karikatur* (1968)

**Reiche**, Volker
\* 1944
Jurist (abgeschlossenes juristisches Studium). – Comic-Zeichner, Karikaturist (Autodidakt), begann als Underground-Zeichner.
Veröffentlichungen in *pardon, Titanic, Hinz & Kunz* (Underground-Magazin). V.R. zeichnet satirische Karikaturen, Kinderserien. 1979 Donald-Duck-Stories (5) für holländisches Donald-Duck-Magazin (1979-81). 1982 Animationszeichner für Donald-Duck- und Asterix-Werbefilme für das deutsche Fernsehen. – Ab Nr. 38/1985 Zeichner und Texter der in *Hörzu* neu herausgebrachten „Mecki-Bildergeschichten" (ganzseitig bis Folge 213 (41/1989), ab (42/1989) „Mecki und seine Freunde", je 2/5 Seite)
Publ.: Männer-Comic *Liebe* (private Veröffentlichung in der Studentenbewegung „Sponti", 1976); *Erwachsenencomics aus deutschen Landen* (1984); *Willi Wiedenhopf räumt auf*
Lit.: K. Strzyz/A.C. Knigge: *Disney von Innen*, S. 268-279 (1989); *Comic Fachmagazin* (35/1981: „*Comixene*")

**Reimann**, Peter
\* um 1920 Leipzig
† 1956 Berlin/West (Freitod)
Karikaturist (ältester Sohn des Schriftstellers Hans Reimann)
Veröffentlichungen, vorwiegend in DDR-Publikationen: *Zeit im Bild* (Sachsenverlag Dresden), *Dresdener Illustrierte, Tägliche Rundschau, Frischer Wind* (Berlin-Ost) u.a. – P.R. zeichnete politische, aktuelle, humoristisch-satirische Karikaturen.
Lit.: H. Reimann: *Mein blaues Wunder* (1959), S. 215, 217

**Reinemer**, Detlef
\* 1944
Karikaturist, Zeichner/Jena
Kollektiv-Ausst.: „Satiricum '82", Greiz
Lit.: Ausst.-Kat.: *Satiricum '82*

**Reinhardt**, Carl August
\* 1818 Leipzig
† 1878 Kötschenbroda
Zeichner
C.A.R. nahm seine Themen aus dem Kleinbürgertum, gelegentlich zeichnete er auch politisch. Er war Mitarbeiter der *Fliegenden Blätter*, des *Dorfbarbier* sowie für Leipziger Verlage und die *Komischen Volkskalender* von Adolf Glaßbrenner tätig. A.R. gab ein eigenes Witzblatt heraus *Der Calculator an der Elbe*. 1873 gründete er die Humorzeitschrift *Doktor Eisenbart*, die aber nach einigen Monaten wieder eingestellt wurde. Bekannt wurde seine beliebte Bildhumoreske „Der Löwe kommt" (Der Löwe ist aus der Menagerie ausgebrochen. Es entsteht ein belustigendes Durcheinander. Im Vordergrund sitzt ein Mann im Rollstuhl, der Künstler selbst, der an den Beinen gelähmt war). Das Bild hing jahrzehntelang an Jahrmarkts-Schaubuden.
Publ.: *Weiße Sklaven*
Lit.: G. Piltz: *Geschichte der europäischen Karikatur*, S. 159, 205, 208; G. Hermann: *Die deutsche Karikatur im*

*19. Jahrhundert*, S. 58; H. Ostwald: *Vom goldenen Humor in Bild und Wort*, S. 42, 79, 543; E. Roth: *100 Jahre Humor in der deutschen Kunst*

**Reinhart (Reinhard)**, Johann Christian
* 24.01.1761 Hof (Bayern)
† 09.06.1847 Rom

Maler, Radierer, Kunstschriftsteller
Vater: Pfarrer
Studium der Theologie und der Kunst, Schüler von A.F. Oeser, Leipzig und J.Chr. Klengel, Dresden. Mit J.A. Koch Hauptmeister der klassizistisch-heroischen Landschaftsmalerei (Natur als Anregung – nicht als Vorbild), aber ohne das Pathos der Klassizisten, idyllisch-ideal. Ab Dezember 1789 bis zum Lebensende lebte J.C.R. in Rom. R. zeichnete nebenher Karikaturen, auch mit seinem Freund Friedrich Sickler (1773-1836).
Lit.: H. Geller: *Curiosa* (1955), S. 23; G. Piltz: *Geschichte der europäischen Karikatur* (1976), S. 154; I. Feuchtmayer: *J.Ch.R. 1761-1847* (Diss. München 1955); E. Roth: *100 Jahre Humor in der deutschen Kunst* (1957); D. Baisch. *J.C.R. und sein Kreis* (1882); Ausst.-Kat.: *J.Chr.r. Stadtmuseum Hof* (1961); *Das große Lexikon der Graphik* (Westermann, 1984) S. 371

**Reinick**, Robert
* 22.02.1805 Danzig
† 07.02.1852 Dresden

Maler, Dichter
Vater Großkaufmann, durch dessen Vermögen finanziell unabhängig.
Studium an der Akademie Berlin, bei Begas (ab 1827) und an der Akademie Düsseldorf bei W. Schadow (1831). Nach einer Italienreise ab 1844 wurde R.R. seßhaft in Dresden. Er zeichnete volkstümliche Vorlagen für Holzschnitte und Radierungen zu eigenen und fremden Gedichten in der Art von Ludwig Richter. 1851 – zusammen mit Ludwig Richter – Zeichnungen zu Hebels *Allemannische Gedichte* (Übertragung ins Hochdeutsche). R.R. verfaßte auch die Verse zu Rethels *Auch ein Totentanz* sowie heitere Kindergedichte, humoristische Märchen, Fabeln und Geschichten.
Publ.: *Lieder eines Malers mit Randzeichnungen seiner Freunde* (1833) (Titelkupfer und Verse, R.R., Illustrationen von Malerfreunden); *Lieder und Fabeln für die Jugend* (1844); Ab 1847-58 Hrsg. des *Deutschen Jugendkalenders* mit eigenen Beiträgen; *ABC-Buch für kleine und große Kinder* (1845)
Lit.: *Aus Biedermeiertagen – Briefe R.R.s und seiner Freunde* (hrsg. v. Höffner 1910); R. Müller: *R.R.* (Diss. Wien 1922); Böttcher/Mittenzwei: *Dichter als Maler* (1980), S. 123-25; E. Roth: *100 Jahre Humor in der deutschen Kunst* (1957)

**Reinicke**, Emil
* 20.11.1859 Zerbst/Anhalt

Maler, Zeichner, tätig in München seit 1880
Studium an der Akademie Dresden und München. – Mitarbeiter der *Fliegenden Blätter* (1882-1912) und der *Münchener Bilderbogen* (49 Blatt). E.R. zeichnete lustige und humoristische Themen, lebenswarmen Humor mit kräftiger Charakterisierung sowie Tierszenen.
Lit.: L. Hollweck: *Karikaturen*, S. 23, 101, 102; Ausst.-Kat.: *Zeichner der Fliegenden Blätter – Aquarelle – Zeichnungen* (1985)

**Reinicke**, Paul René
* 22.03.1860 Strenz-Naundorf/bei Halle
† 15.07.1926 Wildsteg bei Steingaden

Maler, Zeichner
Studium an der Akademie Weimar, bei Struys, an der Akademie Düsseldorf, bei E.v. Gebhard und an der Akademie München, bei Piglhein. P.R.r. war seit 1884 in München, arbeitete an den *Fliegenden Blättern* von 1886-1914 als Illustrator. Er zeichnete Salonschilderungen aus der eleganten Welt in malerischer Pinselführung. Er wird als Vorläufer von Rezcnicek angesehen. Für die *Fliegenden Blätter* hat er die Figur des Pantoffelheldens gezeichnet, als Karikatur. In der Malerei brachte er Feinheit und Eleganz in seine Bilder, wie die Gemälde: „Im Wartesaal I. Klasse", „Straßenpromenade", „Die Dulderin", „Der Spieler" zeigen. Mit Piglhein reiste er nach Jerusalem. Es entstand das Gemälde „Kreuzigung Christi" (1892 verbrannt).
Publ.: *Spiegelbilder aus dem Leben* (Radierungen 1891)
Lit.: G. Piltz: *Geschichte der europäischen Karikatur*, S. 220; L. Hollweck: *Karikaturen*, S. 12, 101, 127; E. Roth: *100 Jahre Humor in der deutschen Kunst*; Verband deutscher Illustratoren: *Schwarz-Weiß*, S. 94

**Reininger**, Lotte
* 02.06.1899 Berlin
† 24.06.1981 Dettenhausen, bei Tübingen

Scherenschnitt-Künstlerin, Filmschaffende
Studium an der Schauspielschule Max Reinhardt. Der Schauspieler Paul Wegener brachte L.R. mit dem experimentellen Film zusammen – und lernte ihre Silhouetten beweglich machen. Es entstand „Der fliegende Koffer" 1921 als neue Ausdrucksform. 1926 führte L.R. ihren ersten abendfüllenden Film vor: „Die Abenteuer des Prinzen Achmed" (dreijährige Vorbereitungszeit, mehr als 250.000 Scherenschnitte). Weitere Scherenschnittfilme: „Dr. Doolittle und seine Tiere" (1928), „Die Jagd nach dem Glück" (1929-30), „Das vollendete Rad" (1934), „Papageno" (nach Mozarts Zauberflöte – 1935), „Galathea", „Der gestiefelte Kater", „Aschenbrödel", Szenen zu Mozarts „Kleiner Nachtmusik", „Liebetrank"

(Donizetti) u.a., insgesamt 25 Filme in 30 Jahren. L.R.s Scherenschnittfilme waren märchenhaft, phantasievoll, humorvoll, grazil-verspielt, amüsant und komisch. „Das tapfere Schneiderlein" erhielt auf der Biennale in Venedig (1953) den Ersten Preis. 1933 nach England emigriert, arbeitete sie später auch in Kanada und Frankreich, produzierte für Fernsehen und Theater, schwarzweiße und farbige Silhouettenfilme, Kinderserien und griechische Sagen. 1969 Ehrung durch die Deutsche Kinemathek in der Akademie der Künste. 1981 Rückkehr nach Deutschland. Ihre Filme wurden auch in Buchform publiziert.
Lit.: *Filmlexicon degli autor e delle opere* (5/1962); W. Dütsch: *L.R.* (1969); *Brockhaus Enzyklopädie* (1972), Bd. 15, S. 608

**Reinisch**, Rudolf
* 1924 Auscha/Böhmen ČSR

Karikaturist, Graphiker (Wohnsitz: Lahstedt-Gross Lafferde)
Studium an der Kunsthochschule Leipzig. – Veröffentlichungen u.a. in *Münchener Abendzeitung* und *Quick*. Es sind humoristische Zeichnungen, besonders Tier-Karikaturen. Später beschäftigte sich R.R. vor allem mit detailgetreuer, Naturmalerei und Aquarelltechnik.
Publ.: *Rheinisches Tierleben*
Lit.: Presse: *neue braunschweiger* (v. 11.7.1985)

**Reiser**, Jean-Marc
* 13.04.1941 Longlaville/Nordlothringen
† 08.11.1983 Paris

Französischer Cartoonist, seit 1963 in Paris
Veröffentlichungen in: (Frankreich) *Harakiri, Le Nouvel Observateur, Charles Hebdo* u.a. (in Deutschland) *pardon, Titanic*, Werbung (Chevron). J.-M.R. zeichnet Bilderseiten, Cartoons, humoristisch, zeitkritisch, satirisch.
Publ.: (Deutschland) *Leben wir nicht in einer herrlichen Zeit?; Von Lust und Liebe* (Vives les Femmes); *Ferien über alles; Der Schweinepriester; Phantasien*
Lit.: *Festival der Cartoonisten* (1976); *Eifersüchtig?* (1987); Presse: *Die Zeit* (34/1986); *Der Spiegel* (16/1988); *Titanic* (8/1988)

**Reisinger**, Oton-Anton
* 1927 Rankovtsima/Slovenien

Jugoslawischer Architekt, Karikaturist
Studium der Architektur an der TH Zagreb. O.R. begann 1950 mit politischen Karikaturen. Arbeitete für die satirische Zeitschrift *Kerempuh* (Eulenspiegel), später für die Tageszeitung *Vjesnik* (Beobachter). Bis 1960 politische Karikaturen gegen den Stalinismus während des Kominform-Konflikts (Chruschtschow beklagte sich bei Tito über R.s scharfe Karikaturen). Danach zeichnete O.R. ohne politische Ambitionen. – Teilnahme an internationalen Ausstellungen. Auszeichnungen: 1967 Montreal, 1975 the Mosche Pujake, Berlin/West „Cartoon 75". R. zeichnete Plakate, Zeichentrickfilme, Comic-strips, illustrierte Bücher, Werbung. 1968 bereiste er auf Einladung der Bundesregierung die Bundesrepublik. Mitarbeit u.a. bei *Pardon* und *Quick*. Jahrelang erschienen ganzseitige Humorseiten im *Nebelspalter*.
Publ.: *Amor ... Amor* (Cartoon 1973)

**Reißig**, Guntram
* 1930 Rabenau

Pressezeichner
Lit.: *Resümee – ein Almanach der Karikatur* (3/1972)

**Reithermann**, Wolfgang
* 1910 München
† Mai 1985 USA (Autounfall)

Deutsch-amerikanischer Trickfilmzeichner und Regisseur
Studium der Graphik und Malerei in Los Angeles. – Ausgebildeter Pilot, tätig in der Luftfahrtindustrie, seit 1933 Mitarbeiter von Walt Disney und seit dessen Tod (1966) sein Nachfolger in der Trickfilm-Produktion. Begann als Animator (Phasenzeichner), Regie-Assistent, Regisseur und Produzent. Mitarbeit bei: „Schneewittchen" („Spieglein an der Wand"-Szene), „Pinocchio", „Susi und Strolch", „Goofy", „Peter Pan" (Co-Regie) „Bambi". Eigene Regie bei: „Mäusepolizei", „Dschungelbuch", „Aristocats", „Robin Hood", „Cap und Capper", „Winnie, der Bär und das Hundewetter". 1967 Oscar-Auszeichnung. Spitzname für W.R. in den Studios: „Woolie".
Lit.: K. Strzyz/A.C. Knigge: *Disney von innen* (1988), S. 33, 34, 156; Presse: *BZ* (v. 25.5.1985); *Der Spiegel* (Nr. 23/1985); *Hörzu* (Nr. 51/1983)

**Rémy**, Georges → **Hergé** (Ps.)

**Renau**, José
* 17.05.1907 Spanien
† 11.10.1982 Berlin/DDR

Spanischer Maler, Graphiker, Politmonteur
Mitarbeit u.a. bei: *Eulenspiegel*, DDR, mit kritisch-politischen Fotomontagen, Plakatkunst. Bei Wandmalereien wurde er inspiriert von John Heartfield. Während seines Exils in Mexiko vollendete er das 300 Quadratmeter große Wandgemälde „Spanien erobert Amerika".
Publ.: *Fata Morgana USA* (1968, politischer Fotomontagen-Zyklus „The American Way of Life"); *Eulenspiegel* (Nr. 43/1982: Nachruf)

**Rencin**, Vladimir
\* 06.12.1941 Pecky/Landkreis Nymburg (ČSR)
Tschechoslowakischer Cartoonist (Autodidakt)
Besuch einer Ökonomischen Schule. Redakteur bei Betriebs- und Landkreiszeitungen. Ab 1962 Berufscartoonist.
Veröffentlichungen in den Satirezeitschriften *Dikobraz, Mlady svet* in der ČSR, aber auch in: *New Scientist* (England), *Bulletin of the Atomic Scientist* (USA), *Die Zeit, Schule, Bastei-Rätselhefte* (Bundesrepublik) u.a. Es sind Cartoons ohne Worte, Buchillustrationen.
Einzel-Ausst. in der Tschechoslowakei, in Jugoslawien, Bulgarien
Kollektiv-Ausst.: Gabrovo (1977, 1979), Ljubljana (1980), Berlin/West (1977), Stuttgart (1981), Davos (1986)
Ausz.: Internationale Preise/Diplome: Türkei, Jugoslawien, Bulgarien
Publ.: *Rencin 99* (ČSR); *Immer nur das eine* (BRD); *R.s schöne Welt* (BRD)
Lit.: Ausst.-Kat.: *Spitzensport mit spitzer Feder* (1989), S. 57-59; *1. Internationale Cartoon-Biennale*, Davos (1986)

**Resch**, Josef
\* 1819
† 1901 München
Zeichner, Karikaturist
R. zeichnete für die *Leuchtkugeln* (1847-51) und den *Münchener Punsch* (1879-85) u.a. aktuelle, politisch-satirische Karikaturen mit antipreußischer, anti-Wagnerischer Tendenz.
Lit.: E. Roth: *100 Jahre Humor in der deutschen Kunst*; L. Hollweck: *Karikaturen*, S. 11, 38, 43-47, 49, 56

**Retemeyer**, Ernst
\* 1890
Politischer Karikaturist beim *Kladderadatsch* und dessen Werbegestalter. E.R. zeichnet aktuelle, zeitbedingte politische Karikaturen in liberal-nationaler Tendenz, zur Innen- und Außenpolitik.
Lit.: E. Fuchs: *Die Karikatur der europäischen Völker* II, S. 380, 410, ABb. 360; G. Piltz: *Geschichte der europäischen Karikatur*, S. 219

**Rethel**, Alfred
\* 15.05.1816 Diepenband/b. Aachen
† 01.12.1859 Düsseldorf
Zeichner, Historienmaler von Ruf
Studium an der Akademie Düsseldorf, bei K.F. Lessing (1829-30), ab 1834 Meisterklasse, bei Kolbe und Hildebrand, ab 1836 bei Philipp Veit, Frankfurt/M. – Als Maler erhielt er den Auftrag zur Ausmalung des Aachener Rathaussaals (1840, bedeutende Monumente aus dem Leben Karls des Großen in historischer und symbolischer Auffassung zu schildern.) A.R. zeichnet acht Entwürfe. Vier führt er selbst aus, die restlichen vier Fresken überläßt er wegen psychischer Erkrankung Josef Kehren. Angeregt durch die Revolutionsjahre veröffentlicht A.R. (1849) sechs Satiren „Auch ein Totentanz" (mit Versen von R. Reinick), (1851) folgt „Der Tod als Freund" (ein Bilderzyklus über Revolution und Konterrevolution).
Lit.: (Auswahl) Müller v. Königswinter: *A.R.* (1861); K. Koetschau: *A.R.: Kunst vor dem Hintergrund der Historienmalerei seiner Zeit* (1929); K. Zoege v. Manteuffel: *A.R. – Radierungen und Holzschnitte* (1929); Th. Heuss: *Auch ein Totentanz*; E. Fuchs: *Die Karikatur der europäischen Völker* I, S. 79, 80, 235, 219, 475; G. Hermann: *Die deutsche Karikatur im 19. Jahrhundert*, S. 44; Ausst.-Kat.: *Düsseldorfer Malerschule*, S. 425, 188, 189; *Kunst der bürgerlichen Revolution um 1830-48/49*, S. 122; *Das große Lexikon der Graphik* (Westermann, 1984) S. 376

**Rettich**, Margret
\* 1926 Stettin
Gebrauchsgraphikerin, Illustratorin (lebt in einem Dorf bei Braunschweig)
M.R.s Metier ist humoristische Kalendergestaltung, sie zeichnet humoristische, kinderfreundliche Bilderbuch- und Märchen-Illustrationen.
Publ.: (Karikaturen) *Verliebt – verlobt – verheiratet* (Kalender 1964); *Tips in Sachen Liebe* (Kalender 1965); (Kinderbücher) *Jan und Julia haben einen Garten; Freitags ging alles schief; Die Reise mit der Jolle* (ausgezeichnet mit dem Jugendliteratur-Preis, 1981); *Erzähl mal, wie es früher war* (als eines der 3 Bücher des Monats (Juli 1982) ausgewählt von der Deutschen Akademie für Jugend und Jugendliteratur in Volkach); *Wittkopp; Extrapost für Kati – Eilbrief für Onkel Felix; Kennst du Robert* (Zus. mit Rolf Rettich). Illustrationen zu Astrid Lindgren *Ich will auch in die Schule gehen* und zu Irmela Brender: ... *erst links – dann rechts*
Lit.: Presse: *Berliner Morgenpost* (v.22. Nov. 1981)

**Rettich**, Rolf
\* ??
Graphiker, Kinder-Bilderbuch-Illustrator
Zusammenarbeit mit Margret Rettich/Vordorf bei Braunschweig. Themen mit karikierendem Einschlag.
Ausst.: „Märchenbild-Zeichner", Brücke Galerie, Braunschweig (10.09-04.10.1991)
Publ.: Illustrationen zu Astrid Lindgren *Pippi Langstrumpf*-Geschichten. *Kennst du Robert?* (mit Margret Rettich), Illustrationen zum *Großen Ringelnatz-Kinderbuch* (1989), (Ringelnatz-Texte für Kinder, gesammelt von Prof. Walter Pape)
Lit.: Presse: *Berliner Morgenpost* v. 14.11.1982, *Braunschweiger Zeitung* v. 08.11.1989

**Reuter**, Fritz
* 07.11.1810 Stavenhagen
† 12.07.1874 Eisenach

Niederdeutscher Schriftsteller, Maler und Zeichner. (Vater Bürgermeister von Stavenhagen) Rechtsstudent in Rostock und Jena. Als Burschenschaftler 1833 verhaftet. Wegen „Umtriebe" 1836 und angeblichem Hochverrat zum Tode verurteilt. Zu 30 Jahren Festungshaft begnadigt, 1840 amnestiert. Danach 10 Jahre Wirtschaftseleve (Strom). 1850 Privatlehrer in Treptow an der Tollense, gab auch Zeichenunterricht. Ab 1953 freier Schriftsteller. – F.R. hat seit frühester Jugend gezeichnet. Die Zeichnungen benutzte er zur Verdeutlichung seiner Aussagen. Bekannt wurde sein „Onkel Brasig", den er selbst entworfen hat.
Lit.: W. Finger-Hain: *F.R. als Zeichner und Maler* (1968)

**Reuter**, Jürgen
* 1947

Diplom-Formgestalter/Halle, Signum: „R"
J.R. zeichnet nebenher Cartoons mit und ohne Worte. – Veröffentlichungen im *Eulenspiegel*.
Kollektiv-Ausst.: „Satiricum '80" (1. Biennale der Karikatur in der DDR, Greiz, 1980: „Ist er nicht großartig, dieser Kollektivgeist?")
Lit.: Ausst.-Kat.: *Satiricum '80*, S. 16; Presse: *Eulenspiegel* (44/1979)

**Reuter**, Uwe
* 1935

Zeichner, Graphiker/Kleinmachnow
Kollektiv-Ausst.: „Satiricum '80" (1. Biennale der Karikatur in der DDR, Greiz, 1980: „Ich bin Kumpel, wer gibt mehr?", „Satiricum '78", „Satiricum '82"
Lit.: Ausst.-Kat.: *Satiricum '80, Satiricum '78, Satiricum '82*

**Reyer**, Ernst
* 1947 Innsbruck

Österreichischer Graphiker/Innsbruck
Studium an der Akademie der bildenden Künste, Wien (1976-80) – Fachgebiet: Bühnenbild.
Veröffentlichungen in *Die Zeit*. E.R. zeichnet surrealistische Komik, Zeitsatire.
Einzel-Ausst.: 1985, 1987 Galerie Thomas Flora, Innsbruck
Ausz.: 1984 Preis des Landes Kärnten (Österreich. Graphik-Wettbewerb), 1986 Ankaufspreis (Österreich. Graphik-Wettbewerb), 1987 Förderpres: (Wilh.-Busch-Museum)
Lit.: Ausst.-Kat.: *Gipfeltreffen* (1987), S. 59-74

**Reznicek**, Ferdinand von
* 16.06.1868 Ober-Sievering bei Wien
† 11.05.1909 München

Österreichischer K.u.K.-Offizier, Maler, Zeichner (Vater österreichischer General, Bruder ist der Komponist Niklaus v.R.)
Studium an der Akademie München, bei Paul Höcker. – Mitarbeiter bei *Fliegende Blätter*, *Jugend* und ständiger Zeichner beim *Simplicissimus* mit eigener Seite (über 1000 Zeichnungen). F.v.R. war kein Karikaturist im üblichen Sinne, weil er nie verzerrt, übertrieben oder aggressiv gezeichnet hat. Die Texte lieferte die Redaktion und sie ergaben erst mit der Zeichnung die pointierte, amüsante und komische Note, passend zum „Fin de siècle", der Hohlheit und doppelten Moral und Erotik der gutbürgerlichen und adligen Gesellschaft seiner Zeit. Entsprechend waren seine Bildthemen: Elegante und mondäne Welt, Szenen aus Boudoirs, Separées, Ballsälen, Halb- und Lebewelt, Aristokratie, Geldadel. Entkleidungsszenen mit knisternden Dessous, der lebensfrohe und sinnenfrohe Münchener Fasching und immer wieder verführerische Frauen.
F.v.R.s *Simplicissimus-Alben: Galante Welt; Verliebte Leute, Sie; Unter vier Augen; Der Tanz; Münchener Fasching; Ein Tag aus dem Leben einer Weltdame* (Bilderzyklus), und als Einzelblätter viele Kunstdrucke. Ferner illustrierte F.v.R. Bücher von E. Eckstein, Anton von Perfall, Ludwig Thoma, Ernst v. Wolzogen und Marcel Prévost (21 Bände). F.v.R.s Nachfolger im *Simplicissimus* wurden die Zeichner Heilemann, Heiligenstädt, Dudovich, Keiner und vor allen Wennerberg.
Lit.: G. Flügge: *F.v.R.* (1970); L. Lang: *F.v.R.*; L. Hollweck: *Karikaturen*, S. 11, 12, 102, 138, 139, 154, 164, 170, 172, 174, 175, 179; E. Fuchs: *Die Karikatur der europäischen Völker* II, S. 341, 400, 421, 423, 433, 450, 451, 458, 461; *Brockhaus Enzyklopädie* (1972), Bd. 15/733; *Das große Lexkon der Graphik* (Westermann, 1984) S. 377

**Rezzori (d'Arezzo)**, Gregor von
* 13.05.1914 Czernowitz (Bukowina)

Schriftsteller, Zeichner, Humorist, Satiriker
Studium der Malerei in Wien. Aufgewachsen in Rumänien und Österreich. Ab 1938 in Berlin. Lebt in Felice Circeo/Italien. – Er schrieb und zeichnete phantasievolle witzig-aphoristische Geschichten, Anekdoten und Kulturkritik, vorwiegend aus der K.u.K.-Monarchie, die er auch illustrierte und karikierte – auch Filmdrehbücher. – Für die Bukarester Presse zeichnete er eine Zeit lang.
Publ.: *Maghrebinische Geschichte* (1953); *Oedipus siegt bei Stalingrad* (1954); *Ein Hermelin in Tschernopol* (1958); *Bogdan im Knoblauchwald* (1962); *Männerfibel* (1955); *Idiotenführer durch die deutsche Gesellschaft* (4 Bde., 1962-65); *Die Toten auf ihren Plätzen* (1966, Tagebuch des Films Viva Maria); *1001 Jahre Maghrebinien*

(1967); *Memoiren eines Anti-Semiten; Der Tod meines Bruders Abel*
Lit.: Böttcher/Mittenzwei: *Dichter als Maler* (1980); S. 325-26; N. Verschorre in: *Studio Germanica 2* (1960); *Brockhaus Enzyklopädie* (1972), Bd. 15/733

**Richard**, Jean-Paul
\* 1939 Monthey/Wallis
Cartoonist/Peseux (Neuenburgersee), Signum: „Richard"
Begann 1966 mit Cartoons, zuerst in Frankreich, dann in der Schweizer Presse. Veröffentlichungen in der Schweiz in *Femina, Coopération, Illustré, Nebelspalter, Radio – TV-je vous tout*. Themen: humoristische-satirische Situationskomik, ohne Worte.
Lit.: H.P. Muster: *Who's who in Satire and Humour* (2) 1990, S. 158-159

**Richards**, P.
\* um 1864 in der Nähe von Wien
† um 1940 Berlin (Schöneberg)
Bürgerl. Name: Richard Pichler
Pressezeichner, Karikaturist, Schriftsteller
Kurzes Studium bei Prof. Hörwarter in Wien, dann Autodidakt. Mitarbeiter bei der *Theaterzeitung*, Wien und *Der Artist*, Düsseldorf. P.R. reiste in den achtziger Jahren zu seinem wohlhabenden Onkel in die USA, versuchte sich als Pressezeichner in Chicago. Als auch in New York seine Karikaturen erschienen, nannte er sich: P. Richards = (Pichler Richards). Sein Name wurde zum Begriff als Cartoonist, er war ständiger Mitarbeiter der Hearstpresse und der höchstbezahlte Zeichner seiner Zeit. 1907 begleitete er Mark Twain auf seine Englandreise, um diese zu illustrieren. Mit dem Zirkus Barnum und Baily reiste er durch Amerika, und im Burenkrieg war er amerikanischer Berichterstatter. Seine berühmteste Comic-Figur wurde der „Patsy-Bolivar", die zwei Jahre lang in 40 Zeitungen der USA abgedruckt und auch verfilmt wurde. Ab 1912 lebte P.R. ständig in Berlin und arbeitete bis zu seinem Tod an deutschen Zeitungen und Zeitschriften mit.
Publ.: (USA) *New York Clipper* (Clipper Cartoons); *Vaudevilles Favorites*; (Deutschland) *Zeichner und Gezeichnete* (1912); *Amerika durch die Lupe des Karikaturisten* (1913)

**Richter**, Adrian Ludwig
\* 28.09.1803
† 19.06.1884 Dresden
Maler, Zeichner
Die Ausbildung erhielt L.R. beim Vater Carl August Richter (Kupferstecher). 1828-35 war er Zeichenlehrer an der Zeichenschule der Meißener Porzellanmanufaktur, 1836-77 Professor an der Akademie Dresden (Landschaftsmalerei). – Richter bevorzugte als Maler die spätromantische, biedermeierliche Idylle. Als Zeichner war er der gemütvolle Schilderer charakteristisch ausgeprägter Kleinbürgertypen und Repräsentant der künstlerischen Illustration im 19. Jahrhundert. „Das Liebliche und Enge" hat ihn angezogen. Seine Zeichnungen bringen Heimatliches und Brauchtum, Sagen und Märchen. L.R. war kein kämpferischer Ankläger, kein politischer Satiriker. Was er zeichnete, war versöhnlicher Humor mit der Innigkeit des Gefühls, der Einfachheit und Einfalt eines gütigen Herzens und schlichten Gemüts in einer heilen Welt. Trotz der natürlichen Darstellung enthalten seine Zeichnungen öfters humoristische und karikaturistische Elemente. Seine Igelfigur (Wettlauf zwischen Hase und Igel) hat bis heute mehrere Nachschöpfer gefunden. Seit 1838 war L.R. vierzig Jahre lang für den Leipziger Verleger G. Wiegand tätig. In dieser Zeit hat er über 3400 Illustrationen geschaffen, die echtes Volksgut geworden sind.
Publ.: *Album* (2 Bde., 1853-57); *Lebenserinnerungen eines deutschen Malers* (1885); *An Georg Wiegand* (1903); *Leben und Werk* (1946); *Dein treuer Vater* (Briefe an seinen Sohn Heinrich, 1953)
Lit.: (Auswahl) Erler: *L.R. der Maler des deutschen Hauses* (1897); Koch: *L.R. ein Künstler für das deutsche Volk* (1903); G. Hermann: *Die deutsche Karikatur im 19. Jahrhundert* (1903), S. 62-64); L.R. Gedenkmarke der deutschen Bundespost (zu 60 Pfg. Erstausgabe 8.5.1984); *Das große Lexikon der Graphik* (Westermann, 1984) S. 378

**Richter**, Otto
\* 1899
† 1963
Pressezeichner, seit 1927 Frankfurt/M.
O.R. zeichnete Karikaturen zu Tagesthemen. Mitarbeit bei *Frankfurter Rundschau, Frankfurter Neue Presse*.
Lit.: Ausst.-Kat.: *Die Stadt – Deutsche Karikaturen 1887-1985*

**Richter-Johnsen**, Franz W.
\* 1912 Leipzig
Bürgerl. Name: Franz W. Richter. Den Nachnamen Johnsen hat er angenommen, weil er in amerikanischer Gefangenschaft wegen seines Namens Richter 8 Wochen lang eingesperrt worden war. Die Vorfahren seiner Mutter hießen: Jonas, Jonsen.
Pressezeichner, Karikaturist
Studium an der Akademie der graphischen Künste und Buchgewerbe, bei Walter Tiemann und dem Holzschneider Hans-Alexander Müller, und an der Akademie München, bei Olaf Gulbransson. Mitarbeit bei *Bild* und *stern*. U.a. war R.-J. Gerichtszeichner (naturalistisch); er zeich-

nete die Comic-Serien: *Detektiv Schmidtchen* (in: *Bild* 1954-62) und *Taro* (in *stern* 1959-68)
Lit.: Presse: *Extra-Bild* (Nr. 56/1974)

**Ricord**, Patrice
* 22.06.1947 Cagnes/sur mere

Französischer Karikaturist, aus dem Karikaturisten-Kollektiv: Mulatier-Ricord-Morchoisne
Studium an der Ecole Nationale Supérieure des Arts Décoratifes, Paris.
Veröffentlichungen in *Pilote* (seit 1969 ständiger Mitarbeiter), gemeinsam mit Jean Mulatier, Zeichner der Comic-Serie *Mic-Max*, und anderen internationalen Zeitschriften, z.B. *News week* (französische Ausgabe) und *Time*.
Kollektiv-Ausst.: Kunsthalle Recklinghausen (1972)
Lit.: Ausst.-Kat.: *Zeitgenossen karikieren Zeitgenossen* (1972), S. 224

**Ridha**, Ridha H.
* 1953 Bagdad

Irakischer Cartoonist
Studium an den Akademien der Künste, Bagdad, Perugia und Berlin.
Veröffentlichungen u.a. in der New York Times. R. illustriert Kinderbücher, beschäftigt sich aber auch mit Fotografie und Graphic Design.
Publ.: (Deutschland) *Der Hund als Mensch* (1988); *Bubbles* (1990)

**Riebe**, Rudi
* 1929 Sternin

Karikaturist/Zeichner
Lit.: *Resümee – ein Almanach der Karikatur* (3/1972)

**Riegenring**, Wilmar
* 15.09.1905 Berlin
† 02.04.1986 Berlin/DDR

Pressezeichner, Karikaturist
Ursprünglich Maschinenbau-Ingenieur, begann W.R. ab 1929 autodidaktisch zu zeichnen (Witz- und Humorzeichnungen). Seine Vorbilder waren zeitgenössische Zeichner, wie Malachkowski. – Er arbeitete für *Koralle, Lustige Blätter, Stuttgarter Illustrierte, Münchener Illustrierte, Frankfurter Illustrierte, Kölner Illustrierte, Hamburger Illustrierte* u.a. Nach 1945 für: *Der Sonntag, Frischer Wind, Eulenspiegel* u.a. W.R. zeichnete humoristische, aktuelle, satirische, gesellschaftskritische, politische Karikaturen im Sinne der SED-Presse. Er illustrierte auch Fachbücher, u.a. *Du und die Elektrizität*.
Publ.: *Riegenringeleien*
Lit.: *Windstärke 12 – eine Auswahl neuer deutscher Karikaturen* (1953), *Der freche Zeichenstift* (1968); S. 149; *Bärenspiegel*, S. 207; Presse: *Eulenspiegel* (16/1986: Nachruf)

**Riepenhausen**, Ernst Ludwig
* 1765
† 28.01.1840 Göttingen

E.L.R. kopierte und verkleinerte Hogarths Zeichnungen in Nachstichen für Lichtenbergs *Göttinger Taschen-Almanach*, wonach Lichtenberg 1794-99 seine berühmten Erklärungen veröffentlichte. Ebenso verkleinerte R. in Nachstichen Karikaturen aus den „Hollandia Regenerata" von David Heß (1770-1843) und veröffentlichte sie in den deutschen Revolutions-Almanachen.
Lit.: G. Hermann: *Die deutsche Karikatur im 19. Jahrhundert* (1901), S. 11; *Der große Brockhaus* (1933), Bd. 15, S. 732; Ausst.-Kat.: *Bild als Waffe* 81984), S. 415

**Riepenhausen**, Franz (urspr. Friedrich)
* 1786 Göttingen
† 03.01.1831 Rom

Maler, Zeichner, Radierer
Sohn des Kupferstechers Ernst Ludwig Riepenhausen (1765-1840), Schüler von W. Tischbein in Kassel, lebte mit seinem Bruder Johannes (urspr. Christian 1789-1860) in Rom, dort Beziehungen zu den „Nazarenern". Beide arbeiteten zusammen. Umrißzeichnungen in Kreide zu klassischen Dichtungen und radierten Szenen nach homerischen Epen. Bekannt wurden F.R.s Personen-Karikaturen von Goethe, Schiller und Wieland,, seine lustigen Karikaturen aus dem Künstlerleben der deutschen Künstler-Kolonie in Rom u.a.
Lit.: G. Piltz: *Geschichte der europäischen Karikatur* (1976), S. 154; H. Geller: *Curiosa* (1955), S. 36, 37

**Rieth**, Paul
* 16.06.1871 Pößneck/Thüringen
† 15.05.1925 München

Maler, Zeichner
Studium an der Akademie München, bei Löfftz (1886-89), seit 1899 Hauptmitarbeiter der *Jugend*. P.R. zeichnete humoristische, satirische, aktuelle Szenen aus der eleganten Welt, Militärs, Frauen, Fasching, Münchener Feste, Mode, mit liebenswürdigem Humor.
Lit.: L. Hollweck: *Karikaturen*, S. 132, 138, 141, 142, 205, 212, 221; G. Piltz: *Geschichte der europäischen Karikatur*, S. 224f; H. Dollinger: *Lachen streng verboten*, S. 140; Presse: *Jugend* (35/1925: Nachruf v. F.v. Ostini)

**Ringelnatz**, Joachim (Ps.)
* 07.08.1883 Wurzen
† 16.11.1934 Berlin

Bürgerl. Name: Hans Bötticher

Das Pseudonym „Ringelnatz" nach dem Seepferdchen, welches die Seeleute so nennen.
Schriftsteller, Kabarettist, Maler, Zeichner
Wegen Unbegabtheit vom Zeichenunterricht ausgeschlossen, ging von der Sekunda weg zur See und in ein „abenteuerliches" Leben (nach eigener Angabe ca. 35 Berufe). R. dichtete eigenartige Verse mit einem Gemisch von grotesker, unsinniger und tiefsinniger Phantasie und grellem Realismus, seemännsich rauh mit dem Unterton eines wahren Empfindens. Sein Humor, in dem er das Komische mit dem Absurden identifiziert, steht dem Surrealismus nahe, weil „die kleinste Welt die größte ist". „Überall ist Wunderland". Seine eigenen Verse trug R. im Moritaten- und Bänkelsängerton vor. 1909 Hausdichter im Kabarett „Simpl" bei Kathi Kobus in München und ab 1920 wieder da. (Zwischendurch Marinesoldat im Ersten Weltkrieg). Später im Kabarett „Schall und Rauch" bei Max Reinhardt in Berlin. Auftrittsverbot 1933. R. hat neben seinen schriftstellerischen Arbeiten zeit seines Lebens gezeichnet und gemalt. Angeregt haben ihn Rene Sintenis, E.R.Weiß und Carl Hofer.
Ausst.: Galerie Flechtheim Berlin (1923), wo von 58 Exponaten 35 verkauft wurden, Große Ausstellung Leipzig (1928), Zusammen mit O. Dix und G. Grosz (1929)
Publ.: R. hat eigene Bücher mit naiven Karikaturen illustriert: *Geheimes Kinder-Spielbuch* (1924); *Kinder-Verwirr-Buch* (1931). Selbstbiographische Werke: *Die Woge* (1922); *Als Mariner im Kriege* (1928); *Mein Leben bis zum Kriege* (1931); *Matrosen* (1928)
Lit.: (Auswahl) *R. als Maler* (Nachwort v. G. Poensgen (1953); H. Günther: *R. in Selbstzeugnissen und Bilddokumenten* (1964); Ausst.-Kat.: *R. als Maler* (Kunstverein Hamburg 1983); *Die zwanziger Jahre in München*, S. 638-39 (Münchener Stadtumuseum 1979)

**Ritter**, Henry
* 1816 Montreal/Kanada
† 1853 Düsseldorf

Maler, Zeichner
Sohn eines Offiziers aus Hannover, im Dienste der englischen Armee. – Früh verwaist, wächst H.R. bei einem Onkel in Hamburg auf. Malunterricht beim Hamburger Maler Friedrich Carl Groeger und Prof. Thalott. Studium an der Akademie Düsseldorf (ab 1836) bei C.F. Sohn, ab 1840 in der Meisterklasse. Als Maler bevorzugte er Bilder aus dem Matrosenleben, ist Mitglied im „Malkasten", der Düsseldorfer Künstlervereinigung, welche die sogenannten „Spießer" karikierten. Als Zeichner ist er Mitarbeiter der *Düsseldorfer Monatshefte*, er zeichnete aktuelle, politische Karikaturen gegen die „allerunterthänigste Devotion schwitzender Kleinstadt-Honoratioren".
Publ.: *Politischer Struwelpeter* (1848-49), ein Buch mit 12 kolorierten Tafeln für deutsche Kinder

Lit.: L. Clasen: *Düsseldorfer Monatshefte* (1847-49), S. 485; G. Hermann: *Die deutsche Karikatur im 19. Jahrhundert*, S. 51; G. Piltz: *Geschichte der europäischen Karikatur*, S. 162f

**Robinson** (Ps.)
* 14.12.1910 Reichenbrand/Erzgebirge

Bürgerl. Name: (Johannes Karl) Werner Kruse
Graphiker, Karikaturist seit 1928
R. kam mit 15 Jahren nach Berlin. Absolvierte eine Graphikerlehre im Atelier Julius Gipkens sowie ein Studium bei Prof. Kaus und Prof. Muck. Danach war er freier Mitarbeiter u.a. bei *Lustige Blätter, Die Woche, Silberspiegel, Brummbär (Berliner Morgenpost), Der Adler, Frankfurter Illustrierte, Die Wehrmacht, Unser Heer, Der Stoßtrupp, Der Angriff*. Nach 1945 bei *Der Insulaner, Telegraf, NBI (Neue Berliner Illustrierte), IBZ, Der Sonntag* u.a. Es erschienen die Humorfolgen (Serien): *Herr Muffel und Frau Qualle, Kalle Kessbach, Knautschke, Playboy, Paulchen Pfiffig, Ich bin Energiesparer* sowie die Karikaturenbücher *Optimistiken-Fibel* und *Knautschke, das lustige Nilpferd*. Für die Zeitung *Der Abend* war R. 14 Jahre tätig (als Layouter, Pressezeichner). Seit 1958 ständiger Mitarbeiter bei *Constanze* (mit graphischen Zeichenfolgen), über Kartographik, Reiserouten, Städtekarten, Ferienkarten, Naturparks, Explorama-Zeichnungen (Aufschnitt-Schaubilder). Er zeichnet Graphik für *Film und Frau, stern, Blick, Bild, Bild am Sonntag, Der Tagesspiegel, Berliner Morgenpost*. – Spielzeugkarten. – R. kam über die Gebrauchsgraphik zur Karikatur und Pressezeichnung und wieder zur Graphik zurück. – Ein Kulturfilm über die Spielzeugfabrikation im Erzgebirge wurde international ausgezeichnet.
Ausst.: Europa-Center, in deutschen Amerikahäusern, Kaufhaus Wertheim (zum 70. Geburtstag) in Steglitz
Ausz.: 1962 Silver Medal of the City of Tokyo, 1968 Bronze Medaille Base, 1983 Bundesverdienstkreuz Bundesrepublik Deutschland
Lit.: *Who's Who in Germany* (1982-83), S. 946

**Robinson**, William Heath
* 31.03.1872
† 13.09.1944 London

Englischer Zeichner, Karikaturist, Autor
W.H.R. entstammte einer Künstlerfamilie und begann als Illustrator für Bücher. 1902 verfaßte und illustrierte er das Kinderbuch *Die Abenteuer von Onkel Lubin*. Ab 1918 zeichnete er für Industrieunternehmen, um deren Produktionsabläufe darzustellen und Werbegraphik. Bekannt wurde W.H.R. durch Karikaturen, die ausgetüftelte unsinnige, absurde, komische und phantastische Nonsens-Erfindungen darstellen. Bei ihm steckt der Spaß im kniffligen Detail – nach dem Motto „Warum einfach, wenn es auch kompliziert geht". Veröffentlichungen in

der deutschen Presse, u.a. in: *Magazin* (um 1938), *Welt am Sonntag* („Robinson's Samstag").
Publ.: *Die verrrückte Welt des Heath Robinson* (1978); *Die verrückte perfekte Welt des Heath Robinson* (1979); *Die Kinder von Troja*

**ROBS** (Ps.)
* 1935 Zarki/Polen
Bürgerl. Name: Szecówka, Robert
Graphiker, Architekt, Karikaturist
Studium: Architektur. Seit 1969 tätig als Karikaturist, Themen: politisch-philosophische, soziologisch-ökologische. R. entwirft Plakate, Bühnenbilder. Initiator des Karikaturen-Festivals „Satyrikon", (seit 1977 in Legnica (Polen) 1985-1986 Leiter einer Karikaturen-Galerie in Wroclaw, Übersiedlung nach Hamburg 1986).
Veröffentlichungen in Polen in *Dialogi, Elwro, Fundamenty, Karuzela, Konkrety, Opole, Plityka, Radar, Relax, Sigma, Slowa Ludu*; in Deutschland in *Hamburger Rundschau, Rheinische Post*; in der DDR in *Eulenspiegel*.
Kollektiv-Ausst.: Gabrovo (Bulgarien), Montreal (Kanada), Tolentino (Italien), Legnica, Warschau (Polen), Lubin, (Jugoslawien) Skopje, (BRD) Hamburg/Heide, Buch-Illustrationen zu polnischer Literatur
Ausz.: Wroclaw „Bester Cartoon" (1973), Rzezów (1976), Knokke-Heists (1976), Legnica „1. Preis" (1977, 1978, 1981), Montreal (1978), Wroclaw (1978, 1981), Karykatury Museum Warschau (1985)
Publ.: *Mappe der Satire* (1977), *Der Baum* (1985)
Lit.: H.P. Muster: *Who's who in Satire and Humour* Bd. 3/1991, S. 192-193

**Roese**, Rudolf
* 09.03.1899 Jena/Saale
Pressezeichner, Karikaturist, Signum: „T.A.R."
Mitarbeiter zahlreicher Zeitschriften und Zeitungen, u.a. *Lustige Blätter, Junggeselle, Insulaner, Telegraf, Telegraf-Illustrierte, Münchener Illustrierte, Puck, Neue Berliner Zeitung*. T.A.R. zeichnete humoristische, skurrile, komische Karikaturen. Außerdem formte er originelle, karikaturistische Kleinplastiken. Er war sehr vielseitig und war, bevor er Karikaturist wurde, in ca. 20 verschiedenen Berufen tätig, u.a. auch als Zauberkünstler.
Publ.: *Simsalabim – Zaubertricks-Zaubertips*; Karikaturenbücher
Lit.: Presse: *Der Insulaner* (4/1948)

**Roeseler**, August
* 01.05.1866 Hamburg
† 1934 München
Maler, Zeichner, Karikaturist
Studium an der Akademie München, bei Lindenschmit. Mitarbeiter der *Fliegenden Blätter* und der *Münchener Bilderbogen* (ab 1897) ständig. A.R. zeichnet Volkshumor, Volkstypen, kleinbürgerlich-gemütliche Jäger- und Förstertypen, Sonntagsjäger, Tiere – und vor allem Dackel und Münchener „Bierdimpfel" (wegen seiner vielen Dackelbilder nannte man ihn: „Homer des Dakkels"). – Als Maler bevorzugt er Genrebilder.
Publ.: *Münchener Typen* (1925); *Skizzen aus dem lustigen München* (1926)
Lit.: L. Hollweck: *Karikaturen*, S. 83, 102, 103, 127, 167, 220; E. Roth: *100 Jahre Humor in der deutschen Kunst*; Ausst.-Kat.: *Zeichner der Fliegenden Blätter – Aquarelle – Zeichnungen* (Karl & Faber, München 1985)

**Roey**, Léon Rosalia Hendrik van → **Léon** (Ps.)

**Roha**, Franz
* 31.12.1908 Karlsruhe
† 25.11.1965 Hamburg
Journalist, Karikaturist
Karikaturist der Berliner Presse in den dreißiger Jahren, Illustrator eigener Reportagen mit Sinn für's Aktuelle. Ab 1947 politischer Karikaturist (aus der Sicht der Bundesrepublik) für *Das Hamburger Echo*. 15 Jahre lang (einschl. Nachdrucke in der Weltpresse). Mitarbeit an der *Harburger Zeitung* und einer Werkzeitung. – Schrieb Serien und Romane.
Ausst.: *Die Pressezeichnung im Kriege* (Haus der Kunst Berlin (1941, Kat.Nr. 276: „Gehirnfrust Dünkirchen")
Publ.: *Die Drachen mit dem blauen Feuer* (Roman)
Lit.: Presse: *der journalist* (Nr. 1/1966: Nachruf)

**Rohnstein**, Joachim
* 02.10.1928 Berlin
Karikaturist, Graphiker, Signum: „Ro"
Studium an der Hochschule für bildende Künste, Berlin-West (4 Semester Architektur). – Seit 1949 freischaffender Karikaturist, Mitarbeit an Zeitungen und Zeitschriften, u.a.: *Elegante Welt* und *Der Abend*. R.s Zeichnungen haben einen Hang zum Modischen und Erotischen. In den fünfziger Jahren siedelte er nach Hamburg über, arbeitete als Designer in einer Werbeagentur.
Lit.: *Wolkenkalender* (1956)

**Rohr**, K.
* 1891 Augsburg
Dipl.-Ing., Innenarchitekt
Nach dem 1. Weltkrieg Illustrator, vor allem von lustigen Kinderbüchern: Zeichnungen und Reime.

**Rollow**, Werner
* 1937
Gebrauchsgraphiker für Industrie und Handel/Wald-

heim, zeichnet nebenher Karikaturen – Cartoons ohne Worte.
Veröffentlichungen in *Eulenspiegel* u.a.
Kollektiv-Ausst.: „Satiricum '80" (1. Biennale der Karikatur in der DDR, Greiz, 1980: „Matrosen"), „Satiricum '82", „Satiricum '84", „Satiricum '86" (2. Preis), „Satiricum '90"; Teilnahme an Ausstellungen in der Türkei und Belgien
Lit.: Ausst.-Kat.: *Satiricum '80*, S. 18, sowie die weiteren Ausstellungskataloge; Presse: *Eulenspiegel* (51/1980)

**Ronstein**, B.
\* 1951 Hamburg
Karikaturist/Hamburg
Schriftsetzerlehre, 10 Jahre im Beruf. Zeichner, Autodidakt. Ab 1982 freiberuflicher Karikaturist. Veröffentlichungen in *stern, taz, Vorwärts, Der Spiegel, Frankfurter Rundschau, pardon, Konkret, Hamburger Rundschau* sowie in der Gewerkschaftspresse. B.R. zeichnet zeitkritische, satirische, politische, aktuelle Cartoons.
Publ.: *Schmidtbestimmung* (USA 1983); *Alternativen* (1985); *Von der Machbarkeit des Unmöglichen* (1985); *Illustriertes Handbüchlein des fortschrittfreudigen Kaffeehausbenutzers* (1983); *Ratgeber für die geistig-moralische Erneuerung* (1984)
Lit.: *Wenn Männer ihre Tage haben* (1987); *70 mal die volle Wahrheit* (1987)

**Rosenbaum**, Julius
\* 08.07.1879 Neuenburg/Westpreußen
† 24.08.1956 Haag/Holland
Pressezeichner, Karikaturist, Maler
Studium an der Akademie München, bei Lovis Corinth, und an der Académie Julian, Paris. – Mitarbeiter u.a. bei *BZ am Mittag, Der wahre Jacob, Ulk, Der Konfektionär* sowie im Scherl-Verlag Berlin. J.R. zeichnet humoristische, satirische, sozialkritische Sujets, Illustrationen. – Als Maler bevorzugt er Landschaften, Porträts (Einstein, Henry Guilbeaux) sowie alttestamentarische Themen. – Nach 1933 Werklehrer an Schulen der jüdischen Gemeinde Berlin, 1939 Emigration nach London.
Lit.: *Als die SA in den Saal marschierte – das Ende des Reichsverbandes bildender Künstler* (1983), S. 169

**Rosenberg**, Lew → **Bakst**, Leon (Ps.)

**Rosenstand**, Emil
\* 19.02.1859 Jütland/Dänemark
Maler, Zeichner
Studium an der Akademie Kopenhagen. – Mitarbeiter der *Fliegenden Blätter*. E. Rosenstand zeichnete humoristisch-satirische Blätter aus dem modernen Gesellschaftsleben. Die Art seiner Darstellung der Fröhlichkeit, Ausgelassenheit und Beschwingtheit zeichnen ihn als einen Vorläufer von F.v. Reznicek aus. E.R. arbeitete und wohnte in Berlin.
Lit.: Verband deutscher Illustratoren: *Schwarz-Weiß*, S. 95

**Rosenberg**, Johann Carl Wilhelm
\* 1737 Berlin
† nach 1797 Berlin
Maler, Zeichner, Kupferstecher
Zeichenschüler bei Blesendorf. Architekturstudium bei A. Krüger. Malstudium bei Bella vita, Bibiena und Fechhelm. 1756 Bühnenmaler an der Kgl. Oper. 1766 Operndekorateur als Nachfolger von Bibiena). – Bühnendekorationen, Wand- und Deckenbilder in Berlin und Potsdam.
Publ.: Berlin-Ansichten (1786): Folge A: Berlinische Ausrufer (12 Blätter), Zeichnungen aus dem Berliner Volksleben)
Lit.: *Bärenspiegel* (1984), S. 207

**Rosié**, Paul
\* 23.10.1910 Berlin
† 01.11.1984 Berlin DDR
Maler, Graphiker, Karikaturist (auch unter Signum: „Paulus")
Studium an der Meisterschule für Graphik und Buchgewerbe, Berlin (1936-38). 1946/47 Lehrer an der Meisterschule für Graphik und Buchgewerbe. Seit 1955 Lehrbeauftragter an der Kunsthochschule Berlin-Weißensee (DDR). Mitarbeit bei: *Frischer Wind, Ulenspiegel, Wochenpost, Eulenspiegel* u.a. und bei *Der Insulaner*. P.R. zeichnete aktuelle, politische, zeitbedingte und satirische Graphik sowie „Berliner Typen". Er illustrierte Werke von Heinrich Mann, Erdmann Graeser, Julius Stinde, Thomas Mann, Edgar Allan Poe, Ernst Kossack u.a.
Ausst.: 9 zwischen 1946-70
Ausz.: 1975 ProfessorenTitel, 1973 Vaterländischer Verdienstorden, Schönste Bücher des Jahres 1954, Schönste Schutzumschläge (1970-74)
Publ.: *Sing Sing Singsang* (1951); *Geprügelte Worte* (1958); zusammen mit Hans Ludwig *150 Jahre Berliner Humor* (1953)
Lit.: *Der freche Zeichenstift* (1968),S. 104; *Bärenspiegel* (1984), S. 207; Presse u.a.: *Tägliche Rundschau* (v. 26.11.1946); *Bildende Kunst* (Nr. 3/1948); *The Art Digest* (Nr. 9/1949); *Das Magazin* (Nr. 2/1958); *Neue Werbung* (Nr. 6/193, Nr. 2/1971); *Der Sonntag* (Nr. 34/1971); *Eulenspiegel* (Nr. 46/1984: Nachruf)

**Rössing**, Karl
\* 15.09.1897 Gmunden/Oberösterreich
† 19.08.1987 Wels/Österreich

Graphiker, Maler, Holzschneider
Studium an der Kunstgewerbeschule München (1913-17) bei R. Riemerschmied. – Gelegentliche Mitarbeit bei *Simplicissimus* und *Arbeiter Illustrierte Zeitung* (AIZ). Von 1922-47 Lehrtätigkeit an verschiedenen Kunstgewerbeschulen und Akademien in Düsseldorf. K.R. arbeitete seit 1920 als Illustrator literarischer und eigener Bücher in Holzstichen und hat diese vernachlässigte Technik zu einem umfangreichen Holzstichwerk entwickelt. 1932 veröffentlichte er seine zeitkritisch-satirische Holzschnitt-Folge *Mein Vorurteil gegen diese Zeit*. Verboten 1933. Die Satire war nur ein Teil seiner Arbeiten. 1947-60 Professor und Rektor der Akademie der bildenden Künste in Stuttgart.
Publ.: (Zyklen) *Passion unserer Tage* (Zerstörung Berlins – 1946); *Die Blätter vom Tode* (1933/34); *Das Vaterunser* (1936/38); *Der Fluß* (1938-40); *Südliche Landschaften* (1941-43)
Lit.: (Auswahl) F.H. Ehmke: *K.R. Das Illustrationswerk* (1963); C. Sotriffer: *K.G. Gleichheit der Zeiten/Werkkatalog 1939-74*; *Who's Who in Graphic Art* I (1962), S. 209; Ausst.-Kat.: *K.R. Städtisches Museum, Braunschweig* (1956); *K.R. die Linolschnitte mit ihren Entwürfen und Holztafeldrücken* (Staatsgalerie Stuttgart, 1977); *Zwischen Widerstand und Anpassung* (1978), S. 235-36; *Das große Lexikon der Graphik* (Westermann, 1984) S. 382

**Rößler**, Klaus
\* 1939 Dresden
Karikaturist, Pressezeichner
Lit.: *Resümee – ein Almanach der Karikatur* (3/1972), S. 81

**Rost**, Barbara
\* 1941 Berlin
Graphikerin, Karikaturistin
Studium an der Meisterschule für Grafik, Druck und Werbung, Berlin/West (Diplom-Designerin). Danach Layouterin bei der Presse, ab 1973 freiberufliche Cartoonistin.
Veröffentlichungen u.a. in *Abendzeitung, Berliner Morgenpost, Brigitte, Z.Z., Frankfurter Rundschau, Münchner Merkur, Petra, Transatlantik, Die Welt, Aktuelle, tz, Journal für die Frau*. B.R. zeichnet zeitkritische, situationskomisch-aktuelle Karikaturen.
Kollektiv-Ausst.: u.a. (ab 1977) Berlin, Landau, Hamburg, Gabrovo, Wien, Sofia, Leverkusen, München, Tokio, Forte die Marmi
Ausz.: 1. Preis Leverkusen (1984), Bronzener Heinrich, Berlin/West (1977)
Publ.: *Top Secret* (1981)
Lit.: H.P. Muster: *Who's Who in Satire and Humour* (2) 1990, S. 160-161

**Roth**, Chuck
\* 1921 USA
USA-Zeichner, eigenes Kunststudio in Westlake Village (Californien) bestehend aus 15 Graphikern
R. entwickelte die Figur: „Miss Petticoat", – eine Mädchenfigur, lieblich und romantisch mit dem Lebensmotto: „Heute ist der Tag, glücklich zu sein, als Symbol für Freundlichkeit und Frieden". Die Zeichnungen erzählen von der Nostalgie und einem einfachen glücklichen Leben und wurden in USA und Japan zu einem großen Erfolg. Bis 1981 wurden 200 Bildmotive gezeichnet. Roths Neffe Gerald Adams in Brüssel übernahm die Lizenz für Europa. – *Echo der Frau* erwarb die Erstveröffentlichungsrechte für Deutschland. Mit der Abbildung des Mädchens wurden viele Gebrauchsartikel geschmückt (Textilien, Kultur- und Wäschebeutel, Dosen, Tabletts, Papier- und Schreibwaren, Poster, Puzzles u.a.).
Veröffentlichungen in: *Echo der Frau* (ab 51/1981).

**Roth**, Rolf
\* 1888 Solothurn/Schweiz
† 1985 Puidoux-Chexbres/Genfer See
Pseudonym: „Lucifer"
Schneiderlehre. Danach Studium an der Kunstakademie Dresden (1909-1914) und München sowie Kunstgewerbeschule Basel. – 1919 erste Karikaturen (unter dem Ps. „Lucifer") in Bern, zwischen 1920-55 Zeichner auf allen Konferenzen des Völkerbundes und der UNO. R.R. zeichnete politische Karikaturen, Politiker-Porträts.
Veröffentlichungen in der Weltpresse (soweit diese keine eigenen Zeichner hatten), u.a. in *Basler Nachrichten, Journal de Genève, The Liberal International, L'Illustration, Nebelspalter*, in Deutschland u.a. in *Berliner Illustrierte, Das Illustrierte Blatt*, zwischen 1925-58 Teilzeit-Zeichenlehrer in Solothurn.
Einzel- und Kollektiv-Ausstellungen zwischen 1919-71 (Olten, Bern, Solothurn)
Publ.: *Generalstreik* (1919); *Erdbeben im Nationalrat* (1919); *Album Souvenir de la première assemblée de la Société des Nations* (1920); *Opium-Album* (1925); *Bilderbogen Lucifer* (1930-69); *Souvenir d'une Conférence* (1954)
Lit.: H.P. Muster: *Who's Who in Satire and Humour* (2) 1990, S. 162-163

**Rother**, Rudi
\* 19.01.1863 Hirschberg/Schlesien
Zeichner, Illustrator, Graphiker, tätig in Berlin
Künstlerische Ausbildung in Berlin. Mitarbeiter der *Lustigen Blätter* und der *Meggendorfer Blätter*. R.R. zeichnete humoristische und satirische Sujets aus dem modernen

Leben sowie Genrehumor. Illustrationen für die Presse und Bücher sowie Schriftentwürfe.
Lit.: Verband deutscher Illustratoren: *Schwarz-Weiß*, S. 97

**Rothkirch**, Thilo Graf
* 1949

Graphiker, Karikaturist, Trickfilmzeichner, Berlin/West
Zeichner der *Bonner Bilderbögen* (politische Satire im Stil von Wilhelm Busch über Bonner Politiker). – Im Auftrag des Bundespresseamtes gestaltete R. zusammen mit dem Journalisten Stephan Vogel und 23 Mitarbeitern den Comic-Fernseh-Streifen „Der kluge Ludwig". Sinn und Absicht dieser Werbekampagne war in einem 3-Minuten-Spot – (je 2000 Einzelbilder) – täglich im DFF Grundzüge der westdeutschen Wirtschaft, des Steuer- und Sozialsystems für jedermann allgemein verständlich und einprägsam zu erklären. Comic-Helden sind dabei der Vater des Wirtschaftswunders Ludwig Erhard (Markenzeichen: „Zigarre") und die Dackeldame „Helene".
Lit.: Presse: *Funkuhr* (31/1990)

**Rottiers**, Walter
* 1942 Villvoorde/Brüssel

Maler, Cartoonist/Neuenhausen/Stuttgart
Studium der Gebrauchsgraphik (vier Jahre). Seit 1965 in der Bundesrepublik tätig für die Presse und fürs Fernsehen, außerdem Buchillustrationen. Veröffentlichungen in Belgien, den Niederlanden und Frankreich.
Lit.: Presse: *Schöne Welt* (Januar 1975)

**Royer** (Ps.)
* 03.10.1933 Brüssel

Bürgerl. Name: Raoul Debroyer
Belgischer Graphiker, Karikaturist mit eigenem Werbegraphik-Studio seit 1947
Graphik-Studium in Brüssel (5 Jahre). Cartoonist im Nebenberuf. R. zeichnet humoristische Cartoons ohne Worte.
Presse-Veröffentlichungen in Belgien, USA, Australien, Südafrika, Portugal, Spanien, Italien, Österreich, der Schweiz und der Bundesrepublik.
Lit.: Presse: *Schöne Welt* (Sept. 1979)

**Rückstuhl**, Erwin
* 1945 Schweiz

Zeichner in Adetswill/Schweiz
Verkaufsleiter in einer Kunststoffabrik und Zeichner für die Hauszeitung der Firma. – Veröffentlichungen in: *Quick* (z. Preis im Quick-Cartoon-Wettbewerb 1987).

**Rudolph**, Horst
* 1944 Memmingen

Graphiker, Karikaturist/seit 1965 Berlin/West
Studium an der Hochschule für bildenden Künste, Berlin/West (1969-74, Informationsgraphik). – H.R. zeichnet zeitkritische, satirische Karikaturen und Kinderbuch-Illustrationen.
Publ.: *Genie & Wahnsinn* (1981); *Elefantasen* (Karikaturen-Anthologie, 1987); Illustrationen zu: *Das Mädchen aus Harrys Straße* (Kinderbuch)

**Ruge**, Peter
* 1946 Hörsching

Graphiker, Karikaturist/Stuttgart
Feinmechaniker-Lehre. – Studium an der Freien Kunsthochschule Stuttgart (Diplom-Soziologe). P.R. zeichnet politische, satirische Karikaturen, Werbung.
Veröffentlichungen in (seit 1979) *pardon, ran, Stuttgart-Live*, in Pädagogischen Zeitschriften, Gewerkschaftszeitungen, der Tagespresse, in Magazinen, Werbeagenturen.
Publ.: *Die Grünen* (1984)
Lit.: *Störenfriede – Cartoons und Satiren gegen den Krieg* (1983); *Beamticon* (1984), S. 23, 97, 141; *Wenn Männer ihre Tage haben* (1987) (1987)

**Ruhl**, Sigmund Ludwig
* 1794 Kassel
† 1887 Kassel

Zeichner
S.L.R. zeichnet humoristische, lustige Szenen aus dem bürgerlichen Leben („Capricci") sowie zu Shakespeares Werken.
Lit.: E. Roth: *100 Jahre Humor in der deutschen Kunst* (1957)

**Rupinski**, Jacek
* 23.06.1947 Klodzko/Polen

Polnischer Cartoonist
J.R. zeichnet extrem politische, satirische Karikaturen für die politische Presse, ebenso für die der Bundesrepublik (schwarze Polit-Satire). – Veröffentlichungen in: *pardon*.
Kollektiv-Ausst.: u.a. S.P.H. Avignon (1975, 1976)
Lit.: *Festival der Cartoonisten* (1976)

**Rupprecht**, Philipp → Fips (Ps.)

**Ruprecht**, Hakon
* 1943 München

Collagist, Dozent für Kunsterziehung/München
Studium an der Akademie der bildenden Künste und an der Universität München. – H.R.s Thema ist die Collagen-Verfremdung von Fotos zum Zweck der Satire oder Komik.

Veröffentlichungen in Zeitungen und Zeitschriften u.a.: „Boxer", „Die Flitzer", „David 1", „David 2", „Doping", „Tut-anch-amun 1", „Tut-anch-amun 2".
Kollektiv-Ausst.: Institut für Auslandsbeziehungen, Stuttgart (1981)
Publ.: Collage und Collagieren (1979, Co-Autor: Eid)
Lit.: *Spitzensport mit spitzer Feder* (1981), S. 60-63

**Ryba**, Michael
\*        1947 Eutin
Graphiker, Maler, Karikaturist, Comic-Zeichner

Studium der Graphik und Malerei in Kiel, Essen, Düsseldorf (bei Josef Beuys). Veröffentlichungen in: *pardon, Titanic* u.a., außerdem Plattencovers, Posters, Kalender, Postkarten, Puzzles u.a.
Publ.: *Das große Schweinebuch oder: Das Schwein in der bildenden Kunst des Abendlandes* (1980, Deutschland, England, USA); *One, Two, Three, Go!* (Japan); *Führerschein leicht gemacht; Der Mann, die Krone der Schöpfung; Die Brille ... macht dich richtig wichtig!*
Lit.: *Die Brille ...* ; Presse: *Titanic* (1/1981)

# S

**Saal**, Georg Eduard Otto
* 1818
† 1870
Landschafts- und Genremaler, Zeichner
Studium an der Akademie Düsseldorf, bei J.W. Schirmer.
Zeichner für die Düsseldorfer Monatshefte (lebte lange Jahre in Paris).
Lit.: L. Clasen: *Düsseldorfer Monatshefte*, S. 485

**Sadzinski**, Gerd
* 1943
Pressezeichner, Karikaturist/Berlin
Kollektiv-Ausst.: „Satiricum '80", „Satiricum '90", Greiz
Lit.: Ausst.-Kat.: *Satiricum '88, Satiricum '90*

**Sagendorf**, Bud
US-Comic-Zeichner → **Segar**, Elzie Chrisler

**Sailer**, Anton
* 14.01.1903 München
† 08.1987 München
Maler, Graphiker, Schriftsteller, Journalist
Studium an der Kunstgewerbeschule München, bei Rob. Engels, Willi Geiger, an der Akademie München, bei Franz Klemm (Promotion zum Dr. phil.) und der Académie de la Grande Chaumiere, Paris (ab 1926). – Freischaffender Maler in Paris (9 Jahre), erhielt Anregungen von Toulouse-Lautrec, Pascin und Utrillo. In dieser Zeit schrieb A.S. literarische Beiträge für *Simplicissimus, Jugend* und den *Berliner Börsen-Courier*. Ab 1935 übernahm er in Berlin die Bildredaktion im Ullstein-Verlag (u.a. für *Berliner Illustrirte*), er war freier Mitarbeiter u.a. bei *Lustige Blätter* (u.a. Titelblätter). Ab 1947 wirkte A.S. in München im Vorstand der „Neuen Münchener Künstlergenossenschaft" mit. Ab 1956 war er Chefredakteur der *Graphik*, ab 1957 Redakteur bei *Die Kunst und das schöne Heim*. Weitere literarische Tätigkeiten: mehrere Romane und Artikel über Kunst und Künstler, Studien über die Künstler W. Leibl, Pascin, Toulouse-Lautrec, Ensor, Byron, Cuvilliés.
Ausst.: 1927 Glaspalast München, Beteiligung an den jährl. Gemälde-Ausstellungen im Haus der Kunst, München
Ausz.: 1968 Verdienstkreuz am Band, 1973 Bayrischer Verdienstorden
Publ.: (1938) *Tier-ABC – heitere Gedichte und Zeichnungen; Leibl – ein Maler-Jägerleben; Bayerns Märchenkönig Ludwig II.; Franz v. Stuck; Goldene Zeiten; Das Plakat* (1965); *Das private Kunstkabinett* (1967); *Die Karikatur* (1969)
Lit.: (Auswahl) *Kindlers Malerei Lexikon*, Bd. V (1968); *A.S.* (Einf. Wolfgang Christlieb, 1985); Presse: *Münchner Leben* (Nr. 6/1966, S. 341: Münchner Kunstszene 1982); *Münchner Merkur* (v. 4.4.1963)

**Saint-Exupéry**, Antoine de
* 29.06.1900 Lyon
† 31.07.1944 (verschollen)
Französischer Flieger, Schriftsteller, Zeichner
1943 erschien *Le petit prince* (dt. Der kleine Prinz) Weltbestseller (über 3 Millionen Auflage) – ein modernes Märchen für Kinder und Erwachsene, die die Kindheit nicht vergessen haben (inzwischen auch auf Schallplatte, gesungen von Hanne Haller). Der Autor hat die zarte Geschichte liebevoll und märchenhaft geschrieben – und ebenso illustriert. – Im Fernsehen wurde die Geschichte ausgestrahlt von ARD (29.03.1979 und 12.12.1982) und ZDF (18.7.1983). – Ebenfalls nach der Erzählung *Der kleine Prinz* entstand die Oper (von Michael Horwarth). Uraufführung Berlin Theater des Westens 24. November 1985. *Brockhaus Enzyklopädie* (1973) Bd. 16, S. 350.

**Sajtinac**, Boris
* 04.08.1943 Melenci/Jugoslawien

Jugoslawischer Karikaturist, Trickfilmzeichner/seit 1975 in München
Studium an der Schule für angewandte Kunst, Novi Sad (1958-63, mit Abschlußdiplom), an der Akademie für Angewandte Kunst, Belgrad (1963-65), und der Ecole Supérieure des Beaux Arts, Paris (1965). 1961-65 zeichnete B.S. für die jugoslawische Presse.
Veröffentlichungen in der französischen Zeitschrift *Hara-Kir*, in der Schweiz in *Nebelspalter*. In der Bundesrepublik erscheinen seine Arbeiten in *Die Zeit, stern, Transatlantik, Lui, Playboy, Ökotest, Westdeutsche Allgemeine Zeitung* (1972-74). B.S. ist Autor von 7 Kurz-Zeichentrickfilmen, arbeitete an einem abendfüllenden Zeichenfilm (1970-72 Belgrad) mit. In Essen (1972-74) 5 kleine Zeichentrickfilme. Für seine Zeichentrickfilme erhält B.S. 18 internationale Filmpreise und den Grand-Prix (1971) in Annecy.
Einzel-Ausst.: Wilh.-Busch-Museum, Hannover (1986); Kollektiv-Ausst.: Novi Sad (1964), Belgrad (1972, 1980, 1981, 1984), Montreal (1969), Bordighera (1964), Paris (1965), München (1981, 1982, 1984), Hamburg (1984), Bilbao (1982), Dubrovnik (1983)
Publ.: *Kaziprst* (Zeigefinger), 1965; *Labyrinthe Privé* (1981)
Lit.: H.P. Muster: *Who's Who in Satire and Humour* (1) 1989, S. 172-173; Ausst.-Kat.: *Und Narren sind sie alle* (1986); *Gipfeltreffen* (1987), S. 17-38 (Erster Preis)

**Salini**, Umberto Lino
* 27.12.1889 Frankfurt/M.
† 20.12.1944 Würzburg
Frankfurter Presse- und Lokalzeichner und Karikaturist (Vater: Kram- und Muschelhändler, 1875 aus Italien zugewandert, später Inhaber eines Italienischen Weinrestaurants)
Studium an der Städel-Schule bei Prof. Wilhelm Beer. – L.S. zeichnete, was Frankfurt bot und interessant machte: Frankfurter Originale, Zecher beim „Äppelwoi", Skizzen aus der Künstlerszene, Alltagstypen und Persönlichkeiten Frankfurts (Folge: „Frankfurter Köpfe"). – Sein Nachlaß wird im Historischen Museum, Frankfurt/M. aufbewahrt.
Lit.: R. Brückl: *Lino Salinis Frankfurter Bilderbogen* (1978)

**Salzmann**, Alexander von
* 1873 Tiflis/Rußland
Russischer Maler, Zeichner
Studium an der Akademie München, bei Franz v. Stuck (ab 1898). – Mitarbeiter der *Jugend* ab 1900 (ab 1903 auch Titelblätter). A.v.S. zeichnete Szenen aus dem zaristischen Rußland und dem bayrisch-münchenerischen Volks- und Kunstlebens. In München gehörte er zur avantgardistischen Künstlergruppe „Phalanx" und war in ständiger Verbindung mit Wassily Kandinsky. Mit Ernst Stern hatte er ein gemeinsames Atelier.
Lit.: L. Hollweck: *Karikaturen*, S. 11, 139, 147

**Sandberg**, Herbert
* 04.04.1908 Posen (Poznan)
† 1991 Berlin
Graphiker, Karikaturist, Journalist
Studium an der Kunstgewerbeschule Breslau, bei Gemeinhard (1925), und an der Akademie Breslau, bei Otto Mueller (1926-28). – Seit 1926 Mitarbeit an der Breslauer Presse, 1928 Übersiedlung nach Berlin, 1928-33 Mitarbeit an der Berliner Presse, u.a.: *Berliner Tageblatt, Roter Pfeffer, AIZ* (Arbeiter Illustrierte Zeitung), *Rote Post, Berlin am Morgen, Querschnitt, Der wahre Jacob*. H.S.zeichnete zeitkritische, aktuelle, politisch-kommunistische Karikaturen. – Mitglied der IAH, ab 1929 der ARBKD, ab 1933 der KPD, Vorsitzender des Linkskartells der Geisteswissenschaften in Berlin, 1934-38 wegen illegaler Tätigkeit im Zuchthaus Brandenburg, KZ Buchenwald (1938-45). 1944 zeichnete H.S. mit Ofenruß und Schlämmkreide im KZ 18 Zeichnungen, die er später im Zyklus *Eine Freundschaft* veröffentlichte. Nach 1945 rege publizistische Tätigkeit und Porträt-Karikaturen von Künstlern. 1945-50 Gründer und Herausgeber des *Ulenspiegel* (zus. mit Günter Weißenborn). Buchillustrationen, Plakate, Bühnenbilder. 1945-47 Leiter der Zeitschrift *Bildende Kunst*. Theaterzeichner am Berliner Ensemble (Porträt-Karikaturen), Mitarbeit bei *Neue Berliner Illustrierte, Eulenspiegel, Magazin* u.a.
Ausst. zwischen 1961-80: Rom, Mailand, London, Berlin/DDR, Wien, Budapest, Olsztyn, Greiz
Publ.: (Graphische Zyklen) *Eine Freundschaft* (1944/46), *Atom-Atom* (1957/60), *Der Weg* (1958-65), *Meister der Musik* (1963), *Kleine Brecht-Mappe* (1958-65), *Das kommunistische Manifest* (1967-72), *Die farbige Wahrheit* (1975), *Mit spitzer Feder* (1958), *S.s. satirische Zeitgeschichte* (1959), *S.s. kleine Galerie* (1968)
Lit.: *H.S. 40 Jahre Graphik und Satire* (1968); L. Lang: *H.S. Bilder zum kommunistischen Manifest* (1968); L. Lang: *H.S. Leben und Werk* (1977); H.S. in: *Lexikon der Kunst*, Bd. 4 (1977); G. Piltz: *Geschichte der europäischen Karikatur* (1976), S. 264, 273, 296; Ausst.-Kat.: *H.S. Absichten und Ansichten* (1978); *Widerstand statt Anpassung* (1980); *Malerei-Grafik-Plastik der DDR*, Majakowski Galerie, Berlin/West (1975), S. 100

**Sandberg**, Lasse
* 1924 Stockholm
Schwedischer Zeichner/Karikaturist in Karlsbad/Stockholm
Mitarbeit bei *Dagens Nyheter* und *Expressen*. Es sind gezeichnete Impressionen. – Veröffentlichungen in Deutschland in *Heiterkeit braucht keine Worte*.
Lit.: *Heiterkeit braucht keine Worte*

**Sandmann**, Andreas
* 1956 Braunschweig

Zeichner

Studium der Kunstpädagogik in Göttingen/Kassel. A.S. zeichnet aktuelle Tageskarikaturen, Cartoons. – Veröffentlichung: „Pflasterstrand" (in der Tageszeitung Kassel).

Lit.: *70 mal die volle Wahrheit* (1987)

**Sartin**, Laurie
* 1949 Worthing

Illustrator, Karikaturist/Landshut

L.S. zeichnet zeit- und gesellschaftskritische Karikaturen.

Lit.: *Eine feine Gesellschaft – Die Schickeria in der Karikatur* (1988)

**Sattler**, Harald Rolf
* 1939 Wien

Freischaffender Karikaturist. Autodidakt/Köln-Lindenthal. Ein Jahr Aufenthalt in Paris, ab 1960 in Köln, nebenberuflich Pferdezüchter in Niederbayern. Veröffentlichungen in *Madam, Playboy, Kölner Stadtanzeiger, Hörzu, Nebelspalter, Bunte, Welt der Arbeit, Quick, stern, Schweizerische Allgemeine Volkszeitung*, im Bastei-Verlag u.a. H.R.S. zeichnet Cartoons ohne Worte, Strips, die Comic-Folgen: *Adam, Abelmann, Auf uns gemünzt, Ludwig Richters Hausschatz, Drudels und Sprüche*. Weitere Arbeiten: Fotomontagen.

Kollektiv-Ausst.: Kunsthalle Recklinghausen (1972)

Publ.: *I like Lübke* (Fotomontagen)

Lit.: H.O. Neubauer: *Im Rückspiegel – Die Automobilgeschichte der Karikaturen 1886-1986* (1985), S. 232; Ausst.-Kat.: *Zeitgenossen karikieren Zeitgenossen* (1972), S. 232

**Sattler**, Joseph
* 26.07.1867 Schrobenhausen/Oberbayern
† 12.05.1939 München

Maler, Zeichner

Studium an der Privatschule Heinz Heim und der Akademie München, bei Hakl, Raupp und Gysis. Mitarbeiter bei *Pan* und *Simplicissimus*. Geschult an Albrecht Dürer, zeichnete J.S. graphisch-satirische Blätter in „altdeutsch"-mittelalterlichem Stil (wodurch die kraftvollen Holzschnitte des 16. Jahrhunderts formal und inhaltlich wiederbelebt wurden). – Illustrationen zu: Boss, *Geschichte der rheinischen Städtekultur* (4 Bände 1897) und zu Märchen.

Publ.: *Satirische Graphik; Moderner Totentanz* (1894, 1912); *Bauernkrieg; Wiedertäufer; Kunstkrieg; Meine Harmonie; Nibelungenlied* (1904)

Lit.: E. Fuchs: *Die Karikatur der europäischen Völker* II, Abb. 425; *Spemanns goldenes Buch der Kunst*, Nr. 1578;

Ausst.-Kat.: *Künstler zu Märchen der Brüder Grimm*, S. 8; *Das große Lexikon der Grahik* (Westermann, 1984) S. 391

**Sauer**, Josef
* 04.03.1893 Bamberg
† 19.03.1967 München

Pressezeichner, Karikaturist

Studium an der Akademie Nürnberg. – J.S. zeichnete ab 1928 für die *Jugend* und ab 1930 für den *Simplicissimus* (von O. Gulbransson gefördert), es sind politisch, aktuelle, satirische Zeichnungen, es entstehen auch 30 Karikaturen für den von Otto Nagel gegründeten *Eulenspiegel* (kommunistisch-soziale Tendenz). 1932 erhielt J.S. den Albrecht-Dürer-Preis der Stadt Nürnberg, und er beteiligte sich an der Internationalen Karikaturen-Ausstellung Wiener Künstlerhaus (1932). Übersiedlung nach München (1950). Ständiger Mitarbeiter des *Simplicissimus* (gegründet von Olaf Iversen 1953-67).

Lit.: G. Piltz: *Geschichte der europäischen Karikatur*, S. 265f; Ausst.-Kat.: *Typisch deutsch?*, S. 32 (35. Sonderausstellung Wilh.-Busch-Museum, Hannover); Presse: *Simplicissimus* (Nr. 7/1967: Nachruf)

**Savignac**, Raymond (Pierre Guillaume)
* 06.11.1907 Paris

Französischer Werbegraphiker, Chevalier de la Légion d'honneur

Studium an der l'Ecole Lavoisier, Paris. – R.Z. zeichnet Plakate, Karikaturen und Trickfilme. R.S. wurde 1935 Mitarbeiter des Plakatkünstlers Cassandre. Bekannt wurde er 1949 durch die im Zusammenhang mit Bernard Villemot veranstaltete Ausstellung und dem Plakat „Monsavon au Lait". Daraufhin folgten zahlreiche internationale Aufträge, auch aus Deutschland. S.s Stil war neuartig, eine Synthese zwischen Kunst und Werbung mit groteskem Witz und Humor. 1952 erhielt S. den Preis „Reklamemaler des Jahres".

Ausst.: u.a. 1955, 1957 Freilichtmuseum Chicago (erste Preise), 1972: S.P.H. Avignon, 1969: Bühnenbilder und Kostüme für die Comédie Française

Lit.: *Festival der Cartoonisten* (1976), S. 80; *Who's Who in Graphic Art* (I), S. 173; Presse: *Graphics* (Nr. 17/1947 und Nr. 29/1952)

**Scapa**, Ted
* 1931 Amsterdam

Niederländisch-schweizerischer Graphiker, Karikaturist/Bern

Präsident der Schweizerischen Werbestelle für das Buch. – Studien in Holland und der Schweiz. Mitarbeit in der Schweizer Presse bei *Nebelspalter, Schweizer Illustrierte Zeitung, Der Bund, Pro* u.a. Für den *Nebelspalter* zeichnet er Titelblätter, Ganzseiten zu bestimmten Themen, Ka-

rikaturfolgen: *Im Zeichen der Zeit, Gespräche unter Eidgenossen.* Weitere Themen sind humoristische, zeitkritische, politische Karikaturen ohne Worte, Werbung, Humor- und Kinderbücher. Mitarbeit am Schweizer Fernsehen, z.B. Kindersendung „Der Wunderspiegel".
Kollektiv-Ausst.: Kunsthaus Zürich (1972): T.19 „Bild ohne Worte", V 18 „Bild ohne Worte", Rorschach: „99 Jahre Nebelspalter" (1973: „Natürlech si alli Mönsche glych", „Adiö Greti", „Froueschtimmrecht", „Nüüt gäge d'Italiäner – der Usländerfrag", „Nach mym Dafürhalte", „Was geit der mi a", „Vor allem hei mir zwöi", „A de Luzärner Faschtschpie")
Lit.: Ausst.-Kat.: *Darüber lachen die Schweizer* (1973); *Karikaturen-Karikaturen?* (1972), S. 69

**Schaberschul**, Max
* 1875 Dresden
† 1940

Maler, Zeichner, tätig in Dresden
Studium an den Akademien Dresden und Weimar. – M.S. zeichnet humoristisch, mit Situationswitz, Sportbilder. Er arbeitete u.a. für *Lustige Blätter*. Als Maler bevorzugte er Landschafts- und Architekturbilder in kleinformatigen Federzeichnungen.
Lit.: Verband deutscher Illustratoren: *Schwarz-Weiß*, S. 203; G. Piltz: *Geschichte der europäischen Karikatur*, S. 223

**Schade**, Rainer
* 1951 Leipzig

Graphiker, Karikaturist
Gelernter Offsetdrucker. Studierte an der Hochschule für Graphik und Buchkunst, Leipzig (1971-76), erhielt ein Stipendium an der Hochschule für Bildende Kunst Lódz (1977-79). Ab 1979 Lehrer an der Hochschule Burg Giebichenstein/Halle (Industrielle Formgestaltung).
Veröffentlichungen in: *Eulenspiegel, Leipziger Volkszeitung, Magazin* (alle DDR), *Karuzela, Szpilki* (Polen), *pardon, Titanik* (BRD).
Kollektiv-Ausst.: „Satiricum '78", „Satiricum '82", „Satiricum '84", „Satiricum '86" (2. Preis), „Satiricum '88", „Satiricum '90", Greiz, sowie in Berlin, Dresden, Leipzig, Nürnberg, Wuppertal und Wurzen, im Ausland: Belgien, Bulgarien, Frankreich, Italien, Kanada, Polen, Schweiz, UdSSR
Ausz.: Max-Lingner-Preis (DDR 1985)
Publ.: *Tim & Tom* (1976; *Eine Badwanne für Balthasar* (1978); *Humor sapiens* (1981); *Auf den Spuren der Kupferfee* (1981); *Kleider machen Leute* (1983)
Lit.: H.P. Muster: *Who's Who in Satire and Humour* (2) 1990, S. 164-165; Ausst.-Kat.: *Satiricum '80* (1981), S. 19 sowie die weiteren Kataloge

**Schadow**, Johann Gottfried
* 20.05.1764 Berlin
† 28.01.1850 Berlin

Bildhauer, Zeichner, Kunstschriftsteller
Schüler des Bildhauers J.P.A. Tassert, Berlin, 1885-87 Ausbildung bei Trippel in Rom, 1788 Entwurf für ein Reiterdenkmal Friedrichs II., danach Hofbildhauer, nach Tasserts Tod Leiter der Hofbildhauerwerkstatt. Seit 1815 Direktor und Professor der Berliner Akademie. Hauptwerke (Auswahl): Viktoria auf dem Vierergespann (Quadriga) 1889, auf dem Brandenburger Tor, Marmogruppe der Prinzessinnen Luise und Friederike (1795-1979), Bronzegruppe Friedrichs II. mit seinen Windspielen (1821). Hauptmeister der deutschen klassischen Bildhauer. Als Zeichner richtete er scharfe politische Satire gegen Napoleon, zunächst anonym unter dem Namen „Gillrai" (wegen der Zensur und gleichzeitig um auf englische Vorbilder (Gillray) hinzuweisen). Nach dem Sieg von 1813 radierte er 7 Spottblätter auf Napoleon zum Beginn und Ende der Befreiungskriege. Mit Witz und Humor zeichnete er zu den Heften *Berliner Witz und Anekdoten* (1818) Berliner im Biedermeier lebensnah, geistreich mit scharfer Beobachtung. Wegen seiner originellen Aussprüche seines Mutterwitzes galt er selbst als Berliner Original. – Als Kunstschriftsteller schrieb er mehrere Werke über bildende Kunst.
Lit.: *Auswahl seiner Zeichnungen, Radierungen und Lithographien* (Hrsg. v. Dobbert 1885); E. Fuchs: *Die Karikatur der europäischen Völker* I, S. 176, 177, 183, 434

**Schaefer-Ast**, Albert (Ps.)
* 07.01.1890 Barmen-Wuppertal
† 15.09.1951 Weimar

Bürgerl. Name: Albert Schaefer („Ast" angehängt, wegen der Häufigkeit des Namens)
Pressezeichner, Karikaturist, Illustrator in Berlin ab 1921
Lehre bei einem Musterzeichner der Bandweberei. Studium an der Kunstgewerbeschule Barmen-Wuppertal und der Kunstschule Düsseldorf, bei Bruckmüller (1906-11). – A.S.-A. war Mitarbeiter, u.a. bei *Lustige Blätter, Jugend, Berliner Illustrirte Zeitung, Dame, Uhu, Der heitere Fridolin, Querschnitt, Die Woche, Simplicissimus, Neue Linie, Brigitte.* 1933 erhielt er Arbeits- und Ausstellungsverbot, galt als „entartet". 1936 bedingte Zulassung als Pressezeichner. A.S.-A. galt als Philosoph der Karikatur und Meister origineller Graphik, skurriler Karikaturen, mit dem hohen Können des Naturalisten. Ein zeichnender Poet. Seine komischen Zeichenhumoresken entwickelten sich aus der Linie heraus in einem naiven Strich und knappster Formulierung, ein Meister des graphischen Humors. Nebenher war A.S.-A. ein hervorragender Aquarellist, begründet auf einem gründlichen Naturstudium. 1945 Professor Leiter der Graphikklasse an der Hochschule für Architektur und bildende Kunst in Wei-

mar. 1945-50 Mitarbeiter am *Ulenspiegel*. Die Nachlaßverwaltung übernahm die Stadt Eisenach.
Ausst.: A.S.-A. Akademie der Künste, Berlin DDR (1952)
Publ.: *Bilderbuch für Kinder und solche, die es werden wollen* (1952); *Die Sommerburg, ein Malerbuch* (1934); *Die Geschichte von dem Hute* (nach Chr.F. Gellert, 1934); *Ablauf des Jahres* (Texte H.G. Sellenthin, 1948); *S.A. - Lustig und listig* (1957); *A.-S.-A. Fabuleux* (35 Radierungen 1960)
Lit.: (Auswahl) L. Lang: *Malerei und Graphik in der DDR* (1980); E. Koch-Walther: *Der A.S.-A.* (1957); Presse: *Deutsche Presse* (21/1936); *Ulenspiegel* (4/1947); *Die Welt* (1. Sept. 1979)

**Schaefler**, Fritz
* 1888 Eschau/Spessart
† 1954 Köln
Maler, Zeichner, Holzschneider
Studium an der Akademie München. 1914 Militärdienst, 1917 wegen Kopfverwundung entlassen. 1918 Teilnahme an Protestbewegungen mit politisch-engagierten Künstlern auf der Seite der November-Revolution. 1919 Herausgabe der Zeitschrift *Der Weg* sowie Dekorationen für Münchener Bühnen. Expressionistsiche und politische realistische Holzschnitte in den Revolutionsjahren 1918/19. Seit 1920 in Prien am Chiemsee. Ab 1927 in Norddeutschland. Nach dem Zweiten Weltkrieg tätig für moderne Haus- und Raumgestaltung in Köln.
Veröffentlichungen in: *Süddeutsche Freiheit*, *Der Weg* (Zeitung für bildende Kunst, Literatur und Zeitbewegung).
Ausst.: „Entartete Kunst", *F.S. 1888-1954* Galerie Ohse, Bremen (1974)
Lit.: J. Hoffmann: *Der Aktionsausschuß revolutionärer Künstler Münchens*, in *Kunst in München 1918/19* (1979); Ausst.-Kat.: *Die zwanziger Jahre in München*, Münchener Stadtmuseum (1979), S. 256, 762; *F.S.* Galerie Ohse, Bremen (1974)

**Schäfer**, Egmont
* 07.05.1908 Berlin
Zeichner, Karikaturist
Mitarbeit bei *Der Insulaner*.
Lit.: *Der Insulaner* (Nr. 4/1948)

**Schäfer**, Günther → **Pasteur** (Ps.)

**Schäffer**, Dr. Armin
* 1922 Hamburg
† April 1981 Hamburg
Internist, Röntgenologe (u.a. 2 Jahre Arzt im Hospital in der Nähe von Ibn Saud, Arabien) Hobby-Karikaturist (Autodidakt)
Freischaffender Karikaturist, u.a. Mitarbeit bei *Die Welt, Welt am Sonntag, Hamburger Abendblatt, Hörzu, Nebelspalter, Weltwoche*. A.S. zeichnet Karikaturen aus dem medizinischen Bereich, Porträt-Prominenten-Karikaturen, allgemein menschliche Sujets. – Für die *Welt*-Aktion zugunsten der Deutschen Gesellschaft zur Rettung Schiffbrüchiger stiftete er einen Siebdruck seiner Tuschzeichnung „Archipel Gulag-Solchenizyn" (1975).
Einzel-Ausst.: Galerie Hans Hoeppner, Hamburg (1977/78)
Publ.: *Eppendorfer Köpfe* (Porträt-Karikaturen der Ordinarien von Eppendorf); *Toter Punkt; Spritze gefällig; Pillen, Puls und Professoren; Arzt aus Leidenschaft* (1972)
Lit.: Presse: *Hörzu* (47/1972: „Spezialist für Scherz-Attacken"); *Die Welt* (11.11.1975: „A.S. – ein Arzt mit besonders spitzer Feder"); *Die Welt* (7.12.1978: „Der Röntgenarzt als Karikaturist: A.S.")

**Schallschmidt**, Werner
* 1929
Pressezeichner, Karikaturist/Berlin
Kollektiv-Ausst.: „Satiricum '84", Greiz/DDR
Lit.: Ausst.-Kat.: *Satiricum '84*

**Scharl**, Josef
* 02.12.1896 München
† 06.12.1954 New York
Spät-Expressionistischer Maler, Satiriker
Lehre beim Dekorationsmaler Eschlepp (Malschule) 1910-1915, Akademie München (bei Angelo Jank und Heinrich von Zügel (1919-1921), ab 1922 selbständig. J.S.'s aggressive und provozierende Deutlichkeit und Direktheit in seinen gesellschaftskritischen Bildern machten ihn zu einem unbequemen Zeitdeuter. 1938 Emigration nach New York. In den USA Illustrationen zu Grimms Märchen und Stifters *Bergkristall*. J.S.'s aggressiv-humane Bilder in der McCarthy-Ära provozieren den Vorwurf anti-amerikanischer Umtriebe. Amerika schätzte nur den Zeichner, nicht den Maler J.S.
Ausst.: 1929 bei den „Juryfreien" löst Provokationen aus, 1935 (letzte europäische Ausstellung bei van Lier in Amsterdam, endet ebenfalls mit Provokationen). 1938 als „Entarteter" in der Ausstellung „Entartete Kunst". Posthume Ausst.: 1971 Galerie Nierendorf, Berlin/West, 1984 Lenbach Galerie München
Ausz.: Erfolge bis 1932: Dürer-Preis der Stadt Nürnberg für Albert Einstein-Porträt, 1930 Preis von Rom, 1931 Preis von Akademie München (Dr. Mond-Preis), 1932 Förderpreis der Stadt Essen
Publ.: 50 Zeichnungen zum *Alten und Neuen Testament* (1944-1947) wurden erst 1967 veröffentlicht

Lit.: Kindlers Malerei Lexikon Bd. V, S. 230-235; A. Neumeyer: *J.S.* (1945; Presse: *epoca* 7/69, *stern* 50/82

**Scheerbart**, Paul
* 08.01.1862 Danzig
† 15.10.1915 Berlin

Schriftsteller, Dichter, Zeichner, ab 1887 in Berlin Studium der Philosophie und Kunstgeschichte an den Universitäten Leipzig, München und Wien. – P.S. gilt als Vorläufer der Dadaisten und Surrealisten. Er schrieb phantastische Erzählungen voll groteskem Humor mit skurrilen Auflösungen des Banal-Naturalistischen und der Annäherung an das Überweltliche (irreal, utopisch, gesellschaftskritisch, mit Liebe zum Kosmischen). Er illustrierte meist seine Werke selbst mit skurrilen Zeichnungen. Oskar Kokoschka porträtierte ihn, und Alfred Kubin illustrierte 1913 seinen Asteroidenroman *Lesabendio*.
Ausst.: „Jenseitskarikaturen", Kunstsalon Louis Bock & Sohn, Hamburg (Febr. 1904)
Lit.: (Auswahl) E. Mondt: *P.S.* (1912); Chr. Ruosch: *Die phantastisch-surreale Welt im Werke P.S.* (1970); Böttcher/Mittenzwei: *Dichter als Maler* (1980), S. 186-89; *Brockhaus Enzyklopädie* (1973), Bd. 16, S. 590; Ausst.-Kat.: *P.S. Jenseitskarikaturen*, Hamburger Kunsthalle (1990); Presse: *Hamburger Abendblatt, die tageszeitung*

**Scheffler**, Gottfried
* 1948

Pressezeichner, Karikaturist/Schönebeck (Elbe)
Kollektiv-Ausst.: „Satiricum '88", Greiz/DDR
Lit.: Ausst.-Kat.: *Satiricum '88*

**Scheffler**, Heini
* 1925 Niederhaßlau bei Zwickau

Pressezeichner in der ehemaligen DDR
Lit.: *Resümee – ein Almanach der Karikatur* (3/1972)

**Schellenberg**, Johann Rudolf
* 14.01.1740 Basel
† 06.08.1806 Töss bei Winterthur

Maler und Radierer, Illustrator und Karikaturist
Veröffentlichungen in *Pour Raillerie* u.a. – J.R.S. war Lavaters erster und treuester Mitarbeiter (Zeichnungen der Metamorphosen vom Tier zum Menschen in satirischer Gestaltverwandlung – äsopische Fabelform, 1772 wieder neu entdeckt).
Ausst.: „Karikaturen-Karikaturen?" Kunsthaus Zürich, Abb. S. 9-11
Lit.: *S. Spemanns Kunstlexikon* (1905), S. 840; Ausst.-Kat.: *Karikaturen-Karikaturen?* (1972), Kunsthaus Zürich

**Scherenberg**, Hermann
* 1826
† 1897

Einer der Hauptzeicher am frühen *Ulk* (gegr. 1872), der Beilage des *Berliner Tageblattes*.
Lit.: G. Piltz: *Geschichte der europäischen Karikatur*, S. 208, 221

**Scheuermann**, Ludwig
* 18.10.1859 Burghersdop/Südafrika

Maler, Zeichner, Graphiker
Studium an der Akademie München und Paris. – L.S. zeichnete Karikaturen und Figurenbilder. Als Maler bevorzugte er Landschaften und Architektur.
Lit.: Verband deutscher Illustratoren: *Schwarz-Weiß*, S. 193

**Scheuren**, Caspar Johann Nepomuk
* 1810 Aachen
† 1887 Düsseldorf

Studium an der Akademie Düsseldorf. Als Zeichner ist C.J.N.S. Mitarbeiter bei den *Düsseldorfer Monatsheften*, als Maler bevorzugte er Landschaften, insbesondere Rhein-Ansichten.
Lit.: L. Clasen: *Düsseldorfer Monatshefte* (1847-49), S. 485; Ausst.-Kat.: *Die Düsseldorfer Malerschule*, S. 454, 459

**Scheurich**, Herbert
* 10.11.1910 Berlin

Graphiker, Illustrator, Karikaturist, Signum: „S" (verschnörkelt)
Graphikerlehre in Berlin und London (5 Jahre) und Studium an der Akademie der bildenden Künste Berlin, bei Peter Fischer. H.S. arbeitete für *Simplicissimus*, *Constanze*, *Die Welt*, *stern* u.a. Er war Verlagsgraphiker bei illustrierten Zeitschriften, Buchgestalter, zeichnete Illustrationen für klassische und satirische Literatur, Vignetten sowie eine Themen-Folge: *Narrenspiegel der Geschichte*. – Er illustrierte das *Alphabet der Schwarzen Kunst* (40 Illustrationen), *Advertising spoken* (56 Illustr.), *In Krieg und Frieden, Verse von Friedrich Morgenroth* (85 Illustr.), *Illustre Zeiten* (38 Illustr.).
Ausst.: „Die Pressezeichnung im Kriege", Nr. 111-118, Haus d. Kunst, Berlin; Galerie Gurlitt, München; Lintas Werbe-Agentur, Hamburg; Commerzbank Minden; Wilh.-Busch-Museum, Hannover (1974)
Ausz.: 1956 Joseph-Drexel-Preis der Stadt Nürnberg („in Würdigung seiner künstlerischen Form der Kleingraphik")
Lit.: *Typisch deutsch?* (35. Sonderausstellung des Wilh.-Busch-Museum, Hannover), S. 32

**Scheurich**, Paul
* 24.10.1883 New York/USA
† 1945 Berlin

Porzellanplastiker, Maler, Graphiker
Studium an der Akademie Berlin (1900-03). – Gelegentlicher Mitarbeiter beim *Simplicissimus* und Titelblättergestaltung für die *Dame*. Seit 1912 war P.S. Mitarbeiter der Meißner-, Berliner- und Nymphenburger Porzellan-Manufakturen. P.S. gestaltete graziöse, heiter beschwingte Porzellan-Figuren im Rokokostil, die eine Neubelebung dieser Gattung darstellten. Er entwarf auch Theaterausstattungen. Gelegentlich war P.S. auch für die Werbung tätig. Obwohl in den USA geboren, lebte er wie ein echter Berliner und berlinerte auch so. – P.S. illustrierte: *Das Gespensterbuch*, Sternes *Empfindsame Reise* und *Rosenkavalier*.
Lit.: F.V. Volto/O. Fischel: *P.S. Porzellan und Zeichnungen* (1928); *Der große Brockhaus* (1933), Bd. 16, S. 581; *Brockhaus Enzyklopädie* (1973), Bd. 16, S. 615; D. Glombig: *Bohème am Rande skizziert*, S. 36-39, 66; *Magie der guten Laune* (Hrsg. Felix Henseleit, 1967), S. 41


**Schicht**, Roland
* 06.03.1943 Berlin

Graphiker, Cartoonist, Signum: „Roland"/München
Seit 1973 freiberufliche Mitarbeit bei Presse und Werbung in München. – Veröffentlichungen in *Süddeutsche Zeitung*, *Bunte*, *Quick*, *Revue*, *Equipe*, *Pirsch* u.a. R.S. zeichnet Cartoons ohne Worte (tragisch-komisch), kombiniert Collagen mit Karikaturen.
Publ.: *Da lachen die Hühner* (Fotoband); *Lustiger Zoo* (Kindermalbuch); *Mensch ärgere dich nicht* (Cartoons); *Numismatiker Witze* (Cartoons)
Lit.: Presse: *Schöne Welt* (Dez. 1973)


**Schiestl**, Rudolf
* 08.08.1878 Würzburg
† 30.11.1931 Nürnberg

Maler, Graphiker (der Jüngste aus der Bildhauer-, Maler- und Graphiker-Familie)
Ausbildung beim Vater. Dann Studium an der Akademie München, bei Hackel, F.v. Stuck. – Mitarbeit bei der *Jugend*. R.S. zeichnet illustrative Sujets aus dem Themenkreis der *Jugend* (idyllisch, humorvoll, leise resignierende Weltanschauung) sowie Einladungs- und Festkarten. – Seit 1892 Glasmaler in Innsbruck, ab 1910 Professor an der Staatsschule für angewandte Kunst in Nürnberg. Daneben als Graphiker tätig. – Später wandte sich R.S. erneut der Malerei, dem Holzschnitt und der Lithographie zu (religiöse Darstellungen und Motive aus dem Bauernleben).
Lit.: R. Baumgart: *Die drei Brüder Schiestl* (1923); L. Weißmantel: *Rudolf Schiestl* (1926 dritte Auflage); H. Nasse: *Rudolf Schiestl* (Graph. Künste 1926); L. Hollweck: *Karikaturen*, S. 122


**Schiffers**, Alfred
* 1920 Strobeck, bei Halberstadt

Pressezeichner


**Schiller**, (Joh. Christoph) Friedrich von (geadelt 1802)
* 10.11.1759 Marbach/Württemberg
† 09.05.1805 Weimar

Klassischer Dichter und Dramatiker
Als Zeichner Autodidakt. – Schiller, befreundet mit dem Oberkonsistorialsrat Gottfried Körner (Vater des Dichters Theodor Körner), war vom 12. Sept. 1786 bis 20. Juli 1787 Gast im Hause Körner. Anläßlich des 30. Geburtstages Körners (2. Juli 1786) entwarf Schiller auf 13 Seiten Begebenheiten aus dieser Zeit in naiven Karikaturen. Der Schriftsteller L.F. Huber (1764-1804) schrieb Kommentare dazu. Veröffentlicht als *Schillers Avanturen des neuen Telemach – eine Geschichte in Bildern*.
Lit.: Böttcher/Mittenzwei: *Dichter als Maler*, S. 67-70; *Schillers Avanturen des neuen Telemachs* (hrsg. v. Karl Riha 1987; erste Ausgabe 1862, hrsg. von Carl Künzel)


**Schilling**, Erich
* 27.02.1885 Suhl/Thüringen
† 30.04.1945 Gauting bei München (Freitod)

Zeichner, politischer Karikaturist
Ausbildung als Ziseleur beim bekannten Graveur K. Kolbin, Suhl, danach tätig in der väterlichen Gewehrfabrik. – Studium an der Kunstschule Berlin. – Mitarbeit seit 1907 beim *Simplicissimus*, als politischer Karikaturist einer der wichtigsten Mitarbeiter, und Mitarbeit bei *Der wahre Jacob*. Er zeichnete tagespolitische, gesellschaftskritische Karikaturen, gelegentlich auch unterhaltende, amüsante Blätter. Durch die Beherrschung der „Graviertechnik", ist sein Zeichenstil anfangs minutiös in jeder Einzelheit. Zwischen 1910-20 spezialisierte E.S. seine Zeichnungen nach bestimmten Bildthemen und paßte sich diesen durch verschiedene Techniken an. Seit 1918 besaß E.S. ein Atelier in München (Gauting). E.S.s Schicksal war tragisch. Politisch engagiert, zeichnete er für den sozialdemokratischen *Wahren Jacob*. In der Weimarer Republik war er schärfster Kritiker des Nationalsozialismus, nach der Machtübernahme loyaler Propagandist des Hitlerregimes. Seine gewandelte Einstellung soll ihn in einen persönlichen Konflikt gestürzt und seinen Selbstmord ausgelöst haben.
Ausst.: *Die Pressezeichnung im Kriege* (22.3.-20.4.41), Nr. 279, 280, 281 282, 283
Lit.: G. Piltz: *Geschichte der europäischen Karikatur*, S. 217, 268, 270; *Simplicissimus 1896-1914* (hrsg. v. Richard Christ), S. 240, 303, 328, 362, 405; Ausst.-Kat.: *Die*

zwanziger Jahre in München, S. 763; Simplicissimus – eine satirische Zeitschrift (1896-1944), S. 426-32; E.S. 1885-1945, Galerie Biedermann, München (1977); Das große Lexikon der Graphik (Westermann, 1984) S. 392

**Schindehütte**, Albert
* Jun. 1939 Breitenbach bei Kassel
Graphiker, Illustrator
Dekorateurlehre, dann Studium an der Akademie Kassel. Nach Abschluß des Studiums geht er mit Arno Waldschmidt nach Berlin. A.S. ist einer der frühen fünf „Rixdorfer" in Berlin-Kreuzberg, Mitarbeit in der „Rixdorfer Werkstatt", die mit einer Handpresse und alten Setzkästen ihre Graphiken publizierte. Diese sind skurril, grotesk, mit zartem Strich – teilweise erotischem Humor.
Ausst.: Kassel, Göttingen, Stuttgart, Berlin
Publ.: Schindehütte & Waldschmidt: *Auf den Leib geschrieben* (1967); *Parodien* (Mappenwerk, zus. mit Katinka Niederstrasser) (1968); A.Sch.: *Sammelalbum – Werkverzeichnis der Druckgraphik*; *Auf Wiedersehen in Kenilwörth* (zus. mit Peter Rühmkorf, 1980); *Edgar Allans Poesiealbum* (21 farbige, skurril-mystische Illustrationen, 1982)
Lit.: Presse u.a.: *Der Abend* (1967); *Der Spiegel* (16/1967, 40/1968); *Die Welt* (27/1979); *stern* (29/1980); *Vital* (10/1982); *Playboy* (Mai 1987)

**Schlaf**, Johannes
* 21.06.1862 Querfurt
† 02.02.1941 Querfurt
Schriftsteller, Zeichner
J.S. und Arno Holz arbeiteten schon seit der Studentenzeit zusammen, im Sinne eines „konsequenten Naturalismus". Für das gemeinsame Vers- und Bilderbuch *Der geschundene Pegasus* (1892) zeichnete J.S. 100 treffende Karikaturen (eine lustige, selbstironische Bildergeschichte aus beider Leben, im Stil von Wilhelm Busch). – Gemeinsame Prosa: *Papa Hamlet* (1889) und *Die Familie Selicke* (1890). Wegen des Hauptanteils an der Autorschaft von *Die Familie Selicke* haben sich J.S. und Holz zerstritten.
Lit.: *Das J.S. Buch*, hrsg. von L. Bäte (1922); L. Bäte: *J.S.* (1927); Böttcher/Mittenzwei: *Dichter als Maler* (1980), S. 183-84

**Schlattmann**, Julius
* 07.04.1857 Borken/Westfalen
Maler, Zeichner, tätig in Berlin
Studium an der Akademie Düsseldorf. – J.S. zeichnete humoristische und politische Satire sowie Titelzeichnungen für den Verlag Georg E. Nabel, Berlin. J.S. war Schriftführer im Verband deutscher Illustratoren (1903).

Lit.: Verband deutscher Illustratoren: *Schwarz-Weiß*, S. 73

**Schlegel**, Wolfgang
* 1935
Pressezeichner, Karikaturist/Döschnitz
Kollektiv-Ausst.: „Satiricum '80", „Satiricum '78", „Satiricum '82, Greiz/DDR
Lit.: Ausst.-Kat.: *Satiricum '78, Satiricum '82, Satiricum '80*

**Schleusing**, Thomas
* 18.12.1937 Chemnitz
Graphiker, Karikaturist (kam aus dem Künstler-Kollektiv „Gruppe 4")
Veröffentlichungen in: *Eulenspiegel, Neues Leben, Neue Berliner Illustrierte, Wochenpost* u.a. Er zeichnet humoristische Karikaturen, Cartoons ohne Worte, Kinderbücher. Zu Illustrationsbestsellern wurden u.a. *Der Rabe bläst Trompete* (1976); *Trampen nach Norden; Meine Mutter, das Huhn* (1981); *Verrückte Kiste* (1983).
Publ.: *Leda S; Häns'chen Klein geht schon allein* (22. Buch)
Lit.: *Resümee – ein Almanach der Karikatur* (3/1972), S. 86; Presse: *Neue Berliner Illustrierte* (12/1976, 51/1987); *Eulenspiegel* (22/1984)

**Schlichter**, Rudolf
* 06.12.1890 Calw/Württemberg
† 03.05.1955 München
Maler, Graphiker, Porträtist
Lehre als Emaillemaler in Pforzheim (1905-08). Studium an der Kunstgewerbeschule, Stuttgart, der Akademie Karlsruhe, bei Hans Thoma, Wilhelm Trübner (Meisterschüler, 1911-16) und Kaspar Ritter. – Angeregt durch George Grosz wandte sich R.S. dem sozialen und politischen Verismus zu. Arbeitet für die kommunistische Presse: *Welt am Montag, Die Pleite, Der Knüppel, Eulenspiegel, Rote Fahne, Arbeiter Illustrierte Zeitung, Gegner*. Sein Thema ist die politische Satire, er ist ein scharfer Kritiker der zwanziger Inflationsjahre, der Morbidität der bürgerlichen Maske, Schilderer einer verkommenen Umwelt, zynisch-aggressiv. R.S. war aus der „Dada- und Novembergruppe" hervorgegangen und gehörte zur kritischen Richtung der neuen Sachlichkeit. In seiner Dada-Zeit hat er die korrigierten Meisterwerke „ausgestattet" (verbesserte Bildwerke der Antike im Sinne des Dada mit menschlichen Köpfen). Mit Grosz zusammen formte er auf der Dada-Messe einen „Preußischen Erzengel": eine lebensgroße Soldatengruppe mit einem Schweinekopf, die von der Decke baumelte. Anzeige wegen „öffentlichen Ärgernisses und Beleidigung der Reichswehr". Freispruch. Mitglied der „Roten Gruppe" (1924) der

ASSO, KPD, ARBKD (1925). Ausstellungsverbot (1939). Ab 1931 Aufgabe seiner revolutionären Position.
Publ.: *Zwischenwelt* (1931); *Das widerspenstige Fleisch* (1932); *Tönerne Füße* (1933); *Das Abenteuer der Kunst* (1949)
Lit.: (Auswahl) Ausst.-Kat.: *R.S.*, Retrospektiv-Ausst. Galleria del Levante, München (1970); *Zwischen Widerstand und Anpassung*, Akademie der Künste, Berlin (1978); Kunsthalle Berlin (West) 1973; *Die Schaffenden* (1984), S. 196, 211

**Schlichting**, Max
* 16.06.1866 Sagan/Schlesien

Pressezeichner, Illustrator, tätig um 1900 in Berlin
Seine künstlerische Ausbildung erhielt M.S. in Berlin und Paris. Mitarbeit beim Verlag Eckstein Nachf., Berlin. Er zeichnete Sujets aus dem Leben – humoristisch-satirisch gesehen, für die Presse.
Lit.: Verband deutscher Illustratoren: *Schwarz-Weiß*, S. 100

**Schlick**, J. Gustav
* 1804 Leipzig
† 1869 Loschwitz

Maler und Zeichner
Illustrationen zu Hebels *Schnock* (1850) (humoristische Zeichnungen).
Lit.: E. Roth: *100 Jahre Humor in der deutschen Kunst*

**Schließmann**, Hans
* 1852 Mainz
† 1920 Wien

Zeichner
H.S. zeichnete humoristische Blätter. Er kam mit 5 Jahren nach Österreich. Ab 1874 Mitarbeiter der *Wiener Humoristischen Blätter* und ab 1880 des *Kikeriki* in Wien und der *Fliegenden Blätter* und *Münchener Bilderbogen* und von 1881-90 arbeitete er für *Wiener Luft* (eine Beilage des *Figaro*). H.S. war ein produktiver Zeichner. Bevorzugte Motive: Wiener Typen, die er in knappen und charakteristischen Konturen auf das Papier brachte.
Lit.: G. Hermann: *Die deutsche Karikatur im 19. Jahrhundert*, S. 69; L. Hollweck: *Karikaturen*, S. 103; G. Piltz: *Geschichte der europäischen Karikatur*, S. 232

**Schlitt**, Heinrich
* 1849 Bierbrich-Mosbach

Maler, Zeichner, Karikaturist, tätig in München
Mitarbeiter der humoristischen Zeitschriften *Fliegende Blätter*, *Schalk* u.a. H.S. zeichnete humoristisch-satirische Karikaturen.
Lit.: G. Hermann: *Die deutsche Karikatur im 19. Jahrhundert*, S. 92; Ausst.-Kat.: *Zeichner der Fliegenden Blätter – Aquarelle, Zeichnungen*

**Schlittgen**, Hermann
* 23.06.1859 Roitzch bei Merseburg
† 09.06.1930 Wasserburg/Inn

Zeichner, Maler, Redakteur, Schriftsteller
(Vater Tagelöhner, früh verstorben – bitterarme Kindheit)
Stipendiat an den Kunstschulen in Leipzig und Weimar. Ab 1881 beginnende Mitarbeit bei den *Fliegenden Blättern*, woraus eine jahrzehntelange Zusammenarbeit entstand, später Redakteur der *Fliegenden Blätter* und gelegentlicher Mitarbeiter bei *Simplicissimus*. P.S.s Vorbild war der englische Zeichner Charles Samuel Keene (1823-1891). H.S.s Typen waren die elegante Welt der Damen, Lebemänner, Offiziere, Hochstapler und was dazu gehört: Soldaten, Dienstmädchen, Kutscher, Offiziersburschen u.a., lebensecht und kritisch beobachtet, treffend karikiert, als humoristisch-dezente Satire. Als Maler bevorzugte er Öl- und Pastellbilder, Salonstücke und Porträts.
Publ.: *Erinnerungen* (Autobiographie)
Lit.: E. Fuchs: *Die Karikatur der europäischen Völker* II, S. 413, 414, 422, 429, Abb. 429; L. Hollweck: *Karikaturen*, S. 83, 103, 104, 127, 164, 175; G. Hermann: *Die deutsche Karikatur im 19. Jahrhundert*, S. 91; G. Piltz: *Geschichte der europäischen Karikatur*, S. 219f.; *Das große Lexikon der Graphik* (Westermann, 1984) S. 393

**Schlote**, Wilhelm
* 1946 Lüdenscheid

Graphiker, Cartoonist, Kunsterzieher
Studium der Philosophie und Germanistik an der Hochschule für bildende Künste, Kassel. Danach: Lehrer für Kunsterziehung am Gymnasium Kassel (ein Semester). Lehrauftrag der Johann-Wolfgang-Goethe-Universität, Frankfurt/Fachbereich: Klassische Philologie und Kunstwissenschaften, 1975-79 in Hamburg: Lehrer für Kunsterziehung am Gymnasium.
Veröffentlichungen in Zeitschriften, Zeitungen und Büchern sowie von Trickfilmen. Seit 1979 lebt W.S. in Paris als freischaffender Graphiker/Karikaturist. – Seine Werke: Erzählende Graphik, Cartoons, Bücher, Postkarten, Plakate. Er veranstaltet Signier-Tourneen, Ausstellungseröffnungen.
Publ.: *Die Fenstergeschichten; Das Elefantenbuch; Die Geschichte vom offenen Fenster; Die Zeichenstunde; Heute wünsch ich mir ein Nilpferd* (Deutscher Jugendbuch-Preis 1978); *Die Briefe an Sarah* (Text: Elisabeth Borders); *Ach du lieber Schneck!/Aus den Skizzenbüchern eines Cartoonisten; Fenstercartoons oder wie man sich Geburtstage einfacher merkt; Ein Foto bitte, oder wie man*

*sich Adressen einfacher merkt; Viele Köche oder wie man sich Rezepte einfacher merkt* (Postkartenbuch 1984)
Lit.: Presse: *Petra* (6/1983: „Die heile Welt des Monsieur Schlote"); *Brigitte* (24/1983: „Ein Zeichner in Paris: W.Schlote"); Fernsehen: ARD (17.10.1983: „MM", Montags-Markt)

## Schmalhausen, Otto
* 1890 Antwerpen
† 1958 Berlin

Belgischer Graphiker, Dadaist (genannt „Dada – Oz"). Schwager von George Grosz
Mitarbeiter bei *Die Pleite, Der Knüppel, Die Rote Fahne* (zwischen 1920-30). Er veröffentlicht kommunistisch-politische Zeichnungen. Früher Dadaist. Begann schon vor 1914 in Antwerpen (als Dada noch kein Begriff war) bei seiner reklameorganisatorischen Tätigkeit „Dadaworks" zu konstruieren. 1920 gründete er ein Institut für „Oz-Dada-Werke". In einer Werbeanzeige empfahl er sich „neben der Anfertigung von Dada-Photo-Porträts" unter anderen auch für „sachgemäßen Unterricht in Dada-Kleberei".
Lit.: H. Wescher: *Die Geschichte der Collage* (1974), S. 177, 323; G. Piltz: *Geschichte der europäischen Karikatur* (1976), S. 258, 261; Ausst.-Kat.: *Tendenzen der Zwanziger Jahre* (Berlin 1977), S. B. 58

## Schmidhammer, Arpád
* 12.02.1857 St. Joachimsthal/Böhmen
† 11.05.1921 München

Karikaturist, Illustrator, Journalist, seit 1883 in München
Studium an der Akademie München, bei Löfftz, Hackl, Herterich und Diez. A.S. zeichnete für die Presse humoristische, aktuelle, antiklerikale und politische Karikaturen. Für den Verlag Scholz in Mainz Kinderbücher und Schulfibeln. A.S. war Pressezeichner, der eigene Einfälle als gezeichnete Kommentare zum Zeitgeschehen schnell und termingerecht lieferte, witzig, prägnant in markanter Handschrift. Seine Bildthemen kamen vornehmlich aus dem Münchener Milieu. Bauern, Kellnerinnen, „Bierdimpfl", Künstler, sowie aktuelle Glossen. A.S. war seit Gründung der *Jugend* (1896) deren Hauptzeichner und hat dafür zwischen 1896-1905 allein 1655 Beiträge geliefert. Ferner war er Mitarbeiter von *Der Scherer* in Innsbruck und von *Münchener Bilderbogen*. Er zeichnete auch Illustrationen zu Roseggers Werken. Sein Signum war „A.S.", für die politischen Karikaturen ein Frosch.
Lit.: L. Hollweck: *Karikaturen*, S. 131, 139, 140, 141, 208-10, 212, 221; G. Hermann: *Die deutsche Karikatur im 19. Jahrhundert*, S. 123; E. Fuchs: *Die Karikatur der europäischen Völker* II, S. 310, 344, 423; G. Piltz: *Geschichte der europäischen Karikatur*, S. 219, 224; Ausst.-Kat.: *Typisch deutsch*, S. 32; *Künstler zu Märchen der Brüder Grimm*, S. 8

## Schmidt, Erich
* 1953 im Westerwald

Cartoonist
Studium der Publizistik/Kunstgeschichte an der FU Berlin/West. Veröffentlichungen in *Schöne Welt* u.a. Stilistisch ist E.S. ein Vertreter des krakeligen Strichs.
Lit.: Presse: *Schöne Welt* (11/1973)

## Schmidt, Manfred
* 15.04.1913 Bad Harzburg (aufgewachsen in Bremen)
Karikaturist, Reiseschriftsteller
Studium: Kunstgewerbeschule (ein Jahr). Erste Zeichnung für die *Bremer Nachrichten* (mit 14 Jahren). Zeichentrickfilm im Ufa-Studio Berlin-Babelsberg. Mitarbeit an: *Berliner Illustrirte Zeitung, Berliner Morgenpost, Grüne Post, Lustige Blätter, Erika, Die Sirene, BZ am Mittag* und *Wehrmacht*. Nach 1945 Mitarbeit bei *Telegraf-Illustrierte, NBI, Pinguin, Weltbild, Quick*. M.S. zeichnet humoristische Karikaturen, ganze Humorseiten. Übersiedlung nach Bayern. Von 1950 bis 1960 arbeitete er für *Quick*, zeichnete 600 Abenteuer des Meisterdetektivs Nick Knatterton als Grotesk-Krimi-Parodie amerikanischer Comics, besonders des „Superman". Der spitzköpfige „Nick Knatterton" im karierten Knickerbocker-Anzug wurde zur klassischen Figur der deutschen Comic-Literatur. Seine pfiffigen Abenteuer wurden verfilmt. Die Industrie vermarktete die Knatterton-Figur als Puppen, Kartenspiele, Textilien, Masken u.a. Nach dem erfolgreichen Abschluß der Knatterton-Serien, folgten die *„verschmidtsten" Reise-Reportagen*, mit scharfem Blick für Realitäten, Komik und literarischen Pointen aus dem Nachkriegs-Tourismus, ebenfalls als Dauerbrenner (insgesamt über 50 Reportagen). Danach *Quick*-Preisausschreiben und die *Quick*-Serie *Familie Kleinemann*. – Später zeichnete er Werbe-Karikaturen. Im eigenen Trickfilmstudio am Starnberger See produzierte M.S. zusammen mit seinem Sohn Werbespots. Für seinen Meisterdetektiv Nick Knatterton erhielt M.S. von der Narrenakademie Dülken (Rheinland) die Auszeichnung: „Doktor humoris causa", für seine Reportage *„Bleibt Wien-Wien?"* den „Goldenen Rathausmann" der Stadt Wien.
Publ.: *Bilderbuch für die Überlebenden* (1947); *Für die Nerven-Amsterdam* (1961); *Hab Sonne im Koffer* (1962); *und begibt sich weiter fort* (1962); *12mal hin und zurück* (1963); *Zwischen Dur und Müll* (1964); *Weiteres Heiteres* (1965); *Alles Gute v. Manfred Schmidt* (1970); *Das Große M.S.-Buch* (1973); *Das Beste von M.S.* (1975); *Mit Frau Meier in die Wüste* (1970); *Frau Meier reist weiter* (1970); *M.S. Knatterton* (1970/77); *M.S. Nick Knatterton* (1972-77); *Nick Knattertons Comics Gesamtausgabe; Das schnellste Hotel der Welt*
Lit.: (Auswahl) H.P. Muster: *Who's Who in Satire and Humour* (2) 1990, S. 166-167; *Wilhelm Busch und die Folgen; Das große Buch des Lachens* (1987); Presse: *Der*

*Spiegel* (v. 15.4.53: „eine leichte Bonner Pflaume"); Fernsehen: 3. Progr. „Strichweise heiter" (insgesamt über 50 Reportagefilme)

### Schmidt, Peter
* 1949

Pressezeichner, Karikaturist/Berlin
Kollektiv-Ausst.: „Satiricum '82", Greiz/DDR
Lit.: Ausst.-Kat.: *Satiricum '82*

### Schmidt-Berg, Heinz
* 10.02.1911 Berlin

Graphiker, Karikaturist, Signum: „-BERG" (weil auf dem Prenzlauer Berg geboren)
Studium an der Kunstgewerbeschule Berlin, bei den Professoren Kaus, Orlowski, Sagekow. Ab 1930 arbeitete H.S.-B. als freier Mitarbeiter für die Presse in Berlin, u.a. für *Ulk* und als Gebrauchsgraphiker im Atelier eines Freundes. 1940-45 Wehrdienst. Mitarbeit ab 1945 u.a. bei *Kurier*, *BZ* (Suchspiele), *Berliner Leben*, *IBZ* und *Horizont*. Er zeichnet humoristische Karikaturen voller „Schmiß" und Groteske, typischem Berliner Mutterwitz im Text sowie Werbe-Karikaturen. H.B. verfaßte auch humoristisch-satirische Gedichte.
Ausst.: „Berlin – so gesehen" (Berliner Bauwochen), (1969), „Die Schmidt-Berg-Skizzen" Haus am Lützowplatz (1968) und Rathaus Kreuzberg
Ausz.: „Goldene Palme" (1962), Bordighera (Salone Internazionale dell'Umorismo)
Publ.: *Nur nicht imponieren lassen; Neu, nimm 2 jetzt noch besser!; Unschädlich gratis?; Nun es reimt sich!*

### Schmielewski, Alfred
* 26.01.1928 Norkitten/Ostpreußen

Karikaturist, Pressezeichner
Veröffentlichungen in *Der Insulaner* (6/1948, 9/1949). A.S. zeichnet humoristisch-aktuelle Karikaturen.
Lit.: *Der Insulaner* (6/1948)

### Schmitt, Erich
* 11.03.1924 Berlin
† 29.12.1984 Berlin/DDR

Karikaturist, Pressezeichner
Lehre als Maschinenschlosser, danach Besuch von Abendkursen an der Pressezeichner-Schule Skid, Berlin-Halensee. 1947 erste Karikatur in der DDR-Zeitschrift *Start*, seit 1948 Mitarbeit an verschiedenen Zeitungen/Zeitschriften der DDR, Tages-Karikaturist der *Berliner Zeitung*. Veröffentlichungen, u.a. in *Frischer Wind*, *Neue Berliner Illustrierte*, *Eulenspiegel*, *Das Magazin*. E.S. zeichnet politisch, aktuelle, zeitkritische, humoristische Karikaturen, Illustrationen für Kinderbücher. Populär geworden ist er durch seine Zeichenserien und Bildgeschichten.
Ausz.: Goethepreis der Stadt Berlin/DDR (1971)
Publ.: *Arche Noah* (1955); *Kuno Wimmerzahn* (1955); *Schwester Monika; Schmitt's Tierleben* (1958); *Oberschwester Monika* (1960); *Da biste platt* (1960); *Ede, der Tierparklehrling* (1964); *Adam und Evchen* (1965); *Kollege Blech* (1965); *Berufslexikon* (1966); *Nixi* (1962); *Das dicke Schmitt-Buch* (1968); *Zirkus Albeto* (1970); *Schwester Monika/Kurschwester Monika* (1972); *Karl Gabels Weltraumabenteuer* (1973); *Tierpark-Ede* (1975); *Verschmittzster Tierpark* (1978); *Verschmittzstes Berlin* (1980)
Lit.: *Der freche Zeichenstift* (1968); S. 111; G. Piltz: *Geschichte der europäischen Karikatur* (1976), S. 312; *Bärenspiegel* (1984), S. 208; *Das große Buch des Lachens* (1987); Presse: *Eulenspiegel* (1/1985: Nachruf)

### Schmögner, Walter
* 1943 Wien

Graphiker, Karikaturist, Kinderbuch-Autor
Studium an der Graphischen Lehr- und Versuchsanstalt Wien. Veröffentlichungen in *Wiener Express*, *pardon* u.a. W.S. zeichnet Bildgeschichten, Kinderbücher. Er ist Phantast und Satiriker.
Ausst.: seit 1970 u.a. in Wien, München, Düsseldorf, Zürich, Paris, Graz, Recklinghausen, Berlin/West
Publ.: *Das Guten Tag Buch; Das Drachenbuch* (1966); *Das neue Drachenbuch; Ein Gruß an Dich; Die Stadt* (H. Hesse); *Das unendliche Buch; Traumbuch für Kinder; Etikettenbuch für Kinder; PLOPP-WU-U-UM-WHAA-ASCH; Kunstbuch der „Bösen Bilder"*; W.S. – Werke aus den Jahren 1968-1971; *Der Bär auf dem Försterball* (mit Peter Hacks); *Mr. Beestons Tierklinik; Das Ende der Welt* (R. Walser); *Zeit zum Aufbrechen; Der Traum vom Rückenwind*
Lit.: Ausst.-Kat.: *Zeitgenossen karikieren Zeitgenossen* (1972), S. 224; *Karikaturen-Karikaturen?* (1972), S. 69

### Schmolzé, Carl Hermann
* 1823 Zweibrücken
† 1861 Philadelphia/USA

Maler, Zeichner, Dichter
Mitarbeiter der *Fliegenden Blätter* (humoristische Zeichnungen). C.H.S. arbeitete zum Teil zusammen mit Carl Stauber. Beide zeichneten Illustrationen und Vignetten zu J.P. Hebels *Schatzkästlein des rheinischen Hausfreundes*.
Lit.: E. Roth: *100 Jahre Humor in der deutschen Kunst*

### Schmucker, Bernd
* 1968 Berlin/DDR

Cartoonist (Autodidakt)
Veröffentlichungen in *Art-Core-Comix-Fanzine*, *Renate*,

Mitarbeit an der Cartoon-Anthologie *Alles Banane* (1990)
Lit.: *Alles Banane* (1990), S. 16, 59, 94

**Schnackenberg**, Walter
* 02.50.1880 Bad Lauterberg/Harz
† 10.01.1961 Rosenheim

Maler, Zeichner, Bühnenbildner
Studium an der Malschule von Knirr (1899-1902), der Akademie München, bei F.v. Stuck (1907) und Studium in Paris (1908-09, gebildet an Grunau und Toulouse-Lautrec). – W.W. war Mitarbeiter von *Jugend, Simplicissimus* und *Lustige Blätter*. Er zeichnet humoristisch, kritisch-satirisch (verbarg seine politischen Karikaturen), entwarf Figurinen, Dekorationen für Tanzbühnen und Varietés (hat in München Eric Charell entdeckt), zeichnete auch Plakate. Mitbegründer der *Münchener Sezession*. W.S. wohnte seit 1959 in Degerndorf.
Ausst.: Wilh.-Busch-Museum, Hannover (1965), Galerie Seifert-Binder, München (1976)
Lit.: H. Schindler: *Monographie des Plakats*, S. 153f, 135, 145; G. Piltz: *Geschichte der europäischen Karikatur*, S. 217; *Simplicissimus 1896-1914*, S. 304; Ausst.-Kat.: *Die zwanziger Jahre in München*, S. 764; *W.S.*, Wilh.-Busch-Museum, Hannover (1965) *Ausst.-Kat.*

**Schnebel**, Carl
* 26.03.1874 Zabern/Elsaß

Zeichner, Karikaturist, Graphiker
Seine künstlerische Ausbildung erhielt C.S. in Berlin. Er war Mitarbeiter u.a. beim *Narrenschiff* (1898, nach 13 Ausgaben eingestellt). Für die *Lustigen Blätter* zeichnete C.S. um 1900 humoristische und satirische Sujets, es entstanden aber auch Werbegraphik und Plakate. Um 1906 wurde C.S. von Hermann Ullstein als künstlerischer Beirat für die *Berliner Illustrirte* eingesetzt. Danach war er vorwiegend in der graphischen Gestaltung tätig und zuletzt als Chefredakteur der Zeitschrift *Dame*. Nach über 30jähriger künstlerischer Tätigkeit am 31. März 1937 in den Ruhestand versetzt, wurde ihm zu Ehren der „Carl-Schnebel-Preis" 1939 gestiftet, um begabte Pressezeichner und Illustratoren zu fördern.
Lit.: G. Hermann: *Die deutsche Karikatur im 19. Jahrhundert*, S. 126; G. Piltz: *Geschichte der europäischen Karikatur*, S. 220; H. Schindler: *Monographie des Plakats*, S. 104; *Berliner Illustrirte Zeitung 1892-1945* (Hrsg. Christian Ferber), S. 7

**Schneider**, Brigitte
* 1946 Augsburg

Dipl.-Designerin, Karikaturistin/Lüftelberg b. Bonn
Studium an den Fachhochschulen Kiel und München. – Veröffentlichungen in *natur, Brigitte, Süddeutsche Zeitung, Die Zeit, Neue Zürcher Zeitung* u.a. B.S. zeichnet aktuelle, politische Karikaturen, satirisch-humoristisch.
Lit.: *Störenfriede – Cartoons und Satire gegen den Krieg* (1983); *Beamticon* (1984), S. 141, 61

**Schneider**, Heinrich Justus
* 1811 Coburg
† 1884 Gotha

Historien-, Bildnismaler, Zeichner
Als Zeichner bevorzugt H.J.S. Porträt-Karikaturen.
Lit.: Ausst.-Kat.: *Karikaturen-Karikaturen?*, Kunsthaus Zürich (1972: G 228, 240)

**Schneider**, Lothar
* 1943 Lübben

Hobby-Karikaturist
Mechanikerlehrzeit. Studium der Staatswissenschaft. – L.S. zeichnet Cartoons, teilweise ohne Worte – verinnerlichte Komik aus der Alltagswelt.
Lit.: Presse: *Eulenspiegel* (19/1980)

**Schniebel**, Jan P.
* 1946 Hamburg

Graphiker, Karikaturist
Studium der Kunsterziehung an der Hochschule für bildende Kunst, Hamburg. – Veröffentlichungen in *St. Pauli Nachrichten, Spontan, Welt der Arbeit, Sexualmedizin*. Seit 1972 erscheinen die *rotfuchs*-Comics. Sie sind zeitkritisch-satirisch. J.P.S. zeichnet aber auch politische Karikaturen sowie den Comic-Strip *Turtels & Prontosaurus*. J.P.S. ist Co-Autor des Medienverbundkurses: „Betrifft: Sexualität" und Co-Autor von „Wörtliches Trainingsprogramm".
Publ.: *Die Schniebel-Biebel – Comic Strips* (1981)

**Schnurre**, Wolfdietrich
* 22.08.1920 Frankfurt/M.
† 09.06.1989 Kiel

Schriftsteller, Zeichner
W.S. schrieb Lyrik, Essays, Gedichte, Fabeln, Kurzgeschichten, Hör- und Fernsehspiele (ca. 130 Titel), zeitkritisch, satirisch-moralistisch, grotesk. – W.S. illustrierte oft seine Werke selbst. Seine Zeichnungen bezeugen „ein intaktes Verhältnis zu seiner Kindheit", und ergänzen den lapidaren Stil seiner Literatur. Sparsam im Strich, konzentriert er seinen Witz auf Mini-Persönchen, wie „das Paragräfchen", „der Blupp", „der Klock", „der Zwitsch", „die Mimi-krie". W.S. war 1946-49 Film- und Theaterkritiker der *Deutschen Rundschau*. 1947 Mitbegründer der Gruppe 47, seit 1950 freier Schriftsteller. Zusammenarbeit mit seiner zweiten Frau, der Graphikerin Marina Xamin, die viele seiner Bücher illustrierte.
Lit.: Böttchen/Mittenzwei: *Dichter als Maler* (1980), S.

333-34); *Brockhaus Enzyklopädie*, Bd. 16 (1973), S. 796; zahlreiche Presse-Besprechungen

**Schoenfeld**, Karl-Heinz
\* Nov. 1928 Schmachtenhagen/bei Berlin

Pressezeichner, politischer Karikaturist (Linkshänder) 1939 nach Berlin gekommen, Lehre als Fotomechaniker bei Zeiss-Ikon, Abschlußzeugnis als feinoptischer Geselle (Sept. 1945). Studium an der Pressezeichnerschule und der Hochschule für bildende Künste, bei Prof. C. Hofer. Begann als Karikaturist unpolitischer Karikaturen bei der Ostberliner Presse, danach zeichnete er aktuelle und politische Tages-Karikaturen für die Westberliner Presse und den Springer-Verlag. In den sechziger Jahren Übersiedlung nach Hamburg. Seitdem ist K.-H.S. ständiger Mitarbeiter bei der *Bild-Zeitung* (aktuelle und politische, tägliche Karikaturen) und in gleicher Funktion beim *Hamburger Abendblatt*. – Nachdrucke seiner Zeichnungen veröffentlichten u.a. *Der Spiegel, Neue Revue* (politische Karikaturen), den Comic-Strip *Hallo, Albert!, Neue Ruhr-Zeitung*. Er ist Pressezeichner für *Hörzu* und gestaltet für das Fernsehen (NDR) Magazin-Sendungen.
Kollektiv-Ausst.: Bordighera (1955), London (1958), Motnreal (1979), „Cartoon 77" (2. Preis) Internationale Cartoon-Ausstellung Berlin/West, Europa-Center, „Cartoon 80", Tokio (1980)
Publ.: *Zeiten sind das ...* (politische Karikaturen)
Lit.: *Beamticon* (1984), S. 141, 60, 37, 36

**Schoff**, Otto
\* 1884
† 1938

Berliner Maler, Zeichner in den zwanziger und dreißiger Jahren
Mitarbeiter der *Lustigen Blätter*
Einzel-Ausst.: Galerie Taube, Berlin-West (1987)

**Scholl**, Johann Baptist
\* 1818 Mainz
† 1881

Bildhauer, Zeichner
Herausgeber der demokratischen Satire-Zeitschrift *Latern* (1848-50). Fast alle Karikaturen im Blatt zeichnete S. selbst. 1850 erschien das Blatt dann als *Frankfurter Latern*, diesmal unter der Leitung des Heimatschriftstellers Stolze und dem Zeichner E. Schalk.
Lit.: G. Piltz: *Geschichte der europäischen Karikatur*, S. 165

**Scholz**, Georg
\* 1890 Wolfenbüttel
† 1945 Waldkirch

Maler, Zeichner
Studium an der Badischen Landeskunstschule, Karlsruhe, bei Hans Thoma, W. Trübner. – Mitarbeit bei *Der Knüppel, Eulenspiegel* (Kommunist. Satireblätter) 1919-20 unter Einfluß der Berliner Dadaisten. G.S. zeichnete sozialkritische, politische Karikaturen gegen nationalbewußte deutsche Kleinstadtspießer. Seine „ungefilterte, nicht durch museale Absichten beeinträchtigte Aussageweise" machten ihn in Rechtskreisen unbeliebt. Als Maler bevorzugte er Landschaften und Stilleben. 1924 Leiter einer Malklasse an der Landeskunstschule Karlsruhe, 1925 Professor, 1933 entlassen. Mitarbeit beim *Simplicissimus*.
Lit.: P. Vogt: *Geschichte der deutschen Malerei* (1976), S. 177, 180; G. Piltz: *Geschichte der europäischen Karikatur*, S. 261, 273; H. Goettl: *Ein Künstler der zwanziger Jahre G.S.* (in: Bildende Kunst 3/1966, S. 137); *Tendenzen der zwanziger Jahre* (1977) B/59

**Scholz**, Robert
\* 1902 Ölmütz

Maler, Zeichner
Studium an der Hochschule für bildende Künste, Berlin (ab 1920) bei Erich Wolfsfeld, Karl Hofer. Mitarbeit an den *Meggendorfer Blättern* (seit 1928) und den *Fliegenden Blättern* (ab 1929). P.S. zeichnete figürliche Sujets von Alltagsthemen, die erst durch den Textwitz humoristischen Charakter erhielten. Nach 1933 Kunstschriftleiter bei *Völkischen Beobachter* und *Die Kunst im dritten Reich*. 1937 Hauptstellenleiter „Bildende Kunst" im „Einsatzstab Rosenberg".
Lit.: Ausst.-Kat.: *13 Fliegende Blätter, Meggendorfer Blätter* (J.H. Bauer, Kunstantiquariat, Hannover 1979), S. 7, 56

**Scholz**, Wilhelm
\* 23.01.1824 Berlin
† 20.06.1893 Berlin

Karikaturist, politischer Satiriker
Studium an der Akademie Berlin, bei Wilhelm Wach (Malerei). W.S. begann mit Illustrationen für die *Rütli-Zeitung* (zusammengestellt in der *Rütli-Mappe*). Er verfaßte mit Ernst Kossak zusammen, die *Humoristisch-satyrische Bilderschau – die Berliner Kunstausstellung im Jahre 1846*. W.S. war Mitarbeiter an Glaßbrenners *Freie Blätter, Berliner Krakehler, Das Großmaul* und entwarf verschiedene Revolutionsplakate. 1848 veröffentlichte W.S. *Berliner Randzeichnungen zur Geschichte der Gegenwart*, und bereits ab Nr. 2/1848 wurde er Mitarbeiter des politischen Witzblattes *Kladderadatsch*, entwarf die stehende Figur des Titels *Bummler* und war fast 40 Jahre lang der Hauptzeichner des Blattes. Seine Zeichnungen waren ihrer Schärfe, Schlagfertigkeit und Schlagkraft wegen berühmt. S. wurde vor allem populär durch seine

Karikaturen auf Bismarck und erfand dessen Markenzeichen „die berühmten drei Haare".
Lit.: E. Fuchs: *Die Karikatur der europäischen Völker* II, S. 87, 140, 149, 196, 204, 206, 258, 336, 354, Abb. 75, 148, 140, 150, 151, 153, 213, 215, 220, 221, 223, 228, 229, 243, 244, 245, 283, 350, 352, 353, 354; G. Piltz: *Geschichte der europäischen Karikatur*, S. 161, 167, 219; Kladderadatsch: *Die Geschichte eines Berliner Witzblattes von 1848 bis ins Dritte Reich*, S. 321-22

**Schönpflug**, Fritz
\* 1873 Wien
† 1951 Wien
Zeichner, Karikaturist (Autodidakt), aus Advokatenfamilie
Postbeamter, der nebenher originelle Volkstypen zeichnete, bis ihn ein Postkarten-Verlag unter Vertrag nahm (monatlich 6 Entwürfe). Seine Bild-Postkarten mit Wiener Motiven aus dem alten K.u.K-Österreich und nach 1918 aus der Republik Österreich wurden millionenfach verbreitet und machten F.S. populär. Als ehemaliger K.u.K.-Offizier zeichnete er gern Militär-Sujets. Seine Zeichnungen zeigen treffsicheres Können, Humor und Satire. F.S. war Mitarbeiter der Wiener humoristischen Satire-Zeitschriften *Die Muskete* und *Figaro*.
Publ.: (Reprint) F.S. Sonderausgabe: *Kakanien & Preußen* (1977): Vier Bände in Kassette: *Wien anno dazumal, Preußens Gloria, Herbstmanöver, Aus der Gesellschaft*
Lit.: H. Dollinger: *Lachen streng verboten*, S. 151, 152

**Schoppe**, Julius
\* 27.01.1795 Berlin
† 30.03.1868 Berlin
Bildnis-, Landschafts-, Historienmaler
Studium an der Akademie Berlin bei S. Rösel (1810-17) und 3 Jahre Studien in Rom. Ab 1825 Mitglied der Akademie Berlin, 1836 Professor an der Akademie Berlin (Malerei). J.S. galt als bester Porträtist des Berliner Biedermeier.
Publ.: Karikaturen-Bilderbogen (2)
Lit.: *Bärenspiegel* (1984), S. 209; G. Piltz: *Geschichte der europäischen Karikatur* (1976), S. 156; P. Weiglin: *Berliner Biedermeier* (1942), S. 74, 144, 163

**Schöpper**, Rudolf
\* 1922 Dortmund
Pressezeichner, Karikaturist in Münster
Veröffentlichungen u.a. in *Westfälische Nachrichten* und *Westfalen-Blatt*. R.S. zeichnet vorwiegend aktuelle, politische Karikaturen.
Lit.: H.O. Neubauer: *Im Rückspiegel – Die Automobilgeschichte der Karikaturen 1886-1986* (1985), S. 241, 224, 215

**Schrade**, Horst
\* April 1924 Klein-Steegen
Pressezeichner, Karikaturist, Berlin
Zeichnet ständig aktuelle, zeitkritische, politische, humoristische Karikaturen für die satirische Wochenzeitschrift *Eulenspiegel*.
Kollektiv-Ausst.: „Satiricum '80" (1. Biennale der Karikatur in der DDR, Greiz, 1980: „Ohne Worte"), „Satiricum '78", „Satiricum '84", „Satiricum '86"
Lit.: Ausst.-Kat.: *Satiricum '80*, S. 19; *Satiricum '78, Satiricum '84, Satiricum '86*; Presse: *Eulenspiegel* (16/1984)

**Schrader**, Karl
\* 1915 Hildesheim
† 20.12.1981 Berlin/DDR
Karikaturist, Graphiker, Illustrator
Studium an der Akademie für Graphik und Buchgewerbe, Leipzig. Seit 1949 Karikaturist für die DDR-Presse, Mitarbeit bei *Frischer Wind, Eulenspiegel, Neue Berliner Illustrierte* u.a. K.S. zeichnete humoristische, zeit- und gesellschaftskritische Sujets in der DDR, daneben Graphik und Buchillustrationen.
Kollektiv-Ausst.: u.a. „Satiricum '80" (1. Biennale der Karikatur in der DDR, Greiz, 1980), „Satiricum '78"
Ausz.: Kunstpreis und Vaterländischer Verdienstorden der DDR
Publ.: „Kalamitäten, „Neue Kalamitäten", „Das dicke Schraderbuch" (hrsg. Horst Raatsch)
Lit.: *Der freche Zeichenstift* (1968), S. 121; *Windstärke 12 – eine Auswahl neuer deutscher Karikaturen* (1953), S. 39; *Bärenspiegel* (1984), S. 209; Ausst.-Kat.: *Satiricum '78, Satiricum '80*; Presse: *Eulenspiegel* (Nr. 52/1981: Nachruf)

**Schramm**, Eduard
\* 1809 Hamburg
† 1875 Hamburg
Dr.jur., Notar, Hobby-Karikaturist
E.S. zeichnete nebenbei zu Zeitereignissen Karikaturen, die teilweise im Witzblatt *Mephistopheles* veröffentlicht wurden, z.B. gegen Schutzzölle, Linke, Hamburger Abgeordnete für das Parlament in Frankfurt. Auch Hamburger Stadtoriginale oder Menschen, mit denen er beruflich zu tun hatte (teilweise auf Aktenbogen). Die Zeichnungen sammelte er in zwei Alben für seine Frau Minna.
Lit.: P.E. Schramm: *Hamburger Biedermeier*, mit 122 Karikaturen eines Dilettanten aus den Jahren 1840-50 (1962)

**Schramm**, Victor
\* 1895 Poplet, bei Orsova/Rumänien
† 1929 München

Maler, Zeichner/München
Studium an der Akademie München und der Malschule Fehr. - Mitarbeiter für die *Meggendorfer Blätter*. V.S. ist einer der Hauptzeichner (über 1500 Zeichnungen). V.S. zeichnete humoristische, bürgerliche Sujets. Als Maler des kleinbürgerlichen Milieus war er vor allem Porträtist.
Lit.: Ausst.-Kat.: *Zeichner der Meggendorfer Blätter, Fliegende Blätter 1889-1944* – Aquarelle, Zeichnungen, S. 36/37, Nr. 248-256 (Galerie Karl & Faber, München 1988)

**Schrank**, Sebastian
* 1958 Pirmasens
Graphiker, Cartoonist/München
Veröffentlichungen in der Presse und in Karikaturen-Anthologien. Sein Thema ist die zeitkritisch-gesellschaftskritische Zeitsatire.
Lit.: *Eine feine Gesellschaft – Die Schickeria in der Karikatur* (1988)

**Schreiner**, Helmut
* 1947 Straubing
Beamter im bayerischen Innenministerium/München. Nebenher: Hobby-Karikaturist
Veröffentlichungen in EDV-Zeitschriften, *Deutsches Allgemeines Sonntagsblatt* u.a. Er zeichnet zu den humoristisch-satirischen Themen Elektronik und Computer.
Kollektiv-Ausst.: „House of Satire and Humour", Gabrovo/Bulgarien (1979), „Cartoon 80", Weltausstellung der Karikatur, Berlin/West (1980)
Lit.: Presse: *Schöne Welt* (Juni 1977)

**Schricker**, Rudolf
* 1953
Pressezeichner, Karikaturist/Auerbach-Vogtland
Kollektiv-Ausst.: „Satiricum '82", Greiz/DDR
Lit.: Ausst.-Kat.: *Satiricum '82*

**Schrimpf**, Georg
* 1889 München
† 1938 Berlin
Lehre als Zuckerbäcker in Passau (1902), Gesellenjahre in Regensburg, Düsseldorf, Antwerpen, Rotterdam, München. 1913 lebt G.S. in einer anarchistischen Kolonie in der Schweiz. 1914 Militärdienst, 1915 wegen Krankheit entlassen. 1915-17 zeichnerischer Mitarbeiter bei *Freie Straße* und Arbeit in einer Schokoladenfabrik – erste Ölbilder. 1918 zurück nach München, hier veröffentlichte er politische Karikaturen in der Flugschrift *Der Ararat* (stilistisch in der Art alter Bilderbogen) gegen Krieg und Militarismus. Für die Zeichnung „Nicht so – aber so! erhielt er eine Gefängnisstrafe. 1921 Mitglied der „Neuen Sezession" in München. Bei einer Italienreise Auseinandersetzung mit der „pittura metafistica". Erste Landschaftsbilder (klassischer Realismus, der hinter der Erscheinung Dauerndes sucht), Rückzug in die Romantik, Kinderbilder. 1927-33 Lehrer an der Münchener Meisterschule für Dekorationsmalerei, danach an der Hochschule für Kunsterziehung Berlin. 1938 Entlassung durch das NS-Regime (Jan. 1938). Wenige Monate danach gestorben.
Lit.: Fr. Roh: *G.S. und die neue Malerei* (in *Cicerone* 13/1921); O.M. Graf: *G.S.* (1923); M. Pförtner: *G.S.* (1940); Ausst.-Kat.: *Die Dreißiger Jahre – Schauplatz Deutschland* (1977); *Tendenzen der zwanziger Jahre* (1977), B. 59; *Die zwanziger Jahre in München* (1979), S. 258, 764

**Schröder**, Ernst
* 1942
Lehrer, nebenberuflich Karikaturist
E.S. zeichnet seit 1980 Karikaturen. Veröffentlichungen in: CCC (Caricaturen-Center-Contor; A. Koch) München (Pressedienst) und dadurch in verschiedenen Zeitungen, z.B. *Medical Tribune*, Gewerkschaftszeitschriften u.a.
Teilnahme an verschiedenen Kollektivausstellungen
Lit.: *Beamticon* (1984), S. 141

**Schröder**, Guntram
* 1928
Pressezeichner, Karikaturist/Leipzig
Kollektiv-Ausst.: „Satiricum '78", Greiz/DDR
Lit.: Ausst.-Kat.: *Satiricum '78*

**Schröder**, Karl
* 1802
Maler, Zeichner
Studium an der Akademie Düsseldorf. Als Kunststudent zeichnete er für die *Düsseldorfer Monatshefte*.
Lit.: G. Hermann: *Die deutsche Karikatur im 19. Jahrhundert*, S. 51

**Schröder**, Ulrich
* 04.04.1964 Aachen
Angestellter Zeichner der deutschen Walt-Disney-Produktion Frankfurt/M.
U.S. arbeitet in der Merchandising-Produkt-Werbung (Werbeplakate – Werbekampagnen). Als Jugendlicher gehörte er zur Comic-Fanszene, zu den „Donaldisten" (Hans v. Storch-D.O.N.A.L.D. = Verein der Freunde von Donald Duck) veröffentlichte erste Zeichnungen.
Lit.: K. Strzyż/A.C. Knigge: *Disney von innen* (1988), S. 290-99

**Schroeder**, Ferdinand
* 1818
† 1859 Zeulenroda

Augenarzt, nebenher Karikaturist (Autodidakt)
F.S. zeichnete aktuelle, politische, humoristische Karikaturen, vor allem für die *Düsseldorfer Monatshefte*, aber auch für die *Fliegenden Blätter*, den *Kladderadatsch* und die Kalender von Adolf Glaßbrenner.
Lit.: E. Roth: *100 Jahre Humor in der deutschen Kunst*; G. Piltz: *Geschichte der europäischen Karikatur*, S. 161; *Düsseldorfer Monatshefte (1847-49)*; H. Dollinger: *Lachen streng verboten*, S. 82, 85

**Schroedter**, Adolph
* 28.06.1805 Schwedt/Oder
† 09.12.1875 Karlsruhe

Maler, Lithograph, Radierer, Karikaturist
Erste Ausbildung erhielt A.S. beim Vater (Kupferstecher), 1820 kommt er zur Akademie Berlin, 1829 zur Akademie Düsseldorf, seit 1837-45 ist er bei Schadow in der Meisterklasse. 1859-72 Professor für Ornamentik an der TH Karlsruhe. A.S. ist Maler humorvoller Genrebilder aus dem rheinischen Volksleben. Es enstehen die satirischen Lithographien „Die betrübten Lohgerber" (1832), „Die Waarenzähler" (1847), „Die Wucherer" (1847). Er war auch Mitarbeiter der *Düsseldorfer Monatshefte* und politischer Karikaturist.
Publ.: *Leben und Theater des Abgeordneten Piepmeyer, Abgeordneter zu Frankfurt am Main (1848-54/*nach den Texten von Joh. Hermann Detmold, 1807-56)
Lit.: M.G. Zimmermann: *A.S. Allgemeine Deutsche Biographie*, Bd. 32 (1891); E. Fuchs: *Die Karikatur der europäischen Völker* II, S. 72, 84, 85, Abb. 84; G. Hermann: *Die deutsche Karikatur im 19. Jahrhundert*, S. 51; L. Clasen: *Düsseldorfer Monatshefte (1847-49)*, S. 485; Ausst.-Kat.: *A.S.* (Münster 1975, S. 150-51); *A.S.* (Bonn, 1977, Nr. 87); *Die Düsseldorfer Malschule* (1979), S. 480-83

**Schubert**, Johann David
* 1761
† 1822

Radierer
Kopierte und verkleinerte in Nachstichen die Zeichnungen von David Heß (1770-1843) aus der *Hollandia Regenerata* (ebenso wie E.L. Riepenhausen) für deutsche *Revolutions-Almanache*.
Lit.: G. Hermann: *Die deutsche Karikatur im 19. Jahrhundert* (1901), S. 11

**Schubert**, Rolf
* 1949 Fulda

Graphiker, Cartoonist
Studium an der Akademie für Industriewerbung (Graphik-Design), Kassel. – Tätig im Graphik-Design und in der Werbeberatung, zeichnet nebenher humoristische Cartoons (komisch-skurril). Veröffentlichungen in Tageszeitungen.
Publ.: *Cartoon-Büchlein*
Lit.: Presse: *Schöne Welt* (Okt. 1979)

**Schubert**, Wolfgang
* 1936 Berlin

Karikaturist, Pressezeichner
Veröffentlichungen im *Eulenspiegel*. W.S. zeichnet humoristische Karikaturen, Cartoons ohne Worte.
Kollektiv-Ausst.: „Satiricum '82", „Satiricum '84", „Satiricum '86", „Satiricum '88", Greiz
Publ.: *Gullivers Wiederkehr* (1973)
Lit.: *Resümee – ein Almanach der Karikatur* (3/1972), S. 91; Ausst.-Kat.: *Satiricum '82*, sowie die weiteren Kataloge

**Schuhmacher**, Hugo
* 1939 Zürich

Maler, Graphiker/Zürich
Kollektiv-Ausst.: Kunsthaus Zürich (1972)
Lit.: Ausst.-Kat.: *Karikaturen-Karikaturen?* (1972), S. 69

**Schult**, Johann
* 1889 Kirch-Jesar/Mecklenburg

Maler, Zeichner
Mitarbeiter der *Meggendorfer Blätter* (1910-18). Die Themen für seine humoristischen Zeichnungen nahm J.S. aus dem bürgerlichen Milieu.
Lit.: Ausst.-Kat.: *Zeichner der Meggendorfer Blätter, Fliegenden Blätter 1889-1944 – Aquarelle, Zeichnungen* (Galerie Karl & Faber, München 1988)

**Schultheiß**, Matthias
* 1946 Nürnberg

Graphiker, Cartoonist, Comic-Zeichner/Hamburg
Veröffentlichungen: Comic-Folgen *Trücker Abenteuer* (Titelheld: „Patrick Lambert", Auflage 25.000 jährlich), Comic-Version der Bukowski-Erzählungen, ab 1981 (Bukowski-Adaptionen: „Kalter Krieg", „Night Taxi"). – Veröffentlichungen in Frankreich: *L'Echo des Savannes, Circus* sowie zwei Comic-Alben. – M.S. schreibt meist seine Szenarien selbst. Die Thematik ist bestimmt von den Momenten: Sehnsucht, Einsamkeit, Freundschaft, Tod.
Ausstellung und Treffen der Comic-Macher, Grenoble/Frankreich (1990)
Ausz.: Kulturamt Stadt Erlangen: 2. internationaler Comic-Salon „Max-und-Moritz-Preis" (1986)
Lit.: Ausst.-Kat.: *3. Internationaler Comic-Salon* (1988), S. 12; Presse: *Bunte* (14/1990)

**Schultze**, Gerhard
\* 07.12.1919 Seehof/Teltow bei Berlin
Maler, Graphiker, Karikaturist
Studium an der Hochschule für bildende Kunst, Berlin, bei Prof. Erik Richter. G.S. erhielt 1945 den Auftrag zur Ausmalung der Eosander-Klinik in Berlin-Charlottenburg. – In den fünfziger Jahren ist er Pressezeichner humoristisch-satirischer Karikaturen. Er arbeitete u.a. bei *Der Insulaner* mit.
Kollektiv-Ausst.: Archivarion, Berlin-West (1951)
Lit.: *Archivarion – Karikaturisten-Graphik* (3/1968), S. 56-57; Presse: *Der Insulaner* (6/1948)

**Schulz**, Charles M. (Monroe)
\*            1922 Minneapolis
USA-Comic-Zeicher. Laienprediger (Church of God-Protestant Denomination)
Erfolglos als Karikaturist, bis er seine eigene Erfolglosigkeit karikierte. Sein Comic *Lil Folks*, mehrfach abgelehnt, wurde 1950 vom United Feature Syndicate erworben und *Peanuts* (Erdnüsse) genannt. Die Peanuts-Comics sind lustig, warmherzig, auch grob, offen, hintergründig, versteckt sozialkritisch. Die Hauptfigur „Charlie Brown" wurde zur Symbolfigur für den Durchschnitts-Amerikaner. Der erste Zeichentrickfilm Peanuts „Charlie Brown und seine Freunde", uraufgeführt im größten Kino der Welt (Radio City Music Hall New York) spielte in 7 Wochen 1,7 Millionen Dollar ein. – Seit 18. Dez. 1970 läuft der Film auch in deutschen Kinos, und ab 29. Okt. 1972 brachte das ZDF die ersten *Peanuts*-Folgen im Kinderprogramm. In Deutschland bringt der ZDF wöchentlich die *Peanuts*. Die *Peanuts*-Taschenbücher haben über 50 Millionen Auflage. S. arbeitet allein – von der Idee bis zum fertigen Comic. Sein Arbeitspensum sind täglich 6 Strips.
Ausst.: Snoopy (40 ohne Midlife-Crisis), Paris (April 1990)
Lit.: R.C. Reitberger/W. Fuchs: *Comics – Anantomie eines Massenmediums* (Peanuts: 7, 8, 23, 27, 30, 34, 47, 54-58, 140, 152, 160, 173, 181, 182, 185, 202, 232, 261); Fernsehen: ZDF (13.12.87)

**Schulz**, Gerhard C.
\* 01.02.1911 Halle
Graphiker, Karikaturist, Illustrator, Signum: „S"
Karikaturen und abstrakte Illustrationen für *Der Insulaner*.
Lit.: *Der Insulaner* (Nr. 1/1948, 3/1948, 6/1948)

**Schulz**, Hans Georg
\* 15.08.1928 Berlin
Pressezeichner, Karikaturist
Abstrakte Zeichnungen, Karikaturen für *Der Insulaner*.
Lit.: *Der Insulaner* (3/1949)

**Schulz**, Wilhelm
\* 24.12.1865 Lüneburg
† 16.03.1952 München
Maler, Zeichner, Lithograph, Dichter
Studium an der Akademie Hamburg, der Akademie Berlin (Stipendium vom Preußischen Kultusministerium), an der Kunstschule Karlsruhe und der Akademie München. Mitarbeiter des *Simplicissimus* (fast 50 Jahre) und späterer Teilhaber. W.S. zeichnete humoristische, aktuelle und politische Karikaturen zu Tagesereignissen. Zu seinen romantischen Städtebildern verfaßte er Gedichte, er war ein Zeichner-Poet der Stille. Als Maler hat er stimmungsvolle Märchenbilder geschaffen, meist zu neu-romantischen Gedichten. – Gedächtnis-Ausstellung 1953 in Lüneburg. 1982 erwarb der Lüneburger Museumsverein den Nachlaß von 400 Zeichnungen. Davon wurden 1986 im Lüneburger Museum 80 Bilder ausgestellt.
Publ.: *Märchenbilder* (1900); *Der bunte Kranz* (1908); Kinderbücher: *Der Prutzeltopf* (1904); *Die Liebe Eisenbahn* (1926)
Lit.: L. Hollweck: *Karikaturen*, S. 28, 46, 139, 164, 172, 174, 182-85, 208; G. Piltz: *Geschichte der europäischen Karikatur*, S. 210, 214f ...; *Simplicissimus 1896-1914*, S. 102, 185, 223, 255, 307, 342, 355, 387; *Das große Lexikon der Graphik* (Westermann, 1984) S. 396

**Schulze**, W. Eberhard
\*            1931
† April 1973
Freiberuflicher Karikaturist, Signum: „Schu"
Kam in den frühen fünfziger Jahren nach Berlin-West, zum Ingenieur-Studium, das er aber nach kurzer Zeit abbrach. Danach Vollstudium an einer privaten Kunstschule für Mode- und Pressezeichnen.
Veröffentlichungen in *Der Abend, IBZ, Hörzu, Bunte, Constanze, Hausschatz, Thaga-Post* u.a. W.E.S. zeichnete humoristische Karikaturen aus dem Alltagsleben und humoristische Glückwunschkarten. – Ende der sechziger Jahre übersiedelte er wieder in die Bundesrepublik zurück. Im Dezember 1972 erlitt er einen Schlaganfall, bald darauf starb er.
Lit.: *Wolkenkalender* (1956)

**Schulze**, Fritz
\* 14.04.1903 Leipzig
† 05.06.1942 Berlin (hingerichtet)
Maler, Graphiker
Studium an der Akademie Dresden, bei F.Dorsch, Max Feldbauer (1923-25), Meisterschüler bei Robert Sterl (1927-29). – 1929 ist F.S. Gründungmitglied der ASSO, 1930 Mitglied der KPD, aktive, politische, künstlerisch-agitatorische Tätigkeiten, Linolschnitt-Zyklen: *Kapitalismus* (1932), *Die Verfassung des Deutschen Reiches* (1932).

1933 Verhaftung, zus. mit seiner Ehefrau Eva Schulze-Knabe, 1934 KZ Burg Hohnstein, nach der Entlassung wird sein Atelier Mittelpunkt der Dresdner Widerstandsgruppe „Schulz-Stein-Bochow". Es entstehen die Linolschnitte: *Gefängnisrundgang* (1934), *Der Kämpfer* (1935). 1941 erneute Verhaftung, 1942 Todesurteil. F.S.s. persönliche und künstlerische Aktivitäten bezogen sich auf die Agitation der Arbeiterklasse gegen den Faschismus.
Lit.: G. Piltz: *Geschichte der europäischen Karikatur* (1976), S. 264, 273; Ausst.-Kat.: *F.S. 1903-1942*, Staatl. Kunstsammlungen Dresden (1963); *Revolution und Realismus*, Nationalgalerie Berlin/DDR (1978/79); *Widerstand statt Anpassung* (1980), S. 275

**Schulze**, Heinz-Helge
\* 1947
Karikaturist/Holzdorf/Elster
Kollektiv-Ausst.: „Satiricum '80 (1. Biennale der Karikatur in der DDR, Greiz, 1980: „Gehorsam eines Hundes"), „Satiricum '82"
Lit.: Ausst.-Kat.: *Satiricum '80*, S. 20

**Schulze-Knabe**, Eva
\* 11.05.1907 Pirna
† 16.07.1976 Dresden
Grafikerin, Malerin
Studium an den Akademien Leipzig (1924-26) und Dresden (1926-32), bei Sterl, Lix, Feldbauer. – E.S.-K.s Arbeiten: Linolschnitte mit sozialkritischem Inhalt sowie Porträts von Widerstandskämpfern. Frühes politisches Engagement: Gründungsmitglied der Dresdner ASSO (1929), 1930 KPD-Mitglied, 1933 Verhaftung, zus. mit ihrem Mann Fritz Schulze, bis 1934 KZ Burg Hohnstein. Es entstanden die Arbeiten: *Arbeitsloser* (1934) und *Spaziergang im Großen Garten* (1935). Nach Entlassung Teilnahme am antifaschistischen Widerstand in Dresden, illegale Tätigkeit bis 1939, Verhaftung, Verurteilung zu lebenslanger Zuchthausstrafe (1943), Befreiung durch die Sowjetarmee, danach freischaffende Künstlerin in Dresden.
Ausz.: 1969 Nationalpreis der DDR
Lit.: E.-M. Herkt: *E.Sch.-K.* (1977); L. Lang: *Malerei und Graphik in der DDR* (1980); S. 275; Ausst.-Kat.: *E.Sch.-K.*, Staatliche Kunstsamlmungen Dresden (1972); *E.Sch.-K. 1907-1976*, Staatl. Kunstsammlungen Dresden (1977); *Revolution und Realismus*, Nationalgalerie Berlin DDR (1978/79), KB, S. 81; *Widerstand statt Anpassung 1933-1945* (1980), S. 275

**Schulzendorff**, Wilhelm von
\* 1830 Berlin
Kavallerieoffizier, Genremaler
Studium bei Pauwels und Verlat in Weimar, tätig in Dresden.
Lit.: *Bärenspiegel*, S. 209

**Schummer**, Rudolf J. → **ERES** (Ps.)

**Schwalme**, Reiner
\* 1937 Liegnitz
Karikaturist/Berlin
Veröffentlichungen in *Eulenspiegel* u.a. Es sind humoristische Zeichnungen/Karikaturen.
Kollektiv-Ausst.: „Satiricum '80" (1. Biennale der Karikatur in der DDR, Greiz, 1980: „Greizhals". Plastikatur), „Satiricum '82", „Satiricum '84", „Satiricum '86", „Satiricum '88", Greiz
Lit.: *Resümee – ein Almanach der Karikatur* (3/1972), S. 43; *DDR-Karikaturisten zur Lage der Nation – Null Problemo* (1990); Ausst.-Kat.: *Satiricum '80*, S. 20 sowie die weiteren Ausstellungskataloge

**Schwanthaler**, Ludwig von
\* 26.08.1802
† 14.11.1848
Bildhauer, Zeichner (aus der berühmten Bildhauerfamilie)
Die erste Ausbildung erhielt L.v.S. bei seinem Vater Franz S. (1762-1820). Dann Studium an der Akademie München 1826/27 und bei Thorwaldsen in Rom. Mit seinem Vater Hauptvertreter des romantischen Münchner Klassizismus. S. hat u.a. eine Karikater als Zeitsatire auf den Denkmalskult des 19. Jahrhunderts und künstlerische Zeitkritik auf die Genieverehrung veröffentlicht.
Lit.: Ausst.-Kat.: *Kunst was ist das?* Hamburger Kunsthalle (1977), S. 2

**Schwartz**, Hans
\* 1883 Köln
† 1945 Köln
Zeichner, Karikaturist
H.S. war Mitarbeiter der humoristischen Kölner Zeitungen *Mondjeck* und *Blattlaus*. Seine Zeichnungen sind voll urkölnischem Humor, derb und deftig, teilweise auch grobschlächtig.
Lit.: A. Schwind: *Bayern und Rheinländer im Spiegel des Pressehumors von München und Köln* (1958), S. 164, 191, Abb. 165, 189

**Schwarz**, Hans
\* 1919 Berlin
Pressezeichner, Karikaturist
Ausbildung als Lithograph, freischaffender Karikaturist
H.S. arbeitet für *BZ, Das Neue Blatt, IBZ, Constanze,*

*Wiener Illustrierte, Constanze* und *Hörzu*. Er zeichnete humoristische und witzige Karikaturen.
Lit.: *Wolkenkalender* (1956)

**Schwarz**, Rudolf
\* 1914 Berlin
Pressezeichner, Karikaturist, Werbegraphiker in Frankfurt/M., Signum: „Schw."
Mitarbeit für die Presse seit 1935: *Koralle, Grüne Post, Münchener Illustrierte, Deutsche Illustrierte, Lustige Blätter* u.a. Nach 1945 für *Neue Berliner Illustrierte, Telegraf-Illustrierte, Quick, Constanze, Frankfurter Illustrierte, Zeit im Bild, Hörzu, Kriminal-Illustrierte* (Humorseiten) u.a. – R.S. zeichnete vorwiegend humoristische Karikaturen, witzig und keß, nach Berliner Art, aber auch aktuelle und politische Karikaturen. Sein Stil ist ursprünglich von Walter Trier beeinflußt. Er zeichnet viele Werbe-Karikaturen. In den letzten Jahrzehnten spezialisiert er sich auf humoristische Werbung für die DB: „Rad und Schiene", „Blickpunkt", witzige Bahn-Humor-Situationen und Illustrationen.

**Schwerdtgeburth**, Carl August
\* 05.08.1785 Dresden
† 25.10.1878 Weimar
Kupferstecher, Zeichner
Studium: Akademie Dresden
Von Goethe gefördert, bekannt als Porträtist; Porträt-Zyklus von Lutherbildern.
Ausst.: „Karikaturen der Goethezeit" (1991), Mai-Juni, Weimar, Kunsthalle; *Steuerinspektor Schilling aus Weimar*, Inv.-Nr. 6 w.U 1380; *Ehemaliges Schillingsches Leibroß* (Karikatur auf das Pferd des Steuerinspektors Schilling aus Weimar) Inv.-Nr. 6 w.U 2692, (beide Weimar, Stadtmuseum)
Lit.: Ausst.-Kat.: „Karikaturen der Goethezeit" (1991), S. 20; W. Spemanns Kunstlexikon (1904) Verlag W. Spemann, S. 858

**Schwesig**, Karl
\* 19.06.1898 Gelsenkirchen
† 19.06.1855 Düsseldorf
Maler, politischer Zeichner
Studium an der Akademie Düsseldorf. Einer der aktivsten Mitglieder des „Jungen Rheinland" und Mitbegründer der „Rheinischen Sezession" (1928). Mitarbeit bei *Das junge Rheinland* und *Die Peitsche*. Starkes politisches Engagement. Mitglied der KPD und des ARBKD, Düsseldorf, 1933 Verhaftung, im Schlägerkeller der SA schwer mißhandelt, zu 16 Monaten Haft verurteilt, nach Entlassung (1935) Flucht nach Antwerpen, in Antwerpen zeichnet K.S. den Zyklus *Schlegelkeller* (50 Zeichnungen). Die Folge „Schlegelkeller" wurde in Brüssel und Amsterdam (1936) und in Moskau (1937) ausgestellt. Daraufhin wurde K.S. von der NS-Regierung ausgebürgert, und man beschlagnahmte 17 seiner Werke. In Belgien entwarf K.S. Plakate, Zeichnungen und Fotomontagen für die belgische Solidaritätsbewegung (Secours aux enfants espagnols) zur Unterstützung der Republik Spanien. 1940 Flucht nach Frankreich, kommt in die Internierungslager St. Cyprien, Guts und Noe, arbeitet für die französische Widerstandsbewegung, von der SS verhaftet, nach Düsseldorf zur Zwangsarbeit gebracht, unter Polizeiaufsicht, Befreiung durch USA-Truppen, nach 1945 freier Künstler in Düsseldorf.
Ausst.: 1955 Gedenkausstellung in der Kunsthalle Düsseldorf, 1978/79 Berlin/DDR-Ausstellung
Lit.: (Auswahl) *Dokumentation zur Geschichte der revolutionären Kunst aller Länder* (hrsg. Jürger Kramer, 1977), S. 88/89; Ausst.-Kat.: *Berlin/DDR* (1978/79) KB, S. 82; *Widerstand statt Anpassung* (1980), S. 276

**Schwind**, Moritz von
\* 21.01.1804 Wien
† 08.02.1871 München
Maler, Zeichner der deutschen Spätromantik
Studium an der Universität Wien (Philosophie, 1818-21), an der Akademie Wien, bei Schnorr v. Carolsfeld und P. Krafft, und an der Akademie München, bei Peter v. Cornelius (ab 1828). 1847 Professor an der Akademie München. – M.v.S. war ein Malerpoet zwischen Klassizismus und Romantik. Er hat die Märchenwelt aus der Biedermeieridylle verbildlicht. Er gilt als Klassiker der deutschen Bilderbogen, der Zwerge, Gnomen, Elfen und der Märchenfigur vom gestiefelten Kater. Sein „Herr Winter" (1847) wurde so volktümlich und Urbild von Weihnachtsmann, Knecht Ruprecht und Nikolaus. Für seinen Freund Lachner hat er zu dessen fünfundzwanzigstem Bühnenjubiläum die zwanzig Ellen lange „Lachner-Rolle" gezeichnet. Als einzige politische Ausnahme hat er eine Spottsatirenfolge auf Ludwig I. und Lola Montez gezeichnet. M.v.S. zeichnete für die *Fliegenden Blätter* und die *Münchener Bilderbogen* (1847-50). Diese Arbeiten machen ihn populär.
Ausst.: Zum 100. Geburtstag (1904), München
Publ.: *Schwind-Album* (hrsg. von Braun & Schneider, München)
Lit.: (Auswahl) R.v. Führich: *M.v.S.* (1871); H. Holland: *M.v.S.* (1873); I. Busse: *Die Bilderzählungen bei M.v.S.* (Diss. Köln 1955); M. Raumschüssel: *Das Märchen bei S.* (Diplomarbeit Berlin 1957); *Das große Lexikon der Graphik* (Westermann, 1984) S. 397

**Schwindrazheim**, H.
\* 21.06.1869 Bergedorf (Hamburg)
Maler, Zeichner, Karikaturist, tätig in Hamburg
Studium an der Kunstgewerbeschule Hamburg. H.S.

zeichnete lustige Illustrationen und tendenzlose Karikaturen für die Presse.
Lit.: Verband deutscher Illustratoren: *Schwarz-Weiß*, S. 56

**Schwingen**, Peter
* 1813 Muffendorf/Bad Godesberg
† 1863 Düsseldorf

Porträt- und Genremaler, Lithograph, Holzschnitt-Zeichner
Studium an der Akademie Düsseldorf (1832-45), bei Theodor Hildebrandt und C.F. Sohn. – Bekannt sind die sozialkritischen Gemälde: „Die Pfändung" (1846) und „Das unverzollte Brot" (1847; eine derbe Satire auf die Schlacht- und Mahlsteuer). Als Zeichner arbeitete P.S. für die *Düsseldorfer Monatshefte* (aktuelle, satirisch-politische Karikaturen).
Lit.: L. Clasen: *Düsseldorfer Monatshefte (1847-49)*, S. 485; *Die Düsseldorfer Malschule*, S. 483; W. Holzhausen: P.S. in *Hundert Jahre Galerie Pfaffrath*, S. 116, 117; Ausst.-Kat.: *Kunst der bürgerlichen Revolution von 1830-1848/49*, S. 127

**Searle**, Ronald
* 03.03.1920 Cambridge

Englischer Graphiker, Karikaturist, Illustrator, seit 1961 in Paris
Studium an der School of Art, Cambridge (1935-39), nebenher Zeichnungen für *Cambridge Daily News*. Soldat 1942-45. Japanische Kriegsgefangenschaft. 1946 erscheint der Sammelband seiner Kriegsskizzen, publiziert von der Cambridge University Press. 1949-62 ist R.S. ständiger Karikaturist für *Punch* (Titelblätter, Theaterkarikaturen), seit 1961 Illustrationen und Filme, seit 1966 Mitarbeiter für *The New Yorker*, 1973-75 Zeichentrickfilmer „Dick Deadeye" (mit Bill Meledenz). Seit 1974 entwirft R.S. Gedenkmünzen für das französische Münzamt. Veröffentlichungen in der englischen und amerikanischen Presse u.a. in *Tribune, Sunday Express, Liliput, Opinion, Picture Post, Life, Holiday, Fortune, Holiday Magazine*, in Deutschland in *Kristall, stern, Epoca, Quick, Der Spiegel, Illustrierte Presse (Hannoversche Presse), Die Zeit, Weite Welt, Zeitmagazin* u.a. – R.S.s Zeichnungen sind komisch, phantastisch, kritisch-satirisch, bissig, grotesk, morbide, voll schwarzem Humor, surrealistischer Komik, gesellschaftskritisch. – Zeichentrickfilme: Experimental-Trickfilme (1957), vorgeführt zu den Filmfestspielen in Venedig und Edinburgh, in San Francisco erhielt er einen der ersten Preis. Illustrationen zu dem Film „Die tollkühnen Männer in ihren fliegenden Kisten". – Zeichnender Berichterstatter: *Anatomie eines Adlers* (Kristall-Serie: R.S. sieht die Bundesrepublik), *Vom Goldrausch zum Geldfieber* (Amerikabuch).
Ausst.: Über 100 Einzel-Ausstellungen, u.a. London,
Paris, New York. 1973 und 1976 große Retrospektive (National-Bibliothek Paris, Museum Berlin-Dahlem, Kupferstich-Kabinett (1976), Wilh.-Busch-Museum, Hannover (1976)
Publ.: (Über 40, englische und deutsche) *Back to the slaughterhouse; Die Mädchen von Trinians; The female Approach; Merry England, etc.; Weil noch das Lämpchen glüht; Quo vadis; Nanu, wo sind die Menschen geblieben; Das eckige Ei; Die Wiederkehr des Toulouse-Lautrec; Die Mädchen von Montmartre und St. Pauli; Euer Gnaden haben geschossen; Großes Katzenbuch; The Rake Progress; Souls in Torment; Whish way did he go* u.a.
Lit.: *Who's Who in Graphic Art* (I) (1968), S. 256; Ausst.-Kat.: *Kupferstich-Kabinett Berlin-Dahlem (1976); Wilh.-Busch-Museum*, Hannover (1976); Fernsehen: III Berlin: Das Porträt: R.S. (30.3.1980)

**Sedlacek**, Franz
* 1891 Wien

Chemiker, Hobby-Maler, Graphiker
F.S. zeichnet romantisch, gespenstisch, irrational-geheimnisvoll, unwirklich-komisch. – Veröffentlichungen in *Berliner Illustrirte Zeitung* (1929) und *Frankfurter Illustrierte*.
Lit.: *Zeichner der Zeit*, S. 225, 399

**Seel**, Richard
* 1819 Elberfeld
† 1875 Düsseldorf

Maler, Zeichner (Porträtist)
Studium an der Akademie Düsseldorf bei K.W. Hübner. Ab 1844 in Paris. Ab 1853 wieder in Düsseldorf. R.S. gehörte mit Hübner zum linken Flügel in der Düsseldorfer Künstlervereinigung „Malkasten".
Lit.: G. Piltz: *Geschichte der europäischen Karikatur* (1976), S. 161; Ausst.-Kat.: *Kunst der bürgerlichen Revolution von 1830-1848/49* (1972), S. 129

**Seewald**, Richard
* 04.05.1889 Arnswalde/Prov. Brandenburg
† 29.10.1976 München

Maler, Illustrator, Schriftsteller
Nach einem kurzen Architektur-Studium ab 1909 autodidaktisches Studium als Maler und Zeichner. R.S. arbeitete für *Jugend, Meggendorfer Blätter, Simplicissimus, Abel* und für den Verlag Braun & Schneider, München. Es sind humoristische Zeichnungen (Schwabing, Schwabinger Künstlerleben u.a.) in knappem linearem Stil, ohne Schattierungen. Diese Zeichnungen sind jedoch nur Gelegenheitsarbeiten in seinem Gesamtwerk. Sein Ruhm als Maler und Zeichner stand immer im Schatten seines literarischen Werkes. R.S. lebte von 1931-53 in Ronco/Tessin. – R.W. hatte eine literarische und graphische

Doppelbegabung. Er illustrierte die Bibel und andere Bücher, darunter seine eigenen (26).
Ausst.: *R.S. Städtische Galerie, München* (1952), *R.S. 85 Jahre*, Galerie Ketterer, München (197/74)
Ausz.: Großes Bundesverdienstkreuz, Preußische Staatsmedaille, Bayrischer Verdienstorden
Publ.: (Auswahl) *Zu den Grenzen des Abendlandes* (1936); *Symbole – Zeichen des Glaubens* (1946); *Über die Malerei und das Schöne* (1947); *Giotto* (1950); *Kreuzweg* (Holzschnitt 1952), *Petrus* (1952); *R.W. der Mann von Gegenüber – Spiegelbild eines Lebens* (1963)
Lit.: (Auswahl) H. Sädler: *R.S.* (1924); A. Sailer: *R.S. 1889-1976 – eine Werkauswahl* (1977); R. Jentsch: *R.S. Das graphische Werk* (1973); L. Hollweck: *Karikaturen* (1973), S. 155, 156, 203-05, 219; Ausst.-Kat.: *R.S. 85 Jahre, Bilder, Zeichnungen, Graphik 1912-73* (1973/74); *Zeichner der Meggendorfer Blätter, Fliegende Blätter 1889-1944* (Galerie Karl & Faber, München 1988); Fernsehen: ZDF 19. Okt. 1975: *Glanz des Mittelmeers – Der Maler R.S.*

**Segar**, Elzie Chrisler
\* 08.12.1894 Chester/Illinois USA
† 13.10.1928 Santa Monica/Kalifornien

Comic-Zeichner (Autodidakt)
1919 zeichnete E.C.S. seinen ersten Comic „Thimble Theater" (gay-strip mit der Familie Oyl). 1929 (17.1.) Debüt in der laufenden Serie „Fingerhutbühne", die Comic-Figur „Popeye", der Seemann, löste Castor als Hauptdarsteller ab. „Popeye" (der unbesiegbare Seemann) war der erste Superman der Groteske. Der letzte Tagesstrip (als Sonntagsseite) erschien am 2. Okt. 1938. Die Spinatfarmer von Crystal City/Texas hatten „Popeye" bereits 1937 ein Denkmal gesetzt. Von „Popeye" wurden 454 Zeichentrickfilme gedreht. Nach E.C.S.s Tod wurde die Serie weitergezeichnet von Bela Zaboy, von Ralph Stern, zuletzt von Bud Sagendorf. „Popeye-Comics" wurden in den dreißiger Jahren vielfach in der Presse veröffentlicht, u.a. von *Kristall* und in den fünfziger Jahren u.a. von *Pardon*. 1981 wurde ein Spielfilm mit Personen gedreht. Den „Popeye" spielte der Schauspieler Robin Williams. Drehort Insel Malta, Produktion Walt Disney, Titel: „Popeye – Der Seemann mit dem harten Schlag".
Lit.: R.C. Reitberger/W.J. Fuchs: *Comics-Anatomie eines Massenmediums* (1971), S. 19, 31-32, 193

**Segieth**, Paul
\* 02.01.1884 Königshütte/Oberschlesien
† 05.06.1969 Hundham

Maler, Zeichner
Seine Ausbildung erhielt P.S. bei I. Taschner, H. Rossmann in Breslau, dann an der Akademie München, bei Angelo Jank (ab 1912). Er war gelegentlicher Mitarbeiter der *Jugend*, vertreten mit humoristischen Zeichnungen aus dem Münchener Milieu.
Lit.: L. Hollweck: *Karikaturen*, S. 150, 151

**Seitz**, Anton
\* 23.01.1829 Roth am Sand, bei Nürnberg
† 22.11.1900 München

Genremaler, Zeichner, Professor an der Akademie München
Nürnberger Schule, danach Studium an der Akademie München, bei Gisbert und Flüggen. Seine Bilder zeigen das „behäbige Wesen des süddeutschen Bürgertums". A.S. zeichnete wie Franz v. Seitz (1817-1883) humorvolle Gelegenheitsblätter.
Lit.: H. Holland: *A.S. im bibliographischen Jahrbuch*, Bd. 5 (1903)

**Seitz**, Franz von
\* 1817
† 1883 München
(aus einer großen Künstlerfamilie)
Maler, Zeichner, technischer Direktor am Hof-Theater in München (Chef der Kostümabteilung). F.v.S. illustrierte die Gedichte von Kobell und Blumauers *Äneide*. Er war Mitarbeiter der satirischen Zeitschrift *Leuchtkugeln* in München (politisch-satirische, antiklerikale Karikaturen). S. zeichnete gelegentlich auch humoristische Karikaturen (wie auch Rudolf, Otto, Alex und Anton Seitz).
Lit.: E. Roth: *100 Jahre Humor in der deutschen Kunst*; L. Hollweck: *Karikaturen*, S. 114, 118, 130, 138

**Seitz**, Otto
\* 03.09.1846

Historienmaler (aus der Seitz-Künstlerfamilie), Illustrator, Akademie-Professor in München (geadelt)
Studium an der Akademie München, bei Piloty. O.S. war Mitarbeiter der *Jugend* (Titelblätter, farbig, einfarbig) und zeichnete humorvolle Gelegenheitsgraphi. Schüler von ihm waren u.a. die Zeichner: Adolf Münzer, Henry Albrecht und Simon Hollósy.
Lit.: L. Hollweck: *Karikaturen*, S. 97, 138, 139, 154; Verband deutscher Illustratoren: *Schwarz-Weiß*, S. 43

**Semiramis** (Ps.)
\* 1931 Türkei

Bürgerl. Name: Semiramis Aydinik
Zeichnerin (Autodidaktin)
S. ist wissenschaftliche Mitarbeiterin in der klinischen Forschung der Schering AG, Berlin/West. Sie lebt seit 25 Jahren in Berlin. Bereits in der Studienzeit in Istanbul Veröffentlichungen in türkischen Blättern. In Berlin mußte sie erst beruflich Fuß fassen und sich in eine

andere Welt eingewöhnen. Ermuntert durch die Ostberliner Schrifstellerin Gisela Kreft (Mitte der siebziger Jahre) begann sie wieder Karikaturen zu zeichnen. – Veröffentlichungen in: *Berliner Stadtmagazin, zitty, taz.*
Lit.: Presse: *Der Tagesspiegel* (v. 26.10.1986)

**Semjonow**, Iwan
\* 1906 Rußland
Sowjetischer Karikaturist
Mitarbeit beim *Krokodil* (UdSSR). L.S. zeichnet politisch-satirische Karikaturen. – Veröffentlichungen in der DDR in *Tägliche Rundschau* und *Eulenspiegel*.
Lit.: G. Piltz: *Geschichte der europäischen Karikatur* (1976), S. 304, 306

**Sempé**, Jean-Jacques
\* 17.08.1932 Bordeaux
Französicher Karikaturist (Autodidakt)
J.J.S. begann als 15jähriger Cartoons zu zeichnen. Mit 19 Jahren erhielt er den Förderpreis für junge Talente. Veröffentlichungen in *L'Express, Paris Match, Marie Claire, Scala, Punch, The New Yorker, Nebelspalter* u.a., in der Bundesrepublik in *Die Zeit, Für Sie, Brigitte, Petra, stern, Kristall, Trans Antlantik, Zeit-Magazin, Bunte, m* u.a. – J.-J.S. zeichnet humoristische Karikaturen, bewegte Menschenmassen, Bürger, die sich durch das moderne Leben schlagen, Stiuations-Komik, Kollisionen, Massenwelt und Persönlichkeit, Leben in einer alltäglichenWelt, voller Merkwürdigkeiten. – Illustrationen zu den fünf Büchern von Goscinny *Der kleine Nick* (1974-76).
Kollektiv-Ausst. u.a.: S.P.H. Avignon (1965, 1973), Kunsthaus Zürich (1972), Kunsthalle Recklinghausen (1972), Einzel-Ausst.: u.a. Niederrheinisches Freilichtmuseum Grefrath (1978/79), Stadtmuseum München (1985)
Publ.: (zwischen 1959-83: 24 Cartoon-Bände u.a.) *Volltreffer* (1959); *Wie sag ich's meinen Kindern?* (1960); *Emil, ich hab Schiss!* (1964); *Mama, mia* (1965); *Sie sind entlassen* (1967); *Nichts ist einfach* (1968); *St. Tropez* (1970); *Um so schlimmer* (1971); *Carlino Caramel* (1971); *Von den Höhen und Tiefen* (1972); *Die manipulierte Gesellschaft* (1970); *Konsumgesellschaft* (1973); *Wie verführe ich die Frauen?* (1974); *Wie verführe ich die Männer?* (1974); *Gute Fahrt: Der Lebenskünstler* (1975); *Unsere schöne Welt* (1975); *Bonjour, bonsoir* (1976); *Kleine Abweichung: Sie & Er* (1978); *Der gesellschaftliche Aufstieg des Monsieur Lambert* (1979); *Musiker* (1980)
Lit.: *Festival der Cartoonisten* (1976); *Who's Who in Graphic Art* I/II 1968, 1982), S. 360, 874; Ausst.-Kat.: *Karikaturen-Karikaturen?* (1972), S. 69; *Zeitgenossen karikieren Zeitgenossen* (1972), S. 224; *Das große Lexikon der Graphik* (Westermann, 1984) S. 397

**Sendak**, Maurice
\* 10.06.1928 New York
USA-Zeichner,Cartoonist, Kinderbuch-Autor, Comicstrip-Zeichner (Autodidakt), Dekorateur (polnisch-jüdischer Abstammung)
Ab 1951 begann er als Kinderbuch-Autor, bisher hat er über 80 Kinderbücher illustriert, z.T. auch selbst geschrieben. Sein größter Erfolg war: *Wo die wilden Kerle wohnen* (Aldecot-Medal 1970, höchste USA-Auszeichnung für Kinderbücher). Seine zeichnerischen Vorbilder: englische Illustratoren des 19. Jahrhunderts, Ludwig Richter, Struwwelpeter-Hoffmann, Wilhelm Busch, Comics, Winsor McCay (*Littel Nemo*). Sein Zeichenstil ist gegenständlich, romantisch-altmodisch, mit ausstrichelnden Details. – M.S. hielt als Gastprofessor ein Seminar über moderne Kinderbücher an der Yale University.
Einzel-Ausst.: *M.S.* Galerie Daniel Keel, Zürich (Nov. 1974-Jan. 1975)
Ausz.: *Hans-Christian-Andersen-Preis*, Bolgona (1970), Höchste internationale Auszeichnung für einen Kinderbuch-Illustrator
Publ.: (Bundesrepublik Deutschland u.a.) *In der Nachtküche; Herr Hase und das schöne Geschenk; Niggelti Piggelti Pop; Hektor Prektor; Hans und Heinz; Die Minibibliothek* (4 Bändchen in Kassette); *Diogenes Portfolio* 3 (19 schöne Blätter); *Es ist fein-klein zu sein; Sarahs Zimmer; Sie liebt mich; Viele, viele Kinderspiele; Nachts fliegen; Ein lieber böser Köter; Hühnersuppe mit Reis; Märchen der Brüder Grimm; Die Lachprinzessin; Der goldene Schlüssel* (nach MacDonald); *Der Zwerg Nase; Fidel Feldmaus; Alligatoren überall; Klaus, ein warnendes Beispiel; Das Schild an Rosis Tür; Ein Loch ist, was man gräbt; Als Papa fort war; Liebe Milli*
Lit.: *Brockhaus Enzyklopädie*, Bd. 17 (1973), S. 302-03; Presse: Jugendliteratur; *Jugend und Buch* (2/1970); Fernsehen: „Berlin – Märchen der Kindheit" (26. Dez. 1984)

**Senefelder**, Aloys
\* 06.11.1771 Prag
† 26.02.1834 München
Erfinder des lithographischen Steindrucks
A.S. ging 1797 nach München, fand Anschluß beim Theater als Theater-Schriftsteller (Privileg 1799). Bei der Absicht, Theaterstücke, Noten, Zeichnungen zu kopieren, gelang ihm nach vielen ergebnislosen Versuchen 1799 die lithographische Vervielfältigung. Grundlage war eine Solnhofer Kalkschieferplatte, sie wurde mit fetthaltiger Kreide oder Tusche bezeichnet und mit saurer Gummilösung behandelt. Beim Einfärben mit fetter Druckfarbe nahm nur die Zeichnung die Farbe an. 1979 Bau der Stangenpresse zum Bilddruck. 1799 erhielt A.S. das Privileg vom Kurfürsten von Bayern für die Ausübung seiner Erfindung für 15 Jahre. 1817 benutzte er die Handpresse

mit Metallplatten an Stelle des Steins. 1826 erste Mehrfarbendrucke. 1833 gelang es A.S., auf Stein reproduzierte Ölgemälde auf Leinwand zu drucken.
Publ.: *Vollständiges Lehrbuch der Steindruckerei* (1818); Denkmäler in München (1877), Berlin (1892)
Lit.: Geschichte der Errichtung der ersten lithographischen Kunstanstalt in München (1862); Pfeilschmidt: *A.S.* (1877); C. Wagner: *A.S., sein Leben und Wirken* (1919); G. Böhmer: *Die Welt des Biedermeier* (1968), S. 141

**Serre**, Claude
* 10.11.1938 Susy bei Paris
Französischer Karikaturist
Kurzer Akademie-Besuch, danach Glas- und Porzellanmaler (Fachmann). C.S. zeichnet seit 1962 Cartoons ohne Worte, erotische Satiren, schwarzer Humor u.a. Sie erscheinen in: *Planète, Bizarre, Pariseope, Plexus, Hara-Kiri* u.a. In der Bundesrepublik in *Pardon* und *Deutsche Sex-Illustrierte*.
Kollektiv-Ausst.: S.P.H. Avignon (1974, 1976)
Ausz.: „Prix de l'humour noire"
Publ.: (Bundesrepublik) *Autos; Weiße Kittel, leicht geschwärzt; Sportliches; Aller Laster Anfang; C.S. Cartoons; Das wär's gewesen* (Savoir vivre); *Haustiere; Nimmersatt; Heimwerker; Reisefieber; Unsere lieben Kleinen; Rückfall* (1988)
Lit.: *Festival der Cartoonisten* (1976)

**Seth**, Vijay N. → **Vins** (Ps.)

**Seufert**, Robert
\* 1937 München
Graphiker, Karikaturist
R.S. zeichnet satirische Graphik, Karikaturen. – Veröffentlichungen u.a. in *Eine feine Gesellschaft*
Lit.: *Eine feine Gesellschaft – Die Schickeria in der Karikatur* (1988)

**Seycek**, Evzen
\* 08.10.1917 Prag
Tschechoslowakischer Karikaturist in Prag
Studium an der Karlsuniversität Prag (Dr. jur.) Mitarbeit bei der Satirezeitschrift *Dikobraz*.
Lit.: Presse: *Eulenspiegel* (40/1987)

**Seyfried**, Gerhard
\* 15.03.1948 München
Cartoonist/Berlin-Kreuzberg, Singum: „G.Sey"
Ausbildung als Industriekaufmann – Volontär in einer Werbeabteilung. Dann Studium an der Akademie für das graphische Gewerbe (München) (1966-68), exmatrikuliert weil er (1968) einen Streik gegen die Notstandsgesetze organisierte. Veröffentlichungen in der Alternativpresse u.a. in *Blatt* (München), *Konkret, pardon, ÖTV dialog, Titanic, tip* (Arbeit als Layouter, 4 Jahre). G.S. zeichnet alternative Szenen, Comics, politisch-satirische Karikaturen, Postkarten, Objekte, Collagen. 1977-80 lebte er zeitweise in den USA.
Einzel-Ausst.: G.S. Elefanten Press-Galerie (1979),
Kollektiv-Ausst.: Comic-Salon: Max und Moritz-Preis
Publ.: *Freakadellen und Bulletten* (1971); *Wo soll das alles enden?* (1978); *Invasion aus dem Alltag* (1981), *Seienz Fikschen Stadtbilder* (6 vierfarbige DIN-A-3-Bilder); *Das schwarze Imperium* (1986); *Post-Postcartoons* (1987); *Roter Kalender 1988 gegen den grauen Alltag* (1987); *Flucht aus Berlin* (1990); Erfolgs-comic: *Zeichner & Zille* (Aufl. 500.000)
Lit.: *Wilhelm Busch und die Folgen* (1982), S. 66-73; *70 mal die volle Wahrheit* (1987); Ausst.-Kat.: *G.S.* (1979); *4. Internationaler Comic-Salon*, Erlangen (1990); Presse: *Der Spiegel* (32/1981)

**Shaw**, Elizabeth
\* 03.05.1922 Belfast/Irland
Karikaturistin
Während des Krieges war E.S. Telefontechnikerin, nebenher zeichnete sie ab 1940 Karikaturen, die in der englischen Presse veröffentlicht wurden, u.a. in: *Liliput, Daily Wirker, Contact, Our Time*. 1946 kam E.S. nach Berlin/DDR, zusammen mit ihrem Ehemann, dem nach London emigrierten Bildhauer René Graetz. Mitarbeit in der DDR bei *Neues Deutschland, Ulenspiegel* (1949 = 31 Karikaturen), *Frischer Wind, Neue Berliner Illustrierte, Eulenspiegel* u.a. Sie zeichnet politische, zeit- und gesellschaftskritische, aktuelle Karikaturen, Porträt-Karikaturen, Illustrationen für Kinderbücher. Zusammen mit Berta Waterstradt Reportagen für das *Magazin*.
Kollektiv-Ausst.: „Satiricum '78", Greiz
Publ.: *Eine Feder am Meeresstrand – Urlaubsskizzen aus vier Badeorten* (1973)
Lit.: G. Piltz: *Geschichte der europäischen Karikatur* (1976), S. 299, 327; Ausst.-Kat.: *Satiricum '78*; Presse: *Der Sonntag* Berlin/DDR (1950: H.G. über E.S.); *Bärenspiegel* (1984), S. 209

**Sickler**, Dr. Friedrich
\* 1773 Gräfentonna bei Langensalza
† 1836 Hildburghausen
(Vater: Pfarrer und bekannter Pomologe)
Studium der Philosophie und Theologie an der Universität Jena. Herausgeber verschiedener literarischer Schriften. 1805 Hauslehrer bei Wilhelm von Humboldt in Rom. Freundschaft mit dem Maler J.Chr. Reinhart in der deutschen Künstlerkolonie, wo sich beide öfters gegenseitig karikierten. 1810 und 1811 gaben beide den *Almanach aus Rom für Künstler und Freunde der bildenden Kunst*

heraus. 1812 ging Sickler in seine Thüringische Heimat zurück und war Direktor des Gymnasiums in Hildburghausen.
Lit.: H. Geller: *Curiosa*, S. 17-24; I. Feuchtmayer: *J.Chr. Reinhart 1761-1847* (Diss. München 1955)

**Sieber**, Guido
*   1963 Berlin/West
Gelernter Dekorateur/Raumaustatter, Graphiker
Seit 1988 künstlerisch tätig (großflächige Acryl-Bilder) Jazz und Blues, seit 1990 Zeichnungen im Comic-Bereich.
Publ.: *U-Comix*, Mitarbeit an der Cartoon-Anthologie *Alles Banane* (1990)
Lit.: *Alles Banane* (1990), S. 44, 45, 93

**Sieck**, Rudolf
*   1877
† 1957
Maler, Graphiker, Illustrator
Freier Mitarbeiter beim *Simplicissimus* mit humoristisch-satirischen Zeichnungen und Illustrationen (bis auf 2 Ausnahmen). Außerdem Einladungs- und Festkarten für die „Schwabinger Bauernkirchweih". R.S. war mehr Zeichner als Karikaturist.
Lit.: L. Hollweck: *Karikaturen*, S. 122, 123; Ausst.-Kat.: *Simplicissimus – eine satirische Zeitschrift, München (1896-1944)* (Haus der Kunst 1978); S. 68, Abb. 400, 544, 556

**Siegert**, Stefan
*   1946 Hamburg
Graphiker, Karikaturist, Signum: „ST" (im Kreis)
Studium an der Universität Tübingen (Germanistik/Geschichte, 1968-70) und an der HBK Hamburg (ab 1970). Durch Teilnahme an den Studenten-Unruhen und Wohngemeinschafts-Erfahrungen, bei denen S.S. von den Ideen des Marxismus-Leninismus beeinflußt wurde, bedingten den Eintritt in MSB-Spartakus (1971), in die KPD (1972) und den Beitritt zur IG Druck + Papier (1973)
Veröffentlichungen: (ab 1971) in *UZ* (regelmäßig), *Hamburger Morgenpost*, *konkret*, *Deutsche Volkszeitung* sowie Zeichnungen für Basisorgane der KPD, UZ, DVZ, Gewerkschaften, für Wohngebietszeitungen, für Uni-Zeitungen, z.B. *Rührt Euch*, *Tribunal*, *Heißes Eisen*. S.S. zeichnet linke politische Graphik mit karikaturistischen Elementen, Broschüren, Kinderbuchillustrationen, politische „Wimmelbilder", die Comic-figur „Schepper", gelegentlich schreibt er Rezensionen über die bundesrepublikanische Satirefront.
Publ.: *Mozart – die einzige Bilder-Biographie* (1988; mit Niels Frédéric Hoffmann)

Lit.: *Politische Karikatur in der Bundesrepublik und Berlin/West* (1974, 1978), S. 58-69; *Wenn Männer ihre Tage haben* (1987); *Große Liebespaare der Geschichte*; Ausst.-Kat.: *Bild als Waffe* (1984), S. 189, 190

**Siegl**, Wigg
*   22.10.1911 Siegsdorf bei Traunstein
Graphiker, Karikaturist in München
Mitarbeit bei *Simplicissimus*, *Quick*, *Welt am Sonntag*, *Constanze*, *Bunte*, *stern*, *Rätsel Revue*, *Weltbild*, *Illustrierte Woche*, *Fernsehwoche*, *Lenkrad* u.a. W.S.s Zeichnungen sind eine moderne Nachfolge des alten *Simplicissimus* – Tradition in technisch-billanter Ausführung und Qualität, komisch, grotesk pointiert. Er zeichnet Presseillustrations-Graphik, Werbekarikaturen, Rätsel – politisch, satirisch, humoristische, aktuelle Karikaturen und die Comic-Folgen: *Wigg Siegls Wochenkommentar*, *Sportkanone TOM*, *Wie man Mitarbeiter gewinnt*; *Nicht ärgern – bauen*.
Ausst.: „Kritische Graphik W.s.", Wilh.-Busch-Museum, Hannover (1969)
Lit.: *Heiterkeit braucht keine Worte*; Ausst.-Kat.: *Typisch deutsch?* (35. Sonderausstellung Wilh.-Busch-Museum, Hannover), S. 34; Presse: *Der journalist* (8/1969)

**Sigg**, Fredy
*   01.07.1923 Bern
Schweizer Karikaturist, Graphiker
Lehre als Graphiker, Lithograph und Chemigraph (4 Jahre), danach Studium an der Kunstgewerbeschule Zürich (1 Jahr). Ab 1497 freischaffender Werbegraphiker, Karikaturist. Mitarbeit u.a. bei *Nebelspalter*, *Annabelle*, *Züri-Leu*, *Züri--woche*, *Weltwoche*, *Television*, *Beobachter*, *Handels Zeitung*. F.S.s Themen sind aktuell, humoristisch, satirisch.
Ausst.: u.a. in Kanada, Italien und Jugoslawien sowie „Karikaturen-Karikaturen?", Kunsthaus Zürich (1972), „Darüber lachen die Schweizer", Wilh.-Busch-Museum (1973), „Cartoon" 1. Internationale Biennale, Davos (1986), „Cartoon" 2. Internationale Biennale, Davos (1988)
Ausz.: „Silberne Dattel" (1964) Bordighera, „Goldene Palme" (1965) Bordighera
Publ.: *Männer seid wachsam*; *Hochachtungsvoll zeichnet F.S.*
Lit.: H.P. Muster: *Who's Who in Satire and Humour* (2) 1990, S. 170-717; Ausst.-Kat.: der aufgezählten Ausstellungen

**Sigg**, Hans
*   03.08.1929 Zürich
Schweizer Karikaturist/Vernate – Tessin
Studium an der Kunstgewerbeschule Zürich, danach

Theatermaler, ab 1949 eine Zeitlang in Frankreich. Mitarbeit beim *Nebelspalter* seit 1958. H.S. zeichnet zeitkritisch aktuelle, humoristische, politische Karikaturen. Veröffentlichungen u.a. in *Tages-Anzeiger, Schweizer Illustrierte, HTL, Weltwoche, Corriere della Sera* sowie Nachdrucke in Deutschland u.a. in: *Der Spiegel, Rheinische Post.*
Kollektiv-Ausst.: Kunsthaus Zürich (1972), Nebelspalter-Rorschach (1973), Wilh.-Busch-Museum, Hannover (1973), „Cartoon 75"/Berlin-West
Ausz.: 6. Preis Montreal (1967), 3. Preis Montreal (1969), Preis von Skopje (1972), Bienal international de Humor La Habana (1979)
Publ.: (Schweiz) *O du liebe Schweiz; Willi Ritschard; Heil Dir Helvetia; Die Züge des H.S.* (SBB)
Lit.: *Störenfriede – Cartoons und Satire gegen den Krieg* (1983); H.P. Muster: *Who's Who in Satire and Humour* (2) 1990, S. 172-173; Ausst.-Kat.: *Karikaturen-Karikaturen?* (1972), S. 69; *Darüber lachen die Schweizer* (1973); *2. Internationale Cartoon-Biennale*, Davos (1988); *3. Internationale Cartoon-Biennale*, Davos (1990), S. 30-31

**Sikorra**, Horst
* 21.12.1926 Berlin
Karikaturist, Signum: „Sikowe"
Mitarbeit bei *Der Insulaner.*
Lit.: Presse: *Der Insulaner* (7/1948)

**Simm**, Franz Xaver
* 24.06.1853 Wien
† 1918 München
Maler, Zeichner, Illustrator, Professor, tätig in München Studium an der Akademie München, bei Anselm Feuerbach, an der Akademie Wien, bei v. Engerth und Studium in Rom (5 Jahre). Mitarbeiter der *Fliegenden Blätter, Meggendorfer Blätter,* mit humoristischen Zeichnungen aus dem Bürgerleben und dem Radsport. Als Maler bevorzugte er Genre-Darstellungen aus der Empire-Zeit und dekorative Wandgemälde. Seit 1892 regelmäßige Teilnahme an Münchener und auswärtigen Ausstellungen.
Lit.: *Spemanns goldenes Buch der Kunst* (1904), Nr. 1614; Verband deutscher Illustratoren: *Schwarz-Weiß*, S. 88; Ausst.-Kat.: *Zeichner der Meggendorfer Blätter, Fliegenden Blätter* (1899-1944)

**Simmel**, Paul
* 27.06.1887 Ludwigslust/Mecklenburg
† 23.03.1933 Berlin (Freitod)
Populärer Karikaturist der zwanziger und dreißiger Jahre in Berlin
Aufgewachsen in Spandau bei Berlin, Schlosserlehre, Zeichenstudium an der Berliner Akademie, bei Koch („Pferdekoch") und bei Ernst Hancke (malerische und anatomische Studien 1906-08). P.S. begann als Anatomiezeichner (Anschauungsbilder von anatomischen Präparaten). Ab 1907 Mitarbeiter der *Lustigen Blätter* für humoristische Zeichnungen. Salär monatlich 80 Mark. (Dr. Eysler war sein Mäzen). P.S. war Naturtalent und Autodidakt. Ab 1908 wurde P.S. Mitarbeiter im Ullstein Verlag und Hauptzeichner der *Berliner Illustrirten Zeitung.* – Sein Zeichenstil war beeinflußt von Fritz Koch-Gotha, Walter Trier, Heinrich Zille und vor allem von Paul Hase. Zille zeichnete Menschen, P.S. Typen: „Latsch und Lommel", „die Berliner Pflanze", „kesse Jören", „freche Lausejungen", „echte Berliner Steppkes", den Tanzjüngling mit „Jimmysett und Jimmyschuhen". Seine Typen kamen aus dem Berliner Leben der zwanziger Jahre. P.S. war ein Zeichner des echten Berliner Humors. Simmel-Typen waren bekannt und wurden wiedererkannt, keß und goldrichtig, mit der schnodderigen Philosophie, Herz und Schnauze, dem Mutterwitz der Berliner. P.S. kannte keine Gesellschaftssatire. Was er zeichnete war harmlos, freundlich, ohne Polemik. Er hatte Auge und Ohr für die Berliner. Die lustigen Texte zu seinen Bildern hat er selbst geschrieben. Er war ein fleißiger Zeichner und wurde überhäuft mit Aufträgen. Zeichner wie Barlog und Kossatz zog er zur Mitarbeit heran. Testamentarisch hat er die Rechte an seinen Zeichnungen den Kriegsblinden vermacht. Seine Frau emigrierte nach Schweden. P.S. hat viele Epigonen gefunden (Barlog, Iversen, P. Peters, H. Füsser u.a.). Zahlreiche Nachrufe in der Presse.
Ausst.: im Rathaus Spandau (1957)
Publ.: *Wer lacht da?* (1916); *Das neue Simmel-Buch* (1923); *Ausgerechnet Paul Simmel* (1924); *Lachen und nicht verzweifeln* (1925); *Hab Sonne im Herzen* (1926; *Jedermann sein eigener Simmel* (1926); *Das große Simmel-Album* (1927); *Mamas Liebling* (1928); *Die Berliner Schnauze* (1928); *Das neue Simmel-Buch* (z. Frische Simmeln, 1929); *Simmel-Sanatorium* (1931); *Meine liebe Zeitgenossen* (1932); *Neues Paul Simmel-Album* (1935); *Simmels Sammel-Surium* (1937); *P.S. Skizzen und Witz – Unveröffentlichtes aus dem Nachlaß* (1950); *Lachen mit P.S.* (1970)
Lit.: H. Ostwald: *Vom goldenen Humor*, S. 222-233, 546; K. Glombig: *Bohème am Rande skizziert*, S. 12; *Heiterkeit braucht keine Worte; Brockhaus Enzyklopädie* (1973), Bd. 17, S. 439; *Bärenspiegel* (1984), S. 124, 125, 209; Presse: *Koralle* (13/1943); *Welt am Sonntag* (v. 8.9.1957); *Quick* (47/1969); *Berliner Morgenpost* (v. 24.8.1979)

**Simmler**, Wilhelm Karl Melchior
* 1840
Maler, Zeichner
Mitarbeiter beim *Schalk* in den achtziger Jahren.
Lit.: G. Hermann: *Die deutsche Karikatur im 19. Jahrhundert*, S. 91

**Simon (-Bruns)**, Charlotte
\* 1911 Berlin

Graphikerin, Karikaturistin

C.S. zeichnete in den dreißiger und vierziger Jahren humoristische Karikaturen für die Berliner Presse, u.a. für *Lustige Blätter, Die Hausfrau, Neue Berliner Illustrierte* und *Marie Luise*. Die Themen waren: allgemeiner Humor, bevorzugt Kinder und Serien.

**Simon**, Günter
\* 1925 Münster

Schriftsetzer, Berufsschul-Lehrer, freiberuflicher Karikaturist
Publ.: *Endstation Baldrian; ... vergiß die Peitsche nicht*
Lit.: *Heiterkeit braucht keine Worte*

**Siné** (Ps.)
\* 31.12.1928 Paris

Bürgerl. Name: Maurice Sinet
Französischer Karikaturist, Werbegraphiker, Buch-Illustrator
Studium am Collège technique Estienn (Lithographie,Werbung: 1943-47). 1946-48 Sänger anarchistischer und antimilitaristischer Lieder, Mitglied des Quartetts „Les garçons de la rose" (im Programm der Music-Hall), Schauspieler in Kabaretts, ein Jahr Militärzeit, davon 8 Monate im Militärgefängnis. 1950-52 war Siné Layouter, Buchgestalter für verschiedene Druckereien, 1951 Veröffentlichung erster Karikaturen. Seit 1952 Karikaturen (schwarzer Humor) für *Agence public, France Dimanche, Paris Match, Le Canard Enchaîné, Elle* sowie für Zeitschriften in der Schweiz, der Bundesrepublik und Italiens. Als Werbegraphiker zeichnet er humoristische Plakate, Film-Plakate („Les Espions"), entwirft Bühnenbilder (Ionesco-Spiele), Schallplatten-Hüllen, Werbefilme, Werbekampagnen für „Gaz de France", „Metro", „Lotterie Nationale" u.a. S.s Zeichenstil ist stark von Saul Steinberg beeinflußt, er gilt als der schwärzeste Karikaturist innerhalb des schwarzen Humors, politisch stark engagiert, grimmigster Gegner von de Gaulle (Anti-de-Gaulle-Karikaturen im *L'Express* ab 1958-62, bis die Redaktion seine aggressiven Karikaturen ablehnte). Eigene Zeitschriften (1962) *Siné massacre* (9 Ausgaben), 1965-66 die maoistische Zeitschrift Revolution (1968) die Satire-Zeitschrift *L'enragé* (nach Prozession eingestellt), Plakate für die Pariser Mai-Demonstration (1969).
Veröffentlichung in der Bundesrepublik u.a. in *Konkret, Vogue* und *Pardon*.
Kollektiv-Ausst.: Kunsthalle Recklinghausen (1972), Kunsthaus Zürich (1972), S.P.H. Avignon
Ausz.: „Grand prix de l'humour noire" (1957), „Grand prix", Venedig (1958)
Publ.: (Frankreich) *Complaintes sous paroles* (1954); *Portes de chats; Les proverbes* (1956, 57, 58); *The Frend Cat* (1958); *Scatty* (1958); *Allô! Allô!* (1959); *Grand roman de papes et d'épées* (1959); *Code pênal* (1959); *Les papes* (1959); *Dessins de l'Express* (2, 1964); *Je ne pense qu'à chat* (1973); *S. Massacre* (1977); *Au secours* (1974); *La Chien lit c'est moi* (1978); *Offres d'emploi* (1978); *Tel Père, Tel Fils* (1978); Illustrationen zeitgenössischer Literaten; (Bundesrepublik u.a.) *Shocking – Gut gerüstet ist halb geschlafen* (Schmunzelbändchen); *Alles für die Katz* (1963); *Ernst beiseite; S.s Kreuzzug der Liebenswürdigkeiten* (1971); *S. siniert*
Lit.: (Auswahl) *Who's Who in Graphic Art* (I + II 1968, 1982), S. 175, 361, 874; *Der freche Zeichenstift* (1968); S. 244; *Festival der Cartoonisten* (1976); Ausst.-Kat.: *Zeitgenossen karikieren Zeitgenossen* (1972), S. 69; *Karikaturen-Karikaturen?* (1972), S. 69

**Sitte**, Willi
\* 28.02.1921 Kratzau/Nordböhmen

Studium an der Kunstschule des Nordböhmischen Gewerbemuseums (1936-39), anschließend an der Meisterschule für Malerei/Kronenberg (Eifel). Präsident des Verbandes Bildender Künstler der DDR. Professor seit 1959, ab 1953 Dozent, später Direktor an der Hochschule für Formgestaltung, Burg Giebichenstein/Halle. Schirmherr der Karikaturen Biennale „Satiricum" der DDR, seit 1980 für die Ausstellungen „Satiricum '80, '82, '84, '86, '88", zeichnete je eine Frontispiz-Karikatur zum Thema: „Schirmherr".
Ausst.: *W.S.* Kunsthalle, Berlin/West (1983), *W.S. zum 65. Geburtstag*, Altes Museum, Berlin-DDR (1986)
Ausz.: Seit 1964 Kunstpreise in der DDR, 1965 Vaterländischer Verdienstorden in Bronze, 1969 Nationalpreis der DDR (II. Kl.), Joh.-R.-Becher-Medaille, 1972 Goldmedaille Biennale Florenz, 1979 Nationalpreis der DDR (1. Kl.), 12985 „Held der Arbeit"
Publ.: W.S. *Liebesbilder* (1988)
Lit.: L. Lang: *Malerei und Graphik in der DDR* (1980), S. 276; Ausst.-Kat.: (Halle) *W.S. Malerei – Grafik – Handzeichnungen* (1981); (Dresden) *W.S. Grafik, Malerei, Plastik* (1981); (Berlin/West) *W.S.* (1983)

**Skarbina**, Franz
\* 24.02.1849 Berlin
† 18.05.1910 Berlin

Maler, Zeichner, Professor an der Akademie Berlin (1888-93)
Studium an der Akademie Berlin, beim Historienmaler Julius Antonio Schrader. – F.S. war Chronist und Interpret seiner bürgerlichen Zeit. An A.v. Menzel orientiert, hat er die malerische Seite Berliner Straßen-Lebens nach den Biedermeierdarstellungen von Eduard Gaertner neu entdeckt. Er war Mitarbeiter der humoristisch-satirischen Zeitschrift *Schalk*.

Ausst.: *F.S.*, Berliner Akademie
Ausz.: Goldmedaille, Große Berliner Kunstausstellung (1905)
Lit.: G. Piltz: *Geschichte der europäischen Karikatur* (1976), S. 208; Ausst.-Kat.: *Hundert Jahre Berliner Kunst im Schaffen des Verins Berliner Künstler* (1929), S. 169-171; *F.S.* (Berliner Museum 1970)

**Skid**, A.S.
\* 1898 Berlin ?
Pressezeichner, Karikaturist, Werbefachmann
Mitarbeit bei: *Silberspiegel, Die neue Linie, Velhagens Monatshefte, Leipziger Illustrirte Zeitung, Deutsches Familienblatt, Die Auslese, Dortmunder General-Anzeiger, Berliner Tageblatt, Telegraf, Frischer Wind, Der Sonntag, start, Sie* u.a. Außerdem war er ständiger Mitarbeiter von *Horizont, Die Frau von heute, Berliner Zeitung* und *Woche im Bild*. – A.S.S. zeichnete humoristische und geistvolle Bilder sowie Illustrationen für Presse und Werbung. Als Journalist und Werbefachmann schrieb er Buchmanuskripte, verfaßte und illustrierte er je eine Kulturgeschichte des Tabaks (Reemtsma), des Bieres (Wirtschaftsgruppe Brauerei) und des Papiers (Feldmühle). Zwei Jahre war A.S.S. Lehrer für Pressezeichnen an einer Kunstschule (1945-47), bis er 1947 das „Privatinstitut für Pressezeichnen A.S. Skid" in Halensee gründete. Aus seiner Schule sind hervorgegangen: „Ane" (Aribert Neßlinger) und Erich Schmitt.

**Slevogt**, Max
\* 08.10.1868 Landshut
† 20.09.1932 Neu-Castell, bei Landau/Pfalz
Maler, Graphiker, Illustrator, Professor an der Akademie Berlin (1917)
Studium an der Akademie München, bei J. Herterich (1886-87), bei Wilh. v. Diez (1888-89), danach an der Akademie Julian, Paris. M.S. lebte von 1890-97 in München. In dieser Zeit war er Mitarbeiter von *Jugend* und *Simplicissimus*. – M.S. war führender impressionistischer Maler, Graphiker und nur Gelegenheits-Karikaturist. 1894 Mitglied der Sezession München, 1899 der Sezession Berlin. 1916 Kriegsmaler an der Westfront. – Ab 1903-1928 veröffentlicht M.S. Graphikmappen, Buchillustrationen (15). Als Maler bevorzugt er Porträts, Landschaften (Ägypten 20 Bilder, 1913/14), Kreuzigungsfresken (Friedenskirche, Ludwigshafen 1932). – Die Gelegenheitsgraphiken (Karikaturen) S.s hat Joh. Guthmann in seinem Buch *Scherz und Laune* (1920) zusammengestellt.
Lit.: (Auswahl) A. Rümann: *Verzeichnis der Graphik von M.S. in Büchern und Mappenwerken* (1936); J. Sievers/E. Waldmann: *M.S. Das druckgrpahische Werk 1890-1914*; E. Fuchs: *Die Karikatur der europäischen Völker* II (1903), S. 465, 466, Abb. 489; L. Hollweck: *Karikaturen* (1973), S.

138-167; I. Wirth: *Berliner Maler*, Kapitel *M.S.*, S. 185-230 (1964 + 1968); *Das große Lexikon der Graphik* (Westermann, 1984) S. 400

**Sliva**, Jiri
\* 1947 Pilsen/ČSR
Tschechoslowakischer Cartoonist, seit 1966 in Prag
Studium der Ökonomie und Soziologie/Dipl.-Ing. (1971). 1971-79 Sozialprognostiker/Futurologe (an der Akademie der Wissenschaften). Erste Cartoons ab 1972, ab 1979 freiberuflicher Karikaturist, Illustrator. J.S. zeichnet satirisch-humoristische Karikaturen – ohne Worte – Illustrationen.
Veröffentlichungen in der CSSR in *Kveti, Mladysvet, Stadion, Mladá fronta*, in Polen in *Jazz forum*, in der DDR in: *Das Magazin*, in der Schweiz in *Nebelspalter* (ab 1979). – Illustrationen für über 20 Bücher.
Ausst./Ausz.: Montreal (1979) 4. Preis, Berlin/West (1980) Spezialpreis, Gabrovo (1981) 2. Preis, Tolentino (1981) 2. Preis, Skopje (1981) 2. Preis, Knokke-Heist (1981) 1. Preis, Ankara (1983, 1985) Ehrenpreis, Bordighera (1984) 2. Preis, Bordighera (1985) 1. Preis, Siena (1986) 1. Preis, Vercelli (1986) Spezialpreis, Havanna (1987) Kulturpreis, Prag (1988) 1. Preis Sportcartoon
Lit.: H.P. Muster: *Who's Who in Satire and Humour* (1) 1989), S. 176-177; Ausst.-Kat.: *2. Internationale Cartoon-Biennale*, Davos (1988); *3. Internationale Cartoon-Biennale*, Davos (1990)

**Smilby** (Ps)
\* 12.03.1927 Rugby, Warwickshire
Bürgerl. Name: Francis Wilford Smith
Englischer Karikaturist, Illustrator/Herfordshire
Studium an der Camberwell Art School, London (1946-50). Funker-Offizier in der Handelsmarine (1943-46). Gewann 1951 das „Punch-Cartoon"-Stipendium, danach freiberuflicher Cartoonist, ab 1952 humoristische Karikaturen, vielfach ohne Worte. – Mitarbeit u.a. bei *Punch, Liliput, The New Yorker, Esquire, Evening-Post, Times, Playboy, Look, Saturday Review, Saturday Evening Post, D.A.C. News, Macleans, Daily Telegraph, Diners Club, Paris Match, New Statesman*.
Veröffentlichungen in der Bundesrepublik in *Pardon, Playboy* (dtsch.), in der Schweiz in *Nebelspalter* (Bildvertrieb außerhalb Englands: Agentur Press Photo Radio, Hamburg)
Ausst.: Los Angeles (1976), London (1983), 2. Internationale Cartoon-Biennale, Davos (1988)
Publ.: *Stolen Sweets* (1981)
Lit.: *Heiterkeit braucht keine Worte*; Ausst.-Kat.: *2. Internationale Cartoon-Biennale*, Davos (1988)

**Smith**, Francis Wilford → **Smilby** (Ps.)

**Smith**, Win
Zeichner bei dem Trickfilmproduzenten Walt Disney (s. dort)

**Smits**, Ton
* 1921 Veghel/Niederlande
† 1981 Eindhoven/Niederlande
Karikaturist, Graphiker, Maler
Pseudonym: TS
Studium: Akademie s'Hertogenbosch/Niederlande
Veröffentlichungen in den USA in *Saturday Evening Post, Collier's, Look, This Week Magazine, Esquire, Playboy*; in Großbritannien in *Punsch*; in den Niederlanden in *Elsevier Select, Tussen de Rails* u.a.; in Deutschland in Zeitungen, Zeitschriften (Nachdrucke). – Thema: humoristische Zeichnungen in Strichmännchen-Stil, als Maler/Illustrator: Märchen, Traumwelt (Niederlande).
Ausst.: Dauer-Ausstellung seiner Karikaturen und Bilder in Eindhoven „Ton-Smits-Huis"; New York (1956), Paris (1960), Eindhoven (1962), Gouda (1963), Asselt (1964), Montevideo (1970), Quito (1975), Turnhout (1975), Luxemburg (1976)
Ausz.: Bordighera (Italien, 1964) „Palma d'oro"
Publ.: in Anthologien: *New Yorker* (1950-1955), *New Yorker* (1970), *New Yorker* (1925-1975), *Cartoon Treasury* (1958), *Best Cartoons from Abroad* (1955), *Great Cartoons of the World* (1967-71), *Knaurs Lachende Welt* (1972) u.a.
Lit.: H.P. Muster: *Who's who in Satire and Humour* (Bd. 3/1991), S. 182-183

**Smolinski**, Alfred J. → **Jals** (Ps.)

**SMÖR** (Ps.)
* 1963 Dessau/DDR
Bürgerl. Name: Andreas Butter
Studium: Kunstgeschichte, Humboldt Universität, Berlin
Seit November 1989 freiberuflicher Pressezeichner. Veröffentlichungen in *Zitty, TAZ*, Mitarbeit an der Cartoon-Anthologie *Alles Banane* (1990)
Lit.: *Alles Banane* (1990, S. 24, 94)

**Smudja**, Gradimir
* 14.07.1956 Novi Sad, Jugoslawien
Jugoslawischer Maler, Graphiker, Karikaturist/Novi Sad
Studium der Malerei/Graphik an der Kunstakademie Belgrad, Abschluß 1982. Karikaturist seit 1975. Er sieht hinter die Dinge – mit eigenen Gedanken. Beliebte Themen sind Paraphrasieren alter Meister und zeitgenössischer Karikaturisten – eine Seltenheit unter Karikaturisten.
Veröffentlichungen in *Nebelspalter, Schweizer Illustrierte* und in Zeitungen und Zeitschriften anderer europäischer Länder.
Ausst. u.a. in: Novi Sad, Belgrad, Basel, Tokio, Montreal, New York, Amsterdam, Ancona
Ausz.: 1980, 1985, 1987 (1. Preis) International Salon of Cartoon/Montreal, PJER-Preis (größte jugoslawische Auszeichnung für Karikaturisten – 1980, 1985, 1987), Spezialpreis Yomiuri Slimbun (1986), „Der Tulp", Spezialpreis Amsterdam (1987)
Lit.: H.P. Muster: *Who's Who in Satire and Humour* (2) 1990, S. 174-175; Ausst.-Kat.: *Gipfeltreffen* (1987), S. 171-176; *2. Internationale Cartoon-Biennale, Davos* (1988), S. 30-31; *3. Internationale Cartoon-Biennale, Davos* (1990), S. 36-37

**Smythe**, Reg
* 1917 Hartlepool/England
Englischer Comic-Zeichner (Autodidakt)
Autor der Comic-Figur: „Andy Capp". Vertrieb durch Bulls Pressedienst in 48 Ländern. – R.S. begann im *Daily Mirror* mit seiner Figur (z.Z. der Krise um den Suezkanal). Das Markenzeichen von „Andy Capp": ewig nörgelnder Brite, „Berufs-Arbeitsloser", mit Schiebermütze und Zigarettenkippe im Mundwinkel, sein liebster Stammplatz ist an der Theke – ein Bierchen in Griffnähe, jeden Abend, wenn er Geld hat, aber das hat er selten. „Andy" ist seit 1956 in der internationalen Presse verbreitet. Wöchentliche Produktion: 6 Abenteuer-Comic-Strips. In englischsprechenden Ländern hat er seinen Original-Namen: „Andy Capp". In Italien heißt er „Angelo Capello", in Frankreich „André Chapeau", in der Sowjetunion „Andrej Kopka" und in Deutschland „Willi Wacker". Die *BZ* brachte täglich „Willi Wacker" als Comic-strip Ebenso kam eine Bierdeckel-Serie von „Willi Wacker" auf den Markt. 1982 wurde in Manchester ein Musical aufgeführt, dessen Hauptpersonen „Andy Capp" und seine Frau sind.
Lit.: *stern* (20/1988)

**Soglow**, Otto
* 1901 New York
USA-Comic-Zeichner
Studium: „Arts students League", New York (1919-25). Karikaturist seit 1925 für *The New Yorker, Life, Colliers, Harpers Basar* u.a. – Typisch für O.S. sind seine wortlosen Bilderfolgen. 1934 veröffentlichte er seinen Welthit *The Little King* (Der kleine König) – ein liebenswerter Verlierer gegen die Wirklichkeit, wobei seine Königswürde hinderlich ist. Stilistisch von einfacher Linienführung, thematisch von verhaltenem Humor. Die Serie wurde in der ganzen Welt veröffentlicht, u.a. in Deutschland in den dreißiger Jahren bei den *Lustigen Blättern* und nach 1945.
Publ.: (USA) *Pretty Pictures* (1931); *Every thing's Rosy*

(1932); *The little King* (1934); *Wasn't the depression terrible* (1935); Deutschland) *Der kleine König* (1979)
Lit.: R.C. Reitberger/W.J. Fuchs: *Anatomie eines Massenmediums* (1971), S. 32, 33

**Sohn**, Anton
\* 28.08.1769 Kümmertzhofen/Schwaben
† 1841 Zizenhausen

Modelleur eigener und fremder Terrakotten. – Kirchenmaler, ab 1784 sieben Jahre in Italien, danach „Flach- und Fußmalergesell". 1797-99 arbeitet A.S. in der Werkstatt seines Vaters, der nebenher Heiligen- und Krippenfiguren aus Ton herstellte (seit 1767). Seit 1799 in Zizenhausen, ab 1803-21 Bürgermeister. Nach dem Tod des Vaters (1802) selbständiger Gestalter von Terrakotta-Figuren, den „Zizenhauser Terrakotten", die ihren Ursprung in einer alten Bauernkunst am Bodensee hatten. Ausgehend von der Motivwelt seines Vaters Franz Joseph S. (Wallfahrts- und Heiligenfiguren) stellte er Figurengruppen zusammen. Er hat das Weihnachts-Krippenspiel „zum bäuerlich-burlesken Volksstück umgewandelt". Besonders erfolgreich wurde A.S. durch den Stilwandel, indem er grotesk-karikaturhafte komische Figuren einführte, als drollige Verspottungen aus dem Leben. Sein Hauptmitarbeiter war dabei Hieronymus Heß (1799-1849), der die Entwürfe zeichnete. 1716 erweiterte A.S. sein Sortiment um die Figuren des Lothringer Radierers Callot, nach dessen Bilderbuch „Il Calotto resuscitato oder neueingerichtetes Zwerchenkabinetts". Berühmt wurden die ergötzlichen Karikaturen-Zwergtypen durch die Meißener Porzellan-Manufaktur. Johann Friedrich Böttger soll selbst einige Figuren geformt haben. Im Testament von A.S. (20. Nov. 1839) wurde der Bestand von 656 Modellen angegeben. 1920 verstarb Andreas S., der letzte Erbe des „Bildermanns von Zizenhausen". Danach verblieben etwa 800 Prägeformen in Zizenhausen.
Lit.: W. Fraenger: *Der Bildermann von Zizenhausen* (1922); W. Fraenger: *Callots Neueingerichtetes Zwergenkabinett* (1922)

**Sokol**, Erich
\* 1933 Wien

Österreichischer Graphiker, Karikaturist, Signum: „S"
Studium an der Hochschule für Welthandel Wien (1952-57). 1957-60 Studienaufenthalt in den USA. 1960 Eintritt in die Redaktion der *Arbeiter-Zeitung*. – Seit 1967 Art Director beim Österreichischen Rundfunk.
Veröffentlichungen u.a. in: *Punch, Lyons Magazine, Playboy, Kiwani's Magazin, Münchener Illustrierte, stern, Süddeutsche Zeitung* u.a. – E.S. zeichnet humoristische, satirische, politische Karikaturen, Werbung. Für den Wahlkampf der SPÖ (1983) hat E.S. 4 Bruno-Kreisky-Karikaturen gezeichnet.

Kollektiv-Ausst.: u.a. Editorial and Advertising Art (Preis der „Chicago Artists Guild"), Kunsthalle Recklinghausen (1972)
Lit.: Ausst.-Kat.: *Zeitgenossen karikieren Zeitgenossen* (1972), S. 233

**Solami**, Naibil el
\* 1941 Kairo/Ägypten
† 04.08.1987 Berlin/DDR

Ägyptischer Karikaturist
Mitarbeiter beim: *Eulenspiegel, Neue Berliner Illustrierte* u.a. N. el S. zeichnete politische, aktuelle, satirische Karikaturen. Titelblätter, ganze Themen-Seiten, Einzelkarikaturen.
Kollektiv-Ausst.: „Satiricum '84" (3. Biennale der Karikatur der DDR, Greiz), Einzel-Ausst.: Berliner Galerie/Berlin DDR (1988)
Ausz.: „Eulenspiegel-Preis" (1984)
Lit.: Ausst.-Kat.: *Satiricum '84*; Presse: *Eulenspiegel* (1986, 29/1987)

**Sommermeyer**, Gerhard
\* 1904 Braunschweig
† 1968 Braunschweig

Maler, Graphiker, Karikaturist
Studium: Kunstgewerbeschule Braunschweig, Akademie Leipzig
G.S. zeichnete nebenher Karikaturen. Im Dritten Reich solche, die eindeutig antinationalsozialistisch waren: *Der Führer, Meine Gedanken über den Militarismus, Die Kaste* u.a. Der Rentner Werner Seele hat 26 Sommermeyer-Zeichnungen gerettet, als sie in der Helmstedter Straße in Braunschweig in eine Mülltonne geworfen werden sollten. Die so wieder entdeckten Originale wurden am 30. Januar 1983 im DGB Haus in Braunschweig ausgestellt unter dem Titel „Frieden und Freiheit für alle Menschen".
Lit.: Presse: *Braunschweiger Zeitung* vom 31.01.1983

**Sonderland**, Johann Baptist
\* 1805 Düsseldorf
† 1878

Genremaler, Zeichner
Studium an der Akademie Düsseldorf, Schüler von Cornelius und Schadow. – J.B.S. schuf die Illustrationen zu Werken von Hauff und Immermann. Als Mitarbeiter der *Düsseldorfer Monatshefte* zeichnete er humoristisch-satirische Karikaturen gegen Spießer und Philistertum: „Zweihundert Hyperbeln auf Herrn Wahls ungeheure Nase" (Stahlstiche).
Lit.: G. Hermann: *Die deutsche Karikatur im 19. Jahrhundert*, S. 51; E. Fuchs: *Die Karikatur der europäischen Völker* II, S. 84, 212, Abb. 233; G. Piltz: *Geschichte der*

*europäischen Karikatur*, S. 162, 164; L. Clasen: *Düsseldorfer Monatshefte (1847-49)*

**Sottmeier**, Peter
* 1943
Pressezeichner, Karikaturist/Frankfurt (Oder)
Kollektiv-Ausst.: „Satiricum '88", „Satiricum '90" (2. Preis), Greiz
Lit.: Ausst.-Kat.: *Satiricum '88, Satiricum '90*

**Sowa**, Michael
* 1945 Berlin
Zeichner, Maler/Berlin
Studium der Kunstpädagogik. Kurzfristige Tätigkeit als Kunsterzieher. Seit 1975 freiberuflicher Zeichner, Maler mit skurrilen, surrealistischen Einfällen.
Lit.: *70 mal die volle Wahrheit* (1987)

**Spachholz**, Gottfried
* 1906
Zeichner/Berlin
Kollektiv-Ausst.: „Satiricum '86", Greiz
Lit.: Ausst.-Kat.: *Satiricum '86*

**Spahr**, Jürg → **Jüsp** (Ps.)

**Spasski**, Swatoslaw
* 1926 Wladiwostok
Sowjetischer Redakteur, Karikaturist, Feuilletonist
Mitarbeit beim *Krokodil* (seit 1961). Veröffentlichungen im *Eulenspiegel*.
Kollektiv-Ausst. u.a. in: Gabrovo 77/Bulgarien
Lit.: Presse: *Eulenspiegel* (40/1979)

**Speckter**, Otto
* 09.11.1807
† 29.04.1871 Hamburg
Zeichner, Illustrator
S. zeichnete für die Steindruckerei seines Vaters Bildnisse, Ansichten, Bildwiedergaben nach Overbeck und Märchen-Graphik. Die Zeichnungen waren in der Art von Ludwig Richter, anschaulich, einfühlsam, liebenswürdig-humorvoll. – So entstanden die Buchillustrationen zu Wilhelm Hey: *50 Fabeln für Kinder* (1836), Wilhelm Hey: *Noch 50 Fabeln für Kinder* (1837), Radierungen zum *Gestiefelten Kater* (1844), mit neuen Texten von F. Avenarius 1900), *Andersens Märchen* (1846), Klaus Roth *Quickborn* (1855), Fritz Reuter: *Hanne Nüte* (1865)
Lit.: *S. eine Hamburger Künstlerfamilie* in *Allgemeine Deutsche Biographie,* Bd. 35 (1893); F.H. Ehmke: *O.S.* (mit Verzeichnis der illustrierten Bücher von K. Horbrecker, 1920); A. Rümann: *Alte deutsche Kinderbücher* (1937)

**Sperzel**, Wolfgang
* 21.09.1956 Gernsheim/Rhein
Illustrator, Cartoonist, Comiczeichner
Studium: Graphik-Design, Darmstadt, Abschluß 1983
Mitarbeit bei Semmel Verlach/Comics, U-Comics
Publ.: *Rast(h)aus* (1990)

**Spiegel**, Ferdinand
* 1879 Würzburg
† 1950
Maler, Zeichner (Dekorationsmaler bis 1914)
Studium an der Akademie München, bei Julius Dietz. Mitarbeiter bei *Simplicissimus* und *Jugend*. F.S. zeichnete und schuf Illustrationen. Der Text macht den Witz. Er folgte den Spuren von Reznicek im *Simplicissimus*. Außerdem zeichnete er Themen aus dem alpenländischen Bauernleben und dem folkloristischen Brauchtum. Er karikierte nur wenig in seinen Gestalten. F.S. wurde von Arthur Kampf an die Berliner Akademie berufen.
Lit.: L. Hollweck: *Karikaturen*, S. 197, 221, 222

**Spiegelmann**, Art
* 1948 Stockholm (als Sohn polnisch-jüdischer Eltern)
New Yorker Comic-Zeichner, Werbegraphiker
Dozent an der „School of Visual Arts" New York (für Ästhetik und Geschichte der Comic-strips).
Veröffentlichungen in den USA in *Women's Wear Daily, Playboy, New York Times* u.a. Strips u.a. *Kleine Anzeichen von Leidenschaft, Die Kurpfuscher, Wahrer Traum, Maus.* A.S.s. Themen sind: autobiographische Erlebnisse, zeitbezogen-aktuell, Comic-Karikatur, Rassenhaß, Sex-Industrie, TV-Welt, Soap-Operas, Familien-Dramen, Zusammenbrüche von Menschen und ihrer Umgebung u.a. Sie sind von seinen Erlebnissen beeinflußt, vor allem der antifaschistische Strip *Maus*, wobei „Maus" für den Juden steht, der von der „Nazi-Katze" in „Mauschwitz" vernichtet wird. (Sein Bruder und 9 von 10 Geschwistern der Mutter überlebten nicht den Hitler-Terror). „Maus" wird als radikalster und bester Strip der Welt bezeichnet. Zusammen mit seiner Frau ist A.S. Herausgeber der Comic-Zeitschrift „RAW" Nr. 1 („Magazin für verhinderte Selbstmörder"), Nr. 2 („Das graphische Magazin für verdammte Intellektuelle").
Ausst.: 4. Internationaler Comic-Salon, Erlangen (1990)
Publ.: (USA) *Breaktowns* (14 strips); (Bundesrepublik) *Maus* (mit Beiheft der Literaturwissenschaftler Martin Langbein und Klaus Theweleit)
Lit.: Presse: *stern* (10/1981); *Der Spiegel* (13/1981); Fern-

sehen: ZDF (7.3.88): „Personenbeschreibung"); *Das große Lexikon der Graphik* (Westermann, 1984) S. 402

**Spitzer**, Emanuel
* 30.10.1844 Pápa/Ungarn
† 26.08.1919 Waging bei Traunstein
Ungarischer Maler, Zeichner
Studium in Paris und München. Mitarbeit bei: *Fliegende Blätter* (humoristische Zeichnungen). In der Malerei bevorzugt er Genrebilder. – E.S. erfand 1901, die nach ihm benannte „Spitzertype" zur Vervielfältigung von Zeichnungen.
Lit.: *Das Große Brockhaus*, Bd. 17, S. 713

**Spitzweg**, Carl
* 04.02.1808 München
† 23.09.1885 München
Apotheker, Karikaturist, Maler
Bis 1833 Apotheker, danach autodidaktischer Zeichner und Maler. Zwischen 1846-52 tätig für die *Fliegenden Blätter* als Zeichner humoristischer und witziger Illustrationen. Vorbilder waren ihm die französischen Karikaturisten Daumier und Grandeville. Auf die Mitarbeit bei den *Fliegenden Blättern* beziehen sich die Mappen: Spitzweg-Mappe (1887) und Neue Spitzweg-Mappe (1888). C.S. vereinigt in seiner Kunst Humor und Malerei. Seine kleinformatigen Sujets beinhalten das behagliche Leben der Biedermeierwelt. Romantische Idyllen und kauzige Gestalten fügt er zu einer Pointe mit dem sicheren Gespür für auffallende Typen, Gesichter und skurrile Typen-Motive. Beeinflußt durch seinen Pariser Aufenthalt (1851) und die Anregungen der Schule von Barbison (Delacroix, Diaz de la Peña) veränderte sich sein Stil zu einer farblich unmittelbaren Malweise.
Ausst.: „C.S." Haus der Kunst, München (1985) und Ergänzungs-Ausstellung in der Schack-Galerie
Lit.: (Auswahl) H. Uhde-Bernays: *Die gute alte Zeit* (1913); W. Rudeck: *Spießbürger und Käuze zum Lachen – S.s Zeichnungen für die Fliegenden Blätter* (1913); Fernsehen ARD. „C.S. (22.9.85) zum 100. Todestag"

**Spohn**, Jürgen
* 10.06.1934 Leipzig
Graphiker, Kinderbuchautor, Professor für visuelle Kommunikation/Graphik-Design an der Hochschule für bildende Künste Berlin
Studium an der Hochschule für bildende Künste, Kassel, seit 1961 in Berlin/West. J.S. zeichnet Werbegraphik von origineller Art (z.B. die Anzeige kultureller Ereignisse auf originelle Art), schreibt und illustriert Kinderbücher. Briefmarken-Entwurf zum UNO-Jahrestag (11.8.1983) und zum 10. Jahrestag der Aufnahme der Bundesrepublik in die Vereinten Nationen.

Ausst.: u.a. Festspielgalerie Berlin (1983)
Ausz.: 1. Preis für sein Plakat für den Deutschen Pavillon EXPO (1967), Wettbewerb Grafik, Design Deutschland (1967/68), Bratislava (1969), Brünn (1970, 1972), Leipzig (1971), „Pro-plakat-Wettbewerb", „Essen", „I love Berlin" (1976)
Publ.: (Kinderbücher bis 1981) *Der Spielbaum* (1961); *Eledi & Krokofant* (1967); *Das Riesenroß* (1968); *Der mini-mini-Düsenzwerg* (1971) (Bertelsmann-Jugendpreis); *Nanu* (1975); *Der Papperlapapp-Apparat* (1978); *Ach so; Vom Kochen;* (handgeschriebenes Kochbuch mit Aquarellen); *Drunter und Drüber* (1981; Deutscher Jugend-Literaturpreis)
Lit.: *Who's Who in Graphic Art* (II, 1982), S. 295

**Staeck**, Klaus
*     1938 Pulsnitz bei Dresden
Politgraphiker, Fotomonteur, Galerist, Verleger „edition tangente"/Heidelberg
Jurastudium an den Universitäten Hamburg, Heidelberg, Berlin/West (1957-62). Assessorenexamen (1968), 1. u. 2. juristische Staatsexamen. Künstlerisch ist K.S. Autodidakt. Nachfahre von John Heartfield; seit 1958 tätig. Seine Themen sind: Polit-Satire, Zeit-Satire, politische Agitation, Starsolist gegen CDU/CSU-Plakate, Aufkleber, Postkarten, Markenzeichen: Provokation und Irritation. – Erstmals öffentlich hervorgetreten durch die Mischkunst-Veranstaltung „Intermedia 69" Heidelberg. 1970 Zillepreis (6000 DM) für sozialkritische Kunst. 1971 Erste Plakataktion anläßlich des Dürerjahrs. 1972 Plakat: „Die Reichen müssen noch reicher werden – wählt christdemokratisch" (CDU erwirkt einstweilige Verfügung). 1972 Plakat: „Deutsche Arbeiter! Die SPD will euch eure Villen im Tessin wegnehmen!" (Es war das erfolgreichste Plakat und brachte den publizistischen Durchbruch). Nachdrucke seiner Publikationen in der in- und ausländischen Presse.
Ausst.: Münchener Stadtmuseum (1988), Große Retrospektiven zum 50. Geburtstag (1988). Zwischen 1967-71 nationale und über 20 internationale Ausstellungen.
Publ.: *Worte des Statthalters Kohl* (mit Bildgeschichte); (zus. mit Adelmann) *Die Kunst findet nicht im Saale statt; Im Mittelpunkt steht immer der Mensch; Die Reichen müssen noch reicher werden; Staeckbriefe/K.S. fotografiert Zeitgenossen*
Lit.: Politische Plakate/Hrsg. I. Karst (1973); Fernsehen: (WDR 29.6.1976) – ARD – „Anstöße/Signale aus der Pilgrimstraße, K.s und seine polit. Plakate"; SFB (4.6.1988 Talkshow); *Staeck-Briefe*

**Stahl**, Friedrich
* 27.12.1863 München
† 12.07.1940 Rom
Maler, Zeichner

Studium an der Akademie München, Bei W. Diez und L. Löfftz. Mitarbeiter der *Fliegenden Blätter* (um 1900, humoristische Graphik). 1888-98 lebte F.S. in Berlin, danach in England, ging 1904 nach Florenz, um Botticelli und die Quattrocentisten zu studieren. Zurück nach England, ließ er sich in Rosherville nieder. 1914 ging er zurück nach München, später übersiedelte er nach Rom. Als Maler erreichte F.S. einen „raffinierten, altertümlichen Stilismus" – und war ein feinsinniger Schilderer des großstädtischen Lebens an der Themse und an der See. Im Staatsauftrag hat er in Memel Wandbilder gemalt. Er war vorwiegend als Maler tätig.
Lit.: *Spemanns goldenes Buch der Kunst* (1904), Nr. 1624; Ausst.-Kat.: *Die Münchener Schule 1850-1914* (1979), S. 394

**Staino**, Sergio
* 1940 Florenz

Italienischer Karikaturist
Studium der Architektur in Florenz und Venedig. Mitarbeit bei der italienischen Presse, u.a. bei *Limus, Panorama, La Lettura, La Reppublica, L'Unità*. S.S. zeichnet aktuelle, zeitkritische Karikaturen. Seine Comic-Figur „Bobo" (ein ironisches Selbstporträt) ist in Italien populär und für viele Italiener seiner Generation zur Symbolfigur geworden. Während eines Berlin-Aufenthaltes in den achtziger Jahren zeichnete S.S. seine Berlin-Eindrücke und veröffentlichte sie in der Berliner Presse u.a. in *Berliner Morgenpost*.
Publ.: *Berlin amore mio* (1981)
Lit.: *Berliner Morgenpost* (v. 27.6.1982)

**Stalder**, Ursula
* 03.04.1953 Schweiz

Freischaffende Illustratorin – ab 1981
Hochbauzeichner-Lehre (1969-73), dann Studium an der Kunstgewerbeschule Luzern (1975-78). – Veröffentlichungen in *Spick-Schülermagazin, Tagesanzeiger-Magazin, Züri-tip, Schweizer Familie, Wir Eltern, Luzerner Neueste Nachrichten, Zytglogge-Ziitig, Basler Magazin, Schweizer Illustrierte, Nebelspalter*
Lit.: Ausst.-Kat.: *III. Internationale Cartoon-Biennale* (1990), Davos

**Stamm**, Wolfgang
* 1900
† 06.01.1962 Frankfurt

Dipl-Ing., Architekt, Karikaturist
W.S. war hauptsächlich als Karikaturist tätig, war Mitarbeiter der *Frankfurter Illustrierten* sowie der Frankfurter Presse, der *Deutschen Illustrierten*, arbeitete für *Das Illustrierte Blatt, Daheim, Reclams Universum, Ufer, Lustige Blätter* u.a. Für die Werbung zeichnete er Karikaturen (z.B. Milchverband-Werbung).
Lit.: Ausst.-Kat.: *Die Stadt – Deutsche Karikaturen 1887-1985*

**Starke**, Hans-Jürgen
* 1940 Nürnberg

Karikaturist/Arnstadt
Veröffentlichungen u.a. im *Eulenspiegel*. H.-J.S.zeichnet humoristische, aktuelle Karikaturen, Themen-Streifen, ganze Themenseiten.
Kollektiv-Ausst.: „Satiricum '80" (1. Biennale der Karikatur in der DDR, Greiz, 1980: „Marx-Metamorphose", „Mach mit", „Kommunikationsprothese", „Was kann ich für den schlechten Geschmack des Publikums?"), „Satiricum '82", „Satiricum '88", „Satiricum '90"
Lit.: *Resümee – ein Almanach der Karikatur* (3/1972); Ausst.-Kat.: *Satiricum '80*, S. 20 sowie die weiteren Kataloge

**Starke**, Ottmar
* 1886 Freiburg/Breisgau

Pressezeichner, Illustrator, Bühnenbildner, Schriftsteller, Signum: „Ost"
Studium an der Kunstgewerbeschule München. Mitarbeit u.a. bei *Süddeutscher Postillion* (ab 1906), *Der Bildermann, Querschnitt, Uhu, Die Woche, Frankfurter Illustrierte* (1934 Leitung des *Querschnitts*). O.S. war vor allem Illustrator und zeichnete in einer leicht karikierenden Art unter Herausarbeitung des Typischen einer Situation, und er war aggressiv-satirisch, wenn es das Thema verlangte. Zwischen 1906 und 1939 Bühnenbildner an verschiedenen deutschen Bühnen (außer Kriegsdienst 1913-15). Als Buchillustrator erarbeitete sich O.S. ein reiches Oeuvre zu folgenden Autoren (ab 1916): Carl Sternheim, Flaubert, Stendhal, Goethe, Strindberg, Dostojewski, Tolstoi, N. Jacques, Le Fèvre, Grillparzer, Rust, Werner Finck, W. Raabe, Stehr, Clara Hofer, Edlef Köppen, Brates.
Ausst.: (und Katlog) *O.S. Bühnenbildner, Illustrationen, Zeichnungen*, Kunstamt Berlin-Wilmersdorf (1967)
Publ.: (Bücher, Mappen, Theaterstücke) *Schippeliana*; Strindberg: *Die Brandstätte* (Mappe); *Die schöne Bücherei* (ein Katalog); *Die neue Gesellschaft* (1917); *Mädchen an den Flußufern* (Mappe 1918); Voltaire: *Candide* (Mappe 1921); *Das europäische Ballett* (1922); *Sizilianisches Tagebuch* (1923); *Bordell* (1927); *Fahrender Leute Christnacht* (Hörspiel); *Das Spiel der Zeit* (Hörspiel 1936); Moliere-Starke: *Die Nachbarn* (1938); *Eisvogel*-Novelle (Silomon, 1939); *Der Doppelgänger* (Komödie); *So ein Lümmel* (Komödie 1942); *Vorsicht Baustelle* (1951); *O.S. Was mein Leben anbelangt* (Aus seinen Erinnerungen)

**Stauber**, Carl

\* 1815 Amberg/Oberpfalz
† 1902 München

Maler, Zeichner

Studium an der Akademie München bei Cornelius, Heß und Schnorr. C.s. zeichnete Humor aus dem bayrischen Bauernleben. Er war Mitarbeiter der *Fliegenden Blätter* von 1844-1893. Dafür hat er ca. 9000 Zeichnungen geliefert. Es entstanden die Serien: *Pläsier des Herrn Blaumeier und seiner Frau Nanni, Friederikes Jeschichte* (lustiger Bilderroman von drei Berliner Urlaubern in Oberbayern). C.S. illustrierte mit Schmolzé Hebels *Rheinischen Hausfreund*.

Lit.: S. Wirken und Schaffen in *Die Kunst unserer Zeit*, Bd. 3, 1846; G. Hermann: *Die deutsche Karikatur im 19. Jahrhundert*, S. 69; E. Fuchs: *Die Karikatur der europäischen Völker* II, S. 84, 234; L. Hollweck: *Karikaturen*, S. 16, 21, 23, 29, 35, 37; E. Roth: *100 Jahre Humor in der deutschen Kunst*


**Stauber**, Jules

\* 03.04.1920 Clarens bei Montreux

Deutsch-schweizerischer Graphiker, Karikaturist, Signum: „St"/Schwaig bei Nürnberg

Studium an der Kunstgewerbeschule Luzern (1937) und in der Malklasse der Berufsoberschule (1947). 1940-45 Wehrdienst. 1939 Dekorateur (bei Karstadt Berlin), seit 1948 freiberuflicher Cartoonist. Er zeichnet Cartoons ohne Worte (seit 1970 auch Cartoons in Kaltnadelradierungen). Sein unverkennbares Markenzeichen ist der tiefe und gepflegte Hintersinn. Presse-Mitarbeit u.a. bei *Nürnberger Nachrichten, Nürnberger Zeitung, Nebelspalter* (ständig seit 1959), *Deutsches Allgemeines Sonntagsblatt, Süddeutsche Zeitung, Rheinischer Merkur, Publik, Penthouse, Vital, Madame, Brigitte, Petra, Turicum, Kontraste* u.v.a.

Ausst. und Ausz.: Karikaturen-Wettbewerb der nationalen Textilindustrie Spanien, 2. Preis (1969), 3th World Cartoon Gallery Skopje (1971), Zeitgenossen karikieren Zeigenossen, Recklinghausen (1972), 1. Internacionalni Festival Karikature Sarajevo (1972), Preis der 4th World Cartoon Gallery Skopje (1973), Première Biennale Internationale de la Caricature et de la Plastique Gabrovo (1973), Darüber lachen die Schweizer, Wilh.-Busch-Museum, Hannover (1973), Städtisches Museum Nürnberg (1974), Städtische Galerie Würzburg (1974) 100 Jahre Nebelspalter. Wilh.-Busch-Museum, Hannover (1974), J.S. Cartoons Graphic Design Stadt Nürnberg (1974), Galerie Jule Hammer Berlin/West (1976), Goethe-Institut Rotterdam (1976), Kunsthalle Nürnberg (1976), Galerie Weigl (1976), Stadt-Museum Ansbach (1976), Ev. Tagesstätte Löwenstein (1977), Cartoon 77 Berlin/West Sonderpreis (1977), CCC München (1981), Kunstverein Oerlinghausen (1983), Goethe-Institut Montreal/Canada (1983)

Publ.: (Auswahl) *Ich bin einsam; Die Jungfrau in der Dose; Rasen Rosen und Radieschen; Die Welt ist rund; Wer lacht fährt besser; muskalische Saitensprünge; Leben und Leben lassen; Cartoon-Graphic-Design; Cartoons statt Blumen; Pas de deux; Zeichnen macht Spaß; Der Schaffner lockert seine Gefühle; Ehepaar sucht Gleichgesinntes*

Lit.: *Beamticon* (1984); *Die Entdeckung Berlins* (1984); *Die Stadt – Deutsche Karikaturen 1887-1985* (1985); *Denk ich an Deutschland – Karikaturen aus der Bundesrepublik Deutschland* (1989); H.P. Muster: *Who's Who in Satire and Humour* (1989)


**Staudinger**, Karl

\* 30.03.1874 Wies/Steiermark

Österreichischer Zeichner, Karikaturist, tätig in München

Studium an der Akademie München. K.S. bestätigte sich vor allem als Pressezeichner und Illustrator.

Lit.: Verband deutscher Illustratoren: *Schwarz-Weiß*, S. 55


**Staudinger**, Karl

\* 19.08.1905 Nürnberg

Maler, Graphiker, Illustrator

Mitarbeit bei *Die Dame, Pinguin, Standpunkt, Prisma, Madame, Kunstwerk* u.a. K.S. zeichnete skizzenhafte Karikaturen aus dem Alltagsleben mit flottem Strich, illustrativ-satirisch (künstlerisch zwischen George Grosz und Alfred Kubin). Tätig für Presse und Werbung. Buchillustrationen. K.S. hat über 10 Werke der Weltliteratur illustriert (zwischen 1940-55: H. Heine, Maupassant, Villon, S. de Beauvoir, F. Dürrenmatt u.a.). – Mitglied der Gruppe 56 in Stuttgart.

Ausst.: in Nürnberg, Hollywood und Berlin, Einzel-Ausst.: württembergischer Kunstverein, Stuttgart 1946, Neue Galerie, München (1967)

Lit.: *Who's Who in Graphic Art* (I), S. 215; Hölscher: *Deutsche Illustratoren der Gegenwart*; Presse: Archivarion (3/1948); Gebrauchsgraphik (1941, 1957); Graphik (1956)


**Steadman**, Ralph Idris

\* 15.05.1936 Wallasey/Cheshire (Vorort von Liverpool)

Irisch-englischer Graphiker, Cartoonist, Fotograf, Satiriker

Besuch des College of Printing and Graphic Art, London (Abendkurs), Fernkursus im Zeichnen, dann Zeichner in einer Flugzeugfabrik. Zeichenlehrer am Victoria-u.-Albert-Museum. R.I.S. begann in den sechziger Jahren Karikaturen zu zeichnen. – Veröffentlichungen in *Punch, Private Ey, The Sunday Times, New Yorker Times, New*

*Statesman, Black Dwarf, Rolling Stone, Observer, Esquire, Penthouse* u.a. und in der Bundesrepublik in *pardon, stern, vital, Zeitmagazin, manager magazin.* – R.I.S. zeichnet Illustrationen für Märchen, Krimis, Horrorgeschichten, satirische Graphik, sarkastische Karikaturen, kritische Gesellschaftskritik, Fotos, Collagen, Kinderbücher. Vorbilder seiner Bildsatire sind William Hogarth, James Gillray, Paul Klee, George Grosz, Heartfield, Searle, Sternberg, François.
Ausst. u.a.: Kunsthalle Recklinghausen (1972), Wilh.-Busch-Museum, Hannover (1988)
Publ.: (25 Bücher) *R. Steadmans Jelly Book* (1967); *Still Life with Raspery* (1969); *The little red Computer* (1969); *Dogbodies* (1970); *America* (1974); *Siegmund Freud* (1979); *Looking Glass Card No I* (1979); *Wool and Water; Charlies Angels; Siegmund Freud – a portfolio of seven screen prints; Angst und Schrecken in Las Vegas; Der Allgäu-Stern* (Karikaturen-Zyklus); *Ich, Leonardo* (Hommage und Travestie des Künstlermythos), *Paranoids* (verfremdete Porträtsfotos, 1988) sowie Illustrationen zu über 20 Büchern u.a., *Alice im Spiegelreich* (1967 Lewis Caroll); *Die Schatzinsel* (1986 Stevenson)
Lit.: (Auswahl) H. Hubmann: *Die stachlige Muse* (1974), S. 88; W. Feaver: *Masters of caricature* (1981), S. 227; *Who's Who in Graphic Art* (I, II, 1968/1982, S. 428/826); Ausst.-Kat.: *Zeitgenossen karikieren Zeitgenossen* (1972), S. 233; R.S. (1988)

**Steger**, H.U. (Hans Ulrich)
\* 21.03.1923 Zürich

Schweizer Graphiker, Karikaturist/Zürich
Studium an der Kunstgewerbeschule Zürich (1943-43), bei Ernst Keller, Max Gubier. Kurze Zeit in einem Reklameatelier/Architektenbüro, während des zweiten Weltkrieges Zeichner von Reliefkarten für eine Nachrichtenagentur, ab 1944 politische Karikaturen für den *Nebelspalter.* Der Malerzeichner Hans Fischer empfahl H.U.S. dem künstlerischen Leiter der *Weltwoche.* H.U.S. zeichnete dafür sporadisch politische Karikaturen (1945-61), danach ständig die Titelkarikaturen. Seit 1961-67 für *Zürcher Woche* politische Karikaturen, ab 1967 für *Tages-Anzeiger* Zürich. In den 60er Jahren Lehrer für figürliches Zeichnen an Kunstgewerbeschulen Zürich und Luzern. Mitarbeit an deutschen Zeitungen und beim *Observer*, London und der *New York Times.* H.U.S. zeichnet politische, aktuelle, satirische und humoristische Karikaturen. Märchenzeichnungen sowie Buch-Illustrationen, u.a. zu P. Fissen: *Könige der Rennbahn* (1952), Chr. Strich/H. Hesse: *Der Autorenabend* (1952) und G. Baumann: *In Kino veritas* (1956).
Kollektiv-Ausst.: *Karikaturen-Karikaturen?*, Kunsthaus Zürich (1972), Kunsthalle Recklinghausen (1972), Einzel-Ausst.: in Basel, Bremen, Zürich, Konstanz, Bad Alpbach, Wien

Publ.: (Cartoons) *Zwecks Heirat* (1953); *Laßt hupen aus alter Zeit* (1955); *Meine großen Tiere* (1956); *Autolatein für Anfänger; Holzspielzeug; Der Autorenabend; Heimatfrust; Reise nach Tripti* (farbiges Kinderbuch); *Wenn Kubaki kommt* (farbiges Kinderbuch)
Lit.: H.P. Muster: *Who's Who in Satire and Humour* (2) 1990, S. 178-179; *Who's Who in Graphic Art*, I + II, S. 464, 724; Ausst.-Kat.: *Karikaturen-Karikaturen?* (1972), S. 69; Presse: *Graphics* (72/1957); *Der Spiegel* (48/1983: „Blind auf beiden Augen")

**Steiger**, Ferdinand
\* 1880 Trebitsch
† 1976 Kraiburg

Maler, Zeichner mit akribischer Linienführung
Mitarbeiter der *Meggendorfer Blätter* (1905-19), allgemeine humoristische Zeichnungen.
Lit.: Ausst.-Kat.: *Zeichner der Meggendorfer Blätter, Fliegenden Blätter 1889-1944* Galerie Karl & Faber, München 1988)

**Steiger**, Ivan
\* 26.01.1939 Prag

Politischer, zeitkritischer Karikaturist (Autodidakt), Literat, promovierter Dramaturg
Studium an der Filmschule Cimelice (4 Jahre) und der Filmakademie (FAMV) Prag (5 Jahre; während des Studiums Autor von Drehbüchern). Seit 1966 Cartoonist ohne Worte, mit sparsamstem Strich (Steinberg-Manier) Seit Ende des Prager Frühlings (1968) in München (1978 deutsche Staatsbürgerschaft).
Veröffentlichungen in *Frankfurter Allgemeine Zeitung* (ständig); *Süddeutsche Zeitung, Die Welt, Deutsches Allgemeines Sonntagsblatt, Der Spiegel*, im Ausland *New York Times, Los Angeles Herald Examiner, The Times, Daily Mirror, L'Express, Le Figaro* u.a. Erzählungen zwischen 1970-76 (6 Bücher). – Zeichentrickfilme, Kurzfilme u.a. „Die Flasche", „Stille Post"; „Memory, Mr. Roboter"; „Die Brummfliege"; „Wie der Waldteufel ..."; „Lothar Meggendorfer"
Ausst.: München, Wien, Detroit, Hamburg, Ottawa, Chicago, Berlin, San Francisco, New York
Ausz. (nationale und internationale): Preis des tschechisch-slowakischen Schriftstellerverbandes, Prag (1965), Goldmedaille Premio Narducci, Bordighera (1966), „Silberne Dattel", Bordighera (1967), „Super Candrina" (1969)
Publ.: (Cartoons) *09360 EF* (das ist die Nummer seiner Zeichenfeder, 1966); *I.S.s Prager Tagebuch* (1968); *Die I.S. Fibel* (1969); *Hallo Adam* (1970); *Eine schöne Bescherung* (1971); *Aus dem I. Steigerwald* (1973); *Kleine Bildstörungen* (1978); *Kaleidoskop* (1980); *Karikaturen* (1981); *I.S. sieht die Bibel* (1989)
Lit.: (Auswahl) *Spitzensport mit spitzer Feder* (Institut für

Ausländerbeziehungen, 1981), S. 64-65; Fernsehen: ARD „Bitte umblättern" (30.4.1979) - ZDF „Spielwiese" (11.1.1981)

**Stein**, Uli (Ps.)
\* 1946 Hannover

Bürgerl. Name: Ulrich Steinfurth
Cartoonist, Publizist/Hannover
Studium an den Pädagogischen Hochschulen Berlin/West und Hannover. Lehrer an einer Volksschule (Deutsch, Biologie, Erdkunde) bis 1972. Danach freiberuflicher Pressefotograf, schrieb für Zeitungen und 6 Jahre die Nonsens-Texte für die Nachtsendungen (Satiren) „Funkillustrierte" des Saarländischen Rundfunks. - U.S. zeichnet Cartoons, schwarzen Humor, Nonsens-Satire, kritische Reportagen, Werbung, Postkarten, Themen-Kolumnen: „Die verrückte Seite sieben" (*freundin*, seit 1977, alle 14 Tage).
Veröffentlichungen in *freundin, Neue Revue, stern, Kalender-Posters, Hannoversche Presse, Bunte, Playboy, Hörzu* (ständig Seite 3, seit 1975 „Hörbert"-Figur).
Publ.: *Ach, du dicker Hund* (1984); *Hörbert* (1985); *Leicht behämmert; Wenn die Katze mit den Mäusen; O Mann!; Vorsicht, Steinschlag; Ich hab sie, Mama ... aber sie stellt sich quer*
Lit.: *Das große Buch des Lachens* (1987), S. 371; Presse: u.a.: *Hannoversche Presse* (mehrfach); *Hörzu* (38/1975); *freundin* (13/1979, 23/1982, 7/1983)

**Stein**, Wolfgang
\* 1955 Sauerland

Graphiker, Karikaturist, Collagist, Ideenfinder/Signum: „WoS" (u.a.)
Studium der Graphischen Künste ab 1974. Veröffentlichungen in (ab 1979) *pardon, Playboy, Titanic, Konkret, Simplicissimus 80* (11, 13), verschiedenen Stadtmagazinen und Kalendern. W.S. zeichnet satirische Cartoons - ohne Worte.
Publ.: *Da haben wir den Salat* (1981); *Wie ich Uwe Seeler erschoß* (1984); Co-Autor von *Hot Dogs*; *Schnell im Biss*; *Ekel* (1985)
Lit.: *Wenn Männer ihre Tage haben* (1987); *70 mal die volle Wahrheit* (1987); *Alles Banane* (1990), S. 22, 93; Pressebesprechung: *stern* 4, 1991

**Steinberg**, Saul
\* 15.06.1914 Ramnicv Sarat, bei Bukarest

Rumänisch-amerikanischer Karikaturist von Weltrang
Studium der Psychologie, Soziologie, Literatur, Philosophie (Budapest) und der Architektur (Mailand). Seit 1932 in Mailand, seit 1936 Cartoonist. Seit 1941 lebt S.S. in den USA, seit 1942 amerikanischer Staatsbürger. Entwürfe für Wandbilder, Bühnenbilder, Collagen. Mitarbeit u.a. bei: *The New Yorker* (ab 1941), *Vogue, Life, Harpers Bazaar* und *The Architectural Forum*. Veröffentlichungen in Deutschland u.a. in: *Heute, Blick, Constanze, Die Zeit*. - S.s Strich ist die reine Linie, oft Formenspiel, auch kalligraphisch, gemischt mit surrealistischen und abstrakten Elementen. S.s Kunst der Vereinfachung war für viele Nachfolge-Karikaturisten Vorbild. S.S. war Mitglied der National Academy of Arts and Letters.
Ausst.: New York, London, Sao Paulo, Amsterdam, Paris, Basel, Zürich, Berlin, Washington, Wilh.-Busch-Museum, Hannover (1975), Stuck-Villa, München
Publ.: (u.a.) *All in Line* (1943); *The Art of Living* (1945); *Umgang mit Menschen* (1954); *Passeport* (1954); *Das Labyrinth* (1958); *Le masque* (1966)
Lit.: (Auswahl) *Who's Who in Graphic Art* (I), S. 532; *Lexikon des Surrealismus*; F. Wiggkamp: *S.S.* (1971); Ausst.-Kat.: *S.S.* Stockholm (Mod. Museum 1968); *Zeitgenossen karikieren Zeitgenossen*, Kunsthalle Recklinghausen (1972); *Karikaturen-Karikaturen?* Kunsthaus Zürich (1972); Presse: *Graphics* (Nr. 25/1949, Nr. 53/1954; Nr. 67/1956); *Der Spiegel* (21.1.1953, Nr. 3/1962, Nr. 18/1966, Nr. 9/1969); *Die Zeit, Süddeutsche Zeitung* u.a.; Fernsehen: ARD (24.2.1969) „Das Maskenhafte an Saul Steinberg" - III. Programm (3.9.1973) „P.St. Porträt des Karikaturisten"; *Das große Lexikon der Graphik* (Westermann, 1984) S. 402

**Steiner-Prag**, Hugo
\* 12.12.1880 Prag
† 10.09.1945

Zeichner, Graphiker, Buchkünstler, Professor der Akademie für graphische Künste und Buchgewerbe Leipzig
Studium an der Akademie Prag (auf Anraten von Emil Orlik) bei Wenzel Brozik und Adalbert v. Hynais (1887). H.S. nahm nach Verlassen der Akademie den Namen Steiner-Prag an. 1903-05 Lehrer für Graphik und Illustration an den „Versuchswerkstätten für freie und angewandte Kunst" in München. In dieser Zeit war H.S.P. freier Mitarbeiter für die *Lustigen Blätter* und für die *Berliner Illustrirte Zeitung* sowie Illustrator für *Gerlachs Jugendbücherei* in Wien. Die in dieser Zeit entstandenen Pressezeichnungen sind nur zum Teil Karikaturen, kommen aber durch die Pressemitarbeit und Themenauswahl als Medium der Gestaltung zur beabsichtigten Wirkung. H.S.-P.s Zeichnungen sind von künstlerischer und zeichnerischer Präzision und treffen sicher die gegebenen Themen. Ab 1907 war H.S.-P. vor allem als Lehrer und Organisator tätig.
Lit.: (Auswahl) *Zeichner der Zeit*, S. 42, 45, 47; *H.S.-P. zum fünfzigsten Geburtstag* (Festschrift hrsg. von Julius Rodenberg, 1930); Ausst.-Kat.: *H.S.-P. - der Golem* (Städt. Galerie Peschkenhaus, Moers 1982)

**Steinert**, Willi
* 1886
Maler, Zeichner
Mitarbeiter bei *Der wahre Jacob* (seit 1912), *Ulk* u.a. sozialdemokratischen bzw. kommunistischen Zeitungen und Zeitschriften. W.S. zeichnet vorwiegend politische Karikaturen mit radikaler sozialdemokratischer Tendenz. Berufsverbot im Dritten Reich (wie W. Krain, K. Holtz).
Lit.: G. Piltz: *Geschichte der europäischen Karikatur* (1976), S. 271f; *Der wahre Jacob – ein halbes Jahrhundert in Faksimiles* (1977) Ganzseiten u.a.

**Steinfurth**, Ulrich → **Stein**, Uli (Ps.)

**Steinig**, Michael
* 1960 Hannoversch-München
Karikaturist, Comiczeichner
Graphikerlehre. Entwürfe von T-Shirt-Motiven, humoristische Postkarten. Mitarbeit an der Comic-Anthologie *Strichkunst* (1989). Verfasser der Comic-Serie: *Die himmlische Honey*. Neuerdings zeichnet M.S. an einem Comic-strip über den Moderator der Talkshow „Dall-AS" – Karl Dall: „Karl-Aua!" (Quick)
Lit.: Presse: *Braunschweiger Zeitung* (v. 2.11.1989, 6.8.1990); *stern* (38/1990)

**Steinle**, Edward Ritter von
* 02.08.1810 Wien
† 18.09.1866 Frankfurt/M.
Religiöser Maler, Zeichner, seit 1850 Professor am Städelschen Institut Frankfurt/M.
Durch Overbeck in Rom im Kreis der Nazarener. Als Zeichner und Aquarellmaler bevorzugt E.R.v.S. liebenswürdige Szenen, in oft humorvoller Beweglichkeit, sowie Märchenszenen, außerdem zeichnet er Illustrationen zu Shakespeare-Komödien, politische Karikaturen.
Lit.: *Briefwechsel mit seinen Freunden*, hrsg. von seinem Sohn Alfons (2 Bde. 1897); *E.v.S. – des Meisters Gesamtwerk in Abbildungen*, hrsg. von seinem Sohn A.M. (1910); J. Kreitmeier: *E.v.S. Kunst dem Volke*; G. Hermann: *Die deutsche Karikatur im 19. Jahrhundert*, S. 55, Abb. 55; E. Roth: *100 Jahre Humor in der deutschen Kunst*

**Steinlen**, Théophile Alexander
* 10.11.1859 Lausanne
† 15.12.1923 Paris
Schweizerisch-französischer Maler, Zeichner (naturalisiert 1901)
Studium an der Kunstschule Lausanne. Seit 1882 in Paris, Zeichner für Pariser Zeitungen und Zeitschriften, von Liedern und Plakaten sowie Katzen-Geschichten. Decknamen: Petit Pierre, Jean Caillou. T.A.S. zeichnete vor allem sozialkritische Themen als die Kehrseite der Belle Epoque in Frankreich. Deshalb seine demaskierende Zeit- und Gesellschaftskritik. T.A.S. war Mitarbeiter der französischen Zeitschriften *Le Mirliton, La Revue illustré, Le Croquis, Le Chat Noir, La Gazette des Chasseurs, Gil Blas, L'Assiette au beurre, Le Rire*. – 1894 lernte Albert Langen T.A.S. als Spitzenzeichner des *G. Blas* in Paris kennen. Langen gründete 1896, nach dem Vorbild des *Gil Blas* den *Simplicissimus* in München und forderte T.A.S. zur Mitarbeit auf. Daraus wurde eine gelegentliche Mitarbeit. Ebenfalls 1896 gründete Georg Hirth in München *Die Jugend*. Er veröffentlichte schon in der ersten Nummer T.A.S. und andere französische Zeichner.
Lit.: (Auswahl) E. de Crauzat: *L'oeuvre gravé et Lithographie de Steinlen* (1913); H. Gute: *A.T.S. Vermächtnis* (1954); E. Fuchs: *Die Karikatur der europäischen Völker* II, S. 351, 358, 408, 420, 424, 426, 449, 479, Abb. 451, 453, B 368, 376; G. Piltz: *Geschichte der europäischen Karikatur*, S. 172, 197f, 183, 249; L. Hollweck: *Karikaturen*, S. 131, 138, 167, 168; Ausst.-Kat.: *Simplicissimus, satirische Zeitschrift München 1896-1944* (1977); *Steinlen* (1978); *Das große Lexikon der Graphik* (Westermann, 1984) S. 403

**Steinmeier**, Uwe
* 1958
Diplom-Designer/Comic-Zeichner
Veröffentlichungen in verschiedenen Stadtmagazinen und in *Comix für Dowe*. U.S. zeichnet groteske Comics.
Lit.: *Comix für Dowe* (1988)

**Stenbock-Fermor**, Nils Graf
* 1908 Baltikum
Pressezeichner, Karikaturist, Signum: „STEN"
STEN floh nach der russischen Revolution mit den Eltern nach Deutschland, war hier zunächst Handlungsgehilfe in Hamburg, lernte zeichnen in Abendkursen, sonst Autodidakt. Ein Verwandter holte ihn nach Berlin. Mitarbeit bei *Lustige Blätter, Film-Revue, Völkischer Beobachter, Frankfurter Illustrierte, Ulk, Filmpost* und *Elegante Welt*. Mit Vorliebe zeichnete STEN Schauspieler. Seine humoristisch-satirischen Karikaturen sind in der Konzeption eigenartig. Er zeichnet nicht üblichen Humor, sondern „seelische Zustände", ähnlich wie Charles Girod. Den Eingangsflur zum „Kabarett der Komiker" hatte STEN (1939) für Willie Schaefers mit Karikaturen aus der Welt des Kabaretts ausgemalt. – STEN wohnte in Berlin-Nikolassee.
Ausst.: „Die Pressezeichnung im Kriege", Haus der Kunst Berlin (1941: Kat. Nr. 289 „Selbstbildnis", Kat. Nr. 290 „Kameraden vom L.W.B.B.")

**Stenmanns**, Heinz
* 10.03.1915 Hinsbeck/Niederrhein

Hauptberuf: Konstrukteur in einem Forschungsinstitut, nebenberuflich als Autodidakt: Maler, Karikaturist. H.S.zeichnet Gesellschafts- und Zeitsatire. Als Maler bevorzugt er naturalistische Aquarelle, Ölbilder, Radierungen, Federzeichnungen, Collagen
Lit.: Presse: *Niederrheinische Blätter* (Nov. 1983)

**Stenzel**, Hans-Joachim
\* 15.10.1923 Louisville/Kentucky USA

Pressezeichner, Berliner Karikaturist, Signum: „zel"
Während eines Aufenthaltes der Eltern in den USA geboren. 1925 zurück nach Berlin. Volontär. Bühnenmaler an der Oper Berlin. Ausbildung als Trickfilmzeichner, ab 1942 Soldat, seit 1948 freiberuflicher Karikaturist für die Presse. Erste Veröffentlichungen u.a. in *Junge Welt* (Ost-Berlin), ferner in *Radio Revue, Brummbär (Berliner Morgenpost)*. – H.-J. Steinzel zeichnet politische, aktuelle, humoristische Karikaturen zum Tagesgeschehen, sowie Werbekarikaturen in Strichmännchen Manier mit kessem Berliner Witz. Zahlreiche Veröffentlichungen und Nachdrucke in der bundesdeutschen Presse. Zeichentrickfilm „Berlin im Volksmund" (Berlinale 1963). – Karikaturen als Wandschmuck für die Schröder-Gruppe.
Einzel-Ausst.: Mercedes Zweigstelle, Kurfürstendamm (Dez. 75-Jan. 1976), Kollektiv-Ausst./Ausz.: Bordighera (1978) „Silberne Dattel" (1982) „Goldene Palme", 1981 Bundesverdienstkreuz
Publ.: (bis 1982 11 Cartoonbücher) u.a.: *Scherz mit Schnauze; Räuber und Gendarm; Entspricht nicht dem Ernst der Lage; 28 Liebesspiele aus Europa, Asien und Tirol; Von Witzen mit Spitzen; Sex und sechzig; Männchen im Hotel; Erlebnisse eines Drückebergers* (Roman, 1963)
Lit.: Zahlreiche Presse-Besprechungen in der Berliner Presse

**Stepan**, Bohumil
\* April 1913 Burg Krivoklát (Österreich)
† 01.03.1985 München

Tschechoslowakischer Collagen-Künstler, Satiriker
Studium an der Akademie der bildenden Künste Prag. Gelernter Elektriker. Seit 1969 lebte B.S. in München, 1974 eröffnete er sein „Verrücktes Cabinett" als Dauer-Ausstellung und für den Verkauf seiner skurrilen Collagen und Objekte (abstrakt-groteske Cartoon-Collagen, schwarzer Humor, Objekte der Gebrauchsgraphik. – Filme: „Zeny a Koláze" (CSSR), „SOS" und „Ordnung" (Bundesrepublik".
Veröffentlichungen: (in der CSSR) u.a. in *Hjälp*, (in der Bundesrepublik) u.a. in *Die Zeit, Konkret, pardon, Playboy, Transatlantik, Süddeutsche Zeitung, Der Spiegel*, und in internationalen Zeitschriften.
Ausst.: CSSR, Kanada, Italien, Schweiz, Österreich, Bundesrepublik
Ausz.: CSSR, Kanada, Italien, Berlin-West

Publ.: *Bohumil Stepan-Galerie; B.S. verrückte Galerie; B.S.s höchst nützliche und dankenswerte Erfindungen; Olympisches; Arrangements; Eisenbahnhumor*
Lit.: *Die Entdeckung Berlins* (1984); Presse: *Der Abend* (9.11.1964); *Der Spiegel* (Nr. 22/1969); *pardon* (Nov. 1975); *Schöne Welt* (Sept. 1976)

**Stern**, Ernst
\* 01.04.1876 Bukarest
† 28.08.1954 London

Maler, Bühnenbildner, Zeichner, Karikaturist
Studium an der Akademie München, bei N. Gysis, F.v. Stuck. E.S. zeichnete ab 1899 für die *Jugend*, ab 1905 für die *Lustigen Blätter*, für *Ulk* und *Auster*. Es waren humoristische, satirische, aktuelle und politische Karikaturen (z.B. in *Auster* 3/1904 die Satire: „Lenbach als Photograph"). In Berlin war E.S. Ausstellungschef bei Max Reinhardt (1905-21). Außerdem hat er Bühnenbilder und Dekorationen für Revuen, Dramen und Opern entworfen (jeweils der Regie angepaßt, sonst meist expressionistisch). E.S. war Mitglied der Münchener Sezession, ab 1906 Mitglied der Berliner Sezession und ab 1914 Mitglied der Freien Sezession. Zahlreiche Ausstellungen in den zwanziger Jahren. Nach dem Weggang von Reinhardt, Ausstattungschef bei dem Filmregisseur Ernst Lubitsch (ab 1921). 1934 emigrierte E.S. nach London, danach nach Hollywood und war tätig für die großen Revuen von Eric Charell.
Publ.: Album *Café Größenwahn – Carneval 1902* (1902, 1980); *My life – my stages* (1951); Dt. Auszug: *Bühnenbilder bei Max Reinhardt* (1955)
Lit.: L. Hollweck: *Karikaturen*, S. 11, 116, 147, 159, 207, 214, 216; G. Piltz: *Geschichte der europäischen Karikatur*, S. 222

**Stern**, Ralph
US-Comic-Zeichner → **Segar**, Elzie Chrisler

**Stern**, Rudi
\* 02.09.1911 Remscheid
† 21.03.1986 Berlin-West

Graphiker, Karikaturist
Studium an der Kunstgewerbeschule. Lehre als Reklamemaler. – KZ-Aufenthalt, 12 Jahre Berufsverbot. Anonyme Tätigkeit als Bühnenmaler und Filmzeichner. Ab 1945: Pressezeichner und politischer Karikaturist, u.a. für *Telegraf, Puck* und *Telegraf-Illustrierte*. R.S. zeichnet aktuelle, politische-satirische Karikaturen sowie die Comic-Folgen: *Shanti*. – Veröffentlichungen in: *Journal de Tehzan* (Mexiko) und *New York Times* (USA). – 1956 Dozent an der Schule für Pressezeichner. 1965-1976 Dozent, dann Professor an der Staatlichen Akademie für Graphik, Druck und Werbung.

Ausst.: Berlin-West, Straßburg, Hamburg, Amsterdam, Wolfsburg, Lippstadt, Iserlohn
Lit.: *Wolkenkalender* (1956); Ausst.-Kat.: *Turnen in der Karikatur* (1968)

**Sterry**, Carl
* 29.03.1861 Neu Haidau
Maler, Graphiker, tätig in Berlin
Studium an der Akademie Berlin. C.S.s Arbeiten sind Glückwunsch-Adressen, Festkarten, Exlibris, Jagdbilder, Architektur.
Lit.: Verband deutscher Illustratoren: *Schwarz-Weiß*, S. 143

**Steub**, Friedrich
* 1844 Lindau
† 05.08.1903 Partenkirchen
Ingenieur, Maler, Zeichner
Studium am Polytechnikum Karlsruhe (Maschinenbau 2 Jahre) und an der Akademie München, bei J.L. Raab. F.S. zeichnete ab 1864 humoristische Blätter für die *Fliegenden Blätter* und für die *Münchener Bilderbogen* (73 Blätter). Seine Lieblingsthemen und Typen nahm er aus dem bayrischen Volk: einfache Leute, Jäger, Holzfäller, Kutscher und deftige Wirtshaus- und Prügelszenen. F.S. illustrierte die lustigen Bücher von Franz Bonn (Ps. von Miris) *Leben und Taten des Herkules*. F.S. war der Schwiegersohn von Kaspar Braun, dem Verleger der *Fliegenden Blätter*.
Lit.: G. Hermann: *Die deutsche Karikatur im 19. Jahrhundert*, S. 31; G. Piltz: *Geschichte der europäischen Karikatur*, S. 207f; L. Hollweck: *Karikaturen*, S. 23, 105

**Stich**, Wenzel (Ps.)
* 17.04.1908 Berlin
† 27.10.1982 Berlin
Bürgerl. Name: Herwart Grosse
Schauspieler, zeichnete nebenher Karikaturen zum Tagesgeschehen in der Nachkriegszeit in Berlin.
Lit.: *Bärenspiegel* (1984), S. 210

**Stieger**, Heinz
* 10.11.1917 St. Gallen
Abenteuerliches Leben bis 1947. Dann Studium an der Kunstgewerbeschule St. Gallen (1947-49). Seit 1950 selbständiger Graphiker. Stipendium des Departements des Innern. Mitarbeit beim *Nebelspalter* seit Sommer 1972. – Zum Teil malt er Gouachen: „Der rote Teppich", „Feinschmecker", „Vampir", „Ski-ABC", „Schlafwandler", „Der getarnte Liebhaber", „Switzerland Holiday", „Curling", „Unten und oben", Der Geschichtsschreiber".
Kollektiv-Ausst.: „Darüber lachen die Schweizer" (99 Jahre Nebelspalter) 1973

Lit.: Ausst.-Kat.: *Darüber lachen die Schweizer* (1973), Wilh.-Busch-Museum, Hannover

**Stig Höök** (Ps.) → **Blix**, Ragnvald

**Stockmann**, Fritz Horst
* 10.02.1921 Bautzen
Karikaturist, Graphiker, Signum: „Sto", „Jean Vallot"
F.H.S. hat ein Atelier in Ehmen bei Wolfsburg. – War Kriegszeichner bei der Luftwaffe. 5 Jahre Kriegsgefangenschaft im Osten. – Freiberuflich tätig für *Hannoversche Allgemeine Zeitung, Deutsche Sex-Illustrierte* (rund 200 Zeitungen und Zeitschriften). F.H.S.zeichnet humoristische Karikaturen und Werbegraphik (auch als Drucke auf Vallot-Taschentücher verwendet).
Kollektiv-Ausst.: Montreal, Knokke, Sarajewo
Publ.: Unter dem Pseudonym „Jean Vallot": *Wer's glaubt, wird selig* (Ulk-Taschenbuch 1979)
Lit.: Presse: *Schöne Welt* (Nov. 1971); *Deutsche Sex-Illustrierte* (Juli 1976)

**Stockmann**, Hermann
* 28.04.1867 Passau
† 25.12.1938 Dachau
Maler, Zeichner (kam mit 14 Jahren nach München)
Studium an der Akademie München, bei Heckl und Heinrich Diez. Seit 1888 Professor. – Mitarbeiter von *Radfahr-Humor* und ab 1889 für die *Fliegenden Blätter* (30 Jahre lang). H.S. zeichnete idyllisches Kleinstadtleben, gemüt- und humorvoll (Genremalerei), Gegenüberstellung von Typen einst und jetzt, er verharmloste und verniedlichte die „heile Welt". H.S. illustrierte die *Kulturbilder aus Alt-München* von Karl Trautmann. – H.S. lebte ab 1898 in Dachau und malte Landschaften im Stil der „Dachauerschule".
Publ.: *Kleinstadtgeschichten* (seine beiden Zeichnungen aus den *Fliegenden Blättern*)
Lit.: L. Hollweck: *Karikaturen*, S. 105, 106; L.J. Reitmeier: *Dachau – der berühmte Malerort*; Ausst.-Kat.: *Zeichner der Fliegenden Blätter – Aquarelle, Zeichnungen* (Karl & Faber, München 1985)

**Storch**, Carl
* 07.03.1868 Budapest
† 1955 Salzburg
Österreichisch-ungarischer Maler, Zeichner
Mitarbeiter der *Fliegenden Blätter* (ab 1903) und der Kinderzeitschrift *Hans Kunterbunt*. C.S. zeichnete humoristische Bilder und Bildgeschichten für die Presse und illustrierte viele Märchen-und Bilderbücher für Kinder.
Lit.: Ausst.-Kat.: *Typisch deutsch* (S. 34); *Zeichner der Fliegenden Blätter – Aquarelle, Zeichnungen* (Karl & Faber, München 1985)

**Stordel**, Kurt
* um 1909

Graphiker, Karikaturist, Zeichentrickfilm-Zeichner
Animator für Zeichentrickfilme bei der UFA. Dozent an der Filmakademie Babelsberg bis 1940, desgleichen nach 1945 in der Bundesrepublik. Mitarbeit an Zeitungen und Zeitschriften, u.a. *Hörzu*. K.S. zeichnete humoristische Karikaturen und lustige Trickfilm-Phasen mit z.T. pädagogischem Charakter für das Fernsehen.

**Storm-Petersen**, Robert
* 12.09.1882 Valby, bei Kopenhagen
† 1949 Frederiksberg

Schauspieler, Kabarettist, Karikaturist (Autodidakt), Signum: „RSP", später nur Storm-P. oder Storm (Name seiner Mutter: Storm, Name seines Vaters: Petersen) R.S.-P. erlernte das Fleischerhandwerk beim Vater (bis 1903). Anregungen für seine Kunst erhielt R.S.-P. bei den dänischen Künstlern Jens Lund (1871-1924), Johannes Holbeck (1872-1903) und besonders von dem schwedischen Zeichner Ivar Arosenius (1878-1908). Ab 1902 zeichnete er für die Kopenhagener Presse: *Jakel* (Hanswurst), redigierte eine Zeitlang das Witzblatt *Storm, Ekstrabladet, Berlinske Tidende* (täglich eine Serie *Peter und Ping*). R.S.-P. zeichnete die Unzulänglichkeiten des Alltags, die Wirklichkeiten des Großstadtproletariats, die Armen und Landstreicher, die Gegensätze von arm und reich, sozialkritisch. Was ihn am meisten bekannt machte, waren seine urkomisch-humoristischen, grotesken Zeichnungen aus der Welt der Kleinbürger, zu den Fragwürdigkeiten des Lebens. Seine menschliche Komik hatte ihren Ursprung aus echtem Mitgefühl an seinen Typen, die er Weisheiten aussprechen ließ in der Art der Clowns. R.S.-P. zeichnete auch für schwedische, norwegische und deutsche Zeitungen und Zeitschriften, wie *Simplicissimus, Lustige Blätter, Koralle* (Comicstrip: *Drei kleine Männer*), *Die Woche, Deutsche Illustrierte* u.a. Ab 1913 veröffentlichte er humoristische Bücher und Alben, illustrierte Kinderbücher. R.S.-P. war ab 1903 Schauspieler und bis zu seinem Tod mit dem Theater verbunden, u.a. mit dem Dagmar-Theater (1923), Kgl. Theater Kopenhagen (ab 1930, meist in komischen Rollen), stand 16 Jahre auf Kabarett- und Varieté-Bühnen (führte verrückte „Erfindungen" vor und erzählte dabei komische Geschichten, um den Verdrießlichkeiten des Alltags begegnen zu können). Er spielte in den zwanziger Jahren in Stumm- und Sprechfilmen mit und zeichnete den ersten dänischen Zeichenfilm. Nachlaß ca. 60.000 Karikaturen. – Gedenkmarken der dänischen Post zum 100. Geburtstag 1983.
Ausst.: Gedächtnis-Ausst. (1949) in Kopenhagen, Stockholm, Oslo, Bergen, Wilh.-Busch-Museum (1975 und als Wanderausstellung)

Publ.: (dt.) *Sonderbare Zeiten; Komische Welt; Drei kleine Männer*
Lit.: H. Ostwald: *Vom goldenen Humor; Der freche Zeichenstift* (hrsg. v. H. Sandberg); Ausst.-Kat.: *R.S.-P.*, Wilh.-Busch-Museum (1975)

**Strahl**, Michael
* 1959 Berlin/West

Cartoonist
Studium: Hochschule der Künste, Berlin/West
Veröffentlichungen in *Zitty, Plärrer, Osnabrücker Stadtblatt*.
Publ.: *Paul, die Ratte* (1986), *Paul, die Ratte dreht auf* (1987), *Wenn Handkuß, dann richtig* (1988), Mitarbeit an der Cartoon-Anthologie *Alles Banane* (1990)
Lit.: *Alles Banane* (1990), S. 41, 53, 94

**Straschirpka**, Johann von → **Canon**, Hans (Ps.)

**Strathmann**, Karl
* 11.09.1866 Düsseldorf
† 1949

Maler, Zeichner, Graphiker
Studium an der Akademie Düsseldorf, bei Lauenstein, Crola (von letzterem als talentlos entlassen) und der Akademie Weimar, bei Graf Kalkreuth (als Kalkreuth nach München ging, folgte ihm K.S.). K.S. fing mit „Gigerlkarikaturen" an. Als Graphiker war er Jugendstil-Künstler, mit Sinn für Ornamentales, Dekoratives, Stilisiertes und Symbolisiertes (Buchschmuck und Tapeten-Entwürfe). Die Gemäldekompositionen des Malers K.S. stellen das Bild nicht als Szene, sondern als schmückendes Objekt dar – eine Art Graphik im Bild (was für den Münchener und Wiener Jugendstil charakteristisch wurde).
Publ.: *Fin de Siècle* (Satire mit einer „Fülle breughelhafter Komik, auf Typen der Jahrhundertwende übertragen")
Lit.: H. Ostwald: *Vom goldenen Humor in Wort und Bild*, S. 545; H.H. Hofstätter: *Jugendstilmalerei* (1969), S. 187, 190, 219, 220, 225; *München 1900*, S. 116

**Strecker**, Paul
* 1900
† 1950

Maler, Zeichner
Gelegentlicher Mitarbeiter beim *Ulenspiegel*
Lit.: *Ulenspiegel 1945-50*, S. 91

**Streich**, Friedrich
* 1934 Zürich

Schweizerisch-deutscher Graphiker, Trickfilmzeichner, Signum: „Stre"

F.S. zeichnete seit früher Jugend Karikaturen. Regie- und Dramaturgie-Studium in München (4 Semester), dabei Regie-Assistent bei Theater und Fernsehen. Mitarbeiter der deutschen Presse und des Fernsehens. Tätig in München. Zeichner der Kinderfilm-Erfolgsserie: „Die Sendung mit der Maus" (Sach- und Lachgeschichten). Beginn der Sendung 1971 im WDR, seit 1973 Ko-Produktion mit den Sendern Frankfurt, Stuttgart, Bremen, Baden-Baden. Die Sendung ging am 28. Oktober 1984 zum 500. Male über den Bildschirm (ARD) - Zweitsendung in 32 Ländern. Ab 1971 agierte die Maus selbsttätig, 1975 mit Elefanten, zuletzt mit einer Ente.
Ausz.: Bambipreisträger von 1973
Publ.: *Herz auf grüner Welle*
Lit.: *Heiterkeit braucht keine Worte*; Presse (Auswahl): *Fernsehwoche* (41/1977, 42/1977, 7/1981); *Neue Revue* (44/1984); *Prisma* (32/1985); *Frau im Spiegel* (33/1985); *Hörzu* (50/1986)

**Strempel**, Horst
* 16.06.1904 Beuthen/Oberschlesien
† 04.05.1975 Berlin/West
Maler, Zeichner, Karikaturist
Studium an der Akademie Breslau, bei Oskar Moll, Otto Müller (1921-27) und der Akademie Berlin, bei Karl Hofer. - 2 Jahre Paris-Aufenthalt. 1931 wieder in Berlin. Anschluß an den Bund Revolutionärer Bildender Künstler Deutschland. Beteiligung an deren fünfter Ausstellung „Künstler im Klassenkampf" (Mai 1932) mit dem Ölbild-Zyklus „Fürsorge" (vorher 1931 auf der Ausstellung „Frauen in Not"). 1933 Emigration nach Paris, Kontakte zum „Freien Künstlerbund". Anti-NS-Propaganda, politisch-satirische Zeichnungen in *Ce Soir* (redigiert von Louis Aragon), 1939 Verhaftung, Auslieferung an Deutschland durch die Vichy-Regierung, Gestapo-Gefängnis Berlin, Militärdienst in Strafkompanie in Jugoslawien, englische Kriegsgefangenschaft, Rückkehr nach Berlin, Ruf an die Hochschule für bildende und angewandte Kunst, Berlin-Weißensee (1947). 1948 Wandbild-Auftrag für die Schalterhalle Bahnhof Friedrichstraße. Aufgrund dieses Bildes wurde eine Diskussion über Kunst und Menschen entfacht, in deren Folge H.S. 1953 nach Berlin-West übersiedelte. Ausstellungen 1959 und 1977 Haus am Lützowplatz, Berlin-West.
Lit.: G. Piltz: *Geschichte der europäischen Karikatur* (1976), S. 281; H. Müller: *H.S.* in *Bildende Kunst* 5/1947; Ausst.-Kat.: *H.S.* 1959, 1977; *Widerstand statt Anpassung* (1980), S. 276

**Strimpl**, Ludwig
* 1880
† 1937
Maler, Zeichner

Mitarbeiter der *Lustigen Blätter*, schuf humoristische Zeichnungen mit erotischen Sujets.
Lit.: G. Piltz: *Geschichte der europäischen Karikatur*, S. 223

**Strobel**, Harald
* 1957
Karikaturist/Zeichner/Gräfenroda
Kollektiv-Ausst.: „Satiricum '80" (1. Biennale der Karikatur in der DDR, Greiz, 1980: „Der Knalleffekt")
Lit.: Ausst.-Kat.: *Satiricum '80*, S. 26

**Strobel**, Wolf
* 11.03.1911 im Vogtland
† 05.04.1965 Braunschweig
Pressezeichner, Karikaturist, Signum: „WOS"
Ausbildung in Leipzig. - Veröffentlichungen u.a. in *Hannoversche Presse, Braunschweiger Zeitung, Neue Berliner Illustrierte, Mannheimer Morgen, Gute Laune* und in der Tagespresse. WOS zeichnete humoristische und politisch-aktuelle Karikaturen sowie Comic-Elefantengeschichten voller Einfälle mit unverkennbarem Strich. Seit Mai 1938 in Braunschweig. Beteiligung an zwei internationalen Karikaturen-Ausstellungen.
Publ.: *Bimbo* (Elefanten-Comics, drei Bände)
Lit.: Ausst.-Kat.: *Die deutsche Pressezeichnung 1951* (1951), S. 151; Presse: *der journalist* (Nr. 5/1965; Nachruf)

**Strobl**, Tomy
Zeichner bei dem Trickfilmproduzenten Walt Disney (s. dort)

**Stroppe**, Wolfgang
* 24.04.1934 Berlin
Pressezeichner, Karikaturist
Veröffentlichungen u.a. in *Bild Berlin, Berliner Morgenpost, Die Welt, Welt am Sonntag* sowie Sportglossen in „ARD" und „ZDF". W.S. zeichnet Sportkarikaturen, Kartographik, Gebrauchsgraphik, Sportglosen, Werbung.
Kollektiv-Ausst.: „Sport-Karikaturen des Jahres in Deutschland" (1966) 1. Preis, Deutsches Turnfest Berlin/West (1968), Kommunale Galerie Berlin-Wilmersdorf (1978)
Lit.: Ausst.-Kat.: *Turnen in der Karikatur* (1968), S. 68; *Berliner Karikaturisten* (1978)

**Strupp**, Günther
* 1912 Johannisburg/Ostpreußen
Maler, Graphiker, Karikaturist in Augsburg
Glasmalerlehre (eineinhalb Jahre). Studium an der Folkwang-Schule in Essen ab 1930, bei Karl Rössing (Graphik), Karl Krieta (Malerei), Hein Heckrotz (Bühnen-

bild), 1931 in Köln, bei Ahlers-Hestermann, 1932/33 an der Akademie Berlin, bei Karl Hofer. G.S. engagierte sich politisch, malt u.a. „Demonstration" (1932). 1933 verhaftet, KZ Kemna, nach Entlassung in Paris. Bilder: „Der neue Cäsar", „Landsknechte" (1936), nach Deutschland abgeschoben, tätig als Glasmaler in Osnabrück, wird 1939 zum Bauzeichner umgeschult, 1944/45 Gestapohaft Zuchthaus Stadelheim, Befreiung durch Alliierte. Übersiedlung nach Augsburg. – Ab 1945: Bühnenbilder für „Schaubude", Kammerspiele München, Filmarchitektur für (H. Käutner) „Der Apfel ist ab", „Das Glas Wasser", Buchillustrationen, Wandbilder, Mosaiken, Glasfenster, Pressezeichnungen. Karikaturen für *Ulenspiegel, Magazin, Kultur, Simplicissimus*. G.S. zeichnet humoristisch-satirische Sujets, bizarre, komische, kuriose Einfälle, reizvoll, verspielt, politisch antinazistisch, zeit- und gesellschaftskritische Zeichnungen, Bilder (z.B. „Die Nana von Frankfurt am Main"/Rosemarie Nitribitt, 1958).
Ausst.: „G.S." (1960)
Ausz.: Förderpreis der Stadt Augsburg (1962)
Lit.: (Auswahl) H. Keisch: *Strupp-Zeug – die kuriose, unheile Bilderwelt des G.S.*; G. Piltz: *Geschichte der europäischen Karikatur* (1976), S. 273, 297..299; Ausst.-Kat.: *G.S. Malerei und Graphik 1930-60* (1960); *Widerstand statt Anpassung* (1980), S. 276; Presse: *Augsburger Zeitung* (5.3.1977); *Archivarion/Karikaturisten Graphik*, Schrift 3/1948, S. 57-59

**Stubenrauch**, Hans
\* 11.04.1875 Nieder-Aschau/Chiemgau
† 1941 Murnau
Maler, Illustrator, Karikaturist, tätig in München
Studium an der Kunstgewerbeschule Nürnberg und an der Akademie München, bei Gysis, Halm und Zügel. Mitarbiet bei *Jugend, Meggendorfer Blätter, Fliegende Blätter*. H.S. zeichnete humorvolle oberbayrische und volksnahe Typen und Karikaturen aus dem Betrieb der Vizinalbahn. Außerdem illustrierte er Romane, modernen und historischen Inhalts.
Lit.: Verband deutscher Illustratoren: *Schwarz-Weiß*, S. 4; L. Hollweck: *Karikaturen*, S. 106; Ausst.-Kat.: *Zeichner der Meggendorfer Blätter – Fliegende Blätter 1889-1944* (Karl & Faber, München 1988)

**Stuck**, Franz von
\* 23.02.1863 Tettenwies/Niederbayern
† 30.08.1928 München
(geadelt 1906, als Ritter von Stuck)
Maler, Zeichner, Bronzeplastiker, Professor an der Akademie München (1889)
Studium an der Kunstgewerbeschule und dem Polytechnikum München (1882-84) sowie der Akademie München, bei Löfftz, W.v. Lindenschmitt (1885-89). Bevor F.v.S. mit seinen allegorischen Gemälden und Aktdarstellungen berühmt wurde, zeichnete er ab 1880 für die *Fliegenden Blätter* humoristische Zeichnungen und Karikaturen und zwischen 1896-99 für die *Jugend* 12 Titelblätter. Außerdem zeichnete er viele Karikaturen für die Kneipzeitung *Allotria* und karikierte seine Künstlerfreunde. Es entstanden auch lustige Bilder für die *Salvatore-Gedenkblätter* als Werbung und für den Verlag Gerlach & Schenk in Wien humorvolle Illustrationen. 1889 begann mit dem Gemälde „Wächter des Paradieses" (Münchener Jahresausstellung im Glaspalast – zweite Goldmedaille) der Aufstieg F.S.s zum bedeutendsten Jugendstilmaler und Malerfürsten. Seine von ihm als Gesamtkunstwerk gestaltete Stuck-Villa ist Museum und Ausstellungsgalerie.
Lit.: (Auswahl) F.H. Meißner: *F.S.* (1899); F.v. Ostini: *Das Gesamtwerk F.v.S.s* (1909); A. Sailer: *F.v.S. – ein Lebensmärchen* (1969); L. Hollweck: *Karikaturen* (1973), S. 83, 116-18, 121, 128, 131, 137, 139, 147, 159, 168, 194, 207; Ausst.-Kat.: *F.v.S.*, Stuck-Villa (1968); *Das große Lexikon der Graphik* (Westermann, 1984) S. 405

**Studer**, Fréderic → **Urs** (Ps.)

**Stumpp**, Emil
\* 17.03.1886 Neckar-Zimmern/Baden
† 05.04.1941 (im Gefängnis Stuhm/Westpreußen)
Maler, Pressezeichner (physiognomischer Porträtist und Chronist der zwanziger Jahre)
Seit 1919 Gymnsasiallehrer am Gymnasium in Königsberg. Studium an den Universitäten Marburg, Berlin, Upsala (Kunsterzieher). Ab 1924 freischaffender Maler, Pressezeichner. Als vorzüglicher Porträtist hat E.S. ca. 1000 Porträtzeichnungen von Politikern, Künstlern, Wissenschaftlern und Sportlehrern gezeichnet. Vorwiegend für den *Dortmunder Generalanzeiger*. 1918/19 stand E.S. als Offizier auf seiten des Arbeiter- und Soldatenrates und geriet dadurch in Gegensatz zu den anderen Offizieren. Am 20.4.1933 veröffentlichte E.S. sein Hitler-Porträt im *Dortmunder Generalanzeiger*. E.S. war Porträtist und kein Karikaturist. Hitler hatte er so gezeichnet, wie er ihn sah. Anders die NS-Führung: Sie sah im Hitler-Porträt eine böswillige Karikatur und „Verhöhnung des Führers". Die Folge war Berufsverbot für E.S. und Ausschluß aus der Pressekammer. Danach lebte E.S. im Ausland, vorwiegend in Schweden. – 1940 kam er nach Deutschland zurück, wurde denunziert wegen Verbindung zu französischen Gefangenen. Urteil: ein Jahr Gefängnis. An den unmenschlichen Haftbedingungen starb er in der Haft. Er hinterließ 1300 Aquarelle (Landschaften, Städtebilder), mehrere hundert Ölbilder, ca. 4000 Lithographien, etwa 20.000 Originalzeichnungen.
Publ.: *E.S. Über meine Köpfe* (1983)
Lit.: T. Stephanowitz: *E.S. – Zu Unrecht vergessen* (Bil-

dende Kunst 2/1965, S. 100-102); Ausst.-Kat.: *Widerstand statt Anpassung* (1980), S. 276

**Stürmer**, Karl
* 1803
† 29.03.1881 Berlin
Maler, Zeichner
Studium an der Akademie Düsseldorf, bei Peter Cornelius. S. kam 1842 nach Berlin und leitete die von Schinkel entworfenen Frescomalereien in der Vorhalle des Alten Museums in Berlin. Nebenher zeichnete er humoristische Lithographien aus dem Berliner Volksleben für den Verlag der Gebrüder Gropius.
Lit.: G. Piltz: *Geschichte der europäischen Karikatur*, S. 156; *Bärenspiegel*, S. 210, 47

**Sturzkopf**, Carl
* 10.05.1896 Berlin
† 11.11.1973 Berlin/DDR
Pressezeichner, Karikaturist, Signum: „C.St."
C.S. entstammt einer Malerfamilie. Studium an den Akademien Königsberg und München. – C.St. begann 1923 als Sportzeichner. Mitarbeit bei den Verlagen Scherl und Ullstein in Berlin, humoristische Zeichnungen erschienen in *Lustige Blätter, Münchener Illustrierte, Die Woche, Ulk, Deutscher Michel, Simplicissimus*. Nach 1933 zeichnete C.St. politisch-satirische Karikaturen im Sinne der NS-Führung. Nach 1945 dann gesellschaftskritische, politische Karikaturen, zuerst für die Presse in der Bundesrepublik, danach für die DDR-Presse, u.a. für *Eulenspiegel* (seit 1959). 1960 Staatsbürgerschaft der DDR. – 1942 Illustrationen zu *Die Jobsiade*.
Ausst.: „Die Pressezeichnung im Kriege" (Haus der Kunst 1941, Nr. 294 „Englische Indolenz")
Lit.: *Der freche Zeichenstift* (1968), S. 141-44; G. Piltz: *Geschichte der europäischen Karikatur* (1976), S. 254; *Bärenspiegel* (1984), S. 210

**Stuttmann**, Klaus
* 1949 Frankfurt
Freiberuflicher Karikaturist, Gebrauchsgraphik/Berlin/West, Signum: KS"
Studium an der Universität Tübingen, der Freien und der Technischen Universität Berlin/West. 1976 Abschlußarbeit: Kaulbachs Illustrationen zu Goethes „Reinecke Fucks" (Magister der Kunstwissenschaft).
Ab 1973 Veröffentlichungen für Hochschulorganisationen, seit 1976 freiberuflich. Arbeit für: *Die Wahrheit* (sozialistische Tageszeitung Berlin/West), Betriebs- und Bezirkszeitungen der SEW, für FDJW, Mieter- und Gewerkschaftszeitungen, für Bürgerinitiativen, Projekt „Lehrlingsrolle". K.S. zeichnet soziale und sozialkritische, politische Karikaturen, Kinderbuch-Illustrationen, politische Plakate, Transparente sowie das Elefanten-Press-Signet.
Kollektiv-Ausst.: „Politische Karikatur in der Bundesrepublik und Berlin/West" (1974)
Publ.: *Raketen, Raketen – Zeichnungen seit dem NATO-Raketenbeschuß*
Lit.: *Wenn Männer ihre Tage haben* (1978); *70 mal die volle Wahrheit* (1978); Ausst.-Kat.: *Politische Karikatur in der Bundesrepublik und Berlin/West* (1974, 1978), S. 70-81

**Stutz**, Ludwig
* 1865
† 1917
Zeichner, Karikaturist
Schüler aus der Malklasse des Pariser Malers Adolphe William Bouguereau (1825-1905). Mitarbeiter beim *Kladderadatsch*. L.S.zeichnet aktuelle, politische, satirische Karikaturen und Plakate. Neben Gustav Brandt prägte L.S. die politische Karikatur des *Kladderadatsch*.
Lit.: E. Fuchs: *Die Karikatur der europäischen Völker* II, S. 338-410, Abb. 358; G. Piltz: *Geschichte der europäischen Karikatur*, S. 219; H. Dollinger: *Lachen streng verboten*, S. 127, 415

**Sucholski**, Sigmund von
* 1875 Weimar
† 1935 München
Architekt, Plakatgraphiker
Studium an der Kunstgewerbeschule München und der Technischen Universität München. Tätig als Architekt bei Dülfer & Fischer, München, und Messel in Berlin. Seit 1906 Plakatgraphiker in München. S.v.S. gestaltete seine Plakatentwürfe z.T. karikaturistisch-satirisch (z.B. das antibolschewistische Plakat aus der Rätezeit) und treffend charakteristisch.
Lit.: Duvigneau: *Plakate*; F. Wendel: *Der Sozialismus in der Karikatur*, S. 121; H. Thieme/F. Becker: *Bildende Künstler*; Ausst.-Kat.: *Die zwanziger Jahre in München*, S. 765

**Surrey**, Detlef
* 1955 Worms
Graphiker, Karikaturist, Comic-Zeichner, seit 1975 in Berlin/West
Studium an der Freien Universität Berlin/West (Politologie) und der Hochschule der Künste Berlin/West (visuelle Kommunikation), 1986 Diplom-Designer. – Seit 1980 Mitherausgeber des Karikaturenkalenders *Kopf-Hoch*. Seine Themen nimmt D.S. aus dem Bereich der Bürgerinitiativen. Seit 1984 erscheint die Comic-Figur „Emil". – Veröffentlichungen u.a. in *Zitty* (ständige Mitarbeit). D.S. entwirft aber auch Titel für Rowohlt und Rotbuch

Verlag, für Elefanten-Press sowie für ein Magazin in Barcelona.
Kollektiv-Ausst.: Internationaler Comic-Salon Erlangen, 1988
Publ.: *Legal, illegal, scheißegal* (1981), *Irrwitz* (1983); *Emil in flagranti* (1987); Co-Mitarbeit bei *Friede, Freude, Eierkuchen*
Lit.: *Wenn Männer ihre Tage haben* (1987); *70 mal die volle Wahrheit* (1987); *3. Internationaler Comic-Salon*, Erlangen (1988 Programm), S. 12

**Süs**, Gustav
* 1823
† 1881
Kinderbuchautor und Illustrator.
Lit.: E. Roth: *100 Jahre Humor in der deutschen Kunst* (1957)

**Susemann**, Heinrich
* 20.11.1904 Tarnopol
† Dez. 1986 Wien
(auch: Sussmann oder Suss Henry)
Österreichischer Graphiker, Karikaturist
1929-33 tätig für den Ullstein-Verlag in Berlin, u.a. für *Querschnitt, Literarische Welt, Neue Linie*. Er zeichnete auch Porträt-Karikaturen. 1933 Emigration nach Paris als Innenarchitekt, Bühnenbildner. Ab 1943 in der französischen Widerstandsbewegung tätig, 1944 verhaftet, KZ Auschwitz, Beschlagnahme eines Teils seiner Bilder, darunter der Zyklus „Niemals vergessen". Nach dem Krieg (1945) in Wien. Verschiedene Ausstellungen, zuletzt im Wiener Künstlerhaus (1984). – H.S. schuf die Entwürfe der Glasfenster in der österreichischen Gedenkstätte des ehemaligen KZ Auschwitz. Kollektiv-Ausst.: „Berliner Pressezeichner", Berlin-Museum 1977.
Lit.: Ausst.-Kat.: *Berliner Pressezeichner* (1977); Presse: *Braunschweiger Zeitung* (v. 15.12.1986)

**Suss**, Henry → Susemann, Heinrich

**Süsser**, Moshe
* 1957 Elat/Israel
Illustrator, Karikaturist/Frankfurt/M.
Veröffentlichung von karikaturistischen Illustrationen, aktuellen, zeitkritischen Cartoons.
Lit.: *Eine feine Gesellschaft – Die Schickeria in der Karikatur* (1988)

**Sussmann** → Susemann, Heinrich

**Swarte**, Joost
* 1947 Holland
Holländischer Comic-Zeichner

J.S.s erster Comic-Band *Modern Art* (1988, mit 6 abgeschlossenen Comic-Strips) wurde gleichzeitig in Holland, Frankreich, England, den USA, Australien und Deutschland veröffentlicht. Seine Stories spielen in der „Art-Deco-Welt" der zwanziger und dreißiger Jahre. Veröffentlichungen: u.a. in der New Yorker Comic-Zeitung *Raw* und *Kitchen Sink*. Im Auftrag der holländischen Post entwarf J.S. einen Satz von vier Briefmarken.
Publ.: *Ultima-Edicion* (6 Einzelblätter – Einband aus Sperrholz) – französische Originalausgabe
Lit.: Presse: *Der Tagesspiegel* (v. 15.7.1990)

**Swierzy**, Waldemar
* 1931 Kattowitz/Schlesien
Zeichner, Karikaturist, Plakatmaler
Studium: Kunstakademie Warschau
Seit 1952 selbständiger Graphiker, Plakatmaler
Ausst.: International in Berlin, Prag, Budapest, Wien, Paris
Ausz.: Filmpreis von Paris
Lit.: *Heiterkeit braucht keine Worte* (1962)

**Sysojew**, Wjatscheslaw
* 1937 UdSSR
Maler, Karikaturist/Moskau
Mitglied der Nonkonformisten-Gruppe. Seine Bilder wurden beschlagnahmt. Mehrmals verhaftet, zuletzt 1983. Begründung: Herstellung und Verbreitung pornographischer Zeichnungen. – Veröffentlichung in der Bundesrepublik in: *Pardon* (April 1977). – Seine Autobiographie wurde 1984 in Frankreich veröffentlicht.
Lit.: Presse: *Pardon* (Mai 1979); *Der Spiegel* (40/1984)

**Szeimies**, Georg
* 1950 Arnsdorf/DDR
Graphiker, Karikaturist/Dubringhausen-Bergisches Land
G.S.s Thema ist: „Horror im Plüschsessel" (Operation, Tod, Selbstmord).
Lit.: Presse: *Quick* (32/1990)

**Szewczuk**, Mirko
* 19.09.1919 Wien
† 31.05.1957 Hamburg
(Vater: Russe, Mutter: Wienerin)
Führender Karikaturist der Nachkriegszeit in der Bundesrepublik
M.S. begann als Autodidakt die Zeichnungen von Olaf Gulbransson zu studieren und besuchte vor 1939 die Akademie in Wien. Er zeichnete in dieser Zeit Karikaturen für die *Wiener Illustrierte* und das *Kleine Blatt*, Signum: „-zuk". Während des Krieges zeichnete er für den Scherl-Verlag in Berlin aktuelle, politische und humoristische

Karikaturen. 1945 wurde Dr. Lorenz Lizenzträger und Mitverleger der *Zeit*. Er verpflichtete M.S. als politischen Zeichner. Zwischen 1946-49 studierte M.S. an der Hamburger Landes-Kunstschule bei Prof. Mahlau, fand seinen eigenen Stil und signierte danach mit „-zew". Ab 1949 wurde M.S. politischer Tages-Karikaturist für die *Welt* (Titelseite 3x pro Woche). – Ab 1954 brachte *Die Welt* Samstags *Das kleine Welttheater* heraus (wöchentliche Satire-Dokumentation). M.S. gestaltete diese Seite sowie „Mirkos Wochenendbildbogen" und wurde zum Spitzenkarikaturisten der *Welt* in den fünfziger Jahren. – Er illustrierte Bücher und entwarf für 12 Bücher die Einbände. – M.S. moderierte alle 4 Wochen im Fernsehen (NWDR) die Sendung „Sind Sie im Bilde?" (ab 1955)

Publ.: *Meine Tochter Ilona* (1950); *Stars und Sterne* (1955); *Kleines Welttheater* (1957); sowie Mitarbeit in 5 Karikaturen-Anthologien zwischen 1955-57

Lit.: Presse: (Nachrufe) *Die Welt* (7.6.1957); *Welt am Sonntag* (22/1957); *Bild-Zeitung* (3.6.1957); *M.S. Einsichten und Aussichten*. Hrsg. von Georg Ramseger (1957)

# T

**Taliaferro**, Al
Zeichner bei dem Trickfilmproduzenten Walt Disney (s. dort)

**Tarnowski**, Paul
\* 1950 Orup/Schweden
schwedisch-dänischer Karikaturist (kam als Kind mit den Eltern nach Dänemark)
Studium: Architektur/Aarhus (1980 graduiert)
Anschließend unter Vertrag für das Syndicat P.I.S.Kopenhagen, welches seine Karikaturen (Humorzeichnungen ohne Worte) vertreibt. Veröffentlichungen in Dänemark in *B.T., Billet Bladet, Familie Journalen, Hjemmet, Se og Hør, Ude og Hjemme* sowie in der schweidschen und norwegischen Presse und Italien; in Deutschland in *Das Neue Blatt, Hörzu, Neue Welt, Funkuhr, Praline, Augsburger Allgemeine, B.Z., Rheinische Post* u.a.; in der Schweiz in *Schweizer Illustrierte, Das gelbe Heft, Glückspost*. Seit 1984 vertikaler Vierbilder-Comic-strip, zuerst in der belgischen Zeitschrift *Femme d'aujourd'hui* erschienen und später in mehreren Ländern gleichzeitig publiziert.
Lit.: H.P. Muster: *Who's who in Satire and Humour* (2) 1990, S. 184-185

**Tas**, Catrinus Nicolaas → **Catrinus** (Ps.)

**Taschner**, Ignatius
\* 09.04.1871 Kissingen
† 25.11.1913 Mittendorf bei Dachau
Bildhauer, Zeichner, Holzschneider, Professor an der Akademie München (1903-05)
Studium an der Akademie München bei Bildhauer S. Eberle, Josef Bradl (1889-95). – Mitarbeiter der *Jugend* (erste Zeichnungen 1897, Dürers: „Ritter, Tod und Teufel" im Jugendstil). I.T. zeichnete humorvolle, liebenswürdige Karikaturen im plakativen Jugendstil und Holzschnitte. Er illustrierte Ludwig Thomas Werke: *Der Heilig Hias* und *Wittiber* und war auch tätig als Illustrator für Gerlachs Jugendbücherei in Wien. Weitere Arbeiten waren Einladungskarten für die „Schwabinger Bauernkirchweih", Plakate und Märchen. – Als Bildhauer schuf I.T. das Schillerdenkmal für St. Paul (Minnesota/USA), den Märchenbrunnen für Berlin, Parzival (als Jugendlicher zu Roß) für Berlin sowie Medaillen und Plaketten.
Lit.: L. Thoma/A. Heilmayer: *I.T.* (1921); L. Hollweck: *Karikaturen*, S. 121, 122, 137, 151, 174, 205, 207; *Simplicissimus 1896-1914*, S. 285, 344, 389; H. Schindler: *Monografie des Plakats*, S. 91f, Abb. 77

**Taubenberger**, Alfred
\* 1938 Tittling/Bayrischer Wald
Graphiker, Karikaturist
Lehre als Brillenmacher, seit 1962 Graphiker in Memmingen. Erste Karikaturen-Veröffentlichung 1964, danach in in- und ausländischen Zeitschriften, u.a. in: *Neue Illustrierte Wochenschau, Welt am Sonntag, Quick*. – A.T. zeichnet Cartoons ohne Worte, humoristische, aktuelle, satirische Karikaturen.
Ausz.: 5. Preis im „Quick-Cartoon"-Wettbewerb (1987)
Lit.: Presse: *Schöne Welt* (Juni 1978)

**Tenniel**, John
\* 1820 Kensington
† 1914 London
(geadelt von Queen Victoria 1895)
Englischer Zeichner für *Punch*
Illustrator des berühmten Kinderbuches von Lewis Caroll *Alices Abenteuer im Wunderland* (1865). – J.T.s Karikatur über die Entlassung Bismarcks durch Kaiser Wilhelm II. (18.3.1890) *Der Lotse geht von Bord* wurde die meistgedruckte Karikatur des 19. Jahrhunderts.
Ausst.: Wilh.-Busch-Museum, Hannover zum einhundertsten Geburtstag der weltberühmten Karikatur vom 11. November 1990 bis 20. Januar 1991
Lit.: E. Fuchs: *Die Karikatur der europäischen Völker* II, S. 142, 152, 261, 272, 275, 284, 294, 296, 297; W. Feaver:

*Masters of Caricature*, S. 78, 71, 80, 82, 85, 93, 108, 134, 206; M. Melot: *Die Karikatur – das Komische in der Kunst*, S. 8, 24, 62, 82; G. Piltz: *Geschichte der europäischen Karikatur*, S. 194f, 198f, 202; Ausst.-Kat.: *Bild als Waffe*, S. 10, 218, 219, 389

**Tenzer**, Gerhard
* 1945 Hamburg

Graphiker, Cartoonist, Schlagzeuger in einer Band in Berlin
Thema: Porträt-Karikaturen.
Ausst.: Musik Galerie „Blisse 14" (März 1991)
Lit.: Presse: *B.Z.* vom 21. März 1991

**Tetsche** (Ps.)
* 24.08.1946 Soltau

Bürgerl. Name: Fred Tödter
Pressezeichner, Karikaturist/Insel (Niedersachsen)
Nach einer Schriftsetzerlehre in Schneverdingen (1965-68) ist T. bis 1971 in verschiedenen Berufen tätig: als Layouter, Typograph, Werbegraphiker, seitdem arbeitet er als freiberuflicher Graphiker und Karikaturist.
Veröffentlichungen (ab 1974) in *Die Zeit, pardon*, ab 1974 wöchentlich exklusiv im *stern*. Es erschienen die Folgen im *stern*, in „Neues aus Kalau", in „Eierköpfe", in „Kuno von Oyten", in „Die Igel von Dingsbums", in „Der Elefant von ,Seite 13' ". Weitere Veröffentlichungen in *Schöner wohnen, Mosaik, Leonberger Magazin* und *Bauen & Fertighaus*.
Publ.: (6 Bücher u.a.) *Neues aus Kalau; Eierköpfe* (1980); *Der abgeschlossene Roman; Tetsches Tierleben; Bauernweisheiten* (1986)
Lit.: *Wenn Männer ihre Tage haben* (1987); *70 mal die volle Wahrheit* (1987); Ausst.-Kat.: *Finden Sie das etwa komisch?*, S. 93

**Tetsu**
Bürgerl. Name: Roger-Jean Tetsu
* 1913 Bourges/Dép. Cher

Französischer Karikaturist, Werbegraphiker
Universitätsstudium (um Lehrer zu werden), Lizentiat, dann Ausbildung als Maler/Graphiker bei Maurice Denis, Georges Desvalliéres (1931-33). Arbeiter in einer Seifensiederei, Packer in einem Zeitungsverlag und im Kunsthandel. – Seit 1961 Karikaturist. Mitarbeit bei *Sami di-Soir, Noir et Blanc, Le Figaro, France Soir, Paris Match, Paris-presse, Le Rire, Lui, Jours de France, Le Nouveau Candides, France Dimanche, Bizarre* u.a. aber auch in der Schweizer Presse. (Agentur-Material)
Veröffentlichungen in der Bundesrepublik, u.a. in *Bunte, Pardon, stern, Quick, Humor-Illustrierte*. T. zeichnet bissigen bis schwarzen Humor. Cartoon-Humor-Folgen: *Leichter Sex für Rentner, Alte Liebe rostet nicht*. Für das französische Finanzministerium entstand 1973 ein Leitfaden: *Der vollkommene Steuerzahler*.
Ausst./Preise: „Prix Carrizey" (1955), „Goldene Palme" Bordighera (1955), „Grand Prix Skopje" (1979), Verleihung des „Prix de l'Humour noir" (1964), „Grand Prix Tolentino" (1971)
Publ.: *Histoires pas très naturelles* (1959); *Drôles de Vie* (1961); *Dessins des queues, des culs* (1961); *La Vie est belle* (1964); *Les belles manières* (1965); *How do you do?* (1970); *Les belles Familles* (1972); *C'est pas rose* (1982)
Lit.: *Heiterkeit braucht keine Worte*; H.P. Muster: *Who's Who in Satire and Humour* (1) 1989, S. 184-185

**Teutsch**, Walter
* 1883 Kronstadt/Siebenbürgen
† 1964 München

Maler, Zeichner
Ausbildung zum Obristen an der Debschnitz-Schule, München, danach Besuch der Malschule Heymann (zus. mit Max Unold), München und der Akademie München (bei Habermann). – Mitarbeiter bei *Simplicissimus* und *Jugend*. W.T. zeichnete Illustrationen in Reimen für *Jugend* und *Simplicissimus* mehr illustrativ als karikaturistisch. Mitglied der Neuen Sezession, München. 1923 Lehrer an der Kunstgewerbeschule, München. 1926 Professor, Pensionierung 1939, Wohnsitz in Murnau/Staffelsee. Nach 1945 Leiter einer Klasse für Malerei und Komposition an der Akademie München. Beteiligung an den Ausstellungen der Neuen Gruppe, München.
Lit.: R.W. Eichler: *Künstler*, S. 46/47; P. Breuer: *Künstlerköpfe*, S. 92f; Ausst.-Kat.: *Die zwanziger Jahre in München*, S. 765

**Theiler**, Wolfgang
* 1953

Graphiker, Layouter, Cartoonist/Luckau, danach Berlin
Layouter beim Eulenspiegel-Verlag, Berlin, zeichnet nebenher Cartoons für den *Eulenspiegel*, hauptsächlich Cartoons ohne Worte, komisch, skurril, phantasievoll.
Kollektiv-Ausst.: „Satiricum '80 (1. Biennale der Karikatur in der DDR, Greiz, 1980: „Ohne Worte", „Ohne Worte", „Gute Nacht!"), „Satiricum '88", „Satiricum '84", „Satiricum '88", „Satiricum '90"
Lit.: Ausst.-Kat.: *Satiricum '80*, S. 21; *Satiricum '78, Satiricum '84, Satiricum '90*; Presse: *Eulenspiegel* (51/1978)

**Theissen**, Paul
* 10.03.1915 Essen

Maler, Zeichner
Seine Ausbildung erhielt P.T. bei Kunsterzieher Bruno Schildbach und an der Folkwangschule, Essen, bei Prof. Urbach. P.T. zeichnet die Illustrationen zu *Lesebogen* und *Don Quichotte*, sowie politische Karikaturen, u.a.

„Gröfaz" (größter Feldherr aller Zeiten, 1943). In der Malerei bevorzugt er niederrheinische Landschaften.
Lit.: Presse: *Niederrheinische Blätter* (Febr. 1985)

**Thelwell**, Normann
\* 1923 Birkenhead
Englischer Graphker, Karikaturist
Studium am College of Art Liverpool (nach 1945); während des Zweiten Weltkrieges war N.T. Redakteur einer Soldatenzeitung). Ab 1950 Zeichenlehrer (Professor am Wolverhampton College ofArt (Gebrauchsgraphik 7 Jahre). Danach selbständiger Cartoonist, Werbegraphiker. Ständige Mitarbeit bei *Punch*, in Deutschland u.a. bei *stern*, *Quick* und *Welt am Sonntag*. – T. Cartoons kommen aus dem praktischen Leben und sind humoristisch.
Publ.: (Deutschland): *Vollständiges Hundekompendium, Reitlehre – Aufsitzen, Angler(l)ehre, Haus- und Gartenfibel, Segelschule, Die lieben Kleinen, Western-Reiter, Autohandbuch – Anschnallen, Engel zu Lande und anderswo, Ideales Eigenheim, Viechereien, Freizeitführer, Reitlehre zweiter Teil, Penelope – Das Ponymädchen*
Lit.: *Heiterkeit braucht keine Worte*

**Thesing**, Paul
\* 12.04.1882 Anhalt/Westfalen
Zeichner, Maler
Mitarbeit bei der *Jugend* und *Komet* (um 1900). P.T. zeichnete vor allem politisch-satirische, gesellschaftskritische Karikaturen. P.T. wohnte zuletzt in Kranichstein, bei Darmstadt.
Ausst.: „Typisch deutsch? – Der Kreuzweg des Deutschen" (35. Sonderausstellung Wilh.-Busch-Museum, Hannover) (aus „Jugend" 1930) Nr. 290
Lit.: Ausst.-Kat.: *Typisch deutsch?*, S. 36

**Thiele**, Herbert
\* 1905 Zwickau
† Feb. 1973 Berlin/West
Maler, Graphiker, Karikaturist
Studium an der Akademie Leipzig. Mitarbeit bei *Meggendorfer Blätter, Die Woche, Silberspiegel, Berliner Illustrirte Zeitung, Lokal-Anzeiger, Berliner Tageblatt, Querschnitt, Neue Linie, Lustige Blätter, Der lustige Sachse, Die Dame*. Nach 1945 bei *Neue Zeit, Athena, Ulenspiegel, Horizont, Insulaner, Neue Berliner Illustrierte, Weltbild* u.a. H.T. zeichnete allgemeine Themen in einem reifen persönlichen Stil mit abgestimmter Technik, Märchenhaftes in Bildern und Farbe, voller Phantasie und feinem Humor. H.T. war für die buchgraphische Werbung beim Ullstein-Verlag tätig, zeichnete Plakate für Filmgesellschaften (UFA – TOBIS – Terra) und den Norddeutschen Lloyd, nach 1945 beim SFB 18 Jahre lang freier Mitarbeiter,
Dozent am Privat-Institut für Pressezeichner. Als Maler bevorzugte er Tierbilder und Landschafts-Aquarelle. Ausstellungen in Leipzig, Nürnberg, Berlin, Wien, München, Paris.
Publ.: Kinderbücher, Tiergeschichten, die er z.T. auch selbst geschrieben hat
Lit.: *Ulenspiegel 1945-50*, S. 11, 22; Ausst.-Kat.: *Zeichner der Meggendorfer Blätter – Fliegende Blätter 1889-1944* (Galerie Karl & Faber, München 1988)

**Thiemann**, Hans
\* 18.04.1910 Bochum-Langendreer
† 28.07.1977 Hamburg
Maler, Graphiker, Pressezeichner
Studium am Bauhaus Dessau, bei Paul Klee, Wassily Kandinsky (1929-32) und an der Kunsthochschule Dresden (1932-33). 1931 erste Fotomontagen mit kritischem Zeitbezug. H.T.s frühe Arbeiten zeigen die surreale Komponente besonders. Mit dem „Bild der Tiefe" (1933) wendet sich der Künstler erstmalig jener metaphorisch abstrakten Formensprache zu, die fortan seine Bildwelt bestimmt. 1933 Übersiedlung nach Berlin, nach 1945 freischaffender Zeichner und Illustrator für die Presse, u.a. Mitarbeit bei *Ulenspiegel, Athena, Der Kurier, Der Insulaner*. Die Illustrationen sind Bilder ohne Worte, die an Saul Steinberg erinnern. 1954 Gastdozent an der Landeskunstschule Hamburg, Kunstpreis der Stadt Berlin, 1960 Berufung an die Hochschule für bildende Künste Hamburg, 1961 Ehrenpreis der Villa Massimo, Rom. 1963 Berufung zum Professor (Leiter einer Grundklasse). 1976 Emeritierung.
Ausst.: Erste Ausstellung Galerie Rosen, Berlin-West (1964), Städtische Galerie Bochum (1956), Galerie Gerd Rosen, Berlin (1957), Galerie „Die Insel", Hamburg (1960), Galerie Clasing, Münster (1960), Galerie in Flottbek/Hamburg (1968, 1972, 1977), Staatliche Kunsthalle Berlin-West (1979)
Lit.: G.-W. Essen: *H.T. – das malerische Werk* (1977); *Ulenspiegel*, S. 182; Ausst.-Kat.: *Zwischen Widerstand und Anpassung* (Akad. der Künste, Berlin-West 1978), S. 254; *Jeanne Mammen – H.T.* (Kunsthalle Belrin-West, 1979); Presse: *Der Insulaner* (Nr. 2/1948), Nr. 1/1949)

**Thomas**, Adolf
\* 1834 Zittau
Zeichner, Maler
Studium an der Akademie Dresden, bei Ludwig Richter. „Der Kampf der Kunstrichtungen" (Eine temperamentvolle Skizze aus der gewissenhaften Schule Richters).
Lit.: H. Geller: *Curiosa* (1955), S. 73

**Thöny**, Eduard
\* 09.02.1866 Brixen/Südtirol
† 26.07.1950 Holzhausen/Ammersee

Maler, Zeichner, Signum: „E.Th." (seit 1873 in München)
Studium an der Akademie München, bei Gabriel Hackl, Löfftz, Franz v. Defregger (insges. 9 Jahre), danach bei dem Schlachtenmaler Douard Detaille in Paris. 1890 gab E.T. sein Debut mit einem Plakat für die Salvator-Brauerei. Ab 1894 zeichnet er für die *Münchener Humoristischen Blätter, Radfahr-Humor, Berliner Modenwelt*. Ab 1896 war er Mitarbeiter am neugegründeten *Simplicissimus* als ständiger Mitarbeiter und späterer Teilhaber, bis zur letzten Ausgabe (Sept. 1944). In seiner 48jährigen Tätigkeit zeichnete er ca. 5000 Zeichnungen und Illustrationen. – 1908 übersiedelte er nach Holzhausen. 1914-18 war er Kriegszeichner in den Vogesen, Galizien und Südtirol. 1944 vernichtete ein Feuer (Kurzschluß) in seinem Haus einen großen Teil seiner Zeichnungen. – E.T. war ein begnadeter Zeichner. Seine Typen waren: Hochadel, elegante Gesellschaft, ostelbische Junker, Dandys, Kokotten, grobschlächtig-dickschädlige Bauern, übereifrige Polizisten, überspannte Studenten und vor allem arrogante, borniere Offiziere voller Standesdünkel. Auch zeichnete er zeitkritisch-aktuelle Themen in vollendeter Charakterisierung und in den zwanziger Jahren mit gleicher Meisterschaft Nachkriegs-Spekulanten, Schieber, rauschende Bälle, mondäne Frauen mit Pagenschnitt und Charlestonrock. Neben seiner graphischen Pressearbeit entstanden noch Aquarelle und Gemälde. Zum 75. Geburtstag erhielt er die Goethe-Medaille verliehen. Seine Zeichnungen sind nicht aggressiv, sondern satirisch-realistisch.
Neun Ausstellungen zwischen 1941 und 1987 (Wilh.-Busch-Museum)
Publ.: (Simplicissimus-Alben) *Der bunte Rock, Der Leutnant, Vom Kadett zum General*
Lit.: *Kokotten, Bauern und Soldaten, gez. von E.T.* (1957); *E.T. Flott gelebt, – eine Auswahl aus dem Simplicissimus* (1966); J. Heddergott: *Auswahl bester Zeichnungen v.T.* (1966); L. Hollweck: *Karikaturen*, S. 11-13, 22, 46, 83, 128, 164, 167, 168, 170, 172, 174, 185, 186, 211, 222; *Das große Lexikon der Graphik* (Westermann, 1984) S. 409

**Thumann**, Paul
* 05.10.1834 Tschacksdorf/Niederlausitz
† 19.02.1908 Berlin

Maler, Zeichner, Illustrator
Studium an den Akademien Berlin (1855-60) und Dresden, bei F. Pauwels. 1866-72 Professor an der Kunstschule Weimar, 1872-75 Professor an der Akademie Dresden. 1875-1908 (mit langjähriger Unterbrechung) Professor an der Akademie Berlin). P.T. illustrierte Werke von Wolff: *Rattenfänger von Hameln*, A.v. Chamisso: *Frauenliebe und Leben*, Hamerling: *Amor und Psyche*. Außerdem zeichnete er für *Auerbachs Kalender* und war Mitarbeiter der Humorzeitschrift *Schalk* in den achtziger Jahren. Zwischen 1860-85 hat er 3000 Illustrationen gezeichnet, vor allem weibliche Lieblichkeit im Geschmack der Zeit. P.T. malte ferner liebenswürdige Genrebilder und zwischen 1872-73 fünf Historienbilder aus dem Leben Martin Luthers für die Wartburg.
Lit.: L. Pietsch, in: *Deutsches biographisches Jahrbuch*, Bd. 13 (1909); G. Piltz: *Geschichte der europäischen Karikatur*, S. 208; *Spemann's goldenes Buch der Kunst*, Nr. 1648

**Thurber**, James (Grover)
* 08.12.1894 Columbus, Ohio/USA
† 02.11.1961 New York

Schriftsteller, Zeichner
J.T. begann als Zeitungsreporter. von 1927-33 war er administrativer Leiter der Zeitschrift *The New Yorker*. Er zeichnete und schrieb humoristische und oft satirische Karikaturen und Geschichten volkstümlicher Art. Sein vereinfachter Strich war präzis und ganz auf das Notwendigste eingestellt, was auch durch ein Augenleiden mit bedingt war. Dank seiner Beobachtungsgabe und seines Einfühlungsvermögens war er ein weiser Psychologe und einer der bekanntesten Humoristen und Karikaturisten seiner Zeit – ein dichtender Zeichner oder ein zeichnender Dichter voller Selbstironie. Seine „befreiende Denkgewohnheit" wurde in USA zum „Thurberismus". Sein Lieblingsthema: der „Krieg" zwischen Männern und Frauen. – 1963 Ehrendoktor der Yale-Universität. 1940 schrieb er zus. mit dem Schauspieler-Dichter Elliot Nugent das Theaterstück *The male Animal* (Das männliche Tier). Zwei Jahre vor seinem Tod spielte J.T. in einem Broadway-Theater allabendlich seinen Sketch *Ein Thurber-Karneval*.
Veröffentlichungen in der deutschen Presse u.a. in *Heute, Blick, Jasmin, Constanze, Telegraph, Weltspiegel, Der Sonntag*
Publ.: (in Deutschland) *Warum denn Liebe* (1929/1953); *Man hat's nicht leicht* (1949); *Männer, Frauen und Hunde* (1944); *Die Prinzessin und der Mond* (1949); *Rette sich, wer kann* (1948); *So spricht der Hund* (1958); *Das kleine Fabelbuch* (1959); *Erinnerungen* (1959); *Achtung Selbstschüsse* (1950); *Thurbers Gästebuch* (1956); *Gezeichnete Parodien* (1954); *Lachen mit Thurber; Die dreizehn Uhren* (Märchen); *75 Fabeln für Zeitgenossen*
Lit.: *Who's Who in Graphic Art* I, S. 535; R.E. Morsberger: *J.T.* (1964; R.C. Tobias: *The Art of J.T.* (170); *Brockhaus Enzyklopädie* (1973), Bd. 18, S. 666; Presse u.a.: *Telegraf* (v. 12.12.1948); *Blick* (10/1947); *Heute* (5/1946); *Wetzlarer Zeitung* (v. 4.11.1961)

**Ticha**, Hans
* 1940 Berlin

Buchillustrator, Maler, freischaffend

Studium: Kunsterziehung/Geschichte, Leipzig, Kunsthochschule Berlin-Weißensee (1965-70)
H.T. hat u.a. politische Kritik und Satire als Zeitzeugnisse eines entindividualisierten Daseins gestaltet gegen den real existierenden Sozialismus der DDR. Gemälde und Graphiken sind klar in Form- und Farbkompositionen, nachdadaistisch-konstruktivistisch-geometrisch-abstrakt. Thema: zeitkritisch, Stil: komisch, wegen der geometrischen Figuren, karikaturenhaft.
Veröffentlichungen in *Eulenspiegel* (Illustrationen)
Ausst.: Galerie Pfund, Berlin, 15. März-April 1991, Galerie Raab, Berlin, April-Mai 1991
Lit.: Lothar Lang: *Malerei und Graphik in der DDR* (1980), S. 260, Presse: *Berliner Morgenpost* v. 17.04.1991, *B.Z. Galerie* v. 25.04.1991

**Tidemand**, Adolf
* 1814 Mandal/Norwegen
† 1876 Christiania/Norwegen
Bedeutender norwegischer Historien- und Genremaler. Studium an der Akademie Kopenhagen 1832 und an der Akademie Düsseldorf, bei Hildebrand, W. Schadow und Lessing (1837-41). A.T. hat den größten Teil seines Lebens in Düsseldorf verbracht (außer Italienaufenthalt 1846-48), ab 1849 lebt er ständig dort. Er ist Mitarbeiter der *Düsseldorfer Monatshefte*. Er zeichnet zu den Themen Auswanderer, Bauern, Zeitsatire. Als Maler bevorzugt er charakteristische Bilder aus dem norwegischen Volksleben.
Lit.: L. Clasen: *Düsseldorfer Monatshefte*; S. Spemanns *Künstlerlexikon* (1905), S. 942; *Düsseldorfer Malerschule*, S. 488

**TIL** (Ps.)
* 1956 Bielefeld
Bürgerl. Name: Gotthard-Tilman Mette
Studium: Kunst- und Geschichtswissenschaften (Bremen)
Gründer der Lokalredaktion der „TAZ" in Bremen (1986), arbeitet an zeitkritischen, humoristisch-satirischen Karikaturen. Veröffentlichungen in *TAZ* Bremen, *Süddeutsche Zeitung, Der Spiegel, stern, Eulenspiegel*
Publ.: *Wie meinst du das: Die Chips sind alle* (1991)
Lit.: Presse: *Eulenspiegel* 25/91, S. 21

**Tiller**, Klaus
* 1938
Karikaturist/Zeichner/Greiz
Kollektiv-Ausst.: „Satiricum '80" (1. Biennale der Karikatur in der DDR, Greiz, 1980: „Einordnung"), „Satiricum '78", „Satiricum '82"
Lit.: Ausst.-Kat.: *Satiricum '80*, S. 26; *Satiricum '78*, *Satiricum '82*

**Tim** (Ps.)
* 29.01.1919 Kaluszyn, bei Warschau
Bürgerl. Name: Louis Mittelberg
Polnisch-französischer Karikaturist, seit 1937 in Paris, Signum: Mittelberg, später „TIM"
Studium an der École nationale des beaux-arts, Paris (Architektur 1938). 1941 in London, Beitritt zu de Gaulles „Forces françaises libres", erste politische Karikaturen, Kommentare für das Exil-Organ *France*. Nach 1945 wieder in Paris, tätig als politischer Karikaturist. Zeichnet u.a. für *L'Express, Haute Societé, Le Monde, L'Humanité, Lettres française*. Nachdrucke außerhalb Frankreichs in *Times, Newsweek, New York Times*, in Deutschland u.a. in *Der Spiegel*, in der Schweiz in: *Nebelspalter*. TIM-Karikaturen sind von gelungener Präzision, in der Aussage und Gestaltung vergleichbar mit Karikaturen von Daumier. -TIM illustrierte Werke der Weltliteratur, z.B. Kafka, Jarry, Zola, Gogol, Flaubert, Faulkner, Dali, Machiavelli). für den Film „Les Liaisons dangereuses" (von Vadim) modellierte er das Schachspiel (1959).
Kollektiv-Ausst.: Salon de la jeune peinture, Paris (1954), Salon de la jeune sculpture, Paris (1956), Kunsthaus Zürich „Karikaturen-Karikaturen? (1972), S.P.H. Avignon (1973, 1976)
Ausz.: „Croix de Guerre"
Publ.: *34 têtes sous le même bonnet* (1947); *Dessins* (1954); *Das vierte Reich* (DDR, 1955); *Le Pouvoir civil* (1960); *Une certaine Idee de la France* (1969); *L'Autorcaricature* (1974); *Decénnie dessiné* (1970-80)
Lit.: *Who's Who in Graphic Art* (I + II), S. 176, 348, 874; Ausst.-Kat.: *Karikaturen-Karikaturen?*, Kunsthaus Zürich (1972), S. 70, Abb. C 19, F 21, F 24, G 208; Presse: *Süddeutsche Zeitung* (14.3.1970); *Graphis* (144/1969, 212/1982)

**Timm**, Reinhold W.
* 1931 Stettin
Prominenten- und Landschaftsmaler, Pressezeichner/Berlin-West
Lehre als Schaufenster-Dekorateur, dann Studium an der Meisterschule für gestaltendes Handwerk, Bremen. – Ab 1943 erste Zeichnungen in der Presse, ab 1961 lebt R.W.T. in Berlin (West). – Veröffentlichungen in B.Z., *Berliner Morgenpost, Welt am Sonntag, Presse-Almanach, Zu Gast in Berlin* u.a. R.W.T. zeichnet Berliner Typen und Leben. Seine Skizzen zeigen Typisches, Charakteristisches mit dem Hang zur Vereinfachung und Karikatur. In der Malerei bevorzugt er Porträts und Landschaften. – Keine Gemälde in Galerien und Museen.
Einzel-Ausst.: Über 70 seit 1974 in Berlin, Düsseldorf, Wiesbaden, München, Bonn, Paris, Rom, Rio de Janeiro, Sylt, Washington, New York, u.a. regelmäßige Ausstellungen im Hotel Kempinski, Kurfürstendamm Berlin und

anderen Hotelhallen, Flughafen Tegel und Kaufhäusern mit Signierstunden.
Ausz.: Verdienstkreuz 1. Klasse der BRD
Publ.: *New Yorker Impressionen* (1964); *Berliner Impressionen* (1972); *Berlin – die Stadt, die ich liebe* (1980); *Meine Freundin Berlin* (1985)
Lit.: Presse: Zahlreiche und positive Veröffentlichungen und Besprechungen mit Gespür für Selbstdarstellungen

**Tischbein**, Johann Heinrich Wilhelm
* 15.02.1751 Heina
† 26.04.1829 Eutin

Maler, Zeichner, Radierer
Schüler seines Onkels Johann Heinrich T. in Kassel, sowie seines Onkels Jakob T. in Hamburg. 1771 in Holland, 1773-77 in Kassel, 1779-1799 in Italien, (1786/87 Begegnung mit Goethe, Porträt „Goethe in Campagna"), 1789-99 Akademiedirektor in Neapel, danach 1801-1808 in Hamburg, danach in Eutin. T. malt Landschaften, Bildnisse, Historienbilder, Bilder in verschiedenen deutschen Museen und Zürich.
Ausst.: „Karikaturen der Goethezeit" (Mai-Juni 1991) Weimar, Kunsthalle: *Das verfluchte zweite Kissen* (Goethe in seiner römischen Wohnung), Inv.-Nr. NFG, Goethemuseum, *Die Puttendiebe* Inv.-Nr. KK 4158, Kunstsammlung Weimar, *Den Kritikern im Litherarischen Anzeiger gewidmet* (Vier Esel und ein Schwein) Inv.-Nr. KK 4182, Kunstsammlung Weimar
Lit.: Ausst.-Kat.: *Karikaturen der Goethezeit*, Kunsthalle Weimar, S. 18, 26; F.v. Alten: *Aus T.s Leben und Briefwechsel* (1872); Fr. Landsberger: *W.T.* (1908); *Keysers Großes Künstlerlexikon* (o.J.), S. 364

**Tischler**, Hermann
* 22.06.1866 Berlin

Maler, Zeichner, Illustrator, tätig in Berlin
Studium an der Akademie Berlin. H.T. zeichnete vor allem Figuren- und Tierbilder, humorvolle und liebenswerte Genrebilder, volkstümliche Zeichnungen, die an Allers und Zille erinnern.
Lit.: Verband deutscher Illustratoren: *Schwarz-Weiß*, S. 101

**Titus** (Ps.)
* 1926 Brünn/ČSR (aufgewachsen in Prag)
Bürgerl. Name: Julius Eschka
Filmarchitekt, Karikaturist, Signum auch: „Rochel"
T. kam über die Musik und Konzerttätigkeit zu Film und Fernsehen. Gleichzeitig war er als Film- und Fernsehkritiker tätig, seit 1948 lebt er in Berlin. – Mitarbeit als Karikaturist bei *Österreich-Illustrierte*, *Wiener Illustrierte* und *BZ*. T. zeichnet humoristische Karikaturen, Illustrationen, Werbegraphik sowie politische Karikaturen unter: „MIGUEL ESCA" („Tarantel").
Kollektiv-Ausst.: „Cartoon 77", „Cartoon 80", Weltausstellung der Karikatur, Berlin-West (1977-80)
Publ.: *Galgenstriche* (Präsentation: Galerie Jule Hammer, Berlin-West, Europa-Ceter – 9.4.1981)
Lit.: *Störenfriede – Cartoons und Satire gegen den Krieg* (1983); Ausst.-Kat.: *Turnen in der Karikatur* (1968)

**Tode**, Peter-Boris
* 1961 Hamburg

Graphiker, Trickfilmzeichner-Animator
Studium an der Hochschule für Bildende Künste, Braunschweig (Graphik-Design/Animationsfilm 1981-89), Fullbright-Stipendium für San Francisco (1987-88), danach freiberuflicher Mitarbeiter für Film und Fernsehen (1988-89).
Zeichentrickfilme: *Die Metamorphose des Zeichners* (1984), *Kuddel & Fredi* (1985), *Donat* (1987), *Candide* (1988), *Die Prinzessin* (1989)

**Tödter**, Fred → Tetsche (Ps.)

**Toepffer**, Wolfgang Adam
* 20.05.1766 Genf
† 10.08.1847 Morillon (bei Genf)

Maler, Zeichner, Karikaturist
(Vater von Rudolf Töpffer)
Zeichenlehrer der Kaiserin Josephine in Paris. W.A.T. ließ sich 1815 in England nieder, erhielt Anregungen durch Hogarths Zeichnungen. Nach Italienreise (1824) lebt er wieder in Genf. Als Maler bevorzugt er Landschaften und Genrebilder. Seinen Nachlaß erwarben die Museen Genf und Basel.
Ausst.: „Karikaturen-Karikaturen?", Kunsthaus Zürich (1972)
Publ.: *Album de caricatures* (1817, Gesamtausgabe seiner Karikaturen)
Lit.: D. Baud-Bovy: *Peintres genevois* (1904), Serie 2; W. Hugelshofer: *A.T.* (1941); Ausst.-Kat.: *Karikaturen-Karikaturen?*, Kunsthaus Zürich (1972), S. 70

**Tognola**, Lulo
* 1947 Schweiz

Graphiker (SGV = Schweizer Graphiker Verband)/ Grono, Signum: „Lüli"
Studium an der Kunstgewerbeschule Lugano (Graphiker-Diplom) und an der Kunstgewerbeschule Basel. – Dozent an der Kunstgewerbeschule Lugano. – Veröffentlichungen von satirischen Karikaturen in Zeitungen/Zeitschriften und Mitarbeit am Fernsehen der italienischen Schweiz (TSI). Weitere Mitarbeit bei *Giornale*

*del Popolo, Quotidiano, Nebelspalter, Corriere del Ticino* und Wirtschaftsinformationen.
Einzelausstellungen und Teilnahme an Kollektivausstellungen im In- und Ausland
Publ.: (Zeichnungen in folgenden Büchern) *Buttafuori '85; Squibis '86* (Evisuisse); *Festival B'D' Sierre '86; Wieder einmal schmunzeln ... '87* (Kornhaus Bern); *Rassequa internazionale dell'umorismo '87 und '88* (Turcoin F); *Impressum CH '88, Praliné '88*
Lit.: Ausst.-Kat.: *III. internationale Cartoon Biennale* (1990) Davos, S. 40-41

**TOM** (Ps.)
\* 1960 Säckingen
Bürgerl. Name: Thomas Körner
Cartoonist/Autodidakt, Berlin/West, seit 1990
Veröffentlichungen in *TAZ, Itty, Kawalsky*, Mitarbeit an der Cartoon-Anthologie *Alles Banane* (1990)
Lit.: *Alles Banane*, S. 28, 55, 94

**Tomaschoff**, Jan
\* 1951 Prag
Tschechoslowakischer Cartoonist, Signum: „T" (Autodidakt)
Studium der Humanmedizin, Nervenarzt in Düsseldorf, Psychotherapeut, Dr. med. – Cartoonist seit 1970. – Veröffentlichungen in *Pardon, Medical Tribune, Welt am Sonntag, Rheinische Post, Süddeutsche Zeitung, Deutsches Allgemeines Sonntagsblatt; Psychologie heute* u.a. J.Z. zeichnet aktuelle, zeitkritische, politisch, gesellschaftskritische Karikaturen – auch humoristisch, skurril, komisch und Comic-Folgen sowie TV-Tips.
Publ.: *Tomaschoff Cartoons*; Mitarbeit an Anthologien: *Cartoons for amnesty* und *Das Jahr 1981 in der Karikatur*
Lit.: *Störenfriede – Cartoons und Satire gegen den Krieg* (1983); *Beamticon* (1984), S. 142; H.O. Neubauer: *Im Rückspiegel – Die Automobilgeschichte der Karikaturisten 1886-1986* (1985), S. 242; *Wenn Männer ihre Tage haben* (1987); *70 mal die volle Wahrheit* (1987)

**Tomaszewski**, Henryk
\* 10.06.1914 Warschau
Polnischer Graphiker, Karikaturist
Studium der Graphik und Szenographie an der Akademie der schönen Künste, Warschau (1934-39). Ab 1945 künstlerische Tätigkeit, ab 1951 Abteilungsleiter in der Akademie Warschau, seit 1955 Professor. – Veröffentlichungen in Deutschland in *Pardon* und *Polen*. – 1953 erhielt H.T. den polnischen Staatspreis für seine freiberuflichen Arbeiten, 1955 den 1. Preis für polnische Plakate und Illustrationen, 1957 den Preis der Stadt Wien für das beste Plakat des Monats, 1960 den Preis der Zeitschrift *Przeglad Kulturalny* für satirische Zeichnungen.

Seine Kinderbücher erhielten den Preis des polnischen Ministerpräsidenten.
Ausstellungen in verschiedenen Städten Europas, den USA, der UdSSR, in China und Berlin-West: „Cartoon 77"
Publ.: *Ksiazka Zazalen* (1960)
Lit.: (u.a.) *Heiterkeit braucht keine Worte*; B. Kwiatkowska: *H.T.* (1959); *Who's Who in Graphic Art* (I, 1968), S. 397

**Tombrock**, Hans
\* 21.07.1895 Benninghofen bei Dortmund
† 18.08.1966 Stuttgart
Zeichner (Autodidakt), Maler-Vagabund
Mit 14 ging H.T. zur Zeche, mit 16 war er Pferdejunge und Schlepper unter Tage. Nächste Stationen: Ausreißer, als „Tippelbruder" nach Hamburg, Schiffsjunge, Leichtmatrose auf Heringsdampfer. 1914 Kriegsfreiwilliger in einer Marinedivision, 1918 desertiert, verhaftet, Agitator, Barrikadenkämpfer, 1920 mit der „Roten Ruhrarmee" in Dortmund einmarschiert, drei Tage stellvertr. Bürgermeister, Schutzhaft, Strafanstalt, zwei Jahre Kerker (wegen Einbruchs), nach Entlassung jahrelang Vagabund, Tippelbruder, Zeichner. Verkauf seiner Zeichnungen gegen Butterbrot und Suppe oder ein paar Groschen. – 1928 Begegnumg mit Gregor Gog, dem Gründer der „Bruderschaft der Vagabunden". H.T. wird sein engster Mitarbeiter, zus. mit Gerhard Bettermann und Hans Bönninghausen gründen sie die „Künstlergruppe der Vagabunden" (Pfingsten 1929). Parallel zum großen Stuttgarter Künstlertreff findet die „Erste Vagabunden Kunstausstellung" im Kunsthaus Hirrlinger in Stuttgart statt. H.T. wird bekannt. 1931 „Zweite Vagabunden Kunstausstellung" in den Räumen des „Sturm" (bei Herwarth Walden). H.T. ist ständiger Mitarbeiter beim *Kunden* (Zeitschrift für Bruderschaft). Er schreibt Artikel und Illustrationen im *Kulturwillen* (Leipzig), in Tessloffs *Harburger Volksblatt* und vielen anderen Zeitungen. H.T. schilderte in seinen Zeichnungen, aus eigenem Erleben, das menschenunwürdige und bedrückende Leben der Nichtseßhaften und gab es künstlerisch wieder, sozialkritisch, hart und erbarmungslos, mit der Unbefangenheit des Autodidakten und des Gestaltenmüssens aus innerer Anteilnahme. Die Zeichnungen sind ein Beitrag zur Sozialgeschichte der Vagabondage und des deutschen Asyl- und Fürsorgewesens in der Weimarer Republik. 1949 Ruf an die Hochschule für Baukunst und bildende Kunst Weimar, 1952/53 an die Hochschule für angewandte Kunst Berlin-Weißensee (DDR).
Ausst.: 1965 Große H.T. Ausstellung, Dortmund
Publ.: *Vagabunden-Mappe* (15 Zeich. 1928)
Lit.: *Landstraße – Kunden – Vagabunden – ein Lesebuch* G. Gogs, Liga der Heimatlosen (1979/80); B. Brecht: *Lyrik und Malerei für Volkshäuser* (1978); Ausst.-Kat.:

H.T. Kulturamt der Stadt Dortmund (1965); *Wohnsitz nirgendwo* (1982); *Widerstand statt Anpassung* (1980), S. 276

**Tomei**, Jürgen von
* 1937 Stettin

Karikaturist, Lehrer in Basel (Kunstgewerbeschule seit 1966)
Studium an der Kunstgewerbeschule Basel. Seit 1965 politischer Karikaturist, zeichnet für *Badener Tageblatt, neutralität, publik, Nebelspalter* u.a., in der Bundesrepublik für *ÖTV-Magazin, verkehrs-report, Vorwärts, Deutschland-Magazin* u.a. Es sind sozial- und gesellschaftskritische, politische Karikaturen und Porträts. J.v.T. illustriert u.a.: *Camina urana, Arche Blues* (Hüsch), *Ausländische Arbeitnehmer* (Dieter Zeller), *Schule und Politik, Die Antikirche* (Felix Mattmüller), *Politik im Alltag* (Reinhard Bäumlein), *Chile-Flüchtlinge* (P. Braunschweig/J. Meyer).
Einzel-Ausst.: Basel (1972), Kollektiv-Ausst.: Zürich (1972: D 13-T23-V32)
Publ.: *150 Lach- und Liedermacher; Unsere Erde ist ein Paradies* (politische Karikaturen)
Lit.: Ausst.-Kat.: *Karikaturen-Karikaturen?* (1972), S. 70

**Töpfer**, Roland
* 1929 Chemnitz

Gebrauchsgraphiker, Trickfilmzeichner, Karikaturist
Studium an der Akademie für bildende Künste, Dresden. – R.T. war technischer Zeichner bei Heinkel, Stoffmusterzeichner, Filmzeichner (Schmalfilmtitel), Animationszeichner. – Mitarbeit bei: *Neue Illustrierte*. Er zeichnete die Comic-Figur „Wastl" (*Die Abenteuer des schlagfertigen Wastl – ein Bayer reist durch Deutschland*). Mit der Werbefigur des HB-Männchens: „Warum den gleich in die Luft gehen – greif lieber zur HB", wurde er bekannt (über 200 solcher gezeichneter Wutanfälle wurden produziert).

**Töpffer**, Rudolph
(auch Rodolph Toepffer)
* 31.01.1799 Genf
† 08.06.1846 Genf

Schweizer Schriftsteller, Zeichner, Professor der Rhetorik und Ästhetik an der Akademie Genf. – Die Zeichnerische Ausbildung erhielt er beim Vater Adam T. R.T. zeichnete Bildgeschichten (Bildromane). Diese lagen in seinem Pensionat für seine Zöglinge aus. Themen waren die Schwächen der Menschen, mit Humor, Nachdenklichkeit und mit liebenswürdigem Spott betrachtet. Erst durch Goethes Bewertung („es funkelt alles an Talent und Geist") publizierte er seine Bildergeschichten. R.T. gilt als Vorläufer von Wilhelm Busch. Neu an R.T.s Zeichnungen war der improvisierte Stil: knapp, Verzicht auf Unwesentliches, informatorisch in Bild und Text.
Publ.: (Auswahl) *Wanderung in den Alpen* (1832); *Monsieur Pencil* (1840); *Die Abenteuer des Doktor Festus* (1840); *Die Reise zum Montblanc* (1843); *Die Geschichte des Alberts* (1845, polit. Satire); *Nouvelles genevoises* (1845); *Essay de Physiognomie* (1845); *Monsieur Cryptogame* (1845); die Bildgeschichten erschienen gesammelt: französisch u.d.T.: *Collection des histoires en estampes* (1846); deutsch u.d.T.: *R.T. Komische Bilderromane* (1847)
Lit.: G. Corleis: *Die Bildergeschichten des Genfer Zeichners R.T.* (Diss. München 1973); E. Fuchs: *Die Karikatur der europäischen Völker* I (1901), S. 412, 420, 421; G. Piltz: *Geschichte der europäischen Karikatur* (1976), S. 154; *Das große Lexikon der Graphik* (Westermann, 1984) S. 412

**Topor**, Roland
* 07.01.1939 Polen

Zeichner, Schriftsteller, Karikaturist, Maler
Französischer Maler, polnisch-jüdischer Abstammung, aufgewachsen in Paris. Studium an der Ecole des Beaux Arts Paris. R.T. hat eine graphisch-literarische Doppelbegabung. Veröffentlichung in Frankreich (ab 1958) u.a. in *Bizarre*, in der Bundesrepublik u.a.: *Zeitmagazin*. Seine Themen: Schwarzer Humor, surrealistische Malerei, Zeichentrickfilm, Zeichenfolgen komisch-monströs-fröhlich-obszön. Alptraumbilder in den Anthologie-Zyklen *Schachpartie, Land und Leute, Die Wahrheit über Max Lampin*. Die Themen als Schriftsteller: Tod, Kot, Sex – in Romanen, Theaterstücken, Filmvorlagen. T. erfand das Spiel: Topsychopor. R.T. zeichnete Illustrationen zu: Gogol, Tolstoi, G. Sand, Collodi, L. Durell, P. Highsmith. Sein Buch *Der Mieter* wurde von Romain Polanski verfilmt (1976). Er schuf die Bühnenbilder zu: *Nosferatu* (W. Herzog), *Eine Liebe von Swann* (U. Schlöndorff).
Ausst.: in 17 Weltstädten, u.a. Wilh.-Busch-Museum, Hannover (1985), Münchener Stadtmuseum (1985), Stuck-Villa (parallel), Festival der Cartoonisten, Avignon (1971, 1976)
Publ.: (ab 1970 Zeichnungen) *Toxikologie; Die Masochisten; Tagträume; Phalunculi oder vom Wesen des Dinges; Tragödien; Therapien; La Grand Macabre; Tod und Teufel; Der wilde Planet*, Buch und Zeichentrickfilm (ZDF 28.4.1978) wurde in Cannes prämiert
Lit.: Ausst.-Kat.: *Karikaturen-Karikaturen?* (1972); *Festival der Cartoonisten* (1976); *Tod und Teufel* (1985); Presse: *Welt am Sonntag* (v. 20.3.1977)

**Tornow**, Heinrich
* 01.04.1912 Embsen

Pressezeichner, Karikaturist (im Berlin der dreißiger und vierziger Jahre)

Veröffentlichungen in: *Völkischer Beobachter, Der Insulaner*. Seine Themen sind Porträts und Porträt-Karikaturen.
Lit.: Presse: *Der Insulaner* (Nr. 7/1948)

**Totter**, Rolf
\* 1922 Wien
Österreichischer Pressezeichner, Karikaturist, gelernter Kartograph
Studium an der Kunstschule Wien (nach 1945). Danach Karikaturist für die österreichische Presse. R.T. zeichnet Sport-Karikaturen, Humorzeichnungen, Kinderbuch-Illustrationen, den Comic-strip: *Hugos Abenteuer* sowie Werbe-Karikaturen für den ACS Österreich (Verkehrssicherheit). Er arbeitet für *Wiener Illustrierte, Neue Illustrierte Wochenschau* u.a.
Ausst.: *Die Frau in der Karikatur* (Haus der Frisur, 1950), Kollektiv-Ausst.: „Zeitgenossen karikieren Zeitgenossen", Kunsthalle Recklinghausen (1972)
Publ.: *Die Abenteuer des Schützen Maier III; Heitere Olympiade*
Lit.: *Heiterkeit braucht keine Worte*; Ausst.-Kat.: *Zeitgenossen karikieren Zeitgenossen* (1972), S. 233

**Traub**, Gustav
\* 1885 Lahr
Landschaftsmaler, Graphiker, Karikaturist
Studium an der Kunstgewerbeschule Karlsruhe. – Mitarbeiter der *Fliegenden Blätter, Meggendorfer Blätter* (über 30 Jahre lang). G.T. zeichnete allgemeine humoristische Sujets, verschiedene Mappenwerke. Als Graphiker von Ferdinand Staeger beeinflußt, hat G.T. eine große Anzahl phantasievoller – teils leicht „archaisierender Gebrauchsgraphik" und Glückwunschadressen entworfen. G.T. wurde 1939 zum Professor ernannt.
Lit.: Ausst.-Kat.: *Zeichner der Meggendorfer Blätter – Fliegende Blätter (1889-1944)* (Galerie Karl & Faber, München 1988); *Fliegende Blätter – Meggendorfer Blätter* (Galerie J.H. Bauer, Hannover 1979)

**Trautschold**, Walter
\* 20.02.1902 Berlin
Pressezeichner, Karikaturist, Graphiker
Mitarbeit bei *Film-Revue, Die Woche, Allgäuer Beobachter* und nach 1945 bei *Der Insulaner*. W.T. zeichnete vor allem Porträt-Karikaturen, politische, satirische und humoristische Karikaturen, indem er Humor und Satire mit graphischem Können zu einer wohlgebildeten Synthese kombinierte. Er war auch als Bühnenbildner, Kabarettist und Keramiker tätig.
Lit.: Archivarion: Karikaturen-Graphik Nr. 3/Mai 1948; K. Glombig: *Bohème am Rande skizziert*, S. 70/71; H. Dollinger: *Lachen streng verboten* (1972), S. 292; Internationale Karikaturen-Ausstellung, Archivarion, Berlin-West (1951)

**Traxler**, Hans
\* 1929 Herrlich (Böhmen)/ČSR
Pressezeichner, Karikaturist
H.T. kam 1945 nach Bayern und übersiedelte 1951 nach Frankfurt/M. Studium der Malerei, Lithographie an der Kunsthochschule Frankfurt/M., bei Meistermann, Battke. Studienreise nach Italien, Ausstellung der Bilder (er erhielt dafür den Förderpreis der sudetendeutschen Landsmannschaft). 1977/78 Lehrauftrag für Karikaturen an der Hochschule für Gestaltung, Offenbach. Unter dem Pseudonym „TRIX" zeichnete er in den frühen fünfziger Jahren humoristische Karikaturen für die bundesdeutsche Presse (Comic-Figur, der Hund „Negro"). H.T. war Mitbegründer der Zeitschrift *Pardon* (1962) und Zeichner satirisch-politischer Karikaturen, unter dem Pseudonym „Georg Sangerberg" gestaltete er „Text-Satiren". Im Gebrüder-Grimm-Gedächtnis-Jahr (1963) veröffentlichte H.T.: *Die Wahrheit über Hänsel und Gretel*. 1979 ist er Mitbegründer des Satire-Magazins *Titanic*.
Veröffentlichungen u.a. in *Zeit-Magazin, Metall, Capital, Merian, ÖTV-Magazin*. – H.T. zeichnet auch Werbe-Karikaturen für den Bundesverband des deutschen Güterfernverkehrs.
Ausst. u.a.: München (1981, mit F.K. Waechter und R. Gernhardt), München 1986
Ausz.: Gold- und Silber-Medaille des Art-Directors Club Deutschland
Publ.: *Ein Hund wie du und ich; Die Reise nach Jerusalem; Fünf Hunde erben eine Million; Leute von Gestern; Es war einmal ein Hund; Es war einmal ein Schwein; GmbH & Kohl KG; Der Große Gorbi* (1990); als Co-Autor zu Peter Knorr: *Birne – das Buch zum Kanzler; Kanzler-Birne; Birne zaubert; Der mächtige Max*
Lit.: *Störenfriede – Cartoons und Satire gegen den Frieden* (1983); *Das große Buch des Lachens* (1987); H.P. Muster: *Who's Who in Satire and Humour* (1989), S. 188-189; Ausst.-Kat.: *Wilhelm Busch und die Folgen* (1982), S. 74-79; *70 mal die volle Wahrheit* (1987)

**Tredez**, Alain → **Trez** (Ps.)

**Trez** (Ps.)
\* 02.02.1929 Berck/Frankreich
Bürgerl. Name: Alain Tredez
Französischer Karikaturist
Studium der Rechtswissenschaft/Politologie (in der Kriegsgefangenschaft autodidaktische Zeichenausbildung). – Trez zeichnet sei 1949 humoristische Karikaturen für die französische Presse, u.a. für: *France-Soir, France-Soir-Magazine, playboy, Samedi-Soir, Paris*

*Match, Optimiste* sowie für die Werbung. Es entstehen auch Zeichentrickfilme. Trez-Cartoons sind ohne Worte, zeigen Situationskomik und haben einen hintergründigen Witz.
Veröffentlichungen in Deutschland u.a.: (Agentur-Bildvertrieb) *stern, Pardon, Playboy*. – Trez lebte längere Zeit in den USA. Veröffentlichungen auch dort. Seit 1972 wieder in Frankreich. Illustrator von Kinderbüchern (zus. mit seiner Frau).
Ausst.: Cartoons (Ölbilder) Paris (1968)
Publ.: (Frankreich u.a.) *Jeu à Trez; L'Amour de A à Trez; Tout va Trez bien; Le Ski; ABC pour rire; Le Vin; La Table; Trez optimiste; Un deux, Trez, partez*; (Deutschland u.a.) *Trez: Sei mein* (Schmunzelbuch)
Lit.: *Heiterkeit braucht keine Worte*; H.P. Muster: *Who's Who in Satire and Humour* (2) 1990, S. 190-191

### Trier, Walter
\* 25.06.1890 Prag
† 08.07.1951 Collingwood/Kanada

Maler, Pressezeichner, Karikaturist, seit 1910 in Berlin Studium an der Kunstgewerbeschule Prag (wegen Talentlosigkeit entlassen), dann an der Akademie München, bei Knorr, F.v. Stuck (1909, Studienabschluß). – Ab 1910 freischaffender Pressezeichner. Mitarbeiter der *Lustigen Blätter* (ab 1910) und deren Starzeichner, ferner u.a. bei: *Berliner Illustrirte Zeitung, Jugend, Ulk, Simplicissimus, Dame, Uhu* (besonders plakative Titelblätter). W.T.s Figuren wirken schlicht, naiv, drollig, liebenswürdig, spaßig, heiter idyllisch, spielzeughaft. Selbst wo er politisch zeichnet, fehlte das Boshaft-Satirische. Er war ein Karikaturist des liebenswürdigen Humors. Über Bruno Paul und Rudolf Wilke kam er im Stil zur eigenen Lineatur. Er entwarf Dekorationen und Kostüme für die Balletszene „Ein Kindertraum" der Eric-Charell-Revue „An Alle" (1924), die Wandbilder im Foyer des „Kabaretts der Komiker", das Kinderzimmer auf dem Luxus-Dampfer „Bremen" und für die Werbung Zigarettenbilder (Porträt-Karikaturen). 1936 emigrierte er nach London und nahm als einziges seine Spielzeugsammlung mit. Dort Mitarbeit beim Magazin *Liliput* (1937-51, insges. 147 Titelblätter) und bei *Picture Post*. Eine Mitarbeit bei Walt Disneys Zeichenfilmen lehnte er ab (1939). – 1941-45 zeichnet W.T. politische Kriegs- und antifaschistische Karikaturen im deutschsprachigen Wochenblatt *Die Zeitung* (12.3.41-1.6.45), für *The Daily Herald* sowie Flugschriften für das engl. Informationsministerium und 1945 für die Zeitschrift *Illustrated*, London. – 1947 übersiedelte W.T. nach Kanada (seine Tochter war bereits seit 1939 dort). In Kanada zeichnete er Werbekarikaturen und für die Presse (*Saturday night*). 1949 baut er sich ein Blockhaus in den Blue Montains in Collingwood. W.T. illustrierte zwischen 1912-75 ca. 90 Bücher, besonders die von Erich Kästner. – Das Illustrations- und Buchwerk von W.T. bis zur Emigration wird in der Deutschen Bücherei in Leipzig und in der Kinderbuch-Abteilung der Deutschen Staatsbibliothek in Berlin (DDR) aufbewahrt.
Publ.: *Triers Panoptikum* (1922); *Das Eselein Dandy* (1948); *Kleines Tierparadies* (1955); *Heiteres von W.T.* (1959)
Lit.: (Auswahl) L. Lang: *W.T.* (1971); L. Lang: *Das große T.-Buch* (1974); H. Ostwald: *Vom goldenen Humor;* Presse: *Der Tag* (12.7.1951); *Der Abend* (12.7.1951); *Frankfurter Rundschau* (14.7.1951); *Graphis* (32/1951, 41/1952)
Ausst.: Internationale Jugendbibliothek, München (1951), Wilh.-Busch-Museum, Hannover (1984)

**TRIX** (Ps.) → Traxler, Hans

### Trojano, Lucio
\* 1934 Lanciano/Italien

Rechtsanwalt in Rom, seit 1954 freiberuflicher Karikaturist/Werbegraphiker, Illustrator
Veröffentlichungen in Italien in *La Settimana Umoristica, Il Bertoldo, Comic Art, Filatelia Italiana, Travaso, Marc 'Aurelio, Il Tempo, Il Piacere, Tuttomotori, Video*; in der Türkei in *Carsaf*; in Rumänien in *Urzica*; in Jugoslawien in *Osten, Jez*; in Deutschland in *pardon, Knauers Lachende Welt* (Cartoon-Anthologie). Themen: satirische Cartoons mit ätzender Schärfe, politisch-zeitkritisch. Jurimitglied der Cartoonfestivals von Belgrad, Bordighera, Lecce, Skopje.
Einzel-Ausst.: Florenz, Pescara, Tolentino, Vasto, Petrosani (Rumänien), Prag (Tschechoslowakei); Kollektiv-Ausst.: (Italien) Bordighera, Tolentino, (Frankreich) Straßburg, (Bulgarien) Gabrovo, (Belgien) Knokke-Heist, (Jugoslawien) Skopje, Belgrad, (Kanada) Montreal, (Schweiz) Zürich, (Japan) Tokio
Ausz.: Parma (1960), Lanciano (1965), Novi Sad (1970), Bordighera (1972), Straßburg (1973), Istanbul (1976), Bordighera (1979), Terni (1980), Berlin/West (1980), Goldener Scalarini, Preis für politische Satire
Publ.: *Il Cinquantenne ha Cinqantanni* (1961), *Enciclopedia dei Francobolli* (1968), *800 ma non li dimostra* (1982), *Manuale della Barzelletta* (1982), *Il Sole ai Fornelli* (1982), *Come ridano gli Italiani* (1985), *Enciclopedia Umorismo* (1985), Trickfilm: *Professione Umorista* (1977); Illustrationen zu: *Compagni die Caccia, Musa Venatoria, Roma Romitas, La Sbarco sulla Luna, Luna Park, Humor Roma, I Frentani*.
Lit.: H.P. Muster: *Who's who in Satire and Humour* (Bd. 1/1989), S. 190-191

### TRUK (Ps.)
Bürgerl. Name: Kurt Aeberli
\* 1939 Basel
Schweizer Cartoonist

Gelernter Mechaniker, Maschinenzeichner. – Veröffentlichungen in Schweizer Zeitungen und Zeitschriften. TRUK zeichnet Cartoons ohne Worte, satirischen schwarzen Humor (oft grausig), ohne Charakterisierung der Typen. Infantile, phantastische, konkstruierte Stenogramme.
Publ.: *Truk Cartoons* (1969)

**Trumbetas**, Dragutin
* 01.01.1938 Velika Mlaka/b. Zagreb
Jugoslawischer naiver Zeichner, satirischer Karikaturist. Gastarbeiter in der Bundesrepublik. – Studium an der Graphischen Schule Zagreb/Autodidakt. Schriftsetzerlehre (1953-56), übt verschiedene Berufe aus, z.T. als Zeichner oder Layouter. 1966-72 Schriftsetzer in der Bundesrepublik. 1975 erste große und erste kleine Gastarbeiter-Mappe in Sammlung Biskúpic/Zagreb ausgestellt.
Veröffentlichungen in der Bundesrepublik: *Pardon* (1977), *Simplicissimus 1980* (1980); in der Schweiz: *VHTL*, Zürich. – D.T. zeichnet Satire, Gesellschaftskritik aus dem Gastarbeiter-Leben. Arbeiten zu einem Zyklus über Frankfurt-Bankfurt-Krankfurt.
Publ.: *Gastarbeiter*. 63 Zeichnungen/Vorwort Gerhard Zwerenz (1977)
Lit.: Presse: *Simplicissimus* (April 1980), S. 16; *VHTL* (9.3.1977); *Pardon*; *ÖTV-Magazin*; Fernsehen: ZDF (10.4.1980: „Lebenserfahrungen Dragutin Trumbetas, oder Liebe machen, bitte!", Dokumentarfilm von H.D. Grabe)

**TS** (Ps.) → **Smits**, Ton

**Tucholke**, Dieter
\*     1934 Berlin
Karikaturist/Graphiker, Satiriker/Berlin
Studium an der Hochschule für Angewandte Kunst, Berlin-Weißensee, bei Arno Mohr – und Werner Klemke. Veröffentlichungen u.a. in *Eulenspiegel*. Es sind Collagen, Materialdrucke, Simultan-Darstellungen, Assemblagen, Objektbauten, satirische Darstellungen.
Ausst.: Neunte Kunstausst. der DDR im Erdgeschoß des „Albertinums", Dresden (1982: Zyklus (1979-81) „Negativbilder Preußischer Geschichte")
Lit.: L. Lang: *Malerei und Graphik in der DDR* (1980), S. 276; Presse: *Eulenspiegel* (41/1982)

**Tubal** (Ps.) → **Hébert**, Henri

**Tuckermann**, Gert
* 14.03.1915 Berlin
† 13.10.1989 Berlin
Maler, Graphiker, Pressezeichner, Signum: „T."
Studium an den Vereinigten Staatsschulen für freie und angewandte Kunst, bei Emil Orlik (1931-34). 1936-45 Arbeits- und Militärdienst. 1946-65 freier Mitarbeiter der Berliner Presse mit z.T. heiteren Berlin-Zeichnungen und Berliner feuilletonistischen Impressionen. Mitarbeit u.a. bei *Der Tag, Die Neue Zeitung*. – Angeregt von Emil Orlik und Heinrich Zille entwickelte G.T. seinen eigenen Stil. Seine Kunst und seine Themen sind berlinisch, ob Kreuzberg oder Kurfürstendamm, die Trödelläden oder Künstlerkneipen und die Originale der Stadt. T. war ein guter und scharfer Beobachter, zeichnete in knappen Umrissen, fast stenographisch, mit der „Authentizität der fixierten Augenblicke". Er ist weder satirischer Zeichner noch Humorist, sondern ein Charakterist, ein Chronist der Berliner Nachkriegszeit, voller Toleranz, Nachsicht und stiller Heiterkeit. Später widmete er sich stärker der Malerei. – Seit Jahren stellte er seine Werke regelmäßig – ab 1953 abwechselnd – in Galerien und Kunstämtern in Berlin aus, vor allem im Kunstamt Wilmersdorf, 1962 auch in Bonn (Galerie „Contra Kreis"). Letzte Ausstellung in der Kommunalen Galerie Berlin-Wilmersdorf: Februar 1990. – Seit 1954 war G.T. Dozent an Berliner Volkshochschulen. 1982 erhielt er das Bundes-Verdienstkreuz der Bundesrepublik.
Lit.: Zahlreiche Pressebesprechungen u.a. *Der Tagesspiegel*, *BZ* (auch Nachrufe am 16.10.89)

**Tusche**, Elisabeth
* 27.03.1913
Eigentl.: E. Tusche-Kersandt
(Ehefrau des Zeichners Günther Kersandt)
Graphikerin, Karikaturistin
Mitarbeit bei: *Deutsche Friseurzeitung* (seit 1932) und *Automobilia* (ADAC)
Ausst.: „Berliner Karikaturisten", Kommunale Galerie, Kunstamt Berlin-Wilmersdorf (1978)
Lit.: Ausst.-Kat.: *Berliner Karikaturisten* (1978)

# U

**Uderzo**, Albert
\* 1927 Paris

Französischer Comic-Zeichner für die Comic-Zeitschrift: *O.K.* A.U. erfand die Serienfiguren: *Clipinard, Ary Buck, Prinz Rollin, Belloy – der Unbezwingbare* (der spätere *Asterix*, bereits 1947 in der Serie *Arys Buck* zu erkennen). Erste Zusammenarbeit mit Goscinny (Texter) für *Tintin*. Die erfolgreiche Zusammenarbeit, aus der die Asterix-Folgen hervorgingen, dauerte bis zum Tode von Goscinny im Jahre 1977. Danach übernahm U. für Band 25 sowie für die nachfolgenden Bände 26 und 27 das Texten.

**Udet**, Ernst
\* 26.04.1896 Frankfurt/M.
† 17.11.1941 Berlin (Freitod)

Generaloberst (1938), bei der deutschen Luftwaffe – Hobbykarikaturist
E.U. zeichnete aus Liebhaberei Karikaturen mit Talent und Humor, karikierte sich und andere, vor allem aus dem Bereich der Fliegerei. Ein erstes Skizzenbuch gibt es aus den Jahren 1914-18. 1928 erschien ein lustiges Fliegerbuch *Hals- und Beinbruch* mit eigenen Karikaturen (und Versen von Charlie K. Roellinghoff).
Lit.: J. Thorwald: *Die ungeklärten Fälle* (1950); D. Irving: *Die Tragödie der deutschen Luftwaffe* (a.d. Engl., 1970)

**Ulla** (Ps.)
Bürgerl. Name: Ursula Gerlach, geb. Laudin
\* 12.08.1928 Groß-Schirrau/Kreis Wehlau
† 01.05.1959 Berlin/Ost

Industrie-Kauffrau, Karikaturistin
Studium an der Kunsthochschule Berlin-Weißensee. Ab 1949 ständige Karikaturistin der *Berliner Zeitung*. Ihr Zeichenstil und die Redeweise ihrer Berliner kessen Rangen erinnern in abgeschwächter Art an Paul Simmel bzw. Heinrich Zille.
Lit.: *Bärenspiegel* (1984), S. 210, 152, 153

**Ullmann**, Günter
\* 1950 Bad Tölz

Cartoonist, Graphiker, Signum: „U"
Fachhochschulstudium (Graphik-Designer). Studienreisen führten G.U. nach Frankreich, Italien, Skandinavien und in den Orient. – Veröffentlichungen in *Schöne Welt* u.a. Er zeichnet skurril, abstrakt, komische Cartoons ohne Worte.
Lit.: Prese: *Schöne Welt* (Okt. 1980)

**Ulrich**, Franz
\* 16.10.1851 Neuruppin

Maler, Zeichner, Illustrator, tätig in Berlin
Ausbildung an der Kunstschule Berlin. Er zeichnete Tier- und Genrebilder für die Presse.
Lit.: Verband deutscher Illustratoren: *Schwarz-Weiß*, S. 166

**Unger**, Johann Friedrich Gottlieb
\* 1753 Berlin
† 26.12.1804 Berlin

Holz- und Formenschneider (insbes. für J.W. Meil, 1733-1805)
Gelernter Buchdrucker. J.F.G.U. erweiterte die väterliche Druckerei zur Schriftgießerei (Unger-Fraktur) und Verlagsbuchhandlung. – Professor an der Königlichen Akademie. Verdienste um die Wiederbelebung der Holzschnittkunst. Seine Themen sind humoristisch-satirisch.
Publ.: *J.F.U. Denkmal eines berlinischen Künstlers und braven Mannes, von seinem Sohn* (1805)
Lit.: *Welthumor – 3 Grazien*, S: 78, 177; *Der Große Brockhaus* (1934), Bd. 19, S. 297; E. Bode: *Die deutsche Graphik*, S. 64, 275

**Unger**, Johann Georg
* 26.10.1715 Gos bei Pirna
† 15.08.1788 Berlin

Buchdrucker, Holzschneider in Berlin
Seit 1751 Formenschneider für Holzschnitte, auch für satirische Darstellungen. Verdienst um die Wiederbelebung der Holzschnittkunst, zusammen mit seinem Sohn. J.G.U. lieferte vorzügliche Holzschnitte und beeinflußte Adolf Menzel und dessen Holzschneider, er lieferte u.a. auch Holzschnitte für Joh. Wilhelm Meil (1733-1805).
Lit.: E. Bock: *Die deutsche Graphik* (1922), S. 64, 275; *Der Große Brockhaus* (1934), Bd. 19, S. 297; *Das große Lexikon der Graphik* (Westermann, 1984) S. 416

**Ungerer**, (Jean Thomas) Tomi
* 28.11.1931 Straßburg

Elsässischer Zeichner von internationalem Format
Nach seinem Schulabschluß (1950) zwei Jahre Tramper durch Europa, 1952 Dienstverpflichtung beim Kamelreiter-Korps in Algerien. Krankheit, dienstuntauglich, 1953 in Straßburg, kurzes Kunststudium an der „Ecole Municipale des Arts Décoratifs". Erste Karikaturen im *Simplicissimus*. – Ab 1957 in New York, Aufstieg zum weltberühmten Zeichner, Illustrator, Werbegraphiker. Mitarbeit in der USA-Presse, u.a. bei *Life, Esquire, Holyday, Fortuna* und *Harpers*. Werbegraphik für führende USA-Firmen. Kinder-Bilderbücher von gefühlvoller liebenswürdiger Art, pastellfarben koloriert (*The Mellops*-Bücher, *Sechs kleine Schweinchen*, *Der Mondmann*), Bilderbücher für Erwachsene als böse Gesellschaftssatiren mit zynisch-schwarzem Humor, abwegiger Erotik – bis Sadismus (*The Party, Fornicon, Sexmaniak*), Zeichentrickfilme. Allein in den USA illustrierte oder zeichnete T.U. zwischen 1957-70 etwa 100 Bücher, im Stilwechsel zwischen kraßer Zeitkritik und biedermeierlich anheimelnder Atmosphäre. Ab 1970 lebt er in Lockeport auf der Kanadischen Halbinsel Nova Scotia mit eigener Farm, Landwirtschaft und Wald, seit 1976 in Südirland mit eigener Farm (150 Hektar mit 5 Bauernhäusern). 1971 zeichnet T.U. die erste Anzeigenserie für die Bundesregierung. Es entsteht sein Buch *Abracadabra* über die positive Zusammenarbeit mit der Werbeagentur Robert Pütz, Köln. – T.U. ist von den USA und Kanada geprägt und in Europa verwurzelt. Sein satirischer Ahne ist Voltaire. – Sein größter Bucherfolg: *Das große Liederbuch – Freut euch des Lebens*
Ausst.: über 50 in den USA und Kanada, seit 1969 regelmäßig in der Galerie Keel, Zürich, Retrospektive im Musée des Arts Décoratifs Paris (1981/82), Straßburg (1981)
Ausz.: (über 50, u.a.) „Society of Authors Gold Medal" (1960), „Society of Illustrators Gold Medal" (1960), „Art Directors Club Award", Preise der *New York Times, New Yorker Herald Tribune* für beste Kinderbücher, „Große goldene Brezel" (1980) Elsäßisches Institut/Volkskunde/Tradition, Straßburg, „Cartooninst of the Year" Kanada (1980), Jacob-Burckhardt-Preis (1983)
Lit.: *Who's Who in Graphic Art* (I+II, 1968, 1982); Ausst.-Kat.: *Exhibition Verzeichnis aller erschienenen Bücher in englisch, französisch und deutsch, sowie Übersicht der Presseartikel und Fernsehsendungen* (Hrsg. T. Ungerer, 1981); *Das große Lexikon der Graphik* (Westermann, 1984) S. 416

**Ungermann**, Arne
* 1902 Odensee/Dänemark

Dänischer Zeichner, Karikaturist
Veröffentlichungen in dänischen Zeitungen und Zeitschriften sowie in Deutschland. A.U. zeichnet humoristische Karikaturen, Illustrationen für Kinderbücher.
Publ.: (Deutschland) *Katinka und der Puppenwagen*
Lit.: *Heiterkeit braucht keine Worte*

**Unold**, Max
* 01.10.1885 Memmingen
† 18.05.1964 München

Maler, Graphiker
Studium an der Universität München (klassische Philologie), an der Privaten Malschule Moritz Heymann (1906-1908) und an der Akademie München, bei Hugo v. Habermann (1908-11). – Gelegentlicher Mitarbeiter beim *Simplicissimus*. M.U. zeichnet skizzenhafte Alltags-Impressionen, Faschingszeichnungen. M.U. war vor allem Maler, beeinflußt von Leibl – nach Frankreich-Reisen – von Cézanne. Das Graphische in seiner Malerei bedingte die stärkere Betonung der Umrisse und dadurch flächige Konturierungen in der Tendenz zur neuen Sachlichkeit. – 1912 erste Ausstellung bei der Münchener Sezession, 1915 Mitglied der Neuen Sezession. Es entstehen die Mosaiken für das Kurhaus Wiesbach. Nach dem Ersten Weltkrieg Entwürfe zu Zuckmayers *Schinderhannes* sowie Mosaiken und Illustrationen. 1946 Ehrenmitglied der Bayerischen Akademie der Schönen Künste, 1955 Bundesverdienstkreuz.
Publ.: *M.U. zwischen Atelier und Kegelbahn* (1939); *M.U. über die Malerei* (1941); *M.U. Saus und Braus* (1942)
Lit.: L. Hollweck: *Karikaturen*, S. 159; W. Hauenstein: *M.U.* (1921); Ausst.-Kat.: *Die zwanziger Jahre in München*, S. 766; *Das große Lexikon der Graphik* (Westermann, 1984) S. 417

**Unterleitner**, Michael → **Much** (Ps.)

**Urchs**, Wolfgang
* 1923 München

Trickfilm-Zeichner, Animator/München
Erfinder, Regisseur/Zeichner des deutschen Zeichen-

trickfilms „In der Arche ist der Wurm drin" (Erstsendung: ZDF, Ostermontag 1988 – Star: der clevere „Woody Wood", ein Holzwurm, der mit einem Trick die Arche vor den gefährlichen Termiten und vor dem Untergang rettet). W.U. hat neben Comic-Zeichenfilmen auch wissenschaftliche Filme zeichnerisch gestaltet.
Lit.: K. Strzyz/A.C. Knigge: *Disney von Innen* (1988), S. 282

## Urs (Ps.)
\* 26.05.1926 Muralto/Tessin

Bürgerl. Name: Fréderic Studer
Schweizer Cartoonist
Lehre als Lithograph (1944-48), danach in diesem Beruf tätig bis 1953. Berufswechsel zum Karikaturisten, erste Karikatur in *L'Illustré*. 1953-54 Studienaufenthalt in Paris. Veröffentlichungen in (Schweiz) *Gazette de Lausanne, L'Illustre, Sie und Er, Radio-je-voistout, Dire, 24H, Nebelspalter, Construire* u.a., (Italien) *Leore, Europeo,* (Frankreich) *Paris-Match,* (Belgien) *Le Soire,* (Deutschland) *stern*. Urs zeichnete humoristische Karikaturen, Cartoons ohne Worte, auch Entwürfe für die „Expo 64", Lausanne.
Kollektiv- und Einzel-Ausst.: (Auswahl) „Un incertain sourir" (Musée des arts décoratifs, Lausanne), „Guide de Livre" (Lausanne, „Dessin d'Humour et Contstation" (Musée d'Arts Modern, Paris), Galerie Rivolta „Humour in Prints" (New York), Expositions dessin d'humour 73 (Avignon), „7 dessinateur d'humour" (Flaine/Frankreich), „Les Suisses vus parleurs caricaturistes" (Pully), „Umoristi suizzeri" (Lugano), House of Humour and Satire, Gabrovo (1977), S.P.H. Avignon (1973) – sowie: Biel, Solothurn, Vasta, Knokke-Heist, Milano, Sierre
Ausz.: Salon international de l'humour (Montreal), 1. Preis „Hypocampe d'Or" (Vasto/Italien), 1. Preis „Chapeau d'Or" (Knokke-Heist/Belgien)
Publ.: *La fleur et le gibet, 100 dessins d'Urs, Urs ça bouge*
Lit.: Ausst.-Kat.: *1. Internationale Biennale Davos*-Cartoon (1986); Fernsehen: (Westschweizer Fernsehen) K.
Rad: „Urs dessein a teur humoriste"

## URS (Ps.)
\* 1918 Weißenfeld/Saale

Bürgerl. Name: Lothar Ursinus
Graphiker, Karikaturist/Kiel
Studium an der Staatlichen Akademie für Graphik, Kunst und Buchgewerbe, Leipzig, ab 1948 als Graphiker in Kiel, ab 1953 freischaffender Karikaturist. URS arbeitete u.a. für *Die Welt, Die Welt am Sonntag, Die andere Zeitung, Quick, Constanze, stern, Neue Illustrierte, Deutsches Allgemeines Sonntagsblatt, Hörzu, Süddeutsche Zeitung, Nebelspalter, France Dimanche, Best cartoons from Abroad* (New York), *Kieler Nachrichten*. URS begann mit humoristischen Karikaturen, später bevorzugte er zeitkritische Themen.
Lit.: *Heiterkeit braucht keine Worte; Der freche Zeichenstift* (1968), S. 171; H.O. Neubauer: *Im Rückspiegel – Die Automobilgeschichte der Karikaturisten 1886-1986* (1985), S. 242, 222, 211, 133; H.P. Muster: *Who's Who in Satire and Humour* (2) 1990, S. 198-199

## Usteri, Johann Martin
\* 12.04.1763 Zürich
† 29.07.1827 Rapperwyl

Schweizerischer Dichter, Zeichner
Ratsherr in Zürich, Gegner der Revolution, Sammler von schweizerischem Kulturgut (Volkslied, Sagen). J.M.U. zeichnete 13 satirische Bilderfolgen aus der Revolutionszeit und die Bildererzählung *Aus dem Leben des Bonifacius Schmalzherzl* (tragikomische Kritik an Schwächen und Fehlern philiströsen Bürgertums) sowie die Erzählungen *Der Vikari* und *Der Herr Heiri* (in Züricher Mundart). Sein Lied „Freut Euch des Lebens, weil noch das Lämpchen glüht" (1793) wurde zum Volkslied (ursprünglich als Gegen-Marseillaise gedacht und von allen Revolutionsgegnern aufgenommen). J.M.U. gehörte zu dem Kreis der von Intellektuellen 1787 gegr. Kunstgesellschaft in Zürich, wo jedes Mitglied monatlich eine Zeichnung in die Malbücher zeichnen mußte über Mißstände und menschliche Schwächen als Folge der Revolution.
Ausst.: *Karikaturen-Karikaturen?* Kunsthaus Zürich (1972)
Lit.: *J.M.U. Dichtungen in Versen und Prosa nebst Lebensbeschreibung*, hrsg. von David Heß (3 Bde. 1831); Böttcher/Mittenzwei: *Dichter als Maler*, S. 70-71; E. Fuchs: *Die Karikatur der europäischen Völker* I, S. 157, 403, 410, 412; *Der Große Brockhaus* (1934), Bd. 19, S. 364; Ausst.-Kat.: *Karikaturen-Karikaturen?*, S. 6

## Usteri, Paulus
\* 14.02.1768 Zürich
† 09.04.1831 Zürich

Schweizer Staatsmann, Mediziner, Schriftsteller, Zeichner (Vetter von Joh. Martin Usteri)
1789-1798 Studium am medizinischen Institut Zürich, schriftstellerische Tätigkeit in Medizin und Botanik. Nach Ausbruch der Französischen Revolution zeigt P.U. Interesse an Politik. 1797 Mitglied des Großen Rates der Stadt Zürich. 1798 helvetischer Senator. 1802 Mitglied der helvetischen Consulta in Paris und 1803 des Kleinen Rates des Kantons Zürich. Verfechter liberaler und konservativer Anschauungen. P.U. gab zus. mit Escher von der Linth den *Schweizer Republikaner* heraus (1798-1803).
Ausst.: „Karikaturen-Karikaturen?" Kunsthaus Zürich
Publ.: *Maler Buch* Bd. 1 (1794-1796), Bd. 3 (1976-1800),

Bd. 4 (1804-1807); *Das Teufelsbuch und andere Karikaturen*
Lit.: Guggenbühl: *Bürgermeister P.U.* (2 Bde. 1924-31); E. Fuchs: *Die Karikatur der europäischen Völker* I, S. 410, 412, Abb. 157, 423; *Der Große Brockhaus* (1934), Bd. 19, S. 364; Ausst.-Kat.: *Karikaturen-Karikaturen?* (1972), S. 2-5

# V

**Valloton**, Felix (Edmond)
* 28.12.1865 Lausanne
† 29.12.1925 Paris

Schweizerisch-französischer Maler, Zeichner, Holzschneider, Schriftsteller, Karikaturist
Studium an der Académie Julian, Paris, ab 1882, bei Boulanger und Lefebre. Mitarbeiter der französischen humoristischen Satireblätter *L'assiette au beurre, Revue Blanche, Le Rire, Le courier Français* und *Revue Franco Américaine*, in London bei *The Studio, Cri de Paris*, in Berlin bei *Pan, Die Insel,* in München bei *Jugend* und Illustrator des Kalenderbuches *Der bunte Vogel*, von Otto Julius Bierbaum. – F.V. hat die Porträt-Karikaturenserie *Die Unsterblichen* gezeichnet (16 Porträts) und verschiedene kritisch-satirische Holzschnittfolgen: *Paris intense* (1893/94), *Intimetés* (1897/98), *Crimes et Châtiments* (1901), *C'est la guerre* (1915/16). – Als Maler bevorzugte er Landschaten, realistische Aktkompositionen. Als Schriftsteller veröffentlichte F.V. drei Romane und kunstkritische Schriften
Lit.: L. Hollweck: *Karikaturen*, S. 131, 138, 187; E. Fuchs: *Die Karikatur der europäischen Völker* II, S. 351, 372, 408, 424, Abb. 401; Ausst.-Kat.: *F.V. – das graphische Werk*; *Das große Lexikon der Graphik* (Westermann, 1984) S. 418

**VAN DAM** (Ps.)
* 1926 Bondy/Dept. Seine

Bürgerl. Name: Roger Auguste Edmond Vandamme
Französischer Karikaturist, anfangs Trickfilmzeichner
Zuerst verschiedene Berufe: Schienenleger, Magaziner, Buchhalter bei den französischen Staatsbahnen (SNCF). Für deren Hauszeitschrift *La Vie du Rail* zeichnete V. einen Comic-strip. Ab 1954 freiberuflicher Cartoonist. – Veröffentlichungen in *Blagues, La Croix, Franc Rire, France Dimanches, Le Hérissons, Ici Paris, Le Pelerin, Ridendo, Tintin* u.a. Veröffentlichungen in der italienischen, englischen, schweizerischen und deutschen Presse durch die Bildagentur Cosmopress/Genf.
Einzel- und Kollektiv-Ausstellungen
Ausz.: Bronzemedaille/Bordighera (1955)
Publ.: *Playdoyer pour la femme grosse*

**Vandersteen**, Willy
* 1903 Antwerpen

Belgischer Comic-Zeichner
Besuch von Abendkursen an der Kunstakademie Antwerpen. Angestellter in einem Warenhaus, Dekorateur, danach freischaffender Comic-Zeichner. W.V.s Geschichten und Comic-Figuren waren: *Tante Sidonie und das kleine Mädchen Ulla, Der Waisenjunge Peter, Der Mann Pankwitz, Supermann Wast'l* sowie *Bessy, Ricki, Prof. Barabas, Club der Goldmasken*. In Deutschland arbeitete er an den Comic-Heften *Bessy, Felix* und *Wastl* des Bastei-Verlages mit.

**Vanselow**, Maximilien
* 12.03.1871 Grätz bei Posen

Pressezeichner, Karikaturist, tätig in Berlin
künstlerische Ausbildung in Krakau, Berlin und Paris. M.V. zeichnete humoristische, charakteristische und politisch-satirische Karikaturen (mit sozialdemokratischer Tendenz). Er war Mitarbeiter bei *Narrenschiff* und *Der wahre Jacob*.
Lit.: E. Fuchs: *Die Karikatur der europäischen Völker* II, S. 487; G. Piltz: *Geschichte der europäischen Karikatur*, S. 221, 227; Verband deutscher Illustratoren: *Schwarz-Weiß*, S. 70

**Varlin** (Ps.)
* 1900 Zürich

Bürgerl. Name: Willi Guggenheim
Schweizer Maler, Zeichner sozialer Themen

Ausst.: „Karikaturen – Karikaturen?", Kunsthaus Zürich, 1972: G 63 „Israel souviens-toi"
Lit.: Ausst.-Kat.: *Karikaturen-Karikaturen?* Kunsthaus Zürich (1972), S. 71

**Varsany**, Medard
* 1913

Maler, Zeichner, Illustrator, Signum: „Medard"
Illustrationen mit karikaturistischem Einschlag für den Deutschen Bücherbund, Stuttgart.
Lit.: *Beamticon – der Beamte in der Karikatur* (1984), S. 54, 142

**Vautier**, Benjamin
* 24.04.1829 Morges am Genfer See
† 25.04.1889 Düsseldorf

Schweizer Genremaler, Zeichner
Studium an der Akademie Düsseldorf, bei C.F. Sohn, und 1856 in Paris. Seit 1857 in Düsseldorf ansässig. Als Maler bevorzugt B.V. gemütvolle naturalistische Genrebilder aus dem bäuerlichen Leben der Schweiz und des Schwarzwaldes mit erzählendem Inhalt (die Wirklichkeit wird beschönigt). Als Zeichner illustriert er: Immermann: *Der Oberhof* (1865); B. Auerbach: *Barfüßele* (1869); Goethe: *Hermann und Dorothea* (1869); *Daheim* (illustr. Zeitschrift). B.V.s Illustrationen sind mehr „humorig als eigentlich humoristisch" (E. Roth).
Lit.: A. Rosenberg: V (1897); E. Roth: *100 Jahre Humor in der deutschen Kunst* (1957); A. Rümann: *Das illustrierte Buch des 19. Jahrhunderts* (1939); Ausst.-Kat.: *Die Kunstsammlung im Heylshof zu Worms*, Nr. 87; *Die Düsseldorfer Malerschule* (1979); S. 492, 493

**Verlage**, Bernhard
* 1942

(nach eigenen Angaben: Geburtsort nicht genau bestimmbar) Aufgewachsen im Ruhrgebiet (Essen)

Maler, Graphiker, Karikaturist (nennt sich „Cartoon-Macher")
Studium an den Kunsthochschulen Hannover, Stuttgart und Berlin/West. Seit 1967 lebt B.V. in Berlin/West. – Seine Themen sind Zeit- und Zeitgenossen, Satire gemalt und gezeichnet. Weitere Arbeiten sind Illustrationen (z.B. zu Herbert F. Witzel: *Gelbbuch* u.a.) und Werbegraphik.
Kollektiv-Ausst.: „Cartoon 77" Weltausstellung der Karikatur, Berlin/West (1977), „Berliner Karikaturisten" Kommunale Galerie Berlin-Wilmersdorf (1978), Kunstamt Berlin-Reinickendorf (1981), Einzel-Ausst.: Kommunale Galerie Berlin-Wilmersdorf (März 1977), Galerie im Fontane-Haus, Berlin/West (Nov. 1980)
Lit.: Ausst.-Kat.: *Aus der Karikaturenwerkstatt* (1981)

**Vicky** (Ps.)
* 25.04.1913 Berlin
† 23.02.1966 London (Freitod)

Bürgerl. Name: Victor Weiß
Politischer Karikaturist, Maler
V. begann früh mit Sportkarikaturen und Porträt-Karikaturen (mit 14 Jahren). Mitarbeit bei *12-Uhr Blatt*, *Montag Morgen*. 1928 zeichnete er die erste Anti-Hitler-Zeichnung für *12-Uhr Blatt*. 1935 emigrierte V. nach England und paßte sich der englischen Mentalität an. Es entstanden unpolitische Karikaturen in seiner Londoner Anfangszeit für *Sunday Reference* sowie die Comic-Serie *Vicky by Vicky* (V., ein hilfloser junger Mann, und seine komischen Abenteuer) auch Film-Karikaturen für *World Film News*. Danach schulte er sich an dem schwarz-weißen „dick-dünn" Stil des englischen Karikaturisten David Low. Dieser Stil, die politische Entwicklung und eigenes Erleben machten V. zum politischen Zeichner und antinationalsozialistischen, aggressiven Hitlergegner. Mit – an Einfall und Ausführung in Text und Bild – treffsicheren Karikaturen kommentierte er radikal und kompromißlos die Tages- und Weltereignisse. In England wurde er als „Vicky" einer der populärsten und führendsten Karikaturisten. V.s Karikaturen decouvrierten die Weltpolitik aus der Sicht und Verantwortung des Weltbürgers. – Politische Mitarbeit in der englischen Presse *News Chronicle* (1941-55), *Daily Mirror* (3 Jahre), *New Statesman* (1955-58), *Evening Standart* (ab 1958). V.s Karikaturen wurden mit Besprechungen auch in der deutschen Nachkriegspresse veröffentlicht, u.a. in *Der Sonntag* (Ost-Berlin), *Neue Zeitung* (München, v. 18.1.46), *Blick* (Nr. 10/1947). – V.s Bilder wurden von der Galerie Lèfevre und der Modern Art Gallery, London erworben.
Publ.: *Let Cowards Flinch; Stabs in the Back; Meet the Russians; Vickys World; Vicky must go; New Statesman Profiles*
Lit.: *Der freche Zeichenstift* (1968), s. 227; *Who's Who in Graphic Art* (I) 1968, S. 262; Z. Semann: *Das Dritte Reich in der Karikatur* (1984), S. 107, 109, 201, 207; W. Feaver: *Masters of Caricature* (1981), S. 181, 187, 189, 196, 212; Presse: *Der Journalist* (Nr. 3/1966: Nachruf)

**Vierig**, Inge
* 04.06.1918 Berlin

Pressezeichnerin, Signum: „Inge"
I.V. zeichnete Illustrationen, satirische Graphik. – Veröffentlichungen u.a. in *Der Insulaner*.
Lit.: *Der Insulaner* (6/1948, 1/1949)

**Vieth**, Johann Günther Wolfgang → **feet** (Ps.)

**Vikár**, Zolán → **Zoltán** (Ps.)

**Vins** (Ps.)
* 10.03.1944 Neu-Delhi

Bürgerl. Name: Vijay N. Seth
Indischer Pressezeichner, Cartoonist
Veröffentlichungen in *Indian Magazine* (indische Ausgabe von *Reader's Digest*), *Lord Magazines* u.a. Außerdem gestaltet Vins die tägliche Rubrik *That's Life* im *Indian-Express* (einer der größten Zeitungen in Bombay).
Lit.: Presse: *Nebelspalter* (42/1987)

**VIP** (Ps.)
* 1916 Alaska

Bürgerl. Name: Virgil Franklin Partsch
USA-Cartoonist in Monterey (Californien)
Studium an der High School und University Tueson/Arizona, und am Choinard Art Institut/Californien. VIP gewann einen „Draw Jigg" einer Lokalzeitung und entschloß sich, Cartoonist zu werden. Erste Veröffentlichungen in *Arizon Kitty Cat*. – Danach war er 4½ Jahre Zeichner in den Walt-Disney-Studios. – Er wurde freischaffender Cartoonist u.a. für *Colliers Magazine* und *Saturday Evening Post*. Seine Comic-Bildergeschichte *Big George* erschien in über 200 Zeitungen der USA, Kanadas und in Europa. V. zeichnete Cartoons ohne Worte, desgleichen auch für die Werbung. – Deutsche Veröffentlichungen u.a. in *Kristall* und *Die Welt*.
Kollektiv-Ausst.: „Karikaturen-Karikaturen?", Kunsthaus Zürich (1972: E 16 „Künstliches Eiland", „Don't you think that you've had enough for a while, dear?", H 53 „Der Unvollendete", „We must have hit it on a weekend", „Rettende Insel")
Publ.: (USA) u.a. *Man the Beast and the wild, wild women; The Art in Cartooning* (1975); (Schweiz/Österreich) u.a. *Wer will unter die Soldaten; Top Cartoons aus USA* (1981)
Lit.: Ausst.-Kat.: *Karikaturen-Karikaturen?* (1972)

**Virl**, Hermann
* 1903 München
† 1958 München

Maler, Zeichner
Studium an der Staatsschule für angewandte Kunst, München, bei F.H. Ehmke, R. Riemerschmied. – Mitarbeit bei *Fliegende Blätter* (1924-26). – H.V. zeichnete humoristische Bilder im Stil der *Fliegenden Blätter* (humoristisch, aktuell, satirisch). 1926-31 Lehrer an der Kunstgewerbeschule Kassel, 1931-45 Lehrer an der Meisterschule für Deutschlands Buchdrucker. Danach freischaffender Gebrauchsgraphiker (vorwiegend Plakate).
Lit.: H. Vollmer: *Allgemeines Lexikon*; H. Riem: *H.V.* (1958); V. Duvineau: *Plakate*; Ausst.-Kat.: *Die zwanziger Jahre in München* (1979), S. 768, 283

**Vogel**, Helmut
* 1944 Salzburg

Österreichischer Cartoonist, Signum: „VOGL"/Salzburg
Studium der Pädagogik (sowie Biologie und Physik) an der Universität Innsbruck bis 1969. Danach in verschiedenen Berufen tätig: Gärtner, Studienrat, Kräutersammler u.a. 1982 gründete er die Satire-Zeitschrift *Watzmann*, verkaufte sie 1983 war aber bis 1984 deren Chefredakteur.
Veröffentlichungen in *Pardon, Süddeutsche Zeitung, Deutsches Allgemeines Sonntagsblatt, Cosmopolitan, Nürnberger Nachrichten, Vorwärts, Weltwoche, profil, Wiener Express, Kölner Stadtanzeiger* u.a. H.V. zeichnet Cartoons ohne Worte – intellektuell geprägt, sowie Comics, Zeichentrickfilme, politische Karikaturen.
Publ.: *Mirabellereien, Lachen ist die beste Medizin*
Lit.: H.P. Muster: *Who's Who in Satire and Humour* (2) 1990, S. 202-230; Presse: *Schöne Welt* (Juli 1977)

**Vogeler**, Heinrich
* 12.12.1872 Bremen
† 14.06.1942 Kasachstan (UdSSR)

Maler, Graphiker, Innenarchitekt, Dichter, bedeutender Jugendstil-Künstler
Studium an der Akademie Düsseldorf (1809-1903) und in Worpswede Schüler von Fritz Mackensen, Hans am Ende. Seit 1894 in Worpswede, Erwarb 1895 den Barkenhof. – H.V. zeichnete Illustrationen, beeinflußt vom Jugendstil um (1900) zu Märchenbüchern, zu Werken von Ricarda Huch, Rilke, Jacobson, Oskar Wilde und Gerhart Hauptmann, Titelseiten für die *Insel*. Er malte schwermütige Moorlandschaften in seiner Worpsweder Zeit. 1904 entwarf er die Inneneinrichtung der Güldenkammer im Bremer Rathaus, 1908 gründete er die Worpsweder Werkstätten. – Der erste Weltkrieg machte H.V. zum Fronteur. Seinen Brief mit dem Friedensaufruf „Märchen vom lieben Gott" und der Aufforderung den Krieg zu beenden, schickte er an die kaiserliche Adresse im Großen Hauptquartier und einen zweiten gleichen Brief an den General-Quartiermeister v. Ludendorff. Dies brachte H.V. die Einweisung in die Bremer Irrenanstalt. In der Revolution 1918 wurde er zum Mitglied des Bremer Arbeiter- und Soldatenrats gewählt – und der Barkenhof wurde eine kommunistische Kommune. – 1925 ging H.V. in die Sowjetunion und malte in der Art des „sozialistischen Realismus". Seit 1931 lebte er dann ständig in der UdSSR. 1934 illustrierte er mit satirischen Pinselzeichnungen die antifaschistische Versbroschüre *Das Dritte Reich* von Johannes R. Becher (Hrsg. bei Zwei Welten, Moskau). Nach dem 22. Juni 1941 beteiligte sich H.V. in Flugblattaktionen an antifaschistischen Tätigkeiten. In Moskau gehörte er nicht zum Kreis der offiziellen, begünstigten Emigranten. Als die deutsche Wehrmacht sich Moskau näherte, wurde H.V. nach Kasachstan in ein

Lager deportiert und trotz seines Alters zum Straßenbau eingesetzt. Über seinen Tod gibt es nur Vermutungen. H.V.s Lebensweg enthält die Wandlungen vom Jugendstil-Künstler und Romantiker zum Pazifisten, Revolutionär, Kommunarden und Kommunisten.
Publ.: *Dir* (Gedichte 1899); *Expressionismus der Liebe* (1918); *Erinnerungen* (Hrsg. Erich Weinert 1952); Graphik: *Reise durch Rußland* (1925)
Lit.: (Auswahl) G. Piltz: *Geschichte der europäischen Karikatur*, S. 255, 274; S.D. Gallwitz: *30 Jahre Worpswede* (1922); D. Erlay: *Worpswede-Bremen-Moskau – der Weg des H.V.* (1972); Ausst.-Kat.: *H.V. – Kunstwerke, Gebrauchsgegenstände, Dokumente* (1983); Presse: *stern* (17/1983: H.V. – Träumer v. einer besseren Welt); *Das große Lexikon der Graphik* (Westermann, 1984) S. 422

**Vogel-Plauen**, Hermann
* 16.10.1854 Plauen/Vogtland
† 22.02.1921 Krebes/Vogtland

Zeichner, Dichter, Autodidakt
Mitarbeiter der *Fliegenden Blätter* (humoristische Zeichnungen). H.V.-P. zeichnete romantische Idyllen, Waldidyllen, traulich und märchenhaft mit Elfen, Rittern und Gnomen, humor- und liebevoll gestaltet. Seine Malervorbilder waren Ludwig Richter und Moritz v. Schwind. H.V.-P. hat viele Bücher und Gedichte (auch eigene) illustriert. Im Band 102 (1895) der *Fliegenden Blätter* zeichnete er die Extra-Beilage anläßlich des 80. Geburtstages des Reichskanzlers Otto von Bismarck. Im Vogtländischen Kreismuseum in Plauen sind viele Arbeiten von H.V.-P. gesammelt.
Lit.: L. Hollweck: *Karikaturen*, S. 96, 106, 220; G. Piltz: *Geschichte der europäischen Karikatur*, S. 172, 219; G. Hermann: *Die deutsche Karikatur im 19. Jahrhundert*, S. 80/81; Verband deutscher Illustratoren: *Schwarz-Weiß*, S. 22; Ausst.-Kat.: *Künstler zu Märchen der Brüder Grimm*, S. 8

**Vogt**, Michael
* 1966

Comic-Zeichner, Autodidakt/Hobbyzeichner, Signum: „MV"
Angeregt durch Comic-Hefte (Micky Maus, Asterix, Moebius & Co). Versuche zu eigenen Comics.
Lit.: *Nobody is perfect* (1986), S. 134-151, 143

**Voigt**, Bruno
* 1912
† 1988 Berlin/DDR

Maler, Zeichner
Veröffentlichungen vor 1939 *Der Veitstanz*. B.V.s Arbeiten zählen zur Widerstandskunst, er zeichnete politische und sozialkritische Karikaturen im Stil zwischen Grosz und Dix.
Ausst.: AGO-Galerie Berlin/West (1988)
Lit.: Ausst.-Kat.: *B.V.* (1988); Presse: *Berliner Morgenpost* (v. 1.1.89)

**Voljevica**, Ismet (Ps.) → ICO (Ps.)

**Völker**, Hans
* 24.09.1889 Hannover
† 18.02.1960 Hannover

Bekannter Landschaftsmaler, Zeichner, Theatermaler
Studium bei Lovis Corinth. H.V. zeichnete satirische Karikaturen.
Ausst.: „Typisch deutsch?", 35. Sonderausstellung Wilh.-Busch-Museum, Hannover (Nr. 272 „Wir sehen uns nur noch auf Beerdigungen")
Lit.: Ausst.-Kat.: *Typisch deutsch?*, S. 36

**Völker**, Karl
* 17.10.1889 Halle
† 28.12.1962 Weimar

Maler, Graphiker, Architekt
Studium an der Kunstgewerbeschule Dresden (1911/12). Politischer Zeichner mit kommunistischer Tendenz der in Halle erscheinenden Zeitung *Klassenkampf* in der Weimarer Republik. Er zeichnet agitatorische Karikaturen. 1918 Mitglied der KPD, 1933 Arbeitsverbot.
Lit.: L. Lang: *Malerei und Grafik in der DDR*; G. Piltz: *Geschichte der europäischen Karikatur*, S. 264; Ausst.-Kat.: *K.V.*, Moritzburg Museum Halle (1949); *K.V. Leben und Werk*, Staatliche Galerie Moritzburg (Halle 1976)

**Völker**, Wilhelm
* 1812
† 1873

Maler, Zeichner
Studium an der Akademie München
W.V. veröffentlichte politische Karikaturen zu Abgeordneten der Frankfurter Nationalversammlung 1848.
Lit.: Ausst.-Kat.: *Bild als Waffe*, S. 118

**Volland**, Ernst
* 1946 Miltenberg/Main
(aufgewachsen in Wilhelmshafen)

Graphiker, Karikaturist, Fotomonteur, Referendar Berlin-Spandau. – Seit 1968 in Berlin/West
Studium an den Hochschulen für Kunst, Hamburg und Berlin/West (1967-72) – (Kunstpädagogik) Meisterschüler (1973). Seit 1971 zeichnet E.V. politische Plakate, Postkarten, Collagen, seit 1972 politische Karikaturen. Er ist Herausgeber von Publikationen zur Polit-Satire, Mitglied des VDSK.

Veröffentlichungen in (u.a.) *pardon, Elan, Spontan, Konkret, Neues Forum* (Wien), *Deutsche Volkszeitung, tip, Kürbiskern (1/74), Ästhetik und Kommunikation, medium, BBK-Nachrichten, Kultur-Politik, Eulenspiegel.*
Einzel-Ausst.: (1968) München/Berlin-West; Berliner Ausst.: Karikaturen/Fotomontagen „Voll aufs Auge", NGBK (August 1981), die Ausstellung wurde polizeilich nach 11 Tagen geschlossen), „Polizei zerstört Kunst", NGBK (Dez. 1981); Materialien zu den Ereignissen der Ausstellung „Voll aufs Auge", „Frische Malerei", Galerie am Chamissoplatz (30.4.-21.5.1982, unter Verwendung der Pseudonyme „Blaise Vincent"/„Borut Kautuser" – „Blaise Vincent" geht als Stiftung an die Nationalgalerie „La douce nuit à Kreuzberg"), „Blaise Vincent – Rückschau auf die Frische Malerei", Galerie am Chamissoplatz (30.4.-22.5.1983)
Publ.: *Fred und sein Sohn* (1977); *Plakate, Karikaturen, Zeichnungen aus 14 Jahren; Mappe mit 50 Karikaturen; Politische Plakate; Harte Tage mit Friedhelm; E.V. Plakate, Montagen, Zeichnungen, Karikaturen 1964-1979* (Hrsg. Peter Wippermann, 1979); *V.s komischer Fotokalender 1988* (1987); *Schöne Ansichten* (1987)
Lit.: *Unter die Schere mit den Geiern – politische Fotomontage in der Bundesrepublik und West-Berlin* (1977), S. 88-89; *Politische Karikaturen in der Bundesrepublik und Berlin/West* (1974/78), S. 82-95; *Wenn Männer ihre Tage haben* (1987); *70 mal die volle Wahrheit* (1987); Ausst.-Kat.: *Thema Totentanz – Kurzbiographien* (1986)

**Voltz**, Johann Michael
\* 1784 Nördlingen
† 1858 München

Vielseitiger Maler, Lithograph, Kupferstecher, Karikaturist
J.M.V. arbeitete für die Kunstanstalten in Nürnberg, Stuttgart, Regensburg und für die Schweiz sowie für Gustav Kühn (Neuruppiner Bilderbogen) aber auch für Radieraufträge von Johann Gottfried Schadow. Er zeichnet volkstümliche Zeitbilder, Illustrationen, Kinderbücher, Bilderbogen, Trachten, religiöse Darstellungen, historische Schlachten, Genrebilder, Porträts, Gebräuche, Typen, Darstellungen aus den Befreiungskriegen, Karikaturen, satirische Blätter gegen Krähwinkeliaden, Anti-Napoleon-Karikaturen, politische Karikaturen, Zeitsatiren (den Adel als eselhaften Antizeitgeist). J.M.V. zeichnete über 4000 kleine Bilderbogen (sog. Halbbogen). Seine politischen Karikaturen sind von den französischen und englischen Vorbildern beeinflußt, die damals führend waren.
Ausst.: „Karikaturen-Karikaturen?", Kunsthaus Zürich (1972)
Lit.: (Auswahl) E. Fuchs: *Die Karikatur der europäischen Völker* I (1901), S. 180, 181, 183, 184, 242, 243, 412; G. Piltz: *Geschichte der europäischen Karikatur* (1976), S. 107, 158; G. Hermann: *Die deutsche Karikatur im 19. Jahrhundert* (1901), S. 23; W. Feaver: *Masters of Caricature* (1981), S. 64; Ausst.-Kat.: *Bild als Waffe* (1984), S. 63, 115, 174, 182, 183, 184, 231, 276, 415

**Vonderwerth**, Klaus
\* 07.02.1936 Berlin

Karikaturist, Gebrauchsgraphiker/Berlin
Nach einer Lehre als Gebrauchsgraphiker Studium an der Meisterschule für Graphik und Buchgewerbe Berlin (1955-59). – Veröffentlichungen u.a. in *Eulenspiegel*. K.V. zeichnet unpolitische, humoristisch-satirische Karikaturen, Illustrationen, Cartoons ohne Worte. Als Graphiker bevorzugt er Plakate, Schallplattenhüllen, Gebrauchsgraphik, Buchillustrationen. Seine Zeichnungen haben oft hintergründigen Humor und doppelbödige Aggressivität.
Kollektiv-Ausst.: „Satiricum '80" (1. Biennale der Karikatur in der DDR, Greiz, 1980: „Ohne Worte"), „Satiricum '84", „Satiricum '86", „Satiricum '88", „Satiricum '90"; Greiz, DDR
Ausz.: Preise: „„Satiricum '84" (1. Preis); „Satiricum '90" (Karl-Schrader-Preis)
Publ.: *Cartoonale* (1981)
Lit.: *Resümee – ein Almanach der Karikatur* (3/1972); *Bärenspiegel* (1984), S. 211; Ausst.-Kat.: *Satiricum '80* (1980), S. 21; sowie die weiteren Ausstellungskataloge

**Vontra**, Gerhard
\* 1920

Pressezeichner, Karikaturist
Studium an der Akademie Leipzig und an der Akademie München, bei O. Gulbransson. Mitarbeit u.a. bei *Neue Berliner Illustrierte, Junge Welt, Berliner Zeitung, Eulenspiegel*. G.V. zeichnete zeitkritische Berliner und DDR-Themen: Reportage-Skizzen des gesellschaftlichen Lebens in der DDR, sowie von Schiffsreisen in Länder Afrikas und Asiens.
Publ.: „Zeigt her eure Füßchen"
Lit.: *Resümee – ein Almanach der Karikatur* (3/1972); *Bärenspiegel* (1984), S. 211

**Vorbeck**, Matthias
\* 1943

Karikaturist/Cartoonist/Rostock, Signum: „MV"
Veröffentlichungen in *Eulenspiegel* u.a. M.V. zeichnet humoristisch-komische, satirische Cartoons ohne Worte und ganzseitige Themen.
Kollektiv-Ausst.: „Satiricum '80" (1. Biennale der Karikatur in der DDR, Greiz, 1980: „Hometrainer", „Einweihung"), „Satiricum '84", „Satiricum '86"
Lit.: Ausst.-Kat.: *Satiricum '80* (1980), S. 26; *Satiricum '84, Satiricum '86*

**Vrieslander**, J.
\*      1880 Düsseldorf
Graphiker, Maler/Dachau, später Paris
Zwischen 1901-1905 und ab 1919-1922 in Dachauer Gegend, nach „Dachauer" Künstlerliste.
Veröffentlichung u.a. *Varieté*, Mappe grotesker und pikanter Zeichnungen aus der Varietéwelt (von Beardsley im Dekorativen beeinflußt).
Lit.: Eduard Fuchs: *Die Karikatur der europäischen Völker*, Bd. II, S. 453; Lorenz Reitmeier: *Dachau/Der berühmte Malerort* (1989), S. 499

# W

**Waalkes**, Otto
* 22.07.1948 Emden

Studium der Kunstpädagogik (abgebrochen). – Ottos erstes abendfüllendes Konzert „Otto Life im Audimax" verkaufte sich (1972) auf Platte über 250.000mal. Das Ende des Studiums war der Anfang seiner Karriere für kommerzialisierte Komik, die er aber nicht als Sänger und Gitarrist erreichte, sondern durch die Zwischenansagen als Blödel-Otto, von Anfang an gemanagt von seinem Freund Hans Otto Mertens, der dafür sein Pharmaziestudium aufgab. – Erster Fernseh-Auftritt (27.8.1973), danach jährlich eine Fernsehsendung. In einer 13-Zimmer-Villa in Hamburg-Blankenese befindet sich Ottos hochtechnisierte Schallzentrale für Medienunterhaltung, seine eigene Kreativfabrik mit Ton- und Videostudio, Plattenfirma und Musikverlag „Rüssel Räckords" (Rüssel, wegen der Elefantenrüssel). – Als Karikaturist zeichnet Otto am liebsten Elefanten. Sein Markenzeichen: „Ottifanten". Veröffentlicht in *Hörzu* die Folgen *Otto's Tierleben, bei Otto, siehste*. Er zeichnet Witze, Karikaturen, Plattenhüllen. – Ghostwriter für O. sind die Frankfurter Satiriker: R. Gernhardt, Peter Knorr, Bernd Eilert. – Filme: „Otto der Film" (14 Millionen Zuschauer), „Otto – der neue Film". Von der Fachhochschule Ostfriesland erhielt Otto einen Lehrauftrag für die Bereiche „Theater, Kabarett und Kunsterziehung".
Ausz.: Hörzu-Preis „Goldene Kamera" (1976); „Goldene Kamera" (1980)
Publ.: *Das Buch Otto* (1980), *Das zweite Buch Otto* (1984), *Ottifanten* (1988)
Lit.: *Das große Buch des Lachens* (1987), S. 372; Presse: B.Z. (v. 1.8.1987); *Das neue Blatt* (37/1987); *Nebelspalter* (43/1987)

**Wach**, Aloys (Ps.)
* 30.04.1892 Lambach/Österreich
† 1940 Braunau, am Inn

Bürgerl. Name: Aloys Ludwig Wachelmeier (Wachelmeyer)
Glasmaler, Holzschnittkünstler, Graphiker (Autodidakt)
A.W. veröffentlichte 1919 agitatorische, politische, satirische Holzschnitte (in der Art von Masareel) für die Ziele der November-Revolution in der April-Ausgabe der *Münchener Neuesten Nachrichten* und des *Bayrischen Kuriers*, aber auch sozialkritische Zeichnungen, u.a. in Kunstzeitschriften, wie z.B. die Holzschnitte „Obdachloser", „Arbeitende Brüder" u.a. Er war Mitglied des „Sturm". Im Dritten Reich erhielt er Arbeitsverbot.
Lit.: *Die Schaffenden* (1984), S. 182; Ausst.-Kat.: *Die zwanziger Jahre in München* (1979), S. 254-55

**Wachsmuth**, Eberhard
* 24.12.1919 Eichwalde/Teltow

Graphiker, Art-Direktor
Studium an der Hochschule für bildende Künste, Berlin. E.W. begann nach 1945 als Maler und Karikaturist. Er arbeitete mit bei *Der Insulaner*, *Neue Zeitung* und *Der Ulenspiegel*. Er zeichnete aktuelle, satirische, humoristische Karikaturen. Ständige Mitarbeit bei *Der Spiegel* (ab 1954 bis Nr. 36/1984), 223 Ausgaben „Bild und Graphik, E.W." (Impressum). Ab 9. Mai 1966 verantwortlich für 548 Spiegel-Titelblätter und rund 130 Zeichnungen im Innentitel der Zeitschrift, zus. mit seinen Mitarbeitern Thomas Bonnic und Manfred Igogeit für die graphische Gestaltung. – Veröffentlichungen auch in *Der Insulaner* (1/48, 5/48, 7/48, 8/48, 1/49, 6/49, 7/49, 8/49, 9/49, 10/49, 11/49, 12/49).
Ausst.: u.a. „Documenta 5" (1972), „Musée d'Art Moderne", Paris (1981)
Ausz.: 1968 „Joseph-E.-Drexel-Preis"
Lit.: H. Dollinger: *Lachen streng verboten* (1972), S. 332

**Wacik**, Franz
* 09.09.1883 Wien
† 15.09.1938 Wien/Österreich

Illustrator, Maler, Karikaturist
Studium: Kunstgewerbeschule Wien, Akademie Wien (1902-1908)
Veröffentlichungen: ab 1906 *Die Muskete* (Wien). Themen: aktuell, humoristisch, satirisch. Plakate, Kinderbuch-Illustrationen u.a. *Das tapfere Schneiderlein, Münchhausen*, originelle Illustrationskunst, elegante Linien à la Beardsley mit den geometrischen Tendenzen des Wiener Jugendstils.
Lit.: Ausst.-Kat.: *Künstler zu Märchen der Brüder Grimm*, Kunstamt Tiergarten, Berlin/West (1985), S. 10; *Das große Lexikon der Graphik* (Westermann) 1984, S. 424

**Wackerle**, Josef
\* 1880 Partenkirchen
† 1959 Partenkirchen

Bildhauer, Illustrator, Humorzeichner (aus einer Bildschnitzer- und Baumeisterfamilie)
Studium an der Kunstgewerbeschule München, Kunstakademie München. 1900 Rompreis. 1906-09 künstlerischer Leiter der Porzellanmanufaktur Nymphenburg. Veröffentlichungen in *Jugend*; es sind Vignetten, Illustrationen, Humorzeichnungen. Von Bruno Paul nach Berlin geholt. 1909 Lehrer am Kunstgewerbe-Museum (Unterrichtsanstalt), ab 1917-22 Lehrer an der Kunstgewerbeschule München, 1922-50 Professor an der Akademie München, nebenher zahlreiche Plastiken, Reliefs, Grabdenkmäler. 1929 Porträtbüste von Olaf Gulbransson.
Zahlreiche Ausstellungen: ab 1909 Berlin, Düsseldorf, Mannheim, München, Zürich.
Ausz.: u.a. Goethe Medaille (1940), Kulturpreis Stadt München (1954), Ritter des Bayerischen Maximiliansordens, Ehrenbürger von Garmisch-Partenkirchen, Mitglied der Preußischen Akademie, der Bayerischen Akademie.
Lit.: H.P. Muster: *Who's Who in Satire and Humour* (2) 1990, S. 206-207; Thieme-Becker: *Allgemeines Lexikon der bildenden Künstler* (1907-50)

**Waechter**, Friedrich Karl
\* 03.11.1937 Danzig

Graphiker, Karikaturist, Signum: „Wae"
Studium an der Kunstschule Alsterdamm Hamburg (1957-60). – 1960-62 Werbegraphiker in Freiburg, ab 1962 in Frankfurt/M., Mitgründer und Angestellter von *pardon* (Satirezeitschrift), ab 1964 freischaffend für die Presse u.a. für *Konkret, Twen, Zeitmagazin* und für Werbung, ab 1966 Autor von Kinderbüchern, ab 1968 Zusammenarbeit mit Robert Gernhardt (Drehbücher), ab 1974 zahlreiche Film- und Theaterproduktionen für Kinder und Erwachsene, Mitbegründer, Mitredakteur, Mitarbeiter von *Titanic* (seit 1979). Er zeichnet kritisch, satirisch, politisch-ironisch, komisch bis bösartig – Karikaturen, Illustrationen, Kinderbücher. – Satiren: *Welt im Spiegel 1964-76*, karikierende, schreibende Zeitkritik/Pardon-Beilage (zus. mit Robert Gernhardt/F.W. Bernstein). – Illustrationen u.a. zu: „Farm der Tiere" (1982, George Orwell). – Filme: „Der Beinemacher", „Pustekuchen", „Der Teufel mit den drei goldenen Haaren", „Kiebich und Dutz", „Die Bremer Stadtmusikanten", „Die Bären im Brunnen" (auch für Erwachsene) und für das ZDF: „Arnold Hau-Schau".
Einzel-Ausst.: Galerie Jule Hammer, Europa-Center, Berlin/West (1973), Kollektiv-Ausst.: Kunsthalle Recklinghausen (1972), „Gipfeltreffen", Wilh.-Busch-Museum (1987), weitere Ausstellungen im In- und Ausland
Ausz.: Jugendbuch-Preis des Familien-Ministeriums (1975), Gebrüder-Grimm-Preis (1984)
Publ.: (Kinderbücher – ab 1966 u.a.) *Ich bin der Größte* (1966); *Der Anti-Struwwelpeter* (1970); *Tischlein deck dich – Knüppel aus dem Sack; Die Kronenklauer* (1972); *Brülle dich zum Fenster raus* (1973); *Wir könnten noch viel zusammen machen* (1973); *Pustekuchen* (1974); *Drei Wandgeschichten; Bremer Stadtmusikanten* (1977), *Das Ungeheuer Spiel* (1975); *Opa Hucks Mitmach-Kabinett* (1976); *Kinder-Kalender* (1977); *Die Bauern im Brunnen* (1978); *Spiele* (1979); *Wer kommt mit auf die Lofoten?; Fühlmäuse; Schule mit Clowns; Kiebich und Dutz* (1979); *Der Teufel mit den drei goldenen Haaren* (1980). Cartoon-Bücher: *Wahrscheinlich guckt wieder kein Schwein* (1978); *Es lebe die Freiheit* (1981); *Grundgesetz* (1982); *So dumm waren die Hebräer; Männer auf verlorenen Posten* (1983); *Nur den Kopf nicht hängen lassen* (1983); *Glückliche Stunde* (1986)
Lit.: (Auswahl) *Die stachlige Muse* (1974), S. 90; *Die Entdeckung Berlins* (1984), S. 112; *70 mal die volle Wahrheit* (1987); Ausst.-Kat.: *Zeitgenossen karikieren Zeitgenossen* (1972), S. 234; *Wilhelm Buch und die Folgen* (1982); S. 80-82; *Künstler zu Märchen der Brüder Grimm* (1985), S. 14/15; *Gipfeltreffen* (1987); S. 177-84; *Das große Lexikon der Graphik* (Westermann, 1984) S. 424

**Wagner**, Erdmann
\* 16.08.1842 Verden
† Jan. 1917 München

Maler und Zeichner
Studium an der Akademie München, bei Wilhelm Diez. – Mitarbeit bei *Fliegende Blätter*. E.W. zeichnete humoristische und satirische Typen und Szenen aus Oberbayern, ähnlich der Art von Friedrich Steub.
Lit.: L. Hollweck: *Karikaturen*, S. 106; L.J. Reitmeier: *Dachau – Der berühmte Malerort*

**Wagner**, Günther
\* 18.09.1899

Politischer Zeichner, Signum: „Gu"
Studium an der Kunstgewerbeschule Berlin-Charlottenburg und an der Hochschule für bildende Künste. Mitar-

beit in den Zeitungen und Zeitschriften der revolutionären Arbeiterbewegung (sozialistisch-kommunistische Tendenz) *Rote Fahne, Roter Pfeffer, Der rote Stern, Eulenspiegel, Der wahre Jacob, Magazin für alle*. Auch Plakate und Buchumschläge. – G.W.s politisches Engagement: KPD-Mitglied, Mitbegründer der ARBKD, Arbeit im ZK der KPD, aktiv in der Widerstandsbewegung. – 1934 Flucht in die Tschechoslowakei, Mitarbeit in der Exil-Presse, bei *Simplicus/Simpl, AIZ, Gegenangriff, Prager Tageblatt, Prager Mittag*. Er verwendet verschiedene Pseudonyme: „Pjotr", „wa-r" oder „w-r". Flucht nach England (1939). Mitarbeit im „Freien Deutschen Kulturbund", Internierung.
Lit.: Ausst.-Kat.: *Widerstand statt Anpassung* (1980), S. 271; *KB*, Berlin (DDR), (1978/79), S. 93; J. Kramer: *Die Assoziation Revolutionärer Bildender Künstler Deutschlands* (ARBKD), S. 195

**Wagner**, Wolfgang
* 1884 Furth im Wald
† 1931 München (Pasing)
Maler, Zeichner, Karikaturist
Mitarbeiter der *Fliegenden Blätter* (ab 1908). W.W. bevorzugt humoristische und zeitkritische Sujets. Typen aus dem Bayerischen, kräftige Darstellung bayerischer Bauern.
Lit.: Ausst.-Kat.: *Zeichner der Fliegenden Blätter – Aquarelle, Zeichnungen* (Galerie Karl & Faber, München 1985)

**Wahle**, Friedrich
* 05.07.1863 Prag
† 1927
Maler, Zeichner, Illustrator
Studium an der Akademie München, bei Wilh. Dietz und Löfftz, und Studien in Belgien, Holland und Paris. – Mitarbeiter der *Fliegenden Blätter*. F.W. zeichnete humoristische Sujets aus dem modernen Leben und aus eleganten Salons.
Lit.: *Spemann's goldenes Buch der Kunst*, Nr. 1683

**Waidenschlager**, Theo (Theodor)
* 1873
† 1936
Graphiker, Zeichner (ab 1908)
Themen: humoristische, satirische, aktuelle Karikaturen, die stark von Rudolf Wilke beeinflußt wurden.
Veröffentlichungen in *Ulk, Jugend, Brummer, Zeit im Bild* u.a., um 1904 im Dachauer-Malerkreis.
Lit.: Hans Reimann: *Die schwarze Liste, Ein heikles Bilderbuch* (1916), S. 119-120; Lorenz Josef Reitmeier: *Dachau, der berühmte Malerort* (1989), S. 499

**Walraevens**, Jean Paul → **Picha** (Ps.)

**Walter**, Josef
* 13.03.1927 Perbál bei Budapest
Pressezeichner, Karikaturist
1946 als Volksdeutscher ausgewiesen, Kaufmannslehre abgebrochen, dadurch zum Zeichnen gekommen, Grundausbildung in der freien und angewandten Zeichenkunst, anschließend Gebrauchs- und Werbegraphik. – Tätig als Statistiker und Graphiker in Mannheim.
Lit.: Ausst.-Kat.: *Turnen in der Karikatur* (1968)

**Wasmus**, Karl-Heinz → **Charly** (Ps.)

**Wassi** (Ps.)
* 25.04.1923 Berlin
† 27.04.1983 Berlin/West
Bürgerl. Name: Eberhard Wassilowski
Pressezeichner, Karikaturist, Boxsportjournalist
Studium an der Hochschule für Bildende Künste, Berlin-West. Mitarbeit für die Berliner Presse, u.a. beim *12-Uhr-Blatt*, später ständig für *Der Abend*. W. zeichnete Sport-Porträt- und Prominenten-Karikaturen, Tier-Zeichnungen, Werbe-Karikaturen. W. war Amateurboxer (in 67 Kämpfen nur 5mal geschlagen). Als Werbefachmann war er Initiator der „Berliner Kinderparty" (ab 1971) und der „Seniorenparty" (ab 1975) in der Berliner Deutschlandhalle. – In den letzten drei Lebensjahren Patient auf der Neurologischen Station des Rudolf-Virchow-Krankenhauses in Spandau.
Kollektiv-Ausst.: „Cartoon 75", Weltausstellung der Karikatur, Berlin-West (1975), Galerie Julia Hammer, Europa-Center (1976)
Lit.: Ausst.-Kat.: *Cartoon 75*

**Wauer**, William
* 26.10.1866 Oberwiesenthal/Erzgebirge
† 1962 Berlin
Maler, Zeichner, Kunstkritiker, Theater- und Filmregisseur
Studium an den Akademien Dresden, Berlin und München
Mitarbeit der Zeitschriften *Die Woche* (um 1900), *Der Sturm*. Er veröffentlicht satirische Zeichnungen, Gemälde. Vertreter des abstrakten Expressionismus, der – zwecks höchster Ausdrucksintensität (wie im Umkreis des *Sturms*) – auf das äußerste stilisierte. Seit 1906 Theaterregisseur unter Max Reinhardt. W.W. führt die Regie beim Schauspiel *Die vier Toten von Famietta*. Ab 1911 Filmregisseur (u.a. Filme mit Albert Bassermann). 1912 Futuristen-Ausstellung (wieder Hinwendung zur bildenden Kunst). 1919 Einzelausstellung in Galerie „Der Sturm". 1928-33 Tätigkeit beim Rundfunk (Kunstvorträ-

ge, Hörspiele). 1933-45 als „Entarteter" verfemt. 1956 zwei retrospektive Ausstellungen seiner Werke in Berlin (anläßlich seines 90. Geburtstages).
Lit.: Verband deutscher Illustratoren: *Schwarz-Weiß*, S. 98; *Lexikon Expresionismus*, S. 115; Vollmer: *Allgemeines Lexikon der bildenden Künstler des XX. Jahrhunderts* (Kat. 1/26); Ausst.-Kat.: *Tendenzen der Zwanziger Jahre* (1977), S. B 70

**Weber,** (Andreas) A. Paul
\* 01.11.1893 Arnstadt/Thüringen
† 09.11.1980 Schretstaken bei Mölln
Lithograph, Zeichner, Illustrator
Autodidakt, gebildet an Goya, Daumier und Kubin, begann A.P.W. 1911-13 als Gebrauchsgraphiker, erste lithographische Versuche, ab 1919 Buchillustrationen-Mitarbeit an den Zeitschriften *Widerstand* und *Entscheidung* (1928-34). A.P.W. war ein Satiriker und Moralist menschlicher Schwächen und Typen. Seine Zeichnungen sind Zeitdokumente aggressiv, witzig, grotesk, politisch-satirisch, skurril, ironisch, durch vier Epochen deutscher Geschichte. Als „Hofnarr" der Geschichte sah er sich selbst, als Eulenspiegel im „Alptraum". Gelegentliche Mitarbeit am *Simplicissimus*. – Auch Fabeln hat er gestaltet, besonders der listenreiche und gerissene Fuchs war sein Lieblingstier. Kunstkritiker bezeichnen A.P.W.s Stil als „visionären Realismus". Sein Stil ist geprägt von den Meistern des 19. Jahrhunderts, die Themen: ewigmenschliche Zeiterscheinungen ins Zeitlose übertragen. Sie machten A.P.W. zum Meister graphischer Satire. Sein Werk umfaßt ca. 3000 Blätter. Außerdem hat er über 60 historische und aktuelle Bücher illustriert. Seit 1958 gab er alljährlich seinen *Kritischen Kalender* heraus. Jeder Lithographie ist ein Zitat gegenübergestellt, das entweder kommentiert oder kontrastiert wird. 1925 Gründung der Clan-Presse, zur Herstellung eigener Lithographien (zus. mit Sohn Christian).
Nationale und internationale Ausst. zuletzt in Rejkjavik (1977)
Ausz.: Hans-Thoma-Medaille (1963), Professoren-Titel ehrenhalber (1971), Großes Bundesverdienstkreuz der BRD (1973), A.P.W. Museum auf der Domhalbinsel Ratzeburg (1973), A.P.W. Gesellschaft (1974)
Publ.: *Der Narrenspiegel* (55 Bilder aus den Fastnachtsspielen von Hans Sachs, 1921); *Britische Bilder* (46 polit. Zeichnungen, 1943); *Leviathan* (1954); *Hoppla Kultur* (1954); *Mit allen Wassern gewaschen* (Neue Geschichten vom alten Fuchs, 1973); *100 Ausschnitte* (1973); *50 Jahre danach* (polit. Zeichnungen, 1929-36); *Im Namen des Volkes* (graphische Ansichten von A.P.W.); *Komm wir spielen ein Partiechen*
Lit.: (Auswahl) *A.P.W. Graphik* (Einf. v. G. Ramseger, 1956); *A.P.W. kritische Graphik* (Einl. v. H. Reinoß, 1973); *Der Graphiker A.P.W. – das graphische Werk* (Monographie 1980); G. Wollandt: *Bild und Wort A.P.W.*; Ausst.-Kat.: *A.P.W. Kunst im Widerstand* (1977); G. Wollandt: *A.P.W. Künstler und Werk*; Presse: (Nachrufe) *Hamburger Abendblatt*; *Frankfurter Allgemeine Zeitung*; *Hannoversche Allgemeine*; *Die Welt*; *Der Spiegel*; *Braunschweiger Zeitung*; Fernsehen: Südfunk Stuttgart (10.5.1963); ZDF (6.8.1972), III Berlin (26.2.1978); *Das große Lexikon der Graphik* (Westermann, 1984) S. 426

**Weber,** Hans
\*        1931 Düsseldorf
Graphiker, Karikaturist, Kunsterzieher
Studium an der Kunstakademie Düsseldorf (Graphik, künstlerisches Lehramt) und der Universität Köln (Germanistik). – Veröffentlichungen in *Simplicissimus* sowie in Tageszeitungen u.a. Zeitschriften. Es sind satirische Texte, Zeichnungen in verschiedenen Büchern von *Pardon*, Illustrationen, humoristische Zeichnungen. Seit 1964 ist H.W. Kunsterzieher (an der Werkkunstschule Krefeld).
Kollektiv-Ausst.: u.a. Kunsthalle Recklinghausen (1972)
Lit.: Ausst.-Kat.: *Lichtenberg's Aphorismen und der Zeichner Hans Weber*, Werkkunstschule Krefeld; *Zeitgenossen karikieren Zeitgenossen* (1972), S. 234

**Weber,** Kurt
\* 12.12.1913 Berlin
Pressezeichner, Karikaturist, Signum: „Kurwe"
Studium an der Kunstgewerbeschule Berlin, bei Prof. Kaus. Danach Tätigkeit als Trickfilmzeichner (Phasenzeichner, Animator). Seit 1951 freischaffender Pressezeichner, humoristischer Zeichner. Mitarbeit u.a. bei: *Berliner Morgenpost, Neue Post, Welt am Sonntag, Constanze, Hörzu, Frankfurter Illustrierte, Wiener Illustrierte, Deutsche Illustrierte, Der Hausfreund, B.Z.* und *Sex-Illustrierte*. K.W. zeichnet harmlosen, unverbindlichen Humor, voller Witz – für die Presse sowie für Glückwunschkarten-Verlage und Werbung. – Beteiligung an verschiedenen Berliner Karikaturen-Ausstellungen, auch am Internationalen Karikaturisten-Wettbewerb um die „Goldene Palme" (1955, Salone Internazionale dell'Umorismo) Bordighera (7. Platz).
Lit.: *Wolkenkalender* (1956)

**Weber,** Kurt Dr.
\*        1946 Lamstedt/Niedersachsen
Physiklehrer, seit 1983 Karikaturist, Signum: „KtWeber"
Studium an der Universität Göttingen (Physik/Mathematik 1968-72) und an der Hochschule für bildende Künste, Kassel (Malerei/Bildhauerei 1973-76). 1978-82 wissenschaftlicher Angestellter (an der Universität Göttingen). 1978 Abschlußdiplom in freier Malerei. 1982 Experimen-

talphysiker (Dr.), danach freischaffender politisch-satirischer Karikaturist.
Lit.: H.P. Muster: *Who's Who in Satire and Humour* (2) 1990, S. 208-209

**Wechsler**, Magi
* 1960? Zürich

Schweizer Cartoonistin, Signum: „Magi"
Veröffentlichungen seit 1977 in *Omnibus* (Berliner Kulturzeitschrift), *Brigitte* (ab 2/1985, Illustrationen zur Heilwig-Kolumne), *Schweizer Illustrierte, Die Weltwoche, Der Vogelfreund*. M.W.zeichnet Cartoons (mit kessem Strich), Comics, Illustrationen, z.B. für *Der Knopf* (1978); *ABC-Büchlein mit Eselsohren* (1978); *Leitfaden zum Presserecht* (1982); *Überall und niene* (1983); *Politik von unten; Gebrauchsanweisung für Amerika* (1985); *Zwei Welten, ein Leben* (1985); *Meine Eltern trennen sich* (1987); *Keine Zukunft für lebendige Arbeit?* (1988)
Lit.: Ausst.-Kat.: *2. Internationale Cartoon-Biennale*, Davos (1988), S. 32-33; *3. Internationale Cartoon-Biennale*, Davos (1990), S. 42-43

**Weigle**, Fritz → **Bernstein**, F.W. (Ps.)

**Weimer**, Markus
* 1963

Graphiker, Karikaturist
Studium an der Hochschule für Gestaltung, Hamburg. – Veröffentlichungen in *Hamburger Rundschau, Der Spiegel, Titanic* u.a. Es sind grotesk-humoristische Karikaturen.
Lit.: *Eifersüchtig* (1987), S. 95

**Weindauer**, Karl
* 1788 Dresden
† 20.08.1848 Berlin

Zeichner
Studium an der Akademie Berlin (ab 1808). – 1814/15 Kriegsfreiwilliger. Danach Regierungsbeamter. Nebenher Zeichner. K.W. nimmt seine Themen aus dem volkstümlichen Biedermeier-Milieu.
Publ.: *Leben und Weben in Berlin* (1822)
Lit.: *Bärenspiegel* (1984), S. 211

**Weiner**, Engelbert
* 1872 Mähren
† 1916

Studium an der Akademie München, bei Stuck. – Mitarbeit beim *Simplicissimus*. E.W. zeichnete seine humoristischen Bilder aus dem bayrischen Milieu in der Art von J.B. Engl.
Lit.: L. Hollweck: *Karikaturen*, S. 169

**Weinert**, Erich
* 04.08.1890 Magdeburg
† 20.04.1953 Berlin/DDR

Politschriftsteller, Zeichner, Graphiker
Studium an der Kunstgewerbeschule Magdeburg (1908-10) und der Kgl. Kunsthochschule Berlin (1910-12), Examen als Zeichenlehrer. – 1912-13 Zeichenlehrer, Schauspieler, Kabarettist, freiberuflicher Graphiker, 1928 Vorstandsmitglied des Bundes proletarisch-revolutionärer Schriftsteller. 1929 Mitbegründer der Zeitschrift *Linkskurve*. 1931 Redeverbot (7 Monate) 1933 Emigration. 1937-39 Propagandist und Plakatgestalter im Spanischen Bürgerkrieg (politisch-satirische Karikaturen – antifaschistische Tendenz), in „Pasaremos" (Erste internationale Brigade). Im Zweiten Weltkrieg Sprecher im Moskauer Rundfunk, Propagandist in der Schlacht um Stalingrad. 1943 Mitbegründer und erster Präsident des „National-Komitees Freies Deutschland". Ab 1946 in Berlin (Ost) Vizepräsident der Zentralverwaltung für Volksbildung der DDR. – E.W. schrieb agitatorische Lyrik und Prosa gegen Militarismus und Faschismus. Sein Thema: Politischer Kampf und Kunst, im Mittelpunkt der Mensch.
Lit.: *E.W. Dichter und Tribun* (hrsg. Deutsche Akademie d. Künste DDR, 1965); Böttcher/Mittenzwei: *Dichter als Maler*, S. 286/87 E.W.

**Weinmair**, Karl
* 1906 München
† 04.10.1944 München

Maler, Graphiker
Studium an der Kunstgewerbeschule München, bei Olaf Gulbransson, der Akademie der bildenden Künste München, bei Julius Diez (ab 1924). Während des Studiums „Lenbach-Preis" der Stadt München. – Ab 1930 freischaffender Maler und Graphiker in München. Gelegentliche Mitarbeit beim *Simplicissimus*. 1932 Beteiligungen an der Kunstausstellung München und der Münchener Sezession. 1939 Einberufung zum Wehrdienst. 1944 vollendete K.W. sein *Skizzenbuch aus dem 1000jährigen Reich*, eine der kritischsten Abrechnungen mit faschistischer Demagogie und Terror. 1944 nach Lazarettaufenthalt dienstuntauglich, beim Abholen der Entlassungspapiere bei Bombenangriff getötet. – Bilder: Großes Selbstbildnis mit Hut (1931), Kommunionkind (1931), Boxer (1934).
Publ.: *Skizzenbuch aus dem 1000jährigen Reich* (1944), Faksimile-Nachdruck des Skizzenbuches von 1944 (1973, mit Einleitung von R. Hiepe)
Lit.: *K.W. Leben und Werk* (1973, Einl. von R. Hiepe); Ausst.-Kat.: *Die zwanziger Jahre in München* (1979), S. 767; *Widerstand statt Anpassung 1933-45* (1980), S. 277

**Weisgräber**, K.F.E.
* 06.10.1927 Erzgebirge
Graphiker, Karikaturist/Steinbach im Taunus
Besuch eines Priesterseminars, Studium der Bildhauerei (3 Jahre), dann an der Meisterschule Offenbach (6 Semester). – Tätig als Firmengraphiker, freier Karikaturist.
– Veröffentlichungen in: *Simplicissimus, Renault-Revue* u.a. Es sind humoristische Zeichnungen.
Lit.: Presse: *Renault-Revue* (11/1970)

**Weiss**, Oskar
* 1944 Murti bei Bern
Schweizer Graphiker, Karikaturist
Veröffentlichungen in: *Neue Züricher Zeitung, Nebelspalter* u.a. O.W. ist auch tätig für Verlage, Werbeagenturen, Dienststellen (auch im Ausland). Er zeichnet die Comic-Folge „Götter-Album".
Kollektiv-Ausst.: u.a. „Cartoon 77", Weltausstellung der Karikatur, Berlin/West
Lit.: Presse: *Nebelspalter* (46/1987)

**Weiß**, Victor → **Vicky** (Ps.)

**Weissgerber**, Albert
* 21.04.1878 St. Ingbert/Pfalz
† 10.05.1915 (gefallen) bei Fromelles/Ypern
Maler, Zeichner
Studium an der Kreisbaugewerbeschule Kaiserslautern (1891), der Kunstgewerbeschule München (1895) und der Akademie München, bei Gabriel Hackl (1897/98), F.v.Stuck (1898-1901). – Mitarbeiter der *Jugend* ab Nr. 25/1897 bis 1912 (etwa 500 Zeichnungen) und des *Simplicissimus* (1913-14). A.W. zeichnete humoristische Bilder mit eigenen prägnanten Texten. Seine Zeichnungen sind in Schwarzweiß-Kontrasten effektvoll und malerisch bei Farbkontrasten, impressionistisch abgestimmt. Thematisch sind sie münchnerisch. Seine Zeichnungen wirkten auch ohne Text humoristisch-karikaturistisch. 1905-06 finanzierte ihm die Redaktion einen Aufenthalt in Paris.
– A.W.zeichnete die Illustrationen zu: *Till Eulenspiegel* (1902), *Grimms Märchen* (1910) sowie für Jugendbücher für den Verlag Gerlach in Wien. A.W. sang gern zur Laute im „Simpl" bei Kathi Kobus, und er war Stammgast im „Bunten Vogel" bei Hedi König. A.W. war Mitbegründer der Münchener Sezession und deren erster Präsident. – Bekannte Gemälde von A.W.: Selbstbildnis (1908), Heiliger Sebastian (1910), Absalom (1914).
Lit.: (Auswahl) W. Riezler: *Nachruf A.W.* (in *Deutsche Kunst und Dekoration*, Bd. 37/1916); W. Hausenstein: *A.W.* (1918); W.Weber: *A.W.* (1958); Th. Heuss: *Erinnerungen an A.W.* (1962); W. Weber: *A.W.s Mitarbeit an der Zeitschrift Jugend* (in: *A.W. Handzeichnungen und Aquarelle der Sammlung Kohl-Weigand*, 1961); L. Hollweck: *Karikaturen*, S. 135, 139, 159-162, 205; *Das große Lexikon der Graphik* (Westermann, 1984) S. 427

**Wellenstein**, Walter
* 21.05.1898 Dortmund
† 20.10.1970 Berlin/West
Maler, Zeichner, Illustrator
Studium an der Kunstgewerbeschule Berlin, bei E. Orlik (Meisterschule). W.W. zeichnete als Mitarbeiter des *Simplicissimus* (1954-1967) ca. 150 Zeichnungen zu Themen der Zeit. Er war Zeichner phantastischer, kritisch-satirischer Graphik. Er begann als Illustrator Mitte der zwanziger Jahre. Er schuf die Illustrationen zu den *Grimmschen Märchen*, zur *Bibel* und zu E.T.A. Hoffmanns *Erzählungen*. Sein Hauptwerk: 670 Illustrationen zur zwölfbändigen Ausgabe der poetischen Werke von E.T.A.Hoffmann (ab 1957). Mitbegründer des Berufsverbandes Bildender Künstler Berlin/West und dessen langjähriger Geschäftsführer.
Ausst.: Gurlitt (1924), Rathaus Wilmersdorf (1963), Internationale Karikaturen, Wilh.-Busch-Museum (1968), Archivarion, Berlin/West (1951), Haus am Lützowplatz Berlin/West (1965)
Lit.: Ausst.-Kat.: *W.W.* (1968), Wilh.-Busch-Museum, Hannover; *W.W.* (1963), Rathaus Wilmersdorf, Berlin/West

**Weller**, Theodor
* 1802 Mannheim
Genremaler, Hofmaler
Studium an der Akademie München. – Ab 1825 in Rom in der deutschen Künstlerkolonie, 1833 in München, 1839 für neun Jahre in Rom, danach in Mannheim, Direktor der Galerie. T.W. zeichnete nebenher humoristische Zeichnungen aus der deutschen Künstlerkolonie in Rom.
Lit.: H. Geller: *Curiosa*, S. 67-71

**Welti**, Albert
* 18.02.1862 Zürich
† 07.06.1912 Zürich
Schweizer Maler, Graphiker, Radierer
Schüler von Arnold Böcklin. Zeichnungen und Graphik rund um die „Walpurgisnacht". Oftmals sarkastische Themenwahl. Gelegentlich Mitarbeit bei der *Jugend*.
Ausst.: Kunsthaus Zürich: 1912, 1962, 1984
Lit.: Wartmann: *A.W. Vollständiges Verzeichnis des graphischen Werkes* (1913); A. Frey: *A.W.* (1918); L. Hollweck: *Karikaturen*, S. 138; Ausst.-Kat.: *A.W.*, Kunsthaus Zürich (1984)

**Wely**, Jaques
* 1873
† 1910

Französischer Zeichner, Illustrator, Karikaturist
Mitarbeit bei *Berliner Illustrirte Zeitung*, mit aktuellen Pressezeichnungen, Sittenbildern mit erotischen Sujets.
Publ.: *Das Album* (um 1910)
Lit.: *Zeichner der Zeit*, S. 59-62; E. Fuchs: *Die Karikatur der europäischen Völker* II, S. 438, Abb. 474, B 424

**Wenig**, Bernhard
* 01.05.1871 Berchtesgaden
Illustrator, Graphiker/München
Studium: Kunstgewerbeschule und Akademie München
Illustrationen zu Märchenbüchern (starke graphische Wirkung durch Kontrast von schwarzen mit weißen Flächen).
Lit.: Ausst.-Kat.: „Künstler zu Märchen der Brüder Grimm", Kunstamt Tiergarten, Berlin/West (1985), S. 8; „Schwarz-Weiß", hrsg. vom Verband deutscher Illustratoren, Berlin (1903), S. 107

**Wenner**, Tom (Thomas)
* 1951
Graphiker
Studium an der Folkwangschule, Essen. – Veröffentlichungen in *Pardon, Playboy* u.a. Es sind Cartoons (meist mit Sprechblasen – wie Comics).

**Wenneberg**, Brynolf
* 1866 Otterstadt/Schweden
† 1950 Bad Aibling
Maler, Zeichner, Graphiker
Ausbildung beim dänischen Freilichtmaler Peter Severin Kroyer. Studienhalber 6 Monate in England, einige Jahre in Paris, dann in München. – Mitarbeiter der *Meggendorfer Blätter* und des *Simplicissimus*. Nach dem Tode von F.v. Reznicek übernahm er die für v.R. vorgesehene Seite und sein künstlerisches Erbe. Später heiratete er auch dessen Witwe. B.W.s Zeichnungen waren Illustrationen, die erst durch die Texte der Redaktion in den *Simplicissimus* paßten.
Publ.: *Münchener Fasching* (6 handkolorierte Heliogravüren); *Wenneberg-Album* (1921), sowie Kunstblätter – Einzeldrucke
Lit.: L. Hollweck: *Karikaturen*, S. 89, 182, 196; *Simplicissimus 1896-1914*, S. 229, 265, 335, 348, 349

**Wenz-Vietor**, Else
* 30.04.1882 Sorau/Niederlausitz
† 1973 Icking (Landkreis Wolfratshausen)
Illustratorin, seit 1916 in Icking ansässig. Studium an der Kunstgewerbeschule München (ab 1901) und Privatunterricht bei A. Jank, H. Kirr und J. Leonhard. Aufgrund eines gewonnenen Plakatwettbewerbs selbständige Tätigkeit ab 1902/03. E.W.-V. wurde bekannt durch ihre zahlreichen Kinderbuch-Illustrationen. Ihre Zeichnungen sind von humor- und liebevoller, natürlich-stimmungsvoller Märchenhaftigkeit. Sie hat rund 150 Bücher illustriert, u.a. Theodor Storm: *Der kleine Häwelmann*, Conrad Ferdinan Meyer: *Fingerhütchen*, Wiegenlieder, z.B. *Guten Abend! Gute Nacht*. – Seit 1907 Mitarbeiterin der Deutschen Werkstätten. Seit 1914-27 Beteiligungen an Werkbund- und Kunstgewerbeausstellungen.
Lit.: H. Wichmann: *Aufbruch*; H. Vollmer: *Allgemeines Lexikon*; Ausst.-Kat.: *Die zwanziger Jahre in München*, S. 707 (Münchener Stadtmuseum 1979)

**Werner**, Anton
* 09.05.1843 Frankfurt/Oder
† 04.01.1915 Berlin
Offizieller Hofmaler des Deutschen Kaiserreiches (geadelt durch Kaiser Wilhelm I.)
Studium an der Akademie Berlin und der Kunstschule Karlsruhe, bei Lessing und A. Schrödter. Später Professor der Akademie Berlin (1873), Direktor der Akademie (1875). – A.W. begann mit Illustrationen zu Werken von J.V.v. Scheffel. Er war 1870 als Kriegsmaler im Hauptquartier der III. Armee in Frankreich. Zeichnete Kriegsereignisse, deutsche Heerführer und bedeutsame Begebenheiten. Sein bekanntestes Bild wurde die „Kaiserproklamation in Versailles" (1877). Als Karikaturist war er prominenter Mitarbeiter beim *Schalk*.
Lit.: G. Piltz: *Geschichte der europäischen Karikatur* (1976), S. 208; G. Hermann: *Die deutsche Karikatur im 19. Jahrhundert* (1901), S. 91; Ausst.-Kat.: *Krieg und Frieden*, S. 172 Anm. 11-14

**Werner**, Erwin
* 1939
Zeichner, Karikaturist, Plastiker (Terrakotten)/Dresden
Kollektiv-Ausst.: „Satiricum '80" (1. Biennale der Karikatur in der DDR, Greiz, 1980: „Friedenspfeife"), „Satiricum '86", „Satiricum '88", „Satiricum '90"
Lit.: *Satiricum '80*, S. 21; *Satiricum '86*, *Satiricum '88*, *Satiricum '90*

**Werner**, Ilse (geb. Zubler)
* 1908 Baden
Schweizer Malerin, Zeichnerin in Wettingen
Bekannteste Zeichnung „Der Gemeinderat betrachtet ein Feld".
Ausst.: „Karikaturen-Karikaturen?" (U 13)
Lit.: Ausst.-Kat.: *Karikaturen-Karikaturen?*, Kunsthaus Zürich (1972)

**Werth**, Kurt
* 1896 Berlin
Maler, Zeichner, Signum: „W"

Studium an der Akademie für Graphische Kunst, Leipzig. - Mitarbeit bei *Simplicissimus, Ente, Roter Pfeffer* (1928-33). K.W. zeichnete satirische, politische, soziale Karikaturen sowie Lithographien und Illustrationen zu Werken von Shakespeare, Puschkin, Jakob Wassermann. 1934 emigrierte K.W. in die USA.
Lit.: *100 Jahre Berliner Humor; Der freche Zeichenstift* (hrsg. H. Sandberg 1968), S. 70-71

**Wessum**, Jan van
\* 1932 Den Haag
Niederländischer Karikaturist, Maler/Amsterdam
Studium an der Kunstakademie Den Haag. - Ständiger Mitarbeiter bei *Punch* und *Nebelspalter*. - Veröffentlichungen u.a. auch in *Penthouse, Playboy, New York Times, Saturday Evening Post, New Woman, Easyriders, Omni, Parool, National Esquire*. In der Bundesrepublik in *Pardon, Welt am Sonntag, Hörzu* sowie in der Tagespresse und der Werbung. J.v.W. zeichnet humoristische Karikaturen, Cartoons ohne Worte und Illustrationen für niederländische Schulbücher (bisher 15 Bücher).
Zahlreiche Kollektiv-Ausstellungen
Ausz.: 1. Preis (Montreal), 3. Preis (Istanbul), „Goldene Dattel" (Bordighera)
Lit.: H.P. Muster: *Who's Who in Satire and Humour* (1) 1989), S. 192/93

**Westphal**, Richard
\* 23.05.1867 Dresden
Zeichner, Graphiker, Illustrator, tätig in Hannover
Studium an der Akademie Dresden, München. - Zeichner und Graphiker für Presse und Werbung. R.W. zeichnet humor- und gemütvolle genrehafte Illustrationen, Werbegraphik, Plakate.
Lit.: Verband deutscher Illustratoren: *Schwarz-Weiß*, S. 68

**Wiebach**, Hans-Ulrich
\* 1917
Karikaturist, Zeichner in Wittenberg
Kollektiv-Ausst.: „Satiricum '80" (1. Biennale der Karikatur in der DDR, Greiz, 1980: „Du und ich" (Stahlblech))
Lit.: Ausst.-Kat.: *Satiricum '80*

**Wiechmann**, Rolf
\* 1928 Schwerin
Pressezeichner, Karikaturist/Leipzig
Kollektiv-Ausst.: „Satiricum '80" (1. Biennale der Karikatur in der DDR, Greiz, 1980: „Schnurzigarette"), „Satiricum '78"
Lit.: *Resümee - ein Almanach der Karikatur* (3/1972), S. 22; Ausst.-Kat.: *Satiricum '78, Satiricum '80*

**Wiegand**, Gottfried
\* 1926 Leipzig
Zeichner, Professor für Kunst und Design
Studium an den Hochschulen der bildenden Künste München (1945-50) und Düsseldorf (1951). - Zeichner eines hintergründigen, schwarzen Humors. Er zeichnet Bildgeschichten, die unbedeutende Vorgänge ins Gegenteil verkehren, dem schwarzen Humor nahestehen und leise Gedankenstriche setzen, die der Betrachter nach Belieben auffüllen kann. - 1954-80 Angestellter am Städtischen Werkseminar Düsseldorf, seit 1964 als Lehrer. 1974-75 Gastlehrauftrag an der Akademie Karlsruhe. 1980-86 Professor für Kunst und Design an der Fachhochschule Köln.
Einzel- und Kollektiv-Ausst.: Seit 1953 u.a.: Düsseldorf, Basel, Lyon, Paris, Florenz, Kassel, Krakau, London, Brüssel, München, Moskau, Leningrad, Washington, Innsbruck, Bochum, Frankfurt/M., Hamburg, Osaka, Zürich, Mailand.
Ausz.: 1977 Villa-Romana-Preis Florenz, 1987 Karl-Ernst-Osthaus-Preis Stadt Hagen
Publ.: Privatdruck von 600 Exemplaren (ein Buch mit 100 Seiten, enthält 45 Zeichnungen, 1975)
Lit.: Ausst.-Kat.: *Gipfeltreffen*, Wilh.-Busch-Museum, Hannover (1987), S. 185-190

**Wiles**, A.F.
\* 1926
Englischer Karikaturist (Autodidakt)
Erste Veröffentlichungen in *Mickey Mouse*. Mit 17 Jahren zeichnete er regelmäßig für *Punch*, humoristisch-satirische Cartoons. - Veröffentlichungen in der Bundesrepublik u.a. in *stern*.

**Wilk**, Jacek
\* 1959 Warschau/Polen
freier Karikaturist, Graphiker/Düsseldorf
Seit 1976 in der BRD. Themen: Cartoons, ohne Worte, zeitkritisch. Veröffentlichungen u.a. in *Die Zeit*.
Lit.: Presse: *Die Zeit* Nr. 40/1990

**Wilke**, Erich
\* 04.03.1879 Braunschweig (Volzum)
† 30.04.1936 München
Zeichner, Karikaturist
(Bruder von Rudolf und Hermann W.)
Zimmermannslehre, Baugewerkschule. Ausgehend vom Stil seines Bruders fand E.W. seinen eigenen Stil. Durch seinen Bruder kam er zur *Jugend*. Seine erste Zeichnung erschien in der Nr. 7/1900 und er blieb nahezu achtunddreißig Jahre lang bei der *Jugend*. Gelegentliche Mitarbeit auch beim *Simplicissimus*, der *Auster* und für die *Lustigen Blätter*. - E.W. zeichnete derben und handfesten

Humor von bayrischen Bauern, Dorfdeppen, Münchener Bürgern, Großstadtmenschen in aktuellen, satirischen, humoristischen und politischen Sujets. 1929 gab er einen Karikaturen-Zeichenkurs *Das Karikaturenzeichnen* als Fernkursus heraus (mit Mitwirkung von Johannes Meru). – 170 Zeichnungen von E.W. hat das Städtische Museum in Braunschweig erworben.
Lit.: L. Hollweck: *Karikaturen*, S. 138, 139, 143-45, 209, 214, 221; G. Piltz: *Geschichte der europäischen Karikatur*, S. 224; *Faksimile Querschnitt Jugend*, S. 15, 97, 104, 105, 131; Presse: *Jugend* (Nr. 21/1936: Nachruf); *Das große Lexikon der Graphik* (Westermann, 1984) S. 428

**Wilke**, Georg
\* 1891 Berlin
† 06.04.1964 Berlin-Weißensee (DDR)
Maler, Zeichner, Karikaturist
Studium an der Akademie der Künste, Berlin und bei Hans Baluschek. – Ab 1916 freier Pressezeichner, Mitarbeiter der Berliner Presse, u.a. bei *Ulk, Brummbär (Berliner Morgenpost), Uhu, Der wahre Jacob, Lachen links*. Er zeichnete humoristische, aktuelle, zeit- und gesellschaftskritische Karikaturen. Sein Stil war von Hermann Abeking inspiriert. Nach 1945 war G.W. ständiger Mitarbeiter der humoristisch-satirischen Zeitschriften *Frischer Wind, Eulenspiegel, Neue Berliner Illustrierte*.
Lit.: *Windstärke 12 – eine Auswahl neuer deutscher Karikaturen*, S. 34; *Bärenspiegel*, S. 211; *Der freche Zeichenstift*, S. 118; G. Piltz: *Geschichte der europäischen Karikatur*, S. 254, 301

**Wilke**, Hermann
\* 13.02.1876 Braunschweig (Volzum)
† um 1950 Berlin/DDR
(der mittlere der berühmten Zeichenbrüder)
Ausbildung als Zimmermann und Maschinenbauer. Nach dem Studium ging H.W. vor dem Ersten Weltkrieg in die USA. Als er arbeitslos wurde, zeichnete er Karikaturen für die Humorzeitschrift *Puck* in New York. Dann kam er zurück nach Deutschland. 1919 war er in Braunschweig Mitbegründer der humoristisch-satirischen Zeitschrift *Till-Eulenspiegel*. Nach der Übersiedlung nach Berlin war der ständiger Mitarbeiter der Wochenbeilage *Ulk* des *Berliner Tageblattes* bis zur Gleichschaltung der deutschen Presse (1933). Danach wurde er freier Mitarbeiter deutscher Zeitungen und Zeitschriften. In *Deutsche Presse* 37/1936 hatte er zwei Seiten zum Thema: „Wer Witze macht, hat nichts zu lachen" (Persönliche Eindrücke) gezeichnet. Nach Ende des Zweiten Weltkrieges arbeitete H.W. für die Ostberliner Satire-Zeitschrift *Frischer Wind* (1946-49). – Der Nachlaß von 40 Zeichnungen befindet sich im Städtischen Museum Braunschweig.
Lit.: *Bärenspiegel – Berliner Karikaturen*, S. 211/12

**Wilke**, Karl Alexander
\* 16.07.1879 Leipzig
† 27.02.1954 Wien
Maler, Zeichner
Studium an den Kunstschulen Leipzig und Karlsruhe. – Mitarbeiter in den österreichischen Humor-Zeitschriften *Floh, Figaro, Caricaturen, Muskete, Faun*. A.W. zeichnete allgemeine humoristische Themen, nur in Ausnahmefällen auch politische Karikaturen. 1913-22 Hofrat und Ausstattungschef des Wiener Burgtheaters.
Lit.: G. Piltz: *Geschichte der europäischen Karikatur*, S. 232; *Das große Lexikon der Graphik* (Westermann, 1984) S. 428

**Wilke**, Rudolf
\* 27.10.1873 Braunschweig (Volzum)
† 04.11.1908 Braunschweig
Zeichner, Karikaturist
(Bruder von Erich und Hermann W.)
Nach Zimmermannslehre und Besuch der Baugewerkschule Holzminden Studium am Polytechnikum Braunschweig, bei Landschafts- und Tiermaler K.F.A. Nickol. 1893 geht R.W. nach München, Bewerbung an der Akademie. Als talentlos abgewiesen. Er besucht die Privatschule von Simon Hollósy. 1894 in Paris an der Académie Julian. 1895 wieder in München. 1896 Gewinner des 2. Preises beim Illustrations-Wettbewerb der *Jugend* (Carnevalsplakate), Mitarbeiter der *Jugend*. Als fester Mitarbeiter in Berlin, um Mitglieder des Reichstages zu zeichnen. Dann in Paris, zeichnet für die *Jugend* die Serie: *Künstlertypen vom Montmartre*. Bis 1899 ausschließlich Mitarbeit für die *Jugend*, danach Mitarbeiter beim *Simplicissimus* (ständiger Mitarbeiter, später Teilhaber). – R.W.s Typen: Landstreicher, weltfremde Oberlehrer, „Bildungshyänen", halbgebildete Arroganz, politische Wichtigtuer, Feudaladel, Militarismus, bierfreudige Korpsstudenten, Münchener Volkstypen. R.W. hat in seinen Zeichnungen die Schärfe der erfaßten Wahrheit. Seine Linie ist charakteristisch, kräftig und sicher im Strich und der Beherrschung des Motivs und seiner Ausdrucksmöglichkeiten. R.W. zählt zu den Klassikern der modernen Karikatur in Deutschland.
Ausst.: (Auswahl) zum 50. Todestag in Braunschweig und München (1958), zum 100. Geburtstag im Städt. Museum Braunschweig (1973), Museum Iowa/USA (1957) (durch Ulfert W., Sohn von R.W.)
Publ.: *Gesindel* (Wilke-Album des *Simplicissimus*, 1908)
Lit.: (Auswahl) L. Thoma: *R.W.-Skizzen* (1909); *Der Zeichner R.W.* (Geleitwort von Preetorius, 1954); P. Lufft: *Der Zeichner R.W. Leben und Werk* (1987); *R.W.* (Hrsg. L. Lang, 1970); E. Fuchs: *Die Karikatur der europäischen Völker* II, S. 341, 421, 423; *Das große Lexikon der Graphik* (Westermann, 1984) S. 428

**Wille**, August von
* 1829 Kassel
† 1887 Düsseldorf

Landschaftsmaler (idyllisch-romantisch, ähnlich wie Spitzweg)
Studium an der Akademie Kassel (1843-47) und der Akademie Düsseldorf (1847-54), bei Joh. Wilh. Schirmer. Tätig in Weimar und Düsseldorf. Zeichner für die *Düsseldorfer Monatshefte*. – Eine darin veröffentlichte satirische Zeichnung bezieht sich auf einen Vorfall, bei dem der geforderte stupide Gehorsam eines preußischen Offiziers beim Überqueren eines Flusses karikiert wird. Gegen die Zeichnung und die vielen anderen antimilitaristischen Karikaturen in den *Düsseldorfer Monatsheften* schrieb die *Preußische Wehr-Zeitung* am 30. Juni 1853 von einer „öffentlichen Verhöhnung unserer Armee".
Lit.: F. Conring: *Das deutsche Militär in der Karikatur*, S. 51; Ausst.-Kat.: *Bild als Waffe*, S. 422; *Die Düsseldorfer Malerschule*, S. 499

**Willette**, Adolphe
* 31.07.1857 Châlons-sur-Marne
† 04.02.1926 Paris

Französischer Karikaturist, tätig in Paris
A.W. zeichnete humoristische, satirische, aktuelle, politische und gesellschaftskritische Karikaturen. Bekannt wurde er mit seinen Bildgeschichten von „Pierrot et Pierrette", die er elegant und witzig-gefühlvoll gestaltet hat. Gelegentliche Mitarbeit beim *Simplicissimus*.
Lit.: E. Fuchs: *Die Karikatur der europäischen Völker* II, S. 351, 352, 359, 361, 367, 374, 377, 408, 409, 416, 418; *Das Große Brockhaus* (1935), Bd. 20, S. 344; *Das große Lexikon der Graphik* (Westermann, 1984) S. 429

**Will-Halle**
* 22.08.1905 Mücheln/Kreis Querfurt
† 07.12.1969 Berlin

Name: Erich Will
Bildhauer, Karikaturist
Lehre an einer Bildhauerwerkstatt. Studium an der Kunstgewerbeschule Burg Giebichstein (bei Halle, 6 Semester). Danach als Stein- und Holzbildhauer tätig. – Berufswechsel. 1923 als Karikaturist für den Korrespondenzverlag Martin Feuchtwanger (Bruder des Schriftstellers Lion Feuchtwanger) in Halle. 1932 Übersiedlung nach Berlin. Mitarbeit bei folgenden Zeitschriften *Die Woche, Deutsche Illustrierte, Brummbär, Berliner Illustrirte Zeitung , Frankfurter Illustrierte, Marie-Luise, Lustige Blätter, Elegante Welt, Magazin* u.a. Nach 1945 bei *Constanze, Hörzu, Welt am Sonntag, Quick*. W.H. zeichnete vor allem humoristische Serien und Comic-Folgen: *Opa, Betty, Kohlhase, Susanne und ihr Chef, Wachtmeister Spürnase, Der Riese Willy* u.a., aber auch politisch aus Notwendigkeit und Anpassung (NS-Tendenzen). Für die Fernsehsendung „Ein Platz an der Sonne" mimte er „Vater Zille" (1961). Erste Ausstellung im „Kabarett der Komiker" (1938). W.H. war einer der Mitbegründer der Karikaturisten-Vereinigung „Die Wolke" und einer der letzten Bohèmiens. – Erster Preis beim Karikaturen-Wettbewerb „Turnen in der Karikatur" (1968).
Publ.: *Das finde ich komisch; Tischlein deck dich; Willibald der Troubadour; Jetzt kommt's raus*
Lit.: *Das große Buch des Lachens* (1987); Presse: *B.Z.* (v. 10.12.1969), v. 2.6.1973); *Blick* (v. 10.12.1969); *Welt am Sonntag* (Nr. 34/1965)

**Willnat**, Wolfgang
* 1940 Berlin

Cartoonist (Autodidakt)/lebt in der Nähe von Köln
W.W. arbeitete als Werkzeugmacher, Konstrukteur, Industrie-Ingenieur und Techniker. – Veröffentlichungen in: *Hörzu, Quick, Freizeit Revue, Bunte, Frankfurter Rundschau, Schwäbische Zeitung, Petra, Smart, Das Neue Blatt, Neue Revue* u.a. W.W. zeichnet humoristische Karikaturen aller Art, z.T. ohne Worte, Humorseiten zu bestimmten Themen. Auch die Cartoon-Folgen *Dracula-Zeit, Neues vom Scheich Ali, Bettmänn* und Werbung.
Publ.: (15 eigene Bücher, u.a.) *Die besten Beamtenwitze; Wie vertreibt man gute Mitarbeiter?; Fußball Klassiker*
Lit.: *Beamticon* (1984), S. 142; H.O. Neubauer: *Im Rückspiegel – Die Automobilgeschichte der Karikaturen 1886-1986* (1985), S. 242; Presse: *Schöne Welt* (Febr. 1976)

**Winsel**, Lars
* 19.09.1963 Hannover

Zeichner, Illustrator
Studium der Graphik an der Fachhochschule Hannover, seit 1984. L.W. zeichnet skurrile Illustrationen, z.T. ohne Titel. – Veröffentlichungen in *Schädelspalter, Radsport, Neue Medien* u.a. Beteiligungen an Hochschulausstellungen.
Lit.: Ausst.-Kat.: *Gipfeltreffen* (1987), S. 191-196

**Wischebrink**, Franz
* 1818
† 1884

Maler, Zeichner
Studium an der Akademie Düsseldorf (1832-40). Zeichner für die *Düsseldorfer Monatshefte*. Ausgehend von religiösen Themen, findet F.W. den Übergang ins humoristische Genre. Er malt Szenen aus dem bürgerlichen Familienleben und der Kinderzeit. (Warum die Zeichnungen mit CW signiert wurden, konnte nicht ermittelt werden.)
Lit.: L. Clasen: *Düsseldorfer Monatshefte (1847-49)*,

S. 485; F. Conring: *Das deutsche Militär in der Karikatur*, S. 57

**Witzel**, Josef Rudolf
* 27.09.1867 Frankfurt/M.
† 1925 München/Gräfelfing

Zeichner, Graphiker, seit 1890 in München
Studium bei Edward v. Steinle und Karl Ritter in Frankfurt/M. – J.R.W. erhielt 1896 im Wettbewerb der *Jugend* für die Zeichnung „Pythia" den ersten Preis. Er blieb Mitarbeiter der *Jugend* während der ersten vier Jahrgänge. J.R.W. war ein Jugenstil-Künstler, der auch satirisch-humoristisch zeichnete. Außerdem Plakate, Buchumschläge, Exlibris.
Lit.: L. Hollweck: *Karikaturen*, S. 135; *Das große Lexikon der Graphik* (Westermann, 1984), S. 429

**Wiwiorsky**, Peter
* 1900 Berlin

Pressezeichner, Karikaturist in Berlin
Mitarbeiter der Berliner Presse, u.a. bei *Lustige Blätter*. P.W. zeichnete in der Art von Theo Matejko, vornehmlich naturalistisch. Er wurde hauptsächlich bekannt durch seine Zeichnungen aus aller Welt.
Ausst.: „Die Pressezeichnung im Kriege", (Haus der Kunst Berlin 1941: Nr. 312: RLB Amtsträger beim Rettungswerk, 313: RLB Amtsträger bei Brandbekämpfung, 314: Beim Fliegeralarm)
Lit.: K. Glombig: *Bohème am Rande skizziert*, S. 72

**Wolf**, Alexander
* 25.04.1952 Graz

(Eltern: Künstler-Ehepaar Hans und Erika Wolf)
Karikaturist, Graphiker
Studium an der Technischen Universität Wien. – Veröffentlichungen in *Südost-Tagespost, Wiener Journal, Nebelspalter*, u.a. Als Graphiker entwirft er auch Kalender, Postkarten, Puzzels, Posters.
Ausst.: in Graz, Linz, Wien, Zürich (zus. mit Ronald Searle), Hamburg (zus. mit Ungerer/Mordillo/Blachon u.a.)
Lit.: Ausst.-Kat.: *III. Internationale Cartoon-Biennale*, Davos (1990)

**Wolf**, Fritz
* 07.05.1918 Mülheim/Ruhr

Karikaturist
Lehre als Chemigraph am Düsseldorfer Tageblatt, bis 1939), dann 1945-48 graphischer Volontär, Essen. 1948-49 Studium an der Folkwang-Werkkunstschule Essen. Ab 1949 Karikaturist bei *Neue Tagespost* Osnabrück, ab 1951 freischaffender Karikaturist in Osnabrück, ab 1952 politischer Karikaturist, ab 1956-58 Mitarbeit bei *Die Welt*, ab 1957-67 politischer Karikaturist bei *Westfälische Rundschau*, Dortmund. Seit 1958 zeichnet F.W. zeitkritische Karikaturenseiten für den *stern* (Bilder aus der Provinz), ab 1977 Veröffentlichungen in *Brigitte*.
Einzel-Ausst.: „Bilder aus der Provinz", Kulturgeschichtliches Museum, Osnabrück (1978) und Beteiligung an Sammelausstellungen
Ausz.: 1979 Niedersachsenpreis für Publizistik, 1983 Justus-Möser-Medaille der Stadt Osnabrück
Publ.: *Die Lage war noch nie so ernst* (Kortmann/Wolf); *Lieben Sie Parties?; Sauerland bleibt Sauerland* (Kortmann/Wolf); *Ich der Kanzler* (Kortmann/Wolf); *Neue Bon/bons* (Kortmann/Wolf); *Adenauer – s(m)ein Leben; Die vollkommene Mischehe; Bilder aus der Provinz; Streifschüsse; Notizen aus der Provinz; Menschen wie du und ich*
Lit.: (Auswahl) Ausst.-Kat.: *Spitzensport mit spitzer Feder*, S. 68; *Finden Sie das etwa komisch?*, S. 113; *Störenfriede – Satire gegen den Krieg; Gipfeltreffen* (1987), S. 197-202; *70 mal die volle Wahrheit*

**Wolf**, Rudolf
* 1877 Leipzig

Humoristischer Zeichner
Mitarbeiter der *Meggendorfer Blätter* (1911-1923). R.W. zeichnet allgemeine humoristische Sujets.
Lit.: Ausst.-Kat.: *Zeichner der Meggendorfer Blätter – Fliegende Blätter 1889-1944* (Galerie Karl & Faber, München 1988)

**Wolff**, Fr. Anton
* 1814 Dresden
† 1876 Paris

Mitarbeiter der *Düsseldorfer Monatshefte*, humoristisch-satirische Zeichnungen und Serien, wie *Vom vielfachen Nutzen des Regenschirms*.
Lit.: E. Roth: *100 Jahre Humor in der deutschen Kunst*

**Wolinski**, Georges
* 28.06.1934 Tunis/Tunesien

Cartoonist/seit 1948 in Paris
Zwei Jahre technischer Zeichner in einem Architektenbüro, danach freischaffender Karikaturist. Mitarbeit (Frankreich) bei: *Harakiri, Lui, Plexus, Pariscope, Penthouse, Kent, Humanité, L'Echo de la Mode, Charlie Hebdo, Le Nouvelle, Observateur*, (Deutschland) bei *Pardon* u.a. Auch die Serie *Dr. Mauler & Herr Quatsch*. – G.W. zeichnet Zeit- und Gesellschaftssatire, schwarzen Humor. 1968 Mitherausgeber von *l'Enrage*, 1969 Chefredakteur von *Charli-Mensual*.
Kollektiv-Ausst.: „S.P.H." (Société Protrectrice de l'Humor) Avignon (1969, 1976), Kunsthalle Recklinghausen (1972), Goethe-Institut Paris (1988)

Ausz.: Prix de l'Humour noire Grandville (gemeinsam mit Desclozeux)
Publ.: (Frankreich) *W. dans l'Huma* (1980); *Giscard n'est pas drôle* (1981); *Je cahobite* (1986); (Deutschland) *Meine Damen, mein Körper gehört Ihnen!; Ich war ein schlimmer Phallokrat; Offener Brief an meine Frau* (Frustrationen als Ehemann einer schönen Feministin); sowie verschiedene Comic-Bände
Lit.: *Festival der Cartoonisten* (1976); *Komische Nachbarn – Drôles de voisins* (1988), S. 132; Ausst.-Kat.: *Zeitgenossen karikieren Zeitgenossen* (1972), S. 234; *Das große Lexikon der Graphik* (Westermann, 1984) S. 430

**Wolos**, Aleksander
\* 1934 Holowno/Polen
Graphiker, Karikaturist (Autodidakt), Wissenschaftler (Prof. Dr.)
Studium: an der Landwirtschaftlichen Hochschule Olsztyn, Institut für Biochemie (1953-57, 1968), Dr.-Habilitant (1980/81). Ab 1982 arbeitet er als Verlagsgraphiker (Buchumschläge für wissenschaftliche Bücher).
Veröffentlichungen in Polen in *Glos Olsztynski, Gazeta Olsztynska, Karuzela, asza Wies, Polityka, Solidarnosc Kartowska, Szpilki, Panorama Pólnocy, Warmia i Mazury*; in Deutschland in *Kölner Stadt-Anzeiger, Kontraste*. Themen: politisch-satirisch-gesellschaftliche Karikaturen.
A.W. fertigt Linolschnitte, als Medailleur: Gedenkmünze zum 100. Geburtstag von Ernst Wiechert.
Ausst.: international u.a. in: Berlin-West (Deutschland), Bordighera (Italien), Gabrovo (Bulgarien), Knokke-Heisst (Belgien), Montreal (Kanada), Tolentino (Italien), Tokio (Japan)
Ausz.: Zeitschrifts-Preis „Po prostu" (1955), „Osten" (1979), „Szpiki-Nadel" (1974), „Narodna Armija" (1985), Medaille Knokke-Heist (1974), Tolentino (Luigi-Mari-Preis 1985)
Publ.: *Piórkiem i rylcem* (1973), *Pardon Autosalon* (Co-Autor 1970), Illustrationen zu: R. Lehmann *Friedens Signale* (1982); O. Schnur: *Stoßgebete* (1984)
Lit.: H.P. Muster: *Who's who in Satire and Humour* (Bd. 3/1991), S. 204-205

**Wolter**, Jupp
\* 07.01.1917 Bonn
Karikaturist, Pressezeichner (Autodidakt)
Kaufmännische Ausbildung. J.W. begann als Soldat, Karikaturen zu zeichnen, komische Gedichte zu verfassen. Er war Schauspieler, Kabarettist, Werbeleiter, Chefredakteur einer Satire-Zeitschrift. Später freischaffender Karikaturist politischer Karikaturen, seit 1948 ständiger Mitarbeiter der DGB-Presse *Der Bund, Welt der Arbeit, Bonner Rundschau, Neue Osnabrücker Zeitung, Deutsches Allgemeines Sonntagsblatt, Lustige Illustrierte, Kristall, Revue, Der Spiegel, Allgemeine Zeitung, Ärzte Zeitung*. J.W. wird vielfach nachgedruckt, erscheint in vielen Zeitungen und Zeitschriften. Seine politischen Karikaturen sagen das Wesentliche in Kurzform. Er gehört zu den führenden Karikaturisten der Bundesrepublik.
Ausst. und Ausz.: „Cartoon 80", Berlin-West (Sonderpreis), Thomas-Nast-Medaille (1980)
Publ.: *1 x Himmel und zurück; Muß das sein?*
Lit.: *Störenfriede – Cartoons und Satire gegen den Krieg* (19839; H.P. Muster: *Who's Who in Satire and Humour* I (1989), S. 206, 207

**Wolter**, Michael
\* 1806
Zeichner für rheinische Karnevalszeitungen. Seine humoristischen Zeichnungen – wie die seiner Kollegen – unterstanden preußischer Zensur und waren demzufolge unpolitisch und harmlos.
Lit.: G. Piltz: *Geschichte der europäischen Karikatur*, S. 155

**Wössner**, Freimut
\* 1945 (auf der Flucht in Österreich)
Freischaffender Zeichner, Autor für den Rundfunk/Berlin-West, zeitweilig Taxifahrer
Studierte einige Semester Psychologie und an der Volkshochschule Akt- und Porträtzeichnen. – Veröffentlichungen ab 1979 in *Pardon* („Weltlage", „Slapstick"), *Zitty, Titanic, 'ran, Vorwärts, Umweltmagazin* u.a. F.W. zeichnet, schreibt und fotografiert. Er zeichnet aktuelle, zeitkritische Karikaturen, verbindet Fotos mit Werbung, ist Autor der Rundfunksatire (SFB) „Sonntags immer". F.W. kommt aus der alternativen Szene und findet seine Motive in den alltäglichen Begebenheiten.
Einzel-Ausst.: Galerie am Chamisso-Platz/Berlin/West (1989)
Publ.: *Brenzlig, brenzlig …* (1984); *Die 380.000 ergreifensten Berufe für Einsteiger, Umsteiger, Aussteiger* (1986); *Menschen, Tiere, Schrankwände* (1989)
Lit.: *70 mal die volle Wahrheit* (1987); *Wenn Männer ihre Tage haben* (1987); Presse: *stern* (51/1989)

**Würdemann**, Günter
\* 1930 Donnerschwee/Oldenburg
Karikaturist/Zeichner
Lit.: *Resümee – ein Almanach der Karikatur* (3/1972)

**Wronkow**, Ludwig
\* 03.12.1900 Berlin
† 10.07.1982 Lissabon (während einer Reise)
Journalist, Karikaturist
1918 Eintritt in die Redaktion der *Volkszeitung* (Mosse-Verlag Berlin). 1923-33 Redakteur und Zeichner für *Berliner Tageblatt, Berliner Volkszeitung, Weltspiegel, Haus,*

*Hof und Garten, Schlemihl* (jüd.-satirische Jugendzeitschrift), *Reichsbanner-Illustrierte, Zwölf-Uhr-Mittagsblatt, Montag Morgen* u.a. 1933 Emigration nach Paris, Ausbürgerung durch die deutsche Reichsregierung. 1933-38 in Prag. Redakteur am *Prager Tageblatt*, Mitarbeit an tschechischen Zeitschriften und den Exil-Ausgaben von *Simplicus/Simpl*. 1938 Emigration nach den USA, Mitarbeit an der deutschsprachigen Zeitung *Aufbau*. Redakteur und Karikaturist mit eigener Kolumne „Es geschah in New York". Seit 1966 stellvertretender Chefredakteur. 1969 Auszeichnung durch den Berliner Bürgermeister Klaus Schütz anläßlich des 50jährigen Berufsjubiläums. 1981 Verleihung des Dr. phil. ehrenhalber (Fachbereich Kommunikations-Wissenschaften der Freien Universität Berlin). Ausstellungen: Haus am Lützowplatz Berlin (Nov.), Institut für Zeitungsforschung der Stadt Dortmund und Institut für Publizistik der Freien Universität Berlin.
Lit.: W. Schaber: *Aufbau, Rekonstruktion, Dokumente einer Kultur im Exil* (1972); G. Piltz: *Geschichte der europäischen Karikatur*, S. 279; Ausst.-Kat.: *Widerstand statt Anpassung*, S. 278; *Berliner Pressezeichner der zwanziger Jahre; Dortmunder Beiträge zur Zeitungsforschung* Bd. 46, Hrsg. Hans Bormann (1989): L.W., Berlin-New York

**Wüsten,** Johannes
\* 04.10.1896 Heidelberg
† 26.04.1943 Zuchthaus Brandenburg-Görden
Radierer, Pressezeichner, Schriftsteller, Keramiker
(Vater: Prediger der freien ev. Kirche, seit 1896 in Görlitz)
Studium bei Otto Modersohn in Worpswede (1914-16). – Nach Kriegsdienst (1919) in Hamburg. Mitbegründer der „Hamburgischen Sezession", erste Ausstellung expressionistischer Arbeiten, erste literarische Veröffentlichungen, 1923 in Görlitz, gründet mit seiner Frau Dorothea Köppen eine Werkstatt für Keramik/Fayencen, 1926 gibt J.W. die Werkstatt auf und gründet mit anderen Künstlern die „Görlitzer Malschule", bis 1933 entstehen 70 Kupferstiche mit zunehmend gesellschaftskritischen Themen. – J.W. wurde (1931) Mitglied der „Roten Hilfe" und (1932) Mitglied der KPD, 1933 – nach Verhaftung von KPD-Funktionären – übernimmt J.W. die Leitung einer sich bildenden Widerstandsgruppe, 1934 Flucht nach Prag, in Prag einer der aktivsten antifaschistischen Künstler, Mitarbeit an der Exilpresse *Simplicus/Simpl*, *AIZ* (Arbeiter Illustrierte Zeitung), *Gegen-Angriff, Deutsche Volkszeitung, Prager Mittag, Prager Prese, Bohemia* (deutschsprachige Presse). In anklagenden und entlarvenden Karikaturen richtet J.W. seine Angriffe gegen die NS-Führung und das Dritte Reich. – 1938 Flucht nach Paris, Arbeiten für den „Freien Deutschen Künstlerbund". Mitarbeit am „Deutschen Freiheitspavillon", nebenher wie auch in Prag literarische Arbeiten, nach Kriegsausbruch in das Internierungslager Marolles-par-Fossé, 1940 Flucht nach Paris, eine Offene Tbc zwingt J.W. ein deutsches Militärlazarett aufzusuchen, dort Verhaftung und Überführung nach Berlin, am 11. März 1942 zu 15 Jahren Zuchthaus verurteilt, stirbt an der zu spät behandelten Tbc. Literarische Arbeiten (in Exilzeitschriften) u.a. *Blessie Bosch* (Bühnenstück), *Rübezahl* (histor. Roman), *Das Leben einer Buhlerin und andere Malgeschichten, Die Verrätergasse, Gedichte/Dramen*.
Lit.: *J.W. und Görlitz – Beiträge zu seinem 70. Geburtstag* (1966); Böttcher/Mittenzwei: *Dichter als Maler* (1980), S. 307-310; G. Piltz: *Geschichte der europäischen Karikatur* (1976), S. 273, 278 Ausst.-Kat.: *J.W.* (1973) Leipzig; *Widerstand statt Anpassung* (1980), S. 278

**Wyss,** Hanspeter
\* 30.12.1937 Thun
Schweizer Karikaturist, Graphiker
Studium an der Kunstgewerbeschule Bern (1 Jahr), dann Dekorateurlehre (drei Jahre). – Plakatmaler in Zürich (ein Jahr), Graphiker in einer Werbeagentur in Helsinki (ein Jahr). – Seit 1962 freiberuflicher Graphiker in Zürich. Mitarbeit bei *Nebelspalter, Femina, Schweizer Illustrierte, Basler Zeitung*, in Deutschland bei *Pardon*. H.W. zeichnet Cartoons ohne Worte, humoristisch-satirische, gesellschaftskritische Karikaturen, Trickfilme für das Fernsehen der deutschen und rätoromanischen Schweiz DRS. – Comic-Folgen: *Aus dem Leben des Henri Müller/Herr Müller*.
Kollektiv-Ausst.: Kunsthaus Zürich (1972), Wilh.-Busch-Museum (1973) Hannover, Weltausstellung „Cartoon 75", Berlin/West (8. Preis)
Publ.: *König für einen Tag* (1971), *Stereotypen* (1981); *Herr Müller* (1985)
Lit.: *Who's Who in Graphic Art* (II, 1982), S. 729; Ausst.-Kat.: *Karikaturen-Karikaturen?* (1972), S. 71; *Darüber lachen die Schweizer* (1973); *1. u. 3. Internationale Biennale Davos* (1986, 1990)

# Y

**Yrrah** (Ps.)
\* 07.02.1932 Apeldoorn/Niederlande
Bürgerl. Name: Harry Lammerfink
Niederländischer Cartoonist
Ab 1953 erste Veröffentlichung in *Het Parool*, danach u.a. in *Esquire* und *Punch*, in der Bundesrepublik u.a. in *Die Zeit, stern, Playboy*. Yrrah zeichnet humoristisch-satirische Cartoons sowie die Cartoon-Folge *Yrrah's heile Welt*. – Vertrieb durch: Agentur-International Literatur Bureau Heinz Kohn, Hilversum
Publ.: u.a. *Yrrah-Honell; Die Yrrah; Yrrah-Kiri; Yrrah-Cartoons 71; Yrrah-Cartoons 73; Yrrah-tioneel*
Lit.: *Die stachlige Muse* (1974), S. 83; *Heiterkeit braucht keine Worte*

# Z

**Za**, Nino (Ps.)
* 11.12.1906 Mailand
Bürgerl. Name: Giuseppe Zanini
Italienischer Porträt-Karikaturist (Autodidakt)
Als Neunjähriger tätig beim Vater, einem Pferdehalter, danach Anstreicher in Mailand, später Plakatmaler, danach 1 Jahr Dekorateur am Castello Turken di Stula in Genua, dort auch Schnellzeichner am Filmtheater Buenos Aires. Es entstehen Porträt-Karikaturen bekannter Persönlichkeiten. In gleicher Funktion tätig auch an anderen Filmtheatern in weiteren Städten. – Ab 1930 zeichnet Za Porträt-Karikaturen von Privatleuten in Udine, er ist reisender Porträt-Zeichner in San Remo, Rimini, Venedig, Cortina d'Ampezzo und im Grandhotel auf der Insel Brioni (ab 1932 fährt er mit Auto und Sekretär), und er besorgte auch die Ausstattung des Nachtklubs. Ende 1932 erhält er den Auftrag von der Fa. Zaechetti, Mailand, für 20 Porträt-Karikaturen von Filmstars für eine Postkartenserie, die ein großer Erfolg wurde. – 1935 verpflichtet ihn der Verlag Erich Zander in Berlin als Porträt-Karikaturist für die *Lustigen Blätter* und das *Magazin*. Za's Porträt-Karikaturen hatten einen schmissigen Strich, waren mit sparsamsten Andeutungen gezeichnet, voll treffsicherer Charakteristik und Ähnlichkeit, farbig und schwarzweiß, komisch, liebenswürdig und humoristisch. Diese Karikaturen erschienen laufend, zwischen 1936-39 und waren ein Erfolg. Nach Vertragsende kehrte Za nach Rom zurück und zeichnete für verschiedene Zeitschriften, wie *Il Traveso, Film*. 1942 übersiedelte er nach Udine, zeichnete Karikaturen, Porträts, Plakate, Dekorationen, 1951 wechselte er den Beruf, wurde Galerist für moderne Kunst in Udine, später in Cortina d'Ampezzo. 1955 übersiedelte er mit der Galerie nach Rom. Auf Veranlassung des Verlegers Domenico Del Duca zeichnete er – als Ausnahme – eine Reihe von Karikaturen für die Zeitschrift *L'Intrepido* (1967-68).
Lit.: *Nino Za* (Biographie).

**Zaboy**, Bela
US-Comic-Zeichner
S. Segar, Elzie Chrisler

**Zábransky**, Vlasta (Vlastimil)
* 02.09.1936 Vráz bei Prag
Tschechoslowakischer Cartoonist/Brno ČSR
Tätigkeiten als Zementbauer, Lokomotivreparateur, danach Studium an der Baumaterialienfachschule, unabgeschlossene philosophische Studien, promovierter Pädagoge. – Ab 1960 Aphoristiker, Karikaturist humoristischer Zeichnungen, Anfang der siebziger Jahre Übergang zum bildnerischen Humor. Veröffentlichungen in der ČSR-Presse, osteuropäischen Presse, Cartoons amnesty International. In der Bundesrepublik in *Pardon, Frankfurter Rundschau* u.a. V.Z. zeichnet Humor, Satire, surrealistische Collagen, Cartoons ohne Worte.
Einzel-Ausst.: 11; Kollektiv-Ausst.: 200, vorwiegend im Ausland
Ausz.: (u.a.) 1. Preis im Humor- und Satirewettbewerb Haskova Lipnice/ČSR (1965), Cartoonale-Preis Weltfestival Heist-Duinbergen/Belgien (1967), Preis Internationaler Karikatur-Salon, Montreal/Kanada (1968, 1970), Internazionale Humour-Salon „Datera d'argento", Bordighera/Italien (1969), Grand Prix Weltgalerie der Karikatur, Skopje/Jugoslawien (1972), „Dattero d'oro" Internazionale Humour-Salon, Bordighera (1979), Erster Preis, Internationales Karikatur-Festival Sarajewo/Jugoslawien (1973), Erster Preis „ex aequo" Internationales Festival der antifaschistischen Karikatur, Athen/Griechenland (1975), Erster Preis World Cartoonale, Knokke-Heist/Belgien (1979), Preis Internationale Humor-Biennale, Gabrovo/Bulgarien (1979)
Lit.: *Festival der Cartoonisten*, S.P.H. Avignon/Frankreich (1970-76); Ausst.-Kat.: *1. Internationale Biennale* (1986), Davos/Schweiz; *Zeitgenossen karikieren Zeitgenossen*, Recklinghausen (1972), S. 234

**Zanini**, Guiseppe → **Za**, Nino (Ps.)

**Zehme**, Werner
\* 27.11.1859 Hagen
Maler, Zeichner, Illustrator, tätig in Berlin
Studium an der Akademie München. Danach Mitarbeit beim Verlag Velhagen & Klasing u.a.
Lit.: Verband deutscher Illustratoren: *Schwarz-Weiß*, S. 99

**Zeidler**, Horst Joachim
\*     1935 Berlin
Graphiker, Satire-Zeichner, Schriftsteller
Besuch von Abendkursen: Sachzeichnen (1950) und Studium an der Hochschule für bildende Künste Berlin, Anatomie bei Prof. Tank und wissenschaftliches Zeichnen (1951-55). – Danach Arbeit als wissenschaftlicher Zeichner am Institut für Vor- und Frühgeschichte der Universität Tübingen (1955-56). – Graphiker in Lausanne (1957-61). Ab 1961 in Berlin, freischaffender Graphik-Satiriker. – Veröffentlichungen u.a. in: *Der Tagesspiegel*. H.J.Z. befaßt sich mit Satire/Graphik, Karigraphien, Scherenschnitten, Lithographien, Traumgraphiken. Sein Stil: phanstastischer Realismus, bizarr, realistisch, surrealistisch, präzis, detailliert – mit der Akribie des wissenschaftlichen Zeichners. Seine phantastischen Satiregraphiken erinnern an die manieristische Art und Wunderwelt des Guiseppe Arcimboldo (1527-1593). Z. gehört zur Gruppe Berliner Malerpoeten. – 1947 Öl- und Temperabilder, Aquarelle, Zeichnungen, Illustrationen. 70 Litho-Auflagen (8500 Handdrucke).
Einzel-Auss.: über 40 in Deutschland, Frankreich, Schweiz, Kalifornien, Kollektiv-Ausst.: über 72. a. „Kritische Grafik", Hannover (1968), Kommunale Galerie Wilmersdorf Berlin/West (1978), Galerie Gärtner Berlin/West (1982), Maison de France Berlin/West (1971)
Publ.: *Fabeltiere* (1969); *Fabelwesen* (1971); *Berliner Spottberichte* (1975); *Mozart in Monte Carlo* (1978)
Lit.: „Künstler des Monats (3) Okt. 1976: H.J. Zeidler", Kommunale Galerie Berlin; Presse: *Der Spiegel* (Sept. 1975); *B.Z.* (22. Sept. 1975, 14. Okt. 1976, 30. Okt. 1982, 22. Dez. 1977); *Die Welt* (20. Nov. 1976); *Der Abend*

**Zeisig**, Joh. Eleazar
\* 07.11.1740 Groß-Schönau bei Dresden
† 23.08.1806 Dresden
(genannt: Schenau)
Genremaler, Radierer
Schüler des Porträtmalers Joh.Chr. Beßler. 1773 Direktor der Manufakturschule Meißen. 1774 Professor der Dresdner Akademie, ab 1776 Direktor, nebenher zeichnete er Bildsatiren.

Publ.: Folge Studienköpfe: *Das Alter ehre ich und junge Mädchen liebe ich*
Lit.: W. Schmidt: *J.E.Z. gen. Sch.* (Diss. Heidelberg 1926); G. Piltz: *Geschichte der europäischen Karikatur* (1976), S. 101; E. Bock: *Die deutsche Graphik* (1922), S. 264, 356; *Keysers Großes Künstlerlexikon*, S. 334

**Zeller**, Magnus
\* 09.08.1888 Biesenrode, bei Mansfeld
† 25.02.1972 Caputh, bei Potsdam
Maler, Graphiker
Studium: bei Lovis Corinth (1908-11). – Kriegsdienst 1914-18. Nach Kriegsende, Mitglied im Soldatenrat, aktiv in der November-Revolution (1919). 1918-20 Lithographien: Zyklus *Revolutionszeit* (politisch-satirisch). 1921-24 Lehrauftrag für Graphik an der Staatl. Kunstschule in Dorpat/Estland. 1933 als „Entarteter" diffamiert, die Bilder wurden von der Gestapo zerstört. 1939 Ausschluß aus der Kulturkammer. Seit 1937 lebt M.Z. in Caputh. Aquarellmalereien, antifaschistische Allegorien, politische Satire u.a., z.B. „Der Hitlerstaat (1938), „Staatsbegräbnis". Nach 1945 aktiv im „Kulturbund" und freischaffender Künstler der DDR.
Lit.: L. Lang: *M.Z.* (1960); Ausst.-Kat.: *Revolution und Realismus*, Berlin/DDR (1978/79), S. 96-97; *M.Z. 1888-1972*, Potsdam (1978); *Widerstand statt Anpassung* (1980), S. 278

**Zeller-Zellenberg**, Wilfried
\* 28.01.1910 Wien
Österreichischer Graphiker, Karikaturist, Illustrator
Studium an der Kunstgewerbeschule Wien und der Akademie für angewandte Kunst, Wien. Seit 1944 freischaffender Zeichner, Mitarbeiter an Motorsport-Zeitschriften und Tageszeitungen, u.a. am *Nebelspalter*, *Berner Bund*, *St. Gallener Tageblatt*. Illustrator von über 350 Büchern, u.a. Werke von Zuckmayer, Kästner, Weinheber, Mark Twain, Cervantes, Dumas, Spoerl, Ludwig Thoma.
Ausst.: in Österreich, Deutschland und der Schweiz: zwischen 1976-85, inges. 33
Ausz.: Zwei Illustrationspreise der Stadt Wien, Staatspreis der Stadt Wien, 1969 Professoren-Titel, Goldene Ehrenmedaille der Stadt wien (1986)
Publ.: *Florians wundersame Reise über die Tapeten; Alle lieben Moro; Seid lieb auch zu Disteln; Mein Österreich-Bilderbuch* (1977)
Lit.: *Heiterkeit braucht keine Worte*; Presse: *Schöne Welt*

**Zglinicki**, Friedrich Pruss von
\* 11.04.1895 Berlin
†      1990 Berlin/West
Journalist, Zeichner, Signum: „nick"

F.P.v.Z. stammt aus preußischer Offiziersfamilie, Page bei Kaiser Wilhelm II., später Adjutant bei Hindenburg, danach Journalist in den zwanziger Jahren. Von 1925-45 im Verlag Scherl Berlin tätig (verantwortlich für den Lokalteil verschiedener Blätter und für die „Nachtausgabe". Fremde und spröde Themen lockerte er durch eigene Bildleisten auf, als zeichnender Journalist veröffentlichte er zahlreiche Reiseberichte in Wort und Bild, besonders aus Afrika. Autor von Kinderbüchern sowie von Lehr- und Sachbüchern. Satirische Darstellungen, lustige Kinder-Zeichenserien, Humorseiten, Einzel-Karikaturen für Zeitungen und Zeitschriften, u.a. für *Hamburger Illustrierte, Film-Revue, Kolonie und Heimat, Ufer, Das Neue Blatt, Brigitte, Berliner Morgenpost, Deutsche Jägerzeitung* und für Jugendzeitschriften. – Ab 1945 war F.P.v.Z. tätig für den Verlag Ullstein, später für den Springer-Verlag, er lieferte zeitkritische und populärwissenschaftliche Darstellungen, war Vorreiter für den deutschen Comic strip.
Lit.: Presse: *Journalist* (4/1980)

**Zille**, Heinrich
* 10.01.1858 Radeburg/b. Dresden
† 09.08.1929 Berlin
Lithograph, Zeichner, Maler, Fotograf
Nur nebenher erhielt H.Z. eine Ausbildung bei Th. Hosemann und C. Domschka. – Populär wurde er durch seine humoristischen und satirisch-anklagenden, sozialkritischen Darstellungen aus dem Berliner Proletariat in der Presse. Typisch für H.Z. („Pinselheinrich" genannt) sind: das Berliner Kolorit, das spezielle Zille-Milieu (Milljöh), die soziale Kritik (Kaiser Wilhelm II.: „Der Kerl nimmt einem ja die ganze Lebensfreude"), der über allem stehende gütige, warmherzige Humor. Entscheident für H.Z.s weiteres Leben und Schaffen wird seine Entlassung als Lithograph (1907) bei der Lithographischen Gesellschaft. Sein Gönner und Förderer war Max Liebermann, der ihn 1924 in die Akademie der Künste in Berlin brachte. – Zum 70. Geburtstag Ausstellung im Märkischen Museum. – Zwei Denkmäler in Berlin. Zwei Gedenkplaketten und Reliefs. Zille-Briefmarken der Bundespost zu seinem 100. Geburtstag.
Publ.: (zu H.Z.s Lebzeiten) 1905 *Zwölf Künstlerdrucke*; 1908 *Kinder der Straße* (6. Aufl. 1914); 1908 *Berliner Rangen* (Künstlerheft der *Lustigen Blätter*); 1912 *Erholungsstunden* (Künstlerheft der *Lustigen Blätter*); 1913 *Berliner Luft* (Künstlerheft der *Lustigen Blätter*); 1913 *Hurengespräche* (mit Lithographien unter dem Pseudonym: W. Pfeifer); 1914 *Mein Milljöh* (2. Aufl. 1923, dritte und weitere Aufl., insgesamt 100.000 Ex.); 1915 Bilderserien: *Vading und Korl*; 1916 Bilderserien: *Vading in Frankreich I und II*; 1916 Bilderserien: *Vading in Ost und West*; 1917/18 *Kriegsmarmelade* (Satir. Kriegskarikaturen, erst 1929 veröffentlicht); 1919 *Zwanglose Geschichten und Bilder* (Lithographienserie); 1920 *Berliner Hochzeit* (Erzählung in Briefform; 1920 *Die Berliner Landpartie*; 1921 *Das Zille-Buch*; 1924 *Berliner Geschichten und Bilder*; 1925 Uraufführung des Zille-Films „Die Verrufenen" (der fünfte Stand); 1925 *Zwischen Spree und Panke*; 1926 *Rund um den Alexanderplatz*; 1926 Uraufführung des Zille-Films „Die da unten"; 1926 *Rund ums Freibad* (wird in Basel beschlagnahmt); 1926 *Das H.-Z.-Werk* (13 Bände); 1927 *Bilder vom alten und neuen Berlin*; 1927 *330 Berliner Bilder*; 1927 *Das große Zille-Album* (Kinder der Straße, Mein Milljöh, Rund ums Freibad); 1929 *Vier Lebensalter*; 1929 *Das Zille-Buch* (hrsg. v. Hans Ostwald); 1929 Uraufführung des Zille-Films: „Mutter Krauses Fahrt ins Glück"
Lit.: A. Heilborn: *H.Z.* (1930); H. Ostwald/H. Zille: *Z.s Hausschatz*; O. Nagel: *H.Z.* (1955); H.Z.: *Mein Milljöh – neue Bilder aus dem Berliner Leben* (Einf. v. G. Hermann 1970); Presse: *Berliner Tageblatt* (1912); *Das große Lexikon der Graphik* (Westermann, 1984) S. 432

**Zille**, Walter
* 1891 Berlin
† 1959 Berlin (DDR)
Graphiker, Zeichner
Zweiter Sohn des Zeichners Heinrich Zille, stand künstlerisch ganz unter dem Einfluß seines Vaters.

**Zimmermann**, Wilhelm
* 1937
Fotomonteur, Graphiker
Art-Direktor bei einer amerikanischen Werbeagentur, danach Chefgraphiker bei der Gewerkschaftszeitung *Metall*. Zuständig für die Titelblätter und Plakate, die er aus den redaktionellen Inhalten zu visuellen Umsetzungen gestaltet, in Anlehnung an John-Heartfield-Collagen.
Lit.: Presse: *journalist* (Juli 1982); *metall* (Juli 1982); *stern* (45/1982); *Der Spiegel* (2/1983)

**Zimnik**, Rainer
* 13.12.1930 Beuthen/Oberschlesien
Karikaturist, Schriftsteller, Kinderbuch-Autor
R.Z. kam 1945 nach Niederbayern. Schreinerlehre und Gesellenprüfung. Dann Studium an der Akademie der bildenden Künste München, bei Prof. Oberberger (1954-58). 1958 Förderpreis (Eichendorff-Preis) der Stadt München, Kunstpreis für Graphik, Stipendium Villa Massimo Rom. – Doppelbegabung als Zeichner und Schreiber, Satiriker und naiver Lyriker moderner Idyllen. Abenteuerliche Geschichten für Kinder und Erwachsene. Text und Bilder sind von bezwingender, untrennbarer Einheit. Buch-Übersetzungen in 14 Sprachen – „Lektro"- u. „Gsangl-Figuren" im Fernsehen.
Kollektiv- und Einzel-Ausst.: Kunsthalle Recklinghau-

sen (1972), Kunsthaus Zürich (1972), Institut für Auslandsbeziehungen Stuttgart (1981)
Publ.: *Der Bär und die Leute* (1954); *Xaver der Ringelstecher und das gelbe Roß* (1954); *Jonas der Angler* (1954); *Der Kran* (1956); *Der Trommler für eine bessere Zeit* (1958); *Der kleine Brülltiger* (1960); *Geschichten vom Lektro* (1962); *Der Bär auf dem Motorrad* (1962); *Neue Geschichten vom Lektro* (1964); *Der kleine Millionär* (1969); *Bills Ballonfahrt* (1972); *Das große R.Z. Geschichten-Buch* (1980), ferner: *Die Ballade von Augustinus und den Lokomotiven; Der stolze Schimmel; Der Regen-Otto; Die Geschichte von Käuzchen; Lektro und die Feuerwehr; Lektro und der Eiskönig; Prof. Daniel J. Koopermann Entdeckung und Erforschung des Schneemenschen; Die Maschine, Sebastian Gsangl; Pasteten im Schnee* (zus. mit B. Schenk de Regnier)
Lit.: (Auswahl) *Who's Who in Graphic Art* (II, 1982); Böttcher/Mittenzwei: *Dichter als Maler* (1980), S. 354-357; *Brockhaus Enzyklopädie* (1974), Bd. 20, S. 692; Ausst.-Kat.: *Zeitgenossen karikieren Zeitgenossen* (1972), S. 234; *Karikaturen-Karikaturen?* (1972); *Spitzensport mit spitzer Feder* (1981), S. 72

**Zinger**, Oleg
\* um 1909
Maler, Graphiker, Karikaturist polnisch-russischer Abstammung
O.Z. lebte von 1922-48 in Berlin als Maler und Gebrauchsgraphiker. Die DDR-Kulturzeitung *Der Sonntag* veröffentlichte von ihm humoristische Karikaturen nach 1945 und schrieb dazu: „Seine Anregungen schöpft er aus dem Großstadtleben, dem wechselvollen Verkehr und Treiben der Straße. Z. hat das Temperament eines echten Künstlers. Seine Kompositionen sind einfach und klar, sein Humor ist mehr als die sattsam bekannte Lustigkeit. Dabei hat er das seltsame Talent, das Wesentliche, das er uns sagen will, auf die einfachste Form zu bringen." (Hans Grunert). Nach 1948 übersiedelte O.Z. nach Paris. Das französische Fernsehen III brachte am 08.06.1987 eine dreizehnstündige Berlin-Sendung. Diese enthielt auch einen Beitrag mit und über O.Z.
Lit.: Presse: *Der Sonntag* (1946, Berlin-DDR)

**Zingerl**, Guido
\* 1933 Regensburg
Dipl.-Ing., Karikaturist, Signum: „Z"
Studium an der Technischen Hochschule München (Maschinenbau 1953-57). 1958 Brandreferendar bei der Berufsfeuerwehr Düsseldorf, Berlin/West, 1959 Wissenschaftlicher Mitarbeiter Universität München, ab 1960 freischaffender Maler, Graphiker, Karikaturist – Redakteur der Kunstzeitschrift *tendenzen*.
Veröffentlichungen u.a. in *Deutsche Volkszeitung, Unsere Zeit, Betriebszeitung der KPD für Arbeiter und Angestellte von MAN* sowie von politischen Plakaten. – G.Z. zeichnet politisch-soziale Karikaturen. 1969 erhielt er den Kulturförderpreis der Stadt Regensburg. 1973 einen Lehrauftrag für politische Karikaturen an der Fachhochschule Bielefeld.
Ausst.: in Regensburg, Ingolstadt, Augsburg, Nürnberg, Frankfurt/M., Köln, Düsseldorf, Bergkamen, Kiel, Berlin/West, Rostock, Halle, Prag, Warschau, Linz, Innsbruck, Bozen, Parma, Edinburgh u.a.
Publ.: *Politische Karikaturen in der Bundesrepublik und West/Berlin* (Co-Autor neben 6 anderen Karikaturisten) (1974, 1978), S. 96
Lit.: *Störenfriede – Cartoons und Satire gegen den Krieg* (1983)

**Zoltán** (Ps.)
\* 1922 Ungarn
† März 1987 Berlin/West
Bürgerl. Name: Zoltán Vikár
Karikaturist, Pressezeichner
1939 Zeichner in der ungarischen Presse, nach dem Krieg in Berlin, freiberuflicher Karikaturist. – Veröffentlichungen u.a. in *Constanze, IBZ, Brummbär* (*Berliner Morgenpost*), *Der Abend, Hörzu*. Z. zeichnete humoristische Karikaturen, Werbekarikaturen, für die *Tarantel* politische Karikaturen im Sinne der westlichen Presse (gegen Ostpolitik in den Jahren des „Kalten Krieges"). Sieben Jahre lang täglicher Comic in der *BZ*, in *Panda Amanda*, in den fünfziger Jahren ein niedlicher Bambus-Bär, der Tagesereignisse (auch politische) glossierte. – Später technischer Zeichner bei der Bundespost in Berlin.
Lit.: *Wolkenkalender* (1956)

**Zopf**, Carl
\* 1858 Neuruppin
Maler, Zeichner, tätig in München
Ab 1899 zeichnete C.Z. Humoristisches aus dem Alltagsleben für die *Fliegenden Blätter* und *Münchener Bilderbogen*.
Lit.: G. Hermann: *Die deutsche Karikatur im 19. Jahrhundert*, S. 69; E. Fuchs: *Die Karikatur der europäischen Völker* II, S. 414; Ausst.-Kat.: *Zeichner der Fliegenden Blätter – Aquarelle, Zeichnungen* (1985)

**Zumbrunnen**, Jürgen
\* 1946 Zittau/Sachsen
Maler, Wollerau bei Zürich
Ausst.: Kunsthaus Zürich (1972: „Idyll")
Lit.: Ausst.-Kat.: *Karikaturen-Karikaturen?* (1972), S. 71, U 14

**Zumbusch**, Ludwig von
* 17.07.1861 München
† 28.02.1927 München
Maler, Zeichner
Sohn des bekannten Münchner Bildhauers Kaspar Clemens Ritter v.Z. – Studium an den Akademien Wien, bei Chr. Griepenkerl, und München, bei W.v. Lindenschmidt d.J. und im Atelier bei W.A. Bouguereau und T. Robert-Fleury, Paris. – L.v.Z. war frühester Mitarbeiter der *Jugend*. Sein Titelblatt für die *Jugend* Nr. 12/1986 „Jugend und Griesgram" (zwei Mädchen schleifen einen Alten über eine Wiese) wurde als Kunstblatt und Plakat verbreitet. Als Maler hat L.v.Z. liebenswürdige Kinderbilder im gemäßigten Jugendstil geschaffen. Ferner stimmungsvolle Walddämmerungen, zuweilen mit Fabelwesen aus der deutschen Märchenwelt.
**Lit.:** L. Hollweck: *Karikaturen*, S. 137-139; E. Fuchs: *Die Karikatur der europäischen Völker* II (1903), S. 409; Spemanns *goldenes Buch der Kunst* (1904), Nr. 1042; *Der große Brockhaus* (1935), Bd. 20, S. 712; *Das große Lexikon der Graphik* (Westermann, 1984) S. 433

**Zwintscher**, Oskar
* 02.05.1870 Leipzig
† 11.02.1916 Dresden-Loschwitz
Maler, Zeichner, Professor an der Akademie in Berlin (1903)
Studium an der Akademie Dresden. – Mitarbeiter der *Meggendorfer Blätter*. O.Z. zeichnete romantisch-humorvolle Bilder. Als Maler bevorzugte er die romantische Richtung des Jugendstils.
**Publ.:** *Lebensreime* (Gedichte 1917, Privatdruck)
**Lit.:** F. Gregori: *O.Z.* (Velhagen & Klasings Monatshefte, 1917); G. Hermann: *Die deutsche Karikatur im 19. Jahrhundert*, S. 63; *Der Große Brockhaus* (1935), Bd. 20, S. 754.

AUSWAHLKARIKATUREN VON

KURT FLEMIG

KIEBITZ

NÄRRISCHER KAUZ

ORTSBULLE

CHEF

KF

LEITHAMMEL

VOGELZEIGER

# LACKAFFE

PROFITGEIER

SPASSVOGEL

ALTE KRÄHE

# PREMIERENTIGER

SAUPREISS

PLEITEGEIER

# GALGENVOGEL

BALLETT - RATTE